高等院校计算机专业及专业基础课系列教材

离散数学教程

耿素云　屈婉玲　王捍贫　编著

U0326451

北京大学出版社
PEKING UNIVERSITY PRESS

内容简介

本书共分五编。第一编为集合论,其中包括集合的基本概念、二元关系、函数、自然数、基数、序数。第二编为图论,其中包括图的基本概念、图的连通性、欧拉图与哈密顿图、树、平面图、图的着色、图的矩阵表示、覆盖集、独立集、匹配、带权图及其应用。第三编为代数结构,其中包括代数系统的基本概念、几个重要的代数系统:半群、群、环、域、格与布尔代数。第四编为组合数学,其中包括组合存在性、组合计数、组合设计与编码以及组合最优化。第五编为数理逻辑,其中包括命题逻辑、一阶谓词逻辑、Herbrand 定理和直觉逻辑。

本书体系严谨、内容丰富、配有大量的例题和习题,并与计算机科学的理论与实践密切结合。

本书不仅适用于计算机及相关专业的本科生或研究生,也可供计算机专业的科技人员使用或参考。

图书在版编目(CIP)数据

离散数学教程/耿素云,屈婉玲,王捍贫编著. —北京:北京大学出版社,2002.6

高等院校计算机专业及专业基础课系列教材

ISBN 978-7-301-05366-9

Ⅰ.离… Ⅱ.① 耿… ② 屈… ③ 王… Ⅲ.离散数学—高等学校—教材 Ⅳ.O158

中国版本图书馆 CIP 数据核字(2001)第 087009 号

书　　　名:离散数学教程

著作责任者:耿素云　屈婉玲　王捍贫　编著

责 任 编 辑:王　华

标 准 书 号:ISBN 978-7-301-05366-9/TP·0638

出 版 发 行:北京大学出版社

地　　　址:北京市海淀区成府路 205 号　100871

网　　　址:http://www.pup.cn

电　　　话:邮购部 62752015　发行部 62750672　编辑部 62765014　出版部 62754962

电 子 信 箱:zpup@pup.pku.edu.cn

印　刷　者:河北滦县鑫华书刊印刷厂

经　销　者:新华书店

787 毫米×1092 毫米　16 开本　39.75 印张　981 千字

2002 年 6 月第 1 版　2023 年 1 月第 17 次印刷

2009 年 7 月第 2 次修订

定　　　价:80.00 元

未经许可,不得以任何方式复制或抄袭本书之部分或全部内容。

版权所有,侵权必究

举报电话:(010)62752024　　电子信箱:fd@pup.pku.edu.cn

序

“科教兴国”战略强调教育对国民经济的基础地位，要求高等教育“实施全面素质教育，加强思想品德教育和美育，改革教育内容、课程体系和教学方法……”。为了落实好“科教兴国”这一战略决策，北京大学计算机科学技术系与北京大学出版社合作，编审出版基础主干课和专业主干课系列教材。

目前，伴随着微电子和计算机科学技术渗透到社会的各个领域，人类正跨步迈进知识经济时代。在知识经济时代，具有创新能力的高素质人才是经济持续发展的必备条件。

计算机科学技术包括科学和技术两部分，不仅强调严谨的科学性，同时也注重工程性，是一门科学性和工程性并重的学科。信息科学技术的支柱学科是微电子、计算机、通信和软件，其中微电子是基础，计算机和通信是载体，软件是核心，它们相辅相成，共同培育了知识经济。因而，高素质的信息领域科技人才应该掌握上述学科的基础理论和专业技能。

近年来，北京大学计算机科学技术系通过跟踪、分析国际知名大学的相关课程设置、教学实施情况，借鉴国内兄弟院系的课程体系调整建议，总结北京大学计算机科学技术系集计算机软、硬件技术和微电子学于一体的人才培养经验，对课程体系进行了较大力度的梳理，形成了一系列基础主干课和专业主干课。

这一系列教材正是为配合课程体系的调整而编撰的。所选书稿主要是在我系多年的教学实践中师生反映较好的讲义和教材的基础上修编而成的。我们希望这批教材能够达到“注重基础、淡化专业（或突出交叉）、内容系统、选材先进、利于教学”的要求。

对于教材中的不足之处，欢迎广大读者不吝赐教。

杨芙清

1999年9月

北京大学计算机科学技术系

专业基础课和专业课教材编审指导小组

组　　长：杨芙清

成　　员：(按姓氏笔画序)

卢晓东　许卓群　李晓明　沈承凤　张天义

屈婉玲　赵宝瑛　袁崇义　董士海　程　旭

北京大学计算机科学技术系专业基础课名称

计算引论

数字逻辑

微机原理

计算机组织与体系结构

离散数学

数据结构

编译原理

操作系统

微电子学概论

集成电路原理与设计

北京大学计算机科学技术系专业课名称

计算机网络概论

数据库概论

软件工程

计算机图形学

面向对象技术引论

前　言

离散数学是研究离散量的结构及其相互关系的数学学科，是现代数学的一个重要分支。它在各学科领域，特别在计算机科学与技术领域有着广泛的应用，同时离散数学也是计算机专业的许多专业课程，如程序设计语言、数据结构、操作系统、编译技术、人工智能、数据库、算法设计与分析、理论计算机科学基础等必不可少的先行课程。由于它的基础地位和重要性，国内外许多著名大学的计算机科学技术系都将离散数学作为本专业的一门重要的专业基础课。近年发表的 IEEE 2001 计算机科学与技术专业课程计划在世界引起广泛的反响，这个计划的第一专题就是离散结构。通过离散数学的学习，不但可以使学生掌握处理离散结构的描述工具和方法，为后续课程的学习创造条件，而且可以提高学生的抽象思维和严格的逻辑推理能力，为将来参与创新性的研究和开发工作打下坚实的基础。

这本教材是我们多年从事离散数学教学的结晶。在写作中，我们不仅考虑了理论体系的完整和一致性，同时也注重理论联系实际，多次更新和修订教学内容，以适应计算机科学技术的飞速发展。

本书由五编构成。第一编为集合论，包含集合的基本概念、二元关系、函数、自然数、基数、序数等内容。第二编为图论，包含图的基本概念、欧拉图和哈密顿图、树、图的矩阵表示、平面图、图的着色、覆盖集与独立集、带权图及其应用等内容。第三编为代数结构，包含代数系统、半群与独异点、群、环与域、格与布尔代数等内容。第四编为组合数学，包含组合存在性定理、基本的计算公式、组合计数方法、组合计数定理、组合设计与编码、组合最优化等内容。第五编为数理逻辑，包含命题演算、谓词演算、Herberand 定理、直觉主义逻辑学等内容。

本书内容丰富，并包含了比较多的形式化叙述和证明。据我们的经验完成全部教学需要三个学期，总计 220 学时，一、二编 80 学时，三、四编 80 学时，五编 60 学时。如果没有足够多的学时，也可以根据需要选讲其中的部分章节。本书也可以供普通高校计算机专业的教员、研究生，以及从事计算机软、硬件研究和开发的科技人员使用与参考。

本书第一、二编由耿素云撰写，第三、四编由屈婉玲撰写，第五编由王捍贫撰写。

在编写本书过程中，我们参阅了多种离散数学教材和资料，在此向有关作者表示衷心的感谢。还要特别感谢北京大学出版社的编辑和领导以及校系各级领导多年来对教材出版的大力支持和帮助。

最后，我们诚恳地期待读者对本书提出宝贵意见。

作　者

2001 年 9 月　于北京大学计算机科学技术系

目　录

第一编　集　合　论

第二编　图　　论

第三编 代数结构

第四编 组合数学

第五编　数理逻辑

第一编　集合论

第一章　集　　合

1.1　预备知识

本书将数理逻辑部分作为第五编。由于前4编也用到相关的基本知识，所以，本书开头先介绍数理逻辑中最基本的逻辑符号、基本的等值式、重要的推理定律（即重要的重言蕴涵式），以及一阶谓词逻辑中的个体、谓词、量词等基本概念和几个重要的等值式与推理定律.

一、命题公式（或命题形式）

1. 联结词

用 $p,q,r,\cdots$ 表示原子命题（或称简单命题），用"1"表示命题的真值为真，用"0"表示命题的真值为假，用5种联结词给出最基本的复合命题.

(1) $\neg p$ 是"p 的否定"的符号化形式，称为 p 的**否定式**，"$\neg$"称为否定联结词. $\neg p$ 为真当且仅当 p 为假.

(2) $p\wedge q$ 是"p 与 q"的符号化形式，称为 p 与 q 的**合取式**，"$\wedge$"称为合取联结词. $p\wedge q$ 为真当且仅当 p,q 同时为真.

(3) $p\vee q$ 是"p 或 q"的符号化形式，称为 p 与 q 的**析取式**，"$\vee$"称为析取联结词. $p\vee q$ 为假当且仅当 p,q 同时为假.

(4) $p\rightarrow q$ 是"如果 p，则 q"的符号化形式，称为前件为 p，后件为 q 的**蕴涵式**，"$\rightarrow$"称为蕴涵联结词. $p\rightarrow q$ 为假当且仅当 p 为真而 q 为假.

(5) $p\leftrightarrow q$ 是"p 当且仅当 q"的符号化形式，称为 p 与 q 的**等价式**，"$\leftrightarrow$"称为等价联结词. $p\leftrightarrow q$ 为真当且仅当 p 与 q 的真值相同（即 p,q 同为真或同为假）.

2. 命题公式

$p,q,r,\cdots$ 既可以表示命题（命题常元），也可以表示命题变元.

命题公式的形成规则如下：

(1) 单个命题变元是命题公式；

(2) 若 A 是命题公式，则 $(\neg A)$ 也是命题公式；

(3) 若 A,B 是命题公式，则 $(A\wedge B),(A\vee B),(A\rightarrow B),(A\leftrightarrow B)$ 也是命题公式；

(4) 只有有限次地应用(1)—(3)形成的符号串才是**命题公式**. 命题公式也称为**命题形式**或简称为**公式**.

设命题公式 A 中含有 n 个命题变元 $p_1,p_2,\cdots,p_n$，给 p_i 指定一个值 α_i（α_i 为0或1，$i=1$，

$2,\cdots,n$)，所得字符串 $\alpha_1\alpha_2\cdots\alpha_n$ 称为 A 的一个**赋值**，A 共有 2^n 个赋值. 若在 $\alpha_1\alpha_2\cdots\alpha_n$ 下 A 的真值为 1，则称它为 A 的**成真赋值**，否则，即 A 的真值为 0，则称它为 A 的**成假赋值**.

若公式 A 没有成假赋值，则称 A 为**重言式**或**永真式**；若 A 没有成真赋值，则称 A 为**矛盾式**或**永假式**；若 A 至少存在一个成真赋值，则称 A 是**可满足式**.

二、等值演算

1. 等值式

若 $A\leftrightarrow B$ 为重言式，则称 A 与 B 是等值的，记为 $A\Leftrightarrow B$，并称 $A\Leftrightarrow B$ 为**等值式**.

2. 基本的等值式

(1) **幂等律** $A\Leftrightarrow A\vee A$, $A\Leftrightarrow A\wedge A$；

(2) **交换律** $A\vee B\Leftrightarrow B\vee A$, $A\wedge B\Leftrightarrow B\wedge A$；

(3) **结合律** $(A\vee B)\vee C\Leftrightarrow A\vee(B\vee C)$, $(A\wedge B)\wedge C\Leftrightarrow A\wedge(B\wedge C)$；

(4) **分配律** $A\vee(B\wedge C)\Leftrightarrow(A\vee B)\wedge(A\vee C)$, $A\wedge(B\vee C)\Leftrightarrow(A\wedge B)\vee(A\wedge C)$；

(5) **德・摩根律** $\neg(A\vee B)\Leftrightarrow\neg A\wedge\neg B$, $\neg(A\wedge B)\Leftrightarrow\neg A\vee\neg B$；

(6) **吸收律** $A\vee(A\wedge B)\Leftrightarrow A$, $A\wedge(A\vee B)\Leftrightarrow A$；

(7) **零律** $A\vee 1\Leftrightarrow 1$, $A\wedge 0\Leftrightarrow 0$；

(8) **同一律** $A\vee 0\Leftrightarrow A$, $A\wedge 1\Leftrightarrow A$；

(9) **排中律** $A\vee\neg A\Leftrightarrow 1$；

(10) **矛盾律** $A\wedge\neg A\Leftrightarrow 0$；

(11) **双重否定律** $\neg\neg A\Leftrightarrow A$；

(12) **蕴涵等值式** $A\rightarrow B\Leftrightarrow\neg A\vee B$；

(13) **等价等值式** $A\leftrightarrow B\Leftrightarrow(A\rightarrow B)\wedge(B\rightarrow A)$；

(14) **等价否定等值式** $A\leftrightarrow B\Leftrightarrow\neg A\leftrightarrow\neg B$；

(15) **假言易位** $A\rightarrow B\Leftrightarrow\neg B\rightarrow\neg A$；

(16) **归谬论** $(A\rightarrow B)\wedge(A\rightarrow\neg B)\Leftrightarrow\neg A$.

3. 等值演算

(1) **置换规则** 设 $\Phi(A)$ 是含公式 A 的公式，用公式 B 置换 $\Phi(A)$ 中的 A，得公式 $\Phi(B)$，如果 $B\Leftrightarrow A$，则 $\Phi(B)\Leftrightarrow\Phi(A)$.

(2) **等值演算** 由已知的等值式，应用置换规则推演出新的等值式的过程称为等值演算.

等值演算就是应用已知的等值式的置换过程. 下面以证明 $p\rightarrow(q\rightarrow r)$ 与 $(p\wedge q)\rightarrow r$ 等值来说明等值演算的过程.

$p\rightarrow(q\rightarrow r)$

$\Leftrightarrow p\rightarrow(\neg q\vee r)$ （应用蕴涵等值式和置换规则）

$\Leftrightarrow\neg p\vee(\neg q\vee r)$ （应用蕴涵等值式和置换规则）

$\Leftrightarrow(\neg p\vee\neg q)\vee r$ （应用结合律和置换规则）

$\Leftrightarrow\neg(p\wedge q)\vee r$ （应用德・摩根律和置换规则）

$\Leftrightarrow(p\wedge q)\rightarrow r$ （应用蕴涵等值式和置换规则）

由以上的演算可知，应用了一些基本的等值式和置换规则，推演出了新的等值式

$$p\rightarrow(q\rightarrow r)\Leftrightarrow(p\wedge q)\rightarrow r.$$

三、命题逻辑推理

1. 推理的形式结构

称蕴涵式

$$(A_1 \wedge A_2 \wedge \cdots \wedge A_k) \rightarrow B \qquad (*)$$

为**推理的形式结构**，$A_1,A_2,\cdots,A_k$ 为推理的**前提**，B 为**结论**. 若推理的形式结构（$*$）为重言式，则称推理正确，否则称推理不正确.

一般用“$A\Rightarrow B$”表示“$A\rightarrow B$”是重言式，所以，当推理正确时，记（$*$）为

$$(A_1 \wedge A_2 \wedge \cdots \wedge A_k)\Rightarrow B.$$

2. 重要的推理定律

在推理过程中经常使用等值式和下面 8 条推理定律(称重言蕴涵式为推理定律).

(1) **附加律** $A\Rightarrow(A\vee B)$；

(2) **化简律** $(A\wedge B)\Rightarrow A$，$(A\wedge B)\Rightarrow B$；

(3) **假言推理定律**(简称**假言推理**) $(A\rightarrow B)\wedge A\Rightarrow B$；

(4) **拒取式推理定律**(简称**拒取式**) $(A\rightarrow B)\wedge\neg B\Rightarrow\neg A$；

(5) **析取三段论推理定律**(简称**析取三段论**) $(A\vee B)\wedge\neg B\Rightarrow A$，$(A\vee B)\wedge\neg A\Rightarrow B$；

(6) **假言三段论推理定律**(简称**假言三段论**) $(A\rightarrow B)\wedge(B\rightarrow C)\Rightarrow(A\rightarrow C)$；

(7) **等价三段论推理定律**(简称**等价三段论**) $(A\leftrightarrow B)\wedge(B\leftrightarrow C)\Rightarrow(A\leftrightarrow C)$；

(8) **构造性二难推理定律**(简称**构造性二难**) $(A\rightarrow B)\wedge(C\rightarrow D)\wedge(A\vee C)\Rightarrow(B\vee D)$.

3. 判断正确推理的方法

判断推理是否正确，就是判断推理的形式结构

$$(A_1 \wedge A_2 \wedge \cdots \wedge A_k) \rightarrow B$$

是否为重言式. 判断一个蕴涵式是否为重言式的方法很多，比如真值表法、等值演算法等都可以证明（$*$）是否为重言式，但直接证明这个蕴涵式为重言式往往是很麻烦的.

像证 $A\leftrightarrow B$ 为重言式一样，不直接证明 $A\leftrightarrow B\Leftrightarrow\cdots\Leftrightarrow 1$，而是利用基本等值式，从 A 出发证 $A\Leftrightarrow\cdots\Leftrightarrow B$，所以 $A\Leftrightarrow B$(等值关系有传递性). 在证明（$*$）为重言式(即推理正确)时，也可以利用基本等值式和重要推理定律，从前提出发证 $A_1\wedge A_2\wedge\cdots\wedge A_k\Rightarrow\cdots\Rightarrow B$. 中间有些“$\Rightarrow$”可能是“$\Leftrightarrow$”，这样证明比直接证（$*$）等值于 1 方便.

例如，证明从前提 $p\rightarrow(q\rightarrow r)$，$p$，$q$，推出结论 r 的推理是正确的.

推理的形式结构为

$$(p\rightarrow(q\rightarrow r))\wedge p\wedge q\rightarrow r \qquad (*')$$

方法一 直接证（$*$）等值于 1. 演算过程如下：

$(p\rightarrow(q\rightarrow r))\wedge p\wedge q\rightarrow r$

$\Leftrightarrow(\neg p\vee\neg q\vee r)\wedge p\wedge q\rightarrow r$

$\Leftrightarrow((\neg p\wedge p)\vee(\neg q\vee r)\wedge p)\wedge q\rightarrow r$

$\Leftrightarrow(\neg q\vee r)\wedge q\wedge p\rightarrow r$

$\Leftrightarrow((\neg q\wedge q)\vee(r\wedge q))\wedge p\rightarrow r$

$\Leftrightarrow(r\wedge q\wedge p)\rightarrow r$

$\Leftrightarrow\neg(r\wedge q\wedge p)\vee r$

$\Leftrightarrow \neg p \vee \neg q \vee (\neg r \vee r)$

$\Leftrightarrow \neg p \vee \neg q \vee 1$

$\Leftrightarrow 1.$

请读者填出以上演算过程中每一步所用的基本等值式.这个演算是相当麻烦的.

方法二 由前提推演出结论.

$(p \rightarrow (q \rightarrow r)) \wedge p \wedge q$

$\Leftrightarrow ((p \rightarrow (q \rightarrow r)) \wedge p) \wedge q$ （结合律）

$\Rightarrow (q \rightarrow r) \wedge q$ （假言推理）

$\Rightarrow r.$ （假言推理）

显然方法二比方法一简单多了.值得注意的是演算中的每一步所用的是"⇔"还是"⇒",特别地,不能将"⇒"当成"⇔".

像方法二这样的证明方法在数学中,比如在集合论中是常用的方法.

在数理逻辑中常用的方法是构造证明法,这里就不介绍了.

四、一阶谓词逻辑基本概念与命题符号化

1. 个体、谓词与量词

在一阶谓词逻辑中,将原子命题再细分成主语与谓语,因而引入了个体(或个体词)与谓词的概念.

将可以独立存在的客体(具体事物或抽象概念)称为**个体**或**个体词**,并用 $a,b,c,\cdots$ 表示个体常元,$x,y,z,\cdots$ 表示个体变元.将个体变元的取值范围称为**个体域**,个体域可以是有穷或无穷集合,人们称由宇宙间一切事物组成的个体域为**全总个体域**.

将表示个体性质或彼此之间关系的词称为**谓词**,常用 $F,G,H,\cdots$ 表示谓词常元或变元.用 $F(x)$ 表示 x 具有性质 F.例如,F 表示"…是黑色的",则 $F(x)$ 表示"x 是黑色的",如果取 x 为黑板,并用常元 a 表示黑板,则 $F(a)$ 表示黑板是黑色的.个体变元多于两个的谓词,如 $F(x,y)$ 表示 x 与 y 具有关系 F.例如 $F(x,y)$ 表示"x 大于 y",则 $F(5,2)$ 表示"5 大于 2".

称表示数量的词为**量词**.在数理逻辑中使用的量词有两个:

(1) **全称量词** 全称量词是自然语言中的"所有的"、"一切的"、"任意的"、"每一个"、"都"等的统称,并用符号"∀"表示.而用 $\forall x$ 表示个体域里的所有 x,用 $\forall x F(x)$ 表示个体域里所有 x 都有性质 F.

(2) **存在量词** 存在量词是自然语言中的"有一个"、"至少有一个"、"存在着"、"有的"等的统称,并用"∃"表示.而用 $\exists x$ 表示存在个体域里的 x,用 $\exists x F(x)$ 表示在个体域里存在 x 具有性质 F.

2. 命题符号化

在一阶谓词逻辑中命题符号化应注意以下两个"基本公式".

(1) 个体域中所有有性质 F 的个体都有性质 G,应符号化为

$$\forall x(F(x) \rightarrow G(x)).$$

其中,$F(x)$:x 具有性质 F,$G(x)$:x 具有性质 G.

(2) 个体域中存在有性质 F 同时有性质 G 的个体,应符号化为

$$\exists x(F(x) \wedge G(x)).$$

其中，$F(x)$：x 具有性质 F，$G(x)$：x 具有性质 G.

例 将下面命题符号化.

(1) 人都吃饭；

(2) 有人喜欢吃糖；

(3) 男人都比女人跑得快(这是假命题).

这里没有指明个体域，因而使用全总个体域. 用以上两个"基本公式"，容易将这 3 个命题符号化.

(1) 令 $F(x)$：x 为人，$G(x)$：x 吃饭. 命题符号化为 $\forall x(F(x)\to G(x))$；

(2) 令 $F(x)$：x 为人，$G(x)$：x 喜欢吃糖. 命题符号化为 $\exists x(F(x)\land G(x))$；

(3) 令 $F(x)$：x 为男人，$G(y)$：y 为女人，$H(x,y)$：x 比 y 跑得快. 命题符号化为

$$\forall x(F(x)\to\forall y(G(y)\to H(x,y))).$$

(3)中公式还有一些等值形式，也可符号化为

$$\forall x\ \forall y(F(x)\land G(y)\to H(x,y)).$$

五、一阶谓词逻辑公式及其分类

一阶谓词逻辑公式也简称为公式，它的形成规则类似于命题逻辑公式，只需加上一条，即若 A 是公式，则 $\forall xA$ 及 $\exists xA$ 也都是公式.

在公式 $\forall xA$ 和 $\exists xA$ 中，称 x 为**指导变元**，称 A 为相应量词的**辖域**. 在 $\forall x$ 和 $\exists x$ 的辖域中，x 的所有出现都称为**是约束出现的**，A 中不是约束出现的变元称为**自由出现的**. 例如在公式

$$\forall x(F(x)\to\exists y(G(y)\land H(x,y,z)))$$

中，$\forall x$ 的辖域为$(F(x)\to\exists y(G(y)\land H(x,y,z)))$，而 $\exists y$ 的辖域为$(G(y)\land H(x,y,z))$. 除 z 是自由出现的变元外，都是约束出现的.

对于给定的公式 A，如果指定 A 的个体域为已知的 D，并用特定的个体常元取代 A 中的个体常元，用特定函数取代 A 中的函数变元，用特定的谓词取代 A 中的谓词变元，则就构成了 A 的一个**解释**.

给定公式 A 为 $\forall x(F(x)\to G(x))$. 可以给 A 多种解释，例如：

(1) 取个体域 D 为实数集合，$F(x)$：x 是有理数，$G(x)$：x 能表示成分数，则 A 被解释成为"有理数都能表示成分数"，这是真命题.

(2) 取个体域 D 为全总个体域，$F(x)$：x 为人，$G(x)$：x 长着黑头发，则 A 又被解释成"人都长着黑头发"，这是假命题.

如果公式中有自由出现的变元，在给定的解释下，用特定的个体常元取代每一个自由出现的变元，称作解释下的一个**赋值**.

一阶谓词逻辑公式也分成 3 类：

(1) 若 A 在任何解释及该解释下的任何赋值下都为真，则称 A 为**永真式**；

(2) 若 A 在任何解释及该解释下的任何赋值下均为假，则称 A 为**永假式**；

(3) 若 A 至少存在一个成真的解释及该解释下的赋值，则称 A 为**可满足式**.

六、一阶谓词逻辑等值式与基本等值式

设 A,B 为二公式，若 $A\leftrightarrow B$ 为永真式，则称 A 与 B 等值，记为 $A\Leftrightarrow B$，并称 $A\Leftrightarrow B$ 为等值式.

有以下基本等值式：

1. 量词否定等值式：

(1) $\neg \forall x A(x) \Leftrightarrow \exists x \neg A(x)$；

(2) $\neg \exists x A(x) \Leftrightarrow \forall x \neg A(x)$.

2. 量词辖域收缩与扩张等值式(B 中不含自由出现的 x)：

(1) $\forall x(A(x) \vee B) \Leftrightarrow \forall x A(x) \vee B$；　(2) $\forall x(A(x) \wedge B) \Leftrightarrow \forall x A(x) \wedge B$；

(3) $\forall x(A(x) \rightarrow B) \Leftrightarrow \exists x A(x) \rightarrow B$；　(4) $\forall x(B \rightarrow A(x)) \Leftrightarrow B \rightarrow \forall x A(x)$；

(5) $\exists x(A(x) \vee B) \Leftrightarrow \exists x A(x) \vee B$；　(6) $\exists x(A(x) \wedge B) \Leftrightarrow \exists x A(x) \wedge B$；

(7) $\exists x(A(x) \rightarrow B) \Leftrightarrow \forall x A(x) \rightarrow B$；　(8) $\exists x(B \rightarrow A(x)) \Leftrightarrow B \rightarrow \exists x A(x)$.

3. 量词分配等值式：

(1) $\forall x(A(x) \wedge B(x)) \Leftrightarrow \forall x A(x) \wedge \forall x B(x)$；

(2) $\exists x(A(x) \vee B(x)) \Leftrightarrow \exists x A(x) \vee \exists x B(x)$.

(1)说明，全称量词对“$\wedge$”有分配律. 注意，全称量词对“$\vee$”不适合分配律. (2)说明，存在量词对“$\vee$”有分配律，而对“$\wedge$”不适合分配律. 以上两点说明，在应用中要特别注意.

此外，在有限个体域 $D=\{a_1, a_2, \cdots, a_n\}$ 中可消去量词：

(1) $\forall x A(x)$可写成 $A(a_1) \wedge A(a_2) \wedge \cdots \wedge A(a_n)$；

(2) $\exists x A(x)$可写成 $A(a_1) \vee A(a_2) \vee \cdots \vee A(a_n)$.

还应该指出的是，命题逻辑中的基本等值式在一阶谓词逻辑中也均成立，只是其中的公式均为一阶谓词逻辑公式罢了.

七、前束范式

若公式 A 具有如下形式

$$Q_1 x_1 Q_2 x_2 \cdots Q_k x_k B,$$

则称 A 为**前束范式**. 其中 $Q_i(1 \leqslant i \leqslant k)$为$\forall$或$\exists$，$B$ 中不含量词.

将公式 A 化成与之等值的前束范式时，除了利用基本的等值式外，有时还用到换名规则.

换名规则　将公式 A 中某量词辖域中出现的某个约束出现的个体变元及相应的指导变元 x_i，都改成公式 A 中没出现过的 x_j，所得公式 $A' \Leftrightarrow A$.

例如，$\forall x(F(x) \rightarrow G(x, y)) \Leftrightarrow \forall z(F(z) \rightarrow G(z, y))$.

下面以求 $\forall x F(x) \vee \neg \exists x G(x, y)$的前束范式为例，说明求前束范式的过程.

$\forall x F(x) \vee \neg \exists x G(x, y)$

$\Leftrightarrow \forall x F(x) \vee \forall x \neg G(x, y)$　　(量词否定等值式)

$\Leftrightarrow \forall x F(x) \vee \forall z \neg G(z, y)$　　(换名规则)

$\Leftrightarrow \forall x(F(x) \vee \forall z \neg G(z, y))$　　(辖域扩张等值式)

$\Leftrightarrow \forall x \forall z(F(x) \vee \neg G(z, y))$　　(辖域扩张等值式)

$\Leftrightarrow \forall x \forall z(G(z, y) \rightarrow F(x))$　　(蕴涵等值式)

最后两步都是原公式的前束范式.

八、重要的推理定律

同在命题逻辑中一样，在一阶谓词逻辑中仍称永真的蕴涵式为推理定律. 常用的推理定律有下面 4 条：

(1) $\forall xA(x) \vee \forall xB(x) \Rightarrow \forall x(A(x) \vee B(x))$；

(2) $\exists x(A(x) \wedge B(x)) \Rightarrow \exists xA(x) \wedge \exists xB(x)$；

(3) $\forall x(A(x) \rightarrow B(x)) \Rightarrow \forall xA(x) \rightarrow \forall xB(x)$；

(4) $\forall x(A(x) \rightarrow B(x)) \Rightarrow \exists xA(x) \rightarrow \exists xB(x)$.

在使用以上 4 条推理定律时，千万注意，别将它们当成等值式用，这样会犯错误的.

1.2 集合的概念及集合之间的关系

自从 19 世纪末著名的德国数学家康托(G. Cantor 1845—1918)为集合论做奠基工作以来，集合论在一百多年的时间里，已经成为数学中不可缺少的基本的描述工具，集合已成了数学中最为基本的概念.

集合论分为两种体系，一种是朴素集合论体系，也称为康托集合论体系；另一种是公理集合论体系. 本书不讨论公理集合论体系，在前 6 章介绍的是朴素集合论体系中的主要内容. 在朴素集合论体系中，有些概念，特别是关于集合的概念是不能精确定义的. 我们不给集合下严格定义，这丝毫不会影响对集合的理解.

一般地，人们用大写英文字母 $A,B,C,\cdots$ 表示集合，用小写英文字母 $a,b,c,\cdots$ 表示集合中的元素. 用 $a \in A$ 表示 a 为 A 的元素，读作 a 属于 A，而用 $a \notin A$ 表示 a 不是 A 中的元素，读作 a 不属于 A. 一般用两种方法表示集合.

列举法：列出集合中的全体元素，元素之间用逗号分开，然后用花括号括起来. 设 A 是由 a,b,c,d 为元素的集合，B 是正偶数集合，则 $A=\{a,b,c,d\}$，$B=\{2,4,6,\cdots\}$.

描述法：用谓词 $P(x)$ 表示 x 具有性质 P，用 $\{x \mid P(x)\}$ 表示具有性质 P 的集合，例如，$P_1(x)$：x 是英文字母，$P_2(y)$：y 是十进制数字，则 $C=\{x \mid P_1(x)\}$，$D=\{y \mid P_2(y)\}$ 分别表示 26 个英文字母集合和 10 个十进制数字集合.

对于集合的表示法应该注意以下几点：

(1) 集合中的元素是各不相同的.

(2) 集合中的元素不规定顺序.

(3) 集合的两种表示法有时是可以互相转化的. 例如列举法中的 B 可用描述法表示为 $B=\{x \mid x>0$ 且 x 为偶数$\}$ 或 $\{x \mid x=2(k+1), k$ 为非负整数$\}$.

为方便起见，本书中指定 N,Z,Q,R,C 分别表示自然数集合(含 0)，整数集合，有理数集合，实数集合和复数集合. 有了这个规定之后，列举法中的 B 又可表示为 $\{x \mid x \in N$ 且 x 为非 0 偶数$\}$，或 $\{x \mid x=2(k+1)$ 且 $k \in N\}$. 由此可见，表示一个集合的方法是很灵活多变的，当然要注意准确性和简洁性. 下面讨论集合之间的关系.

定义 1.1 设 A,B 为二集合，若 B 中的每个元素都是 A 中的元素，则称 B 是 A 的**子集**，也称 A 包含 B 或 B 含于 A，记作 $B \subseteq A$. 其符号化形式为 $B \subseteq A \Leftrightarrow \forall x(x \in B \rightarrow x \in A)$.

若 B 不是 A 的子集，则记作 $B \nsubseteq A$，其符号化形式为 $B \nsubseteq A \Leftrightarrow \exists x(x \in B \wedge x \notin A)$.

设 $A=\{a,b,c\}$，$B=\{a,b,c,d\}$，$C=\{a,b\}$，则 $A \subseteq B$，$C \subseteq A$，$C \subseteq B$.

定义 1.2 设 A,B 为二集合，若 A 包含 B 且 B 包含 A，则称 A 与 B **相等**，记作 $A=B$. 即

$$A=B \Leftrightarrow \forall x(x \in A \leftrightarrow x \in B).$$

设 $A=\{2\}, B=\{1,4\}, C=\{x \mid x^2-5x+4=0\}, D=\{x \mid x$ 为偶素数$\}$，则 $A=D$ 且 $B=C$.

设 A,B,C 为 3 个集合，容易证明下面 3 个命题为真：

(1) $A\subseteq A$；(2) 若 $A\subseteq B$ 且 $A\neq B$，则 $B\not\subseteq A$；(3) 若 $A\subseteq B$ 且 $B\subseteq C$，则 $A\subseteq C$.

定义 1.3 设 A,B 为二集合，若 A 为 B 的子集，且 $A\neq B$，则称 A 为 B 的**真子集**，或称 B 真包含 A，记作 $A\subset B$. 即 $A\subset B \Leftrightarrow A\subseteq B \wedge A\neq B$.

若 A 不是 B 的真子集，则记作 $A\not\subset B$，其符号化形式为

$$A\not\subset B \Leftrightarrow \exists x(x\in A \wedge x\notin B) \vee (A=B).$$

设 A,B,C 为 3 个集合，从定义不难看出下面 3 个命题为真：

(1) $A\not\subset A$；(2) 若 $A\subset B$，则 $B\not\subset A$；(3) 若 $A\subset B$ 且 $B\subset C$，则 $A\subset C$.

定义 1.4 不拥有任何元素的集合称为**空集合**，简称为**空集**，记作 $\varnothing$[①].

$$\{x \mid x^2+1=0 \wedge x\in R\},\{(x,y) \mid x^2+y^2<0 \wedge x,y\in R\}\text{都是空集.}$$

定理 1.1 空集是一切集合的子集.

证明 只要证明，对于任意的集合 A，均有 $\varnothing\subseteq A$ 成立，即证明 $\forall x(x\in\varnothing \rightarrow x\in A)$ 为真，这是显然的. ▌

推论 空集是惟一的.

证明 设 $\varnothing_1$ 与 $\varnothing_2$ 都是空集，由定理 1.1 可知 $\varnothing_1\subseteq\varnothing_2 \wedge \varnothing_2\subseteq\varnothing_1$，所以，$\varnothing_1=\varnothing_2$. ▌

由推论可知，空集无论以什么形式出现，它们都是相等的. 因而

$$\{x \mid x\neq x\}=\{x \mid x^2+1=0 \wedge x\in R\}=\varnothing.$$

空集是一切集合的子集，从这个意义上看，可以形象地说：$\varnothing$ 是“最小”的集合. 有无最大的集合呢？回答是否定的，但当讨论某具体问题时，可以定义一个具有相对性的“最大”集合.

定义 1.5 如果限定所讨论的集合都是某一集合的子集，则称该集合为**全集**，常记为 E.

从定义可以看出，全集的概念具有相对性. 例如，当我们讨论区间 (a,b) 上实数的性质时，可将 (a,b) 取为全集，当讨论 $[0,+\infty)$ 上实数性质时，可将区间 $[0,+\infty)$ 取成全集. 这说明全集是根据具体情况而决定的，因而具有相对性.

又容易发现，根据某一具体情况定义的全集是不惟一的. 讨论区间 (a,b) 上实数性质时，当然可以取 (a,b) 为全集，也可以取区间 $[a,b)$，$(a,b]$，$(a,+\infty)$，实数集 R 等为全集. 又如，当讨论的集合都是 $A=\{a,b,c\}$ 的子集时，可以取 A 为全集，也可以取 $B=\{a,b,c,d\}$ 为全集，其实，可以取包含 A 的一切集合为全集，而 A 是所要求的全集中“最小”的全集，但找不到所要求的“最大”的全集.

给定若干个集合后，都可以找到包含它们的全集，因而在今后的讨论中，所涉及的集合都可以看成某个全集 E 的子集.

定义 1.6 设 A 为一个集合，称由 A 的所有子集组成的集合为 A 的**幂集**，记作 $P(A)$[②]. 用描述法表示为 $P(A)=\{x \mid x\subseteq A\}$.

为方便起见，本书中规定，$\varnothing$ 为 **0 元集**，含 1 个元素的集合为**单元集**或 **1 元集**，含 2 个元素的集合为 **2 元集**，…，含 n 个元素的集合为 ***n* 元集**$(n\geqslant 1)$. 用 $|A|$ 表示 A 中的元素个数，当 A

---

① $\varnothing$ 是丹麦字母，发音为“ugh”.

② 有的书上用 2^A 表示 A 的幂集.

中的元素个数为有限数时，A 为**有穷集**或**有限集**[①].

为了求出给定集合 A 的幂集，首先求出 A 的由低到高元的所有子集，再将它们组成集合即可. 设 $A=\{a,b,c\}$，求 $P(A)$ 的步骤如下：

0 元子集为：$\varnothing$；

1 元子集为：$\{a\},\{b\},\{c\}$；

2 元子集为：$\{a,b\},\{a,c\},\{b,c\}$；

3 元子集为：$\{a,b,c\}=A$.

A 的幂集 $P(A)=\{\varnothing,\{a\},\{b\},\{c\},\{a,b\},\{a,c\},\{b,c\},\{a,b,c\}\}$.

从以上的讨论不难证明下面定理.

定理 1.2 设集合 A 的元素个数 $|A|=n$（n 为自然数），则 $|P(A)|=2^n$.

除了 $P(A)$ 这样由集合构成的集合外，在数学中还会遇到许多其他形式的由集合构成的集合，统称这样的集合为**集族**. 若将集族中的集合都赋予记号，则可得带指标集的集族，见下面定义.

定义 1.7 设 $\mathscr{A}$ 为一个集族，S 为一个集合，若对于任意的 $\alpha\in S$，存在惟一的 $A_\alpha\in\mathscr{A}$ 与之对应，而且 $\mathscr{A}$ 中的任何集合都对应 S 中的某一元素，则称 $\mathscr{A}$ 是以 S 为指标集的**集族**，S 称为 $\mathscr{A}$ 的**指标集**. 常记 $\mathscr{A}=\{A_\alpha|\alpha\in S\}$，或 $\mathscr{A}=\{A_\alpha\}_{\alpha\in S}$.

如果将 $\varnothing$ 看成集族，则称 $\varnothing$ 为**空集族**.

设 $A_1=\{x|x\in N\wedge x$ 为奇数$\}$，$A_2=\{x|x\in N\wedge x$ 为偶数$\}$，则 $\{A_1,A_2\}$ 是以 $\{1,2\}$ 为指标集的集族.

设 p 为一素数，$A_k=\{x|x=k(\mathrm{mod}\ p)\}$，$k=0,1,\cdots,p-1$，则 $\mathscr{A}=\{A_0,A_1,\cdots,A_{p-1}\}$ 是以 $\{0,1,2,\cdots,p-1\}$ 为指标集的集族，也可以记为 $\mathscr{A}=\{A_k\mid k\in\{0,1,\cdots,p-1\}\}$，或 $\mathscr{A}=\{A_k\}_{k\in\{0,1,2,\cdots,p-1\}}$.

设 $A_n=\{x|x\in N\wedge x=n\}$，则 $\mathscr{A}=\{A_n|n\in N\}$ 是以 N 为指标集的集族，集族中的元素为以各自然数为元素的单元集.

令 $N_+=N-\{0\}$，设 $A_n=\left\{x|0\leqslant x<\dfrac{1}{n}\wedge n\in N_+\right\}$，则 $\mathscr{A}=\{A_n|n\in N_+\}$ 是以 N_+ 为指标集的集族，其元素为半开半闭区间 $\left[0,\dfrac{1}{n}\right)$，$n=1,2,\cdots$.

在本节结束之前，略谈一下多重集合的概念，前面谈到的集合都是由不同对象（元素）组成的. 某元素在集合中无论重复出现多少次，仍看成是一个元素. 而在实际中，某一元素的重复出现往往表达了某种实际意义. 例如，在某项工程中所需要的工程技术人员的种类可用集合 $A=\{$电机工程师，机械工程师，数学家，制图员，程序员$\}$表示，但从集合 A 看不出所需要人员的数量，于是引出多重集合的概念.

设全集为 E，E 中元素可以不止一次在 A 中出现的集合 A，称为**多重集合**. 若 E 中元素 a 在 A 中出现 $k(k\geqslant 0)$ 次，则称 a 在 A 中的**重复度**为 k.

设全集 $E=\{a,b,c,d,e\}$. $A=\{a,a,b,b,c\}$ 为多重集合，其中 a,b 的重复度为 2，c 的重复度为 1，而 d,e 的重复度均为 0.

其实，集合可看成是各元素重复度均小于等于 1 的多重集合.

---

① 在本小节所给出的概念，在第五章还要给出严格的定义或表示法.

在图论等课程中用到多重集合的概念.本书集合论部分只讨论集合而不讨论多重集合,因而谈到集合都不是多重集合,集合中的元素是各不相同的.

1.3 集合的运算

给定两个集合 A,B,除了关心 A,B 之间是否有包含或相等的关系外,有时还要讨论至少属于 A,B 之一的元素组成的集合,或既属于 A 又属于 B 的全体元素组成的集合,以及属于 A 而不属 B 的全体元素组成的集合等,这些新的集合是通过集合的并、交、补等基本运算产生的.

定义 1.8 设 A,B 为二集合,称由 A 和 B 的所有元素组成的集合为 A 与 B 的**并集**,记作 $A\cup B$,称 $\cup$ 为**并运算符**,$A\cup B$ 的描述法表示为 $A\cup B=\{x\mid x\in A\vee x\in B\}$.

设 $A=\{x\mid x\in N\wedge 5\leqslant x\leqslant 10\}$, $B=\{x\mid x\in N\wedge x\leqslant 10\wedge x$ 为素数$\}$, 则

$$A\cup B=\{2,3,5,6,7,8,9,10\}.$$

可以将集合的并运算推广到有限个或可数个集合[①]. 设 $A_1,A_2,\cdots,A_n$ 为 n 个集合,

$$A_1\cup A_2\cup\cdots\cup A_n=\{x\mid \exists i(1\leqslant i\leqslant n\wedge x\in A_i)\},$$

简记为

$$\bigcup_{i=1}^{n}A_i.$$

类似地,对于可数个集合 $A_1,A_2,\cdots$,记 $A_1\cup A_2\cup\cdots=\bigcup_{i=1}^{\infty}A_i$ 为其并集.

设 $A_n=\{x\mid x\in R\wedge n-1\leqslant x\leqslant n\}$, $n=1,2,\cdots,10$, 则

$$\bigcup_{n=1}^{10}A_n=\{x\mid x\in R\wedge 0\leqslant x\leqslant 10\}=[0,10].$$

设 $A_n=\left\{x\mid x\in R\wedge 0\leqslant x\leqslant \frac{1}{n}\right\}$, $n=1,2,\cdots$, 则

$$\bigcup_{n=1}^{\infty}A_n=\{x\mid x\in R\wedge 0\leqslant x\leqslant 1\}=[0,1].$$

定义 1.9 设 A,B 为二集合,称由 A 和 B 的公共元素组成的集合为 A 与 B 的**交集**,记作 $A\cap B$,称 $\cap$ 为**交运算符**. $A\cap B$ 的描述法表示为 $A\cap B=\{x\mid x\in A\wedge x\in B\}$.

设 $A=\{x\mid x\in N\wedge x$ 为奇数 $\wedge 0\leqslant x\leqslant 20\}$, $B=\{x\mid x\in N\wedge x$ 为素数 $\wedge 0\leqslant x\leqslant 20\}$,则

$$A\cap B=\{3,5,7,11,13,17,19\}.$$

同并运算类似,可以将集合的交推广到有限个或可数个集合:

$$A_1\cap A_2\cap\cdots\cap A_n=\bigcap_{i=1}^{n}A_i=\{x\mid \forall i(1\leqslant i\leqslant n\rightarrow x\in A_i)\}.$$

类似定义

$$A_1\cap A_2\cap\cdots=\bigcap_{n=1}^{\infty}A_n.$$

设 $A_n=\{x\mid x\in R\wedge 0\leqslant x\leqslant n\}$, $n=1,2,\cdots$, 则

$$\bigcap_{n=1}^{\infty}A_n=\{x\mid x\in R\wedge 0\leqslant x\leqslant 1\}=[0,1].$$

定义 1.10 设 A,B 为二集合,若 $A\cap B=\varnothing$,则称 A,B 是**不交的**,设 $A_1,A_2,\cdots$ 是可数个集合,若对于任意的 $i\neq j$,均有 $A_i\cap A_j=\varnothing$,则称 $A_1,A_2,\cdots$ 是**互不相交的**.

设 $A_n=\{x\mid x\in R\wedge n-1<x<n\}$, $n=1,2,\cdots$, 则 $A_1,A_2,\cdots$ 是互不相交的.

---

① 有限和可数集的定义在第四章介绍.

定义 1.11 设 A,B 为二集合，称属于 A 而不属于 B 的全体元素组成的集合为 B 对 A 的**相对补集**，记作 $A-B$，称－为**相对补运算符**. $A-B$ 的描述法表示为

$$A-B=\{x\mid x\in A\wedge x\notin B\}.$$

定义 1.12 设 A,B 为二集合，称属于 A 而不属于 B，或属于 B 而不属于 A 的全体元素组成的集合为 A 与 B 的**对称差**，记作 $A\oplus B$，称 $\oplus$ 为**对称差运算符**. $A\oplus B$ 的描述法表示为

$$A\oplus B=\{x\mid(x\in A\wedge x\notin B)\vee(x\notin A\wedge x\in B)\}.$$

容易看出，$A\oplus B=(A-B)\cup(B-A)=(A\cup B)-(A\cap B)$.

定义 1.13 设 E 为全集，$A\subseteq E$，称 A 对 E 的相对补集为 A 的**绝对补集**，并将 $E-A$ 简记为 $\sim A$，称～为**绝对补运算符**. $\sim A$ 的描述法表示为 $\sim A=\{x\mid x\in E\wedge x\notin A\}$. 因为 E 是全集，所以 $x\in E$ 是真命题，于是 $\sim A=\{x\mid x\notin A\}$.

设 $A=\{x\mid x\in R\wedge 0\leqslant x<2\}$，$B=\{x\mid x\in R\wedge 1\leqslant x<3\}$，则

$$A-B=\{x\mid x\in R\wedge 0\leqslant x<1\}=[0,1);$$
$$B-A=\{x\mid x\in R\wedge 2\leqslant x<3\}=[2,3);$$
$$A\oplus B=\{x\mid x\in R\wedge(0\leqslant x<1\vee 2\leqslant x<3)\}=[0,1)\cup[2,3).$$

当将实数集 R 作为全集时，

$$\begin{aligned}\sim A&=\{x\mid x\in R\wedge(-\infty<x<0\vee 2\leqslant x<+\infty)\}\\&=(-\infty,0)\cup[2,+\infty).\end{aligned}$$

以上定义了集合的并、交、补运算，还可以将并、交运算推广到集族上.

定义 1.14 设 $\mathscr{A}$ 为一个集族，称由 $\mathscr{A}$ 中全体元素的元素组成的集合为 $\mathscr{A}$ 的**广义并集**，记作 $\cup\mathscr{A}$，称 $\cup$ 为**广义并运算符**，读作“大并”. $\cup\mathscr{A}$ 的描述法表示为

$$\cup\mathscr{A}=\{x\mid\exists z(z\in\mathscr{A}\wedge x\in z)\}.$$

设 $\mathscr{A}=\{\{a,b\},\{c,d\},\{d,e,f\}\}$，则 $\cup\mathscr{A}=\{a,b,c,d,e,f\}$.

当 $\mathscr{A}$ 是以 S 为指标集的集族时，$\cup\mathscr{A}=\cup\{A_\alpha\mid\alpha\in S\}=\bigcup\limits_{\alpha\in S}A_\alpha$.

定义 1.15 设 $\mathscr{A}$ 为非空的集族，称由 $\mathscr{A}$ 中全体元素的公共元素组成的集合为 $\mathscr{A}$ 的**广义交集**，记作 $\cap\mathscr{A}$，称 $\cap$ 为**广义交运算符**，读作“大交”. $\cap\mathscr{A}$ 的描述法表示为

$$\cap\mathscr{A}=\{x\mid\forall z(z\in\mathscr{A}\rightarrow x\in z)\}.$$

设 $\mathscr{A}=\{\{1,2,3\},\{1,a,b\},\{1,6,7\}\}$，则 $\cap\mathscr{A}=\{1\}$.

当 $\mathscr{A}$ 是以 S 为指标集的集族时，$\cap\mathscr{A}=\cap\{A_\alpha\mid\alpha\in S\}=\bigcap\limits_{\alpha\in S}A_\alpha$.

另外，在广义并与广义交的运算中，将集族中的元素仍看成集族，给定下列集族：

$$\mathscr{A}_1=\{a,b,\{c,d\}\},\quad \mathscr{A}_2=\{\{a,b\}\},\quad \mathscr{A}_3=\{a\},$$
$$\mathscr{A}_4=\{\varnothing,\{\varnothing\}\},\quad \mathscr{A}_5=a\ (a\neq\varnothing),\quad \mathscr{A}_6=\varnothing.$$

不难看出，它们的广义并集和广义交集分别为：

$\cup\mathscr{A}_1=a\cup b\cup\{c,d\}$，　$\cap\mathscr{A}_1=a\cap b\cap\{c,d\}$，　$\cup\mathscr{A}_2=\{a,b\}$，

$\cap\mathscr{A}_2=\{a,b\}$，　$\cup\mathscr{A}_3=a$，　$\cap\mathscr{A}_3=a$，

$\cup\mathscr{A}_4=\{\varnothing\}$，　$\cap\mathscr{A}_4=\varnothing$，　$\cup\mathscr{A}_5=\cup a$，

$\cap\mathscr{A}_5=\cap a$，　$\cup\mathscr{A}_6=\varnothing$，　$\cap\mathscr{A}_6$ 无意义.

相对于广义并和广义交的概念来说，我们将定义 1.8 和定义 1.9 中给出的并和交分别称为**初级并**和**初级交**. 为了规定运算的优先级，将以上各种运算（将求集合的幂集也看成运算）分

成两类，其中的绝对补、求幂集、广义并、广义交为第1类运算，而将初级并、初级交、相对补、对称差等运算称为第2类运算. 在第1类运算中，按由右向左的顺序进行，在第2类运算中，顺序往往由括号①来决定，多个括号并排或无括号部分按由左向右的顺序进行.

集合与集合之间的关系以及一些运算结果可用文氏图给予直观的描述. 在文氏图中，用矩形代表全集，用圆或其他闭曲线的内部代表 E 的子集，并将运算结果得到的集合用阴影部分表示. 需要注意的是，文氏图只是对某些集合之间的关系及运算结果给出一种直观而形象的示意性的表示，而不能用来证明集合等式及包含关系.

集合的运算和文氏图的结合，可以应用到有穷集合的计数问题中去. 用归纳法容易证明下面定理.

定理 1.3 设 $A_1, A_2, \cdots, A_n$ 为 n 个集合，则

$$\left|\bigcup_{i=1}^{n} A_i\right| = \sum_{i=1}^{n} |A_i| - \sum_{i<j} |A_j \cap A_j| + \sum_{i<j<k} |A_i \cap A_j \cap A_k| - \cdots + (-1)^{n-1} |A_1 \cap A_2 \cap \cdots \cap A_n|.$$

此定理称为**包含排斥原理**，简称**容斥原理**②.

【例 1.1】 在1到10000之间既不是某个整数的平方，也不是某个整数的立方的数有多少个？

解 设全集 $E=\{x \mid x \in N \land 1 \leqslant x \leqslant 10000\}$，

$A=\{x \mid x \in E \land x$ 是某个整数的平方$\}$，$B=\{x \mid x \in E \land x$ 是某个整数的立方$\}$.

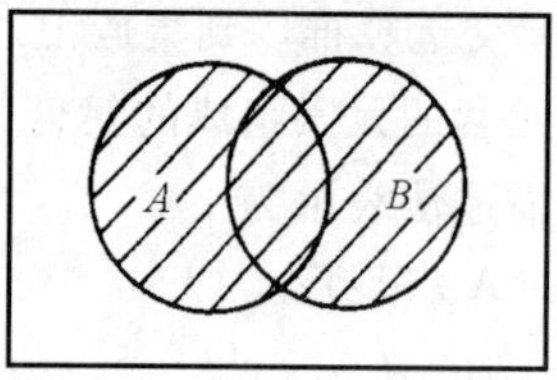

(a) $A \cup B$

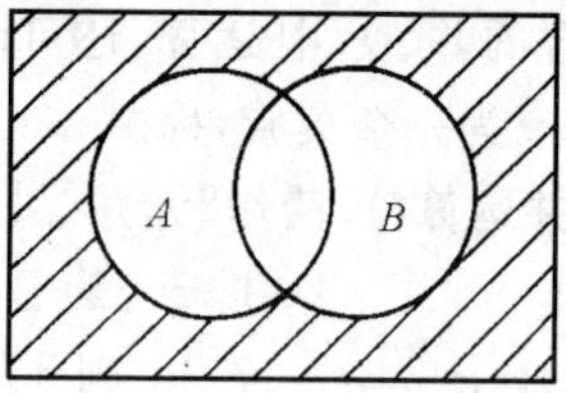

(b) $\sim(A \cup B)$

图 1.1

$A \cup B$ 的文氏图为图1.1中(a)所示，$\sim(A \cup B)$ 的文氏图为(b)所示. 为了求 $|\sim(A \cup B)|$，首先求 $|A \cup B|$. 由容斥原理可知：$|A \cup B| = |A| + |B| - |A \cap B|$. 而 $|A| = 100$，$|B| = 21$，$|A \cap B| = 4$（$A \cap B$ 的4个元素为1，64，729和4096），于是

$$|A \cup B| = 100 + 21 - 4 = 117, \quad |\sim(A \cup B)| = 10000 - 117 = 9883.$$

【例 1.2】 对24名科技人员进行掌握外语情况的调查，其统计资料如下：会说英、日、德、法语的人数分别为13，5，10和9. 其中同时会说英语、日语的人数为2. 同时会说英语、德语、或同时会说英语、法语，或同时会说德语、法语两种语言的人数均为4. 会说日语的人既不会说法语也不会德语. 试求只会说一种语言的人数各为多少？又同时会说英、德、法语的人数为多少？

解 设 A, B, C, D 分别为会说英、日、德、法语人的集合. 由已知条件可知：

$|A| = 13$，$|B| = 5$，$|C| = 10$，$|D| = 9$，$|A \cap B| = 2$，而 $|A \cap C| = |A \cap D| = |C \cap D| = 4$，$|B \cap C| = |B \cap D| = |A \cap B \cap C| = |A \cap B \cap D| = |B \cap C \cap D| = |A \cap B \cap C \cap D| = 0$，

---

① 本书中的括号均为圆括号.

② 在组合数学中'还将'进一步讨论容斥原理.

$|A \cup B \cup C \cup D| = 24$.

对集合 A,B,C,D 应用容斥原理,并代入已知条件得方程 $24=37-14+|A \cap C \cap D|$. 于是,$|A \cap C \cap D|=1$,这说明同时会说英、德、法语的只有 1 人.

设只会说英、日、德、法语的人数分别为 x_1,x_2,x_3,x_4,则

$$\begin{aligned} x_1 &= |A| - |(B \cup C \cup D) \cap A| \\ &= |A| - |(B \cap A) \cup (C \cap A) \cup (D \cap A)|. \end{aligned}$$

对 $B \cap A, C \cap A, D \cap A$ 应用容斥原理,得 $x_1=4$.

类似地可求出:$x_2=3, x_3=3, x_4=2$.

1.4 基本的集合恒等式

在上节里介绍了基本的集合运算,这些运算都满足一定的性质,对于集合的初级并、初级交、相对补、绝对补等的运算性质在这里一并给出,它们都是基本的集合恒等式,在集合演算中均起很重要的作用,用这些基本的集合恒等式可以推导出许多新的集合等式和包含式.

设 E 为全集,A,B,C 为 E 的任意子集,则下面列出的运算规律成立:

(1) **幂等律** $A \cup A=A$; $A \cap A=A$.

(2) **交换律** $A \cup B=B \cup A$; $A \cap B=B \cap A$.

(3) **结合律** $(A \cup B) \cup C=A \cup (B \cup C)$; $(A \cap B) \cap C=A \cap (B \cap C)$.

(4) **分配律** $A \cup (B \cap C)=(A \cup B) \cap (A \cup C)$; $A \cap (B \cup C)=(A \cap B) \cup (A \cap C)$.

(5) **德·摩根律**

绝对形式 $\sim(A \cup B)=\sim A \cap \sim B$, $\sim(A \cap B)=\sim A \cup \sim B$;

相对形式 $A-(B \cup C)=(A-B) \cap (A-C)$, $A-(B \cap C)=(A-B) \cup (A-C)$.

(6) **吸收律** $A \cup (A \cap B)=A$; $A \cap (A \cup B)=A$.

(7) **零律** $A \cup E=E$; $A \cap \varnothing=\varnothing$.

(8) **同一律** $A \cup \varnothing=A$; $A \cap E=A$.

(9) **排中律** $A \cup \sim A=E$.

(10) **矛盾律** $A \cap \sim A=\varnothing$.

(11) **余补律** $\sim\varnothing=E$; $\sim E=\varnothing$.

(12) **双重否定律** $\sim(\sim A)=A$.

(13) **补交转换律** $A-B=A \cap \sim B$.

常称以上 13 组集合等式为**集合恒等式**. 它们的正确性均可由相应的命题等值式证明,即由定义证明. 有的恒等式也可由其他恒等式证明.

另外,还应该指出,有些运算规律如交换律、结合律、分配律、德·摩根律、吸收律等可以推广到集族的情况. 设 $\{A_\alpha\}_{\alpha \in S}$ 为集族,B 为一集合,则分配律的形式为:

$$B \cup (\bigcap \{A_\alpha\}_{\alpha \in S}) = \bigcap_{\alpha \in S} (B \cup A_\alpha); \quad B \cap (\bigcup \{A_\alpha\}_{\alpha \in S}) = \bigcup_{\alpha \in S} (B \cap A_\alpha).$$

而德·摩根律的形式为:

$$\sim \bigcup \{A_\alpha\}_{\alpha \in S} = \bigcap_{\alpha \in S} \sim A_\alpha; \quad B - \bigcup \{A_\alpha\}_{\alpha \in S} = \bigcap_{\alpha \in S} (B - A_\alpha);$$

$$\sim \bigcap \{A_\alpha\}_{\alpha \in S} = \bigcup_{\alpha \in S} \sim A_\alpha; \quad B - \bigcap \{A_\alpha\}_{\alpha \in S} = \bigcup_{\alpha \in S} (B - A_\alpha).$$

下面举例说明推导集合等式和包含式的过程.如果是由定义证明集合等式和包含式,则将尽量地采取一阶谓词逻辑的演算规则进行演算,但不可能是完全形式化的推导,因而就称采用的方法为半形式化的方法,请见下面例题.

【例 1.3】 由定义证明下面的恒等式:

(1) 分配律:$A\cup(B\cap C)=(A\cup B)\cap(A\cup C)$;

(2) 零律:$A\cap\varnothing=\varnothing$;

(3) 排中律:$A\cup\sim A=E$.

证明 (1) 对于任意的 x,

$x\in A\cup(B\cap C)$

$\Leftrightarrow x\in A\vee x\in(B\cap C)$

$\Leftrightarrow x\in A\vee(x\in B\wedge x\in C)$

$\Leftrightarrow (x\in A\vee x\in B)\wedge(x\in A\vee x\in C)$ (命题逻辑分配律)

$\Leftrightarrow x\in(A\cup B)\wedge x\in(A\cup C)$

$\Leftrightarrow x\in(A\cup B)\cap(A\cup C)$,

所以,$A\cup(B\cap C)=(A\cup B)\cap(A\cup C)$.

(2) 对于任意的 x,

$x\in A\cap\varnothing$

$\Leftrightarrow x\in A\wedge x\in\varnothing$

$\Leftrightarrow x\in A\wedge 0$

$\Leftrightarrow 0$, (命题逻辑零律)

所以,$x\in A\cap\varnothing$ 为假命题,即 $A\cap\varnothing$ 中无元素,因而 $A\cap\varnothing=\varnothing$.

(3) 对于任意的 x,

$x\in A\cup\sim A$

$\Leftrightarrow x\in A\vee x\in\sim A$

$\Leftrightarrow x\in A\vee x\notin A$

$\Leftrightarrow x\in A\vee\neg x\in A$

$\Leftrightarrow 1$ (命题逻辑排中律)

$\Leftrightarrow x\in E$,

因而,$A\cup\sim A=E$. ▌

【例 1.4】 用其他的恒等式证明吸收律.

证明

$A\cup(A\cap B)$

$=(A\cap E)\cup(A\cap B)$ (同一律)

$=A\cap(E\cup B)$ (分配律)

$=A\cap E$ (零律)

$=A$. (同一律)

由同一律、分配律、零律等规律证明了吸收律第一式.而

$A\cap(A\cup B)$

$=(A\cap A)\cup(A\cap B)$ (分配律)

$=A\cup(A\cap B)$ （幂等律）

$=A.$ （由第一式）

这就证明了吸收律的第二式.

请读者由定义证明吸收律. ∎

【例 1.5】 证明补交转换律 $A-B=A\cap\sim B$.

证明 对于任意的 x，

$$
\begin{aligned}
& x\in A-B \\
\Leftrightarrow\ & x\in A\wedge x\notin B \\
\Leftrightarrow\ & x\in A\wedge x\in\sim B \\
\Leftrightarrow\ & x\in A\cap\sim B,
\end{aligned}
$$

所以，$A-B=A\cap\sim B$. ∎

补交转换律将补运算转换成交运算，从而可以使用交运算的运算规律.

【例 1.6】 证明德·摩根律的相对形式：

(1) $A-(B\cup C)=(A-B)\cap(A-C)$； (2) $A-(B\cap C)=(A-B)\cup(A-C)$.

证明 (1)

$$
\begin{aligned}
& A-(B\cup C) \\
=\ & A\cap\sim(B\cup C) && \text{（补交转换律）} \\
=\ & A\cap(\sim B\cap\sim C) && \text{（德·摩根律绝对形式）} \\
=\ & (A\cap A)\cap(\sim B\cap\sim C) && \text{（幂等律）} \\
=\ & (A\cap\sim B)\cap(A\cap\sim C) && \text{（交换律、结合律）} \\
=\ & (A-B)\cap(A-C) && \text{（补交转换律）}
\end{aligned}
$$

类似可证(2). ∎

【例 1.7】 证明对称差运算满足以下规律：

(1) 交换律：$A\oplus B=B\oplus A$；

(2) 结合律：$A\oplus(B\oplus C)=(A\oplus B)\oplus C$；

(3) 分配律：$A\cap(B\oplus C)=(A\cap B)\oplus(A\cap C)$；

(4) $A\oplus\varnothing=A, A\oplus E=\sim A$；

(5) $A\oplus A=\varnothing, A\oplus\sim A=E$.

其中，E 为全集.

证明 由定义易证(1)，(4)，(5). 下面只证(2)和(3).

(2) 先由补交转换律可证下述结果：

$$
\begin{aligned}
A\oplus B &=(A-B)\cup(B-A)=(A\cap\sim B)\cup(B\cap\sim A) \\
&=(A\cap\sim B)\cup(\sim A\cap B). \qquad (*)
\end{aligned}
$$

从(2)的左端：

$$
\begin{aligned}
A\oplus(B\oplus C) &=(A\cap\sim(B\oplus C))\cup(\sim A\cap(B\oplus C)) && \text{（用(*)）} \\
&=(A\cap\sim((B\cap\sim C)\cup(\sim B\cap C))) \\
&\quad \cup(\sim A\cap((B\cap\sim C)\cup(\sim B\cap C))) && \text{（再用(*)）} \\
&=(A\cap((\sim B\cup C)\cap(B\cup\sim C)))\cup((\sim A\cap B\cap\sim C)\cup(\sim A\cap\sim B\cap C))
\end{aligned}
$$

$$=(A\cap((\sim B\cap B)\cup(\sim B\cap\sim C)\cup(B\cap C)\cup(C\cap\sim C)))$$
$$\cup(\sim A\cap B\cap\sim C)\cup(\sim A\cap\sim B\cap C)$$
$$=(A\cap\sim B\cap\sim C)\cup(A\cap B\cap C)\cup(\sim A\cap B\cap\sim C)\cup(\sim A\cap\sim B\cap C).$$

再看(2)的右端：

$$(A\oplus B)\oplus C=C\oplus(A\oplus B) \quad \text{(交换律)}$$

由左端的演算结果可知：

$$C\oplus(A\oplus B)$$
$$=(C\cap\sim A\cap\sim B)\cup(C\cap A\cap B)\cup(\sim C\cap A\cap\sim B)\cup(\sim C\cap\sim A\cap B)$$
$$=(\sim A\cap\sim B\cap C)\cup(A\cap B\cap C)\cup(A\cap\sim B\cap\sim C)\cup(\sim A\cap B\cap\sim C).$$

对照两端演算结果可知

$$A\oplus(B\oplus C)=(A\oplus B)\oplus C.$$

(3) 从右边开始演算：

$$(A\cap B)\oplus(A\cap C)$$
$$=((A\cap B)\cap\sim(A\cap C))\cup(\sim(A\cap B)\cap(A\cap C)) \quad \text{(用(*))}$$
$$=(A\cap B\cap\sim A)\cup(A\cap B\cap\sim C)\cup(\sim A\cap A\cap C)\cup(\sim B\cap A\cap C)$$
$$=(A\cap B\cap\sim C)\cup(A\cap\sim B\cap C)$$
$$=A\cap((B\cap\sim C)\cup(\sim B\cap C))$$
$$=A\cap(B\oplus C).$$

▌

【例 1.8】 设 $\mathscr{A},\mathscr{B}$ 为集族，试证明：

(1) 若 $\mathscr{A}\subseteq\mathscr{B}$，则 $\bigcup\mathscr{A}\subseteq\bigcup\mathscr{B}$； (2) 若 $\mathscr{A}\in\mathscr{B}$，则 $\mathscr{A}\subseteq\bigcup\mathscr{B}$；

(3) 若 $\mathscr{A}\neq\varnothing$ 且 $\mathscr{A}\subseteq\mathscr{B}$，则 $\bigcap\mathscr{B}\subseteq\bigcap\mathscr{A}$； (4) 若 $\mathscr{A}\in\mathscr{B}$，则 $\bigcap\mathscr{B}\subseteq\mathscr{A}$；

(5) 若 $\mathscr{A}\neq\varnothing$，则 $\bigcap\mathscr{A}\subseteq\bigcup\mathscr{A}$.

证明 (1) 对于任意的 x，

$$x\in\bigcup\mathscr{A}\Leftrightarrow\exists A(A\in\mathscr{A}\wedge x\in A)\Rightarrow\exists A(A\in\mathscr{B}\wedge x\in A) \quad (\mathscr{A}\subseteq\mathscr{B})$$
$$\Leftrightarrow x\in\bigcup\mathscr{B},$$

所以，$\bigcup\mathscr{A}\subseteq\bigcup\mathscr{B}$.

(2) 若 $\mathscr{A}\in\mathscr{B}$，由广义并集定义可知 $\mathscr{A}\subseteq\bigcup\mathscr{B}$.

(3) 由于 $\mathscr{A}\neq\varnothing$，所以 $\mathscr{B}\neq\varnothing$，故 $\bigcap\mathscr{A}$ 与 $\bigcap\mathscr{B}$ 均有意义. 对于任意的 x，

$$x\in\bigcap\mathscr{B}\Leftrightarrow\forall y(y\in\mathscr{B}\rightarrow x\in y)\Rightarrow\forall y(y\in\mathscr{A}\rightarrow x\in y) \quad (\mathscr{A}\subseteq\mathscr{B})$$
$$\Leftrightarrow x\in\bigcap\mathscr{A},$$

所以，$\bigcap\mathscr{B}\subseteq\bigcap A$.

(4)，(5) 的证明较简单，请读者自己完成.

▌

【例 1.9】 集合幂集运算具有下列性质：

(1) $A\subseteq B$ 当且仅当 $P(A)\subseteq P(B)$； (2) $P(A-B)\subseteq(P(A)-P(B))\cup\{\varnothing\}$.

证明 (1) 先证必要性. 对于任意的 x，

$$x\in P(A)\Leftrightarrow x\subseteq A\Rightarrow x\subseteq B \quad (A\subseteq B)$$
$$\Leftrightarrow x\in P(B),$$

故有 $P(A)\subseteq P(B)$.

再证充分性. 对于任意的 y，

$$y \in A \Leftrightarrow \{y\} \in P(A) \Rightarrow \{y\} \in P(B) \qquad (P(A) \subseteq P(B))$$
$$\Leftrightarrow y \in B.$$

所以，$A \subseteq B$.

(2) 对于任意的集合 $x \in P(A-B)$，

若 $x=\varnothing$，则 $x \in (P(A)-P(B)) \cup \{\varnothing\}$. 若 $x \neq \varnothing$，则

$$\begin{aligned} & x \subseteq A-B \Rightarrow x \subseteq A \wedge x \nsubseteq B \\ \Leftrightarrow\ & x \in P(A) \wedge x \notin P(B) \\ \Leftrightarrow\ & x \in (P(A)-P(B)). \end{aligned}$$

综上所述，可知 $$P(A-B) \subseteq (P(A)-P(B)) \cup \{\varnothing\}.$$ ▍

1.5 集合列的极限

我们可以将数列的极限这一进行无限运算的工具移植到集合论中来.

若集族 $\{A_\alpha\}_{\alpha \in S}$ 的指标集 S 为 N_+，则称集族 $\{A_k\}_{k \in N_+}$ 为**集合列**，简记为 $\{A_k\}$.

设 $\{A_n\}$ 为一个给定的集合列，首先考虑由属于集合列中无限个集合的元素组成的集合，以及由只不属于集合列中有限个集合的元素组成的集合，这样的集合定义如下.

定义 1.16 设 $\{A_k\}$ 为一集合列.

称 $\{x \mid \forall n(n \in N_+ \rightarrow \exists k(k \in N_+ \wedge k \geqslant n \wedge x \in A_k))\}$ 为 $\{A_k\}$ 的**上极限集**，简称**上极限**，记作

$$\overline{\lim_{k \to \infty}} A_k.$$

称 $\{x \mid \exists n_0(n_0 \in N_+ \wedge \forall k(k \in N_+ \wedge k \geqslant n_0 \rightarrow x \in A_k))\}$ 为 $\{A_k\}$ 的**下极限集**，简称**下极限**，记作

$$\underline{\lim_{k \to \infty}} A_k.$$

当 $\overline{\lim\limits_{k \to \infty}} A_k = \underline{\lim\limits_{k \to \infty}} A_k$ 时，称之为 $\{A_k\}$ 的**极限集**，简称**极限**，记作

$$\lim_{k \to \infty} A_k.$$

若 $\{A_k\}$ 有极限，则称 $\{A_k\}$ 是收敛的.

从定义不难看出，$\overline{\lim\limits_{k \to \infty}} A_k$ 中元素属于 $\{A_k\}$ 中无限个集合，而 $\underline{\lim\limits_{k \to \infty}} A_k$ 中元素除可能不属于 $\{A_k\}$ 中有限个集合外，属于 $\{A_k\}$ 中所有集合，因而称 $\underline{\lim\limits_{k \to \infty}} A_k$ 中元素属于几乎所有的 $\{A_k\}$ 中元素.

【例 1.10】 设 S_1, S_2 为两个集合，作集合列如下：

$$A_k = \begin{cases} S_1, & k \text{ 为奇数}, \\ S_2, & k \text{ 为偶数}, \end{cases} \quad k=1,2,\cdots,$$

讨论 $\{A_k\}$ 的收敛情况.

解 易知，$\overline{\lim\limits_{k \to \infty}} A_k = S_1 \cup S_2$，$\underline{\lim\limits_{k \to \infty}} A_k = S_1 \cap S_2$. 当 $S_1 = S_2$ 时，$\{A_k\}$ 收敛于 $S_1(=S_2)$，否则不收敛.

【例 1.11】 设在集合列$\{A_k\}$中，$A_k=[0,k]$，讨论$\{A_k\}$的收敛情况.

解 从定义可知，

$\overline{\lim_{k\to\infty}} A_k = \underline{\lim_{k\to\infty}} A_k = [0,+\infty)$，所以$\{A_k\}$收敛，并且$\lim_{k\to\infty} A_k=[0,+\infty)$.

【例 1.12】 在集合列$\{A_k\}$中，

$$\begin{cases} A_{2k-1}=\left[0,2-\dfrac{1}{2k-1}\right], \\ A_{2k}=\left[0,1+\dfrac{1}{2k}\right], \end{cases} \quad k=1,2,\cdots.$$

确定$\{A_k\}$的上、下极限.

解 将实数集 R 分成 4 个区间：$S_1=(-\infty,0)$，$S_2=[0,1]$，$S_3=(1,2)$，$S_4=[2,+\infty)$. 此时 $S_1\cap A_k=\varnothing$，$S_4\cap A_k=\varnothing$，$S_2\subseteq A_k$，$k=1,2,\cdots$. 而对于任意的 $x\in S_3$，必存在 $k_0(x)$，使得当 $k\geqslant k_0(x)$后，有

$$1+\frac{1}{2k}<x<2-\frac{1}{2k-1},$$

即，当 $k\geqslant k_0(x)$后，有 $x\in A_{2k-1}$，而 $x\notin A_{2k}$. 因而对于任意的 $x\in S_3=(1,2)$，$\{A_k\}$有无限多个集合含 x，又有无限个多个集合不含 x，于是

$$\overline{\lim_{k\to\infty}} A_k=S_2\cup S_3=[0,2), \quad \underline{\lim_{k\to\infty}} A_k=S_2=[0,1].$$

以上结果说明$\{A_k\}$不收敛.

定理 1.4 设$\{A_k\}$为集合列，则

(1) $\underline{\lim_{k\to\infty}} A_k\subseteq \overline{\lim_{k\to\infty}} A_k$； (2) $\overline{\lim_{k\to\infty}} A_k=\bigcap_{n=1}^{\infty}\bigcup_{k=n}^{\infty}A_k$； (3) $\underline{\lim_{k\to\infty}} A_k=\bigcup_{n=1}^{\infty}\bigcap_{k=n}^{\infty}A_k$.

证明 由定义可知，(1) 的成立是显然的，下面证明(2). 首先证明 $\overline{\lim_{k\to\infty}} A_k\subseteq\bigcap_{n=1}^{\infty}\bigcup_{k=n}^{\infty}A_k$. 对于任意的 $x\in\overline{\lim_{k\to\infty}} A_k$，$\{A_k\}$中存在无限个集合

$$A_{k_1},A_{k_2},\cdots$$

含 x，其中 $k_1<k_2<\cdots$. 因而，对于任意的 $n\in N_+$ 存在 $k_r\geqslant n$，使得 $x\in A_{k_r}\subseteq\bigcup_{k=n}^{\infty}A_k$. 因而

$$x\in\bigcap_{n=1}^{\infty}\bigcup_{k=n}^{\infty}A_k.$$

反之，对于任意的 $x\in\bigcap_{n=1}^{\infty}\bigcup_{k=n}^{\infty}A_k$，必有

$$x\in\bigcup_{k=n}^{\infty}A_k, \quad n=1,2,\cdots.$$

又必存在 k_n，使得 $x\in A_{k_n}$，$n=1,2,\cdots$，于是 x 属于$\{A_k\}$中无限个集合，所以

$$x\in\overline{\lim_{k\to\infty}} A_k.$$

类似可证(3)的成立. ∎

定理 1.5 设$\{A_k\}$为一集合列，B 为一集合，则

(1) $B-\overline{\lim_{k\to\infty}} A_k=\underline{\lim_{k\to\infty}}(B-A_k)$； (2) $B-\underline{\lim_{k\to\infty}} A_k=\overline{\lim_{k\to\infty}}(B-A_k)$.

证明 (1)

$$B-\underline{\lim_{k\to\infty}}A_k=B-\bigcap_{n=1}^{\infty}\bigcup_{k=n}^{\infty}A_k \qquad \text{(定理 1.4)}$$

$$=\bigcup_{n=1}^{\infty}\left(B-\bigcup_{k=n}^{\infty}A_k\right) \qquad \text{(德・摩根律)}$$

$$=\bigcup_{n=1}^{\infty}\bigcap_{k=n}^{\infty}(B-A_k) \qquad \text{(德・摩根律)}$$

$$=\underline{\lim_{k\to\infty}}(B-A_k). \qquad \text{(定理 1.4)}$$

类似可证明(2). ▌

设$\{A_k\}$为一个集合列,令 $E=\bigcup_{k\in N_+}A_k$ 为全集,$B_k=\sim A_k$,$k=1,2,\cdots$,则$\{B_k\}$也为一集合列. $\{A_k\}$,$\{B_k\}$的上极限和下极限有下面定理给出的关系.

定理 1.6 $E=\underline{\lim_{k\to\infty}}A_k\cup\overline{\lim_{k\to\infty}}B_k=\overline{\lim_{k\to\infty}}A_k\cup\underline{\lim_{k\to\infty}}B_k$.

证明 首先证明 $E\subseteq\underline{\lim_{k\to\infty}}A_k\cup\overline{\lim_{h\to\infty}}B_k$.

对于任意的 $x\in E=\bigcup_{k\in N_+}A_k$ 只有下面两种可能:

(1) x 属于几乎所有的 A_k,即存在 $n_0(x)$,使得当 $k\geqslant n_0(x)$后,$x\in A_k$,于是 $x\in\underline{\lim_{k\to\infty}}A_k$.

(2) $\{A_k\}$中有无限个集合不含 x,因而必有无限个$\{B_k\}$中集合含 x,因而必有 $x\in\overline{\lim_{k\to\infty}}B_k$.

由(1)或(2)的成立可知,$x\in\underline{\lim_{k\to\infty}}A_k\cup\overline{\lim_{k\to\infty}}B_k$,即 $E\subseteq\underline{\lim_{k\to\infty}}A_k\cup\overline{\lim_{k\to\infty}}B_k$.

反之,由于 $\underline{\lim_{k\to\infty}}A_k\subseteq E$,且 $\overline{\lim_{k\to\infty}}B_k\subseteq E$,因而 $\underline{\lim_{k\to\infty}}A_k\cup\overline{\lim_{k\to\infty}}B_k\subseteq E$.

综上所述,$E=\underline{\lim_{k\to\infty}}A_k\cup\overline{\lim_{k\to\infty}}B_k$ 成立.

类似可证 $E=\overline{\lim_{k\to\infty}}A_k\cup\underline{\lim_{k\to\infty}}B_k$. ▌

定义 1.17 设$\{A_k\}$为一个集合列. 若 $A_1\supseteq A_2\supseteq\cdots\supseteq A_k\supseteq\cdots$, 则称$\{A_k\}$为**递减集合列**. 若 $A_1\subseteq A_2\subseteq\cdots\subseteq A_k\subseteq\cdots$, 则称$\{A_k\}$为**递增集合列**. 递减和递增集合列统称为**单调集合列**.

容易证明,单调集合列的极限总是存在的,并且,若$\{A_k\}$是递减的,则

$$\lim_{k\to\infty}A_k=\bigcap_{n=1}^{\infty}A_n;$$

若$\{A_k\}$是递增的,则

$$\lim_{k\to\infty}A_k=\bigcup_{n=1}^{\infty}A_n.$$

例如,设 $A_k=[k,\infty)$,$k=1,2,\cdots$,则$\{A_k\}$是递减集合列,$\lim\limits_{k\to\infty}A_k=\bigcap\limits_{n=1}^{\infty}A_n=\varnothing$.

又设 $A_k=[0,k)$,$k=1,2,\cdots$,则$\{A_k\}$是递增集合列,$\lim\limits_{k\to\infty}A_k=\bigcup\limits_{n=1}^{\infty}A_n=[0,+\infty)$.

习 题 一

1. 用列举法表示下列集合.

(1) 偶素数集合；

(2) 1 至 200 的整数中完全平方数集合；

(3) 1 至 100 的整数中完全立方数集合；

(4) 非负整数集合；

(5) 24 的素因子集合；

(6) 英文字母集合.

2. 用描述法表示下列各集合.

(1) 平面直角坐标系中单位圆内的点集；

(2) 正切为 1 的角集；

(3) 八进制数字集合；

(4) $x^2+y^2=z^2$ 的非负整数解集；

(5) $x^2+5x+6=0$ 的解集.

3. 确定下列的包含和属于关系是否正确.

(1) $\varnothing\subseteq\varnothing$；

(2) $\varnothing\subset\varnothing$；

(3) $\varnothing\in\varnothing$；

(4) $\varnothing\in\{\varnothing\}$；

(5) $\varnothing\subseteq\{\varnothing\}$；

(6) $\varnothing\in\{\varnothing\}$且$\varnothing\subseteq\{\varnothing\}$；

(7) $\{\varnothing\}\in\{\varnothing\}$且$\{\varnothing\}\subseteq\{\varnothing\}$；

(8) A 为任一集合，则$\varnothing\subseteq P(A)$且$\varnothing\in P(A)$；

(9) $\{a,b\}\subseteq\{a,b,\{a,b\}\}$；

(10) $\{a,b\}\in\{a,b,\{a,b,c\}\}$；

(11) $\{a,b\}\in\{a,b,\{\{a,b\}\}\}$.

4. 设 A,B,C 为任意三个集合，下列各命题是否为真，并证明你的结论.

(1) 若 $A\in B$ 且 $B\subseteq C$，则 $A\in C$；

(2) 若 $A\in B$ 且 $B\subseteq C$，则 $A\subseteq C$；

(3) 若 $A\subseteq B$ 且 $B\in C$，则 $A\in C$；

(4) 若 $A\subseteq B$ 且 $B\in C$，则 $A\subseteq C$.

5. 试证明属于关系不满足传递性，即对于任意的集合 A,B,C，若 $A\in B$ 且 $B\in C$，不一定有 $A\in C$ 成立.

6. 列出下列集合的各元子集，并求幂集.

(1) $\{a,b,c\}$；

(2) $\{1,\{2,3\}\}$；

(3) $\{\varnothing,\{\varnothing\}\}$；

(4) $\{\{1,2\},\{1,1,2\},\{2,1,1,2\}\}$；

(5) $\{\{\varnothing,1\},1\}$.

7. 画出下列各集合的文氏图.

(1) $\sim(A\cup B)$；

(2) $A\cap(\sim B\cup C)$；

(3) $\sim A\cap(B\cap C)$；

(4) $(A\cap B\cap C)\cup\sim(A\cup B\cup C)$.

8. 设全集 $E=\{1,2,3,4,5\}$，$A=\{1,4\}$，$B=\{1,2,5\}$，$C=\{2,4\}$，求下列各集合(用列举法表示).

(1) $A\cap\sim B$；

(2) $(A\cap B)\cup\sim C$；

(3) $\sim(A\cap B)$；

(4) $\sim A\cup\sim B$；

(5) $P(A)\cap P(C)$；

(6) $P(A)-P(C)$.

9. 设 A,B,C,D 为整数集合 Z 的子集，其中，$A=\{1,2,7,8\}$，$B=\{x\mid x^2<50\}$，$C=\{x\mid x$ 可被 3 整除 $\wedge\, 0\leqslant x\leqslant 30\}$，$D=\{x\mid x=2^k\wedge k\in Z\wedge 0\leqslant k\leqslant 6\}$. 求下列集合(用列举法表示).

(1) $A\cup B\cup C\cup D$；

(2) $A\cap B\cap C\cap D$；

(3) $B-(A\cup C)$；

(4) $(\sim A\cap B)\cup C$.

10. 设 $A=\{a\}$. 判断下列的包含与属于关系是否正确.

(1) $\{\varnothing\}\in PP(A)$；

(2) $\{\varnothing\}\subseteq PP(A)$；

(3) $\{\varnothing,\{\varnothing\}\}\in PP(A)$；

(4) $\{\varnothing,\{\varnothing\}\}\subseteq PP(A)$；

(5) $\{\varnothing,\{a\}\}\in PP(A)$；

(6) $\{\varnothing,\{a\}\}\subseteq PP(A)$.

11. 设 A,B 为两个集合，证明 $A-B=A$ 当且仅当 $A\cap B=\varnothing$.

12. 寻找下列各集合等式的充分必要条件,并证明之.

(1) $(A-B)\cup(A-C)=A$;　　(2) $(A-B)\cup(A-C)=\varnothing$;

(3) $(A-B)\cap(A-C)=\varnothing$;　　(4) $(A-B)\cap(A-C)=A$.

13. 设 A,B,C 为任意三个集合.

(1) 证明 $(A-B)-C\subseteq A-(B-C)$;　　(2) 在什么条件下,(1)中等号成立?

14. 设 A,B,C 为任意的集合,已知 $A\cap B=A\cap C$ 且 $\sim A\cap B=\sim A\cap C$,证明 $B=C$.

15. 下列集合中哪些是彼此相等的?

$A=\{3,4\}$;　$B=\{3,4\}\cup\varnothing$;　$C=\{3,4\}\cup\{\varnothing\}$;　$D=\{x\mid x\in R\wedge x^2-7x+12=0\}$;

$E=\{\varnothing,3,4\}$;　$F=\{3,4,4\}$;　$G=\{4,\varnothing,\varnothing,3\}$.

16. 化简下列集合.

(1) $\bigcup\{\{3,4\},\{\{3\},\{4\}\},\{3,\{4\}\},\{\{3\},4\}\}$;　(2) $\bigcap\{PPP(\varnothing),PP(\varnothing),P(\varnothing),\varnothing\}$;

(3) $\bigcap\{PPP\{\varnothing\},PP\{\varnothing\},P\{\varnothing\}\}$.

17. 设 $\mathscr{A}=\{\{\varnothing\},\{\{\varnothing\}\}\}$,计算下列各式.

(1) $P(\mathscr{A})$;　(2) $P(\bigcup\mathscr{A})$;　(3) $\bigcup P(\mathscr{A})$.

18. 设 $\mathscr{B}=\{\{1,2\},\{2,3\},\{1,3\},\{\varnothing\}\}$,计算下列各式.

(1) $\bigcup\mathscr{B}$;　(2) $\bigcap\mathscr{B}$;　(3) $\bigcap\bigcup\mathscr{B}$;　(4) $\bigcup\bigcap\mathscr{B}$.

19. 设 $\mathscr{A}=\{\{A\},\{A,B\}\}$,计算下列各式.

(1) $\bigcup\bigcup\mathscr{A}$;　(2) $\bigcap\bigcap\mathscr{A}$;　(3) $\bigcap\bigcup\mathscr{A}\cup(\bigcup\bigcup\mathscr{A}-\bigcup\bigcap\mathscr{A})$.

20. 设 A,B,C 为 3 个集合,已知 $(A\cap C)\subseteq(B\cap C)$,$(A\cap\sim C)\subseteq(B\cap\sim C)$,证明 $A\subseteq B$.

21. 设 A,B 为两个集合,试求下列各式成立的充分必要条件.

(1) $A\cap B=A$;　(2) $A\cup B=A$;　(3) $A\oplus B=A$;　(4) $A\cap B=A\cup B$.

22. 设 A,B,C,D 为 4 个集合.

(1) 已知 $A\subseteq B$ 且 $C\subseteq D$,证明:$A\cup C\subseteq B\cup D$;$A\cap C\subseteq B\cap D$.

(2) 已知 $A\subset B$ 且 $C\subset D$,那么 $A\cup C\subset B\cup D$,$A\cap C\subset B\cap D$ 总为真吗?

23. 设 A,B,C 为 3 个集合,已知 $A\oplus B=A\oplus C$,证明 $B=C$.

24. A,B,C 为 3 个集合,证明:$(A-B)-C=(A-C)-B=A-(B\cup C)=(A-C)-(B-C)$.

25. 化简下列各式.

(1) $(A\cap B)\cup(A-B)$;　(2) $A\cup(B-A)-B$;

(3) $((A\cup B\cup C)\cap(A\cup B))-((A\cup(B-C))\cap A)$.

26. 设 A,B,C 为任意集合,证明:

(1) $A\subseteq C\wedge B\subseteq C$ 当且仅当 $A\cup B\subseteq C$;　(2) $C\subseteq A\wedge C\subseteq B$ 当且仅当 $C\subseteq A\cap B$.

27. 设 A 为任意集合,证明 $\{\varnothing,\{\varnothing\}\}\in PPP(A)$,并且 $\{\varnothing,\{\varnothing\}\}\subseteq PPP(A)$.

28. 设 A,B 为集合,E 是全集,证明下面命题是等价的.

(1) $A\subseteq B$;　(2) $\sim B\subseteq\sim A$;　(3) $\sim A\cup B=E$;　(4) $A-B\subseteq\sim A$;　(5) $A-B\subseteq B$.

29. 设 $\mathscr{A},\mathscr{B}$ 是非空的集族,且 $\mathscr{A}\cap\mathscr{B}\neq\varnothing$,证明:$(\bigcap\mathscr{A})\cap(\bigcap\mathscr{B})\subseteq\bigcap(\mathscr{A}\cap\mathscr{B})$.

30. 设 A,B 为两个集合,证明:

(1) $P(A)\cap P(B)=P(A\cap B)$;　(2) $P(A)\cup P(B)\subseteq P(A\cup B)$.

31. 求 1 到 250 这 250 个整数中,至少能被 2,3,5,7 之一整除的数的个数.

32. 75 名儿童到游乐场去玩.他们可以骑旋转木马,坐滑行铁道,乘宇宙飞船.已知其中 20 人这三种游戏都玩过,其中 55 人至少乘坐过其中的两种.若每样乘坐一次的费用是 5 元,游乐场总共收入 700 元,试确定有多少儿童没有乘坐其中任何一种.

33. 设 $\{A_k\}$ 为一个集合列,其中 $A_k=\left[0,1+\dfrac{1}{k}\right]$,$k=1,2,\cdots$,求 $\overline{\lim\limits_{k\to\infty}}A_k$ 和 $\underline{\lim\limits_{k\to\infty}}A_k$.$\{A_k\}$收敛吗?

34. 设 $A_{11}=[0,1]$, $A_{21}=\left[0,\frac{1}{2}\right]$, $A_{22}=\left[\frac{1}{2},1\right]$, $\cdots$, $A_{ki}=\left[\frac{i-1}{k},\frac{i}{k}\right]$, $i=1,2,\cdots,k$, $k=1,2,\cdots$. 令 $B_1=A_{11}$, $B_2=A_{21}$, $B_3=A_{22}$, $\cdots$, 求集合列 $\{B_k\}$ 的上、下极限.

35. 设 $A_{2k}=\left[0,\frac{1}{2k}\right]$, $k=1,2,\cdots$, $A_{2k+1}=[0,2k+1]$, $k=0,1,2,\cdots$, 求集合列的上、下极限.

36. 设 $\{A_k\}$, $\{B_k\}$ 为两个集合列. 证明:

(1) $\varliminf\limits_{k\to\infty} A_k \cup \varliminf\limits_{k\to\infty} B_k \subseteq \varliminf\limits_{k\to\infty}(A_k\cup B_k) \subseteq \varliminf\limits_{k\to\infty} A_k \cup \varlimsup\limits_{k\to\infty} B_k \left(\varlimsup\limits_{k\to\infty} A_k \cup \varliminf\limits_{k\to\infty} B_k\right)$

$\subseteq \varlimsup\limits_{k\to\infty}(A_k\cup B_k) = \varlimsup\limits_{k\to\infty} A_k \cup \varlimsup\limits_{k\to\infty} B_k$;

(2) $\varliminf\limits_{k\to\infty} A_k \cap \varliminf\limits_{k\to\infty} B_k = \varliminf\limits_{k\to\infty}(A_k\cap B_k) \subseteq \varliminf\limits_{k\to\infty} A_k \cap \varlimsup\limits_{k\to\infty} B_k \left(\varlimsup\limits_{k\to\infty} A_k \cap \varliminf\limits_{k\to\infty} B_k\right)$

$\subseteq \varlimsup\limits_{k\to\infty}(A_k\cap B_k) \subseteq \varlimsup\limits_{k\to\infty} A_k \cap \varlimsup\limits_{k\to\infty} B_k$;

(3) $\varlimsup\limits_{k\to\infty}(A_k-B_k) \subseteq \varlimsup\limits_{k\to\infty} A_k - \varliminf\limits_{k\to\infty} B_k$;

(4) $\varliminf\limits_{k\to\infty}(A_k-B_k) = \varliminf\limits_{k\to\infty} A_k - \varlimsup\limits_{k\to\infty} B_k$.

第二章　二 元 关 系

关系一词是大家所熟知并且在生活、学习和工作中经常遇到和处理的概念. 在诸多的关系中,最基本的是涉及两个事物之间的关系,即二元关系. 本章的目的是给出二元关系的集合定义,研究二元关系的性质和运算以及特殊类型的二元关系.

2.1　有序对与卡氏积

直观地说,一个有序对就是有顺序的一对客体,其数学定义如下.

定义 2.1　称$\{\{a\},\{a,b\}\}$为由元素 a,b 构成的**有序对**,记作$\langle a,b\rangle$①,其中 a 称为有序对的第一个元素,b 称为第二个元素,且 a,b 可以相同.

定理 2.1　$\langle a,b\rangle=\langle c,d\rangle$的充要条件是 $a=c$ 且 $b=d$.

为证明此定理先证明下面两个引理.

引理 1　$\{x,a\}=\{x,b\}$当且仅当 $a=b$.

证明　充分性显然. 下面证明必要性.

(1) 若 $x=a$,则

$\{x,a\}=\{x,b\}$

$\Rightarrow \{a,a\}=\{a,b\}$

$\Rightarrow \{a\}=\{a,b\}$

$\Rightarrow b=a$.

(2) 若 $x\neq a$,则由

$a\in\{x,a\}=\{x,b\}$

$\Rightarrow a=b$. ▌

引理 2　设 $\mathscr{A},\mathscr{B}$ 是非空的集族,若 $\mathscr{A}=\mathscr{B}$,则

(1) $\bigcup\mathscr{A}=\bigcup\mathscr{B}$;

(2) $\bigcap\mathscr{A}=\bigcap\mathscr{B}$.

证明　(1) $\forall x$

$x\in\bigcup\mathscr{A}$

$\Leftrightarrow \exists z(z\in\mathscr{A}\wedge x\in z)$

$\Leftrightarrow \exists z(z\in\mathscr{B}\wedge x\in z)$　　$(\mathscr{A}=\mathscr{B})$

$\Leftrightarrow x\in\bigcup\mathscr{B}$.

所以　$\bigcup\mathscr{A}=\bigcup\mathscr{B}$.

(2) $\forall x$

$x\in\bigcap\mathscr{A}$

① 有的书上将有序对$\langle a,b\rangle$记为(a,b).

$\Leftrightarrow \forall z(z\in\mathscr{A}\to x\in z)$

$\Leftrightarrow \forall z(z\in\mathscr{B}\to x\in z)$ $(\mathscr{A}=\mathscr{B})$

$\Leftrightarrow x\in\bigcup\mathscr{B}$.

所以 $\bigcap\mathscr{A}=\bigcap\mathscr{B}$. ▎

下面证明定理 2.1.

充分性是显然的,下面证明必要性.

$\langle a,b\rangle=\langle c,d\rangle$

$\Leftrightarrow \{\{a\},\{a,b\}\}=\{\{c\},\{c,d\}\}$

$\Rightarrow \bigcup\{\{a\},\{a,b\}\}=\bigcup\{\{c\},\{c,d\}\}$ (引理 2)

$\Rightarrow \{a,b\}=\{c,d\}$. ①

又 $\{\{a\},\{a,b\}\}=\{\{c\},\{c,d\}\}$

$\Rightarrow \bigcap\{\{a\},\{a,b\}\}=\bigcap\{\{c\},\{c,d\}\}$ (引理 2)

$\Rightarrow \{a\}=\{c\}$

$\Leftrightarrow a=c$. ②

由①,②和引理 1 又得 $b=d$. ▎

推论 $a\neq b$ 时,$\langle a,b\rangle\neq\langle b,a\rangle$.

证明 否则

$$\langle a,b\rangle=\langle b,a\rangle \Leftrightarrow a=b. \quad (\text{定理 2.1})$$

这与 $a\neq b$ 相矛盾. ▎

定理 2.1 及其推论说明,有序对的定义是有意义的,它反映了一对客体的顺序性.

如果有序对的第一个元素为有序对$\langle a,b\rangle$,第二个元素为 c,此时将有序对$\langle\langle a,b\rangle,c\rangle$称为有序的三元组,简记为$\langle a,b,c\rangle$.

一般地,给出下面定义.

定义 2.2 一个**有序 $n(n\geqslant 2)$元组**是一个有序对,它的第一个元素为有序的$(n-1)$元组$\langle a_1,a_2,\cdots,a_{n-1}\rangle$,第二个元素为 a_n,记为$\langle a_1,a_2,\cdots,a_n\rangle$. 即

$$\langle\langle a_1,a_2,\cdots,a_{n-1}\rangle,a_n\rangle=\langle a_1,a_2,\cdots,a_n\rangle.$$

n 维空间中点 M 的坐标$(x_1,x_2,\cdots,x_n)$为有序的 n 元组$\langle x_1,x_2,\cdots,x_n\rangle$.

由定理 2.1 不难证明下面定理.

定理 2.2 $\langle a_1,a_2,\cdots,a_n\rangle=\langle b_1,b_2,\cdots,b_n\rangle$当且仅当 $a_i=b_i,i=1,2,\cdots,n$.

由定义 2.1 和定义 2.2 不难看出,有序的 n 元组$(n\geqslant 2)$有严格的集合定义,但今后多数情况下,我们关注的是有序对及有序 n 元组中元素的次序性,而不去过多讨论它们的集合表示.

定义 2.3 设 A,B 为二集合,称由 A 中元素为第一个元素,B 中元素为第二个元素的所有有序对组成的集合为 A 与 B 的**卡氏积**,记作 $A\times B$,即,$A\times B=\{\langle x,y\rangle\mid x\in A\wedge y\in B\}$.

设 $A=\{\varnothing,a\}$,$B=\{1,2,3\}$,不难算出:

$A\times B=\{\langle\varnothing,1\rangle,\langle\varnothing,2\rangle,\langle\varnothing,3\rangle,\langle a,1\rangle,\langle a,2\rangle,\langle a,3\rangle\}$;

$B\times A=\{\langle 1,\varnothing\rangle,\langle 1,a\rangle,\langle 2,\varnothing\rangle,\langle 2,a\rangle,\langle 3,\varnothing\rangle,\langle 3,a\rangle\}$;

$A\times A=\{\langle\varnothing,\varnothing\rangle,\langle\varnothing,a\rangle,\langle a,\varnothing\rangle,\langle a,a\rangle\}$;

$B\times B=\{\langle 1,1\rangle,\langle 1,2\rangle\langle 1,3\rangle,\langle 2,1\rangle,\langle 2,2\rangle,\langle 2,3\rangle,\langle 3,1\rangle,\langle 3,2\rangle,\langle 3,3\rangle\}$.

设 A,B,C 为任意 3 个集合,卡氏积有下面性质:

(1) 不适合交换律,即 $A\times B\neq B\times A$(除非 $A=\varnothing\vee B=\varnothing\vee A=B$);

(2) 不适合结合律,即 $(A\times B)\times C\neq A\times(B\times C)$(除非 $A=\varnothing\vee B=\varnothing\vee C=\varnothing$);

(3) 卡氏积适合下列 4 种形式的分配律:

① $A\times(B\cup C)=(A\times B)\cup(A\times C)$; ② $A\times(B\cap C)=(A\times B)\cap(A\times C)$;

③ $(B\cup C)\times A=(B\times A)\cup(C\times A)$; ④ $(B\cap C)\times A=(B\times A)\cap(C\times A)$.

(1)与(2)的证明简单,只要举出反例即可.下面证明(3)中①. $\forall\langle x,y\rangle$,

$$\begin{aligned}
&\langle x,y\rangle\in A\times(B\cup C)\\
\Leftrightarrow\ & x\in A\wedge y\in(B\cup C)\\
\Leftrightarrow\ & x\in A\wedge(y\in B\vee y\in C)\\
\Leftrightarrow\ & (x\in A\wedge y\in B)\vee(x\in A\wedge y\in C)\\
\Leftrightarrow\ & \langle x,y\rangle\in A\times B\vee\langle x,y\rangle\in A\times C\\
\Leftrightarrow\ & \langle x,y\rangle\in(A\times B)\cup(A\times C).
\end{aligned}$$

所以①式成立.

其余 3 式的证明留给读者.

卡氏积还有许多性质.

【例 2.1】 设 A,B,C,D 为 4 个集合.

(1) $A\times B=\varnothing$ 当且仅当 $A=\varnothing$ 或 $B=\varnothing$.

(2) 若 $A\neq\varnothing$,则 $A\times B\subseteq A\times C$ 当且仅当 $B\subseteq C$.

(3) 若 $A\subseteq C$ 且 $B\subseteq D$,则 $A\times B\subseteq C\times D$,并且当 $A=B=\varnothing$ 或 $A\neq\varnothing$ 且 $B\neq\varnothing$ 时,其逆为真.

证明 (1) 显然.

(2) 先证必要性.若 $B=\varnothing$,结论显然成立.下设 $B\neq\varnothing$. $\forall y\in B$,由于 $A\neq\varnothing$,存在 $x\in A$,使得

$$\begin{aligned}
&\langle x,y\rangle\in A\times B\Rightarrow\langle x,y\rangle\in A\times C && (A\times B\subseteq A\times C)\\
\Leftrightarrow\ & x\in A\wedge y\in C\ \Rightarrow y\in C.
\end{aligned}$$

所以,$B\subseteq C$.

再证充分性.若 $B=\varnothing$,由(1)知结论成立.设 $B\neq\varnothing$,$\forall\langle x,y\rangle$,

$$\begin{aligned}
&\langle x,y\rangle\in A\times B\\
\Leftrightarrow\ & x\in A\wedge y\in B\Rightarrow x\in A\wedge y\in C && (B\subseteq C)\\
\Leftrightarrow\ & \langle x,y\rangle\in A\times C.
\end{aligned}$$

所以,$A\times B\subseteq A\times C$.

其实,对于充分性而言,$A\neq\varnothing$ 的条件可以去掉.

(3) 证明简单. ▌

定义 2.4 设 $A_1,A_2,\cdots,A_n$ 为 n 个集合($n\geqslant 2$),称集合

$$\{\langle x_1,x_2,\cdots,x_n\rangle\mid x_1\in A_1\wedge x_2\in A_2\wedge\cdots\wedge x_n\in A_n\}$$

为 ***n* 维卡氏积**,记作 $A_1\times A_2\times\cdots\times A_n$. 当 $A_1=A_2=\cdots=A_n=A$ 时,记 A 生成的 n 维卡氏积为 A^n.

设 $A_1,A_2,\cdots,A_n$ 均为有穷集合,并设 $|A_i|=n_i$,$i=1,2,\cdots,n$,则

$$|A_1\times A_2\times\cdots\times A_n|=n_1\times n_2\times\cdots\times n_n.$$

n 维卡氏积的性质与二维卡氏积(即卡氏积)的性质类似,这里不再赘述.

2.2 二元关系

定义 2.5 若集合 F 中的全体元素均为有序的 $n(n\geqslant 2)$元组,则称 F 为 **n 元关系**,特别地,当 $n=2$ 时,称 F 为**二元关系**,简称为关系.

对于二元关系 F,若 $\langle x,y\rangle\in F$,常记为 xFy.

规定空集 $\varnothing$ 为 n 元空关系,当然也是二元空关系,简称**空关系**.

例如,$F_1=\{\langle a,b,c,d\rangle,\langle 1,2,3,4\rangle$,〈物理,化学,生物,数学〉$\}$为四元关系.

$F_2=\{\langle a,b,c\rangle,\langle \alpha,\beta,\nu\rangle$,〈大李,小李,老李〉$\}$为三元关系.

$R_1=\{\langle 1,2\rangle,\langle \alpha,\beta\rangle,\langle a,b\rangle\}$和 $R_2=\{\langle 1,2\rangle,\langle 3,4\rangle$,〈白菜,小猫〉$\}$均为二元关系.

$A=\{\langle a,b\rangle,\langle 1,2,3\rangle,a,\alpha,1\}$是集合,而不是任何关系.

为了讨论有实际意义的二元关系,下面给出来自某个卡氏积的二元关系的定义.

定义 2.6 设 A,B 为二集合,$A\times B$ 的任何子集均称为 A 到 B 的二元关系,特别地,称 $A\times A$的子集 R[①] 为 A 上的二元关系,记作$R\subseteq A\times A$ 或 $R\in P(A\times A)$.

设 $A=\{a_1,a_2\},B=\{b\},A\times B$ 的子集$\varnothing,\{\langle a_1,b\rangle\},\{\langle a_2,b\rangle\},\{\langle a_1,b\rangle,\langle a_2,b\rangle\}$为 A 到 B 的全部二元关系. $\varnothing,\{\langle b,a_1\rangle\},\{\langle b,a_2\rangle\},\{\langle b,a_1\rangle,\langle b,a_2\rangle\}$为 B 到 A 的全部二元关系. 而 B 上的二元关系有两个:$\varnothing,\{\langle b,b\rangle\}$,$A$ 上共有 16 个二元关系.

一般说来,若$|A|=m,|B|=n$,A 到 B 共有 2^{mn} 个二元关系、A 上共有 2^{m^2} 个二元关系.

设 A 为任一集合,除了$\varnothing$为 A 上的特别的关系,即空关系外,还可以定义如下的特殊关系:

称 $E_A=\{\langle x,y\rangle|x\in A\wedge y\in A\}=A\times A$ 为 A 上的**全域关系**;

称 $I_A=\{\langle x,x\rangle|x\in A\}$为 A 上的**恒等关系**.

若 A 是实数集或其子集,还可以定义下面的各种关系:

称 $D_A=\{\langle x,y\rangle|x\in A\wedge y\in A\wedge x|y\}$为 A 上的**整除关系**,其中 $x|y$ 为 x 整除 y.

称 $L_A=\{\langle x,y\rangle|x\in A\wedge y\in A\wedge x\leqslant y\}$为 A 上的**小于等于关系**…….

另外,设 A 为任意的集合,下面的关系也是常见的.

称$\subseteq_A=\{\langle x,y\rangle|x\subseteq A\wedge y\subseteq A\wedge x\subseteq y\}$为 $P(A)$上的**包含关系**,而

称$\subset_A=\{\langle x,y\rangle|x\subseteq A\wedge y\subseteq A\wedge x\subset y\}$为 $P(A)$上的**真包含关系**.

下面针对集合给出一些与二元关系有关的概念.

定义 2.7 设 R 为任一集合,称

$$\mathrm{dom}R=\{x|\ \exists\, y(xRy)\}$$

为 R 的**定义域**,称

$$\mathrm{ran}R=\{y|\ \exists\, x(xRy)\}$$

为 R 的**值域**,称

$$\mathrm{fld}R=\mathrm{dom}R\cup\mathrm{ran}R$$

---

① 在 1.2 节中,已指出,本书用 R 表示实数集,而从第二章开始,又常用 R 表示二元关系,这就需要读者根据上下文区别 R 表示的是实数集,还是二元关系了.

为 R 的域.

设 $R_1=\{a,b\}$,$R_2=\{a,b,\langle c,d\rangle,\langle e,f\rangle\}$,$R_3=\{\langle 1,2\rangle,\langle 3,4\rangle,\langle 5,6\rangle\}$,当 a,b 不代表有序对时,R_1,R_2 均不是关系.由定义得

$$\text{dom}R_1=\varnothing,\ \text{ran}R_1=\varnothing,\ \text{fld}R_1=\varnothing,$$
$$\text{dom}R_2=\{c,e\},\ \text{ran}R_2=\{d,f\},\ \text{fld}R_2=\{c,e,d,f\},$$
$$\text{dom}R_3=\{1,3,5\},\ \text{ran}R_3=\{2,4,6\},\ \text{fld}R_3=\{1,2,3,4,5,6\}.$$

定义 2.8 设 F,G,A 为 3 个集合.

(1) 称 $F^{-1}=\{\langle x,y\rangle\mid\langle y,x\rangle\in F\}$为 F 的**逆**.

(2) 称 $F\circ G=\{\langle x,y\rangle\mid\exists z(\langle x,z\rangle\in G\wedge\langle z,y\rangle\in F)\}$为 F 与 G 的**合成**或**复合**.

(3) 称 $F\upharpoonright A=\{\langle x,y\rangle\mid\langle x,y\rangle\in F\wedge x\in A\}$为 F 在 A 上的**限制**.

(4) 称 $F[A]=\text{ran}(F\upharpoonright A)$为 A 在 F 下的**像**.

(5) 若对于任意的 $y\in\text{ran}F$,惟一地存在着 $x\in\text{dom}F$,使得$\langle x,y\rangle\in F$,则称 F 是**单根的**.

(6) 若对于任意的 $x\in\text{dom}F$,惟一地存在着 $y\in\text{ran}F$,使得$\langle x,y\rangle\in F$,则称 F 是**单值的**.

在定义 2.7 和 2.8 中,请注意以下两点:

(1) 有的书上限制 R,F,G 为二元关系,A 为任意的集合,而在定义 2.6 和 2.7 中,没有给出这个限制.其实,无论 F,G 是否为二元关系,定义中得到的 F^{-1},$F\circ G$,$F\upharpoonright A$ 均为二元关系,当然有时为空关系.而当 R 中无有序对时,$\text{dom}R$,$\text{ran}R$,$\text{fld}R$ 均为$\varnothing$.

(2) 有的书上将 F 与 G 的合成定义为

$$F\circ G=\{\langle x,y\rangle\mid\exists z(xFz\wedge zGy)\}.$$

不妨将本书中定义的合成称为 F 与 G 的**逆序合成**,而将此处的合成称为**顺序合成**.本书中下面遇到的合成均为逆序合成.

【例 2.2】 设 $A=\{a,b,c,d\}$,$B=\{a,b,\langle c,d\rangle\}$,$R=\{\langle a,b\rangle,\langle c,d\rangle\}$,$F=\{\langle a,b\rangle,\langle a,\{a\}\rangle,\langle\{a\},\{a,\{a\}\}\rangle\}$,$G=\{\langle b,e\rangle,\langle d,c\rangle\}$.求

(1) A^{-1},B^{-1},R^{-1}.

(2) $B\circ R^{-1}$,$G\circ B$,$G\circ R$,$R\circ G$.

(3) $F\upharpoonright\{a\}$,$F\upharpoonright\{\{a\}\}$,$F\upharpoonright\{a,\{a\}\}$,$F^{-1}\upharpoonright\{\{a\}\}$.

(4) $F[\{a\}]$,$F[\{a,\{a\}\}]$,$F^{-1}[\{a\}]$,$F^{-1}[\{\{a\}\}]$.

解

(1) $A^{-1}=\varnothing$,$B^{-1}=\{\langle d,c\rangle\}$,$R^{-1}=\{\langle b,a\rangle,\langle d,c\rangle\}$.

(2) $B\circ R^{-1}=\{\langle d,d\rangle\}$,$G\circ B=\{\langle c,c\rangle\}$, $G\circ R=\{\langle a,e\rangle,\langle c,c\rangle\}$,$R\circ G=\{\langle d,d\rangle\}$.

(3) $F\upharpoonright\{a\}=\{\langle a,b\rangle,\langle a,\{a\}\rangle\}$, $F\upharpoonright\{\{a\}\}=\{\langle\{a\},\{a,\{a\}\}\rangle\}$,

$F\upharpoonright\{a,\{a\}\}=F$, $F^{-1}\upharpoonright\{\{a\}\}=\{\langle\{a\},a\rangle\}$.

(4) $F[\{a\}]=\{b,\{a\}\}$,$F[\{a,\{a\}\}]=\{b,\{a\},\{a,\{a\}\}\}$,

$F^{-1}[\{a\}]=\varnothing$,$F^{-1}[\{\{a\}\}]=\{a\}$.

在以上的运算中,是按着求逆运算优先于合成、限制、象运算进行的,还规定求逆运算也优先于求定义域、值域和域的运算,并规定定义 2.8 中给出的各种运算都优先于集合的并、交、相对补、对称差等运算.

定理 2.3 设 F,G 为二集合,则

(1) $\text{dom}(F\cup G)=\text{dom}F\cup\text{dom}G$; (2) $\text{ran}(F\cup G)=\text{ran}F\cup\text{ran}G$;

(3) $\mathrm{dom}(F \cap G) \subseteq \mathrm{dom}F \cap \mathrm{dom}G$；　　(4) $\mathrm{ran}(F \cap G) \subseteq \mathrm{ran}F \cap \mathrm{ran}G$；

(5) $\mathrm{dom}F - \mathrm{dom}G \subseteq \mathrm{dom}(F-G)$；　　(6) $\mathrm{ran}F - \mathrm{ran}G \subseteq \mathrm{ran}(F-G)$.

证明　这里只证(1),(4),(5).

(1) $\forall x$

$x \in \mathrm{dom}(F \cup G)$

$\Leftrightarrow \exists y(\langle x,y\rangle \in F \cup G)$

$\Leftrightarrow \exists y(\langle x,y\rangle \in F \vee \langle x,y\rangle \in G)$

$\Leftrightarrow \exists y(\langle x,y\rangle \in F) \vee \exists y(\langle x,y\rangle \in G)$

$\Leftrightarrow x \in \mathrm{dom}F \vee x \in \mathrm{dom}G$

$\Leftrightarrow x \in (\mathrm{dom}F \cup \mathrm{dom}G)$.

所以，$\mathrm{dom}(F \cup G) = \mathrm{dom}F \cup \mathrm{dom}G$.

(4) $\forall y$

$y \in \mathrm{ran}(F \cap G)$

$\Leftrightarrow \exists x(\langle x,y\rangle \in F \cap G)$

$\Leftrightarrow \exists x(\langle x,y\rangle \in F \wedge \langle x,y\rangle \in G)) \Rightarrow \exists x(\langle x,y\rangle \in F) \wedge \exists x(\langle x,y\rangle \in G)$

$\Leftrightarrow y \in \mathrm{ran}F \wedge y \in \mathrm{ran}G$

$\Leftrightarrow y \in (\mathrm{ran}F \cap \mathrm{ran}G)$.

所以，$\mathrm{ran}(F \cap G) \subseteq \mathrm{ran}F \cap \mathrm{ran}G$.

(5) $\forall x$

$x \in (\mathrm{dom}F - \mathrm{dom}G)$

$\Leftrightarrow x \in \mathrm{dom}F \wedge x \notin \mathrm{dom}G$

$\Leftrightarrow \exists y(\langle x,y\rangle \in F) \wedge \forall z(\langle x,z\rangle \notin G) \Rightarrow \exists y(\langle x,y\rangle \in (F-G))$

$\Leftrightarrow x \in \mathrm{dom}(F-G)$. ▌

请读者举例说明定理 2.3 中(3)—(6)中的等号不一定成立.

定理 2.4　设 F 为任一集合，则

(1) $\mathrm{dom}F^{-1} = \mathrm{ran}F$；

(2) $\mathrm{ran}F^{-1} = \mathrm{dom}F$；

(3) $(F^{-1})^{-1} \subseteq F$，当 F 为关系时，等号成立.

证明　(1) $\forall x$

$x \in \mathrm{dom}F^{-1}$

$\Leftrightarrow \exists y(\langle x,y\rangle \in F^{-1})$

$\Leftrightarrow \exists y(\langle y,x\rangle \in F)$

$\Leftrightarrow x \in \mathrm{ran}F$.

所以，$\mathrm{dom}F^{-1} = \mathrm{ran}F$.

类似可以证明(2).

(3) 当 F 为关系时，易证 $(F^{-1})^{-1} = F$，当 F 不是关系时，$(F^{-1})^{-1} \subset F$，故一般情况下有 $(F^{-1})^{-1} \subseteq F$. ▌

定理 2.5　设 R_1, R_2, R_3 为三个集合，则

$$(R_1 \circ R_2) \circ R_3 = R_1 \circ (R_2 \circ R_3).$$

证明 $\forall \langle x,y\rangle$

$\langle x,y\rangle \in (R_1 \circ R_2)\circ R_3$

$\Leftrightarrow \exists z(\langle x,z\rangle \in R_3 \land \langle z,y\rangle \in R_1 \circ R_2)$

$\Leftrightarrow \exists z(\langle x,z\rangle \in R_3 \land \exists t(\langle z,t\rangle \in R_2 \land \langle t,y\rangle \in R_1))$

$\Leftrightarrow \exists z \exists t(\langle x,z\rangle \in R_3 \land (\langle z,t\rangle \in R_2 \land \langle t,y\rangle \in R_1))$

$\Leftrightarrow \exists t(\exists z(\langle x,z\rangle \in R_3 \land \langle z,t\rangle \in R_2 \land \langle t,y\rangle \in R_1))$

$\Leftrightarrow \exists t(\langle x,t\rangle \in R_2 \circ R_3 \land \langle t,y\rangle \in R_1)$

$\Leftrightarrow \langle x,y\rangle \in R_1 \circ (R_2 \circ R_3)$.

所以，$(R_1 \circ R_2)\circ R_3 = R_1 \circ (R_2 \circ R_3)$. ▌

本定理说明集合之间的合成运算满足结合律.

定理 2.6 设 R_1, R_2, R_3 是三个集合，则

(1) $R_1 \circ (R_2 \cup R_3) = R_1 \circ R_2 \cup R_1 \circ R_3$； (2) $(R_1 \cup R_2)\circ R_3 = R_1 \circ R_3 \cup R_2 \circ R_3$；

(3) $R_1 \circ (R_2 \cap R_3) \subseteq R_1 \circ R_2 \cap R_1 \circ R_3$； (4) $(R_1 \cap R_2)\circ R_3 \subseteq R_1 \circ R_3 \cap R_2 \circ R_3$.

证明 (1) $\forall \langle x,y\rangle$

$\langle x,y\rangle \in R_1 \circ (R_2 \cup R_3)$

$\Leftrightarrow \exists z(\langle x,z\rangle \in (R_2 \cup R_3) \land \langle z.y\rangle \in R_1)$

$\Leftrightarrow \exists z((\langle x,z\rangle \in R_2 \lor \langle x,z\rangle \in R_3) \land \langle z,y\rangle \in R_1)$

$\Leftrightarrow \exists z((\langle x,z\rangle \in R_2 \land \langle z,y\rangle \in R_1) \lor (\langle x,z\rangle \in R_3 \land \langle z,y\rangle \in R_1))$

$\Leftrightarrow \exists z(\langle x,z\rangle \in R_2 \land \langle z,y\rangle \in R_1) \lor \exists z(\langle x,z\rangle \in R_3 \land \langle z,y\rangle \in R_1)$

$\Leftrightarrow \langle x,y\rangle \in R_1 \circ R_2 \lor \langle x,y\rangle \in R_1 \circ R_3$

$\Leftrightarrow \langle x,y\rangle \in (R_1 \circ R_2 \cup R_1 \circ R_3)$.

故(1)中等式成立.

(3) $\forall \langle x,y\rangle$

$\langle x,y\rangle \in R_1 \circ (R_2 \cap R_3)$

$\Leftrightarrow \exists z(\langle x,z\rangle \in R_2 \cap R_3 \land \langle z,y\rangle \in R_1)$

$\Leftrightarrow \exists z(\langle x,z\rangle \in R_2 \land \langle x,z\rangle \in R_3 \land \langle z,y\rangle \in R_1)$

$\Rightarrow \exists z(\langle x,z\rangle \in R_2 \land \langle z,y\rangle \in R_1) \land \exists z(\langle x,z\rangle \in R_3 \land \langle z,y\rangle \in R_1)$

$\Leftrightarrow \langle x,y\rangle \in R_1 \circ R_2 \land \langle x,y\rangle \in R_1 \circ R_3$

$\Leftrightarrow \langle x,y\rangle \in (R_1 \circ R_2 \cap R_1 \circ R_3)$.

故(3)中包含关系成立.

(2)与(4)的证明留给读者. ▌

请举例说明(3)，(4)中等式不一定成立.

定理 2.7 设 F, G 为二集合，则

$$(F \circ G)^{-1} = G^{-1} \circ F^{-1}.$$

证明 $\forall \langle x,y\rangle$

$\langle x,y\rangle \in (F \circ G)^{-1}$

$\Leftrightarrow \langle y,x\rangle \in F \circ G$

$\Leftrightarrow \exists z(\langle y,z\rangle \in G \land \langle z,x\rangle \in F)$

$\Leftrightarrow \exists z(\langle z,y\rangle \in G^{-1} \land \langle x,z\rangle \in F^{-1})$

$\Leftrightarrow \exists z(\langle x,z\rangle \in F^{-1} \wedge \langle z,y\rangle \in G^{-1})$

$\Leftrightarrow \langle x,y\rangle \in G^{-1}\circ F^{-1}$. ▮

定理 2.8 设 $R,S,A,B,\mathscr{A}$ 为集合，$\mathscr{A}\neq\varnothing$，则

(1) $R\upharpoonright(A\cup B)=(R\upharpoonright A)\cup(R\upharpoonright B)$； (2) $R\upharpoonright\bigcup\mathscr{A}=\bigcup\{R\upharpoonright A\mid A\in\mathscr{A}\}$；

(3) $R\upharpoonright(A\cap B)=(R\upharpoonright A)\cap(R\upharpoonright B)$； (4) $R\upharpoonright\bigcap\mathscr{A}=\bigcap\{R\upharpoonright A\mid A\in\mathscr{A}\}$；

(5) $(R\circ S)\upharpoonright A=R\circ(S\upharpoonright A)$.

证明 下面只证(2)，(4)，(5).

(2) $\forall\langle x,y\rangle$，

$\langle x,y\rangle\in R\upharpoonright\bigcup\mathscr{A}$

$\Leftrightarrow \langle x,y\rangle\in R\wedge x\in\bigcup\mathscr{A}$

$\Leftrightarrow \langle x,y\rangle\in R\wedge\exists A(A\in\mathscr{A}\wedge x\in A)$

$\Leftrightarrow \exists A(\langle x,y\rangle\in R\wedge x\in A\wedge A\in\mathscr{A})$

$\Leftrightarrow \exists A(\langle x,y\rangle\in R\upharpoonright A\wedge A\in\mathscr{A})$

$\Leftrightarrow \langle x,y\rangle\in\bigcup\{R\upharpoonright A\mid A\in\mathscr{A}\}$.

(4) $\forall\langle x,y\rangle$，

$\langle x,y\rangle\in R\upharpoonright\bigcap\mathscr{A}$

$\Leftrightarrow \langle x,y\rangle\in R\wedge x\in\bigcap\mathscr{A}$

$\Leftrightarrow \langle x,y\rangle\in R\wedge\forall A(A\in\mathscr{A}\rightarrow x\in A)$

$\Leftrightarrow \forall A(\langle x,y\rangle\in R\wedge(\neg A\in\mathscr{A}\vee x\in A))$

$\Leftrightarrow \forall A((\langle x,y\rangle\in R\wedge\neg A\in\mathscr{A})\vee(\langle x,y\rangle\in R\wedge x\in A))$

$\Leftrightarrow \forall A((\langle x,y\rangle\in R\wedge\neg A\in\mathscr{A})\vee(\langle x,y\rangle\in R\wedge\langle x,y\rangle\in R\wedge x\in A))$

$\Leftrightarrow \forall A(\langle x,y\rangle\in R\wedge(\neg A\in\mathscr{A}\vee\langle x,y\rangle\in R\upharpoonright A))$

$\Leftrightarrow \langle x,y\rangle\in R\wedge\forall A(\neg A\in\mathscr{A}\vee\langle x,y\rangle\in R\upharpoonright A)$

$\Leftrightarrow \langle x,y\rangle\in R\wedge\forall A(A\in\mathscr{A}\rightarrow\langle x,y\rangle\in R\upharpoonright A)$

$\Leftrightarrow \langle x,y\rangle\in R\wedge\langle x,y\rangle\in\bigcap\{R\upharpoonright A\mid A\in\mathscr{A}\}$

$\Leftrightarrow \langle x,y\rangle\in\bigcap\{R\upharpoonright A\mid A\in\mathscr{A}\}$.

最后一步是因为$\bigcap\{R\upharpoonright A\mid A\in\mathscr{A}\}\subseteq R$.

(5) $\forall\langle x,y\rangle$，

$\langle x,y\rangle\in(R\circ S)\upharpoonright A$

$\Leftrightarrow \langle x,y\rangle\in R\circ S\wedge x\in A$

$\Leftrightarrow \exists z(\langle x,z\rangle\in S\wedge\langle z,y\rangle\in R)\wedge x\in A$

$\Leftrightarrow \exists z(\langle x,z\rangle\in S\wedge x\in A\wedge\langle z,y\rangle\in R)$

$\Leftrightarrow \exists z(\langle x,z\rangle\in S\upharpoonright A\wedge\langle z,y\rangle\in R)$

$\Leftrightarrow \langle x,y\rangle\in R\circ(S\upharpoonright A)$. ▮

定理 2.9 设 $R,S,A,B,\mathscr{A}$ 为集合，$\mathscr{A}\neq\varnothing$，则

(1) $R[A\cup B]=R[A]\cup R[B]$； (2) $R[\bigcup\mathscr{A}]=\bigcup\{R[A]\mid A\in\mathscr{A}\}$；

(3) $R[A\cap B]\subseteq R[A]\cap F[B]$； (4) $R[\bigcap\mathscr{A}]\subseteq\bigcap\{R[A]\mid A\in\mathscr{A}\}$；

(5) $R[A]-R[B]\subseteq R[A-B]$； (6) $(R\circ S)[A]=R[S[A]]$.

证明 只证明(2)，(4)，(5)，(6).

(2) $\forall y$,

$y\in R[\bigcup\mathscr{A}]$

$\Leftrightarrow \exists x(x\in\bigcup\mathscr{A}\wedge\langle x,y\rangle\in R)$

$\Leftrightarrow \exists x(\exists A(A\in\mathscr{A}\wedge x\in A)\wedge\langle x,y\rangle\in R)$

$\Leftrightarrow \exists A(A\in\mathscr{A}\wedge\exists x(x\in A\wedge\langle x,y\rangle\in R))$

$\Leftrightarrow \exists A(A\in\mathscr{A}\wedge y\in R[A])$

$\Leftrightarrow y\in\bigcup\{R[A]\mid A\in\mathscr{A}\}$.

(4) $\forall y$,

$y\in R[\bigcap\mathscr{A}]$

$\Leftrightarrow \exists x(x\in\bigcap\mathscr{A}\wedge\langle x,y\rangle\in R)$

$\Leftrightarrow \exists x(\forall A(A\in\mathscr{A}\to x\in A)\wedge\langle x,y\rangle\in R)$

$\Leftrightarrow \exists x\forall A((A\in\mathscr{A}\to x\in A)\wedge\langle x,y\rangle\in R)$

$\overset{①}{\Rightarrow} \forall A\exists x((A\in\mathscr{A}\to x\in A)\wedge\langle x,y\rangle\in R)$

$\Leftrightarrow \forall A(\exists x((A\in\mathscr{A}\to x\in A)\wedge\langle x,y\rangle\in R))$

$\overset{②}{\Rightarrow} \forall A(\exists x(A\in\mathscr{A}\to x\in A\wedge\langle x,y\rangle\in R))$

$\Leftrightarrow \forall A(A\in\mathscr{A}\to\exists x(x\in A\wedge\langle x,y\rangle\in R))$

$\Leftrightarrow \forall A(A\in\mathscr{A}\to y\in R[A])$

$\Leftrightarrow y\in\bigcap\{R[A]\mid A\in\mathscr{A}\}$.

下面对①,②进行说明.

① $\exists x\forall yA(x,y)\to\forall y\exists xA(x,y)$为永真式.

② $((p\to q)\wedge r)\to(p\to(q\wedge r))$为永真式.

(5) $\forall y$,

$y\in(R[A]-R[B])$

$\Leftrightarrow y\in R[A]\wedge y\notin R[B]$

$\Leftrightarrow y\in R[A]\wedge\neg y\in R[B]$

$\Leftrightarrow \exists x(x\in A\wedge\langle x,y\rangle\in R)\wedge\neg\exists x(x\in B\wedge\langle x,y\rangle\in R)$

$\Leftrightarrow \exists x(x\in A\wedge\langle x,y\rangle\in R)\wedge\forall x(\neg x\in B\vee\neg\langle x,y\rangle\in R)$

$\Leftrightarrow \exists x(x\in A\wedge\langle x,y\rangle\in R)\wedge\forall x(\langle x,y\rangle\in R\to x\notin B)$

$\Leftrightarrow \exists x(x\in A\wedge\langle x,y\rangle\in R\wedge\forall x(\langle x,y\rangle\in R\to x\notin B))$

$\overset{①}{\Rightarrow} \exists x(x\in A\wedge\langle x,y\rangle\in R\wedge(\langle x,y\rangle\in R\to x\notin B))$

$\Leftrightarrow \exists x(x\in A\wedge\langle x,y\rangle\in R\wedge(\neg\langle x,y\rangle\in R\vee x\notin B))$

$\Leftrightarrow \exists x(x\in A\wedge\langle x,y\rangle\in R\wedge x\notin B)$

$\Leftrightarrow \exists x(x\in(A-B)\wedge\langle x,y\rangle\in R)$

$\Leftrightarrow y\in F[A-B]$.

① $\forall xF(x)\Rightarrow F(x)$是一条推理定律,称作$\forall$消去律.

(6) $\forall y$,

$y\in(R\circ S)[A]$

$\Leftrightarrow \exists x(x\in A\wedge\langle x,y\rangle\in R\circ S)$

$\Leftrightarrow \exists x(x\in A \wedge \exists t(\langle x,t\rangle \in S \wedge \langle t,y\rangle \in R))$

$\Leftrightarrow \exists x \exists t(x\in A \wedge \langle x,t\rangle \in S \wedge \langle t,y\rangle \in R)$

$\Leftrightarrow \exists t(\exists x(x\in A \wedge \langle x,t\rangle \in S) \wedge \langle t,y\rangle \in R)$

$\Leftrightarrow \exists t(t\in S[A] \wedge \langle t,y\rangle \in R)$

$\Leftrightarrow y\in R[S[A]]$. ▌

本定理中(3),(4),(5)均为包含关系,当 R 为单根时,包含关系变为相等关系.

【例 2.3】 设 $R=\{\langle x,y\rangle \mid x,y\in Z \wedge y=|x|\}$,$A=\{0,1,2\}$,$B=\{0,-1,-2\}$.

(1) 求 $R[A\cap B]$和 $R[A]\cap R[B]$; (2) 求 $R[A]-R[B]$和 $R[A-B]$.

解 (1) 显然有 $R[A\cap B]=R[\{0\}]=\{0\}$,而

$R[A]\cap R[B]=\{0,1,2\}\cap\{0,1,2\}=\{0,1,2\}$. 有

$$R[A\cap B]\subset R[A]\cap R[B].$$

(2) $R[A]-R[B]=\{0,1,2\}-\{0,1,2\}=\varnothing$, $R[A-B]=R[\{1,2\}]=\{1,2\}$,因而

$$R[A]-R[B]\subset R[A-B].$$

以上两个真包含关系产生的原因是 R 非单根.

取 $S=\{\langle x,y\rangle \mid x,y\in Z \wedge y=x\}$,$A$,$B$ 不变,再讨论(1)和(2)中的问题,就会得到两个等式.

2.3 关系矩阵和关系图

关系矩阵和关系图①是除了集合之外的另两种表示关系的方法. 这里所谈关系是指集合 A 上的二元关系.

定义 2.9 设 $A=\{x_1,x_2,\cdots,x_n\}$,$R\subseteq A\times A$,称矩阵 $M(R)=(r_{ij})_{n\times n}$为 R 的**关系矩阵**,其中

$$r_{ij}=\begin{cases}1, & x_iRx_j,\\ 0, & \text{否则}.\end{cases}$$

关系矩阵有下列诸条性质:

(1) R 的集合表达式与 R 的关系矩阵是可以惟一相互确定的.

(2) $M(R^{-1})=(M(R))^T$.

(3) 若对 $F=\{0,1\}$中的元素的加法使用逻辑加法($0+0=0,0+1=1+0=1+1=1$),则对于任意的 $R_1,R_2\subseteq A\times A$,均有

$$M(R_1\circ R_2)=M(R_2)\cdot M(R_1).$$

由上述性质可知,使用矩阵转置和乘法(加法使用逻辑加法)可求出逆关系及合成关系的关系矩阵,从而可确定其集合表达式.

【例 2.4】 设 $A=\{a,b,c\}$,$R_1,R_2\subseteq A\times A$,其集合表达式分别为

$$R_1=\{\langle a,a\rangle,\langle a,b\rangle,\langle b,a\rangle,\langle b,c\rangle\},$$
$$R_2=\{\langle a,b\rangle,\langle a,c\rangle,\langle b,c\rangle\}.$$

用 $M(R_1)$,$M(R_2)$确定 $M(R_1^{-1})$,$M(R_2^{-1})$,$M(R_1\circ R_1)$,$M(R_1\circ R_2)$,$M(R_2\circ R_1)$,从而求出它们的集合表达式.

---

① 关系矩阵和关系图是对有穷集合上的二元关系所定义的.

解 $$M(R_1)=\begin{bmatrix}1&1&0\\1&0&1\\0&0&0\end{bmatrix},\quad M(R_2)=\begin{bmatrix}0&1&1\\0&0&1\\0&0&0\end{bmatrix},$$

$$M(R_1^{-1})=\begin{bmatrix}1&1&0\\1&0&0\\0&1&0\end{bmatrix},\quad M(R_2^{-1})=\begin{bmatrix}0&0&0\\1&0&0\\1&1&0\end{bmatrix},$$

$$M(R_1\circ R_1)=\begin{bmatrix}1&1&0\\1&0&1\\0&0&0\end{bmatrix}\cdot\begin{bmatrix}1&1&0\\1&0&1\\0&0&0\end{bmatrix}=\begin{bmatrix}1&1&1\\1&1&0\\0&0&0\end{bmatrix},$$

$$M(R_1\circ R_2)=\begin{bmatrix}0&1&1\\0&0&1\\0&0&0\end{bmatrix}\cdot\begin{bmatrix}1&1&0\\1&0&1\\0&0&0\end{bmatrix}=\begin{bmatrix}1&0&1\\0&0&0\\0&0&0\end{bmatrix},$$

$$M(R_2\circ R_1)=\begin{bmatrix}1&1&0\\1&0&1\\0&0&0\end{bmatrix}\cdot\begin{bmatrix}0&1&1\\0&0&1\\0&0&0\end{bmatrix}=\begin{bmatrix}0&1&1\\0&1&1\\0&0&0\end{bmatrix}.$$

由性质(1)得

$R_1^{-1}=\{\langle a,a\rangle,\langle a,b\rangle,\langle b,a\rangle,\langle c,b\rangle\}$,

$R_2^{-1}=\{\langle b,a\rangle,\langle c,a\rangle,\langle c,b\rangle\}$,

$R_1\circ R_1=\{\langle a,a\rangle,\langle a,b\rangle,\langle a,c\rangle,\langle b,a\rangle,\langle b,b\rangle\}$,

$R_1\circ R_2=\{\langle a,a\rangle,\langle a,c\rangle\}$,

$R_2\circ R_1=\{\langle a,b\rangle,\langle a,c\rangle,\langle b,b\rangle,\langle b,c\rangle\}$.

定义 2.10 设 $A=\{x_1,x_2,\cdots,x_n\}$,$R\subseteq A\times A$. 以 A 中元素为顶点,在图中用“。”表示顶点.若 x_iRx_j,则从顶点 x_i 向 x_j 引有向边$\langle x_i,x_j\rangle$,称所画出的图为 R 的**关系图**①,记作$G(R)$.

图 2.1 给出了例 2.4 中各图的关系图(除 $G(R_1\circ R_1)$外).

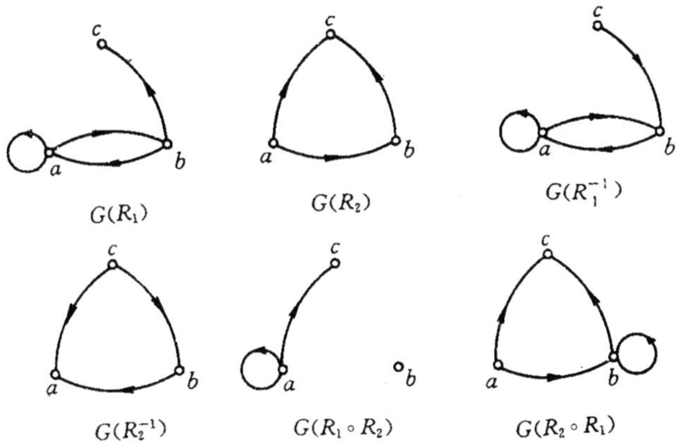

图 2.1

当 A 中元素标定次序后,对于任何 $R\subseteq A\times A$,R 的关系图$G(R)$与 R 的集合表达式也是可以惟一相互确定的,因而 R 的集合表达式、关系矩阵、关系图三者均可以惟一相互确定.容

① 关系图是图论中的有向图.

易看出，关系的集合表达式便于书写，关系矩阵便于存储，而关系图直观，清晰.

设 $A=\{a_1,a_2,\cdots,a_n\}$，$B=\{b_1,b_2,\cdots,b_m\}$，$R\subseteq A\times B$，类似可以定义 R 的关系矩阵 $M(R)$ 和关系图 $G(R)$. 只是 $M(R)$ 是 $n\times m$ 阶的，$G(R)$ 中有向边的方向均是从 A 中元素指向 B 中元素的.

2.4 关系的性质

有必要说明，本节内讨论的是非空集合上的二元关系的性质.

定义 2.11 设 A 为一集合，$R\subseteq A\times A$.

(1) 若对于任意的 $x\in A$，均有 xRx，则称 R 是 A 上**自反**的二元关系，也即

$$R\text{ 是自反的}\Leftrightarrow \forall x(x\in A\rightarrow xRx).$$

(2) 若对于任意的 $x\in A$，均有 $x\not R x$ [1]，则称 R 是 A 上**反自反的**二元关系[2]，也即

$$R\text{ 是反自反的}\Leftrightarrow \forall x(x\in A\rightarrow x\not R x).$$

(3) 对于任意的 $x,y\in A$，若 xRy，则 yRx，则称 R 为 A 上**对称的**二元关系，也即

$$R\text{ 是对称的}\Leftrightarrow \forall x\forall y(x\in A\wedge y\in A\wedge xRy\rightarrow yRx).$$

(4) 对于任意的 $x,y\in A$，若 xRy 且 $x\neq y$，则 $y\not R x$，则称 R 为 A 上**反对称的**二元关系，也即

$$R\text{ 是反对称的}\Leftrightarrow \forall x\forall y(x\in A\wedge y\in A\wedge xRy\wedge yRx\rightarrow x=y).$$

(5) 对于任意的 $x,y,z\in A$，若 xRy 且 yRz，则 xRz，则称 R 为 A 上**传递的**二元关系，也即

$$R\text{ 是传递的}\Leftrightarrow \forall x\forall y\forall z(x\in A\wedge y\in A\wedge z\in A\wedge xRy\wedge yRz\rightarrow xRz).$$

由定义不难看出下面 5 个定理是成立的.

定理 2.10 设 $R\subseteq A\times A$，则下面的命题是等价的：

(1) R 是自反的； (2) $I_A\subseteq R$；

(3) R^{-1} 是自反的； (4) $M(R)$ 主对角线上的元素全为 1；

(5) $G(R)$ 的每个顶点处均有环[3].

定理 2.11 设 $R\subseteq A\times A$，则下面命题是等价的：

(1) R 是反自反的； (2) $I_A\cap R=\varnothing$；

(3) R^{-1} 是反自反的； (4) $M(R)$ 主对角线上元素全为 0；

(5) $G(R)$ 的每个顶点处均无环.

定理 2.12 $R\subseteq A\times A$，则下面命题是等价的：

(1) R 是对称的； (2) $R^{-1}=R$；

(3) $M(R)$ 是对称的；

(4) $G(R)$ 中任何二个顶点之间若有有向边，必有两条方向相反的有向边.

定理 2.13 设 $R\subseteq A\times A$，则下面命题是等价的：

(1) R 是反对称的； (2) $R\cap R^{-1}\subseteq I_A$；

(3) 在 $M(R)$ 中，若 $r_{ij}=1(i\neq j)$，，则必有 $r_{ji}=0$；

---

① $x\not R x$ 当且仅当 $\langle x,x\rangle\notin R$.

② 有的书上将反自反的称为非自反的.

③ 顶点 x 到自身的有向边 $\langle x,x\rangle$ 称为环，这个概念在图论中还要严格定义.

(4) 在 $G(R)$ 中，对于任何二顶点 $x_i, x_j (i \neq j)$，若有有向边 $\langle x_i, x_j \rangle$，则必没有 $\langle x_j, x_i \rangle$.

定理 2.14 设 $R \subseteq A \times A$，则下面命题是等价的：

(1) R 是传递的； (2) $R \circ R \subseteq R$；

(3) 在 $M(R \circ R)$ 中，若 $r'_{ij} = 1$，则 $M(R)$ 中相应的元素 $r_{ij} = 1$；

(4) 在 $G(R)$ 中，对于任意顶点 x_i, x_j, x_k 若有有向边 $\langle x_i, x_j \rangle$，$\langle x_j, x_k \rangle$，则必有有向边 $\langle x_i, x_k \rangle$（即若从 x_i 到 x_k 有长为 2 的有向通路，则从 x_i 到 x_k 必有长度为 1 的有向通路①）.

取集合为自然数集合 N，讨论下面各关系的性质：

$L_{\leqslant} = \{\langle x, y \rangle \mid x \in N \wedge y \in N \wedge x \leqslant y\}$，

$L_{<} = \{\langle x, y \rangle \mid x \in N \wedge y \in N \wedge x < y\}$，

$L_{\geqslant} = \{\langle x, y \rangle \mid x \in N \wedge y \in N \wedge x \geqslant y\}$，

$L_{>} = \{\langle x, y \rangle \mid x \in N \wedge y \in N \wedge x > y\}$，

$L_D = \{\langle x, y \rangle \mid x \in N \wedge y \in N \wedge x$ 整除 $y\}$，

$I_N = \{\langle x, y \rangle \mid x \in N \wedge y \in N \wedge x = y\}$，

$E_N = \{\langle x, y \rangle \mid x \in N \wedge y \in N\}$.

容易看出：$L_{\leqslant}$ 和 $L_{\geqslant}$ 是自反的、反对称的、传递的.

$L_{<}$ 和 $L_{>}$ 是反自反的、反对称的、传递的.

L_D 是反对称的和传递的，注意 L_D 既不是自反的，又不是反自反的，其原因是 $0 \in N$.

I_N 为 N 上的恒等关系，它是自反的、对称的、反对称的、传递的.

E_N 是 N 上的全域关系，它是自反的、对称的、传递的.

【例 2.5】 设 $A = \{a, b, c\}$，$R_i \subseteq A \times A (i = 1, 2, \cdots, 6)$，它们的集合表达式分别为：

$$R_1 = \{\langle a, a \rangle, \langle a, b \rangle, \langle b, c \rangle, \langle a, c \rangle\},$$
$$R_2 = \{\langle a, a \rangle, \langle a, b \rangle, \langle b, c \rangle, \langle c, a \rangle\},$$
$$R_3 = \{\langle a, a \rangle, \langle b, b \rangle, \langle a, b \rangle, \langle b, a \rangle, \langle c, c \rangle\},$$
$$R_4 = \{\langle a, a \rangle, \langle a, b \rangle, \langle b, a \rangle, \langle c, c \rangle\},$$
$$R_5 = \{\langle a, a \rangle, \langle a, b \rangle, \langle b, b \rangle, \langle c, c \rangle\},$$
$$R_6 = \{\langle a, b \rangle, \langle b, a \rangle, \langle b, c \rangle, \langle a, a \rangle\}.$$

讨论以上各关系的性质.

解 先画出各关系的关系图，见图 2.2 所示.

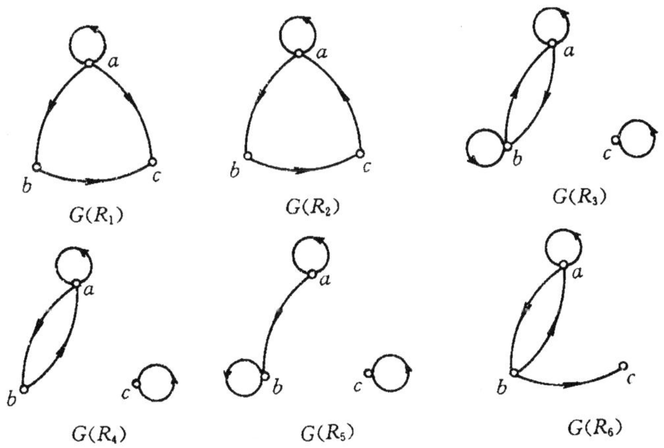

图 2.2

① 有向通路请见图论中通路与回路的定义.

从关系图不难看出：

R_1 是反对称的和传递的；

R_2 是反对称的；

R_3 是自反的、对称的和传递的；

R_4 是对称的；

R_5 是自反的、反对称的和传递的；

R_6 没有讨论的 5 种性质中的任何一种性质.

定理 2.15 设 $R_1,R_2 \subseteq A\times A$.

(1) 若 R_1,R_2 是自反的，则 $R_1^{-1},R_2^{-1},R_1\cup R_2,R_1\cap R_2,R_1\circ R_2(R_2\circ R_1)$ 也是自反的；

(2) 若 R_1,R_2 是反自反的，则 $R_1^{-1},R_2^{-1},R_1\cup R_2,R_1\cap R_2,R_1-R_2(R_2-R_1)$ 也是反自反的；

(3) 若 R_1,R_2 是对称的，则 $R_1^{-1},R_2^{-1},R_1\cup R_2,R_1\cap R_2,R_1-R_2(R_2-R_1),\sim R_1=E_A-R_1,\sim R_2$ 也是对称的；

(4) 若 R_1,R_2 是反对称的，则 $R_1^{-1},R_2^{-1},R_1\cap R_2,R_1-R_2(R_2-R_1)$，也是反对称的；

(5) 若 R_1,R_2 是传递的，则 $R_1^{-1},R_2^{-1},R_1\cap R_2$ 也是传递的.

证明 (1) 只证明 $R_1\circ R_2$.

$\forall x\in A$

$\Rightarrow \langle x,x\rangle\in R_2 \wedge \langle x,x\rangle \in R_1$ （R_1,R_2 是自反的）

$\Rightarrow \langle x,x\rangle\in R_1\circ R_2$.

所以，$R_1\circ R_2$ 是自反的.

(2) 只证 $R_1\cap R_2$.

若 $\exists x\in A$，使得

$$\langle x,x\rangle\in R_1\cap R_2 \Leftrightarrow \langle x,x\rangle\in R_1\wedge\langle x,x\rangle\in R_2.$$

这与 R_1 与 R_2 是反自反的相矛盾，所以，$R_1\cap R_2$ 是反自反的.

(3) 证明 R_1-R_2 和 $\sim R_1$.

$\forall x,y\in A$，

$\langle x,y\rangle\in R_1-R_2$

$\Leftrightarrow \langle x,y\rangle\in R_1\wedge\langle x,y\rangle\notin R_2 \Rightarrow \langle y,x\rangle\in R_1\wedge\langle y,x\rangle\notin R_2$ （R_1,R_2 是对称的）

$\Leftrightarrow \langle y,x\rangle\in R_1-R_2$.

所以，R_1-R_2 是对称的.

$\forall x,y\in A$

$\langle x,y\rangle\in\sim R_1$

$\Leftrightarrow \langle x,y\rangle\in(E_A-R_1)$

$\Leftrightarrow \langle x,y\rangle\in E_A\wedge\langle x,y\rangle\notin R_1$

$\Leftrightarrow \langle y,x\rangle\in E_A\wedge\langle y,x\rangle\notin R_1$ （E_A,R_1 是对称的）

$\Leftrightarrow \langle y,x\rangle\in(E_A-R_1)$

$\Leftrightarrow \langle y,x\rangle\in\sim R_1$.

所以，$\sim R_1$ 是对称的.

(4) 证 R_1^{-1}.

若 $\exists x,y\in A$ 且 $x\neq y$，使得

$$\langle x,y\rangle\in R_1^{-1}\wedge\langle y,x\rangle\in R_1^{-1}\Leftrightarrow\langle y,x\rangle\in R_1\wedge\langle x,y\rangle\in R_1.$$

这与 R_1 是反对称的矛盾，所以 R_1^{-1} 是反对称的.

(5) 证明 $R_1\cap R_2$.

$\forall x,y,z\in A$,

$\langle x,y\rangle\in R_1\cap R_2\wedge\langle y,z\rangle\in R_1\cap R_2$

$\Leftrightarrow\langle x,y\rangle\in R_1\wedge\langle x,y\rangle\in R_2\wedge\langle y,z\rangle\in R_1\wedge\langle y,z\rangle\in R_2$

$\Leftrightarrow(\langle x,y\rangle\in R_1\wedge\langle y,z\rangle\in R_1)\wedge(\langle x,y\rangle\in R_2\wedge\langle y,z\rangle\in R_2)$

$\Rightarrow\langle x,z\rangle\in R_1\wedge\langle x,z\rangle\in R_2$ (R_1,R_2 传递)

$\Leftrightarrow\langle x,z\rangle\in R_1\cap R_2$.

所以，$R_1\cap R_2$ 是传递的. ▎

2.5 二元关系的幂运算

前面已经讨论过集合的合成运算. 本节讨论集合 A 上的关系的合成运算，特别是讨论同一个关系的幂运算.

定义 2.12 设 $R\subseteq A\times A$，n 为自然数，R 的 n 次幂记作 R^n，其中

(1) $R^0=I_A$； (2) $R^{n+1}=R^n\circ R$, $n\geqslant 0$.

显然 R^n 还是 A 上的二元关系.

设 $A=\{a,b,c\}$，$R\subseteq A\times A$，且 $R=\{\langle a,b\rangle,\langle b,a\rangle,\langle a,c\rangle\}$，求 R 的各次幂.

$R^0=I_A$,

$R^1=R^0\circ R=R=\{\langle a,b\rangle,\langle b,a\rangle,\langle a,c\rangle\}$,

$R^2=R^1\circ R=\{\langle a,a\rangle,\langle b,b\rangle,\langle b,c\rangle\}$,

$R^3=R^2\circ R=\{\langle a,b\rangle,\langle a,c\rangle,\langle b,a\rangle\}=R^1$,

$R^4=R^3\circ R=R\circ R=R^2$,

$R^5=R^4\circ R=R^2\circ R=R^3=R^1$.

不难看出，

$$R^{2k+1}=R^1=R,\quad k=0,1,2,\cdots,$$

$$R^{2k}=R^2,\quad k=1,2,\cdots.$$

本例的结果不是偶然的，请看下面定理.

定理 2.16 设 A 为含 n 个元素的有穷集合，$R\subseteq A\times A$，则存在自然数 s,t，且满足 $0\leqslant s<t\leqslant 2^{n^2}$，使得 $R^s=R^t$.

证明 显然 $P(A\times A)$ 中元素对幂运算是封闭的，即对任意的自然数 k，有 $R^k\in P(A\times A)$，$k=0,1,2,\cdots$，而 $|P(A\times A)|=2^{n^2}$，考虑 R 的各项幂 $R^0,R^1,\cdots,R^{2^{n^2}}$，共产生 $2^{n^2}+1$ 个 $P(A\times A)$ 的二元关系，由鸽巢原理[①]可知，存在 s,t，满足 $0\leqslant s<t\leqslant 2^{n^2}$，使得 $R^s=R^t$. ▎

关系的幂运算服从指数律，见下面定理.

定理 2.17 设 $R\subseteq A\times A$，m,n 为任意的自然数，则下面等式成立：

---

① 鸽巢原理又叫抽屉原理，它的简单而直观的形式为：$(n+1)$ 只鸽子飞向 n 个鸽巢，必存在一巢飞入 2 只或 2 只以上的鸽子，一般形式请见组合数学.

(1) $R^m \circ R^n = R^{m+n}$；　　(2) $(R^m)^n = R^{mn}$.

证明　(1) 任给 m 后，对 n 作归纳法.

$n=0$，则 $R^m \circ R^0 = R^m \circ I_A = R^m = R^{m+0}$.

假设 $R^m \circ R^n = R^{m+n}$.

$$
\begin{aligned}
R^m \circ R^{n+1} &= R^m \circ (R^n \circ R^1) = (R^m \circ R^n) \circ R^1 \\
&= (R^{m+n}) \circ R^1 && \text{(归纳假设)} \\
&= R^{m+n} \circ R \\
&= R^{m+n+1} && \text{(幂的定义)} \\
&= R^{m+(n+1)}.
\end{aligned}
$$

请读者自己证明(2). ▎

定理 2.18　设 $R \subseteq A \times A$，若存在自然数 $s,t(s<t)$，使得 $R^s = R^t$，则下面等式成立：

(1) $R^{s+k} = R^{t+k}, k \in N$；

(2) $R^{s+kp+i} = R^{s+i}$，其中 $k,i \in N, p=t-s$；

(3) 令 $S = \{R^0, R^1, \cdots, R^{t-1}\}$，则对于任意 $q \in N$，均有 $R^q \in S$.

证明　由定理 2.17，(1) 的成立是显然的.

(2) 用(1)直接证明(2). $k=0,1$ 时显然，考虑 $k \geqslant 2$.

$$
\begin{aligned}
R^{s+kp+i} &= R^{s+t-s+(k-1)(t-s)+i} \\
&= R^{t+(k-1)(t-s)+i} \\
&= R^{s+(k-1)(t-s)+i} && \text{(利用(1))} \\
&= R^{s+t-s+(k-2)(t-s)+i} \\
&= R^{t+(k-2)(t-s)+i} \\
&= R^{s+(k-2)(t-s)+i} && \text{(利用(1))} \\
&\cdots\cdots\cdots \\
&= R^{s+t-s+i} \\
&= R^{t+i} \\
&= R^{s+i}. && \text{(利用(1))}
\end{aligned}
$$

请读者用归纳法证明之.

(3) 用(2) 证明(3).

若 $q \leqslant t-1$，结论显然成立. 设 $q \geqslant t$，则 $q > s$，因而存在 $k,i \in N$，使得

$$
\begin{aligned}
q &= s+k(t-s)+i \qquad (0 \leqslant i \leqslant t-s-1) \\
&= s+kp+i \qquad\qquad (p=t-s).
\end{aligned}
$$

于是，

$$
\begin{aligned}
R^q &= R^{s+kp+i} \\
&= R^{s+i}. && \text{(由(2))}
\end{aligned}
$$

而 $s+i \leqslant s+t-s-1 = t-1$，所以 $R^q \in S$. ▎

由定理 2.16 可知，对于有穷集合上的关系 R 来说，必存在 $s,t(s<t)$ 使得 $R^s = R^t$，再用定理 2.18，可以化简 R 幂的指数. 但对无穷集合来说就不一定存在 s,t，使得 $R^s = R^t$ 了.

【例 2.6】　设 $R \subseteq A \times A$，试化简 R^{100} 的指数.

(1) 已知 $R^7 = R^{15}$；　(2) 已知 $R^3 = R^5$；　(3) 已知 $R^1 = R^3$.

解 用定理 2.18 中的(3).

(1) $R^{100}=R^{7+11\times8+5}=R^{7+5}=R^{12}\in\{R^0,R^1,\cdots,R^{14}\}$.

(2) $R^{100}=R^{3+48\times2+1}=R^{3+1}=R^4\in\{R^0,R^1,\cdots,R^4\}$.

(3) $R^{100}=R^{1+49\times2+1}=R^{1+1}=R^2\in\{R^0,R^1,R^2\}$.

2.6 关系的闭包

设 A 为一个非空集合,A 上的关系 R 不一定具有讨论过的 5 种性质中的某些性质,本节讨论最小的包含 R 的关系 R',使它具有所要求的性质,这就是关系的闭包.

定义 2.13 设 $A\neq\varnothing$,$R\subseteq A\times A$,R 的**自反闭包(对称闭包、传递闭包)**R'满足如下条件:

(1) R'是自反的(对称的、传递的);

(2) $R\subseteq R'$;

(3) A 上任意的自反的(对称的、传递的)关系 R'',若 $R\subseteq R''$,则 $R'\subseteq R''$.

常用 $r(R)$,$s(R)$,$t(R)$分别表示 R 的自反闭包、对称闭包和传递闭包.

【例 2.7】 设 $A=\{1,2,3,4\}$,$R=\{\langle1,2\rangle\langle1,4\rangle,\langle3,4\rangle\}$,求 $r(R)$,$s(R)$,$t(R)$的关系图,然后写出它们的集合表达式.

解

图 2.3 分别给出了 R,$r(R)$,$s(R)$,$t(R)$的关系图.

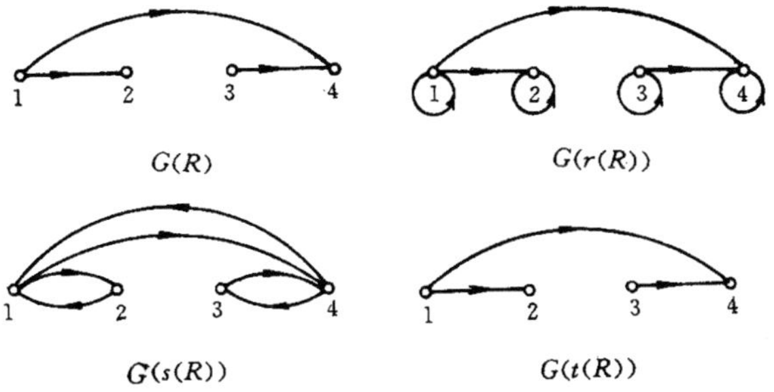

图 2.3

$r(R)=I_A\cup R$,$s(R)=R\cup\{\langle2,1\rangle,\langle4,3\rangle,\langle4,1\rangle\}$,$t(R)=R$(见定理 2.19).

定理 2.19 设 $R\subseteq A\times A$ 且 $A\neq\varnothing$,则

(1) R 是自反的当且仅当 $r(R)=R$;

(2) R 是对称的当且仅当 $s(R)=R$;

(3) R 是传递的当且仅当 $t(R)=R$.

本定理的证明简单,这里不再赘述.

定理 2.20 设集合 $A\neq\varnothing$,$R_1,R_2\subseteq A\times A$,且 $R_1\subseteq R_2$,则

(1) $r(R_1)\subseteq r(R_2)$;　(2) $s(R_1)\subseteq s(R_2)$;　(3) $t(R_1)\subseteq t(R_2)$.

证明 (1) 由 $R_1\subseteq R_2$ 和 $R_2\subseteq r(R_2)$,有 $R_1\subseteq r(R_2)$,又 $r(R_2)$是自反的,根据定义 2.13,必有 $r(R_1)\subseteq r(R_2)$.

(2)和(3)可类似证明.

定理 2.21 设 $A\neq\varnothing$，$R_1,R_2\subseteq A\times A$，则下列各式成立：

(1) $r(R_1\cup R_2)=r(R_1)\cup r(R_2)$；　　(2) $s(R_1\cup R_2)=s(R_1)\cup s(R_2)$；

(3) $t(R_1)\cup t(R_2)\subseteq t(R_1\cup R_2)$.

证明

(1) $R_1\subseteq r(R_1)\land R_2\subseteq r(R_2)$

$\Rightarrow R_1\cup R_2\subseteq r(R_1)\cup r(R_2)$

$\Rightarrow r(R_1\cup R_2)\subseteq r(R_1)\cup r(R_2)$.

由 $r(R_1)\cup r(R_2)$ 是自反的以及自反关系的定义可知最后一步是成立的(关于 $r(R_1)\cup r(R_2)$ 是自反的请证明之).

又 $R_1\subseteq R_1\cup R_2\land R_2\subseteq R_1\cup R_2$

$\Rightarrow r(R_1)\subseteq r(R_1\cup R_2)\land r(R_2)\subseteq r(R_1\cup R_2)$　　(定理 2.20)

$\Rightarrow r(R_1)\cup r(R_2)\subseteq r(R_1\cup R_2)$.

所以，(1)式成立.

类似可证(2)成立.

(3) $R_1\subseteq R_1\cup R_2\land R_2\subseteq R_1\cup R_2$

$\Rightarrow t(R_1)\subseteq t(R_1\cup R_2)\land t(R_2)\subseteq t(R_1\cup R_2)$　　(定理 2.20)

$\Rightarrow t(R_1)\cup t(R_2)\subseteq t(R_1\cup R_2)$. ▌

注意，定理 2.21(3)中的等号不一定成立. 即 $t(R_1\cup R_2)\subseteq t(R_1)\cup t(R_2)$ 不一定成立. 举反例如下：

取 $A=\{a,b,c\}$，$R_1=\{\langle a,b\rangle,\langle b,c\rangle\}$，$R_2=\{\langle c,a\rangle\}$，则 $t(R_1)\cup t(R_2)=\{\langle a,b\rangle,\langle b,c\rangle,\langle a,c\rangle,\langle c,a\rangle\}$(此关系不是传递的)，而 $t(R_1\cup R_2)=E_A$(即 A 上的全域关系)，显然，

$$E_A\nsubseteq t(R_1)\cup t(R_2).$$

定理 2.22 设 $R\subseteq A\times A$ 且 $A\neq\varnothing$，则

$$r(R)=R\cup I_A.$$

证明 $R\cup I_A$ 是自反的是显然的.

$R\subseteq R\cup I_A$

$\Rightarrow r(R)\subseteq r(R\cup I_A)$　　(定理 2.20)

$\Rightarrow r(R)\subseteq R\cup I_A$　　(因为 $R\cup I_A$ 是自反的及定理 2.19)

又

$R\subseteq r(R)\land I_A\subseteq r(R)$

$\Rightarrow R\cup I_A\subseteq r(R)$.

所以，$r(R)=R\cup I_A$. ▌

定理 2.23 设 $R\subseteq A\times A$ 且 $A\neq\varnothing$，则

$$s(R)=R\cup R^{-1}.$$

证明 首先请读者证明 $R\cup R^{-1}$ 是对称的.

$R\subseteq R\cup R^{-1}$

$\Rightarrow s(R)\subseteq s(R\cup R^{-1})$　　(定理 2.20)

$\Rightarrow s(R)\subseteq R\cup R^{-1}$　　(由定理 2.19 知 $s(R\cup R^{-1})=R\cup R^{-1}$)

又 $R\subseteq s(R)\land R^{-1}\subseteq s(R)$　　(*)

$\Rightarrow R\cup R^{-1}\subseteq s(R)$.

综上所述,$s(R)=R\cup R^{-1}$.

(*)

$\forall x,y\in A$,若

$\langle x,y\rangle\in R^{-1}$

$\Rightarrow \langle y,x\rangle\in R$

$\Rightarrow \langle y,x\rangle\in s(R)$

$\Rightarrow \langle x,y\rangle\in s(R)$.

所以,$R^{-1}\subseteq s(R)$. ▌

定理 2.24 设 $R\subseteq A\times A$ 且 $A\neq\varnothing$,则

$t(R)=R\cup R^2\cup\cdots$.

为了证明定理首先证明如下的两个命题.

命题 1 $R\cup R^2\cup\cdots$是传递的.

证明 $\forall x,y,z\in A$,

$\langle x,y\rangle\in R\cup R^2\cup\cdots\wedge\langle y,z\rangle\in R\cup R^2\cup\cdots$

$\Rightarrow \exists s(\langle x,y\rangle\in R^s)\wedge\exists t(\langle y,z\rangle\in R^t)$

$\Rightarrow \langle x,z\rangle\in R^t\circ R^s=R^{s+t}\subseteq R\cup R^2\cup\cdots$.

所以,$R\cup R^2\cup\cdots$是传递的. ▌

命题 2 对于任意的非零自然数 n,有

$$R^n\subseteq t(R).$$

证明 对 n 作归纳法.

$n=1$ 时,$R\subseteq t(R)$显然.

设 $n=k$ 时,$R^k\subseteq t(R)$;$n=k+1$ 时,证明如下:

$\forall x,y\in A$,

$\langle x,y\rangle\in R^{k+1}=R^k\circ R$

$\Leftrightarrow \exists t(\langle x,t\rangle)\in R\wedge\langle t,y\rangle\in R^k)$

$\Rightarrow \exists t(\langle x,t\rangle)\in t(R)\wedge\langle t,y\rangle\in t(R))$ (归纳假设)

$\Rightarrow \langle x,y\rangle\in t(R)$.

所以,$R^{k+1}\subseteq t(R)$. ▌

下面证明定理.

$R\subseteq R\cup R^2\cup\cdots$

$\Rightarrow t(R)\subseteq t(R\cup R^2\cup\cdots)$ (定理 2.20)

$\Rightarrow t(R)\subseteq R\cup R^2\cup\cdots$. (命题 1 和定理 2.19)

又由命题 2 可知,

$R\subseteq t(R),R^2\subseteq t(R^2),\cdots$

$\Rightarrow R\cup R^2\cup\cdots\subseteq t(R)$.

综上所述,$t(R)=R\cup R^2\cup\cdots$. ▌

推论 设 A 为非空且为有穷集合,$R\subseteq A\times A$,则存在自然数 l,使得

$$t(R)=R\cup R^2\cup\cdots\cup R^l.$$

证明 由定理 2.16 可知,存在自然数 $s,t,s<t$,使得 $R^s=R^t$. 再由定理 2.18 可知 $R,R^2,\cdots\in\{R^0,R^1,\cdots,R^{t-1}\}$,取 $l=t-1$,由定理 2.24 可知,

$$t(R)=R\cup R^2\cup\cdots\cup R^l.$$ ▌

【例 2.8】 设 $A=\{a,b,c,d\}$,$R=\{\langle a,b\rangle,\langle b,a\rangle,\langle b,c\rangle,\langle c,d\rangle\}$,求 $r(R)$,$s(R)$,$t(R)$.

解 $r(R)=R\cup I_A=\{\langle a,b\rangle,\langle b,a\rangle,\langle b,c\rangle,\langle c,d\rangle\}\cup I_A$. 今后,凡自反的关系 R,均可以写成 $(R-I_A)\cup I_A=R'\cup I_A$ 的形式.

$$s(R)=R\cup R^{-1}=\{\langle a,b\rangle,\langle b,a\rangle,\langle b,c\rangle,\langle c,d\rangle,\langle c,b\rangle,\langle d,c\rangle\}.$$

经过运算不难发现,

$$R^{2k}=R^2,\ k=1,2,\cdots,$$
$$R^{2k+1}=R^3,\ k=1,2,\cdots.$$

其中

$$R^2=\{\langle a,a\rangle,\langle b,b\rangle,\langle a,c\rangle,\langle b,d\rangle\},$$
$$R^3=\{\langle a,b\rangle,\langle b,a\rangle,\langle b,c\rangle,\langle a,b\rangle\}.$$

所以,

$$t(R)=R\cup R^2\cup R^3=\{\langle a,b\rangle,\langle b,a\rangle,\langle b,c\rangle,\langle c,d\rangle,\langle a,a\rangle,\langle b,b\rangle,\langle a,c\rangle,\langle b,d\rangle,\langle a,d\rangle\}.$$

其实,可以用关系矩阵的幂求 $t(R)$ 的关系矩阵,然后由关系矩阵求 $t(R)$ 的集合表达式或关系图.

若 A 是有穷集合,$R\subseteq A\times A$,则

$$\begin{aligned}M(t(R))&=M(R)+M(R^2)+\cdots+M(R^l)\\&=M(R)+M^2(R)+\cdots+M^l(R).\end{aligned}$$

注意,矩阵运算中的加法为逻辑加法.

在本例中,

$$M(R)=\begin{bmatrix}0&1&0&0\\1&0&1&0\\0&0&0&1\\0&0&0&0\end{bmatrix},\ M(R^2)=M^2(R)=\begin{bmatrix}1&0&1&0\\0&1&0&1\\0&0&0&0\\0&0&0&0\end{bmatrix},\ M(R^3)=M^3(R)=\begin{bmatrix}0&1&0&1\\1&0&1&0\\0&0&0&0\\0&0&0&0\end{bmatrix}.$$

而

$$M(R^{2k})=M^2(R),\qquad k=1,2,\cdots,$$
$$M(R^{2k+1})=M^3(R).\qquad k=1,2,\cdots.$$

所以,

$$\begin{aligned}M(t(R))&=M(R)+M^2(R)+M^3(R)\\&=\begin{bmatrix}1&1&1&1\\1&1&1&1\\0&0&0&1\\0&0&0&0\end{bmatrix}.\end{aligned}$$

由 $M(t(R))$ 容易写出 $t(R)$ 的集合表达式.

定理 2.25 设 $R\subseteq A\times A$ 且 $A\neq\varnothing$,则

(1) 若 R 是自反的,则 $s(R)$ 和 $t(R)$ 也是自反的;

(2) 若 R 是对称的,则 $r(R)$ 和 $t(R)$ 也是对称的;

(3) 若 R 是传递的,则 $r(R)$ 也是传递的.

证明 (1) 证明简单.

(2) 只证 $t(R)$ 是对称的.

先证明下面命题.

命题 若 R 是对称的,则对于任意的自然数 $n \geqslant 1$,R^n 也是对称的.

用归纳法证明.

$n=1$ 时显然成立.

设 $n=k$ 时结论成立;$n=k+1$ 时,证明如下:

$\forall x, y \in A$,

$\langle x, y\rangle \in R^{k+1}=R^k \circ R$

$\Rightarrow \exists t(\langle x, t\rangle \in R \wedge\langle t, y\rangle \in R^k)$

$\Rightarrow \exists t(\langle t, x\rangle \in R \wedge\langle y, t\rangle \in R^k)$ (归纳假设)

$\Leftrightarrow \langle y, x\rangle \in R \circ R^k$

$\Leftrightarrow \langle y, x\rangle \in R^{k+1}$. (合成运算满足结合律)

所以,命题为真.

下面证明 $t(R)$ 的对称性.

$\forall x, y \in A$,

$\langle x, y\rangle \in t(R)$

$\Leftrightarrow \langle x, y\rangle \in R \cup R^2 \cup \cdots$ (定理 2.24)

$\Rightarrow \exists n(\langle x, y\rangle \in R^n)$

$\Rightarrow \exists n(\langle y, x\rangle \in R^n)$ (命题)

$\Rightarrow \langle y, x\rangle \in R \cup R^2 \cup \cdots$

$\Leftrightarrow \langle y, x\rangle \in t(R)$.

所以,$t(R)$ 是对称的.

(3) $\forall x, y, z \in A$,

$\langle x, y\rangle,(y, z) \in r(R)=I_A \cup R$ (定理 2.22)

$\Rightarrow \langle x, y\rangle,\langle y, z\rangle \in I_A \vee \langle x, y\rangle,\langle y, z\rangle \in R$

$\vee \langle x, y\rangle \in I_A \wedge\langle y, z\rangle \in R \vee\langle x, y\rangle \in R \wedge\langle y, z\rangle \in I_A$.

下面分 4 种情况讨论:

① $\langle x, y\rangle,\langle y, z\rangle \in I_A$

$\Rightarrow x=y=z$

$\Rightarrow \langle x, z\rangle=\langle x, x\rangle \in I_A$

$\Rightarrow \langle x, z\rangle=\langle x, x\rangle \in I_A \cup R=r(R)$.

② $\langle x, y\rangle,\langle y, z\rangle \in R$

$\Rightarrow \langle x, z\rangle \in R$ (R 传递)

$\Rightarrow \langle x, z\rangle \in R \cup I_A=r(R)$.

③ $\langle x, y\rangle \in I_A \wedge\langle y, z\rangle \in R$

$\Rightarrow x=y \wedge\langle y, z\rangle \in R$

$\Rightarrow \langle x, z\rangle \in R$

$\Rightarrow \langle x,z\rangle \in r(R)$.

④ $\langle x,y\rangle \in R \land \langle y,z\rangle \in I_A$

$\Rightarrow \langle x,y\rangle \in R \land y=z$

$\Rightarrow \langle x,z\rangle \in R$

$\Rightarrow \langle x,z\rangle \in r(R)$.

定理 2.26 设 $R\subseteq A\times A \land A\neq\varnothing$,则

(1) $rs(R)=sr(R)$;

(2) $rt(R)=tr(R)$;

(3) $st(R)\subseteq ts(R)$.

证明 先给下面两个命题(请读者自己证明):

命题 1 $(R_1\cup R_2)^{-1}=R_1^{-1}\cup R_2^{-1}$.

命题 2 $(R\cup I_A)^n=I_A\cup R\cup R^2\cup\cdots\cup R^n,(n\geqslant 1)$.

以下证明定理

(1) $sr(R)$

$= s(R\cup I_A)$ (定理 2.22)

$= (R\cup I_A)\cup(R\cup I_A)^{-1}$ (定理 2.23)

$= R\cup I_A\cup R^{-1}\cup I_A{}^{-1}$ (命题 1)

$= R\cup R^{-1}\cup I_A$ $(I_A^{-1}=I_A)$

$=s(R)\cup I_A$

$=r(s(R))$

$=rs(R)$.

(2) $tr(R)$

$=t(R\cup I_A)$

$=(R\cup I_A)\cup(R\cup I_A)^2\cup\cdots$ (定理 2.24)

$=I_A\cup R\cup R^2\cup\cdots$ (命题 2)

$=I_A\cup t(R)$ (定理 2.24)

$=r(t(R))$

$=rt(R)$.

(3) $R\subseteq s(R)$

$\Rightarrow t(R)\subseteq ts(R)$ (定理 2.20)

$\Rightarrow st(R)\subseteq sts(R)$. (定理 2.20)

由定理 2.25 和定理 2.19 可知 $sts(R)=ts(R)$,因而,

$$st(R)\subseteq ts(R).$$ ▌

请读者举例说明定理 2.26 中,(3)的反包含不一定成立.

2.7 等价关系和划分

定义 2.14 设 $R\subseteq A\times A$ 且 $A\neq\varnothing$,若 R 是自反的、对称的和传递的,则称 R 为 A 上的等价关系,简称**等价关系**.

【例 2.9】 设 A 为某班学生的集合，讨论下列关系中，哪些是等价关系.

(1) $R_1=\{\langle x,y\rangle \mid x,y\in A\wedge x$ 与 y 同年生$\}$；

(2) $R_2=\{\langle x,y\rangle \mid x,y\in A\wedge x$ 与 y 同姓$\}$；

(3) $R_3=\{\langle x,y\rangle \mid x,y\in A\wedge x$ 的年龄不比 y 小$\}$；

(4) $R_4=\{\langle x,y\rangle \mid x,y\in A\wedge x$ 与 y 选修同门课程$\}$；

(5) $R_5=\{\langle x,y\rangle \mid x,y\in A\wedge x$ 的体重比 y 重$\}$.

解 易证 R_1,R_2 都具有自反、对称和传递性，因而都是等价关系，R_3 无对称性，R_4 无传递性，R_5 既无自反性又无对称性，因而它们都不是等价关系.

【例 2.10】 设 $R\subseteq A\times A$ 且 $A\neq\varnothing$. 对 R 依次进行 3 种闭包运算有 6 种不同的顺序，其中哪些顺序产生的关系一定是等价关系？并且证明所得结论.

解 对 R 依次进行 3 种闭包运算有 6 种不同的顺序，产生的关系分别为：$tsr(R)$，$trs(R)$，$str(R)$，$srt(R)$，$rst(R)$，$rts(R)$，其中，$tsr(R)$，$trs(R)$，$rts(R)$ 3 种关系一定为等价关系，其余的 3 种不一定是等价关系.

由定理 2.26 的(1)，(2)可知，$tsr(R)=trs(R)$，又，$rts(R)=trs(R)=tsr(R)$，于是有

$$tsr(R)=trs(R)=rts(R).$$

类似可证

$$str(R)=srt(R)=rst(R).$$

综上所述，6 种不同顺序的闭包运算只产生两种可能不同的关系，只需证 $tsr(R)$ 是等价关系，而 $str(R)$ 不一定是等价关系.

其实，由定理 2.25 立刻可证 $tsr(R)$ 具有自反性、对称性和传递性，因而是等价关系.

而因为传递关系的对称闭包不一定是传递的，因而 $str(R)$ 不一定是等价关系，反例如下：

设 $A=\{a,b,c\}$，$R=\{\langle a,b\rangle,\langle c,b\rangle\}$，易知

$$str(R)=I_A\cup\{\langle a,b\rangle,\langle c,b\rangle,\langle b,a\rangle,\langle b,c\rangle\}.$$

这个关系不具有传递性，因而不是等价关系.

因为 $tsr(R)$ 是含 R 的最小的等价关系，因而常称 $tsr(R)$ 为 R 的等价闭包.

定义 2.15 设 R 是非空集合 A 上的等价关系，$\forall x\in A$，令 $[x]_R=\{y\mid y\in A\wedge xRy\}$，则称 $[x]_R$ 为 x 的关于 R 的**等价类**，简称为 x 的等价类. 在不引起混乱时，可将 $[x]_R$ 简记为 $[x]$.

【例 2.11】 设 $A\subseteq N\wedge A\neq\varnothing$，令

$$R_n=\{\langle x,y\rangle \mid x,y\in A\wedge x\equiv y(\bmod n)\},\ n\geqslant 2.$$

(1) 证明 R_n 是 A 上的等价关系；

(2) 设 $A=\{1,2,3,4,5,8\}$，求

$R_3=\{\langle x,y\rangle \mid x,y\in A\wedge x\equiv y(\bmod 3)\}$

的等价类，并画出 R_3 的关系图.

解 (1) 留给读者.

(2) $[1]=[4]=\{1,4\}$，

$[2]=[5]=[8]=\{2,5,8\}$，

$[3]=\{3\}$.

R_3 的关系图为图 2.4 所示.

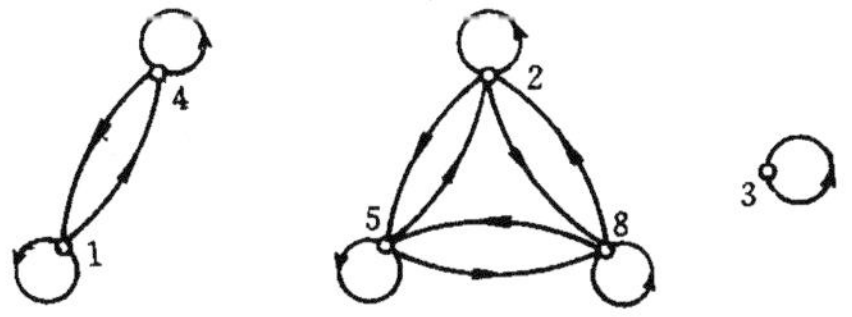

图 2.4

定理 2.27 设 R 是非空集合 A 上的等价关系，对于任意的 $x,y\in A$，下面各式成立：

(1) $[x]_R\neq\varnothing$ 且 $[x]_R\subseteq A$； (2) 若 $\langle x,y\rangle\in R$，则 $[x]_R=[y]_R$；

(3) 若 $\langle x,y\rangle\notin R$，则 $[x]_R\cap[y]_R=\varnothing$； (4) $\bigcup\{[x]_R\mid x\in A\}=A$.

证明 (1) 由 R 的自反性得知 $x\in[x]_R$，故 $[x]_R\neq\varnothing$.

(2) 已知 $\langle x,y\rangle\in R\Leftrightarrow xRy$，$\forall z$，

$z\in[x]_R\wedge xRy$

$\Rightarrow xRz\wedge xRy$

$\Rightarrow zRx\wedge xRy$ （R 是对称的）

$\Rightarrow zRy$ （R 是传递的）

$\Rightarrow z\in[y]_R$.

所以，$[x]_R\subseteq[y]_R$，类似可证 $[y]_R\subseteq[x]_R$，因而 $[x]_R=[y]_R$.

(3) 用反证法证明之.

已知 $\langle x,y\rangle\notin R$，若 $[x]_R\cap[y]_R\neq\varnothing$，则

$\langle x,y\rangle\notin R\wedge[x]_R\cap[y]_R\neq\varnothing$

$\Leftrightarrow\langle x,y\rangle\notin R\wedge\exists z(z\in[x]_R\wedge z\in[y]_R)$

$\Leftrightarrow\langle x,y\rangle\notin R\wedge\exists z(\langle x,z\rangle\in R\wedge\langle y,z\rangle\in R)$

$\Leftrightarrow\langle x,y\rangle\notin R\wedge\exists z(\langle x,z\rangle\in R\wedge\langle z,y\rangle\in R)$ （R 对称）

$\Leftrightarrow\langle x,y\rangle\notin R\wedge\langle x,y\rangle\in R$. （$R$ 传递）

这是个矛盾，所以，当 $\langle x,y\rangle\notin R$ 时，$[x]_R\cap[y]_R=\varnothing$.

(4) 显然，$\bigcup\{[x]_R\mid x\in A\}\subseteq A$.

又 $\forall y$，

$y\in A\Rightarrow y\in[y]_R\subseteq\bigcup\{[x]_R\mid x\in A\}$.

所以，$A\subseteq\bigcup\{[x]_R\mid x\in A\}$.

故有 $\bigcup\{[x]_R\mid x\in A\}=A$. ∎

定义 2.16 设 R 是非空集合 A 上的等价关系，以关于 R 的全体不同的等价类为元素的集合称作 A 关于 R 的**商集**，简称 A 的商集，记作 A/R.

由定理 2.27 可知，A/R 的任何二元素都是不交的，且 $\bigcup A/R=A$.

例 2.11(2)中，$A/R_3=\{[1],[2],[3]\}$

$=\{\{1,4\},\{2,5,8\},\{3\}\}$.

【例 2.12】 设 $A=\{a_1,a_2,\cdots,a_n\}$，$n\geqslant1$.

(1) 验证 $E_A,I_A,R_{ij}=I_A\cup\{\langle a_i,a_j\rangle,\langle a_j,a_i\rangle\}$ 都是 A 上的等价关系，并求它们对应的商集，其中 $a_i,a_j\in A$ 且 $i\neq j$. $\varnothing$ 是 A 上的等价关系吗？

(2) $A=\{a,b,c\}$，试求出 A 上的全体等价关系及其对应的商集.

解 (1) E_A,I_A,R_{ij} 为等价关系是显然的.

$$A/I_A=\{\{a_1\},\{a_2\},\cdots,\{a_n\}\},$$

$$A/E_A=\{\{a_1,a_2,\cdots,a_n\}\},$$

$A/R_{ij}=\{\{a_i,a_j\},\{a_k\}\mid 1\leqslant k\leqslant n \text{ 且 } k\neq i,j\}$.

因为 $\varnothing$ 无自反性，所以 $\varnothing$ 不是 A 上的等价关系.

(2) 按(1)中 $n=3$ 的情况，$A=\{a,b,c\}$ 上有 5 种不同的等价关系：

E_A，其商集为 $A/E_A=\{\{a,b,c\}\}$；

I_A，其商集为 $A/I_A=\{\{a\},\{b\},\{c\}\}$；

$R_1=I_A\cup\{\langle a,b\rangle,\langle b,a\rangle\}$，$A/R_1=\{\{a,b\},\{c\}\}$；

$R_2=I_A\cup\{\langle a,c\rangle,\langle c,a\rangle\}$，$A/R_2=\{\{a,c\},\{b\}\}$；

$R_3=I_A\cup\{\langle b,c\rangle,\langle c,b\rangle\}$，$A/R_3=\{\{b,c\},\{a\}\}$.

A 上还有其余的等价关系吗？我们知道，A 上共有 $2^9=512$ 个不同的二元关系，不能用逐个验证的方法去找等价关系，可用对 A 的划分（下面介绍）来寻找 A 上的等价关系.

定义 2.17 设 A 为非空集合，若存在 A 的一个子集族 $\mathscr{A}$ 满足：

(1) $\varnothing\notin\mathscr{A}$；

(2) $\forall x,y\in\mathscr{A}$ 且 $x\neq y$，则 $x\cap y=\varnothing$；

(3) $\bigcup\mathscr{A}=A$，

则称 $\mathscr{A}$ 为 A 的一个**划分**. $\mathscr{A}$ 中元素称为**划分块**.

设 $A_1,A_2,\cdots,A_n$ 是某全集 E 的非空真子集.

$\mathscr{A}_i=\{A_i,\sim A_i\}$，$i=1,2,\cdots,n$，

$\mathscr{A}_{ij}=\{A_i\cap A_j,\sim A_i\cap A_j,A_i\cap\sim A_j,\sim A_i\cap\sim A_j\}$，$i,j=1,2,\cdots,n$，且 $i\neq j$，

…………

$\mathscr{A}_{12\cdots n}=\{\sim A_1\cap\sim A_2\cap\cdots\cap\sim A_n,\sim A_1\cap\sim A_2\cap\cdots\sim A_{n-1}\cap A_n,\cdots,A_1\cap A_2\cap\cdots\cap A_n\}$，

若将以上各集中的空元素均去掉，则这些集族都是 A 的划分.

定理 2.28 设 A 为一个非空集合.

(1) 设 R 为 A 上的任意一个等价关系，则对应 R 的商集 A/R 为 A 的一个划分；

(2) 设 $\mathscr{A}$ 为 A 的任一个划分，令

$R_{\mathscr{A}}=\{\langle x,y\rangle\mid x,y\in A\wedge x,y$ 属于 $\mathscr{A}$ 的同一划分块$\}$，则 $R_{\mathscr{A}}$ 为 A 上的等价关系.

本定理证明留给读者.

本定理说明，非空集合 A 上的等价关系与 A 的划分是一一对应的，于是 A 上有多少个不同的等价关系，就产生同样个数的不同的划分，反之亦然.

给定 $n(n\geqslant1)$ 元集合 A，若能求出 A 上的全部的划分，也就求出了 A 上的全部的等价关系. 那么如何求出 A 的全部划分呢？这要建立下面数学模型：

将 n 个不同的球放入 r 个相同的盒中去，并且要求无空盒，问有多少种不同的放法？这里要求 $n\geqslant r$.

不同的放球方法数即为 n 元集 A 的不同的划分数. 如何求出不同的放球方法数呢，这要靠组合数学中的第二类 Stirling 数.

简单说来是这样的，设 $\left\{\begin{matrix}n\\r\end{matrix}\right\}$ 表示将 n 个不同的球放入 r 个相同的盒中的方案数，称 $\left\{\begin{matrix}n\\r\end{matrix}\right\}$ 为第二类 Stirling 数，它有下面性质：

1° $\left\{\begin{matrix}n\\0\end{matrix}\right\}=0$，$\left\{\begin{matrix}n\\1\end{matrix}\right\}=1$，$\left\{\begin{matrix}n\\2\end{matrix}\right\}=2^{n-1}-1$，$\left\{\begin{matrix}n\\n-1\end{matrix}\right\}=C_n^2$，$\left\{\begin{matrix}n\\n\end{matrix}\right\}=1$.

2° 满足如下的递推公式：

$$\left\{\begin{matrix}n\\r\end{matrix}\right\}=r\left\{\begin{matrix}n-1\\r\end{matrix}\right\}+\left\{\begin{matrix}n-1\\r-1\end{matrix}\right\}.$$

关于第二类 Stirling 数更详细的内容请见组合数学(见 22.6 节).

【例 2.13】 问集合 $A=\{a,b,c,d\}$上有多少不同的等价关系？

解 A 上共有 2^{16} 个二元关系,从中找出等价关系太困难,利用定理 2.28 可先求出 A 上的全部划分,A 上的等价关系也就容易求出了.

显然,不同的划分个数为

$$\begin{Bmatrix}4\\1\end{Bmatrix}+\begin{Bmatrix}4\\2\end{Bmatrix}+\begin{Bmatrix}4\\3\end{Bmatrix}+\begin{Bmatrix}4\\4\end{Bmatrix}=1+(2^{4-1}-1)+C_4^2+1=15,$$

因而,A 上共有 15 个不同的等价关系.

定义 2.18 设 $\mathscr{A}$ 和 $\mathscr{A}'$ 都是集合 A 的划分,若 $\mathscr{A}$ 的每个划分块都含于 $\mathscr{A}'$ 的某个划分块中,则称 $\mathscr{A}$ 是 $\mathscr{A}'$ 的**加细**.

易知,$\mathscr{A}$ 是 $\mathscr{A}'$ 的加细当且仅当 $R_{\mathscr{A}}\subseteq R'_{\mathscr{A}}$.

【例 2.14】 设 $A=\{a,b,c\}$,找出 A 的全部划分及对应的等价关系,以及划分间的加细和关系中的包含关系.

解 由第二类 Stirling 数易知,A 上共有 5 个划分:

$\mathscr{A}_1=\{\{a,b,c\}\}$, $\mathscr{A}_2=\{\{a\},\{b,c\}\}$,

$\mathscr{A}_3=\{\{b\},\{a,c\}\}$, $\mathscr{A}_4=\{\{c\},\{a,b\}\}$,

$\mathscr{A}_5=\{\{a\},\{b\},\{c\}\}$.

它们对应的等价关系分别为

$R_{\mathscr{A}_1}=E_A$, $R_{\mathscr{A}_2}=I_A\cup\{\langle b,c\rangle\langle c,b\rangle\}$,

$R_{\mathscr{A}_3}=I_A\cup\{\langle a,c\rangle,\langle c,a\rangle\}$, $R_{\mathscr{A}_4}=I_A\cup\{\langle a,b\rangle,\langle b,a\rangle\}$,

$R_{\mathscr{A}_5}=I_A$.

$\mathscr{A}_2,\mathscr{A}_3,\mathscr{A}_4,\mathscr{A}_5$ 都是 $\mathscr{A}_1$ 的加细,$R_{\mathscr{A}_2},R_{\mathscr{A}_3},R_{\mathscr{A}_4},R_{\mathscr{A}_5}$ 都是 $R_{\mathscr{A}_1}$ 的子集,$\mathscr{A}_5$ 又是 $\mathscr{A}_2,\mathscr{A}_3,\mathscr{A}_4$ 的加细,$R_{\mathscr{A}_5}$ 是 $R_{\mathscr{A}_2},R_{\mathscr{A}_3},R_{\mathscr{A}_4}$ 的子集.

至此可知例 2.12(2)中遗留的问题已彻底解决了,即 $A=\{a,b,c\}$只有 5 种不同的划分,因而 A 上也只有 5 种不同的等价关系.

2.8 序 关 系

定义 2.19 设 $R\subseteq A\times A$ 且 $A\neq\varnothing$,若 R 是自反的、反对称的和传递的,则称 R 是 A 上的**偏序关系**.人们常将偏序关系 R 记成$\leqslant$,并且将$\langle x,y\rangle\in R$(或 xRy)记为 $x\leqslant y$,读作"x 小于等于 y",根据$\leqslant$的不同涵义,又可以有各种不同的记法,请看下例.

【例 2.15】 (1) 设 A 是实数集合的非空子集.

$$\leqslant=\{\langle x,y\rangle\mid x,y\in A\wedge x\leqslant y\}$$

与

$$\geqslant=\{\langle x,y\rangle\mid x,y\in A\wedge x\geqslant y\}$$

分别称为 A 上的小于等于关系和大于等于关系,易知,它们都是 A 上的偏序关系.

(2) 设 A 为正整数集 Z_+ 的非空子集,称

$$|^{①}=\{\langle x,y\rangle \mid x,y\in A\wedge x\mid y\}$$

为 A 上的整除关系,不难验证|为偏序关系.

(3) 设 A 为一集合,$\mathscr{A}$ 为 A 的子集族,称

$$\subseteq=\{\langle x,y\rangle \mid x,y\in \mathscr{A}\wedge x\subseteq y\}$$

为 $\mathscr{A}$ 上的包含关系,易知 $\subseteq$ 为偏序关系.

设 $A=\{a,b\}$,考虑 A 的下面 3 个子集族:

$\mathscr{A}_1=\{\varnothing,\{a\},\{b\}\}$,$\mathscr{A}_2=\{\{a\},\{a,b\}\}$,$\mathscr{A}_3=P(A)$,它们对应的包含关系分别为:

$\subseteq_1=I_{\mathscr{A}_1}\cup\{\langle\varnothing,\{a\}\rangle,\langle\varnothing,\{b\}\rangle\}$;

$\subseteq_2=I_{\mathscr{A}_2}\cup\{\langle\{a\},\{a,b\}\rangle\}$;

$\subseteq_3=I_{\mathscr{A}_3}\cup\{\langle\varnothing,\{a\}\rangle,\langle\varnothing,\{b\}\rangle,\langle\varnothing,\{a,b\}\rangle,\langle\{a\},\{a,b\}\rangle,\langle\{b\},\{a,b\}\rangle\}$.

$\subseteq_1,\subseteq_2,\subseteq_3$ 分别为 $\mathscr{A}_1,\mathscr{A}_2,\mathscr{A}_3$ 上的偏序关系.

(4) 设 A 为非空集合,π 是由 A 的一些划分组成的集合,称

$$\leqslant_{\text{加细}}=\{\langle x,y\rangle \mid x,y\in\pi\wedge x\text{ 是 }y\text{ 的加细}\}$$

为 π 上的加细关系,易知 $\leqslant_{\text{加细}}$ 是偏序关系.

设 $A=\{a,b,c\}$,由例 2.14 可知,$\mathscr{A}_1=\{\{a,b,c\}\}$,$\mathscr{A}_2=\{\{a\},\{b,c\}\}$,$\mathscr{A}_3=\{\{b\},\{a,c\}\}$,$\mathscr{A}_4=\{\{c\},\{a,b\}\}$,$\mathscr{A}_5=\{\{a\},\{b\},\{c\}\}$都是 A 的划分. 取

$$\pi_1=\{\mathscr{A}_1,\mathscr{A}_2\},\pi_2=\{\mathscr{A}_2,\mathscr{A}_3\},\pi_3=\{\mathscr{A}_1,\mathscr{A}_2,\mathscr{A}_3,\mathscr{A}_4,\mathscr{A}_5\},$$

它们对应的加细关系分别为:

$\leqslant_1=I_{\pi_1}\cup\{\langle\mathscr{A}_2,\mathscr{A}_1\rangle\}$,

$\leqslant_2=I_{\pi_2}$,

$\leqslant_3=I_{\pi_3}\cup\{\langle\mathscr{A}_2,\mathscr{A}_1\rangle,\langle\mathscr{A}_3,\mathscr{A}_1\rangle,\langle\mathscr{A}_4,\mathscr{A}_1\rangle,\langle\mathscr{A}_5,\mathscr{A}_1\rangle,\langle\mathscr{A}_5,\mathscr{A}_2\rangle,\langle\mathscr{A}_5,\mathscr{A}_3\rangle,\langle\mathscr{A}_5,\mathscr{A}_4\rangle\}$.

$\leqslant_1,\leqslant_2,\leqslant_3$ 分别为 π_1,π_2,π_3 上的偏序关系.

定义 2.20 称一个非空集合 A 及其 A 上的一个偏序关系 $\leqslant$ 组成的有序二元组 $\langle A,\leqslant\rangle$ 为一个**偏序集**.

在例 2.15 中,(1) 中的 $\langle A,\leqslant\rangle$,$\langle A,\geqslant\rangle$,(2) 中的 $\langle A,|\rangle$,(3) 中的 $\langle\mathscr{A},\subseteq\rangle$,(4) 中的 $\langle\pi,\leqslant_{\text{加细}}\rangle$ 等都是偏序集.

定义 2.21 设 $\langle A,\leqslant\rangle$ 为一个偏序集,若对于 $\forall x,y\in A$,如果 $x\leqslant y\vee y\leqslant x$,则称 x 与 y 是**可比的**. 若 x 与 y 是可比的,且 $x<y$(即 $x\leqslant y\wedge x\neq y$),但不存在 $z\in A$,使得 $x<z<y$,则称 y **覆盖** x.

用定义 2.21 提供的术语,根据偏序关系的特点,可以将偏序关系的关系图画得简单些,这就是**哈斯图**.

哈斯图的具体画法如下:

(1) 省去关系图中的每个顶点处的环;

(2) 若 $x<y$ 且 y 覆盖 x,将代表 y 的顶点放在代表 x 的顶点之上,并在 x 与 y 之间连线,省去有向边的箭头,使其成为无向边,若 $x<y$,但 y 不覆盖 x,则省掉 x 与 y 顶点之间的连线.

---

① |为一竖线段,$a|b$ 表示 a 整除 b. 如 $2|4,3|6,\cdots$.

【例 2.16】 画出下列各偏序关系的哈斯图.

(1) $\langle A, |\rangle$,其中 $A=\{1,2,3,4,5,6,9,10,15\}$;

(2) $\langle \mathscr{A}, \subseteq\rangle$,其中 $\mathscr{A}=\{\varnothing,\{a\},\{b\},\{c\},\{a,b\},\{b,c\},\{a,c\}\}$ 为 $A=\{a,b,c\}$ 的子集族;

(3) $\langle \pi, \preccurlyeq_{加细}\rangle$,$\pi=\{\mathscr{A}_1,\mathscr{A}_2,\mathscr{A}_3,\mathscr{A}_4,\mathscr{A}_5,\mathscr{A}_6\}$,$\mathscr{A}_i(i=1,2,\cdots,6)$都是 $A=\{a,b,c,d\}$ 的划分,其中,

$\mathscr{A}_1=\{\{a\},\{b\},\{c\},\{d\}\}$,　　$\mathscr{A}_2=\{\{a,b\},\{c,d\}\}$,

$\mathscr{A}_3=\{\{a,c\},\{b,d\}\}$,　　$\mathscr{A}_4=\{\{a\},\{b,c,d\}\}$,

$\mathscr{A}_5=\{\{a\},\{b\},\{c,d\}\}$,　　$\mathscr{A}_6=\{\{a,b,c,d\}\}$.

解 本题中(1),(2),(3)的哈斯图分别由图 2.5 中的图(a),(b),(c)所示.

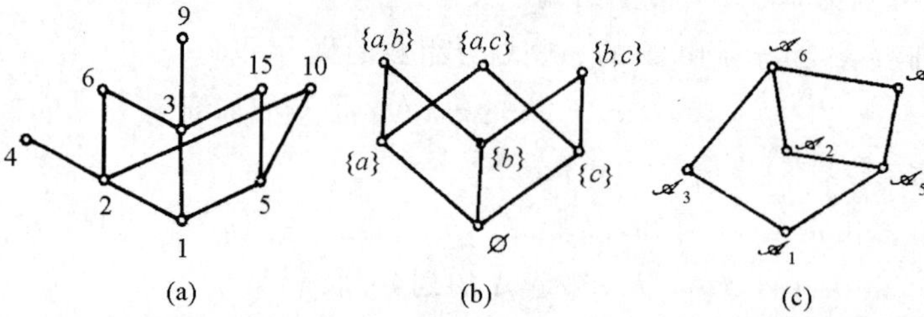

图 2.5

定义 2.22 设$\langle A,\leqslant\rangle$为偏序集.若$\forall x,y\in A$,$x$ 与 y 均可比,则称$\leqslant$为 A 上的**全序关系**或**线序关系**,此时称$\langle A,\leqslant\rangle$为**全序集**.

设 A 为实数集的非空子集,则$\langle A,\leqslant\rangle$和$\langle A,\geqslant\rangle$均为全序集,即$\leqslant$和$\geqslant$是全序关系.

不难看出,哈斯图为从下至上的“一条线”,这是全序关系的必要条件,同时也为充分条件.

定义 2.23 设 $R\subseteq A\times A$ 且 $A\neq\varnothing$.若 R 是反自反的和传递的,则称 R 为 A 上的**拟序关系**,常将 R 记成$\prec$,并称$\langle A,\prec\rangle$为**拟序集**.

其实,拟序关系也具有反对称性,并且偏序关系与拟序关系是可以互相转化的.

定理 2.29 设$\leqslant$为非空集合 A 上的偏序关系,$\prec$为 A 上的拟序关系.则

(1) $\prec$是反对称的;

(2) $\leqslant-I_A$ 为 A 上的拟序关系;

(3) $\prec\cup I_A$ 为 A 上的偏序关系.

本定理的证明留给读者.

由本定理可知,拟序关系$\prec$必有反对称性,但由于反对称性是反自反性和传递性的必然结果,为了简洁起见,拟序关系的定义中未加反对称性.另外还可以看出,偏序关系与拟序关系的本质区别在于前者具有自反性,后者具有反自反性,但它们是可以互相转化的.而它们的共同实质是均具有反对称性和传递性.

拟序关系与偏序关系的哈斯图在画法上完全相同,只是注意前者的各顶点处均无环,这与关系表达式是一致的,而后者是省掉了各顶点处的环.

在例 2.15 中诸多的偏序关系中,可得到诸多的拟序关系.

A 为实数集的非空子集,

$$<=\{\langle x,y\rangle \mid x,y\in A\wedge x<y\},$$

$$>=\{\langle x,y\rangle \mid x,y\in A\wedge x>y\}.$$

设 B 为 Z_+ 的子集,

$$|'=\{\langle x,y\rangle \mid x,y\in B\wedge x\mid y\wedge x\neq y\}$$

等都是拟序关系,相应的拟序集为 $\langle A,<\rangle$, $\langle A,>\rangle$, $\langle B,|'\rangle$.

定理 2.30 设 $\prec$ 为非空集合 A 上的拟序关系, $\forall x,y\in A$,则

(1) $x\prec y$, $x=y$, $y\prec x$ 3 式中至多有一式成立;

(2) 若 $(x\prec y\vee x=y)\wedge(y\prec x\vee y=x)$,则 $x=y$.

证明 (1) 否则,至少有两式成立,即

$(x\prec y\wedge x=y)\vee(x\prec y\wedge y\prec x)\vee(x=y\wedge y\prec x)\vee(x\prec y\wedge x=y\wedge y\prec x)$ 为真,但此时会导出 $x\prec x$,这与 $\prec$ 反自反相矛盾.

(2) 若 $x\neq y$,则 $x=y$ 与 $y=x$ 为假,于是,由已知条件会得出 $x\prec y\wedge y\prec x$,这与(1) 矛盾. ▌

定义 2.24 (1) 设 $\prec$ 为非空集合 A 上的拟序关系,若 $\forall x,y\in A$, $x\prec y$, $x=y$, $y\prec x$ 三式中有且仅有一式成立,则称 $\prec$ 具有三歧性.

(2) 设 $\prec$ 为非空集合上的拟序关系,且 $\prec$ 满足三歧性,则称 $\prec$ 为 A 上的**拟线序关系**(或**拟全序关系**),称 $\langle A,\prec\rangle$ 为**拟线序集**.

其实, $\prec$ 为 A 上的拟线序关系,即 $\forall x,y\in A$,若 $x\neq y$,则 $x\prec y$, $y\prec x$ 中成立且只成立一式, $\prec$ 的哈斯图也是"一条线".

定义 2.25 设 $\langle A,\preccurlyeq\rangle$ 为一个偏序集, $B\subseteq A$.

(1) 若存在 $y\in B$,使得 $\forall x(x\in B\rightarrow y\preccurlyeq x)$ 为真,则称 y 为 B 的**最小元**;

(2) 若存在 $y\in B$,使得 $\forall x(x\in B\rightarrow x\preccurlyeq y)$ 为真,则称 y 为 B 的**最大元**;

(3) 若存在 $y\in B$,使得 $\forall x(x\in B\wedge x\preccurlyeq y\rightarrow x=y)$ 为真,则称 y 为 B 的**极小元**;

(4) 若存在 $y\in B$,使得 $\forall x(x\in B\wedge y\preccurlyeq x\rightarrow x=y)$ 为真,则称 y 为 B 的**极大元**.

在例 2.16(1)中,取 $B_1=\{1,2,3\}$, $B_2=\{3,5,15\}$, $B_3=A$,则 1 是 B_1 是最小元,也是极小元,2,3 是 B_1 的极大元,但 B_1 无最大元. 3,5 是 B_2 的极小元, B_2 无最小元,15 是 B_2 的最大元,也是极大元. 1 是 $B_3=A$ 的最小元,又是极小元,4,6,9,15,10 是 B_3 的极大元, B_3 无最大元.

由定义不难看出,对于任意的 $\langle A,\preccurlyeq\rangle$, $B\subseteq A$,则 B 的最大(最小)元,一定是 B 的极大(极小)元. 若 B 的最大(最小)元存在,则一定是惟一的. 若 B 是有穷集,则 B 的极大(极小)元是一定存在的,并且可能有多个. 当然最大元和最小元仍然不一定存在.

定义 2.26 设 $\langle A,\preccurlyeq\rangle$ 为一个偏序集, $B\subseteq A$.

(1) 若存在 $y\in A$,使得 $\forall x(x\in B\rightarrow x\preccurlyeq y)$ 为真,则称 y 为 B 的**上界**.

设 $C=\{y\mid y$ 是 B 的上界$\}$,若 C 存在最小元,则称它为 B 的**最小上界**或**上确界**.

(2) 若存在 $y\in A$,使得 $\forall x(x\in B\rightarrow y\preccurlyeq x)$ 为真,则称 y 为 B 的**下界**.

设 $D=\{y|y$ 为 B 的下界$\}$，若 D 存在最大元，则称它为 B 的**最大下界或下确界**.

B 的上界和下界不一定存在，存在时，上确界和下确界也不一定存在.

定义 2.27 设$\langle A,\leqslant\rangle$为一个偏序集，$B\subseteq A$.

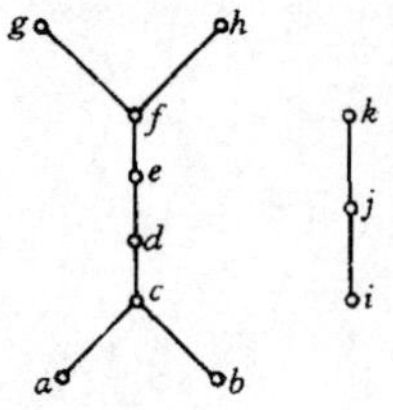

图 2.6

(1) 若对于 $\forall x,y\in B$，x 与 y 均可比，则称 B 为 A 中的一条**链**，B 中元素个数称为链的长度.

(2) 若对于 $\forall x,y\in B$ 且 $x\neq y$，则 x 与 y 均不可比，则称 B 为 A 中一条反链，B 中元素个数称为反链的长度.

图 2.6 所示的图为某一偏序集$\langle A,\leqslant\rangle$的哈斯图，其中，

$$A=\{a,b,\cdots,k\}.$$

$B_1=\{a,c,d,e\}$为一条长为 4 的链，

$B_2=\{a,e,h\}$为一条长为 3 的链，

$B_3=\{b,g\}$为一条长为 2 的链，

$B_4=\{g,h,k\}$为一条长为 3 的反链，

$B_5=\{a\}$既是长为 1 的链，又是一条长为 1 的反链，而 $B_6=\{a,b,g,h\}$既不是链，也不是反链.

另外，B_1 的上界集合为$\{e,f,g,h\}$，e 是上确界，下界集合为$\{a\}$，a 也是下确界. B_4 既无上界，也无下界，当然也没有上确界和下确界.

定理 2.31 设$\langle A,\leqslant\rangle$为一个偏序集，若 A 中最长链的长度为 n，则

(1) A 中存在极大元；

(2) A 存在 n 个划分块的划分，每个划分块都是反链.

证明 (1) 设 B 为 A 中一条最长链，则$|B|=n$. 由 B 的性质可知，$\exists y\in B$，使得 $\forall x(x\in B\rightarrow x\leqslant y)$为真，且 $\neg\exists z(z\in(A-B)\wedge y\prec z)$成立，否则均与 B 是链及最长链矛盾，于是 y 为 A 中极大元.

(2) 对 n 作归纳.

$n=1$ 时，A 本身为一反链，取 $\mathscr{A}=\{A\}$，则 $\mathscr{A}$ 为 A 的只含一个划分块且为反链的划分.

设 $n=k$ 时，结论成立. $n=k+1$ 时，取 M 为 A 中全体极大元集，由(1)可知 $M\neq\varnothing$，且 A 中每条最长链恰好有一个极大元，且 M 中各元素均不可比，于是 M 为一反链. $A-M$ 中最长链的长度为 k，由归纳假设知道 $A-M$ 存在每个划分块都是反链且有 k 个划分块的划分 $\mathscr{A}'$，则 $\mathscr{A}=\mathscr{A}'\cup\{M\}$为 A 的满足要求的划分. ▌

推论 设$\langle A,\leqslant\rangle$为一个偏序集，若 A 中元素为 $mn+1$ 个，则 A 中存在长度为 $m+1$ 的反链，或存在长度为 $n+1$ 的链.

证明 用反证法. 若不然，A 中既无长度为 $m+1$ 的反链，也无长度为 $n+1$ 的链，于是 A 中最长链的长度至多为 n，设最长链的长度为 $r(r\leqslant n)$，由定理 2.31 可知，A 中存在 r 个划分块的划分，且每个划分块至多有 m 个元素，于是 A 中至多有 mn 个元素，与已知是矛盾. ▌

在图 2.6 所示的偏序集中，最长链的长度为 6，如 $B_1=\{a,c,d,e,f,h\}$，$B_2=\{a,c,d,e,f,g\}$等都是 A 中最长的链. 由定理 2.31 可知，A 存在着 6 个划分块且每个划分块都是反链的划分，设 $\mathscr{A}=\{\{a,b,i\},\{g,h,k\},\{c,j\},\{d\},\{e\},\{f\}\}$，则 $\mathscr{A}$ 满足要求.

$|A|=11=2\times5+1$，在本例中，A 中既存在长度为 $2+1=3$ 的反链，也存在长度为 $5+1=6$ 的链.

在这里还应该指出，对于拟序集$\langle A,<\rangle$，设 $B\subseteq A$，非常类似地定义 B 的最小(最大)元、极小(极大)元、上界(下界)、上确界(下确界)，以及链和反链的概念，这里不再赘述. 定理 2.31 及其推论对拟序关系也是成立的.

还有一种重要的序关系，那就是良序关系，由于偏序与拟序关系可以相互转化，这里只对拟全序关系给出良序关系的定义.

定义 2.28 设$\langle A,<\rangle$为一个拟全序集，若对于 A 的任何非空子集 B 均有最小元，则称$<$为**良序关系**，$\langle A,<\rangle$为**良序集**.

设 $A\subseteq N$，则$\langle A,<\rangle$为良序集，其中$<$为小于关系，而$\langle Z,<\rangle$，$\langle Z,>\rangle$都不是良序集.

在这里应该指出，有的书上是对偏序关系给良序关系下定义的. 其实，两种定义法是可以相互转化的. 在学过函数及自然数的概念之后，对偏序集、拟序集，特别是良序集的性质将进一步进行讨论.

习 题 二

1. 按有序对的定义写出有序三元组$\langle a,b,c\rangle$和有序对$\langle\langle a,b\rangle,c\rangle$的集合表达式.

2. 计算下列各题(其结果用集合表示)

(1) $\langle a,b\rangle\cup\langle c,d\rangle$；　(2) $\langle a,b\rangle\cap\langle c,d\rangle$；

(3) $\langle a,b\rangle\oplus\langle c,d\rangle$；　(4) $\bigcap\langle a,b\rangle$；

(5) $\bigcap\{\langle a,b\rangle\}$；　(6) $\bigcap\langle a,b,c\rangle$；

(7) $\bigcap\bigcap\{\langle a,b\rangle\}$；　(8) $\bigcap\bigcap\bigcap\{\langle a,b\rangle\}^{-1}$.

3. $\langle a,\langle b,c\rangle\rangle=\langle a,b,c\rangle$能成立吗？为什么？

4. 下列哪些等式是成立的？

(1) $\langle\varnothing,\varnothing\rangle=\varnothing$；　(2) $\langle\varnothing,\varnothing\rangle=\{\varnothing\}$；

(3) $\langle\varnothing,\varnothing\rangle=\{\{\varnothing\}\}$；　(4) $\langle\varnothing,\varnothing\rangle=\{\varnothing,\{\varnothing\}\}$；

(5) $\langle\varnothing,\varnothing\rangle=\{\{\varnothing\},\{\varnothing,\varnothing\}\}$；　(6) $\langle a,\{a\}\rangle=\{\{a\}\}$；

(7) $\langle a,\{a\}\rangle=\{\{a\},\{a,\{a\}\}\}$.

5. 在什么条件下，下列等式成立？

(1) $A\times B=\varnothing$；　(2) $A\times B=B\times A$；　(3) $A\times(B\times C)=(A\times B)\times C$.

6. 设 A,B,C,D 为任意的集合，证明下列各式成立.

(1) $(A\times C)\cup(B\times D)\subseteq(A\cup B)\times(C\cup D)$；　(2) $(A-B)\times(C-D)\subseteq(A\times C)-(B\times D)$.

7. 设 A,B,C 为任意集合，证明下列等式成立

(1) $(A-B)\times C=(A\times C)-(B\times C)$；　(2) $(A\oplus B)\times C=(A\times C)\oplus(B\times C)$.

8. 设 A,B 为二集合，在什么条件下，有 $A\times B\subseteq A$ 成立？等号能成立吗？

9. 设 A 是 n 元集，B 是 m 元集，A 到 B 共有多少个不同的二元关系？设 $A=\{a,b,c\}$，$B=\{1\}$，写出 A 到 B 和 B 到 A 的全部二元关系.

10. 设 R 是非空集合 A 上的二元关系，证明 $\mathrm{fld}R=\bigcup\bigcup R$.

11. 设 $R_1=\{\langle a,b\rangle,\langle b,d\rangle,\langle c,c\rangle,\langle c,d\rangle\}$，$R_2=\{\langle a,c\rangle,\langle b,d\rangle,\langle d,b\rangle,\langle d,d\rangle\}$，$A=\{a,c\}$，求：

(1) $R_1\cup R_2$，$R_1\cap R_2$，$R_1\oplus R_2$，　(2) $\mathrm{dom}R_1$，$\mathrm{dom}R_2$，$\mathrm{dom}(R_1\cup R_2)$；

(3) $\operatorname{ran}R_1$, $\operatorname{ran}R_2$, $\operatorname{ran}R_1 \cap \operatorname{ran}R_2$；　(4) $R_1 \upharpoonright A, R_1 \upharpoonright \{c\}, (R_1 \cup R_2) \upharpoonright A, R_2 \upharpoonright A$；

(5) $R_1[A], R_2[A], (R_1 \cap R_2)[A]$；　(6) $R_1 \circ R_2, R_2 \circ R_1, R_1 \circ R_1$.

12. 设 $R=\{\langle\varnothing,\{\varnothing,\{\varnothing\}\}\rangle,\langle\{\varnothing\},\varnothing\rangle,\langle\varnothing,\varnothing\rangle\}$，求：

(1) R^{-1}；　(2) $R \circ R$；

(3) $R \upharpoonright \varnothing$，$R \upharpoonright \{\varnothing\}$，$R \upharpoonright \{\{\varnothing\}\}$，$R \upharpoonright \{\varnothing,\{\varnothing\}\}$；　(4) $R[\varnothing]$，$R[\{\varnothing\}]$，$R[\{\{\varnothing\}\}]$，$R[\{\varnothing,\{\varnothing\}\}]$；

(5) $\operatorname{dom}R$，$\operatorname{ran}R$，$\operatorname{fld}R$.

13. 设 R 是非空集合 A 上的二元关系，证明：

(1) $R \cup R^{-1}$ 是包含 R 的最小的对称的二元关系；　(2) $R \cap R^{-1}$ 是含于 R 的最大的对称的二元关系.

14. 设 R 是非空集合 A 上的二元关系，若 $\forall x,y,z \in A$，如果 $xRy \wedge yRz$，则 $x \not{R} z$，则称 R 是 A 上反传递的二元关系.

(1) 举一些反传递关系的例子；

(2) 证明：R 是反传递的当且仅当 $R^2 \cap R=\varnothing$，其中，$R^2=R \circ R$.

15. 设 $A(A \neq \varnothing)$ 为一集合，$R,S,T \subseteq P(A) \times P(A)$，其中

$$R=\{\langle x,y\rangle \mid x,y \in P(A) \wedge x \subset y\},$$
$$S=\{\langle x,y\rangle \mid x,y \in P(A) \wedge x \cap y=\varnothing\},$$
$$T=\{\langle x,y\rangle \mid x,y \in P(A) \wedge x \cup y=A\}.$$

试分析 R,S,T 的性质.

16. 设 $A=\{0,1,\cdots,12\}$，$R,S \subseteq A \times A$，其中，

$$R=\{\langle x,y\rangle \mid x,y \in A \wedge x+y=10\},$$
$$S=\{\langle x,y\rangle \mid x,y \in A \wedge x+3y=12\}.$$

(1) 用列举法表示出 R 和 S；

(2) 分析 R 和 S 的性质.

17. 设 $A=\{0,1,2,3\}$. $R \subseteq A \times A$，且

$$R=\{\langle x,y\rangle \mid x=y \vee x+y \in A\},$$

求 R 的关系矩阵 $M(R)$ 和关系图 $G(R)$，并讨论 R 的性质.

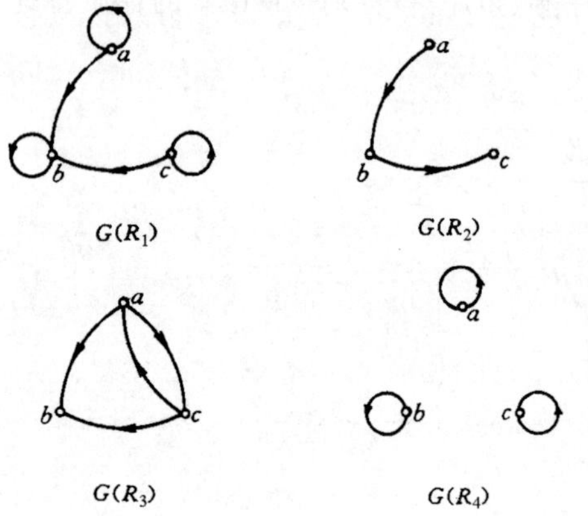

图 2.7

18. 设 $A=\{a,b,c\}$，图 2.7 中给出了 4 个二元关系 R_1,R_2,R_3,R_4 的关系图，写出每个关系的集合表达式和关系矩阵，并讨论每个关系的性质.

19. 设 $A=\{a,b,c\}$，$R_1,R_2,R_3,R_4 \subseteq A \times A$，它们的关系矩阵分别为

$$M(R_1)=\begin{bmatrix}1&1&0\\1&1&1\\1&0&1\end{bmatrix},\quad M(R_2)=\begin{bmatrix}1&1&0\\0&1&0\\1&1&0\end{bmatrix},\quad M(R_3)=\begin{bmatrix}0&1&1\\1&0&1\\1&1&0\end{bmatrix},\quad M(R_4)=\begin{bmatrix}1&1&1\\0&0&1\\1&0&0\end{bmatrix}.$$

写出各关系的集合表达式，画出关系图并讨论它们的性质.

20. 画出下列二元关系的关系图，并写出关系矩阵.

$$A_1=\{a,b,c,d\},B_1=\{1,2,3\},R_1 \subseteq A_1 \times B_1，且\ R_1=\{\langle a,1\rangle,\langle b,2\rangle,\langle c,2\rangle,\langle c,3\rangle\}.$$

21. 设 $A_1=\{1,2\}$，$A_2=\{a,b,c\}$，$A_3=\{\alpha,\beta\}$，已知 $R_1 \subseteq A_1 \times A_2$，$R_2 \subseteq A_2 \times A_3$，且

$$R_1=\{\langle 1,a\rangle,\langle 1,b\rangle,\langle 2,c\rangle\},\quad R_2=\{\langle a,\beta\rangle,\langle b,\beta\rangle\},$$

用关系矩阵乘法求 $R_2 \circ R_1$.

22. 设 R 是非空集合 A 上的二元关系，试证明，如果 R 是自反的，并且是传递的，则 $R \circ R=R$，但其逆不真.

23. 设 R,S 都是非空集合 A 上的二元关系，且它们都是对称的. 证明，$R \circ S$ 具有对称性当且仅当 $R \circ S=S \circ R$.

24. 设 $A=\{1,2\}$，写出 A 上的全部二元关系，讨论它们的性质并指出空关系、恒等关系、全域关系、小于等于关系、小于关系、大于等于关系、大于关系、整除关系等（以上各关系的定义请见 2.2 节）.

25. 设 $R\subseteq A\times B$,证明:

$$I_{\mathrm{dom}R}\subseteq R^{-1}\circ R \text{ 并且 } I_{\mathrm{ran}R}\subseteq R\circ R^{-1}.$$

26. 设 $A=\{a,b,c,d\}$,$R\subseteq A\times A$,且 $R=\{\langle a,b\rangle,\langle b,a\rangle,\langle b,c\rangle,\langle c,d\rangle\}$.

(1) 用 $M(R)$ 的幂求 R^2,R^3;

(2) 求最小的自然数 $m,n(m<n)$,使得 $R^m=R^n$;

(3) 由(2)你能得出哪些结论?

27. 设 R_1,R_2 是 $n(n\geqslant 2)$ 元集 A 上的二元关系,已知 $\mathrm{fld}R_1\cap\mathrm{fld}R_2=\varnothing$,证明:$(R_1\cup R_2)^m=R_1^m\cup R_2^m(m\geqslant 0)$.

28. 设 $A=\{a,b,c,d,e,f,g,h\}$,$R\subseteq A\times A$,且 $R=\{\langle a,b\rangle,\langle b,c\rangle,\langle c,a\rangle,\langle d,e\rangle,\langle e,f\rangle,\langle f,g\rangle,\langle g,h\rangle,\langle h,d\rangle\}$,求最小的自然数 $m,n(m<n)$,使得 $R^m=R^n$.

29. 设 $A=\{a,b,c,d\}$,$R\subseteq A\times A$,且 $R=\{\langle a,a\rangle,\langle b,b\rangle,\langle a,b\rangle,\langle c,d\rangle\}$. 求

(1) $r(R)$; (2) $s(R)$; (3) $t(R)$.

并画出它们的关系图.

30. 设 R 是非空集合 A 上的二元关系,记传递闭包 $t(R)=R^+$,记 $\bigcup\limits_{i=0}^{\infty}R^i=R^{\oplus}$,证明:

(1) $(R^+)^+=R^+$; (2) $(R^{\oplus})^{\oplus}=R^{\oplus}$; (3) $R\circ R^{\oplus}=R^+=R^{\oplus}\circ R$.

31. R 是集合 $A=\{a,b,c,d,e,f,g\}$ 上的二元关系,R 的关系图如图 2.8 所示,求 $r(R),s(R),t(R)$ 的关系图.

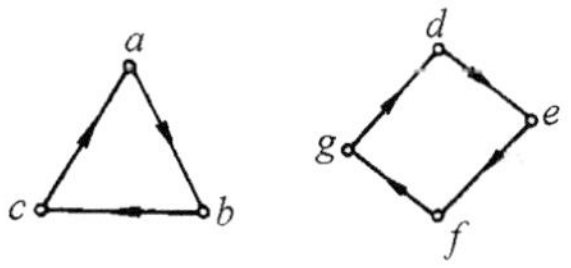

图 2.8

32. 设 $\mathscr{A}_n=\{A\mid A$ 为 n 阶实方阵$\}$,$n\geqslant 1$. 对于任意的 $A,B\in\mathscr{A}_n$,若存在非奇异的 $P,Q\in\mathscr{A}_n$,使得 $B=P\cdot A\cdot Q$,则称 A 等价于 B,记作 $A\cong B$.

若存在非奇异的 $P\in\mathscr{A}_n$,使得 $B=P\cdot A\cdot P^{-1}$,则称 A 相似于 B,记作 $A\sim B$.

若存在非奇异的 $P\in\mathscr{A}_n$,使得 $B=P\cdot A\cdot P^T$,则称 A 合同于 B,记作 $A\equiv B$.

证明 n 阶实矩阵之间的关系 $\cong,\sim,\equiv$ 都是等价关系.

33. 设 $C^*=\{a+b\mathrm{i}\mid a,b$ 为实数且 $a\neq 0\}$. 在 C^* 上定义:

$$R=\{\langle a+b\mathrm{i},c+d\mathrm{i}\rangle\mid a+b\mathrm{i},c+d\mathrm{i}\in C^*\wedge ac>0\},$$

证明 R 是 C^* 上的等价关系,给出 R 产生的等价类,并说明其几何意义,式中 i 为虚数单位.

34. 设 R_1,R_2 是非空集合 A 上的等价关系,下面给出的关系是否还是 A 上的等价关系,为什么?

(1) $\sim R_1(\sim R_2)$; (2) $R_1-R_2(R_2-R_1)$;

(3) $r(R_1-R_2)(r(R_2-R_1))$; (4) $R_1\circ R_2(R_2\circ R_1)$.

35. 设 R 是非空集合 A 上的二元关系,R 满足下面条件:

(1) R 是自反的;

(2) $\forall x,y,z\in A$,若 $\langle x,y\rangle\in R\wedge\langle x,z\rangle\in R$,则 $\langle y,z\rangle\in R$.

证明 R 是 A 上的等价关系.

36. 设 A,B 为二集合,已知 $A\cap B\neq\varnothing$,又已知 $\pi_1=\{A_1,A_2,\cdots,A_n\}$ 为 A 的划分,设在 $A_i\cap B(i=1,2,\cdots,n)$ 中有 m 个是非空的($m\geqslant 1$ 是显然的),设 $B_{i_k}=A_{i_k}\cap B\neq\varnothing$,$k=1,2,\cdots,m$,证明 $\pi_2=\{B_{i_1},B_{i_2},\cdots,B_{i_m}\}$ 为 $A\cap B$ 的划分.

37. 设 $A=\{1,2,\cdots,20\}$,$R=\{\langle x,y\rangle\mid x,y\in A\wedge x\equiv y(\mathrm{mod}\ 5)\}$,证明 R 为 A 上的等价关系,求 A/R 诱导出的 A 的划分.

38. 设 $\pi_1=\{A_1,A_2,\cdots,A_m\}$,$\pi_2=\{B_1,B_2,\cdots,B_n\}$ 都是集合 A 的划分,证明

$$\mathscr{A}=\{A_i\cap B_j\neq\varnothing\mid i=1,2,\cdots,m,j=1,2,\cdots,n\}$$

也是 A 的划分,并且 $\mathscr{A}$ 既是 π_1 的加细,又是 π_2 的加细.

39. 设 $A=\{1,2,3,4\}$,$\pi=\{\{1,2,3\},\{4\}\}$ 是 A 的一个划分.

(1) 求 π 诱导出的 A 上的等价关系 R_π 及商集 A/R_π;

(2) 求 π 的所有加细诱导出的 A 上的等价关系及其商集.

40. 设 R_1,R_2 都是非空集合 A 上的等价关系，证明：A/R_1 是 A/R_2 的加细当且仅当 $R_1\subseteq R_2$.

41. 设 R_1 是 A 上的等价关系，R_2 是 B 上的等价关系，A,B 均非空.

$R_3=\{\langle\langle x_1,y_1\rangle,\langle x_2,y_2\rangle\rangle \mid x_1R_1x_2\wedge y_1R_2y_2\}$，证明 R_3 是 $A\times B$ 上的等价关系.

42. 设 $A=\{a,b,c,d\}$，已知 A 共有 15 个不同的等价关系. 在这 15 个等价关系中，商集为二元集的有几个？试写出它们的集合表达式.

43. 设 $A=\{a,b,c,d,e\}$. 试用第二类 Stirling 数及其性质计算 A 上有多少个不同的划分（从而可知 A 上有多少个不同的等价关系）.

44. 设 $A=\{1,2,3,4\}$，R_1,R_2,R_3,R_4 是 A 上的偏序关系，它们的关系图如图 2.9 所示.

(1) 画出 R_1,R_2,R_3,R_4 的哈斯图；　　(2) 指出哪些是全序关系.

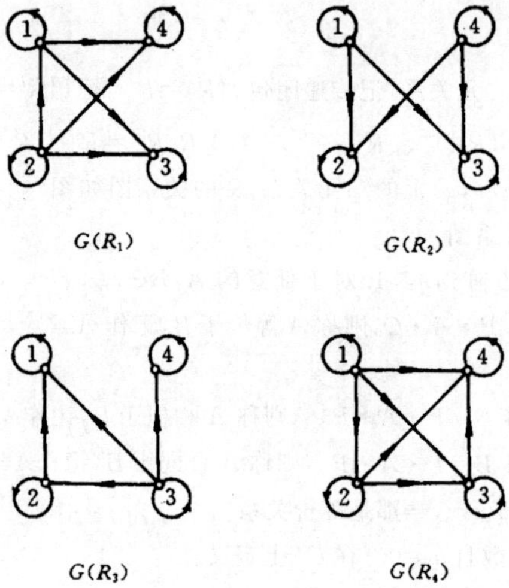

图 2.9

45. 分别画出下列各偏序集的哈斯图，并指出 A 的最大元、最小元、极大元、极小元.

(1) 偏序集为 $\langle A_1,\leqslant_1\rangle$，其中，

$$A_1=\{a,b,c,d,e\},\leqslant_1=I_{A_1}\cup\{\langle a,b\rangle,\langle a,c\rangle,\langle a,d\rangle,\langle a,e\rangle,\langle b,e\rangle,\langle c,e\rangle,\langle d,e\rangle\}.$$

(2) 偏序集为 $\langle A_2,\leqslant_2\rangle$，其中，$A_2=A_1$，$\leqslant_2=I_{A_2}\cup\{\langle c,d\rangle,\langle b,d\rangle\}$.

46. 在偏序集 $\langle Z^+,\leqslant\rangle$ 中，Z^+ 为正整数集合，$\leqslant$ 为整除关系，设 $B=\{1,2,\cdots,10\}$，求 B 的上界、上确界、下界、下确界.

47. 设偏序集为 $\langle A,\leqslant\rangle$，其中 A 是 54 的因子的集合，$\leqslant$ 为整除关系，画出哈斯图，指出 A 中有多少条最长链. 并指出 A 中元素至少可以划分成多少个互不相交的反链. 又至多可以划分成多少个互不相交的反链.

48. 设 R 是非空集 A 上的二元关系，$B\subseteq A$，在 B 上定义二元关系如下 $R\upharpoonright B=R\cap(B\times B)$，证明：

(1) 若 R 是 A 上的拟序关系，则 $R\upharpoonright B$ 是 B 上的拟序关系；

(2) 若 R 是 A 上的偏序关系，则 $R\upharpoonright B$ 是 B 上的偏序关系；

(3) 若 R 是 A 上的全序关系，则 $R\upharpoonright B$ 是 B 上的全序关系；

(4) 若 R 是 A 上的良序关系，则 $R\upharpoonright B$ 是 B 上的良序关系.

49. 设 R_1 是 A 上的拟序关系，R_2 是 B 上的拟序关系，在 $A\times B$ 上定义二元关系如下：

$$\langle\langle x_1,y_1\rangle,\langle x_2,y_2\rangle\rangle\in R\Leftrightarrow\langle y_1,y_2\rangle\in R_2\vee(\langle x_1,x_2\rangle\in R_1\wedge y_1=y_2),$$

证明 R 是 $A\times B$ 上的拟序关系.

50. 设 R_1 是 A 上的偏序关系，R_2 是 B 上的偏序关系，定义 $A\times B$ 上的二元关系 R 如下：

$$\langle\langle x_1, y_1\rangle, \langle x_2, y_2\rangle\rangle \in R \Leftrightarrow \langle x_1, x_2\rangle \in R_1 \wedge \langle y_1, y_2\rangle \in R_2,$$

证明 R 是 $A\times B$ 上的偏序关系.

51. 设 R_1 是 $A=\{1,2,4,8\}$ 上的整除关系，R_2 是 $B=\{1,2,3,6\}$ 上的整除关系，按第 50 题所定义的，R 是 $A\times B$ 上的偏序关系，试画出 R_1, R_2, R 的哈斯图.

52. 设 A 是 3 元集，问 A 上共有多少个偏序关系?

53. 设 A 是非空集合，$X=\{x \mid x$ 是 A 的划分$\}$，定义 X 上的二元关系如下：

$$R=\{\langle x, y\rangle \mid x\in X \wedge y\in X \wedge x \text{ 是 } y \text{ 的加细}\},$$

证明 R 是 X 上的偏序关系.

第三章　函　　数

函数(又称为映射)是数学中最基本又是最重要的概念之一,读者在中学和大学的数学课程的学习中都学过函数的定义、性质以及函数的微分和积分等概念及这些概念的应用.在集合论中,将函数作为特殊的二元关系进行研究,主要研究离散结构之间的函数关系,以及与计算机科学有关的函数的类型、性质和相关的概念,以期达到应用的目的.函数也是集合论中基数、序数以及抽象代数等课程不可缺少的概念,因而它是离散数学中极其重要的概念之一.

3.1　函数的基本概念

函数作为特殊的二元关系是如下定义的.

定义 3.1　设 F 为一个二元关系,若 F 是单值的,则称 F 是**函数**或**映射**,即

F 是函数

$\Leftrightarrow F$ 是二元关系 $\wedge \forall x \forall y \forall z(x \in \mathrm{dom}F \wedge y \in \mathrm{ran}F \wedge z \in \mathrm{ran}F \wedge xFy \wedge xFz \rightarrow y=z.)$.

由定义可知,$\varnothing$是函数,称其为空函数.

常用 $F,G,H,\cdots,f,g,h,\cdots$ 表示函数.设 F 为一函数,若 $\langle x,y\rangle \in F(xFy)$,由 F 的单值性,还可以记为 $F(x)=y$,于是

$$\langle x,y\rangle \in F \Leftrightarrow xFy \Leftrightarrow F(x)=y.$$

若 F 不是函数,则最后一种表示法是无效的.

由于函数是二元关系,所以关于二元关系的许多概念及其运算对函数也是适用的.

定义 3.2　设 A,B 为二集合,F 为一函数,若 $\mathrm{dom}\,F \subseteq A$,且 $\mathrm{ran}\,F \subseteq B$,则称 F 是 A 到 B 的**偏函数**,记作 $F:A \nrightarrow B$.称 A 为 F 的**前域**,记 A 到 B 的全体偏函数为 $A \nrightarrow B$,即

$$A \nrightarrow B=\{F \mid F:A \nrightarrow B\}.$$

由定义可知,$A \nrightarrow B \subseteq P(A \times B)$.

【例 3.1】　设 $A=\{a,b\}$,$B=\{1,2\}$,试求 $A \nrightarrow B$.

解　本例要求从 $A \times B$ 的全体子集,即 $P(A \times B)$中找出全体函数,它们都是 A 到 B 的偏函数.

$A \times B$ 的零元子集$\varnothing$为函数,记为 f_0.

$A \times B$ 的 4 个 1 元子集全为函数,记

$$f_1=\{\langle a,1\rangle\},\quad f_2=\{\langle a,2\rangle\},\quad f_3=\{\langle b,1\rangle\},\quad f_4=\{\langle b,2\rangle\}.$$

$A \times B$ 的 6 个 2 元子集中只有 4 个是函数,记

$$f_5=\{\langle a,1\rangle,\langle b,1\rangle\},\quad f_6=\{\langle a,1\rangle,\langle b,2\rangle\},\quad f_7=\{\langle a,2\rangle,\langle b,1\rangle\},\quad f_8=\{\langle a,2\rangle,\langle b,2\rangle\}.$$

显然 $A \times B$ 的 4 个 3 元子集和 1 个 4 元子集全不是函数.于是 A 到 B 的全体偏函数共有 9 个.即

$$A \nrightarrow B=\{f_0,f_1,\cdots,f_8\}.$$

定义 3.3　设 F 是 A 到 B 的偏函数,且 $\mathrm{dom}F=A$,则称 F 为 A 到 B 的**全函数**,简称 A 到

B 的**函数**,记作 $F:A\to B$,记 A 到 B 的全体全函数为 B^A 或 $A\to B$,即

$$B^A = A\to B = \{F \mid F:A\to B\}.$$

由定义不难看出,若 $F:A\to B$,则 $F:A \nrightarrow B$,但反之不真.

在例 3.1 中,

$$B^A = A\to B = \{f_5, f_6, f_7, f_8\}.$$

设 A,B 均为有穷集合,设 $|A|=n$,$|B|=m$,且 $n\geqslant 1$,$m\geqslant 1$,则 $|B^A|=m^n$,即 A 到 B 共有 m^n 个函数(全函数).当 $A=\varnothing$ 时,B^A 中只有空函数,即 $B^A=\{\varnothing\}$.当 $A\neq\varnothing$ 而 $B=\varnothing$ 时,由全函数的定义可知,$B^A=\varnothing$,即此时,A 到 B 无全函数,但此时,$\varnothing$ 为 A 到 B 的惟一的偏函数.

定义 3.4 设 F 为 A 到 B 的偏函数,即 $F:A\nrightarrow B$,且 $\mathrm{dom}F\subset A$,则称 F 为 A 到 B 的**真偏函数**,记作 $F:A \nleftrightarrow B$,记 A 到 B 的全体真偏函数为 $A\nleftrightarrow B$,即

$$A \nleftrightarrow B = \{F \mid F:A\nleftrightarrow B\}.$$

显然有

$$A\nleftrightarrow B\subset A\nrightarrow B \text{ 且 } A\to B\subset A\nrightarrow B.$$

并且,

$$A\nrightarrow B = (A\nleftrightarrow B)\cup(A\to B).$$

在例 3.1 中,$A\nleftrightarrow B=\{f_0,f_1,f_2,f_3,f_4\}$.

从以上的讨论可知,若 F 是 A 到 B 的真偏函数,则 F 是 $\mathrm{dom}F$ 到 B 的函数(全函数),即若 $F\in(A\nleftrightarrow B)$,则 $F\in(\mathrm{dom}F\to B)$.

又设 F 是定义 3.1 意义下的一个函数,则 $F\in(A\nrightarrow B)$,其中 $\mathrm{dom}F\subseteq A$,$\mathrm{ran}F\subseteq B$,特别地,$F\in(\mathrm{dom}F\to B)$,即 F 是它的定义域到 $B(\mathrm{ran}F\subseteq B)$ 的函数(全函数).

由以上的分析可知,若讨论函数的性质,只要讨论 A 到 B 的函数(全函数)的性质就够了,下节专门讨论 A 到 B 的函数的性质.

3.2 函数的性质

本节中所讨论的 A 到 B 的函数,均指 A 到 B 的全函数.

定义 3.5 设 $f:A\to B$.

(1) 若 $\mathrm{ran}f=B$,则称 f 是**满射的**;

(2) 若 f 是单根的,则称 f 是**单射的**;

(3) 若 f 既是满射的,又是单射的,则称 f 是**双射的**.

【例 3.2】 设 $A_1=\{a,b\}$,$B_1=\{1,2,3\}$,$A_2=\{a,b,c\}$,$B_2=\{1,2\}$,$A_3=\{a,b,c\}$,$B_3=\{1,2,3\}$,分别写出 $A_1\to B_1$,$A_2\to B_2$,$A_3\to B_3$ 中的满射、单射和双射函数.

解 $A_1\to B_1$ 中无满射和双射函数,其单射函数共有 6 个,分别记为:

$$f_1=\{\langle a,1\rangle,\langle b,2\rangle\},\quad f_2=\{\langle a,1\rangle,\langle b,3\rangle\},\quad f_3=\{\langle a,2\rangle,\langle b,1\rangle\},$$

$$f_4=\{\langle a,2\rangle,\langle b,3\rangle\},\quad f_5=\{\langle a,3\rangle,\langle b,1\rangle\},\quad f_6=\{\langle a,3\rangle,\langle b.2\rangle\}.$$

$A_2\to B_2$ 中无单射和双射函数,其满射函数共有 6 个,分别记为:

$$g_1=\{\langle a,1\rangle,\langle b,1\rangle,\langle c,2\rangle\},\qquad g_2=\{\langle a,1\rangle,\langle b,2\rangle,\langle c,1\rangle\},$$

$$g_3=\{\langle a,2\rangle,\langle b,1\rangle,\langle c,1\rangle\},\qquad g_4=\{\langle a,1\rangle,\langle b,2\rangle,\langle c,2\rangle\},$$

$$g_5=\{\langle a,2\rangle,\langle b,1\rangle,\langle c,2\rangle\},\qquad g_6=\{\langle a,2\rangle,\langle b,2\rangle,\langle c,1\rangle\}.$$

$A_3 \to B_3$ 中共有 6 个既单射，又满射的函数，即双射函数，分别记为：

$$h_1=\{\langle a,1\rangle,\langle b,2\rangle,\langle c,3\rangle\}, \qquad h_2=\{\langle a,1\rangle,\langle b,3\rangle,\langle c,2\rangle\},$$
$$h_3=\{\langle a,2\rangle,\langle b,1\rangle,\langle c,3\rangle\}, \qquad h_4=\{\langle a,2\rangle,\langle b,3\rangle,\langle c,1\rangle\},$$
$$h_5=\{\langle a,3\rangle,\langle b,1\rangle,\langle c,2\rangle\}, \qquad h_6=\{\langle a,3\rangle,\langle b,2\rangle,\langle c,1\rangle\}.$$

设 $|A|=n,|B|=m$，从例 3.2 可以看出：

(1) 当 $n<m$ 时，$A\to B$ 中不含满射函数，从而不含双射函数，而当 $n\leqslant m$ 时，$A\to B$ 中共含

$$m(m-1)\cdots(m-n+1)$$

个不同的单射函数.

(2) 当 $m=n$ 时，$A\to B$ 中含 $n!$ 个双射函数.

(3) $m<n$ 时，$A\to B$ 中不含单射函数，从而不含双射函数.

要问，当 $m\leqslant n$ 时，$A\to B$ 中共含多少个满射函数呢？

这个问题相当于将 n 个不同的球放入 m 个不同的盒中去($n\geqslant m$)，且不允许有空盒的放球方案数. 由组合数学的知识可知，方案数为

$$m!\begin{Bmatrix}n\\m\end{Bmatrix},$$

其中$\begin{Bmatrix}n\\m\end{Bmatrix}$为第二类 Stirling 数，它的定义及性质请见 2.7 节(等价关系和划分).

在例 3.2 中，$|A_2|=3,|B_2|=2,A_2\to B_2$ 中的满射函数数为$2!\begin{Bmatrix}3\\2\end{Bmatrix}=2\cdot C_3^2=6$，这与我们计算出的结果是相同的.

设$|A|=5,|B|=3$，则 $A\to B$ 中含 $3!\begin{Bmatrix}5\\3\end{Bmatrix}$个满射函数. 而

$$3!\begin{Bmatrix}5\\3\end{Bmatrix}=3!\left(3\begin{Bmatrix}4\\3\end{Bmatrix}+\begin{Bmatrix}4\\2\end{Bmatrix}\right)=6(3\cdot C_4^2+(2^3-1))=6(18+7)=150,$$

即 $A\to B$ 中含 150 个满射函数.

【例 3.3】 讨论下列各函数的性质(所出现集合 A,B 均为有穷集合，且 $A\neq\varnothing,B\neq\varnothing$).

(1) $f:A\to B,g:A\to A\times B$，且 $\forall a\in A,g(a)=\langle a,f(a)\rangle$，讨论 g 的性质；

(2) $f:A\times B\to A$，且 $\forall\langle a,b\rangle\in A\times B,f(\langle a,b\rangle)=a$；

(3) $f:A\times B\to B\times A$，且 $\forall\langle a,b\rangle\in A\times B,f(\langle a,b\rangle)=\langle b,a\rangle$.

解 (1) 当 B 不是单元集时，g 为单射的，但不是满射的，从而不是双射的. 当 B 为单元集时，g 是双射的.

(2) 当 B 不是单元集时，f 是满射的，但不是单射的，当 B 是单元集时，f 是双射的.

(3) f 是单射的，又是满射的，因而是双射的.

在第二章中，已经给出了集合的限制与象的概念，这些概念当然也适合于函数. 下面的定义对 A 到 B 的函数的象给出一些特殊的记法与名称.

定义 3.6 设 $f:A\to B,A'\subseteq A$，记 A'在 f 下的象$f[A']$为$f(A')$，即 $f(A')=\{y\mid y=f(x)\wedge x\in A'\}$，将 $f(A')$仍称为 A'在 f 下的象. 特别地，称 $f(A)$为函数 f 的象. 设 $B'\subseteq B$，称 $f^{-1}(B')=\{x\mid x\in A\wedge f(x)\in B'\}$为 B'的**完全原象**，简称为 B'的**原象**.

由定义不难看出，若 $f:A\to B$，则 $f(A)=\mathrm{ran}f,f^{-1}(B)=A$.

例如，设 $f:R\to R,R$ 为实数集，且 $f(x)=x^2$，取 $A_1=[0,+\infty),A_2=[1,3),A_3=R$，则

$f(A_1)=[0,+\infty)$，$f(A_2)=[1,9)$，$f(A_3)=[0,+\infty)$.

取 $B_1=(1,4)$，$B_2=[0,1]$，$B_3=R$，则 $f^{-1}(B_1)=(-2,-1)\cup(1,2)$，$f^{-1}(B_2)=[-1,1]$，$f^{-1}(B_3)=R$.

定理 3.1 设 $f:C\to D$，且 f 为单射的，$\mathscr{C}$ 为 C 的非空的子集族，$C_1,C_2\subseteq C$，则

(1) $f(\bigcup\mathscr{C})=\bigcup\{f(A)\mid A\in\mathscr{C}\}$；

(2) $f(\bigcap\mathscr{C})=\bigcap\{f(A)\mid A\in\mathscr{C}\}$；

(3) $f(C_1-C_2)=f(C_1)-f(C_2)$.

本定理由定理 2.9 及 f 的单射性所证.

定理 3.2 设 $f:C\to D$，$D_1,D_2\subseteq D$，$\mathscr{D}$ 是 D 的非空子集族，则

(1) $f^{-1}(\bigcup\mathscr{D})=\bigcup\{f^{-1}(D)\mid D\in\mathscr{D}\}$；

(2) $f^{-1}(\bigcap\mathscr{D})=\bigcap\{f^{-1}(D)\mid D\in\mathscr{D}\}$；

(3) $f^{-1}(D_1-D_2)=f^{-1}(D_1)-f^{-1}(D_2)$.

由于函数的逆总是单根的，由定理 2.9 可证本定理.

下面给出几个特殊函数的定义.

定义 3.7 (1) 设 $f:A\to B$，如果存在 $b\in B$，使得对所有 $x\in A$，均有 $f(x)=b$，则称 f 是 A 到 B 的**常数函数**.

(2) 设 $f:A\to A$，对于任意的 $x\in A$，$f(x)=x$，则称 f 为 A 上的**恒等函数**. 其实，f 是 A 上的恒等关系，因而将 A 上的恒等函数依然记为 I_A.

(3) 设 $f:A\to\{0,1\}$，$A'\subseteq A$，若

$$f(x)=\begin{cases}1, & x\in A',\\ 0, & x\in A-A',\end{cases}$$

则称 f 为 A 上关于 A' 的**特征函数**. 常将 A' 的特征函数记为 $\chi_{A'}$.

设 $A=\{a,b,c,d\}$，$A'=\{a,d\}$，$\chi_{A'}:A\to\{0,1\}$，则

$$\chi_{A'}(a)=\chi_{A'}(d)=1，而\ \chi_{A'}(b)=\chi_{A'}(c)=0.$$

定义 3.8 设 A,B 为二集合，$\leqslant_1$，$\leqslant_2$ 分别为 A,B 上的全序关系，$f:A\to B$. 若对于任意的 $x_1,x_2\in A$，如果 $x_1\prec_1 x_2$，则 $f(x_1)\leqslant_2 f(x_2)$，则称 f 是**单调递增的**，如果 $x_1\prec_1 x_2$，则 $f(x_1)\prec_2 f(x_2)$，则称 f 是**严格单调递增的**. 如果 $x_1\prec_1 x_2$，则 $f(x_2)\leqslant_2 f(x_1)$，则称 f 是**单调递减的**. 如果 $x_1\prec_1 x_2$，则 $f(x_2)\prec_2 f(x_1)$，则称 f 是**严格单调递减的**.

例如，在 R(R 为实数集)上取"$\leqslant$"关系，设 $f:R\to R$，且 $f(x)=e^x$，$g:R\to R$，且 $g(x)=e^{-x}$，则 f 是 R 上严格单调递增函数，而 g 是严格单调递减函数.

定义 3.9 设 R 是 A 上的等价关系，A/R 是 A 关于 R 的商集，设 $f:A\to A/R$，且 $f(a)=[a]$，则称 f 为 A 到 A/R 的**自然映射**或**典型映射**.

设 $A=\{a,b,c,d\}$，$R=I_A\cup\{\langle a,b\rangle,\langle b,a\rangle\}$，则 R 为 A 上的等价关系. $f:A\to A/R$，则

$$f(a)=[a]=\{a,b\},\ f(b)=[b]=\{a,b\},$$
$$f(c)=[c]=\{c\},\quad f(d)=[d]=\{d\}.$$

自然映射函数均为满射的，但当等价关系 R 不是恒等关系时，自然映射均不是单射的. 严格单调函数(严格单调递增或严格单调递减的函数统称为严格单调函数)，是单射的. 当 $A'\subset A$ 且 $A'\neq\varnothing$ 时，特征函数 $\chi_{A'}$ 为满射的.

3.3　函数的合成

在第二章，曾讲过二元关系合成运算的规律，那些规律对函数也是适用的.本章讨论集合之间的函数(全函数)的合成的规律性.

定理 3.3　设 $g:A\to B, f:B\to C$，则 $f\circ g:A\to C$，且对于任意的 $x\in A$，

$$f\circ g(x)=f(g(x)).$$

证明　$f\circ g$ 为 A 到 C 的二元关系是显然的，下面只需证明 $\mathrm{dom}(f\circ g)=A$，且 $f\circ g$ 是单值的以及 $f\circ g(x)=f(g(x))$.

(1) 首先证明 $f\circ g$ 是函数.

任给 $x\in \mathrm{dom} f\circ g$，若存在 $z_1,z_2\in \mathrm{ran}(f\circ g)$，则

$x(f\circ g)z_1 \wedge x(f\circ g)z_2$

$\Leftrightarrow \exists y_1(y_1\in B\wedge xgy_1\wedge y_1fz_1)\wedge \exists y_2(y_2\in B\wedge xgy_2\wedge y_2fz_2)$

$\Leftrightarrow \exists y_1\exists y_2(y_1\in B\wedge y_2\in B\wedge xgy_1\wedge xgy_2\wedge y_1fz_1\wedge y_2fz_2)$

$\Rightarrow \exists y(y\in B\wedge y_1=y_2=y\wedge yfz_1\wedge yfz_2)$　　(因为 g 是函数)

$\Rightarrow z_1=z_2.$　　(因为 f 是函数)

综上所述，$f\circ g$ 是单值的，即它是函数.

(2) 证明 $\mathrm{dom}(f\circ g)=A$.

$\mathrm{dim}(f\circ g)\subseteq A$ 是显然的，只需证 $A\subseteq \mathrm{dom}(f\circ g)$. 对于任意的 x，

$x\in A$

$\Rightarrow \exists!$[①] $y(y\in B\wedge xgy)$　　(因为 $g:A\to B$)

$\Rightarrow \exists!\, y\,\exists!\, z(y\in B\wedge z\in C\wedge xgy\wedge yfz)$　　(因为 $f:B\to C$)

$\Rightarrow \exists!\, y\,\exists!\, z(y\in B\wedge z\in C\wedge x(f\circ g)z)$

$\Rightarrow x\in \mathrm{dom}(f\circ g)$.

所以 $A\subseteq \mathrm{dom}(f\circ g)$，于是 $\mathrm{dom}(f\circ g)=A$.

由(1)，(2)可知，$f\circ g:A\to C$. 于是，对于任意 x，

$x\in A$

$\Rightarrow \exists!\, z(z\in C\wedge z=f\circ g(x))$

$\Leftrightarrow \exists!\, z\,\exists!\, y(z\in C\wedge y\in B\wedge y=g(x)\wedge z=f(y))$

$\Leftrightarrow \exists!\, z\,\exists!\, y(z\in C\wedge y\in B\wedge z=f(g(x)))$.

所以，任意 $x\in A$，有 $f\circ g(x)=f(g(x))$.　▌

定理 3.4　设 $g:A\to B, f:B\to C$.

(1) 如果 f 和 g 都是满射的，则 $f\circ g$ 是满射的；

(2) 如果 f 和 g 都是单射的，则 $f\circ g$ 是单射的；

(3) 如果 f 和 g 都是双射的，则 $f\circ g$ 是双射的.

证明　由定理 3.3 可知，$f\circ g\in(A\to C)$，于是在下面的证明中，只需证明 $f\circ g$ 是满射的，单射的和双射的.

---

① $\exists!\, x$ 为存在惟一的 x，即 $\exists!$ 为存在惟一量词.

(1) 对于任意的 z，

$$
\begin{aligned}
& z\in C \\
\Rightarrow & \exists y(y\in B\wedge z=f(y)) \\
\Rightarrow & \exists y\exists x(y\in B\wedge x\in A\wedge z=f(y)\wedge y=g(x)) \\
\Rightarrow & \exists y\exists x(y\in B\wedge x\in A\wedge z=f(g(x))=f\circ g(x)) \\
\Rightarrow & \exists x(x\in A\wedge z=f\circ g(x)).
\end{aligned}
$$

所以，$f\circ g$ 是满射的.

(2) 若存在 $z\in C$，存在 $x_1,x_2\in A$，使得

$$
\begin{aligned}
& x_1(f\circ g)z\wedge x_2(f\circ g)z \\
\Rightarrow & \exists y_1\exists y_2(y_1\in B\wedge y_2\in B\wedge y_1fz\wedge x_1gy_1\wedge y_2fz\wedge x_2gy_2) \\
\Rightarrow & y_1=y_2\wedge x_1=x_2 \qquad \text{（因为 } f\text{、}g \text{ 均为单射的）} \\
\Rightarrow & x_1=x_2.
\end{aligned}
$$

所以，$f\circ g$ 是单射的.

由(1)，(2)的证明保证(3)的正确性. ▌

注意，定理 3.4 的逆不真，但下面定理成立.

定理 3.5 设 $g:A\to B,f:B\to C$.

(1) 如果 $f\circ g$ 是满射的，则 f 是满射的；

(2) 如果 $f\circ g$ 是单射的，则 g 是单射的；

(3) 如果 $f\circ g$ 是双射的，则 g 是单射的，f 是满射的.

证明 (1) 对于任意的 z，

$$
\begin{aligned}
& z\in C \\
\Rightarrow & \exists x(x\in A\wedge x(f\circ g)z) \qquad \text{（因为 } f\circ g \text{ 是满射的）} \\
\Rightarrow & \exists x\exists y(x\in A\wedge y\in \mathrm{ran}g\subseteq B\wedge xgy\wedge yfz) \\
\Rightarrow & \exists x\exists y(x\in A\wedge y\in B\wedge y=g(x)\wedge z=f(y)) \\
\Rightarrow & \exists y(y\in B\wedge z=f(y)).
\end{aligned}
$$

所以，f 是满射的.

(2) 若存在 $y\in \mathrm{ran}g\subseteq B$，又存在 $x_1,x_2\in A$，使得，

$$
\begin{aligned}
& x_1gy\wedge x_2gy \\
\Rightarrow & \exists z(z\in \mathrm{ran}f\subseteq C\wedge yfz\wedge x_1gy\wedge x_2gy) \\
\Rightarrow & \exists z(z\in C\wedge x_1(f\circ g)z\wedge x_2(f\circ g)z) \\
\Rightarrow & x_1=x_2. \qquad \text{（因为 } f\circ g \text{ 是单射的）}
\end{aligned}
$$

由(1)，(2)可知(3)成立. ▌

定理 3.6 设 $f:A\to B$，则

$$f=f\circ I_A=I_B\circ f,$$

其中 I_A,I_B 分别为 A 上和 B 上的恒等函数.

证明 $I_A:A\to A$，且任意 $x\in A,I_A(x)=x$，而 $I_B:B\to B$，对于任意的 $y\in B,I_B(y)=y$，由定理 3.3 可知，$f\circ I_A\in(A\to B),I_B\circ f\in(A\to B)$. 下面证明 $f=f\circ I_A$.

对于任意的 $\langle x,y\rangle$，

$$\langle x,y\rangle\in f$$

$\Rightarrow\ x\in A \land xfy$ （因为 $f:A\to A$）

$\Rightarrow\ xI_Ax \land xfy$

$\Leftrightarrow \langle x,y\rangle \in f\circ I_A$.

所以，$f\subseteq f\circ I_A$.

反之，对于任意$\langle x,y\rangle$，

$\langle x,y\rangle \in f\circ I_A$

$\Rightarrow xI_Ax \land xfy \Rightarrow xfy \Leftrightarrow \langle x,y\rangle \in f$.

所以，$f\circ I_A\subseteq f$，于是 $f=f\circ I_A$，类似可证明 $f=I_B\circ f$，因而 $f=f\circ I_A=I_B\circ f$. ▌

定理 3.7 设 $f:R\to R$，$g:R\to R$，已知 f 和 g 按实数集上的“$\leqslant$”关系都是单调增加的，则 $f\circ g$ 也是单调增加的.

证明 由定理 3.3 知，$f\circ g\in (R\to R)$，对于任意的 $x,y\in R$，

$x<y$

$\Rightarrow\ g(x)\leqslant g(y)$ （因为 g 是单调增加的）

$\Rightarrow\ f(g(x))\leqslant f(g(y))$ （因为 f 是单调增加的）

$\Leftrightarrow f\circ g(x)\leqslant f\circ g(y)$.

所以，$f\circ g$ 是单调增加的. ▌

3.4 反 函 数

任给一个集合 A，A 中可能有有序对作为元素，也可能没有，但无论有无有序对作为元素，A 的逆 A^{-1} 一定是二元关系（当然可能是空关系），在什么情况下 A^{-1} 是函数泥？见下面定理.

定理 3.8 设 A 为一个集合，A^{-1} 为函数当且仅当 A 为单根的.

证明 必要性. 若存在 $y\in \mathrm{ran}A$，存在 $x_1,x_2\in \mathrm{dom}A$，使得

$\langle x_1,y\rangle \in A \land \langle x_2,y\rangle \in A$

$\Leftrightarrow \langle y,x_1\rangle \in A^{-1} \land \langle y,x_2\rangle \in A^{-1}$

$\Rightarrow\ x_1=x_2$. （因为 A^{-1} 为函数）

所以，A 是单根的.

类似可证充分性. ▌

推论 设 R 为二元关系，R 为函数当且仅当 R^{-1} 是单根的.

证明 R^{-1} 作为集合，由定理 3.8 可知，$(R^{-1})^{-1}$ 是函数当且仅当 R^{-1} 是单根的，但因 R 为关系，由定理 2.4 可知，$(R^{-1})^{-1}=R$，所以推论为真. ▌

设 $f\in (A\to B)$，下面讨论 $f^{-1}\in (B\to A)$ 的条件，首先看下例.

【例 3.4】 设 $f_1,f_2,f_3\in (N\to N)$，且对于任意 $n\in N$，

$f_1(n)=2n$；

$f_2(n)=\begin{cases}0, & n=0 \text{ 或 } n=1,\\ n-1, & n\geqslant 2;\end{cases}$ $f_3(n)=\begin{cases}n-1, & n \text{ 为奇数},\\ n+1, & n \text{ 为偶数}.\end{cases}$

试分析，f_1^{-1}，f_2^{-1}，f_3^{-1} 中哪些属于$(N\nrightarrow N)$，哪些属于$(N\to N)$.

解 (1) f_1 是单射的，但非满射，因而 f_1^{-1} 是单值的，所以 f_1^{-1} 是函数. $\mathrm{dom}f_1^{-1}=\mathrm{ran}f_1=N_{偶}$，其中 $N_{偶}=\{n|n\in N\land n \text{ 为偶数}\}$，所以 $f_1^{-1}\in (N_{偶}\to N)$，即 f_1^{-1} 是 $N_{偶}$ 到 N 的函数（全函

数)，显然 $f_1^{-1}\in(N\not\to N)$，即 f_1^{-1} 是 N 到 N 的偏函数，而且是真偏函数. 因而 $f_1^{-1}\notin(N\to N)$.

(2) f_2 是满射的，但非单射，因而 f_2^{-1} 不是单值的，($\langle 0,0\rangle\in f_2^{-1}\wedge\langle 0,1\rangle\in f_2^{-1}$)，所以 f_2^{-1} 不是函数，因而 $f_2^{-1}\notin(N\not\to N)$，更 $\notin(N\to N)$.

(3) f_3 是单射的，也是满射的，因而是双射的，所以 f_3^{-1} 是单值的，因而它是函数，且 $f_3^{-1}\in(N\to N)$，而且对于任意的 $n\in N$，

$$f_3^{-1}(n)=\begin{cases}n+1, & n\text{ 为偶数},\\ n-1, & n\text{ 为奇数},\end{cases}$$

其实，$f_3^{-1}=f_3$.

定理 3.9 设 $f:A\to B$，且 f 为双射函数，则 $f^{-1}:B\to A$，且也为双射函数.

证明 (1) 证明 f^{-1} 是函数.

因为 f 是单射的，因而 f 是单根的，由定理 3.8 知 f^{-1} 是函数.

(2) 证明 $\mathrm{dom}f^{-1}=B$，且 $\mathrm{ran}f^{-1}=A$.

由定理 2.4 及 $f\in(A\to B)$ 及 f 是满射的，易知 $\mathrm{dom}f^{-1}=\mathrm{ran}f=B$，且

$$\mathrm{ran}f^{-1}=\mathrm{dom}f=A.$$

由(1)，(2)可知，$f^{-1}:B\to A$，且 f^{-1} 是满射的. 下面只需证明 f^{-1} 是单射的.

因为 f 是函数，因而它是关系，由定理 3.8 和 f^{-1} 是单根的，因而它是单射的.

综上所述，$f^{-1}:B\to A$ 且为双射的. ▌

由定理 3.9，我们给出反函数的定义.

定义 3.10 设 $f:A\to B$，如果 f 是双射的，则称 f 的逆 f^{-1} 为 f 的反函数.

【例 3.5】 下列函数中，哪些具有反函数？有反函数的，请写出反函数.

(1) 设 $f_1:Z_+\to Z_+$，$Z_+=\{x\mid x\in Z\wedge x>0\}$，且 $f_1(x)=x+1$.

(2) 设 $f_2:Z_+\to Z_+$，Z_+ 同(1)，且

$$f_2(x)=\begin{cases}1, & x=1,\\ x-1, & x>1.\end{cases}$$

(3) 设 $f_3:R\to R$，且 $f_3(x)=x^3$.

(4) 设 $f_4:R\to B$，$f_4(x)=e^x$，其中 $B=\{x\mid x\in R\wedge x>0\}$.

(5) 设 $f_5:A\to R$，$f_5(x)=\sqrt{x}$，其中 $A=\{x\mid x\in R\wedge x\geqslant 1\}$.

解 易知，f_1 为单射，但非满射；f_2 为满射，但非单射；f_5 为单射，但非满射，因此，f_1，f_2，f_5 都不是双射函数，因而都无反函数. 而 f_3，f_4 均为双射函数，所以都有反函数. 且

$$f_3^{-1}:R\to R,\quad \text{且 } f_3^{-1}(x)=x^{\frac{1}{3}};$$

$$f_4^{-1}:B\to R,\quad \text{且 } f_4^{-1}(x)=\ln x.$$

【例 3.6】 构造 $N\times N$ 到 N 的双射函数，并求其反函数.

解 构造 $N\times N$ 到 N 的双射函数的方法不只一种，下面利用自然数的特殊表示法来构造.

设 $n\in N\wedge n\neq 0$，则 n 可惟一地分解成如下形式：

$$n=2^{\alpha}\cdot\beta,$$

其中 $\alpha,\beta\in N$ 且 β 为奇数，而对于任意的 $n\in N$，$n+1\geqslant 1$，于是存在惟一的自然数 α 和 β(奇数)，使得

$$n+1=2^{\alpha}\cdot\beta \Longleftrightarrow n=2^{\alpha}\cdot\beta-1,$$

因为β为奇数,因而存在$j\in N$,使得$\beta=2j+1$,于是,对于任意的自然数n,惟一地存在$\alpha,j\in N$,使得

$$n=2^{\alpha}(2j+1)-1, \qquad ①$$

①说明任意自然数$n\in N$与有序对$\langle\alpha,j\rangle$一一对应.构造f如下:

$f:N\times N\to N$,且对于任意的$i,j\in N$,令$f(\langle i,j\rangle)=2^{i}(2j+1)-1$,易知$f$是单射的,并且是满射的,所以是双射的.

由定理3.9可知,f^{-1}为N到$N\times N$的双射函数.其实,由①可知,任意的$n\in N$,存在惟一的$i,j\in N$,使得$n=2^{i}(2j+1)-1$,于是取

$$f^{-1}(n)=f^{-1}(2^{i}(2j+1)-1)=\langle i,j\rangle,$$

则$f^{-1}:N\to N\times N$,且f^{-1}是双射的.

下面计算几个函数及反函数值:

$f(\langle 0,0\rangle)=0$, $f(\langle 0,1\rangle)=2$, $f(\langle 1,0\rangle)=1$, $f(\langle 1,5\rangle)=21$, $f(\langle 2,2\rangle)=19$, $f(\langle 2,3\rangle)=27$, $f^{-1}(0)=\langle 0,0\rangle$, $f^{-1}(2)=\langle 0,1\rangle$, $f^{-1}(3)=\langle 2,0\rangle$, $f^{-1}(5)=\langle 1,1\rangle$.

从以上的计算,发现下面事实,即

$$f\circ f^{-1}(x)=f(f^{-1}(x))=x,$$
$$f^{-1}\circ f(\langle x,y\rangle)=f^{-1}(f(\langle x,y\rangle))=\langle x,y\rangle.$$

一般情况下,设$f:A\to B$且为双射,由定理3.9知,$f^{-1}:B\to A$也为双射,并且

$$f^{-1}\circ f=I_A:A\to A,\ f\circ f^{-1}=I_B:B\to B.$$

定义3.11 设$f:A\to B$,$g:B\to A$,如果$g\circ f=I_A$,则称g为f的**左逆**,又若$f\circ g=I_B$,则称g为f的**右逆**.

若$f:A\to B$为双射,f^{-1}既是f的左逆,又是f的右逆.

定理3.10 设$f:A\to B$,且$A\neq\varnothing$.

(1) f存在左逆当且仅当f是单射的;

(2) f存在右逆当且仅当f是满射的;

(3) f既有左逆又有右逆当且仅当f是双射的;

(4) 如果f是双射的,则f的左逆与右逆相等.

证明 (1) 先证必要性.

设g是f的一个左逆,则$g\circ f=I_A$,而I_A是单射的,由定理3.5可知f是单射的.

再证充分性.

因为f是单射的,因而$f:A\to \mathrm{ran}f$是双射的,由定理3.9知,$f^{-1}\upharpoonright \mathrm{ran}f:\mathrm{ran}f\to A$是双射的.由于$A\neq\varnothing$,故存在$a\in A$,构造$g$如下:

$$g(y)=\begin{cases} f^{-1}(y), & y\in \mathrm{ran}f\subseteq B,\\ a, & y\in B-\mathrm{ran}f,\end{cases}$$

则$g:B\to A$为f的一个左逆.由g的构造可知,对于任意的$x\in A$,

$$g\circ f(x)=g(f(x))=f^{-1}(f(x))=x,$$

即$g\circ f=I_A$,所以g是f的左逆.

(2) 先证必要性.

设h是f的一个右逆,即$f\circ h=I_B$,因为I_B是满射的,由定理3.5可知f是满射的.

再证充分性.

由于 f 不一定是单射的，因而 f^{-1} 不一定是函数，但 f 一定是定义域为 B 的二元关系，构造函数 $h:B\to A$[①] 如下：

对于任意的 $y\in B$，由于 f 是满射的，因而 $f^{-1}(\{y\})=\{x\mid f(x)=y\}\neq\varnothing$，取一个 $x_0\in f^{-1}(\{y\})$，并令 $h(y)=x_0$，则 $h:B\to A$ 为 f 的一个右逆，由定义不难看出，任意的 $y\in B$，

$$f\circ h(y) = f(h(y)) = f(x_0{}') = y,$$

其中 $x_0{}'$ 是构造 h 时，y 对应的函数值，于是

$$f\circ h = I_B,$$

即 h 为 f 的一个右逆.

(3) 由(1)与(2)可知(3)是成立的.

(4) 由(1)，(2)可知，f 的左逆和右逆都是存在的，设 $g:B\to A$ 为 f 的一个左逆，$h:B\to A$ 为 f 的一个右逆，即 $g\circ f=I_A$，且 $f\circ h=I_B$. 由定理 3.6 知

$$g=g\circ I_B=g\circ(f\circ h)=(g\circ f)\circ h=I_A\circ h=h.$$ ▌

其实，若 $f:A\to B$ 双射，则 $f^{-1}:B\to A$ 既是 f 的左逆，又是 f 的右逆，而且再无其他的左逆和右逆.

【例 3.7】 (1) 设 $f:N\to N$，且 $f(x)=2x$，试求 f 的一个左逆；

(2) 设 $f:N\to(N-\{0,1,\cdots,10\})$，且

$$f(x) = \begin{cases}11, & x\in\{0,1,\cdots,10\},\\ x, & x\in N-\{0,1,\cdots,10\},\end{cases}$$

试求 f 的一个右逆；

(3) 设 $f:Z\to Z$，且 $f(x)=-x$，试求 f 的一个左逆和一个右逆.

解 (1) 由定理 3.10 可知，f 的左逆是存在的，并且可以有多个. 令

$$g_1:N\to N,\text{且 } g_1(y) = \begin{cases}\dfrac{y}{2}, & y\text{ 为偶数},\\ y, & y\text{ 为奇数}.\end{cases}$$

则 g_1 是 f 的一个左逆，对于任意的 $x\in N$，

$$g_1\circ f(x) = g_1(f(x)) = x,$$

所以，$g_1\circ f=I_N$，故 g_1 是 f 的一个左逆.

取 $g_2:N\to N$，且

$$g_2(y) = \begin{cases}\dfrac{y}{2}, & y\text{ 为偶数},\\ 0, & y\text{ 为奇数}.\end{cases}$$

则 g_2 也是 f 的一个左逆.

(2) 由定理 3.10 可知，f 的右逆是存在的，取 $h:(N-A)\to N$，其中 $A=\{0,1,\cdots,10\}$，且

$$h(y) = \begin{cases}0, & y=11,\\ y, & y\neq 11,\end{cases}$$

---

① 公理集合论中选择公理的形式之一为：对于任意的二元关系 R，都存在函数 $F\subseteq R$，且 $\mathrm{dom}F=\mathrm{dom}R$，由此公理可知，构造 $h:B\to A$ 是办得到的.

则对于任意的 $y \in N-A$，

$$f \circ h(y) = f(h(y)) = \begin{cases} 11, & y = 11, \\ y, & y \neq 11, \end{cases}$$

可知 $f \circ h = I_{N-A}$.

其实，还可以构造出不同的 f 的右逆.

(3) 因为 f 是双射的，由定理 3.10 可知，f 的左逆，右逆均存在且相等，并且均为 f^{-1}，$f^{-1}: N \to N$，且 $f^{-1}(y) = -y$.

习　题　三

1. 设 $A=\{1,2,3,4\}$，$B=\{a,b,c,d,e\}$，问下列二元关系中哪些属于 $A \nrightarrow B$（A 到 B 的偏函数集合）？哪些属于 $A \to B$（A 到 B 的函数（全函数）的集合）？

$R_1=\{\langle 1,a\rangle,\langle 2,a\rangle,\langle 3,b\rangle,\langle 4,\langle a,b\rangle\rangle\}$；

$R_2=\{\langle 1,a\rangle,\langle 2,b\rangle,\langle 3,c\rangle,\langle 4,d\rangle\}$；

$R_3=\{\langle 2,e\rangle,\langle 3,d\rangle,\langle 4,b\rangle\}$；

$R_4=\{\langle 1,a\rangle,\langle 2,b\rangle,\langle 3,c\rangle,\langle 1,d\rangle\}$；

$R_5=\{\langle 1,2\rangle,\langle 2,b\rangle,\langle 3,c\rangle,\langle 4,d\rangle\}$；

$R_6=\{\langle 1,c\rangle,\langle 2,c\rangle,\langle 3,c\rangle,\langle 4,c\rangle\}$；

$R_7=\{\langle 3,e\rangle,\langle 4,d\rangle\}$.

2. 设 $f,g \in A \to B$，且 $f \cap g \neq \varnothing$. $f \cap g$，$f \cup g$ 还是函数吗？如是函数的话，还属于 $A \to B$ 吗？

3. 下列函数中，哪些是单射的？哪些是满射的？哪些是双射的？

(1) $f: R \to R$，$f(x)=x^3+1$；

(2) $f: N \to N$，$f(x)=x+1$；

(3) $f: N \to N$，$f(x)=x$ 除以 3 的余数；

(4) $f: R \to \left[-\frac{3}{2},\frac{3}{2}\right]$，$f(x)=\frac{3}{2}\sin x$；

(5) $f: R-\{0\} \to R$，$f(x)=\lg|x|$；

(6) $f: R^+ \to R$，$f(x)=\frac{1}{2}\ln x$，其中 R^+ 为正实数集；

(7) $f: N \to P(N)$，$f(x)=\{k \mid k$ 是小于 x 的素数$\}$；

(8) $f: R \to R$，$f(x)=x^2-2x-15$；

(9) $f: N \to \{0,1\}$，$f(x)=\begin{cases} 0, & x \text{ 为奇数}, \\ 1, & x \text{ 为偶数}; \end{cases}$

(10) $f: (-\infty,1] \to [-1,+\infty)$，$f(x)=x^2-2x$.

4. 设 $A=\{a,b,c\}$，$B=\{1,2\}$，令 $\mathscr{A}=P(A)$，$\mathscr{B}=A \to B$，构造一个 $\mathscr{A}$ 到 $\mathscr{B}$ 的双射函数，再构造一个 $\mathscr{B}$ 到 $\mathscr{A}$ 的双射函数.

5. 证明：若 $A \to B = B \to A$，则 $A=B$.

6. 设 A,B,C 为三个集合，已知 $A \subseteq B$，证明 $(C \to A) \subseteq (C \to B)$.

7. 设 $f: A \to A$，试证明：如果 $f \subseteq I_A$，则 $f=I_A$.

8. 设 $f: A \to A$，试证明：如果 $I_A \subseteq f$，则 $f=I_A$.

9. 试给出集合 A 及 $A \to A$ 的两个函数 f 和 g，使得 f 是单射的，g 是满射的，但它们都不是双射的.

10. 设 $f,g \in A \nrightarrow B$，已知 $f \subseteq g$ 且 $\mathrm{dom}g \subseteq \mathrm{dom}f$，试证明 $f=g$.

11. 设 $f: A \to B$，定义 $g: B \to P(A)$ 如下：对于任意的 $b \in B$，$g(b)=\{x \mid x \in A \wedge f(x)=b\}$，证明当 f 为满射的时，g 为单射的.

12. 设 $f: R \times R \to R$，$f(\langle x,y\rangle)=x+y$，又设 $g: R \times R \to R$，$g(\langle x,y\rangle)=x \cdot y$，证明：$f,g$ 都是满射的，但都不是单射的.

13. 设 $\mathscr{E}$ 是集合 A 上全体等价关系集合，$\mathscr{F}$ 是 A 上全体划分的集合，证明存在 $\mathscr{E}$ 到 $\mathscr{F}$ 的双射函数.

14. 设 $\mathscr{A}=[0,1] \to R$，在 $\mathscr{A}$ 上定义二元关系 S 如下：

$$S = \{\langle f,g\rangle \mid f \in \mathscr{A} \wedge g \in \mathscr{A} \wedge \forall x(x \in [0,1] \to (f(x)-g(x)) \geqslant 0)\},$$

证明 S 是 $\mathscr{A}$ 上的偏序关系，但不是全序.

15. 由 $f: A \to B$ 导出的 A 上的等价关系定义为

$$R = \{\langle x,y\rangle \mid x \in A \wedge y \in A \wedge f(x) = f(y)\}.$$

设 $f_1,f_2,f_3,f_4 \in N \to N$,且

$f_1(n)=n$; $f_2(n)=\begin{cases}1, & n\text{ 为奇数},\\ 0, & n\text{ 为偶数};\end{cases}$

$f_3(n)=j,n=3k+j,j=0,1,2,k\in N$; $f_4(n)=j,n=6k+j,j=0,1,\cdots,5,k\in N$.

R_i 为 f_i 导出的 N 上的等价关系,$i=1,2,3,4$.

(1) 求商集 $N/R_i,i=1,2,3,4$;

(2) 画出偏序集 $\langle\{N/R_1,N/R_2,N/R_3,N/R_4\},\preccurlyeq\rangle$ 的哈斯图,其中 $\preccurlyeq$ 为划分之间的加细关系;

(3) 求 $H=\{10k \mid k\in N\}$ 在 f_1,f_2,f_3,f_4 下的象.

16. 设 $f:R\to R,f(x)=x^2-2$; $g:R\to R,g(x)=x+4$; $h:R\to R,h(x)=x^3-1$. 试分析 $g\circ f$ 和 $f\circ g$ 各有哪些性质? f,g,h 中哪些有反函数? 若有反函数请求出来.

17. 设 R 是 A 上的等价关系,在什么条件下自然映射 $f:A\to A/R$ 有反函数? 并求出反函数.

18. 设偏函数

$$f:R \nrightarrow R, f(x) = \frac{1}{x};$$

$$g:R \nrightarrow R, g(x) = x^2(g\text{ 也是全函数,即 } g:R\to R);$$

$$h:R \nrightarrow R, h(x) = \sqrt{x}.$$

(1) 求 f,g,h 的定义域和值域; (2) 改变 f,g,h 的前域,使 f,g,h 成为函数(全函数).

19. 设

$$f:N\to N, f(x)=\begin{cases}x+1, & x=0,1,2,3,\\ 0, & x=4,\\ x, & x\geqslant 5;\end{cases} \qquad g:N\to N, g(x)=\begin{cases}\dfrac{x}{2}, & x\text{ 为偶数},\\ 3, & x\text{ 为奇数}.\end{cases}$$

(1) 设 $A_1=\{0,1,2\},B_1=\{0,1,5,6\}$,求象 $f(A_1)$,原象 $f^{-1}(B_1)$;

(2) 设 $A_2=\{x \mid x\in N\wedge x\text{ 为偶数}\},B_2=\{3\}$,求象 $g(A_2)$ 和原象 $g^{-1}(B_2)$;

(3) f 与 g 都有反函数吗?

20. 设 $g:A\to B,f:B\to C$.

(1) 已知 $f\circ g$ 是单射的且 g 是满射的,证明 f 是单射的;

(2) 已知 $f\circ g$ 是满射的且 f 是单射的,证明 g 是满射的.

21. 设 $f,g\in(X\to Y)$,又设 $A=\{x \mid x\in X\wedge f(x)=g(x)\}$, $h_1:A\to X$, $h_1(x)=x$,证明 $f\circ h_1=g\circ h_1$. 又设 $B\subseteq X$, $h_2:B\to X$, $h_2(x)=x$,且已知 $f\circ h_2=g\circ h_2$,证明 $B\subseteq A$.

22. 设 $h\in(X\to X)$,证明:对于任意的 $f,g\in(X\to X)$,只要 $h\circ f=h\circ g$ 就有 $f=g$ 当且仅当 h 是单射的. 并且只要 $f\circ h=g\circ h$ 就有 $f=g$ 当且仅当 h 是满射的.

23. 设 $f:A\to A$,若存在正整数 n,使得 $f^n=I_A$, 证明 f 是双射的.

24. 设 $f:X\to Y,A\subseteq Y$ 且 $B\subseteq Y$,证明:

$$f^{-1}(A\cap B) = f^{-1}(A)\cap f^{-1}(B).$$

第四章　自　然　数

本章中将给出自然数的集合定义，并且讨论自然数的性质. 在本章中，若无特殊声明，将集合中的元素均看成集合.

4.1　自然数的定义

定义 4.1　设 F 为一个函数，集合 $A \subseteq \mathrm{dom}F$，如果对于任意的 $x \in A$，均有 $F(x) \in A$，则称 A 在函数 F 下是**封闭的**.

例如，取 $F: N \to N$，且 $F(n)=n+1$，取 $A=N$，则 A 在 F 下是封闭的. 若取 $B=\{1,2,\cdots,10\}$，则 $B \subseteq N$，而 B 在函数 F 下不封闭.

1889 年，Peano(皮亚诺)为了给出自然数及自然数集合 N 的集合定义，给出了满足 5 条公设的系统，后人称其为 Peano 系统.

Peano 系统是满足以下公设的有序三元组 $\langle M,F,e \rangle$，其中 M 为一个集合，F 为 M 到 M 的函数，e 为首元素，5 条公设为：

(1) $e \in M$；

(2) M 在 F 下是封闭的；

(3) $e \notin \mathrm{ran}F$；

(4) F 是单射的；

(5) 如果 M 的子集 A 满足：① $e \in A$；② A 在 F 下是封闭的，则 $A=M$.

如果用 $F^r(e)$ 表示 $\overbrace{FF\cdots F}^{r个}(e)$，则(1)—(4)说明函数 $F^r: M \to M$，且关系图如图 4.1 所示.

图　4.1

公设 5 称为**极小性公设**.

定义 4.2　设 A 为一个集合，称 $A \cup \{A\}$ 为 A 的**后继**，记作 A^+，并称求集合的后继为**后继运算**.

由定义不难看出，$A \subseteq A^+ \wedge A \in A^+$，这是集合后继的最重要的性质.

【例 4.1】　求下列集合的后继的后继的后继.

(1) $\varnothing$；　　(2) $A=\{a\}$；　　(3) $B=\{\varnothing,a\}$；

解

(1) $\varnothing^+=\varnothing \cup \{\varnothing\}=\{\varnothing\}$.

$\varnothing^{++}=\varnothing^+ \cup \{\varnothing^+\}=\{\varnothing\} \cup \{\{\varnothing\}\}=\{\varnothing,\{\varnothing\}\}$.

$\varnothing^{+++}=\varnothing^{++} \cup \{\varnothing^{++}\}=\{\varnothing,\{\varnothing\},\{\varnothing,\{\varnothing\}\}\}$.

(2) $A^+=A \cup \{A\}=\{a\} \cup \{\{a\}\}=\{a,\{a\}\}$.

$A^{++}=A^+ \cup \{A^+\}=\{a,\{a\},\{a,\{a\}\}\}$.

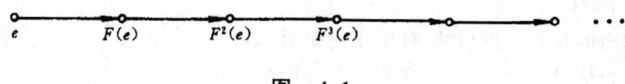

$A^{+++}=\{a,\{a\},\{a,\{a\}\},\{a,\{a\},\{a,\{a\}\}\}\}$.

(3) $B^{+}=\{\varnothing,a,\{\varnothing,a\}\}$.

$B^{++}=\{\varnothing,a,\{\varnothing,a\},\{\varnothing,a,\{\varnothing,a\}\}\}$.

$B^{+++}=\{\varnothing,a,\{\varnothing,a\},\{\varnothing,a,\{\varnothing,a\}\},\{\varnothing,a,\{\varnothing,a\},\{\varnothing,a,\{\varnothing,a\}\}\}\}$.

定义 4.3 设 A 为一个集合,若 A 满足:

(1) $\varnothing\in A$,

(2) 若 $\forall a\in A$,则 $a^{+}\in A$,

则称 A 是**归纳集**.

例如$\{\varnothing,\varnothing^{+},\varnothing^{++},\cdots\}$是归纳集;$\{\varnothing,\varnothing^{+},\varnothing^{++},\cdots,a,a^{+},a^{++},\cdots\}$是归纳集;而当 $a\neq\varnothing$时,$\{a,a^{+},a^{++},\cdots\}$不是归纳集.

从归纳集的定义可以看出,$\varnothing,\varnothing^{+},\varnothing^{++},\cdots$是所有归纳集的元素,于是可以将它们定义成自然数.

定义 4.4 自然数是属于每个归纳集的集合.

从定义 4.4 及$\{\varnothing,\varnothing^{+},\varnothing^{++},\cdots\}$是归纳集可知,$\varnothing,\varnothing^{+},\varnothing^{++},\cdots$都是自然数,分别记为 $0,1,2,\cdots$,并且任意的自然数 n 的后继 $n^{+}=n\cup\{n\}$,为 n 后面紧临的自然数:

$0=\varnothing$,

$1=0^{+}=\{0\}$,

$2=1^{+}=\{0,1\}$,

…

$n=\{0,1,2,\cdots,n-1\}$.

定义 4.5 设 $D=\{v\mid v$ 是归纳集$\}$[①],称$\bigcap D$ 为全体自然数集合,记作 N.

由定义不难看出全体自然数集合 N 是所有归纳集的子集,并且它是归纳集.

定理 4.1 N 是归纳集.

证明 (1) 因为$\varnothing$属于每一个归纳集,所以$\varnothing\in\bigcap D\Longleftrightarrow\varnothing\in N$.

(2) $\forall a$,

$a\in N\Longleftrightarrow a\in\bigcap D$

$\Rightarrow\forall v(v$ 是归纳集$\rightarrow a\in v)$

$\Rightarrow\forall v(v$ 是归纳集$\rightarrow a^{+}\in v)$

$\Rightarrow a^{+}\in\bigcap D\Longleftrightarrow a^{+}\in N$.

由(1),(2)可知 N 是归纳集. ▍

定理 4.2 设 N 为自然数集合,$\sigma:N\rightarrow N$,且 $\sigma(n)=n^{+}$(称 σ 为后继函数),则$\langle N,\sigma,\varnothing\rangle$是 Peano 系统.

证明 只要证明$\langle N,\sigma,\varnothing\rangle$满足 5 条公设.

由定理 4.1 可知(1),(2)成立,即

(1) $\varnothing\in N$;

(2) 若 $n\in N$,则 $\sigma(n)=n^{+}\in N$;

(3) $\forall n\in N,\sigma(n)=n^{+}=n\cup\{n\}\neq\varnothing$,所以$\varnothing\notin\operatorname{ran}\sigma$;

---

① $D=\{v\mid v$ 为归纳集$\}$作为集合隐含着集合论悖论,在 ZF 和 ZFC 公理系统中,D 不是集合.

(4) 待证(应用定理 4.3 证明之);

(5) 设 $S\subseteq N$,且满足

① $\varnothing\in S$,

② 若 $n\in S$,则 $n^+\in S$,

则 $S=N$.

只需证明 $N\subseteq S$,由①,②可知 S 是归纳集,因而 $S\in D$,于是 $N=\bigcap D\subseteq S$. 这就证明了 $\langle N,\sigma,\varnothing\rangle$ 满足第(5)条公设. ▌

第(5)条公设提出了证明自然数性质的一种方法:

要证明任意的自然数 n 都有性质 P,即证 $\forall n\in N, P(n)$ 为真,先构造集合 $S=\{n\mid n\in N\wedge P(n)\}$,由 S 的构造可知 $S\subseteq N$,若能证明 S 是归纳集,即满足:① $\varnothing\in S$,② $\forall n\in S$,则 $n^+\in S$,由公设(5)可知 $S=N$,即说明全体自然数都有性质 P. 这就是数学归纳法,称第(5)条公设为数学归纳法原理. 用数学归纳法证明自然数性质时,应分两个步骤:

第一,构造 $S=\{n\mid n\in N\wedge P(n)\}$;

第二,证明 S 是归纳集.

定理 4.3 任何自然数的元素都是它的子集.

证明 用数学归纳法证明之.

(1) 设 $S=\{n\mid n\in N\wedge \forall x(x\in n\rightarrow x\subseteq n)\}$.

(2) 证明 S 是归纳集.

① $\forall x(x\in\varnothing\rightarrow x\subseteq\varnothing)$ 为真,所以 $\varnothing\in S$.

② 设 $n\in S$,则 $n\in N\wedge\forall x(x\in n\rightarrow x\subseteq n)$ 为真. 由定理 4.1 知,$n^+\in N$. 并且 $\forall x$,

$$x\in n^+=n\cup\{n\}\Rightarrow x=n\vee x\in n.$$

ⓐ 若 $x=n$,因为 $n\subseteq n^+$,所以 $x\subseteq n^+$.

ⓑ 若 $x\in n$,由 S 的构造可知,$x\subseteq n\subseteq n^+$,则 $x\subseteq n^+$.

ⓐ,ⓑ说明 $n^+\in S$,由数学归纳法原理可知 $S=N$. ▌

用定理 4.3 证明定理 4.2 中的(4),即证:σ 是单射的:若 $m^+=n^+$,则 $m=n$.

用反证法证明:否则,$m\neq n$.

$n\in n^+=m^+=m\cup\{m\}\Rightarrow n\in m\vee n=m$, 但 $n\neq m$, 因而 $n\in m$, 由定理 4.3 及 $n\neq m$ 知 $n\subset m$,类似可证 $m\subset n$,这是矛盾的. ▌

定理 4.4 对于任意的自然数 m,n,则 $m^+\in n^+$ 当且仅当 $m\in n$.

证明 先证必要性.

$m^+\in n^+=n\cup\{n\}$

$\Rightarrow m^+\in n\vee m^+=n$.

① $m^+\in n$.

$m\in m^+\wedge m^+\in n\Rightarrow m\in m^+\wedge m^+\subseteq n$ (定理 4.3)

$\Rightarrow m\in n$.

② $m^+=n$.

$m\in m^+\wedge m^+=n\Rightarrow m\in n$.

再证充分性.

用数学归纳法证明.

(1) 设 $S=\{n|n\in N\wedge\forall m(m\in n\to m^+\in n^+)\}$.

(2) $\forall m(m\in\varnothing\to m^+\in\varnothing^+)$为真,所以,$\varnothing\in S$.

设 $n\in S$,下面证明 $n^+\in S$.

$\forall m$,

$$m\in n^+=n\cup\{n\}\Rightarrow m\in n\vee m=n.$$

① $m\in n\Rightarrow m^+\in n^+$ (由 S 的构造)

$\Rightarrow m^+\in n^{++}(n^+\subseteq n^{++})$.

② $m=n\Rightarrow m^+=n^+\Rightarrow m^+\in n^{++}$.

于是 $S=N$. ▎

定理 4.5 任何自然数都不是自己的元素.

证明 用数学归纳法证明.

(1) 设 $S=\{n|n\in N\wedge n\notin n\}$.

(2) $\varnothing\in N\wedge\varnothing\notin\varnothing$为真. 所以$\varnothing\in S$.

设 $n\in S$,下面证明 $n^+\in S$,即由 $n\notin n$,证明 $n^+\notin n^+$. 由定理 4.4 可知结论正确,于是 S 是 N 的归纳子集,因而 $S=N$. ▎

定理 4.6 空集属于除零外的一切自然数.

证明 用数学归纳法证明.

(1) 设 $S'=\{n|n\in N\wedge n\neq 0\wedge\varnothing\in n\}$,再设 $S=S'\cup\{0\}$. 下面证明 S 是 N 的归纳子集.

(2) 显然$\varnothing=0\in S$.

假设 $n\in S$,下面证 $n^+\in S$.

$$n^+=n\cup\{n\}.$$

① $n=0$,此时 $n^+=0^+=\varnothing^+=\{\varnothing\}$,显然有$\varnothing\in n^+$.

② $n\neq 0$,由 S 的构造可知,$n\in S'$,于是,$\varnothing\in n\subseteq n^+$,因而$\varnothing\in n^+$.

由①,②知,$S=N$,而 $S'=S-\{\varnothing\}=S-\{0\}$,于是$\varnothing$属于除零外的一切自然数.

定理 4.7(三歧性定理) 对于任意的自然数 m,n,下面三式中有且仅有一式成立:

$$m\in n,m=n,n\in m.$$

证明 先证明以上三式中至多成立一式. 由对称性,只需证明 $m\in n$,$m=n$,不能同时成立,又 $m\in n$ 与 $n\in m$ 不能同时成立. 其实,

(1) 若 $m\in n\wedge m=n$,则 $m\in m$,这与定理 4.5 矛盾;

(2) 若 $m\in n\wedge n\in m$,则 $m\in n\wedge n\subseteq m$(由定理 4.3),于是得出 $m\in m$,这又与定理4.5相矛盾.

下面用数学归纳法证明三式中至少成立一式.

(1) 设 $S=\{n|n\in N\wedge\forall m(m\in N\to m\in n\vee m=n\vee n\in m)\}$.

① 证明$\varnothing=0\in S$. 任意的 $m\in N$,$m=0$ 或 $m\neq 0$,由定理 4.6 可知,$m=0\vee 0\in m$ 为真,于是 $0\in S$.

② 设 $n\in S$,下面证明 $n^+\in S$.

$n\in S$,即对于任意 $m\in N$,$m\in n\vee m=n\vee n\in m$ 为真.

ⓐ $m\in n\subseteq n^+\Rightarrow m\in n^+$;

ⓑ $m=n\in n^+\Rightarrow m\in n^+$;

ⓒ $n\in m\Rightarrow n^+\in m^+$ （定理 4.4）

$\Leftrightarrow n^+\in m\cup\{m\}$

$\Rightarrow n^+=m\vee n^+\in m$.

由ⓐ，ⓑ，ⓒ可知 $n^+\in S$，于是 $S=N$. ▌

定义 4.6 设$\langle M_1,F_1,e_1\rangle$，$\langle M_2,F_2,e_2\rangle$是两个 Peano 系统，若存在双射函数 h，满足：

(1) $h:M_1\to M_2$，

(2) $h(e_1)=e_2$，

(3) $h(F_1(n))=F_2(h(n))$，

则称$\langle M_1,F_1,e_1\rangle$与$\langle M_2,F_2,e_2\rangle$是**相似的**，记作$\langle M_1,F_1,e_1\rangle\sim\langle M_2,F_2,e_2\rangle$.

定理 4.8(N 上的递归定理) 设 A 为一个集合，且 $a\in A$，$F:A\to A$，则存在惟一的一个函数 $h:N\to A$，使得 $h(0)=a$，且对于任意 $n\in N$，

$$h(n^+)=F(h(n)).$$

证明请参阅参考书目[1].

定理 4.9 设$\langle M,F,e\rangle$为任意一个 Peane 系统，则$\langle N,\sigma,0\rangle\sim\langle M,F,e\rangle$.

证明 由 Peano 系统之间相似的定义可知，只要证明存在 N 到 M 的双射函数 $h:N\to M$，$h(0)=e$，$h(n^+)=F(h(n))$即可.

由定理 4.8 可知，存在惟一的函数 h 满足：

$$h:N\to M,h(0)=e,\text{且 }h(n^+)=F(h(n)).$$

于是只要证明 h 是双射的就完成本定理的证明.

(1) 证明 h 是满射的，即证 $\mathrm{ran}h=M$.

由 Peane 第 5 条公设，只要证明 $\mathrm{ran}h$ 为 M 的归纳子集. $\mathrm{ran}h\subseteq M$ 是显然的. $e\in\mathrm{ran}h$ 也是已知的. 下面又只需证明；对于任意的 x，若 $x\in\mathrm{ran}h$，则 $F(x)\in\mathrm{ran}h$. 因为 $x\in\mathrm{ran}h$，因而存在 $n\in N$，使得 $h(n)=x$，于是 $h(n^+)=F(h(n))=F(x)\in\mathrm{ran}h$. 这就证明了 $\mathrm{ran}h$ 是 M 的归纳子集，因而 $\mathrm{ran}h=M$.

(2) 再证明 h 是单射的，用数学归纳法证明，设

$$S=\{n\mid n\in N\wedge\forall m(m\in N\wedge h(m)=h(n)\to m=n)\}.$$

① 证明 $0\in S$. 只要证明 $h(m)=h(0)=e$，则 $m=0$. 否则，存在 $k\in N$，使得 $m=k^+$，则$h(m)=h(k^+)=F(h(k))\in\mathrm{ran}F$，这与 $h(m)=h(0)=e\notin\mathrm{ran}F$ 相矛盾，于是 $m=0$，故 $0\in S$.

② 设 $n\in S$，要证明 $n^+\in S$，$\forall m\in N$，如果 $h(m)=h(n^+)$，则 $m\neq 0$，否则，$h(0)=h(n^+)=F(h(n))\in\mathrm{ran}F$，这与 $h(0)=e\notin\mathrm{ran}F$ 矛盾，因而 $m\neq 0$，于是存在 k，使得 $m=k^+$，因而 $h(m)=h(k^+)=F(h(k))=h(n^+)$，从而得出 $F(h(k))=F(h(n))$，又因为 F 是单射的，所以 $h(k)=h(n)$，由 $n\in S$ 可知 $k=n$，所以 $k^+=m=n^+$，因而 $n^+\in S$，于是 $S=N$.

综上所述，h 是双射的. ▌

4.2 传递集合

定义 4.7 设 A 为一个集合，如果 A 中任何元素的元素也是 A 的元素，则称 A 为**传递集合**，简称**传递集**，即

$$A\text{ 为传递集} \Longleftrightarrow \forall x \forall y(x \in y \wedge y \in A \rightarrow x \in A).$$

定理 4.10 设 A 为一个集合,则下面命题是等价的:

(1) A 是传递集; (2) $\bigcup A \subseteq A$;

(3) 对于任意的 $y \in A$,则 $y \subseteq A$; (4) $A \subseteq P(A)$.

证明 (1) $\Rightarrow$(2),任意的 x,

$$\begin{aligned} x \in \bigcup A &\Rightarrow \exists y(y \in A \wedge x \in y) \\ &\Rightarrow x \in A, \qquad \text{(因为 } A \text{ 是传递集)} \end{aligned}$$

所以,$\bigcup A \subseteq A$.

(2) $\Rightarrow$(3),对于任意的 y,

$$\begin{aligned} y \in A &\Rightarrow y \subseteq \bigcup A \\ &\Rightarrow y \subseteq A. \qquad \text{(因为 } \bigcup A \subseteq A\text{)} \end{aligned}$$

所以,$\forall y \in A$,则 $y \subseteq A$.

(3) $\Rightarrow$(4). 对于任意的 y,

$$\begin{aligned} y \in A &\Rightarrow y \subseteq A \qquad \text{(由(3))} \\ &\Rightarrow y \in P(A). \end{aligned}$$

(4) $\Rightarrow$(1). 对于任意的 y,

$$\begin{aligned} y \in A &\Rightarrow y \in P(A) \qquad \text{(由(4))} \\ &\Rightarrow y \text{ 是 } A \text{ 的子集} \Rightarrow y \text{ 中元素为 } A \text{ 的元素} \\ &\Rightarrow A \text{ 是传递集.} \end{aligned}$$

▌

有了定理 4.10,判断一个集合是否为传递集,可以有多种方法.

【例 4.2】 判断下列集合中,哪些是传递集.

(1) $A=\{\varnothing,\{\varnothing\},\{\{\varnothing\}\}\}$; (2) $B=\{0,1,2\}$;

(3) $C=\{\{a\}\}$; (4) $D=\langle 0,1\rangle$

解 (1) $\bigcup A=\{\varnothing,\{\varnothing\}\}\subseteq A$,由定理 4.10 可知,$A$ 是传递集.

(2) $\bigcup B=\bigcup\{\varnothing,\{\varnothing\},\{\varnothing,\{\varnothing\}\}\}=\{\varnothing,\{\varnothing\}\}=\{0,1\}$,因为$\{0,1\}\subseteq B$,所以 B 也是传递集.

(3) C 中元素$\{a\}$的元素 a 不属于 C,所以 C 不是传递集.

(4) $D=\langle 0,1\rangle=\{\{0\},\{0,1\}\}$,由于 D 中元素$\{0,1\}$的元素 1 不在 D 中,所以 D 不是传递集.

定理 4.11 设 A 为一个集合,则 A 为传递集当且仅当 $P(A)$为传递集.

证明 先证必要性. 因为 A 是传递集,由定理 4.10 知道,$A\subseteq P(A)$,又已知 $A=\bigcup P(A)$,于是$\bigcup P(A)\subset P(A)$,再由定理 4.10 可知,$P(A)$是传递集.

再证充分性. 由 $P(A)$是传递集及 $A=\bigcup P(A)$知,$A=\bigcup P(A)\subseteq P(A)\Rightarrow A\subseteq P(A)$,由定理 4.10 可知 A 是传递集. ▌

定理 4.12 设 A 是传递集,则$\bigcup(A^+)=A$.

证明

$$\begin{aligned} \bigcup A^+ &= \bigcup(A\cup\{A\}) \\ &=(\bigcup A)\cup(\bigcup\{A\}) \\ &=(\bigcup A)\cup A. \end{aligned}$$

因为 A 是传递集,所以$\bigcup A\subseteq A$,由上式可知,

$$\bigcup A^+ = A.$$ ∎

定理 4.13 每个自然数都是传递集.

证明 用数学归纳法证明.

设 $S=\{n|n\in N\wedge n$ 是传递集$\}$.

(1) $0\in S$ 是显然的. (2) 设 $n\in S$,下面证明 $n^+\in S$.

由于 $n\in S$,即 n 为传递集,由定理 4.12 知,$\bigcup n^+=n\subseteq n^+$,所以 $\bigcup n^+\subseteq n^+$,又由定理 4.10 可知,n^+ 是传递集,所以 $n^+\in S$,故有 $S=N$. ∎

定理 4.14 自然数集合 N 是传递集.

证明 由定理 4.10,只需证明,对于任意的 $n\in N$,均有 $n\subseteq N$,还是用归纳法证明. 设

$$S=\{n\mid n\in N\wedge n\subseteq N\}.$$

(1) $0\in S$ 显然.

(2) 设 $n\in S$,要证 $n^+\in S$. 由 $n\in S$,则 $n\subseteq N$,又 $\{n\}\subseteq N$,所以,$n\cup\{n\}=n^+\subseteq N$,故 $n^+\in S$,所以,$S=N$. ∎

4.3 自然数的运算

取 $A=N$,$m\in N$,σ 为 N 上的后继函数,由定理 4.8(N 上递归定理),存在惟一的函数,这里记为 $A_m:N\to N$,使得 $A_m(0)=m$,$A_m(n^+)=\sigma(A_m(n))=(A_m(n))^+$. 下面应用 A_m 定义 N 上的加法运算.

定义 4.8 设 A 为一个集合,称从 $A\times A$ 到 A 的函数,为 A 上的**二元运算**.

下面应用 N 上的二元运算定义自然数的加法、乘法和指数运算.

定义 4.9 令 $+:N\times N\to N$,且对于任意的 $m,n\in N$,$+(\langle m,n\rangle)=A_m(n)\overset{\text{记作}}{=\!=}m+n$,称 $+$ 为 N 上的加法运算.

由 N 上的递归定理可知,所定义的加法运算是有意义的.

【例 4.3】 由加法定义计算 $3+2$ 和 $5+4$.

解 $3+2=A_3(2)=(A_3(1))^+=((A_3(0))^+)^+=3^{++}=5$.

$5+4=A_5(4)=(A_5(3))^+=(A_5(2))^{++}=(A_5(1))^{+++}=(A_5(0))^{++++}=5^{++++}=9$.

定理 4.15 设 $m,n\in N$,则

$$m+0=m, \qquad \text{(加法规则 1)}$$

$$m+n^+=(m+n)^+. \qquad \text{(加法规则 2)}$$

证明 由定义 4.9 及 A_m 的定义可知

$$m+0=A_m(0)=m,$$

所以加法规则 1 成立.

还是由定义 4.9 及 A_m 的定义可知

$$m+n^+=A_m(n^+)=\sigma(A_m(n))=(m+n)^+,$$

即加法规则 2 成立. ∎

【例 4.4】 利用加法规则 1,2,计算 $5+4$.

解 $5+4=5+3^+=(5+3)^+$ (加法规则 2)

$=(5+2^+)^+=(5+2)^{++}$ （加法规则 2）

$=(5+1^+)^{++}=(5+1)^{+++}$ （加法规则 2）

$=(5+0^+)^{+++}=(5+0)^{++++}$ （加法规则 2）

$=5^{++++}$

$=9.$

类似于 A_m 的定义，用 N 上的递归定理构造函数 M_m 如下，$m\in N$，取 $M_m:N\to N$，且满足

$$M_m(0)=0, M_m(n^+)=M_m(n)+m.$$

这样的函数是存在并且是惟一的，保证下面定义有意义：

定义 4.10 令 $\cdot:N\times N\to N$，且对于任意的 $m,n\in N$，$\cdot(\langle m,n\rangle)=M_m(n)\xlongequal{\text{记作}}m\cdot n$，称 $\cdot$ 为 N 上的乘法运算.

【例 4.5】 用定义计算 $3\cdot 2$

解 $3\cdot 2=M_3(2)=M_3(1^+)=M_3(1)+3=M_3(0^+)+3=M_3(0)+3+3=0+3+3$

$=3+3=A_3(3)=(A_3(2))^+=(A_3(1))^{++}=(A_3(0))^{+++}=3^{+++}=6.$

定理 4.16 设 $m,n\in N$，则

$$m\cdot 0=0,$$ （乘法规则 1）

$$m\cdot n^+=m\cdot n+m.$$ （乘法规则 2）

这个定理是 M_m 的定义及定义 4.10 的直接结果.

【例 4.6】 利用乘法规则 1 和 2 重新计算 $3\cdot 2$

解 $3\cdot 2=3\cdot 1^+=3\cdot 1+3$ （乘法规则 2）

$=3\cdot 0^++3=3\cdot 0+3+3$ （乘法规则 2）

$=0+3+3$ （乘法规则 1）

$=3+3$ （加法规则 1）

$=(3+2)^+=(3+1)^{++}=(3+0)^{+++}=3^{+++}=6.$

再运用 N 上的递归定理构造函数 E_m 如下. 对于任意的 $m\in N$，$E_m:N\to N$，且满足

$$E_m(0)=1, E_m(n^+)=E_m(n)\cdot m.$$

定义 4.11 设 $\odot:N\times N\to N$，且对于任意的 $m,n\in N$，$\odot(\langle m,n\rangle)=E_m(n)\xlongequal{\text{记作}}m^n$，称 $\odot$ 为 N 上的指数运算.

【例 4.7】 用定义计算 3^2.

解 $3^2=E_3(2)=E_3(1)\cdot 3+E_3(0)\cdot 3\cdot 3=1\cdot 3\cdot 3$

$=M_1(3)\cdot 3=(M_1(2)+1)\cdot 3=(M_1(1)+1+1)\cdot 3$

$=(M_1(0)+1+1+1)\cdot 3=(0+1+1+1)\cdot 3=3\cdot 3$

$=M_3(3)=M_3(2)+3=M_3(1)+3+3=M_3(0)+3+3+3$

$=3+3+3=A_3(3)+3=6+3=A_6(3)=\cdots=9.$

定理 4.17 对于任意的自然数 m,n，则

$$m^0=1,$$ （指数运算规则 1）

$$m^{n^+}=m^n\cdot m.$$ （指数运算规则 2）

由 E_m 的定义和定义 4.11 得到.

定理 4.18 设 $m,n,k\in N$，则

(1) $m+(n+k)=(m+n)+k$；　　(2) $m+n=n+m$；

(3) $m\cdot(n+k)=m\cdot n+m\cdot k$；　　(4) $m\cdot(n\cdot k)=(m\cdot n)\cdot k$；

(5) $m\cdot n=n\cdot m$.

证明　这里只证加法的交换律.用归纳法容易证明下面两个等式：

ⓐ $\forall n\in N, 0+n=n$；

ⓑ $\forall m,n\in N, m^{+}+n=(m+n)^{+}$.

利用ⓐ，ⓑ 证明加法的交换律，仍用归纳法.对于任意的 $m\in N$，设

$$S=\{n\mid n\in N\wedge m+n=n+m\}.$$

① 证明 $0\in S$.

$$m+0=m, \quad \text{（加法规则 1）}$$

$$0+m=m. \quad (ⓐ)$$

所以，$m+0=0+m$，故 $0\in S$.

② 设 $n\in S$，下面证明 $n^{+}\in S$.

$$m+n^{+}=(m+n)^{+}, \quad \text{（加法规则 2）}$$

$$n^{+}+m=(n+m)^{+} \quad (ⓑ)$$

$$=(m+n)^{+}. \quad \text{（因为 } n\in S\text{）}$$

所以，$m+n^{+}=n^{+}+m$，故 $n^{+}\in S$，所以，$S=N$. ▌

4.4　N 上的序关系

定义 4.12　设 $m,n\in N$，如果 $m\in n$，则称 m 小于 n，记作 $m<n$. 如果 $m\in n$ 或 $m=n$（记作 $m\ \underline{\in}\ n$），则称 m 小于等于 n，记作 $m\leqslant n$. 即

$$m<n\Leftrightarrow m\in n,$$

$$m\leqslant n\Leftrightarrow m\in n\vee m=n\Leftrightarrow m\ \underline{\in}\ n.$$

定义 4.13　(1) 称 $\in_N=\{\langle m,n\rangle\mid m,n\in N\wedge m\in n\}$ 为 N 上的属于关系；

(2) 称 $\underline{\in}_N=\{\langle m,n\rangle\mid m,n\in N\wedge m\ \underline{\in}\ n\}$ 为 N 上的属于等于关系；

(3) 称 $<_N=\{\langle m,n\rangle\mid m,n\in N\wedge m<n\}$ 为 N 上的小于关系；

(4) 称 $\leqslant_N=\{\langle m,n\rangle\mid m,n\in N\wedge m\leqslant n\}$ 为 N 上的小于等于关系.

由定义 4.12 知，$\in_N=<_N$，$\underline{\in}_N=\leqslant_N$.

由定理 4.7（三歧性定理）可知，$\forall m,n\in N$，$m<n$，$m=n$，$n<m$ 三个式子中成立且仅成立一式.

定理 4.19　$\underline{\in}_N(\leqslant_N)$ 为 N 上的线序关系，$\in_N(<_N)$ 为 N 上的拟线序关系.

由自然数为传递集及三歧性定理容易证明定理 4.19.

定理 4.20　设 $m,n,k\in N$，则

(1) $m\in n\Leftrightarrow(m+k)\in(n+k)$ $(m<n\Leftrightarrow m+k<n+k)$；

(2) $m\in n\Leftrightarrow m\cdot k\in n\cdot k$ $(m<n\Leftrightarrow m\cdot k<n\cdot k)$，$k\neq 0$.

证明　(1) 先证必要性，已知 $m\in n$，设

$$S=\{k\mid k\in N\wedge(m+k)\in(n+k)\}.$$

① 证 $0\in S$.

由加法规则 1 可知，$n+0=n$，$m+0=m$，因而由 $m\in n$ 得知 $(m+0)\in(n+0)$，故 $0\in S$.

② 设 $k\in S$，证 $k^+\in S$.

$m+k\in n+k$ （由 S 的构造及 $k\in S$）

$\Rightarrow(m+k)^+\in(n+k)^+$ （定理 4.4）

$\Rightarrow(m+k^+)\in(n+k^+)$ （加法规则 2）

$\Rightarrow k^+\in S$，所以 $S=N$.

再证充分性. 已知 $(m+k)\in(n+k)$，证明 $m\in n$.

由三歧性定理可知，$m\in n$，$m=n$，$n\in m$ 三式中成立且仅成立一式. 此时若 $m=n$，则应有 $(m+k)\in(m+k)$，这与定理 4.5 矛盾，于是 $m\neq n$. 又若 $n\in m$，由必要性可知，$(n+k)\in(m+k)$，这与已知矛盾，于是只能有 $m\in n$ 成立.

(2) 先证必要性. 用归纳法.

对于 $m,n\in N$ 且 $m\in n$，为使乘数不为 0，令

$$T=\{k\mid k\in N\wedge m\cdot k^+\in n\cdot k^+\}.$$

① 证 $0\in T$.

$m\cdot 0^+=m\cdot 0+m=m$，$n\cdot 0^+=n\cdot 0+n=n$，由 $m\in n$，得知 $m\cdot 0^+\in n\cdot 0^+$，故 $0\in T$

② 设 $k\in T$，下面证明 $k^+\in T$.

$m\cdot k^{++}=(m\cdot k^++m)\in n\cdot k^++m$（由 $k\in T$ 及定理 4.20）. 应用加法交换律及定理 4.20，可知

$$n\cdot k^++m=m+n\cdot k^+\in n+n\cdot k^+=n\cdot k^++n=n\cdot k^{++},$$

于是 $m\cdot k^{++}\in n\cdot k^{++}$，故 $k^+\in T$，所以 $T=N$.

再证充分性，由三歧性证明之. ▌

定理 4.21 设 n,m,k 为自然数，

(1) 如果 $m+k=n+k$，则 $m=n$；

(2) 如果 $k\neq 0$，且 $m\cdot k=n\cdot k$，则 $m=n$.

本定理可用 N 的三歧性和定理 4.20 证明之.

定理 4.22（N 上的良序定理） 设 A 为 N 的非空子集，则存在惟一的 $m\in A$，使得对于一切的 $n\in A$，有 $m\underline{\in} n$（这样的 m 称为 A 的最小元）.

证明 假设 A 中无最小元，将证明 $A=\varnothing$，为此令

$$S=\{k\mid k\in N\wedge\neg\exists n(n\in N\wedge n<k\wedge n\in A)\}.$$

(1) $0\in S$ 是显然的.

(2) 假设 $k\in S$，要证明 $k^+\in S$.

对于任意的 $n<k^+\Leftrightarrow n\in k^+$，而 $k^+=k\cup\{k\}$，于是，$n\in k$ 或 $n=k$.

若 $n\in k$，由假设 $k\in S$，因而 $n\notin A$.

若 $n=k$，此时 $n\notin A$，否则，由于比 n 小的元素都不属于 A，n 就成了 A 的最小元了. 这与假设 A 无最小元矛盾，于是 $k^+\in S$，因而，$S=N$. 这说明 $A=\varnothing$，这与 A 非空相矛盾.

综上所述，A 存在着最小元.

若存在 m_1 与 m_2 都是 A 的最小元，由 $m_1\underline{\in} m_2$ 且 $m_2\underline{\in} m_1$，可知 $m_1=m_2$，即 A 的最小元是惟一的. ▌

推论 不存在这样的函数 $f:N\to N$,使得对于任意的自然数 n,均有 $f(n^+)\in f(n)$.

证明 若存在这样的函数 $f:N\to N$,则 $\varnothing\neq \mathrm{ran}f\subseteq N$. 由 N 上的良序定理可知,$\mathrm{ran}f$ 有最小元,设 m 为它的最小元. 由于 $m\in \mathrm{ran}f$,故存在 $n\in N$,使得 $f(n)=m$. 可是由于 $f(n^+)\in f(n)=m$ 且 $f(n^+)\in \mathrm{ran}f$,这与 m 为 $\mathrm{ram}f$ 的最小元矛盾. ▎

定理 4.23(N 上的强归纳原则) 设 A 为 N 的一个子集,对于任意的 $n\in N$,如果小于 n 的元素都属于 A,就有 $n\in A$,则 $A=N$.

证明 假设 $A\neq N$, 则 $N-A\neq\varnothing$,由 N 上的良序定理可知$N-A$有最小元,设它为 m. 于是比 m 小的元素都属于 A,由定理中的条件可知,$m\in A$,这与 $m\in N-A$ 矛盾. ▎

定理 4.23 是第二数学归纳法的理论基础.

用第二数学归纳法证明全体自然数都有性质 P 的步骤如下:

构造 N 的子集:

$$T=\{n\mid n\in N\wedge P(n)\}.$$

验证:(1) $0\in T$;

(2) 若小于等于 n 的自然数都属于 T,就有 $n^+\in T$.

则 $T=N$.

【例 4.8】 设 A 为一个集合,G 是一个函数,$f_1,f_2\in N\to A$,若对于任意的 $n\in N$,$f_1\restriction n$,$f_2\restriction n$ 都属于 $\mathrm{dom}G$,且 $f_1(n)=G(f_1\restriction n)$,$f_2(n)=G(f_2\restriction n)$,则 $f_1=f_2$.

证明 用第二数学归纳法证明. 设

$$T=\{n\mid n\in N\wedge f_1(n)=f_2(n)\}.$$

(1) 证 $0\in T$. $f_1(0)=G(f_1\restriction 0)=G(\varnothing)=G(f_2\restriction 0)=f_2(0)$,所以,$0\in T$.

(2) 设小于等于 n 的自然数都属于 T,要证 $n^+\in T$.

$f_1(n^+)=G(f_1\restriction n^+)$,$f_2(n^+)=G(f_2\restriction n^+)$,由假设知道 $f_1\restriction n^+=f_2\restriction n^+$. 而由于 G 为函数(单值的),所以,$f_1(n^+)=G(f_1\restriction n^+)=G(f_2\restriction n^+)=f_2(n^+)$,即得出 $f_1(n^+)=f_2(n^+)$,于是 $n^+\in T$,所以 $T=N$. ▎

习 题 四

1. 判断下列各集合是否为归纳集,并说明理由.

(1) $\{\varnothing,\varnothing^+,\varnothing^{++},\cdots\}\cup\{a,a^+,a^{++},\cdots\}$; (2) $\{\{\varnothing\},\{\varnothing\}^+,\{\varnothing\}^{++},\cdots\}$;

(3) $\{\varnothing,\varnothing^+,\varnothing^{++},\cdots,\varnothing^{++++++++}\}$; (4) $\{a,a^+,a^{++},\cdots\}$.

2. 计算:

(1) $2\cup 3$; (2) $2\cap 3$; (3) $\bigcup 5$; (4) $\bigcap 6$; (5) $\bigcup\bigcup 7$.

3. 证明:除零以外的自然数都是某个自然的后继.

4. 证明:对于任意的自然数 m,n,均有 $m\in m+n^+$.

5. 设 A 是传递集,证明 A^+ 也是传递集.

6. 设 $\mathscr{A}$ 中每个元素都是传递集,证明:

(1) $\bigcup\mathscr{A}$ 是传递集;

(2) 当 $\mathscr{A}\neq\varnothing$ 时,$\bigcap\mathscr{A}$ 也是传递集.

7. 设 $f:A\to A$ 是单射但不是满射函数,$a\in A-\mathrm{ran}f$. 定义 $h:N\to A$,且 $h(0)=a$,$h(n^+)=f(h(n))$,证明 h 也是单射函数.

第五章 基 数 (势)

在前几章中，曾多次用到有穷集合、无穷集合等概念，并用$|A|$表示有穷集合 A 中的元素个数，本章中将给出有穷集合，无穷集合的定义，并讨论任何集合所含元素“个数”，即基数(势)问题. 在第六章中将进一步讨论基数问题.

5.1 集合的等势

本节中讨论两个集合有相同元素“个数”的问题.

定义 5.1 设 A,B 为两个集合，若存在从 A 到 B 的双射函数，则称 A 与 B 是**等势的**，记作 $A\approx B$.

【例 5.1】 设 $N_{偶}=\{n|n\in N\wedge n 为偶数\}$，$N_{奇}=\{n|n\in N\wedge n 为奇数\}$，$N_{2^n}=\{x|x=2^n\wedge n\in N\}$，则

$$N\approx N_{偶},N\approx N_{奇},N\approx N_{2^n}.$$

解 取 $f:N\to N_{偶}$，且 $\forall n\in N$，$f(n)=2n$，$g:N\to N_{奇}$，且 $\forall n\in N$，$g(n)=2n+1$，$h:N\to N_{2^n}$，且 $\forall n\in N$，$h(n)=2^n$，不难证明，f,g,h 都是双射函数，因而

$$N\approx N_{偶},N\approx N_{奇},N\approx N_{2^n}.$$

定理 5.1 (1) $Z\approx N$；(2) $N\times N\approx N$；(3) $N\approx Q$；(4) $(0,1)\approx R$；(5) $[0,1]\approx(0,1)$.

证明 (1) 取 $f:Z\to N$，且 $\forall n\in Z$，

$$f(n)=\begin{cases}0, & n=0,\\ 2n, & n>0,\\ 2\mid n\mid-1, & n<0.\end{cases}$$

易证 f 是 Z 到 N 的双射函数，所以 $Z\approx N$.

(2) 由例 3.6 可知 $N\times N\approx N$.

(3) 因为任何有理数都可表示成分数，因而，$\forall n\in N-\{0\}$，列出$\dfrac{m}{n}$，$m\in Z$，见图 5.1. 从中找出全体既约分数，它们表示出了全体有理数，按图中所示的路线将自然数与全体有理数一一对应起来，即 $\forall n\in N$，$f(n)$为$[n]$旁边的有理数，易知，f 是双射的，所以 $N\approx Q$.

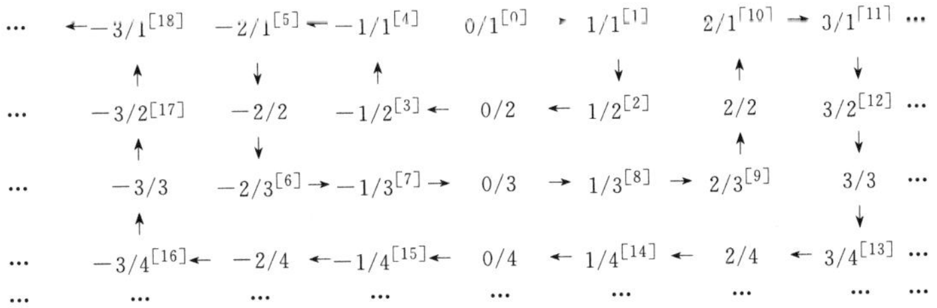

图 5.1

(4) $f:(0,1)\to R$, $\forall x\in(0,1)$, $f(x)=\tan\pi\left(\frac{2x-1}{2}\right)$,则 f 是 $(0,1)$ 到 R 的双射函数,所以 $(0,1)\approx R$.

(5) $f:[0,1]\to(0,1)$, $\forall x\in[0,1]$,

$$f(x)=\begin{cases}\frac{1}{4}, & x=0,\\ \frac{1}{2}, & x=1,\\ \frac{1}{2^{n+2}}, & x=\frac{1}{2^n},\ n\geqslant 1,\\ x, & \text{其他}.\end{cases}$$

可证 f 是 $[0,1]$ 到 $(0,1)$ 的双射函数,因而 $[0,1]\approx(0,1)$. ▍

定理 5.2 设 A 为任意的集合,则 $P(A)\approx(A\to 2)$. 其中 $(A\to 2)$ 为 2^A,即 A 到 $2=\{0,1\}$ 的全体函数.

证明 取 $H:P(A)\to(A\to 2)$, $\forall B\in P(A)$, $H(B)=\chi_B:A\to\{0,1\}$.

下面证明 H 是双射的.

(1) 证 H 是单射的,设 $B_1,B_2\in P(A)$ 且 $B_1\neq B_2$,则 $H(B_1)=\chi_{B_1}\neq\chi_{B_2}=H(B_2)$,所以 H 是单射的.

(2) 证明 H 是满射的,$\forall f\in(A\to 2)$,令

$$B=\{x\mid x\in A\wedge f(x)=1\}.$$

则 $B\subseteq A$,且 $H(B)=\chi_B=f$. 故 H 是满射的.

综上所述,H 是双射的,所以 $P(A)\approx(A\to 2)$. ▍

定理 5.3 设 A,B,C 为任意的集合,则

(1) $A\approx A$;

(2) 若 $A\approx B$,则 $B\approx A$;

(3) 若 $A\approx B$ 且 $B\approx C$,则 $A\approx C$.

本定理的证明留作习题.

由本定理及定理 5.1 可知,$N\approx Z$, $N\approx N\times N$, $Z\approx N\times N$, $Q\approx N$, $Q\approx N\times N$, $R\approx(0,1)$, $R\approx[0,1]$ 等.

定理 5.4(康托定理)

(1) $N\not\approx R$[①];

(2) 设 A 为任意的集合,则 $A\not\approx P(A)$.

证明 (1) 由定理 5.3 可知,只要证明 $N\not\approx[0,1]$. 用反证法证明之. 否则,$N\approx[0,1]$,我们要推出矛盾. 由于设 $N\approx[0,1]$,因而存在双射函数 $f:N\to[0,1]$. $\forall n\in N$,记 $f(n)=x_{n+1}$,于是

$$\operatorname{ran}f=[0,1]=\{x_1,x_2,x_3,\cdots,x_n,\cdots\}.$$

将 x_i 表示成如下形式的小数:

---

① $A\not\approx B$ 表示 A 与 B 不等势.

$$x_1 = 0.\ a_1^{(1)}\ a_2^{(1)}\ a_3^{(1)} \cdots$$

$$x_2 = 0.\ a_1^{(2)}\ a_2^{(2)}\ a_3^{(2)} \cdots$$

$$x_3 = 0.\ a_1^{(3)}\ a_2^{(3)}\ a_3^{(3)} \cdots$$

$$\vdots$$

$$x_n = 0.\ a_1^{(n)}\ a_2^{(n)}\ a_3^{(n)} \cdots$$

$$\vdots$$

其中，$0 \leqslant a_j^{(i)} \leqslant 9, i=1,2,\cdots, j=1,2,\cdots$. 为了使表示法是惟一的，当小数点后第 r 位及以后各位全为 9 时，将这些 9 全变成 0，并在第 $r-1$ 位上加 1. 例如，当 $x_i = 0.14999\cdots$ 时，将它记为 $x_i = 0.15000\cdots$.

下面选一个$[0,1]$中的小数 $x=0.b_1b_2b_3\cdots$，使 x 满足以下三个条件：

① $0 \leqslant b_i \leqslant 9, i=1,2,\cdots$;

② $b_n \neq a_n^{(n)}, n=1,2,3,\cdots$;

③ 同 x_i 一样，也注意 x 表示法的惟一性. 如此选出的小数是一个属于$[0,1]$内的实数，但由于 x 的构造可知，$x \notin \{x_1, x_2, \cdots, x_n, \cdots\}$，这与$[0,1]=\{x_1, x_2, \cdots, x_n, \cdots\}$相矛盾. 所以 $N \not\approx [0,1]$，于是 $N \not\approx R$.

(2) 设 A 为任意的集合，我们来证明 $A \not\approx P(A)$. 否则，存在双射函数 $f: A \to P(A)$. 令

$$B = \{x \mid x \in A \land x \notin f(x)\},$$

则 $B \in P(A)$，而 $B \notin \operatorname{ran} f$. 否则若存在 $x_0 \in A$，使得 $f(x_0)=B=\{x \mid x \in A \land x \notin f(x)\}$，于是，若 $x_0 \in B$，则 $x_0 \notin f(x_0)=B$，若 $x_0 \notin B$，则 $x_0 \in f(x_0)=B$，矛盾，所以 $A \not\approx P(A)$. ▌

5.2 有穷集合与无穷集合

定义 5.2 若一个集合 A 与某个自然数 n 等势，即 $A \approx n$，则称 A 是**有穷集合**，否则称 A 是**无穷集合**.

定理 5.5 不存在与自己的真子集等势的自然数.

证明 只要证明如下的命题：设 n 为一个自然数，$\forall f \in (n \to n)$ 且 f 是单射的，则 f 一定是满射的，即 $\operatorname{ran} f = n$. 用数学归纳法证明之. 设

$$S = \{n \mid n \in N \land \forall f(f \in (n \to n) \land f \text{ 是单射的} \to \operatorname{ran} f = n)\}.$$

(1) 在$(0 \to 0)$中只有$\varnothing: \varnothing \to \varnothing$，而$\varnothing: \varnothing \to \varnothing$为双射的，所以 $0 \in S$.

(2) 设 $n \in S$，下面证明 $n^+ \in S$.

设 $f: n^+ \to n^+$，且 f 为单射的，设 $\bar{f} = f \restriction n: n \to n^+$，$\bar{f}$ 显然是单射的.

① 若 n 在 f 的作用下是封闭的，即 $f \restriction n \in (n \to n)$，于是由归纳假设 $n \in S$ 可知，$\operatorname{ran}\bar{f} = n$，由 f 的单射性可知，必有 $f(n)=n$，因而 $\operatorname{ran} f = \operatorname{ran}\bar{f} \cup \{n\} = n \cup \{n\} = n^+$，故 $n^+ \in S$.

② 若 n 在 f 的作用下不封闭，即存在 $m \in n$，使得 $f(m)=n$，而$f(n) \in n$，令$\hat{f} \in (n^+ \to n^+)$，且

$$\hat{f}(x) = \begin{cases} n, & x = n, \\ f(n), & x = m, \\ f(x), & x \neq n \land x \neq m, \end{cases}$$

则 n 在$\hat{f}$作用下是封闭的，且$\hat{f}$是单射的，由①可知，$\operatorname{ran}\hat{f} = n^+$，可是 $\operatorname{ran} f = \operatorname{ran}\hat{f} = n^+$，所以，$n^+ \in S$.

由以上的讨论可知 $S=N$. ∎

推论 1 不存在与自己的真子集等势的有穷集合.

证明 反证法.若不然,必存在有穷集合 A 和 A 的真子集 B,使得 $A\approx B$,因而存在 $f:A\to B$ 且 f 是双射的.由于 $B\subset A$,因而存在 $a\in A\land a\notin B=\mathrm{ran}f$.

另一方面,由于 A 是有穷集合,因而存在自然数 n,使得 $A\approx n$.于是又存在 $g:A\to n$ 且是双射的,并且 $g^{-1}:n\to A$,而且 g^{-1} 也是双射的.取 $h=(g\upharpoonright B)\circ f\circ g^{-1}=((g\upharpoonright B)\circ f)\circ g^{-1}$,且 $\mathrm{dom}h=n$,并且 h 是单射的.可是,由于 $a\notin B=\mathrm{ran}f$,所以,$g(a)\notin \mathrm{ran}((g\upharpoonright B)\circ f)$,从而 $g(a)\notin \mathrm{ran}h$,但是 $g(a)\in n$,于是 $\mathrm{ran}h\subset n$,即 h 是 n 与 n 的真子集间的双射函数,这就导致了自然数 n 与自己的真子集等势,这矛盾于定理 5.5. ∎

推论 2 (1) 任何与自己的真子集等势的集合都是无穷集.

(2) N 是无穷集.

证明 由推论 1 和例 5.1 本推论得证. ∎

推论 3 任何有穷集合都与惟一的自然数等势.

证明 设 A 为一个有穷集合,若存在自然数 n,m,使得 $A\approx n$ 且 $A\approx m$.由定理 5.3 可知 $n\approx m$.由 N 上的三歧性可知,对此 n 和 m,$m\in n$,$m=n$,$n\in m$ 三式成立且仅成立一式.若 $m\in n$,蕴涵 $m\subset n$,这说明 n 与自己的真子集 m 等势.这矛盾于定理 5.5.类似地,也不可能有 $n\in m$ 成立,因而只有 $m=n$. ∎

定理 5.6 任何有穷集合的子集仍为有穷集合.

为了证明定理 5.6,先给出一个引理,引理的证明留作习题(见习题五中 5.).

引理 设 c 为自然数 n 的真子集,则 c 与某个属于 n 的自然数等势.

证明定理,设 A 为一个有穷集合,$B\subseteq A$.若 $B=A$,结论显然成立.下面设 $B\subset A$.由定理 5.5 的推论 3 可知,存在惟一的自然数 n,使得 $A\approx n$,因而存在双射函数

$$f:A\to n.$$

易知,

$$f\upharpoonright B:B\to f(B)$$

也是双射函数,所以,$B\approx f(B)\subset n$.由引理可知,存在 $m\in n$,使得 $B\approx m$,因而 B 也是有穷集合. ∎

5.3 基　　数

集合的基数或集合的势是集合论中基本的概念之一,在朴素的集合论体系中讨论基数的概念,只能从几条规定(或公理)出发.

在前几章中,对于有穷集合 A 来说,曾用 $|A|$ 表示 A 中的元素个数.设 A 为任意一个集合,现在规定用 $\mathrm{card}A$ 表示 A 中的元素“个数”,并称 $\mathrm{card}A$ 为集合 A 的基数,并再作以下 5 条规定.

(1) 对于任意的集合 A 和 B,规定

$$\mathrm{card}A=\mathrm{card}B \text{ 当且仅当 } A\approx B.$$

(2) 对于任意的有穷集合 A,规定与 A 等势的自然数 n 为 A 的基数,记作

$$\mathrm{card}A=n.$$

(3) 对于自然数集合 N,规定

$$\text{card}N=\aleph_0\text{①}.$$

(4) 对于实数集合 R,规定

$$\text{card}R=\aleph.$$

(5) 将 $0,1,2,\cdots,\aleph_0,\aleph$都称作基数,其中,自然数 $0,1,2,\cdots$称作有穷基数,而$\aleph_0,\aleph$称作无穷基数.并规定用希腊字母 κ,λ,μ 等表示任意的基数.

设集合 $A=\{a,b,c\}$,$B=\{\{a\},\{b\},\{c\}\}$,$N_{偶}=\{n|n\in N\wedge n$ 为偶数$\}$,$N_{奇}=\{n|n\in N\wedge n$ 为奇数$\}$,按 5 条规定,则

$$\text{card}A=\text{card}B=3,\text{card}N_{偶}=\text{card}N_{奇}=\text{card}N=\aleph_0,\text{card}[0,1]=\text{card}(0,1)=\text{card}R=\aleph.$$

设 κ 为任意基数,令

$$K_\kappa=\{x\mid x\text{ 是集合且 card}x=\kappa\}.$$

当 $\kappa=0$ 时,$K_0=\{\varnothing\}$为一个集合,当 $\kappa\neq0$ 时,称 K_κ 为基数为 κ 的集合的类,而不称 K_κ 为集合②.

5.4 基数的比较

定义 5.3 设 A,B 为任意二集合.

(1) 若存在 $f:A\to B$ 且 f 是单射的,则称 B **优势于** A,或称 A **劣势于** B,记作 $A\leqslant\cdot B$.

(2) 若 $A\leqslant\cdot B$ 且 $A\not\approx B$,则称 B **绝对优势于** A,或 A **绝对劣势于** B,记作 $A<\cdot B$.

定理 5.7 设 A,B 为二集合,则 $A\leqslant\cdot B$ 当且仅当存在 $C\subseteq B$,使得 $A\approx C$.

证明 必要性.因为 $A\leqslant\cdot B$,所以存在单射函数 $f:A\to B$,令 $\bar{f}:A\to\text{ran}f$,则 $\bar{f}$ 是 A 到 $\text{ran}f$ 的双射函数,所以 $A\approx\text{ran}f$,于是取 $C=\text{ran}f\subseteq B$ 即可.

充分性.设 $C\subseteq B$ 且 $A\approx C$,则存在双射函数 $g:A\to C$,取 $\hat{g}:A\to B$,且 $\forall x\in A$,$\hat{g}(x)=g(x)$,则 $\hat{g}$ 是 A 到 B 的单射,所以$A\leqslant\cdot B$. ▌

推论 设 A,B 为二集合.

(1) 若 $A\subseteq B$,则 $A\leqslant\cdot B$;　　(2) 若 $A\approx B$,则 $A\leqslant\cdot B$ 且 $B\leqslant\cdot A$.

证明简单.

定理 5.8 设 A,B,C 为三个集合.

(1) $A\leqslant\cdot A$;　　(2) 若 $A\leqslant\cdot B$ 且 $B\leqslant\cdot C$,则 $A\leqslant\cdot C$.

证明留作习题.

定理 5.9 设 A,B,C,D 为 4 个集合,已知 $A\leqslant\cdot B$ 且 $C\leqslant\cdot D$,则

(1) 若 $B\cap D=\varnothing$,则 $A\cup C\leqslant\cdot B\cup D$;　　(2) $A\times C\leqslant\cdot B\times D$.

证明 (1) 由于 $A\leqslant\cdot B$ 且 $C\leqslant\cdot D$,所以存在单射函数 f,g,$f:A\to B$,$g:C\to D$,取 $h:A\cup C\to B\cup D$,且

$$h(x)=\begin{cases}f(x), & x\in A,\\ g(x), & x\in C-A,\end{cases}$$

---

① $\aleph$是希伯来语(即犹太语)字母中的第一个字母,读作阿列夫.

② $\kappa\neq0$ 时,在 ZFC 公理系统中,可以证明 K_κ 不是集合.

因 $B\cap D=\varnothing$,故 h 是单射的,所以 $A\cup C\leqslant\cdot B\cup D$.

(2) 取(1)中的单射函数 f,g,并取 $H:A\times C\to B\times D$,且对于任意的 $\langle x,y\rangle\in A\times C$, $h(\langle x,y\rangle)=\langle f(x),g(x)\rangle$,易证 h 是单射的,所以 $A\times C\leqslant\cdot B\times D$. ▌

定理 5.10 设 A,B,C,D 为 4 个集合,且已知 $\mathrm{card}A=\mathrm{card}C=\kappa$, $\mathrm{card}B=\mathrm{card}D=\lambda$,则

$$A\leqslant\cdot B \text{ 当且仅当 } C\leqslant\cdot D.$$

证明 由已知条件可知,$A\approx C$,$B\approx D$,因而存在 $f:A\to C$ 且为双射,$g:B\to D$ 且为双射.

必要性. 因为 $A\leqslant\cdot B$,所以存在单射函数 $h:A\to B$. 令 $j=(g\circ h)\circ f^{-1}$,则 $j:C\to D$. 由于 f^{-1},h,g 全是单射的,根据定理 3.4,j 是单射的,所以 $C\leqslant\cdot D$.

类似可证充分性. ▌

根据定理 5.10 可以给出基数的次序的定义.

定义 5.4 设 κ,λ 为二基数,A,B 为二集合且 $\mathrm{card}A=\kappa$, $\mathrm{card}B=\lambda$,则规定:

(1) $\kappa\leqslant\lambda$ 当且仅当 $A\leqslant\cdot B$;　　(2) $\kappa<\lambda$ 当且仅当 $A<\cdot B$.

【例 5.2】 设 κ,λ 为二基数,若 $\kappa\leqslant\lambda$,则存在集合 A 和 B,使得 $A\subseteq B$ 且 $\mathrm{card}A=\kappa$, $\mathrm{card}B=\lambda$.

证明 对于基数 κ,λ,存在集合 K,L,使得 $\mathrm{card}K=\kappa$, $\mathrm{card}L=\lambda$,由 $\kappa\leqslant\lambda$ 可知 $K\leqslant\cdot L$,于是存在 $f:K\to L$ 且 f 是单射的. 显然 f 是 K 到 $f(K)=\mathrm{ran}f$ 是双射的. 取 $A=\mathrm{ran}f$,则 $A\approx K$,取 $B=L$,则 $A\subseteq B$,且 $\mathrm{card}A=\mathrm{card}K=\kappa$, $\mathrm{card}B=\mathrm{card}L=\lambda$.

【例 5.3】 (1) 设 κ 为任意一个基数,则 $0\leqslant\kappa$;

(2) 设 n 为自然数,则 $n<\aleph_0$.

证明 (1) 对于 κ,存在集合 A,使得 $\mathrm{card}A=\kappa$,又 $\varnothing:\varnothing\to A$ 且是单射的,所以,

$$\varnothing\leqslant\cdot A\Rightarrow 0\leqslant\kappa.$$

(2) 由于 $n\subset N$ 且 $n\not\approx N$. 可知 $n<\cdot N$,于是 $n=\mathrm{card}n<\mathrm{card}N=\aleph_0\Rightarrow n<\aleph_0$.

【例 5.4】 设 m,n 为两个自然数,则

$$m\in n \text{ 当且仅当 } m\leqslant n.$$

证明留作习题.

定理 5.11 设 A 为任意一个集合,则

$$\mathrm{card}A<\mathrm{card}P(A).$$

证明 取 $f:A\to P(A)$,且 $\forall x\in A$, $f(x)=\{x\}\in P(A)$,易知 f 是单射的,所以 $A\leqslant\cdot P(A)$,又由康托定理可知,$A\not\approx P(A)$,所以,$A<\cdot P(A)$,故有

$$\mathrm{card}A<\mathrm{card}P(A).$$ ▌

【例 5.5】 设 κ,λ,μ 为 3 个基数,则

(1) $\kappa\leqslant\kappa$;　　(2) 若 $\kappa\leqslant\lambda$ 且 $\lambda\leqslant\mu$,则 $\kappa\leqslant\mu$.

本例是定理 5.8 的直接结果.

定理 5.12(Schröder-Bernstein 定理)

(1) 设 A,B 为二集合,若 $A\leqslant\cdot B$ 且 $B\leqslant\cdot A$,则 $A\approx B$;

(2) 设 κ,λ 为二基数,若 $\kappa\leqslant\lambda$ 且 $\lambda\leqslant\kappa$,则 $\kappa=\lambda$.

证明 (1) 由 $A\leqslant\cdot B$ 且 $B\leqslant\cdot A$ 可知,存在函数 f 和 g,$f:A\to B$ 且为单射的,$g:B\to A$ 也是单射的. 若 $A-\mathrm{ran}g=\varnothing$,则 g 是 B 到 A 的双射,因而 $A\approx B$. 下面讨论 $A-\mathrm{ran}g\neq\varnothing$ 的

情况.

设 $C_0=A-\mathrm{ran}g$，$C_{n^+}=g(D_n)$，其中 $D_n=f(C_n)$，$n=0,1,2,\cdots$，f，g 映射示意图为图 5.2 所示.

取 $h:A\to B$，且

$$h(x)=\begin{cases}f(x), & \exists n(n\in N\wedge x\in C_n),\\ g^{-1}(x), & \text{否则}.\end{cases}$$

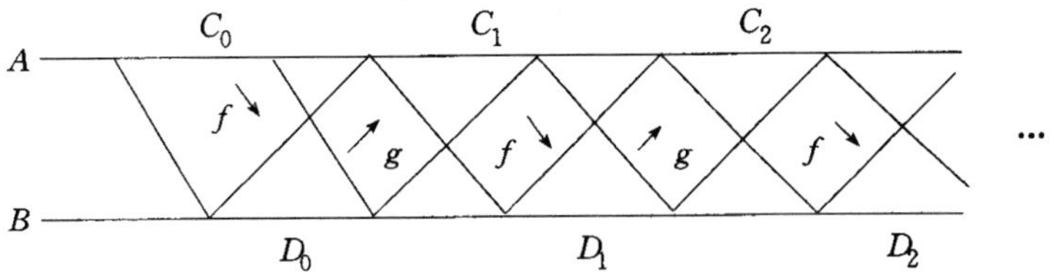

图 5.2

下面证明 h 是双射的.

① 证 h 是单射的，$\forall x_1,x_2\in A$ 且 $x_1\neq x_2$.

若 $\exists m,n$（m 可以等于 n），使得 $x_1\in C_m$，$x_2\in C_n$，由于 f 的单射性可知，

$$h(x_1)=f(x_1)\neq f(x_2)=h(x_2).$$

若 $\forall n,m$，$x_1\notin C_n$ 且 $x_2\notin C_m$，则 $x_1,x_2\in\mathrm{ran}g$，由 g 的单射性可知，

$$h(x_1)=g^{-1}(x_1)\neq g^{-1}(x_2)=h(x_2).$$

若 $\exists n$，x_1 或 x_2 不妨设 $x_1\in C_n$，而对于任意 $m\in N$，$x_2\notin C_m$，这时，$h(x_1)=f(x_1)\in D_n$，而

$$h(x_2)=g^{-1}(x_2)\notin D_n\text{，所以 }h(x_1)\neq h(x_2).$$

综上所述，h 是单射的.

② 证明 h 是满射的. 由 h 的构造可知，$\mathrm{ran}h\subseteq B$，下面证明 $B\subseteq\mathrm{ran}h$. 又因为

$$B=(\bigcup\{D_n\mid n\in N\})\cup(B-\bigcup\{D_n\mid n\in N\}),$$

因而又只需证明 $\bigcup\{D_n|n\in N\}\subseteq\mathrm{ran}h$ 且 $B-\bigcup\{D_n|n\in N\}\subseteq\mathrm{ran}h$.

因为 $D_n=f(C_n)=h(C_n)$，所以 $\bigcup\{D_n|n\in N\}\subseteq\mathrm{ran}h$. 又因为，$\forall y\in B-\bigcup\{D_n|n\in N\}$，所以 $g(y)\notin C_n(n\in N)$. 于是，$h(g(y))=g^{-1}(g(y))=y$，这说明 $y\in\mathrm{ran}h$，所以 $(B-U\{D_n|n\in N\})\subseteq\mathrm{ran}h$. 这就证明了 h 是双射的，所以 $A\approx B$.

(2) 是(1)的直接结果. ▌

以下将 Schröder-Bernstein 定理简记作 S-B 定理，此定理对集合基数的比较及证明集合之间的等势起很大的作用.

【例 5.6】 设 A,B,C 为三个集合，若 $A\subseteq B\subseteq C$，且 $A\approx C$，证明 $A\approx B\approx C$.

证明 由于 $A\subseteq B\subseteq C$ 且 $A\approx C$，由定理 5.7 的推论可知，$A\preccurlyeq\cdot B$ 且 $B\preccurlyeq\cdot A$，由 S-B 定理可知 $A\approx B$，又由定理 5.3 可知，$A\approx B\approx C$.

定理 5.13 $R\approx(N\to 2)$，其中 $N\to 2=2^N$.

证明 由 S-B 定理，只需证明 $R\preccurlyeq\cdot(N\to 2)$ 且 $(N\to 2)\preccurlyeq\cdot R$.

(1) 先证 $R\preccurlyeq\cdot(N\to 2)$，又只需证明 $(0,1)\preccurlyeq\cdot(N\to 2)$. 为此构造函数 $H:(0,1)\to(N\to 2)$. 对于 $\forall z\in(0,1)$，z 表示二进制无限小数（注意表示法的惟一性），$H(z):N\to\{0,1\}$，且 $\forall n\in N$，取 $H(z)(n)$ 为 z 的第 $(n+1)$ 位小数.

例如，当 $z=0.101110011\cdots$ 时，则

$$H(z)(0)=1, H(z)(1)=0, H(z)(2)=1, H(z)(3)=1,$$
$$H(z)(4)=1, H(z)(5)=0, H(z)(6)=0, \cdots$$

显然当 $z_1 \neq z_2$ 时，$H(z_1) \neq H(z_2)$，故 H 为单射，于是，$(0,1) \leqslant \cdot (N \to 2) \Rightarrow R \leqslant \cdot (N \to 2)$.

(2) 再证 $(N \to 2) \leqslant \cdot R$，又只需证 $(N \to 2) \leqslant \cdot [0,1]$.

$\forall f \in (N \to 2)$，则 f 的函数值确定一个 $\left[0, \frac{1}{9}\right]$ 区间上的实数，例如，$f(0), f(1), f(2), f(3), \cdots$ 依次为 $1,0,1,1,1,0,0,0,1,1,\cdots$ 时，取十进制小数 $y=0.1011100011\cdots$，则 $0 \leqslant y \leqslant \frac{1}{9}$.

易知 f 是单射的，所以 $(N \to 2) \leqslant \cdot [0,1] \Rightarrow (N \to 2) \leqslant \cdot R$.

由 S-B 定理可知 $R \approx (N \to 2)$，即 $R \approx 2^N$. ▎

【例 5.7】 设 κ, λ, μ 为 3 个基数.

(1) 若 $\kappa \leqslant \lambda < \mu$，则 $\kappa < \mu$；　　(2) 若 $\kappa < \lambda \leqslant \mu$，则 $\kappa < \mu$.

证明 (1) $\kappa \leqslant \lambda < \mu \Leftrightarrow \kappa \leqslant \lambda \leqslant \mu \wedge \lambda \neq \mu$，必有 $\kappa \leqslant \mu$，但 $\kappa \neq \mu$，否则 $\kappa \leqslant \lambda \wedge \lambda \leqslant \mu \wedge \kappa = \mu \Rightarrow \kappa \leqslant \lambda \wedge \lambda \leqslant \kappa$，由 S-B 定理得 $\mu = \kappa = \lambda$，这与 $\lambda < \mu$ 矛盾.

类似可证明(2).

定理 5.14 (1) 设 A 为任意的无穷集合，则 $N \leqslant \cdot A$；

(2) 设 κ 为任意的无穷基数，则 $\aleph_0 \leqslant \kappa$.

本定理的证明要利用选择公理. 请参阅参考书目[1].

推论 1 设 κ 为任意的基数，则 $\kappa < \aleph_0$ 当且仅当 κ 是有穷基数.

证明 由定理 5.14，必要性显然，下面证充分性.

设 κ 为有穷基数，则存在自然数 $n = \kappa$，而 $n \subset N$，于是 $\kappa = n < \aleph_0$. ▎

推论 2 有穷集合的子集一定是有穷集合.

证明 设 A 为有穷集合，$B \subseteq A$，$\mathrm{card}A = \kappa$，$\mathrm{card}B = \lambda$，由推论 1 可知，$\kappa < \aleph_0$.

由于 $B \subseteq A$ 和定理 5.7 的推论可知，$B \leqslant \cdot A$，由定义 5.4 可知，$\lambda = \mathrm{card}B \leqslant \mathrm{card}A = \kappa$，于是 $\lambda \leqslant \kappa < \aleph_0$. 由例 5.7 知，$\lambda < \aleph_0$，再由推论 1 可知，$B$ 为有穷集合. ▎

推论 3 设 A 是 N 的无穷子集，则 $\mathrm{card}A = \aleph_0$.

证明 因为 A 是无穷集，由定理 5.14 知，$N \leqslant \cdot A$. 又因为 $A \subseteq N$，所以 $A \leqslant \cdot N$，由 S-B 定理可知，$A \approx N$，故 $\mathrm{card}A = \aleph_0$. ▎

定义 5.5 设 A 为一集合，若 $\mathrm{card}A \leqslant \aleph_0$，则称 A 为**可数集**或**可列集**.

由定理 5.14 可知，集合 A 是可数集当且仅当 A 是有穷集或 $\mathrm{card}A = \aleph_0$（即 $A \approx N$）.

定理 5.15 集合 A 是无穷可数集当且仅当 A 可以写成如下形式：

$$\{a_1, a_2, \cdots, a_n, \cdots\}.$$

证明留作习题.

定理 5.16 可数集的子集是可数集.

证明 设 A 为任意的可数集，$B \subseteq A$，由定理 5.7 的推论可知，$B \leqslant \cdot A \leqslant \cdot N$，于是 $\mathrm{card}B \leqslant \mathrm{card}A \leqslant \mathrm{card}N \Rightarrow \mathrm{card}B \leqslant \aleph_0$，所以 B 为可数集. ▎

定理 5.17 可数个可数集的并集是可数集.

证明 设 $A_1, A_2, \cdots, A_n, \cdots$ 是可数集，又不妨设 $A_1, A_2, \cdots, A_n, \cdots$ 全是无穷集（其他情况

可类似证明).由定理 5.15 可知,

$$
\begin{aligned}
A_1 &= \{a_{11}, a_{12}, a_{13}, \cdots, a_{1n}, \cdots\}, \\
A_2 &= \{a_{21}, a_{22}, a_{23}, \cdots, a_{2n}, \cdots\}, \\
A_3 &= \{a_{31}, a_{32}, a_{33}, \cdots, a_{3n}, \cdots\}, \\
&\vdots \\
A_n &= \{a_{n1}, a_{n2}, a_{n3}, \cdots, a_{nn}, \cdots\}, \\
&\vdots \\
a_{ij} &\neq a_{ik}(j \neq k), i = 1, 2, \cdots.
\end{aligned}
$$

对于任意的 a_{ij},称 $i+j$ 为 a_{ij} 的层次.按各元素层次的大小排序,层次相同者按 i 的大小排序,并且规定,如果在排序中发现当前出现的元素与以前已经排好序的某元素相同,就将当前出现的元素删除,最后得

$$\bigcup A_i = \{a_{11}, a_{12}, a_{21}, a_{13}, a_{22}, a_{31}, \cdots, a_{1n}, a_{2(n-1)}, \cdots, a_{n1}, \cdots\}.$$

再由定理 5.15 可知,$\bigcup A_i$ 为可数集,且为无穷可数集. ▌

定理 5.18 设 A 为无穷集,则 $P(A)$不是可数集.

证明留作习题.

5.5 基数运算

为了给出基数的加法、乘法、幂等运算的定义,必须先证下面的定理.

定理 5.19 设 K_1, K_2, L_1, L_2 为 4 个集合,若 $K_1 \approx K_2, L_1 \approx L_2$,则

(1) 如果 $K_1 \cap L_1 = K_2 \cap L_2 = \varnothing$,则 $K_1 \cup L_1 \approx K_2 \cup L_2$;

(2) $K_1 \times L_1 \approx K_2 \times L_2$;

(3) $L_1 \rightarrow K_1 \approx L_2 \rightarrow K_2$.

证明 因为 $K_1 \approx K_2, L_1 \approx L_2$,所以存在双射函数 $f: K_1 \rightarrow K_2, g: L_1 \rightarrow L_2$.

(1) 令 $h: K_1 \cup L_1 \rightarrow K_2 \cup L_2$,且

$$h(x) = \begin{cases} f(x), & x \in K_1, \\ g(x), & x \in L_1, \end{cases}$$

易证 h 是双射的,所以 $K_1 \cup L_1 \approx K_2 \cup L_2$.

注意,若无 $K_1 \cap L_1 = K_2 \cap L_2 = \varnothing$ 的条件,结论不一定成立.

(2) 取 $h: K_1 \times L_1 \rightarrow K_2 \times L_2$,且 $\forall \langle x, y \rangle \in K_1 \times L_1$, $h(\langle x, y \rangle) = \langle f(x), g(y) \rangle$,易证 h 是双射的,所以,$K_1 \times L_1 \approx K_2 \times L_2$.

(3) 取 $H: (L_1 \rightarrow K_1) \rightarrow (L_2 \rightarrow K_2)$,且 $\forall h \in (L_1 \rightarrow K_1)$,$H(h) = f \circ (h \circ g^{-1})$,见图 5.3 所示.显然 $H(h) \in (L_2 \rightarrow K_2)$,下面证明 H 是单射的.设 $h_1, h_2 \in (L_1 \rightarrow K_1)$且 $h_1 \neq h_2$,则存在 $l \in L_1$,使得 $h_1(l) \neq h_2(l)$,对此 $l \in L_1$,$g(l) \in L_2$,在 $g(l)$处计算 $H(h_1)$和 $H(h_2)$的值:

$$H(h_1)(g(l)) = f \circ (h_1 \circ g^{-1})(g(l)) = f(h_1(l)),$$

而

$$H(h_2)(g(l)) = f \circ (h_1 \circ g^{-1})(g(l)) = f(h_2(l)),$$

由 f 的单射性可知 $H(h_1)(g(l)) \neq H(h_2)(g(l))$,于是,$H(h_1) \neq H(h_2)$,故 H 是单射的,所

以，$(L_1 \to K_1) \leqslant \cdot (L_2 \to K_2)$.

类似可证，$(L_2 \to K_2) \leqslant \cdot (L_1 \to K_1)$，由 S-B 定理可知$(L_1 \to K_1) \approx (L_2 \to K_2)$. ▎

在定理 5.19(3)的证明中，也可以不用 S-B 定理，只要再证明 H 是满射的.

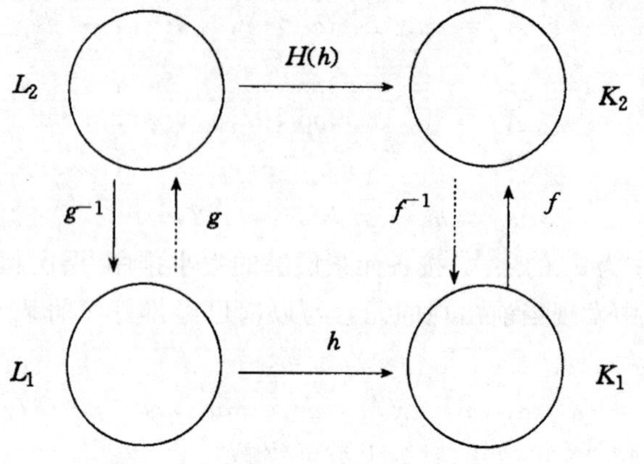

图 5.3

定义 5.6 设κ,λ为二基数.

(1) $\kappa+\lambda=\mathrm{card}(K\cup L)$，其中 K,L 是满足 $K\cap L=\varnothing$，而且$\mathrm{card}K=\kappa$，$\mathrm{card}L=\lambda$ 的两个集合；

(2) $\kappa\cdot\lambda=\mathrm{card}(K\times L)$，其中 K,L 是满足 $\mathrm{card}K=\kappa$，$\mathrm{card}L=\lambda$ 的两个集合；

(3) $\kappa^{\lambda}=\mathrm{card}(L\to K)$，其中 K,L 是满足 $\mathrm{card}K=\kappa$，$\mathrm{card}L=\lambda$ 的两个集合.

对于任意的二基数κ,λ，在求它们的和、积、幂时，由定理 5.19 可知，可从 K_κ,K_λ 中任意选取集合，都不会影响运算结果.

【例 5.8】 设 0,1,2,3,4 为基数，证明：

(1) $2+4=6$； (2) $2\times3=6$； (3) $3^2=9$； (4) $0^0=1$.

证明 (1) 取 $A=\{a,b\}$，$B=\{c,d,e,f\}$，$A\cap B=\varnothing$，$\mathrm{card}A=2$，$\mathrm{card}B=4$，$A\cup B=\{a,b,c,d,e,f\}\approx6$，所以，

$$2+4=\mathrm{card}(A\cup B)=6.$$

(2) 取 $A=\{a,b\}$，$B=\{a,b,c\}$，$\mathrm{card}A=2$，$\mathrm{card}B=3$，$A\times B\approx6$，所以，

$$2\times3=\mathrm{card}(A\times B)=6.$$

(3) 取 $A=\{1,2\}$，$B=\{a,b,c\}$，$\mathrm{card}A=2$，$\mathrm{card}B=3$，$A\to B\approx9$. 所以，

$$3^2=\mathrm{card}(A\to B)=\mathrm{card}9=9.$$

(4) 取 $A=\varnothing$，$B=\varnothing$，$\mathrm{card}A=\mathrm{card}B=0$，$0^0=\mathrm{card}(\varnothing\to\varnothing)=\mathrm{card}\{\varnothing\}=1$.

【例 5.9】 设 n 为自然数(有穷基数)，则

(1) $n+\aleph_0=\aleph_0$； (2) $n\cdot\aleph_0=\aleph_0\,(n\neq0)$； (3) $\aleph_0+\aleph_0=\aleph_0$； (4) $\aleph_0\cdot\aleph_0=\aleph_0$.

证明留作习题.

【例 5.10】 设κ为任意一个基数，证明：

(1) $\kappa+0=\kappa$； (2) $\kappa\cdot0=0$；

(3) $\kappa\cdot1=\kappa$； (4) $\kappa^0=1$；

(5) $0^\kappa=0\ (\kappa\neq0)$； (6) $\kappa+\kappa=2\cdot\kappa$；

(7) $\kappa^1=\kappa$;　　　　　　　　(8) $n+1=n^+$（n 为有穷基数）.

证明留作习题.

定理 5.20　(1) 设 A 为一集合，则 $2^{\text{card}A}=\text{card}P(A)$；(2) 设 κ 为一基数，则 $\kappa<2^\kappa$.

证明　(1) 由定理 5.2 知，$(A\to 2)\approx P(A)$，于是，$2^{\text{card}A}=\text{card}(A\to 2)=\text{card}P(A)$.

(2) 设 $\text{card}A=\kappa$，由定理 5.11 知 $\text{card}A<\text{card}P(A)$，又由(1)知 $\text{card}P(A)=2^{\text{card}A}$，于是，

$$\kappa=\text{card}A<\text{card}P(A)=2^{\text{card}A}=2^\kappa\Rightarrow\kappa<2^\kappa.$$ ▌

推论　(1) $\text{card}P(N)=2^{\aleph_0}$；(2) $\text{card}P(R)=2^{\aleph}$；(3) $\aleph=2^{\aleph_0}$.

证明　只证(3)，由定理 5.13 知，$R\approx(N\to 2)$，所以，

$$\aleph=\text{card}R=\text{card}(N\to 2)=2^{\aleph_0}\Rightarrow\aleph=2^{\aleph_0}.$$ ▌

由本定理及其推论可知

$$\text{card}P(N)=2^{\aleph_0},\qquad \text{card}PP(N)=2^{2^{\aleph_0}},\cdots$$

$$\text{card}P(R)=2^{\aleph}=2^{2^{\aleph_0}},\quad \text{card}PP(R)=2^{2^{\aleph}}=2^{2^{2^{\aleph_0}}},\cdots$$

于是可得

$$0<1<2<\cdots<\aleph_0<2^{\aleph_0}<2^{2^{\aleph_0}}<\cdots$$

并且可知无最大基数存在.

下面讨论基数运算的性质.

定理 5.21　设 κ,λ,μ 是三个任意的基数，则

(1) $\kappa+\lambda=\lambda+\kappa,\kappa\cdot\lambda=\lambda\cdot\kappa$；　(2) $\kappa+(\lambda+\mu)=(\kappa+\lambda)+\mu,\ \kappa\cdot(\lambda\cdot\mu)=(\kappa\cdot\lambda)\cdot\mu$；

(3) $\kappa\cdot(\lambda+\mu)=\kappa\cdot\lambda+\kappa\cdot\mu$；　(4) $\kappa^{\lambda+\mu}=\kappa^\lambda\cdot\kappa^\mu$；

(5) $(\kappa\cdot\lambda)^\mu=\kappa^\mu\cdot\lambda^\mu$；　(6) $(\kappa^\lambda)^\mu=\kappa^{\lambda\cdot\mu}$.

证明　取集合 K,L,M，使得 $\text{card}K=\kappa,\text{card}L=\lambda,\text{card}M=\mu$，且满足 $K\cap L=K\cap M=L\cap M=\varnothing$. 于是本定理的证明等价于证明以下命题：

(1) $K\cup L\approx L\cup K,K\times L\approx L\times K$；

(2) $K\cup(L\cup M)\approx(K\cup L)\cup M,K\times(L\times M)\approx(K\times L)\times M$；

(3) $K\times(L\cup M)\approx(K\times L)\cup(K\times M)$；　(4) $((L\cup M)\to K)\approx(L\to K)\times(M\to K)$；

(5) $(M\to(K\times L))\approx(M\to K)\times(M\to L)$；　(6) $(M\to(L\to K))\approx(L\times M)\to K$.

只证(4)，(5)，(6).

(4) 取 $H:((L\cup M)\to K)\to(L\to K)\times(M\to K)$，$\forall f\in((L\cup M)\to K)$，取 $H(f)=\langle f\restriction L,f\restriction M\rangle$，易知，$f\restriction L\in(L\to K),f\restriction M\in(M\to K)$.

① 证明 H 是单射的.

对于任意的 $f_1,f_2\in((L\cup M)\to K)$，若 $f_1\neq f_2$，则 $f_1\restriction L$ 与 $f_2\restriction L$ 和 $f_1\restriction M$ 与 $f_2\restriction M$ 至少有一对是不同的，于是

$$H(f_1)=\langle f_1\restriction L,f_1\restriction M\rangle\neq\langle f_2\restriction L,f_2\restriction M\rangle=H(f_2),$$

所以，H 是单射的.

② 证明 H 是满射的.

对于任意的 $\langle g,h\rangle\in(L\to K)\times(M\to K)$，其中 $g\in(L\to K),h\in(M\to K)$，取 $f=g\cup h$，由于 $L\cap M=\varnothing$，所以，$f\in((L\cup M)\to K)$，且 $f\restriction L=g,f\restriction M=h$，从而 $H(f)=\langle g,h\rangle$，由 $\langle g,h\rangle$ 的任意性，可知 H 是满射的.

由①,②可知 H 是双射的,所以(4)成立.

(5) 取 $H:(M\to K\times L)\to(M\to K)\times(M\to L)$,使得 $\forall f\in(M\to K\times L)$,$H(f)=\langle g,h\rangle$,其中,$g\in(M\to K)$,$h\in(M\to L)$,且满足,$\forall m\in M$,$f(m)=\langle k,l\rangle$时,$g(m)=k$,$h(m)=l$.下面证明 H 是双射的.

① 证明 H 是单射的.

$\forall f_1,f_2\in(M\to(K\times L))$,$f_1\neq f_2$,由定义可知,$g_1$ 与 g_2 和 h_1 与 h_2 中至少有一对是不同的,于是

$$H(f_1)=\langle g_1,h_1\rangle\neq\langle g_2,h_2\rangle=H(f_2),$$

所以 H 是单射的.

② 证明 H 是满射的.

对于 $\forall\langle g,h\rangle\in(M\to K)\times(M\to L)$,取 $f:M\to K\times L$,使得对于 $\forall m\in M$,$f(m)=\langle g(m),h(m)\rangle$,则 $H(f)=\langle g,h\rangle$,所以 H 是满射的.

综上所述,H 是双射的,所以

$$M\to(K\times L)\approx(M\to K)\times(M\to L).$$

(6) 取 $H:(M\to(L\to K))\to((L\times M)\to K)$,使得对于 $\forall f\in(M\to(L\to K))$,$H(f)\in((L\times M)\to K)$,并满足,$\forall\langle l,m\rangle\in L\times M$,$H(f)(\langle l,m\rangle)=f(m)(l)$,证明 H 是双射的.

① $\forall f_1,f_2\in(M\to(L\to K))$且 $f_1\neq f_2$,则 $\exists m\in M$,使得 $f_1(m)\neq f_2(m)$,进而存在 $l\in L$,使得 $f_1(m)(l)\neq f_2(m)(l)$,而$\langle l,m\rangle\in L\times M$,于是,

$$H(f_1)(\langle l,m\rangle)=f_1(m)(l)\neq f_2(m)(l)=H(f_2)(\langle l,m\rangle),$$

所以 H 是单射的.

② 对于任意的 $g\in(L\times M\to K)$,取 $f\in(M\to(L\to K))$,使得,$\forall m\in M$,$\forall l\in L$,$f(m)(l)=g(\langle l,m\rangle)$,于是,

$$H(f)(\langle l,m\rangle)=f(m)(l)=g(\langle l,m\rangle),$$

于是 $H(f)=g$,故 H 是满射的.

由①,②可知 H 是双射的,所以

$$(M\to(L\to K))\approx((L\times M)\to K).$$ ▍

推论 设 κ,λ 为任意二基数,则

(1) $\kappa+(\lambda+1)=(\kappa+\lambda)+1$; (2) $\kappa\cdot(\lambda+1)=\kappa\cdot\lambda+\kappa$; (3) $\kappa^{\lambda+1}=\kappa^{\lambda}\cdot\kappa$.

由定理 5.21 和例 5.10 本推论得证.

定理 5.22 设 κ,λ,μ 为三个基数,若 $\kappa\leqslant\lambda$,则

(1) $\kappa+\mu\leqslant\lambda+\mu$; (2) $\kappa\cdot\mu\leqslant\lambda\cdot\mu$;

(3) $\kappa^{\mu}\leqslant\lambda^{\mu}$; (4) $\mu^{\kappa}\leqslant\mu^{\lambda}$,$\kappa,\mu$ 不同时为 0.

证明 (1) 取集合 A,B,C,使得 $A\subseteq B$,$B\cap C=\varnothing$,且 $\mathrm{card}A=\kappa$,$\mathrm{card}B=\lambda$,$\mathrm{card}C=\mu$,则 $\kappa\leqslant\lambda$,且 $A\cup C\subseteq B\cup C\Rightarrow A\cup C\leqslant\cdot B\cup C$,因而,

$$\kappa+\mu=\mathrm{card}(A\cup C)\leqslant\mathrm{card}(B\cup C)=\lambda+\mu.$$

(2) 取集合 A,B,C,且 $A\subseteq B$,$\mathrm{card}A=\kappa$,$\mathrm{card}B=\lambda$,$\mathrm{card}C=\mu$,易知,

$$A\times C\subseteq B\times C\Rightarrow A\times C\leqslant\cdot B\times C,$$

于是

$$k\cdot\mu=\mathrm{card}(A\times C)\leqslant\mathrm{card}(B\times C)=\lambda\cdot\mu.$$

(3) 取集合 $A,B,C,A\subseteq B$，且 $\mathrm{card}A=\kappa,\mathrm{card}B=\lambda,\mathrm{card}C=\mu$. 首先证明 $(C\to A)\leqslant\cdot(C\to B)$. 由于 $A\subseteq B$，所以，$\forall f\in(C\to A)\Rightarrow f\in(C\to B)$. 取 $H:(C\to A)\to(C\to B)$，且 $\forall f\in C\to A$，$H(f)=f$，显然 H 是单射的，所以 $(C\to A)\leqslant\cdot(C\to B)$. 于是，

$$\kappa^{\mu}=\mathrm{card}(C\to A)\leqslant\mathrm{card}(C\to B)=\lambda^{\mu}.$$

(4) 取集合 $A,B,C,A\subseteq B$，且 $\mathrm{card}A=\kappa,\mathrm{card}B=\lambda,\mathrm{card}C=\mu$，则 $\kappa\leqslant\lambda$. 只要证明 $(A\to C)\leqslant\cdot(B\to C)$.

① 当 $\mu=0$ 时，$C=\varnothing$，但此时 $\kappa\neq 0$，于是 $A\neq\varnothing$，此时又有 $A\to C=\varnothing$，于是

$$\mu^{\kappa}=\mathrm{card}(A\to C)=\mathrm{card}\varnothing=0\leqslant\mathrm{card}(B\to C)=\mu^{\lambda}.$$

② $\mu\neq 0$，此时 $C\neq\varnothing$，$\exists c\in C$.

取 $H:(A\to C)\to(B\to C)$，且 $\forall f\in(A\to C)$，$H(f)=f\cup((B-A)\times\{c\})=g$，则 $g\in(B\to C)$，易证，$\forall f_1,f_2\in(A\to C)$ 且 $f_1\neq f_2$，则 $g_1\neq g_2$，所以 H 是单射的，于是 $(A\to C)\leqslant\cdot(B\to C)$.

$$\mu^{\kappa}=\mathrm{card}(A\to C)\leqslant\mathrm{card}(B\to C)=\mu^{\lambda}.$$ ▎

【例 5.11】 证明 $\aleph_0\cdot 2^{\aleph_0}=2^{\aleph_0}$.

证明 $\mathrm{card}N<\mathrm{card}P(N)=\mathrm{card}(N\to 2)\Rightarrow\aleph_0\leqslant 2^{\aleph_0}$.

又 $1\leqslant\aleph_0$，由定理 5.22 可知

$$2^{\aleph_0}=1\cdot 2^{\aleph_0}\leqslant\aleph_0\cdot 2^{\aleph_0}\leqslant 2^{\aleph_0}\cdot 2^{\aleph_0}=2^{\aleph_0+\aleph_0}=2^{\aleph_0}.$$

于是，$\aleph_0\cdot 2^{\aleph_0}=2^{\aleph_0}$.

定理 5.23 设 κ 为任意的无穷基数，则 $\kappa\cdot\kappa=\kappa$.

证明请见参考书目[1].

定理 5.24 设 κ,λ 为二基数，其中较大的为无穷基数，较小的不为 0，则

$$\kappa+\lambda=\kappa\cdot\lambda=\max\{\kappa,\lambda\}.$$

证明 不妨设 $\kappa\leqslant\lambda$，于是只要证明 $\kappa+\lambda=\kappa\cdot\lambda=\lambda$.

(1) 由定理 5.22，定理 5.23 及例 5.10 可知

$\lambda=\lambda+0\leqslant\lambda+\kappa\leqslant\lambda+\lambda=2\cdot\lambda\leqslant\lambda\cdot\lambda=\lambda\Rightarrow\lambda+\kappa=\lambda$.

(2) 由于 $\kappa\neq 0$，可得

$\lambda=\lambda\cdot 1\leqslant\lambda\cdot\kappa\leqslant\lambda\cdot\lambda=\lambda\Rightarrow\lambda\cdot\kappa=\lambda$. ▎

推论 设 κ 为一无穷基数，则 $\kappa+\kappa=\kappa\cdot\kappa=\kappa$.

定理 5.25 设 κ 为无穷基数，则 $\kappa^{\kappa}=2^{\kappa}$.

证明 因为 $\kappa\leqslant 2^{\kappa}$，所以 $\kappa^{\kappa}\leqslant(2^{\kappa})^{\kappa}=2^{\kappa\cdot\kappa}=2^{\kappa}\leqslant\kappa^{\kappa}\Rightarrow\kappa^{\kappa}=2^{\kappa}$. ▎

最后还应指出，应用选择公理的一种等价形式（基数的可比较性）可以证明基数的三歧性，即对于任何二基数 κ,λ，$\kappa<\lambda,\kappa=\lambda,\lambda<\kappa$ 成立且只成立其一.

习　题　五

1. 设 A 为非空集合，$\mathscr{A}$ 和 $\mathscr{B}$ 分别为 A 上的全体偏序关系和全体拟序关系集合，证明 $\mathscr{A}\approx\mathscr{B}$.

2. 设集合 $A\neq\varnothing$，在 $(A\to A)$ 上定义二元关系 R 如下：

$$R=\{\langle f,g\rangle\mid f,g\in(A\to A)\wedge\mathrm{ran}f=\mathrm{ran}g\}.$$

(1) 证明 R 是 $A\to A$ 上的等价关系；　(2) 商集 $(A\to A)/R\approx P(A)-\{\varnothing\}$.

3. 设 a,b 为任意二实数，且 $a<b$，证明 $[0,1]\approx[a,b]\approx R$.

4. 证明定理 5.3,即证明等势关系具有自反性,对称性和传递性.

5. 设 c 为某个自然数 n 的真子集,则 c 与属于 n 的某个自然数等势.

6. 证明定理 5.8.

7. 证明定理 5.15.

8. 证明:$n(n\geqslant 2)$个可数集之并为可数集.

9. 证明:$n(n\geqslant 2)$个可数集的卡氏积是可数集.

10. 证明定理 5.18.

11. 设 $A=\{n^7 \mid n\in N\land n\neq 0\}$,$B=\{n^{109} \mid n\in N\land n\neq 0\}$. 求:

(1) $\mathrm{card}A$; (2) $\mathrm{card}B$; (3) $\mathrm{card}(A\cup B)$; (4) $\mathrm{card}(A\cap B)$.

12. 设 A,B 为二集合,证明:如果 $A\approx B$,则 $\mathrm{card}P(A)=\mathrm{card}P(B)$.

13. 证明例 5.9.

14. 证明例 5.10.

第六章 序 数

序数是集合论中又一个重要的概念，学习过函数及其性质之后，已经具备了学习序数的条件.

6.1 关于序关系的进一步讨论

在第二章中，已经给出了偏序关系、拟序关系等概念，特别是给出了良序关系及其良序集的概念.

在继续讨论之前，先给出良序关系的一种直观的描述是有益的. 设 $\langle A,\prec\rangle$ 为一个良序集，则 A 关于良序关系 $\prec$ 有一个最小元，记为 t_0，若 A 的子集 $A-\{t_0\}\neq\varnothing$，则它又有最小元，记为 t_1，再考虑 A 的子集 $A-\{t_0,t_1\}$，若它非空，又得到最小元 t_2，继续这一过程，得

$$t_0\prec t_1\prec t_2\prec\cdots.$$

若 $A-\{t_0,t_1,\cdots\}\neq\varnothing$，还得到它的最小元，记为 t_N，直到用完 A 中全体元素为止，将 A 中元素排成如下形式：

$$t_0\prec t_1\prec t_2\cdots\prec t_N\prec t_{N+1}\prec\cdots,$$

这就是良序集的直观描述.

下面定理进一步描述良序集的性质.

定理 6.1 设 $\langle A,\prec\rangle$ 为拟序集，$\prec$ 为 $A\neq\varnothing$ 上的良序关系当且仅当不存在函数 $f:N\to A$，使得对于任意的 $n\in N$，有 $f(n^+)\prec f(n)$.

证明 必要性. 否则，存在函数 $f:N\to A$，对任意 $n\in N$，均有 $f(n^+)\prec f(n)$，任意 $x\in\operatorname{ran}f\subseteq A$，存在 $n\in N$，使得 $x=f(n)$，而此时有 $f(n^+)\prec f(n)=x$，于是 x 不是 $\operatorname{ran}f$ 的最小元，由 x 的任意性可知 $\operatorname{ran}f\subseteq A$ 无最小元，这与 $\prec$ 为 A 上的良序关系相矛盾.

充分性. 若 $\prec$ 不是 A 上的良序关系，必存在非空集合 $B\subseteq A$，B 中无关于 $\prec$ 的最小元. 因而任取 $b_0\in B$，则 b_0 不是 B 的最小元，因而存在 $b_1\in B$，使得 $b_1\prec b_0$，同样，存在 $b_2\in B$，使得 $b_2\prec b_1$，继续这个过程，令

$$R=\{\langle n,b_n\rangle\mid n\in N\wedge b_n\in B\wedge b_{n^+}\prec b_n\}.$$

显然有 $\operatorname{dom}R=N$ 且 $\operatorname{ran}R\subseteq B$，由选择公理的第一种形式（见第三章注解）必存在函数 $f\subseteq R$ 且 $\operatorname{dom}f=\operatorname{dom}R=N$，$\operatorname{ran}f\subseteq B$，又对于任意的 $n\in N$，$f(n^+)\prec f(n)$，这与已知条件是矛盾的. ▌

定义 6.1 设 $\langle A,\prec\rangle$ 为一个拟序集，称 $\operatorname{seg}t=\{x\mid x\in A\wedge x\prec t\}$ 为 t 的前节.

例如，在拟序集 $\langle R,<\rangle$ 上，R 为实数集，$<$ 为小于关系，$\operatorname{seg}0=(-\infty,0)$，$\operatorname{seg}1=(-\infty,1)$，$\operatorname{seg}\dfrac{1}{2}=\left(-\infty,\dfrac{1}{2}\right)\cdots$

在良序集 $\langle N,<\rangle$ 上，任意的 $n\in N$，$\operatorname{seg}n=\{x\mid x\in N\wedge x<n\}=n$.

定义 6.2 设 $\langle A,\prec_1\rangle$，$\langle B,\prec_2\rangle$ 为两个拟序集，若存在双射函数 $f:A\to B$，满足如下条件，对于任意的 $x\in A$，$y\in A$，$x\prec_1 y$ 当且仅当 $f(x)\prec_2 f(y)$，则称 $\langle A,\prec_1\rangle$，$\langle B,\prec_2\rangle$ 为同构的，

记作$\langle A,\prec_1\rangle\cong\langle B,\prec_2\rangle$，并称 f 是$\langle A,\prec_1\rangle$到$\langle B,\prec_2\rangle$上的同构，也称

$$“x\prec_1 y\Leftrightarrow f(x)\prec_2 f(y)”$$

为保序性.

例如，良序集$\langle\{1,3,5\},<\rangle$与$\langle\{0,1,2\},\subset\rangle$是同构的，其实，取 f 如下：

$f:\{1,3,5\}\to\{0,1,2\}$，且

$$f(x)=\begin{cases}0, & x=1,\\ 1, & x=3,\\ 2, & x=5,\end{cases}$$

易知 f 是$\langle\{1,3,5\},<\rangle$到$\langle\{0,1,2\},\subset\rangle$的同构.

拟序集之间的同构关系具有自反性、对称性和传递性. 请见下面定理

定理 6.2 设$\langle A,\prec_1\rangle$，$\langle B,\prec_2\rangle$，$\langle C,\prec_3\rangle$为三个拟序集，则

(1) $\langle A,\prec_1\rangle\cong\langle A,\prec_1\rangle$；

(2) 若$\langle A,\prec_1\rangle\cong\langle B,\prec_2\rangle$，则$\langle B,\prec_2\rangle\cong\langle A,\prec_1\rangle$；

(3) 若$\langle A,\prec_1\rangle\cong\langle B,\prec_2\rangle$且$\langle B,\prec_2\rangle\cong\langle C,\prec_3\rangle$则$\langle A,\prec_1\rangle\cong\langle C,\prec_3\rangle$.

证明 (1) 取 $f=I_A$，则易知 f 是$\langle A,\prec_1\rangle$到$\langle A,\prec_1\rangle$的同构，因而$\langle A,\prec_1\rangle\cong\langle A,\prec_1\rangle$.

(2) 设 f 是$\langle A,\prec_1\rangle$到$\langle B,\prec_2\rangle$的同构，取 $g=f^{-1}$，容易证明 g 是$\langle B,\prec_2\rangle$到$\langle A,\prec_1\rangle$的同构.

(3) 设 f 为$\langle A,\prec_1\rangle$到$\langle B,\prec_2\rangle$的同构，g 为$\langle B,\prec_2\rangle$到$\langle C,\prec_3\rangle$的同构. 取 $h=g\circ f$，易知 $h:A\to C$且为双射. 并且对于任意的 $x,y\in A$，若 $x\prec_1 y$，则 $f(x)\prec_2 f(y)$，对 $f(x)$和 $f(y)$，有 $g(f(x))\prec_3 g(f(y))$，而 $g(f(x))=g\circ f(x)=h(x)$，$g(f(y))=g\circ f(y))=h(y)$，于是 $h(x)\prec_3 h(y)$，故 h 是保序的，所以，h 是$\langle A,\prec_1\rangle$到$\langle C,\prec_3\rangle$的同构. ▌

定理 6.3 设 $f:A\to B$ 且为单射，$\prec_B$ 为 B 上的拟序关系，在 A 上定义关系$\prec_A$ 如下，对于任意的 $x,y\in A$，$x\prec_A y\Leftrightarrow f(x)\prec_B f(y)$，则

(1) $\prec_A$ 为 A 上的拟序关系；

(2) 若$\prec_B$ 为 B 上的拟线序(拟全序)关系，则$\prec_A$ 为 A 上的拟线序关系；

(3) 若$\prec_B$ 为 B 上的良序关系，则$\prec_A$ 为 A 上的良序关系.

证明 (1) 只要证明$\prec_A$ 具有反自反性和传递性.

① 任意的 $x\in A$，$f(x)\in \mathrm{ran}f\subseteq B$，由于$\prec_B$ 的反自反性，故 $\neg(f(x)\prec_B f(x))$，由$\prec_A$ 的定义可知，$\neg(x\prec_A x)$，由 x 的任意性可知，$\prec_A$ 是反自反的.

② 对于任意的 $x,y,z\in A$.

$x\prec_A y\land y\prec_A z$

$\Rightarrow f(x)\prec_B f(y)\land f(y)\prec_B f(z)$

$\Rightarrow f(x)\prec_B f(z)$ (因为$\prec_B$ 是传递的)

$\Rightarrow x\prec_A z$，

于是$\prec_A$ 是传递的.

(2) 由(1)已知$\prec_A$ 是 A 上的拟序关系，因而只需证明$\prec_A$ 具有三歧性. 其实，由$\prec_B$ 满足三歧性，及$\prec_A$ 的定义易知$\prec_A$ 也满足三歧性，因而$\prec_A$ 是 A 上的拟线序关系.

(3) 由(2)只需证明 A 的任意非空子集都有最小元.

设 $C\subseteq A$ 且 $C\neq\varnothing$，则 $f(C)\subseteq B$ 且 $f(C)\neq\varnothing$，由于$\prec_B$ 为 B 上的良序关系，故 $f(C)$存在

关于$\prec_B$的最小元，设为b_0，因而存在$a_0\in C$，使得$f(a_0)=b_0$，则a_0为C的最小元. 否则，存在$a\in C$，使得$a\prec_A a_0$，由定义可知，$f(a)\prec_B f(a_0)$，这与$f(a_0)=b_0$为$f(C)$的最小元矛盾.

推论 设$\langle A,\prec_A\rangle$，$\langle B,\prec_B\rangle$为两个拟序集，且$\langle A,\prec_A\rangle\cong\langle B,\prec_B\rangle$，则

(1) 若其中之一为拟线序集，则另一个也为拟线序集；

(2) 若其中之一为良序集，则另一个也为良序集.

证明 设f为$\langle A,\prec_A\rangle$与$\langle B,\prec_B\rangle$之间的同构，则$\forall x,y\in A$，$x\prec_A y\Leftrightarrow f(x)\prec_B f(y)$，应用定理5.3，本推论得证. ∎

定理 6.4 设A，B为二集合，且$B\subseteq A$.

(1) 若$\prec_A$为A上的拟序关系，则$\prec_A\upharpoonright B$为B上的拟序关系；

(2) 若$\prec_A$为A上的拟线序关系，则$\prec_A\upharpoonright B$为B上的拟线序关系；

(3) 若$\prec_A$为A上的良序关系，则$\prec_A\upharpoonright B$为B上的良序关系；

证明 取$f=I_B$，则f是B到B的双射函数，因而f是B到A的单射函数，并且$\forall x,y\in B$，

$$x\prec_A\upharpoonright By\Leftrightarrow f(x)\prec_A f(y),$$

由定理5.3，本定理得证. ∎

6.2 超限递归定理

定义 6.3 设$\prec$为集合A上的拟线序关系，$B\subseteq A$，若$\forall t(t\in A\wedge \text{seg}t\subseteq B\rightarrow t\in B)$为真，则称$B$是$A$的关于$\prec$的归纳子集.

定理 6.5(超限归纳原理) 设$\prec$为A上的良序，B是A关于$\prec$的归纳子集，则$B=A$.

证明 否则，必有B为A的真子集，则$A-B\neq\varnothing$，由于$\prec$为A上的良序，因而$A-B$有最小元，设它为m，而对于$\forall y$，$y\in A\wedge y\prec m$，则$y\in B$，于是，$\text{seg}m\subseteq B$，由于B是A的关于$\prec$的归纳子集，于是$m\in B$，这与$m\in A-B$相矛盾. 从而$B=A$. ∎

定理中的条件"$\prec$为A上的良序"是必要的，考虑拟线序集$\langle R,<\rangle$，其中$<$为小于关系，不难验证$B=(-\infty,0]$是R关于$<$的归纳子集，但$B\neq A$.

定理 6.6 设$\prec$为A上的拟线序，如果对于A上的任何关于$\prec$的归纳子集都与A是相等的，则$\prec$为A上的良序.

证明 只要证明A的任意的非空子集均有关于$\prec$的最小元，设C为A的任一个子集. 下面证明C为空集或有关于$\prec$的最小元.

令

$$B=\{t\mid t\in A\wedge\forall x(x\in C\rightarrow t\prec x)\},$$

则$B\subseteq A$且$B\cap C=\varnothing$，B是或不是A的关于$\prec$的归纳子集，所以分以下两种情况讨论：

(1) B不是A的归纳子集，即存在$t_0\in A$，使得$\text{seg}t_0\subseteq B$而$t_0\notin B$. 下面证明t_0为C的最小元. 因为$t_0\notin B$，因而必存在$x_0\in C$，使得$x_0\preceq t_0$，又因为$C\cap\text{seg}t_0=\varnothing$，于是$x_0\notin\text{seg}t_0=\{x\mid x\in B\wedge x\prec t_0\}$，因而$x_0=t_0$，而对于任意的$t\prec t_0$(即$t\in\text{seg}t_0$)，都有$t\notin C$，所以$t_0$为$C$的最小元.

(2) B是A关于$\prec$的归纳子集，由定理的条件可知$B=A$，由$B\cap C=\varnothing$可知$A\cap C=\varnothing$，因为$C\subseteq A$，故可知$C=\varnothing$.

综上所述，C 不是空集就有关于 $\prec$ 的最小元，并且由 C 的任意性可知，$\prec$ 为 A 上的良序. ∎

为了给出序数的概念，下面需要给出超限递归定理模式，在这样的定理模式中，需要引入二元谓词公式 $\gamma(x,y)$(x 与 y 具有关系 γ)，其中的 x 与 y 还可以由集合(含关系、函数等)来充当.

超限递归定理模式　对于任意的公式 $\gamma(x,y)$，下面所叙述的是一条定理：

设 $\prec$ 为集合 A 上的良序，若 $\forall f\, \exists !\, y\gamma(f,y)$ 成立，则存在惟一的一个以 A 为定义域的函数 F，$\forall t \in A, \gamma(F \upharpoonright \mathrm{seg}t, F(t))$ 成立.

本定理模式的证明需要替换公理模式，这里不证.

由于 $\gamma(x,y)$ 的任意性，决定了超限递归定理模式可以构造出无穷多条定理来.

下面举例说明这条定理模式的应用.

为了应用这条定理模式，首先应给出 $\gamma(x,y)$ 来，以下面方式给出 $\gamma(x,y)$ 的一种形式：

设 A,B 为二集合，且 $\prec$ 为 A 上的良序，定义

$$(A \to B)_{\prec} = \{f \mid \text{对于某个 } t \in A, f: \mathrm{seg}t \to B\}.$$

设 $G:(A\to B)_{\prec} \to B$，取 $\gamma(x,y)$ 为

$$y=\begin{cases} G(x), & x \in (A\to B)_{\prec}, \\ \varnothing, & \text{否则}. \end{cases}$$

这样取的 x 与 y 满足的关系 γ，使得 $\forall f\, \exists !\, y\gamma(f,y)$ 为真，根据超限递归定理模式，则存在惟一的函数 $F: A \to B$，使得 $\forall t \in A, F(t) = G(F \upharpoonright \mathrm{seg}t)$.

应用这个结果，当取良序集 $\langle N, \in \rangle$ 时，$\mathrm{seg}n = \{x \mid x \in n\} = n$，于是

$$F(n) = G(F \upharpoonright n).$$

它的前几个值为

$F(0) = G(F \upharpoonright 0) = G(\varnothing)$,

$F(1) = G(F \upharpoonright 1) = G(\{\langle 0, F(0)\rangle\})$,

$F(2) = G(F \upharpoonright 2) = G(\{\langle 0, F(0)\rangle, \langle 1, F(1)\rangle\})$,

$F(3) = G(F \upharpoonright 3) = G(\{\langle 0, F(0)\rangle, \langle 1, F(1)\rangle, \langle 2, F(2)\rangle\})$,

…

显然，对于给定的 G，F 就惟一确定了，称 F 是由 $\gamma(x,y)$ 所构造的.

在下面定理中，$\gamma(x,y)$ 又取到了另一种形式.

定理 6.7　设 $\langle A, \prec_A\rangle$，$\langle B, \prec_B\rangle$ 为两个良序集，则下面三种情况至少成立其一：

(1) $\langle A, \prec_A\rangle \cong \langle B, \prec_B\rangle$;

(2) $\langle A, \prec_A\rangle \cong \langle \mathrm{seg}b, \prec_B^0\rangle, b \in B$;

(3) $\langle \mathrm{seg}a, \prec_A^0\rangle \cong \langle B, \prec_B\rangle, a \in A$.

其中，$\prec_A^0$，$\prec_B^0$ 分别为 $\prec_A$ 在 $\mathrm{seg}a$ 上的限制和 $\prec_B$ 在 $\mathrm{seg}b$ 上的限制.

本定理说明，任何两个良序集，或者它们是同构的，或者一个与另一个的某个前节是同构的.

证明　在超限递归定理模式中，取 $\gamma(x,y)$ 为：

$$y=\begin{cases} (B-\mathrm{ran}x)\text{ 的最小元}, & \text{当 } B-\mathrm{ran}x \neq \varnothing, \\ e, & \text{当 } B-\mathrm{ran}x = \varnothing, \end{cases}$$

其中 e 为不属于 B 的固定元素.

对于此 $\gamma(x,y)$，显然 $\forall f \exists!\, y\gamma(f,y)$成立，又因为$\prec_A$ 为 A 上的良序，根据超限递归定理模式，存在函数 F，且 $\mathrm{dom}F=A$，$\forall t\in A$，注意到 $\mathrm{ran}(F\upharpoonright \mathrm{seg}t)=F(\mathrm{seg}t)$，于是

$$F(t)=\begin{cases}(B-F(\mathrm{seg}t))\text{的最小元}, & \text{当 } B-F(\mathrm{seg}t)\neq\varnothing,\\ e, & \text{否则}.\end{cases}$$

下面分三种情况讨论：

情况一 $e\in \mathrm{ran}F$. 设 a 是 $A_a=\{t\mid t\in A\wedge F(t)=e\}$ 的最小元，下面证明 $F\upharpoonright \mathrm{seg}a$ 是 $\langle \mathrm{seg}a,\prec_A^0\rangle$与$\langle B,\prec_B\rangle$之间的同构. 首先记 $F^0=F\upharpoonright \mathrm{seg}a$，则 $F^0:\mathrm{seg}a\to B$.

① 证 F^0 是双射函数：

ⓐ因为 $F(a)=e$，故 $B-F(\mathrm{seg}a)=\varnothing$，于是，$\mathrm{ran}F^0=B$，因而 F^0 是满射的.

ⓑ $\forall x,y\in \mathrm{seg}a$，不妨设 $x\preccurlyeq_A y$，

$$\begin{aligned} x\preccurlyeq_A y &\Rightarrow F(\mathrm{seg}x)\subseteq F(\mathrm{seg}y)\\ &\Rightarrow B-F(\mathrm{seg}y)\subseteq B-F(\mathrm{seg}x)\\ &\Rightarrow F(x)\preccurlyeq_B F(y).\end{aligned}$$

而如果 $x\prec_B y$，因为 $F(x)\in F(\mathrm{seg}y)$，而 $F(y)\notin F(\mathrm{seg}y)$，于是 $F(x)\neq F(y)$，这又证明了 F^0 是单射的，从而 F^0 是双射的.

② 证 F^0 是保序的. $\forall x,y\in A$，

$$x\prec_A y\prec_A a\Rightarrow F(x)\prec_B F(y)$$

是显然的.

反之，若 $F(x)\prec_B F(y)$，则 $x\notin A_a$，因而 $x\prec_A y$.

由①，②可知，$\langle \mathrm{seg}a,\prec_A^0\rangle\cong\langle B,\prec_B\rangle$.

情况二 $\mathrm{ran}F=B$. 显然 F 是满射的，类似于情况一的证明，可证 F 是单射的，并且是保序的，从而 F 是$\langle A,\prec_A\rangle$与$\langle B,\prec_B\rangle$之间的同构，即$\langle A,\prec_A\rangle\cong\langle B,\prec_B\rangle$.

情况三 $\mathrm{ran}F\subset B$. 设 b 是 $B-\mathrm{ran}F$ 的最小元，下面证明 $\mathrm{ran}F=\mathrm{seg}b$. 由于 b 的最小性，有 $\mathrm{seg}b\subseteq \mathrm{ran}F$，反之，$\forall y\in \mathrm{ran}F$，$\exists x\in A$，使得 $y=F(x)$，即 y 是 $B-F(\mathrm{seg}x)$ 的最小元，从而 $y\prec_B b$，因而 $y\in \mathrm{seg}b$. 故 $\mathrm{ran}F=\mathrm{seg}b$. 类似于情况一、二的证明，可证明 F 是双射和保序的，故 $\langle A,\prec_A\rangle\cong\langle \mathrm{seg}b,\prec_B^0\rangle$. ▌

定理 6.7 揭示了任何两个良序集之间的关系，是很有用的定理.

6.3 序　数

为了给出序数的定义，再一次使用超限递归定理模式，请看下面定理.

定理 6.8 设$\prec$为集合 A 上的良序，则惟一存在一个以 A 为定义域的函数 E，使得对于任意的 $t\in A$，$E(t)=\mathrm{ran}(E\upharpoonright \mathrm{seg}t)=\{E(x)\mid x\prec t\}$.

证明 在这里只需取二元谓词公式 $\gamma(x,y)$为 $y=\mathrm{ran}x$，这个公式对于 $\forall f\ \exists!\, y(y=\mathrm{ran}f)$ 是成立的，又因为$\prec$为 A 上的良序，由超限递归定理模式，可知，存在惟一的以 A 为定义域的函数 E，使得 $\forall t\in A$，$\gamma(E\upharpoonright \mathrm{seg}t,E(t))$成立，即

$$E(t)=\mathrm{ran}(E\upharpoonright \mathrm{seg}t)=\{E(x)\mid x\prec t\}.$$ ▌

由定理 6.8 中给出的函数，可以给出良序集的属于象的概念.

定义 6.4 设$\langle A,\prec\rangle$为良序集，E为定理6.8中所定义的函数，令$\alpha=\text{ran}E$，则称α为良序集$\langle A,\prec\rangle$的$\in$-象，并称E为前段值域函数.

【例 6.1】 (1) 设良序集$\langle A,\prec\rangle$中，$A=\{a,b,c\}$，$a\prec b\prec c$；

(2) 良序集$\langle B,<\rangle$中，$B=\{1,3,5\}$，$<$为小于关系；

(3) 良序集$\langle C,\prec\rangle$中，$C=\{a,d,e,h\}$，且$a\prec d\prec e\prec h$.

求以上3个良序集的$\in$-象 ran$E$.

解 (1) $E(a)=\{E(x)\mid x\prec a\}=\varnothing$,

$E(b)=\{E(x)\mid x\prec b\}=\{E(a)\}=\{\varnothing\}$,

$E(c)=\{E(x)\mid x\prec c\}=\{E(a),E(b)\}=\{\varnothing,\{\varnothing\}\}$,

于是，$\langle A,\prec\rangle$的$\in$-象

$$\alpha=\text{ran}E=\{\varnothing,\{\varnothing\},\{\varnothing,\{\varnothing\}\}\}=\{0,1,2\}=3.$$

(2) $E(1)=\{E(x)\mid x<1\}=\varnothing$,

$E(3)=\{E(x)\mid x<3\}=\{E(1)\}=\{\varnothing\}$,

$E(5)=\{E(x)\mid x<5\}=\{E(1),E(3)\}=\{\varnothing,\{\varnothing\}\}$,

$$\alpha=\text{ran}E=\{\varnothing,\{\varnothing\},\{\varnothing,\{\varnothing\}\}\}=\{0,1,2\}=3.$$

(3) $E(a)=\varnothing$,

$E(d)=\{E(a)\}=\{\varnothing\}$,

$E(e)=\{E(a),E(d)\}=\{\varnothing,\{\varnothing\}\}$,

$E(h)=\{E(a),E(d),E(e)\}=\{\varnothing,\{\varnothing\},\{\varnothing,\{\varnothing\}\}\}$,

$\alpha=\text{ran}E=\{\varnothing,\{\varnothing\},\{\varnothing,\{\varnothing\}\},\{\varnothing,\{\varnothing\},\{\varnothing,\{\varnothing\}\}\}\}=\{0,1,2,3\}=4.$

下面研究前段值域函数E和$\in$-象的性质.

定理 6.9 设$\langle A,\prec\rangle$为良序集，E为前段值域函数，α是$\langle A,\prec\rangle$的$\in$-象，则

(1) $\forall t\in A, E(t)\notin E(t)$;

(2) E为A与α之间的双射函数；

(3) $\forall s,t\in A, s\prec t\Leftrightarrow E(s)\in E(t)$;

(4) $\alpha=\text{ran}E$是传递集.

证明 (1) 设$B=\{t\mid t\in A\wedge E(t)\in E(t)\}$，则$B\subseteq A$，只要证明$B=\varnothing$即可，否则存在$B$的最小元$i$，有$E(i)\in E(i)=\{E(x)\mid x\prec i\}$，于是存在$s\prec i$且$E(i)=E(s)$，从而有$E(s)\in E(s)$，这说明$s\in B$，且$s\prec i$，这与$i$为$B$的最小元矛盾.

(2) 因为$\alpha=\text{ran}E$，故知道E是满射的，下面证明E是单射的. $\forall s,t\in A$且$s\neq t$，不妨设$s\prec t$，则$E(s)\in E(t)$，由(1)知道，$E(t)\notin E(t)$，$E(s)\neq E(t)$，故E是单射的，从而E是双射的.

(3) $\forall s,t\in A, s\prec t\Rightarrow E(s)\in E(t)$是显然的. 反之，若$E(s)\in E(t)$，则存在$x\prec t$使得$E(s)=E(x)$，但由(2)可知$E$是单射的，所以$x=s$，即$s\prec t$.

(4) 若$u\in E(t)$，由E的定义可知，存在$x\prec t$，使得$u=E(x)$，从而$u\in\text{ran}E=\alpha$，这说明α是传递集. ∎

在良序集$\langle A,\prec\rangle$的α上定义二元关系.

$$\in_\alpha=\{\langle x,y\rangle\mid x\in A\wedge y\in A\wedge x\in y\},$$

由定理6.9的(2)，(3)可知$\langle\alpha,\in_\alpha\rangle\cong\langle A,\prec\rangle$.

例6.1(1)中和(2)中所定义的二元关系相同，均为$\{\langle 0,1\rangle,\langle 0,2\rangle,\langle 1,2\rangle\}$，而(3)中，

$$\in_\alpha=\{\langle 0,1\rangle,\langle 0,2\rangle,\langle 0,3\rangle,\langle 1,2\rangle,\langle 1,3\rangle,\langle 2,3\rangle\}.$$

定理 6.10 两个良序集是同构的当且仅当它们具有相同的∈-象.

证明 设任意两个良序集$\langle A_1,\prec_1\rangle$和$\langle A_2,\prec_2\rangle$有相同的∈-象$\alpha$,则$\langle A_1,\prec_1\rangle\cong\langle\alpha,E_\alpha\rangle\cong\langle A_2,\prec_2\rangle$,因而$\langle A_1,\prec_1\rangle\cong\langle A_2,\prec_2\rangle$.

反之,若$\langle A_1,\prec_1\rangle\cong\langle A_2,\prec_2\rangle$,下面证明它们具有相同的∈-象.设$f$为$\langle A_1,\prec_1\rangle$与$\langle A_2,\prec_2\rangle$之间的同构,并设$E_1,E_2$分别为$\langle A_1,\prec_1\rangle$与$\langle A_2,\prec_2\rangle$的前段值域函数,它们的∈-象分别为$\alpha_1$和$\alpha_2$,则$E_1$是$\langle A_1,\prec_1\rangle$与$\langle\alpha_1,\in_{\alpha_1}\rangle$之间的同构,$E_2$是$\langle A_2,\prec_2\rangle$与$\langle\alpha_2,\in_{\alpha_2}\rangle$之间的同构.令$B=\{s\mid s\in A_1\wedge E_1(s)=E_2(f(s))\}$.下面用超限归纳法证明$B=A_1$,由定理6.5,只需证明$B$是$A_1$的归纳子集,$\forall s\in A_1$,$\text{seg}s\subseteq B$,要证明$s\in B$.

$$\begin{aligned}E_1(s)&=\{E_1(x)\mid x\prec_1 s\}\\&=\{E_2(f(x))\mid x\prec_1 s\} &&(\text{seg}s\subseteq B)\\&=\{E_2(y)\mid y\prec_2 f(s)\} &&(f\text{ 是}\langle A_1,\prec_1\rangle\text{与}\langle A_2,\prec_2\rangle\text{之间的同构})\\&=E_2(f(s)),\end{aligned}$$

所以$s\in B$,于是B是A_1关于$\prec_1$的归纳子集,由超限归纳法原则可知,$B=A_1$.因而,

$$\begin{aligned}\alpha_1&=\text{ran}E_1=\{E_1(s)\mid s\in A_1\}=\{E_2(f(s))\mid s\in A_1\}\\&=\{E_2(t)\mid t\in A_2\}=\text{ran}E_2=\alpha_2.\end{aligned}$$ ▌

定义 6.5 设$\prec$为集合A上的良序,称良序集$\langle A,\prec\rangle$的∈-象为$\langle A,\prec\rangle$的序数.如果一个集合是某个良序集的序数,则称这个集合为**序数**.

在例6.1中,$\langle A,\prec\rangle$的序数为3,$\langle B,\prec\rangle$的序数也为3,而$\langle C,\prec\rangle$的序数为4.

不难看出所有的自然数都是序数.

定理 6.11 同构的良序集具有相同的序数.

由定义5.5及定理6.10,定理5.11得证.

【例 6.2】 给定下面3个拟线序集:

(1) $\langle A,\prec\rangle$,$A=\{1,2,3,5,7,8\}$,$\prec$为小于关系;

(2) $\langle B,\prec\rangle$,$B=\{2,3,6,12,24,36\}$,$\prec=\preccurlyeq-I_B$,其中$\preccurlyeq$为整除关系;

(3) $\langle C,\prec\rangle$,$C=\{1,2,4,8,16,32\}$,$\prec$同(2).

判断它们中哪些是良序集,并求出良序集的序数.

解 易知,(1),(3)是良序集,并且(1)$\cong$(3),其实,取$f:A\to C$,且

$$f(x)=\begin{cases}1, & x=1,\\2, & x=2,\\4, & x=3,\\8, & x=5,\\16, & x=7,\\32, & x=8.\end{cases}$$

容易验证f是双射且是保序的,因而f是(1)与(3)之间的同构,所以,(1)$\cong$(3).

容易求出(1)的∈-象$\alpha=\text{ran}E=\{0,1,2,3,4,5\}=6$.由定义6.5可知,(1)的序数为6.由定理6.11知,(3)的序数也为6.

定义 6.6 设A为一个集合,设A上的二元关系$\in_A=\{\langle x,y\rangle\mid x\in A\wedge y\in A\wedge x\in y\}$,若$\in_A$是$A$上的良序,则称$A$按属于关系是良序的.

【例 6.3】 判断下列集合中，哪些按属于关系是良序的，并求相应良序集的序数.

(1) $A=\{0,1,2,3,4\}$;

(2) $B=\{1,3,5,7,8\}$;

(3) $C=\{0,1,2,3,\{4\}\}$;

(4) $D=\{a,\{a\},\{a,\{a\}\}\}$;

(5) $E=\{a,b,\{a\},\{b\},\{a,b\}\}$.

解 (1) A 按属于关系是良序的，$\langle A,\in_A\rangle$的序数为 5.

(2) B 按属于关系是良序的，且$\langle B,\in_B\rangle$与$\langle A,\in_A\rangle$同构，序数当然也是 5.

(3) C 按属于关系不是良序的，其实 C 按属于关系不是拟线序.

(4) D 按属于关系是良序的，$\langle D,\in_D\rangle$的序数为 3.

(5) E 按属于关系不是良序的.

定理 6.12 设 α 按属于关系是良序的，并且 α 是传递集，则 α 是一个序数(即 α 是$\langle\alpha,\in_\alpha\rangle$的$\in$-象).

证明 因为$\langle\alpha,\in_\alpha\rangle$为良序，由定理 6.8 可知，存在以 α 为定义域的前段值域函数 E，$\forall t\in\alpha, E(t)=E(\mathrm{esg}t)$，为了证明 α 是$\langle\alpha,\in_\alpha\rangle$的序数，只需证明 E 是 α 上的恒等函数 I_α.

因为 α 是传递集，所以 $\forall t\in\alpha$，若 $x\in t$，则 $x\in\alpha$，于是，$x\in t\Leftrightarrow x\in_\alpha t$，于是 $\mathrm{seg}t=t$.

设 $B=\{x\mid x\in\alpha\wedge E(x)=x\}$，则 $B\subseteq\alpha$，又对于 $\forall t\in\alpha$，若 $\mathrm{seg}t\subseteq B$，则 $E(t)=\{E(x)\mid x\in_\alpha t\}=\{x\mid x\in_\alpha t\}=\mathrm{seg}t=t$，所以 $t\in B$，于是 B 是 α 的关于$\in_\alpha$的归纳子集，由定理 6.5 可知，$B=\alpha$，这就证明了 E 是 α 上的恒等函数 I_α. ∎

定理 6.13 设 α,β,γ 为三个序数，则

(1) α 的元素为序数(即任何序数的元素还是序数，也即序数是传递集)；

(2) $\alpha\notin\alpha$(反自反性)；

(3) $\alpha\in\beta\wedge\beta\in\gamma$，则 $\alpha\in\gamma$(传递性)；

(4) $\alpha\in\beta,\alpha=\beta,\beta\in\alpha$ 有且仅有一式成立(序数之间具有三歧性)；

(5) 由序数构成的非空集，按属于关系有最小元.

证明 (1) 设 x 为 α 的任一元素，要证明 x 是序数，即证明存在良序集以 x 为序数，因为 α 为序数，因而存在良序集$\langle A,\prec\rangle$以 α 为序数，，设 E 是$\langle A,\prec\rangle$与$\langle\alpha,\in_\alpha\rangle$之间的同构，则存在 $t\in A$，使得 $x=E(t)$. 下面证明 x 是$\langle\mathrm{seg}t,\prec^0\rangle$的序数，其中$\prec^0$是$\prec$在 $\mathrm{seg}t$ 上的限制，由定理 6.4 可知，$\prec^0$是 $\mathrm{seg}t$ 上的良序，所以$\langle\mathrm{seg}t,\prec^0\rangle$是良序集，其$\in$-象(序数)为 $E(\mathrm{seg}t)=E(t)=x$，这说明 x 是序数.

(2) 设 α 是良序集$\langle A,\prec\rangle$的序数，若 $\alpha\in\alpha$，成立，必存在 $t\in A$，使得 $\alpha=E(t)$，于是有 $E(t)\in E(t)$成立，这与定理 6.9 的(1)矛盾，所以 $\alpha\notin\alpha$.

(3) 由定理 6.9(4)可知，γ 是传递集，所以由 $\alpha\in\beta\wedge\beta\in\gamma$，有 $\alpha\in\gamma$ 成立.

(4) 首先证明 $\alpha\in\beta,\alpha=\beta,\beta\in\alpha$ 中至多有一式成立. 若不然至少有两式同时成立：

$$\alpha\in\beta\wedge\beta=\alpha,$$

$$\alpha\in\beta\wedge\beta\in\alpha,$$

$$\alpha=\beta\wedge\beta\in\alpha,$$

$$\alpha\in\beta\wedge\alpha=\beta\wedge\beta\in\alpha,$$

以上各种情况都蕴涵 $\alpha\in\alpha$，这与(2)矛盾，所以至多有一式成立.

再证至少有一种情况成立，由定理 6.7 可知，对于 $\langle\alpha,\in_{\alpha}\rangle$，$\langle\beta,\in_{\beta}\rangle$ 来说，至少有下面 3 种情况之一成立.

① $\langle\alpha,\in_{\alpha}\rangle\cong\langle\beta,\in_{\beta}\rangle$，由定理 6.10 和定理 6.12 知 $\alpha=\beta$.

② $\langle\alpha,\in_{\alpha}\rangle\cong\langle\mathrm{seg}\delta,\in_{\delta}\rangle$，这里 $\delta\in\beta$，由(1)知道 δ 是序数，$\mathrm{seg}\delta=\delta$，$\in_{\beta}=\in_{\delta}$，由①知 $\alpha=\delta$，即 $\alpha\in\beta$.

③ $\langle\mathrm{seg}\lambda,\in_{\lambda}\rangle\cong\langle\beta,\in_{\beta}\rangle$，类似于②的证明，可得 $\beta\in\alpha$.

综上所述，$\alpha\in\beta$，$\alpha=\beta$，$\beta\in\alpha$ 有且仅有一式成立.

(5) 设 S 是由序数组成的非空集合，β 为 S 中任一元素，我们进行如下讨论：

① $\beta\cap S=\varnothing$，此时可断言，β 为 S 中的最小元. 因为 $\forall\alpha\in S\Rightarrow\alpha\notin\beta$，由三歧性知，$\beta\subseteq\alpha$，由 α 的任意性可知，β 是 S 的最小元.

② $\beta\cap S\neq\varnothing$，于是，$\beta\cap S$ 为 β 的非空子集，对 $\in_{\beta}$ 而言，$\beta\cap S$ 有最小元 μ，可以断言，μ 是 S 的最小元，$\forall\alpha\in S$，当 $\alpha\notin\beta$ 时，$\beta\subseteq\alpha\Rightarrow\beta\subseteq\alpha\Rightarrow\mu\in\alpha$，当 $\alpha\in\beta$ 时，$\alpha\in\beta\cap S$，故 $\mu\subseteq\alpha$，因而 μ 是 S 的最小元. ▌

定义 6.7 设 α,β 为两个序数，若 $\alpha\in\beta$，则称 α 小于 β，记作 $\alpha<\beta$，又称 β 大于 α，记作

$$\beta>\alpha.$$

定理 6.14 设 α,β 为任意两个序数，$\alpha<\beta$，$\alpha=\beta$，$\alpha>\beta$ 三式中有一式且仅有一式成立.

由定理 6.13 的(4)，本定理得证.

定理 6.15 (1) 任何以序数为元素的传递集合是序数；

(2) 0 是序数；

(3) 若 α 是序数，则 $\alpha^{+}=\alpha\cup\{\alpha\}$ 为序数；

(4) 若集合 A 是以序数为元素的集合，则 $\cup A$ 是序数.

证明 (1) 设 S 是以序数为元素的传递集，由定理 6.12，只要证明 S 按属于关系是良序的，即证 $\in_S=\{\langle x,y\rangle\mid x\in S\wedge y\in S\wedge x\in y\}$ 是 S 上的良序. 首先证明 $\in_S$ 是 S 上的拟线序.

① 由定理 6.13(2)知，$\forall\alpha\in S$，$\alpha\notin\alpha$，故 $\in_S$ 具有反自反性.

② 设 α,β,γ 为任意 3 个序数，且 $\alpha\in\beta$，$\beta\in\gamma$，由定理 6.13(3)知 $\alpha\in\gamma$，所以 $\in_S$ 上有传递性.

③ 又由定理 6.13(4)可知，对于任意的 α,β，$\alpha\in\beta$，$\alpha=\beta$，$\beta\in\alpha$ 成立且只成立一式.

由①，②，③可知 $\in_S$ 是 S 上的拟线序关系.

再证明 S 的任何非空子集均有最小元.

由宗理 6.13(5)可知，S 的任何非空子集按属于关系均有最小元.

综上所述，$\in_S$ 是 S 上的良序.

(2) $\varnothing$ 是良序集 $\langle\varnothing,\in_{\varnothing}\rangle=\langle\varnothing,\varnothing\rangle$ 的 $\in$-象，所以 $\varnothing$ 是序数，即 0 是序数.

(3) 由定理 6.13(1)可知，α 中元素都是序数，所以 $\alpha^{+}=\alpha\cup\{\alpha\}$ 中的元素都是序数，又因为 α 是传递集(见定理 6.9)，所以 α^{+} 是传递集. 由本定理(1)可知 α^{+} 是序数.

(4) $\cup A$ 的任何元素是某序数的元素，由定义 6.13(1)可知，$\cup A$ 的元素都是序数. 下面证明 $\cup A$ 是传递集.

$\forall\delta\in\cup A$，则 $\exists\alpha\in A$，使得 $\delta\in\alpha\in A$，因为 α 为传递集，所以 $\delta\subseteq\alpha\in A$，从而 $\delta\subseteq\cup A$，这说

明δ的元素都是$\bigcup A$的元素，故$\bigcup A$是传递集，由本定理(1)可知$\bigcup A$是序数. ▍

由以上几个定理，容易证明下面定理.

定理 6.16 (1) 一切自然数都是序数.

(2) 自然数集合N是序数. 当N作为序数时，将它记为ω. $\omega^+,\omega^{++},\omega^{+++},\cdots$是序数.

(3) 设A是以序数为元素的集合，则$\bigcup A$为A的关于属于等于关系的最小上界.

(4) 设α为一序数，则α^+是大于α的最小序数.

(5) 任何序数都是比它小的所有序数组成的集合，即设α为序数，则$\alpha=\{x\mid x$是序数$\wedge x<\alpha\}$.

证明 (1) 由定理 6.15(2)和(3)得证.

(2) 由(1)和定理 6.15(1),(3)得证.

(3) 首先证明$\bigcup A$是A上包含关系的最小上界. $\forall\alpha\in A$，由广义并集定义可知$\alpha\subseteq\bigcup A$，所以$\bigcup A$是A上关系包含关系的上界. 设B是A上包含关系的另一个上界，要证明$\bigcup A\subseteq B$. $\forall\beta\in\bigcup A$，则存在$\gamma\in A$，使得$\beta\in\gamma\subseteq B$，所以$\beta\in B$，这说明$\bigcup A$是$A$上关于包含关系的最小上界.

因为A是序数组成的集合，A上的包含关系与A上的属于等于关系是等价的：设α,β为两个序数，$\alpha\neq\beta$，不妨设$\alpha\in\beta$. 因为β是传递集，所以$\alpha\in\beta\Rightarrow\alpha\subset\beta$. 反之，若$\alpha\subset\beta$，则必有$\beta\notin\alpha\wedge\beta\neq\alpha$，由三歧性可知$\alpha\in\beta$. 于是，$\alpha\underline{\in}\beta\Leftrightarrow\alpha\subseteq\beta$.

综上所述，$\bigcup A$是A上属于等于关系的最小上界.

(4) 因为$\alpha\in\alpha^+$，所以$\alpha^+>\alpha$，若存在序数β，有$\alpha\in\beta$，只要证明$\alpha^+\underline{\in}\beta$，又只要证明$\alpha^+\subseteq\beta$. 由$\alpha\in\beta$，可得$\alpha\subset\beta$，$\alpha^+=\alpha\cup\{\alpha\}\subseteq\beta$，这说明$\alpha^+$是大于$\alpha$的最小的序数.

(5) $\{x\mid x$是序数$\wedge x<\alpha\}=\{x\mid x$是序数$\wedge x\in\alpha\}\subseteq\alpha$.

反之，若$x\in\alpha$，由定理 6.13(1)可知x是序数，所以，$x\in\{x\mid x$是序数$\wedge x<\alpha\}$. ▍

由定理 6.16，给出的下面各定义是有效的，即所定义的结果都是序数：

首先记$\omega^+=\omega+1,\omega^{++}=\omega+2,\omega^{+++}=\omega+3,\cdots$.

定义$\omega+\omega=\{\omega+n\mid n\in\omega\}$，并记$\omega\cdot 2=\omega+\omega,\omega\cdot 3=\omega+\omega+\omega,\cdots,\omega\cdot n=\underbrace{\omega+\omega+\cdots+\omega}_{n\text{个}}$.

定义$\omega^2=\omega\cdot\omega=\{\omega\cdot n\mid n\in\omega\}$，

$\omega^3=\omega\cdot\omega\cdot\omega=\{\omega\cdot\omega\cdot n\mid n\in\omega\},\cdots$.

进而可得$\omega^\omega,\omega^{\omega^\omega},\cdots$.

序数按从小到大的排列应该是这样的：

$0<1<2<\cdots<\omega<\omega+1<\cdots<\omega\cdot 2<\omega\cdot 3<\cdots<\omega^2<\cdots<\omega^\omega<\cdots<\omega^{\omega^\omega}<\cdots$

定义 6.8 设α为一个序数，若存在序数β使得$\alpha=\beta^+$，则称α为后继序数.

显然，1,2,3,…是后继序数，$\omega+1,\omega+2,\cdots,\omega\cdot 2+1,\omega\cdot 2+2,\cdots,\omega\cdot n+1,\omega\cdot n+2,\cdots,\omega^\omega+1,\omega^\omega+2,\cdots$也都是后继序数.

而0不是后继序数，$\omega,\omega\cdot 2,\omega\cdot 3,\cdots,\omega^2,\omega^3,\cdots\omega^\omega,\omega^{\omega^\omega},\cdots$都不是后继序数.

根据以上讨论，可以将序数写成三类：

第一类：0；

第二类：后继序数；

第三类：极限序数，不是第一和第二类的序数都是极限序数，如$\omega,\omega\cdot 2,\cdots$都是极限序数.

6.4 关于基数的进一步讨论

在第五章中，为了给出集合的基数的概念，曾经做过5条基本规定(作为公理)，现在可以给集合的基数重新下定义，并且可以证明两种定义法在ZFZ公理系统中是相容的.

定理6.17(Hartogs定理) 对于任何集合A，都存在序数α，使得$A\preccurlyeq\cdot\ \alpha$.

本定理的证明要用到替换公理，这里略去.

定理6.18(良序定理) 对于任意的集合A，都存在A上的一个良序.

本定理的证明要用到选择公理. 这里略去.

定理6.19(命数定理) 对于任何集合A，都存在序数α，使得$A\approx\alpha$.

证明 设A是任意一个集合，由良序定理可知，存在A上的良序$\prec$，则$\langle A,\prec\rangle$为一个良序集，设α为$\langle A,\prec\rangle$的$\in$-象，则$A\approx\alpha$. 由于α为序数，就证明了命数定理. ▎

由命数定理保证下面定义是有效的.

定义6.9 设A为一个集合，称与A等势的最小序数为A的基数，记作$\mathrm{card}A$.

设α为一个序数，若存在集合A，使得$\mathrm{card}A=\alpha$，则称α为基数.

由这个定义，可以证明第五章中的最基本的前两条规定是正确的.

定理6.20 (1) 对于任意的集合A和B，$\mathrm{card}A=\mathrm{card}B\Leftrightarrow A\approx B$;

(2) 对于任意的有穷集合A，$\mathrm{card}A$是与A等势的惟一的自然数.

证明 (1) 必要性，由定义6.9可知，$A\approx\mathrm{card}A$，$B\approx\mathrm{card}B$，于是，$A\approx\mathrm{card}A=\mathrm{card}B\approx B$，所以$A\approx B$.

反之，设$\mathrm{card}A=\alpha$，由$A\approx B$，得$\alpha\approx B$，下面证明$\mathrm{card}B=\alpha$，否则，存在序数$\beta\in\alpha$，使得$\mathrm{card}B=\beta$，于是，$\beta\approx B\approx A\Rightarrow\beta\approx\alpha$，这与$\mathrm{card}A=\alpha$矛盾.

(2) 由于A是有穷集合，因而存在惟一的自然数n，使得$A\approx n$，又因为n不与自己的任何元素等势，所以n是与A等势的最小的自然数，因而$\mathrm{card}A=n$. ▎

定义6.10 设α为一序数，若α不与比它小的任何序数等势，则称α为**初始序数**.

定理6.21 设α为一序数，则α为初始序数当且仅当α为一个基数.

证明 设α为一个初始序数. 由于$\alpha\approx\alpha$，且α不与任何比它小的序数等势，所以α是与α等势的最小序数，因而$\mathrm{card}\alpha=\alpha$，故$\alpha$为一基数.

反之，设α为一基数，则存在集合A，使得$\mathrm{card}A=\alpha$. 下面只要证明任何比α小的序数β都不与α等势. 否则，存在$\beta\in\alpha$，使得$\beta\approx A$，这与α为A的基数是矛盾的. ▎

由定理6.21可知，称一个序数是初始序数与称它为基数是一回事.

在序数列

$$0<1<2\cdots<\omega<\omega+1<\cdots<\omega\cdot 2<\cdots<\omega\cdot 3<\cdots<\omega^2<\cdots<\omega^{\omega}<\cdots<\omega^{\omega^{\omega}}<\cdots$$

中，全体自然数都是初始序数，因而它们都是基数. ω是初始序数，它是基数，在第五章中，已将它记为$\aleph_0$，连续统假设认为比$\omega(\aleph_0)$大的第一个初始序数为$\aleph_1=2^{\aleph_0}$.

习 题 六

1. 设$\langle A,\prec_A\rangle$，$\langle B,\prec_B\rangle$是两个拟序集，$f:A\rightarrow B$，且$\forall x,y\in A$，满足：

$$x \prec_A y \Rightarrow f(x) \prec_B f(y).$$

(1) 是否可以断言 f 是单射的？

(2) 是否可以断言 $x \prec_A y \Leftrightarrow f(x) \prec_B f(y)$？

(3) 若 $\prec_A, \prec_B$，分别是 A,B 上的拟线序关系，(1)，(2)中的结论如何？

2. 设 R 是集合 A 上的拟序关系，证明 R^{-1} 也是 A 上的拟序关系.

3. 设 $\langle A,R\rangle$ 为全序(线序)集，A 是 n 元集.

(1) 证明 R 中含有 $\frac{1}{2}n(n+1)$ 个有序对；

(2) 当 R 是拟线序时，R 中共会多少个有序对？

4. 设 Z_+ 为正整数集，则 $\langle Z_+, <\rangle$ 是良序集，其中 $<$ 为小于关系，设 $f: Z_+ \to N$，且 $\forall n \in Z_+$，$f(n)$ 等于 n 中不同的素数因子的个数. 在 Z_+ 上定义二元关系如下：

$\forall m,n \in Z_+$，

$$mRn \Leftrightarrow f(m) < f(n) \vee (f(m) = f(n) \wedge m < n).$$

证明 $\langle Z_+, R\rangle$ 是良序集.

5. 设 $\langle A, \prec\rangle$ 为良序集，$f: A \to A$，且满足如下条件：$\forall x,y \in A$，若 $x \prec y$，则 $f(x) \prec f(y)$. 证明：$\forall x \in A$，均有 $x \preccurlyeq f(x)$.

6. 设 A 为一个给定的集合，对自然数 N 及 N 上的良序 $\in_N$ 使用超限递归定理，取 $\gamma(x,y)$ 为 $y = A \cup (\bigcup \bigcup \mathrm{ran}x)$，设 F 是 N 上由 γ 构造的函数.

(1) 计算 $F(0), F(1), F(2)$. 试寻找 $F(n)$ 应满足的递推公式.

(2) 证明：如果 $a \in F(n)$，则 $a \subseteq F(n^+)$.

(3) 设 $B = \bigcup \mathrm{ran}F$，证明 B 是传递集，且 $A \subseteq B$.

7. 整数集合 Z 在通常的顺序下(在实数轴上的顺序)不是良序，改变 Z 中元素的顺序为

$$0,1,2,\cdots,-1,-2,\cdots.$$

(1) 在新排顺序中，令 $\prec$ 为，$\forall x,y \in Z$，$x \prec y$ 当且仅当 y 排在 x 的后面，证明 $\prec$ 为 Z 上的良序；

(2) 在(1)中给出的良序集 $\langle Z, \prec\rangle$ 上定义函数 E 如下：

$$E(t) = \{E(x) \mid x \prec t\},$$

试求 $E(3), E(-1), E(-2), \cdots$.

8. 设 $\langle A, \prec_A\rangle$ 和 $\langle B, \prec_B\rangle$ 是两个良序集，已知 $\langle A, \prec_A\rangle \cong \langle B, \prec_B\rangle$，证明从 $\langle A, \prec_A\rangle$ 到 $\langle B, \prec_B\rangle$ 只能存在一个同构.

9. 设 $\langle A, \prec\rangle$ 是拟序集，在 A 上定义函数 F 如下，对于任意的 $a \in A$，$F(a) = \{x \mid x \in A \wedge x \preccurlyeq a\}$，设 $S = \mathrm{ran}F$，证明 F 是 $\langle A, \prec\rangle$ 与 $\langle S, \subset\rangle$ 之间的同构.

10. 设 $\langle A, \prec\rangle$ 是一个良序集，它的序数为 α，设 $B \subseteq A$，β 是良序集 $\langle B, \prec^0\rangle$ 的序数. 证明：$\beta \in\!\!\!\!= \alpha$，其中 $\prec^0$ 为 $\prec$ 在 B 上的限制.

第二编　图　　论

第七章　图

7.1　图的基本概念

在现实生活中、生产活动中以及科学研究中，人们经常遇到各种事物之间的关系. 要将各种关系形象而直观地描绘出来，人们常用点表示事物，用点之间是否有连线表示事物之间是否有某种关系，于是点和点之间的若干条连线就构成了图. 其实，二元关系的关系图，都在我们所研究的图的范围之中. 在本节中，要给出图的严格的数学定义及其一系列的有关的基本概念.

为了给出无向图的定义，首先给出无序积的概念.

设 A,B 为任意的两个集合，称

$$\{\{a,b\}\mid a\in A\wedge b\in B\}$$

为 A 与 B 的**无序积**，记作 $A\& B$.

为方便起见，将无序积中的无序对 $\{a,b\}$ 记为 (a,b)，并且允许 $a=b$，需要注意的是，无论 a,b 是否相等，均有 $(a,b)=(b,a)$.

下面将给出关于图的一系列的基本概念.

定义 7.1　一个**无向图**是一个有序的二元组 $\langle V,E\rangle$，记作 G，其中，

(1) $V\neq\varnothing$ 称为 G 的**顶点集**，其元素称为**顶点**或**结点**；

(2) E 称为**边集**，它是无序积 $V\& V$ 的多重子集[①]，其元素称为**无向边**，简称为**边**.

定义 7.2　一个**有向图**是一个有序的二元组 $\langle V,E\rangle$，记作 D，其中，

(1) $V\neq\varnothing$ 称为 D 的顶点集，其元素称为**顶点**或**结点**；

(2) E 称为边集，它是卡氏积 $V\times V$ 的多重子集，其元素称为**有向边**，简称**边**.

对于无向图 G 和有向图 D，可以用图形来表示它们. 即用小圆圈（有的书上也用实心点）表示顶点，用顶点之间的线段表示无向边，用有向线段表示有向边，将无向图或有向图表示成图形.

【例 7.1】　画出下面二图的图形.

(1) $G=\langle V,E\rangle$，其中，

$V=\{v_1,v_2,v_3,v_4,v_5\}$；

$E=\{(v_1,v_1),(v_1,v_2),(v_2,v_1),(v_2,v_3),(v_3,v_1),(v_3,v_4)\}$.

(2) $D=\langle V,E\rangle$，其中，

---

① 元素可以重复出现的集合称为多重集合，某元素重复出现的次数称为该元素的重复度. 例如，$\{a,a,b,b,b,c\}$ 为一个多重集合，a,b,c 的重复度分别为 2，3，1.

$V=\{v_1,v_2,v_3,v_4\}$;

$E=\{\langle v_1,v_2\rangle,\langle v_1,v_2\rangle,\langle v_1,v_3\rangle,\langle v_3,v_1\rangle,\langle v_2,v_3\rangle,\langle v_3,v_4\rangle,\langle v_4,v_4\rangle\}$.

解 (1) 的图形为图 7.1(a)所示,(2) 的图形为图 7.1(b)所示.

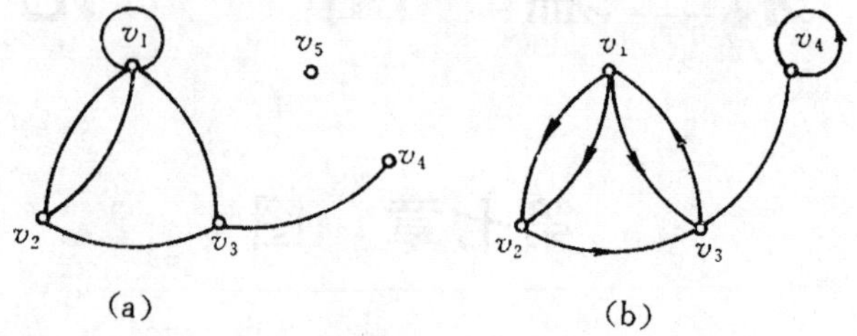

图 7.1

在图的定义中,用 G 表示无向图,用 D 表示有向图,在应用和研究图的性质时,有时用 G 泛指一个图(无向图或有向图),但是,D 只能表示有向图. 为方便起见,有时用 $V(G),E(G)$ 分别表示图 G 的顶点集和边集;用 $V(D),E(D)$ 表示有向图 D 的顶点集和边集. 另外,用 $|V(G)|$,$|E(G)|$ 和 $|V(D)|$,$|E(D)|$ 分别表示 G 和 D 的顶点数和边数,若 $|V(G)|$(或 $|V(D)|$)为 n,则称 G(或 D)为 **n 阶图**(或 **n 阶有向图**).

对于图 G 来说,若 $|V(G)|$ 和 $|E(G)|$ 均为有限数,则称 G 为**有限图**,本书只研究有限图.

为方便起见,在无向图中,常用 $e_k=(v_i,v_j)$ 表示边,在有向图中,也常用 $e_k=\langle e_i,e_j\rangle$ 表示有向边.

在图 G 中,若 $E(G)=\varnothing$,则称 G 为**零图**,此时,又若 $|V(G)|=n$,则称 G 为 **n 阶零图**,记为 N_n,特别是称 N_1 为**平凡图**.

在无向图和有向图的定义中,都规定顶点集为非空的集合,但在图的运算中,可能产生顶点集为空集的运算结果,为此规定顶点集为 $\varnothing$ 的图为**空图**,记为 $\varnothing$.

在讨论图的性质和图的应用中,一般情况下,都不用按定义写出它的顶点集和边集,而只是画出它的图形来. 对于顶点和边都不标定字母的图称为**非标定图**,而称顶点或边用字母标定的图为**标定图**.

另外,将有向图 D 各有向边的箭头都去掉后所得无向图称为 D 的**基图**.

定义 7.3 设 $G=\langle V,E\rangle$ 为一个无向图,$e_k=(v_i,v_j)\in E$,则称 v_i,v_j 为 e_k 的**端点**,e_k 与 v_i(e_k 与 v_j)是**彼此相关联的**. 若 $v_i\neq v_j$,则称 e_k 与 v_i(e_k 与 v_j)的**关联次数**为 1. 若 $v_i=v_j$,则称 e_k 与 v_i 的关联次数为 2,此时称 e_k 为**环**. 设 $v_l\in V$,并且 $v_l\neq v_i$ 且 $v_l\neq v_j$,则称 e_k 与 v_l 的关联次数为 0.

设 $D=\langle V,E\rangle$ 为一个有向图,$e_k=\langle v_i,v_j\rangle\in E$,称 v_i,v_j 为 e_k 的**端点**,并称 v_i 为 e_k 的**始点**,v_j 为 e_k 的**终点**,若 $v_i=v_j$,则称 e_k 为 D 中一个**环**.

无论在无向图还是在有向图中,无边关联的顶点均称为**孤立点**.

定义 7.4 设 $G=\langle V,E\rangle$ 为一个无向图,对于任意的 $v_i,v_j\in V$,若存在边 $e_k\in E$,使得 $e_k=(v_i,v_j)$,则称 v_i 与 v_j 是**彼此相邻的**,简称是**相邻的**.

对于任意的 $e_k,e_l\in E$,若 e_k 与 e_l 至少有一个公共端点,则称 e_k 与 e_l 是**彼此相邻的**,简称是**相邻的**.

设 $D=\langle V,E\rangle$ 为一个有向图,对于任意的 $v_i,v_j\in V$,若存在 $e_k\in E$,使得 $e_k=\langle v_i,v_j\rangle$,则称

v_i **邻接到** v_j，v_j **邻接于** v_i.

设 G 为任意一个无向图，对任意的 $v\in V(G)$，

称 $\{u\mid u\in V(G)\wedge (u,v)\in E(G)\wedge u\neq v\}$ 为 v 的**邻域**，记作 $N_G(v)$.

称 $N_G(v)\cup\{v\}$ 为 v 的**闭邻域**，记作 $\overline{N}_G(v)$.

称 $\{e\mid e$ 与 v 相关联$\}$ 为 v 的**关联集**，记作 $I_G(v)$.

设 D 为任意一个有向图，对于任意的 $v\in V(D)$，

称 $\{u\mid u\in V(D)\wedge \langle v,u\rangle\in E(D)\wedge u\neq v\}$ 为 v 的**后继元集**，记作 $\Gamma_D^+(v)$.

称 $\{u\mid u\in V(D)\wedge \langle u,v\rangle\in E(D)\wedge u\neq v\}$ 为 v 的**先驱元集**，记作 $\Gamma_D^-(v)$.

称 $\Gamma_D^+(v)\cup\Gamma_D^-(v)$ 为 v 的**邻域**，记作 $N_D(v)$.

称 $N_D(v)\cup\{v\}$ 为 v 的**闭邻域**，记作 $\overline{N}_D(v)$.

定义 7.5 设 G 为一无向图，$e_{i_1},e_{i_2},\cdots,e_{i_r}\in E(G)$，$r\geqslant 2$，若 $e_{i_s}=(v_i,v_j)$，$1\leqslant s\leqslant r$，则称 $e_{i_1},e_{i_2},\cdots,e_{i_r}$ 为**平行边**，r 为边 (v_i,v_j) 的**重数**.

设 D 为一个有向图，$e_{i_1},e_{i_2},\cdots,e_{i_r}\in E(D)$，$r\geqslant 2$，若 $e_{i_s}=\langle v_i,v_j\rangle$，$1\leqslant s\leqslant r$，则称 $e_{i_1},e_{i_2},\cdots,e_{i_r}$ 为**平行边**，r 为有向边 $\langle v_i,v_j\rangle$ 的**重数**.

称含平行边的图为**多重图**. 称既不含平行边也不含环的图为**简单图**.

在图 7.2 所示的 6 个图中，只有(e)为简单图，其他 5 个图都是非简单图，其中(a)，(c)，(d)为多重图.

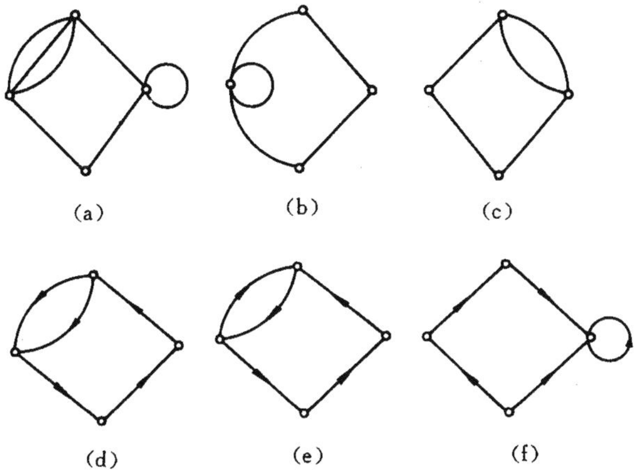

图 7.2

定义 7.6 设无向图 $G=\langle V,E\rangle$，对于任意的 $v\in V$，称 v 作为 G 中边的端点的次数之和为 v 的**度数**[①]，简称**度**，记作 $d_G(v)$，在不发生混淆的情况下，也可以简记为 $d(v)$.

设有向图 $D=\langle V,E\rangle$，对于任意的 $v\in V$，称 v 作为 D 中边的始点的次数之和为 v 的**出度**，记作 $d_D^+(v)$，简记 $d^+(v)$. 称 v 作为 D 中边终点的次数之和为 v 的**入度**，记作 $d_D^-(v)$，简记 $d^-(v)$，称 $d_D^+(v)+d_D^-(v)$ 为 v 的**度数**，记作 $d_D(v)$，简记为 $d(v)$.

从定义容易看出，若 v 为 G 中孤立点，则 $d_G(v)=0$.

① v 的度数也可以如下定义：称 G 中所有边与 v 的关联次数之和为 v 的度数.

设 G 为无向图，令

$$\Delta(G)=\max\{d(v)\mid v\in V(G)\},\quad \delta(G)=\mathrm{mim}\{d(v)\mid v\in V(G)\},$$

称 $\Delta(G)$，$\delta(G)$ 分别为 G 的**最大度数**和**最小度数**，简称**最大度**和**最小度**。

设 D 为一个有向图，类似可定义 D 中的最大度数 $\Delta(D)$ 和最小度数 $\delta(D)$. 另外，令

$$\Delta^{+}(D)=\max\{d^{+}(v)\mid v\in V(D)\},\quad \delta^{+}(D)=\min\{d^{+}(v)\mid v\in V(D)\},$$

$$\Delta^{-}(D)=\max\{d^{-}(v)\mid v\in V(D)\},\quad \delta^{-}(D)=\min\{d^{-}(v)\mid v\in V(D)\},$$

它们依次被称为 D 的最大出度、最小出度、最大入度、最小入度.

在不发生混淆的情况下，$\Delta(G)$，$\delta(G)$ 可分别简记为 Δ 和 δ，$\Delta^{+}(D)$，$\delta^{+}(D)$，$\Delta^{-}(D)$，$\delta^{-}(D)$ 可分别简记为 Δ^{+}，δ^{+}，Δ^{-}，δ^{-}.

从定义不难看出，若 G 为 n 阶无向简单图，则 $\Delta(G)\leqslant n-1$，若 D 为 n 阶有向简单图，则

$$\Delta(D)\leqslant 2(n-1).$$

下面给出的定理和推论是由欧拉于 1736 年给出的，称为**图论的基本定理**或**握手定理**.

定理 7.1 设 $G=\langle V,E\rangle$ 为一个无向图，$V=\{v_1,v_2,\cdots,v_n\}$，$|E|=m$，则

$$\sum_{i=1}^{n}d(v_i)=2m.$$

证明 在 G 中的每一条边(包括环)均有两个端点，所以在计算 G 中各顶点度数之和时，均提供 2 度，因而 m 条边共提供 $2m$ 度. ▌

定理 7.2 设 $D=\langle V,E\rangle$ 为一个有向图，$V=\{v_1,v_2,\cdots,v_n\}$，$|E|=m$，则

$$\sum_{i=1}^{n}d(v_i)=2m \text{ 且 } \sum_{i=1}^{n}d^{+}(v_i)=\sum_{i=1}^{n}d^{-}(v_i)=m.$$

此定理的证明类似于定理 7.1.

推论 任何图 G(无向图或有向图)中，奇度数顶点的个数是偶数.

证明 设 $V_1=\{v\mid v\in V(G)\wedge d(v)\text{为奇数}\}$，$V_2=\{v\mid v\in V(G)\wedge d(v)\text{为偶数}\}$. 则 $V_1\cap V_2=\varnothing$，$V_1\cup V_2=V$，于是

$$\sum_{i=1}^{n}d(v_i)=\sum_{v_i\in V_1}d(v_i)+\sum_{v_i\in V_2}d(v_i)=2m,$$

由于 $\sum\limits_{v_i\in V_2}d(v_i)$ 和 $2m$ 均为偶数，所以 $\sum\limits_{v_i\in V_1}d(v_i)$ 必为偶数. 又因为对于任意的 $v_i\in V_1$，$d(v_i)$ 为奇数，所以必有 $|V_1|$ 为偶数，即 G 中奇度顶点为偶数个. ▌

今后常称度数为奇数的顶点为**奇度顶点**，度数为偶数的顶点为**偶度顶点**.

设 $G=\langle V,E\rangle$ 为一无向图，$V=\{v_1,v_2,\cdots,v_n\}$，称 $(d(v_1),d(v_2),\cdots,d(v_n))$ 为 G 的**度数列**. 易知，对于顶点编好号的给定图 G，它的度数列是惟一确定的. 反之，对于任意给定的非负整数列 $\boldsymbol{d}=(d_1,d_2,\cdots,d_n)$，若存在 n 阶图 G 以 $\boldsymbol{d}$ 为度数列，则称 $\boldsymbol{d}$ 是**可图化的**. 特别地，若存在 n 阶简单图 G 以 $\boldsymbol{d}$ 为度数列，则称 $\boldsymbol{d}$ 是**可简单图化的**.

要问的问题是，$\boldsymbol{d}=(d_1,d_2,\cdots,d_n)$($d_i\geqslant 0$ 且为整数，$i=1,2,\cdots,n$)在什么条件之下是可图化的，又在什么条件下是可简单图化的，下面给出的定理回答以上问题.

定理 7.3 $\boldsymbol{d}=(d_1,d_2,\cdots,d_n)$($d_i\geqslant 0$ 且为整数，$i=1,2,\cdots,n$)是可图化的当且仅当

$$\sum_{i=1}^{n}d_i=0(\bmod 2).$$

证明　由握手定理可知，必要性是显然的.下面证明充分性.

由于 $\sum_{i=1}^{n} d_i = 0 \pmod 2$，所以 $\boldsymbol{d}$ 中有偶数个奇数，设奇数个数为 $2k\left(0 \leqslant k \leqslant \left\lfloor \frac{n}{2} \right\rfloor\right)$，奇数分别为 $d_{i_1}, d_{i_2}, \cdots, d_{i_k}, d_{i_{k+1}}, \cdots, d_{i_{2k}}$. 用如下的方法做无向图 $G = \langle V, E\rangle, V = \{v_1, v_2, \cdots, v_n\}$. 首先在顶点 v_{i_r} 和 $v_{i_{r+k}}$ 之间连边，得边 $e_r = (v_{i_r}, v_{i_{r+k}}), r = 1, 2, \cdots, k$. 若 d_i 为偶数，令 $d_i' = d_i$，若 d_i 为奇数，令 $d_i' = d_i - 1$ 得 $\boldsymbol{d}' = (d_1', d_2', \cdots, d_n')$，则 $d_i' \geqslant 0$ 且为偶数. 再在 v_i 处做 $\frac{d_i'}{2}$ 条环 $e_{i1}, e_{i2}, \cdots, e_{id_i'/2}, i = 1, 2, \cdots, n$，将所得边集合在一起组成边集 E，则 $G = \langle V, E\rangle$ 的度数列为 $\boldsymbol{d}$.

在 G 中，若 d_i 为偶数，则 $d(v_i) = 2 \cdot \frac{d_i'}{2} = 2 \cdot \frac{d_i}{2} = d_i$. 若 d_i 为奇数，则 $d(v_i) = 1 + 2 \cdot \frac{d_i'}{2} = 1 + d_i' = 1 + d_i - 1 = d_i$，所以 $\boldsymbol{d}$ 是可图化的. ▌

【例 7.2】　下面给出的两个整数列，哪个是可图化的？

(1) $\boldsymbol{d} = (5, 4, 4, 3, 3, 2)$；　　(2) $\boldsymbol{d} = (5, 3, 3, 2, 1)$.

解　(1) $\sum_{i=1}^{6} d_i = 1 \pmod 2$，由定理 6.3 可知，$\boldsymbol{d}$ 不可图化.

(2) $\sum_{i=1}^{5} d_i = 0 \pmod 2$，由定理 7.3 可知，$\boldsymbol{d}$ 是可图化的. 以 $\boldsymbol{d}$ 为度数列的图可以有多个，图 7.3 所示的 3 个图都满足要求.

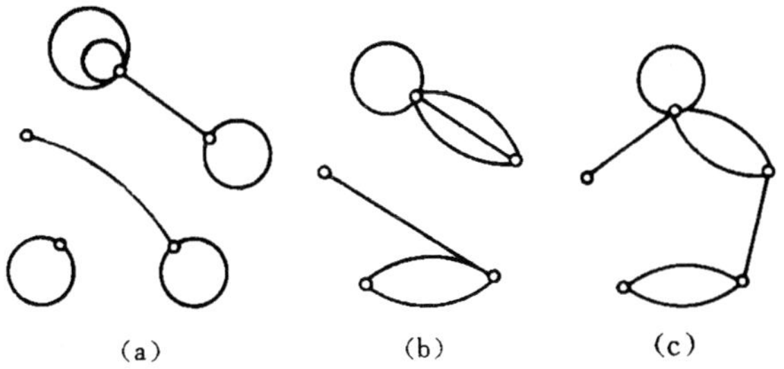

图　7.3

下面的问题是，给定的非负整数列 $\boldsymbol{d} = (d_1, d_2, \cdots, d_n)$ 是可简单图化的条件又是什么？请看下面两个定理.

定理 7.4　设非负整数列 $\boldsymbol{d} = (d_1, d_2, \cdots, d_n)$，$(n-1) \geqslant d_1 \geqslant d_2 \geqslant \cdots \geqslant d_n \geqslant 0$，则 $\boldsymbol{d}$ 是可简单图化的当且仅当对于每个整数 r，$1 \leqslant r \leqslant (n-1)$，

$$\sum_{i=1}^{r} d_i \leqslant r(r-1) + \sum_{i=r+1}^{n} \min\{r, d_i\} \text{ 且 } \sum_{i=1}^{n} d_i = 0 \pmod 2.$$

本定理的证明略.

【例 7.3】　判断下列各非负整数列是否是可简单图化的？

(1) $(5, 4, 3, 2, 2, 1)$；　　(2) $(5, 4, 4, 3, 2)$；

(3) $(3, 3, 3, 1)$；　　(4) $(6, 6, 5, 4, 3, 3, 1)$；

(5) $(5, 5, 3, 3, 2, 2, 2)$；　　(6) $(d_1, d_2, \cdots, d_n)$，$d_1 > d_2 > \cdots > d_n \geqslant 1$.

解　用定理 7.4 进行判断.

(1) $\sum d_i = 1 \pmod 2$，所以所给数列不可简单图化. 其实，它也是不可图化的.

(2) $\sum d_i = 0 (\bmod 2)$,但 $d_1 = 5$,不满足 $d_1 \leqslant n-1$ 的条件,所以所给数列不可简单图化.

(3) $\sum d_i = 0 (\bmod 2)$ 且 $d_1 = 4-1$(满足 $d_1 \leqslant n-1$),但当取 $r=2$ 时,不满足 $\sum_{i=1}^{r} d_i \leqslant r(r-1) + \sum_{i=r+1}^{n} \min\{r, d_i\}$ 的条件,所以所给数列不是可简单图化的.

类似可证明(4),(6)中数列是不可简单图化的.

但可以验证(5)中数列满足定理7.4中的一切条件,因而是可简单图化的.图7.4图的(a),(b)两图均以(5)中数列为度数列.

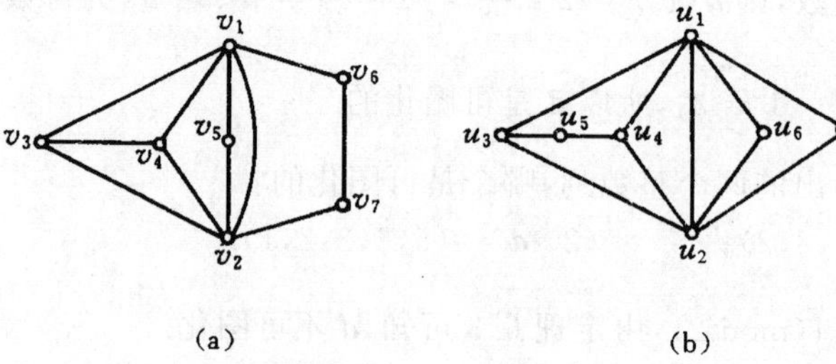

图 7.4

定理 7.5 设非负整数列 $\boldsymbol{d} = (d_1, d_2, \cdots, d_n)$, $\sum_{i=1}^{n} d_i = 0 (\bmod 2)$ 且 $(n-1) \geqslant d_1 \geqslant d_2 \geqslant \cdots \geqslant d_n \geqslant 0$,则 $\boldsymbol{d}$ 是可简单可图化的当且仅当 $\boldsymbol{d}' = (d_2 - 1, d_3 - 1, \cdots, d_{d_1+1} - 1, d_{d_1+2}, \cdots, d_n)$ 是可简单图化的.

证明 先证充分性.因为 $\boldsymbol{d}'$ 是可简单图化的,设 G' 是以 $\boldsymbol{d}'$ 为度数列的简单图.

$$V(G') = \{v_2, v_3, \cdots, v_n\}.$$

$$d_{G'}(v_i) = \begin{cases} d_i - 1, & i = 2, 3, \cdots, d_1 + 1, \\ d_i, & i = d_1 + 2, d_1 + 3, \cdots, n. \end{cases}$$

在 G' 中增加一个新顶点 v_1,使 v_1 与 $v_2, v_3, \cdots, v_{d_1+1}$ 均相邻,设所得新图为 G.在 G 中易知,$d_G(v_i) = d_i, i = 1, 2, \cdots, n$,即 G 以 $\boldsymbol{d}$ 为度数列,这说明 $\boldsymbol{d}$ 是可简单图化的.

下面证明必要性.设 G 是以 $\boldsymbol{d}$ 为度数列的简单图,分两种情况讨论.

(1) 在 G 中,若存在 $v \in V(G)$,v 与度数为 $d_2, d_3, \cdots, d_{d_1+1}$ 的 d_1 个顶点均相邻,在 G 中去掉 v 及其 v 所关联的一切边,设所得图为 G',则 G' 以 $\boldsymbol{d}' = (d_2 - 1, d_3 - 1, \cdots, d_{d_1+1} - 1, d_{d_1+2}, \cdots, d_n)$ 为度数列,这正说明 $\boldsymbol{d}'$ 是可简单图化的.

(2) G 中不存在与度为 $d_2, d_3, \cdots, d_{d_1+1}$ 的顶点都相邻的度为 d_1 的顶点.

在 G 中,设 $d_G(v_i) = d_i$,设 v_1 是所有度数为 d_1 的顶点中,其邻域中顶点度数之和最大的顶点,由 G 的性质可知,必存在度分别为 $d_i, d_j (d_i > d_j)$ 的顶点 v_i, v_j,而 $(v_1, v_i) \notin E(G)$,$(v_1, v_j) \in E(G)$.因为 $d_i > d_j$,因而必存在 v_k,$(v_i, v_k) \in E(G)$,而 $(v_j, v_k) \notin E(G)$.在 G 中,去掉边 (v_1, v_j) 和 (v_i, v_k),加新边 (v_1, v_i) 和 (v_j, v_k),得图设为 G_1.易知,$d_{G_1}(v_i) = d_G(v_i), i = 1, 2, \cdots, n$,于是 G_1 的度数列仍然为 $\boldsymbol{d} = (d_1, d_2, \cdots, d_n)$,并且 v_1 在 G_1 中所邻顶点度数之和大于它在 G 中所邻顶点的度数之和.对 G_1 重复上述过程,直到得到一个图 G_r,它有一个顶点 v_1 与度为 $d_2, d_3, \cdots, d_{d_1+1}$ 的所有顶点都相邻为止.在 G_r 中去掉 v_1 及所关联的一切边,所得图为 G_r',则 G_r' 以 $\boldsymbol{d}' =$

$(d_2-1, d_3-1, \cdots, d_{d_1+1}-1, d_{d_1+2}, \cdots, d_n)$为度数列，所以 $\boldsymbol{d}'$ 是可简单图化的. ∎

【例 7.4】 利用定理 7.5 判断下面两个非负整数列是否是可简单图化的.

(1) (5,5,4,4,2,2);

(2) (4,4,3,3,2,2).

解 (1) (5,5,4,4,2,2)是可简单图化的

$\Longleftrightarrow$ (4,3,3,1,1)是可简单图化的

$\Longleftrightarrow$ (2,2,0,0)是可简单图化的

而(2,2,0,0)显然是不可简单图化的，所以(1)中数列不是可简单图化的.

解 (2) (4,4,3,3,2,2)是可简单图化的

$\Longleftrightarrow$ (3,2,2,1,2)是可简单图化的

$\Longleftrightarrow$ (3,2,2,2,1)是可简单图化的

$\Longleftrightarrow$ (1,1,1,1)是可简单图化的

而(1,1,1,1)是可简单图化的是显然的，所以(2)中数列是可简单图化的. 图 7.5 所示的图就以(4,4,3,3,2,2)为度数列.

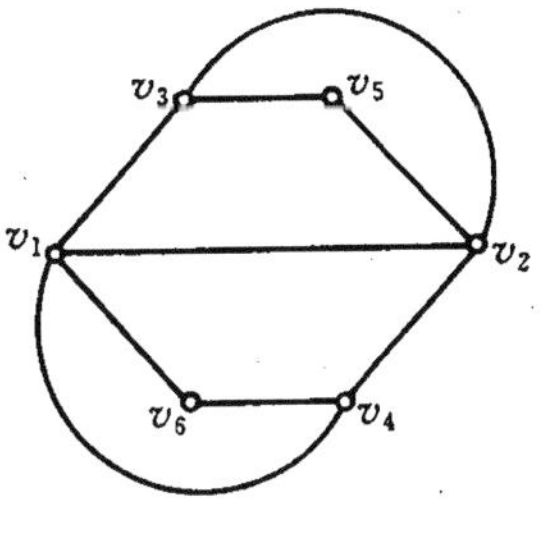

图 7.5

定义 7.7 设 $G_1=\langle V_1, E_1\rangle$，$G_2=\langle V_2, E_2\rangle$ 为两个无向图. 若存在双射函数 $f: V_1 \to V_2$，对于任意的 $v_i, v_j \in V_1$，$(v_i, v_j) \in E_1$ 当且仅当 $(f(v_i), f(v_j)) \in E_2$ 且 (v_i, v_j) 与 $(f(v_i), f(v_j))$ 重数相同，则称 G_1 与 G_2 **同构**，记作 $G_1 \cong G_2$.

若 G_1 与 G_2 为两个有向图，也类似地定义它们同构的概念，只是注意将无向边改为有向边，即 $\langle v_i, v_j\rangle \in E_1$ 当且仅当 $\langle f(v_i), f(v_j)\rangle \in E_2$ 且 $\langle v_i, v_j\rangle$ 与 $\langle f(v_i), f(v_j)\rangle$ 重数相同.

在图 7.6 中(a)$\cong$(b)，但(a)$\ncong$(c)，(d)$\cong$(e)$\cong$(f)，(g)$\cong$(i)，但(g)$\ncong$(h).

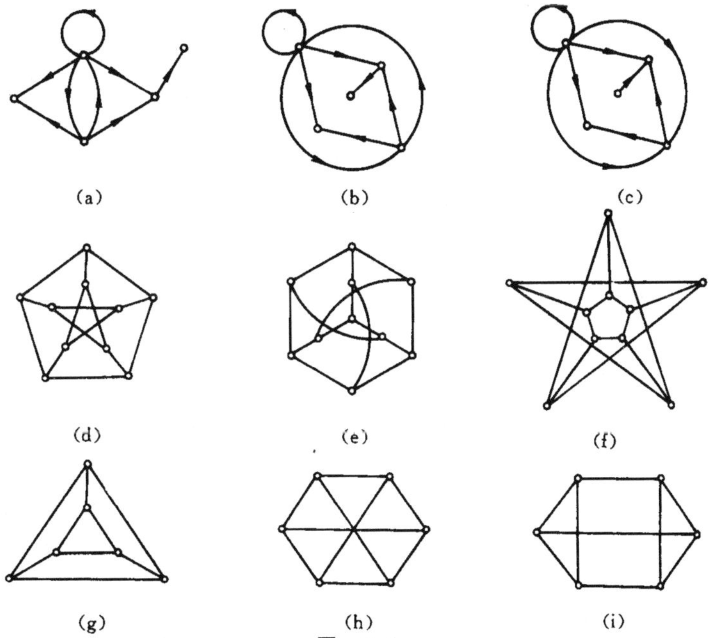

图 7.6

图中(d)称为**彼得森(Petersen)图**.

图之间的同构关系≌是全体图集合上的二元关系,它是自反的、对称的,并且是传递的,因而它是等价关系.在这个等价关系的每个等价类中均取出一个非标定图作为代表,凡是与这个代表同构的图(标定或非标定的),在同构的意义之下都看成是同一个图.图 7.6 中,(d),(e),(f)在同构的意义之下看成一个图,它们都是彼得森图.同样,(g),(i)也看成同一个图.

若两个图 $G_1 \cong G_2$,我们可以找到它们应满足的许多条件,比如,它们的阶数相同,边数相同,相同度数的顶点数相同等等,但这些条件都是两个图同构的必要条件,而不是充分条件.到目前为止,还没有找到判断两个图同构的有效的判别法,还只能根据定义判断.

定义 7.8 设 G 为 $n(n \geqslant 1)$ 阶无向简单图,若 G 中每个顶点均与其余的 $n-1$ 个顶点相邻,则称 G 为 n 阶无向**完全图**,记作 K_n.

设 D 为 $n(n \geqslant 1)$ 阶有向简单图,若对于任意的 $v_i, v_j \in V(D)(v_i \neq v_j)$,均有 $\langle v_i, v_j \rangle \in E(D) \wedge \langle v_j, v_i \rangle \in E(D)$,则称 D 为 n 阶**有向完全图**.

设 D 为 $n(n \geqslant 1)$ 阶有向简单图,若对于任意的 $v_i, v_j \in V(D)(v_i \neq v_j)$,有向边 $\langle v_i, v_j \rangle$ 和 $\langle v_j, v_i \rangle$ 中有且仅有一个属于 $E(D)$,则称 D 为 n 阶**竞赛图**.

图 7.7 中,(a)为无向完全图 K_5,(b)为 3 阶有向完全图,而(c)为 4 阶竞赛图.

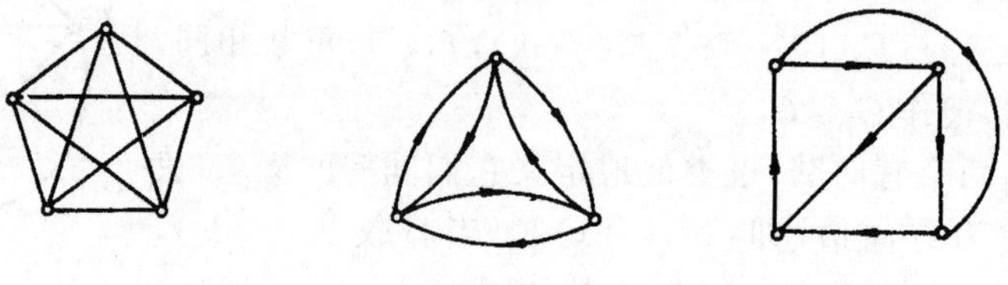

(a) (b) (c)

图 7.7

定义 7.9 设 G 为 $n(n \geqslant 1)$ 阶无向简单图,若对于任意的 $v \in V(G)$,均有 $d(v)=k$,则称 G 为 ***k*-正则图**.

易知,n 阶零图 N_n 是 0-正则图.无向完全图 K_n 是 $(n-1)$-正则图,彼得森图是 3-正则图.图 7.8 中所示的 5 个图是著名的**柏拉图(Plato)图**.其中(a) 为四面体图,它是 3-正则图;(b) 是六面体图(也称为方体图),它是 3-正则图;(c) 是八面体图,它是 4-正则图;(d) 是十二面体图,它是 3-正则图;(e) 是二十面体图,它是 5-正则图.

由握手定理可知,在 k-正则图中,边数 m 等于 kn 的一半,若 k 为奇数,则 n 必为偶数.

思考题 6 阶 3-正则图有几种非同构的情况?

定义 7.10 设 $G=\langle V, E \rangle$ 为一个 n 阶无向图,若 V 能分成 $r(r \geqslant 2)$ 个互不相交的子集 $V_1, V_2, \cdots, V_r$,使得 G 中任何一条边的两个端点都不在同一个 $V_i(i=1,2,\cdots,r)$ 中,则称 G 为 ***r* 部图**,记作 $G=\langle V_1, V_2, \cdots, V_r, E \rangle$.特别地,当 $r=2$ 时,称 $G=\langle V_1, V_2, E \rangle$ 为**二部图(或称偶图)**.设 G 是简单 r 部图,若对任意的 $i(i=1,2,\cdots,r)V_i$ 中任一个顶点均与 $V_j(j \neq i)$ 中所有顶点相邻,则称 G 为**完全 *r* 部图**,当 $|V_i|=n_i$ 时,记 $G=K_{n_1,n_2,\cdots,n_r}$,当 $r=2$ 时,完全二部图 $G=K_{n_1,n_2}$.

图 7.9 所示图都是二部图,易知(a)≌(d),(b)≌(e),(c)≌(f).且(b),(c),(e),(f)全是完全二部图,(e)和(b)是 $K_{2,3}$,(c)与(f)是 $K_{3,3}$.人们习惯于将二部图画成(d),(e),(f)的形式.

由定义可知,零图 $N_n(n \geqslant 1)$是二部图.

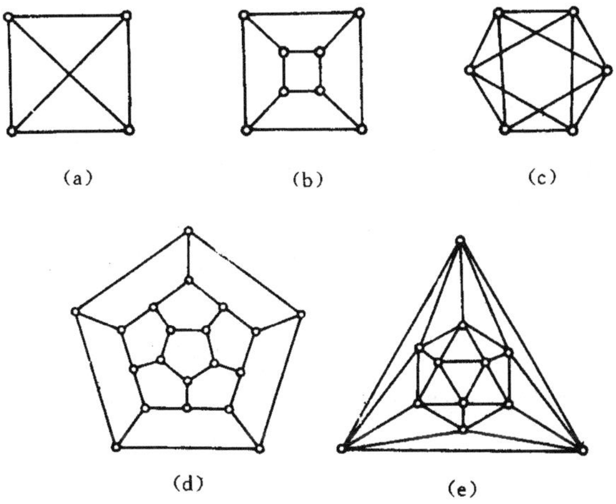

图　7.8

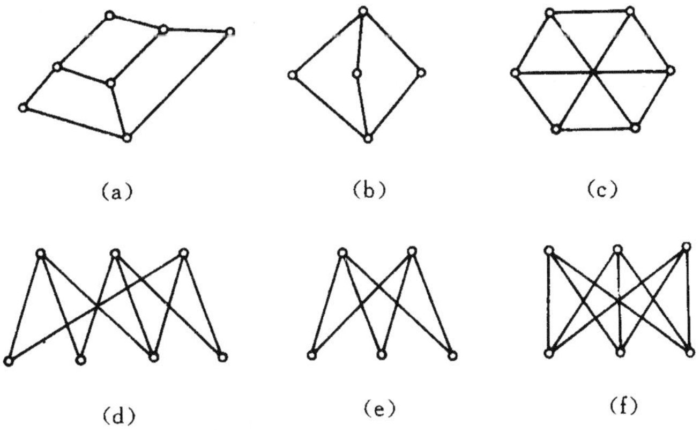

图　7.9

在 7.3 节将给出二部图的判别定理.

在 n 阶完全 r 部图 $K_{n_1,n_2,\cdots,n_r}$ 中, $n=\sum_{i=1}^{r}n_i$, $m=\sum_{i<j}n_in_j$. 当 n,r 固定后,可以问这样的问题,即 $n_1,n_2,\cdots,n_r$ 各取何值时,使得 n 阶完全 r 部图中,边数 m 达到最大?

可以证明:对于固定的正整数 $n,r(n>r)$,存在 $k,s(k\geqslant 1,0\leqslant s<r)$,使得 $n=kr+s$,即 $n_1=n_2=\cdots n_s=k+1,n_{s+1}=n_{s+2}=\cdots=n_r=k$,此时 $K_{n_1,n_2,\cdots,n_r}$ 的边数最多,即 m 取最大值.

常记边数 m 达到最大值的 n 阶完全 r 部图 $K_{n_1,n_2,\cdots,n_r}$ 为 $T_r(n)$,它的边数 m 记为 $t_r(n)$. 例如,

$$T_2(6)=K_{3,3},\quad m=t_2(6)=9;$$
$$T_2(5)=K_{3,2},\quad m=t_2(5)=6;$$
$$T_3(5)=K_{2,2,1},\quad m=t_3(5)=8;$$
$$T_4(5)=K_{2,1,1,1},\quad m=t_4(5)=9;$$
$$T_4(10)=K_{3,3,2,2},\quad m=t_4(10)=37.$$

设 $G=\langle V_1,V_2,\cdots,V_r,E\rangle$ 为任意的 n 阶 r 部简单图，设 $n_i=|V_i|$，则 G 的边数 m 满足

$$m\leqslant\sum_{i<j}n_in_j\leqslant t_r(n),$$

当 $m=t_r(n)$ 时，必有 $G\cong T_r(n)$.

定义 7.11 设 $G=\langle V,E\rangle$，$G'=\langle V',E'\rangle$ 为两个图(同为无向图或同为有向图)，若 $V'\subseteq V$ 且 $E'\subseteq E$，则称 G' 是 G 的**子图**，G 为 G' 的**母图**，记作 $G'\subseteq G$.

已知 $G'\subseteq G$，又若 $V'\subset V$ 或 $E'\subset E$，则称 G' 是 G 的**真子图**；若 $V'=V$，则称 G' 为 G 的**生成子图**.

设 $G=\langle V,E\rangle$ 为一图，$V_1\subset V$ 且 $V_1\neq\varnothing$，称以 V_1 为顶点集，以 G 中两个端点都在 V_1 中的边组成边集 E_1 的图，为 G 的 V_1 **导出的子图**，记作 $G[V_1]$.

又设 $E_1\subset E$ 且 $E_1\neq\varnothing$，称以 E_1 为边集，以 E_1 中的边关联的顶点为顶点集 V_1 的图，为 G 的 E_1 **导出的子图**，记作 $G[E_1]$.

图 7.10 中，(b)为 $\{v_1,v_2,v_5,v_6,v_7\}$ 的导出子图，(c)为 $\{e_4,e_5,e_9\}$ 的导出子图.

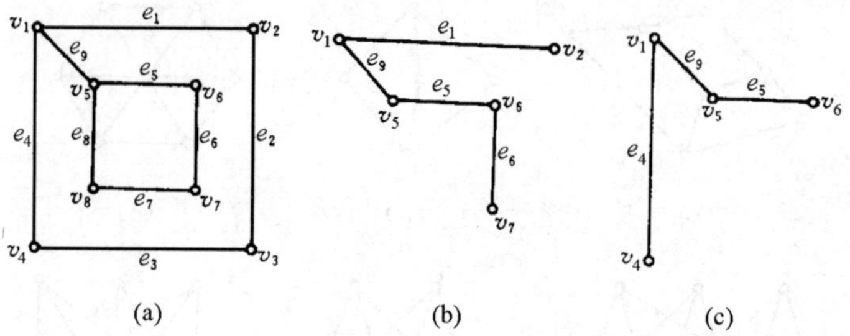

图 7.10

对于给定的正整数 n 和 m，构造出所有非同构的 n 阶 m 条边的无向简单图$\left(\text{要求 } m\leqslant\frac{n(n-1)}{2}\right)$，或有向简单图(要求 $m\leqslant n(n-1)$)，这是目前还未解决的难题，但对于较小的 n,m，还是容易构造出来的.

【例 7.5】 (1) 画出 5 阶 4 条边的所有非同构的无向简单图；

(2) 画出 4 阶 2 条边的所有非同构的有向简单图.

解 (1) 由握手定理可知，所画的图各顶点的度数之和为 8，最大度小于等于 4. 对于无孤立点的情况，度数列只有下面三种情况：

① (4,1,1,1,1)； ② (3,2,1,1,1)； ③ (2,2,2,1,1)；

若有孤立点也只能有一个(想一想为什么?)，其度数列有以下两种情况：

④ (3,2,2,1,0)； ⑤ (2,2,2,2,0).

①～⑤对应的图为图 7.11 中(a)～(e)所示. 其中，对应③的图除(c)外，还有一个非同构的，请读者画出来. 这些图都是 K_5 的子图.

(2) 所要求的有向图各顶点的度数之和均为 4，出度之和等于入度之和等于 2. 容易画出所有非同构的满足要求的有向简单图，为图 7.11 中(f)～(j)所示. 它们都是 4 阶有向完全图的子图.

定义 7.12 设 $G=\langle V,E\rangle$ 为 n 阶简单图(无向或有向的)，称以 V 为顶点集，以使 G 成为 n

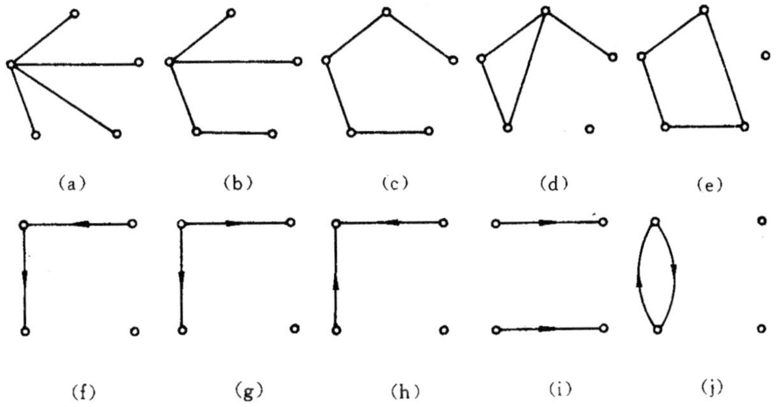

图 7.11

阶完全图的所有添加边组成的集合为边集的图，为 G 的**补图**，记作 $\overline{G}$.

若 $G\cong\overline{G}$，则称 G 为**自补图**.

思考题 若 G 为自补图，则 G 的阶 n 应满足什么条件？对于无向图和有向图分别讨论.

到目前为止，关于图运算的定义在不同的图论书中还很不统一. 本书中给出的定义与其他书中的定义可能有所不同，请读者注意区分.

定义 7.13 设 $G=\langle V,E\rangle$ 为一无向图.

(1) 设 $e\in E$，用 $G-e$ 表示从 G 中去掉边 e，称为**删除 e**. 又设 $E'\subset E$，用 $G-E'$ 表示从 G 中删除 E' 中的所有边，称为**删除 E'**.

(2) 设 $v\in V$，用 $G-v$ 表示从 G 中去掉 v 及 v 关联的一切边，称为**删除顶点 v**. 又设 $V'\subset V$，用 $G-V'$ 表示从 G 中删除 V' 中的所有顶点，称为**删除 V'**.

(3) 设 $e=(u,v)\in E$，用 $G\backslash e$ 表示从 G 中删除 e，将 e 的两个端点 u,v 用一个新的顶点 w 代替，使 w 关联除 e 外的 u,v 关联的一切边，称为边 e 的**收缩**.

(4) 设 $u,v\in V$（u,v 可能相邻，也可能不相邻），用 $G\cup(u,v)$（或 $G+(u,v)$）表示在 u,v 之间加一条边 (u,v)，称为**加新边**.

在边 $e=(u,v)$ 的收缩中，w 也可以取成 u 或 v.

简单图经过边的收缩或加新边后，可变成非简单图.

定义 7.14 设 $G_1=\langle V_1,E_1\rangle$，$G_2=\langle V_2,E_2\rangle$ 为两个图.

(1) 若 $V_1\cap V_2=\varnothing$，则称 G_1 与 G_2 是**不交的**；

(2) 若 $E_1\cap E_2=\varnothing$，则称 G_1 与 G_2 是**边不交的**，或**边不重的**.

不交的图必为边不交的，但反之不真.

定义 7.15 设 $G_1=\langle V_1,E_1\rangle$，$G_2=\langle V_2,E_2\rangle$ 均为无孤立点的图.

(1) 称以 $E_1\cup E_2$ 为边集，以 $E_1\cup E_2$ 中边关联的顶点组成的集合为顶点集的图为 G_1 与 G_2 的**并图**，记作 $G_1\cup G_2$.

(2) 称以 $E_1\cap E_2$ 为边集，以 $E_1\cap E_2$ 中边关联的一切顶点组成的集合为顶点集的图为 G_1 与 G_2 的**交图**，记作 $G_1\cap G_2$.

(3) 称以 E_1-E_2 为边集，以 E_1-E_2 中边关联的一切顶点组成的集合为顶点集的图为 G_1 与 G_2 的**差图**，记作 G_1-G_2.

(4) 称以 $E_1 \oplus E_2$($\oplus$为对称差运算)为边集,以 $E_1 \oplus E_2$ 中边关联的一切顶点组成的集合为顶点集的图为 G_1 与 G_2 的**环和**,记作 $G_1 \oplus G_2$.

其实,$G_1 \oplus G_2 = (G_1 \cup G_2) - (G_1 \cap G_2)$.

请注意 $E_1 \oplus E_2$ 和 $G_1 \oplus G_2$ 中$\oplus$的区别.

在定义 7.15 中,还应注意以下两点:

(1) 当 $G_1 = G_2$ 时,$G_1 \cup G_2 = G_1 \cap G_2 = G_1(G_2)$,$G_1 - G_2 = G_2 - G_1 = G_1 \oplus G_2 = \varnothing$(空图).

(2) 当 G_1 与 G_2 边不重时,$G_1 \cap G_2 = \varnothing$,$G_1 - G_2 = G_1$,$G_2 - G_1 = G_2$,$G_1 \oplus G_2 = G_1 \cup G_2$.

定义 7.16 设 $G_1 = \langle V_1, E_1 \rangle$,$G_2 = \langle V_2, E_2 \rangle$为两个不交的无向图. 称以 $V = V_1 \cup V_2$ 为顶点集,以 $E = E_1 \cup E_2 \cup \{(u,v) \mid u \in V_1 \wedge v \in V_2\}$为边集的图 G 为 G_1 与 G_2 的**联图**,记作

$$G = G_1 + G_2.$$

从定义不难看出以下两点:(1) $K_r + K_s = K_{r+s}$;(2) $N_r + N_s = K_{r,s}$.

在图 7.12 中,(b)是(a)中 K_2 与 K_3 的联图 K_5,(d)是(c)中 N_2 与 N_3 的联图 $K_{2,3}$(N_2 由上面的两个顶点组成,N_3 由下面 3 个顶点组成).

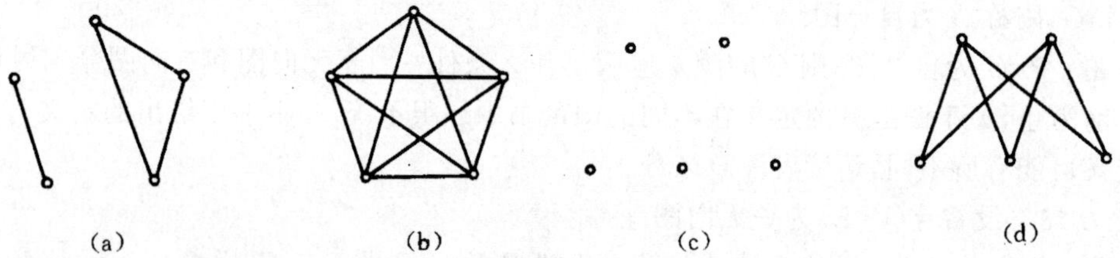

图 7.12

若$|V_1| = n_1$,$|E_1| = m_1$,$|V_2| = n_2$,$|E_2| = m_2$,则联图中顶点数 $n = n_1 + n_2$,边数 $m = m_1 + m_2 + n_1 n_2$.

定义 7.17 设 $G_1 = \langle V_1, E_1 \rangle$,$G_2 = \langle V_2, E_2 \rangle$为二无向简单图,称以 $V = V_1 \times V_2$ 为顶点集,以 $E = \{(\langle u_i, u_j \rangle, \langle v_k, v_s \rangle) \mid \langle u_i, u_j \rangle, \langle v_k, v_s \rangle \in V_1 \times V_2 \wedge (u_i = v_k \wedge u_j$ 与 v_s 相邻 $\vee\, u_j = u_s \wedge u_i$ 与 v_k 相邻$)\}$为边集的图 G 为 G_1 与 G_2 的**积图**,记作 $G_1 \times G_2$.

若设$|V_i| = n_i$,$|E_i| = m_i$,$i = 1,2$,则积图中,$|V| = n = n_1 n_2$,$|E| = n_1 m_2 + n_2 m_1$.

在图 7.13 中,(c)为(a),(b)所示二图的积图.

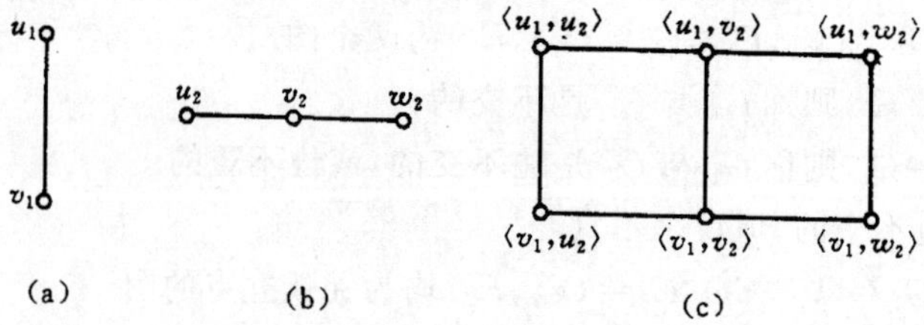

图 7.13

用 0,1 分别表示 K_2 的两个端点,令

$Q_1 = K_2$,

$Q_2 = K_2 \times Q_1$,

⋮

$$Q_k = K_2 \times Q_{k-1}, \quad k \geqslant 3,$$

则称 Q_k 为 ***k*-方体图.**

图 7.14 中给出了 1-方体图,2-方体图和 3-方体图.

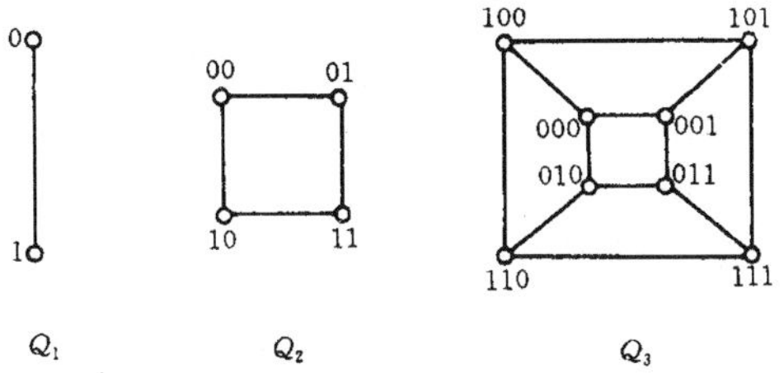

图 7.14

易知 Q_k 中有 2^k 个顶点,$k \cdot 2^{k-1}$ 条边.

7.2 通路与回路

通路与回路是图论中两个重要的概念,在不同作者编写的书中,通路与回路又有不同的称呼.本书中的有些概念对于有向图和无向图来说是很类似的,因而所下定义一般说来既适合无向图又适合有向图,差别较大的要加以说明或分开定义.

下面先给出无向图中通路与回路的定义.

定义 7.18 设 G 为无向标定图,G 中顶点与边的交替序列 $\Gamma = v_{i_0} e_{j_1} v_{i_1} e_{j_2} \cdots e_{j_l} v_{i_l}$ 称为顶点 v_{i_0} 到顶点 v_{i_l} 的**通路**,其中 $v_{i_{r-1}}, v_{i_r}$ 为 e_{j_r} 的端点,$r=1,2,\cdots,l$,v_{i_0}, v_{i_l} 分别称为 Γ 的**始点**和**终点**,Γ 中边数 l 称为 Γ 的长度.若 $v_{i_0} = v_{i_l}$,则称通路 Γ 为**回路**.

若 Γ 的所有边各异,则称 Γ 为**简单通路**.此时,又若 $v_{i_0} = v_{i_l}$,则称 Γ 为**简单回路**.

若 Γ 的所有顶点(除 v_{i_0} 与 v_{i_l} 可能相同外)各异,所有边也各异,则称 Γ 为**初级通路**,或称 Γ 为一条**路径**.此时,又若 $v_{i_0} = v_{i_l}$,则称 Γ 为**初级回路**或**圈**,并将长度为奇数的圈称为**奇圈**,长度为偶数的圈称为**偶圈**.

注意,在初级通路与初级回路的定义中,仍将初级回路看成了初级通路的特殊情况,只是在应用中,初级通路(路径)多数是始点与终点不相同的.

若 Γ 中有边重复出现,则称 Γ 为**复杂通路**.又若此时有 $v_{i_0} = v_{i_l}$,则称 Γ 为**复杂回路**.

对于有向图中通路、回路及其分类的定义与以上的定义非常类似,只是要注意在有向图中通路与回路中有向边方向的一致性,即在 $\Gamma = v_{i_0} e_{j_1} v_{i_1} e_{j_2} \cdots e_{j_l} v_{i_l}$ 中,$v_{i_{r-1}}$ 必为 e_{j_r} 的始点,而 v_{i_r} 必为 e_{j_r} 的终点,$r=1,2,\cdots,l$,并且将初级回路也简称为圈.

在以上通路与回路的定义中,将回路定义成了通路的特殊情况,初级通路(回路)是简单通路(回路),但反之不真.

在定义中,将通路(回路)表示成顶点与边的交替序列,其实还可以用以下简便方法表示通路与回路.

(1) 用边的序列表示通路(回路).

定义 7.18 中的 $\Gamma = v_{i_0} e_{j_1} v_{i_1} e_{j_2} \cdots e_{j_l} v_{i_l}$ 可以表示为 $e_{j_1} e_{j_2} \cdots e_{j_l}$.

(2) 在简单图中用顶点的序列表示通路(回路).

在简单图中,上述Γ既可以表示为$e_{j_1}e_{j_2}\cdots e_{j_l}$,又可以表示为$v_{i_0}v_{i_1}\cdots v_{i_l}$.对于只标定顶点的简单图,当然是只用顶点序列表示更为方便.

(3) 为了写出非标定图中的通路(回路),应该将非标定图先标成标定图,或只标定所求通路(回路),然后再写出通路(回路).

(4) 将图中的通路(回路)在图外重新画出.

在这种表示法中,长为l的圈,在同构的意义下表示法是惟一的,但在定义意义下,即只要顶点和边的交替序列不同就认为是不同的通路或回路,画出的长为l的圈表示l个不同的圈(因为不同始点(也是终点)的圈看成是不同的).

定义 7.19 在含圈的无向简单图G中,称G中最长圈的长度为G的**周长**,记作$c(G)$,称G中最短圈的长度为G的**围长**,记作$g(G)$.

无向完全图$K_n(n\geqslant 3)$的周长为n,围长为3.完全二部图$K_{n,n}(n\geqslant 2)$的周长为$2n$,围长为4.

以下两个定理及其推论,对于无向图和有向图都是成立的,因而就一般的n阶图(有向的或无向的)进行讨论.

定理 7.6 在n阶图G中,若从顶点v_i到$v_j(v_i\neq v_j)$存在通路,则从v_i到v_j存在长度小于等于$(n-1)$的通路.

证明 设$\Gamma=v_{i_0}e_{j_1}v_{i_2}e_{j_2}\cdots e_{j_l}v_{i_l}$为$G$中长度为$l$的通路,且始点$v_{i_0}=v_i$终点$v_{i_l}=v_j$.若$l\leqslant n-1$,则$\Gamma$为满足要求的通路.否则,即$l>n-1\Rightarrow l+1>n$,也就是$\Gamma$上的顶点数大于$G$中的顶点数,于是,必存在$s,k,0\leqslant s<k\leqslant l$,使得$v_{i_s}=v_{i_k}$,即在$\Gamma$中存在$v_{i_s}$到自身的回路$C_{sk}$,在$\Gamma$上删除$C_{sk}$中的一切边及除$v_{i_s}(=v_{i_k})$外的所有顶点,得$\Gamma'=v_{i_0}e_{j_l}v_{i_1}e_{j_1}\cdots v_{i_s}e_{j_{k+1}}v_{i_{k+1}}\cdots e_{j_l}v_{i_l}$,则$\Gamma'$仍然为顶点$v_i$到顶点$v_j$的通路,且$\Gamma'$的长度比$\Gamma$的长度至少减少1.若$\Gamma'$的长度$r\leqslant n-1$,则$\Gamma'$满足要求,否则对$\Gamma'$重复上述过程.因为$G$为有限图,经过有限步后,必得到$v_i$到$v_j$长度小于等于$n-1$的通路. ▌

推论 在n阶图G中,若从顶点v_i到$v_j(v_i\neq v_j)$存在通路,则v_i到v_j一定存在长度小于等于$n-1$的路径.

证明 由定理7.6可知,v_i到v_j存在长度小于等于$n-1$的通路Γ.若Γ已经是路径,则Γ满足要求,否则必存在若干个始点(终点)在Γ上的回路,删除这些回路上除始点(终点)外的一切顶点和所有边,其结果为v_i到v_j的长度小于等于$n-1$的路径. ▌

定理 7.7 在n阶图G中,若存在v_i到自身的回路,则存在v_i到自身长度小于等于n的回路.

证明方法类似于定理7.6.

推论 在一个n阶图G中,若存在v_i到自身的简单回路,则一定存在v_i到自身的长度小于等于n的初级回路(圈).

本推论的证明类似于定理7.6的推论.

在本推论中应该注意,若G是无向图,且v_i到自身存在回路,v_i到自身不一定存在圈.

下面介绍一种图论中很有用的证明方法,叫做"扩大路径法".首先给出"极大路径"的概念.

设$G=\langle V,E\rangle$为n阶无向图,$E\neq\varnothing$,设$\Gamma_l=v_0v_1\cdots v_l$为$G$中一条路径.若始点$v_0$与$\Gamma_l$外

的某顶点相邻，就将该顶点及关联的边扩到 Γ_l 中来，若新路径的始点还与新的路径外的顶点相邻，就再将它及其关联的边扩到新的路径中来，得到更新的路径，继续这一过程，直到最后所得路径的始点不与其他所有路径外的任何顶点相邻为止，设终止时的路径为 $\Gamma_{l+k}=v_0v_1\cdots v_{l+k}$，$k\geqslant 0$. 再对 Γ_{l+k} 的终点 v_{l+k} 继续上述过程，设最终得到的路径为 $\Gamma_{l+k+r}=v_0v_1\cdots v_{l+k+r}$，$k,r\geqslant 0$，它的始点 v_0 与终点 v_{l+k+r} 不与 Γ_{l+k+r} 外的任何顶点相邻，则称 Γ_{l+k+r} 为**极大路径**，并称用构造极大路径证明定理或命题的方法为**扩大路径法**.

类似地，可以在有向图 D 中构造"极大的路径"，只需注意，当从路径的始点 v_0 扩大时，需要找 Γ 外的邻接到 v_0 的顶点，而从路径的终点 v_l 扩大时，需要找 Γ 外的邻接于 v_l 的顶点.

【例 7.6】 设 G 为 $n(n\geqslant 3)$ 阶无向简单图，$\delta(G)\geqslant 2$，证明 G 中存在长度大于等于 3 的圈.

证明 设 $v_0\in V(G)$，由于 $\delta(G)\geqslant 2$，所以存在 $v_1\in V(G)$ 且 $v_1\neq v_0$，使得 $(v_0,v_1)\in E(G)$. 设 $\Gamma_0=v_0v_1$，对 Γ_0 采用"扩大路径法"，得"极大路径"$\Gamma=v_0v_1v_2\cdots v_l$. 由于 G 为简单图及 $d(v_i)\geqslant 2(i=1,2)$ 可知，$l\geqslant 2$.

(1) 若在 Γ 中，v_0 与 v_l 相邻，则 $v_0v_1v_2\cdots v_lv_0$ 为 G 中长度大于等于 3 的圈.

(2) 若 v_0 与 v_l 不相邻，则必存在 $v_i(2\leqslant i\leqslant l-1)$，使得 v_0 与 v_i 相邻，否则与 $d_G(v_0)\geqslant 2$ 相矛盾. 于是得初级回路(圈)$v_0v_1\cdots v_{i-1}v_iv_0$，并且长度大于等于 3.

【例 7.7】 设 $D=\langle V,E\rangle$ 为有向简单图，$\delta(D)\geqslant 2$，且 $\delta^-(D)>0$，$\delta^+(D)>0$，证明 D 中存在长度大于等于 $\max\{\delta^-(D),\delta^+(D)\}+1$ 的圈(初级回路).

证明 设 v_0 为 D 中任意一个顶点，由于 $d^+(v_0)\geqslant\delta^+$，因而存在 $v_1\in V(D)$，使得 $\langle v_0,v_1\rangle\in E(D)$，令 $\Gamma_0=v_0v_1$，对 Γ_0 施行"扩大路径法"，得"极大路径"$\Gamma=v_0v_1\cdots v_l$，由已知条件可知，$l\geqslant\max\{\delta^-,\delta^+\}$.

(1) 若 $\max\{\delta^-,\delta^+\}=\delta^+$，则 $l\geqslant\delta^+$.

在 Γ 中，若 v_l 邻接到 v_0，即 $\langle v_l,v_0\rangle\in E(D)$，则 $v_0v_1v_2\cdots v_lv_0$ 为长度大于等于 δ^++1 的圈，否则，即 $\langle v_l,v_0\rangle\notin E(D)$，由于 v_l 不邻接到 Γ 外的任何顶点，因而在 Γ 上存在 $v_{i_1},v_{i_2},\cdots,v_{i_r}$ 邻接于 v_l，$1\leqslant i_1<i_2<\cdots<i_r$，$r=d^+(v_l)(d^+(v_l)\geqslant\delta^+)$，于是，$v_{i_1}\cdots v_{i_2}\cdots v_{i_r}\cdots v_lv_{i_1}$ 为长度大于等于 δ^++1 的圈(见图 7.15 所示).

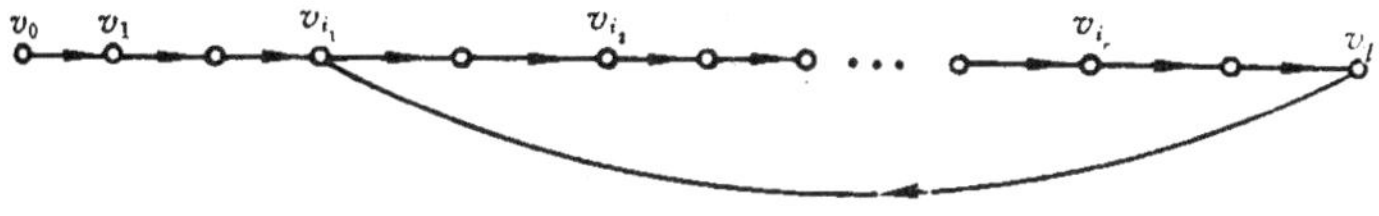

图 7.15

(2) 若 $\max\{\delta^-,\delta^+\}=\delta^-$，可类似讨论.

7.3 无向图的连通性

本节内所讨论的图均为无向图，因而所述图 G 均指无向图.

定义 7.20 设 $G=\langle V,E\rangle$，$\forall u,v\in V$，若 u,v 之间存在通路，则称 u,v 是**连通的**，记作 $u\sim v$，并且对于 $\forall u\in V$，规定 $u\sim u$.

由定义不难看出，无向图中顶点之间的连通关系是等价关系.

定义 7.21 若 G 为平凡图或 G 中任何两个顶点都是连通的，则称 G 是**连通图**，否则称 G 是**非连通图或分离图**.

显然无向完全图 $K_n(n\geqslant 1)$ 都是连通图，而零图 $N_n(n\geqslant 2)$ 均为非连通图.

定义 7.22 设 $G=\langle V,E\rangle$ 中，V 关于顶点之间的连通关系的商集 $V/\sim=\{V_1,V_2,\cdots,V_k\}$，称导出子图 $G\{V_i\}(i=1,2,\cdots,k)$ 为 G 的**连通分支**，连通分支数 k 记为 $p(G)$.

由定义可知，若 G 为连通图，则 $p(G)=1$. 若 G 为非连通图，则 $p(G)\geqslant 2$.

定义 7.23 设 u,v 为图 G 中的任意两个顶点，若 u,v 连通，称 u,v 之间长度最短的通路为 u,v 之间的**短程线**，短程线的长度称为 u,v 之间的**距离**，记作 $d(u,v)$. 当 u,v 不连通时，规定 $d(u,v)=\infty$.

不难看出，G 中顶点之间的距离有如下各条性质：$\forall u,v,w\in V(G)$，

(1) $d(u,v)\geqslant 0$. $u=v$ 时，等号成立；

(2) 满足三角不等式：$d(u,v)+d(v,w)\geqslant d(u,w)$；

(3) 具有对称性：$d(u,v)=d(v,u)$.

定义 7.24 设图 $G=\langle V,E\rangle$，称 $\max\{d(u,v)\mid u,v\in V\}$ 为 G 的**直径**，记作 $d(G)$.

易知，若 $G=K_n(n\geqslant 2)$，则 $d(G)=1$. 若 G 是长度为 n 的圈，则 $d(G)=\left\lfloor\frac{n}{2}\right\rfloor$. 若 G 是平凡图，则 $d(G)=0$. 若 G 是零图 $N_n(n\geqslant 2)$，则 $d(G)=\infty$.

有了图中通路、回路及连通图的概念后，我们可以给出二部图的一个判别定理.

定理 7.8 一个图 G 为二部图当且仅当图 G 中无奇圈.

证明 必要性. 设二部图 $G=\langle V_1,V_2,E\rangle$，若 G 中无圈，结论成立. 否则，设 C 为 G 中任意一个圈，设 $C=v_1v_2\cdots v_{l-1}v_lv_1$，不妨设 $v_1\in V_1$，则 $v_3,v_5,\cdots,v_{l-1}$ 均属于 V_1，而 $v_2,v_4,\cdots,v_l$ 均属于 V_2，于是 l 为偶数，且 l 为 C 的长度，因而 C 为偶圈. 由于 C 的任意性，所以结论成立.

充分性. 设 G 中无奇圈，不妨设 G 是连通的，否则可对它的每个连通分支进行讨论. 设 v 为 G 中任意一个顶点，令

$$V_1=\{u\mid u\in V(G)\wedge d(u,v)\text{为偶数}\},\ V_2=\{u\mid u\in V(G)\wedge d(u,v)\text{为奇数}\}.$$

则 $V_1\cap V_2=\varnothing$ 且 $V_1\cup V_2=V(G)$. 下面只要证明，$\forall e\in E(G)$，则 e 的一个端点在 V_1 中，另一个端点在 V_2 中. 若不然，存在边 $e=(v_x,v_y)$，v_x,v_y 均属于 V_1 或均属于 V_2。设 Γ_{vx},Γ_{vy} 分别为 v 到 v_x 和 v_y 的短程线，显然 e 不在 Γ_{vx},Γ_{vy} 的上面. 设 $v_z\in V(\Gamma_{vx})\cap V(\Gamma_{vy})$，且 Γ_{zx} 与 Γ_{zy} 除 v_z 外无公共顶点，其中 Γ_{zx} 和 Γ_{zy} 分别是 Γ_{vx} 与 Γ_{vy} 从 v_z 到 v_x 和 v_y 的部分(示意图请见图 7.16)，Γ_{zx},Γ_{zy} 的长度同为偶数或同为奇数，所以 $\Gamma_{zx}\cup(v_x,v_y)\cup\Gamma_{zy}$ 为 G 中一个奇圈，这与 G 中无奇圈矛盾. ∎

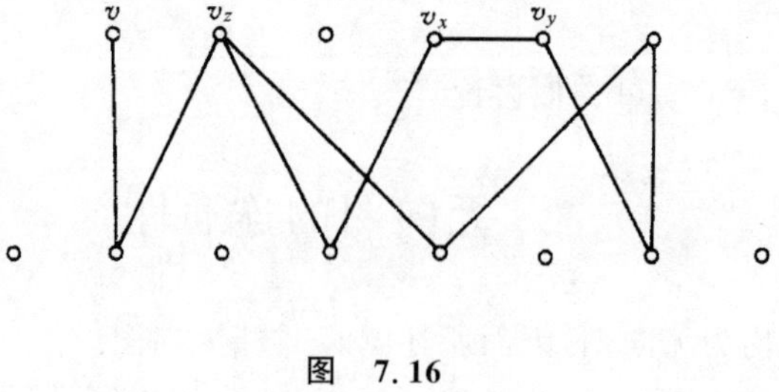

图 7.16

定理 7.9 设 G 为 n 阶无向图，若 G 是连通图，则 G 的边数 $m\geqslant n-1$.

证明 若 G 为简单图时，G 连通必有 $m\geqslant n-1$，当 G 为非简单图时，G 连通更要要求 $m\geqslant$

$n-1$，因而下面仅就 G 为简单图时加以证明.

对顶点数 n 作归纳法.

$n=1$ 时，G 为平凡图，此时 $m=0$，所以结论成立.

设 $n \leqslant k(k \geqslant 1)$ 时结论成立，下面证明 $n=k+1$ 时结论也成立.

设 v 为 G 中任意一个顶点，记 $G'=G-v$，设 G' 有 $s(s \geqslant 1)$ 个连通分支 $G_1, G_2, \cdots, G_s$，设 $|V(G_i)|=n_i$，$|E(G_i)|=m_i$，$i=1,2,\cdots,s$，则 $n_i \leqslant k$，由归纳假设可知 $m_i \geqslant n_i-1$. 由于从 G 中删除 v 产生 s 个连通分支，所以至少同时删除了 s 条边，于是，

$$m \geqslant \sum_{i=1}^{s} m_i + s \geqslant \sum_{i=1}^{s} n_i - s + s = \sum_{i=1}^{s} n_i = n-1. \qquad \blacksquare$$

7.4 无向图的连通度

为了刻画连通图的“连通程度”，先给出点割集和边割集的概念. 本节内所谈图 G 也均指无向图.

定义 7.25 设 $G=\langle V,E\rangle$，若 $V' \subset V$ 且 $V' \neq \varnothing$，使得 $p(G-V')>p(G)$，并且对于任意的 $V'' \subset V'$，均有 $p(G-V'')=p(G)$，则称 V' 是 G 的**点割集**. 特别地，若 V' 是 G 的点割集，且 V' 是单元集，即 $V'=\{v\}$，则称 v 为**割点**.

在图 7.17 中，$\{v_2,v_7\}$，$\{v_3\}$，$\{v_4\}$ 为点割集，其中 v_3, v_4 均为割点.

定义 7.26 设 $G=\langle V,E\rangle$，若 $E' \subseteq E$ 且 $E' \neq \varnothing$，使得 $p(G-E')>p(G)$，并且对于任意的 $E'' \subset E'$，均有 $p(G-E'')=p(G)$，则称 E' 为 G 的**边割集**或简称为**割集**. 特别地，若 E' 是割集，且 E' 为单元集，即 $E'=\{e\}$，则称 e 为**桥**.

在图 7.17 中，$\{e_1,e_2\}$，$\{e_1,e_3,e_4\}$，$\{e_6\}$，$\{e_7,e_8\}$，$\{e_2,e_3,e_4\}$ 等都是割集，其中 e_6 是桥.

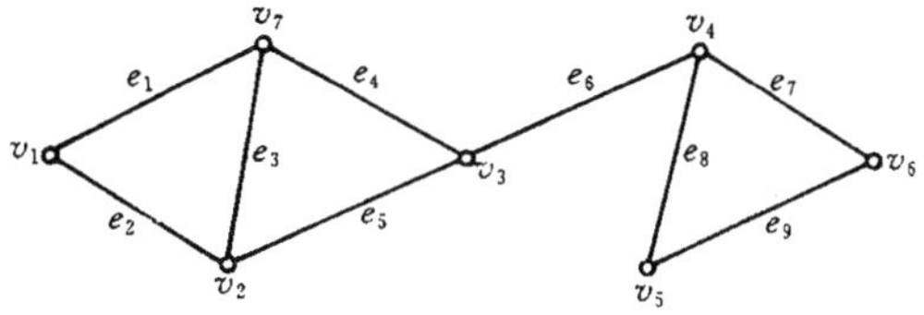

图 7.17

对于任意的 $v \in V(G)$，$I_G(v)$ 是 v 的关联集，E' 为 G 的割集，若 $E' \subseteq I_G(v)$，则称 E' 为 v 产生的**扇形割集**，简称扇形割集. 其实，若 v 不是割点，则 $I_G(v)$ 本身就为扇形割集，在图 7.17 中，$\{e_1,e_2\}$ 是由 v_1 产生的扇形割集，$\{e_2,e_3,e_5\}$ 是由 v_2 产生的扇形割集. $I_G(v_3)=\{e_4,e_5,e_6\}$ 不是割集，它含两个扇形割集，即 $\{e_4,e_5\}$ 和 $\{e_6\}$.

定义 7.27 设 G 为无向连通图且不含 K_n 为生成子图，则称 $\kappa(G)=\min\{|V'|\,|\,V'$ 为 G 的点割集$\}$ 为 G 的**点连通度**，简称**连通度**. 规定完全图 K_n 及以 K_n 为生成子图的无向图的点连通度为 $n-1$，$n \geqslant 1$. 又规定非连通图的点连通度为 0. 又若 $\kappa(G) \geqslant k$，则称 G 为 ***k*-连通图**.

不难看出，图 7.17 所示的图的点连通度为 1，它为 1-连通图，但不是 k-连通图，$k \geqslant 2$. 彼得森图（图 7.6(d) 所示）的点连通度为 3，所以它是 1-连通图，2-连通图，3-连通图，但不是 k-连通图，$k \geqslant 4$.

定义 7.28 设 G 是无向连通图，称 $\lambda(G)=\min\{|E'|\,|\,E'$ 是 G 的边割集$\}$ 为 G 的**边连通**

度. 规定非连通图的边连通度为 0. 又若 $\lambda(G)\geqslant k$,则称 G 为 **k 边-连通图**.

不难看出图 7.17 所示图的边连通度 $\lambda=1$,因而该图只是 1 边-连通图. 彼得森图的边连通图为 3,因而它是 1 边-连通图、2 边-连通图、3 边-连通图,但不是 k 边-连通图,$k\geqslant 4$.

在不引起混淆的情况下,图 G 的点连度 $\kappa(G)$,边连通度 $\lambda(G)$,可分别记为 κ 和 λ.

定理 7.10(Whitney) 对于任意的图 G,均有下面不等式成立:

$$\kappa\leqslant\lambda\leqslant\delta,$$

其中 κ,λ,δ 分别为 G 的点连通度、边连通度和最小度.

证明 若 G 是非连通图或 G 是完全图,结论显然成立. 又若 G 是非简单图,删除 G 中全部环,并将重数 r 大于等于 2 的平行边均删除 $r-1$ 条,设所得图为 G',则 G' 为简单图. 显然,若有 $\kappa(G')\leqslant\lambda(G')\leqslant\delta(G')$,则必有 $\kappa(G)\leqslant\lambda(G)\leqslant\delta(G)$. 基于以上理由,设 G 是连通的、非完全的简单图,对满足以上要求的简单图来说,阶数 $n=1$ 或 2 的情况结果成立,所以设 G 的阶数 $n\geqslant 3$. 下面的证明分两步.

(1) 证 $\lambda\leqslant\delta$.

设 $v\in V(G)$ 且 $d_G(v)=\delta(G)$,令 $E_v{}'=\{(u,v)\mid u\in N_G(v)\}$,则 $E_v{}'$ 中必含 G 的割集,所以

$$\lambda(G)\leqslant|E_v{}'|=\delta(G)\Rightarrow\lambda\leqslant\delta.$$

(2) 证 $\kappa\leqslant\lambda$.

设 E' 为 G 的一个边割集,且 $\lambda=|E'|$,我们的目的是要从 E' 中的边关联的顶点中找出含点割集的 V' 来,使得 $p(G-V')>p(G)$. 为此,令 $G'=G-E'$,设 G' 的两个连通分支分别为 G_1 和 G_2,则 E' 中的边的两个端点一个在 G_1 中,另一个在 G_2 中,为了使选到的 V' 满足上述要求,先证明下面命题:

存在 $u\in V(G_1)$,$v\in V(G_2)$,使得 u,v 在 G 中不相邻,记此命题为㊉.

设 $|V(G_1)|=n_1$,$|V(G_2)|=n_2$,则 $n_1+n_2=n$ 且 $1\leqslant n_i\leqslant n-1$,$i=1,2$,若㊉不成立,则 $\lambda(G)=|E'|=n_1n_2\geqslant n-1$,这矛盾于 G 是非完全图的简单图,所以㊉成立. 上式中 $n_1n_2\geqslant n-1$ 的理由如下:

$$\begin{aligned}n_1n_2-n+1&=n_1n_2-n_1-n_2+1\\&=(n_1-1)(n_2-1)\geqslant 0.\end{aligned}$$

按下面方法选择 V':$\forall e\in E'$,均选一个异于 u,v 的端点(由㊉的成立,这是办得到的)组成 V',则 $G-V'$ 至少有两个连通分支,一个含 u,另一个含 v,所以 V' 中必含点割集. 于是

$$k(G)\leqslant|V'|\leqslant|E'|=\lambda(G)\Rightarrow k\leqslant\lambda$$ ▍

推论 若 G 是 k-连通图,则 G 必为 k 边-连通图.

定理 7.11 设 G 是 $n(n\geqslant 6)$ 阶简单无向连通图,$\lambda(G)<\delta(G)$,则必存在由 K_{n_1},K_{n-n_1} 及在它们之间适当地连入 $\lambda(G)$ 条边含 G 作为生成子图的图 G^*,其中 $\lambda(G)+2\leqslant n_1\leqslant\left\lfloor\frac{n}{2}\right\rfloor$.

证明 设 E_1 是 G 中的一个最小的边割集,则 $|E_1|=\lambda(G)$,于是 $G-E_1$ 恰有两个连通分支 G_1,G_2,设 n_1,n_2 分别为 G_1 与 G_2 的顶点数,则 $n_1+n_2=n$,不妨设 $n_1\leqslant n_2$. 在 G_1 与 G_2 中适当地加新边,使其成为完全图 K_{n_1},K_{n_2}. 令 $G^*=K_{n_1}\cup E_1\cup K_{n_2}$,则 G^* 为所求. 它含 G 作为生成子图是显然的,下面只需证明 $\lambda(G)+2\leqslant n_1\leqslant\left\lfloor\frac{n}{2}\right\rfloor$. 由 G^* 的构造不难看出,

$$\lambda(G)<\delta(G)\leqslant\delta(G^*)\leqslant n_1-1+\left\lfloor\frac{\lambda(G)}{n_1}\right\rfloor$$

$$\Rightarrow \lambda(G) < n_1 - 1 + \frac{\lambda(G)}{n_1} \Leftrightarrow (n_1 - 1)(n_1 - \lambda(G)) > 0$$
$$\Rightarrow \lambda(G) < n_1 \Rightarrow \lambda(G) \leqslant n_1 - 1 \Rightarrow \lambda(G) + 1 \leqslant n_1$$

而当 $\lambda(G)+1=n_1$ 时，$n_1-1+\left\lfloor \frac{\lambda(G)}{n_1} \right\rfloor=\lambda(G)$，于是有 $\lambda(G)<\delta(G)\leqslant\delta(G^*)\leqslant\lambda(G)$，这是矛盾的，因而 $\lambda(G)+1<n_1\Rightarrow\lambda(G)+1\leqslant n_1-1\Rightarrow\lambda(G)+2\leqslant n_1$. 至于 $n_1\leqslant\left\lfloor \frac{n}{2} \right\rfloor$ 是显然的，所以

$$\lambda(G)+2\leqslant n_1\leqslant\left\lfloor \frac{n}{2} \right\rfloor.$$ ▌

由定理 7.11 的证明，不难证明以下推论.

推论

(1) $\delta(G)\leqslant\delta(G^*)\leqslant n_1-1\leqslant\left\lfloor \frac{n}{2} \right\rfloor-1$；

(2) G^* 中存在不相邻的顶点 u,v，使得 $d_{G^*}(u)+d_{G^*}(v)\leqslant n-2$；

(3) $d(G)\geqslant d(G^*)\geqslant 3$.

定理 7.12 设 G 是 $n(n\geqslant 6)$ 阶连通简单无向图.

(1) 若 $\delta(G)\geqslant\left\lfloor \frac{n}{2} \right\rfloor$，则 $\lambda(G)=\delta(G)$；

(2) 若对于 G 中任意一对不相邻的顶点 u,v，均有 $d(u)+d(v)\geqslant n-1$，则 $\lambda(G)=\delta(G)$；

(3) 若 $d(G)\leqslant 2$，则 $\lambda(G)=\delta(G)$.

证明 (1) 由定理 7.10 可知，$\lambda(G)\leqslant\delta(G)$，而若 $\lambda(G)<\delta(G)$，由定理 7.11 的推论可知，$\delta(G)\leqslant\left\lfloor \frac{n}{2} \right\rfloor-1$，这与 $\delta(G)\geqslant\left\lfloor \frac{n}{2} \right\rfloor$ 相矛盾，所以必有 $\lambda(G)=\delta(G)$.

(2) 若 $\lambda(G)<\delta(G)$，由定理 7.11 中构造的 G^* 中存在不相邻的顶点 u,v，使得

$$d_{G^*}(u)+d_{G^*}(v)\leqslant n-2,$$

但 $d_G(u)\leqslant d_{G^*}(u)$，$d_G(v)\leqslant d_{G^*}(v)$，于是得

$$d_G(u)+d_G(v)\leqslant n-2,$$

这矛盾于已知条件，所以必有 $\lambda(G)=\delta(G)$.

(3) 由定理 7.11 的推论中的(3)得证 ▌

定理 7.13 设 G 是 n 阶无向简单连通图，且 G 不是完全图 K_n，则

$$\kappa(G)\geqslant 2\delta(G)-n+2.$$

证明 设 V_1 是 G 的最小点割集，则 $|V_1|=\kappa(G)$. 设 $G-V_1$ 的连通分支为 $G_1,G_2,\cdots,G_s(s\geqslant 2)$，并设 $|V(G_1)|=n_1$，$\left|\bigcup_{i=2}^{s}V(G_i)\right|=n_2$，则 $n_1+n_2+\kappa(G)=n$，于是应该有

$$\delta(G)\leqslant n_1-1+\kappa(G)=n_1+\kappa(G)-1,$$

并且

$$\delta(G)\leqslant n_2+\kappa(G)-1$$
$$\Rightarrow 2\delta(G)\leqslant n_1+n_2+\kappa(G)+\kappa(G)-2=n+\kappa(G)-2$$
$$\Rightarrow \kappa(G)\geqslant 2\delta(G)-n+2.$$ ▌

定理 7.14 对于给定的正整数 n,δ,κ,λ，存在 n 阶简单连通无向图 G，使得 $\delta(G)=\delta$，$\kappa(G)=\kappa$，$\lambda(G)=\lambda$ 的充分必要条件是下列三式之一成立：

(1) $0 \leqslant \kappa \leqslant \lambda \leqslant \delta < \left\lfloor \frac{n}{2} \right\rfloor$； (2) $1 \leqslant 2\delta - n + 2 \leqslant \kappa \leqslant \lambda = \delta < n-1$； (3) $\kappa = \lambda = \delta = n-1$.

证明 必要性.

当 $\delta < \left\lfloor \frac{n}{2} \right\rfloor$ 时，由定理 7.10 可知(1)成立.

当 $\delta \geqslant \left\lfloor \frac{n}{2} \right\rfloor$ 时，由定理 7.12 可知，$\lambda = \delta$. 又若 G 不是完全图 K_n，由定理 7.13 可知，

$$1 \leqslant 2\delta - n + 2 \leqslant \kappa \leqslant \lambda = \delta < n-1.$$

而当 G 为完全图 K_n 时，$\kappa = \lambda = \delta = n-1$.

充分性.

设(1)中条件成立. 取 $G_1 = K_{\delta+1}$，$G_2 = K_{n-\delta-1}$. 设 $V(G_1) = \{u_1, u_2, \cdots, u_{\delta+1}\}$，$V(G_2) = \{v_1, v_2, \cdots, v_{n-\delta-1}\}$，在 $G_1 \cup G_2$ 中增加新边 (u_i, v_i)，$i = 1, 2, \cdots, \kappa$，及新边 (u_1, v_i)，$i = 2, 3, \cdots, (\lambda - \kappa + 1)$，记所得图为 G，则 $\delta(G) = \delta$，$\kappa(G) = \kappa$，$\lambda(G) = \lambda$. $n = 11$，$\kappa = 2$，$\lambda = 3$，$\delta = 4$ 时，所得图 G 如图 7.18 所示.

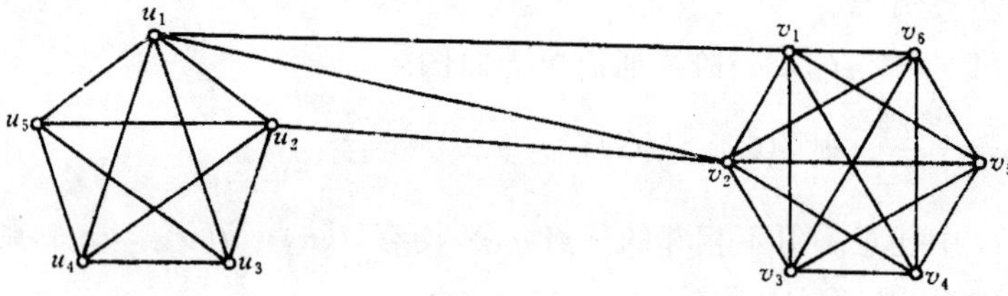

图 7.18

设(2)中条件成立. 令 $G_1 = K_\kappa$，$G_2 = K_r$，$G_3 = K_s$，其中，$r = \left\lfloor \frac{n-\kappa}{2} \right\rfloor$，$s = \left\lfloor \frac{n-\kappa-1}{2} \right\rfloor$，取 $G' = G_1 + (G_2 \cup G_3)$，在 G' 中增加一个顶点 v，使 v 与 G_1 中所有顶点相邻，与 G_3 中 $\delta - \kappa$ 个顶点相邻，记最后所得图为 G，则 G 满足条件：$\delta(G) = \delta$，$\kappa(G) = \kappa$，$\lambda(G) = \lambda$.

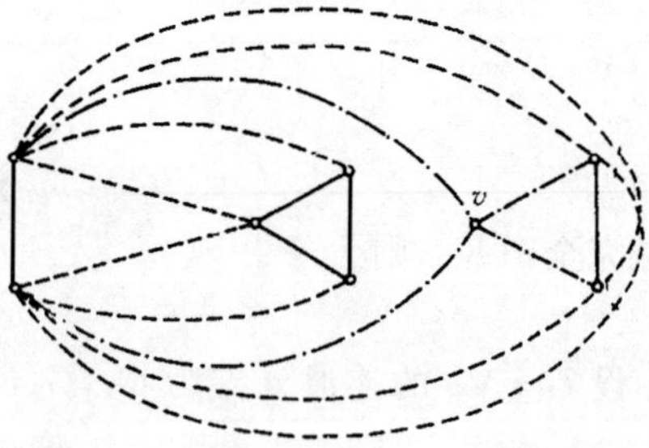

图 7.19

取 $n = 8$，$\kappa = 2$，$\lambda = \delta = 4$. 则 $G_1 = K_2$，$r = \left\lfloor \frac{8-2}{2} \right\rfloor = 3$，$s = \left\lfloor \frac{8-2-1}{2} \right\rfloor = 2$，所以取 $G_2 = K_3$，$G_3 = K_2$. $G' = G_1 + (G_2 \cup G_3) = K_2 + (K_3 \cup K_2)$，所得图 G 为图 7.19所示.

在图7.19中，实线边组成的图分别为 K_2，K_3，K_2，虚线边是由 K_2，$K_3 \cup K_2$ 形成联图 G' 时所加的边，而线段和点组成的边是由 G' 构造 G 时增加的边.

设(3)成立，则令 $G = K_n$ 即满足要求. ∎

下面讨论无割点与无桥图的特点.

定理 7.15(Whitney) 设 G 为 $n(n \geqslant 3)$ 阶无向连通图，G 为 2-连通图当且仅当 G 中任意两个顶点共圈.

证明 先证充分性. 因为 G 中任意两个顶点共圈，所以 G 中任意的顶点均在若干个圈上，因而 $\forall v \in V(G)$，$G - v$ 仍连通，故 G 中无割点，所以 $\kappa(G) \geqslant 2$，因而 G 是 2-连通的.

必要性.设 u,v 为 G 中任意两个顶点,为证明 u,v 共圈,对 u,v 之间的距离 $d(u,v)$ 作归纳法.

当 $d(u,v)=1$ 时,边 $e=(u,v)\in E(G)$.由已知条件可知,$\lambda(G)\geqslant\kappa(G)\geqslant 2$,故 e 不是桥,因而 $G'=G-e$ 仍连通.于是在 G' 中 u,v 之间存在路径 Γ,$\Gamma\cup e$ 为 G 中一个圈,此圈含 u,v.

设 $d(u,v)\leqslant k\,(k\geqslant 1)$ 时结论成立,下面证明 $d(u,v)=k+1$ 时结论也成立.

设 P 为 u,v 之间的短程线,则 P 的长度为 $k+1$.在 P 上设 w 与 v 相邻,则 $P-(w,v)$ 为 u,w 之间的短程线,其长度为 k,即 $d(u,w)=k$.由归纳假设可知,u,w 共圈,设其圈由 Γ_1,Γ_2 构成,其示意图为图 7.20(a).因为 G 是 2-连通图,因而 $G'=G-w$ 仍连通,故在 G' 中 u 到 v 存在路径 Γ_3,且 Γ_3 与 Γ_1 以及 Γ_2 不会全重合,可分以下几种情况讨论:

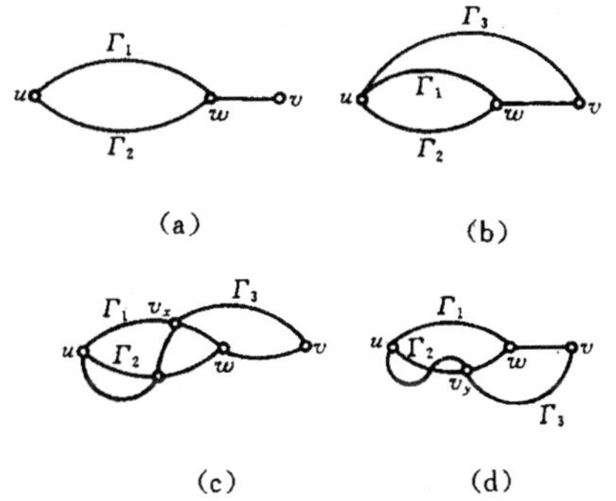

图 7.20

若除 u 外,Γ_3 与 Γ_1,Γ_2 无其他公共顶点,则 u,v 处于圈 $\Gamma_1\cup(w,v)\cup\Gamma_3$ 中,其示意图为图 7.20(b).

否则,Γ_3 与 Γ_1 或 Γ_2 有公共顶点.若 Γ_3 与 Γ_1 有公共顶点,设 v_x 是 Γ_1 最靠近 w 的与 Γ_3 的公共顶点,则 u,v 处于由 Γ_1 上 u 到 v_x 的一段、Γ_3 上 v_x 到 v 的一段、边 (w,v)、Γ_2 所组成的圈上,示意图为图 7.20(c).若 Γ_3 与 Γ_1 无公共顶点,设 v_y 是 Γ_2 上最靠近 w 的与 Γ_3 的公共顶点,则 u,v 处于由 Γ_2 上 u 到 v_y 的一段、v_y 到 v 的 Γ_3 上的一段,边 (w,v) 以及 Γ_1 所围成的圈上,示意图为图 7.20(d). ▌

定义 7.29 设 G 为无向连通图,若 G 中无割点,则称 G 为**块**.若 G 中有割点,则称 G 中成块的极大连通子图为 G 的块.

图 7.21(a)中有 5 个块,它们都是 K_2,(b)中有 3 个块,它们分别为 K_2,K_3 和 K_4.(c)中有 2 个块,其中有一个是 K_2.

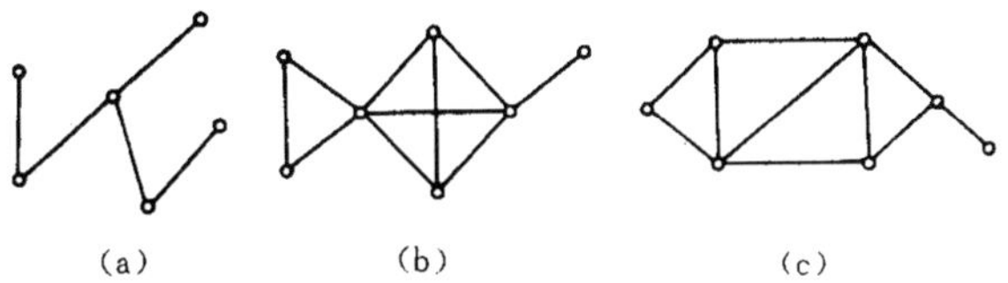

图 7.21

由定理 7.15 可知,对于 $n\,(n\geqslant 3)$ 阶的无向图 G,若 G 是块,则 G 中任意两个顶点共圈,反之,若 G 中任意两个顶点共圈,则 G 是块.

定理 7.16 设 G 为 $n\,(n\geqslant 3)$ 阶无向图,G 为 2 边-连通图当且仅当 G 中任何两个顶点共简单回路.

证明 必要性.设 G 有 $r\,(r\geqslant 1)$ 个块:$G_1,G_2,\cdots,G_r$.$\forall u,v\in V(G)$,若 u,v 在 G 的同一个块 $G_i\,(1\leqslant i\leqslant r)$ 中,由定理 7.15 可知,u,v 共圈,因而共简单回路,否则,设 $u\in V(G_i)$,$v\in V(G_j)$,$1\leqslant i<j\leqslant r$.设 u 与 v 之间的短程线为 P,易知,P 必经过若干个块与块之间的割点

$v_{i_1},v_{i_2},\cdots,v_{i_s}$，见图 7.22 所示的示意图. 由定理 7.15 可知，u 与 v_{i_1} 共圈，设 C_1 是其中的一个，v_{i_1} 与 v_{i_2} 共圈，设 C_2 是其中的一个，…，v_{i_s} 与 v 共圈，设 C_s 是其中的一个. 于是 u,v 共简单回路 $u\cdots v_{i_1}\cdots v_{i_2}\cdots v_{i_s}\cdots u\cdots v_{i_s}\cdots v_{i_2}\cdots v_{i_1}\cdots u$.

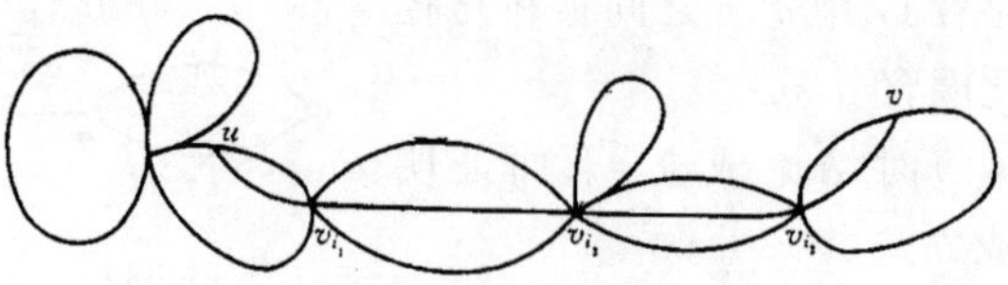

图 7.22

充分性. 其实，只要证明 G 中无桥. 若 G 中有桥，设 $e=(u,v)$ 为其中的一桥，由已知条件可知 u,v 共简单回路，设 C 是其中的一个简单回路，则 $G-e$ 连通，这与 e 为 G 中桥相矛盾. ▌

由定理 7.16 可知，$n(n\geqslant 3)$ 阶无向图 G 中无桥当且仅当 G 中任意二顶点共简单回路.

由以上的讨论可知，割点、桥和块都是图的关键部位，下面进一步讨论有割点和有桥图的一些特点.

定理 7.17 设 v 为无向连通图 G 中的一个顶点，v 为 G 的割点当且仅当存在 $V(G)-v$ 的一个划分：$V(G)-v=V_1\cup V_2$，使得对于任意的 $u\in V_1$，任意的 $w\in V_2$，v 在每一条 u 到 w 的路径上.

证明 必要性. 因为 v 为 G 的割点，所以，$G-v$ 至少有两个连通分支，设 G_1 为其中的一个连通分支，取 $V_1=V(G_1)$，$V_2=V(G)-\{v\}-V_1$，则 $V_1\cap V_2=\varnothing$，$V_1\cup V_2=V(G)-v$，所以 $\{V_1,V_2\}$ 为 $V(G)-v$ 的一个划分. 则 $\forall u\in V_1$，$\forall w\in V_2$，v 必在每一条从 u 到 w 的路径上，否则，存在某条从 u 到 w 的路径 P 不含 v，则 P 在 $G-v$ 中，这与 u,w 属于 $G-v$ 的不同连通分支相矛盾.

充分性，若 v 不是割点，则 $G-v$ 连通，因而存在 $u\in V_1$，$w\in V_2$，存在 u 到 v 的路径不过 v，这与已知事实矛盾. ▌

推论 设 v 为无向连通图 G 中的一个顶点，v 为割点当且仅当存在与 v 不同的两个顶点 u 和 w，使 v 处在每一条从 u 到 w 的路径上.

定理 7.18 设 e 为无向连通图 G 中的一条边，e 是 G 的桥当且仅当 e 不在 G 中的何任圈上.

本定理的证明简单.

定理 7.19 设 e 为无向连通图 G 中的一条边，e 为桥当且仅当存在 $V(G)$ 的一个划分 $V(G)=V_1\cup V_2$ 使得对于任意的 $u\in V_1$，$v\in V_2$，e 在每一条 u 到 v 的路径上.

证明 必要性. 因为 e 为 G 中桥，所以 G-e 有两个连通分支 G_1,G_2，取 $V_1=V(G_1)$，$V_2=V(G_2)$，则 $\{V_1,V_2\}$ 为 $V(G)$ 的一个划分. $\forall u\in V_1$，$\forall v\in V_2$，e 在每一条从 u 到 v 的路径上. 否则，$\exists u_1\in V_1$，$\exists v_1\in V_2$，存在 u_1 到 v_1 的路径不过 e，则 $G-e$ 连通，这与 e 为 G 中桥相矛盾.

充分性. 设 $\{V_1,V_2\}$ 为 $V(G)$ 的一个划分，$\forall u\in V_1$，$\forall v\in V_2$，$e=(u',v')$ 在每一条从 u 到 v 的路径上. 显然 $u'\in V_1$，$v'\in V_2$，若 e 不是桥，则 $G-e$ 仍然连通，于是存在从 u' 到 v' 的路径 P'，显然在 G 中，P' 不经过 e，这与已知事实矛盾. ▌

根据以上的讨论，不难证明下面定理.

定理 7.20 设 G 为 $n(n\geqslant 3)$ 阶无向简单连通图，则下面命题是等价的：

(1) G 是块；

(2) G 中任意二顶点共圈；

(3) G 中任意一个顶点与任意一条边共圈；

(4) G 中任意两条边共圈；

(5) 任给 G 中两个顶点 u,v 和一条边 e，存在从 u 到 v 经过 e 的路径；

(6) 对于 G 中的任意 3 个顶点中的两个顶点，都存在从一个顶点到另一个顶点且含第 3 个顶点的路径；

(7) 对于 G 中任意 3 个顶点中的任意两个顶点，都存在从一个顶点到另一个顶点而不含第 3 个顶点的路径.

在实际应用中，人们希望寻找 $n(n\geqslant 3)$ 阶无向简单图 G，使 G 是 k-连通的，且边数越少越好. 当 $k=1$ 时，这样的图应该为 n 阶树(见定义 9.1). 当 $k=2$ 时，这样的图应该是 n 阶圈. $n=6,k=3$ 时，这样的图应该为 $K_{3,3}$. $k=4$ 时，这样的图应为八面体图. 一般情况下，对于给出的 n 和 k，求 n 阶 k-连通简单图，使其边数达到最小是个难题.

7.5 有向图的连通性

定义 7.30 在有向图 D 中，若从顶点 v_i 到 v_j 存在通路，则称 v_i **可达** v_j 记作 $v_i\rightarrow v_j$. 对于任意的 $v_i\in V(D)$，规定 $v_i\rightarrow v_i$. 若 $v_i\rightarrow v_j$ 且 $v_j\rightarrow v_i$，则称 v_i 与 v_j **相互可达**，记作 $v_i\leftrightarrow v_j$. 对于任意的 $v_i\in V(D)$，有 $v_i\leftrightarrow v_i$.

不难看出，二元关系$\leftrightarrow$是 $V(D)$上的等价关系.

定义 7.31 在有向图 D 中，若 $v_i\rightarrow v_j$，称 v_i 到 v_j 长度最短的通路为 v_i 到 v_j 的**短程线**，其长度称为 v_i 到 v_j 的**距离**，记作 $d\langle v_i,v_j\rangle$.

与无向图中顶点 v_i 与 v_j 之间的距离 $d(v_i,v_j)$相比，$d\langle v_i,v_j\rangle$除无对称性外，具有 $d(v_i,v_j)$的一切性质.

定义 7.32 设 D 为一个有向图. 若 D 的基图是连通图，则称 D 是**弱连通图**，或简称 D 是连通图. 对于任意的 $v_i,v_j\in V(D)$，若 $v_i\rightarrow v_j$，$v_j\rightarrow v_i$ 至少成立其一，则称 D 是**单向连通的**. 对于任意的 $v_i,v_j\in V(D)$，若均有 $v_i\longleftrightarrow v_j$，则称 D 是**强连通的**.

从定义不难看出，若 D 是强连通的，则它一定是单向连通的. 若 D 是单向连通的，则它一定是弱连通的.

定理 7.21 设 D 为一个 n 阶有向图，D 是强连通的当且仅当 D 中存在回路，它经过 D 中每个顶点至少一次.

证明 充分性是显然的，下面证明必要性. 设 D 中的顶点为 $v_1,v_2,\cdots,v_n$. 由 D 的强连通性质可知，$v_i\rightarrow v_{i+1}$，$i=1,2,\cdots,n-1$，设 Γ_i 为 v_i 到 v_{i+1}的通路. 又 $v_n\rightarrow v_1$，设 Γ_n 为 v_n 到 v_1 的通路. 于是，$\Gamma_1,\Gamma_2,\cdots,\Gamma_{n-1},\Gamma_n$ 所围回路经过 D 中每个顶点至少一次. ▎

定理 7.22 设 D 为 n 阶有向图，D 是单向连通图当且仅当 D 中存在经过每个顶点至少一次的通路.

在证明本定理之前先证下面命题.

命题 设 D 是单向连通的有向图，则对于任意的 $V'\subseteq V(D)$，存在 $v'\in V'$，使得任意的

$v\in V'$，均有 $v'\to v$.

证明 若不然，必存在无此种性质的 $V(D)$ 的子集，设 $\tilde{V}=\{v_{i_1},v_{i_2},\cdots,v_{i_k}\}$ 是无此种性质的极小的 $V(D)$ 的子集，并设 $\tilde{V}_1=\tilde{V}-\{v_{i_k}\}$，由 $\tilde{V}$ 的极小性质可知，$\tilde{V}_1$ 有所要求的性质，于是 $\exists v_{i_r}\in\tilde{V}_1$，$\forall v_{i_j}\in\tilde{V}_1$，均有 $v_{i_r}\to v_{i_j}$. 这样一来，在 $\tilde{V}$ 中，只能是 $v_{i_r}\not\to v_{i_k}$，还必有 $v_{i_k}\not\to v_{i_r}$. 若不然，$v_{i_k}\to v_{i_r}$，而 v_{i_r} 可达除 v_{i_k} 外的 $\tilde{V}$ 中各顶点，这就导致 v_{i_k} 可达 $\tilde{V}$ 中各顶点，这与 $\tilde{V}$ 的性质相矛盾，于是，v_{i_r} 与 v_{i_k} 互不可达，这与 D 是单向连通图矛盾.

下面证明定理. 定理的充分性也是显然的，下面证必要性.

由已证命题可知，$V(D)$ 中存在 v_1，v_1 可达其余各顶点，$V_1=V(D)-\{v_1\}$ 中存在 v_2 可达 V_1 中各顶点，$V_2=V-\{v_1,v_2\}$ 中存在 v_3 可达 V_2 中各顶点，…，$V_{n-2}=V(D)-\{v_1,v_2,\cdots,v_{n-2}\}$ 中存在 v_{n-1} 可达 V_{n-2} 中各顶点. 于是，$v_1\to v_2\to\cdots\to v_{n-1}\to v_n$，因而存在通路 $v_1\cdots v_2\cdots v_3\cdots v_{n-1}\cdots v_n$，它经过 D 中每个顶点至少一次. ∎

定义 7.33 设 D 为有向图，称具有强连通性质的极大子图为 D 的**强连通分支**. 称具有**单向连通性质的极大子图为 D 的单向连通分支**. 称具有弱连通性质的极大子图为 D 的**连通分支**.

由于在有向图 D 中，顶点之间的相互可达关系 $\leftrightarrow$ 是 $V(D)$ 上的等价关系，所以每个等价类的导出子图都对应一个强连通分支.

【例 7.8】 求图 7.23 中(a)，(b)所示的两个有向图中的强连通分支、单向连通分支.

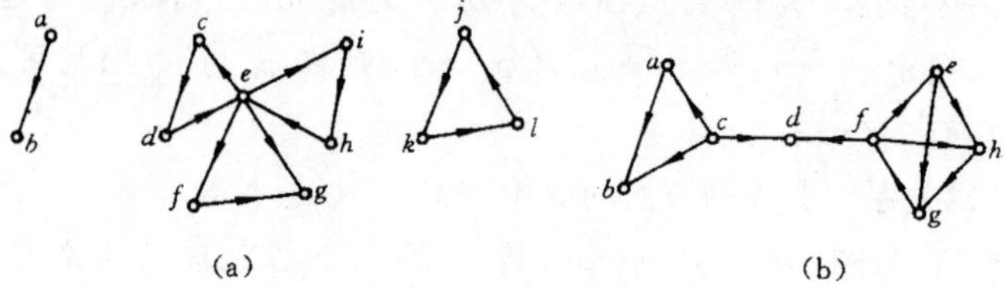

图 7.23

解 图 7.23(a) 中图共有 6 个强连通分支，它们分别由 $V_1=\{a\}$，$V_2=\{b\}$，$V_3=\{c,d,e,i,h\}$，$V_4=\{f\}$，$V_5=\{g\}$，$V_6=\{j,k,l\}$ 导出. 有 3 个单向连通分支，它们分别由 $V_1'=\{a,b\}$，$V_2'=\{c,d,e,i,h,f,g\}$，$V_3'=\{j,k,l\}$ 导出.

图 7.23(b) 中图共有 5 个强连通分支，它们分别由 $V_1=\{e,f,g,h\}$，$V_2=\{d\}$，$V_3=\{c\}$，$V_4=\{a\}$，$V_5=\{b\}$ 导出. 有 3 个单向连通分支，它们分别由 $V_1'=\{a,b,c\}$，$V_2'=\{c,d\}$，$V_3'=\{d,e,f,g,h\}$ 导出.

习 题 七

1. 设无向图 G 有 16 条边，有 3 个 4 度顶点、4 个 3 度顶点，其余顶点的度数均小于 3，问 G 中至少有几个顶点？

2. 设 9 阶无向图 G 中，每个顶点的度数不是 5 就是 6，证明 G 中至少有 5 个 6 度顶点或至少有 6 个 5 度顶点.

3. 证明空间中不可能存在有奇数个面且每个面均有奇数条棱的多面体.

4. 在一次象棋比赛中，任意两个选手之间至多只下一盘，又每个人至少下一盘，证明总能找到两名选手，他们下过的盘数是相同的.

5. 设 n 阶无向简单图 G 为 3 次图(3-正则图),边数 m 与 n 满足如下关系:

$$2n-3=m.$$

试问 G 有几种非同构的情况? 并证明你的结论.

6. 下面给出的两个整数列,哪个是可图化的? 对于可图化的请至少给出三个非同构的图.

(1) (1,2,2,4,4,5); (2) (1,1,2,2,3,3,5).

7. 判断下列三个整数列中哪些是可以简单图化的? 对于可简单图化的试给出两个非同构的图.

(1) (6,6,5,5,3,3,2); (2) (5,3,3,2,2,1); (3) (3,3,2,2,2,2).

8. 画出无向完全图 K_4 的所有非同构的子图,其中哪些是 K_4 的生成子图,哪些是自补图?

9. 画出 3 阶有向完全图的所有非同构的子图,指出哪些是生成子图,哪些是自补图.

10. 现有 5 个 4 阶无向简单图,它们均有 3 条边,证明这 5 个图中至少有两个是同构的.

11. 设无向图 G 是 n 阶自补图,证明 $n=4k$ 或 $n=4k+1$,其中 k 为正整数.

12. 设 G 是 6 阶简单无向图,证明 G 或 $\overline{G}$ 中存在 3 个顶点彼此相邻.

13. 若无向图 G 中恰有两个奇度顶点,证明这两个奇度顶点必然连通.

14. 设 $n(n\geqslant3)$ 阶无向简单图 G 是连通的,但不是完全图,证明存在 $u,v,w\in V(G)$,使得

$$(u,v),(v,w)\in E(G),\text{而}(u,w)\notin E(G).$$

15. 设 G 是无向简单图,$\delta(G)\geqslant2$,证明 G 中存在长度大于等于 $\delta(G)+1$ 的圈.

16. 设 G 是无向简单图,$\delta(G)\geqslant3$,证明 G 中各圈长度的最大公约数为 1 或 2.

17. 设 G 为 n 阶无向简单图,$\delta(G)\geqslant n-2$,证明 $\kappa(G)=\delta(G)$.

18. 设 G 是 n 阶无向简单图,证明:

(1) 当 $\delta(G)\geqslant\frac{n}{2}$ 时,G 为连通图; (2) 当 $\delta(G)\geqslant\frac{1}{2}(n+k-1)$ 时,G 为 k-连通图.

19. 设 G 是围长为 4 的 k-正则图.

(1) 证明 G 中至少有 $2k$ 个顶点;

(2) 当 G 中正好有 $2k$ 个顶点时,证明在同构的意义下 G 是惟一的.

20. 设 G 是 n 阶无向简单图,其直径 $d(G)=2$,$\Delta(G)=n-2$,证明 G 的边数 $m\geqslant2n-4$.

21. 设 n 阶无向图 G 中有 m 条边,已知 $m\geqslant n$,证明 G 中必含圈.

22. 设 $n(n\geqslant2)$ 阶无向简单连通图 G 中不含偶圈,证明 G 的块或为 K_2 或为奇圈.

23. 设 r,s 为两个正整数,满足 $1\leqslant r\leqslant s$ 且 $2r>s$,证明存在无向简单图 G,满足

$$\kappa(G)=1,\lambda(G)=r,\delta(G)=s.$$

24. 将无向完全图 K_n 的边涂上红色或蓝色.

(1) 证明对于 $n\geqslant6$,任何一种随意的涂法,总存在红色的 K_3 或蓝色的 K_3.

(2) 用(1)中结论证明任何 6 个人中,或者有 3 个人彼此认识,或有 3 个人彼此不认识.

(3) 证明对于 $n\geqslant7$,如果有 6 条或更多条红色的边关联于 1 个顶点,则在 K_n 中存在红色的 K_4 或存在蓝色的 K_3.

25. 设 D 为竞赛图,$\forall u,v,w\in V(D)$,若 $\langle u,v\rangle,\langle v,w\rangle\in E(D)$,就有 $\langle u,w\rangle\in E(D)$,则称 D 为传递的竞赛图. 证明 $n(n\geqslant2)$ 阶传递的竞赛图不可能是强连通的.

第八章 欧拉图与哈密顿图

在本章中介绍两种特殊的连通图,一种是具有经过所有边的简单生成回路的图,另一种是具有生成圈的图.

8.1 欧 拉 图

18 世纪中叶,在当时的哥尼斯堡城有一条贯穿全市的普雷格尔河,河中有两个岛与七座桥相联结,见图 8.1(a)所示.当时那里的人们热衷于一个难题:一个散步者怎样不重复地走遍七桥,最后又回到出发点?试验者很多,都没有解决这个难题.1736 年,瑞士数学家列昂哈德·欧拉(Leonhard Euler)发表了图论的首篇论文"哥尼斯堡七桥问题",在此文中欧拉论述了不重复地走遍七桥,最后回到出发点是不可能的.

为了解决这个难题,欧拉用 4 个字母 A,B,C,D 代表 4 块陆地,作为 4 个顶点,将联结两块陆地的桥用联结相应两个顶点的线段来表示,所得图如图 8.1(b)所示,于是哥尼斯堡七桥问题就变成了在图 8.1(b)图中是否存在经过每条边一次且仅一次行遍所有顶点的回路问题了,欧拉在论文中论证了这样的回路是不存在的.后来,人们称有这样回路的图为欧拉图.

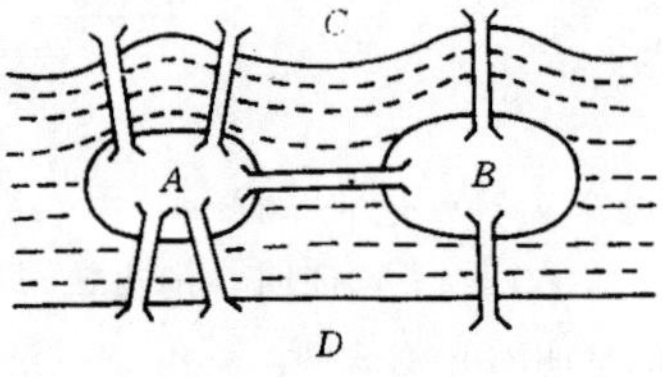

(a)

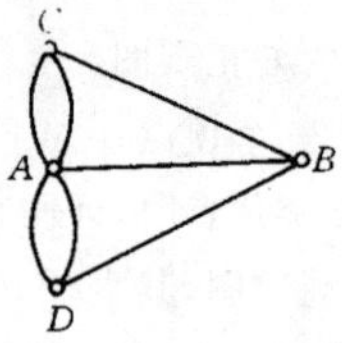

(b)

图 8.1

定义 8.1 (1) 通过图中所有边一次且仅一次行遍所有顶点的通路称为**欧拉通路**;

(2) 通过图中所有边一次且仅一次行遍所有顶点的回路称为**欧拉回路**;

(3) 具有欧拉回路的图称为**欧拉图**;

(4) 具有欧拉图通路但无欧拉回路的图称为**半欧拉图**.

以上定义既适合无向图又适合有向图.其实,欧拉通路是经过所有边的简单通路并且是生成通路(经过所有顶点的通路).同样地,欧拉回路是经过所有边的简单生成回路.

另外,规定平凡图为欧拉图.

判断一个图(无向图或有向图)是否为欧拉图已有简单的判别法.

定理 8.1 设 G 是无向连通图,则下面三个命题是等价的:

(1) G 是欧拉图;

(2) G 中所有顶点的度数都是偶数;

(3) G 是若干个边不重的圈的并.

证明 设 G 是 n 阶、m 条边的无向图.

(1) ⇒(2). 若 G 是平凡图,结论显然成立,所以只考虑 G 是非平凡图的情况. 因为 G 为欧拉图,所以存在欧拉回路,因而必有 $m \geqslant n$. 设 C 为 G 中一条欧拉回路,则 $C=v_{i_0}e_{j_1}v_{i_1}e_{j_2}\cdots e_{j_{m-1}}v_{i_{m-1}}e_{j_m}v_{i_m}$ $(v_{i_m}=v_{i_0})$, $e_{j_r}\neq e_{j_s}$ $(r\neq s)$. $\forall v\in V(G)$, v 在 C 中每出现一次就获 2 度,若出现 k $(k\geqslant 1)$ 次就获得 $2k$ 度,所以 $d(v)=2k$,即 v 的度数为偶数.

(2) ⇒(3). 对 G 的边数 m 作归纳法.

$m=1$ 时,G 必为一个环,因而结论成立.

设 $m\leqslant k(k\geqslant 1)$ 时结论成立,下面证明 $m=k+1$ 时结论也成立.

由于 G 的连通性及无奇度顶点,不难证明 G 中存在圈,设 C 为 G 中一个圈. 令 $G'=G-E(C)$,则 G' 有 $s(s\geqslant 1)$ 个连通分支 $G_1,G_2,\cdots,G_s$(可能有的连通分支为平凡图),则 G_i 的边数 $m_i\leqslant k$,且顶点的度仍均为偶数,由归纳假设可知:

$$G_r=\bigcup_{i=1}^{d_r}C_{ri},\quad r=1,2,\cdots,s,$$

显然 $E(C_{ri})\cap E(C_{rt})=\varnothing$, $i,t=1,2,\cdots,d_r$, $i\neq t$, $r=1,2,\cdots,s$,并且 $E(C_{ri})\cap E(C_{tj})=\varnothing$, $r,t=1,2,\cdots,s$, $r\neq t$,而 $i=1,2,\cdots,d_r$, $j=1,2,\cdots,d_t$. 于是

$$G=C\cup G'=C\cup\left(\bigcup_{t=1}^{s}\bigcup_{i=1}^{d_t}C_{ti}\right),$$

将所有的圈重新排序,令 $d=1+d_1+d_2+\cdots+d_s$,则

$$G=\bigcup_{i=1}^{d}C_i,\ E(C_i)\cap E(C_j)=\varnothing,\ i\neq j.$$

(3) ⇒(1). 对 G 中的圈的个数 d 作归纳法.

$d=1$ 时,$G=C_1$,显然 C_1 为 G 中的欧拉回路,所以 G 是欧拉图.

设 $d\leqslant k(k\geqslant 1)$ 时结论成立,下面证明 $d=k+1$ 时结论也成立.

设 $G'_1=\bigcup_{i=1}^{k+1}C_i-E(C_{k+1})$,并且设 G'_1 有 s 个连通分支 $G_1,G_2,\cdots,G_s$,由 G 的构造可知,G_i 为若干个边不重的圈的并或为平凡图,如图 8.2 所示,于是 G_i 可以写成 $G_i=\bigcup_{j=1}^{k_i}C_{ij}$, $k_i\leqslant k$, $i=1,2,\cdots,s$. 由归纳假设可知 G_i 为欧拉图,因而存在欧拉回路,设 $\widetilde{C}_i$ 为 G_i 中的欧拉回路,$i=1,2,\cdots,s$. 由 G 的连通性可知,C_{k+1} 与 $\widetilde{C}_i$ 均有公共顶点,设 $v_{(k+1),i}$ 为 C_{k+1} 与 $\widetilde{C}_i$ 的一个公共顶点. 规定一种走法:从 C_{k+1} 的某一顶点出发开始行遍,当遇到 $v_{(k+1),i}$ 时,先行遍 $\widetilde{C}_i$,再继续行遍,最后回到原出发点,得回路 C. 它经过 G 中每条边一次并且行遍 G 的所有顶点,因而 C 为 G 中欧拉回路,所以 G 为欧拉图. ∎

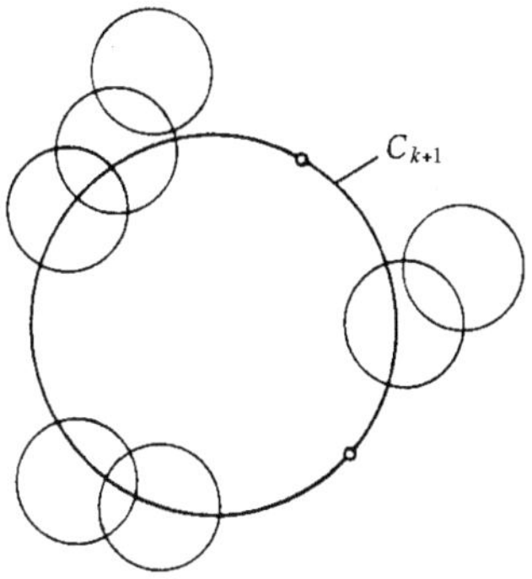

图 8.2

定理 8.1 给出了任何无向图 G 是否为欧拉图的判别法:G 是欧拉图当且仅当 G 是连通的且 G 中无奇度顶点.

根据这个判别法,立即可知哥尼斯堡七桥问题所对应的图(图 8.1(b))不是欧拉图.

定理 8.2 设 G 是连通的无向图,G 是半欧拉图当且仅当 G 中恰有两个奇度顶点.

证明 必要性. 设 G 是 n 阶 m 条边的半欧拉图，由于 G 是半欧拉图，因而 G 中存在欧拉通路(但不是回路). 设 $P=v_{i_0}e_{j_1}v_{i_1}\cdots v_{i_{m-1}}e_{j_m}v_{i_m}$ 为 G 中一条欧拉通路 $v_{i_0}\neq v_{i_m}$. $\forall v\in V(G)$，若 v 不在 P 的始点、终点出现，显然 $d(v)$ 为偶数. 若 v 在端点出现过(即作为 v_{i_0} 或 v_{i_m})，则 $d(v)$ 为奇数. 因为 P 有一个始点、一个终点，所以 G 中只有两个奇度顶点.

充分性. 设 G 的两个奇度顶点分别为 u_0 和 v_0，对 G 加新边 (u_0,v_0)，即 $G_1=G\cup(u_0,v_0)$，则 G_1 是连通的且无奇度数顶点. 由定理 8.1 可知 G_1 是欧拉图，因而存在欧拉回路 C. 显然 $C-(u_0,v_0)$ 是 G 中欧拉通路，所以 G 是半欧拉图. ▌

由定理 8.2 可知图 8.1(b)也不是半欧拉图，因为它的 4 个顶点都是奇度数.

对于有向图 D 是否为欧拉图有下面定理.

定理 8.3 设 D 是连通的有向图，则下面三个命题是等价的：

(1) D 是欧拉图；

(2) $\forall v\in V(D), d^+(v)=d^-(v)$；

(3) D 为若干个边不重的有向初级回路的并.

本定理的证明类似于定理 8.1.

定理 8.4 设 D 是连通的有向图，D 是半欧拉图当且仅当 D 恰有两个奇度顶点，其中的一个入度比出度大 1，另一个的出度比入度大 1，而其余顶点的入度均等于出度.

本定理的证明留给读者.

根据定理 8.1～8.4，在图 8.3 中容易判断，(b)，(d)为欧拉图，(a)，(e)为半欧拉图，而(c)，(f)既不是欧拉图，也不是半欧拉图.

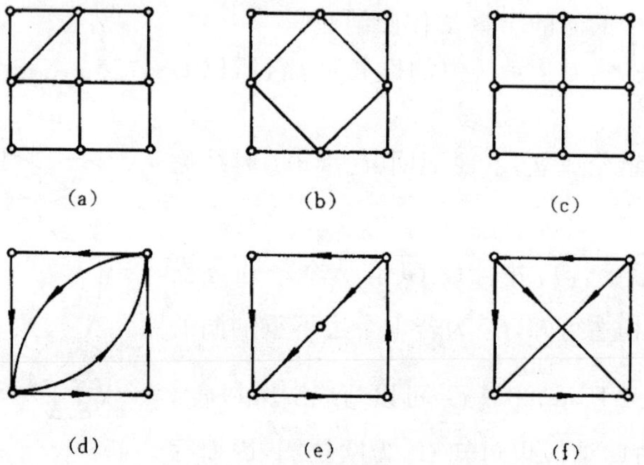

图 8.3

设 G 为欧拉图(无向的或有向的)，一般说来 G 中存在若干条欧拉回路. 求 G 中的欧拉回路已有了算法. 下面以求无向欧拉图中的欧拉回路为例，介绍 Fleury 算法.

Fleury 算法：

(1) 任取 $v_0\in V(G)$，令 $P_0=v_0$；

(2) 设 $P_i=v_0e_1v_1e_2\cdots e_iv_i$ 已经行遍，按下面方法从 $E(G)-\{e_1,e_2,\cdots,e_i\}$ 中选取 e_{i+1}：

① e_{i+1} 与 v_i 相关联，

② 除非无别的边可供行遍，否则 e_{i+1} 不应该为 $G_i=G-\{e_1,e_2,\cdots,e_i\}$ 中的桥；

（3）当(2)不能再进行时，算法停止.

下面证明 Fleury 算法是正确的.

定理 8.5 设 G 是无向欧拉图，则 Fleury 算法终止时得到的简单通路是欧拉回路.

证明 设算法终止时得到的通路为 $P_m=v_0e_1v_1e_2\cdots e_mv_m$，$P_m$ 是简单通路是显然的，下面分别证明 P_m 是回路，并且经过 G 中全部边(当然也就行遍了 G 的全部顶点).

（1）证明 P_m 是回路.

算法终止时，说明 G_m 中已无边与 v_m 关联. 又因为 G 中无奇度顶点，因而必有 $v_m=v_0$，这说明 P_m 为回路且 $d_{G_m}(v_0)=d_{G_m}(v_m)=0$.

（2）证明 P_m 经过 G 中所有边.

用反证法证明之，假设回路 P_m 不是欧拉回路，即 $\{e_1,e_2,\cdots,e_m\}\neq E(G)$，下面来推矛盾. 设 $V_m=\{v\mid v\in V(P_m)\wedge d_{G_m}(v)>0\}$，$\overline{V}_m=(V(G)-V_m)\cap V(P_m)$. 显然，$v_0=v_m\in\overline{V}_m$. 又因为 P_m 不是欧拉回路，所以 $V_m\neq\varnothing$. 设 $v_r\in V_m$ 且是角标最大的顶点，即 $v_{r+1},v_{r+2},\cdots,v_m$ 均属于 $\overline{V}_m$，即 $d_{G_m}(v_r)>0$，而 $d_{G_m}(v_{r+1})=d_{G_m}(v_{r+2})=\cdots d_{G_m}(v_m)=0$.

由于 $v_r\neq v_0$，所以当过程进行完 r 步时，$d_{G_r}(v_r)$，$d_{G_r}(v_0)$ 均为奇数，因而 v_r 与 v_0 必处于 G_r 的同一个连通分支 H_r 中，且 H_r 中再无其他奇度顶点，所以 H_r 为半欧拉图，因而存在 v_r 到 v_0 的欧拉通路，在此通路上，$e_{r+1},e_{r+2},\cdots,e_m$ 均为 G_r 中的桥，但 G_m 中，e_{r+1} 已被删除，可是 $d_{G_m}(v_r)>0$，这正说明在 G_r 中，v_r 除关联 e_{r+1}(桥)外，还必关联其他的边，设 e 在 G_r 中与 e_{r+1} 相邻且 e 不在 P_m 中，由 G_r 的性质可知 e 必在某个 G_r 的圈中，因而 e 不是 G_r 中的桥，于是在行遍过程中的第 $r+1$ 步犯了能不走桥而走了桥的错误. 因而 P_m 中必含 G 中全部边，即 P_m 是 G 中的欧拉回路. ▌

在图 8.4 所示的欧拉图中，求从 v_1 出发的欧拉回路，如果 $P_4=v_1e_1v_2e_2v_3e_3v_4e_7v_7$，再往下走注意别走桥，就可以走出欧拉回路：

$$P_{10}=v_1e_1v_2e_2v_3e_3v_4e_7v_7e_6v_6e_5v_5e_4v_4e_8v_2e_9v_7e_{10}v_1.$$

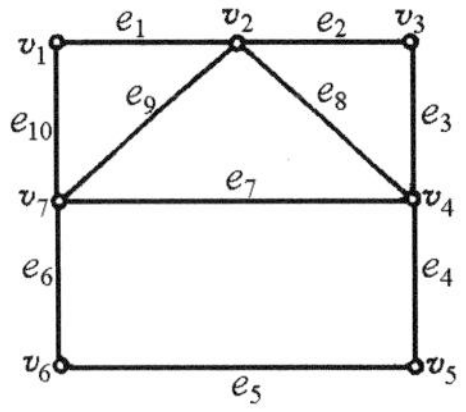

图 8.4

设 C 是无向欧拉图 G 中任意一条简单回路，则 $G-E(C)$ 中各顶点度数的奇偶性不变. 若 $E(G)-E(C)\neq\varnothing$，则 $G-E(C)$ 各连通分支均为欧拉图，因而各连通分支均有欧拉回路. 可将这些回路逐步插入 C 中，形成 G 中的欧拉回路，称这种算法为逐步插入回路法. 设 G 是 n 阶无向欧拉图，求 G 中欧拉回路的逐步插入回路法算法如下：

开始 $i\leftarrow 0,v^*=v_1,v=v_1,P_0=v_1,G_0=G$.

1 在 G_i 中取任一条与 v 关联的边 $e=(v,v')$ 将 e 及 v' 加入 P_i 中得 P_{i+1}.

2 若 $v'=v^*$，转 **3**，否则 $i\leftarrow i+1,v=v'$，转 **1**.

3 若 $E(P_{i+1})=E(G)$，结束，否则，令 $G_{i+1}=G-E(P_{i+1})$，在 G_{i+1} 中任取一条与 P_{i+1} 中某顶点 v_k 关联的边 e，先将 P_{i+1} 改写成起点(终点)为 v_k 的简单回路，再置 $v^*=v_k,v=v_k,i\leftarrow i+1$，转 **1**.

逐步插入回路法的复杂度为 $O(m)$，其中 m 为 G 的边数.

在图 8.4 所示欧拉图中，用逐步插入回路法求欧拉回路. 若始于 v_1 的回路 $P_7=v_1e_1v_2e_2v_3e_3v_4e_4v_5e_5v_6e_6v_7e_{10}v_1$，则 $G-E(P_7)$ 中以 v_2,v_4,v_7 为顶点的 K_3 中的边均未走到. 将 P_7 写成 $v_2e_2v_3e_3v_4e_4v_5e_5v_6e_6v_7e_{10}v_1e_1v_2$，在 $G-E(P_7)$ 中，从 v_2 再继续转 **1**，得 $P_{10}=$

$v_2e_2v_3e_3v_4e_4v_5e_5v_6e_6v_7e_{10}v_1e_1v_2e_9v_7e_7v_4e_8v_2$ 为 G 中的一条欧拉回路.

在本节的最后,讨论有向欧拉图在计算机译码方面的应用.

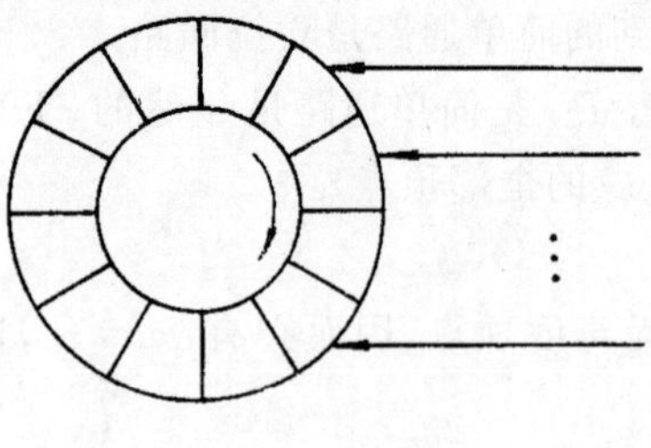

图 8.5

设有 $m(m\geqslant 2)$ 个字母,比如 $a_1,a_2,\cdots,a_m$,问题是如何将 m^n 个字母(m^{n-1}个 a_1,m^{n-1}个 a_2,$\cdots$,m^{n-1}个 a_m)放在一个对应 m^n 个扇形的圆盘上,使圆盘上每连续的 n 位(按顺时针计)对应一个长为 n 的符号串,见图 8.5 所示的输出部分,而圆盘每按顺时针转动一格,输出部分就对应一个新的符号串,转动一周,即转动 m^n 次,就得到由 m 个字母产生的长度为 n 的 m^n 个各不相同的符号串.

可用构造有向欧拉图的办法解决以上问题. 设 $S=\{a_1,a_2,\cdots,a_m\}$,构造 $D=\langle V,E\rangle$ 如下:

$$V=\{\alpha_{i_1}\alpha_{i_2}\cdots\alpha_{i_{n-1}}\,|\,\alpha_{i_r}\in S,1\leqslant i_r\leqslant m,\ 1\leqslant r\leqslant n-1\},$$

$$E=\{\alpha_{j_1}\alpha_{j_2}\cdots\alpha_{j_n}\,|\,\alpha_{j_s}\in S,1\leqslant j_s\leqslant m,\ 1\leqslant s\leqslant n\}.$$

规定 D 中顶点与边的关联关系如下:

顶点 $a_{i_1}a_{i_2}\cdots a_{i_{n-1}}$ 引出 m 条边:$a_{i_1}a_{i_2}\cdots a_{i_{n-1}}a_r$, $r=1,2,\cdots,m$.

边 $a_{j_1}a_{j_2}\cdots a_{j_n}$ 引入顶点 $a_{j_2}a_{j_3}\cdots a_{j_n}$.

易知 D 是连通的,且每个顶点的入度等于出度,均等于 m,所以 D 是有向欧拉图.

在 D 中任意求一条欧拉回路 C,不妨设 $C=e_1e_2\cdots e_{m^n}$,取 C 中各边的最后一个字母,按各边在 C 中的顺序排成圆形放在圆盘上,就可以产生 m^n 个长为 n 的各不相同的符号串.

取 $S=\{a,b,c\}$,$n=2$,则 $D=\langle V,E\rangle$ 中,$V=\{a,b,c\}$,$E=\{aa,ab,ac,ba,bb,bc,ca,cb,cc\}$,$D$ 如图 8.6 中(a)所示. $C=e_1e_2e_4e_6e_7e_9e_8e_5e_3$ 为 D 中一条欧拉回路,取出 C 中各边最后一位上的字母按顺序放在圆盘上,见图 8.6 中(b)所示. 圆盘每转动一格,输出一个长为 2 的符号串:$bb,ab,aa,ba,cb,ac,ca,cc,bc$.

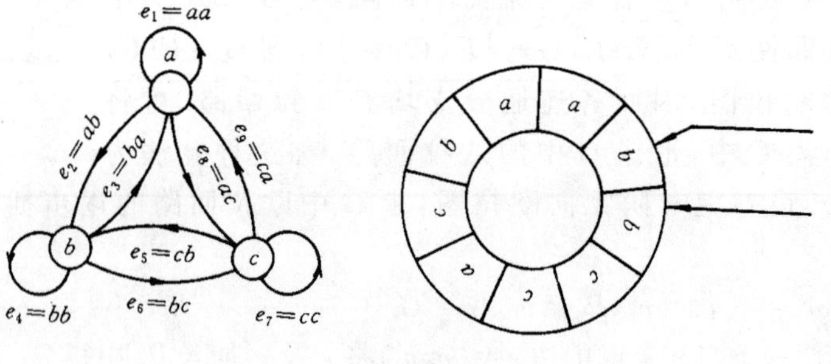

图 8.6

再取 $S=\{0,1\}$,$n=3$,则 $D'=\langle V',E'\rangle$ 中,$V'=\{00,01,10,11\}$,$E'=\{000,001,\cdots,111\}$. D'如图 8.7 中(a)所示,$C'=e_0e_1e_2e_5e_3e_7e_6e_4$ 为 D'中一条欧拉回路,取出 C'中各边最后一位上的数字按顺序放在圆盘上,见图 8.7 中(b)所示,圆盘每转动一格输出一个长为 3 的 2 元码:010,001,000,100,110,111,011,101.

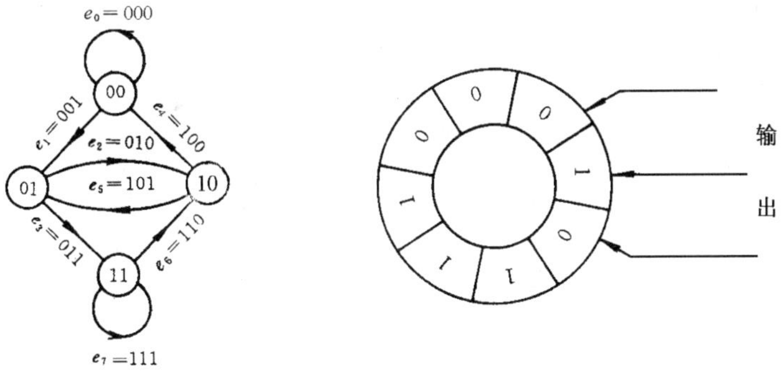

(a) (b)

图 8.7

8.2 哈 密 顿 图

1859 年威廉·哈密顿(Willian Hamilton)提出一个问题:能否在正十二面体图(见图8.8所示)上求一条初级回路,使它含图中所有顶点?他形象地将每个顶点看作一个城市,连接两顶点之间的边看作两城市之间的交通线.于是哈密顿提出的问题就变成了如下的问题:能否从某个城市出发,沿交通线经过每个城市一次,最后回到出发点?由于作了这样的解释,哈密顿将这个问题称为**"周游世界问题"**,并且作了肯定的回答.按照图中所给城市的编号行遍,可得所要求的回路,对于一般的连通图 G 也可以提出这样的问题,即能否找到一条含图中所有顶点的初级通路或回路.

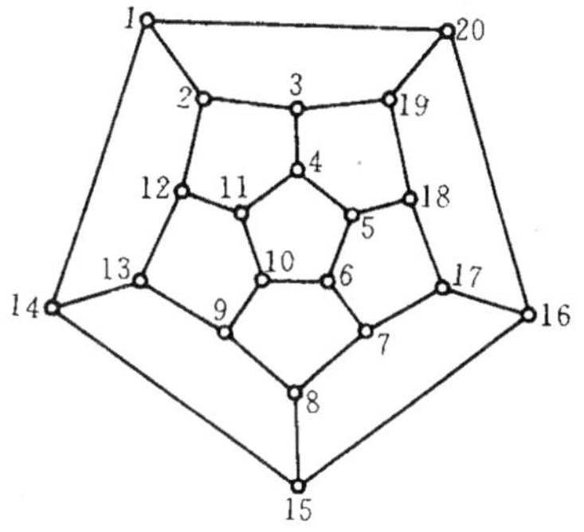

图 8.8

定义 8.2

(1) 经过图中所有顶点一次且仅一次的通路称为**哈密顿通路**;

(2) 经过图中所有顶点一次且仅一次的回路称为**哈密顿回路**;

(3) 具有哈密顿回路的图称为**哈密顿图**;

(4) 具有哈密顿通路而不具哈密顿回路的图称为**半哈密顿图**.

平凡图是哈密顿图.

到目前为止,还没有找到一个简明的条件作为一个图是否为哈密顿图的充要条件.从这个意义上,研究哈密顿图比研究欧拉图难得多.下面给出一些哈密顿通路、回路存在的必要条件或充分条件.

定理 8.6 设无向图 $G=\langle V,E\rangle$ 是哈密顿图,则对于 V 的任意非空真子集 V_1 均有

$$p(G-V_1)\leqslant|V_1|.$$

其中,$p(G-V_1)$ 为 $G-V_1$ 的连通分支数.

证明 设 C 为 G 中任意一条哈密顿回路,当 V_1 中顶点在 C 中均不相邻时,$p(C-V_1)=|V_1|$ 最大,其余情况下均有 $p(C-V_1)<|V_1|$,所以有 $p(C-V_1)\leqslant|V_1|$.而 C 是 G 的生成子

图，所以：$p(G-V_1) \leqslant p(C-V_1) \leqslant |V_1|$.　▌

推论　设无向图 $G=\langle V,E\rangle$ 是半哈密顿图，则对于 V 的任何非空真子集 V_1 均有

$$p(G-V_1) \leqslant |V_1|+1.$$

证明　设 P 为起于 u 终于 v 的 G 中的一条哈密顿通路，令 $G_1=G\cup(u,v)$（在 G 中 u,v 之间加一条新边），易知 G_1 是哈密顿图. 由定理 8.6 可知，$p(G-V_1) \leqslant |V_1|$，而

$$p(G-V_1)=p(G_1-V_1-(u,v)) \leqslant p(G_1-V_1)+1 \leqslant |V_1|+1.$$　▌

定理 8.6 中的条件是图为哈密顿图的必要条件，但不是充分条件. 有的图，比如彼得森图（图 7.6(d) 所示），满足定理 8.6 中的条件，但它不是哈密顿图. 彼得森图中存在哈密顿通路，所以它是半哈密顿图.

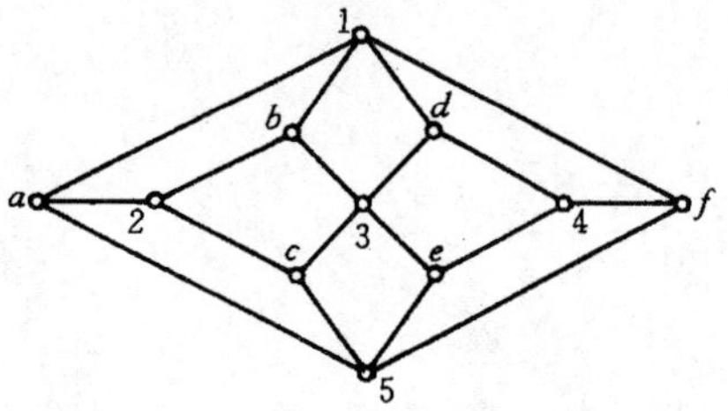

图　8.9

当然，若某图 G 不满足定理 8.6 中的条件，则它一定不是哈密顿图. 图 8.9 所示的图是半哈密顿图，但不是哈密顿图. 取 $V_1=\{1,2,3,4,5\}$，则 $p(G-V_1)=6>|V_1|=5$，由定理 8.6 可知它不是哈密顿图. 其实，图 8.9 所示图为二部图. 由定理 8.6 立刻可知，若 $G=\langle V_1,V_2,E\rangle$ 为二部图且为哈密顿图，则必有 $|V_1|=|V_2|$. 而图 8.9 所示二部图是不满足这个必要条件的.

下面给出一些图 G 具有哈密顿回路或通路的一些充分条件.

定理 8.7　设 G 是 $n(n\geqslant 2)$ 阶无向简单图，若对于 G 中任意不相邻的顶点 v_i,v_j，均有

$$d(v_i)+d(v_j) \geqslant n-1, \qquad (*)$$

则 G 中存在哈密顿通路.

证明　首先证明 G 是连通的. 否则，G 至少有两个连通分支，设 G_1,G_2 是顶点数分别为 n_1 和 $n_2(n_1\geqslant 1, n_2\geqslant 1)$ 的连通分支. 设 $v_1\in V(G_1)$，$v_2\in V(G_2)$，由于 G 是简单图，所以

$$d_G(v_1)+d_G(v_2)=d_{G_1}(v_1)+d_{G_2}(v_2) \leqslant n_1-1+n_2-1=n_1+n_2-2 \leqslant n-2,$$

这与定理中的条件（$*$）是矛盾的，所以 G 是连通的.

下面证明 G 中存在哈密顿通路.

设 $\Gamma=v_1v_2\cdots v_l$ 为 G 中用"扩大路径法"得到的"极大路径"，即 Γ 的始点 v_1 与终点 v_l 不与 Γ 外的顶点相邻，显然 $l\leqslant n$.

(1) 若 $l=n$，则 Γ 为 G 中经过所有顶点的路径，即为哈密顿通路.

(2) 若 $l<n$，说明 G 中还有在 Γ 外的顶点，但此时可以证明存在经过 Γ 上所有顶点的圈，证明如下：

① 若在 Γ 上 v_1 与 v_l 相邻，则 $v_1v_2\cdots v_lv_1$ 为过 Γ 上所有顶点的圈.

② 若在 Γ 上 v_1 与 v_l 不相邻，用定理中的条件（$*$）来寻找圈. 在 Γ 上，设 v_1 与 $v_{i_1}=v_2$，$v_{i_2},\cdots,v_{i_k}$ 相邻（k 必大于等于 2，否则，$d(v_1)+d(v_l)\leqslant 1+l-2=l-1<n-1$），此时 v_l 必与 $v_{i_2},v_{i_3},\cdots,v_{i_k}$ 相邻的顶点 $v_{i_2-1},v_{i_3-1},\cdots,v_{i_k-1}$ 至少之一相邻（否则，$d(v_1)+d(v_l)\leqslant k+l-2-(k-1)=l-1<n-1$）. 设 v_l 与 $v_{i_r-1}(2\leqslant r\leqslant k)$ 相邻，见图 8.10(a) 所示. 删除边 (v_{i_r-1},v_{i_r})，得回路 $C=v_1v_{i_1}\cdots v_{i_r-1}v_lv_{l-1}\cdots v_{i_k}\cdots v_{i_r}v_1$.

(3) 证明存在比 Γ 更长的路径.

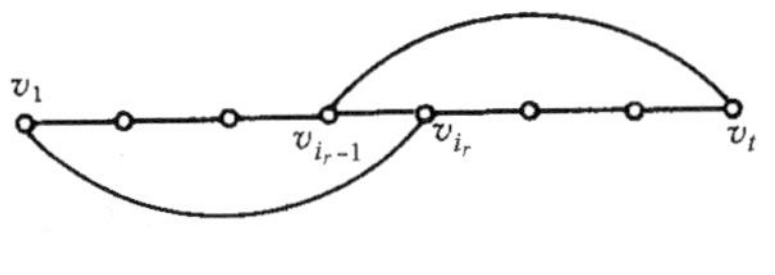

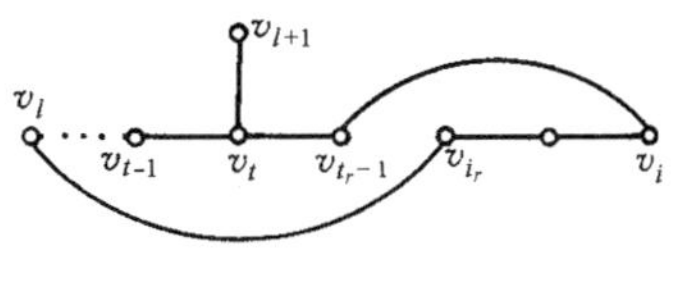

图 8.10

因为 $l<n$,所以 $V(G)-V(C)\neq\varnothing$,即 C 外还有 G 中顶点.由于 G 的连通性,所以存在 C 外的顶点与 C 上顶点相邻,不妨设 $v_{l+1}\in V(G)-V(C)$ 且 v_{l+1} 与 C 上顶点 v_t 相邻,见图 8.10(b)所示.删除边(v_{t-1},v_t)得路径 $v_{t-1}\cdots v_1 v_{i_r}\cdots v_l v_{i_r-1}\cdots v_t v_{l+1}$,记为 Γ'.显然 Γ' 比 Γ 长 1,且 Γ' 上有 $l+1$ 个顶点.对此路径上的顶点重新排序,记为

$$\Gamma'=v_1 v_2\cdots v_l v_{l+1}.$$

对 Γ' 重复(1)—(3),得 G 中哈密顿通路或比 Γ' 更长的路径,由于 G 为有限图,在有限步内一定得 G 中的哈密顿通路. ▌

推论 1 设 G 为 $n(n\geqslant 3)$ 阶无向简单图,若对于 G 中任意不相邻的顶点 v_i,v_j,均有

$$d(v_i)+d(v_j)\geqslant n, \qquad (**)$$

则 G 中存在哈密顿回路,从而 G 为哈密顿图.

证明 由定理 8.7 知 G 是连通的且 G 中存在哈密顿通路,设 $\Gamma=v_{i_1}v_{i_2}\cdots v_{i_n}$ 为 G 中一条哈密顿通路.

若 v_{i_1} 与 v_{i_n} 相邻,则 $C=v_{i_1}v_{i_2}\cdots v_{i_n}v_{i_1}$ 为 G 中哈密顿回路.否则,利用(**)同定理 8.7 的证明类似,存在过 $v_{i_1}v_{i_2},\cdots v_{i_n}$ 的圈,此圈为 G 中的哈密顿回路. ▌

推论 2 设 G 为 $n(n\geqslant 3)$ 阶无向简单图,若对于任意的 $v\in V(G)$,均有 $d(v)\geqslant\frac{n}{2}$,则 G 为哈密顿图.

利用推论 1,推论 2 得证.

定理 8.8 设 u,v 为无向 n 阶简单图 G 中的两个不相邻的顶点,且 $d(u)+d(v)\geqslant n$,则 G 为哈密顿图当且仅当 $G\cup(u,v)$ 为哈密顿图.

本定理的证明留给读者.

定理 8.9 设 D 为 $n(n\geqslant 2)$ 阶竞赛图,则 D 具有哈密顿通路.

证明 对 n 做归纳法.

$n=2$ 时,D 的基图为 K_2,显然 D 中存在哈密顿通路.

设 $n=k$ 时结论成立,下面证明 $n=k+1$ 时结论也成立.设 D 为 $k+1$ 阶竞赛图,设 $V(D)=\{v_1,v_2,\cdots,v_k,v_{k+1}\}$,令 $D_1=D-v_{k+1}$,则 D_1 为 k 阶竞赛图.由归纳假设可知 D_1 中存在哈密顿通路,设 $P_1=v_1'v_2'\cdots v_k'$ 为 D_1 中一条哈密顿通路,下面证明在 D 中 v_{k+1} 可扩展到 P_1 中去.若存在 $v_r'(1\leqslant r\leqslant k)$,有 $\langle v_i',v_{k+1}\rangle\in E(D)$,$i=1,2,\cdots,r-1$,而 $\langle v_{k+1},v_r'\rangle\in E(D)$,见图8.11(a)所示,则 $v_1'v_2'\cdots v'_{r-1}v_{k+1}v_r'\cdots r_k'$ 为 D 中的哈密顿通路.否则必有 $\langle v_i',v_{k+1}\rangle\in E(D)$,$i=1,2,\cdots,k$,见图 8.11(b)所示,则 $v_1'v_2'\cdots v_k'v_{k+1}$ 为 D 中哈密顿通路. ▌

推论 设 D 为 n 阶有向图,若 D 含 n 阶竞赛图作为子图,则 D 中具有哈密顿通路.

定理 8.10 强连通的竞赛图为哈密顿图.

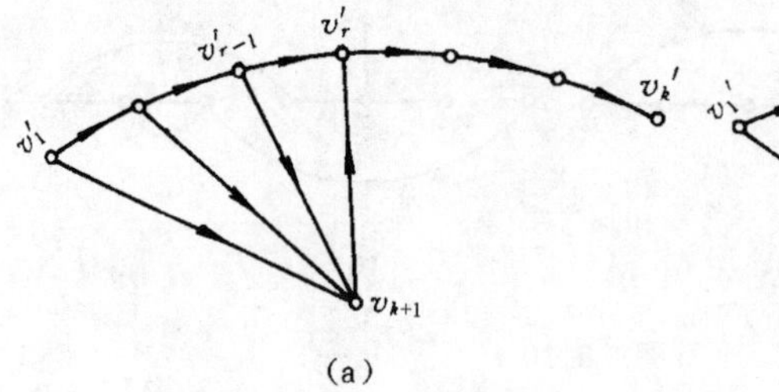

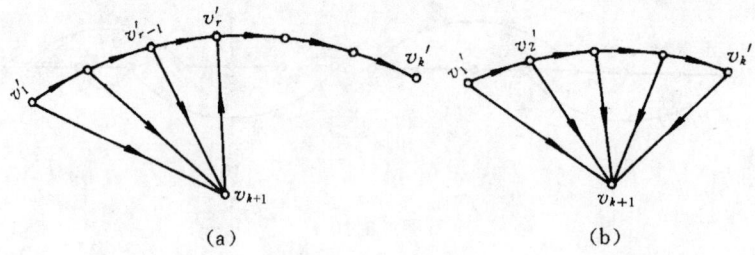

图 8.11

证明 若 D 是平凡图,结论显然成立.若 D 是 2 阶竞赛图,D 不可能是强连通的,因而下面仅对 $n\geqslant 3$ 的 n 阶强连通竞赛图进行讨论.

(1) 证 D 中存在长度为 3 的圈.

设 v_0 为 D 中任一顶点,令

$$\Gamma_D^+(v_0)=\{v\mid\langle v_0,v\rangle\in E(D)\},\ \Gamma_D^-(v_0)=\{v\mid\langle v,v_0\rangle\in E(D)\},$$

由 D 的强连通性可知,$\Gamma_D^+(v_0)\neq\varnothing$ 且 $\Gamma_D^-(v_0)\neq\varnothing$,而且 $\Gamma_D^+(v_0)\cup\Gamma_D^-(v_0)=V(D)-\{v_0\}$.还是由于 D 的强连通性可知,必存在 $u'\in\Gamma_D^+(v_0)$,$v'\in\Gamma_D^-(v_0)$,使得 $\langle u',v'\rangle\in E(D)$,于是 $v_0u'v'v_0$ 为 D 中长度为 3 的圈,见图 8.12(a)所示.

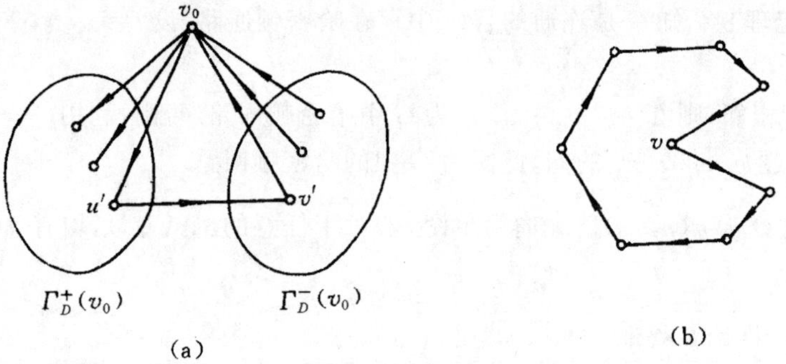

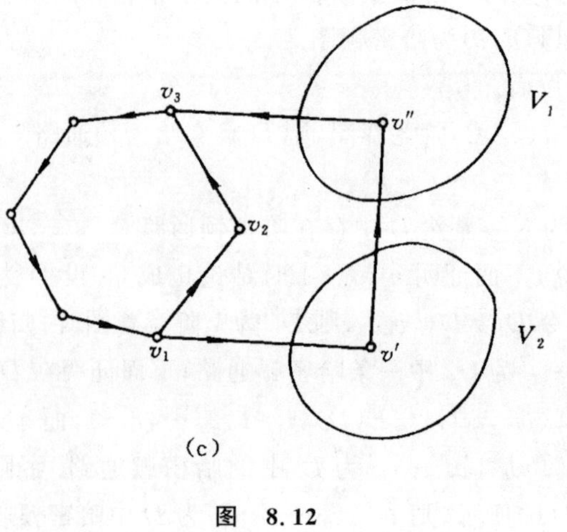

图 8.12

(2) 若 D 中存在长度为 $k(3\leqslant k<n)$ 的圈，则必存在长度为 $k+1$ 的圈.

设 C 为 D 中一个长度为 $k(3\leqslant k<n)$ 的圈，又分下面两种情况讨论.

① 若存在 C 外顶点 v，既有 C 上的顶点邻接到 v，又有 C 上的顶点邻接于 v，则在 C 上一定存在顶点 v_i，使得 $\langle v_{i-1},v\rangle\in E(D)$ 且 $\langle v,v_i\rangle\in E(D)$，见图 8.12(b)所示，则 $C'=v_1v_2\cdots v_{i-1}vv_iv_{i+1}\cdots v_kv_1$ 为 D 中长度为 $k+1$ 的圈.

② 否则，C 外的任何顶点 v，或者邻接到 C 上的所有顶点，或者邻接于 C 上的所有顶点，于是可令

$$V_1=\{v\mid v\notin E(C)\wedge v\text{ 邻接于 }C\text{ 上的所有顶点}\},$$

$$V_2=\{v\mid v\notin E(C)\wedge v\text{ 邻接到 }C\text{ 上的所有顶点}\},$$

易知 $V_1\neq\varnothing$，$V_2\neq\varnothing$ 且 $V_1\cap V_2=\varnothing$. 由 D 是强连通图，因而存在 $v'\in V_1$，$v''\in V_2$，使得 $\langle v',v''\rangle\in E(D)$. 在 C 上任取 3 个相邻的顶点，不妨设为 v_1,v_2,v_3，则 $\langle v_1,v'\rangle$，$\langle v',v''\rangle$，$\langle v'',v_3\rangle\in E(D)$. 在 C 上删除 $\langle v_1,v_2\rangle$，$\langle v_2,v_3\rangle$ 的两条边，并上 $\langle v_1,v'\rangle$，$\langle v',v''\rangle$，$\langle v'',v_3\rangle$ 3 条边，见图 8.12(c)所示，则 $C'=v_1v'v''v_3v_4\cdots v_kv_1$ 为长为 $k+1$ 的圈.

由(1)，(2)可知，D 中必存在长为 n 的圈，即为 D 中哈密顿回路，故 D 是哈密顿图. ▌

推论 设 D 是 n 阶有向图，若 D 中含 n 阶强连通的竞赛图作为子图，则 D 是哈密顿图.

对于完全图 K_n 来说，除 K_2 不是哈密顿图之外，其余的都是哈密顿图. 设 C_1，C_2 均为图 G 的哈密顿回路，若 $E(C_1)\cap E(C_2)=\varnothing$，则称 C_1 与 C_2 是边不重的哈密顿图回路. $K_n(n\geqslant 3)$ 中含多少条边不重的哈密顿回路呢？下面定理及其推论回答这个问题.

定理 8.11 完全图 $K_{2k+1}(k\geqslant 1)$ 中含 k 条边不重的哈密顿回路，且 k 条边不重的哈密顿回路含 K_{2k+1} 中的全部边.

证明 先将 K_{2k+1} 的 $2k+1$ 顶点连续地标注上 $v_1,v_2,\cdots,v_{2k},v_{2k+1}$，即顶点的角标集为 $S_{2k+1}=\{1,2,\cdots,2k+1\}$. 然后，求出 K_{2k+1} 中 k 条长为 $2k-1$ 的路径，第 i 条路径的第 j 个顶点的下标为 $i+(-1)^{j+1}\left\lfloor\dfrac{j}{2}\right\rfloor$：

$$P_i=v_iv_{i-1}v_{i+1}v_{i-2}v_{i+2}\cdots v_{i-(k-1)}v_{i+(k-1)}v_{i-k},$$

$i=1,2,\cdots,k$. 再将 P_i 各顶点的下角标按 mod$(2k)$ 转换成 S_{2k+1} 中的元素，0 转换成 $2k$. 令

$$C_i=v_{2k+1}v_iv_{i-1}v_{i+1}\cdots v_{i-(k-1)}v_{i+(k-1)}v_{i-k}v_{2k+1},$$

$i=1,2,\cdots,k$.

可以证明 $C_i(i=1,2,\cdots,k)$ 均为 K_{2k+1} 中的哈密顿回路，且 $E(C_i)\cap E(C_r)=\varnothing$，$i\neq r$，且 $\sum\limits_{i=1}^{k}E(C_i)=E(K_{2k+1})$. ▌

图 8.13 中给出了 K_7 的 3 条边不重的哈密顿回路.

推论 $K_{2k}(k\geqslant 2)$ 中含 $k-1$ 条边不重的哈密顿回路，从 K_{2k} 中删除这 $k-1$ 条哈密顿回路上的所有边后所得图含 k 条彼此不相邻的边.

证明 $k=2$ 时，K_4 中存在一条哈密顿回路和两条彼此不相邻的边是显然的. 下面就 $k\geqslant 3$ 时进行证明，由定义 7.16 联图的定义可知

$$K_{2k}=K_{2k'+1}+K_1,\quad \text{其中 }k'=k-1.$$

设 $K_{2k'+1}$ 中顶点集为 $\{v_1,v_2,\cdots,v_{2k'+1}\}=\{v_1,v_2,\cdots,v_{2k-1}\}$，$K_1$ 中顶点集为 $\{v_{2k}\}$. 由定理 8.11 可知，$K_{2k'+1}$ 中存在 $k'=k-1$ 条边不重的哈密顿回路，设为 $C_1',C_2',\cdots,C_{k'}'$.

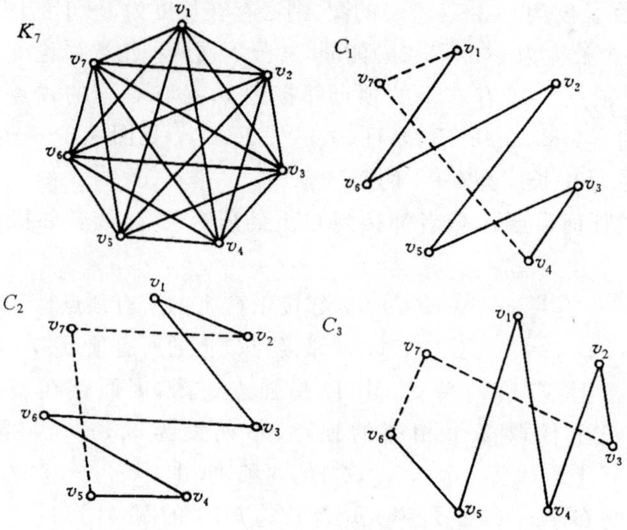

图 8.13

取 $e_i=(v'_{i1},v'_{i2})\in E(C'_i)$，且 $\{v'_{i1},v'_{i2}\}\cap\{v'_{11},v'_{12},\cdots,v'_{(i-1)1},v'_{(i-1)2},v'_{(i+1)1},v'_{(i+1)2},\cdots,v'_{k'1},v'_{k'2}\}=\varnothing$，$i=1,2,\cdots,k'$，令

$$C_i=(C'_i-(v'_{i1},v'_{i2}))\cup\{(v'_{i1},v_{2k}),(v_{2k},v'_{i2})\},\quad i=1,2,\cdots,k',$$

则 C_i 为 K_{2k} 中的哈密顿回路，且 $C_1,C_2,\cdots,C_{k'}$ 是彼此边不重的.

不妨设 $V-\{v'_{11},v'_{12},v'_{21},v'_{22},\cdots,v'_{k'1},v'_{k'2}\}=\{v_{2k'+1}\}=\{v_{2k-1}\}$，则边 (v'_{11},v'_{12})，(v'_{21},v'_{22})，$\cdots$，$(v'_{k'2},v'_{k'2})$，(v_{2k-1},v_{2k}) 均不在任何 C_i 中，且彼此均不相邻. ∎

图 8.14 所示的图为将 K_6 表示成 K_5+K_1 的形式.

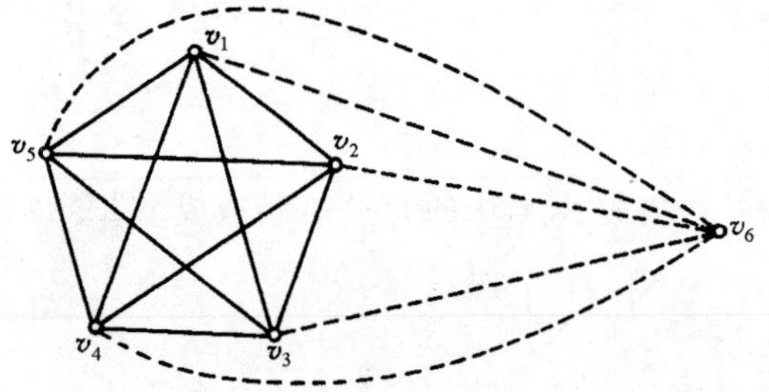

图 8.14

$$C'_1=v_1v_4v_2v_3v_5v_1,\quad C'_2=v_2v_1v_3v_4v_5v_2$$

为 K_5 中的两条边不重的哈密顿回路，而

$$C_1=(C_1{}'-(v_1,v_4))\cup\{(v_1,v_6),(v_6,v_4)\}$$
$$=v_1v_6v_4v_2v_3v_5v_1,$$
$$C_2=(C_2{}'-(v_2,v_5))\cup\{(v_2,v_6),(v_6,v_5)\}$$
$$=v_2v_6v_5v_4v_3v_1v_2$$

为 K_6 中两条边不重的哈密顿回路. 边 (v_1,v_4)，(v_2,v_5)，(v_3,v_6) 不在 C_1 和 C_2 中，且它们彼此不相邻.

习题八

1. 设 G 为 $n(n\geqslant 2)$ 阶欧拉图，证明 G 是 2-边连通图.

2. 设 G 为无向连通图，证明：G 为欧拉图当且仅当 G 的每个块是欧拉图.

3. 设 G 是恰有 $2k(k\geqslant 1)$ 个奇度顶点的连通图，证明 G 中存在 k 条边不重的简单通路 $P_1,P_2,\cdots,P_k$，使得

$$E(G)=\bigcup_{i=1}^{k}E(P_i).$$

4. 设 G 为欧拉图，$v_0 \in V(G)$，若从 v_0 开始行遍，无论行遍到那个顶点，只要未行遍过的边就可以行遍，最后行遍所有边回到 v_0，即得 G 中一条欧拉回路，则称 v_0 是可以任意行遍的. 证明：v_0 是可以任意行遍的当且仅当 $G-v_0$ 中无圈.

5. 如何将 16 个二进制数字(8 个 0，8 个 1)排成一个圆形，使得 16 个长为 4 的二进制数在其中各出现且仅出现一次？

6. 如何将 9 个 α，9 个 β，9 个 γ 排成圆形，使得由 α,β,γ 产生的 27 个长为 3 的符号串在其中均出现且仅出现一次？

7. 证明图 8.15 中所示的两个图均不是哈密顿图.

8. 证明彼得森图不是哈密顿图.

9. 设 G 为 n 阶无向简单图，边数 $m=\frac{1}{2}(n-1)(n-2)+2$. 证明 G 为哈密顿图. 再举例说明，当 $m=\frac{1}{2}(n-1)(n-2)+1$ 时，G 不一定为哈密顿图.

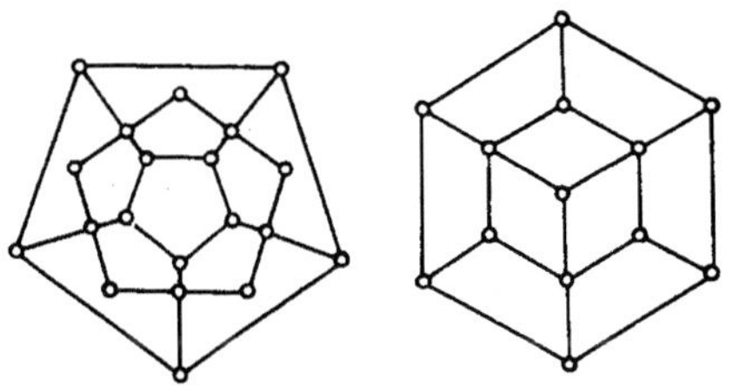

(a) (b)

图 8.15

10. 设 G 为无向连通图，C 为 G 中一条初级回路(圈). 若删除 C 上任何一条边后，C 上剩下边的导出子图均为 G 中最长的路径，证明 C 为 G 中哈密顿回路，从而 G 为哈密顿图.

11. 已知 a，b，c，d，e，f，g 7 个人中，a 会讲英语；b 会讲英语和汉语；c 会讲英语、意大利语和俄语；d 会讲汉语和日语；e 会讲意大利语和德语；f 会讲俄语、日语和法语；g 会讲德语和法语，能否将他们的座位安排在圆桌旁，使得每个人都能与他身边的人交谈？

12. 今有 $2k(k\geqslant 2)$ 个人去完成 k 项任务. 已知每个人均能与另外 $(2k-1)$ 个人中的 k 个人中的任何一个人组成小组(每组两个人)去完成他们共同熟悉的任务. 问这 $2k$ 个人能否分成 k 组(每组两个人)，每组完成一项他们共同熟悉的任务？

13. 今有 n 个人，已知他们中的任何二人合起来认识其余的 $n-2$ 人，试证明：当 $n\geqslant 3$ 时，这 n 个人能排成一列，使得中间任何人都认识两旁的人，而两头的人认识左边或右边的人. 而当 $n\geqslant 4$ 时，这 n 个人能排成一个圆圈，使得每个人都认识两旁的人.

14. 在四分之一国际象棋棋盘(4×4 黑白格棋盘)上跳马，使马经过每个格一次且仅一次，最后回到出发点能否办到？为什么？

15. 在国际象棋棋盘上跳马，要求同第 14 题，能办到吗？

16. 完成定理 8.8 的证明.

17. 在定理 8.11 的证明中，试证明 C_i 均为 K_{2k+1} 中的哈密顿回路，且 $E(C_i)\cap E(C_j)=\varnothing\,(i\neq j)$.

第九章　树

树是图论中重要的内容，在图论的历史上，树的概念曾由不同的科学家独立地建立过，最后由数学家约当(Jordan)给出了准确的定义.

在本章开始讨论之前，先做一个规定，即本章中所讲回路均指初级回路(圈)或简单回路，而不含复杂回路.

9.1　无向树的定义及性质

定义 9.1　连通无回路(这里的回路指初级或简单的，本章内不再对此进行说明)的无向图称为**无向树**，常用 T 表示树. 若无向图 G 至少有两个连通分支且每个连通分支都是树，则称 G 为**森林**. 平凡图称为**平凡树**.

设 $T=\langle V,E\rangle$ 为一棵无向树，$\forall v\in V$，若 $d(v)=1$，则称 v 为 T 的**树叶**. 若 $d(v)\geqslant 2$，则称 v 为 T 的**分支点**. 若 T 为平凡树，则 T 既无树叶，也无分支点.

无向树 T 有许多性质，这些性质中有些既是树的必要条件，又是充分条件，因而可看成树的等价定义.

定理 9.1　设 $G=\langle V,E\rangle$ 为 n 阶 m 条边的无向图，则下面各命题是等价的：

(1) G 是树(连通无回路)；

(2) G 中任二顶点之间存在惟一的一条路径；

(3) G 中没有圈，且 $m=n-1$；

(4) G 是连通的，且 $m=n-1$；

(5) G 是连通的，且 G 中任何边均为桥；

(6) G 中没有圈，但在 G 中任二不同顶点 u,v 之间增添边 (u,v)，所得图含惟一的一个圈.

证明　(1)⇒(2).

由 G 的连通性可知，$\forall u,v\in V$，u,v 之间存在通路，设 P_1 为 u,v 之间的一条通路. 若 P_1 不是路径，则 G 中必有回路，这与 G 中无回路矛盾，所以 P_1 为路径. 又若 P_1 不是 u,v 之间惟一的路径，设 P_2 是 u,v 之间不同于 P_1 的又一条路径，则必存在边 $e_1'=(v_x,v_1')$ 只在 P_1 上或只在 P_2 上，不妨设 e_1' 在 P_2 上. 若还有与 e_1' 相邻的边 e_2' 在 P_2 上，而不在 P_1 上，得通路 $e_1'e_2'$(或 $e_2'e_1'$)在 P_2 上，不在 P_1 上，继续这一过程，最后得 $e_k'=(v_k',v_y')$ 只在 P_2 上，$e_1'e_2'\cdots e_k'$ 记为 $P(x,y)$ 为只在 P_2 上而不在 P_1 上的通路，且 v_x 与 v_y 是 P_1 与 P_2 的公共顶点，则 $P(x,y)$ 并上 P_1 上 v_x 与 v_y 之间的一段路径得图 G 中一条回路，这与 G 中无回路矛盾，于是 u,v 之间的路径是惟一的.

(2)⇒(3).

首先证明 G 中没有圈，若 G 中存在关联顶点 v 的环，则 v 到 v 存在两条路径，长度分别为 0 和 1，这与已知条件矛盾. 若 G 中存在长度大于等于 2 的圈，则圈上任何二不同顶点之间均存在两条不同路径，这与已知条件矛盾.

下面用归纳法证明 $m=n-1$.

$n=1$ 时,因为 G 中无圈,因而 $m=0$,此时 G 为平凡图,故结论为真.

设 $n\leqslant k(k\geqslant 1)$ 时结论成立,设 $n=k+1$,此时 G 至少有一条边,设 $e=(u,v)$ 为 G 中一条边,则 $G-e$ 必有两个连通分支 G_1,G_2(否则 $G-e$ 中 u 到 v 还有通路,因而 G 中含过 u,v 的回路,导致 G 中含圈). 设 n_i,m_i 分别为 G_i 中的顶点数和边数,则 $n_i\leqslant k,i=1,2$. 由归纳假设知 $m_i=n_i-1$,于是,$m=m_1+m_2+1=n_1+n_2+1-2=n-1$.

(3)⇒(4).

只要证明 G 是连通的. 采用反证法. 否则设 G 有 $s(s\geqslant 2)$ 个连通分支 $G_1,G_2,\cdots,G_s$,G_i 中均无圈,因而 G_i 均连通无回路, 即它们都是树. 由(1)⇒(2)⇒(3)可知,$m_i=n_i-1$(m_i,n_i 分别为 G_i 的边数和顶点数,$i=1,2,\cdots,s$),于是

$$m=\sum_{i=1}^{s}m_i=\sum_{i=1}^{s}n_i-s=n-s.$$

由于 $s\geqslant 2$,这与已知条件 $m=n-1$ 矛盾.

(4)⇒(5).

只要证明 G 中每条边均为桥,任意的边 $e\in E(G)$,均有 $|E(G-e)|=n-1-1=n-2$. 由定理 7.9 可知,$G-e$ 不连通,故 e 为桥.

(5)⇒(6).

由于 G 中每条边均为桥,因而 G 中不可能含圈,又因为 G 连通,所以 G 为树,由(1)⇒(2)可知,$\forall u,v\in V$,且 $u\neq v$,则 u,v 之间存在惟一的一条路径 $P(u,v)$,则 $P(u,v)\cup(u,v)$ 为图 $G\cup(u,v)$ 中惟一的圈.

(6)⇒(1).

只要证明 G 是连通的. 由于 $\forall u,v\in V,u\neq v,(u,v)\cup G$ 产生惟一的圈 C,则 $C-(u,v)$ 为 u 到 v 的通路,因而 u,v 连通. 由 u,v 的任意性可知,G 是连通的. ▌

定理 9.2 设 T 是 n 阶非平凡的无向树,则 T 至少有两片树叶.

证明 设 T 有 x 片树叶,由 $m=n-1$ 及握手定理可知

$$2m=2n-2=\sum_{v_i\in V(T)}d(v_i)\geqslant x+2(n-x)\Rightarrow x\geqslant 2.$$ ▌

记 $n(n\geqslant 1)$ 阶非同构的无向树的棵数为 t_n,对于给定的 n,已能计算出 t_n 的值. 表 9.1 给出了一些 n 的 t_n 值,但要想将 t_n 棵非同构的树均画出来,不是一件易事,对于较小的 n,用无向树的性质及握手定理可以将 t_n 棵非同构的树画出来.

表 9.1

<table>
<tr><td>n</td><td>1</td><td>2</td><td>3</td><td>4</td><td>5</td><td>6</td><td>7</td><td>8</td></tr>
<tr><td>t_n</td><td>1</td><td>1</td><td>1</td><td>2</td><td>3</td><td>6</td><td>11</td><td>23</td></tr>
<tr><td>n</td><td>9</td><td>10</td><td>11</td><td>12</td><td>13</td><td>14</td><td>15</td><td>16</td></tr>
<tr><td>t_n</td><td>47</td><td>106</td><td>235</td><td>551</td><td>1301</td><td>3159</td><td>7741</td><td>19320</td></tr>
<tr><td>n</td><td colspan="3">20</td><td colspan="2">23</td><td colspan="3">26</td></tr>
<tr><td>t_n</td><td colspan="3">823065</td><td colspan="2">14828074</td><td colspan="3">279793450</td></tr>
</table>

例如,$n=8$ 时,边数 $m=7$,由握手定理可知 8 阶无向树各顶点度数之和为 14,这 14 度分配给 8 个顶点,且每个顶点度数必大于等于 1,均小于等于 7,于是可给出度数分配方案如下:

(1)	1	1	1	1	1	1	1	7
(2)	1	1	1	1	1	1	2	6
(3)	1	1	1	1	1	1	3	5
(4)	1	1	1	1	1	1	4	4
(5)	1	1	1	1	1	2	2	5
(6)	1	1	1	1	1	2	3	4
(7)	1	1	1	1	1	3	3	3
(8)	1	1	1	1	2	2	3	3
(9)	1	1	1	1	2	2	2	4
(10)	1	1	1	2	2	2	2	3
(11)	1	1	2	2	2	2	2	2

不同方案生成的无向树当然是非同构的，要注意的是同一个方案可以生成非同构的树. 方案(1)，(2)，(3)，(4)，(7)，(11)各生成一棵非同构的树，(5)生成 2 棵非同构的无向树，(6)，(9)各生成 3 棵非同构的棵，(10)产生 4 棵非同构的无向树，(8) 生成 5 棵非同构的无向树，方案(10)生成的 4 棵非同构的树为图 9.1(a)所示，(8)生成的 5 棵非同构的树为图 9.1(b)所示. 8 阶非同构无向树共有 23 棵.

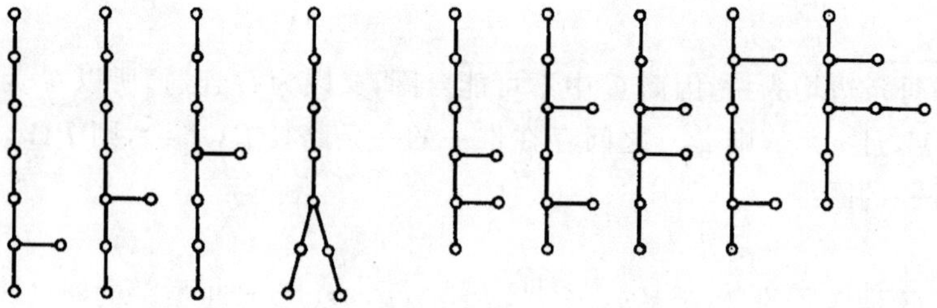

(a) (b)

图 9.1

常将 1 个分支点带着 $n-1$ 片树叶的 n 阶无向树称为 n 阶**星形图**，其分支点称为**星心**. 常用 S_n 表示 n 阶星形图.

9.2 生 成 树

定义 9.2 设 T 是无向图 G 的子图且为树，则称 T 为 G 的树. 若 T 是 G 的生成子图并且为树，则称 T 为 G 的**生成树**. 对任意的边 $e\in E(G)$，若 $e\in E(T)$，则称 e 为 T 的**树枝**，否则称 e 为 T 的**弦**，并称 $G[E(G)-E(T)]$ 为 T 的**余树**，记作 $\bar{T}$.

在以上定义中，注意 $\bar{T}$ 不一定是树.

定理 9.3 无向图 G 具有生成树当且仅当 G 是连通的.

证明 必要性显然. 下面证明充分性.

若 G 中无圈，则 G 为树，当然 G 为自己的生成树. 若 G 中含圈，任取一个圈 C，随便删除 C 上任何一条边，所得图仍然是连通的，继续这一过程，直到最后得到的图无圈为止. 设最后的图为 T，则 T 是连通无圈的且是 G 的生成子图，所以 T 是 G 的生成树. ∎

由本定理不难得到下面几个推论.

推论 1 设 G 为 n 阶 m 条边的无向连通图,则 $m \geqslant n-1$.

推论 2 设 T 是 n 阶 m 条边的无向连通图 G 的一棵生成树,则 T 的余树 $\overline{T}$ 中含 $m-n+1$ 条边.

推论 3 设 T 是连通图 G 中一棵生成树,$\overline{T}$ 为 T 的余树,C 为 G 中任意一圈,则

$$E(\overline{T}) \cap E(C) \neq \varnothing.$$

定理 9.4 设 T 是无向连通图 G 中的一棵生成树,e 为 T 的任意一条弦,则 $T \cup e$ 中含 G 的只含一条弦其余边均为树枝的圈,而且不同的弦对应的圈是不同的.

证明 设 $e=(u,v)$,由定理 9.1 可知,在 T 中 u,v 之间存在惟一的路径 $P(u,v)$,则 $P(u,v) \cup e$ 为 G 中只含弦 e 其余边均为树枝的圈. 显然当 e_1,e_2 为不同的弦时,e_2 不在 e_1 对应的圈 C_{e_1} 中,e_1 不在 e_2 对应的圈 C_{e_2} 中. ▌

【例 9.1】 设 G' 为无向连通图 G 的无圈子图,则 G 中存在生成树 T 含 G' 中所有边.

证明 若 G 为树结论显然成立. 若 G 不是树,则 G 中必含圈,设 C_1 为 G 中圈,则必存在边 $e_1 \in E(C_1) \wedge e_1 \notin E(G')$,令 $G_1 = G - \{e_1\}$. 若 G_1 还存在圈 C_2,必还存在边 $e_2 \in E(C_2) \wedge e_2 \notin E(G')$,再令 $G_2 = G_1 - \{e_2\} = G - \{e_1, e_2\}$,继续这一过程,直到 $G_k = G - \{e_1, e_2, \cdots, e_k\}$ 无圈为止,易知 G_k 是 G 的生成子图,无圈并且连通,又含 G' 中所有边,则 G_k 为所求的生成树 T.

定义 9.3 设 T 是 n 阶 m 条边的无向连通图 G 的一棵生成树,设 $e'_1, e'_2, \cdots, e'_{m-n+1}$ 为 T 的弦,设 C_r 是 T 添加 e'_r 产生的 G 中只含弦 e'_r 其余边均为树枝的圈,称 C_r 为 G 对应 T 的弦 e'_r 的**基本回路**或**基本圈**,$r=1,2,\cdots,m-n+1$,并称 $\{C_1, C_2, \cdots, C_{m-n+1}\}$ 为 G 对应 T 的**基本回路系统**,称 $m-n+1$ 为 G 的**圈秩**,记作 $\xi(G)$.

由定义不难看出,n 阶 m 条边的无向连通图的不同的生成树对应的基本回路系统可能不同,但基本回路系统中的元素个数均为 G 的圈秩 $\xi(G)$.

定理 9.5 设 T 是连通图 G 的一棵生成树,e 为 T 的一条树枝,则 G 中存在只含树枝 e,其余元素均为弦的割集. 设 e_1,e_2 是 T 的不同的树枝,则它们对应的只含一条树枝的割集是不同的.

证明 由定理 9.1 知道,e 为 T 的桥,因而 $T-e$ 有两个连通分支,设为 T_1 和 T_2. 令

$$S_e = \{e \mid e \in E(G) \text{且} e \text{的两个端点分别属于} V(T_1) \text{和} V(T_2)\},$$

显然 $e \in S_e$,且除 e 外 S_e 中元素全是弦,并且 S_e 是 G 的割集. 由构造可知,若 e_1,e_2 是不同的树枝,它们对应的割集 S_{e_1} 与 S_{e_2} 不同. ▌

定义 9.4 设 T 是 n 阶连通图 G 的一棵生成树,$e'_1, e'_2, \cdots, e'_{n-1}$ 为 T 的树枝,S_l 是 G 的只含树枝 e'_l 的割集,则称 S_l 为 G 的对应生成树 T 由树枝 e'_l 产生的**基本割集**,$l=1,2,\cdots,n-1$,并称 $\{S_1, S_2, \cdots, S_{n-1}\}$ 为 G 对应 T 的**基本割集系统**,称 $n-1$ 为 G 的**割集秩**,记为 $\eta(G)$.

由定义不难看出,连通图 G 的不同的生成树对应的基本割集系统可能不同,但基本割集中的元素个数均为 $\eta(G)$.

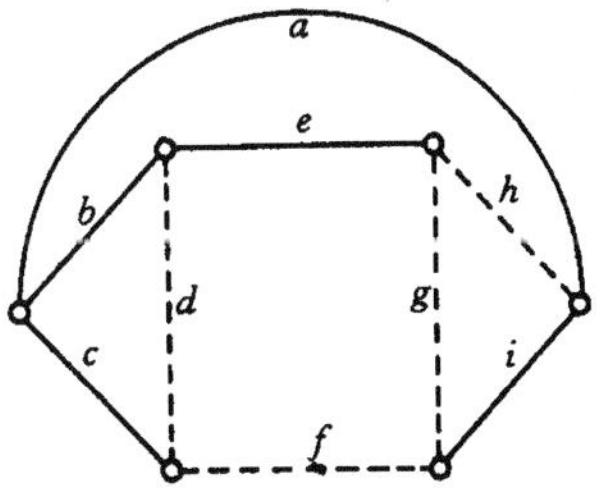

图 9.2

【例 9.2】 无向图 G 如图 9.2 所示. 图中实线边所示的子图为 G 的一棵生成树 T,求 G 对应 T 的基本回路系统和基本割集系统.

解 T 有 4 条弦,因而有 4 个基本回路:

$$C_d = dcb, \quad C_f = fcai, \quad C_g = gebai, \quad C_h = heba,$$

基本回路系统为

$$\{C_d, C_f, C_g, C_h\}.$$

T 有 5 条树枝,因而有 5 个基本割集:

$$S_c = \{c, d, f\},\ S_b = \{b, d, g, h\},\ S_a = \{a, h, g, f\},\ S_e = \{e, g, h\},\ S_i = \{i, g, f\}.$$

基本割集系统为

$$\{S_c, S_b, S_a, S_e, S_i\}.$$

下面讨论标定的无向图中生成树的个数. 设 $G=\langle V,E\rangle$ 为无向连通图,$V=\{v_1, v_2, \cdots, v_n\}$,即 G 是顶点标定顺序的标定图,设 T_1, T_2 是 G 的两棵生成树,若 $E(T_1)\neq E(T_2)$,则认为 T_1 与 T_2 是 G 的不同的生成树. 在此种意义之下,记 G 的生成树的个数为 $\tau(G)$.

定理 9.6 设 $G=\langle V,E\rangle$ 为 n 阶无向连通标定图($V=\{v_1, v_2, \cdots, v_n\}$),则对 G 的任意非环边 e 均有 $\tau(G)=\tau(G-e)+\tau(G\backslash e)$.

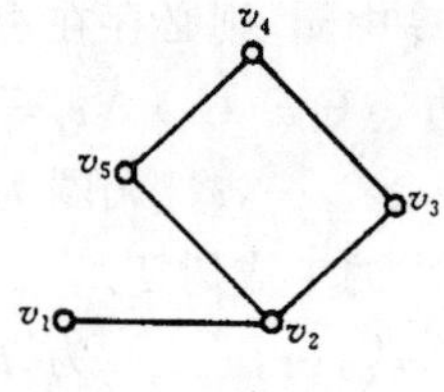

图 9.3

证明 $\forall e\in E(G)$,G 中任意一棵生成树 T,T 含 e 或不含 e 二者必居其一.

(1) G 中不含 e 的生成树与 $G-e$ 中的生成树是一一对应的,因而 $\tau(G-e)$ 为 G 中不含 e 的生成树的个数.

(2) G 中含 e 的生成树与 $G\backslash e$ 中生成树是一一对应的,所以 $\tau(G\backslash e)$ 为 G 中含 e 的生成树的个数,所以

$$\tau(G)=\tau(G-e)+\tau(G\backslash e).$$ ▌

用定理 9.6 计算标定图中生成树个数时,还应该注意,由于环不在任何生成树中,因而在计算过程中若出现环应自动地将环去掉.

【例 9.3】 计算图 9.3 标定图中生成树的个数,并画出所有不同的生成树.

解 图 9.4 给出了求 $\tau(G)$ 的计算过程,带杠边表示在下一步删除和收缩的边. 图 9.5 给出了 G 的 4 棵不同的生成树.

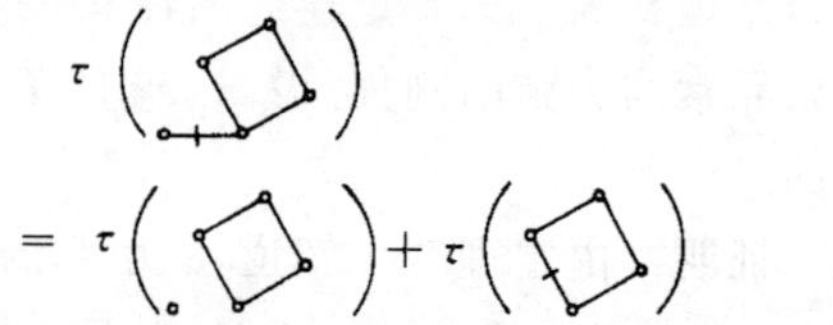

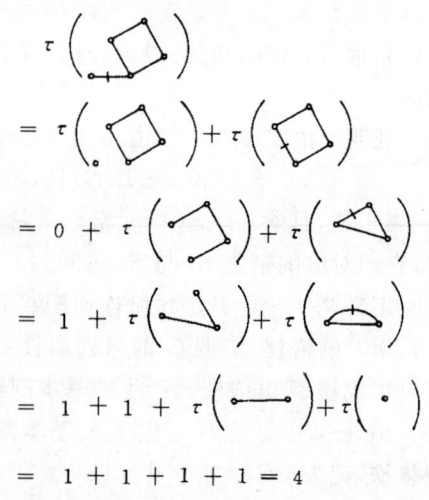

图 9.4

当 G 为 n 阶无向完全标定图时,有下面定理.

定理 9.7 $\tau(K_n)=n^{n-2}\ (n\geqslant 2)$,其中 K_n 为 n 阶标定完全图.

证明 为方便起见,令 $V(K_n)=\{1,2,\cdots,n\}$,由 $V(K_n)$ 中元素构造长为 $n-2$ 的序列,显然可以构造出 n^{n-2} 个各不相同的序列. 下面证明 K_n 中生成树与以上构造的序列是一一对应的.

(1) 设 T 为 K_n 中任意一棵生成树,用如下方法构造长为 $n-2$ 的序列.

设 $k_1=\min\{r\mid r$ 是 T 的悬挂顶点(树叶)$\}$,(k_1, l_1) 是对应的悬挂边,$k_2=\min\{r\mid r$ 是 $T-k_1$ 的悬挂顶点$\}$,(k_2, l_2) 为对应的悬挂边. 继续这一过程,最后令 $k_{n-2}=\min\{r\mid r$ 是$(T-\{k_1, k_2, \cdots, k_{n-3}\})$ 的悬挂顶点$\}$,(k_{n-2}, l_{n-2}) 为对应的悬挂边. $(l_1, l_2, \cdots, l_{n-2})$ 为 T 对应的序列.

(2) 反之,任给由 $\{1,2,\cdots,n\}$ 中元素组成的长为 $n-2$ 的一个序列 $\{l_1, l_2, \cdots, l_{n-2}\}$,令 $k_1=$

$\min\{r|r\in V-\{l_1,l_2,\cdots,l_{n-2}\}\}$，在 K_n 中令 k_1 与 l_1 相邻. 再令 $k_2=\min\{r|r\in V-\{k_1\}-\{l_2,l_3,\cdots,l_{n-2}\}\}$，让 k_2 与 l_2 相邻，如此反复进行，直到得 $k_{n-2}=\min\{r|r\in V-\{k_1,k_2\cdots,k_{r-3}\}-\{l_{n-2}\}\}$，令 k_{n-2} 与 l_{n-2} 相邻. 最后让 $V-\{k_1,k_2,\cdots,k_{n-2}\}$ 中的两个元素相邻，得到的 K_n 的子图是生成子图，由构造可知它是连通的且无回路，所以得的图是 K_n 生成树.

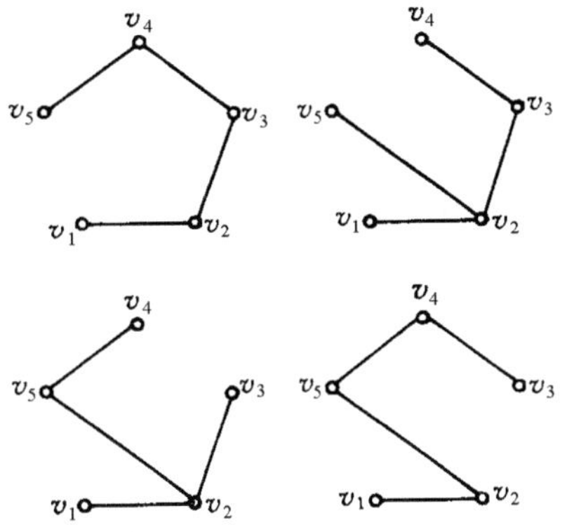

图 9.5

由(1)可知，不同的生成树对应的序列是不同的，而由 $\{1,2,\cdots,n\}$ 中元素只能产生 n^{n-2} 个各不相同的序列，由此可知，K_n 中生成树的个数 $\tau(K_n)\leqslant n^{n-2}$. 而由(2)可知，不同的序列对应的生成树不同，因而 $\tau(K_n)\geqslant n^{n-2}$，于是 $\tau(K_n)=n^{n-2}$.

其实，由(1)，(2)可知，由生成树求序列和由序列求生成树的过程是惟一确定的，因而 K_n 中的生成树与长为 $n-2$ 的序列是一一对应的，由于 V 中元素共可生成 n^{n-2} 个不同的序列，所以 $\tau(K_n)=n^{n-2}$. ▎

【例 9.4】 图 9.6(a)所示的图为 K_8 的一棵生成树，求它所对应的长为 6 的序列，再求序列(3,2,7,8,2,5)对应的生成树.

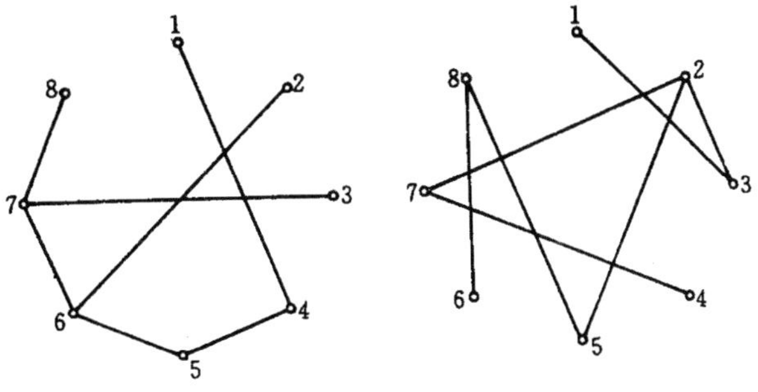

(a)　　　　　　　　(b)

图 9.6

解 容易求出图 9.6(a)这棵树对应的序列为(4,6,7,5,6,7)，序列(3,2,7,8,2,5)对应的生成树为图 9.6 中(b)所示.

设 G_1,G_2,G_3 分别为 4,5,6 阶无向简单标定图，由定理 9.7 可知，它们的生成树个数分别不会超过 16 棵、125 棵和 1296 棵.

9.3 环 路 空 间

设无向标定图 $G=\langle V,E\rangle$ 无孤立顶点. $V=\{v_1,v_2,\cdots,v_n\}$，$E=\{e_1,e_2,\cdots,e_m\}$. 若将 $\varnothing$ 也看成 G 的边导出子图，则 G 共有 2^m 个不同的边导出子图，并设 $G_1,G_2,\cdots,G_{2^m}$ 为 2^m 个边导出子图，记

$$\Omega=\{G_1,G_2.\cdots,G_{2^m}\}.$$

设 $g_i=G[e_i]$，$i=1,2,\cdots,m$，并记

$$M=\{g_1,g_2,\cdots,g_m\},$$

则有下面定理：

定理 9.8 Ω 对环和运算及数乘运算：$0\cdot G_i=\varnothing$，$1\cdot G_i=G_i$，$i=1,2,\cdots,2^m$，构成数域 $F=\{0,1\}$ 上的 m 维线性空间，其 M 为生成元集.

本定理的证明留作习题.

下面讨论 Ω 的两个特殊的子空间，首先讨论环路空间，为此先给出环路的概念及性质.

定义 9.5 设 G 为一个无向图，称 G 中圈或若干个(当然是有限个)边不重的圈的并为**环路**. 规定 $\varnothing$ 为环路.

从定义不难看出，图中圈、简单回路都是环路，但环路不一定是回路，因为环路可以不连通.

定理 9.9 设 T 是 n 阶 m 条边的无向连通图 G 的一棵生成树，C_k 是对应弦 e_k' 的基本回路，$k=1,2,\cdots,m-n+1$，则任意的 $r(1\leqslant r\leqslant m-n+1)$ 条弦 $e_{i_1}',e_{i_2}',\cdots,e_{i_r}'$ 均在

$$C_{i_1}\oplus C_{i_2}\oplus\cdots\oplus C_{i_r}$$

中，其中 $\oplus$ 为图之间的环和运算.

证明 由定理 9.4 本定理得证. ▌

定理 9.10 设 C_1 和 C_2 是无向图 G 中的任意两个回路(初级的或简单的)，则环和 $C_1\oplus C_2$ 为 G 中环路.

证明 若 $C_1=C_2$，则 $C_1\oplus C_2=\varnothing$，$\varnothing$ 为环路. 下面讨论 C_1 与 C_2 不同的情况. 由于 C_1 与 C_2 不同，因而至少存在一条边在 C_1 中而不在 C_2 中，同样至少存在一条边在 C_2 中而不在 C_1 中，于是应有 $E(C_1)\oplus E(C_2)\neq\varnothing$(注意本式中 $\oplus$ 为集合的对称差运算)，因而 $C_1\oplus C_2\neq\varnothing$. 下面证明 $C_1\oplus C_2$ 的各连通分支都是欧拉图，只要证明 $\forall v\in V(C_1\oplus C_2)$，$d_{C_1\oplus C_2}(v)$ 为非 0 偶数，若 $v\in V(C_1)\wedge v\notin V(C_2)$ 或 $v\notin V(C_1)\wedge v\in V(C_2)$，结论是显然的. 下面只就 $v\in V(C_1)\wedge v\in V(C_2)$ 的情况进行讨论，若 v 关联的边中有环 e，若 e 只在 C_1 中或只在 C_2 中，则 e 作为圈在 $C_1\oplus C_2$ 中，若 e 既在 C_1 中又在 C_2 中，则 $e\notin E(C_1\oplus C_2)$，因而环不影响 $d_{C_1\oplus C_2}(v)$ 的奇偶性，下面设与 v 关联的边中无环. 设 C_1 中有 r 条边与 v 关联，C_2 中有 s 条边与 v 关联，其中有 t 条边既在 C_1 中又在 C_2 中，易知 $r\geqslant 2$，$s\geqslant 2$，r,s 均为偶数，并且 $t\leqslant\min\{r,s\}$，于是，$d_{C_1\oplus C_2}(v)=s+r-2t>0$ 且为偶数. 于是 $C_1\oplus C_2$ 的各连通分支均为欧拉图. 由定理 8.1 可知，各连通分支为若干个边不重的圈的并，于是 $C_1\oplus C_2$ 为若干个边不重的圈的并，即 $C_1\oplus C_2$ 为环路. ▌

推论 设 C_1,C_2 为无向图 G 中的两个环路，则 $C_1\oplus C_2$ 为 G 中环路(即环路对环和运算是封闭的).

定理 9.11 设 G 为无向连通图，T 为 G 的任意一棵生成树，则 G 中任一回路(初级的或简单的)或为 T 的基本回路或为若干个基本回路的环和.

证明 设 C 为 G 中一回路，若 C 中只含 T 的一条弦，则 C 必为 T 对应的一个基本回路. 设 C 中含 T 的 $l(l\geqslant 2)$ 条弦，设为 $e_{i_1}',e_{i_2}',\cdots,e_{i_l}'$，由定理 9.9 可知它们全在 $C'=C_{i_1}\oplus C_{i_2}\oplus\cdots\oplus C_{i_l}$ 中，其中 C_{i_j} 为弦 e_{i_j}' 对应的基本回路. 由定理 9.10 及其推论易证 C' 是环路，并且 C' 中除含弦 $e_{i_1}',e_{i_2}',\cdots,e_{i_l}'$ 外，其余的边均为枝枝. 于是若 $C\oplus C'\neq\varnothing$，则 $C\oplus C'$ 中全为 T 的树枝，因而 $C\oplus C'$ 不可能是环路，这与定理 9.10 的推论矛盾，于是 $C\oplus C'=\varnothing$，即 $C=C'$，因而 C 为若干个基本回路的环和. ▌

由定理 9.11,容易证明以下推论.

推论 1 无向连通图 G 中任一环路或为某棵生成树的基本回路,或为若干个基本回路的环和.

推论 2 设 G 是 n 阶 m 条边的无向连通图,设 G 中有 s 个回路(初级的或简单的),则

$$m-n+1 \leqslant s \leqslant 2^{m-n+1}-1.$$

推论 3 设 G 是 n 阶 m 条边的无向连通图,设 s 是 G 中环路数(含 $\varnothing$),则

$$s=2^{m-n+1}.$$

定理 9.12 设 G 为 n 阶 m 条边的无向连通图,设 $C_{环}$ 为 G 中环路(含 $\varnothing$)组成的集合,则 $C_{环}$ 是 Ω 的 $m-n+1$ 维的子空间,其中 Ω 是 G 的所有边导出子图的集合.

证明 只要证明下面两点.

(1) 证明环路对环和运算是封闭的.

由定理 9.10 推论(1)得证.

(2) 设 T 是 G 中任意一棵生成树,设 $C_{基}=\{C_1,C_2,\cdots,C_{m-n+1}\}$ 是 T 对应的基本回路系统. 证明 $C_{基}$ 是 $C_{环}$ 的基. 又只需证明两点:

① 任意的 $C \in C_{环}$,C 可由 $C_{基}$ 中元素生成.

由定理 9.11 的推论 1,①可证.

② 证 $C_{基}$ 中元素线性无关.

若存在不全为 0 的 $a_i \in F=\{0,1\}$,$i=1,2,\cdots,m-n+1$,使得

$$a_1C_1 \oplus a_2C_2 \oplus \cdots \oplus a_{m-n+1}C_{m-n+1}=\varnothing.$$

不妨设 $a_1=1$,设弦 e_1 在 C_1 中,则 $e_1 \notin E(C_i)(i \geqslant 2)$,于是上式左端含 e_1,而右端为 $\varnothing$,这是个矛盾,于是 $C_1,C_2,\cdots,C_{m-n+1}$ 是线性无关的. ▎

【例 9.5】 设图 G 如图 9.7 所示,求 G 的环路空间 $C_{环}$,并指出 $C_{环}$ 中哪些为回路.

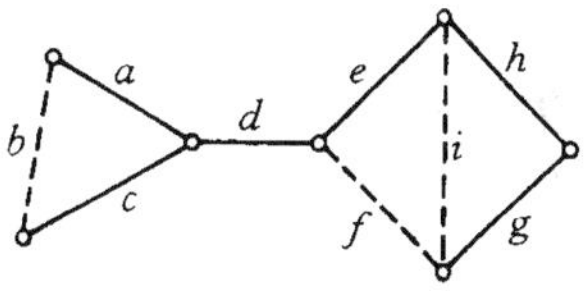

图 9.7

解 设 G 中实线边所示的子图为 G 的一棵生成树. 弦 b,f,i 对应的基本回路分别为

$C_b=bca$, $C_f=fghe$, $C_i=igh$,

$C_{基}=\{C_b,C_f,C_i\}$,

$C_b \oplus C_f=C_b \cup C_f$,

$C_b \oplus C_i=C_b \cup C_i$,

$C_f \oplus C_i=fie$,

$C_b \oplus C_f \oplus C_i=C_b \cup fie$,

$C_{环}=\{\varnothing,C_b,C_f,C_i,C_b \cup C_f,C_b \cup C_i,fie,C_b \cup fie\}$.

$C_{环}$ 中的回路为 C_b,C_f,C_i,fie.

9.4 断集空间

定义 9.6 设 $G=\langle V,E\rangle$ 为一个无向图,$V_1 \subset V$ 且 $V_1 \neq \varnothing$,记 $\overline{V}_1=V-V_1$,称 $\{(u,v) \mid u \in V_1 \wedge v \in \overline{V}_1\}$ 为 G 中的一个**断集**,记作 $E(V_1 \times \overline{V}_1)$,简记作 $(V_1,\overline{V}_1)$.

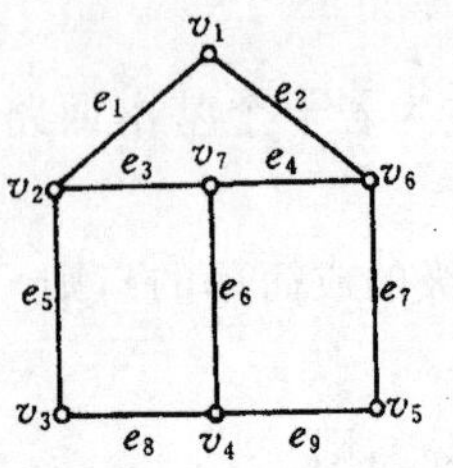

图 9.8

由定义不难看出，割集是断集，但断集不一定是割集.

在图 9.8 中，取 $V_1=\{v_1\}$，则 $(V_1,\overline{V}_1)=\{e_1,e_2\}$，取 $V_2=\{v_4,v_7\}$，则 $(V_2,\overline{V}_2)=\{e_3,e_4,e_8,e_9\}$，取 $V_3=\{v_2,v_4\}$，则 $(V_3,\overline{V}_3)=\{e_1,e_3,e_6,e_9,e_5,e_8\}$，以上 3 个断集中，只有 $(V_3,\overline{V}_3)$ 不是割集.

设 G 是 n 阶 m 条边的无向连通图，又设 $S_{断}$ 是 G 中所有断集的导出子图及 $\varnothing$ 组成的集合. 下面证明 $S_{断}$ 是 Ω(G 的各边导出子图集合)的 $n-1$ 维子空间，为此先证下面定理.

定理 9.13 连通图 G 中每个割集至少包含 G 的每棵生成树的一个树枝.

证明是简单的.

定理 9.14 设 G 是 n 阶 m 条边的无向连通图，T 是 G 的一棵生成树，$S_{基}$ 为 T 对应的基本割集系统，则对于任意的 $S_{i_1},S_{i_2},\cdots,S_{i_k}\in S_{基}$，必有它们对应的树枝 $e_{i_1}{}',e_{i_2}{}',\cdots,e_{i_k}{}'$ 均在

$$S_{i_1}\oplus S_{i_2}\oplus\cdots\oplus S_{i_k}$$

中，其中 $\oplus$ 为对称差运算.

由基本割集的定义本定理得证.

定理 9.15 设 S_1,S_2 为无向图 G 的两个断集，则 $S_1\oplus S_2$ 为 G 中断集，其中 $\oplus$ 为对称差运算.

证明 若 $S_1=S_2$，结论显然成立. 设 $S_1\neq S_2$，并设 $S_1=(V_1,\overline{V}_1)$，$S_2=(V_2,\overline{V}_2)$，见图 9.9 所示. 从示意图中不难看出，图中虚线边均既在 S_1 中又在 S_2 中，因而它们不在 $S_1\oplus S_2$ 中. 而图中的实线边，垂直方向的只在 S_1 中，水平方面的只在 S_2 中，于是实线边均在 $S_1\oplus S_2$ 中，于是取

$$V_*=(V_1\cap V_2)\cup(\overline{V}_1\cap\overline{V}_2),$$

则

$$\overline{V}_*=(V_1\cap\overline{V}_2)\cup(\overline{V}_1\cap V_2),$$

则 $S_1\oplus S_2=(V_*,\overline{V}_*)$ 为 G 中断集. ▍

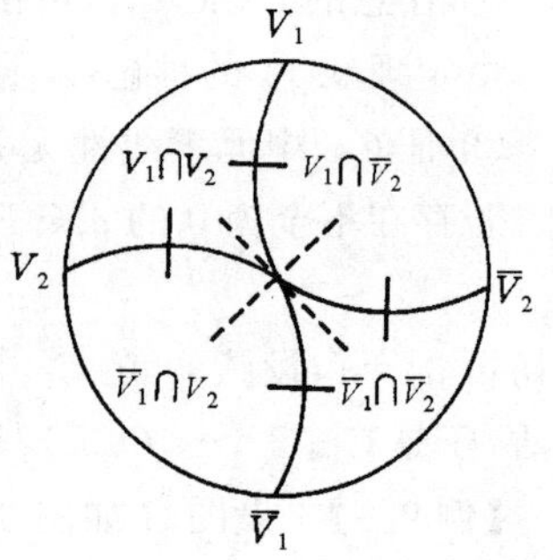

图 9.9

定理 9.16 设 G 为无向连通图，T 为 G 的任意一棵生成树，则 G 中任一断集或为 T 的基本割集或为若干个基本割集的对称差集.

证明 设 S 为 G 中任意一个断集，则 S 中至少含 T 的一个树枝(见定理 9.13). 设 S 中含 $r(1\leqslant r\leqslant n-1)$ 条树枝 $e_1{}',e_2{}',\cdots e_r{}'$，并设它们对应的基本割集分别为 $S_1,S_2,\cdots,S_r$. 令

$$S'=S_1\oplus S_2\oplus\cdots\oplus S_r,$$

其中 $\oplus$ 为对称差运算. 由定理 9.15 可知 S' 是断集，并且由定理9.14知道，$e_1{}',e_2{}',\cdots,e_r{}'$ 均在 S' 中. 考虑 $S'\oplus S$，由定理 9.15 知 $S'\oplus S$ 是断集. 又因为 $e_1{}',e_2{}',\cdots,e_r{}'$ 既在 S 中，又在 S' 中，所以它们不在 $S'\oplus S$ 中. 若 $S'\oplus S\neq\varnothing$，这时 $S'\oplus S$ 中应均为弦，这与它为断集矛盾，因而必有 $S'\oplus S=\varnothing$，这正说明 $S=S'$，即 S 为 r 个基本割集的对称差集. ▍

由定理 9.15 和 9.16 不难证明下面定理.

定理 9.17 设 G 为 n 阶 m 条边的无向连通图，并设 $S_{断}=\{\varnothing\}\cup\{S'\mid S'$ 是 G 的断集的导出子图$\}$，则 $S_{断}$ 为 Ω 的 $n-1$ 维子空间，其中 Ω 是 G 的所有边导出子图集合.

【例 9.6】 无向图 G 如图 9.10 所示. 求 G 的断集 $S_{断}$，并指出其中的割集.

解 设图中实线边所示的图为 G 的一棵生成树. a,e,d 为 T 的树枝,对应的基本割集分别为 $S_a=\{a,b\}$,$S_d=\{d,c\}$,$S_e=\{e,b,c\}$.

$S_a\oplus S_e=\{a,e,c\}$,

$S_a\oplus S_d=\{a,b,c,d\}$,

$S_e\oplus S_d=\{b,e,d\}$,

$S_a\oplus S_e\oplus S_d=\{a,e,d\}$,

$S_{断}=\{\varnothing,S_a,S_d,S_e,S_a\oplus S_e,S_a\oplus S_d,S_e\oplus S_d,S_a\oplus S_e\oplus S_d\}$.

其中,只有 $S_a\oplus S_d=\{a,b,c,d\}$不是割集,其余的均为割集.

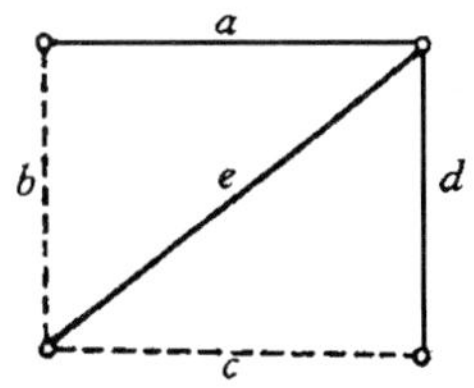

图 9.10

9.5 根 树

若有向图 D 的基图是无向树,则称 D 为**有向树**,也常用 T 表示有向树. 在所有的有向树中,最重要的是根树.

定义 9.7 若有向树 T 是平凡树或 T 中有一个顶点的入度为 0,其余顶点的入度均为 1,则称 T 为**根树**. 入度为 0 的顶点称为**树根**,入度为 1 出度为 0 的顶点称为**树叶**,入度为 1 出度不为 0 的顶点称为**内点**,内点和树根统称为**分支点**. 从树根到 T 的任一顶点 v 的通路(路径)长度称为 v 的**层数**,层数最大的顶点的层数称为**树高**.

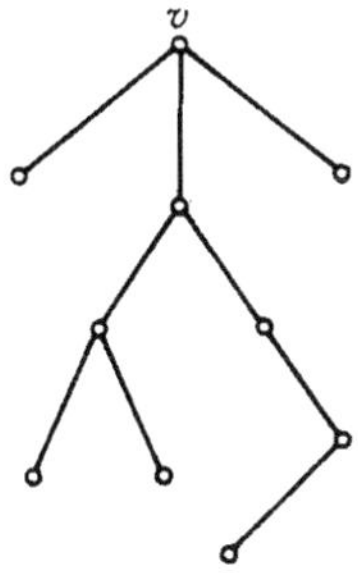

图 9.11

画根树时,将树根放在最上方,所有边的方向向下或斜下方,并省掉边上的箭头. 图 9.11 给出了一棵高为 4 的根树,v 为它的树根,它有 5 片树叶,5 个分支点,其中有 4 个是内点.

定义 9.8 设 T 为一颗根树,$v_i,v_j\in V(T)$,若 v_i 可达 v_j,则称 v_i 是 v_j 的**祖先**,v_j 是 v_i 的**后代**;若 v_i 邻接到 v_j,则称 v_i 是 v_j 的**父亲**,v_j 是 v_i 的**儿子**;若 v_j,v_k 的父亲相同,则称 v_j,v_k 是**兄弟**.

定义 9.9 设 T 是一棵根树,若将 T 的层数相同的顶点都标定上次序,则称 T 为**有序树**.

定义 9.10 设 T 为一棵根树.

(1) 若 T 的每个分支点至多有 r 个儿子,则称 T 为 ***r* 叉树**;

(2) 若 T 的每个分支点都恰好有 r 个儿子,则称 T 为 ***r* 叉正则树**;

(3) 若 T 是 r 叉正则树且每个树叶的层数均为树高,则称 T 为 ***r* 叉完全正则树**;

(4) 若 T 是 r 叉树且为有序树,则称 T 为 ***r* 叉有序树**;

(5) 若 T 是 r 叉正则树且为有序树,则称 T 为 ***r* 叉正则有序树**;

(6) 若 T 是 r 叉完全正则树且是有序的,则称 T 是 ***r* 叉完全正则有序树**.

2 叉有序树和 2 叉正则有序树在数据结构中居重要地位.

定义 9.11 设 T 为一棵根树,$v\in V(T)$,称 v 及其后代的导出子图 T_v 为 T 的以 v 为根的**根子树**.

2 叉正则有序树的每个分支点的两个儿子导出的根子树分别称为该分支点的**左子树**和**右子树**.

对一棵根树的每个顶点都访问且仅访问一次称为**行遍一棵根树**或**周游一棵根树**. 设 T 是一棵 2 叉正则有序树,按对树根、左子树、右子树的不同的访问顺序主要有以下 3 种行遍方法:

(1) 先左子树，再树根，再右子树的行遍方法称为**中序行遍法**.

(2) 先树根，再左子树，再右子树的行遍方法称为**前序行遍法**.

(3) 先左子树，再右子树，再树根的行遍方法称为**后序行遍法**.

四则运算表达式可以存储在 2 叉正则有序树上：参加运算的数放树叶上，并规定被减数、被除数放左子树上，减数、除数放右子树上，分支点上放相应的运算符号，从某两片树叶开始按从低到高运算层次的顺序开始存放，树根应该放的是最高层次的运算符. 然后根据不同的行遍方法访问根树 T，可以得到四则运算的不同的表达方法，从而得到不同的算法.

(1) 按中序行遍法访问 T，可以还原算式，其特点是运算符夹在两个参加运算的数之间，故称所得算式的表示法为**中缀符号法**.

(2) 按前序行遍法访问 T，在所得表达式中规定，每个运算符对它后面紧邻的两个数进行运算，并可以省掉表达式中的全部括号，称此种表达算式的方法为**前缀符号法**，或称**波兰符号法**.

(3) 按后序行遍法访问 T，在所得的表达式中规定，每个运算符对它前面紧邻的两个数进行运算，仍可以省去全部括号，称这种表达算式的方法为**后缀符号法**或**逆波兰符号法**.

【例 9.7】 设有算式

$((a*(b+c))*d-e)\div(f+g)\div(h*(i+j))$，

(1) 将以上算式存入一棵 2 叉正则有序树 T 中；

(2) 分别写出上式的波兰符号法和逆波兰符号法表达的形式.

解 (1) 树 T 如图 9.12 所示.

(2) 波兰符号法表达的形式为

$$\div\div-**a+bcde+fg*h+ij.$$

逆波兰符号法表达的形式为

$$abc+*d*e-fg+\div hij+*\div.$$

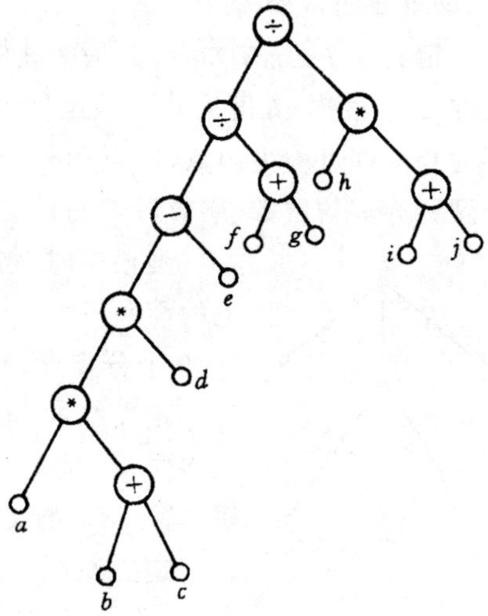

图 9.12

习 题 九

1. 画出所有 7 阶非同构的无向树.

2. 无向树 T 有 9 片树叶，3 个 3 度顶点，其余顶点的度数均为 4，问 T 中有几个 4 度顶点？根据 T 的度数列，你能画出多少棵非同构的无向树？

3. 一棵无向树 T，有 n_i 个 i 度顶点，$i=2,3,\cdots,k$，其余顶点都是树叶，问 T 有几片树叶？

4. 设 T 是 $k+1$ 阶无向树，G 为无向简单图，且 $\delta(G)\geqslant k$，证明 G 中存在与 T 同构的子图.

5. 设 T_1,T_2 是无向树 T 的子图并且都是树，令 $T_3=G[E(T_1)\cap E(T_2)]$，$E(T_1)\cap E(T_2)\neq\varnothing$，证明 T_3 也是 T 的树.

6. 设 G 为 $n(n\geqslant5)$ 阶简单图，证明 G 或 $\overline{G}$ 中必含圈.

7. 已知 n 阶 m 条边的无向图 G 为 $k(k\geqslant2)$ 个连通分支的森林，证明 $m=n-k$.

8. 设 $d_1,d_2,\cdots,d_n$ 是 $n(n\geqslant2)$ 个正整数，已知 $\sum\limits_{i=1}^{n}d_i=2n-2$，证明存在一棵顶点度数分别为 $d_1,d_2,\cdots,$

d_n 的无向树.

9. 无向连通标定图 G 如图 9.13 所示. 求 $\tau(G)$，并画出全体不同的生成树.

10. 实边所示的子图为图 9.14 所示图的一棵生成树 T，求 T 对应的基本回路系统和基本割集系统.

11. 设 T 为非平凡的无向树，$\Delta(T) \geqslant k$，证明 T 至少有 k 片树叶.

12. 设 C 为无向图 G 中一个圈，e_1, e_2 为 C 中的两条边，证明 G 中存在割集 S，使得 $e_1, e_2 \in S$.

13. 设 T_1, T_2 是无向连通图 G 的两棵生成树. 已知 $e_1 \in E(T_1)$ 但 $e_1 \notin E(T_2)$，证明存在 $e_2 \notin E(T_1)$ 但 $e_2 \in E(T_2)$，使得 $(T_1 - e_1) \cup \{e_2\}$，$(T_2 - e_2) \cup \{e_1\}$ 都是 G 的生成树.

14. 设 K_n 是 n 阶标定无向完全图，e 为 K_n 中的一条边，证明 $\tau(K_n - e) = (n-2)n^{n-3}$.

15. 证明定理 9.8.

16. 求图 9.15 所示图的环路空间 $C_{\text{环}}$ 和断集空间 $S_{\text{断}}$.

17. 证明：一棵有向树 T 是根树，当且仅当 T 中有且仅有一个顶点的入度为 0.

18. 画出 6 阶所有非同构的根树.

19. 设 T 是 2 叉正则树，i 是分支点数，I 是各分支点的层数之和，L 是各树叶的层数之和，证明

$$L = I + 2i.$$

20. 设 T 是 2 叉正则树，有 t 片树叶，i 个分支点，证明 T 的边数 $m = 2t - 2$.

21. 求算式

$$((a + (b * c) * d) - e) \div (f + g) + (h * i) * j$$

的波兰符号法和逆波兰符号法表示.

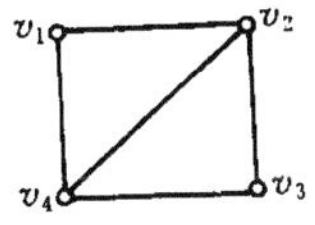

图 9.13

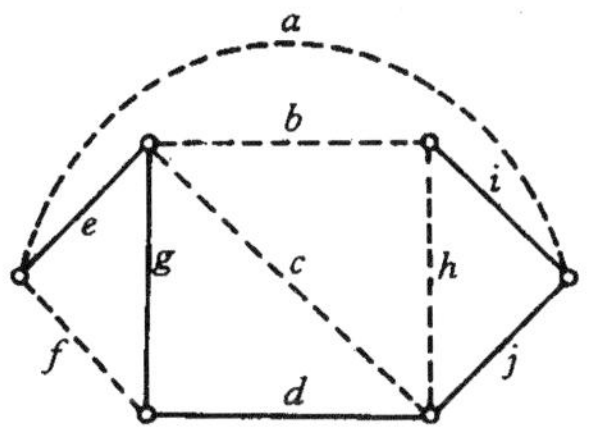

图 9.14

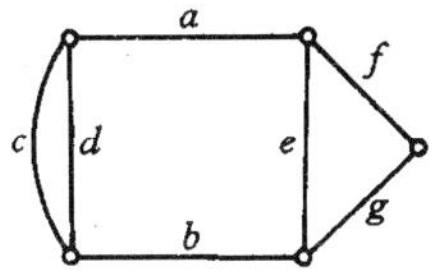

图 9.15

第十章 图的矩阵表示

图中顶点与边之间的关联关系、顶点与顶点之间的相邻或邻接关系、顶点之间的连通或可达关系、边与环路和边与断集之间的属于关系等都可以用矩阵来描述.通过图的矩阵表示,可以清楚地观察到已讨论过的图的性质,并进一步发现一些其他性质,能准确地计算出图中任二顶点之间不同长度的通路(或回路)数.更重要的是在图的应用中,图的矩阵表示起着极其重要的作用.

为了方便起见,在图的某些矩阵表示中,对图加以一些限制,如限制所讨论的为简单图,或无环的图,限制矩阵中的元素为 0,1(或 −1),所用运算均在数域 $F=\{0,1\}$ 上进行,并且加法使用模 2 加法等.在以下的讨论中,对每种矩阵采取什么限制都要一一加说明,请读者注意阅读每节开头的说明.

在图的矩阵表示中,要求图是标定图.

10.1 关 联 矩 阵

本节内要求讨论的图均是顶点和边均是标定的,并且要求图是无环图.还要求运算在数域 $F=\{0,1\}$ 上进行,加法使用模 2 加法.

定义 10.1 设 $D=\langle V,E\rangle$ 为无环有向图,$V=\{v_1,v_2,\cdots,v_n\}$,$E=\{e_1,e_2,\cdots,e_m\}$,令

$$m_{ij}=\begin{cases}1, & v_i \text{ 是 } e_j \text{ 的始点},\\ 0, & v_i \text{ 与 } e_j \text{ 不关联},\\ -1, & v_i \text{ 是 } e_j \text{ 的终点},\end{cases}$$

称 $[m_{ij}]_{n\times m}$ 为 D 的**关联矩阵**,记作 $M(D)$.

图 10.1 所示有向图的关联矩阵为

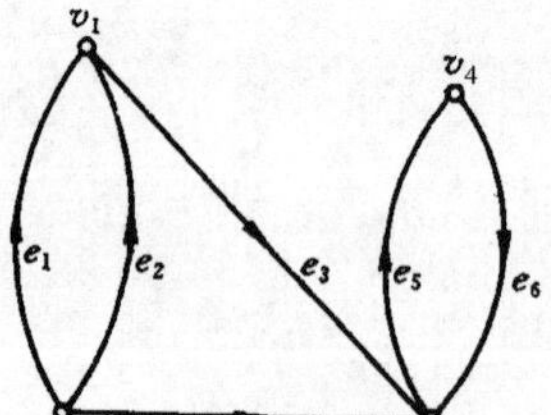

图 10.1

$$M(D)=\begin{array}{c}\\ v_1\\ v_2\\ v_3\\ v_4\end{array}\begin{array}{c}\begin{array}{cccccc}e_1 & e_2 & e_3 & e_4 & e_5 & e_6\end{array}\\ \begin{bmatrix}-1 & -1 & 1 & 0 & 0 & 0\\ 1 & 1 & 0 & 1 & 0 & 0\\ 0 & 0 & -1 & -1 & 1 & -1\\ 0 & 0 & 0 & 0 & -1 & 1\end{bmatrix}\end{array}.$$

不难看出 D 与 $M(D)$ 是相互惟一确定的,因而由 $M(D)$ 的特征可确定 D 的性质.

(1) D 每列元素之和为 0,即 $\sum\limits_{i=1}^{n}m_{ij}=0$.这正说明 D 中每条边关联两个顶点,一个始点,一个终点.

(2) 第 i 行元素绝对值之和等于 $d(v_i)$,即 $\sum\limits_{j=1}^{m}|m_{ij}|=d(v_i)$,而其中 1 的个数为 $d^+(v_i)$,-1 的个数为 $d^-(v_i)$.

(3) $\sum_{i=1}^{n}\sum_{j=1}^{m}m_{ij}=0$,因而1的个数与$-1$的个数相等,都等于$m$.这正说明$D$中各顶点入度之和等于顶点出度之和,都等于$m$,于是各顶点度数之和等于$2m$.这是有向图$D$的握手定理的全部内容.

(4) 若$M(D)$中两列相同,说明D中这两列对应的边有相同的始点和终点,因而它们是平行边.

总之,$M(D)$能反映D的一切特征.

定义 10.2 设无环无向图$G=\langle V,E\rangle$,$V=\{v_1,v_2,\cdots,v_n\}$,$E=\{e_1,e_2,\cdots,e_m\}$,令

$$m_{ij}=\begin{cases}1, & v_i \text{ 与 } e_j \text{ 关联},\\ 0, & \text{否则},\end{cases}$$

称$[m_{ij}]_{n\times m}$为G的关联矩阵,记作$M(G)$.

图10.2所示无向图G的关联矩阵为

$$M(G)=\begin{array}{c} \\ v_1\\ v_2\\ v_3\\ v_4\end{array}\begin{array}{c}\begin{array}{cccccc}e_1&e_2&e_3&e_4&e_5&e_6\end{array}\\ \begin{bmatrix}1&1&1&1&0&0\\1&1&0&0&1&0\\0&0&0&1&1&1\\0&0&1&0&0&1\end{bmatrix}\end{array}.$$

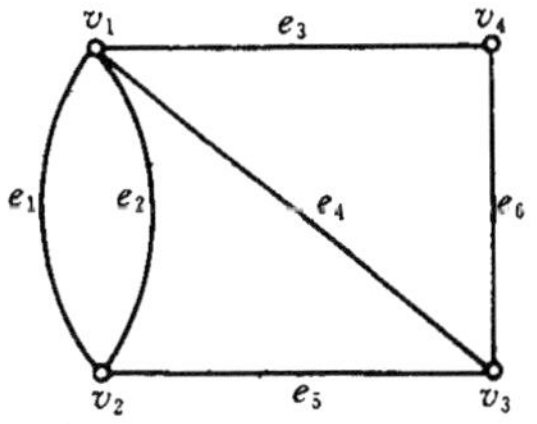

图 10.2

同有向图的关联矩阵类似,$M(G)$与G也是相互惟一确定的,因而$M(G)$也描述了G的一切特征,下面几点是容易看出的:

(1) $M(G)$中每列元素之和为2,即$\sum_{i=1}^{n}m_{ij}=2$.这正说明G中每条边有惟一的两个端点.

(2) $M(G)$中第i行中1的个数$\sum_{j=1}^{m}m_{ij}=d(v_i)$.

(3) $M(G)$中第i行中1对应的边组成的集合为v_i的关联集,此关联集为G中一个断集.当v_i不是割点时,此断集为扇形割集.

(4) $M(G)$中,若两列相同,则它们对应的边为平行边.

(5) 若G有$k(k\geqslant 2)$个连通分支,则对顶点和边作适当标定,可使G的关联矩阵$M(G)$有如下形式:

$$M(G)=\begin{bmatrix}M(G_1)&&&\\&M(G_2)&&\\&&\ddots&\\&&&M(G_k)\end{bmatrix}.$$

其中$M(G_r)$为G的第r个连通分支的关联矩阵,$r=1,2,\cdots,k$.

利用定理9.6和9.7可以求出无向连通标定图中生成树的个数,利用关联矩阵还可以求出所有不同的生成树,为此再给出基本关联矩阵的概念.

定义 10.3 设$M(G)$是无向连通图G(G当然是无环标定图)的关联矩阵,从$M(G)$中删除任意一行所得矩阵称为G的**基本关联矩阵**,记作$M_f(G)$.并称被删行所对应的顶点为**参考点**.

定理 10.1 n阶无向连通图G的关联矩阵的秩$r(M(G))=n-1$.

证明 因为 $M(G)$ 中每行中 1 对应的边组成 G 中一个断集 $\in S_{断}$，由定理 9.17 可知，$r(M(G))\leqslant n-1$. 下面证明 $r(M(G))\geqslant n-1$. 取 $M(G)$ 的前 $n-1$ 行，设为 $M_1,M_2,\cdots,M_{n-1}$，则它们是线性无关的. 否则必存在不全为 0 的 $k_1,k_2,\cdots,k_{n-1}\in F=\{0,1\}$，在模 2 加法意义下，使得 $\sum\limits_{i=1}^{n-1}k_iM_i$ 为零向量. 不妨设 $k_1=k_2=\cdots=k_s=1$，而 $k_{s+1}=k_{s+2}=\cdots=k_{n-1}=0$，这里 $s\neq1$，否则 M_1 为零向量，于是 v_1 为孤立点，这与 G 连通矛盾，所以必有 $2\leqslant s\leqslant n-1$. 易知，在 $M(G)$ 子阵

$$M'=\begin{bmatrix}M_1\\M_2\\\vdots\\M_s\end{bmatrix}$$

中，每列恰有两个 1 或每列的元素全为 0. 在 G 中取 $V_1=\{v_1,v_2,\cdots,v_s\}$，$V_2=V(G)-V_1$，则 $V_1\cap V_2=\varnothing$，且 V_1,V_2 组成的断集 $(V_1,V_2)=\varnothing$，这说明 G 中至少有 2 个连通分支，这与 G 是连通图矛盾，所以 $M_1,M_2,\cdots,M_{n-1}$ 线性无关，因而 $r(M(G))\geqslant n-1$，于是 $r(M(G))=n-1$.

类似可证下面定理.

定理 10.2 n 阶无向连通图 G 的基本关联矩阵的秩 $r(M_f(G))=n-1$.

由以上两个定理容易得出下面推论.

推论 1 设 n 阶无向图 G 有 p 个连通分支，则 $r(M(G))=r(M_f(G))=n-p$，其中 $M_f(G)$ 是从 $M(G)$ 的每个对角块中删除任意一行而得到的矩阵.

推论 2 G 是连通图当且仅当 $r(M(G))=r(M_f(G))=n-1$.

定理 10.3 设 $M_f(G)$ 是 n 阶连通图 G 的一个基本关联矩阵. $M_f{}'$ 是 $M_f(G)$ 中任意 $n-1$ 列组成的方阵，则 $M_f{}'$ 中各列所对应的边集 $\{e_{i_1},e_{i_2},\cdots,e_{i_{n-1}}\}$ 的导出子图 $G[\{e_{i_1},e_{i_2},\cdots,e_{i_{n-1}}\}]$ 是 G 的生成树当且仅当 $M_f{}'$ 的行列式 $|M_f{}'|\neq0$.

证明

必要性. 因为 $G[\{e_{i_1},e_{i_2},\cdots,e_{i_{n-1}}\}]$ 是 n 阶树，因而是连通的，所以 $M_f{}'$ 是这棵生成树的基本关联矩阵. 由定理 10.2 知 $r(M_f{}')=n-1$，这说明 $M_f{}'$ 是满秩矩阵，所以 $|M_f{}'|\neq0$.

充分性. 显然 $G[\{e_{i_1},e_{i_2},\cdots,e_{i_{n-1}}\}]$ 是 $n-1$ 条边的 G 的子图，并且 $M_f{}'$ 是它的基本关联矩阵，因为 $|M_f{}'|\neq0$，故 $r(M_f{}')=n-1$. 由推论 2 可知它又是连通的，由定理 9.1 可知它是 G 的生成树. ∎

【例 10.1】 求图 10.3 所示标定图的所有生成树.

解 图 10.3 的关联矩阵为

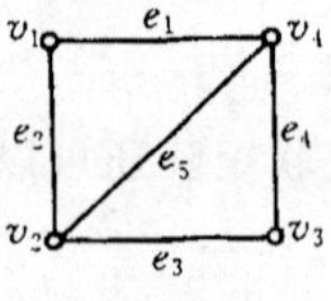

图 10.3

$$M=\begin{array}{c}\\v_1\\v_2\\v_3\\v_4\end{array}\begin{array}{c}\begin{array}{ccccc}e_1&e_2&e_3&e_4&e_5\end{array}\\\begin{bmatrix}1&1&0&0&0\\0&1&1&0&1\\0&0&1&1&0\\1&0&0&1&1\end{bmatrix}\end{array},$$

取 v_4 为参考点，得基本关联矩阵为

$$M_f=\begin{matrix} & \begin{matrix} e_1 & e_2 & e_3 & e_4 & e_5 \end{matrix} \\ & \begin{bmatrix} 1 & 1 & 0 & 0 & 0 \\ 0 & 1 & 1 & 0 & 1 \\ 0 & 0 & 1 & 1 & 0 \end{bmatrix} \end{matrix}.$$

求 M_f 的所有 3 阶子方阵的行列式，计算在 $F=\{0,1\}$ 上进行，子方阵的个数为 $C_5^3=10$，它们的行列式依次为

(1) $\begin{matrix} e_1 & e_2 & e_3 \end{matrix}$ $\begin{vmatrix} 1 & 1 & 0 \\ 0 & 1 & 1 \\ 0 & 0 & 1 \end{vmatrix}=1$， (2) $\begin{matrix} e_1 & e_2 & e_4 \end{matrix}$ $\begin{vmatrix} 1 & 1 & 0 \\ 0 & 1 & 0 \\ 0 & 0 & 1 \end{vmatrix}=1$， (3) $\begin{matrix} e_1 & e_2 & e_5 \end{matrix}$ $\begin{vmatrix} 1 & 1 & 0 \\ 0 & 1 & 1 \\ 0 & 0 & 0 \end{vmatrix}=0$， (4) $\begin{matrix} e_1 & e_3 & e_4 \end{matrix}$ $\begin{vmatrix} 1 & 0 & 0 \\ 0 & 1 & 0 \\ 0 & 1 & 1 \end{vmatrix}=1$，

(5) $\begin{matrix} e_1 & e_3 & e_5 \end{matrix}$ $\begin{vmatrix} 1 & 0 & 0 \\ 0 & 1 & 1 \\ 0 & 1 & 0 \end{vmatrix}=1$， (6) $\begin{matrix} e_1 & e_4 & e_5 \end{matrix}$ $\begin{vmatrix} 1 & 0 & 0 \\ 0 & 0 & 1 \\ 0 & 1 & 0 \end{vmatrix}=1$，

(7) $\begin{matrix} e_2 & e_3 & e_4 \end{matrix}$ $\begin{vmatrix} 1 & 0 & 0 \\ 1 & 1 & 0 \\ 0 & 1 & 1 \end{vmatrix}=1$， (8) $\begin{matrix} e_2 & e_3 & e_5 \end{matrix}$ $\begin{vmatrix} 1 & 0 & 0 \\ 1 & 1 & 1 \\ 0 & 1 & 0 \end{vmatrix}=1$，

(9) $\begin{matrix} e_2 & e_4 & e_5 \end{matrix}$ $\begin{vmatrix} 1 & 0 & 0 \\ 1 & 0 & 1 \\ 0 & 1 & 0 \end{vmatrix}=1$， (10) $\begin{matrix} e_3 & e_4 & e_5 \end{matrix}$ $\begin{vmatrix} 0 & 0 & 0 \\ 1 & 0 & 1 \\ 1 & 1 & 0 \end{vmatrix}=0$.

从以上计算结果中，在所有 3 条边的组合中，除 e_1,e_2,e_5 和 e_3,e_4,e_5 的导出子图不是 G 的生成树外，其余的 3 条边的导出子图全是 G 的生成树. 这些生成树在图 10.4 中依次列出.

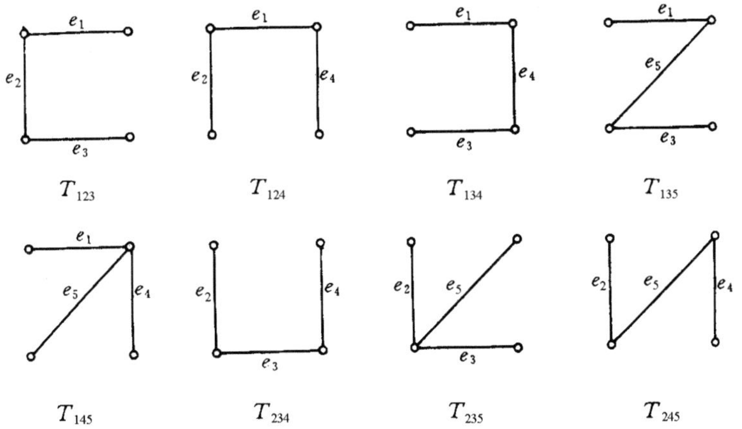

图 10.4

10.2 邻接矩阵与相邻矩阵

本节内讨论的有向图不加限制，所讨论的无向图仅限于简单图. 矩阵运算时所用乘法和加

法均为普通的乘法和加法.本节讨论的通路与回路是定义意义下的通路与回路,并且含复杂通路与回路,回路的始(终)点不同看成是不同的.

定义 10.4 n 阶标定有向图 D 中,$V(D)=\{v_1,v_2,\cdots,v_n\}$,令 $a_{ij}^{(1)}$ 为 v_i 邻接到 v_j 的边的条数,称 $[a_{ij}^{(1)}]_{n\times n}$ 为 D 的**邻接矩阵**,记作 $A(D)$,简记为 A.

给定的有向标定图 D 如图 10.5 所示,它的邻接矩阵为

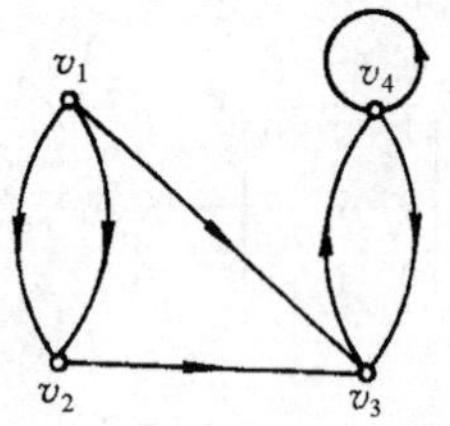

图 10.5

$$
\begin{array}{c} \\ A = \end{array}
\begin{array}{c} \\ \begin{matrix} v_1 \\ v_2 \\ v_3 \\ v_4 \end{matrix} \end{array}
\begin{array}{c} \begin{matrix} v_1 & v_2 & v_3 & v_4 \end{matrix} \\ \begin{bmatrix} 0 & 2 & 1 & 0 \\ 0 & 0 & 1 & 0 \\ 0 & 0 & 0 & 1 \\ 0 & 0 & 1 & 1 \end{bmatrix} \end{array}.
$$

从定义不难看出以下性质:

(1) 第 i 行元素之和为 v_i 的出度,即 $\sum\limits_j a_{ij}^{(1)} = d^+(v_i), i=1,2,\cdots,n$,而 A 中所有元素之和为各顶点出度之和,即 $\sum\limits_i\sum\limits_j a_{ij}^{(1)} = \sum\limits_i d^+(v_i) = m$,其中 m 为 D 中边数.

类似地,第 j 列元素之和为 v_j 的入度,即 $\sum\limits_i a_{ij}^{(1)} = d^-(v_j), j=1,2,\cdots,n$,而 A 中全体元素之和又为各顶点的入度之和,即 $\sum\limits_j\sum\limits_i a_{ij}^{(1)} = \sum\limits_j d^-(v_j) = m$.

(2) 由(1)不难看出,$\sum\limits_i\sum\limits_j a_{ij}^{(1)} = \sum\limits_j\sum\limits_i a_{ij}^{(1)}$ 为 D 中长度为 1 的通路数,即边数,而 $\sum\limits_i a_{ii}^{(1)}$ 为 D 中长度为 1 的回路数,即 D 中环的个数.由此条性质作为基础,可以得到下面的定理.

定理 10.4 设 A 是 n 阶有向标定图的邻接矩阵,A 的 $l(l\geqslant 2)$ 次幂 A^l 中元素 $a_{ij}^{(l)}$ 为 v_i 到 v_j 长度为 l 的通路数,$\sum\limits_i\sum\limits_j a_{ij}^{(l)}$ 为 D 中长度为 l 的通路总数,而 $\sum\limits_i a_{ii}^{(l)}$ 为 D 中长度为 l 的回路总数.

证明 对 l 作归纳法.

(1) $l=1$ 时,由讨论的性质(2)所证.

(2) 设 $l\leqslant k(k\geqslant 1)$ 时结论为真.当 $l=k+1$ 时,A^{k+1} 中元素

$$a_{ij}^{(k+1)} = \sum_{r=1}^{n} a_{ir}^{(k)}\cdot a_{rj}^{(1)},$$

由归纳假设知,$a_{ir}^{(k)}$ 为 v_i 到 v_r 长度为 k 的通路数,而 $a_{rj}^{(1)}$ 是 v_r 到 v_j 长度为 1 的通路数,所以 $a_{jr}^{(k)}\cdot a_{rj}^{(1)}$ 为 v_i 到 v_j 经过 v_r 的长度为$(k+1)$的通路数,而 $\sum\limits_{r=1}^{n} a_{ir}^{(k)}\cdot a_{rj}^{(1)}$ 为 v_i 到 v_j 长度为 $k+1$ 的通路总数. ▍

再令

$$B_r = A + A^2 + \cdots + A^r = [b_{ij}^{(r)}]_{n\times n}, r=1,2,\cdots,$$

可以得到定理 10.4 的推论.

推论 设 A 是 n 阶有向标定图的邻接矩阵,B_r 中元素 $b_{ij}^{(r)}$ 为 v_i 到 v_j 长度小于等于 r 的通

路数，$\sum_i \sum_j b_{ij}^{(r)}$ 为 D 中长度小于等于 r 的通路总数，而 $\sum_i b_{ii}^{(r)}$ 为 D 中长度小于等于 r 的回路数.

【例 10.2】 在图 10.5 所示的有向图中，求：

(1) v_2 到 v_4 长度为 3 和 4 的通路数；

(2) v_2 到 v_4 长度小于等于 4 的通路数；

(3) v_4 到 v_4(自身)长度为 4 的回路数；

(4) v_4 到 v_4 长度小于等于 4 的回路数；

(5) D 中长度为 4 的通路(不含回路)数；

(6) D 中长度小于等于 4 的通路数，其中有几条是回路？

解 要回答以上诸问题，必先求出 D 的邻接矩阵 A，及它的前 4 次幂，以及 B_2, B_3, B_4. A 已在前面给出，不难计算：

$$A^2 = \begin{bmatrix} 0 & 0 & 2 & 1 \\ 0 & 0 & 0 & 1 \\ 0 & 0 & 1 & 1 \\ 0 & 0 & 1 & 2 \end{bmatrix}, \quad A^3 = \begin{bmatrix} 0 & 0 & 1 & 3 \\ 0 & 0 & 1 & 1 \\ 0 & 0 & 1 & 2 \\ 0 & 0 & 2 & 3 \end{bmatrix}, \quad A^4 = \begin{bmatrix} 0 & 0 & 3 & 4 \\ 0 & 0 & 1 & 2 \\ 0 & 0 & 2 & 3 \\ 0 & 0 & 3 & 5 \end{bmatrix},$$

$$B_2 = \begin{bmatrix} 0 & 2 & 3 & 1 \\ 0 & 0 & 1 & 1 \\ 0 & 0 & 1 & 2 \\ 0 & 0 & 2 & 3 \end{bmatrix}, \quad B_3 = \begin{bmatrix} 0 & 2 & 4 & 4 \\ 0 & 0 & 2 & 2 \\ 0 & 0 & 2 & 4 \\ 0 & 0 & 4 & 6 \end{bmatrix}, \quad B_4 = \begin{bmatrix} 0 & 2 & 7 & 8 \\ 0 & 0 & 3 & 4 \\ 0 & 0 & 4 & 7 \\ 0 & 0 & 7 & 11 \end{bmatrix}.$$

不难算出：

(1) 分别为 1 条和 2 条；

(2) 4 条；

(3) 5 条；

(4) 11 条；

(5) 16 条；

(6) 53 条，其中有 15 条为回路.

定义 10.5 设 n 阶有向图 D 中，$V(D)=\{v_1, v_2, \cdots, v_n\}$.

$$p_{ij} = \begin{cases} 1, & v_i \text{ 可达 } v_j, \\ 0, & \text{否则}, \end{cases}$$

则称 $[p_{ij}]_{n\times n}$ 为 D 的**可达矩阵**，记作 $P(D)$，简记为 P.

可达矩阵有下列性质.

(1) 由于 $\forall v_i \in V(D)$，v_i 可达 v_i，所以 P 的主对角元素全为 1.

(2) 若 D 是强连通的，则 P 的全体元素均为 1.

(3) 设 D 是具有 $k(k\geqslant 2)$ 个连通分支 $D_1, D_2, \cdots, D_k$ 的有向图，$D_i = D[\{v_{s_i+1}, v_{s_i+2}, \cdots, v_{s_i+n_i}\}]$，$s_i = \sum_{t=1}^{i-1} n_t$，$n_i$ 是 D_i 的阶数，$i=1,2,\cdots,k$，则

$$P(D) = \begin{bmatrix} P(D_1) & & & \\ & P(D_2) & & \\ & & \ddots & \\ & & & P(D_k) \end{bmatrix},$$

其中 $P(D_i)$ 是 D_i 的可达矩阵.

$\forall v_i, v_j \in V(D)$ 且 $v_i \neq v_j$，由定理 7.6 不难得出如下结论：

$$p_{ij} = 1 \text{ 当且仅当 } b_{ij}^{(n-1)} \neq 0.$$

于是由 D 的邻接矩阵可求 D 的可达矩阵.

在图 10.5 所示有向图中，由 B_3 可知

$$P = \begin{bmatrix} 1 & 1 & 1 & 1 \\ 0 & 1 & 1 & 1 \\ 0 & 0 & 1 & 1 \\ 0 & 0 & 1 & 1 \end{bmatrix}.$$

定义 10.6 设 n 阶无向简单图 G 中，$V(G)=\{v_1, v_2, \cdots, v_n\}$，令 $a_{ii}^{(1)}=0, i=1,2,\cdots,n$，

$$a_{ij}^{(1)} = \begin{cases} 1, & v_i \text{ 与 } v_j \text{ 相邻}, i \neq j, \\ 0, & \text{否则}, \end{cases}$$

称 $[a_{ij}^{(1)}]_{n\times n}$ 为 G 的**相邻矩阵**，记作 $A(G)$，简记为 A. 图 10.6 所示无向简单图的相邻矩阵为

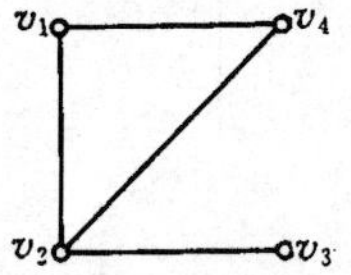

图 10.6

$$A(G) = \begin{array}{c} \\ v_1 \\ v_2 \\ v_3 \\ v_4 \end{array} \begin{array}{c} \begin{array}{cccc} v_1 & v_2 & v_3 & v_4 \end{array} \\ \begin{bmatrix} 0 & 1 & 0 & 1 \\ 1 & 0 & 1 & 1 \\ 0 & 1 & 0 & 0 \\ 1 & 1 & 0 & 0 \end{bmatrix} \end{array}.$$

不难看出相邻矩阵有如下性质：

(1) A 是对称的；

(2) $\sum_j a_{ij}^{(1)} = d(v_i)$；

(3) $\sum_i \sum_j a_{ij}^{(1)} = \sum_i d(v_i) = 2m$，其中 m 为边数，也为 G 中长度为 1 的通路数.

设 $A^k = [a_{ij}^{(k)}]_{n\times n}, k=2,3,\cdots$，有下面定理.

定理 10.5 设 G 是 n 阶无向简单图，$V=\{v_1, v_2, \cdots, v_n\}$，$A$ 是 G 的相邻矩阵，A^k 中元素 $a_{ij}^{(k)}(=a_{ji}^{(k)})(i\neq j)$ 为 G 中 v_i 到 v_j（v_j 到 v_i）长度为 k 的通路数. 而 $a_{ii}^{(k)}$ 为 v_i 到 v_i 长度为 k 的回路数.

用归纳法证明.

推论 1 在 A^2 中，$a_{ii}^{(2)}=d(v_i)$.

推论 2 若 G 是连通图，对于 $i\neq j$，v_i, v_j 之间的距离 $d(v_i, v_j)$ 为使 A^k 中元素 $a_{ij}^{(k)}\neq 0$ 的最小正整数 k.

【例 10.3】 在图 10.6 所示图中，求 v_1 到 v_2，v_1 到 v_3 长度为 4 的通路数，v_1 到 v_1 长度为 4 的回路数.

解 相邻矩阵 A 在前面已求出，下面求 A^2, A^3, A^4 即可.

$$A^2 = \begin{bmatrix} 2 & 1 & 1 & 1 \\ 1 & 3 & 0 & 1 \\ 1 & 0 & 1 & 1 \\ 1 & 1 & 1 & 2 \end{bmatrix}, \quad A^3 = \begin{bmatrix} 2 & 4 & 1 & 3 \\ 4 & 2 & 3 & 4 \\ 1 & 3 & 0 & 1 \\ 3 & 4 & 1 & 2 \end{bmatrix}, \quad A^4 = \begin{bmatrix} 7 & 6 & 4 & 6 \\ 6 & 11 & 2 & 6 \\ 4 & 2 & 3 & 4 \\ 6 & 6 & 4 & 7 \end{bmatrix}.$$

从 A^4 可以看出 v_1 到 v_2 长度为 4 的通路数为 6 条. 这 6 条通路分别为

$$v_1\ v_4\ v_1\ v_4\ v_2, \quad v_1\ v_4\ v_2\ v_4\ v_2,$$

$$v_1\ v_4\ v_2\ v_3\ v_2,\quad v_1\ v_2\ v_4\ v_1\ v_2,$$
$$v_1\ v_4\ v_2\ v_1\ v_2,\quad v_1\ v_2\ v_1\ v_4\ v_2.$$

v_1 到 v_3 长度为 4 的通路有 4 条,它们是

$$v_1\ v_2\ v_4\ v_2\ v_3,\quad v_1\ v_2\ v_3\ v_2\ v_3,$$
$$v_1\ v_4\ v_1\ v_2\ v_3,\quad v_1\ v_2\ v_1\ v_2\ v_3.$$

v_1 到 v_1 长度为 4 的回路有 7 条,它们是

$$v_1\ v_4\ v_1\ v_4\ v_1,\quad v_1\ v_4\ v_2\ v_4\ v_1,$$
$$v_1\ v_4\ v_1\ v_2\ v_1,\quad v_1\ v_2\ v_1\ v_2\ v_1,$$
$$v_1\ v_2\ v_4\ v_2\ v_1,\quad v_1\ v_2\ v_3\ v_2\ v_1,$$
$$v_1\ v_2\ v_1\ v_4\ v_1.$$

由以上结果可以看出,所求通路、回路多半是复杂的通路和复杂回路.

下面给出无向图的连通矩阵的概念.

定义 10.7 设 n 阶无向简单图 G 中,$v=\{v_1,v_2,\cdots,v_n\}$,令

$$p_{ij}=\begin{cases}1, & v_i \text{ 与 } v_j \text{ 连通},\\ 0, & \text{否则},\end{cases}$$

称 $[p_{ij}]_{n\times n}$ 为 G 的**连通矩阵**,记作 $P(G)$,简记为 P.

不难看出 P 有如下性质.

(1) P 的主对角元素均为 1;

(2) 若 G 是连通图,则 P 中元素全为 1;

(3) 设无向图 G 有 $k(k\geqslant 2)$ 个连通分支 $G_1,G_2,\cdots,G_k$,且 $G_i=G[\{v_{s_i+1},v_{s_i+2},\cdots,v_{s_i+n_i}\}]$,$s_i=\sum\limits_{t=1}^{i-1}n_t$,$n_i$ 是 G_i 的阶数,$i=1,2,\cdots,k$,则

$$P(G)=\begin{bmatrix} P(G_1) & & & \\ & P(G_2) & & \\ & & \ddots & \\ & & & P(G_k)\end{bmatrix},$$

其中,$P(G_i)$ 为 G_i 的连通矩阵.

由定理 7.6,也可以用 G 的相邻矩求 G 的连通矩阵.为此,设

$$A+A^2+\cdots+A^r=B_r=[b_{ij}^{(r)}]_{n\times n},\ r=1,2,\cdots,$$

$i\neq j$ 时,$p_{ij}=1$ 当且仅当 $b_{ij}^{(n-1)}\neq 0$,因而由 B_{n-1} 中元素是否为 0 就可以求出 $p_{ij}(i\neq j)$.

图 10.7 所示无向图的连通矩阵为

$$P=\begin{bmatrix}1&1&1&0&0&0\\1&1&1&0&0&0\\1&1&1&0&0&0\\0&0&0&1&1&0\\0&0&0&1&1&0\\0&0&0&0&0&1\end{bmatrix}.$$

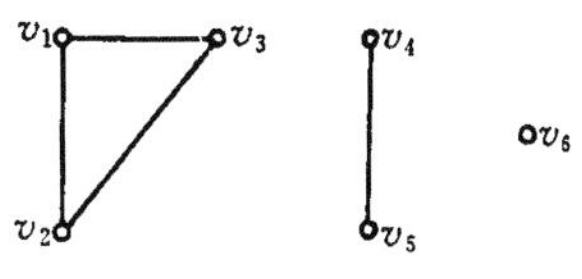

图 10.7

习 题 十

1. 求图 10.8 所示二图的关联矩阵.

2. 利用基本关联矩阵法求图 10.9 所示图中的所有生成树.

3. 求标定的完全图 K_4 中的所有生成树.

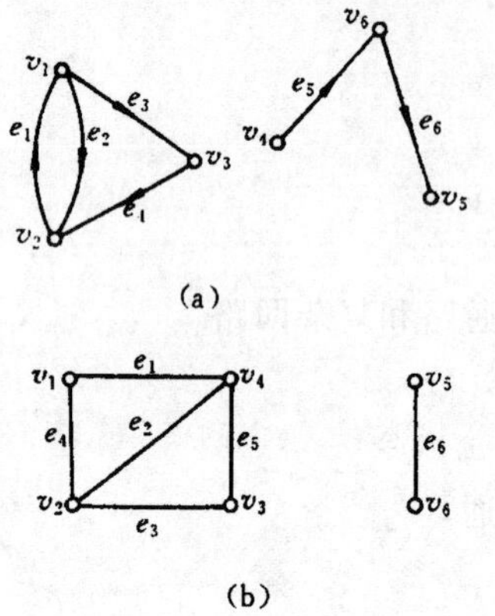

图 10.8

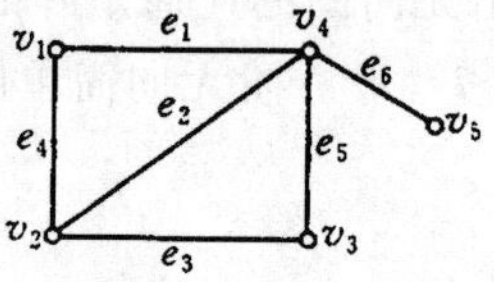

图 10.9

4. 有向图如图 10.10 所示.

(1) D 中 v_1 到 v_4 长度为 1,2,3,4 的通路各为多少条?

(2) v_1 到 v_4 长度小于等于 3 的通路为多少条?

(3) v_1 到 v_1 长度为 1,2,3,4 的回路各为多少条?

(4) v_4 到 v_4 长度小于等于 3 的回路为多少条?

(5) D 中长度为 4 的通路(不含回路)有多少条?

(6) D 中长度为 4 的回路有多少条?

(7) D 中长度小于等于 4 的通路为多少条? 其中有多少条为回路?

(8) 写出 D 的可达矩阵.

5. 已知标定的无向图如图 10.11 所示. A 是它的相邻矩阵,求 A^k 中的元素 $a_{22}^{(k)}$, $k=1,2,\cdots$.

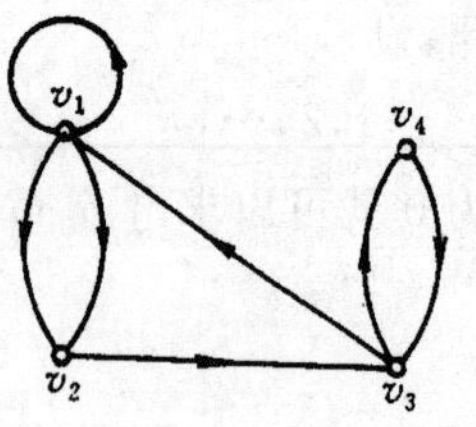

图 10.10

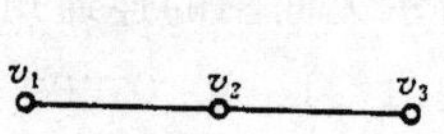

图 10.11

第十一章 平 面 图

本章讨论的图均为无向图.

11.1 平面图的基本概念

定义 11.1 如果图 G 能以这样的方式画在曲面 S 上,即除顶点处外无边相交,则称 G 可嵌入曲面 S. 若 G 可嵌入平面 Π,则称 G 是**可平面图**或**平面图**. 画出的没有边相交的图称为 G 的**平面表示**或**平面嵌入**. 无平面嵌入的图称为**非平面图**.

下文中所谈平面图,有时是指平面嵌入,有时则不是,要根据具体情况加以区分.

K_1,K_2,K_3,K_5-e(K_5 删除任意一条边)都是平面图,而 $K_5,K_{3,3}$都是非平面图. 根据平面图的定义证明 $K_5,K_{3,3}$不是平面图,要用约当定理.

自身不相交的,始点和终点重合的曲线称为**约当曲线**.

约当定理 设 L 是平面 Π 上的一条约当曲线,平面的其余部分被分成了两个不相交的开集,分别称为 L 的内部和外部,则连接 L 的内部点和外部点的任何连续曲线必与 L 相交.

【例 11.1】 用约当定理证明 K_5 不是平面图.

证明 设 K_5 的顶点集 $V=\{v_1,v_2,\cdots,v_5\}$. 若 K_5 是平面图,则必存在平面嵌入,设为 $\widetilde{K}_5$. 在 $\widetilde{K}_5$ 中,回路 $C_1=v_1v_2v_3v_1$ 为平面上的一条约当曲线. v_4,v_5 必在 C_1 的内部或外部,可分三种情况讨论:

(1) 一个在 C_1 的内部,另一个在 C_1 的外部. 不妨设 v_4 在 C_1 的内部,v_5 在 C_1 的外部,见图 11.1(a)所示. 由约当定理可知,作为连续曲线边(v_4,v_5)必与 C_1 相交,而交点不是 v_1,v_2,v_3,这与 $\widetilde{K}_5$ 是平面嵌入矛盾.

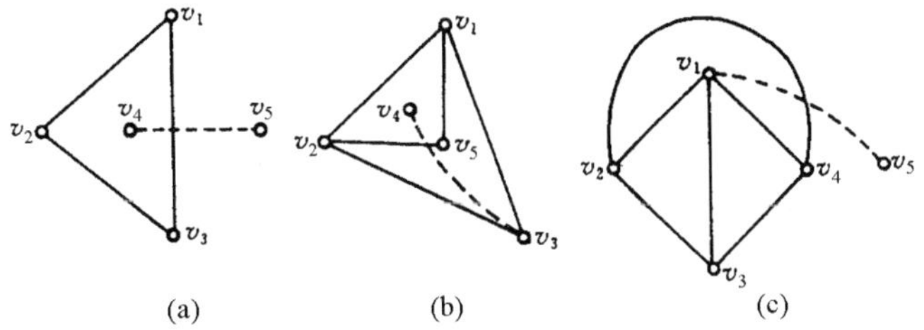

图 11.1

(2) v_4,v_5 均在 C_1 的内部. 由于 v_5 必与 v_1,v_2,v_3 均相邻,因而 v_4 必在 $C_2=v_2v_3v_5v_2$,$C_3=v_3v_1v_5v_3$,$C_5=v_5v_1v_2v_5$ 中的一个的内部. 不妨设 v_4 在 C_5 中,见图 11.1(b)所示. 此时 v_3 在 C_5 的外部. 由约当定理可知,边(v_4,v_3)必与 C_5 相交,这矛盾于 $\widetilde{K}_5$ 是平面嵌入.

(3) v_4,v_5 均在 C_1 的外部. 由于 v_4 必与 v_1,v_2,v_3 均相邻,v_1 在 $C_4=v_4v_2v_3v_4$ 的内部,而 v_5 在 C_4 的外部,用约当定理又会推出矛盾.

综上所述,K_5 不是平面图,类似可证 $K_{3,3}$也不是平面图.

K_5，$K_{3,3}$是两个极其重要的非平面图，在平面图的判断上起着极其重要的作用，常被称为库拉图斯基(Kuratowski)的两个图. K_5，$K_{3,3}$虽然不能嵌入平面，但它们却可以嵌入环面，图11.2中，(a)，(b)分别是K_5和$K_{3,3}$的环面嵌入. 但它们都不能嵌入球面，见下面定理.

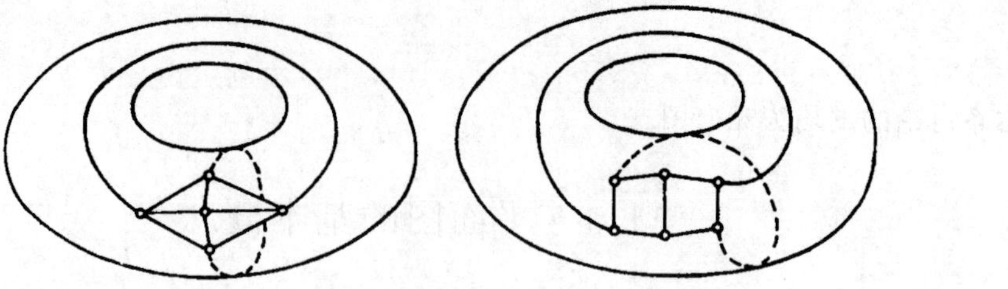

(a) (b)

图 11.2

定理 11.1 图G可嵌入球面当且仅当G可嵌入平面.

证明 设球面S与平面Π的切点为s，称s为南极，设过s与S所对应的球的球心O的直线与S的另一个交点为n，称为S的北极. 设

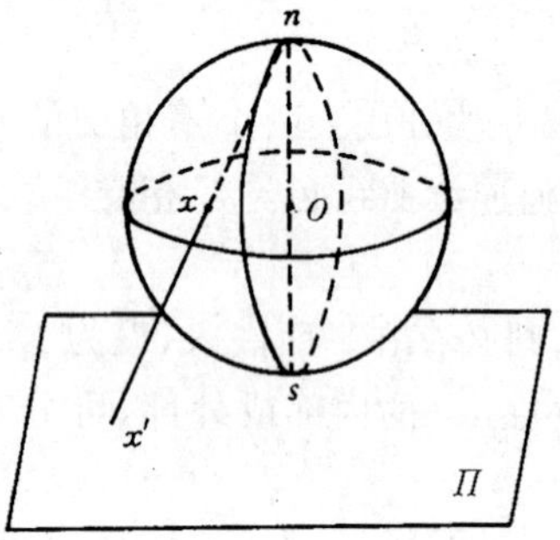

图 11.3

$$\rho: S\text{-}\{n\} \to \Pi,$$

$\forall x \in S(x \neq n)$，$\rho(x)=x'$，其中$x'$是过北极$n$与$x$的直线与$\Pi$的交点. 称$\rho$为$S$与$\Pi$之间的球极平面投影变换(见图11.3). 易知$\rho$是双射函数.

设图G的球面S的嵌入为$\widetilde{G}$，取S上的一点n(n不在$\widetilde{G}$上)作为S的北极，南极s自然可得.

设$\rho(\widetilde{G})=\widetilde{G}'$，则$\widetilde{G}'$是$G$的平面$\Pi$上的嵌入，即$G$的平面嵌入.

由于ρ是$S\text{-}\{n\}$与Π之间的双射函数，给出G的平面嵌入$\widetilde{G}_1{}'$，则$\rho^{-1}(\widetilde{G}_1{}')$为$G$的球面嵌入. ▌

推论 设$\widetilde{G}$与$\widetilde{G}'$分别是平面图G的球面嵌入与平面嵌入，则$\widetilde{G} \cong \widetilde{G}'$.

证明 因为$\widetilde{G} \cong G$且$\widetilde{G}' \cong G$，所以$\widetilde{G} \cong \widetilde{G}'$. ▌

定义 11.2 设G是平面图(平面嵌入)，由G的边将G所在的平面划分成若干个区域，每个区域都称为G的一个**面**，其中面积无限的面称为**无限面或外部面**，常记成R_0，面积有限的面称为**有限面或内部面**，常分别记为$R_1, R_2, \cdots, R_k$. 包围每个面的所有边组成的回路组称为该面的**边界**，边界的长度称为该面的**次数**，而R的次数常记为$\deg(R)$.

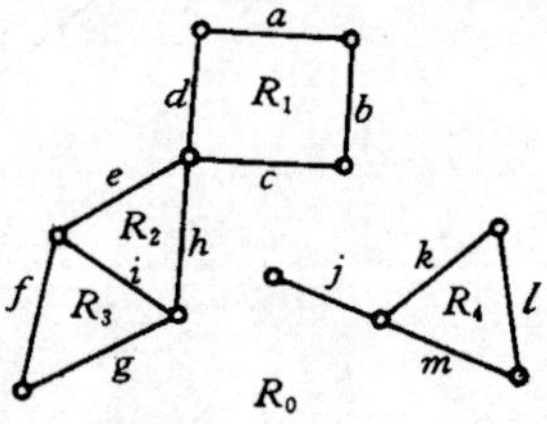

图 11.4

定义中回路组中元素可能是圈，可能是简单回路，还可能是复杂回路，或它们的并. 图11.4所示平面图有5个面，R_1, R_2, R_3, R_4的边界均为圈，$\deg(R_1)=4$，$\deg(R_2)=3$，$\deg(R_3)=3$，$\deg(R_4)=3$. 而R_0的边界由一个长为8的简单回路，一个长为3的圈并上一个长为2的复杂回路组成，$\deg(R_0)=13$.

定理 11.2 平面图G中所有面的次数之和等于边数m的2倍：

$$\sum_{i=1}^{r}\deg(R_i) = 2m.$$

其中 r 为 G 的面数.

证明 $\forall e\in E(G)$,当 e 为面 R_i 和 $R_j(i\neq j)$ 的公共边界上的边时,在计算 R_i 和 R_j 的次数时各提供次数 1.而当 e 只在某一个面 R 的边界上出现时,它必出现两次,所以在计算 R 的次数时 e 提出的次数为 2.于是每条边在 $\sum_{i=1}^{r}\deg(R_i)$ 中,各提供次数 2,因而

$$\sum_{i=1}^{r}\deg(R_i) = 2m.$$

∎

定理 11.3 设 R 是平面图 G 的某个平面嵌入 $\widetilde{G}$ 的一个内部面,则存在 G 的平面嵌入 $\widetilde{G}_1$ 以 R 为外部面.

证明 先将 $\widetilde{G}$ 嵌入球面 S,滚动 S 使其 R 对应的面中含北极 n,用球极平面投影变换将 $\widetilde{G}$ 投影到平面上,设所得图为 $\widetilde{G}_1$.由定理 11.1 知,$\widetilde{G}_1$ 是 G 的平面嵌入,并且 R 已为外部面.

∎

定义 11.3 设 G 为简单平面图,若在 G 的任意不相邻的顶点 u,v 之间加边 (u,v),所得图为非平面图,则称 G 为**极大平面图**.

K_1,K_2,K_3,K_5-e(表示 K_5 删除任意一条边)均为极大平面图.从定义不难看出,极大平面图必是连通的.另外,当阶数 $n\geqslant 3$ 时,有割点或桥的平面图不可能是极大平面图.而极大平面的最大特点应由下面定理所提供.

定理 11.4 G 为 $n(n\geqslant 3)$ 阶简单的连通平面图,G 为极大平面图当且仅当 G 的每个面的次数均为 3.

证明

必要性.因为 G 为简单平面图,所以 G 中无环和平行边,又因为 G 是至少 3 个顶点的极大平面图,所以 G 连通且无割点和桥,于是 G 中各面的边界均为圈且次数均大于等于 3.下面只需证明各面的次数不会大于 3.否则,设存在面 R_i,$\deg(R_i)=S\geqslant 4$,见图 11.5 所示.在 G(平面嵌入)中,若 v_1 与 v_3 不相邻,在 R_i 内加边 (v_1,v_3) 不破坏平面性,这矛盾于 G 为极大平面图,因而 v_1,v_3 必相邻.由于 R_i 的存在,此时 (v_1,v_3) 在 R_i 的外部.类似地,v_2,v_4 也必相邻,且边 (v_2,v_4) 也在 R_i 的外部.边 (v_1,v_3) 与 (v_2,v_4) 均在 R_i 的外面,无论用怎样的画法,它们必相交,这又矛盾于 G 是平面图(嵌入),所以 $S=3$.

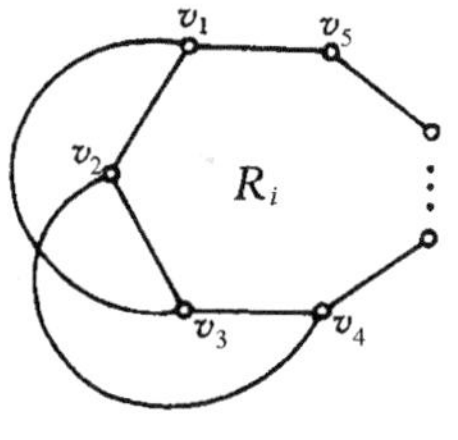

图 11.5

充分性.若 G 中不存在不相邻的顶点,结论显然成立.若 G 中存在不相邻的顶点,只需证明 G 中任何二不相邻顶点之间再加边均会产生边之间的相交即可.设 u,v 为 G 中二不相邻的顶点,则 u,v 不可能都在外部面 R_0 的边界上(因为 R_0 的边界也为 K_3).因而至少有一个顶点,比如 v 不在 R_0 的边界上,见图11.6所示.则与 v 关联的各边也不在 C_0(R_0 的边界)上.设 $G'=G-v$,G' 中存在原来包围 v 的圈 C.因为 u 与 v 不相邻,所以 u 不在 C 上.由约当定理可知,若加边 (u,v),则它必与 C 相交,所以 G 是极大平面图. ∎

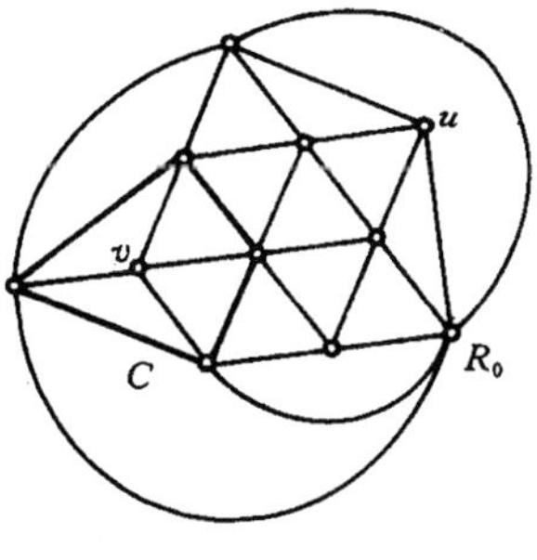

图 11.6

定理 11.4 的充分性还可以用下节的定理证明.

定理 11.5 $n(n\geqslant 4)$阶极大平面图G中,$\delta(G)\geqslant 3$.

证明 由定理11.4可知,G的围长$g(G)=3$,且与任意顶点v相邻的顶点均在某圈C上.由于$g(G)=3$,所以C的长度大于等于3.而$d(v)$等于C的长度,所以$d(v)\geqslant 3$.由于v的任意性,可知$\delta(G)\geqslant 3$. ▎

设G是n阶简单平面图,用添加边的方法(顶点不增加)总可以得到含G作为子图的n阶极大平面图.

定义 11.4 若在非平面图G中任意删除一条边,所得图为平面图,则称G为**极小非平面图**.

K_5和$K_{3,3}$都是极小非平面图.

在本节结束之前还应该指出,若一个图G是平面图,则它的任何子图也是平面图.若G是非平面图,则它的母图(若存在)也是非平面图.

11.2 欧拉公式

欧拉在研究多面体时发现,多面体的顶点数V,棱数E和面数F之间满足

$$V-E+F=2.$$

后来发现,连通平面图G的阶数n、边数m、面数r也有类似的公式.

定理 11.6 对于任意的连通的平面图G,有

$$n-m+r=2,$$

其中,n,m,r分别为G的阶数、边数和面数.

证明 对边数m作归纳法.

(1) $m=0$时,由于G是连通图,所以G为平凡图,公式自然成立.

(2) 设当$m=k(k\geqslant 1)$时结论成立,当$m=k+1$时,对G进行如下讨论.

若G是树,则G是非平凡树,因而存在树叶,设v为G的一片树叶,令$G'=G-v$,则G'仍然是连通图,G'的边数$m'=m-1=k$.由归纳假设可知

$$n'-m'+r'=2,$$

其中n',r'分别为G'的顶点数和面数.而$n'=n-1,r'=r$,于是

$$n-m+r=(n'+1)-(m'+1)+r'=n'-m'+r'=2.$$

若G不是树,则G中必含圈,设e为G的某圈上的一条边,令$G'=G-e$,则G'仍然是连通的且$m'=m-1=k$.由归纳假设知

$$n'-m'+r'=2,$$

而$n'=n,r'=r-1$,于是,

$$n-m+r=n'-(m'+1)+(r'+1)=n'-m'+r'=2.$$ ▎

定理11.6称为**欧拉公式**.定理的条件"连通性"是不可少的.对于非连通的平面图有下面定理.

定理 11.7 对于任何具有$p(p\geqslant 2)$个连通分支的平面图G,有

$$n-m+r=p+1,$$

其中n,m,r分别为G的顶点数,边数和面数.

证明 设G的连通分支为$G_1,G_2,\cdots,G_p$,并设n_i,m_i,r_i为G_i的顶点数、边数和面数,$i=1,2,\cdots,p$.由欧拉公式可得,

$$n_i - m_i + r_i = 2, \quad i = 1,2,\cdots,p,$$

而

$$m = \sum_{i=1}^{p} m_i, \quad n = \sum_{i=1}^{p} n_i, \quad r = \sum_{i=1}^{p} r_i + p - 1,$$

于是

$$\begin{aligned} 2p &= \sum_{i=1}^{p}(n_i - m_i + r_i) \\ &= \sum_{i=1}^{p} n_i - \sum_{i=1}^{p} m_i + \sum_{i=1}^{p} r_i \\ &= n - m + r + p - 1 \\ \Rightarrow \quad & n - m + r = p + 1. \end{aligned}$$

定理 11. ,称为欧拉公式的推广形式.

应用欧拉公式及其推广形式可以得到平面图的另外一些性质.

定理 11.8 设 G 是连通的平面图,且 G 的各面的次数至少为 $l(l \geqslant 3)$,则 G 的边数 m 与顶点数 n 有如下关系:

$$m \leqslant \frac{l}{l-2}(n-2).$$

证明 由定理 11.2 可知

$$2m = \sum_{i=1}^{r} \deg(R_i) \geqslant l \cdot r, \qquad ①$$

由欧拉公式知

$$r = 2 + m - n, \qquad ②$$

将②式代入①式,得

$$2m \geqslant l(2 + m - n) \Rightarrow m \leqslant \frac{l}{l-2}(n-2).$$ ∎

【例 11.2】 利用定理 11.8 证明 K_5 和 $K_{3,3}$ 都不是平面图.

证明 (1) 证 K_5 不是平面图.若 K_5 是平面图,由于 K_5 的围长 $g(K_5)=3$,所以 K_5 的平面嵌入的每个面的次数至少为 3,即 $l \geqslant 3$.由定理 11.8 知

$$10 \leqslant \frac{3}{3-2}(5-2) = 9,$$

这是个矛盾,所以 K_5 不是平面图.

(2) 证 $K_{3,3}$ 不是平面图.由于 $g(K_{3,3})=4$,若 $K_{3,3}$ 是平面图,则它的平面嵌入的每个面的次数至少为 4,即 $l \geqslant 4$.于是

$$9 \leqslant \frac{4}{4-2}(6-2) = 8,$$

这又是个矛盾,所以 $K_{3,3}$ 也不是平面图.

至此,可以用两种方法证明 K_5,$K_{3,3}$ 都不是平面图.

定理 11.9 设 G 是有 $p(p \geqslant 2)$ 个连通分支的平面图,各面的次数至少为 $l(l \geqslant 3)$,则边数 m 与顶点数 n 有如下关系:

$$m \leqslant \frac{l}{l-2}(n-p-1).$$

用定理 11.7 证定理 11.9.

定理 11.10 设 G 是 $n(n\geqslant 3)$ 阶 m 条边的简单平面图，则

$$m \leqslant 3n-6.$$

证明 设 G 有 p 个连通分支，$p\geqslant 1$.

若 G 为森林，则 $m=n-p\leqslant 3n-6(n\geqslant 3)$.

若 G 不是森林，则 G 中存在圈. 由于 G 是简单图，所以圈的长度大于等于 3，因而各面的次数至少为 $l\geqslant 3$. $\frac{l}{l-2}=1+\frac{2}{l-2}$ 在 $l=3$ 时达到最大值 3，由定理 11.9 得

$$m \leqslant \frac{l}{l-2}(n-p-1) \leqslant 3(n-p-1) \leqslant 3(n-2) = 3n-6.$$ ▍

定理 11.11 设 G 为 n 阶$(n\geqslant 3)m$ 条边的极大平面图，则

$$m = 3n-6.$$

证明 由于 G 是连通的，由欧拉公式得

$$r = 2+m-n. \qquad ①$$

又因为 G 是极大平面图，由定理 11.4 知，G 的每个面的次数均为 3，所以

$$2m = \sum_{i=1}^{r}\deg(R_i) = 3\cdot r. \qquad ②$$

将式①代入式②中，整理后得

$$m = 3n-6.$$ ▍

当 G 是 $n(n\geqslant 3)$ 阶简单平面图时，$m=3n-6$ 也是极大平面图的充分条件.

定理 11.12 设 G 是简单的平面图，则 G 中至少存在一个顶点，其度数小于等于 5.

证明 若 G 的顶点数 $n\leqslant 6$，结论是显然的. 因而仅就 $n\geqslant 7$ 讨论. 若 G 中所有顶点的度数均大于等于 6，则由握手定理知

$$2m = \sum_{i=1}^{n} d(v_i) \geqslant 6n \Rightarrow m \geqslant 3n,$$

这与定理 11.10 矛盾. ▍

由本定理可知，完全图 $K_n(n\geqslant 7)$ 一定是非平面图. 实际上，K_5，K_6 已经都是非平面图了.

定理 11.12 在图的着色理论中居重要地位.

11.3 平面图的判断

1930 年，波兰数学家库拉图斯基发表论文给出了平面图的判别法，即库拉图斯基定理. 定理有两种在拟阵理论意义下的对偶形式. 与定理有关的概念是同胚与边收缩的概念. 关于边收缩的概念已在第七章中讨论过了.

定义 11.5 设 $e=(u,v)$ 为图 G 中一条边，在 G 中删除 e，增加新的顶点 w，使 u 与 v 均与 w 相邻，即 $G'=(G-e)\cup\{(u,w),(w,v)\}$，称为在 G 中**插入 2 度顶点** w. 设 w 为 G 中一个 2 度顶点，w 与 u，v 相邻，删除 w，增加新边 (u,v)，即 $G'=(G-w)\cup\{(u,v)\}$，称为在 G 中**消去 2 度顶点** w.

定义 11.6 若两个图 G_1 与 G_2 是同构的，或通过反复插入或消去 2 度顶点后是同构的，则称 G_1 与 G_2 是**同胚**的. 图 11.7 中(a)，(b)两图是同胚的.

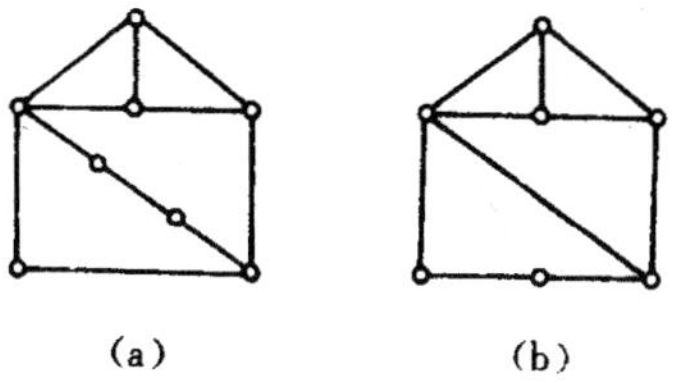

图 11.7

定理 11.13 图 G 是平面图当且仅当 G 不含与 K_5 同胚子图，也不含与 $K_{3,3}$ 同胚子图.

定理 11.14 图 G 是平面图当且仅当 G 中没有可以收缩到 K_5 的子图，也没有可以收缩到 $K_{3,3}$ 的子图.

以上两个定理的证明可在参考书目[15]中查到，这两个定理称为**库拉图斯基定理**.

【例 11.3】 证明图 11.8 中所示的(a)，(b)，(c)图均不是平面图.

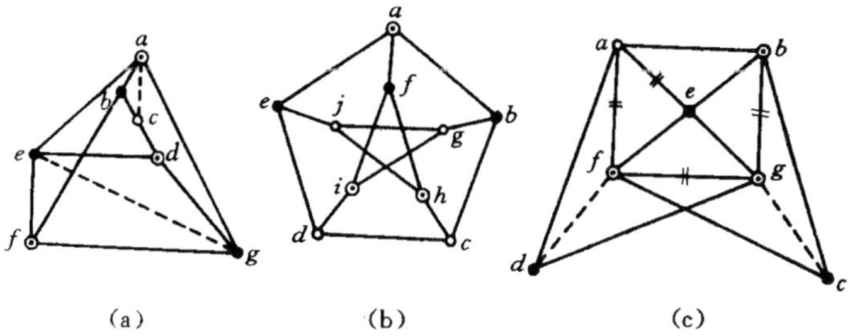

图 11.8

证明 (1) 对(a)进行讨论.

收缩边(c,d)，使 c 与 d 重合，再收缩边(b,f)，使 b 与 f 重合，得 K_5，由定理 11.14 可知，(a)不是平面图.

还可以如下证明. 设 $G'=G-\{(a,c),(e,g)\}$，G' 作为(a)的子图与 $K_{3,3}$ 同胚，由定理11.13 可知(a)不是平面图.

(2) 对(b)进行讨论.

在(b)中，收缩边(a,f)，(b,g)，(c,h)，(d,i)，(e,j)，所得图为 K_5，由定理 11.14 可知，(b)不是平面图.

还可以这样考虑. 令 $G'=G-\{(j,g),(d,c)\}$，则 G' 与 $K_{3,3}$ 同胚，由定理 11.13 可知(b)不是平面图. 其实，(b)图为彼得森图，这说明彼得森图不是平面图.

(3) 对(c)进行讨论.

令 $G'=G-\{(d,f),(g,c)\}$，易知 G' 与 K_5 同胚，由定理 11.13 可知，(c)不是平面图.

另外，令 $G''=G-\{(a,e),(a,f),(b,g),(g,f)\}$，则 G'' 与 $K_{3,3}$ 同胚. 所以，(c)不是平面图.

【例 11.4】 K_6 有哪些非同构的连通的含 $K_{3,3}$ 为子图的生成子图是非平面图?

解 已知 $K_{3,3}$ 是 K_6 的子图，并且是极小非平面图. 根据库拉图斯基定理，在 K_6 中，对子图 $K_{3,3}$ 增加 1，2，3，4，5，6 条边的所有非同构的子图都是生成子图并且是非平面图. 共有 10 个图，见图 11.9 所示.

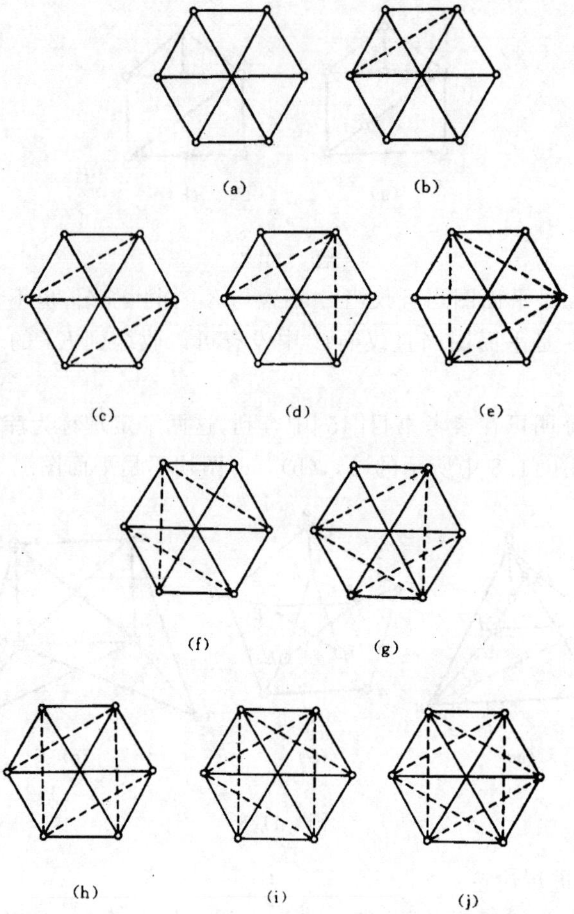

图 11.9

11.4 平面图的对偶图

本节讨论的是平面图的几何对偶图.

定义 11.7 设 G 是平面图的某一个平面嵌入.构造图 G^* 如下:

(1) 在 G 的每个面 R_i 中放置 G^* 的一个顶点 v_i^*.

(2) 设 e 为 G 的一条边,若 e 在 G 的面 R_i 和 R_j 的公共边界上,做 G^* 的边 e^* 与 e 相交,且 e^* 关联 G^* 的顶点 v_i^*, v_j^*,即 $e^*=(v_i^*, v_j^*)$,e^* 不与其他任何边相交.若 e 为 G 中桥且在 R_i 的边界上,则 e^* 是以 R_i 中顶点 v_i^* 为端点的环,即 $e^*=(v_i^*, v_i^*)$.

称 G^* 为 G 的**对偶图**.

从定义不难看出以下几点.

(1) G^* 为平面图,而且是平面嵌入.

(2) 若边 e 为 G 中的环,则它对应的边 e^* 为 G^* 的桥,若 e 为 G 中的桥,则 e^* 为 G^* 中的环.

(3) G^* 是连通的.

(4) 若 G 的面 R_i 与 R_j 的边界上至少有两条公共边,则关联 v_i^* 与 v_j^* 的边有平行边,G^* 多半是多重图.

(5) 同构的图的对偶图不一定是同构的.

图 11.10 中(a),(b)所示的图 $G_1 \cong G_2$,但它们的对偶图(虚线边所示的图)$G_1^* \not\cong G_2^*$,这就是几何对偶图的特点.

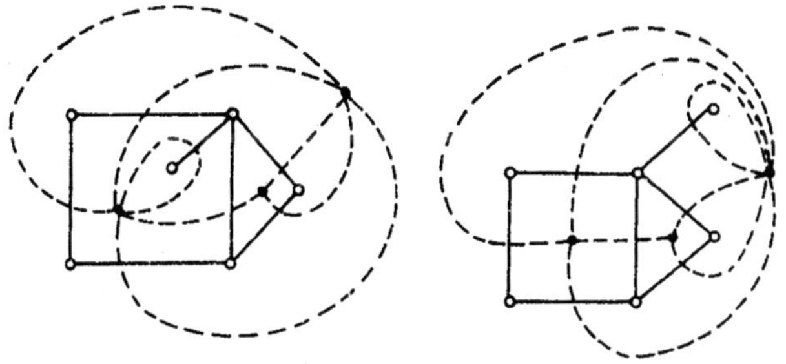

(a) (b)

图 11.10

定理 11.15 设 G^* 是连通平面图 G 的对偶图,n^*, m^*, r^* 和 n, m, r 分别为 G^* 和 G 的顶点数、边数和面数,则

(1) $n^* = r$; (2) $m^* = m$; (3) $r^* = n$;

(4) 设 G^* 的顶点 v_i^* 位于 G 的面 R_i 中,则 $d_{G^*}(v_i^*) = \deg(R_i)$.

证明 (1),(2)的成立是显然的.

(3) 由于 G 与 G^* 都是连通的平面图,因而都满足欧拉公式:

$$n - m + r = 2, \quad ①$$

$$n^* - m^* + r^* = 2, \quad ②$$

于是,由①,②可推出

$$r^* = 2 + m^* - n^* = 2 + m - r = n.$$

(4) 设 C_i 为 R_i 的边界,C_i 中有 $k_1(k_1 \geqslant 0)$ 条桥,k_2 条非桥(即 k_2 条边在 R_i 与另外面的公共边界上),于是 C_i 的长度为 $k_2 + 2k_1$,即

$$\deg(R_i) = k_2 + 2k_1.$$

而 k_1 条桥对应 v_i^* 处有 k_1 个环,k_2 条非桥对应从 v_i^* 处引出 k_2 条边,于是

$$d_{G^*}(v_i) = k_2 + 2k_1.$$

故结论为真. ▌

定理 11.16 设 G^* 是具有 $p(p \geqslant 2)$ 个连通分支的平面图的对偶图,则

(1) $n^* = r$; (2) $m^* = m$; (3) $r^* = n - p + 1$;

(4) 设 v_i^* 位于 G 的面 R_i 中,则 $d_{G^*}(v_i^*) = \deg(R_i)$.

其中 n^*, m^*, r^*, n, m, r 同定理11.15.

证明 只有(3)的证明与定理 11.15 不同. 由欧拉公式的推广得

$$n - m + r = p + 1, \quad ①$$

由欧拉公式得

$$n^* - m^* + r^* = 2, \qquad ②$$

由①,②可解出:

$$r^* = n - p + 1.$$

定理 11.17 设 G^* 是某平面图 G 的对偶图,在 G^* 的图形不改变的条件下,$G^{**} \cong G$ 当且仅当 G 是连通图.

证明 必要性显然,下面证明充分性.

因为 G 连通,由定理 11.15 可知,$r^* = n$,这说明 G^* 中每个面恰含 G 的一个顶点.由 G^* 产生它的对偶图 G^{**} 时,取 R_i^* 中 G 的顶点 v_i 作为 G^{**} 的顶点 v_i^{**},G^{**} 的边就取 G 中边,因而 $G^{**} \cong G$. ▌

由于同构图的对偶图不一定同构,所以定理 11.7 要求 G^* 的位置及形状不改变,否则会出现 $G^{**} \ncong G$ 的情况.

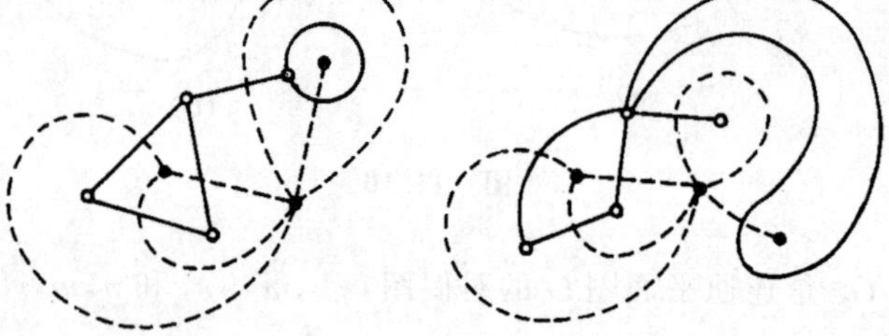

(a)　　(b)

图 11.11

图 11.11(a)中实线边所示图为平面图 G,虚线边所示的图为它的对偶图 G^*.(b)中虚线边所示的图 $G_1^* \cong G^*$,但桥从环中拿出,G_1^* 的对偶图 G_1^{**},为(b)中实边所示的图,$G_1^{**} \ncong G$.

定义 11.8 设 G^* 是平面图 G 的对偶图,若 $G^* \cong G$,则称 G 是**自对偶图**.

自对偶图显然都是连通图.

定义 11.9 在 $n-1(n \geqslant 4)$ 边形 C_{n-1} 内放置一个顶点,使其与 C_{n-1} 上 $n-1$ 个顶点均相邻,所得简单图称为**轮图**,记作 W_n.当 n 为奇数时,称 W_n 为**奇阶轮图**.当 n 为偶数时,称 W_n 为**偶阶轮图**.放置在 C_{n-1} 内的顶点称为**轮心**.

图 11.12 中,(a)为 W_6,它为偶阶轮图,(b)为 W_7,它是奇阶轮图.

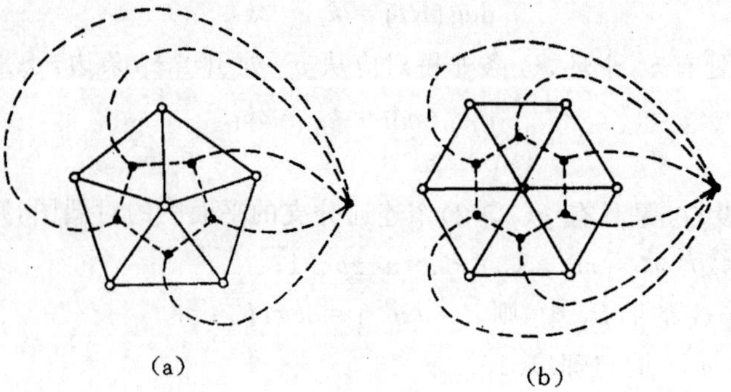

(a)　　(b)

图 11.12

轮图显然都是连通的平面图. W_n 有 n 个面. 设为 $R_1, R_2, \cdots, R_{n-1}, R_0$, $\deg(R_1)=\deg(R_2)=\cdots=\deg(R_{n-1})=3$, 而 $\deg(R_0)=n-1$.

图中虚线边所示的图分别为 W_6, W_7 的对偶图 W_6^*, W_7^*, 显见 $W_6^* \cong W_6$, $W_7^* \cong W_7$.

一般情况下, 轮图 W_n 的对偶图 W_n^* 与 W_n 同构是显然的, 它们都是由长为 $n-1$ 的圈与一个特定顶点(轮心)组成的图. 图中特定顶点与圈上的各顶点均相邻, 只是特定顶点的位置不同而已. 于是有下面定理.

定理 11.18 $n(n \geq 4)$阶轮图 W_n 是自对偶图.

11.5 外 平 面 图

定义 11.10 设 G 是一个平面图, 若 G 存在平面嵌入 $\widetilde{G}$, 使得 G 中所有顶点都在 $\widetilde{G}$ 的一个面的边界上, 则称 G 为**外可平面图**, 简称**外平面图**.

由定理 11.3 可知, 外平面图存在所有顶点都在外部面的边界上的平面嵌入.

图 11.13 中所示的 4 个图中, (a), (b) 是外可平面图, (a) 的所有顶点均在外部面边界上, 而 (b) 的所有顶点均在某一个内部面边界上, (c), (d) 均不是外平面图.

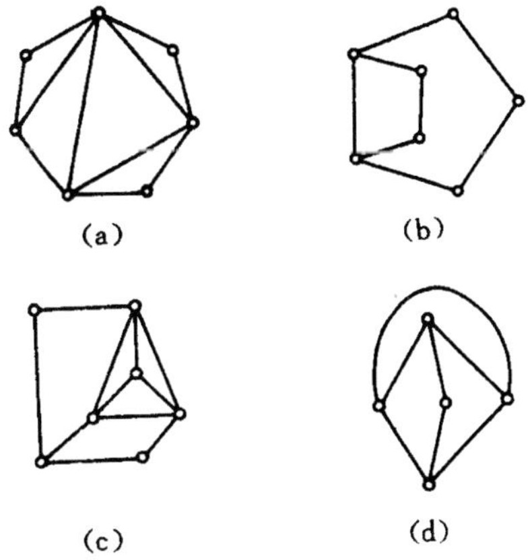

图 11.13

定义 11.11 设 G 是简单的外平面图, 若对于 G 中任二不相邻的顶点 u, v, 令 $G' = G \cup (u, v)$, 则 G' 不是外平面图, 称 G 为**极大外平面图**.

图 11.13 中, (a) 是极大外平面图, 而 (b) 不是极大外平面图.

定理 11.19 所有顶点都在外部面边界上的 $n(n \geq 3)$阶外可平面图是极大外可平面图当且仅当 G 的每个内部面的边界都是长为 3 的圈, 外部面的边界是一个长为 n 的圈.

证明 必要性.

否则, 若存在某内部面的边界不是长为 3 的圈或外部面的边界不是长为 n 的圈, 都会推出矛盾来. 下面分情况讨论:

(1) 设 R 为 G 的一个内部面 R, $\deg(R)=s \geq 4$. 设 R 的边界为 $v_1 v_2 \cdots v_s v_1$, 顶点 $v_1, v_2, \cdots, v_s$ 均在外部面的边界上. 在 R 内加边不破坏外可平面性, 这与 G 是极大外平面图矛盾.

(2) 若 G 的外部面 R_0 的边界不是圈, 由 G 的连通性, R_0 的边界必为非圈的简单回路, 于是存在 G 的割点 v, 它连接两个以上的圈, 见图 11.14 所示. 在这些圈上, 必存在属于不同圈的不相邻顶点 v', v'', 使得 $G \cup (v', v'')$ 不破坏外可平面性, 这矛盾于 G 是极大外平面图.

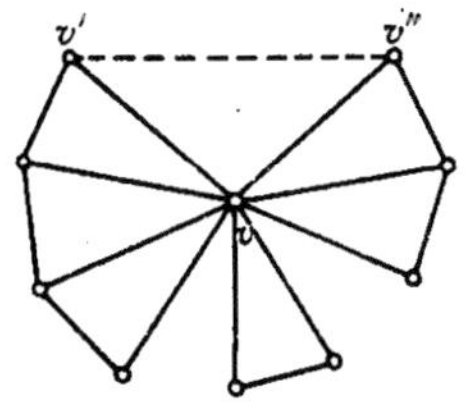

图 11.14

充分性.

若 G 只有一个内部面, 则 G 为 K_3, 显然 G 为极大外平面图.

设 G 至少有两个内部面, 此时 G 的面数 $r \geq 3$, $\deg(R_0) \geq 4$, 设 R_0 的边界为 C, 则 G 中顶点 $v_1, v_2, \cdots, v_n$ 依次地位于 C 上. 设 v_i, v_{i+s} $(s \geq 2)$ 为 G 中不相邻的顶点, 若在 G 中再加边 $e=(v_i, v_{i+s})$, e 只能位于外部面 R_0 或若干个内

部面中. 若 e 位于内部面中,它至少位于两个内部面中,因而必产生边的相交,这矛盾于 G 为平面图. 若 e 位于 R_0 内,则 $v_{i+1}, v_{i+2}, \cdots, v_{i+s-1}$ 或 $v_1, v_2, \cdots, v_{i-1}, v_{i+s+1}, v_{i+s+2}, \cdots, v_n$ 变成只位于内部面边界上的顶点了,这矛盾于 G 是外可平面图. 于是 G 是极大外可平面图. ▍

推论 对于 n 阶外平面图,总可以用添加新边的方法得到极大外平面图.

定理 11.20 设 G 是所有顶点均在外部面边界上的 $n(n\geqslant 3)$ 阶极大外平面图,则 G 有 $n-2$ 个内部面.

证明 用归纳法证明,$n=3$ 时,G 为 K_3,结论成立. 设 $n=k\geqslant 3$ 时结论成立,$n=k+1$ 时,由定理 11.19 容易证明 G 中存在 2 度顶点,设 v 为 G 中 2 度顶点,令 $G'=G-v$,则 G' 的内部面仍为 K_3,外部面的边界为长度为 $k+1-1=k$ 的圈,由定理 11.19 知 G' 是 k 阶极大外平面图. 由归纳假设知 G' 有 $k-2$ 个内部面,于是 G 有 $k-2+1=k-1=k+1-1-1=n-2$ 个内部面. ▍

定理 11.21 设 G 是 $n(n\geqslant 3)$ 阶极大外平面图,则

(1) $m=2n-3$,其中 m 为 G 中边数;

(2) G 中至少有 3 个顶点的度数小于等于 3;

(3) G 中至少有 2 个顶点的度数为 2;

(4) G 的点连通度 $\kappa=2$.

证明 (1) 由定理 11.19 和 11.20 可知,G 有 $(n-2)$ 个次数为 3 的内部面,一个次数为 n 的外部面,由定理 11.2 知,

$$2m=\sum \deg(R_i)=3\cdot(n-2)+n=4n-6\Rightarrow m=2n-3.$$

(2) 由定理 11.19 可知,$\forall v\in V(G), d(v)\geqslant 2$. 若 G 中至多有 2 个顶点的度数 $\leqslant 3$,则 $(n-2)$ 个顶点的度数 $\geqslant 4$,于是

$$2m=\sum \deg(R_i)\geqslant 4(n-2)+2\times 2\Rightarrow m\geqslant 2n-2.$$

由(1)得

$$2n-3\geqslant 2n-2.$$

这是矛盾的.

(3) 由定理 11.19 和 11.20 可知,在 G 中,长度为 n 的外部面的边界 C 包围 $n-2$ 个内部面. 含 2 度顶点的内部面的边界与 C 有两条公共边,而不含 2 度顶点的内部面的边界与 C 至多有一条公共 边. 若 G 中至多有一个 2 度顶点,则 C 的长度 $\leqslant 2+(n-2-1)=n-1$,这与 C 的长度为 n 是矛盾的.

(4) 若 $n=3$,则 G 为 K_3,结论成立,即 $\kappa(G)=2$. 下面就 $n\geqslant 4$ 讨论. 由定理 11.19 可知,G 中无割点,所以 $\kappa(G)\geqslant 2$.

G 中存在度数大于等于 3 的顶点,否则 G 为长为 n 的圈,这与它是极大外平面图矛盾. 不妨设 v_n 是 G 中最大度数顶点之一,则 $d(v_n)\geqslant 3$. 考虑 $G'=G-v_n$,G' 中存在路径 $v_1v_2\cdots v_{n-2}v_{n-1}$,设 v_n 与 $v_{i_1}=v_1, v_{i_2}, \cdots, v_{i_{d(v_n)}}(=v_{n-1})$ 相邻,则 $G'-v_{i_2}$ 为非连通图,即 $\{v_n, v_{i_2}\}$ 为 G 的点割集,所以 $\kappa(G)\leqslant 2$. 综上所述,$\kappa(G)=2$. ▍

定理 11.22 一个图 G 是外平面图当且仅当 G 中不含与 K_4 或 $K_{2,3}$ 同胚子图.

证明请参阅参考书目[23]. 根据定理 11.22 立刻可知图 11.13 中(c),(d)都不是外平面图.

11.6 平面图与哈密顿图

判断任意给定的图是否为哈密顿图是个至今还没有解决的难题.什么样的平面图一定是哈密尔顿图,在图论发展史上也有一个认识过程.四面体图、六面体图、十二面体图都是3-连通的3-正则平面图,都是哈密顿图,1880年泰特(Tait)曾提出如下猜想:

"每个3-连通的3-正则平面图都是哈密顿图".

泰特想基于这个猜想去解决"四色猜想"①,可是,事过60多年,即1946年托特(Tutte)给出了一个46阶的反例,否定了泰特的猜想.这个反例称为**托特图**(见图11.15).

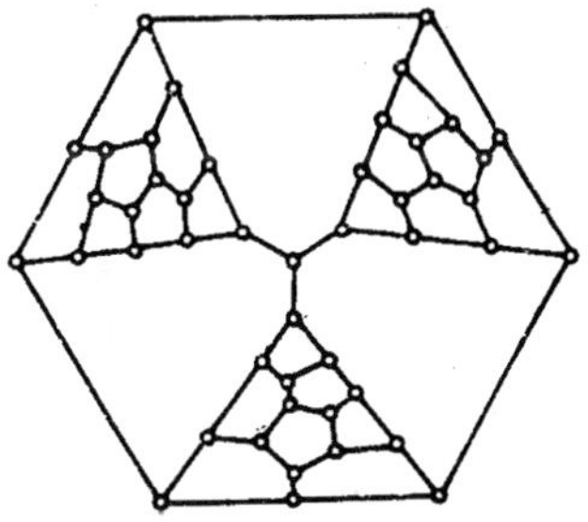

图 11.15

为了给出更小阶数的反例,格林堡(Grinberg)于1968年给出了一个平面图是哈密顿图的一个必要条件,见下面定理.

定理 11.23 设G是n阶简单平面图且是哈密顿图,C为G中一条哈密顿回路.以r_i',r_i''分别表示在C的内部和在C的外部的次数为i的面数,则

$$\sum_{i=3}^{n}(i-2)(r_i'-r_i'')=0.$$

证明 G中的边被分成3类:在C上的,共有n条;在C内的(称为内弦);在C外的(称为外弦).设m_1为内弦数,外弦数应为$m-(n+m_1)$,m为总边数.

因为删除一条内弦,内部面减少1,所以应有

$$\sum_{i=3}^{n}r_i'=m_1+1\Rightarrow m_1=\sum_{i=3}^{n}r_i'-1. \quad ①$$

又因为每条内弦均在两个内部面的边界上,而C上的每条边均在一个内部面的边界上,因而内部面次数之和为

$$\sum_{i=3}^{n}ir_i'=2m_1+n. \quad ②$$

①代入②经过整理得

$$\sum_{i=3}^{n}(i-2)r_i'=n-2. \quad ③$$

类似地有

$$\sum_{i=3}^{n}(i-2)r_i''=n-2. \quad ④$$

③-④得

$$\sum_{i=3}^{n}(i-2)(r_i'-r_i'')=0.$$ ▌

【例 11.5】 图11.16所示的图是平面图并且是哈密顿图.证明图中不存在过边(a,b)的哈密顿回路.图中数字为所在面的次数.

证明 否则,设C为过边(a,b)的哈密顿回路,由定理11.23可知

① 下一章介绍"四色猜想".

$$(r_3'-r_3'')+2(r_4'-r_4'')+3(r_5'-r_5'')+6(r_8'-r_8'')=0. \qquad ①$$

由于C过边(a,b),所以次数为3的面为内部面,次数为8的面为外部面,于是,$r_3'=1,r_3''=0$,$r_8'=0$,而$r_8''=1$,这4个数代入①得

$$2(r_4'-r_4'')+3(r_5'-r_5'')=5. \qquad ②$$

因为$d(c)=2$,所以边界过c的次数为4的面是内部面,另一个次数为4的面有两种可能,因而$r_4'=1,r_4''=1$或$r_4'=2,r_4''=0$,代入②,

$$3(r_5'-r_5'')=5, \qquad ③$$

或

$$3(r_5'-r_5'')=1. \qquad ④$$

图中有5个次数为5的面,设其中有j个是内部面,$5-j$是外部面,于是

$$3(r_5'-r_5'')=6j-15,\quad j=5,4,\cdots,1,0. \qquad ⑤$$

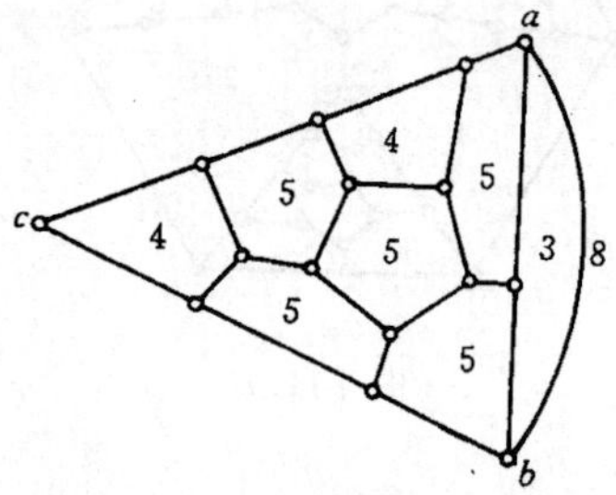

图 11.16

$j=5$时,$3(r_5'-r_5'')=15$,

$j=4$时,$3(r_5'-r_5'')=9$,

$j=3$时,$3(r_5'-r_5'')=3$,

$j=2$时,$3(r_5'-r_5'')=-3$,

$j=1$时,$3(r_5'-r_5'')=-9$,

$j=0$时,$3(r_5'-r_5'')=-15$.

无论哪种情况都不满足③,也不满足④,所以G中不存在过边(a,b)的哈密顿回路.

1967年莱德贝格(Lederberg)给出了一个38阶的3-连通的3-正则平面图,见图11.17(a)所示.把它作为泰特猜想的又一个反例.

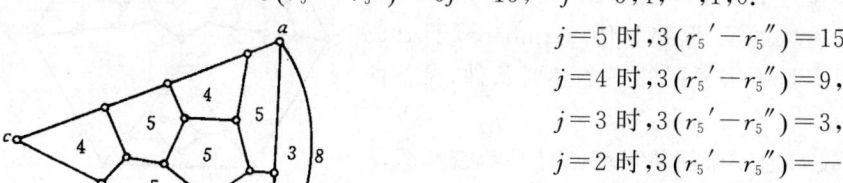

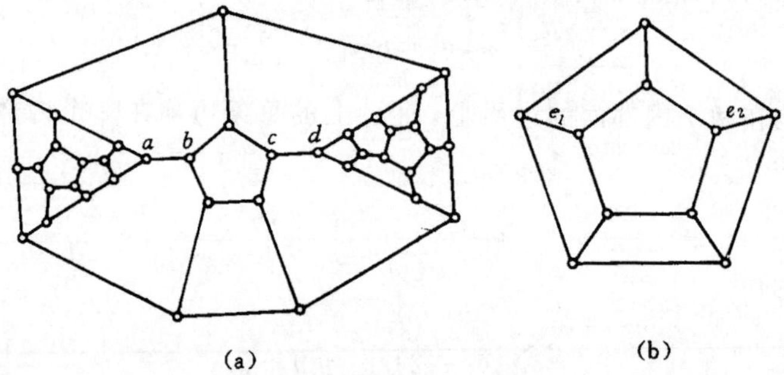

图 11.17

【例 11.6】 证明莱德贝格图[图11.17(a)所示]不是哈密顿图.

证明 若该图为哈密顿图,因而必存在哈密顿回路,设C是一条哈密顿回路.由例11.5可知,C必须经过边(a,b),又经过边(c,d),这相当于证明图11.17中(b)图有既经过e_1又经过e_2的哈密顿回路,但(b)图中不存在这样的哈密顿回路(证明留作习题).

用例11.5还可以证明托特图不是哈密顿图.

那么,到底什么样的平面图才是哈密顿图呢?托特于1956年给出了下面定理.

定理 11.24 任何4-连通平面图都是哈密顿图.

证明从略.

习 题 十 一

1. 证明图 11.18 所示二图均为平面图.

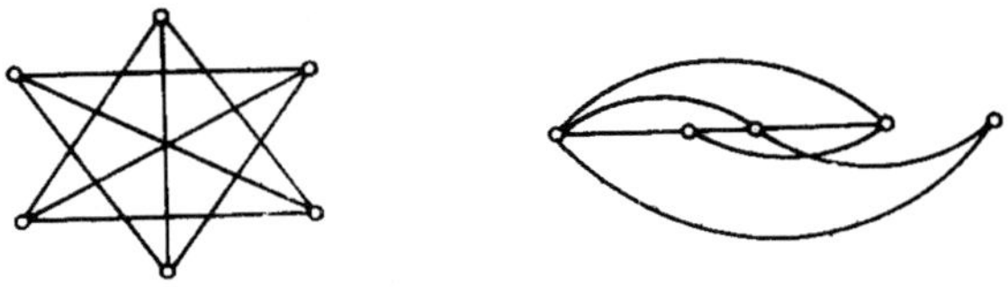

(a)　　　　(b)

图　11.18

2. 用约当定理证明 $K_{3,3}$ 不是平面图.

3. 证明正多面体图(柏拉图图)有且仅有 5 种.

4. 设 G 是简单平面图,面数 $r<12$,$\delta(G)\geqslant 3$.

(1) 证明 G 中存在次数小于等于 4 的面;

(2) 举例说明,若 $r=12$,其他条件不变,则(1)中结论不真.

5. 设 G 是 n 阶 m 条边的简单平面图,已知 $m<30$,证明存在 $v\in V(G)$,使得 $d(v)\leqslant 4$.

6. 设 G 为 n 阶 m 条边的简单连通平面图,证明:当 $n=7$,$m=15$ 时 G 为极大平面图.

7. 设 G 是 $n(n\geqslant 11)$阶无向简单图,证明 G 或 $\overline{G}$ 必为非平面图.

8. 利用欧拉公式证明定理 11.4 的充分性.

9. 证明图 11.19 所示各图均为非平面图.

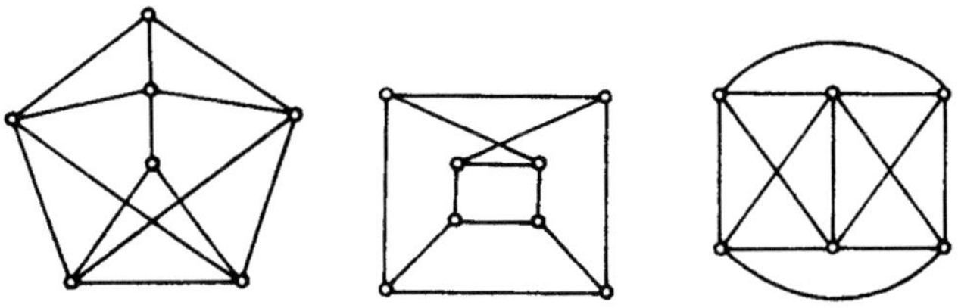

(a)　　　　(b)　　　　(c)

图　11.19

10. 画出所有 6 阶连通的简单非同构的非平面图.

11. 设 n 阶 m 条边的平面图是自对偶图,证明 $m=2n-2$.

12. 设 G 为 $n(n\geqslant 4)$阶极大的平面图,证明 G 的对偶图 G^* 是 2-边连通的 3-正则图.

13. 设 G 是 2-边连通的简单平面图,且每两个面的边界至多有一条公共边,证明 G 中至少有两个面的次数相同.

14. 证明:平面图 G 的对偶图 G^* 是欧拉图当且仅当 G 中每个面的次数均为偶数.

15. 证明:不存在具有 5 个面,且每两个面的边界都共享一条公共边的平面图.

16. 设 G 是连通的 3-正则平面图,r_i 是 G 中次数为 i 的面的个数,证明

$$12 = 3r_3 + 2r_4 + r_5 - r_7 - 2r_8 - 3r_9 - \cdots.$$

17. 设 G 是 $n(n\geqslant 7)$阶外平面图,证明 $\overline{G}$ 不是外平面图.

18. 证明图 11.17(b)是哈密顿图,但不存在既含边 e_1 又含边 e_2 的哈密顿回路.

19. 证明图 11.15 所示的托特图不是哈密顿图.

第十二章　图的着色

图的着色问题起源于四色猜想. 所谓四色猜想:至多用 4 种颜色给平面或球面上的地图着色,使得相邻的国家着不同颜色. 这个猜想的提法简单易懂,自提出后,经过 100 多年直到 1976 年才得到证明. 本章介绍图中顶点、边和平面地图的面着色问题.

12.1 点　着　色

本节讨论的是无环的无向图.

定义 12.1　对无环图 G 顶点的一种**着色**,是指对它的每个顶点涂上一种颜色,使得相邻的顶点涂不同颜色. 若能用 k 种颜色给 G 的顶点着色,就称对 G 进行了 **k 着色**,也称 G 是 **k-可着色**的. 若 G 是 k-可着色的,但不是 $(k-1)$-可着色的,就称 G 是 **k-色图**,称这样的 k 为 G 的**色数**,记作 $\chi(G)=k$.

从定义不难证明下面定理.

定理 12.1　$\chi(G)=1$ 当且仅当 G 为零图.

定理 12.2　$\chi(K_n)=n$.

定理 12.3　奇圈和奇数阶轮图都是 3-色图,而偶数阶轮图为 4-色图.

定理 12.4　图 G 是 2-可着色的当且仅当 G 为二部图.

推论 1　$\chi(G)=2$ 当且仅当 G 为非零图的二部图.

推论 2　图 G 是 2-可着色的当且仅当 G 中不含奇圈.

本推论由定理 7.8 得证.

定理 12.5　对于任意的图 G,均有

$$\chi(G)\leqslant\Delta(G)+1.$$

证明　对 G 的阶数 n 作归纳法.

$n=1$ 时,结论显然成立.

设 $n=k$ 时结论成立,设 G 的阶数 $n=k+1$,v 为 G 中任一顶点,设 $G_1=G-v$,则 G_1 的阶数为 k,由归纳假设应有 $\chi(G_1)\leqslant\Delta(G_1)+1\leqslant\Delta(G)+1$. 当将 G_1 还原成 G 时,由于 v 至多与 G_1 中 $\Delta(G)$ 个顶点相邻,而在 G_1 的点着色中,$\Delta(G)$ 个顶点至多用了 $\Delta(G)$ 种颜色,于是 $\Delta(G)+1$ 种颜色中至少存在一种颜色给 v 着色,使 v 与相邻的顶点均着不同的颜色. ▌

对有些图来说,定理 12.5 中给出的色数的上界是比较大的. 例如,若 G 是二部图,$\Delta(G)$ 可以很大,但 $\chi(G)=2$. 于是有必要缩小定理中 $\chi(G)$ 的上界. 布鲁克斯(Brooks)改进了定理12.5 中 $\chi(G)$ 的上界,不过要求 G 不是完全图,也不是奇圈. 因为若 G 为 n 阶完全图或 n 阶奇圈,则 $\chi(G)=\Delta(G)+1$. 下面定理为布鲁克斯定理.

定理 12.6(Brooks)　设连通图不是完全图 $K_n(n\geqslant 3)$ 也不是奇圈,则

$$\chi(G)\leqslant\Delta(G).$$

本定理的证明请参阅参考书目[23].

【例 12.1】 证明彼得森图的色数 $\chi=3$.

证明

方法一. 用定理证明,由布鲁克斯定理可知,$\chi\leqslant\Delta=3$. 又因为图中有奇圈,由定理 12.3 可知,$\chi\geqslant3$,所以 $\chi=3$.

方法二. 因为图中有奇圈,由定理 12.3 可知,$\chi\geqslant3$,又因为图中存在 3 种颜色的着色,即图是 3-可着色的,见图 12.1 所示. 图中顶点处所标的数字 i 表示该顶点所涂第 i 种颜色,$i=1,2,3$,所以 $\chi\leqslant3$,故 $\chi=3$.

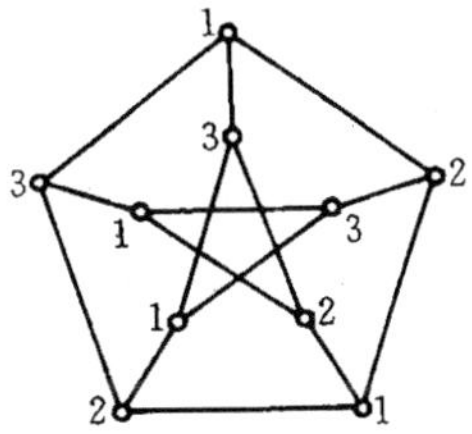

图 12.1

定理 12.7 对图 G 进行 $\chi(G)$-着色,设

$$V_i=\{v\mid v\in V(G)\text{ 且 }v\text{ 涂颜色 }i\},i=1,2,\cdots,\chi(G),$$

则 $\Pi=\{V_1,V_2,\cdots,V_{\chi(G)}\}$是 $V(G)$的一个划分.

本定理的等价形式为:

定理 12.7′ 对图 G 进行 $\chi(G)$-着色,设

$$R=\{\langle u,v\rangle\mid u,v\in V(G)\text{ 且 }u,v\text{ 涂一样颜色}\},$$

则 R 是 $V(G)$上的等价关系.

以上两个定理证明简单.

12.2 色多项式

本节中所谈图仍指无环无向图.

定义 12.2 设 G 是 n 阶无向图. 对 G 进行的两个 k 着色被认为是不同的,是指至少有一个顶点在两个 k 着色中被涂不同颜色,以 $f(G,k)$表示 G 的不同 k 着色方式的总数,称 $f(G,k)$为 G 的**色多项式**.

若 $k<\chi(G)$,显然有 $f(G,k)=0$,而 $\chi(G)$是使 $f(G,k)>0$ 的最小整数.

对于任意给定的图 G,求它的色多项式不是一件容易的事情.

定理 12.8 $f(K_n,k)=k(k-1)\cdots(k-n+1)$,$f(N_n,k)=k^n$,其中 K_n,N_n 分别为 n 阶完全图和 n 阶零图.

证明 给 K_n 的顶点标定为 $v_1,v_2,\cdots,v_n$. 显然,可用 k 种颜色中的任一种颜色给 v_1 涂色. 可用剩下的 $k-1$ 种颜色中的任何一种给 v_2 涂色,……,最后用$(k-n+1)$种颜色中的任何一种给 v_n 涂色,由乘法法则有

$$f(K_n,k)=k(k-1)\cdots(k-n+1).$$

N_n 中任何顶点都可以用 k 种颜色中的任何一种涂色,所以 $f(N_n,k)=k^n$. ▎

推论 $f(K_n,k)=f(K_{n-1},k)(k-n+1)$,$n\geqslant2$.

【例 12.2】 求 $f(K_n,6)$,$n\geqslant1$.

解 $f(K_1,6)=6$,

$f(K_2,6)=f(K_1,6)\cdot(6-2+1)=6\times5=30$,

$f(K_3,6)=f(K_2,6)\cdot(6-3+1)=30\times4=120$,

$f(K_4,6)=f(K_3,6)\cdot(6-4+1)=120\times3=360$,

$f(K_5,6)=360\times2=720$,

$f(K_6,6)=720\times1=720$,

$f(K_n,6)=0, n\geqslant 7$.

定理 12.9 在无环无向图 G 中，$V(G)=\{v_1,v_2,\cdots,v_n\}$.

(1) $e=(v_i,v_j)\notin E(G)$，则

$$f(G,k)=f(G\cup(v_i,v_j),k)+f(G\backslash(v_i,v_j),k).$$

(2) $e=(v_i,v_j)\in E(G)$，则

$$f(G,k)=f(G-e,k)-f(G\backslash e,k).$$

其中，$G\backslash(v_i,v_j)$ 在这里表示将 v_i,v_j 合并成一个顶点 w_{ij}，使它关联 v_i,v_j 关联的一切边.

证明 (1) 在 G 的着色中，顶点 v_i,v_j 涂不同颜色的 k 着色数正好等于 $G\cup(v_i,v_j)$ 的 k 着色数，而 v_i,v_j 涂相同颜色的 k 着色数又正好等于 $G\backslash(v_i,v_j)$ 的 k 着色数，于是

$$f(G,k)=f(G\cup(v_i,v_j),k)+f(G\backslash(v_i,v_j),k).$$

(2) 由于 v_i,v_j 在 G 中相邻，所以在 G 的 k 着色中，v_i,v_j 不能涂相同颜色. 而在 $G-e$ 的 k 着色中，v_i,v_j 可以涂相同的颜色，也可以涂不同的颜色，又在 $G\backslash e$ 中，代替 v_i,v_j 的顶点 w_{ij} 的每种 k 着色，都对应着 $G-e$ 中 v_i,v_j 涂相同颜色的一种 k 着色，于是

$$f(G,k)+f(G\backslash e,k)=f(G-e,k),$$

即

$$f(G,k)=f(G-e,k)-f(G\backslash e,k).$$ ▌

推论 $f(G,k)=f(K_{n_1},k)+f(K_{n_2},k)+\cdots+f(K_{n_r},k)$. 且 $\chi(G)=\min\{n_1,n_2,\cdots,n_r\}$.

证明 反复对 $f(G,k)$ 应用定理 12.9 中的(1)，及 $\chi(G)$ 是使 $f(G,k)>0$ 的最小的 k，本推论得证. ▌

【例 12.3】 求图 12.2 所示图 G 的色多项式.

解 在使用定理 12.9 中公式(1)进行演算时，若出现平行边都只保留一条边. 演算中图的变化过程如图 12.3 所示.

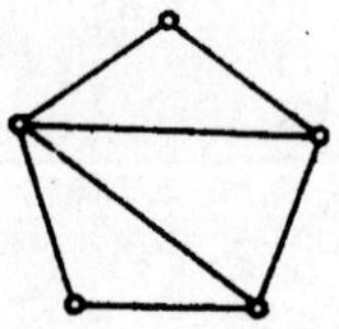

图 12.2

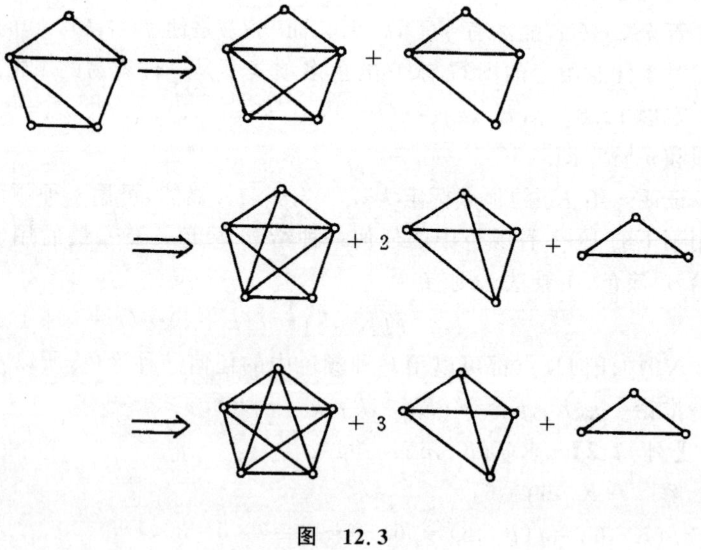

图 12.3

由图 12.3 最后一步可得

$$\begin{aligned}f(G,k)&=f(K_5,k)+3f(K_4,k)+f(K_3,k)\\&=k(k-1)(k-2)(k-3)(k-4)+3k(k-1)(k-2)(k-3)+k(k-1)(k-2)\end{aligned}$$

$=k(k-1)(k-2)(k^2-7k+12+3k-9+1)$

$=k(k-1)(k-2)^3$

$=k^5-7k^4+18k^3-20k^2+8k.$

由以上演算可知，$\chi(G)=\min\{5,4,3\}=3$，当 $k=3$ 时，$f(G,3)=6$.

可以证明色多项式有下列性质.

(1) $f(G,k)$是 n 次多项式，其中 n 为 G 的阶数；

(2) $f(G,k)$中，k^n 的系数为 1，常数项为 0；

(3) k^{n-1}的系数为$-m$，m 为 G 中边数；

(4) 若 G 有 p 个连通分支 $G_1,G_2,\cdots,G_p$，$p\geqslant 1$，则

$$f(G,k)=\prod_{i=1}^{p}f(G_i,k);$$

(5) $f(G,k)$中，系数非 0 的项的最低次幂为 k^p，p 为 G 的连通分支数；

(6) $f(G,k)$的系数符号是正负交替的.

定理 12.10 设 V_1 是 G 的点割集，且 $G[V_1]$是 G 的$|V_1|$阶完全子图，$G-V_1$ 有 $p(p\geqslant 2)$ 个连通分支 $G_1,G_2,\cdots,G_p$，则

$$f(G,k)=\frac{\prod_{i=1}^{p}f(H_i,k)}{f(G[V_1],k)^{p-1}}.$$

其中，$H_i=G[V_1\cup V(G_i)]$，$i=1,2,\cdots,p$.

证明 因为对 $G[V_1]$的每种 k 着色，H_i 有 $f(H_i,k)/f(G[V_1],k)$种 k 着色，所以

$$f(G,k)=f(G[V_1],k)\cdot\prod_{i=1}^{p}\frac{f(H_i,k)}{f(G[V_1],k)}$$

$$=\frac{\prod_{i=1}^{p}f(H_i,k)}{f(G[V_1],k)^{p-1}}.$$

∎

定理 12.11 T 是 n 阶树当且仅当 $f(T,k)=k(k-1)^{n-1}$.

证明 必要性. 对边数 m 作归纳法.

$m=0$ 或 1 时结论成立.

设 $m\leqslant r(r\geqslant 1)$时结论成立. 当边数 $m=r+1$ 时，顶点数 $n=r+2$. G 中必存在悬挂顶点及悬挂边. 设 v 为悬挂顶点，(v,u)为悬挂边，则 u 是割点，$V_1=\{u\}$是点割集. $G[V_1]$是以 u 为顶点的完全图 K_1. $G-V_1$ 有 $d_G(u)=t$ 个连通分支 $T_1,T_2,\cdots,T_t$，每个连通分支都是树，设 n_i 为 T_i 的顶点数，则$\sum_{i=1}^{t}n_i=n-1$. 设 $H_i-G[V_1\cup V(T_i)]$，则 II_i 是 n_i 条边的树，$i-1,2,\cdots,t$，且 $n_i\leqslant r$，由归纳假设知道 $f(H_i,k)=k(k-1)^{n_i}$，$i=1,2,\cdots,t$. 由定理 12.10 得

$$f(T,k)=\frac{\prod_{i=1}^{t}f(H_i,k)}{f(G[V_1],k)^{t-1}}$$

$$=\frac{\prod_{i=1}^{t}k(k-1)^{n_i}}{k^{t-1}}$$

$$= \frac{k^t(k-1)^{\sum_{i=1}^{t} n_i}}{k^{t-1}} = k(k-1)^{n-1}.$$

充分性.

$$f(T,k) = k(k-1)^{n-1} = k\left(\sum_{i=0}^{n-1} C_{n-1}^i k^{n-1-i}(-1)^i\right)$$
$$= k\left(k^{n-1} - (n-1)k^{n-2} + \frac{(n-1)(n-2)}{2}k^{n-3} - \cdots + (-1)^{n-1}\right)$$
$$= k^n - (n-1)k^{n-1} + \frac{(n-1)(n-2)}{2}k^{n-2} - \cdots + (-1)^{n-1}k.$$

由以上式子可看出，$f(T,k)$是 n 次多项式，所以 T 的阶数为 n，又 k^{n-1} 的系数为$-(n-1)$，所以 T 的边数为$n-1$，又因为系数非 0 项的最低次幂为 k，所以 T 是连通的，于是 T 是树. ▍

定理 12.12 若 G 是 n 阶圈，则

$$f(G,k) = (k-1)^n + (-1)^n(k-1).$$

证明 对 G 的阶数 n 作归纳法.

$n=3$ 时，G 为 3 阶完全图，由定理 12.8 可知 $f(G,k)=k(k-1)(k-2)=(k-1)^3+(-1)^3(k-1)$，所以 $k=3$ 时结论成立.

设 $n=r(r\geqslant 3)$时结论成立. $n=r+1$ 时，从 G 中任取一条边 e，则 $G-e$ 为 $r+1$ 阶树，由定理 12.11 可知，

$$f(G-e) = k(k-1)^r.$$

而 $G\backslash e$ 为 r 阶圈，由归纳假设可知

$$f(G\backslash e) = (k-1)^r + (-1)^r(k-1).$$

由定理 12.9 中(2)式可得

$$\begin{aligned} f(G,k) &= f(G-e,k) - f(G\backslash e,k) \\ &= k(k-1)^r - (k-1)^r - (-1)^r(k-1) \\ &= (k-1)^r(k-1) + (-1)^{r+1}(k-1) \\ &= (k-1)^{r+1} + (-1)^{r+1}(k-1) \\ &= (k-1)^n + (-1)^n(k-1). \end{aligned}$$ ▍

【例 12.4】 某系二年级学生共选修全校性的选修课程 n 门，期末考试前应将这 n 门课程先考完，要求每天每个学生至多只能参加一门课程的考试，至少需要几天才能使每个学生将所选的课程都考完？当 $n=5$ 时，设这 5 门课程分别为 $c_1,c_2,\cdots,c_5$，已知有的学生既选 c_1 又选 c_2，有的既选 c_2 又选 c_3，有的既选 c_3 又选 c_4，有的既选 c_4 又选 c_2，也有的既选 c_4 又选 c_5，问在安排最少天数的条件下，至多有多少安排方案？

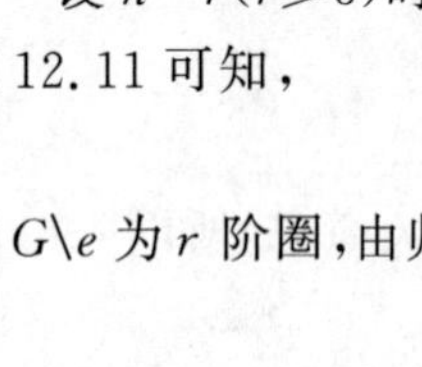

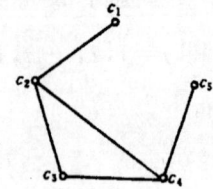

图 12.4

解 设 $V=\{c_1,c_2,\cdots,c_n\}$为课程集合，又设 $S(c_i)$为学习 c_i 的学生集合. 若 $S(c_i)\cap S(c_j)\neq\varnothing$，$i\neq j$，让 c_i 与 c_j 相邻，做无向简单图 G. 给 G 的顶点集一种 $k(k\geqslant\chi(G))$着色，同色顶点对应的课程可以同一天考试，于是就得到一种安排方案. 当 $k=\chi(G)$时所得方案安排的天数最少.

当 $n=5$ 时，由题设 $S(c_1)\cap S(c_2)\neq\varnothing$，$S(c_2)\cap S(c_3)\neq\varnothing$，$S(c_3)\cap S(c_4)\neq\varnothing$，$S(c_4)\cap S(c_2)\neq\varnothing$且 $S(c_4)\cap S(c_5)\neq\varnothing$，于是得图 G 如图 12.4 所示. 容易知道 $\chi(G)=3$，于是至少安排 3 天才能考所有课程.

求色多项式 $f(G,k)$，并计算 $f(G,3)$，就可以得出最多的安排方案数，用定理 12.9 或定理 12.10 均可求出色多项式

$$f(G,k)=k^5-5k^4+9k^3-7k^2+2k,$$

于是

$$f(G,\chi(G))=f(G,3)=24.$$

所以，在安排最少天数的情况下，至多有 24 种安排方案.

12.3 地图的着色与平面图的点着色

定义 12.3 连通的无桥平面图的平面嵌入及其所有的面称为**平面地图**或**地图**，平面地图的面称为**"国家"**. 若两个国家的边界至少有一条公共边，则称这两个国家是**相邻**的.

定义 12.4 平面地图 G 的一种**着色**(也称 G 的**面着色**)，是指对它的每个国家涂上一种颜色，使相邻的国家涂不同种颜色. 若能用 k 种颜色给 G 着色，就称对 G 的面进行了 k 着色，或称 G 是 **k-面可着色**的. 若 G 是 k-面可着色的，但不是 $(k-1)$-面可着色的，就称 G 是 **k-色地图**，或称 G 的**面色数**为 k，记作 $\chi^*(G)=k$.

对于地图的面着色可以通过平面图的点着色来研究，这是因为平面图都有对偶图.

定理 12.13 地图 G 是 k-面可着色的当且仅当它的对偶图 G^* 是 k-可着色的.

证明 必要性. 给 G 的一种 k 着色. G 的每个面中含且只含 G^* 的一个顶点，设 v_i^* 位于 G 的面 R_i 内，将 v_i^* 涂 R_i 的颜色. 易知，若 v_i^* 与 v_j^* 相邻，则由于 R_i 与 R_j 的颜色不同，所以 v_i^* 与 v_j^* 颜色不同，即 G^* 是 k-可着色的.

类似可证充分性. ▎

可以将定理 12.13 等价地叙述成如下形式.

定理 12.14 设 G 是连通的无环的平面图，G^* 是 G 的对偶图，则 G 是 k-可着色的当且仅当 G^* 是 k-面可着色的.

定理中的 G^* 是地图(因为 G 中无环，所以 G^* 中无桥).

由以上两个定理可知，研究地图的着色(面着色)等价于研究平面图的点着色.

利用定理 11.12 可以证明任何平面图都是 6-可着色的，进而可以证明任何平面图都是 5-可着色的.

定理 12.15 任何平面图都是 6-可着色的.

证明 不妨设 G 是连通的简单的平面图，对 n 作归纳法.

(1) $n\leqslant 6$ 时结论为真.

(2) 设 $n=k(k\geqslant 6)$ 时结论为真，当 $n=k+1$ 时，如下证明. 根据定理 11.12，存在 $v\in V(G)$，$d(v)\leqslant 5$. 令 $G_1=G-v$，则 G_1 的顶点数 $n_1=k$，由归纳假设知 G_1 是 6-可着色的. 当将 G_1 还原成 G 时，由于与 v 相邻的顶点至多用 5 种颜色涂色，因而总存在 6 种颜色中的一种颜色给 v 涂色，所以 G 是 6-可着色的. ▎

其实用 5 种颜色就可以给任何平面图点着色，这就是希伍德(Heawood)定理.

定理 12.16(Heawood) 任何平面图都是 5-可着色的.

本定理与定理 12.15 在证明中最本质的区别是要给顶点换颜色.

证明 仍设 G 是连通的简单的平面图. 设 5 种颜色分别用 1，2，3，4，5 代表. 仍对 n 作

归纳法.

(1) $n\leqslant 5$ 时,结论显然.

(2) 设 $n=k(k\geqslant 5)$ 时结论成立. $n=k+1$ 时如下证明.

由定理 11.12 可知,存在 $v\in V(G)$, $d(v)\leqslant 5$. 设 $G_1=G-v$,则 G_1 是 k 阶图,由归纳假设可知,G_1 是 5-可着色的,下面证明将 G_1 还原的成 G 时,v 是可着色的.

① 若 $d(v)<5$, v 的着色无问题.

② 若 $d(v)=5$,但与 v 相邻的顶点在 G_1 的着色中至多用了 4 种颜色,v 的着色也无问题.

③ 若 $d(v)=5$,且与 v 相邻的 5 个顶点在 G_1 的着色中已经用了 5 种颜色,这样 v 的着色就成了问题,解决办法如下.

设与 v 相邻的 5 个顶点按顺时针方向依次为 $v_1, v_2, \cdots, v_5$,它们在 G_1 中依次着颜色 1, 2, …, 5,记 $V_{1,3}=\{v \mid 在 G_1 的着色中 v 着 1 或 3\}$, $G_{1,3}=G[V_{1,3}]$.

ⓐ 若 v_1 与 v_3 属于 $G_{1,3}$ 的不同连通分支,则将 v_1 所在的连通分支中,1,3 两种颜色互换. 于是 v_1 涂颜色 3,腾出 1 来给 v 着色,见图 12.5(a),(b)所示.

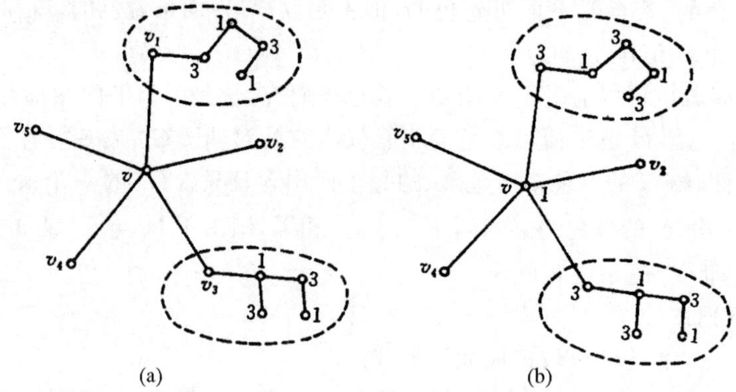

图 12.5

ⓑ 若 v_1 与 v_3 在 $G_{1,3}$ 的同一个连通分支中,此时,$G[V_{1,3}\cup\{v\}]$ 含回路 C, v 在 C 上,除 v 外,在 C 上的顶点涂 1 与涂 3 的顶点交替出现. 再令 $V_{2,4}=\{v \mid v 在 G_1 中涂颜色 2 或 4\}$, $G_{2,4}=G[V_{2,4}]$. 由于 C 的隔离,v_2, v_4 必在 $G_{2,4}$ 的不同的连通分支中,在 v_2 所在的连通分支中,将颜色 2,4 互换,腾出颜色 2 给 v 涂色,见图 12.6 所示. ▌

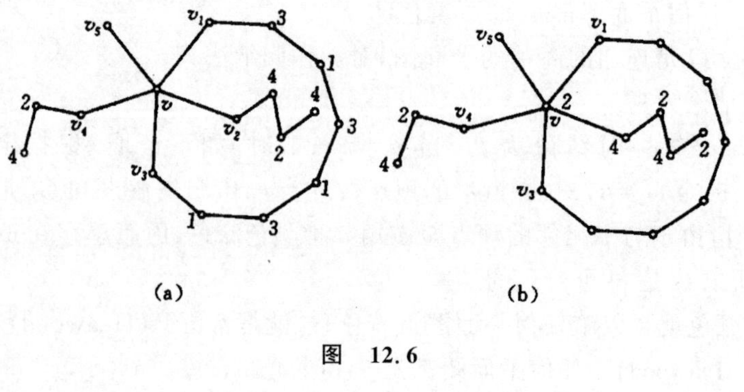

图 12.6

定理 12.16 称为希伍德的 5 色定理. 但在用类似思想证明四色猜想时,情况变得异常复杂. 直到 1976 年美国的阿佩尔(Appel)和黑肯(Haken)最终借助电子计算机完成了四色猜想的证明.

他们证明如果四色猜想不成立，则存在极小的至少需要 5 种颜色着色的平面图，这种平面图大约有 2000 种可能. 检查这么多种可能是人力不能企及的. 于是，他们编制了程序，在电子计算机上运行了 1200 个小时，最终证明所有的可能都不会发生，从而证明四色猜想成立.

定理 12.17(四色定理) 任何平面图都是 4-可着色的.

12.4 边 着 色

本节仍对无环无向图进行讨论.

定义 12.5 对图 G 的每条边涂上一种颜色，使得相邻的边涂不同的颜色，称作 G 的**边着色**. 若能用 k 种颜色给 G 的边着色就称对 G 的边进行了 k 着色，或称 G 是 **k-边可着色**的. 若 G 是 k-边可着色的，但不是 $(k-1)$-边可着色的，就称 k 是 G 的**边色数**，记作 $\chi'(G)$.

关于边色数有下面定理，即维津(Vizing)定理.

定理 12.18(Vizing) 设 G 是简单图，则 $\Delta(G)\leqslant\chi'(G)\leqslant\Delta(G)+1$.

本定理的证明请参阅参考书目[6].

维津定理说明，对于简单图 G，$\chi'(G)$ 只能取两个值，即 $\Delta(G)$ 或 $\Delta(G)+1$. 但究竟哪些图的 χ' 是 Δ，哪些是 $\Delta+1$，至今还是一个没有解决的问题. 对于二部图和完全图已经得到了解决.

【例 12.5】 设 $G=\langle V_1,V_2,E\rangle$ 为二部图，则 $\chi'(G)=\Delta(G)$.

证明 以下简记 $\Delta(G)$ 为 Δ，设 $d(w)=\Delta$，给与 w 关联的边着色至少需要 Δ 种颜色，所以，$\chi'(G)\geqslant\Delta$. 下面再证明 $\chi'(G)\leqslant\Delta$ 即可. 对边数 m 作归纳法.

(1) $m=0$(G 为零图)，$\chi'(G)=\Delta=0$.

(2) 设当 $m=k(k\geqslant 0)$ 时结论成立，当 $m=k+1$ 时，如下证明. 设 $e=(u,v)\in E(G)$，令 $G_1=G-e$，则 G_1 中有 k 条边. 由归纳假设知 $\chi'(G_1)\leqslant\Delta(G_1)\leqslant\Delta(G)=\Delta$，因而 G_1 存在着边的 Δ 着色. 由于 $d_{G_1}(u)$ 与 $d_{G_1}(v)<\Delta$，所以在对 G_1 的边进行 Δ 着色时，至少有一种颜色不出现在 u(即与 u 关联的边都不涂此颜色)，同样至少有一种颜色不出现在 v.

① 若存在颜色 α 既不出现 u，也不出现在 v，当将 G_1 还原成 G 时，将边 $e=(u,v)$ 涂 α，于是完成了 G 的边的 Δ 着色，因而 $\chi'(G)\leqslant\Delta$.

② 若不出现 u 和不出现 v 的颜色有如下特点：不出现在 u 的颜色都出现在 v，反之亦然. 设 γ 不出现 u，则 γ 一定出现在 v，β 不出现在 v，则 β 一定出现在 u，见图 12.7 中(a)所示. 令 $E_{\beta,\gamma}=\{e\mid e\in E(G_1)$ 且 e 涂 β 或 $\gamma\}$，$\widetilde{G}_1=G[E_{\beta,\gamma}]$，$H_{\beta,\gamma}(v)$ 是 $\widetilde{G}_1$ 中含顶点 v 的极大连通子图，下面证明 u 不在 $H_{\beta,\gamma}(v)$ 中. 否则，u,v 必连通，因而必存在 u 到 v 的路径，设 P_1 为 u 到 v 的一条路径. 由于 $u\in V_1$，$v\in V_2$，所以 P_1 的长度必为奇数，于是 γ 既出现在 v 也出现在 u，见图 12.7 中(b)所示，这与在 G_1 中 γ 不出现在 u 相矛盾. 因为 u 不在 $H_{\beta,\gamma}(v)$ 中，可将 $H_{\beta,\gamma}(v)$ 中边的颜色 β 与 γ 互换，腾出 γ 来给边 $e=(u,v)$ 涂色，见图 12.7 中(c)所示. 这就完成了对 G 的边的 Δ 着色，所以 $\chi'(G)\leqslant\Delta(G)$. ▌

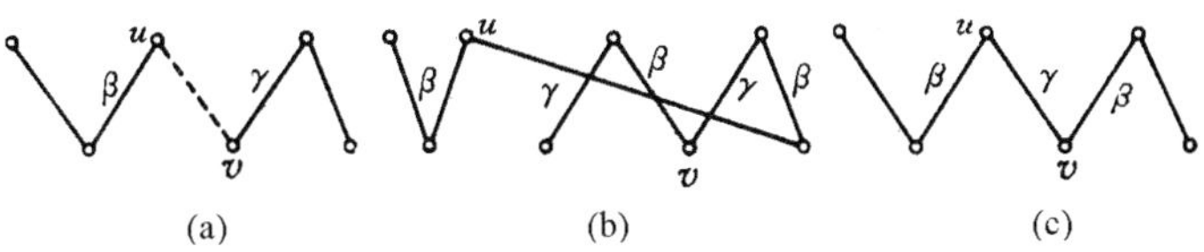

图 12.7

【例 12.6】 当 $n(n\neq 1)$ 为奇数时，$\chi'(K_n)=n$，而当 n 为偶数时，$\chi'(K_n)=n-1$.

证明 (1) $n(n\neq 1)$ 为奇数. 由定理 12.18 知，$\chi'(K_n)\leqslant\Delta+1=n$. 下面证明 $\chi'(K_n)\geqslant n$. 设 K_n 用这种方法做出：先做正 n 边形 C_n，将不相邻的顶点之间都连线段，就可得 K_n. K_n 中共有 n 组平行边，每组 $\frac{1}{2}(n-1)$ 条边，而 $\frac{1}{2}(n-1)$ 条平行边已关联了 $n-1$ 个顶点，所以在 K_n 的边着色中至多有 $\frac{1}{2}(n-1)$ 条同色边. 于是

$$\frac{1}{2}(n-1)\chi'(K_n)\geqslant\frac{1}{2}n(n-1)$$

$$\Rightarrow\chi'(K_n)\geqslant n.$$

(2) $\chi'(K_2)=1$ 是显然的，下设 n 为大于等于 4 的偶数.

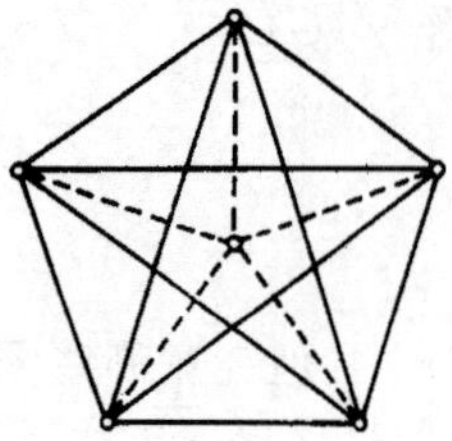

图 12.8

由定理 12.18 知，$n-1=\Delta\leqslant\chi'(K_n)$，下面证明 $\chi'(K_n)\leqslant n-1$.

K_n 可如下获得：先按(1)中方法做出 K_{n-1}. 然后在 K_{n-1} 内部的中心放置一个顶点，使其与 K_{n-1} 的所有顶点相邻($n=6$ 时见图 12.8 所示)，就得到了 K_n. 用 $\chi'(K_{n-1})$ 种颜色先给 K_{n-1} 边着色，然后将 K_n 中相互垂直边涂同色，就完成了 K_n 的边的一个 $\chi'(K_{n-1})$ 的着色，所以 $\chi'(K_n)\leqslant\chi'(K_{n-1})=n-1$.

设无环图 $G=\langle V,E\rangle$，对 G 的边进行 k 着色，$k\geqslant\chi'(G)$. 令

$$R=\{\langle e_i,e_j\rangle \mid e_i,e_j\in E\wedge e_i \text{ 与 } e_j \text{ 涂同色}\},$$

则 R 是 E 上的等价关系，其商集 $E/R=\{E_1,E_2,\cdots,E_k\}$ 是 E 的一个划分，划分块(等价类)中元素涂同色.

【例 12.7】 某中学，星期一由 m 位教师给 n 个班上课. 每位教师每节课只能给一个班上课.

(1) 这一天至少要安排多少节课?

(2) 在节数不增加的条件下至少需要几个教室?

(3) 若 $m=4$，$n=5$，设教员为 t_1,t_2,t_3,t_4，班级为 c_1,c_2,c_3,c_4,c_5. 已知 t_1 要为 c_1,c_2,c_3 分别上 2 节、1 节、1 节课；t_2 要为 c_2,c_3 各上 1 节课；t_3 要为 c_2,c_3,c_4 各上 1 节课；t_4 要为 c_4 上 1 节，为 c_5 上 2 节课. 试给出一个最节省教室的课表.

解 设 $V_1=\{t_1,t_2,\cdots,t_m\}$，$V_2=\{c_1,c_2,\cdots,c_n\}$，其中 $t_i(1\leqslant i\leqslant m)$ 是教员，$c_j(1\leqslant j\leqslant n)$ 是班级，$E=\{(t_i,c_j)\mid t_i \text{ 给 } c_j \text{ 上一节课}\}$，得二部图

$$G=\langle V_1,V_2,E\rangle.$$

对 G 的边进行一种 $k(k\geqslant\chi'(G))$ 着色，就得到一种节数为 k 的安排方案.

(1) $k=\chi'(G)=\Delta$ 时安排的节数最少.

(2) 设 $l_1,l_2,\cdots,l_\Delta$ 分别为同色边数，在节数为 Δ 条件下，至少需要的教室数为 $\min\max\{l_1,l_2,\cdots,l_\Delta\}$.

(3) 已知条件下二部图 G 如图 12.9 所示.

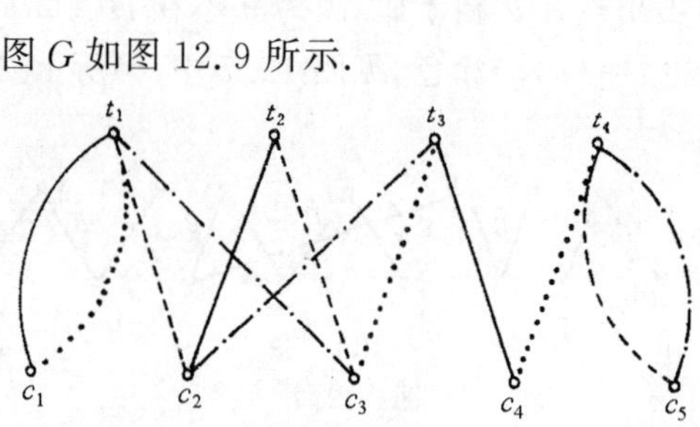

图 12.9

$\Delta(G)=4$,用 4 种颜色给 G 的边涂色,同色边的课同时上,最省教室的方案是 4 种同色边各为 3 条. 按图 12.9 所示同色边安排的课为表 12.1 所示,所用教室为 3 个.

表 12.1

节	1	2	3	4
t_1	c_1	c_1	c_2	c_3
t_2	c_2	—	c_3	—
t_3	c_4	c_3	—	c_2
t_4	—	c_4	c_5	c_5

习题十二

1. 无向图 G 如图 12.10 所示.

(1) 求 G 的色多项式 $f(G,k)$;

(2) 求 $\chi(G)$;

(3) 计算 $f(G,\chi(G))$, $f(G,4)$.

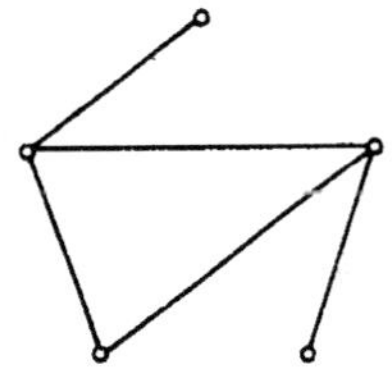

图 12.10

2. 用定理 12.10 求图 12.10 中的 G 的色多项式 $f(G,k)$.

3. 设 G 是由一棵 $n(n\geqslant2)$ 阶树和一个 $m(m\geqslant3)$ 阶圈组成的图,求 $f(G,K)$.

4. 证明色多项式 $f(G,k)$ 的系数的符号是正负相间的.

5. 设 G 是 n 阶 k-正则图,证明

$$\chi(G)\geqslant\frac{n}{n-k}.$$

6. 设 G 是不含 K_3 的连通的简单的平面图.

(1) 证明 $\delta(G)\leqslant3$;　　(2) 证明 G 是 4-可着色的.

7. 设 G 是连通的简单的平面图,围长 $g(G)\geqslant l\geqslant4$.

(1) 证明 $\delta(G)\leqslant l-1$;　　(2) 证明 G 是 l-可着色的.

8. 设 G 是简单图,$\chi(G)=k$, $\forall v\in V(G)$,有 $\chi(G-v)<\chi(G)$,则称 G 是 k-临界的.

(1) 给出所有 2-临界图;

(2) 给出一些 3-临界图和 4-临界图的例子;

(3) 若 G 是 k-临界图,证明: $\forall v\in V(G)$,均有 $d(v)\geqslant k-1$.

9. 证明:一个地图 G 是 2-面可着色的当且仅当 G 是欧拉图.

10. 设 G 是连通的简单的平面图,已知 G 中每个面的次数均小于等于 4,证明 G 是 4-面可着色的.

11. 设 G 是 3-正则哈密顿图,则 G 的边色数 $\chi'(G)=3$.

12. 设 G 为彼得森图.

(1) 证明 $\chi'(G)=4$;　　(2) 证明 G 不是哈密顿图.

13. 设 G 是连通的简单的平面图,证明: G 既是 2-面可着色的又是 2-顶点可着色的当且仅当 G 是不含奇圈的欧拉图.

14. 某年级学生共选修 6 门课程. 期末考试前,必须提前将这 6 门课程考完,每人每天只在下午至多考一门课程. 设 6 门课程分别为 c_1,c_2,c_3,c_4,c_5,c_6, $S(c_i)$ 为学习 c_i 的学生集合,已知 $S(c_i)\cap S(c_6)\neq\varnothing$, $i=1,2,\cdots,5$, $S(c_i)\cap S(c_{i+1})\neq\varnothing$, $i=1,2,3,4$, $S(c_5)\cap S(c_1)\neq\varnothing$. 问至少安排几天才能考完这 6 门课程? 在天数不增加的条件下至多有几种安排方案?

第十三章　支配集、覆盖集、独立集与匹配

若无特殊声明，本章讨论的图都是无向图，并且是简单图．一般情况下，在定义或定理中不再指明简单图．

13.1　支配集、点覆盖集、点独立集

定义 13.1　设无向图 $G=\langle V,E\rangle$，$V^*\subseteq V$，若对于任意的 $v_i\in V-V^*$，都存在 $v_j\in V^*$，使得 $(v_i,v_j)\in E$，则称 v_j 支配 v_i 并称 V^* 为 G 的一个**支配集**．设 V^* 是 G 中支配集，但 V^* 的任何真子集都不是支配集，则称 V^* 为**极小支配集**．顶点数最少的支配集称为**最小支配集**．最小支配集中的顶点个数称为**支配数**，记作 $\gamma_0(G)$，或简记为 γ_0．

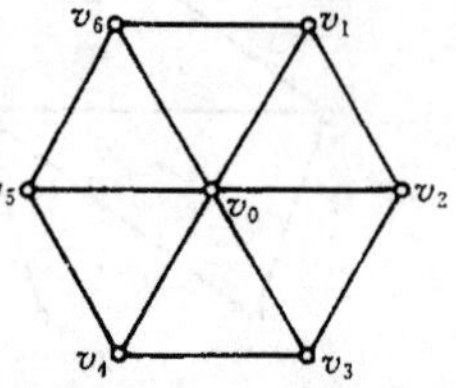

图　13.1

在 v_0 为星心，$v_1,v_2,\cdots,v_{n-1}$ 为树叶的 n 阶星形图 S_n 中，$\{v_0\}$，$\{v_1,v_2,\cdots,v_{n-1}\}$ 均为支配集，且都是极小支配集，其中 $\{v_0\}$ 是最小支配集，支配数 $\gamma_0=1$．在图 13.1 所示的轮图 W_7 中，$\{v_0\}$，$\{v_1,v_4\}$，$\{v_1,v_3,v_5\}$ 等都是极小支配集，$\{v_0\}$ 为最小支配集，支配数 $\gamma_0=1$．从定义不难看出最小支配集一定是极小支配集，但反之不真．

定理 13.1　设无向图 G 中无孤立顶点，V_1^* 为 G 的一个极小支配集，则 G 中存在另一个极小支配集 V_2^*，使得 $V_1^*\cap V_2^*=\varnothing$．

证明　先证 $V(G)-V_1^*$ 是支配集．否则存在 $v_0\in V_1^*$，使得对于任意的 $v\in V(G)-V_1^*$，均有 $(v_0,v)\notin E$．因而存在 $v'\in V_1^*-\{v_0\}$，使得 $(v_0,v')\in E$，否则 v_0 成为孤立点了．于是 $V_1^*-\{v_0\}$ 仍为 G 中支配集，这与 V_1^* 是极小支配集矛盾，于是 $V(G)-V_1^*$ 是支配集．再证 $V(G)-V_1^*$ 中存在极小支配集．其实，若 $V(G)-V_1^*$ 已无真子集为支配集了，取 $V_2^*=V(G)-V_1^*$ 即可，否则必存在真子集是极小支配集，取作 V_2^*，则 $V_1^*\cap V_2^*=\varnothing$ 是显然的．　▎

定义 13.2　设无向图 $G=\langle V,E\rangle$ 中，$V^*\subseteq V$，若 V^* 中任意二顶点均不相邻，则称 V^* 为 G 的**点独立集**，或称**独立集**．若 V^* 中再加入任何顶点都不再是独立集了，则称 V^* 为**极大独立集**．顶点数最多的点独立集称为**最大点独立集**简称**最大独立集**，其顶点个数称为**点独立数**，记作 $\beta_0(G)$，简记 β_0．

在图 13.1 所示的轮图 W_7 中，$\{v_0\}$，$\{v_1,v_4\}$，$\{v_1,v_3,v_5\}$ 等也都是极大独立集，其中 $\{v_1,v_3,v_5\}$ 是最大独立集，其独立数 $\beta_0=3$．

定理 13.2　设无向图 G 中无孤立顶点，V^* 为 G 中极大独立集，则 V^* 是 G 中极小支配集．

证明　先证 V^* 是支配集．由于 V^* 是极大独立集，必有 $\forall v\in V(G)-V^*$，$\exists v'\in V^*$，使得 $(v,v')\in E(G)$，否则，$\exists v_0\in V(G)-V^*$，$\forall u\in V^*$，均有 $(v_0,u)\notin E(G)$，则 $V^*\cup\{v_0\}$ 仍为独立集，这与 V^* 为极大独立集矛盾，所以 V^* 为支配集．由于 V^* 是独立集，所以任意的 $V_1^*\subset V^*$，$\forall v\in V^*-V_1^*$，$\neg\exists u\in V_1^*$，使得 $(v,u)\in E(G)$，因而 V^* 是极小支配集．　▎

定理 13.2 的逆不真．例如若 4 阶图是长为 3 的路径 $v_1v_2v_3v_4$，$(v_1,v_4)\notin E(G)$，$\{v_2,v_3\}$ 是

极小支配集，显然它不是独立集，更不是极大独立集. 当然，$\{v_1, v_4\}$，$\{v_1, v_3\}$，$\{v_2, v_4\}$都既是极小支配集，又是极大独立集.

定义 13.3 设无向图 $G=\langle V,E\rangle$，$V^* \subseteq V$，若对于任意的 $e\in E$，都存在 $v\in V^*$，使得 v 与 e 相关联，则称 v 覆盖 e，并称 V^* 为 G 中的**点覆盖集**，或简称**点覆盖**. 设 V^* 是点覆盖集，若 V^* 的任何真子集都不是点覆盖集，则称 V^* 为**极小点覆盖集**，顶点个数最少的点覆盖集称为**最小的点覆盖集**，其元素个数称为**点覆盖数**，记作 $\alpha_0(G)$或简记 α_0.

图 13.1 所示轮图 W_7 中，$\{v_0, v_1, v_3, v_5\}$，还有$\{v_0, v_2, v_4, v_6\}$都是极小的也是最小的点覆盖集. $\alpha_0=4$.

从定义不难看出，连通图 G 中，点覆盖集必为支配集. 但极小点覆盖集不一定是极小支配集. 在图 13.1 中，$\{v_0, v_1, v_3, v_5\}$是极小（最小）点覆盖集，但它不是极小支配集. 另外，支配集不一定都是覆盖集，例如图 13.1 中，$\{v_1, v_4\}$是支配集，但它不是覆盖集.

定理 13.3 设无向图 $G=\langle V,E\rangle$中无孤立点，$V^* \subset V$，则 V^* 为 G 的点覆盖集当且仅当 $\overline{V}^* = V - V^*$ 为 G 的点独立集.

证明 必要性. 若 $\exists v_i, v_j \in \overline{V}^*$，且$(v_i, v_j)\in E$，而 $v_i, v_j \notin V^*$，这与 V^* 是点覆盖集相矛盾.

充分性. 由于 $\overline{V}^* = V - V^*$ 是点独立集，因而 $\forall e\in E$，e 的两个端点至少一个在 V^* 中，这说明 V^* 是点覆盖集. ∎

推论 设 G 是 n 阶无孤立点的无向图. V^* 是 G 的极小（最小）点覆盖集当且仅当 $\overline{V}^* = V(G) - V^*$ 为 G 的极大（最大）点独立集. 从而有

$$\alpha_0 + \beta_0 = n.$$

由定理 13.3，本推论的结论显然成立.

由定理 13.3 及其推论可知，若知道了图 G 的全部极大或最大点独立集，也就知道了 G 的全部的极小或最小点覆盖集，反之亦然. 在图 13.1 中，最大点独立集有两个：$\{v_1, v_3, v_5\}$，$\{v_2, v_4, v_6\}$，$\beta_0=3$，相应地，G 的最小点覆盖集也是两个：$\{v_0, v_2, v_4, v_6\}$和$\{v_0, v_1, v_3, v_5\}$，$\alpha_0=4$.

定义 13.4 设 $G=\langle V,E\rangle$为 n 阶无向图，$V^* \subseteq V$，若导出子图 $G[V^*]$是完全图，则称 V^* 为 G 中**团**. 设 V^* 为 G 中团，但 V^* 再加入任何顶点都不是团了，则称 V^* 为**极大团**，顶点个数最多的团称为**最大团**，其顶点个数称为**团数**，记作 $\nu_0(G)$，简记作 ν_0.

在图 13.1 中，$\{v_0, v_1, v_2\}$，$\{v_0, v_2, v_3\}$等都是最大团，团数 $\nu_0=3$. 任何非平凡树的团数均为 2.

因为本章内讨论的图均为无向简单图，所以任何图 G 均有补图$\overline{G}$. 关于团与独立集有下面定理.

定理 13.4 设 G 是 n 阶无向图，V^* 为 G 中团当且仅当 V^* 为 $\overline{G}$ 中的独立集.

本定理的证明是简单的.

推论 设 G 是 n 阶无向图，V^* 为 G 中极大（最大）团当且仅当 V^* 为 $\overline{G}$ 中的极大（最大）独立集，从而 $\nu_0(G)=\beta_0(\overline{G})$.

由定理 13.4 及推论可知，研究图 G 中团及其性质，可以通过它的补图 $\overline{G}$ 中独立集来研究，反之亦然.

到目前为止，求图中的最小支配集、最大独立集和团以及最小点覆盖集还没有找到有效的算法，即多项式时间算法.

国际象棋盘上的"五后问题"[①],"八后问题"[②]分别可以转换成最小支配集和最大独立集问题.

支配集、独立集和点覆盖集在各种通信系统、计算机网络以及信息论等方面都有很好的应用.

【例 13.1】 求图 13.2 所示图的全体极小支配集、极小点覆盖集和极大独立集.

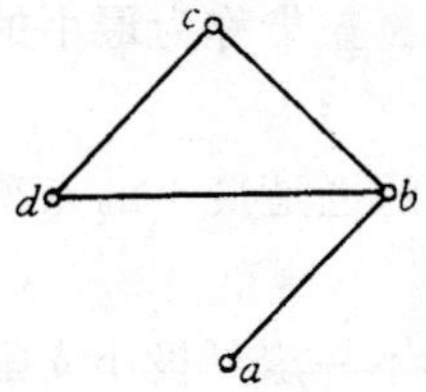

图 13.2

解 (1) 求极小支配集.

由于$\forall v\in V(G)$,v 可支配它的邻域$N(v)$中的各顶点,可令布尔表达式

$$f(v_1,v_2,\cdots,v_n)=\prod_{i=1}^{n}\Big(v_i+\sum_{u\in N(v_i)}u\Big),$$

式中加与乘均为逻辑运算"加"与"乘".利用逻辑运算的规律性可求出 f 的极小积和式——最简析取范式,其中每个简单合取式对应一个极小支配集,在本例中

$$\begin{aligned}f(a,b,c,d)&=(a+b)(b+a+c+d)(c+b+d)(d+c+b)\\&=(a+b)(c+b+d)\qquad\text{(吸收律)}\\&=ac+ad+b,\end{aligned}$$

式中简单合取式 ac,ad,b 对应的极小支配集分别为$\{a,c\},\{a,d\},\{b\}$,其中$\{b\}$是最小支配集,所以 $\gamma_0=1$.

(2) 求极小点覆盖集.

$\forall v\in V(G)$,v 可覆盖与它关联的一切边,而这些边的另一个端点的集合正是 v 的邻域 $N(v)$,于是可令布尔表达式

$$g(v_1,v_2,\cdots,v_n)=\prod_{i=1}^{n}\Big(v_i+\prod_{u\in N(v_i)}u\Big).$$

同样求 g 的极小积和式,每个简单合取式对应一个极小点覆盖集.

在本例中,

$$\begin{aligned}&g(a,b,c,d)=(a+b)(b+(acd))(c+(bd))(d+(bc))\\&=(a+b)(a+b)(b+c)(b+d)(b+c)(c+d)(b+d)(c+d)\qquad\text{(分配律)}\\&=(a+b)(b+c)(b+d)(c+d)\qquad\text{(等幂律)}\\&=bc+bd+acd,\end{aligned}$$

简单合取式 bc,bd,acd 分别对应极小点覆盖集$\{b,c\},\{b,d\},\{a,c,d\}$,$\alpha_0=2$.

(3) 求极大点独立集.

由定理 13.3 的推论可知,G 的极大独立集为$\{a,d\},\{a,c\},\{b\}$,其中最大的为

$$\{a,d\},\{a,c\},\beta_0=2.$$

由本例可以看出,用逻辑演算法求图中的极小支配集、极小覆盖集等,当顶点数和边数较大时计算量太大,不是有效的算法.

---

① 在国际象棋棋盘上最少放 5 个皇后,可以使每个格均与某一皇后在同一行,或同一列,或同一对角线上,称为"五后问题".

② 在国际象棋棋盘上最多放 8 个皇后,可以使每两个皇后都不同行,不同列,并且不同在一条对角线上,称为"八后问题".

13.2 边覆盖集与匹配

定义 13.5 设无向图 $G=\langle V,E\rangle$，$E^{*}\subseteq E$，若对于任意的 $v\in V$，都存在 $e\in E^{*}$，使得 v 与 e 关联，则称 e 覆盖 v，并称 E^{*} 为**边覆盖集**. 设 E^{*} 是边覆盖集，若 E^{*} 的任何真子集都不是边覆盖集，则称 E^{*} 是**极小边覆盖集**. 边数最少的边覆盖集称为**最小边覆盖集**，所含边的个数称为**边覆盖数**，记作 $\alpha_1(G)$，简记 α_1.

显然最小边覆盖集为极小边覆盖集，但反之不真. 有时将边覆盖集简称为**边覆盖**.

在图 13.3 所示图 G 中，$\{e_2,e_3,e_6\}$，$\{e_2,e_3,e_7\}$，$\{e_1,e_4,e_7\}$ 等都是极小边覆盖，也是最小边覆盖，边覆盖数 $\alpha_1=3$.

定义 13.6 设无向图 $G=\langle V,E\rangle$，$E^{*}\subseteq E$，若 E^{*} 中任何两条边均不相邻，则称 E^{*} 为 G 中**边独立集**，也称 E^{*} 为 G 中的**匹配**. 若在 E^{*} 中再添加任意一条边，所得集合都不是匹配了，则称 E^{*} 为**极大匹配**. 边数最多的匹配称为**最大匹配**，其边数称为**边独立数**或**匹配数**，记作 $\beta_1(G)$ 或简记为 β_1.

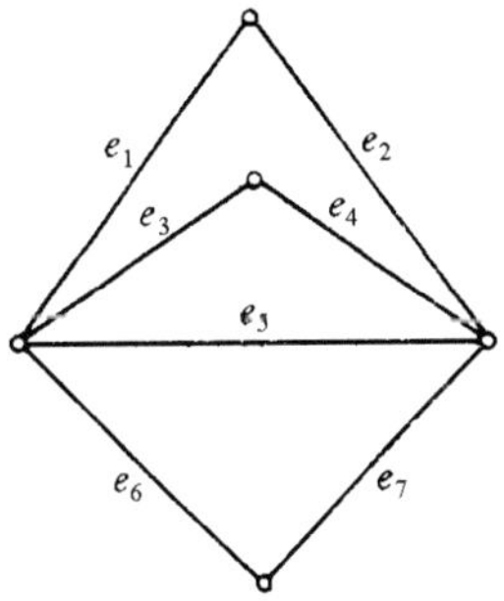

图 13.3

在图 13.3 所示图中，$\{e_1,e_7\}$，$\{e_1,e_4\}$，$\{e_2,e_6\}$ 等都是最大匹配，$\beta_1=2$.

设 M 为 G 中一个匹配，还有下面诸概念：

(1) 设 $e=(v_i,v_j)\in M$，则称 v_i 与 v_j 被 M 匹配.

(2) 任意的 $v\in V(G)$，若存在边 $e\in M$，使 e 与 v 关联，则称 v 为 M 的**饱和点**，否则称 v 为 M 的**非饱和点**.

(3) 若 G 中每个顶点都是 M 饱和点，则称 M 为**完美匹配**.

(4) 称 G 中在 M 和 $(E(G)-M)$ 中交替取边的路径为 M 的**交错路径**，起点与终点都是 M 非饱和点的交错路径称为**可增广的交错路径**. 称 G 中在 M 中和 $(E(G)-M)$ 中交替取边的圈为**交错圈**.

在以上定义中，值得注意的是，当边 $e=(v_i,v_j)\notin M$ 且 v_i,v_j 均为 M 非饱和点时，e 的导出子图 $G[\{e\}]$ 是可增广的交错路径.

与支配集、独立集和点覆盖集不同，求图中的边覆盖集和匹配已经有了有效的算法，即多项式时间算法.

下面先讨论边覆盖与匹配之间的关系.

定理 13.5 设 G 为无孤立点的 n 阶无向图.

(1) 设 M 为 G 中一个最大匹配，对于每个 M 非饱和点 v，取一条关联 v 的边组成边集 N，则 $W=M\cup N$ 为 G 中一个最小边覆盖集.

(2) 设 W_1 为 G 中一个最小边覆盖集，若 W_1 中存在相邻的边就移去其中的一条边，继续这一过程，直到无相邻的边为止，设移去的边组成的集合为 N_1，则 $M_1=W_1-N_1$ 为 G 中一个最大匹配.

(3) $\alpha_1+\beta_1=n$.

证明 可以同时证明三个结论的成立.

由于 M 是最大匹配，所以 $|M|=\beta_1$，G 中含 $n-2\beta_1$ 个 M 非饱和点. 所做出的 W 是 G 中边

覆盖是显然的，且

$$|W|=|M|+|N|=\beta_1+n-2\beta_1=n-\beta_1. \quad ①$$

由 W_1 是最小边覆盖可知，W_1 中任意一条边的两个端点不可能都与 W_1 中的其他边相关联，因而由 W_1 构造 M_1 时，每移去一条边就产生一个 M_1 的非饱和点，所以

$$|N_1|=|W_1|-|M_1|=\text{“移去的边数”}$$
$$=\text{“}M_1\text{ 的非饱和点数”}$$
$$=n-2|M_1|$$
$$\Rightarrow |W_1|=\alpha_1=n-|M_1|. \quad ②$$

又因为 M_1 是匹配，W 是边覆盖，所以有

$$|M_1|\leqslant\beta_1, \quad ③$$
$$|W|\geqslant\alpha_1, \quad ④$$

由①—④可得

$$\alpha_1 \overset{②}{=\!=\!=} n-|M_1| \overset{③}{\geqslant} n-\beta_1 \overset{①}{=\!=\!=} |W| \overset{④}{\geqslant} \alpha_1, \quad ⑤$$

由⑤可知

$$\alpha_1=n-|M_1|=n-\beta_1=|W|,$$

从而

$|M_1|=\beta_1$，可知 M_1 是最大匹配，

$|W|=\alpha_1$，可知 W 是最小边覆盖，

$\alpha_1+\beta_1=n$，从而(3)得证. ▌

推论 设 G 为 n 阶无孤立点的无向图，M 为 G 中的一个匹配，W 为 G 中一个边覆盖，则

$$|M|\leqslant|W|.$$

等号成立时，M 为 G 中完美匹配且 W 为 G 中的最小边覆盖.

证明 由定理 13.5(1)可知 $\beta_1\leqslant\alpha_1$，于是

$$|M|\leqslant\beta_1\leqslant\alpha_1\leqslant|W|\Rightarrow|M|\leqslant|W|.$$

当 $|M|=|W|$ 时，得

$$|M|=\beta_1=\alpha_1=|W|,$$

因而 M 是最大匹配，W 是最小边覆盖. 由定理 13.5(3)可知，

$$\alpha_1+\beta_1=2\beta_1=n.$$

这说明 M 为完美匹配. ▌

定理 13.6 设 G 为无孤立点的 n 阶无向图，M 为 G 中一个匹配，N 为 G 中一个点覆盖，Y 为 G 中一个点独立集，W 为 G 中一个边覆盖，则

(1) $|M|\leqslant|N|$，

(2) $|Y|\leqslant|W|$，

等号成立时，M,N,Y,W 分别为 G 中最大匹配、最小点覆盖集，最大点独立集、最小边独立集.

证明 (1) 由于 M 中的边彼此均不相邻，因而覆盖住 M 中的所有边至少用 $|M|$ 个顶点，所以 $|M|\leqslant|N|$.

(2) 因为 Y 中顶点彼此不相邻，所以 W 中至少要用 $|Y|$ 条边覆盖住 Y 中的所有顶点，因而 $|Y|\leqslant|W|$.

当$|M|=|N|$时，说明$|M|$达到了最大，$|N|$达到了最小，因而M是最大匹配，N是最小点覆盖. $|Y|=|W|$时可类似讨论. ▌

推论 设G为无孤立顶点的n阶无向图，则

$$\beta_1 \leqslant \alpha_0, \quad \beta_0 \leqslant \alpha_1.$$

由定理13.6，本推论显然成立.

一般情况下等号不成立，而对完全二部图$K_{r,s}$来说，

$$\alpha_0=\min\{r,s\}=\beta_1, \ \beta_0=\max\{r,s\}=\alpha_1.$$

定理13.7 设M_1,M_2为G中两个不同的匹配，则$G[M_1 \oplus M_2]$的每个连通分支或为由M_1,M_2中的边组成的交错圈，或为交错路径.

证明 因为$G[M_1],G[M_2]$中顶点的度数均为1，因而$G[M_1 \oplus M_2]$中顶点的度数不是1就是2，于是各连通分支不是圈就是路径，而且边是交替出现的. ▌

定理13.8 设M为图G中的一个匹配，Γ为G中关于M的可增广路径，则$M'=M\oplus E(\Gamma)$仍为匹配，且$|M'|=|M|+1$.

证明 M'是匹配是显然的. 由于在Γ上，非M中的边比M中的边多一条，所以

$$\begin{aligned}|M'| &= |M \oplus E(\Gamma)| \\ &= |(M-E(\Gamma)) \cup (E(\Gamma)-M)| \\ &= |M-E(\Gamma)|+|E(\Gamma)-M| \\ &= |M|+1.\end{aligned}$$

下面定理由贝尔热(Berge)1957年给出.

定理13.9 M为G中最大匹配当且仅当G中不含M可增广路径.

证明 由定理13.8，本定理的必要性显然. 下面证明充分性，设M_1是G中一个最大匹配，只要证明，当M是不含可增广路径的匹配时，$|M|=|M_1|$即可. 设$H=G[M_1 \oplus M]$，

(1) 若$H=\varnothing$，则$M=M_1$，因而M是最大匹配.

(2) 若$H\neq\varnothing$，由定理13.7可知，H各连通分支或为交错圈，或为交错路径. 在交错圈上M和M_1中的边相等. 由本定理的必要性可知，M_1也无可增广路径. 于是在交错路径上，M与M_1中的边也相等，于是$|M|=|M_1|$，即M也是最大匹配. ▌

定理13.10 n阶无向图G具有完美匹配当且仅当对于任意的$V' \subset V(G)$，

$$p_{奇}(G-V') \leqslant |V'|, \qquad ①$$

其中$p_{奇}(G-V')$表示$G-V'$中奇数阶连通分支数.

本定理由托特给出.

证明 必要性. 设M为G中完美匹配，V'为$V(G)$的任意真子集. 若$G-V'$无奇数阶连通分支，结论显然成立. 否则，设G_i为$G-V'$的奇数阶连通分支，并设n_i(奇数)为G_i的顶点个数，$i=1,2,\cdots,r(r\geqslant 1)$. 由于$n_i$为奇数，在$M$中，必存在$u_i \in V(G_i)$，$v_i \in V'$，使得$u_i$与$v_j$相匹配，见图13.4所示，于是

$$p_{奇}(G-V')=r=|\{v_1,v_2,\cdots,v_r\}| \leqslant |V'|.$$

充分性. 假设G满足①但无完美匹配.

设G^*是含G作为生成子图的没有完美匹配的边数最多的图(当然G^*仍然是简单图)，显然有$p_{奇}(G^*-V') \leqslant p_{奇}(G-V') \leqslant |V'|$，于是

$$p_{奇}(G^*-V') \leqslant |V'|. \qquad ②$$

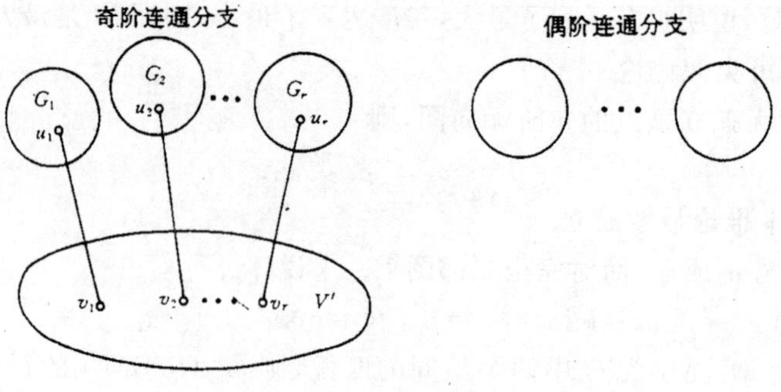

图 13.4

特别地，取 $V'=\varnothing$，则 $p_{奇}(G^*-V')=0$，这正说明 $|V^*(G)|=|V(G)|=n$ 为偶数。

下面再取特殊的 V'，令

$$V'=\{v|v\in V(G^*) \text{ 且 } d_{G^*}(v)=n-1\}.$$

此时 $V'\neq V(G)=V(G^*)$，否则 G^* 为偶数阶完全图，因而有完美匹配，这是矛盾的，所以 $V'\subset V(G^*)$.

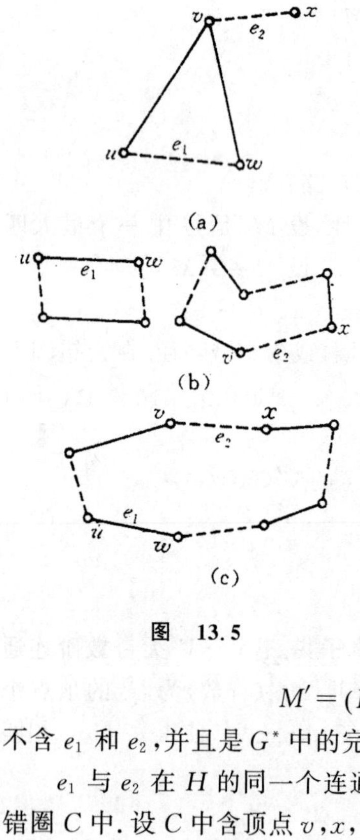

图 13.5

下面分两步证明.

首先证明 G^*-V'是不交完全图之并.

否则，设 G^*-V'有连通分支 G_i 不是完全图. 则存在 $u,v,w\in V(G_i)$，使得 $(u,v),(v,w)\in E(G^*)$，而 $(u,w)\notin E(G^*)$，见图 13.5 中(a)所示. 又因为 $v\notin V'$，所以 $d_{G^*}(v)\leqslant n-2$，所以存在 $x\in V(G^*-V')$，使得 $(v,x)\notin E(G^*)$. 由于 G^* 是无完美匹配边数最多的图，因而在 G^* 中任何不相邻的顶点之间再加一条边后，所得图应该有完美匹配. 取 $e_1=(u,w)$，$e_2=(v,x)$，令 $G_1^*=G^*\cup e_1$，$G_2^*=G^*\cup e_2$，则 G_1^*，G_2^* 均有完美匹配. 设 M_1，M_2 分别为 G_1^*，G_2^* 中的完美匹配，易知，$e_1\in M_1$，$e_2\in M_2$. 在 $G^*\cup\{e_1,e_2\}$中令 $H=G[M_1\oplus M_2]$，$\forall v\in V(H)$，易知 $d_H(v)=2$，于是 H 只能是不交的偶交错圈之并. 下面再分两种情况讨论.

e_1 与 e_2 在 H 的不同连通分支中，即在不同的不交的圈中，见图 13.5 中(b)示意图所示，实线边表示 M_1 中的边，虚线边表示 M_2 中的边，并设 e_2 在圈 C 上，则

$$M'=(E(C)\cap M_1)\cup(E(G^*)-E(C))\cap M_2)$$

不含 e_1 和 e_2，并且是 G^* 中的完美匹配，这与假设矛盾.

e_1 与 e_2 在 H 的同一个连通分支(交错圈)中，见图 13.5 中(c)示意图所示，设它们均在交错圈 C 中. 设 C 中含顶点 $v,x,\cdots,w$ 的一段为 P_{vw}，则

$$M''=(E(P_{vw})\cap M_1)\cup(v,w)\cup(E(G^*)-E(P_{vw})))\cap M_2)$$

也不含 e_1 和 e_2，并且也是 G^* 中的完美匹配，这又是矛盾的.

综上所述可知 G^*-V'是不交的完全图的并.

下面证明 G^* 中有完美匹配.

由于 $G^{*}-V'$ 的偶数阶连通分支都是偶数阶完全图，因而都存在完美匹配. 又由②式可知，$G^{*}-V'$ 至多有 $|V'|$ 个奇数阶完全图的连通分支，在每个奇数阶连通分支中找一个顶点与 V' 中的某一顶点相匹配，V' 中其余的顶点个数为偶数，由 V' 的构造可知，这些顶点可在内部两两匹配，见图 13.6 示意图所示. 这样一来，G^{*} 中存在完美匹配，这是矛盾的. 于是 G 中有完美匹配. ▍

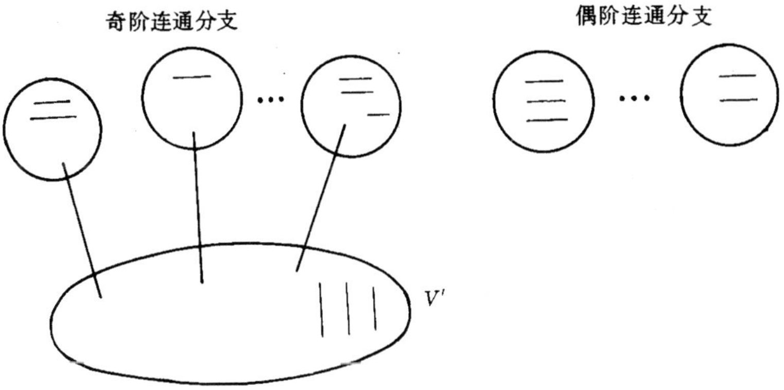

图 13.6

推论 任何无桥 3-正则图都有完美匹配.

证明 设 $G=\langle V,E\rangle$ 为一个无桥的 3-正则图. V_1 为 V 的任意真子集. $G_1,G_2,\cdots,G_r$ 为 $G-V_1$ 的奇数阶连通分支，n_i 为 G_i 的顶点数，n_i 为奇数. m_i 为一个端点在 $V(G_i)$ 中，另一个端点在 V_1 中的边的条数，$i=1,2,\cdots,r$，见图 13.7 示意图所示.

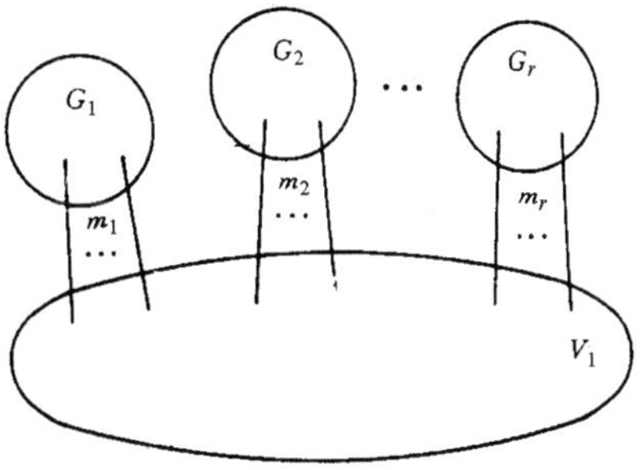

图 13.7

易知

$$\sum_{v\in V(G_i)} d_G(v) = 3n_i = 2\,|\,E(G_i)\,|+m_i,$$

从而

$$m_i=3n_i-2|E(G_i)|.$$

由于 n_i 为奇数，所以 m_i 为奇数，且因 G 中无桥，所以 m_i 为大于等于3的奇数，$i=1,2,\cdots,r$.

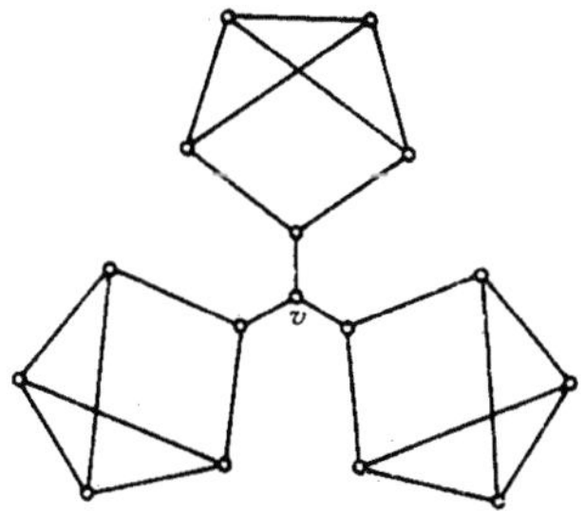

图 13.8

又知 $$\sum_{v\in V_1} d_G(v) = 3\,|\,V_1\,|,$$

从而 $$|\,V_1\,| = \frac{1}{3}\sum_{v\in V_1} d_G(v).$$

于是 $$p_{奇}(G-V_1) = r \leqslant \frac{1}{3}\sum_{i=1}^{r} m_i \leqslant \frac{1}{3}\sum_{v\in V_1} d_G(v) = |\,V_1\,|,$$

由定理 13.10 知 G 中存在完美匹配. ▍

推论中无桥的条件不能忽视. 见图 13.8 所示的有桥 3-正则图. 取 $V_1=\{v\}$，则

$$p_{奇}(G-V_1)=3>|V_1|=1,$$

所以 G 中无完美匹配.

13.3 二部图中的匹配

定义 13.7 设 $G=\langle V_1,V_2,E\rangle$ 为二部图，$|V_1|\leqslant|V_2|$，M 为 G 中一个最大匹配并且 $|M|=|V_1|$，则称 M 为 G 中的从 V_1 到 V_2 的**完备匹配**，简称完备匹配.

很显然，在以上的定义中，若 $|V_1|=|V_2|$，则 G 中的完备匹配就是完美匹配.

1935 年霍尔(Hall)给出了二部图中存在完备匹配的充要条件，这就是著名的霍尔定理.

定理 13.11(Hall 定理) 设二部图 $G=\langle V_1,V_2,E\rangle$，$|V_1|\leqslant|V_2|$. G 中存在 V_1 到 V_2 的完备匹配当且仅当对于任意的 $S\subseteq V_1$，均有 $|S|\leqslant|N(S)|$，其中 $N(S)$ 为 S 的邻域，即

$$N(S)=\bigcup_{v_i\in S}N(v_i).$$

本定理也称为婚姻定理，定理中的条件称为**相异性条件**.

证明 必要性显然. 下面证明充分性.

设 M 为 G 中一个最大匹配，下面证明 M 是 V_1 到 V_2 的完备匹配. 否则，存在 $v_x\in V_1$ 为 M 的非饱和点. 必存在边 $e\in E_1=E-M$ 与 v_x 关联，否则 v_x 将是孤立点，这与已知条件相矛盾. 又 $N(v_x)$ 中顶点均为 M 饱和点. 这是因为若存在 $v_y\in N(v_x)$，且 v_y 也是 M 非饱和点，令 $M'=M\cup(v_x,v_y)$，则 M' 也是 G 中的匹配且比 M 多一条边，这与 M 是最大匹配相矛盾.

考虑从 v_x 出发的尽可能长的所有交错路径，由定理 13.9 可知，这些交错路径都不是可增广的，即每条路径均以 M 的饱和点结束. 令

$$S=\{v\mid v\in V_1 \text{ 且 } v \text{ 在 } v_x \text{ 出发的交错路径上}\},$$

$$T=\{v\mid v\in V_2 \text{ 且 } v \text{ 在 } v_x \text{ 出发的交错路径上}\}.$$

由于各路径的始点与终点均在 S 中，所以，$|S|=|T|+1$. 可是 $T=N(S)$，于是 $N(S)<|S|$，这矛盾于相异性条件，故 V_1 中不存在 M 非饱和点，因而 M 是 G 中的完备匹配. ▎

定理 13.12 设 $G=\langle V_1,V_2,E\rangle$ 为二部图，若 V_1 中每个顶点至少关联 $t(t\geqslant 1)$ 条边，而 V_2 中每个顶点至多关联 t 条边，则 G 中存在 V_1 到 V_2 的完备匹配.

证明 由定理中的条件可知，V_1 中任意 $k(1\leqslant k\leqslant|V_1|)$ 个顶点至少关联 kt 条边，这 kt 条边至少关联 V_2 中 k 个顶点，这说明 G 满足相异性条件，因而存在 V_1 到 V_2 的完备匹配. ▎

本定理中的条件也称为 ***t* 条件**. 当然，满足相异性条件不一定满足 t 条件.

在图 13.9 所示的二部图中，(a)满足 $t=3$ 的 t 条件，(a)，(b)都满足相异性条件，而(c)不满足相异性条件. (a)，(b)中存在完备匹配，当然(c)中不存在完备匹配.

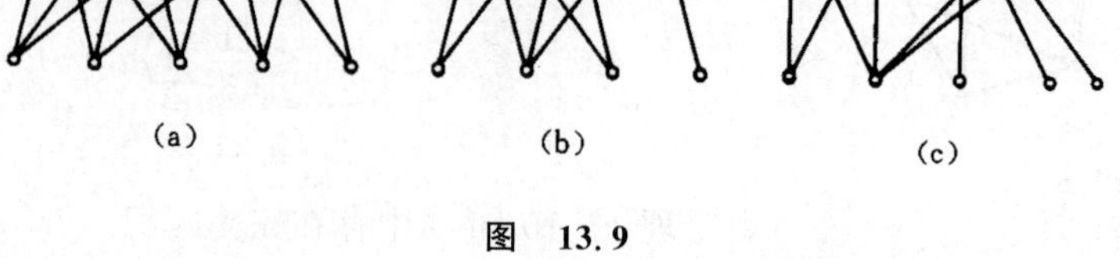

(a) (b) (c)

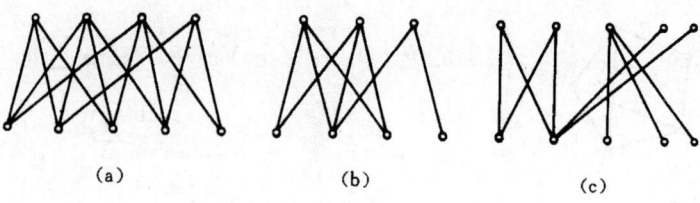

图 13.9

定理 13.13 设 $G=\langle V_1,V_2,E\rangle$ 为 k-正则二部图，则 G 中存在 k 个边不重的完美匹配.

证明 由于 G 是 k-正则二部图，所以满足 $t=k$ 的 t 条件，由定理 13.11 可知，G 中存在 V_1 到 V_2 的完备匹配，又易知 $|V_1|=|V_2|$，所以 G 中的完备匹配都是完美匹配.

下面用归纳法证明 G 中存在 k 个边不重的完美匹配.

当 $k=1$ 时，G 中存在一个完美匹配. 设当 G 是 k-正则二部图时，G 中存在 k 个边不重的完美匹配. 设 G 是 $(k+1)$-正则二部图，M 为 G 中一个完美匹配，令 $G'=G-M$，则 G' 是 k-正则二部图，由假设知道 G' 中存在 k 个边不重的完美匹配，于是 G 中存在 $k+1$ 个边不重的完美匹配. ▌

推论 $K_{k,k}$ 中存在 k 个边不重的完美匹配.

定理 13.14 设 $G=\langle V_1,V_2,E\rangle$ 为无孤立点的二部图，则 $\alpha_0=\beta_1$.

证明 设 M 为 G 中最大匹配，则 $|M|=\beta_1$. 令

$$X=\{v \mid v\in V_1 \text{ 且 } v \text{ 为 } M \text{ 的非饱和点}\},$$

则 V_1-X 为 M 的 V_1 全体饱和点集(因为 G 中无孤立点). 再令

$$Y=\{v \mid v \text{ 在以 } X \text{ 中顶点为起点尽量长的交错路径上}\},$$

及

$$S=Y\cap V_1,\quad T=Y\cap V_2.$$

由于 M 是最大匹配(无可增广交错路径)，所以 T 中顶点均为 M 饱和点且 $N(S)=T$，见示意图 13.10. 取

$$N=(V_1-S)\cup T,$$

则 G 中任意一条边的两个端至少有一个在 N 中，所以 N 是 G 的点覆盖集. 又由 N 的构造可知，$T\subseteq V_2$，$V_1-S\subseteq V_1$，所以 $(V_1-S)\cap T=\varnothing$，又 V_1-S 与 T 中元素均为 M 饱和点，所以

$$|N|=|(V_1-S)\cup T|=|V_1-S|+|T|=|M|,$$

由定理 13.6 知，N 为最小点覆盖，所以 $|N|=\alpha_0$，从而有 $\alpha_0=|N|=|M|=\beta_1$. ▌

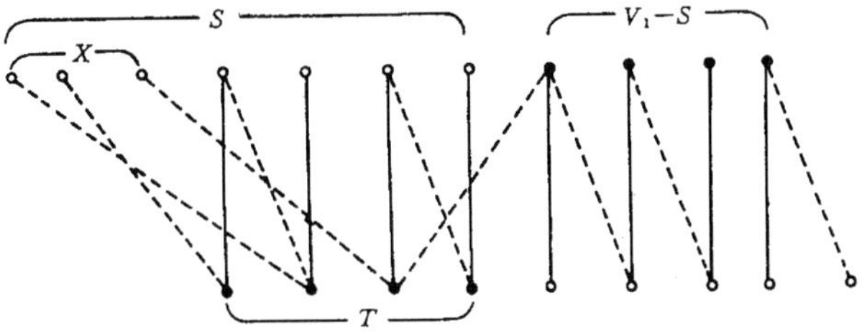

图 13.10

习 题 十 三

本习题中的图均为无向简单图.

1. 无向图 G 为图 13.11 所示. 求

(1) G 中所有极小支配集及支配数 γ_0；

(2) G 中所有极小点覆盖集及点覆盖数 α_0；

(3) G 中所有极大点独立集及点独立数 β_0；

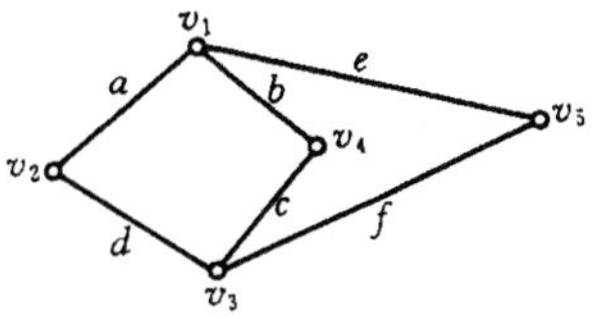

图 13.11

(4) G 中所有极大匹配及匹配数 β_1；

(5) G 中所有极小边覆盖及边覆盖数 α_1.

2. 证明：完全图 $K_{2k}(k\geqslant 1)$ 中存在 $(2k-1)$ 个边不重的完美匹配.

3. 证明：对于任意无向图 G，有 $\alpha_0(G)\geqslant\delta(G)$.

4. 证明：在 8×8 的国际象棋棋盘的一条主对角线上移去两端 1×1 的方格后，所得棋盘不能用 1×2 的长方形恰好填满.

5. 两个人在无向图 G 上做游戏，方法是交替地选择不同的顶点 $v_0, v_1, v_2, \cdots$，使得对于每个 $i>0$，v_i 相邻于 v_{i-1}. 最后一个取点者得胜（不一定选完 G 中所有顶点，选到不能选择为止）. 证明：第一个人有得胜策略当且仅当 G 中无完美匹配.

6. 设二部图 $G=\langle V_1, V_2, E\rangle$ 满足相异性条件，且 $\forall v\in V_1$，$|N(v)|\geqslant t$，又已知 $|V_1|=r$，证明：

(1) 若 $t\leqslant r$，则至少存在 $t!$ 个 V_1 到 V_2 的完备匹配；

(2) 若 $t>r$，则至少存在 $t!/(t-r)!$ 个 V_1 到 V_2 的完备匹配.

7. 一次舞会，共有 n 个小伙子和 n 个姑娘参加，已知每个小伙子至少认识两个姑娘，而每个姑娘至多认识两个小伙子. 问能否将他们分成 n 对舞伴，使得每对中的姑娘与小伙子相互认识？

8. 现有 3 个课外小组：物理组、化学组和生物组. 今有张、王、李、赵、陈 5 名同学，已知：

(1) 张、王为物理组成员，张、李、赵为化学组成员，李、赵、陈为生物组成员.

(2) 张为物理组成员，王、李、赵为化学组成员，王、李、赵、陈为生物组成员.

(3) 张为物理组和化学组成员，王、李、赵、陈为生物组成员.

问在(1)，(2)，(3)三种情况下能否各选出 3 名同学担任的组长？为什么？若能选出，各有多少种不同的选择方案？

第十四章　带权图及其应用

给定图 $G=\langle V,E\rangle$(G 为无向图或为有向图)，设 $W:E\to R$(R 为实数集)，任意的边 $e=(v_i,v_j)$(G 为有向图时，$e=\langle v_i,v_j\rangle$)，设 $W(e)=w_{ij}$，称 w_{ij} 为边 e 上的**权**，并将 w_{ij} 标注在边 e 上，称 G 为**带权图**，此时常将 G 记为 $\langle V,E,W\rangle$. 设 $G'\subseteq G$，称 $\sum\limits_{e\in E(G')} W(e)$ 为 G' 的**权**，记为 $W(G')$.

14.1　最短路径问题

在非带权图中，曾经定义过图中任意两个顶点之间的短程线及距离的概念. 在带权图中，应该在子图的权的意义下，定义两个顶点之间的最短通路的概念.

设 $G=\langle V,E,W\rangle$ 为 n 阶带权图，G 中各边带的权均为非负实数，u,v 为 G 中任意二顶点，若 u 与 v 连通(对于有向图来说，若 u 可达 v)，$P_0(u,v)$(简记为 P_0)为 u 到 v 的一条通路，若满足

$$W(P_0)=\min_{P\in\mathscr{P}(u,v)}\{W(P)\},$$

则称 $P_0(u,v)$为 u 与 v 之间的**最短路**，其中 $\mathscr{P}(u,v)$为 u,v 之间全体通路集合. 并将 $W(P_0)$称为 u,v 之间最短路的权. 当 G 各边带权全为 1 时，P_0 为 u,v 之间的短程线，$W(P_0)$为 u,v 之间的距离.

由以上定义不难看出以下两点：

(1) 由于各边所带权均大于等于 0，所以两个顶点之间的最短路(若存在)一定是路径，因而最短路常称为最短路径.

(2) 若 $uv_{i_1}v_{i_2}\cdots v_{i_k}v$ 为 u 到 v 的最短路径，则 $uv_{i_1}v_{i_2}\cdots v_{i_r}$ $(1\leqslant r\leqslant k)$为 u 到 v_{i_r} 的最短路径.

若顶点 u 与 v 不连通(对于有向图来说 u 不可达 v)，则 u 到 v 无通路，因而也就无最短路，可以规定 u 到 v 的最短路的权为∞.

基于以上定义和讨论，著名计算机学家 E. W Dijkstra 于 1959 年给出了求最短路径的算法，称为 **Dijkstra 标号法**，或简称为**标号法**.

在给出标号法的算法之前，先给出下面有关的概念及记法.

(1) 记 $l_i^{(r)}$ 为算法第 r 步得到的 v_1 到 v_i 的最短路径权的一个上界，记在 v_i 处，称在第 r 步 v_i 所获得的**临时性标号**，简称为 t 标号.

(2) 记 $l_i^{(r)*}$ 为第 r 步得到的 v_1 到 v_i 的最短路径的权，记在 v_i 处代替 $l_i^{(r-1)}$，称 v_i 在第 r 步获得**永久性标号**，简称为 p 标号.

(3) 记 $P_r=\{v|v$ 在前 r 步获 p 标号$\}$，称 P_r 为第 r 步通过集.

(4) 记 $T_r=V(G)-P_r$，称 T_r 为第 r 步的未通过集.

下面介绍用标号法求 G 中指定顶点到其余各顶点的最短路径. 设 $V(G)=\{v_1,v_2,\cdots,v_n\}$，

不妨设指定顶点为 v_1.

求 v_1 到所有其他顶点的最短路径的算法：

开始 $r\leftarrow 0$，v_1 获 p 标号：$l_1^{(0)*}=0$，$v_j(j\neq 1)$ 的 t 标号为 $l_j^{(0)}=w_{1j}$（若 v_1 与 v_j 不相邻，则 $w_{1j}=\infty$），$P_0=\{v_1\}$，$T_0=V-\{v_1\}$.

1 $r\leftarrow r+1$. 求下一个 p 标号顶点：

$$l_i^{(r)*}=\min_{v_j\in T_{r-1}}\{l_j^{(r-1)}\},\quad r\geqslant 1\},$$

将 $l_i^{(r)*}$ 标注在所对应的顶点 v_i 处，表明 v_i 在第 r 步获 p 标号，同时修改通过集与未通过集：

$$P_r=P_{r-1}\cup\{v_i\},\quad T_r=T_{r-1}-\{v_i\},$$

若 $T_r=\varnothing$，则算法结束，否则转 **2**.

2 修改 T_r 中各顶点的 t 标号：

$$l_j^{(r)}=\min\{l_j^{(r-1)},l_i^{(r)*}+w_{ij}\},$$

转 **1**.

对算法的几点说明：

(1) 由于我们讨论的图都是有限图，因而经过 n（n 为 G 的阶数）步后，G 中所有顶点都进入通过集，即 T_{n-1} 必为空，因而算法一定结束.

(2) 若顶点 v_i 在第 $r(0\leqslant r\leqslant n-1)$ 步获得的 p 标号 $l_i^{(r)*}$ 为有限值，则说明 v_1 到 v_i 的最短路存在，且其权为 $l_i^{(r)*}$.

(3) 若顶点 v_i 在第 $r(0\leqslant r\leqslant n-1)$ 步获得的 p 标号 $l_i^{(r)*}$ 为 ∞，则说明 v_1 到 v_i 的最短路不存在.

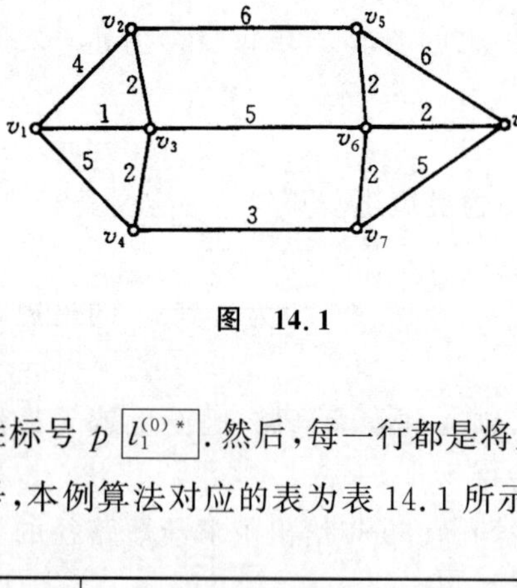

图 14.1

由于图中各边所带权的非负性，$l_i^{(r)*}$ 是 v_1 到 v_i 的最短路径的权是显然的. 算法的复杂度为 $O(n^2)$.

【例 14.1】 无向带权图如图 14.1 所示. 用 Dijkstra 算法求 v_1 到各顶点的最短路及相应的权.

解 若用 $\boxed{l_i^{(r)*}}/v_j$ 表示在第 r 步 v_i 获 p 标号 $l_i^{(r)*}$，且在 v_1 到 v_i 的最短路上，v_i 的前驱是 v_j，则算法可用一张表给出. 第 0 行是算法的开始，v_1 获永久性标号 p $\boxed{l_1^{(0)*}}$. 然后，每一行都是将上一行的最小值之一标成 p 标号，并修改其他顶点的 t 标号，本例算法对应的表为表 14.1 所示.

表 14.1

	v_1	v_2	v_3	v_4	v_5	v_6	v_7	v_8
0	$\boxed{0}$	4	1	5	∞	∞	∞	∞
1		3	$\boxed{1}/v_1$	3	∞	6	∞	∞
2		$\boxed{3}/v_3$		3	9	6	∞	∞
3				$\boxed{3}/v_3$	9	6	6	∞
4					8	$\boxed{6}/v_3$	6	8
5					8		$\boxed{6}/v_4$	8
6					$\boxed{8}/v_6$			8
7								$\boxed{8}/v_6$
	0	3	1	3	8	6	6	8

由表 14.1 可以看出：

v_1 到 v_2 的最短路为 $v_1v_3v_2$，其权为 3；

v_1 到 v_3 的最短路为 v_1v_3，其权为 1；

v_1 到 v_4 的最短路为 $v_1v_3v_4$，其权为 3；

v_1 到 v_5 的最短路为 $v_1v_3v_6v_5$，其权为 8；

v_1 到 v_6 的最短路为 $v_1v_3v_6$，其权为 6；

v_1 到 v_7 的最短路为 $v_1v_3v_4v_7$，其权为 6；

v_1 到 v_8 的最短路为 $v_1v_3v_6v_8$，其权为 8.

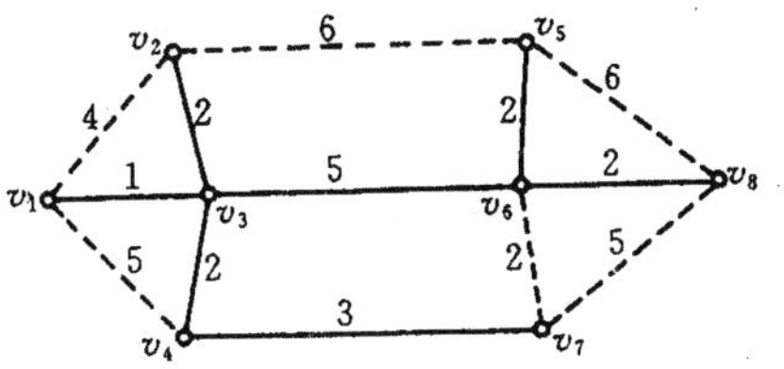

图 14.2

v_1 到各顶点的最短路构成了图中的一棵生成树，见图 14.2 中实边所示子图.

【例 14.2】 有向带权图如图 14.3 所示. 用 Dijkstra 标号法求 v_1 到其余各顶点的最短路及其权.

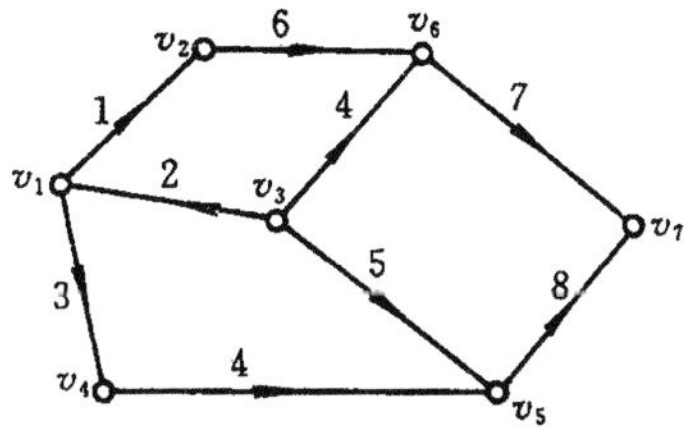

图 14.3

解 计算结果为表 14.2 所示.

表 14.2

	v_1	v_2	v_3	v_4	v_5	v_6	v_7
0	[0]	1	∞	3	∞	∞	∞
1		[1]/v_1	∞	3	∞	7	∞
2			∞	[3]/v_1	7	7	∞
3			∞		[7]/v_4	7	15
4			∞			[7]/v_2	14
5			∞				[14]/v_6
6			[∞]				
	0	1	∞	3	7	7	14

由表 14.2 可以看出：

v_1 到 v_2 的最短路为 v_1v_2，其权为 1；

v_1 到 v_3 不可达，无最短路；

v_1 到 v_4 的最短路为 v_1v_4，其权为 3；

v_1 到 v_5 的最短路为 $v_1v_4v_5$，其权为 7；

v_1 到 v_6 的最短路为 $v_1v_2v_6$，其权为 7；

v_1 到 v_7 的最短路为 $v_1v_2v_6v_7$，其权为 14.

用 Dijkstro 标号法求 G 中 v_1 到 v_k 的最短路只需将以上算法中 $T_r=\varnothing$，则计算结束，改为若 v_k 属于通过集，则计算结束，其他部分不变.

14.2 关键路径问题

PERT(Program Evaluation and Review Technique)是计划评审技术的代号,计划评审技术诞生于1956年,是编制大型工程进度计划和生产计划的有效方法.在运筹学中计划评审技术又称为统筹方法或网络计划技术.

定义 14.1 设 D 是 n 阶有向简单带权图,若满足:

(1) D 中无回路;

(2) D 中有一个顶点的入度为0,记为 v_1,称 v_1 为**发点**,有一个顶点的出度为0,记为 v_n,称 v_n 为**收点**;

(3) 任意的 $v\in V-\{v_1,v_n\}$,则 v 在某条从 v_1 到 v_n 的路径上,则称 D 是 **PERT 图**.

在 PERT 图中,每条边表示一道工序或一种活动,若有向边 $\langle v_i,v_j\rangle$, $\langle v_j,v_k\rangle$ 相邻,则表示工序 $\langle v_j,v_k\rangle$ 必须在 $\langle v_i,v_j\rangle$ 结束后才能开始. $\forall v_i\in V$, v_i 表示一种状态,它表示关联到它的工序都结束之后,关联于它的工序才能开始,发点 v_1 表示整个工程的开始,收点 v_n 表示整个工程的结束.图中各边上的权表示完成相应工序所需要的时间,因而各边上的权均大于等于零.

定义 14.2 在 PERT 图中的**关键路径**是从发点 v_1 到收点 v_n 的最长(按权计算)的路径.处于关键路径上的顶点称为**关键状态**,处在关键路径上的边称为**关键工序**或**关键活动**.

由 PERT 图的定义可知,任何 PERT 图中的关键路径是存在的,但可以不只一条.要想使整个工程的工期缩短,必须将每条关键路径上的至少一条边的权缩小.

如何求出 PERT 图中的关键路径呢?可以通过求图中各顶点的最早完成时间、最晚完成时间和缓冲时间来求关键路径.

定义 14.3 设 PERT 图 D,任意的 $v_i\in V(D)$,称从发点 v_1 沿最长的路径到达 v_i 所需要的时间为 v_i 的**最早完成时间**,记作 $TE(v_i)$.

从定义不难看出,$TE(v_i)$ 是以 v_i 为起点的各工序的最早可能开工时间,因而称为 v_i 的最早完成时间,它是 v_1 到 v_i 的最长路径的权.显然,v_1 的最早完成时间为0,即 $TE(v_1)=0$,而 v_n 的最早完成时间,即为关键路径的长度(权).最早完成时间的计算公式如下:

$$\begin{cases}TE(v_1)=0,\\ TE(v_i)=\max\limits_{v_j\in\Gamma^-(v_i)}\{TE(v_j)+w_{ji}\},i\neq 1.\end{cases} \quad ①$$

其中,$\Gamma^-(v_i)$ 为 v_i 的先驱元集,w_{ji} 为边 $\langle v_j,v_i\rangle$ 的权.

定理 14.1 设 $P_E=\{v\mid TE(v)\text{已算出}\}$, $T_E=V-P_E$,若 $T_E\neq\varnothing$,则存在 $u\in T_E$,使得

$$\Gamma^-(u)\subseteq P_E.$$

本定理的证明留作习题.

由定理14.1可知,可以求出 D 中各顶点的最早完成时间,直至 $TE(v_n)$.

定义 14.4 在保证收点 v_n 的最早完成时间 $TE(v_n)$ 不增加的条件下,自 v_1 最迟到达 v_i 所需要的时间,称为 v_i 的**最晚完成时间**,记作 $TL(v_i)$.

其实,$TL(v_i)$ 为 $TE(v_n)$ 与 v_i 沿最长(按权计算)路径到达 v_n 所需时间之差,$TL(v_i)$ 是关联于 v_i 的各道工序所允许的最迟的开工时间,其计算公式为

$$TL(v_n)=TE(v_n),$$

$$TL(v_i)=\min_{v_j\in\Gamma^+(v_i)}\{TL(v_j)-w_{ij}\},\quad i\neq n.$$

其中，$\Gamma^+(v_i)$为 v_i 的后继元集，w_{ij}为边$\langle v_i,v_j\rangle$的权.

定理 14.2 设 $P_L=\{v\mid TL(v)\text{已算出}\}$，$T_L=V-P_L$，若 $T_L\neq\varnothing$，则存在 $u\in T_L$，使得

$$\Gamma^+(u)\subseteq P_L.$$

由定理 14.2 可知，各顶点的最晚完成时间都可以算出.

定义 14.5 称 $TL(v_i)-TE(v_i)$为 v_i 的**缓冲时间**或**松弛时间**，记为 $TS(v_i)$.

容易看出，$TS(v_i)\geqslant 0$，$i=1,2,\cdots,n$.

定理 14.3 $TS(v_i)=0$ 当且仅当 v_i 处在关键路径上.

定理 14.3 的证明是简单的.

由定理 14.3 可求出关键路径，由 $TE(v_n)$可知关键路径的权(长度).

【例 14.3】 求图 14.4 所示 PERT 图中各顶点的最早、最晚及缓冲时间，并求出所有关键路径.

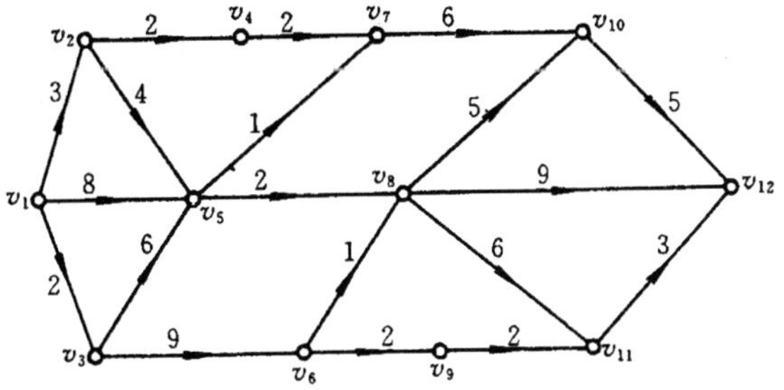

图 14.4

解 表 14.3 给出了各顶点的最早、最晚及缓冲时间. 图 14.5 中实边所示子图为关键路径，它的权(长度)为 $TE(v_{12})=22$.

表 14.3

v_i	v_1	v_2	v_3	v_4	v_5	v_6	v_7	v_8	v_9	v_{10}	v_{11}	v_{12}
$TE(v_i)$	0	3	2	5	8	11	9	12	13	17	18	22
$TL(v_i)$	0	6	2	9	10	11	11	12	17	17	19	22
$TS(v_i)$	0	3	0	4	2	0	2	0	4	0	1	0

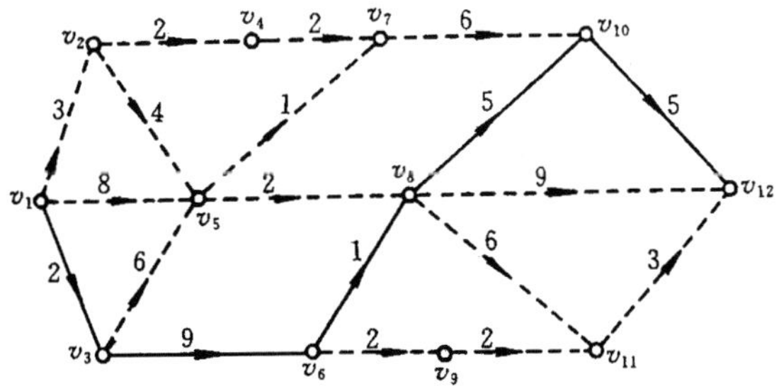

图 14.5

关键路径只有一条：$v_1v_3v_6v_8v_{10}v_{12}$，其长度(权)为 22.

求 PERT 图中关键路径，即计算各顶点的最早、最晚及缓冲时间的复杂度为 $O(m)$，其中

m 为图中边数.

14.3 中国邮递员问题

一个邮递员从邮局出发投递信件,他必须在他所管辖范围内的所有街道至少走一次,最后回到邮局,他自然希望选择一条最短的路线完成投递任务,那么如何选择这样的路线呢? 这个问题是中国数学家管梅谷先生首先提出的,因而被称作**中国邮递员问题**,也可以简称为邮递员问题.

要解邮递员问题,首先应将该问题用图来描述. 构造无向带权图 $G=\langle V,E,W\rangle$, E 为街道集合, V 中元素为街道的交叉点. 街道的长度为该街道对应的边的权,显然所有权均大于 0. 邮递员问题就变成了求 G 中一条经过每条边至少一次的回路,使该回路所带权最小的问题,并且称满足以上条件的回路是**最优投递路线**或**最优回路**.

显然,若 G 是欧拉图,则最优投递路线为 G 中的任意一条欧拉回路. 若 G 不是欧拉图,则最优投递路线必须要有重复边出现,而要求重复边权之和达到最小,具体说来是这样的. 若 G 不是欧拉图,则 G 必有奇度顶点,当然设 G 是连通图,为了消去奇度顶点,必须加若干条重复边,使重复边的边与原边的权相同,设所得图为 G^*,于是求 G 的最优投递路线就等价于求 G^* 的一条欧拉回路,使得重复边权之和 $\sum\limits_{e\in F} w(e)$ 最小,其中 $F=E(G^*)-E(G)$.

设 C 是 G 中一条最优投递路线, G^* 为对应的欧拉图, G^* 中的添加重复边应满足什么条件呢? 请见下面定理.

定理 14.4 C 是带正权无向连通图 $G=\langle V,E,W\rangle$ 中的最优投递路线当且仅当对应的欧拉图 G^* 应满足:

(1) G 的每条边在 G^* 中至多重复出现一次;

(2) G 的每个圈上在 G^* 中重复出现的边的权之和不超过该圈权的一半.

证明 必要性. 首先证明(1).

设 C 是最优投递路线,即 C 是 G^* 中的欧拉回路,满足 $\sum\limits_{e\in F} w(e)$ 最小, $F=E(G^*)-E(G)$. 设 G 中边 e 在 G^* 中的重复度为 $m(e)$,即在 G 中的 e 的两个端点 u,v 之间添加了 $m(e)-1$ 条重复边. 若 $m(e)\geqslant 3$,在 G^* 中 u,v 之间的边中随便删除两条,不改变 u,v 度数的奇偶性,因而所得图 G^{**} 仍为欧拉图. 由于 G 中各边的权均为正的,因而 $W(F_2)<W(F_1)$,其中 $F_2=E(G^{**})-E(G)$,而 $F_1=E(G^*)-E(G)$,这与 C 是最优投递路线矛盾.

下面证明(2)成立.

设 C_1 是 G 中一个圈,并且在 G^* 中, C_1 上重复出现的边的权之和大于 C_1 权的一半,见图 14.6(a)所示. 将 C_1 上重复出现的边都去掉,而没有重复出现的边各加一条重复边,这样做不改变 G^* 中 C_1 上各顶点度数的奇偶性,见图 14.6(b)所示. 设所得图为 G^{**}, G^{**} 仍为欧拉图,可是 $W(G^{**})<W(G^*)$,这与 C 是最优投递路线又是矛盾的,因而(2)成立.

充分性. 其实,只要证明满足(1),(2)两个条件的最优投递路线的权相等,也就是,只要证明满足(1),(2)两个条件的最优投递路线对应欧拉图的重复边的权和相等.

设 C_1 和 C_2 是满足(1),(2)两个条件的不同的投递路线,它们对应的欧拉图分别为 G_1^* 和 G_2^*, F_1, F_2 分别为 G_1^* 和 G_2^* 的重复边集合. 又设 $F=F_1\oplus F_2$, $G[F]$ 为 $G_1^*\cup G_2^*$ 中 F 的导出

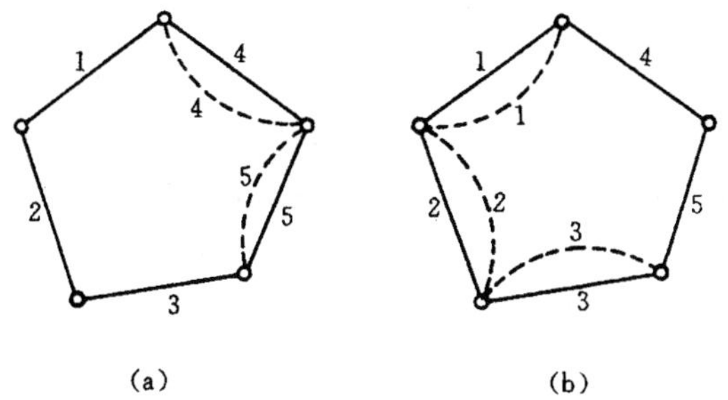

图 14.6

子图.由于在 G_1^* 和 G_2^* 中,过某顶点 v 的添加条数的奇偶性与 v 在 G 中的度数,即 $d_G(v)$ 的奇偶性相同,因而 $G[F]$ 中各顶点的度数均为偶数,于是 $G[F]$ 各连通分支均为欧拉图.从而 $G[F]$ 是若干个边不重的圈的并.而 $G[F]$ 中各圈均既有 F_1 中的边又有 F_2 中的边.设 C' 为 $G[F]$ 中一个圈,由(2)可知,C' 上 F_1 中边的权之和与 F_2 中边的权之和均小于等于 $\frac{1}{2}W(C')$,于是 F_1,F_2 在 C' 中边的权和必相等,都等于 $\frac{1}{2}W(C')$.由 C' 的任意性及 F 的构造可知 $W(G_1^*)=W(G_2^*)$,即 $W(C_1)=W(C_2)$,这就证明了充分性. ▌

由定理 14.4 可知,为了求带正权无向连通图 G 中的最优投递路线,若 G 不是欧拉图,G 中必有奇度顶点,给 G 的某些边加重复边使其成为欧拉图并且满足定理中的条件(1),再检验所有圈中添加重复边的权之和是否满足条件(2).若不满足,则按定理证明中的办法进行调整.设最后得到的欧拉图为 G^* 满足定理中的条件,在 G^* 从任何顶点出发走出的欧拉回路都是最优投递路线.不过这种方法的计算量太大.

由定理 14.4 不难证明下面定理.

定理 14.5 设带正权无向连通图 $G=\langle V,E,W\rangle$,V' 为 G 中奇度顶点集,设 $|V'|=2k(k\geqslant 0)$,$F=\{e|e\in E\wedge$ 在求 G 的最优回路时加了重复边$\}$,则 F 的导出子图 $G[F]$ 可以表示为以 V' 中顶点为起点与终点的 k 条不交的最短路径之并.

基于定理 14.5,J. Edmonds 和 E. L. Johnson 于 20 世纪 70 年代给出了求解邮递员问题的有效算法,其算法的复杂度为 $O(n^4)$,其中 n 为 G 中顶点数.

算法步骤如下:

1 若 G 中无奇度顶点,令 $G^*=G$,转 **2**,否则转 **3**.

2 求 G^* 中的欧拉回路,结束.

3 求 G 中所有奇度顶点对之间的最短路径.

4 以 G 中奇度顶点集 V' 为顶点集,$\forall v_i,v_j\in V'$,边 (v_i,v_j) 的权为 v_i,v_j 之间最短路径的权,得完全带权图 $K_{2k}(2k=|V'|)$.

5 求 K_{2k} 中最小权完美匹配 M.

6 将 M 中边对应的各最短路径中的边均在 G 中加重复边,得欧拉图 G^*,转 **2**.

对算法的几点说明:

在 **1** 中,若 G 中无奇度顶点,G 又是连通图,因而 G 为欧拉图.

在 **2** 中,用 8.1 节中介绍的算法求欧拉回路.

在**3**中，用14.1节中介绍的Dijkstra算法求最短路径.

在**5**中，求带权图的最小权最大匹配已有复杂度为$O(n^3)$的算法，n为顶点数.

【例14.4】 求图14.7所示带权图中的最优投递路线.

解 图中只有两个奇度顶点，即$V'=\{B,E\}$，容易求出B到E的最短路径$BAFE$，其权为13.完全带权图K_2为图14.8(a)所示，相应的欧拉图G^*为图14.8(b)所示.若邮局在A，从A出发的任意一条欧拉回路都是最优投递路线，其权为$W(G^*)$.如$C=AFEDCBAFECFBA$就是其中的一条，$W(C)=77$.

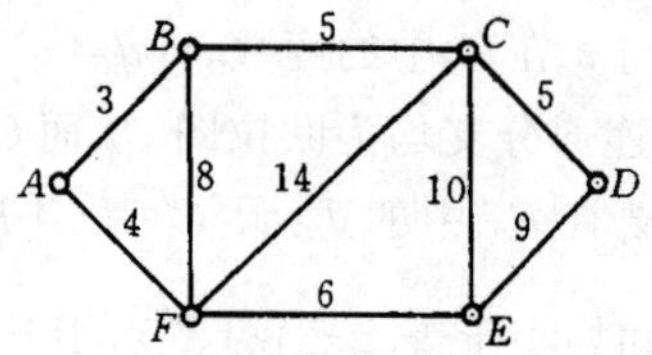

图 14.7

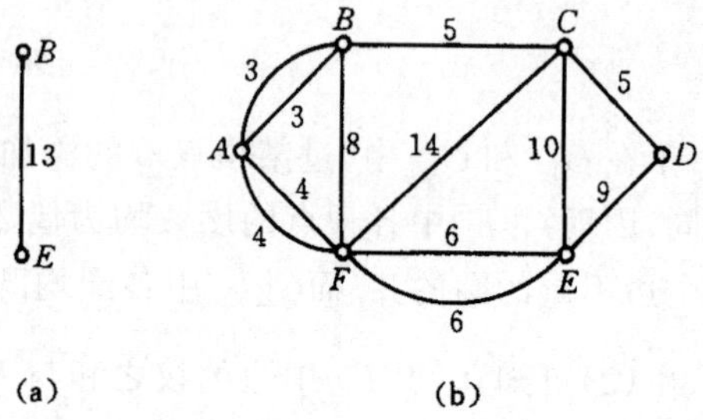

图 14.8

【例14.5】 求图14.9所示图G的最优投递路线.

解 奇度顶点集$V'=\{B,H,G,D\}$，$|V'|=4$.用Dijkstra算法容易求出：

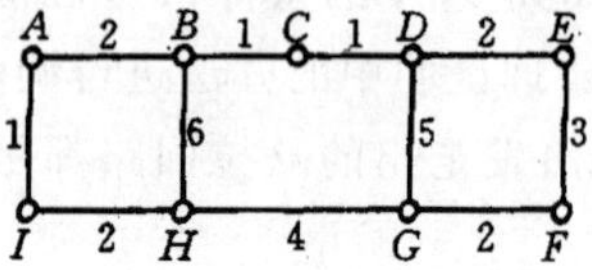

图 14.9

B到D的最短路径为BCD，其权为2；

B到H的最短路径为$BAIH$，其权为5；

B到G的最短路径为$BCDG$，其权为7；

D到H的最短路径为$DCBH$，其权为7；

D到G的最短路径为DG，其权为5；

H到G的最短路径为HG，其权为4.

算法第**4**步所要求的完全图K_4为图14.10(a)所示.图中最小权完美匹配为$M=\{(B,D),(H,G)\}$.在G中，将K_4中BD和HG对应的最短路径上的各边重复一次得欧拉图为图14.10(b)所示.图G的最优投递路线的权为$W(G^*)=35$.

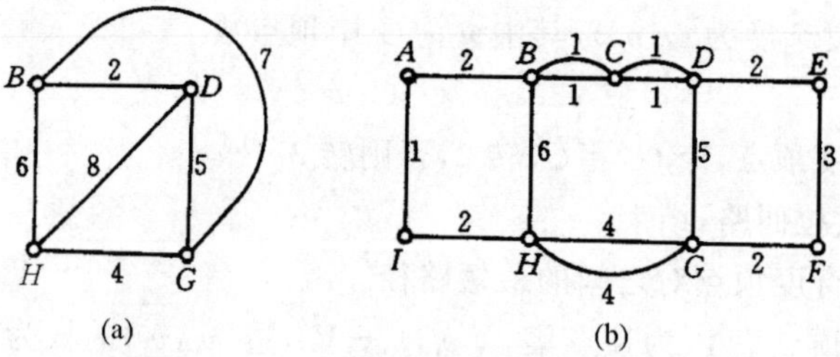

图 14.10

14.4 最小生成树

定义14.6 设无向连通带权图$G=\langle V,E,W\rangle$，G中带权最小的生成树称为G的**最小生成**

树.

若 $G=\langle V,E,W\rangle$ 中,V 为 n 个城市的集合,E 是城市之间道路的集合,而对于任意的 $e=(v_i,v_j)$,$W(e)=w_{ij}(w_{ij}>0)$ 为造公路 e 的造价,则 G 中每棵最小生成树都是 n 个城市间的总造价最小的公路网.

下面先讨论最小生成树的性质.

定理 14.6 设 T 是无向连通带权图 $G=\langle V,E,W\rangle$ 中的一棵生成树,则下面命题等价:

(1) T 是 G 中的最小生成树;

(2) 任意的 $e\in E(T)$,设 e 对应的基本割集为 S_e,都有 e 是 S_e 中带权最小的边;

(3) 任意的 $e\in E(\overline{T})$($\overline{T}$ 为 T 的余树),设 C_e 是 e 对应的基本的回路,都有 e 是 C_e 中带权最大的边.

证明 (1)⇒(2). 若 S_e 中只有边 e,结论显然成立. 若 S_e 中除 e 外,还有弦,并且存在弦 $e'\in S_e$,$W(e')<W(e)$,令 $T'=(T-e)\cup\{e'\}$,易知 T' 还是 G 的生成树,且 $W(T')<W(T)$,这与 T 是 G 中最小生成树是矛盾的.

(2)⇒(3). 否则,设 e 不是 C_e 中带权最大的边,则 C_e 中存在树枝 e' 使得 $W(e')>W(e)$. 但 e' 对应的基本割集 $S_{e'}$ 必含 e,这与(2)是矛盾的.

(3)⇒(1). 要证明满足(3)的生成树 T 是 G 的最小生成树. 否则,T 满足(3),但 T 不是最小生成树. 设 T' 是 G 中最小生成树且 T' 是与 T 有最多公共边的最小生成树,下面来推矛盾. 设 $e\in E(T')-E(T)$,C_e 是关于 T 的对应弦 e 的基本回路,S_e 是关于 T' 的对应树枝 e 的基本割集,$e\in E(C_e)\cap S_e$. 设 $S_e=(V_1,\overline{V}_1)$,e 的两个端点分属 V_1 和 $\overline{V}_1$. 由于 C_e 只能通过 S_e 中的边从 V_1 到 $\overline{V}_1$ 和从 $\overline{V}_1$ 到 V_1,故存在 $e'\in E(C_e)\cap S_e$ 且 $e'\neq e$. 因为 T' 是最小生成树,由(1)⇒(2),有 $W(e)\leqslant W(e')$. 而 T 满足(3),有 $W(e')\leqslant W(e)$. 从而 $W(e')=W(e)$. 令 $T^*=(T'-e)\cup\{e'\}$,T^* 仍是生成树且 $W(T^*)=W(T')$,因而 T^* 也是 G 的最小生成树,但 $|E(T)\cap E(T^*)|=|E(T)\cap E(T')|+1$,这与最小生成树 T' 的选取是矛盾的. 所以 T 是最小生成树. ▌

定理 14.7 设 $G=\langle V,E,W\rangle$ 是无向连通带权图,C 为 G 中任意一个圈,e' 是 C 中带权最大的边,则 $G-e'$ 中的最小生成树也是 G 中的最小生成树。

证明 首先证明在 G 中一定存在最小生成树 T^*,使得 $e'\notin E(T^*)$. 设 T 为 G 的任意一棵最小生成树,若 $e'\notin E(T)$,令 $T^*=T$. 否则 $e'\in E(T)$,由于 $e'\in E(T)\cap E(C)$,则 e' 对应的基本割集 $S_{e'}$ 中还必含 C 中的边 e'',否则 $G-S_{e'}$ 仍然连通. 由已知条件可知,$W(e'')\leqslant W(e')$. 而由定理 14.6 可知 $W(e'')\geqslant W(e')$,于是 $W(e'')=W(e')$,令 $T^*=(T-e')\cup(e'')$,则 $W(T^*)=W(T)$,因而 T^* 为 G 的最小生成树并且不含 e'. 显然 T^* 为 $G-e'$ 的生成树,于是对于 $G-e'$ 的任意的最小生成树 T_1,$W(T_1)\leqslant W(T^*)$. T_1 显然也是 G 的生成树,又有 $W(T^*)\leqslant W(T_1)$,从而 $W(T_1)=W(T^*)$,于是 T_1 是 G 的最小生成树. ▌

定理 14.8 设 $G=\langle V,E,W\rangle$ 为无向连通带权图. $S=(V_1,\overline{V}_1)$ 为 G 中一个断集,$e'\in S$ 且 $W(e')=\min\limits_{e\in S}\{W(e)\}$,设 T' 是以 e' 为树枝的所有生成树中带权最小的,则 T' 是 G 的最小生成树.

证明 首先证明 G 中存在 e' 为树枝的最小生成树 T^*. 设 T 为 G 中的任意一棵最小生成树,若 $e'\in E(T)$,则取 $T^*=T$. 若 $e'\notin E(T)$,则 e' 为 T 的弦,因而存在对应 e' 的基本回路 $C_{e'}$,由于 $e'\in E(C_{e'})\cap S$,所以 $\exists e''\in E(C_{e'})\cap S$,且 $e''\neq e'$. 由定理 14.6 可知,$W(e')\geqslant W(e'')$,又由

已知条件知，$W(e') \leqslant W(e'')$，从而 $W(e'')=W(e')$. 令 $T^*=(T-e'')\cup\{e'\}$，则 $W(T^*)=W(T)$，所以 T^* 是 G 的最小生成树且含边 e'. 由于 T' 是以 e' 为树枝的所有生成树中带权最小的，所以 $W(T') \leqslant W(T^*)$，又因 T' 是 G 的生成树是显然的，而 T^* 是最小生成树，所以 $W(T^*) \leqslant W(T')$，于是 $W(T')=W(T^*)$，故 T' 是 G 的最小生成树. ▌

定理 14.9 设 $G=\langle V,E,W\rangle$ 是无向连通带权图，e 是 G 非环且是带权最小的边. 则 G 中一定存在含 e 作为树枝的最小生成树 T^*.

证明 设 T' 为 G 中一棵最小生成树，若 e 是 T' 的树枝，则取 $T^*=T'$ 满足要求. 若 $e \notin E(T')$，则 e 为 T' 的弦，设 C_e 为弦 e 对应的基本回路，若 C_e 上存在边 e'，有 $W(e')=W(e)$，取 $T^*=(T'-e')\cup\{e\}$，则 $W(T^*)=W(T')$，则 T^* 是满足要求的最小生成树. 否则，C_e 上的其他边（T' 的树枝）的权都大于 $W(e)$，这与定理 14.6 中的(3)是矛盾的，所以不会出现这种情况. ▌

定义 14.7 设 $G=\langle V,E\rangle$ 为一个无向图，$e=(v_i,v_j)$ 为 G 中一条非环边. 将 v_i,v_j 合并成一个顶点 v'（超点），使 v' 关联 v_i 与 v_j 关联的一切边，称为边 e 的两个端点 v_i 与 v_j 的**短接**.

注意边的端点的短接与边的收缩的区别. 在边 e 的端点的短接中，边 e 为所得图的环，而 e 收缩后所得图中边 e 不存在了. 另外，超点 v' 往往由 v_i 或 v_j 充当.

定理 14.10 设 $G=\langle V,E,W\rangle$ 为一个无向连通带权图，e 是 G 中非环的带权最小的边，设 G' 是 G 中短接 e 的两个端点后所得的图，T' 是 G' 中的最小生成树，在 G 中设 $T^*=G[E(T')\cup\{e\}]$，则 T^* 是 G 中的最小生成树.

证明 T^* 是 G 的生成树是显然的. 由 T^* 的构造可知

$$W(T^*)=W(T')+W(e). \qquad ①$$

由定理 14.9 知，G 中存在含 e 的最小生成树，设 $\widetilde{T}$ 是 G 中含 e 的一棵最小生成树，设 $\widetilde{T}'$ 是 $\widetilde{T}$ 中短接 e 的两个端点的图，显然 $\widetilde{T}'$ 是 G' 的生成树. 因而

$$W(\widetilde{T})=W(\widetilde{T}')+W(e). \qquad ②$$

若 T^* 不是 G 中最小生成树，则

$$W(\widetilde{T})<W(T^*). \qquad ③$$

由①，②，③可知

$$W(\widetilde{T}')<W(T'),$$

这矛盾于 T' 是 G' 的最小生成树，因而 T^* 是 G 的最小生成树. ▌

下面给出求最小生成树的几种算法.

1. 避圈法

此算法由 Kruskal 于 1956 年给出，所以避圈法也称为 Kruskal 算法.

设 $G=\langle V,E,W\rangle$ 为 n 阶 m 条边的无向连通图，E 中边按它们所带权的大小编号，即 $W(e_1)\leqslant W(e_2)\leqslant\cdots\leqslant W(e_m)$. 用避圈法求 G 中最小生成树的算法如下：

开始 令 $T_0=\langle V,\varnothing\rangle$，$i\leftarrow 1$，$j\leftarrow 0$.

1 若 $T_j\cup\{e_i\}$ 含圈转 **2**，否则转 **3**.

2 $i\leftarrow i+1$，转 **1**.

3 令 $T_{j+1}=T_j\cup\{e_i\}$，$j\leftarrow j+1$.

4 若 $j=n-1$，停止，否则转 **2**.

由于 G 是连通图，当算法结束时，得到的 G 的 $n-1$ 阶无圈子图 T_{n-1}，由定理 9.1 可知

T_{n-1}是 G 的生成树.又被算法留在 T_{n-1}外的边均为 T_{n-1}的弦，由算法可知，这些弦在它们所对应的基本回路中是带权最大的边，由定理 14.6(3)可知，T_{n-1}是 G 的最小生成树，综上所述，Kruskal 的避圈法是正确的.

避圈法算法的复杂度为 $O(m\ln m)$，其中 m 为 G 中边数.

【例 14.6】 用避圈法求图 14.11 所示图的最小生成树.

解 图 14.12 给出了算法的计算过程，实线边表示树枝.所得生成树 T 为最小生成树，$W(T)=11.5$.

在避圈法中，要判所得 G 的子图是否含圈，若将算法每步中得到的树枝的两个端点短接，就可不用判圈，所以还可以得到逐步短接法的算法.

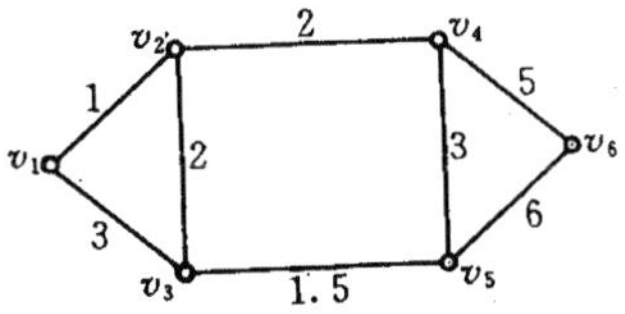

图 14.11

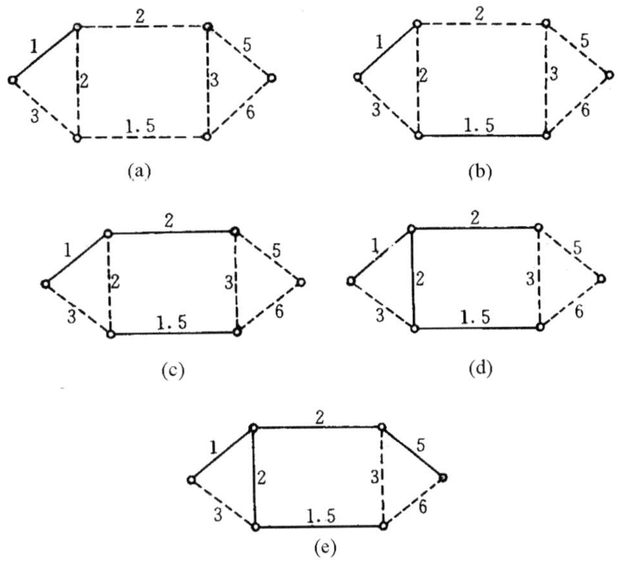

图 14.12

2. 逐步短接法

仍设 $G=\langle V,E,W\rangle$为 n 阶 m 条边无向连通带权图，并设 G 中不含环(因为环不会在生成树中)，且 $W(e_1)\leqslant W(e_2)\leqslant\cdots\leqslant W(e_m)$.

算法的主要步骤如下：

开始 令 $G'_1=G,k\leftarrow 1$.

1 设 $e_1^k=(v_i^k,v_i^k)$为 G'_k中带权最小的边，短接 v_i^k,v_j^k 得超点 v'_k，所得图为 G'_{k+1}.若 G'_{k+1}中含环就全都删除.

2 $k\leftarrow k+1$.

3 若 $k=n$，结束，否则转 **1**.

设在算法过程中短接端点边集为 $E'=\{e_1^1,e_1^2,\cdots,e_1^{n-1}\}$，则$G[E']$为 G 中一棵最小生成树.在算法中被删除的环全是所得最小生成树的弦.

由定理 14.9 和定理 14.10，逐步短接法的算法是正确的.

此算法由 O. Boruvka 给出，其复杂度为 $O(m\ln n)$.

【例 14.7】 用逐步短接法求图 14.11 所示图的最小生成树.

解 用图表示出计算的全部过程.短接两个端点的全体边的导出子图为图 14.13(f)所示.算法中共产生 4 个环,它们都被删除,均为弦.

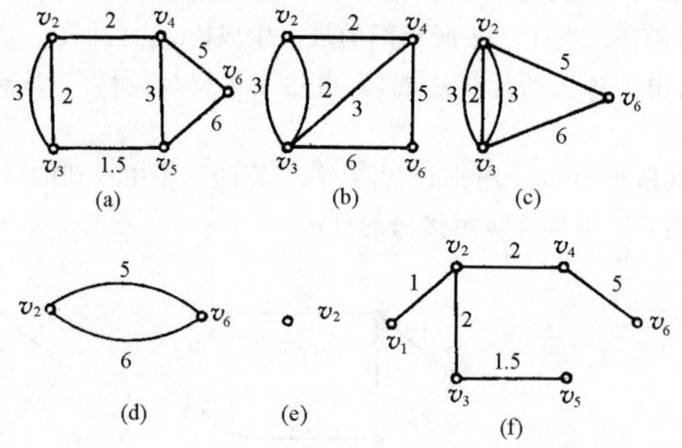

图 14.13

在图 14.13(a)中短接了(v_1,v_2)的端点 v_1,v_2,记超点 $v_1'=v_2$.在(b)中,短接了(v_3,v_5)的端点 v_3,v_5,记超点 $v_2'=v_3$.在(c)中,短接了(v_2,v_4)的端点 v_2,v_4,记超点 $v_3'=v_2$.在(d)中,短接了(v_2,v_3)(权为 2 的边)的端点 v_2,v_3,记超点 $v_4'=v_2$,删除权为 3,3 的两条环作为弦.在(e)中,短接了(v_2,v_6)(权为 5 的边)的两个端点 v_2,v_5,记超点 $v_5'=v_2$,删除了权为 6 的边作为弦.

3. 破圈法

破圈法由 Rosenstiehl 于 1967 年和管梅谷于 1975 年分别给出.

设 $G=\langle V,E,W\rangle$ 为 n 阶 m 条边的连通带权图,用破圈法求 G 的最小生成树的步骤如下.

开始 令 $G_0=G,k\leftarrow 0$.

1 若 G_k 中不含圈,转 **2**.否则,设 C 为 G_k 中一个圈,e_k 为 C 上带权最大的边,令 $G_{k+1}=G_k-e_k;k\leftarrow k+1$,重复 **1**.

2 结束.

结束时,G_k 为 G 中最小生成树.

由定理 14.7 可知,破圈法的正确性.

破圈法的复杂度与避圈法相当.当 G 中圈较少时,用破圈法比避圈法好些.

【例 14.8】 用破圈法求图 14.11 中的最小生成树.

解 先选哪个圈都没关系.若先选的圈为 $v_4v_5v_6v_4$,则删除边(v_5,v_6).再选圈 $v_1v_2v_3v_1$,删除边(v_1,v_3).再取圈 $v_2v_4v_5v_3v_2$,删除边(v_4,v_5),最后得生成树 $T,W(T)=11.5$.虽然以上三种方法得到的最小生成树均是同一棵,但这无一般性.一般说来,图中的最小生成树不一定惟一.

4. 断集法

此算法由 Prim 于 1957 年提出.

设 $G=\langle V,E,W\rangle$ 为 n 阶 m 条边无向连通带权图.断集法的主要步骤如下:

开始 取 v 为 V 中任一顶点,令 $V_0=\{v\},E_0=\varnothing,k\leftarrow 0$.

1 若 $V_k = V$，结束，否则转 **2**.

2 构造断集 $(V_k, \overline{V}_k)$，设 $e_k = (v_k, v_k')$ 为 $(V_k, \overline{V}_k)$ 中带权最小的边（若不惟一可任选一条），令 $V_{k+1} = V_k \cup \{v_k'\}(v_k' \in \overline{V}_k)$，$E_{k+1} = E_k \cup \{e_k\}$，$k \leftarrow k+1$，转 **1**.

由定理 14.8 保证断集法是正确的. 算法的复杂度为 $O(m + n\ln n)$，其中 m, n 分别为 G 的边数和顶点数.

14.5 最 优 树

设 T 是 m 叉树，若对 T 的每片树叶指定一个实数，则称 T 为带权的 m 叉树.

定义 14.8 设二叉树 T 有 t 片树叶 $v_1, v_2, \cdots, v_t$，分别带权为 $w_1, w_2, \cdots, w_t$. 称 $W(T) = \sum_{i=1}^{t} w_i L(v_i)$ 为 T 的**权**，其中 $L(v_i)$ 为 v_i 的层数.

定义 14.9 在所有带权为 $w_1, w_2, \cdots, w_t$ 的 t 片树叶的二叉树中，其权最小的二叉树称为**最优二叉树**，简称**最优树**.

下面介绍求最优树的 Huffman 算法.

给定实数 $w_1, w_2, \cdots, w_t$，且设 $w_1 \leqslant w_2 \leqslant \cdots \leqslant w_t$. 算法的步骤如下：

1 连接以 w_1, w_2 为权的两片树叶，得到分支点带权为 $w_1 + w_2$.

2 在 $w_1 + w_2, w_3, w_4, \cdots, w_t$ 中再取两个最小的权，连接它们对应的顶点又得到新的分支点及所带的权，重复 **2** 直到形成 $t-1$ 个分支点，t 片树叶为止.

【例 14.9】 用 Huffman 算法求带权为 2,3,5,7,8 的最优二叉树.

解 求最优树的过程由图 14.14 给出.

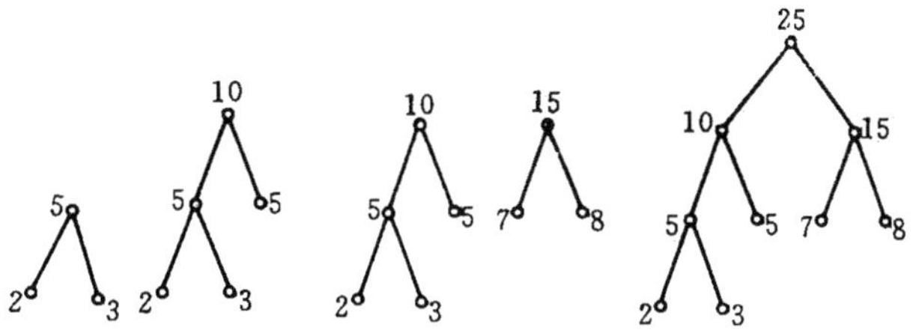

图 14.14

$W(T) = 55$.

为了证明 Huffman 算法的正确性，先证下面定理.

定理 14.11 在带权为 $w_1 \leqslant w_2 \leqslant \cdots \leqslant w_t$ 的所有最优树中，一定存在以权为 w_1, w_2 的两顶点 v_1, v_2 为兄弟，且 v_1, v_2 的层数都是树高 h 的最优树.

本定理的证明留作习题.

定理 14.12（Huffman 定理） 设 T' 是带权为 $w_1 + w_2, w_3, \cdots, w_t$ 的最优二叉树，其中 $w_1 \leqslant w_2 \leqslant \cdots \leqslant w_t$，如果将 T' 中带权为 $w_1 + w_2$ 的树叶作为分支点，使它带两个儿子，带权分别为 w_1 和 w_2，记所得树为 T^*，则 T^* 是带权为 $w_1, w_2, \cdots, w_t$ 的最优树.

证明 由定理 14.11 可知，存在带权为 $w_1 \leqslant w_2 \leqslant \cdots \leqslant w_t$ 的最优树 $\widetilde{T}$，w_1, w_2 对应的顶点

v_1,v_2 为兄弟且它们的层数为树高 h. 下面证明 $W(T^*)=W(\widetilde{T})$. 令 $\hat{T}=\widetilde{T}-\{v_1,v_2\}$，则 $\hat{T}$ 是带权 $w_1+w_2,w_3,\cdots,w_t$ 的二叉树. 易知：

$$W(T^*)=W(T')+w_1+w_2, \qquad ①$$

$$W(\widetilde{T})=W(\hat{T})+w_1+w_2. \qquad ②$$

若 T^* 不是最优树，则 $W(T^*)>W(\widetilde{T})$. 于是，

$$W(T')>W(\hat{T}).$$

这矛盾于 T' 是带权为 $w_1+w_2,w_3,\cdots,w_t$ 的最优树. ▎

由 Huffman 定理易知 Huffman 算法是正确的.

定理 14.13 设 $r(r\geqslant 2)$ 叉正则树 T 的分支点数为 i，树叶数为 t，则 $(r-1)i=t-1$.

本定理的证明留作习题.

由定理 14.13，可以推广 Huffman 算法.

给定 t 个实数 $w_1\leqslant w_2\leqslant\cdots\leqslant w_t$，求带权为 $w_1,w_2,\cdots,w_t$ 的最优 r 叉树可分以下两种情况讨论：

(1) 若 $t-1\equiv 0(\mathrm{mod}(r-1))$，说明所求 r 叉树为正则树，可仿 Huffman 算法求出 r 叉正则树.

(2) 若 $t-1\equiv s(\mathrm{mod}(r-1))$，$1\leqslant s\leqslant r-2$，说明所求树不是正则树，可将 $s+1$ 个最小的权对应的树叶为兄弟，放在最高层上，它们的父亲带权为 $w_1+w_2+\cdots+w_s+w_{s+1}$，然后仿 Huffman 算法.

【例 14.10】 求最优 3 叉树.

(1) 权为 1,1,2,3,3,4,5,6,7.

(2) 权为 1,1,2,3,3,4,5,6,7,8.

解 易知，(1)中权对应的最优 3 叉树为正则的，(2)中权对应的最优 3 叉树不是正则的. 画出的 3 叉树分别由图 14.15(a)，(b)给出.

(a)中树的权为 61，(b)中树的权为 81.

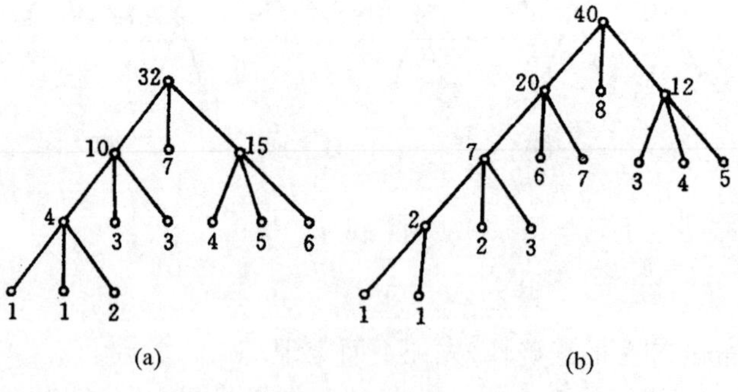

图 14.15

下面介绍最优树的应用.

在通信工作中，常用二进制数字 0,1 组成的符号串(简称为二元码)来表示数字、字母、汉字等，用长为 n 的二元码最多可表示 2^n 个符号. 若传输的符号出现的频率不同，用等长的码子传输它们就造成浪费，因而想办法利用不等长的码子来传输.

定义 14.10 设 $\beta=\alpha_1\alpha_2\cdots\alpha_n$ 为长为 n 的符号串，称其子串 $\alpha_1,\alpha_1\alpha_2,\cdots,\alpha_1\alpha_2\cdots\alpha_{n-1}$ 分别为 β

的长为 1,2,…,$n-1$ 的**前缀**. 设 $B=\{\beta_1,\beta_2,\cdots,\beta_m\}$,若对于任意的 $\beta_i,\beta_j\in B,i\neq j,\beta_i$ 与 β_j 互不为前缀,则称 B 为**前缀码**. 若 β_i 中只出现 0 与 1,则称 B 为**二元前缀码**.

{0,10,110,1111},{1,01,001,000}等均为前缀码,而{1,11,101,001,0011}等不是前缀码.

用二叉树可以产生前缀码.

定理 14.14 一棵二叉树可以产生一个前缀码.

证明 给定一棵二叉树 T,设 T 有 t 片树叶. 对于 T 的任意的分支点 v_x,若 v_x 有一个儿子 v_y,将 v_x 引出的惟一的一条边 $\langle v_x,v_y\rangle$ 上标上 0 或 1. 若 v_x 有两个儿子 v_y,v_z,且 v_y 在 v_z 的左边,则在边 $\langle v_x,v_y\rangle$ 上标 0,$\langle v_x,v_z\rangle$ 上标 1. 从树根 v_0 到每片树叶的通路上所标的数字组成一个二元的符号串记在该片树叶处,于是得到 t 个符号串 $\beta_1,\beta_2,\cdots,\beta_t$,记 $B=\{\beta_1,\beta_2,\cdots,\beta_t\}$,则 B 为前缀码. 这是因为第 i 片树叶 v_i 处的符号串 β_i 的前缀均在从树根 v_0 到 v_i 的通路上,所以任意 $\beta_i,\beta_j\in B$, β_i 与 β_j 互不为前缀,即 $B=\{\beta_1,\beta_2,\cdots,\beta_t\}$为前缀码. ▍

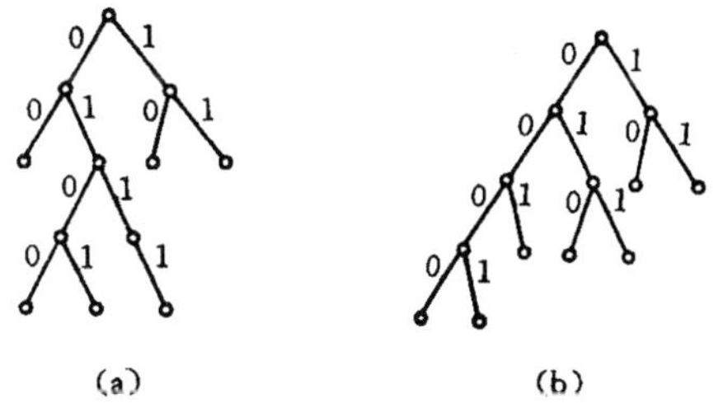

图 14.16

推论 一棵二叉正则树可以产生惟一的一个前缀码.

图 14.16(a)所示二叉树(非正则)产生的前缀码为{00,0100,0101,0111,10,11}. 而(b)所示二叉树(正则的)产生的前缀码为{0000,0001,001,010,011,10,11}.

如果在通信工作中用前缀码传输符号,希望所用二进制数字越少越好,于是就用最优树产生的前缀码,称这样的前缀码为**最佳前缀码**. 具体做法如下:

设在通信工作中,符号 $A_1,A_2,\cdots,A_t$ 出现的频率分别为 $p_1,p_2,\cdots,p_t$. 求传输它们的最佳前缀码的过程如下:

设 $w_i=100p_i,i=1,2,\cdots,t$,不妨设 $w_1\leqslant w_2\leqslant\cdots\leqslant w_t$. 用 Huffman 算法求最优树 T,所得的前缀码$\{\beta_1,\beta_2,\cdots,\beta_t\}$为最佳前缀码,$W(T)$为传输 100 个按给定频率所出现的符号所用的二进制数字的个数.

【例 14.11】 在通信中,八进制数字 0,1,2,…,7 出现的频率为:

0:30%	1:20%
2:15%	3:10%
4:10%	5:5%
6:5%	7:5%

求传输它们的最佳前缀码,并讨论传输 $10^n(n\geqslant 2)$个按所给频率出现八进制数字比"等长传输法"提高效率百分之几?

这里所说"等长传输法"是指用 000 传 0,001 传 1,…,111 传 7.

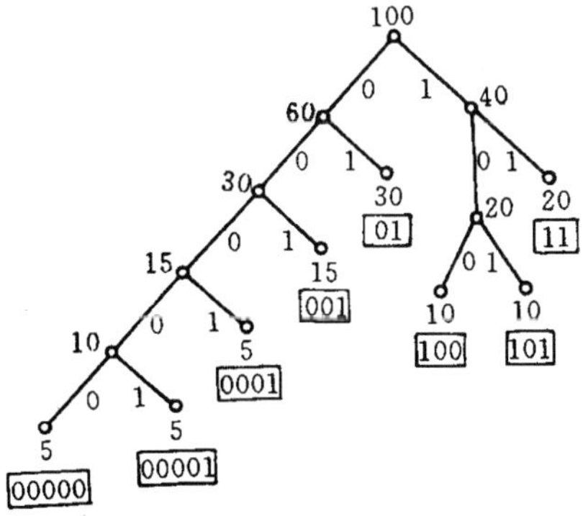

图 14.17

解 $w_i=100p_i,i=0,1,2,\cdots,7$,按从小到大顺序为 $5\leqslant 5\leqslant 5\leqslant 10\leqslant 10\leqslant 15\leqslant 20\leqslant 30$,所对应的最优树为图 14.17 所示.

八进制数字对应的前缀码为

0——01	1——11
2——001	3——100
4——101	5——0001
6——00001	7——00000

$W(T)=275$,说明传输 100 个八进制数字用 275 个二进制数字,所以传输 10^n 个用 $275\times 10^{n-2}=2.75\times10^n$ 个二进制数字.而用"等长的码子"传 10^n 个八进制数字用 3×10^n 个二进制数字,所以提高效率为

$$\frac{3\times10^n-2.75\times10^n}{3\times10^n}\approx8\%.$$

还应该指出,所求的最优树可能不只一棵,但它们的权是相等的.

14.6 货郎担问题

设有 n 个城市,城市之间均有道路,一个旅行商从某城市出发,经过其余 $n-1$ 个城市一次且仅一次,最后回到出发的城市,他如何走才能使他所走的路程最短?这就是著名的**旅行商问题**或**货郎担问题**.这个问题可以化归如下的图论问题.

设 $G=\langle V,E,W\rangle$ 是 n 阶完全带权图,各边的权非负,且有的边的权可以是 ∞.求 G 中最短的哈密顿回路的问题就是货郎担问题.

在完全带权图 K_n 中,共有 $n!$ 条不同的哈密顿回路,当只考虑所含边的同异,而不考虑通过顺序及始点(终点)时,还有 $\frac{1}{2}(n-1)!$ 种不同的哈密顿回路.对货郎担问题来说只要计算各条回路的长度,然后进行比较.问题是这样做的计算量是相当大的,它同前几节讲的问题有本质的区别.例如最短路问题、关键路径问题、中国邮递员以及最小生成树等问题,它们的共同特点是算法的计算复杂度都是关于图的顶点数 n 和边数 m 的多项式函数,这类问题统称为是有有效算法(或好算法)的问题.而货郎担问题至今没有找到有效的算法,也没有证明没有有效算法①.于是,求其次,人们就去寻找解决问题的近似算法.在本节给出货郎担问题的三种近似算法.

1. 最邻近法

设 $G=\langle V,E,W\rangle$ 为 $n(n\geqslant3)$ 阶无向完全带权图,各边所带权均为正数.求从某顶点出发的哈密顿回路作为最短哈密顿回路的近似解的算法的大体步骤如下:

设 v_{i_1} 作为始点.

1 先访问 v_{i_1},形成初始路径 $P_1=v_{i_1}$.

2 若已访问完了第 $k(k\leqslant n-1)$ 个顶点,形成了路径 $P_k=v_{i_1}v_{i_2}\cdots v_{i_k}$,下一步访问的顶点 $v_{i_{k+1}}$ 应该是 $V-\{v_{i_1},v_{i_2},\cdots,v_{i_k}\}$ 中离 v_{i_k} 最近的顶点.

3 当访问完 G 中所有顶点后,形成路径 $P_n=v_{i_1}v_{i_2}\cdots v_{i_n}$,得回路 $C=v_{i_1}v_{i_2}\cdots v_{i_n}v_{i_1}$ 即为 G 中一条哈密顿回路,它作为货郎担问题的近似解.

由于算法的每一步都是寻找离当前访问的顶点最近的顶点,因而称此种算法为最邻近法.

---

① 请参阅计算复杂性理论.

此算法的复杂度为$O(n^2)$，n为G的顶点数.

最邻近法的性能并不好，用这种方法走出的哈密顿回路可以是最优解(即最短的哈密顿回路)，也可能走出最坏的解(即最长的哈密顿回路).请看下例.

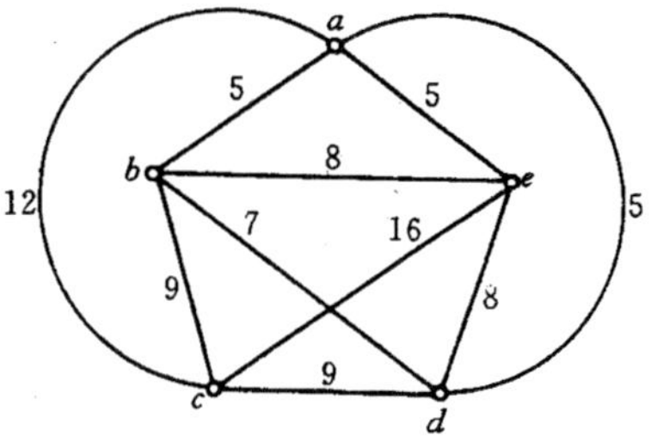

图 14.18

【例 14.12】 用最邻近法求图 14.18 所示完全带权图K_5中的哈密顿回路(从不同的顶点出发).

解 由于$n=5$，所以图中存在$\frac{4!}{2}=12$条不同的哈密顿回路，经过计算得知，图中最优解(如$abcdea$和$adcbea$等)的权为 36.而最坏的解(如$abdeca$和$acebda$等)的权为 48.

下面用邻近法求始于各顶点的哈密顿回路.始于a的有 4 条：

$adbeca$，权为 48；

$aedbca$，权为 41；

$aebdca$，权为 41；

$abdeca$，权为 48(最坏情况).

始于b的有 2 条：

$baedcb$，权为 36(最好的情况)；

$badecb$，权为 43.

始于c的有 3 条：

$cbaedc$，权为 36(最好情况)；

$cdabec$，权为 43；

$cdaebc$，权为 36(最好情况).

始于d的有 2 条：

$dabecd$，权为 43；

$daebcd$，权为 36(最好情况).

始于e的有 2 条：

$eabdce$：权为 42；

$eadbce$：权为 42.

从本例可以看出，最邻近法所求近似解与始点有关.另外还可以看出这个算法可能走出最坏的情况，当然也可能走出最优解.最邻近法的性能由下面定理给出.

定理 14.15 设$G=\langle V,E,W\rangle$是n阶完全带权图，各边带的权均为正，并且对于任意的$v_i,v_j,v_k\in V$，边(v_i,v_j)，(v_j,v_k)，(v_i,v_k)带的权w_{ij},w_{jk},w_{ik}满足三角不等式，即

$$w_{ij}+w_{jk}\geqslant w_{ik},$$

则

$$\frac{d}{d_0}\leqslant\frac{1}{2}(\lceil \log_2 n\rceil+1),$$

其中，d_0是G中最短哈密顿回路的权，而d是用最邻近法走出的哈密顿回路的权.

本定理的证明较长，此处略去.

从定理 14.15 可以看出，最邻近法的性能很不好.

2. 最小生成树法

设$G=\langle V,E,W\rangle$为$n(n\geqslant 3)$阶无向完全带权图，任意的$v_i, v_j\in V$，边(v_i,v_j)的权$w_{ij}>0$，且对任意的$v_i,v_j,v_k\in V$，

$$w_{ij}+w_{jk}\geqslant w_{ik}.$$

用最小生成树法求G中最优解的近似算法如下：

(1) 求G的一棵最小生成树T.

(2) 将T中各边均添加一条平行边，树枝e对应的平行边与e带的权相同，设所得图为G^*，则G^*为欧拉图.

(3) 求G^*中从某顶点v出发的一条欧拉回路E_v.

(4) 在G中按照下面方法求从顶点v出发的哈密顿回路. 从v出发沿E_v访问G中各顶点，其原则是：在未访问完所有顶点之前，一但出现重复出现的顶点就跳过它走到下一个顶点，称这种方法为**"抄近路法"**. 直到访问完所有顶点，最后回到v，得到G的一条哈密顿回路H_v，将H_v作为G的最优解的近似解.

本算法所求H_v是G的哈密顿回路是显然的. 计算复杂度为$O(n^2)$，其中n为G的阶数.

【例 14.13】 用最小生成树法求图 14.18 中始于b和c的货郎担问题的近似解.

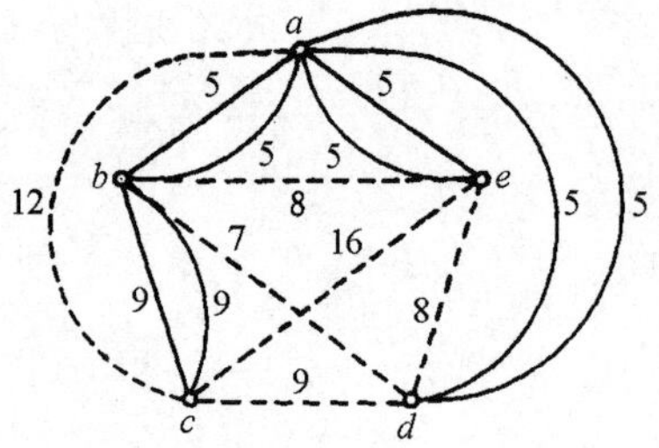

图 14.19

解 (1) 求最小生成树T(图 14.19 中实边所示的图，未加平行边之前).

(2) 将T中各边加平行边(图 14.19 中实边所示的图).

(3) 从b出发的欧拉回路有 4 条，分别记为$E_{b,1}, E_{b,2}, E_{b,3}, E_{b,4}$，相应的哈密顿回路记为$H_{b,1}, H_{b,2}, H_{b,3}, H_{b,4}$.

$E_{b,1}=bcbaeadab$, $H_{b,1}=bcaedb$, $W(H_{b,1})=41$;

$E_{b,2}=bcbadaeab$, $H_{b,2}=bcadeb$, $W(H_{b,2})=42$;

$E_{b,3}=baeadabcb$, $H_{b,3}=baedcb$, $W(H_{b,3})=36$;

$E_{b,4}=badaeabcb$, $H_{b,4}=badecb$, $W(H_{b,4})=43$;

从C出发的欧拉回路有 2 条：

$E_{c,1}=cbaeadabc$, $H_{c,1}=cbaedc$, $W(H_{c,1})=36$;

$E_{c,2}=cbadaeabc$, $H_{c,2}=cbadec$, $W(H_{c,2})=43$.

最小生成树法比最邻近法性能好，见下面定理.

定理 14.16 设$G=\langle V,E,W\rangle$为$n(n\geqslant 3)$阶无向完全带权图，各边的权均大于 0，任意的$v_i,v_j,v_k\in V$，边(v_i,v_j)，(v_j,v_k)，(v_i,v_k)的权满足三角不等式：$w_{ij}+w_{jk}\geqslant w_{ik}$. d_0是G中最短哈密顿回路的权，H是用最小生成树法走出的G的哈密顿回路，其权为d，则

$$\frac{d}{d_0}<2.$$

证明 设T是G中的一棵最小生成树，G^*是T各树枝加重复边后所得欧拉图，E是G^*中一条欧拉回路，H是按抄近路法走出的G中的哈密顿回路，则$W(H)=d$. 易知

$$W(E)=2W(T). \qquad ①$$

由于G中边的权满足三角不等式，所以

$$W(H)=d\leqslant W(E). \qquad ②$$

设T'是G中最短哈密顿回路H_0删除任何一条边后所得到的G的生成树，则

$$W(T) \leqslant W(T') < d_0 \qquad ③$$

由①,②,③知

$$d < 2d_0, \quad 即 \frac{d}{d_0} < 2.$$

3. 最小权匹配法

设 $G=\langle V,E,W\rangle$ 为 $n(n\geqslant 3)$ 阶带权图,各边所带权均为正且满足三角不等式.用最小权匹配法求 G 中最短哈密顿回路的近似解的算法如下:

(1) 求 G 的一棵最小生成树 T.

(2) 设 T 中奇度顶点的集合为 $V'=\{v_1,v_2,\cdots,v_{2k}\}$,求 V' 的导出子图 $G[V']=K_{2k}$ 中带权最小的完美匹配,将得到的 k 条边加到 T,得欧拉图 G^*.

(3) 在 G^* 中求从某顶点 v 出发的一条欧拉回路 E_v.

(4) 在 G 中,从 v 出发,沿 E_v 中边按抄近路法走出哈密顿回路 H_v.

以上算法的复杂度为 $O(n^3)$,n 为 G 的阶数.

【例 14.14】 用最小权匹配法求图 14.18 所示图始于 a 和 b 的货郎担问题的近似解.

解

(1) G 的最小生成树 T 为图 14.20(a)所示.

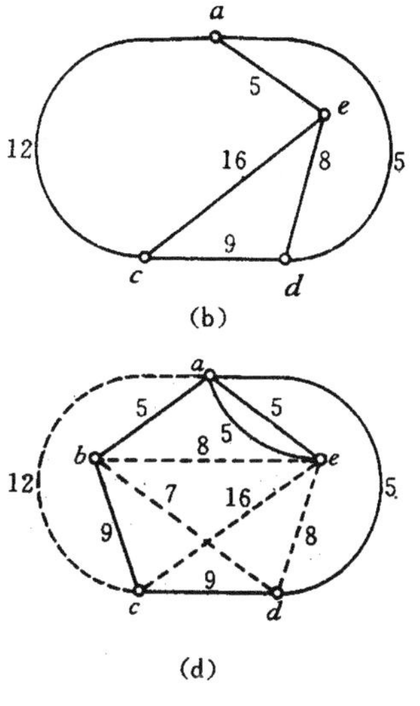

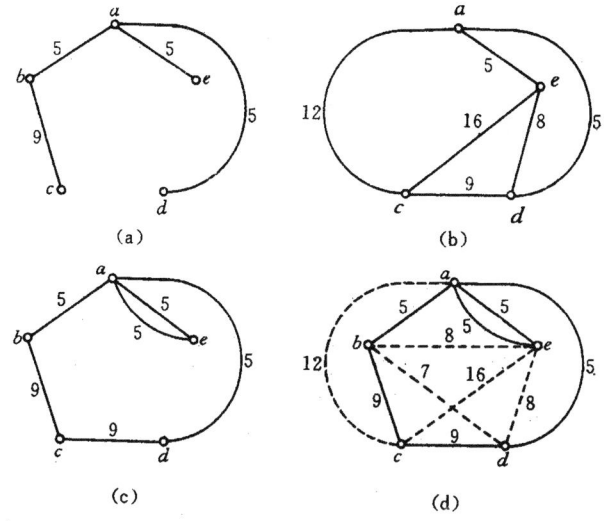

图 14.20

(2) T 中奇度顶点集合 $V'=\{a,c,d,e\}$. $G[V']$为图 14.20(b)所示. 最小权完美匹配 $M=\{(c,d),(a,e)\}$,将 M 中的边加到 T 上所得欧拉图 G^* 为图中(c)所示.(d)中实线边是 G^*,虚线边是 G 中 T 的弦.

(3) (c) 中欧拉图从 a 出发的欧拉回路有两条 $E_{a,1}, E_{a,2}$, G 中从 a 出发的抄近路法走出的哈密顿回路设为 $H_{a,1}, H_{a,2}$:

$$E_{a,1}=aeadcba, \quad H_{a,1}=aedcba, \quad W(H_{a,1})=36;$$

$$E_{a,2}=adcbaea, \quad H_{a,2}=adcbea, \quad W(H_{a,2})=36.$$

从 b 出发的欧拉回路只有一条:

$$E_{b,1}=baeadcb, \quad H_{b,1}=baedcb, \quad W(H_{b,1})=36.$$

粗略地看,就可知道最小权匹配法的性能更好些.事实也如此.

定理 14.17 定理的条件同定理 14.16,则

$$\frac{d}{d_0}<\frac{3}{2}.$$

其中 d_0 是 G 中最短哈密顿回路的权,d 是用最小权匹配法得到的哈密顿回路的权.

证明 容易知道

$$W(T)<d_0. \qquad ①$$

现在设 $G[V']=K_{2k}$ 中最短哈密顿回路的权为 d_0',由于 G 中满足三角不等式,所以必有

$$d_0'\leqslant d_0. \qquad ②$$

显然 $G[V']$ 中最小权匹配 M 中各边权之和 $\leqslant\frac{d_0'}{2}\leqslant\frac{d_0}{2}$. ③

由①,②,③知

$$W(E)<d_0+\frac{d_0}{2}=\frac{3}{2}d_0,$$

于是

$$\frac{d}{d_0}<\frac{3}{2}.$$

▍

求货郎担问题的近似解还有许多算法,这里就不介绍了.

习 题 十 四

1. 求图 14.21 所示带权图中 v_1 到 v_9 的最短路径.
2. 求图 14.22 所示带权图中 v_1 到其余各顶点的最短路径.

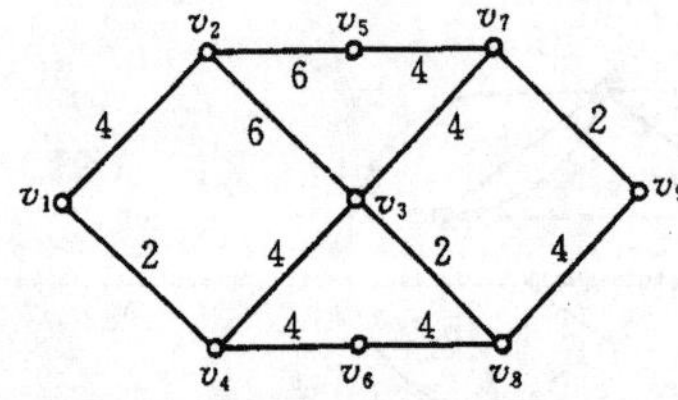

图 14.21

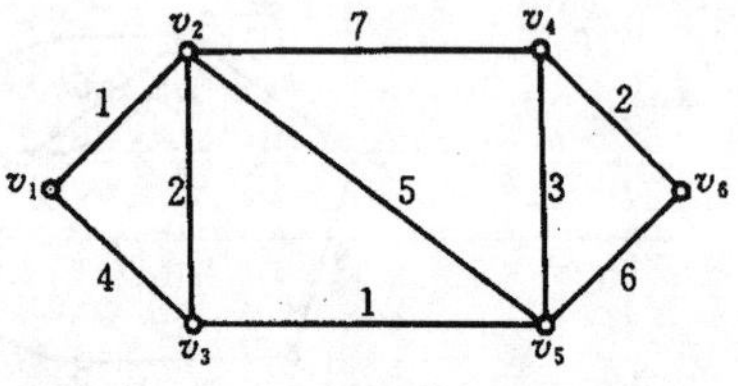

图 14.22

3. 求图 14.23 所示的有向带权图中 v_1 到 v_7 的最短路径.
4. 求图 14.24 所示 PERT 图中各顶点的最早完成时间、最晚完成时间、缓冲时间,并求关键路径.

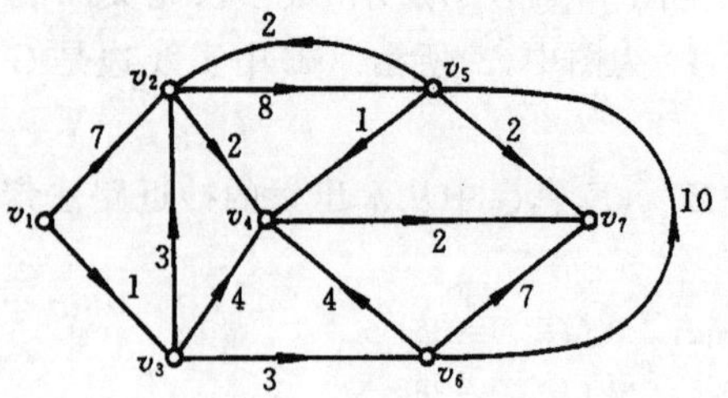

图 14.23

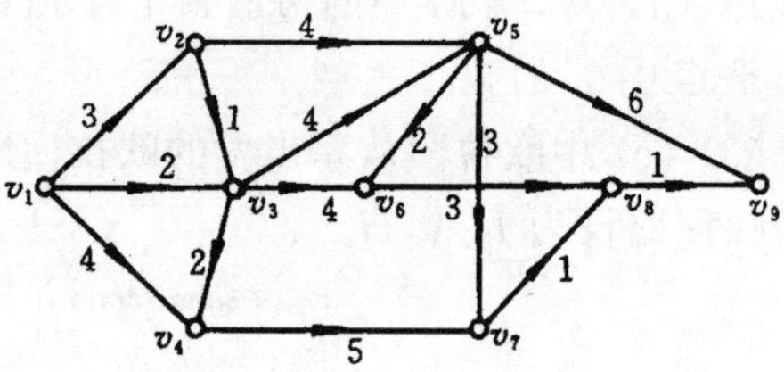

图 14.24

5. 求图 14.25 所示 PERT 图中的关键路径.

6. 证明定理 14.1.

7. 证明定理 14.2.

8. 求图 14.26 所示带权图中的最优投递路线.

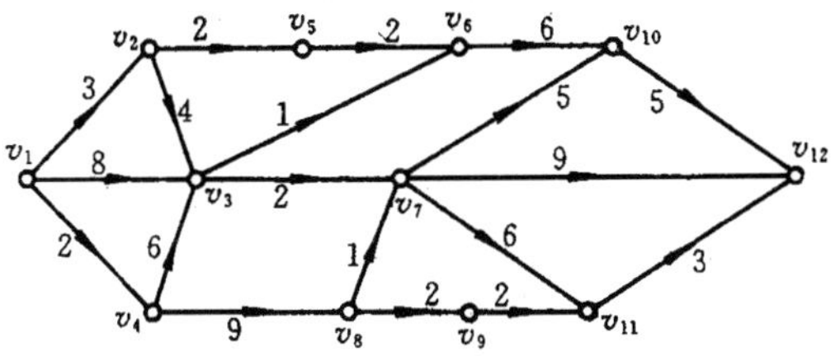

图 14.25

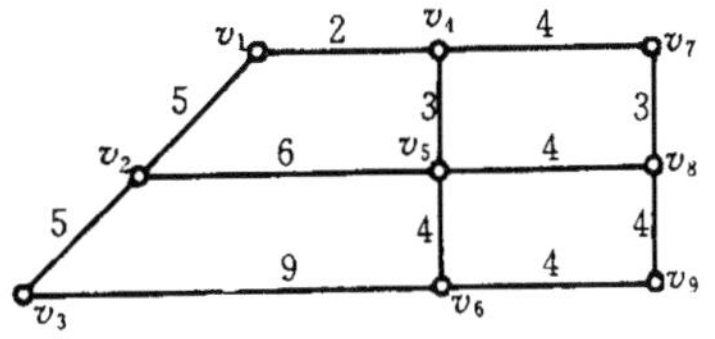

图 14.26

9. 分别用避圈法、破圈法、断集法和逐步短接法求图 14.27 所示带权图中的最小生成树.

10. 证明定理 14.13.

11. (1) 1,1,1,2,2,3,4,5,6;

(2) 1,1,1,2,2,3,4,5,6,7;

(3) 2,2,3,3,4,4,5,5,6;

求以(1)中数为权的最优树(即最优二叉树)及以(2),(3)中数为权的最优三叉树.

12. 在通信中,$a,b,\cdots,h$ 出现的频率为

a:25%	b:20%
c:15%	d:15%
e:10%	f: 5%
g: 5%	h: 5%

求传输它们的最佳前缀码.

13. 5 阶完全带权图如图 14.28 所示.

(1) 用最邻近法求始于 v_1 的哈密顿回路;

(2) 用最小生成树法求始于 v_1,v_2 的哈密顿回路;

(3) 用最小权匹配法求始于 v_1 的哈密顿回路;

(4) 求货郎担问题的最优解.

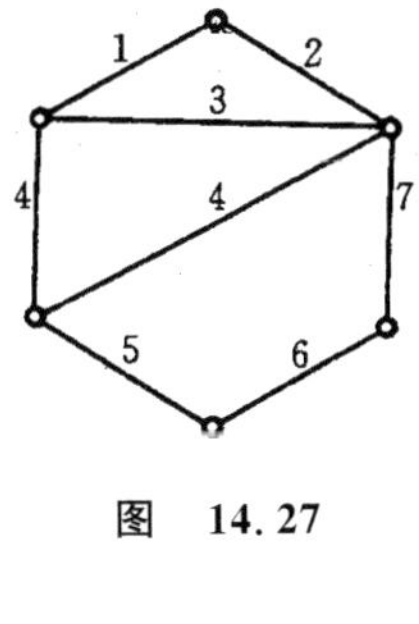

图 14.27

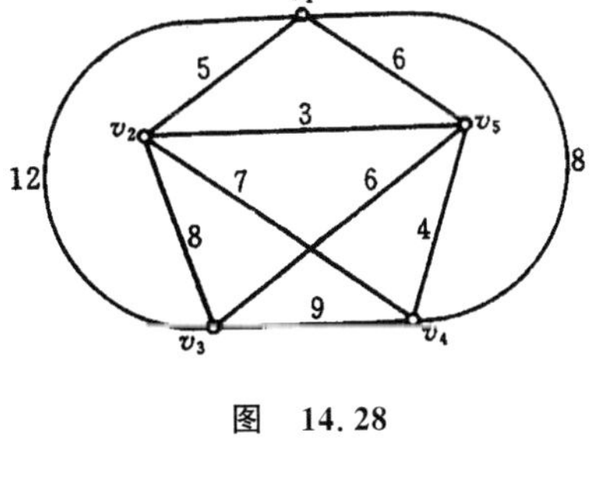

图 14.28

第三编 代数结构

第十五章 代数系统

15.1 二元运算及其性质

定义 15.1 设 A 为集合，函数 $f: A\times A\rightarrow A$ 称为 A 上的一个**二元代数运算**，简称为**二元运算**.

对任意的 $x,y\in A$，如果 $f(\langle x,y\rangle)=c$，则称 x 和 y 是**运算数**，c 是 x 和 y 的**运算结果**.

【例 15.1】

(1) 普通的加法和乘法是自然数集 N 上的二元运算，但减法和除法不是，因为 2 和 3 都是自然数，但 $2-3\notin N$，$2\div 3\notin N$. 此外，0 虽然是自然数，但 0 不可以做除数.

(2) 普通的加法、减法和乘法是整数集 Z，有理数集 Q，实数集 R 和复数集 C 上的二元运算，而除法不是这些集合上的二元运算.

(3) 普通的乘法和除法是非零实数集 R^* 上的二元运算，但加法和减法不是 R^* 上的运算. 因为对于任意的 $x\in R^*$ 有 $x+(-x)=0$，$x-x=0$，而 $0\notin R^*$.

(4) 令 $M_n(R)$ 是 n 阶实矩阵的集合($n\geqslant 2$)，即

$$M_n(R)=\left\{\left.\begin{pmatrix} a_{11} & a_{12} & \cdots & a_{1n}\\ a_{21} & a_{22} & \cdots & a_{2n}\\ & \cdots & & \\ a_{n1} & a_{n2} & \cdots & a_{nn}\end{pmatrix}\right| a_{ij}\in R, 1\leqslant i,j\leqslant n\right\},$$

则矩阵加法和乘法是 $M_n(R)$ 上的二元运算.

(5) $P(B)$ 是集合 B 的幂集，则集合的并、交、相对补和对称差运算都是 $P(B)$ 上的二元运算.

(6) 令 $R(B)$ 表示集合 B 上的所有二元关系的集合，则关系的合成运算是 $R(B)$ 上的二元运算.

(7) $A^A=\{f\mid f:A\rightarrow A\}$，则函数的合成运算是 A^A 上的二元运算.

可以把二元运算的概念推广到 n 元运算.

定义 15.2 设 A 为集合，n 为正整数，$A^n=\underbrace{A\times A\times\cdots\times A}_{n\text{个}}$ 表示 A 的 n 阶笛卡儿积. 函数 $f: A^n\rightarrow A$ 称为 A 上的一个 ***n* 元代数运算**，简称为 ***n* 元运算**. 若 f 是 A 上的运算，也可以称 A 在运算 f 下是**封闭的**.

【例 15.2】

(1) 求一个数的相反数是整数集 Z，有理数集 Q，实数集 R 上的一元运算.

(2) 求一个 n 阶($n\geqslant 2$) 实矩阵的转置矩阵是 $M_n(R)$ 上的一元运算,而求逆阵不是 $M_n(R)$ 上的一元运算.

(3) 如果令 B 为全集,则集合的绝对补运算 $\sim$ 是 $P(B)$ 上的一元运算.

(4) 令 $R(B)$ 为集合 B 上的所有二元关系的集合,则关系的逆运算是 $R(B)$ 上的一元运算.

(5) 设 A 为集合,S 是所有从 A 到 A 的双射函数构成的集合,则求反函数的运算是 S 上的一元运算.

(6) R 为实数集,令 $f: R^n \to R$, $\forall\langle x_1,x_2,\cdots,x_n\rangle \in R^n$ 有 $f(\langle x_1,x_2,\cdots,x_n\rangle)=x_3$,则 f 是 R 上的 n 元运算.它就是求一个 n 维向量的第三个分量的运算.

为了书写的方便,可以用**算符**来表示 n 元运算.常用的算符有$\circ$, $*$, $\cdot$, $\square$, $\triangle$, $\cdots$.如果用算符$\circ$表示例 15.2(6) 中的 n 元运算,则有

$$\circ(x_1,x_2,\cdots,x_n)=x_3.$$

当$\circ$表示二元运算时,常将算符$\circ$放在两个运算数之间,把$\circ(x_1,x_2)$ 记为 $x_1\circ x_2$.而对于一元运算$\triangle$,通常将后面运算数 x 的括号省略,简记为$\triangle x$.

当 A 为有穷集时,A 上的一元和二元运算可以用**运算表**来给出.设 $A=\{a_1,a_2,\cdots,a_n\}$,$\circ$和$\triangle$分别为 A 上的二元和一元运算,它们的运算表给在表 15.1.

表 15.1

$\circ$	a_1	a_2	$\cdots$	a_n
a_1	$a_1\circ a_1$	$a_1\circ a_2$	$\cdots$	$a_1\circ a_n$
a_2	$a_2\circ a_1$	$a_2\circ a_2$	$\cdots$	$a_2\circ a_n$
$\vdots$				
a_n	$a_n\circ a_1$	$a_n\circ a_2$	$\cdots$	$a_n\circ a_n$

$\triangle$	$\triangle a_i$
a_1	$\triangle a_1$
a_2	$\triangle a_2$
$\vdots$	$\vdots$
a_n	$\triangle a_n$

【例 15.3】 设 $B=\{1,2\}$,$P(B)$ 上的二元运算 $\oplus$ 和一元运算 $\sim$ 的运算表如表 15.2 所示.

表 15.2

$\oplus$	$\varnothing$	$\{1\}$	$\{2\}$	$\{1,2\}$
$\varnothing$	$\varnothing$	$\{1\}$	$\{2\}$	$\{1,2\}$
$\{1\}$	$\{1\}$	$\varnothing$	$\{1,2\}$	$\{2\}$
$\{2\}$	$\{2\}$	$\{1,2\}$	$\varnothing$	$\{1\}$
$\{1,2\}$	$\{1,2\}$	$\{2\}$	$\{1\}$	$\varnothing$

$\sim$	
$\varnothing$	$\{1,2\}$
$\{1\}$	$\{2\}$
$\{2\}$	$\{1\}$
$\{1,2\}$	$\varnothing$

下面讨论二元运算的性质.

定义 15.3 设 A 为集合,$\circ$ 为 A 上的二元运算.

(1) 若 $\forall x,y\in A$ 有 $x\circ y=y\circ x$,则称$\circ$运算在 A 上是**可交换的**,也称$\circ$运算在 A 上满足**交换律**.

(2) 若 $\forall x,y,z\in A$ 有$(x\circ y)\circ z=x\circ(y\circ z)$,则称$\circ$运算在 A 上是**可结合的**,也称$\circ$运算在 A 上满足**结合律**.

(3) 若 $\forall x\in A$ 有 $x\circ x=x$,则称$\circ$运算在 A 上是**幂等的**,也称$\circ$运算在 A 上满足**幂等律**.

【例 15.4】

(1) 实数集 R 上的加法和乘法是可交换的、可结合的,而减法不满足交换律和结合律.

(2) $M_n(R)(n \geqslant 2)$ 上的矩阵加法是可交换的、可结合的，而矩阵乘法是可结合的，但不是可交换的.

(3) $P(B)$ 上的并、交、对称差运算是可交换的、可结合的.

(4) A^A 上的函数合成运算是可结合的，但一般不是可交换的.

以上所有的运算中只有集合的并和交运算满足幂等律，其他的运算一般说来都不是幂等的.

某些二元运算$\circ$尽管不满足幂等律，但存在着某些元素 x 满足 $x \circ x = x$，称这样的 x 是关于$\circ$运算的**幂等元**. 例如实数集中，0 是加法的幂等元，0 和 1 是乘法的幂等元. 不难看出，如果集合中的所有元素都是关于$\circ$运算的幂等元，则$\circ$运算满足幂等律.

定义 15.4 设$\circ$为 A 上的二元运算，如果对于 A 中任取的 n 个元素 $a_1, a_2, \cdots, a_n, n \geqslant 3$，在 $a_1 \circ a_2 \circ \cdots \circ a_n$ 中任意加括号所得的运算结果都相等，则称$\circ$运算在 A 上是**广义可结合的**，或称$\circ$运算在 A 上适合**广义结合律**.

对于适合广义结合律的二元运算$\circ$，通常用 $a_1 \circ a_2 \circ \cdots \circ a_n$ 来表示 $a_1, a_2, \cdots, a_n$ 的运算结果.

定理 15.1 设$\circ$为 A 上的二元运算，若$\circ$运算适合结合律，则$\circ$运算适合广义结合律.

证 任取 A 中 n 个元素 $a_1, a_2, \cdots, a_n$，令

$$b = ((\cdots(((a_1 \circ a_2) \circ a_3) \circ a_4) \circ \cdots) \circ a_{n-1}) \circ a_n.$$

我们只须证明在 $a_1 \circ a_2 \circ \cdots \circ a_{n-1} \circ a_n$ 中任意加括号所得的运算结果都等于 b. 施归纳于 n.

$n = 3$，由结合律有 $(a_1 \circ a_2) \circ a_3 = a_1 \circ (a_2 \circ a_3)$.

假设小于 n 时结论为真，对于 $a_1 \circ a_2 \circ \cdots \circ a_{n-1} \circ a_n$ 任意加括号后所得的运算结果是 c，且最后一次运算是在 α 和 β 两部分之间进行的. 根据归纳假设有 $\beta = (\cdots) \circ a_n$，代入 c 得

$$c = \alpha \circ ((\cdots) \circ a_n).$$

由结合律 $c = (\alpha \circ (\cdots)) \circ a_n$. 再使用归纳假设得

$$\alpha \circ (\cdots) = (\cdots((a_1 \circ a_2) \circ a_3) \circ \cdots) \circ a_{n-1}.$$

所以有

$$c = ((\cdots((a_1 \circ a_2) \circ a_3) \circ \cdots) \circ a_{n-1}) \circ a_n.$$ ▌

以上讨论的运算性质只涉及一个二元运算. 下面考虑与两个二元运算相关的性质，即分配律和吸收律.

定义 15.5 设$\circ$和 $*$ 是集合 A 上的二元运算.

(1) 若 $\forall x, y, z \in A$ 有 $x \circ (y * z) = (x \circ y) * (x \circ z)$ 和 $(y * z) \circ x = (y \circ x) * (z \circ x)$ 成立，则称$\circ$运算对 $*$ 运算是**可分配的**，或称$\circ$运算对 $*$ 运算满足**分配律**.

(2) 若$\circ$和 $*$ 满足交换律且 $\forall x, y \in A$ 有 $x \circ (x * y) = x$ 和 $x * (x \circ y) = x$ 成立，则称$\circ$和 $*$ 运算是**可吸收的**，或称$\circ$和 $*$ 运算满足**吸收律**.

【例 15.5】

(1) 实数集 R 上的乘法对加法是可分配的，但加法对乘法不满足分配律.

(2) n 阶 $(n \geqslant 2)$ 实矩阵集合 $M_n(R)$ 上的矩阵乘法对矩阵加法是可分配的.

(3) 幂集 $P(B)$ 上的并和交是互相可分配的，并且满足吸收律.

除了算律以外，还有一些和二元运算有关的特异元素，如单位元、零元、逆元等.

定义 15.6 设$\circ$为集合 A 上的二元运算.

(1) 若存在 $e_l \in A$（或 $e_r \in A$）使得 $\forall x \in A$ 都有 $e_l \circ x = x$（或 $x \circ e_r = x$），则称 e_l（或 e_r）是

A 中关于$\circ$运算的**左(或右)单位元**. 若 $e \in A$ 关于$\circ$运算既为左单位元又为右单位元,则称 e 为 A 中关于$\circ$运算的**单位元**[①].

(2) 若存在 $\theta_l \in A$(或 $\theta_r \in A$) 使得 $\forall x \in A$ 都有 $\theta_l \circ x = \theta_l$(或 $x \circ \theta_r = \theta_r$),则称 θ_l(或 θ_r) 是 A 中关于$\circ$运算的**左(或右)零元**. 若 $\theta \in A$ 关于$\circ$运算既为左零元又为右零元,则称 θ 为 A 中关于$\circ$运算的**零元**.

【例 15.6】

(1) 整数集 Z 中关于加法的单位元是 0,没有零元,关于乘法的单位元是 1,零元是 0.

(2) n 阶($n \geqslant 2$) 实矩阵集合 $M_n(R)$ 中关于矩阵加法的单位元是 n 阶全 0 矩阵,没有零元,而关于矩阵乘法的单位元是 n 阶单位矩阵,零元是 n 阶全 0 矩阵.

(3) 幂集 $P(B)$ 中关于并运算的单位元是 $\varnothing$,零元是 B,而关于交运算的单位元是 B,零元是 $\varnothing$.

(4) A^A 中关于函数合成运算的单位元是 A 上的恒等函数 I_A,$I_A: A \to A$,$I_A(x) = x$, $\forall x \in A$. 没有零元.

(5) $A = \{a_1, a_2, \cdots, a_n\}$, $n \geqslant 2$. 定义 A 上的二元运算$\circ$,$\forall a_i, a_j \in A$ 有 $a_i \circ a_j = a_i$. 则 A 中的每个元素都是$\circ$运算的右单位元,但没有左单位元,所以 A 中没有单位元. 同样地,A 中每个元素都是$\circ$运算的左零元,但没有零元.

关于单位元和零元存在以下定理.

定理 15.2 设$\circ$是集合 A 上的二元运算,若存在 $e_l \in A$ 和 $e_r \in A$ 满足 $\forall x \in A$ 有 $e_l \circ x = x$ 和 $x \circ e_r = x$,则 $e_l = e_r = e$,且 e 就是 A 中关于$\circ$运算的惟一的单位元.

证 因为 e_r 是右单位元,所以有 $e_l = e_l \circ e_r$,又由于 e_l 是左单位元,因此有 $e_l \circ e_r = e_r$. 由这两个等式可得 $e_l = e_r$,把这个单位元记作 e. 假设关于$\circ$运算存在另一个单位元 e',则有

$$e' = e' \circ e = e,$$

所以 e 是关于$\circ$运算的惟一的单位元. ∎

定理 15.3 设$\circ$为集合 A 上的二元运算,若存在 $\theta_l \in A$ 和 $\theta_r \in A$ 使得 $\forall x \in A$ 有 $\theta_l \circ x = \theta_l$ 和 $x \circ \theta_r = \theta_r$,则 $\theta_l = \theta_r = \theta$,且 θ 是 A 中关于$\circ$运算的惟一的零元.

证明留作练习.

定理 15.4 设集合 A 至少含有两个元素,e 和 θ 分别为 A 中关于$\circ$运算的单位元和零元,则 $e \neq \theta$.

证 假设 $e = \theta$,则 $\forall x \in A$ 有

$$x = x \circ e = x \circ \theta = \theta,$$

与 A 中至少含有两个元素矛盾. ∎

定义 15.7 设$\circ$是集合 A 上的二元运算,$e \in A$ 是关于$\circ$运算的单位元. 对于 $x \in A$ 若存在 $y_l \in A$(或 $y_r \in A$) 使得 $y_l \circ x = e$(或 $x \circ y_r = e$) 则称 y_l(或 y_r) 是 x 关于$\circ$运算的**左(或右)逆元**. 若 $y \in A$ 既是 x 关于$\circ$运算的左逆元,又是 x 关于$\circ$运算的右逆元,则称 y 是 x 关于$\circ$运算的**逆元**.

【例 15.7】

(1) 在整数集 Z 中,任何整数 n 关于加法的逆元是 $-n$. 关于乘法只有 1 和 -1 存在逆元,

---

① 在有的书中称单位元为幺元.

就是它们自己，其他整数没有乘法逆元.

(2) n 阶($n \geqslant 2$)实矩阵集合 $M_n(R)$ 中任何矩阵 M 的加法逆元为 $-M$. 而对于矩阵乘法只有实可逆矩阵 M 存在乘法逆元 M^{-1}.

(3) 幂集 $P(B)$ 中关于并运算只有空集 $\varnothing$ 有逆元，就是 $\varnothing$ 本身，B 的其他子集没有逆元.

关于逆元存在以下定理.

定理 15.5 设 $\circ$ 为集合 A 上可结合的二元运算且单位元为 e. 对于 $x \in A$ 若存在 y_l 和 $y_r \in A$ 使得 $y_l \circ x = e$ 和 $x \circ y_r = e$，则 $y_l = y_r = y$，且 y 是 x 关于 $\circ$ 运算的惟一的逆元.

证 $y_l = y_l \circ e = y_l \circ (x \circ y_r) = (y_l \circ x) \circ y_r = e \circ y_r = y_r$.

令 $y = y_l = y_r$，则 y 是 x 关于 $\circ$ 运算的逆元.

假设 y' 也是 x 关于 $\circ$ 运算的逆元，则有

$$y' = y' \circ e = y' \circ (x \circ y) = (y' \circ x) \circ y = e \circ y = y.$$

所以 y 是 x 关于 $\circ$ 运算的惟一的逆元. ▌

根据这个定理，对于任意 $x \in A$，如果存在关于二元运算的逆元，则是惟一的. 可将这个惟一的逆元记作 x^{-1}.

【例 15.8】 设 $\circ$ 为实数集 R 上的二元运算，$\forall x \in R$ 有 $x \circ y = x + y - 2xy$，说明 $\circ$ 运算是否为可交换的、可结合的、幂等的，然后确定关于 $\circ$ 运算的单位元、零元和所有可逆元素的逆元.

解 $\circ$ 运算是可交换的、可结合的，但不是幂等的.

假设 e 和 θ 分别为 $\circ$ 运算的单位元和零元，则 $\forall x \in R$ 有

$$x + e - 2xe = x \text{ 和 } x + \theta - 2x\theta = \theta,$$

即

$$(1 - 2x)e = 0 \text{ 和 } x(1 - 2\theta) = 0.$$

要使这些等式对一切实数 x 都成立，只有 $e = 0$ 和 $\theta = \frac{1}{2}$.

任取 $x \in R$，设 y 为 x 关于 $\circ$ 运算的逆元，则有 $x + y - 2xy = 0$，从而解得

$$y = \frac{-x}{1 - 2x}\left(x \neq \frac{1}{2}\right).$$

通过上面的分析可知 0 是 $\circ$ 运算的单位元，$\frac{1}{2}$ 是 $\circ$ 运算的零元，$\forall x \in R\left(x \neq \frac{1}{2}\right)$ 有

$$x^{-1} = \frac{-x}{1 - 2x}.$$

【例 15.9】 设 A 上的二元运算 $\circ$ 由表 15.3 所确定. 求 A 中关于 $\circ$ 运算的单位元、零元和所有可逆元素的逆元.

表 15.3

$\circ$	a	b	c	d
a	a	b	c	d
b	b	a	d	d
c	c	a	a	d
d	d	d	d	d

解 由表 15.3 不难看出 a 是 $\circ$ 运算的单位元，d 是 $\circ$ 运算的零元. a, b, c 为可逆元素，且 $a^{-1} = a$，$b^{-1} = b$，$c^{-1} = c$.

下面给出关于二元运算的最后一条算律 —— 消去律.

定义 15.8 设 $\circ$ 为集合 A 上的二元运算，若对于任意的 $a, b, c \in A$(a 不是 $\circ$ 运算的零元)都有

$$a \circ b = a \circ c \Rightarrow b = c, \quad b \circ a = c \circ a \Rightarrow b = c.$$

则称 $\circ$ 运算在 A 中适合**消去律**.

【例 15.10】

(1) 普通加法和乘法在整数集 Z，有理数集 Q，实数集 R 上适合消去律.

(2) n 阶($n \geqslant 2$) 实矩阵集合 $M_n(R)$ 上的矩阵加法适合消去律,但矩阵乘法不适合消去律.

(3) 幂集 $P(B)$ 上的并和交运算一般不适合消去律,但对称差运算适合消去律.

15.2 代数系统、子代数和积代数

集合和集合上的运算可以构成代数系统.

定义 15.9 一个**代数系统**是一个三元组 $V = \langle A, \Omega, K \rangle$,其中 A 是一个非空的对象集合,称为 V 的**载体**;Ω 是一个非空的运算集合,即 $\Omega = \bigcup_{j=1}^{\infty} \Omega_j$,$\Omega_j = \{o \mid o \text{是} A \text{上的} j \text{元运算}\}$; $K \subseteq A$ 是**代数常数**的集合.

对于任何代数常数 $k \in K$,可以把 k 看成 A 上的**零元运算**,即 $k: \to A$. 这时可将代数系统 V 写作 $\langle A, \Omega \rangle$,其中 $\Omega = \bigcup_{j=0}^{\infty} \Omega_j$,$\Omega_0 = K$.

当 Ω 中含有 r 个代数运算时,r 为正整数,常常将 V 记作 $\langle A, o_1, o_2, \cdots, o_r \rangle$,其中 $o_1, o_2, \cdots, o_r$ 是代数运算,通常从高元运算到低元运算排列. 本书中如无特殊说明,所研究的代数系统就是这种含有有限个代数运算的系统. 例如 $\langle N, +, 0 \rangle$,$\langle R, +, \cdot \rangle$,$\langle M_n(R), +, \cdot \rangle$,$\langle P(B), \cup, \cap, \varnothing \rangle$ 等都是这种代数系统. 在不产生误解的情况下,为了简便起见,可以不写出代数系统中所有的成分. 例如代数系统 $\langle N, +, 0 \rangle$ 可以简记为 $\langle N, + \rangle$ 或 N.

【例 15.11】 图 15.1 是一个有穷半自动机,它的状态集 $Q = \{0,1,2,3\}$,字母表 $\Sigma = \{a, b\}$,状态转移函数 σ: $Q \times \Sigma \to Q$ 如表 15.4 所示. 可以把这个有穷半自动机看作一个代数系统 $V = \langle Q, a, b \rangle$, 其中 $Q = \{0,1,2,3\}$,a, b 是 Q 上的两个一元运算. $a: Q \to Q$,$a(0) = a(1) = 0$,$a(2) = a(3) = 2$. b: $Q \to Q$, $b(0) = b(1) = 1$, $b(2) = b(3) = 3$.

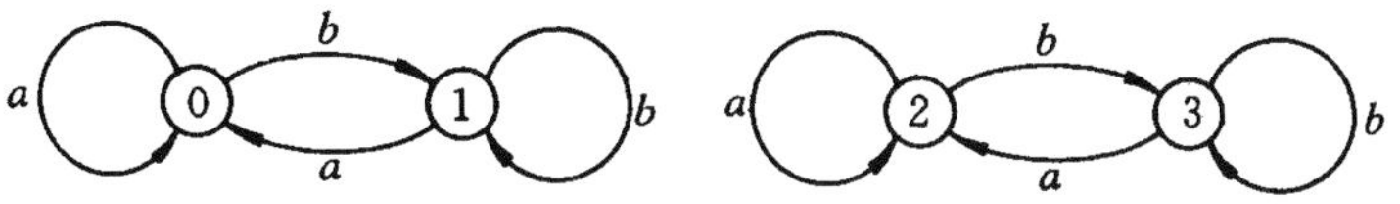

图 15.1

表 15.4

σ	a	b
0	0	1
1	0	1
2	2	3
3	2	3

【例 15.12】 设 Σ 是有穷字母表,w 是 Σ 上的串,即 Σ 上的有限个字符构成的序列. 序列中的字符个数称为串的长度,记作 $|w|$. Λ 表示空串,$|\Lambda| = 0$. 对任意的 $k \in N$,令

$$\Sigma_k = \{a_{i_1} a_{i_2} \cdots a_{i_k} \mid a_{i_j} \in \Sigma, j = 1, 2, \cdots, k\}$$

为 Σ 上所有长为 k 的串构成的集合,那么 $\Sigma_0 = \{\Lambda\}$. 定义 Σ^* 为 Σ 上所有串的集合,则

$$\Sigma^* = \bigcup_{i=0}^{\infty} \Sigma_i, \quad \Sigma^+ = \Sigma^* - \{\Lambda\} = \bigcup_{i=1}^{\infty} \Sigma_i.$$

不难证明 Σ_k 为有穷集,Σ^* 和 Σ^+ 为可数集.

在 Σ^* 上定义二元运算$\circ$, $\forall w_1, w_2 \in \Sigma^*$,$w_1 = a_1 a_2 \cdots a_m$,$w_2 = b_1 b_2 \cdots b_n$ 有

$$w_1 \circ w_2 = a_1 a_2 \cdots a_m b_1 b_2 \cdots b_n,$$

称$\circ$为 Σ^* 上的连接运算.

$$\forall w \in \Sigma^*, \ w = a_1 a_2 \cdots a_m, \ \text{令} \ w' = a_m a_{m-1} \cdots a_1,$$

则 $'$ 运算为 Σ^* 上的一元运算,称为求逆运算.

可以证明 Σ^* 上的连接运算满足结合律和消去律，单位元是空串 $\wedge$. 称代数系统 $\langle \Sigma^*, \circ, ', \wedge \rangle$ 为 Σ 上的**字代数**.

设 L 是 Σ^* 的子集，称 L 是 Σ 上的一个语言. 考虑幂集 $P(\Sigma^*)$，Σ 上所有语言的集合. 在 $P(\Sigma^*)$ 上定义二元运算 $\cup$，$\cap$ 和 $\cdot$，其中 $\cdot$ 运算是语言的连接运算. $\forall L_1, L_2 \in P(\Sigma^*)$ 有

$$L_1 \cdot L_2 = \{w_1 \circ w_2 \mid w_1 \in L_1 \text{ 且 } w_2 \in L_2\}.$$

不难证明并和交是可交换、可结合、幂等的，并且它们也是互相可分配的、可吸收的. 而语言连接运算 $\cdot$ 是可结合的，且 $\cdot$ 运算有单位元 $\Sigma_0 = \{\wedge\}$. 在 $P(\Sigma^*)$ 上还可以定义一元运算 $^\vartriangle$，$\forall L \in P(\Sigma^*)$ 有 $^\vartriangle L = \{w' \mid w \in L\}$. $P(\Sigma^*)$ 和这些二元和一元运算构成了 Σ 上的**语言代数**.

下面考虑代数系统之间的关系.

定义 15.10 设 $V_1 = \langle A, o_1, o_2, \cdots, o_r \rangle$，$V_2 = \langle B, \overline{o_1}, \overline{o_2}, \cdots, \overline{o_r} \rangle$ 是具有 r 个运算的代数系统，$r \geqslant 1$. 若对于 $i = 1, 2, \cdots, r$，o_i 和 $\overline{o_i}$ 运算具有同样的元数，则称 V_1 和 V_2 是**同类型的代数系统**.

设 V_1, V_2, V_3 是代数系统. $V_1 = \langle R, +, \cdot, -, 0, 1 \rangle$，其中 R 为实数集，$+$ 和 $\cdot$ 为普通的加法和乘法，$-$ 是求相反数运算. $V_2 = \langle M_n(R), +, \cdot, -, \theta, E \rangle$，其中 $M_n(R)$ 为 n 阶($n \geqslant 2$)实矩阵集合，$+$ 和 $\cdot$ 分别为矩阵加法和乘法，对任意的 $M \in M_n(R)$，$M = (a_{ij})_{n\times n}$ 则 $-M = (-a_{ij})_{n\times n}$，$\theta$ 为 n 阶全 0 矩阵，E 为 n 阶单位矩阵. $V_3 = \langle P(B), \cup, \cap, \sim, \varnothing, B \rangle$，其中 $P(B)$ 为幂集，$\cup$ 和 $\cap$ 为集合的并和交，$\sim$ 为绝对补运算(全集为 B). 显然 V_1，V_2 和 V_3 都是同类型的代数系统，它们都有着共同的构成成分，但在运算性质方面却不一定相同. V_1 和 V_2 具有共同的运算性质：加法和乘法都适合结合律，加法适合交换律，乘法对加法适合分配律，$-$ 运算为求加法逆元的运算，0 和 θ 分别为加法的单位元，1 和 E 分别为乘法的单位元. 我们称 V_1 和 V_2 是**同种的代数系统**. 但它们和 V_3 不是同种的，因为 V_3 中的 $\cup$ 和 $\cap$ 运算互相适合分配律和吸收律，且一元运算 $\sim$ 不是关于 $\cup$ 运算的求逆运算. 对于代数结构这门课程来说，它并不是要研究每一个具体的代数系统，而是通过规定集合及集合上的二元、一元和零元运算以及运算所具有的性质来规范每一种代数系统. 这个代数系统是许多具有共同构成成分和运算性质的实际代数系统的模型或者抽象. 针对这个模型来研究它的结构和内在特征，然后运用到每个具体的代数系统中去，这种研究方法就是抽象代数的基本方法. 后面涉及的半群、独异点和群，环和域，格和布尔代数就是具有广泛应用背景的抽象的代数系统.

下面讨论子代数系统.

定义 15.11 设 $V = \langle A, o_1, o_2, \cdots, o_r \rangle$ 是代数系统，B 是 A 的非空子集，若 B 对 V 中所有的运算封闭，则称 $V' = \langle B, o_1, o_2, \cdots, o_r \rangle$ 是 V 的子代数系统，简称**子代数**. 当 B 是 A 的真子集时，称 V' 是 V 的**真子代数**.

【例 15.13】

(1) $\langle N, + \rangle$ 是 $\langle N, + \rangle$，$\langle Z, + \rangle$，$\langle Q, + \rangle$，$\langle R, + \rangle$ 的子代数. $\langle Z, +, 0 \rangle$ 是 $\langle R, +, 0 \rangle$，$\langle C, +, 0 \rangle$ 的真子代数.

(2) $A = \left\{ \begin{pmatrix} a & 0 \\ 0 & 0 \end{pmatrix} \middle| a \in R \right\}$，则 $\langle A, \cdot \rangle$ 是 $\langle M_2(R), \cdot \rangle$ 的真子代数，其中 $\cdot$ 为矩阵乘法. $M_2(R)$ 中关于 $\cdot$ 运算的单位元是 $\begin{pmatrix} 1 & 0 \\ 0 & 1 \end{pmatrix}$，若把乘法单位元看作 $M_2(R)$ 中的零元运算，那么 $\left\langle A, \cdot, \begin{pmatrix} 1 & 0 \\ 0 & 0 \end{pmatrix} \right\rangle$ 不是 $\left\langle M_2(R), \cdot, \begin{pmatrix} 1 & 0 \\ 0 & 1 \end{pmatrix} \right\rangle$ 的子代数，因为 A 对 $\left\langle M_2(R), \cdot, \begin{pmatrix} 1 & 0 \\ 0 & 1 \end{pmatrix} \right\rangle$ 中的零元运

算不封闭.

定义 15.12 设 $V=\langle A,o_1,o_2,\cdots,o_r\rangle$ 是代数系统,其中零元运算的集合是 $K\subseteq A$. 若 K 对 V 中所有的运算封闭,则 $\langle K,o_1,o_2,\cdots,o_r\rangle$ 是 V 的子代数,称这个子代数和 V 自身是 V 的**平凡子代数**.

【例 15.14】 令 $nZ=\{nk\mid k\in Z\}$, $n\in N$,则 $\langle nZ,+,0\rangle$ 是 $\langle Z,+,0\rangle$ 的子代数. 因为 $\forall nk_1,nk_2\in nZ$ 有

$$nk_1+nk_2=n(k_1+k_2)\in nZ,$$

且 $0\in nZ$,所以 nZ 对 $\langle Z,+,0\rangle$ 的运算都是封闭的.

当 $n=0$ 时,$nZ=\{0\}$,$\langle\{0\},+,0\rangle$ 是 $\langle Z,+,0\rangle$ 的平凡的真子代数. 当 $n=1$ 时,$nZ=Z$,$\langle Z,+,0\rangle$ 也是平凡的子代数. 当 $n\neq 0,1$ 时,$\langle nZ,+,0\rangle$ 是 $\langle Z,+,0\rangle$ 的非平凡的真子代数.

不难证明当代数系统 V 中只含有二元、一元和零元运算时,V 中二元运算的性质,如交换律、结合律、幂等律、消去律、分配律、吸收律等在 V 的子代数中都成立. 当我们用这些性质和代数常数来定义代数系统时,V 的子代数和 V 不仅是同类型的,也是同种的代数系统.

设 V_1 和 V_2 是同类型的代数系统. 由 V_1 和 V_2 可以构成一个新的代数系统 —— 积代数.

定义 15.13 设 $V_1=\langle A,o_{11},o_{12},\cdots,o_{1r}\rangle$,$V_2=\langle B,o_{21},o_{22},\cdots,o_{2r}\rangle$ 是同类型的代数系统,且对于 $i=1,2,\cdots,r$,o_{1i} 和 o_{2i} 是 k_i 元运算. V_1 和 V_2 的**积代数**记作 $V_1\times V_2=\langle A\times B,o_1,o_2,\cdots,o_r\rangle$,其中 $o_i\ (i=1,2,\cdots,r)$ 是 k_i 元运算. 对于任意的 $\langle x_1,y_1\rangle,\langle x_2,y_2\rangle,\cdots,\langle x_{k_i},y_{k_i}\rangle\in A\times B$ 有

$$o_i(\langle x_1,y_1\rangle,\langle x_2,y_2\rangle,\cdots,\langle x_{k_i},y_{k_i}\rangle)=\langle o_{1i}(x_1,x_2,\cdots,x_{k_i}),\ o_{2i}(y_1,y_2,\cdots,y_{k_i})\rangle.$$

若 V 是 V_1 与 V_2 的积代数,这时也称 V_1 和 V_2 是 V 的**因子代数**. 显然积代数和它的因子代数是同类型的代数系统.

【例 15.15】 设 $V_1=\langle R,+,\cdot\rangle$,其中 R 为实数集,$+,\cdot$ 分别为普通加法与乘法. $V_2=\langle M_2(R),+,\cdot\rangle$,其中 $+,\cdot$ 为矩阵加法和乘法,则 $V_1\times V_2=\langle R\times M_2(R),\oplus,\odot\rangle$,对于 $\left\langle 3,\begin{pmatrix}1&0\\1&1\end{pmatrix}\right\rangle,\left\langle 4,\begin{pmatrix}0&1\\1&0\end{pmatrix}\right\rangle\in R\times M_2(R)$ 有

$$\left\langle 3,\begin{pmatrix}1&0\\1&1\end{pmatrix}\right\rangle\oplus\left\langle 4,\begin{pmatrix}0&1\\1&0\end{pmatrix}\right\rangle=\left\langle 7,\begin{pmatrix}1&1\\2&1\end{pmatrix}\right\rangle,\quad \left\langle 3,\begin{pmatrix}1&0\\1&1\end{pmatrix}\right\rangle\odot\left\langle 4,\begin{pmatrix}0&1\\1&0\end{pmatrix}\right\rangle=\left\langle 12,\begin{pmatrix}0&1\\1&1\end{pmatrix}\right\rangle.$$

关于积代数有以下定理.

定理 15.6 设代数系统 $V_1=\langle A,o_{11},o_{12},\cdots,o_{1r}\rangle$,$V_2=\langle B,o_{21},o_{22},\cdots,o_{2r}\rangle$ 是同类型的,V 是 V_1 与 V_2 的积代数. 对任意的二元运算 $o_{1i},o_{1j},o_{2i},o_{2j}$,

(1) 若 o_{1i},o_{2i} 在 V_1 和 V_2 中是可交换的(或可结合的,幂等的),则 o_i 在 V 中也是可交换的(或可结合的,幂等的).

(2) 若 o_{1i} 对 o_{1j} 在 V_1 上是可分配的,o_{2i} 对 o_{2j} 在 V_2 上是可分配的,则 o_i 对 o_j 在 V 上也是可分配的.

(3) 若 o_{1i},o_{1j} 在 V_1 上是吸收的,且 o_{2i},o_{2j} 在 V_2 上也是吸收的,则 o_i,o_j 在 V 上是吸收的.

(4) 若 e_1(或 θ_1)为 V_1 中关于 o_{1i} 运算的单位元(或零元),e_2(或 θ_2)为 V_2 中关于 o_{2i} 运算的单位元(或零元),则 $\langle e_1,e_2\rangle$(或 $\langle\theta_1,\theta_2\rangle$)为 V 中关于 o_i 运算的单位元(或零元).

(5) 若 o_{1i},o_{2i} 为含有单位元的二元运算,且 $a\in A,b\in B$ 关于 o_{1i} 和 o_{2i} 运算的逆元分别为 a^{-1},b^{-1},则 $\langle a^{-1},b^{-1}\rangle$ 是 $\langle a,b\rangle$ 在 V 中关于 o_i 运算的逆元.

证　这里只给出关于(1)中的交换律和(4)的单位元的证明，其余留作练习.

(1) 任取 $\langle a_1,b_1\rangle,\langle a_2,b_2\rangle\in A\times B$,

$$\langle a_1,b_1\rangle o_i\langle a_2,b_2\rangle=\langle a_1o_{1i}a_2,\ b_1o_{2i}b_2\rangle=\langle a_2o_{1i}a_1,\ b_2o_{2i}b_1\rangle=\langle a_2,b_2\rangle o_i\langle a_1,b_1\rangle.$$

(4) 任取 $\langle a,b\rangle\in A\times B$,

$$\langle a,b\rangle o_i\langle e_1,e_2\rangle=\langle ao_{1i}e_1,\ bo_{2i}e_2\rangle=\langle a,b\rangle,\quad \langle e_1,e_2\rangle o_i\langle a,b\rangle=\langle e_1o_{1i}a,\ e_2o_{2i}b\rangle=\langle a,b\rangle.$$

∎

由定理 15.6 可以知道积代数和它的因子代数在许多性质上是一致的，但消去律是一个例外. 有时 V_1 和 V_2 都满足消去律，但 $V_1\times V_2$ 却不满足消去律. 请看下面的例子.

【例 15.16】 $V_1=\langle Z_2,\otimes_2\rangle,V_2=\langle Z_3,\otimes_3\rangle$，其中 $Z_2=\{0,1\},Z_3=\{0,1,2\}$，$\otimes_2$ 和 $\otimes_3$ 分别为模 2 乘法和模 3 乘法. V_1 和 V_2 的积代数为 $\langle Z_2\times Z_3,\otimes\rangle$. 对于任意的 $\langle x_1,y_1\rangle,\langle x_2,y_2\rangle\in Z_2\times Z_3$ 有

$$\langle x_1,y_1\rangle\otimes\langle x_2,y_2\rangle=\langle x_1\otimes_2x_2,y_1\otimes_3y_2\rangle.$$

假设 $\otimes$ 运算满足消去律，必有

$$\langle 0,1\rangle\otimes\langle 1,0\rangle=\langle 0,1\rangle\otimes\langle 0,0\rangle\Rightarrow\langle 1,0\rangle=\langle 0,0\rangle.$$

这显然是不对的，因此 $\otimes$ 运算不满足消去律.

可以把两个代数系统的积代数的概念推广到 n 个代数系统.

定义 15.14　设 $V_1,V_2,\cdots,V_n$ 是同类型的代数系统. 对于 $i=1,2,\cdots,n,V_i=\langle A_i,o_{i1},o_{i2},\cdots,o_{ir}\rangle$. 设 o_{it} 为 k_t 元运算，$t=1,2,\cdots r$. $V_1,V_2,\cdots,V_n$ 的积代数记为

$$V_1\times V_2\times\cdots\times V_n=\langle A_1\times A_2\times\cdots\times A_n,o_1,o_2,\cdots,o_r\rangle.$$

其中 o_t 是 k_t 元运算，$t=1,2,\cdots,r$. 对于任意的 $\langle x_{1j},x_{2j},\cdots,x_{nj}\rangle\in A_1\times A_2\times\cdots\times A_n$，$j=1,2,\cdots,k_t$ 有

$$o_t(\langle x_{11},x_{21},\cdots,x_{n1}\rangle,\langle x_{12},x_{22},\cdots,x_{n2}\rangle,\cdots,\langle x_{1k_t},x_{2k_t},\cdots,x_{nk_t}\rangle)$$
$$=\langle o_{1t}(x_{11},x_{12},\cdots,x_{1k_t}),\ o_{2t}(x_{21},x_{22},\cdots,x_{2k_t}),\cdots,o_{nt}(x_{n1},x_{n2},\cdots,x_{nk_t})\rangle.$$

【例 15.17】　设 $V=\langle N,+\rangle$，则 $V\times V\times V=\langle N\times N\times N,\oplus\rangle$，
对于任意的 $\langle a_1,a_2,a_3\rangle,\langle b_1,b_2,b_3\rangle\in N\times N\times N$ 有

$$\langle a_1,a_2,a_3\rangle\oplus\langle b_1,b_2,b_3\rangle=\langle a_1+b_1,\ a_2+b_2,\ a_3+b_3\rangle.$$

可以证明定理 15.6 的结论对于 n 个代数系统的积代数也成立.

15.3　代数系统的同态与同构

同态映射是研究代数系统之间相互关系的重要工具，我们先给出同态映射的定义.

定义 15.15　设 $V_1=\langle A,o_1,o_2,\cdots,o_r\rangle,V_2=\langle B,\overline{o_1},\overline{o_2},\cdots,\overline{o_r}\rangle$ 是同类型的代数系统. 对于 $i=1,2,\cdots,r$，o_i 和 $\overline{o_i}$ 是 k_i 元运算. 函数 $\varphi:A\to B$，如果对所有的运算 $o_i,\overline{o_i}$ 都有

$$\varphi(o_i(x_1,x_2,\cdots,x_{k_i}))=\overline{o_i}(\varphi(x_1),\varphi(x_2),\cdots,\varphi(x_{k_i})),\qquad \forall x_1,x_2,\cdots,x_{k_i}\in A,$$

则称 φ 是代数系统 V_1 到 V_2 的**同态映射**，简称同态.

对于二元运算 $\circ,\bar{\circ}$，一元 $\vartriangle,\bar{\vartriangle}$ 和零元运算 $a,\bar{a}$，上述定义中的等式可分别表示为：

$$\varphi(x\circ y)=\varphi(x)\bar{\circ}\varphi(y),\quad \forall x,y\in A,$$
$$\varphi(\vartriangle x)=\bar{\vartriangle}\varphi(x),\qquad \forall x\in A,$$

$$\varphi(a)=\bar{a}.$$

【例 15.18】 设代数系统 $V_1=\langle Z,+\rangle$,$V_2=\langle Z_n,\oplus\rangle$,其中 $Z_n=\{0,1,\cdots,n-1\}$,$\oplus$ 为模 n 加法. 定义 φ: $Z\to Z_n$,$\varphi(x)=(x)\bmod n$,则 φ 为 V_1 到 V_2 的同态. 因为对任意的 $x,y\in Z$ 有

$$\varphi(x+y)=(x+y)\bmod n=(x)\bmod n\oplus(y)\bmod n=\varphi(x)\oplus\varphi(y).$$

定义 15.16 设 $V_1=\langle A,o_1,o_2,\cdots,o_r\rangle$,$V_2=\langle B,\overline{o_1},\overline{o_2},\cdots,\overline{o_r}\rangle$ 是同类型的代数系统,φ:$A\to B$ 是 V_1 到 V_2 的同态.

(1) 若 φ: $A\to B$ 是满射的,则称 φ 是**满同态**,记为 $V_1\overset{\sim}{\sim}V_2$.

(2) 若 φ: $A\to B$ 是单射的,则称 φ 是**单同态**.

(3) 若 φ: $A\to B$ 是双射的,则称 φ 是**同构**,记为 $V_1\cong V_2$,这时也称 V_1 同构于 V_2.

(4) 若 $V_1=V_2$,则称 φ 是**自同态**. 若 φ 又是双射的则称 φ 是**自同构**.

如果代数系统 V_1 同构于 V_2,从抽象代数的观点看,它们是没有区别的,是同一个代数系统.

【例 15.19】 $V=\langle Z,+\rangle$,$+$ 为普通加法,$c\in Z$. 定义 φ_c: $Z\to Z$,$\varphi_c(x)=cx$, $\forall x\in A$. 则 $\forall x,y\in Z$ 有

$$\varphi_c(x+y)=c(x+y)=cx+cy=\varphi_c(x)+\varphi_c(y).$$

φ_c 是 V 上的自同态.

当 $c=0$ 时,$\forall x\in Z$ 有 $\varphi_0(x)=0$,称 φ_0 是**零同态**. 它不是单同态也不是满同态.

当 $c=\pm1$ 时,有 $\varphi_1(x)=x$, $\varphi_{-1}(x)=-x$, $\forall x\in Z$. φ_1 和 φ_{-1} 是 V 上的两个自同构.

当 $c\neq\pm1,0$ 时,$\forall x\in Z$ 有 $\varphi_c(x)=cx$,φ_c 是 V 上的**单自同态**.

【例 15.20】 设 Σ 为有限字母表,Σ^* 为 Σ 上有限长度的串的集合,$\wedge\in\Sigma^*$ 为空串,Σ^* 和串的连接运算构成代数系统$\langle\Sigma^*,\circ,\wedge\rangle$. 令 φ:$\Sigma^*\to N$,$\varphi(w)=|w|$, $\forall w\in\Sigma^*$. 则 $\forall w_1,w_2\in\Sigma^*$ 有

$$\varphi(w_1\circ w_2)=|w_1\circ w_2|=|w_1|+|w_2|=\varphi(w_1)+\varphi(w_2),$$

且有 $\varphi(\wedge)=0$,所以 φ 是$\langle\Sigma^*,\circ,\wedge\rangle$ 到$\langle N,+,0\rangle$ 的同态,且为满同态. 当 Σ 中只含一个字母时,φ 为同构.

下面讨论同态的性质.

定理 15.7 设 $V_1=\langle A,o_1,o_2,\cdots,o_r\rangle$,$V_2=\langle B,\overline{o_1},\overline{o_2},\cdots,\overline{o_r}\rangle$ 是同类型的代数系统,对于 $i=1,2,\cdots,r$,o_i,$\overline{o_i}$ 是 k_i 元运算. φ: $A\to B$ 是 V_1 到 V_2 的同态,则 $\varphi(A)$ 关于 V_2 中的运算构成代数系统,且是 V_2 的子代数,称为 V_1 在 φ 下的**同态像**.

证 $\varphi(A)\subseteq B$,且 $\varphi(A)\neq\varnothing$. 只须证明 $\varphi(A)$ 对 V_2 中所有的运算封闭即可. 若 V_2 中存在零元运算 $\bar{a}$,则 V_1 中存在对应的零元运算 a,且 $\varphi(a)=\bar{a}$. 所以 $\bar{a}\in\varphi(A)$. 下面考虑 V_2 中的非零元运算$\overline{o_i}$. 对于$\varphi(A)$ 中的任意 k_i 个元素 $y_1,y_2,\cdots,y_{k_i}$,存在 $x_1,x_2,\cdots,x_{k_i}\in A$ 使得$\varphi(x_j)=y_j$,$j=1,2,\cdots,k_i$. 因此有

$$\overline{o_i}(y_1,y_2,\cdots,y_{k_i})=\overline{o_i}(\varphi(x_1),\varphi(x_2),\cdots,\varphi(x_{k_i}))=\varphi(o_i(x_1,x_2,\cdots,x_{k_i}))\in\varphi(A).$$

这就证明了$\langle\varphi(A),\overline{o_1},\overline{o_2},\cdots,\overline{o_r}\rangle$ 是 V_2 的子代数. ▍

【例 15.21】 设 $V_1=\langle R,+,0\rangle$,$V_2=\langle R^*,\cdot,1\rangle$,其中 R 为实数集,$R^*=R-\{0\}$,$+$ 和 $\cdot$ 分别为普通加法和乘法. 令 φ: $R\to R^*$, $\varphi(x)=e^x$, $\forall x\in R$,则不难证明 φ 为 V_1 到 V_2 的

同态. V_1 在 φ 下的同态像为 $\langle R^+, \cdot, 1\rangle$，是 $\langle R^*, \cdot, 1\rangle$ 的子代数.

定理 15.8 设 $V_1 = \langle A, o_1, o_2, \cdots, o_r\rangle$，$V_2 = \langle B, \overline{o_1}, \overline{o_2}, \cdots, \overline{o_r}\rangle$ 是同类型的代数系统，$\varphi: A \to B$ 是 V_1 到 V_2 的满同态，o_i, o_j 是 V_1 中的两个二元运算.

(1) 若 o_i 是可交换的(或可结合的，幂等的)，则 $\overline{o_i}$ 也是可交换的(或可结合的，幂等的).

(2) 若 o_i 对 o_j 是可分配的，则 $\overline{o_i}$ 对 $\overline{o_j}$ 也是可分配的.

(3) 若 o_i, o_j 是可吸收的，则 $\overline{o_i}, \overline{o_j}$ 也是可吸收的.

(4) 若 e(或 θ) 是 V_1 中关于 o_i 运算的单位元(或零元)，则 $\varphi(e)$(或 $\varphi(\theta)$) 是 V_2 中关于 $\overline{o_i}$ 运算的单位元(或零元).

(5) 若 o_i 是含有单位元的运算，$x^{-1} \in A$ 是 x 关于 o_i 运算的逆元，则 $\varphi(x^{-1})$ 是 $\varphi(x)$ 关于 $\overline{o_i}$ 运算的逆元.

证 这里只给出(1) 中的结合律和(5) 的证明，其他留作练习.

(1) 任取 $x, y, z \in B$，因 φ 是满同态，所以存在 $a, b, c \in A$ 使得

$$\varphi(a) = x, \quad \varphi(b) = y, \quad \varphi(c) = z.$$

$$(x \,\overline{o_i}\, y)\, \overline{o_i}\, z = (\varphi(a)\, \overline{o_i}\, \varphi(b))\, \overline{o_i}\, \varphi(c) = \varphi(a o_i b)\, \overline{o_i}\, \varphi(c) = \varphi((a o_i b) o_i c)$$
$$= \varphi(a o_i (b o_i c)) = \varphi(a)\, \overline{o_i}\, \varphi(b o_i c) = \varphi(a)\, \overline{o_i}\, (\varphi(b)\, \overline{o_i}\, \varphi(c)) = x\, \overline{o_i}\, (y\, \overline{o_i}\, z).$$

(5) $\varphi(x)\, \overline{o_i}\, \varphi(x^{-1}) = \varphi(x o_i x^{-1}) = \varphi(e)$. $\qquad \varphi(x^{-1})\, \overline{o_i}\, \varphi(x) = \varphi(x^{-1} o_i x) = \varphi(e)$.

由逆元的定义知 $\varphi(x^{-1})$ 是 $\varphi(x)$ 的逆元. ▎

定理 15.8 中 φ 为满同态的条件很重要，当 φ 不是满同态时定理的结论仅在 V_1 的同态像 $\langle \varphi(A), \overline{o_1}, \overline{o_2}, \cdots, \overline{o_r}\rangle$ 中成立. 请看下面两个例子.

【例 15.22】 设代数系统 $V_1 = \langle A, *\rangle$，$V_2 = \langle B, \circ\rangle$，其中 $A = \{a, b, c, d\}$，$B = \{0, 1, 2, 3\}$. $*$ 和 $\circ$ 运算由运算表(见表 15.5) 给定. 定义函数 $\varphi: A \to B$，$\varphi(a) = 0$，$\varphi(b) = 1$，$\varphi(c) = 0$，$\varphi(d) = 1$. 可以验证 φ 是 V_1 到 V_2 的同态. V_1 在 φ 下的同态像是 $\langle \{0, 1\}, \circ\rangle$. 不难证明 V_1 中的 $*$ 运算满足结合律，但 V_2 中的 $\circ$ 运算却不满足结合律，因为有

$$(1 \circ 0) \circ 2 = 1 \circ 2 = 2 \quad 和 \quad 1 \circ (0 \circ 2) = 1 \circ 1 = 1.$$

表 15.5

$*$	a	b	c	d
a	a	b	c	d
b	b	b	d	d
c	c	d	c	d
d	d	d	d	d

$\circ$	0	1	2	3
0	0	1	1	0
1	1	1	2	1
2	1	2	3	2
3	0	1	2	3

【例 15.23】 设代数系统 $V = \langle A, \cdot\rangle$，其中 $A = \left\{ \begin{pmatrix} a & 0 \\ 0 & d \end{pmatrix} \middle| a, d \in R \right\}$，$\cdot$ 为矩阵乘法. 定义函数 $\varphi: A \to A$，$\varphi\left(\begin{pmatrix} a & 0 \\ 0 & d \end{pmatrix}\right) = \begin{pmatrix} a & 0 \\ 0 & 0 \end{pmatrix}$，$\forall \begin{pmatrix} a & 0 \\ 0 & d \end{pmatrix} \in A$. φ 是 V 上的自同态，但不是满自同态. 因为任取 $\begin{pmatrix} a_1 & 0 \\ 0 & d_1 \end{pmatrix}, \begin{pmatrix} a_2 & 0 \\ 0 & d_2 \end{pmatrix} \in A$ 有

$$\varphi\left(\begin{pmatrix} a_1 & 0 \\ 0 & d_1 \end{pmatrix} \cdot \begin{pmatrix} a_2 & 0 \\ 0 & d_2 \end{pmatrix}\right) = \varphi\left(\begin{pmatrix} a_1 a_2 & 0 \\ 0 & d_1 d_2 \end{pmatrix}\right) = \begin{pmatrix} a_1 a_2 & 0 \\ 0 & 0 \end{pmatrix},$$

$$\varphi\left(\begin{pmatrix} a_1 & 0 \\ 0 & d_1 \end{pmatrix}\right) \cdot \varphi\left(\begin{pmatrix} a_2 & 0 \\ 0 & d_2 \end{pmatrix}\right) = \begin{pmatrix} a_1 & 0 \\ 0 & 0 \end{pmatrix} \cdot \begin{pmatrix} a_2 & 0 \\ 0 & 0 \end{pmatrix} = \begin{pmatrix} a_1 a_2 & 0 \\ 0 & 0 \end{pmatrix}.$$

所以

$$\varphi\left(\begin{pmatrix} a_1 & 0 \\ 0 & d_1 \end{pmatrix} \cdot \begin{pmatrix} a_2 & 0 \\ 0 & d_2 \end{pmatrix}\right) = \varphi\left(\begin{pmatrix} a_1 & 0 \\ 0 & d_1 \end{pmatrix}\right) \cdot \varphi\left(\begin{pmatrix} a_2 & 0 \\ 0 & d_2 \end{pmatrix}\right).$$

V 在 φ 下的同态像是 $\langle B, \cdot\rangle$，其中 $B=\left\{\left.\begin{pmatrix} a & 0 \\ 0 & 0 \end{pmatrix}\right| a \in R\right\}$. 考虑 V 中关于 $\cdot$ 运算的单位元 $\begin{pmatrix} 1 & 0 \\ 0 & 1 \end{pmatrix}$，$\varphi$ 将它映到 $\begin{pmatrix} 1 & 0 \\ 0 & 0 \end{pmatrix}$，但 $\begin{pmatrix} 1 & 0 \\ 0 & 0 \end{pmatrix}$ 不是 V 中的单位元，而是同态像 $\langle B, \cdot\rangle$ 中的单位元.

对于这个定理我们还要再说明一点. 同态映射可以保持代数系统 V_1 中的许多性质，如交换律、结合律、幂等律、分配律、吸收律等，但对消去律不一定为真. 请看下面的例子.

【例 15.24】 $V_1=\langle Z, \cdot\rangle$，$V_2=\langle Z_6, \otimes\rangle$ 为代数系统，其中 $Z_6=\{0,1,\cdots,5\}$，$\otimes$ 为模 6 乘法. 令 $\varphi: Z \to Z_6$. $\varphi(x)=(x)\bmod 6$，$\forall x \in Z$，则 φ 为 V_1 到 V_2 的满同态. 不难看到，普通乘法 $\cdot$ 在 Z 上是满足消去律的，而模 6 乘法 $\otimes$ 在 Z_6 上不满足消去律. 考虑等式 $2 \otimes 3=2 \otimes 0$，若成立消去律就得到 $3=0$，显然是不对的.

【例 15.25】 设代数系统 $V=\langle Z_n, \oplus, 0\rangle$，其中 $Z_n=\{0,1,\cdots,n-1\}$，$\oplus$ 为模 n 加法. 证明 V 上恰好存在着 n 个自同态.

证 首先证明 V 上存在着 n 个自同态. 考虑 $\varphi_p: Z_n \to Z_n$，$\varphi_p(x)=(px)\bmod n$，$\forall x \in Z_n$，其中 $p=0,1,\cdots,n-1$. 易证 φ_p 是 V 上的自同态. 任取 $x, y \in Z_n$，有

$$\varphi_p(x \oplus y)=(p(x \oplus y))\bmod n=(px)\bmod n \oplus (py)\bmod n=\varphi_p(x) \oplus \varphi_p(y),$$

$$\varphi_p(0)=(p0)\bmod n=(0)\bmod n=0.$$

下面证明 V 上的任何自同态必为上述 n 个自同态之一. 设 $\varphi: Z_n \to Z_n$ 是 V 上的自同态，所以有 $\varphi(0)=0$. 假设 $\varphi(1)=i$，$i \in Z_n$，我们将要证明 $\forall x \in Z_n$，有 $\varphi(x)=(ix)\bmod n$.

若 $x=0$，则 $\varphi(0)=0=(i0)\bmod n$.

假若对任意的 $j \in\{0,1,\cdots,n-2\}$ 有 $\varphi(j)=(ij)\bmod n$，则

$$\varphi(j+1)=\varphi(j \oplus 1)=\varphi(j) \oplus \varphi(1)=(ij)\bmod n \oplus i=(i(j+1))\bmod n.$$

所以 $\forall x \in Z_n$ 有 $\varphi(x)=(ix)\bmod n$. ∎

15.4 同余关系和商代数

定义 15.17 设代数系统 $V=\langle A, o_1, o_2, \cdots, o_r\rangle$，其中 o_i 为 k_i 元运算. 关系 $\sim$ 是 A 上的等价关系. 任取 A 上 $2k_i$ 个元素 $a_1, a_2, \cdots, a_{k_i}, b_1, b_2, \cdots, b_{k_i}$，如果对 $j=1,2,\cdots,k_i$，$a_j \sim b_j$ 成立就有

$$o_i(a_1, a_2, \cdots, a_{k_i}) \sim o_i(b_1, b_2, \cdots, b_{k_i}),$$

则称等价关系 $\sim$ 对运算 o_i 具有**置换性质**. 如果等价关系 $\sim$ 对 V 中所有的运算都具有置换性质，则称关系 $\sim$ 是 V 上的**同余关系**，称 A 中关于 $\sim$ 的等价类为 V 上的**同余类**.

由于零元运算与运算数无关，所以 A 上的等价关系对所有零元运算都具有置换性质. 为判断 A 上的等价关系是否为同余关系，只须验证该关系对 V 上每一个非零元运算是否具有置换性质即可.

【例 15.26】 设代数系统 $V=\langle A, \cdot, -, \triangle\rangle$，其中 $A=\left\{\left.\frac{a}{b} \right| a, b \in R \wedge b \neq 0\right\}$，$\cdot$ 为普通乘法，$-$ 为求相反数，且 $\forall \frac{a}{b} \in A$ 有 $\triangle \frac{a}{b}=\frac{a}{b^2}$. 在 A 上定义等价关系 $\sim$，$\forall \frac{a}{b}, \frac{c}{d} \in A$，$\frac{a}{b} \sim \frac{c}{d} \Longleftrightarrow ad=bc$. 下面检查关系 $\sim$ 对 V 中运算是否具有置换性质. 任取 $\frac{a}{b}, \frac{c}{d}, \frac{e}{f}, \frac{g}{h} \in A$，有

$$\frac{a}{b} \sim \frac{c}{d} \wedge \frac{e}{f} \sim \frac{g}{h} \Rightarrow ad = bc \wedge eh = fg \Rightarrow aedh = bfcg$$

$$\Rightarrow \frac{ae}{bf} \sim \frac{cg}{dh} \Rightarrow \frac{a}{b} \cdot \frac{e}{f} \sim \frac{c}{d} \cdot \frac{g}{h}.$$

$$\frac{a}{b} \sim \frac{c}{d} \Rightarrow ad = bc \Rightarrow -ad = -bc \Rightarrow -\frac{a}{b} \sim -\frac{c}{d}.$$

所以关系 $\sim$ 对于 $\cdot$ 和 $-$ 运算具有置换性质，而对 $\vartriangle$ 运算不具有置换性质. 例如 $\frac{1}{2} \sim \frac{2}{4}$，但

$$\vartriangle\frac{1}{2} = \frac{1}{4}, \vartriangle\frac{2}{4} = \frac{2}{16}, \frac{1}{4} \nsim \frac{2}{16}.$$

由代数系统 V 和 V 上的同余关系可以构造出新的代数系统 —— 商代数.

定义 15.18 设代数系统 $V = \langle A, o_1, o_2, \cdots, o_r \rangle$，其中 o_i 为 k_i 元运算. 关系 $\sim$ 是 V 上的同余关系，V 关于同余关系 $\sim$ 的商代数记作 $V/\sim = \langle A/\sim, \overline{o_1}, \overline{o_2}, \cdots, \overline{o_r} \rangle$，其中 $A/\sim$ 是 A 关于同余关系 $\sim$ 的商集. 对于 $i = 1, 2, \cdots, r$，运算 $\overline{o_i}$ 规定为：$\forall [a_1], [a_2], \cdots, [a_{k_i}] \in A/\sim$，有

$$\overline{o_i}([a_1], [a_2], \cdots, [a_{k_i}]) = [o_i(a_1, a_2, \cdots, a_{k_i})].$$

为了说明商代数 $V/\sim$ 是有意义的，必须证明 $V/\sim$ 中的所有运算都是良定义的，即证明运算结果与同余类的代表元素的选取无关. 对于 $i = 1, 2, \cdots, r$，考虑 $V/\sim$ 中的运算 $\overline{o_i}$，任取 k_i 个同余类 $[a_1], [a_2], \cdots, [a_{k_i}]$. 假设 A 中存在 $b_1, b_2, \cdots, b_{k_i}$，使得 $b_j \in [a_j]$，$j = 1, 2, \cdots, k_i$，我们只须证明

$$\overline{o_i}([a_1], [a_2], \cdots, [a_{k_i}]) = \overline{o_i}([b_1], [b_2], \cdots, [b_{k_i}]).$$

对于任意 $j = 1, 2, \cdots, k_i$，由 $b_j \in [a_j]$ 可知 $a_j \sim b_j$. 关系 $\sim$ 是 V 上同余关系，所以 $\sim$ 关于 o_i 运算具有置换性质，即 $o_i(a_1, a_2, \cdots, a_{k_i}) \sim o_i(b_1, b_2, \cdots, b_{k_i})$. 因此有 $[o_i(a_1, a_2, \cdots, a_{k_i})] = [o_i(b_1, b_2, \cdots, b_{k_i})]$. 根据商代数的定义，有 $\overline{o_i}([a_1], [a_2], \cdots, [a_{k_i}]) = \overline{o_i}([b_1], [b_2], \cdots, [b_{k_i}])$.

【例 15.27】 设 $V = \langle Z, \cdot \rangle$，其中 $\cdot$ 为普通乘法，如下定义 Z 上的等价关系 $\sim$：$\forall x, y \in Z$ 有 $x \sim y \Longleftrightarrow x \equiv y \pmod 4$，则 $\sim$ 为 V 上的同余关系. V 关于 $\sim$ 的商代数 $V/\sim = \langle Z/\sim, \odot \rangle$，其中 $Z/\sim = \{[0], [1], [2], [3]\}$. $\forall [x], [y] \in Z/\sim$ 有 $[x] \odot [y] = [(x \cdot y) \bmod 4]$. 从同构的意义上说，商代数 $V/\sim$ 就是代数系统 $\langle Z_4, \otimes \rangle$，其中 $Z_4 = \{0, 1, 2, 3\}$，$\otimes$ 为模 4 乘法.

由定义 15.18 可以看出代数系统 V 和商代数 $V/\sim$ 是同类型的. 进一步可以证明商代数 $V/\sim$ 能够保持 V 中的许多运算性质.

定理 15.9 设 $V = \langle A, o_1, o_2, \cdots, o_r \rangle$ 是代数系统，对于 $i = 1, 2, \cdots, r$，o_i 是 k_i 元运算. $\sim$ 是 V 上的同余关系，V 关于 $\sim$ 的商代数 $V/\sim = \langle A/\sim, \overline{o_1}, \overline{o_2}, \cdots, \overline{o_r} \rangle$. 令 o_i, o_j 是 V 中任意的二元运算.

(1) 若 o_i 是可交换的（或可结合的，幂等的），则 $\overline{o_i}$ 在 $V/\sim$ 中也是可交换的（或可结合的，幂等的）.

(2) 若 o_i 对 o_j 是可分配的，则 $\overline{o_i}$ 对 $\overline{o_j}$ 在 $V/\sim$ 中也是可分配的.

(3) 若 o_i, o_j 满足吸收律，则 $\overline{o_i}, \overline{o_j}$ 在 $V/\sim$ 中也满足吸收律.

(4) 若 e（或 θ）为 V 中关于 o_i 运算的单位元（或零元），则 $[e]$（或 $[\theta]$）是 $V/\sim$ 中关于 $\overline{o_i}$ 运算的单位元（或零元）.

(5) 若 o_i 为 V 中含单位元的运算，且 $x \in A$ 关于 o_i 运算的逆元为 x^{-1}. 则在 $V/\sim$ 中 $[x]$ 关于 $\overline{o_i}$ 运算的逆元是 $[x^{-1}]$.

证明留作练习.

下面给出几个关于同态、同余关系和商代数的重要定理.

定理 15.10 设 $V_1=\langle A,o_1,o_2,\cdots,o_r\rangle$, $V_2=\langle B,\overline{o_1},\overline{o_2},\cdots,\overline{o_r}\rangle$ 是同类型的代数系统. 对于 $i=1,2,\cdots,r$, o_i 和 $\overline{o_i}$ 是 k_i 元运算. 令 $\varphi:A\to B$ 是 V_1 到 V_2 的同态, 则由 φ 导出的 A 上的等价关系 $\sim$ 是 V_1 上的同余关系.

证 $\sim$ 是由 φ 导出的等价关系, 所以 $\forall x,y\in A$ 有 $x\sim y\Longleftrightarrow\varphi(x)=\varphi(y)$. 任取一个 V_1 上的运算 $o_i(k_i\geqslant 1)$, 设 $a_1,a_2,\cdots,a_{k_i},b_1,b_2,\cdots,b_{k_i}\in A$, 且 $a_j\sim b_j$, $j=1,2,\cdots,k_i$, 则有 $\varphi(a_j)=\varphi(b_j)$. 因此有下面的等式:

$$\overline{o_i}(\varphi(a_1),\varphi(a_2),\cdots,\varphi(a_{k_i}))=\overline{o_i}(\varphi(b_1),\varphi(b_2),\cdots,\varphi(b_{k_i})).$$

又由于 φ 是同态, 所以得

$$\varphi(o_i(a_1,a_2,\cdots,a_{k_i}))=\varphi(o_i(b_1,b_2,\cdots,b_{k_i})).$$

从而有 $o_i(a_1,a_2,\cdots,a_{k_i})\sim o_i(b_1,b_2,\cdots,b_{k_i})$. 这就证明了等价关系 $\sim$ 关于 o_i 运算有置换性质. 由于 i 的任意性可知 $\sim$ 是 V_1 上的同余关系. ▌

【例 15.28】 设代数系统 $V_1=\langle\Sigma^*,\circ,\Lambda\rangle$, $V_2=\langle N,+,0\rangle$, 其中 Σ^* 为 Σ 上的串的集合, $\circ$ 为连接运算, Λ 为空串. 定义 $\varphi:\Sigma^*\to N$, $\varphi(w)=|w|$, $\forall w\in\Sigma^*$, 则 φ 为 V_1 到 V_2 的同态映射. 由 φ 导出的 V_1 上的同余关系 $\sim$ 可定义为: $\forall w_1,w_2\in\Sigma^*$, $w_1\sim w_2\Longleftrightarrow|w_1|=|w_2|$, 由这个同余关系确定的同余类恰为等长的串所组成.

定理 15.11 设 $V=\langle A,o_1,o_2,\cdots,o_r\rangle$ 是代数系统, 其中 o_i 为 k_i 元运算, $i=1,2,\cdots,r$. $\sim$ 为 V 上的同余关系, 则**自然映射** $g:A\to A/\sim$, $g(a)=[a]$, $\forall a\in A$ 是从 V 到 $V/\sim$ 上的同态映射.

证 设 V 关于同余关系 $\sim$ 的商代数是 $V/\sim=\langle A/\sim,\overline{o_1},\overline{o_2},\cdots,\overline{o_r}\rangle$. 对于 $i=1,2,\cdots,r$, 考虑 k_i 元运算 o_i, 任取 $a_1,a_2,\cdots,a_{k_i}\in A$ 有

$$\begin{aligned}g(o_i(a_1,a_2,\cdots,a_{k_i}))&=[o_i(a_1,a_2,\cdots,a_{k_i})]\\&=\overline{o_i}([a_1],[a_2],\cdots,[a_{k_i}])=\overline{o_i}(g(a_1),g(a_2),\cdots,g(a_{k_i})).\end{aligned}$$

所以 g 是 V 到 $V/\sim$ 的同态映射. ▌

定理 15.12(同态基本定理) 设 $V_1=\langle A,o_1,o_2,\cdots,o_r\rangle$, $V_2=\langle B,o'_1,o'_2,\cdots,o'_r\rangle$ 是同类型的代数系统, 对于 $i=1,2,\cdots,r$, o_i, o'_i 是 k_i 元运算, $\varphi:A\to B$ 是 V_1 到 V_2 的同态, 关系 $\sim$ 是 φ 导出的 V_1 上的同余关系, 则 V_1 关于同余关系 $\sim$ 的商代数同构于 V_1 在 φ 下的同态像, 即 $V_1/\sim\,\cong\langle\varphi(A),o'_1,o'_2,\cdots,o'_r\rangle$.

证 设 V_1 关于同余关系 $\sim$ 的商代数为 $V_1/\sim=\langle A/\sim,\overline{o_1},\overline{o_2},\cdots,\overline{o_r}\rangle$.

定义 $h:A/\sim\to\varphi(A)$, $h([a])=\varphi(a)$, $\forall[a]\in A/\sim$, 任取 $a,b\in A$, 有

$$[a]=[b]\Longleftrightarrow a\sim b\Longleftrightarrow\varphi(a)=\varphi(b)\Longleftrightarrow h([a])=h([b]).$$

这就证明了 h 是单射的函数. 再考虑 h 的满射性, $\forall y\in\varphi(A)$, 存在 $x\in A$ 使 $\varphi(x)=y$, 因此有 $[x]\in A/\sim$, 满足 $h([x])=\varphi(x)=y$, 从而 h 是双射的. 最后证明 h 为同态映射. 对于 $i=1,2,\cdots,r$, 取商代数 $V_1/\sim$ 中的 k_i 元运算 $\overline{o_i}$, $\forall[a_1],[a_2],\cdots,[a_{k_i}]\in A/\sim$ 有

$$\begin{aligned}h(\overline{o_i}([a_1],[a_2],\cdots,[a_{k_i}]))&=h([o_i(a_1,a_2,\cdots,a_{k_i})])\\&=\varphi(o_i(a_1,a_2,\cdots,a_{k_i}))=o'_i(\varphi(a_1),\varphi(a_2),\cdots,\varphi(a_{k_i}))\\&=o'_i(h([a_1]),h([a_2]),\cdots,h([a_{k_i}])).\end{aligned}$$

所以有$V_1/\sim \overset{h}{\cong} \langle \varphi(A), o'_1, o'_2, \cdots, o'_r \rangle$. ▌

同态基本定理告诉我们,任何代数系统V的商代数是它的一个同态像.反过来,如果V'是V的同态像,则V'与V的一个商代数是同构的.从抽象代数的观点看,V'就是V的商代数.

【例 15.29】 设$V=\langle Z_6, \oplus \rangle$,其中$Z_6=\{0,1,\cdots,5\}$,$\oplus$为模6加法.试用同余类描述$V$上所有的同余关系.

解 根据例15.25,V上有6个自同态,即$\varphi: Z_6 \to Z_6$, $\varphi_p(x)=(px)\mathrm{mod}6$, $p=0,1,\cdots,5$.考虑V的同态像.$\varphi_0(x)=0$, $\forall x \in Z_6$,V在φ_0下的同态像是$\langle \{0\}, \oplus \rangle$.$\varphi_1(x)=x$, $\varphi_5(x)=(5x)\mathrm{mod}6$, $\forall x \in Z_6$,V在φ_1和φ_5下的同态像是V自己.$\varphi_2(x)=(2x)\mathrm{mod}6$,$\varphi_4(x)=(4x)\mathrm{mod}6$, $\forall x \in Z_6$,V在φ_2和φ_4下的同态像是$\langle \{0,2,4\}, \oplus \rangle$.$\varphi_3(x)=(3x)\mathrm{mod}6$, $\forall x \in Z_6$,V在φ_3下的同态像是$\langle \{0,3\}, \oplus \rangle$.根据同态基本定理,$V$有4个商代数,因此$V$上有4个不同的同余关系,分别由$\varphi_0, \varphi_1, \varphi_2, \varphi_3$导出.它们的同余类分别是:

由φ_0导出的同余关系,同余类是$\{0,1,\cdots,5\}$;

由φ_1导出的同余关系,同余类是$\{0\},\{1\},\cdots,\{5\}$;

由φ_2导出的同余关系,同余类是$\{0,3\},\{1,4\},\{2,5\}$;

由φ_3导出的同余关系,同余类是$\{0,2,4\},\{1,3,5\}$.

15.5 Σ 代 数

到目前为止我们已经对代数系统有了基本的了解,但实际中存在的许多代数系统更为复杂.它的载体可能不是一个集合而是一个集合族,运算也不是一个集合上的运算而是在不同的集合之间的运算.换句话说,运算数与运算结果属于集合族中不同的集合.这样的代数系统叫做Σ代数或分类代数.

定义 15.19 一个**Σ代数**V是一个二元组$\langle F, \Omega \rangle$,其中$F$是一个非空集合构成的集合族,$\forall A \in F$,称$A$是$V$的**基集**.$\Omega$是一个非空的运算集,$\forall o \in \Omega$,$o: A_{i_1} \times A_{i_2} \times \cdots \times A_{i_n} \to A_i$, $A_{i_1}, A_{i_2}, \cdots, A_{i_n}, A_i \in F, n \in N$.

使用Σ代数可以给出抽象数据类型(ADT)的代数规范.从传统的数据结构到抽象数据类型的使用是软件系统设计的新发展.把一类数据和数据上的操作封装在一起就构成了一个抽象数据类型.在给出抽象数据类型的规范时并不需要说明数据结构的具体表示和操作的实现方法.下面给出的是一个自然数栈的代数描述.

【例 15.30】

```
sorts Stack; Nature; Bool;
operations
    true, false: → Bool;
    zero: → Nature;
    succ: Nature → Nature;
    emptystack: → Stack;
    isempty: Stack → Bool;
    push: Stack × Nature → Stack;
    pop: Stack → Stack;
```

```
    top: Stack → Nature;
declare s: Stack; n: Nature;
axioms
    isempty(emptystack) = true;
    isempty(push(s,n)) = false;
    pop (emptystack) = emptystack;
    pop (push(s,n)) = s;
    top (emptystack) = zero;
    top (push(s,n)) = n.
```

这是一个 Σ 代数，$V = \langle F,\Omega\rangle$，其中 $F = \{$Stack, Nature, Bool$\}$，$\Omega = \{$true, false, zero, succ, emptystack, isempty, push, pop, top$\}$，declare 部分给出了在公理部分所使用的变量说明，axioms 部分规范了这个 Σ 代数的性质.

Σ 代数是一般代数系统的推广. 前边关于一般代数系统的许多概念，如子代数、积代数、代数系统的同态与同构、同余关系和商代数等都可以运用到 Σ 代数中去. 因篇幅所限这里就不再介绍了，有兴趣的读者可以参考有关的书籍.

习 题 十 五

1. 设 $\oplus$，$\otimes$ 分别为 Z_4 上的模 4 加法和乘法，给出 $\oplus$ 和 $\otimes$ 的运算表.

2. 设 $A = \{0,1\}$，$\circ$ 为函数的合成运算，试给出 A 上所有的函数关于 $\circ$ 运算的运算表.

3. 设 $A = \{1,2,\cdots,n\}$，τ 为 A 上的一元运算. $\forall i \in A$ 有 $\tau(i) = (i)\bmod n + 1$. 称代数系统 $\langle A,\tau\rangle$ 为时钟代数. 当 $n = 5$ 时给出 τ 的运算表.

4. 判断下列集合对所给的代数运算是否封闭. 如果封闭，则指明该集合上的二元运算是否满足交换律、结合律、幂等律、消去律、分配律和吸收律，并找出该运算的单位元和零元.

(1) 整数集合 Z 和普通的减法运算；

(2) 非零整数集合 Z^* 和普通的乘法运算；

(3) 集合 $A = \{x \mid x \in N \wedge x$ 为奇数$\}$ 和普通的加法及乘法运算；

(4) n 阶实矩阵集合 $M_n(R)$ 关于矩阵加法和矩阵乘法运算；

(5) n 阶实可逆矩阵的集合关于矩阵加法和矩阵乘法运算；

(6) 集合 $nZ = \{nk \mid k \in Z\}$，$n \in Z^+$，关于普通加法和乘法运算；

(7) 正实数集 R^+ 和 $\circ$ 运算，其中 $\circ$ 运算定义为 $a\circ b = ab - a - b$，$\forall a,b \in R^+$；

(8) 集合 $A = \{a_1,a_2,\cdots,a_n\}$，$n \geqslant 1$，$\circ$ 运算为 $a\circ b = b$，$\forall a,b \in A$；

(9) 集合 A 上的所有二元关系的集合 $R(A)$ 和关系的合成运算；

(10) 正整数集 Z^+ 和求两个数的最大公约数及最小公倍数的运算.

5. 设 $A = \{a,b,c\}$，$a,b,c \in R$. 能否确定 a,b,c 的值使得

(1) A 对普通加法封闭；　(2) A 对普通乘法封闭.

6. $S = \{f \mid f$ 是$[a,b]$上的连续函数，$a,b \in R, a < b\}$，问 S 关于下面的每个运算是否构成代数系统？如果能构成代数系统，说明该运算是否适合交换律和结合律，并求出单位元和零元.

(1) 函数加法，即$(f+g)(x) = f(x)+g(x)$，$\forall x \in [a,b]$；

(2) 函数减法，即$(f-g)(x) = f(x)-g(x)$，$\forall x \in [a,b]$；

(3) 函数乘法，即$(f\cdot g)(x) = f(x)\cdot g(x)$，$\forall x \in [a,b]$；

(4) 函数除法，即$(f/g)(x) = f(x)/g(x)$，$\forall x \in [a,b]$.

7. 判断正整数集Z^+和下面每个二元运算$\circ$是否构成代数系统. 如果是，则说明这个运算是否适合交换律、结合律和幂等律，并求出单位元和零元.

(1) $a \circ b = \max\{a,b\}$；　　(2) $a \circ b = \min\{a,b\}$；

(3) $a \circ b = a^b$；　　(4) $a \circ b = (a/b) + (b/a)$.

8. 设p,q,r是实数，$\circ$为R上的二元运算. $\forall a,b \in R, a \circ b = pa + qb + r$. 问$\circ$运算是否适合交换律、结合律和幂等律，是否有单位元和零元，并证明你的结论.

9. 设$*$为有理数集Q上的二元运算，$\forall x,y \in Q$有$x * y = x + y - xy$，说明$*$运算是否适交换律、结合律和幂等律，并求出Q中关于$*$运算的单位元、零元及所有可逆元素的逆元.

10. 设$A = \{a,b\}$，试给出A上所有的二元运算和一元运算，并找出一个既不可交换也不可结合的二元运算.

11. 设$A = Q \times Q$，Q为有理数集，$\circ$为A上的二元运算. $\forall \langle a,b \rangle, \langle c,d \rangle \in A$有

$$\langle a,b \rangle \circ \langle c,d \rangle = \langle ac, ad + b \rangle,$$

说明$\circ$运算是否适合交换律和结合律. 并求出A中关于$\circ$运算的单位元、零元和所有可逆元素的逆元.

12. 设代数系统$V = \langle A, \circ \rangle$，其中$\circ$运算由运算表(见表15.6)给出. 说明$\circ$运算是否满足交换律、结合律和幂等律，并确定$A$中关于$\circ$运算的单位元和零元.

表 15.6

(1)

$\circ$	a	b	c
a	a	b	c
b	b	c	a
c	c	a	b

(2)

$\circ$	a	b	c
a	a	b	c
b	a	b	c
c	a	b	c

(3)

$\circ$	a	b	c
a	a	b	c
b	b	a	c
c	c	c	c

(4)

$\circ$	a	b	c
a	a	b	c
b	b	b	c
c	c	c	b

13. 证明定理15.3.

14. $V = \langle Z_6, \oplus \rangle$，$\oplus$为模6加法. 指出$V$的所有的子代数，并说明哪些子代数是平凡的子代数，那些是真子代数.

15. 设$V_1 = \langle \{1,2,3\}, \circ, 1 \rangle$，$\forall x,y \in \{1,2,3\}$，$x \circ y = \max\{x,y\}$，$V_2 = \langle \{5,6\}, *, 6 \rangle$，$\forall a,b \in \{5,6\}$，$a * b = \min\{a,b\}$.

(1) 给出积代数$V_1 \times V_2$的运算表和特异元素；　　(2) 给出V_1的所有的子代数.

16. 代数系统$V_1 = \langle Z_3, \oplus_3 \rangle$，$V_2 = \langle Z_2, \oplus_2 \rangle$，其中$\oplus_3$和$\oplus_2$分别为模3和模2加法.

(1) 给出积代数$V_1 \times V_2$的运算表；　　(2) 求出积代数$V_1 \times V_2$的单位元和每个可逆元素的逆元.

17. 证明定理15.6.

18. 设V_1是复数集C关于复数加法和复数乘法构成的代数系统，$V_2 = \langle B, +, \cdot \rangle$，其中

$$B = \left\{ \begin{pmatrix} a & b \\ -b & a \end{pmatrix} \middle| a,b \in R \right\},$$

$+$和$\cdot$分别为矩阵加法和乘法. 证明V_1同构于V_2.

19. 设$V_1 = \langle A, o_1, o_2 \rangle$，$V_2 = \langle B, \overline{o_1}, \overline{o_2} \rangle$是含有两个二元运算的代数系统. 证明积代数$V_1 \times V_2$和$V_2 \times V_1$同构.

20. 设$V_1 = \langle P(\{a,b\}), \cup, \cap, \sim, \varnothing, \{a,b\} \rangle$，$V_2 = \langle \{0,1\}, +, \cdot, -, 0, 1 \rangle$，其中$+, \cdot, -$分别为布尔加、乘和补运算. 令$\varphi$: $P(\{a,b\}) \to \{0,1\}$，且$\forall x \in P(\{a,b\})$，φ定义如下

$$\varphi(x)=\begin{cases}1, & a\in x;\\ 0, & a\notin x.\end{cases}$$

证明 φ 为 V_1 到 V_2 的满同态.

21. 证明定理 15.8.

22. 设 $V_1=\langle A,\circ\rangle, V_2=\langle B,*\rangle, V_3=\langle C,\cdot\rangle$ 是含有一个二元运算的代数系统. $\varphi_1: A\to B$ 是 V_1 到 V_2 的同态, $\varphi_2: B\to C$ 是 V_2 到 V_3 的同态. 证明 $\varphi_2\circ\varphi_1$ 是 V_1 到 V_3 的同态.

23. 证明对任意的代数系统 V_1, V_2, V_3 有

(1) $V_1\cong V_1$;

(2) 若 $V_1\cong V_2$, 则 $V_2\cong V_1$;

(3) 若 $V_1\cong V_2, V_2\cong V_3$, 则 $V_1\cong V_3$.

24. 设 $V_1=\langle C,\cdot\rangle, V_2=\langle R,\cdot\rangle$ 是代数系统, $\cdot$ 为普通乘法. 下面哪个函数 φ 是 V_1 到 V_2 的同态?如果 φ 是同态, 求出 V_1 在 φ 下的同态像.

(1) $\varphi: C\to R,\ \varphi(z)=|z|+1,\ \forall z\in C$;　　(2) $\varphi: C\to R,\ \varphi(z)=|z|,\ \forall z\in C$;

(3) $\varphi: C\to R,\ \varphi(z)=0,\ \forall z\in C$;　　(4) $\varphi: C\to R,\ \varphi(z)=2,\ \forall z\in C$.

25. 设 $V=\langle A,\cdot\rangle$, 其中 $A=\{5^n\mid n\in Z^+\}$, $\cdot$ 为普通乘法. 试求出所有 V 上的自同构.

26. 设代数系统 $V_1=\langle Z^+,\cdot\rangle, V_2=\langle Z_2,\cdot\rangle$, 其中 $\cdot$ 为普通乘法. 定义 $\varphi: Z^+\to Z_2$, $\forall x\in Z^+$ 有

$$\varphi(x)=\begin{cases}1, & x=1;\\ 0, & x>1.\end{cases}$$

证明 φ 是 V_1 到 V_2 的满同态.

27. 设 $V=\langle Z,+\rangle$, 判断下面给出的二元关系 R 是否为 V 上的同余关系, 并说明理由.

(1) $\forall x,y\in Z,\ xRy \Longleftrightarrow x$ 与 y 同号或 $x=y=0$;　　(2) $\forall x,y\in Z,\ xRy\Longleftrightarrow |x-y|<5$;

(3) $\forall x,y\in Z,\ xRy\Longleftrightarrow x=y=0$ 或 $x\neq 0,\ y\neq 0$;　(4) $\forall x,y\in Z,\ xRy\Longleftrightarrow x\geqslant y$.

28. 证明定理 15.9.

29. 设 $V_1=\langle Z,\triangle\rangle, V_2=\langle Z_2,\overline{\triangle}\rangle$ 是含有一元运算的代数系统, 其中 $\triangle$ 和 $\overline{\triangle}$ 分别定义如下:

$$\triangle x=x+1,\ \forall x\in Z,\quad \overline{\triangle}y=(y+1)\bmod 2,\ \forall y\in Z_2.$$

令
$$\varphi: Z\to Z_2,\ \varphi(a)=(a)\bmod 2,\ \forall a\in Z.$$

(1) 证明 φ 是 V_1 到 V_2 的同态;　　(2) 给出 φ 在 V_1 上导出的划分.

30. 设 $V_1=\langle A_k,+\rangle,\ V_2=\langle A_m,+\rangle$, 其中

$$A_j=\{x\mid x\in Z \text{ 且 } x\geqslant j\},\quad j,k,m,n\in N,\quad nk\geqslant m,$$

$+$ 为普通加法. 令 $\varphi: A_k\to A_m,\ \varphi(x)=nx,\ \forall x\in A_k$.

(1) 证明 φ 是 V_1 到 V_2 的同态;

(2) 令 $\sim$ 表示由 φ 导出的 V_1 上的同余关系, 试描述商代数 $V_1/\sim$(给出集合和运算).

31. 设代数系统 $V=\langle A,\circ\rangle$, 其中 $A=\{a,b,c,d\}$, $\circ$ 由运算表(表 15.7)给出.

(1) 试给出 V 的所有的自同态;

(2) 试给出 V 上所有的同余关系.

表 15.7

$\circ$	a	b	c	d
a	b	a	b	b
b	b	b	b	b
c	b	b	b	b
d	b	b	b	b

32. 设 $V_1=\langle A,*,\triangle,k\rangle, V_2=\langle B,\circ,\overline{\triangle},\bar{k}\rangle$ 是代数系统, 其中 $*$ 和 $\circ$ 为二元运算, $\triangle$ 和 $\overline{\triangle}$ 为一元运算, k 和 $\bar{k}$ 为零元运算. 在积代数 $V_1\times V_2$ 上定义二元关系 R, $\forall\langle a,b\rangle,\langle c,d\rangle\in A\times B$ 有 $\langle a,b\rangle R\langle c,d\rangle\Longleftrightarrow a=c$.

(1) 证明 R 为 $V_1\times V_2$ 上的同余关系;　　(2) 证明 $V_1\times V_2/R\cong V_1$.

第十六章　半群与独异点

16.1　半群与独异点

半群和独异点是具有一个二元运算的代数系统.

定义 16.1　(1) 设$\circ$是集合S上的二元运算,若$\circ$运算在S上是可结合的,则称代数系统$V=\langle S,\circ\rangle$是**半群**.

(2) 设$V=\langle S,\circ\rangle$是半群,若存在$e\in S$为V中关于$\circ$运算的单位元,则称$V=\langle S,\circ,e\rangle$是**独异点**.

【例 16.1】

(1) 自然数集N,整数集Z,有理数集Q,实数集R关于普通加法或乘法都可以构成半群和独异点.正整数集Z^+关于普通乘法可以构成半群和独异点,而关于加法只能构成半群.

(2) 设$n\geqslant 2$,n阶实矩阵集合$M_n(R)$关于矩阵加法或矩阵乘法都能构成半群和独异点.

(3) 幂集$P(B)$关于集合的并、交和对称差运算都可以构成半群和独异点.

(4) A^A关于函数的合成运算构成了半群和独异点.

(5) $A=\{a_1,a_2,\cdots,a_n\}$,$n\in Z^+$,$\circ$为A上的二元运算.$\forall a_i,a_j\in A$有$a_i\circ a_j=a_i$,则A关于$\circ$运算构成半群.

定义 16.2　设$V=\langle S,\circ\rangle$是半群,$\forall x\in S,n\in Z^+$,定义x的n**次幂**x^n为

$$x^1=x,$$
$$x^{n+1}=x^n\circ x,\qquad n\in Z^+.$$

例如在半群$\langle Z,+\rangle$中,$\forall x\in Z$,x的n次幂是$\underbrace{x+x+\cdots+x}_{n个x}=nx$.而在半群$\langle P(B),\oplus\rangle$中,$\forall x\in P(B)$,$x$的$n$次幂是

$$\underbrace{x\oplus x\oplus\cdots\oplus x}_{n个x}=\begin{cases}\varnothing, & n为偶数;\\ x, & n为奇数.\end{cases}$$

半群中元素的幂运算遵从下面的规律.

定理 16.1　设$V=\langle S,\circ\rangle$是半群,则$\forall x\in S$有

(1) $x^n\circ x^m=x^{n+m}$;

(2) $(x^n)^m=x^{nm}$,

其中$n,m\in Z^+$.

证　(1) 固定n,施归纳于m.

若$m=1$,则$x^n\circ x^1=x^n\circ x=x^{n+1}$.

假设对$m=k$有$x^n\circ x^k=x^{n+k}$成立,则对$m=k+1$有

$$x^n\circ x^{k+1}=x^n\circ(x^k\circ x)=(x^n\circ x^k)\circ x=x^{n+k}\circ x=x^{n+k+1}=x^{n+(k+1)},$$

根据数学归纳法,对一切$n,m\in Z^+$,结论为真.

(2) 固定n,施归纳于m.

$m=1$ 时有$(x^n)^1=x^n=x^{n\cdot 1}$.

假设当 $m=k$ 时有$(x^n)^k=x^{nk}$,则 $m=k+1$ 时有

$$(x^n)^{k+1}=(x^n)^k\circ x^n=x^{nk}\circ x^n=x^{nk+n}=x^{n(k+1)},$$

根据数学归纳法,对一切 $n,m\in Z^+$,结论为真. ▌

可以将 x 的 n 次幂的概念从半群推广到独异点. 在独异点 $V=\langle S,\circ,e\rangle$ 中,$\forall x\in S,n\in N$,x 的 n 次幂是:

$$x^0=e,$$

$$x^{n+1}=x^n\circ x,\quad \text{其中 } n\in N.$$

不难证明定理 16.1 的结论在独异点中也成立,只是 m,n 不仅限于正整数,也可以是 0.

定理 16.2 设$\langle S,\circ\rangle$是半群,则可以适当地定义单位元 e,将这个半群扩张为独异点$\langle S',\circ',e\rangle$.

证 任取 e 使得 $e\notin S$. 令 $S'=S\cup\{e\}$,且定义 S' 上的二元运算$\circ'$如下:

$$\forall x,y\in S,\ x\circ' y=x\circ y,$$

$$\forall x\in S,\ x\circ' e=e\circ' x=x,$$

$$e\circ' e=e.$$

易见$\circ'$运算在 S' 上是可结合的,且单位元为 e. 因此$\langle S',\circ',e\rangle$是独异点. ▌

下面考虑半群和独异点的子代数.

定义 16.3 半群 S 的子代数叫做 S 的**子半群**. 独异点 T 的子代数叫做 T 的**子独异点**.

【例 16.2】 设 $A=\left\{\begin{pmatrix}a&0\\0&0\end{pmatrix}\middle| a\in R\right\}$,则 A 关于矩阵乘法构成半群$\langle A,\cdot\rangle$,且它是$\langle M_2(R),\cdot\rangle$的子半群. 令 $V=\left\langle A,\cdot,\begin{pmatrix}1&0\\0&0\end{pmatrix}\right\rangle$,则 V 是一个独异点,但它不是$\left\langle M_2(R),\cdot,\begin{pmatrix}1&0\\0&1\end{pmatrix}\right\rangle$的子独异点. 因为 $M_2(R)$ 中关于$\cdot$运算的单位元不属于 A.

定理 16.3 设 S 为半群,V 为独异点,则 S 的任何子半群的非空交集仍是 S 的子半群,V 的任何子独异点的交集仍是 V 的子独异点.

证 设 $\bigcap_i S_i$ 是 S 的子半群的非空交集,$\forall x,y\in\bigcap_i S_i$,则 x,y 属于每个 S_i,因为 S_i 是 S 的子半群,所以 $xy\in S_i$. 这就证明了 $xy\in\bigcap_i S_i$. 根据子代数定义 $\bigcap_i S_i$ 是 S 的子代数,即子半群.

令 $\bigcap_i V_i$ 是独异点 V 的子独异点的交集. 设 V 的单位元为 e,因为 V_i 是 V 的子代数,故 $\forall i$ 有 $e\in V_i$,所以 $e\in\bigcap_i V_i$,$\bigcap_i V_i$ 非空. 再根据上面的证明可知 $\bigcap_i V_i$ 是 V 的子独异点. ▌

由以上定理可知,若干个子半群的非空交集仍是子半群,但它们的并不一定是子半群. 例如 $2Z=\{2k\mid k\in Z\}$, $3Z=\{3k\mid k\in Z\}$ 都是$\langle Z,+\rangle$的子半群,但 $2Z\cup 3Z$ 并不是$\langle Z,+\rangle$的子半群.

定义 16.4 设 S 为半群,B 是 S 的非空子集,则 S 的所有包含 B 的子半群的交仍是 S 的子半群,称为**由 B 生成的子半群**,记作$\langle B\rangle$.

定理 16.4 S 为半群,B 是 S 的非空子集. $\forall n\in Z^+$,令

$$B^n=\{b_1b_2\cdots b_n\mid b_i\in B,i=1,2,\cdots,n\},$$

则

$$\langle B\rangle=\bigcup_{n\in Z^+}B^n.$$

证 先证 $\bigcup_{n\in Z^+} B^n \subseteq \langle B\rangle$. 任取 $x \in \bigcup_{n\in Z^+} B^n$,则存在 $n\in Z^+$ 且 $x\in B^n$,因此 $x=b_1b_2\cdots b_n$ 且 $b_i\in B, i=1,2,\cdots,n$. 因为 $B\subseteq\langle B\rangle$,所以 $x=b_1b_2\cdots b_n$ 且 $b_i\in\langle B\rangle, i=1,2,\cdots,n$;又由于$\langle B\rangle$ 是子半群,因此 $x=b_1b_2\cdots b_n\in\langle B\rangle$.

再证$\langle B\rangle\subseteq\bigcup_{n\in Z^+} B^n$. 任取 $x\in B$,则 $x\in B^1$,所以 $x\in\bigcup_{n\in Z^+} B^n$. 这就证明了 $B\subseteq\bigcup_{n\in Z^+} B^n$. 易证 $\bigcup_{n\in Z^+} B^n$ 是 S 的非空子集且关于 S 中的运算封闭,是 S 的子半群. 由于$\langle B\rangle$ 是 S 中所有包含 B 的子半群的交,所以$\langle B\rangle\subseteq\bigcup_{n\in Z^+} B^n$. ▌

半群与独异点的积代数称为**积半群和积独异点**. 有关积代数的定理和性质都可以用于积半群与积独异点.

类似地可以把一般代数系统的同态与商代数的概念用到半群和独异点上,从而得到**商半群与商独异点**. 有关同态、同余关系和商代数的一般定理对半群和独异点也是正确的.

定理 16.5 设 $V=\langle S,*\rangle$ 为半群,$V'=\langle S^S,\circ\rangle$,$\circ$ 为函数的合成运算,则 V' 是半群,且存在 V 到 V' 的同态.

证 V' 是半群,因为 S^S 关于合成运算$\circ$ 是封闭的,且合成运算适合结合律. 定义 $f_a: S\to S$,且 $f_a(x)=a*x$, $\forall x\in S$,则 $f_a\in S^S$. 令 $\varphi: S\to S^S$, $\varphi(a)=f_a$, $\forall a\in S$,则 φ 是 V 到 V' 的同态. 因为 $\forall a,b\in S$ 有

$$\varphi(a*b)=f_{a*b},\quad \varphi(a)\circ\varphi(b)=f_a\circ f_b.$$

我们只须证明 $\forall x\in S$ 有 $f_{a*b}(x)=f_a\circ f_b(x)$ 即可.

$$f_{a*b}(x)=(a*b)*x=a*(b*x)=f_a(f_b(x))=f_a\circ f_b(x),$$

所以有 $\varphi(a*b)=\varphi(a)\circ\varphi(b)$. ▌

定理 16.6 设 $V=\langle S,*,e\rangle$ 是独异点, 则存在 $T\subseteq S^S$ 使$\langle T,\circ,I_S\rangle$ 同构于$\langle S,*,e\rangle$.

证 类似于定理 16.5,令 $\varphi: S\to S^S$,$\varphi(a)=f_a$, $\forall a\in S$,则 $\forall a,b\in S$ 有 $\varphi(a*b)=\varphi(a)\circ\varphi(b)$. 此外,$\varphi(e)=f_e=I_S$,所以 φ 是$\langle S,*,e\rangle$ 到$\langle S^S,\circ,I_S\rangle$ 的同态.

任取 $a,b\in S$,若 $\varphi(a)=\varphi(b)$,即 $f_a=f_b$,则 $\forall x\in S$ 有

$$a*x=f_a(x)=f_b(x)=b*x.$$

令 $x=e$,就得到 $a=b$,所以 φ 是单射的.

令 $T=\varphi(S)$,则 $T\subseteq S^S$ 且 $\varphi: S\to T$ 是双射的,因此有$\langle S,*,e\rangle$ 同构于$\langle T,\circ,I_S\rangle$. ▌

这个定理说明任何独异点都是一个变换的独异点, 因此定理16.6 叫做独异点的表示定理.

16.2 有穷自动机

有穷自动机在形式语言方面有着重要的应用. 我们先给出有穷半自动机和自动机的定义.

定义 16.5 (1) 一个**有穷半自动机**是一个三元组 $M=\langle Q,\Sigma,\delta\rangle$,其中 Q 为有穷状态集,Σ 为有穷输入字符表,$\delta: Q\times\Sigma\to Q$ 为状态转移函数.

(2) 一个**有穷自动机**是一个五元组 $M=\langle Q,\Sigma,\Gamma,\delta,\lambda\rangle$,其中 Q,Σ 和 δ 的定义如(1),Γ 为有穷输出字符表,$\lambda: Q\times\Sigma\to\Gamma$ 为输出函数.

为了书写的简便,今后将 $\delta(\langle q,a\rangle)$ 记为 $\delta(q,a)$,$\lambda(\langle q,a\rangle)$ 记为 $\lambda(q,a)$.

设 M 是有穷半自动机，$q_0 \in Q$ 是初始状态. $w = a_0a_1\cdots a_{n-1}$ 是长为 n 的输入串. 若 $\delta(q_j, a_j) = q_{j+1}, j = 0,1,\cdots,n-1$，则 M 从 q_0 开始，经过 n 步最终达到 q_n. 这样就得到一个工作在 Σ^* 上的半自动机 M^*，称为 **M 的扩展.**

定义 16.6 设 $M = \langle Q, \Sigma, \delta \rangle$ 是有穷半自动机，则 M 可以扩展成 $M^* = \langle Q, \Sigma^*, \delta^* \rangle$，其中 Σ^* 是 Σ 上的串的集合，$\delta^*: Q \times \Sigma^* \to Q$, $\forall a_0a_1\cdots a_n \in \Sigma^*$ 有

$$\delta^*(q, \wedge) = q,$$

$$\delta^*(q, a_0) = \delta(q, a_0),$$

$$\delta^*(q, a_0a_1\cdots a_n) = \delta(\delta^*(q, a_0a_1\cdots a_{n-1}), a_n), \quad 1 \leqslant n.$$

和以上定义类似，也可以定义扩展的有穷自动机 $M^* = \langle Q, \Sigma^*, \Gamma^*, \delta^*, \lambda^* \rangle$，其中 Q, Σ^*, δ^* 与有穷半自动机一样，Γ^* 是 Γ 上的串的集合，λ^* 定义如下. $\lambda^*: Q \times \Sigma^* \to \Gamma^*$, $\forall a_0a_1\cdots a_n \in \Sigma^*$ 有

$$\lambda^*(q, \wedge) = \wedge,$$

$$\lambda^*(q, a_0) = \lambda(q, a_0),$$

$$\lambda^*(q, a_0a_1\cdots a_n) = \lambda(q, a_0)\lambda^*(\delta(q, a_0), a_1\cdots a_n), \ 1 \leqslant n.$$

可以证明扩展的有穷自动机具有下面的性质.

定理 16.7 设 $M^* = \langle Q, \Sigma^*, \Gamma^*, \delta^*, \lambda^* \rangle$ 是扩展的有穷自动机，则 $\forall w_1, w_2 \in \Sigma^*$ 有

(1) $\delta^*(q, w_1w_2) = \delta^*(\delta^*(q, w_1), w_2)$,

(2) $\lambda^*(q, w_1w_2) = \lambda^*(q, w_1)\lambda^*(\delta^*(q, w_1), w_2)$,

其中 w_1w_2 是 w_1 与 w_2 的连接.

证 (1) 令 $w_1 = a_0a_1\cdots a_{m-1}$, $w_2 = b_0b_1\cdots b_{n-1}$，任意给定 w_1 的长度 $m \in N$，对 w_2 的长度 n 进行归纳.

$n = 0$，则 $w_2 = \wedge$，因此有

$$\delta^*(q, w_1w_2) = \delta^*(q, w_1) = \delta^*(\delta^*(q, w_1), \wedge) = \delta^*(\delta^*(q, w_1), w_2).$$

假设 $n = k$ 时结论成立，即有

$$\delta^*(q, a_0a_1\cdots a_{m-1}b_0b_1\cdots b_{k-1}) = \delta^*(\delta^*(q, a_0a_1\cdots a_{m-1}), b_0b_1\cdots b_{k-1}).$$

则当 $n = k+1$ 时 $w_2 = b_0b_1\cdots b_k$，因此有

$$\begin{aligned}
\delta^*(q, w_1w_2) &= \delta^*(q, a_0a_1\cdots a_{m-1}b_0b_1\cdots b_k) \\
&= \delta(\delta^*(q, a_0a_1\cdots a_{m-1}b_0b_1\cdots b_{k-1}), b_k) \\
&= \delta(\delta^*(\delta^*(q, a_0a_1\cdots a_{m-1}), b_0b_1\cdots b_{k-1}), b_k) \\
&= \delta^*(\delta^*(q, a_0a_1\cdots a_{m-1}), b_0b_1\cdots b_{k-1}\ b_k) \\
&= \delta^*(\delta^*(q, w_1), w_2).
\end{aligned}$$

(2) 任意给定 w_2 的长度 $n \in N$，对 w_1 的长度 m 进行归纳.

$m = 0$，则 $w_1 = \wedge$，因此有

$$\begin{aligned}
\lambda^*(q, w_1w_2) &= \lambda^*(q, w_2) = \wedge\ \lambda^*(q, w_2) \\
&= \lambda^*(q, \wedge)\lambda^*(\delta^*(q, \wedge), w_2) \\
&= \lambda^*(q, w_1)\lambda^*(\delta^*(q, w_1), w_2).
\end{aligned}$$

假设 $m = k$ 时结论成立，即当 $w_1 = a_1a_2\cdots a_k$ 有

$$\lambda^*(q, a_1a_2\cdots a_kb_0b_1\cdots b_{n-1}) = \lambda^*(q, a_1a_2\cdots a_k)\lambda^*(\delta^*(q, a_1a_2\cdots a_k), b_0b_1\cdots b_{n-1}).$$

则当 $w_1 = a_0a_1\cdots a_k$ 时有

$$\begin{aligned}\lambda^*(q,w_1w_2) &= \lambda^*(q,a_0a_1\cdots a_kb_0b_1\cdots b_{n-1})\\ &= \lambda(q,a_0)\,\lambda^*(\delta(q,a_0),a_1\cdots a_kb_0b_1\cdots b_{n-1})\\ &= \lambda(q,a_0)\,\lambda^*(\delta(q,a_0),a_1\cdots a_k)\,\lambda^*(\delta^*(\delta(q,a_0),a_1\cdots a_k),b_0b_1\cdots b_{n-1})\\ &= \lambda(q,a_0)\,\lambda^*(\delta(q,a_0),a_1\cdots a_k)\,\lambda^*(\delta^*(\delta^*(q,a_0),a_1\cdots a_k),b_0b_1\cdots b_{n-1})\\ &= \lambda^*(q,a_0a_1\cdots a_k)\,\lambda^*(\delta^*(q,a_0a_1\cdots a_k),\ b_0b_1\cdots b_{n-1})\\ &= \lambda^*(q,w_1)\,\lambda^*(\delta^*(q,w_1),w_2).\end{aligned}$$

▌

以上定理的结论(1) 对半自动机的扩展 $M^* = \langle Q,\Sigma^*,\delta^*\rangle$ 也成立.

下面研究半自动机 M 和独异点的关系. 不难证明任意给定半自动机 M,可以得到一个对应的独异点 T_M;反之,任意给定独异点 T,可以得到一个对应的半自动机 M_T. 请看下面的定理.

定理 16.8 设 $M=\langle Q,\Sigma,\delta\rangle$ 是半自动机,$M^* =\langle Q,\Sigma^*,\delta^*\rangle$ 是 M 的扩展. 对任意的 $w\in\Sigma^*$,定义 $f_w: Q\to Q$, $f_w(q)=\delta^*(q,w)$. 令 $S=\{f_w \mid w\in\Sigma^*\}$ 是所有这样定义的函数的集合,$\circ$ 是函数的合成运算,则 $T_M=\langle S,\circ,f_\wedge\rangle$ 是一个独异点,且是 $\langle Q^Q,\circ,I_Q\rangle$ 的子独异点.

证 先证 S 关于合成运算 $\circ$ 是封闭的. 任取 $f_{w_1},f_{w_2}\in S$,我们只须证明 $f_{w_1}\circ f_{w_2}\in S$ 即可. $\forall q\in Q$,

$$\begin{aligned}f_{w_1}\circ f_{w_2}(q) &= f_{w_1}(f_{w_2}(q)) = f_{w_1}(\delta^*(q,w_2))\\ &= \delta^*(\delta^*(q,w_2),w_1) = \delta^*(q,w_2w_1) = f_{w_2w_1}(q).\end{aligned}$$

所以

$$f_{w_1}\circ f_{w_2} = f_{w_2w_1}\in S.$$

又由于合成运算 $\circ$ 是可结合的,所以 $\langle S,\circ\rangle$ 构成半群,且是 $\langle Q^Q,\circ\rangle$ 的子半群.

I_Q 是 $\langle Q^Q,\circ,I_Q\rangle$ 的单位元,为证明 $\langle S,\circ,f_\wedge\rangle$ 是 $\langle Q^Q,\circ,I_Q\rangle$ 的子独异点,只须证明 $f_\wedge=I_Q$ 即可. $\forall q\in Q$ 有 $f_\wedge(q)=\delta^*(q,\wedge)=q$,所以 $f_\wedge=I_Q$. ▌

定理 16.9 设 $T=\langle S,\cdot,e\rangle$ 是独异点,则存在半自动机 M,且 M 所对应的独异点 T_M 同构于 T.

证 如下构造半自动机 $M=\langle Q,\Sigma,\delta\rangle$,其中 $Q=\Sigma=S$,δ: $S\times S\to S$,$\delta(a,b)=b\cdot a$, $\forall a,b\in S$. 易见 $\Sigma^*=\Sigma=S$.

和定理 16.8 的证明类似,$\forall a\in\Sigma$ 定义 $f_a: S\to S$, $f_a(q)=\delta^*(q,a)$, $\forall q\in S$. 令 $A=\{f_a \mid a\in S\}$,则 $T_M=\langle A,\circ,f_e\rangle$ 是 M 所对应的独异点.

令 φ: $S\to A$,$\varphi(a)=f_a$, $\forall a\in S$. 先证明 φ 是 T 到 T_M 的同态. 任取 $a,b\in S$, $\forall q\in S$ 有

$$\varphi(a\cdot b)(q)=f_{a\cdot b}(q)=\delta^*(q,a\cdot b)=\delta(q,a\cdot b)=a\cdot b\cdot q,$$
$$\varphi(a)\circ\varphi(b)(q)=f_a(f_b(q))=\delta^*(\delta^*(q,b),a)=\delta(\delta(q,b),a)=a\cdot b\cdot q,$$

且有

$$\varphi(e)=f_e.$$

所以 φ 是 T 到 T_M 的同态.

其次证明 φ 是 S 到 A 的双射函数. 任取 $f_c\in A$,有 $c\in S$,使得 $\varphi(c)=f_c$,φ 是满射的. 假设有 $a,b\in S$,且 $\varphi(a)=\varphi(b)$. 则 $\forall q\in S$ 有

$$f_a(q)=f_b(q)\Rightarrow\delta^*(q,a)=\delta^*(q,b)\Rightarrow\delta(q,a)=\delta(q,b)\Rightarrow a\cdot q=b\cdot q.$$

令 $q=e$,则有 $a=b$. 这就证明了 φ 是单射的. 因此有 $T\cong T_M$. ▌

定理 16.8 和 16.9 证明了在半自动机和独异点之间存在着一一对应. 同样的情况对自动机也成立. 任给自动机 $M=\langle Q,\Sigma,\Gamma,\delta,\lambda\rangle$,可以得到一个对应的独异点,就是半自动机 $\langle Q,\Sigma,\delta\rangle$ 所对应的独异点. 反之,任给一个独异点 $T=\langle S,\cdot,e\rangle$,也可以得到一个对应的自动机 $M=\langle Q,\Sigma,\Gamma,\delta,\lambda\rangle$. 其中 Q,Σ,δ 与定理 16.9 中的定义一样,而 $\Gamma=S,\lambda\colon S\times S\to S,\lambda(a,b)=b,\ \forall a,b\in S$. 那么有 $T_M\cong T$,其中 T_M 就是 $\langle Q,\Sigma,\delta\rangle$ 所对应的独异点.

【例 16.3】 $T=\langle S,\cdot,1\rangle$ 是独异点,其中 $S=\{1,-1\}$,$\cdot$ 为普通乘法. 和 T 对应的半自动机 $M=\langle\{1,-1\},\{1,-1\},\delta\rangle$,其中状态转移函数 δ 如表 16.1 所示,M 的图给在图 16.1.

表 16.1

δ	1	−1
1	1	−1
−1	−1	1

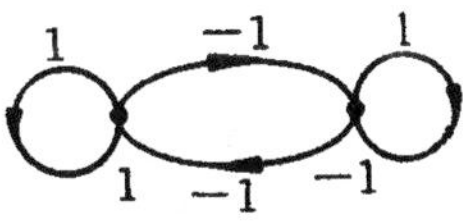

图 16.1

根据定理 16.8,M 对应的独异点 $T_M=\langle\{f_1,f_{-1}\},\circ,f_1\rangle$. 其中 f_1 和 f_{-1} 定义如下:

$$f_1\colon\{1,-1\}\to\{1,-1\},\quad f_1(1)=1,\ f_1(-1)=-1.$$

$$f_{-1}\colon\{1,-1\}\to\{1,-1\},\quad f_{-1}(1)=-1,\ f_{-1}(-1)=1.$$

定义 $\varphi\colon\{1,-1\}\to\{f_1,f_{-1}\}$, $\varphi(1)=f_1,\varphi(-1)=f_{-1}$,则 φ 是 $T=\langle\{1,-1\},\cdot,1\rangle$ 到 $T_M=\langle\{f_1,f_{-1}\},\circ,f_1\rangle$ 的同构.

利用自动机和独异点的一一对应关系可以得到一系列有关自动机的性质.

定义 16.7 设 $M_1=\langle Q_1,\Sigma,\Gamma,\delta_1,\lambda_1\rangle$,$M_2=\langle Q_2,\Sigma,\Gamma,\delta_2,\lambda_2\rangle$ 是自动机,若有

(1) $Q_1\subseteq Q_2$,

(2) $\delta_1=\delta_2\upharpoonright(Q_1\times\Sigma)$,

(3) $\lambda_1=\lambda_2\upharpoonright(Q_1\times\Sigma)$,

则称 M_1 是 M_2 的**子自动机**,记作 $M_1\leqslant M_2$.

定理 16.10 设 $M_1=\langle Q_1,\Sigma_1,\Gamma_1,\delta_1,\lambda_1\rangle$,$M_2=\langle Q_2,\Sigma_2,\Gamma_2,\delta_2,\lambda_2\rangle$ 是自动机. 它们分别对应独异点 T_{M_1} 和 T_{M_2}. 若 $M_1\leqslant M_2$,则 T_{M_1} 是 T_{M_2} 的同态像.

证 设 $T_{M_1}=\langle A,\circ,f_\wedge\rangle$,其中 $A=\{f_w\mid w\in\Sigma_1^*\}$,且 $\forall q_1\in Q_1$ 有 $f_w(q_1)=\delta_1^*(q_1,w)$,$T_{M_2}=\langle B,\circ,g_\wedge\rangle$,其中 $B=\{g_\sigma\mid\sigma\in\Sigma_2^*\}$,且 $\forall q_2\in Q_2$ 有 $g_\sigma(q_2)=\delta_2^*(q_2,\sigma)$. 由于 $M_1\leqslant M_2$,易见 $\Sigma_1=\Sigma_2,\Gamma_1=\Gamma_2$,从而 $\Sigma_1^*=\Sigma_2^*,\Gamma_1^*=\Gamma_2^*$. 令

$$\varphi\colon B\to A,\varphi(g_\sigma)=f_\sigma,\ \forall g_\sigma\in B.$$

φ 是良定义的,因为

$$g_w=g_\sigma\Rightarrow\ \forall q\in Q_2\text{ 有 }\delta_2^*(q,w)=\delta_2^*(q,\sigma)$$

$$\Rightarrow\ \forall q\in Q_1\text{ 有 }\delta_1^*(q,w)=\delta_1^*(q,\sigma)\ (\text{由 }\delta_1=\delta_2\upharpoonright(Q_1\times\Sigma_1))$$

$$\Rightarrow f_w=f_\sigma.$$

φ 是满射的. 因为 $\forall f_w\in A,w\in\Sigma_1^*=\Sigma_2^*$,存在 $g_w\in B$,使得 $\varphi(g_w)=f_w$.

φ 是 T_{M_2} 到 T_{M_1} 的同态,因为 $\forall g_w,\ g_\sigma\in B$ 有

$$\varphi(g_w\circ g_\sigma)=\varphi(g_{\sigma w})=f_{\sigma w}=f_w\circ f_\sigma=\varphi(g_w)\circ\varphi(g_\sigma),$$

$$\varphi(g_\wedge)=f_\wedge.$$

▎

下面考虑商自动机.

定义 16.8 $M=\langle Q,\Sigma,\Gamma,\delta,\lambda\rangle$ 是有穷自动机，$q_1,q_2\in Q$,若 $\forall w\in\Sigma^*$ 都有 $\lambda^*(q_1,w)=\lambda^*(q_2,w)$,则称 q_1 和 q_2 是等价的,记作$q_1\sim q_2$.

不难验证关系 $\sim$ 在 Q 上是自反的、对称的和传递的,是 Q 上的等价关系.

定义 16.9 $M=\langle Q,\Sigma,\Gamma,\delta,\lambda\rangle$ 是有穷自动机，$\sim$ 为 Q 上的等价关系,令 $\overline{M}=\langle Q/\sim,\Sigma,\Gamma,\bar{\delta},\bar{\lambda}\rangle$,使得

$$\left.\begin{array}{l}\bar{\delta}\colon Q/\sim\times\Sigma\to Q/\sim,\ \bar{\delta}([q],a)=[\delta(q,a)],\\ \bar{\lambda}\colon Q/\sim\times\Sigma\to\Gamma,\ \bar{\lambda}([q],a)=\lambda(q,a),\end{array}\right\}\quad \forall[q]\in Q/\sim,\ \forall a\in\Sigma.$$

称 $\overline{M}$ 是 M 的**商自动机**.

为了验证商自动机 $\overline{M}$ 是良定义的,我们需要证明下面两个条件：对任意的$[q_1],[q_2]\in Q/\sim$,

(1) $[q_1]=[q_2]\Rightarrow\bar{\delta}([q_1],a)=\bar{\delta}([q_2],a)$，$\forall a\in\Sigma$;

(2) $[q_1]=[q_2]\Rightarrow\bar{\lambda}([q_1],a)=\bar{\lambda}([q_2],a)$，$\forall a\in\Sigma$.

这就是说,$\bar{\delta}$ 和 $\bar{\lambda}$ 是关于类的运算,必须与类的代表元素的选择无关.

证 先证(2).任取$[q_1],[q_2]\in Q/\sim$, $\forall a\in\Sigma$,

$$\begin{aligned}[q_1]=[q_2]&\Rightarrow q_1\sim q_2\Rightarrow\lambda^*(q_1,w)=\lambda^*(q_2,w),\forall w\in\Sigma^*\\ &\Rightarrow\lambda^*(q_1,a)=\lambda^*(q_2,a)\Rightarrow\lambda(q_1,a)=\lambda(q_2,a)\\ &\Rightarrow\bar{\lambda}([q_1],a)=\bar{\lambda}([q_2],a).\end{aligned}$$

再证(1).任取$[q_1],[q_2]\in Q/\sim$，$\forall a\in\Sigma$,

$$\begin{aligned}[q_1]=[q_2]&\Rightarrow q_1\sim q_2\Rightarrow\lambda^*(q_1,aw)=\lambda^*(q_2,aw),\ \forall w\in\Sigma^*\\ &\Rightarrow\lambda(q_1,a)\lambda^*(\delta(q_1,a),w)=\lambda(q_2,a)\lambda^*(\delta(q_2,a),w),\forall w\in\Sigma^*.\end{aligned}$$

由(1)的证明可知 $q_1\sim q_2\Rightarrow\lambda(q_1,a)=\lambda(q_2,a)$.根据两个序列相等的性质可推出

$$\lambda^*(\delta(q_1,a),w)=\lambda^*(\delta(q_2,a),w),\quad\forall w\in\Sigma^*.$$

因此有 $\delta(q_1,a)\sim\delta(q_2,a)$,而

$$\delta(q_1,a)\sim\delta(q_2,a)\Rightarrow[\delta(q_1,a)]=[\delta(q_2,a)]\Rightarrow\bar{\delta}([q_1],a)=\bar{\delta}([q_2],a).$$ ▌

设M_1,M_2 是有穷自动机,它们对应的独异点分别为 T_{M_1} 和 T_{M_2}.可以证明,如果 M_2 是 M_1 的商自动机,则 T_{M_2} 同构于 T_{M_1} 的商独异点.

【例 16.4】 设 $M=\langle Q,\Sigma,\Gamma,\delta,\lambda\rangle$ 是有穷自动机,其中 $Q=\{q_0,q_1,\cdots,q_6\}$,$\Sigma=\{0,1\}$,$\Gamma=\{0,1\}$,δ 和 λ 的定义如表16.2所示.可以验证在 Q 上的等价关系 $\sim$ 是：

$$q_1\sim q_3\sim q_6,\ q_0\sim q_2,\ q_4\sim q_5.$$

M 的商自动机 $\overline{M}=\langle Q/\sim,\Sigma,\Gamma,\bar{\delta},\bar{\lambda}\rangle$，其中 $Q/\sim=\{\{q_1,q_3,q_6\},\{q_0,q_2\},\{q_4,q_5\}\}=\{[q_1],[q_0],[q_4]\}$.$\bar{\delta}$ 和 $\bar{\lambda}$ 的定义如表16.3所示.

表 16.2

δ	0	1
q_0	q_1	q_2
q_1	q_0	q_3
q_2	q_6	q_0
q_3	q_0	q_1
q_4	q_5	q_1
q_5	q_4	q_3
q_6	q_2	q_6

λ	0	1
q_0	0	0
q_1	1	1
q_2	0	0
q_3	1	1
q_4	1	0
q_5	1	0
q_6	1	1

不难看出,商自动机$\overline{M}$保持了M的性质.若以 q_0,$[q_0]$分别作为 M 和 $\overline{M}$ 的初始状态,则对任意的 $w\in\Sigma^*$,M 和 $\overline{M}$ 都会得到同样的输出.这样的自动机称为等价的自动机.

定义 16.10 设 $M_1=\langle Q_1,\Sigma_1,\Gamma_1,\delta_1,\lambda_1\rangle$ 和 $M_2=\langle Q_2,\Sigma_2,\Gamma_2,\delta_2,\lambda_2\rangle$ 是有穷自动机. 如果满足下述条件：

(1) $\Sigma_1=\Sigma_2=\Sigma$, $\Gamma_1=\Gamma_2=\Gamma$,

(2) $q_0\in Q_1$, $q_0'\in Q_2$ 分别为 M_1 和 M_2 的初始状态,且 $\forall w\in\Sigma^*$ 都有

$$\lambda_1^*(q_0,w)=\lambda_2^*(q_0',w),$$

则称 M_1 和 M_2 是**等价的有穷自动机**,记作 $M_1\sim M_2$.

表 16.3

$\bar{\delta}$	0	1
$[q_1]$	$[q_0]$	$[q_1]$
$[q_0]$	$[q_1]$	$[q_0]$
$[q_4]$	$[q_4]$	$[q_1]$

$\bar{\lambda}$	0	1
$[q_1]$	1	1
$[q_0]$	0	0
$[q_4]$	1	0

定理 16.11 设 $M_1=\langle Q_1,\Sigma,\Gamma,\delta_1,\lambda_1\rangle$ 是有穷自动机,$M_2=\langle Q_1/\sim,\Sigma,\Gamma,\delta_2,\lambda_2\rangle$ 是 M_1 的商自动机,则 $M_1\sim M_2$.

证 显然 M_1 和 M_2 的输入、输出字符集相等. 设 q_0 是 M_1 的初始状态,$q_0\in Q_1$,令$[q_0]\in Q_1/\sim$ 是 M_2 的初始状态,我们只须证明 $\forall w\in\Sigma^*$ 有 $\lambda_1^*(q_0,w)=\lambda_2^*([q_0],w)$.
对 w 的长度进行归纳. 令 $w=a_0a_1\cdots a_n$.

当 $|w|=1$ 时,$w=a_0$,有

$$\lambda_1^*(q_0,a_0)=\lambda_1(q_0,a_0)=\lambda_2([q_0],a_0)=\lambda_2^*([q_0],a_0).$$

假设$|w|=k$时等式成立,即有$\lambda_1^*(q_0,a_1a_2\cdots a_k)=\lambda_2^*([q_0],a_1a_2\cdots a_k)$,则当$|w|=k+1$时有

$$\begin{aligned}\lambda_1^*(q_0,a_0a_1\cdots a_k)&=\lambda_1(q_0,a_0)\lambda_1^*(\delta_1(q_0,a_0),a_1\cdots a_k),\\ \lambda_2^*([q_0],a_0a_1\cdots a_k)&=\lambda_2([q_0],a_0)\lambda_2^*(\delta_2([q_0],a_0),\ a_1\cdots a_k)\\ &=\lambda_1(q_0,a_0)\lambda_2^*([\delta_1(q_0,a_0)],\ a_1\cdots a_k)\\ &=\lambda_1(q_0,a_0)\lambda_1^*(\delta_1(q_0,a_0),\ a_1\cdots a_k).\end{aligned}$$

由归纳法,$\forall w\in\Sigma^*$,有 $\lambda_1^*(q_0,w)=\lambda_2^*([q_0],w)$. ▎

能否对有穷自动机进行化简得到一个等价的简化自动机呢?这是可以做到的.

定义 16.11 设$M=\langle Q,\Sigma,\Gamma,\delta,\lambda\rangle$是有穷自动机,$\sim$是定义16.8中的等价关系,若$\sim$是恒等关系,则称 M 是一个**极小的有穷自动机**.

可以证明对任意有穷自动机 M 都存在一个等价的极小有穷自动机. 在定义了有穷自动机的同构以后,在同构的意义下这个等价的极小有穷自动机是惟一的,就是它的商自动机. 作为独异点的重要应用,我们引入了有穷自动机的相关概念. 限于篇幅,这里不再讨论化简有穷自动机的算法. 有兴趣的读者可以阅读有关自动机理论的书籍.

习 题 十 六

1. 在 R 中定义二元运算$\circ$,$a\circ b=a+b+ab$, $\forall a,b\in R$. 证明

(1) $\langle R,\circ\rangle$ 是半群;

(2) $\langle R,\circ\rangle$ 是独异点.

2. 设 $V=\langle S,*\rangle$ 是半群,若存在 $a\in S$ 使得对任意的 $x\in S$ 有 $u,v\in S$ 满足

$$a*u=v*a=x,$$

证明 V 是独异点.

3. $S=\{a,b,c\}$,$\circ$ 是 S 上的二元运算且 $x\circ y=x$, $\forall x,y\in S$.

(1) 证明$\langle S,\circ\rangle$ 是半群;

(2) 将$\langle S,\circ\rangle$ 扩充为一个独异点.

4. $V = \langle S, \circ \rangle$ 是半群，$a,b,c \in S$. 若 a 和 c 是可交换的，b 和 c 也是可交换的，证明 $a \circ b$ 与 c 也是可交换的.

5. 设 $V = \langle \{a,b\}, * \rangle$ 是半群，且 $a * a = b$. 证明

(1) $a * b = b * a$；

(2) $b * b = b$.

6. 设 $V = \langle S, \circ \rangle$ 是半群，任取 $a,b \in S, a \neq b$，则有 $a \circ b \neq b \circ a$. 证明

(1) $\forall a \in S$ 有 $a \circ a = a$；

(2) $\forall a,b \in S$ 有 $a \circ b \circ a = a$；

(3) $\forall a,b,c \in S$ 有 $a \circ b \circ c = a \circ c$.

7. 设 $V = \langle S, * \rangle$ 是可交换半群，若 $a,b \in S$ 是 V 中的幂等元，证明 $a * b$ 也是 V 中的幂等元.

8. 设 $V = \langle S, \circ \rangle$ 是半群，$\theta_l \in S$ 是一个左零元，证明 $\forall x \in S, x \circ \theta_l$ 也是一个左零元.

9. 证明每个有限半群都存在幂等元.

10. $V = \langle Z_4, \otimes \rangle$，其中 $\otimes$ 表示模 4 乘法. 找出 V 的所有子半群. 并说明哪些子半群是 V 的子独异点.

11. $V = \langle A, * \rangle$ 是半群，其中 $A = \{a,b,c,d\}$，$*$ 运算由表 16.4 给定，$\sim$ 为 A 上的同余关系，且同余类是

$$[a] = [c], \quad [b] = [d].$$

试给出商代数 $V/\sim$ 的运算表.

表 16.4

$*$	a	b	c	d
a	a	b	c	d
b	b	c	d	a
c	c	d	a	b
d	d	a	b	c

12. $V = \langle S, \circ \rangle$ 是半群，I 是 S 的非空子集，且满足 $IS \subseteq I$ 和 $SI \subseteq I$，其中 $IS = \{a \circ x \mid a \in I \wedge x \in S\}$，$SI = \{x \circ a \mid x \in S \wedge a \in I\}$. 称 I 是 V 的理想. 在 S 上定义二元关系 R，

$$xRy \Longleftrightarrow x = y \vee (x \in I \wedge y \in I).$$

(1) 证明 R 是 V 上的同余的关系；

(2) 描述商代数 $\langle S/R, \bar{\circ} \rangle$.

13. IR 触发器有两个状态：0 和 1. 当输入"0"时，不管触发器原有状态是什么，触发器状态都要置 0，并将触发器的原状态输出. 当输入为"1"时，不管触发器的原状态而将触发器置 1，并将触发器的原状态输出. 当输入为"e"时，触发器状态不变，只是将触发器状态输出. 试用有穷自动机 $M = \langle Q, \Sigma, \Gamma, \delta, \lambda \rangle$ 来描述 IR 触发器. 确定 $Q, \Sigma, \Gamma, \delta, \lambda$，并画出图.

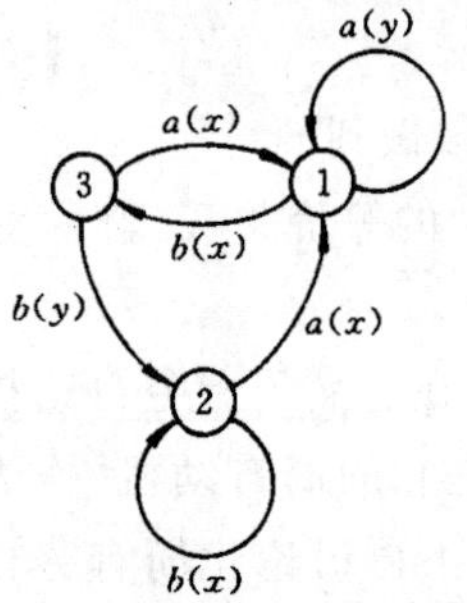

图 16.2

14. 设有穷自动机 $M = \langle Q, \Sigma, \Gamma, \delta, \lambda \rangle$ 如图 16.2 所示. 每条有向边上括号内的字符是输出字符. 试确定 Q, Σ, Γ，并给出 δ, λ 的函数表.

15. $Q = \{0,1,\cdots,4\}$，$\Sigma = Q$，$\delta: Q \times \Sigma \to Q$ 定义如下：

$$\forall q \in Q, a \in \Sigma, \delta(q,a) = q \oplus a, \oplus \text{ 为模 5 加}.$$

给出半自动机 $M = \langle Q, \Sigma, \delta \rangle$ 的转移函数表和图.

16. 设 $M = \langle Q, \Sigma, \Gamma, \delta, \lambda \rangle$ 是有穷自动机，其中 $Q = \{q_0, q_1, \cdots, q_6\}$，$\Sigma = \{0,1\}$，$\Gamma = \{0,1\}$，$\delta, \lambda$ 如表 16.5 所示. 试确定 M 的商自动机

$$\overline{M} = \langle Q/\sim, \Sigma, \Gamma, \bar{\delta}, \bar{\lambda} \rangle.$$

表 16.5

δ	0	1
q_0	q_1	q_6
q_1	q_1	q_6
q_2	q_4	q_0
q_3	q_5	q_1
q_4	q_4	q_2
q_5	q_5	q_3
q_6	q_0	q_5

λ	0	1
q_0	0	0
q_1	0	0
q_2	0	0
q_3	0	0
q_4	1	0
q_5	1	0
q_6	0	1

第十七章　群

17.1　群的定义和性质

群是一类很重要的代数系统.在许多领域都有着广泛的应用.

定义 17.1　$\langle G,\circ\rangle$ 是含有一个二元运算的代数系统,如果满足以下条件:

(1) $\circ$ 运算是可结合的;

(2) 存在 $e \in G$ 是关于 $\circ$ 运算的单位元;

(3) 任何 $x \in G$,x 关于 $\circ$ 运算的逆元 $x^{-1} \in G$,

则称 G 是一个**群**.

【例 17.1】

(1) $\langle Z,+\rangle$ 是一个群,称为**整数加群**.其中 0 是单位元,$\forall x \in Z$,$-x$ 是 x 的逆元.

(2) $\langle Z_n,\oplus\rangle$ 是群,称为**模 n 整数加群**,其中 $Z_n=\{0,1,\cdots,n-1\}$,

$$x \oplus y=(x+y)\bmod n,\ \forall x,y \in Z_n.$$

(3) 设 $n \geqslant 2$,$\langle M_n(R),+\rangle$ 是群,称为 **n 阶实矩阵加群**.n 阶全零矩阵是单位元,$-M$ 是矩阵 M 的加法逆元.

(4) $\langle P(B),\oplus\rangle$ 是群,其中 $P(B)$ 是集合 B 的幂集,$\oplus$ 为集合的对称差运算.$\varnothing$ 是单位元,$\forall B' \in P(B)$,B' 就是它自己的逆元.

(5) 设 S 是 A^A 中所有双射函数的集合,则 S 关于函数的合成运算构成一个群.A 上的恒等函数 I_A 是单位元,f^{-1} 是 f 的逆元.

【例 17.2】　令 $G=\{e,a,b,c\}$,$\circ$ 运算由表 17.1 给出.容易验证 $\circ$ 运算是可结合的,e 是 G 中的单位元,$\forall x \in G$,$x^{-1}=x$.G 关于 $\circ$ 运算构成一个群,称为 **Klein 四元群.**

定理 17.1　设 $\langle G,\circ\rangle$ 是具有一个可结合二元运算的代数系统.若存在 $e \in G$,使得 $\forall a \in G$ 有 $a\circ e=a$,且 $\forall a \in G$,存在 $a' \in G$ 满足 $a\circ a'=e$,则 G 是一个群.

证　先证 e 也是 G 中的左单位元.

$\forall a \in G$ 有 $a\circ e=a$,所以有 $e\circ e=e$.由题设存在 $a' \in G$ 使得 $a\circ a'=e$.将 $a\circ a'$ 代入上式得 $e\circ(a\circ a')=a\circ a'$.因为 $a' \in G$,存在 $a'' \in G$,使得 $a'\circ a''=e$.上式两边右乘 a'' 得

$$e\circ a\circ a'\circ a''=a\circ a'\circ a'',$$

而 $a'\circ a''=e$,因此有 $e\circ a=a$.e 是 G 中的单位元.

再证 $\forall a \in G$,a' 也是 a 的左逆元,我们只须证明 $a''=a$ 即可.

$$a''=e\circ a''=(a\circ a')\circ a''=a\circ(a'\circ a'')=a\circ e=a.\quad ▍$$

表　17.1

	e	a	b	c
e	e	a	b	c
a	a	e	c	b
b	b	c	e	a
c	c	b	a	e

定理 17.1 可以做为群的等价定义来使用.类似地可以证明:对于具有一个可结合的二元运算的代数系统,若存在左单位元 e,且相对于这个左单位元每个元素都有左逆元,则这个代数系统也是群.

下面介绍和群有关的一些概念.

定义 17.2 (1) 若群 G 中只含有一个元素,即 $G = \{e\}$,则称 G 为**平凡群**.

(2) 若群 G 中运算满足交换律,则称 G 为**交换群**或 **Abel 群**..

例如 $\langle\{0\}, +\rangle$ 是平凡群. 整数加群 $\langle Z, +\rangle$ 和模 n 整数加群 $\langle Z_n, \oplus\rangle$ 是 Abel 群,Klein 四元群也是 Abel 群.

定义 17.3 群 G 的基数称为群 G 的**阶**,若群 G 的阶是正整数 n,称 G 为 n 阶群,记作 $|G| = n$,否则称 G 为**无限群**.

整数加群是无限群,模 n 整数加群是 n 阶群,Klein 四元群是 4 阶群.

定义 17.4 G 是群,$a \in G$, a 的 ***n* 次幂**$(n \in Z)$

$$a^n = \begin{cases} e, & n = 0; \\ a^{n-1}a, & n > 0; \\ (a^{-1})^m, & n = -m, m > 0. \end{cases}$$

例如 Klein 四元群$\{e,a,b,c\}$ 中,$a^0 = e$, $a^1 = a$, $a^2 = e$,$a^{-1} = a$,$a^{-2} = a^2 = e$ 等等.

定义 17.5 G 是群,$a \in G$,使得 $a^k = e$ 成立的最小正整数 k 称为 a 的**阶**,记作 $|a|$.

【例 17.3】

(1) 整数加群$\langle Z, +\rangle$ 中 $|0| = 1$,其他元素的阶不存在. 模 6 整数加群$\langle Z_6, \oplus\rangle$ 中,$|0| = 1$, $|1| = |5| = 6$, $|2| = |4| = 3$, $|3| = 2$.

(2) Klein 四元群$\{e,a,b,c\}$ 中 e 是 1 阶元,a,b 和 c 都是 2 阶元.

下面讨论群的性质.

定理 17.2 G 为群,$\forall a,b \in G$ 有

(1) $(a^{-1})^{-1} = a$;

(2) $(ab)^{-1} = b^{-1}a^{-1}$;

(3) $a^n a^m = a^{n+m}$, $m,n \in Z$;

(4) $(a^n)^m = a^{nm}$, $m,n \in Z$;

(5) 若 G 为 Abel 群,$(ab)^n = a^n b^n$, $n \in Z$.

证 只证(1) 和(3),其他的留作练习.

(1) $\forall a \in G$,a 是 a^{-1} 的逆元,由逆元的惟一性得$(a^{-1})^{-1} = a$.

(3) 当 $m,n \in N$ 时,根据独异点中幂运算的规则有 $a^n a^m = a^{n+m}$. 下面对 n 或 m 小于 0 的情况进行验证. 不妨设 $n < 0$, $m \geqslant 0$,则$n = -n_1$,$n_1 > 0$.

$$a^n a^m = a^{-n_1} a^m = \underbrace{a^{-1}\cdots a^{-1}}_{n_1个}\ \underbrace{a\cdots a}_{m个}$$

$$= \begin{cases} a^{m-n_1} & m \geqslant n_1 \\ (a^{-1})^{n_1-m} & m < n_1 \end{cases}$$

$$= a^{m+n}.$$

对于其他的情况也可以类似地得到验证. ▌

定理 17.2 中的等式$(ab)^{-1} = b^{-1}a^{-1}$ 可以推广到 k 个元素的情况,即 $\forall a_1, a_2, \cdots, a_k \in G$ 有

$$(a_1 a_2 \cdots a_k)^{-1} = a_k^{-1} \cdots a_2^{-1} a_1^{-1}.$$

不难使用数学归纳法对这个等式加以证明.

定理 17.3 G 为群,$\forall a,b \in G$,方程 $ax = b$ 和 $ya = b$ 在 G 中有解且有惟一解.

证 $\forall a,b \in G$ 有 $a(a^{-1}b) = (aa^{-1})b = b$,所以 $a^{-1}b$ 是方程 $ax = b$ 的一个解.

假设 c 是方程 $ax=b$ 的解，则有

$$c=ec=(a^{-1}a)c=a^{-1}(ac)=a^{-1}b.$$

这就证明了 $a^{-1}b$ 是方程 $ax=b$ 的惟一解.

同理可证 ba^{-1} 是方程 $ya=b$ 的惟一解. ▌

以上定理给出了群的性质，反过来，我们也可以利用这条性质来定义群.

定理 17.4 设 G 是具有一个可结合的二元运算的代数系统，如果 $\forall a,b\in G$ 方程 $ax=b$ 和 $ya=b$ 在 G 中有解，则 G 是群.

证 任取 G 中一个元素 b，方程 $bx=b$ 在 G 中有解，将这个解记作 e.

$\forall a\in G$，方程 $yb=a$ 在 G 中有解，将这个解记作 c，即 $cb=a$. 那么有

$$ae=(cb)e=c(be)=cb=a,$$

e 是 G 中的右单位元.

$\forall a\in G$，方程 $ax=e$ 在 G 中有解，恰为 a 相对于 e 的右逆元. 由定理 17.1，G 是一个群.

▌

定理 17.5 群中运算满足消去律.

证 $\forall a,b,c\in G$，

$$ab=ac\Rightarrow a^{-1}(ab)=a^{-1}(ac)\Rightarrow b=c;$$

同理可证 $ba=ca\Rightarrow b=c$. ▌

这条性质也可以用来定义群. 请看下面的定理.

定理 17.6 设 G 是具有一个二元运算的不含零元的有限代数系统，且该运算适合结合律和消去律，则 G 是一个群.

证 令 $G=\{a_1,a_2,\cdots,a_n\}$. $\forall a,b\in G$，令

$$aG=\{aa_i\mid i=1,2,\cdots,n\},$$

则 $aG\subseteq G$，且 aG 中元素两两不同. 若不然有 $aa_j=aa_l$，由消去律可得 $a_j=a_l$，与 G 中有 n 个元素矛盾. 因此 aG 中含有 n 个元素. 由 $aG=G$，必存在 $a_i\in G$，使得 $aa_i=b$，方程 $ax=b$ 在 G 中有解.

同理可证方程 $ya=b$ 在 G 中也有解，根据定理 17.4，G 是群. ▌

定理 17.7 设 $G=\{a_1,a_2,\cdots,a_n\}$ 为群，则 G 的运算表的每行每列都是 G 中元素的一个置换.

证 对任意的 $i=1,2,\cdots,n$，设 $a_{i1},a_{i2},\cdots,a_{in}$ 是运算表的第 i 行，假设 $a_{ij}=a_{il}$，根据运算表的定义有 $a_ia_j=a_ia_l$. 由于群中运算满足消去律，因此有 $a_j=a_l$，与 G 中有 n 个元素矛盾. 这就证明 G 中任何元素在运算表的一行中至多出现一次.

任取 $a_j\in G$(对于 $i=1,2,\cdots,n$) 方程 $a_ix=a_j$ 在 G 中有解. 若 $x=a_k$，则 a_j 出现在第 i 行第 k 列上. 因此 a_j 在运算表的每一行中至少出现一次.

综上所述，运算表的每一行是 G 中元素的一个置换，同理可证运算表的每一列也是 G 中的元素一个置换. ▌

定理 17.8 G 是群，$a\in G$ 且 $|a|=r$，则

(1) $a^k=e$ 当且仅当 $r\mid k$, $k\in Z$;

(2) $|a|=|a^{-1}|$;

(3) 若 $|G|=n$, 则 $r\leqslant n$.

证 (1) 充分性. 已知 $r \mid k$,即存在整数 l,使得 $k = lr$. 所以有

$$a^k = a^{lr} = (a^r)^l = e^l = e.$$

必要性. 根据除法有 $k = lr + i$,其中 $l \in Z, i \in \{0,1,\cdots,r-1\}$,因为 $a^k = e$,所以有

$$e = a^k = a^{lr+i} = (a^r)^l \cdot a^i = a^i,$$

a 的阶是 r,且 $i < r$,因此 $i = 0$. 这就证明了 $r \mid k$.

(2) 由

$$(a^{-1})^r = a^{-r} = (a^r)^{-1} = e$$

可知 a^{-1} 的阶存在,令 $|a^{-1}| = t$,则 $t \mid r$,而 a 也是 $(a^{-1})^{-1}$,所以有 $r \mid t$. 这就证明了 $r = t$.

(3) 假设 $r > n$,则 $e, a, a^2, \cdots, a^{r-1}$ 必两两不同. 若不然有 $a^i = a^j, 0 \leqslant i < j \leqslant r-1$. 由消去律得 $a^{j-i} = e$,与 $|a| = r$ 矛盾. 令 $G' = \{e, a, a^2, \cdots, a^{r-1}\}$,则 $|G'| = r > |G|$,与 $G' \subseteq G$ 矛盾. ▌

以上给出了群的五条重要的性质. 下面的例子说明了这些性质的应用.

【例 17.4】 证明单位元 e 是群 G 中惟一的幂等元.

证 易见 e 是 G 中的幂等元. 假设 x 也是 G 中的幂等元,则有 $x^2 = x$,由消去律可得

$$x = e.$$ ▌

【例 17.5】 G 是群,若 $\forall x \in G$ 都有 $x^2 = e$,证明 G 是 Abel 群.

证 $\forall x, y \in G$,有

$$xy = (xy)^{-1} = y^{-1}x^{-1} = yx,$$

所以 G 是 Abel 群. ▌

【例 17.6】 G 为群,$a, b \in G$ 是可交换的元素,且 $|a| = n$, $|b| = m$. 若 $(n,m) = 1$[①],则

$$|ab| = nm.$$

证 设 $|ab| = d$,

$$(ab)^{nm} = a^{nm}b^{nm} = (a^n)^m(b^m)^n = e,$$

所以 $d \mid nm$. 又由 $(ab)^d = e$ 得 $a^d b^d = e$,即有 $a^d = b^{-d}$. 由定理 17.8 得 $|a^d| = |b^d|$. 由于

$$(a^d)^n = (a^n)^d = e,$$

因此有 $|a^d| \mid n$. 同理有 $|b^d| \mid m$. 从而推出

$$|a^d| \mid (n,m).$$

已知 $(n,m) = 1$,所以 $|a^d| = 1$. 这说明 $a^d = e$,同时 $b^d = e$. 根据定理 17.8 有 $n \mid d$ 和 $m \mid d$,因此 $[n,m] \mid d$,即 $nm \mid d$,从而证明了

$$|ab| = d = nm.$$ ▌

【例 17.7】 设 a, b 是群 G 中可交换的元素,$|a| = n$, $|b| = m$,证明 G 中存在元素 c 使得

$$|c| = [n,m].$$

证 若 $n \mid m$ 或 $m \mid n$,则 c 就是 b 或 a. 我们考虑 $n \nmid m$, $m \nmid n$ 的情况. 将 n, m 作质因数分解如下:

$$n = p_1^{t_1} p_2^{t_2} \cdots p_i^{t_i} p_{i+1}^{t_{i+1}} \cdots p_l^{t_l}, \quad m = p_1^{s_1} p_2^{s_2} \cdots p_i^{s_i} p_{i+1}^{s_{i+1}} \cdots p_l^{s_l}.$$

其中 $p_1, \cdots, p_l$ 为质数,$t_1, \cdots, t_l, s_1, \cdots, s_l$ 为非负整数. 适当排列质因子的顺序使得 $t_1 \geqslant s_1$, $t_2 \geqslant s_2$, $\cdots$, $t_i \geqslant s_i$, $t_{i+1} < s_{i+1}$, $\cdots$, $t_l < s_l$. 易见

---

① (n,m) 表示 n 和 m 的最大公约数,$[n,m]$ 表示 n 和 m 的最小公倍数.

$$(n,m) = p_1^{s_1}\cdots p_i^{s_i} p_{i+1}^{t_{i+1}}\cdots p_l^{t_l},\quad [n,m] = p_1^{t_1}\cdots p_i^{t_i} p_{i+1}^{s_{i+1}}\cdots p_l^{s_l}.$$

令 $x = a^{p_{i+1}^{t_{i+1}}\cdots p_l^{t_l}}$，$y = b^{p_1^{s_1}\cdots p_i^{s_i}}$，则 $|x| = p_1^{t_1}\cdots p_i^{t_i}$，$|y| = p_{i+1}^{s_{i+1}}\cdots p_l^{s_l}$. 因为 $p_1,\cdots,p_l$ 是各不相同的质数，所以 $(|x|,|y|)=1$. 由例 17.6，xy 的阶是 $|x|\cdot|y| = p_1^{t_1}\cdots p_i^{t_i}p_{i+1}^{s_{i+1}}\cdots p_l^{s_l} = [n,m]$. ▍

17.2 子　　群

定义 17.6 G 是群，H 是 G 的非空子集，若 H 关于 G 中的运算构成一个群，则称 H 是 G 的**子群**，记作 $H \leqslant G$. 如果子群 H 是 G 的真子集，则称 H 是 G 的**真子群**，记作 $H < G$.

【例 17.8】 (1) $\langle Z,+\rangle$ 是 $\langle Q,+\rangle$，$\langle R,+\rangle$ 的子群，$\langle Q,+\rangle$ 是 $\langle R,+\rangle$ 的子群. $\langle\{0\},+\rangle$ 和 $\langle R,+\rangle$ 都是 $\langle R,+\rangle$ 的子群.

(2) $G=\langle Z,+\rangle$ 是整数加群，则对任意的 $n\in N$，$nZ=\{nk \mid k\in Z\}$ 都是 G 的子群，且任何 G 的子群都具有 nZ 的形式. 下面给出证明.

任取 $nk_1, nk_2 \in nZ$，有 $nk_1+nk_2 = n(k_1+k_2)\in nZ$. $0 = n\cdot 0\in nZ$ 是 nZ 中的单位元. $\forall nk \in nZ$，$-nk = n(-k)\in nZ$ 是 nk 的逆元. 因此 nZ 关于 G 中的加法构成群，是 G 的子群.

设 H 是 G 的任一子群. 若 $H=\{0\}$，则 $H=0Z$，$0\in N$；否则存在 $a\in H$，$a\neq 0$. 取 H 中最小的正整数，记作 n，则 $nZ\subseteq H$. 任取 H 中的元素 b，根据除法有 $b=nl+r$，其中 $l,r\in Z$ 且 $0\leqslant r<n$. 由于 $H\leqslant G$，所以 $r=b-nl=b+(-nl)\in H$. 从而有 $r=0$，否则与 n 是 H 中的最小正整数矛盾. 于是 $b=nl\in nZ$，这就推出 $H\subseteq nZ$. 综合上述，$H=nZ$.

G 是群，$H\leqslant G$，如果 $H=\{e\}$ 或 $H=G$，则称 H 是 G 的**平凡子群**. 考虑 $\langle Z,+\rangle$ 的子群 nZ，当 $n=0$ 时，$\{0\}$ 是 $\langle Z,+\rangle$ 的平凡子群，也是真子群. 当 $n=1$ 时，$nZ=Z$ 是 $\langle Z,+\rangle$ 的另一个平凡子群. 除此之外，nZ 都是 $\langle Z,+\rangle$ 的非平凡的真子群.

如果把群看作代数系统 $\langle G,\circ,{}^{-1},e\rangle$，其中 e 是 G 中关于 $\circ$ 运算的单位元，是该代数系统的零元运算. $\forall x\in G$，x^{-1} 是 x 的逆元，求逆运算 ${}^{-1}$ 是 G 中的一元运算. 可以证明 G 的子群就是代数系统 $\langle G,\circ,{}^{-1},e\rangle$ 的子代数.

设 $H\leqslant G$，我们只需验证：H 中的单位元 e' 就是 G 中的单位元 e，且 $\forall x\in H$，x 在 H 中的逆元 x' 就是 x 在 G 中的逆元 x^{-1}. 任取 $x\in H$，有 $x\circ e' = x = x\circ e$，由 G 中的消去律得 $e'=e$. 再由 $x\circ x' = e' = e = x\circ x^{-1}$ 得到 $x'=x^{-1}$.

群 G 的子群是 G 的子代数. 而对于独异点 $V=\langle S,\cdot,e\rangle$，尽管 S 的子集 B 可以关于 V 中的 $\cdot$ 运算构成一个独异点 $\langle B,\cdot,e'\rangle$，但不一定是 V 的子独异点，因为可能 $e'\neq e$.

下面给出子群的判定定理.

定理 17.9 G 是群，H 是 G 的非空子集，则 H 是 G 的子群当且仅当

(1) $\forall a,b\in H$ 有 $ab\in H$，　(2) $\forall a\in H$ 有 $a^{-1}\in H$.

证 必要性是显然的，下面证明充分性. 我们只需证明 $e\in H$ 即可. H 非空，存在 $a\in H$. 由(2)有 $a^{-1}\in H$. 再由 $a\in H$ 和 $a^{-1}\in H$，根据(1)有 $aa^{-1}=e\in H$. ▍

定理 17.10 G 是群，H 是 G 的非空子集，则 H 是 G 的子群当且仅当 $\forall a,b\in H$ 有

$$ab^{-1}\in H.$$

证 必要性是显然的，只证充分性. 由 H 非空必存在 $b\in H$. 根据已知条件则有 $bb^{-1}\in H$，即 $e\in H$，任取 $a\in H$，由 $e\in H$ 且 $a\in H$，则有 $ea^{-1}=a^{-1}\in H$. 任取 $a,b\in H$，根据上面的

证明有 $b^{-1} \in H$. 再使用已知条件有 $a(b^{-1})^{-1} \in H$，即 $ab \in G$，所以 H 是 G 子群. ▎

定理 17.11 G 是群，H 是 G 的有穷非空子集，则 H 是 G 的子群当且仅当 $\forall a,b \in H$ 有

$$ab \in H.$$

证 必要性是显然的. 为证明充分性，根据定理 17.9 只需证明 $\forall a \in H$ 有 $a^{-1} \in H$ 即可. $\forall a \in H$，若 $a=e$，则 $a^{-1}=a$. 设 $a \neq e$，令

$$S=\{a,a^2,\cdots,a^k,\cdots\},$$

则 $S \subseteq H$. 由于 H 是有穷集，必存在 $a^i=a^j(i<j)$. 由消去律得 $a^{j-i}=e$. 因为 $a \neq e$，所以 $j-i \neq 1$，即 $j-i-1>0$. 故 $e=a^{j-i-1}a, a^{-1}=a^{j-i-1} \in H$. ▎

以上三个判定定理分别称作子群判定定理一、二和三. 请看下面的例子.

【例 17.9】 G 是群，$a \in G$，令

$$\langle a \rangle=\{a^k \mid k \in Z\},$$

则 $\langle a \rangle$ 是 G 的子群，叫做**由 a 生成的子群**.

证 $a \in \langle a \rangle$，所以 $\langle a \rangle$ 是 G 的非空子集. 任取 $a^i,a^j \in \langle a \rangle$，$i,j \in Z$，有

$$a^i(a^j)^{-1}=a^{i-j} \in \langle a \rangle.$$

由判定定理二有 $\langle a \rangle \leqslant G$. ▎

例如 $G=\langle Z_6,\oplus \rangle$，则 $\langle 1 \rangle=\langle 5 \rangle=Z_6$，$\langle 2 \rangle=\langle 4 \rangle=\{0,2,4\}$，$\langle 3 \rangle=\{0,3\}$，$\langle 0 \rangle=\{0\}$.

【例 17.10】 G 是群，令

$$C=\{a \mid a \in G \text{ 且 } \forall x \in G(ax=xa)\},$$

则 C 是 G 的子群，称作 G 的**中心**.

证 $\forall x \in G$，有 $ex=xe$，即 $e \in C$，C 非空. 任取 $a,b \in C$，$\forall x \in G$ 有

$$\begin{aligned}(ab^{-1})x &= ab^{-1}x=ab^{-1}(x^{-1})^{-1}=a(x^{-1}b)^{-1}=a(bx^{-1})^{-1}\\ &=a(xb^{-1})=(ax)b^{-1}=(xa)b^{-1}=x(ab^{-1}).\end{aligned}$$

所以 $ab^{-1} \in C$. 由判定定理二有 $C \leqslant G$. ▎

易见当 G 是 Abel 群时有 $C=G$，如果群 G 的中心为 $\{e\}$，则称 G 是无中心的.

【例 17.11】 G 是群，H 是 G 的子群，$x \in G$，令

$$xHx^{-1}=\{xhx^{-1} \mid h \in H\},$$

则 xHx^{-1} 是 G 的子群，称为 H 的**共轭子群**.

证 $e=xex^{-1} \in xHx^{-1}$，xHx^{-1} 非空. 任取 $xh_1x^{-1},xh_2x^{-1} \in xHx^{-1}$，有

$$(xh_1x^{-1})(xh_2x^{-1})^{-1}=xh_1x^{-1}xh_2^{-1}x^{-1}=xh_1h_2^{-1}x^{-1} \in xHx^{-1}.$$

由判定定理二有 $xHx^{-1} \leqslant G$. ▎

【例 17.12】 G 是群，H 和 K 是 G 的子群，则

(1) $H \cap K \leqslant G$； (2) $H \cup K \leqslant G$ 当且仅当 $H \subseteq K$ 或 $K \subseteq H$.

证 (1) $e \in H \cap K$，$H \cap K$ 非空. 任取 $a,b \in H \cap K$，则 $a \in H, a \in K, b \in H, b \in K$. 又由于 H 和 K 是 G 的子群，所以 $b^{-1} \in H, b^{-1} \in K$. 这就得到 $ab^{-1} \in H$ 和 $ab^{-1} \in K$，即 $ab^{-1} \in H \cap K$. 由判定定理二有 $H \cap K \leqslant G$.

(2) 充分性是显然的，只证必要性. 假设 $H \not\subseteq K$ 且 $K \not\subseteq H$，则存在 $h \in H$ 且 $h \notin K$，同时存在 $k \in K$ 且 $k \notin H$. 如果 $hk \in H$，则 $k=h^{-1} \cdot hk \in H$，与假设矛盾，所以 $hk \notin H$. 同理可证 $hk \notin K$. 因此 $hk \notin H \cup K$，而 $h,k \in H \cup K$，与 $H \cup K \leqslant G$ 矛盾. ▎

【例 17.13】 G 是群，B 是 G 的非空子集，令

$$S=\{H \mid H \leqslant G \text{ 且 } B \subseteq H\},$$

则 S 非空,设 $K=\bigcap S$,则 K 是 G 的子群,称为**由 B 生成的子群**,记作 $\langle B\rangle$.

证 $e\in K$,K 非空,任取 $x,y\in K$,则 x 和 y 属于 G 的每一个包含 B 的子群 H,因此 $xy^{-1}\in H$. 根据 H 的任意性,有 $xy^{-1}\in K$. 由判定定理二得 $K\leqslant G$. ▌

由 $\langle B\rangle$ 的定义可知,$\langle B\rangle$ 中的元素是 B 中元素或它们的逆元构成的有限序列. 即

$$\langle B\rangle=\{a_1^{e_1}a_2^{e_2}\cdots a_n^{e_n} \mid n\in Z^+ \text{ 且 } i=1,2,\cdots,n, a_i\in B, e_i=\pm 1\}.$$

例如 $G=\langle Z,+\rangle$ 是整数加群,$B_1=\{2,3\}$,$B_2=\{2\}$,则 $\langle B_1\rangle=G$,$\langle B_2\rangle=2Z$.

定义 17.7 G 是群,S 是 G 的所有子群的集合,在 S 上定义二元关系 R,$\forall H_1,H_2\in S$ 有

$$H_1RH_2 \Longleftrightarrow H_1\leqslant H_2.$$

不难证明 R 是 S 上的偏序关系并且 S 关于 R 构成一个格,称为 G 的**子群格**(见第十九章格的定义).

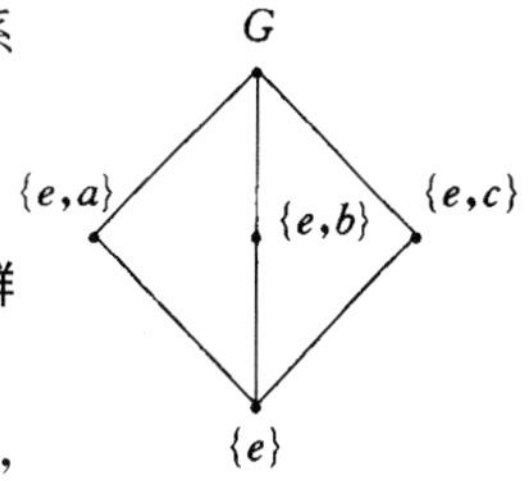

图 17.1

【例 17.14】 $G=\{e,a,b,c\}$ 是 Klein 四元群,G 的子群是:$\{e\}$,$\{e,a\}$,$\{e,b\}$,$\{e,c\}$ 和 G,G 的子群格的哈斯图如图 17.1 所示.

【例 17.15】 $G=\langle Z_{12},\oplus\rangle$ 为模 12 整数加群,G 有六个子群:

$H_1=\{0\}=\langle 0\rangle$,

$H_2=\{0,6\}=\langle 6\rangle$,

$H_3=\{0,4,8\}=\langle 4\rangle$,

$H_4=\{0,3,6,9\}=\langle 3\rangle$,

$H_5=\{0,2,4,6,8,10\}=\langle 2\rangle$,

$G=Z_{12}$.

G 的子群格如图 17.2 所示.

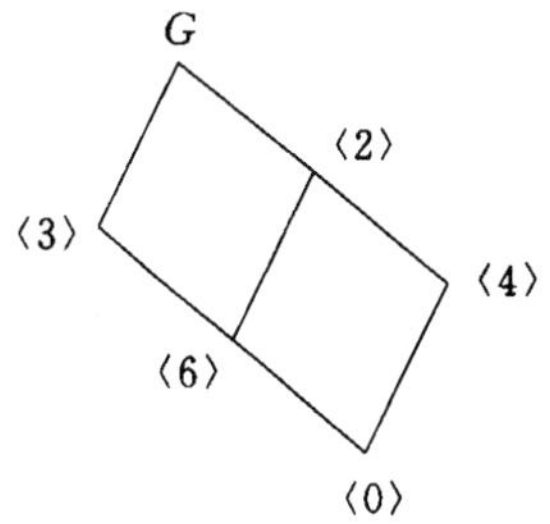

图 17.2

17.3 循 环 群

循环群是一类重要的群.

定义 17.8 G 是群,若存在 $a\in G$ 使得

$$G=\{a^k \mid k\in Z\},$$

则称 G 为**循环群**,记作 $\langle a\rangle$,称 a 是 G 的**生成元**.

在循环群 $\langle a\rangle$ 中,若 $|a|=n$,则 $\langle a\rangle=\{e,a,a^2,\cdots,a^{n-1}\}$,叫做 n 阶循环群. 若 $|a|$ 不存在,则 $\langle a\rangle=\{e,a,a^{-1},a^2,a^{-2},\cdots\}$ 也是无限的,称为**无限阶循环群**. 例如整数加群 $\langle Z,+\rangle$ 是无限阶循环群,1 是它的 个生成元. 而模 n 整数加群 $\langle Z_n,\oplus\rangle$ 是 n 阶循环群,1 也是它的一个生成元.

下面考虑循环群的生成元. 先给出**欧拉函数** $\phi(n)$ 的定义. 设 n 是正整数,欧拉函数 $\phi(n)$ 是小于等于 n 且与 n 互质的正整数个数.

例如 $n=12$,小于等于 12 且与 12 互质的正整数是 1,5,7 和 11,因此 $\phi(12)=4$.

定理 17.12 $G=\langle a\rangle$ 是循环群.

(1) 若 G 是无限阶循环群,则 G 的生成元是 a 和 a^{-1}.

(2) 若 G 是 n 阶循环群,则 G 有 $\phi(n)$ 个生成元. 当 $n=1$ 时,$G=\langle e\rangle$ 的生成元是 e,当 $n>$

1 时，对于每一个小于等于 n 的正整数 r，a^r 是 G 的生成元当且仅当 $(n,r)=1$.

证 (1) $G=\langle a\rangle$ 是无限阶循环群，a 是 G 的一个生成元. 任取 $a^i\in\langle a\rangle$，$a^i=(a^{-1})^{-i}$，即 a^i 可以表成 a^{-1} 的整数次幂，所以 a^{-1} 也是 G 的一个生成元. 设 $b\in\langle a\rangle$ 是 G 的生成元，不妨设 $b=a^j$. 由于 b 是 $\langle a\rangle$ 的生成元，a 也可以用 b 的幂表出，即存在整数 t，使得 $a=b^t=(a^j)^t=a^{jt}$. 由消去律得 $a^{jt-1}=e$. 注意到 a 是无限阶元，则有 $jt-1=0$. 而 j,t 都是整数，从而有 $j=t=1$ 或 $j=t=-1$. 这就证明了 G 中只有 a 或 a^{-1} 是生成元.

(2) $n=1$ 时结论显然为真，不妨设 $n\geqslant 2$. 先证充分性. 若 $(r,n)=1$，则存在整数 u,v 使得

$$ur+vn=1,$$

于是有

$$a=a^{ur+vn}=a^{ur}a^{vn}=(a^r)^u(a^n)^v=(a^r)^u.$$

因此任何 $a^i\in\langle a\rangle$，都有 $a^i=(a^r)^{ui}$，即 a^i 可以用 a^r 的整数次幂表示，a^r 是 G 的生成元.

再证必要性. 若 a^r 是 G 的生成元，设 $(r,n)=d$，即存在非零整数 t 使得 $r=dt$. 由于

$$(a^r)^{\frac{n}{d}}=(a^{dt})^{\frac{n}{d}}=a^{tn}=(a^n)^t=e^t=e,$$

所以由定理 17.8 可知 a^r 的阶是 $\dfrac{n}{d}$ 的因子. 而 a^r 是 n 阶循环群的生成元，故 a^r 的阶是 n，这就推出 n 是 $\dfrac{n}{d}$ 的因子. 从而必有 $d=1$，即 r 与 n 互质. ∎

例如 $G=\langle a\rangle$ 是 12 阶循环群，$\phi(12)=4$，与 12 互质的数有 1,5,7 和 11. 由定理 17.12，a,a^5,a^7 和 a^{11} 都是 G 的生成元.

下面讨论循环群的子群.

定理 17.13 $G=\langle a\rangle$ 是循环群，那么

(1) G 的子群也是循环群；

(2) 若 G 是无限阶的，则 G 的子群除 $\{e\}$ 以外仍是无限阶的；

(3) 若 G 是 n 阶的，则 G 的子群的阶是 n 的因子，对于 n 的每个正因子 d，在 G 中有且仅有一个 d 阶子群.

证 (1) 设 H 是 $G=\langle a\rangle$ 的子群. 如果 $H=\{e\}$，则 H 是循环群，否则取 H 中最小正方幂元 a^m. 对于 H 中的任一元素 a^i，根据除法有 $i=lm+r$, $l,r\in Z$，且 $0\leqslant r<m$，因此

$$a^r=a^i(a^m)^{-l}\in H.$$

这就推出 $r=0$，否则与 a^m 是 H 中最小正方幂元矛盾. $a^i=(a^m)^l$，即 a^i 可由 a^m 的幂表出，a^m 是 H 的生成元，因此 $H=\langle a^m\rangle$.

(2) G 是无限阶循环群，H 是 G 的子群. 若 $H\neq\{e\}$，由于 H 是循环群，必有 $H=\langle a^m\rangle$，$a^m\neq e$. 假若 $|H|=t$，则 $(a^m)^t=e$，即 $a^{mt}=e$，与 a 是无限阶元矛盾.

(3) $G=\{e,a,a^2,\cdots,a^{n-1}\}$ 是 n 阶循环群. H 是 G 的子群，不妨设 $H\neq\{e\}$. 根据(1)有 $H=\langle a^m\rangle$，设 $|a^m|=d$，则有

$$(a^m)^n=(a^n)^m=e^m=e.$$

由定理 17.8 知 $d\mid n$.

设 d 是 n 的正因子，易见 $H=\langle a^{\frac{n}{d}}\rangle$ 是 G 的 d 阶子群. 假若 $H_1=\langle a^m\rangle$ 也是 G 的 d 阶子群，其中 a^m 是 H_1 中的最小正方幂元. 由于 a^m 的阶是 d，

$$a^{md}=(a^m)^d=e.$$

根据定理 17.8 得 $n \mid md$，即$\frac{n}{d} \bigg| m$. 令 $m = \frac{n}{d} \cdot t,\ t \in Z$，则有

$$a^m = a^{\frac{n}{d}t} = (a^{\frac{n}{d}})^t \in H.$$

由于 a^m 是 H_1 的生成元，所以 $H_1 \subseteq H$. 又有 $|H_1| = |H| = d$，因而 $H_1 = H$. ▍

例如$G = \langle a \rangle$是无限循环群，任取$a^i, a^j \in G$，若$i \neq \pm j$，则$\langle a^i \rangle$和$\langle a^j \rangle$是G的不等的子群. 若不然必有 $a^i = a^{jt}, t \in Z$，即 a 是有限阶元，与$G = \langle a \rangle$是无限阶循环群矛盾. 所以G有无限多个子群，即$\langle e \rangle, \langle a \rangle, \langle a^2 \rangle, \cdots$. 若$G$是12阶循环群$\langle Z_{12}, \oplus \rangle$，12有六个正因子1,2,3,4,6,12. 根据定理17.13,G有六个子群，分别由1,2,3,4,6和0来生成，正如图17.2的子群格所示.

【例 17.16】 $G = \langle a \rangle$ 是 n 阶循环群，r 是正整数. 证明若 a^r 的阶是d，则 $d = \frac{n}{(n,r)}$.

证 设$(n,r) = t$，由于$t \mid r$，故有

$$(a^r)^{\frac{n}{t}} = (a^n)^{\frac{r}{t}} = e^{\frac{r}{t}} = e.$$

根据定理 17.8 有 $d \bigg| \frac{n}{t}$. 又由于 a^r 的阶是d，则

$$(a^r)^d = e.$$

从而有 $n \mid rd$. 这就推出$\frac{n}{t} \bigg| \frac{r}{t} \cdot d$. 因为 $t = (n,r)$，即$\left(\frac{n}{t}, \frac{r}{t}\right) = 1$，所以有$\frac{n}{t} \bigg| d$.

综合两方面的结果有 $d = \frac{n}{t} = \frac{n}{(n,r)}$. ▍

【例 17.17】 $G = \langle a \rangle$ 是 n 阶循环群，r,s 是正整数，证明$\langle a^r \rangle = \langle a^s \rangle$ 当且仅当

$$(n,r) = (n,s).$$

证 根据定理 17.13，对于 n 的每个正因子d，G 中有且仅有一个 d 阶子群，所以

$$\langle a^r \rangle = \langle a^s \rangle \Longleftrightarrow |\langle a^r \rangle| = |\langle a^s \rangle|.$$

而有限循环群的阶与它的生成元的阶相等，故有

$$|\langle a^r \rangle| = |\langle a^s \rangle| \Longleftrightarrow |a^r| = |a^s|.$$

再根据例 17.16 知 $|a^r| = \frac{n}{(n,r)}$，$|a^s| = \frac{n}{(n,s)}$，所以

$$|a^r| = |a^s| \Longleftrightarrow \frac{n}{(n,r)} = \frac{n}{(n,s)} \Longleftrightarrow (n,r) = (n,s).$$ ▍

17.4 变换群和置换群

先定义变换和变换的乘法.

定义 17.9 设 A 是非空集合，$f: A \to A$ 称为A 上的一个**变换**. 若 f 是双射的，则称 f 为 A 上的一个**一一变换**.

例如 $f: Z \to Z, f(x) = x$ 和 $g: Z \to Z,\ g(x) = -x$ 都是 Z 上的一一变换.

定义 17.10 设 f,g 是A 上的两个变换，f 和 g 的合成①称为 f 与 g 的**乘积**，简记作 fg.

不难证明 fg 也是A 上的变换. 如果 f 和 g 都是A 上的一一变换，则 fg 也是A 上的一一变换.

定理 17.14 设$E(A)$是A上的全体一一变换构成的集合，则$E(A)$关于变换的乘法构成

---

① 这里指函数的合成.

一个群.

证 任取 $f,g \in E(A)$，则 $fg \in E(A)$. 变换的乘法就是函数的合成，满足结合律. A 上的恒等变换 I_A 是一一变换，且是关于变换乘法的单位元. $\forall f \in E(A)$，f^{-1} 也是一一变换，且是 f 关于变换乘法的逆元. $E(A)$ 关于变换乘法构成群. ∎

我们称 $E(A)$ 为 A 的**一一变换群**，$E(A)$ 的子群称为 A 的**变换群**.

【例 17.18】 设 G 是群，$a \in G$. 定义 $f_a: G \to G$，$f_a(x) = ax$，$\forall x \in G$，则 f_a 是 G 上的变换，且是一一变换. 因为若 $f_a(x) = f_a(y)$，$x,y \in G$，则有 $ax = ay$. 由消去律可得 $x = y$，所以 f_a 是单射的. 此外对任意的 $y \in G$，有 $a^{-1}y \in G$，且 $f_a(a^{-1}y) = aa^{-1}y = y$. 这说明 f_a 又是满射的. 令

$$H = \{f_a \mid a \in G\}$$

是所有这种变换的集合，则 H 关于变换的乘法构成 G 上的变换群. 因为 $\forall f_a, f_b \in H$，$\forall x \in G$ 有

$$f_a f_b(x) = f_a(f_b(x)) = f_a(bx) = a(bx) = abx = f_{ab}(x),$$

即 $f_a f_b = f_{ab} \in H$. 结合律显然成立. f_e 是恒等变换，即 $\forall x \in G$，$f_e(x) = ex = x$，它是 H 中的单位元. 而 $\forall f_a \in H$，$f_{a^{-1}}$ 是 f_a 关于变换乘法的逆元，因为 $\forall x \in G$ 有

$$f_a f_{a^{-1}}(x) = f_a(f_{a^{-1}}(x)) = aa^{-1}x = x.$$

所以 $f_a f_{a^{-1}} = f_e$，同理可证 $f_{a^{-1}} f_a = f_e$.

易见 $H \leqslant E(G)$.

当 A 是有穷集时，A 上的一一变换称为 A 上的**置换**. 当 $|A| = n$ 时称 A 上的置换为 ***n* 元置换**. 为了叙述上的方便，常将 A 记作 $\{1,2,\cdots,n\}$，这样就可以将 A 上的 n 元置换 σ 记作

$$\sigma = \begin{pmatrix} 1 & 2 & \cdots & n \\ \sigma(1) & \sigma(2) & \cdots & \sigma(n) \end{pmatrix}.$$

易见 $\sigma(1),\sigma(2),\cdots,\sigma(n)$ 恰为 $1,2,\cdots,n$ 的一个排列. 在 A 上的所有置换和 A 的所有排列之间存在着一一对应，n 元集有 $n!$ 个排列，所以有 $n!$ 个 n 元置换. 所有这些置换的集合记作 S_n. 根据定理 17.14，S_n 关于置换的乘法构成一个群，称为 ***n* 元对称群**，S_n 的子群称为 ***n* 元置换群**.

【例 17.19】 $S_3 = \{\sigma_1,\sigma_2,\cdots,\sigma_6\}$. 其中

$$\sigma_1 = \begin{pmatrix} 1 & 2 & 3 \\ 1 & 2 & 3 \end{pmatrix},\quad \sigma_2 = \begin{pmatrix} 1 & 2 & 3 \\ 1 & 3 & 2 \end{pmatrix},\quad \sigma_3 = \begin{pmatrix} 1 & 2 & 3 \\ 2 & 1 & 3 \end{pmatrix},$$

$$\sigma_4 = \begin{pmatrix} 1 & 2 & 3 \\ 2 & 3 & 1 \end{pmatrix},\quad \sigma_5 = \begin{pmatrix} 1 & 2 & 3 \\ 3 & 1 & 2 \end{pmatrix},\quad \sigma_6 = \begin{pmatrix} 1 & 2 & 3 \\ 3 & 2 & 1 \end{pmatrix}.$$

S_3 的运算表如表 17.2 所示.

下面介绍 n 元置换的轮换表示与对换表示.

定义 17.11 设 $\sigma \in S_n$，若 σ 将 $\{1,2,\cdots,n\}$ 中的 k 个元素 $i_1,i_2,\cdots,i_k$ 进行如下变换：

$$\sigma(i_1) = i_2,\ \sigma(i_2) = i_3,\ \cdots,\ \sigma(i_{k-1}) = i_k,\ \sigma(i_k) = i_1,$$

并且保持其他的元素不变，则可将 σ 记为 $(i_1 i_2 \cdots i_k)$，称为一个 ***k* 阶轮换**. 当 $k = 1$ 时 $\sigma = (i_1)$，$i_1 \in \{1,2,\cdots,n\}$ 是恒等置换. 当 $k = 2$ 时 $\sigma = (i_1 i_2)$ 称为一个**对换**.

表 17.2

	σ_1	σ_2	σ_3	σ_4	σ_5	σ_6
σ_1	σ_1	σ_2	σ_3	σ_4	σ_5	σ_6
σ_2	σ_2	σ_1	σ_5	σ_6	σ_3	σ_4
σ_3	σ_3	σ_4	σ_1	σ_2	σ_6	σ_5
σ_4	σ_4	σ_3	σ_6	σ_5	σ_1	σ_2
σ_5	σ_5	σ_6	σ_2	σ_1	σ_4	σ_3
σ_6	σ_6	σ_5	σ_4	σ_3	σ_2	σ_1

例如(12),(13),(123) 都是$\{1,2,3\}$ 上的轮换,其中(12),(13) 是 2 阶轮换,也叫对换,(123) 是 3 阶轮换.

定义 17.12 设$\sigma = (i_1 i_2 \cdots i_k)$和$\tau = (j_1 j_2 \cdots j_s)$是两个轮换.若$\{i_1, i_2, \cdots, i_k\} \cap \{j_1, j_2, \cdots j_s\} = \varnothing$,则称$\sigma$和$\tau$是**不相交**的.

例如$\sigma, \tau \in S_5, \sigma = (134), \tau = (25)$是不相交的.

定理 17.15 设$\sigma, \tau \in S_n$,若σ与τ是不相交的,则$\sigma\tau = \tau\sigma$.

证 令$\sigma = (i_1 i_2 \cdots i_k)$, $\tau = (j_1 j_2 \cdots j_s)$.将$A = \{1, 2, \cdots, n\}$划分成下面的三个子集:

$$A_1 = \{i_1, i_2, \cdots, i_k\}, \quad A_2 = \{j_1, j_2, \cdots, j_s\}, \quad A_3 = A - (A_1 \cup A_2).$$

由于σ和τ是不相交的,$A_1 \cap A_2 = \varnothing$.

任取$l \in A$,若$l \in A_3$,则σ和τ都不能使l改变,$\sigma\tau(l) = l = \tau\sigma(l)$.

若$l \in A_1$,当$l \neq i_k$时,有$l = i_m$, $m \in \{1, 2, \cdots, k-1\}$.

$$\sigma\tau(l) = \sigma\tau(i_m) = \sigma(\tau(i_m)) = \sigma(i_m) = i_{m+1},$$
$$\tau\sigma(l) = \tau\sigma(i_m) = \tau(\sigma(i_m)) = \tau(i_{m+1}) = i_{m+1}.$$

当$l = i_k$时有

$$\sigma\tau(l) = \sigma\tau(i_k) = \sigma(\tau(i_k)) = \sigma(i_k) = i_1,$$
$$\tau\sigma(l) = \tau\sigma(i_k) = \tau(\sigma(i_k)) = \tau(i_1) = i_1.$$

从而对任意$l \in A_1$,有$\sigma\tau(l) = \tau\sigma(l)$.

同理可证当$l \in A_2$时也有$\sigma\tau(l) = \tau\sigma(l)$. ▌

定理 17.16 任何n元置换都可以表成不相交的轮换之积,并且表法是惟一的.这里的惟一性是指:若σ表成一系列不相交的轮换之积有两种表法

$$\sigma = \sigma_1 \sigma_2 \cdots \sigma_t \quad 和 \quad \sigma = \tau_1 \tau_2 \cdots \tau_l,$$

则有

$$\{\sigma_1, \sigma_2, \cdots, \sigma_t\} = \{\tau_1, \tau_2, \cdots, \tau_l\}.$$

证 设$A = \{1, 2, \cdots, n\}$,σ是A上的n元置换.在σ的作用下A中有r个元素发生了变化.施归纳于r.

$r = 0$,则σ是恒等置换I_A,结论显然成立.

假设$r < k$时结论成立,考虑$r = k$的情况,即σ使A中的k个元素发生改变.取$i_1 \in A$且$\sigma(i_1) \neq i_1$,令$\sigma(i_1) = i_2$,然后取$i_3 = \sigma(i_2)$,$i_4 = \sigma(i_3)$,$\cdots$,从而得到下面的序列

$$i_1, i_2 = \sigma(i_1),\ i_3 = \sigma(i_2), \cdots.$$

由于$|A| = n$,必存在最小的正整数m使得$i_1, i_2, \cdots, i_m$两两不等且$i_{m+1} \in \{i_1, i_2, \cdots, i_m\}$.若$i_{m+1} = i_j, j \neq 1$,则有$\sigma(i_{j-1}) = i_j = \sigma(i_m)$且$i_{j-1} \neq i_m$.这与$\sigma$的单射性矛盾,所以必有$i_{m+1} = i_1$.令$\tau_1 = (i_1 i_2 \cdots i_m)$,$\tau_1$是由$\sigma$中分解出来的第一个轮换,$\sigma = \tau_1 \sigma'$.由$\sigma$的单射性知$\sigma'$与$\tau_1$是不相交的,$\sigma'$仅变动$A$中剩下的$k - m$个元素.由归纳假设$\sigma'$也可以表成一系列不交的轮换之积,即

$$\sigma' = \tau_2 \tau_3 \cdots \tau_l,$$

其中$\tau_2, \tau_3, \cdots, \tau_l$两两不交.从而得到$\sigma$的不相交轮换表示$\sigma = \tau_1 \tau_2 \tau_3 \cdots \tau_l$.

下面证明表法的惟一性.设

$$\sigma = \sigma_1 \sigma_2 \cdots \sigma_t \quad 和 \quad \sigma = \tau_1 \tau_2 \cdots \tau_l$$

都是 σ 的不相交轮换表示. 令 $X=\{\sigma_1,\sigma_2,\cdots,\sigma_t\}$, $Y=\{\tau_1,\tau_2,\cdots,\tau_l\}$, 我们只需证明 $X=Y$.

任取 $\sigma_j\in X$, 不妨设 $\sigma_j=(i_1i_2\cdots i_m)$, $m>1$. 由于 $\tau_1\tau_2\cdots\tau_l$ 也是 σ 的不相交轮换表示, $\sigma(i_1)\neq i_1$, 所以必存在某个 $\tau_s\in Y$ 使得 i_1 在 τ_s 中出现. 对于 $k=1,2,\cdots,m-1$, 若 i_k 在 τ_s 中出现, 则 $i_{k+1}=\sigma(i_k)$ 也在 τ_s 中出现, 否则与 τ_s 是轮换且与 $\tau_1,\cdots,\tau_{s-1},\tau_{s+1},\cdots,\tau_l$ 不相交矛盾. 这就证明了 $i_1,i_2,\cdots,i_m$ 必依次出现于 τ_s 中. 另一方面, 若 τ_s 中除了 $i_1,i_2,\cdots,i_m$ 以外还含有其他元素 u, 则 u 只能在 i_m 之后出现, 即 $\tau_s(i_m)=u$, 从而得到 $\sigma(i_m)=\tau_s(i_m)=u$ 和 $\sigma(i_m)=\sigma_j(i_m)=i_1$, 与 σ 是映射矛盾. 因此 $\tau_s=\sigma_j$, 即 $\sigma_j\in Y$. 由于 σ_j 的任意性, $X\subseteq Y$.

同理可证 $Y\subseteq X$, 从而有 $X=Y$. ▌

【例 17.20】 设 $\sigma,\tau\in S_8$, 且

$$\sigma=\begin{pmatrix}1&2&3&4&5&6&7&8\\2&3&5&8&1&4&6&7\end{pmatrix},\qquad \tau=\begin{pmatrix}1&2&3&4&5&6&7&8\\5&2&3&8&7&6&1&4\end{pmatrix},$$

写出 σ 和 τ 的不相交轮换表示.

解 先从 σ 中取出 1, $\sigma(1)=2$, $\sigma(2)=3$, $\sigma(3)=5$, $\sigma(5)=1$, 这就得到第一个轮换 (1235). 然后从剩下的元素中取出 4, $\sigma(4)=8$, $\sigma(8)=7$, $\sigma(7)=6$, $\sigma(6)=4$, 从而得到第二个轮换 (4876). 不存在剩下的元素了, $\sigma=(1235)(4876)$.

类似的分析可得 $\tau=(157)(2)(3)(48)(6)$. 在 τ 的表示中可以省略所有的 1 阶轮换, 如 (2), (3) 和 (6), 最后得到 $\tau=(157)(48)$.

注意当 σ 是恒等置换时, 不可以省去 σ 中所有的 1 阶轮换, 应该保留一个 (i), $i\in\{1,2,\cdots,n\}$.

定义 17.13 设 $\sigma\in S_n$ 已经用不交的轮换之积表出, 对于 $k=1,2,\cdots,n$, 令 $c_k(\sigma)$ 表示 σ 中的 k 阶轮换的个数, 则 $1^{c_1(\sigma)}2^{c_2(\sigma)}\cdots n^{c_n(\sigma)}$ 称为 σ 的**轮换指数**. 若某个 $c_k(\sigma)=0$, $k\in\{1,2,\cdots,n\}$, 可在轮换指数的表示式里省去对应的 $c_k(\sigma)$ 项.

例如 $S_3=\{(1),(12),(13),(23),(123),(132)\}$, 则 (1) 的轮换指数为 1^3. 因为 $(1)=(1)(2)(3)$, 是 3 个 1 阶轮换之积. 在轮换指数的表示式中应该算上所有省略的 1 阶轮换. (12), (13), (23) 的轮换指数为 1^12^1. (123) 和 (132) 的轮换指数为 3^1. 再考虑例 17.20 中的两个 8 元置换 σ 和 τ, σ 的轮换指数为 4^2, τ 的轮换指数为 $1^32^13^1$.

由于置换的表示式中任意两个轮换都是不交的, 每个轮换的元素都不相同. $1,2,\cdots,n$ 这 n 个元素分配到所有的轮换之中, 所有轮换(包括 1 阶轮换) 的元素总数必等于 n, 即

$$1\cdot c_1(\sigma)+2\cdot c_2(\sigma)+\cdots+n\cdot c_n(\sigma)=n.$$

例如 8 元置换 τ 的轮换指数为 $1^32^13^1$, 满足

$$1\cdot 3+2\cdot 1+3\cdot 1=8.$$

下面考虑 n 元置换的对换表示. 根据前面的分析可以知道, 任何 n 元置换都可以表为不交的轮换之积. 如果任何轮换都可以表成对换之积, 那么 n 元置换就可以表成对换之积.

定理 17.17 设 $\sigma=(i_1i_2\cdots i_k)$ 是 $A=\{1,2,\cdots,n\}$ 上的 k 阶轮换, $k>1$, 则

$$\sigma=(i_1i_k)(i_1i_{k-1})\cdots(i_1i_2).$$

证 对 k 进行归纳, 当 $k=2$ 时命题显然为真. 假设 $k=t$ 时结论为真, 考虑 $\sigma=(i_1i_2\cdots i_{t+1})$ 的情况. 令 $\sigma_1=(i_1i_{t+1})$, $\sigma_2=(i_1i_2\cdots i_t)$, 下面证明 $\sigma=\sigma_1\sigma_2$.

任取 $l\in A$. 若 $l\in\{i_1,i_2,\cdots,i_{t-1}\}$, 不妨设 $l=i_m$, 则

$$\sigma(l)=\sigma(i_m)=i_{m+1},$$

$$\sigma_1\sigma_2(l) = \sigma_1(\sigma_2(l)) = \sigma_1(i_{m+1}) = i_{m+1};$$

若 $l = i_t$，则

$$\sigma(l) = i_{t+1} = \sigma_1(i_1) = \sigma_1(\sigma_2(i_t)) = \sigma_1\sigma_2(i_t) = \sigma_1\sigma_2(l);$$

若 $l = i_{t+1}$，则

$$\sigma(l) = \sigma(i_{t+1}) = i_1 = \sigma_1(i_{t+1}) = \sigma_1(\sigma_2(i_{t+1})) = \sigma_1\sigma_2(i_{t+1}) = \sigma_1\sigma_2(l);$$

若 $l \notin \{i_1, i_2, \cdots, i_{t+1}\}$，则

$$\sigma(l) = l = \sigma_1(l) = \sigma_1(\sigma_2(l)) = \sigma_1\sigma_2(l).$$

综上所述，$\forall l \in A$ 都有 $\sigma(l) = \sigma_1\sigma_2(l)$，即

$$\sigma = \sigma_1\sigma_2 = (i_1 i_{t+1})\sigma_2.$$

由归纳假设，$\sigma_2 = (i_1 i_2 \cdots i_t)$ 可以表为

$$(i_1 i_t)(i_1 i_{t-1})\cdots(i_1 i_2),$$

所以

$$\sigma = (i_1 i_{t+1})(i_1 i_t)\cdots(i_1 i_2).$$

根据数学归纳法命题得证. ▌

【例 17.21】 考虑例 17.20 中的 σ 和 τ，它们的对换表示分别为：

$$\sigma = (15)(13)(12)(46)(47)(48),$$
$$\tau = (17)(15)(48).$$

定理 17.16 告诉我们，当把一个 n 元置换表成不相交轮换之积时，表法是惟一的.但在表成对换之积时，对换是允许相交的，并且表法也不是惟一的.例如，例 17.21 中的 τ 也可以表为 (17)(57)(15)(17)(48).尽管表法不惟一，但可以证明不同表示中的对换个数的奇偶性是不变的.为了完成这个证明先给出一些有关排列的知识.

定义 17.14 设 $i_1 i_2 \cdots i_n$ 是 $1,2,\cdots,n$ 的一个排列.若 $i_k > i_l$ 且 $k < l$，则称 $i_k i_l$ 是一个**逆序**.排列中逆序的总数称为这个排列的**逆序数**.

例如排列 25431 中有 7 个逆序：21,51,41,31,53,43,54. 25431 的逆序数是 7.

定理 17.18 $\sigma \in S_n$，且 $\sigma(j) = i_j$，$j = 1,2,\cdots,n$，则在 σ 的对换表示中对换个数的奇偶性与排列 $\pi = i_1 i_2 \cdots i_n$ 的逆序数的奇偶性相一致.

证 令 $\alpha(\sigma)$ 是 σ 的对换表示中对换的个数，$\lambda(\pi)$ 是排列 π 的逆序数.对 n 进行归纳.

$n = 1$，则 $\sigma = (1)$，$\alpha(\sigma) = 0$.而 1 阶排列的逆序数也为 0.命题为真.

假设 $n = k$ 时结论为真，考虑 $k+1$ 元置换 σ.若 $\sigma(k+1) = k+1$，则 $\sigma \restriction \{1,2,\cdots,k\}$ 是 k 元置换，且所对应的排列为 $i_1 i_2 \cdots i_k$.易见

$$\alpha(\sigma) = \alpha(\sigma \restriction \{1,2,\cdots,k\}).$$
$$\lambda(i_1 i_2 \cdots i_k (k+1)) = \lambda(i_1 i_2 \cdots i_k).$$

由归纳假设，$\alpha(\sigma \restriction \{1,2,\cdots,k\})$ 与 $\lambda(i_1 i_2 \cdots i_k)$ 的奇偶性一致，所以 $\alpha(\sigma)$ 与 $\lambda(i_1 i_2 \cdots i_k (k+1))$ 奇偶性也是一致的.

若 $\sigma(k+1) = s$，$s \neq k+1$.必存在 $l \in \{1,2,\cdots,k\}$ 使得 $\sigma(l) = k+1$.令 σ 对应的排列为 π，则 $\pi = i_1 i_2 \cdots i_{l-1}(k+1)i_{l+1}\cdots i_k s$.如下构造 σ'，使得 $\sigma' = (k+1, s)\sigma$，则 σ' 所对应的排列为 $\pi' = i_1 i_2 \cdots i_{l-1} s i_{l+1} \cdots i_k (k+1)$.易见 $\alpha(\sigma)$ 与 $\alpha(\sigma')$ 的奇偶性相反，$\lambda(\pi)$ 与 $\lambda(\pi')$ 的奇偶性也相反.由 $\sigma'(k+1) = k+1$，根据前面的分析，$\alpha(\sigma')$ 与 $\lambda(\pi')$ 的奇偶性一致.所以 $\alpha(\sigma)$ 与 $\lambda(\pi)$ 的奇偶性也一致. ▌

由以上定理可知当把 n 元置换表成对换之积时，表示式中对换个数的奇偶性是不变的. 根据这个性质可以将 n 元置换分为奇置换和偶置换.

定义 17.15 如果 n 元置换 σ 可表成奇数个对换的连乘积，则称 σ 为**奇置换**，否则称为**偶置换**.

【例 17.22】 设 A_n 是 S_n 中全体偶置换的集合，则 A_n 是 S_n 的子群，称为 ***n* 元交代群**(或**交错群**).

证 因为 A_n 是有穷集，我们只须证明 A_n 对 S_n 中的乘法封闭即可. 任取 $\sigma,\tau \in A_n$，σ,τ 都可表成偶数个对换之积，则 $\sigma\tau$ 也可表成偶数个对换之积，即 $\sigma\tau \in A_n$，$A_n \leqslant S_n$. ▌

不难验证 $|A_n| = \frac{1}{2}n!$. 例如 $S_3 = \{(1),(12),(13),(23),(123),(132)\}$，其中(1)，(123)和(132)是偶置换，即 $A_3 = \{(1),(123),(132)\}$.

下面考虑置换群中元素的阶.

定理 17.19 G 是 n 元置换群.

(1) $\sigma \in G$，$\sigma = (i_1 i_2 \cdots i_k)$，则 $|\sigma| = k$.

(2) $\tau \in G$，$\tau = \tau_1\tau_2\cdots\tau_l$ 是不相交轮换的分解式. 若 τ_i 是 k_i 阶轮换，$i = 1,2,\cdots,l$，则 τ 的阶是 $k_1,k_2,\cdots,k_l$ 的最小公倍数，即 $|\tau| = [k_1,k_2,\cdots,k_l]$.

证 (1) $\sigma^k = (i_1 i_2 \cdots i_k)^k = (i_1)$，假若 $j < k$，则 $\sigma^j(i_1) = (i_1 i_2 \cdots i_k)^j(i_1) = i_{j+1} \neq i_1$. 这就证明了 $|\sigma| = k$.

(2) 设 $|\tau| = t$，$[k_1,k_2,\cdots,k_l] = d$. 由于 $\tau_1,\cdots,\tau_l$ 是不交的，则

$$\tau^d = \tau_1^d \tau_2^d \cdots \tau_l^d = (1),$$

因此有 $t \mid d$.

另一方面，$\tau^t = (1)$，由于 $\tau_1,\tau_2,\cdots,\tau_l$ 两两不相交必有 $\tau_i^t = (1)$，$i = 1,2,\cdots,l$. 根据(1)部分的证明知 $|\tau_i| = k_i$，因此对于所有的 $i \in \{1,2,\cdots,l\}$ 有 $k_i \mid t$，t 是 $k_1,k_2,\cdots,k_l$ 的公倍数. 由于 d 是 $k_1,k_2,\cdots,k_l$ 的最小公倍数，必有 $d \mid t$.

综合上面的结论有 $t = d$，即 $|\tau| = [k_1,k_2,\cdots,k_l]$. ▌

下面是一个置换群的例子.

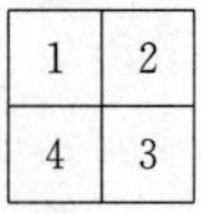

图 17.3

【例 17.23】 图 17.3 是一个 2×2 的方格图形. 它可以围绕中心旋转，也可以围绕对称轴翻转，但要求经过这样的变动以后的图形要与原来的图形重合(方格中的数字可以改变). 例如，当它绕中心逆时针旋转 90° 以后，原来的数字 1,2,3 和 4 分别变成了 2,3,4 和 1. 可以把这个变化看作是 $\{1,2,3,4\}$ 上的一个置换(1234). 下面给出所有可能的置换：

$\sigma_1 = (1)$，　绕中心逆时针转 0°；

$\sigma_2 = (1234)$，　绕中心逆时针转 90°；

$\sigma_3 = (13)(24)$，　绕中心逆时针转 180°；

$\sigma_4 = (1432)$，　绕中心逆时针转 270°；

$\sigma_5 = (12)(34)$，　绕垂直轴翻转 180°；

$\sigma_6 = (14)(23)$，　绕水平轴翻转 180°；

$\sigma_7 = (24)$，　绕西北 — 东南轴翻转 180°；

$\sigma_8 = (13)$，　绕西南 — 东北轴翻转 180°.

表 17.3 给出了它们的运算表. 令 $D_4 = \{\sigma_1, \sigma_2, \cdots, \sigma_8\}$，易见 D_4 关于置换的乘法是封闭的. $\sigma_1 = (1)$ 是单位元. 且 $\sigma_1^{-1} = \sigma_1$，$\sigma_2^{-1} = \sigma_4$，$\sigma_3^{-1} = \sigma_3$，$\sigma_4^{-1} = \sigma_2$，$\sigma_5^{-1} = \sigma_5$，$\sigma_6^{-1} = \sigma_6$，$\sigma_7^{-1} = \sigma_7$，$\sigma_8^{-1} = \sigma_8$. D_4 构成一个群，且是 S_4 的子群.

表　17.3

	σ_1	σ_2	σ_3	σ_4	σ_5	σ_6	σ_7	σ_8
σ_1	σ_1	σ_2	σ_3	σ_4	σ_5	σ_6	σ_7	σ_8
σ_2	σ_2	σ_3	σ_4	σ_1	σ_8	σ_7	σ_5	σ_6
σ_3	σ_3	σ_4	σ_1	σ_2	σ_6	σ_5	σ_8	σ_7
σ_4	σ_4	σ_1	σ_2	σ_3	σ_7	σ_8	σ_6	σ_5
σ_5	σ_5	σ_7	σ_6	σ_8	σ_1	σ_3	σ_2	σ_4
σ_6	σ_6	σ_8	σ_5	σ_7	σ_3	σ_1	σ_4	σ_2
σ_7	σ_7	σ_6	σ_8	σ_5	σ_4	σ_2	σ_1	σ_3
σ_8	σ_8	σ_5	σ_7	σ_6	σ_2	σ_4	σ_3	σ_1

17.5　群的分解

群通常可以按两种方法分解：陪集分解或共轭类分解. 由陪集分解可以得到 Lagrange 定理，按共轭类分解可以得到群的分类方程.

定义 17.16　G 是群，H 是 G 的子群，$a \in G$. 令

$$Ha = \{ha \mid h \in H\},$$

称 Ha 是子群 H 在 G 中的一个**右陪集**.

【例 17.24】　$G = S_3$，$H = A_3$，则

$$H(23) = \{(23),(12),(13)\} = H(12) = H(13);$$
$$H(1) = \{(1),(123),(132)\} = H(123) = H(132).$$

下面给出右陪集的性质.

定理 17.20　设 G 是群，H 是 G 的子群，则

(1) $He = H$；　　(2) $\forall a \in G,\ a \in Ha$.

证　(1) $He = \{he \mid h \in H\} = \{h \mid h \in H\} = H$；

(2) $\forall a \in G, a = ea \in Ha$. ▌

定理 17.21　设 G 是群，H 是 G 的子群，则 $\forall a \in G, Ha \approx H$.

证　令 φ: $H \to Ha$，$\varphi(h) = ha$，$\forall h \in H$，则 φ 是 H 到 Ha 的函数. 任取 $ha \in Ha$，必有 $h \in H$，且 $\varphi(h) = ha$，φ 是满射的. 若 $\varphi(h_1) = \varphi(h_2)$，即 $h_1a = h_2a$，由 G 中消去律可知 $h_1 = h_2$，这就证明了 φ 的单射性. 由等势定义有 $H \approx Ha$，即 $Ha \approx H$. ▌

定理 17.22　G 是群，H 是 G 的子群，$\forall a, b \in G$ 有

$$a \in Hb \Longleftrightarrow Ha = Hb \Longleftrightarrow ab^{-1} \in H.$$

证　先证 $a \in Hb \Rightarrow Ha = Hb$. 由 $a \in Hb$，必存在 $h_1 \in H$ 使得 $a = h_1b$. 那么 $b = h_1^{-1}a$. 任取 $ha \in Ha$，则 $ha = hh_1b$. 由于 $H \leqslant G$，$hh_1 \in H$，则有 $ha \in Hb$，这就推出 $Ha \subseteq Hb$. 任取 $hb \in Hb$，由 $b = h_1^{-1}a$ 得 $hb = hh_1^{-1}a$. 而 $hh_1^{-1} \in H$，所以 $hb \in Ha$，这就证出 $Hb \subseteq Ha$. 综合以上结果有 $Ha = Hb$.

反之，若 $Ha = Hb$，根据定理 17.20，$\forall a \in G$ 有 $a \in Ha$，从而有 $a \in Hb$.

再证　$Ha = Hb \Longleftrightarrow ab^{-1} \in H$.

$$Ha = Hb \Longleftrightarrow a \in Hb \Longleftrightarrow \exists h(h \in H \wedge a = hb)$$
$$\Longleftrightarrow \exists h(h \in H \wedge ab^{-1} = h) \Longleftrightarrow ab^{-1} \in H.$$
▌

定理 17.23　G 是群，H 是 G 的子群，在 G 上定义二元关系 R，$\forall a,b \in G$ 有

$$aRb \Longleftrightarrow ab^{-1} \in H,$$

则 R 为 G 上的等价关系，且$[a]_R = Ha$.

证　$\forall a \in G, aa^{-1} = e \in H$，即 aRa 成立，R 在 G 上是自反的.

$\forall a,b \in G$ 有

$$aRb \Rightarrow ab^{-1} \in H \Rightarrow (ab^{-1})^{-1} \in H \Rightarrow ba^{-1} \in H \Rightarrow bRa.$$

这就推出 R 在 G 上是对称的.

$\forall a,b,c \in G$ 有

$$aRb \wedge bRc \Rightarrow ab^{-1} \in H \wedge bc^{-1} \in H \Rightarrow ab^{-1}bc^{-1} \in H \Rightarrow ac^{-1} \in H \Rightarrow aRc.$$

所以 R 在 G 上是传递的. R 是 G 上的等价关系.

$\forall b \in G$ 有

$$b \in [a]_R \Longleftrightarrow aRb \Longleftrightarrow ab^{-1} \in H \Longleftrightarrow Ha = Hb \Longleftrightarrow b \in Ha.$$

这就推出$[a]_R = Ha$.　▌

定理 17.24　G 是群，H 是 G 的子群，则

$$\forall a,b \in G, Ha \cap Hb = \varnothing \text{ 或 } Ha = Hb\text{，且 } \bigcup_{a \in G} Ha = G.$$

证　根据集合论中有关等价类的定理可直接得到.

【例 17.25】　$G = S_3$，$H = \{(1),(12)\}$，则 H 的所有右陪集是：

$$H(1) = H(12) = H,$$
$$H(13) = \{(13), (132)\} = H(132),$$
$$H(23) = \{(23), (123)\} = H(123).$$

每个右陪集都是等势的，不同的右陪集是不交的，所有右陪集的并就等于 S_3.

【例 17.26】　$G = \langle R^*, \cdot \rangle$，其中 $R^* = R - \{0\}$ 是非零实数的集合，$\cdot$ 是普通乘法. $H = \{1, -1\}$ 是 G 的子群，$\forall r \in R^*$，$Hr = \{r, -r\}$，且有 $\bigcup_{r \in R^*} Hr = R^*$.

以上讨论了子群 H 的右陪集，类似地可以定义 H 的左陪集. $\forall a \in G$，令

$$aH = \{ah \mid h \in H\},$$

则 aH 是 H 在 G 中的一个**左陪集**. 例如 $G = S_3$，$H = \{(1),(12)\}$，则 H 在 G 中的全体左陪集是：

$$(1)H = H, (12)H = H,$$
$$(13)H = \{(13),(123)\}, (123)H = \{(123),(13)\},$$
$$(23)H = \{(23),(132)\}, (132)H = \{(132),(23)\}.$$

和例 17.25 相比，只有$(1)H = H(1)$，$(12)H = H(12)$，而对于 S_3 中的其他置换 σ，$\sigma H \neq H\sigma$.

和右陪集的性质类似，也可以得到左陪集的性质.

定理 17.25　设 G 是群，H 是 G 的子群，则

(1) $eH = H$；

(2) $\forall a \in G$，$a \in aH$；

(3) $\forall a \in G$, $aH \approx H$;

(4) $\forall a,b \in G$, $a \in bH \Longleftrightarrow aH = bH \Longleftrightarrow a^{-1}b \in H$;

(5) 在 G 上定义二元关系 R, $\forall a,b \in G, aRb \Longleftrightarrow a^{-1}b \in H$,则 R 为 G 上的等价关系,且 $[a]_R = aH$;

(6) $\forall a,b \in G, aH \cap bH = \varnothing$ 或 $aH = bH$,且 $\bigcup_{a\in G} aH = G$.

证明留作练习.

下面介绍 Lagrange 定理,先给出一个引理.

引理 G 是群,H 是 G 的子群,则 H 在 G 中的左陪集数与右陪集数相等.

证 令 S,T 分别为 G 的右和左陪集的集合.

定义 $\varphi: S \to T$, $\varphi(Ha) = a^{-1}H, \forall Ha \in S$.

我们必须验证 φ 是良定义的,也就是说如果 $Ha = Hb$ 则有 $\varphi(Ha) = \varphi(Hb)$. 根据右陪集和左陪集的性质有

$Ha = Hb \Longleftrightarrow ab^{-1} \in H \Longleftrightarrow (a^{-1})^{-1}b^{-1} \in H \Longleftrightarrow a^{-1}H = b^{-1}H \Longleftrightarrow \varphi(Ha) = \varphi(Hb)$,

这就证明 φ 是良定义的,并且是单射的. 然后我们证明 φ 是满射的. 任取 $xH \in T$,则 $x \in G$. 因为 G 是群,$x^{-1} \in G, Hx^{-1} \in S$ 且 $\varphi(Hx^{-1}) = (x^{-1})^{-1}H = xH$. 根据等势定义有 $S \approx T$. ∎

定义 17.17 G 是群,H 是 G 的子群. H 在 G 中的右陪集数(或左陪集数)叫做 **H 在 G 中的指数**,记作 $[G:H]$, 若 $H = \{e\}$,也可以将 $[G:H]$ 记作 $[G:1]$.

定理 17.26(Lagrange 定理) 设 G 是有限群, H 是 G 的子群, 则

$$|G| = [G:H]\,|H|.$$

证 设 $[G:H] = r$,根据定理 17.24 有

$$G = Ha_1 \cup Ha_2 \cup \cdots \cup Ha_r,$$

其中 $a_1,a_2,\cdots,a_r$ 分别为 H 的 r 个陪集的代表元素. 由于 $Ha_1,Ha_2,\cdots,Ha_r$ 两两不相交,所以 G 的元素数等于这些陪集的元素数之和,即

$$|G| = |Ha_1| + |Ha_2| + \cdots + |Ha_r|.$$

再根据定理 17.21,所有的陪集都和 H 等势,即 $\forall a \in G, Ha \approx H$,故 $|Ha| = |H|$,代入上式得

$$|G| = \underbrace{|H| + |H| + \cdots + |H|}_{r\text{个}} = r\,|H| = [G:H]\,|H|.$$ ∎

Lagrange 定理告诉我们:若 G 是有限群,则 G 的子群的阶是 G 的阶的因子. 但它的逆命题不一定为真. 换句话说,如果正整数 d 是有限群 G 的阶的因子,但 G 中不一定存在 d 阶子群. 例如 $G = A_4$,则 $|G| = 12$,6 是 $|G|$ 的因子,但 A_4 没有 6 阶子群.

推论 1 G 是 n 阶群, 则 G 中每个元素的阶是 n 的因子, 且 $\forall a \in G$ 有 $a^n = e$.

证 $\forall a \in G$,令 $H = \langle a \rangle$,则 H 是 G 的子群. 根据 Lagrange 定理, $|H|$ 是 n 的因子. 又由于 H 是循环群, $|H|$ 就是生成元 a 的阶,所以 a 的阶是 n 的因子. 可以将 n 表为 $|a|t$,t 是整数. 从而有

$$a^n = a^{|a|t} = (a^{|a|})^t = e^t = e.$$ ∎

推论 2 阶为素数的群是循环群.

证 设群 G 的阶为 p,p 是素数. 由 $p \geq 2$,G 中必存在 $a \in G, a \neq e$. 令 $H = \langle a \rangle$,则 H 是

G 的子群. 根据 Lagrange 定理 $|H|=1$ 或 $|H|=p$.

若 $|H|=1$,则 $|a|=|H|=1$,与 $a\neq e$ 矛盾,所以 $|H|=p$. 又由于 $|G|=p$,必有 $H=G$, G 是循环群. ▌

利用 Lagrange 定理和两个推论可以分析有限群的结构.

【例 17.27】 证明 6 阶群一定含有 3 阶元.

证 设 G 是 6 阶群. 根据推论 1, G 中元素的阶是 6 的因子,所以 G 中只可能存在 1 阶、2 阶、3 阶和 6 阶元.

若 G 中含有 6 阶元,比如说是 a,则 a^2 就是 G 中的 3 阶元.

若 G 中不含有 6 阶元,则 G 中的非单位元只可能为 2 阶或 3 阶元. 下面用反证法证明 G 中必含 3 阶元. 若不然, G 中所有元素 a 都满足 $a^2=e$,即 $a=a^{-1}$. 任取 $a,b\in G$,则有

$$ab=(ab)^{-1}=b^{-1}a^{-1}=ba.$$

G 是 Abel 群. 取 G 中非单位元 a 和 b,令 $H=\{e,a,b,ab\}$,易证 H 是 G 的子群. 但 $|H|\nmid|G|$,与 Lagrange 定理矛盾. ▌

【例 17.28】 证明每个阶小于 6 的群都是 Abel 群.

证 由推论 2 可知 2 阶、3 阶和 5 阶群是循环群,也是 Abel 群. 1 阶群是平凡群,也是 Abel 群. 下面考虑 4 阶群. 设 G 是 4 阶群,根据推论 1, G 中只可能有 1 阶、2 阶和 4 阶元.

若 G 中含有 4 阶元,比如说是 a,则 G 是循环群 $\langle a\rangle$,显然是 Abel 群.

若 G 中只含有 1 阶和 2 阶元,根据例 17.27 的证明 G 也是 Abel 群,从同构的意义上说就是 Klein 四元群. ▌

【例 17.29】 证明 6 阶群若不是循环群就同构于 S_3.

证 设 G 是 6 阶群. 由推论 1, G 中只可能含有 1 阶、2 阶、3 阶和 6 阶元.

若 G 中含 6 阶元,比如说是 a,则 $G=\langle a\rangle$ 是循环群.

若 G 中不含 6 阶元,由例 17.27 知 G 中必含 3 阶元. 令这个 3 阶元是 a. 取 $c\in G, c\neq e$, $c\neq a$, $c\neq a^2$,则 $ac\neq e$,否则有 $c=a^{-1}=a^2$,与 c 的选取矛盾. $ac\neq a$,否则由消去律有 $c=e$. 类似地可以证明 e,a,a^2,c,ac,a^2c 是两两不同的元素. 令

$$G=\{e,a,a^2,c,ac,a^2c\}.$$

先考虑 c^2. 显然 $c^2\neq c,ac,a^2c$. 若 $c^2=a^2$,因 a 是 3 阶元知 $a^2\neq e$,所以 $c^2\neq e$. c 只能是 3 阶元,从而推出

$$a^2c=c^2c=c^3=e,$$

与 $a^2c\neq e$ 矛盾. 若 $c^2=a$,由 a 是 3 阶元知 $c^2\neq e$. c 只能是 3 阶元,这就推出

$$ac=c^2c=c^3=e,$$

与 $ac\neq e$ 矛盾. 综合以上结果必有 $c^2=e$, c 是 2 阶元.

再考虑 ca,显然 $ca\neq e,a,a^2$ 和 c. 若 $ca=ac$, a 和 c 是可交换的且它们的阶互素,由例17.6 可知 ca 的阶是 6,与 G 中不含 6 阶元矛盾. 由此可知 $ca=a^2c$. 从而有

$$(ca)^2=caca=caa^2c=e,$$

所以 $a^2c=ca$ 是 2 阶元.

最后考虑 ac,由

$$(ac)^2=acac=a(a^2c)c=e$$

可知 ac 也是 2 阶元.

通过以上的分析可以得到 G 的运算表.请看表 17.4.

令 $f: G\to S_3, f: e\mapsto(1), a\mapsto(123), a^2\mapsto(132), c\mapsto(12), ac\mapsto(13), a^2c\mapsto(23)$,将表 17.4 中 G 的元素 x 用 $f(x)$ 代替就得到表 17.5,恰好就是 S_3 的运算表.这就验证了 $\forall x, y\in G$ 有

$$f(xy)=f(x)f(y),$$

f 是 G 到 S_3 的同态.又知 f 是双射,所以 f 是 G 到 S_3 的同构. ▌

表 17.4

	e	c	ac	a^2c	a	a^2
e	e	c	ac	a^2c	a	a^2
c	c	e	a^2	a	a^2c	ac
ac	ac	a	e	a^2	c	a^2c
a^2c	a^2c	a^2	a	e	ac	c
a	a	ac	a^2c	c	a^2	e
a^2	a^2	a^2c	c	ac	e	a

表 17.5

	(1)	(12)	(13)	(23)	(123)	(132)
(1)	(1)	(12)	(13)	(23)	(123)	(132)
(12)	(12)	(1)	(132)	(123)	(23)	(13)
(13)	(13)	(123)	(1)	(132)	(12)	(23)
(23)	(23)	(132)	(123)	(1)	(13)	(12)
(123)	(123)	(13)	(23)	(12)	(132)	(1)
(132)	(132)	(23)	(12)	(13)	(1)	(123)

以上讨论的是群的陪集分解,现在考虑群的共轭类分解.

定义 17.18 设 G 是群,在 G 上定义二元关系 R,$\forall a,b\in G$ 有

$$aRb \Longleftrightarrow \exists x(x\in G\wedge a=xbx^{-1}),$$

则称 R 是 G 上的**共轭关系**.如果 aRb,则称 b 是 a 的**共轭**.

定理 17.27 群 G 上的共轭关系是 G 上的等价关系.

证 $\forall a\in G$ 有 $a=eae^{-1}$,即 aRa,R 在 G 上是自反的.

$\forall a,b\in G$ 有

$$\begin{aligned} aRb &\Rightarrow \exists x(x\in G\wedge a=xbx^{-1})\Rightarrow \exists x(x\in G\wedge b=x^{-1}ax)\\ &\Rightarrow \exists x^{-1}(x^{-1}\in G\wedge b=x^{-1}a(x^{-1})^{-1})\Rightarrow bRa, \end{aligned}$$

R 在 G 上是对称的.

$\forall a,b,c\in G$ 有

$$\begin{aligned} &aRb\wedge bRc\\ \Rightarrow\ &\exists x(x\in G\wedge a=xbx^{-1})\wedge \exists y(y\in G\wedge b=ycy^{-1})\\ \Rightarrow\ &\exists x\ \exists y(x,y\in G\wedge a=x(ycy^{-1})x^{-1})\\ \Rightarrow\ &\exists x\ \exists y(xy\in G\wedge a=xyc(xy)^{-1})\\ \Rightarrow\ &aRc. \end{aligned}$$

R 在 G 上是传递的.

综合以上结果,R 是 G 上的等价关系. ▌

定义 17.19 R 是群 G 上的共轭关系,$a\in G$,a 的等价类 $[a]_R$ 称作 a 的**共轭类**,简记作 $\overline{a}$.

【例 17.30】 $G=S_3$,G 中的全体共轭类是:

$$(\overline{1})=\{(1)\};$$

$$(\overline{12})=\{(12),(13),(23)\}=(\overline{13})=(\overline{23});$$

$$(\overline{123})=\{(123),(132)\}=(\overline{132}).$$

易见 S_3 中同一共轭类的元素都具有相同的轮换指数,可以证明这个性质对 S_n 也是成立的.证明留作练习.

定理 17.28 G 是群，C 是 G 的中心，则 $\forall a \in G$ 有

$$a \in C \Longleftrightarrow \bar{a} = \{a\}.$$

证 必要性. 设 $a \in C$，则对任意的 y，

$$y \in \bar{a} \Longleftrightarrow \exists x(x \in G \wedge y = xax^{-1}) \Longleftrightarrow \exists x(x \in G \wedge yx = xa)$$
$$\Longleftrightarrow \exists x(x \in G \wedge yx = ax) \Longleftrightarrow y = a \Longleftrightarrow y \in \{a\}.$$

充分性. 任取 $x \in G$，则 $xax^{-1} \in \bar{a} = \{a\}$，即 $xax^{-1} = a$. 因此有 $xa = ax$，$a \in C$. ▌

由于共轭关系是群 G 上的等价关系，可以把群 G 按共轭类分解. 下面考虑共轭类的计数.

定义 17.20 G 是群，$a \in G$，令

$$N(a) = \{x \mid x \in G \wedge xa = ax\},$$

称 $N(a)$ 是 a 的**正规化子**.

【例 17.31】 $G = S_3$，则 G 中所有元素的正规化子是：

$N((1)) = G$;

$N((12)) = \{(1), (12)\}$;

$N((13)) = \{(1), (13)\}$;

$N((23)) = \{(1), (23)\}$;

$N((123)) = N((132)) = \{(1), (123), (132)\}$.

关于正规化子有以下的定理.

定理 17.29 G 是群，则 $\forall a \in G$，$N(a)$ 是 G 的子群.

证明留作练习.

定理 17.30 G 是有限群，则 $\forall a \in G$ 有

$$|\bar{a}| = [G : N(a)].$$

证 任取 $x, y \in G$ 有

$$xax^{-1} = yay^{-1} \Longleftrightarrow ax^{-1}y = x^{-1}ya \Longleftrightarrow x^{-1}y \in N(a) \Longleftrightarrow xN(a) = yN(a).$$

这说明 x 和 y 确定 a 的同一共轭当且仅当 x 和 y 确定 $N(a)$ 的同一左陪集. 因此与 a 共轭的元素数就等于 $N(a)$ 在 G 中的左陪集数，即 $|\bar{a}| = [G : N(a)]$. ▌

定理 17.31 （群的分类方程）G 是有限群，C 是 G 的中心. 设 G 中至少含有两个元素的共轭类有 k 个，且 $a_1, a_2, \cdots, a_k$ 分别为这 k 个共轭类的代表元素，则

$$|G| = |C| + [G : N(a_1)] + [G : N(a_2)] + \cdots + [G : N(a_k)].$$

证 设 C 中含有 l 个元素，记作 $a_{k+1}, a_{k+2}, \cdots, a_{k+l}$. 由定理17.28，对于 $i = 1, 2, \cdots, l$ 有 $\bar{a}_{k+i} = \{a_{k+i}\}$. 根据共轭类的性质有

$$G = \bar{a}_1 \cup \bar{a}_2 \cup \cdots \cup \bar{a}_k \cup \bar{a}_{k+1} \cup \cdots \cup \bar{a}_{k+l}.$$

由于不同的共轭类是不交的，因此得到

$$|G| = |\bar{a}_1| + |\bar{a}_2| + \cdots + |\bar{a}_k| + |\bar{a}_{k+1}| + \cdots + |\bar{a}_{k+l}|$$
$$= |\bar{a}_1| + |\bar{a}_2| + \cdots + |\bar{a}_k| + l.$$

又由定理 17.30 有 $|\bar{a}_j| = [G : N(a_j)]$，$j = 1, 2, \cdots, k$，代入上式得

$$|G| = |C| + [G : N(a_1)] + [G : N(a_2)] + \cdots + [G : N(a_k)].$$ ▌

【例 17.32】 设群 G 的阶为 p^s，$s \in Z^+$，p 是素数. 证明 G 的中心至少含两个元素.

证 由群的分类方程有

$$|G| = |C| + [G:N(a_1)] + [G:N(a_2)] + \cdots + [G:N(a_k)],$$

其中$a_1,a_2,\cdots,a_k$是至少含2个元素的共轭类的代表.根据Lagrange定理,对于$i=1,2,\cdots,k$,$[G:N(a_i)]$是p^s的因子,因此有

$$[G:N(a_i)] = p^t (1 \leqslant t \leqslant s) \text{或} [G:N(a_i)] = 1.$$

若$[G:N(a_i)]=1$,由定理17.30知$|\overline{a_i}|=1$,即$\overline{a_i}=\{a_i\}$,与a_i的定义矛盾.所以必有$[G:N(a_i)]=p^t, 1 \leqslant t \leqslant s$.这就推出$p \mid [G:N(a_i)]$.

考察G的分类方程,$p \mid |G|$,且$\forall i=1,2,\cdots,k$,$p \mid [G:N(a_i)]$,必有$p \mid |C|$.这就证明

$$|C| > 1.$$ ▌

17.6 正规子群和商群

G是群,H是G的子群,任给群G中的元素a,一般说来$Ha \neq aH$.但对一些特殊的子群,它的左陪集和右陪集是相等的.

定义17.21 G是群,H是G的子群,若$\forall a \in G$都有$Ha=aH$,则称H是G的**正规子群**①,记作$H \trianglelefteq G$.

【例17.33】

(1) 群G的两个平凡子群G和$\{e\}$都是G的正规子群.因为$\forall a \in G$有

$$a\{e\} = \{e\}a \text{和} aG = Ga.$$

(2) 群G的中心C是G的正规子群.

(3) 循环群的所有子群都是正规子群,因为循环群是Abel群.

(4) S_3的子群中有三个正规子群:$\{(1)\}$,S_3和$\{(1),(123),(132)\}$,其余三个不是正规子群.

下面给出关于正规子群的判定定理.

定理17.32 N是群G的子群,则下列条件互相等价.

(1) $N \trianglelefteq G$;

(2) $\forall g \in G$有$gNg^{-1}=N$;

(3) $\forall g \in G, \forall n \in N$有$gng^{-1} \in N$.

证 (1)⇒(2)

$$N \trianglelefteq G \Rightarrow \forall g \in G \text{有} gN = Ng \Rightarrow \forall g \in G \text{有} gNg^{-1} = Ngg^{-1} = N.$$

(2)⇒(3)

$$\forall g \in G,\ \forall n \in N,\ gng^{-1} \in gNg^{-1} \Rightarrow \forall g \in G,\ \forall n \in N,\ gng^{-1} \in N.$$

(3)⇒(1)

任取ng,

$$\begin{aligned} & ng \in Ng \Rightarrow n \in N \wedge g \in G \Rightarrow n \in N \wedge g^{-1} \in G \\ & \Rightarrow g^{-1}n(g^{-1})^{-1} \in N \Rightarrow g^{-1}ng \in N \\ & \Rightarrow \exists n_1 \in N(g^{-1}ng = n_1) \Rightarrow \exists n_1 \in N(ng = gn_1) \Rightarrow ng \in gN; \end{aligned}$$

① 正规子群也叫做不变子群.

任取 gn，

$$gn \in gN \Rightarrow g \in G \wedge n \in N \Rightarrow gng^{-1} \in N$$
$$\Rightarrow \exists n_1 \in N(gng^{-1} = n_1) \Rightarrow \exists n_1 \in N(gn = n_1 g) \Rightarrow gn \in Ng.$$

综上所述，$\forall g \in G$ 有 $gN = Ng$，所以 $N \trianglelefteq G$. ▎

【例 17.34】 H 是群 G 的子群，$|H| = n$，若 H 是惟一的 n 阶子群，则 H 是 G 的正规子群.

证 任取 $g \in G$，由例 17.11 可知 $gHg^{-1} \leqslant G$. 令 φ: $H \to gHg^{-1}$，$\varphi(h) = ghg^{-1}$，$\forall h \in H$. 易证 φ 是一个双射，所以 $gHg^{-1} \approx H$，即 $|gHg^{-1}| = |H| = n$. 由于 G 中只有一个 n 阶子群，必有 $gHg^{-1} = H$. 由定理 17.32 得 $H \trianglelefteq G$. ▎

【例 17.35】 设 G 是群，$H \leqslant G$，若$[G:H] = 2$，则 H 是 G 的正规子群.

证 $H \leqslant G$ 且$[G:H] = 2$. 将 G 按 H 的右陪集分解可得 $G = H \cup Hg$，$\forall g \notin H$. 由于 $H \cap Hg = \varnothing$，则有

$$Hg = G - H, \ \forall g \notin H.$$

同理可证 $gH = G - H, \ \forall g \notin H.$

任取 $x \in G$，若 $x \in H$，则 $Hx = H = xH$；若 $x \notin H$，则有 $Hx = G - H = xH$. 从而有 $H \trianglelefteq G$.

【例 17.36】 $G = \left\{\pm\begin{pmatrix}1 & 0\\0 & 1\end{pmatrix}, \pm\begin{pmatrix}i & 0\\0 & -i\end{pmatrix}, \pm\begin{pmatrix}0 & 1\\-1 & 0\end{pmatrix}, \pm\begin{pmatrix}0 & i\\i & 0\end{pmatrix}\right\}$，则 G 关于矩阵乘法构成一个群. 它的子群除了两个平凡子群外还有：

$$H_1 = \left\{\pm\begin{pmatrix}1 & 0\\0 & 1\end{pmatrix}\right\};$$

$$H_2 = \left\{\pm\begin{pmatrix}1 & 0\\0 & 1\end{pmatrix}, \pm\begin{pmatrix}i & 0\\0 & -i\end{pmatrix}\right\};$$

$$H_3 = \left\{\pm\begin{pmatrix}1 & 0\\0 & 1\end{pmatrix}, \pm\begin{pmatrix}0 & i\\i & 0\end{pmatrix}\right\};$$

$$H_4 = \left\{\pm\begin{pmatrix}1 & 0\\0 & 1\end{pmatrix}, \pm\begin{pmatrix}0 & 1\\-1 & 0\end{pmatrix}\right\}.$$

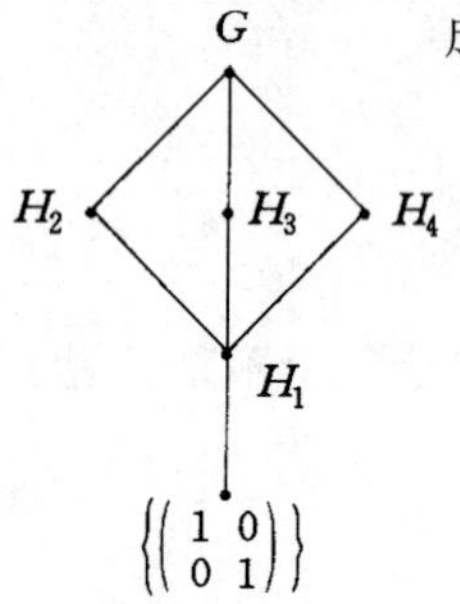

图 17.4

G 的子群格如图 17.4 所示. 两个平凡子群是 G 的正规子群. H_1 是惟一的二阶子群，根据例 17.34 的结论，H_1 是 G 的正规子群. H_2, H_3, H_4 在 G 中的指数都是 2，由例 17.35 的结论，它们也都是 G 的正规子群. 尽管群 G 不是 Abel 群，因为

$$\begin{pmatrix}i & 0\\0 & -i\end{pmatrix}\begin{pmatrix}0 & 1\\-1 & 0\end{pmatrix} = \begin{pmatrix}0 & i\\i & 0\end{pmatrix}, \quad \begin{pmatrix}0 & 1\\-1 & 0\end{pmatrix}\begin{pmatrix}i & 0\\0 & -i\end{pmatrix} = \begin{pmatrix}0 & -i\\-i & 0\end{pmatrix},$$

但它的所有子群都是正规子群.

定义 17.22 G 是群，H 是 G 的正规子群，令

$$G/H = \{Hg \mid g \in G\}$$

是 H 在 G 中的所有的右陪集构成的集合，在 G/H 上定义运算$\circ$，对任意的 $Ha, Hb \in G/H$ 有

$$Ha \circ Hb = Hab,$$

则 G/H 关于$\circ$运算构成一个群，称为 G 的**商群**.

为了保证商群定义的正确性，必须首先验证$\circ$运算是良定义的，与陪集代表元素的选择无关. 换句话说，若 $Hx = Ha$，$Hy = Hb$，则有

$$Hx \circ Hy = Ha \circ Hb.$$

证 设 $Hx=Ha$，$Hy=Hb$.根据定理17.22可知 $x\in Ha$ 和 $y\in Hb$.必存在 h_1 和 $h_2\in H$ 使得 $x=h_1a, y=h_2b$.又由于 H 是 G 的正规子群，所以推出

$$Hx\circ Hy=Hxy=Hh_1ah_2b=Hh_1(ah_2a^{-1})ab=Hh_1h_2'ab=Hab=Ha\circ Hb.$$

易见$\circ$运算是 G/H 上可结合的运算，因为对任意的 $Ha, Hb, Hc\in G/H$ 有

$$(Ha\circ Hb)\circ Hc=Hab\circ Hc=H(ab)c=Ha(bc)=Ha\circ Hbc=Ha\circ(Hb\circ Hc).$$

$H=He$ 是关于$\circ$运算的单位元，因为对任意的 $Ha\in G/H$ 有

$$Ha\circ He=Hae=Ha \text{ 和 } He\circ Ha=Hea=Ha.$$

对任意的 $Ha\in G/H$，Ha^{-1} 是 Ha 关于$\circ$运算的逆元，因为有

$$Ha\circ Ha^{-1}=Haa^{-1}=He=H$$

和

$$Ha^{-1}\circ Ha=Ha^{-1}a=He=H.$$

这就证明了 G/H 关于$\circ$运算构成一个群. ▌

【例 17.37】 $G=\langle Z,+\rangle$ 是整数加群，令

$$3Z=\{3k\mid k\in Z\},$$

则 $3Z$ 是 G 的正规子群. G 的商群

$$G/3Z=\{\bar{0},\bar{1},\bar{2}\},$$

其中 $\bar{i}=\{3k+i\mid k\in Z\}$，$G/3Z$ 上的运算如表17.6所示.易见 $G/3Z\cong Z_3$.从同构的意义上说，$G/3Z$ 就是 Z_3.

表 17.6

	$\bar{0}$	$\bar{1}$	$\bar{2}$
$\bar{0}$	$\bar{0}$	$\bar{1}$	$\bar{2}$
$\bar{1}$	$\bar{1}$	$\bar{2}$	$\bar{0}$
$\bar{2}$	$\bar{2}$	$\bar{0}$	$\bar{1}$

如果把群 G 看作代数系统 $\langle G,\cdot,^{-1},e\rangle$，那么 G 的商群 G/H 就是这个代数系统的商代数.我们只需验证由 H 的右陪集作为等价类所导出的等价关系是 G 上的同余关系.

令 R 是上述的等价关系，$\forall a,b\in G$ 有

$$aRb\iff Ha=Hb\iff ab^{-1}\in H.$$

设 $a,b,c,d\in G$，由于 H 是 G 的正规子群，则

$$aRb\wedge cRd\Rightarrow ab^{-1}\in H\wedge cd^{-1}\in H$$
$$\Rightarrow\exists h_1\in H(ab^{-1}=h_1)\wedge\exists h_2\in H(cd^{-1}=h_2).$$

所以

$$ac(bd)^{-1}=a(cd^{-1})b^{-1}=ah_2b^{-1}=ab^{-1}h'_2=h_1h'_2\in H.$$

这就证明了 $acRbd$，R 关于 G 中二元运算具有置换性质.此外

$$aRb\Rightarrow\exists h_1\in H(ab^{-1}=h_1)\Rightarrow\exists h_1\in H(a^{-1}=b^{-1}h_1^{-1}),$$

所以

$$a^{-1}b=b^{-1}h_1^{-1}b\in H.$$

从而推出 $a^{-1}Rb^{-1}$，R 关于 G 中求逆运算具有置换性质，R 是代数系统 $\langle G,\cdot,^{-1},e\rangle$ 的同余关系.

【例 17.38】 G 为有限 Abel 群，$|G|=n$，p 是素数且 $p\mid n$.证明 G 中存在 p 阶元.

证 对 n 进行归纳.

$n=2$ 命题显然为真.

假设对一切 $m<n$ 命题为真，考虑 n 阶群 G，取 $a\in G, a\neq e$，则 $|a|\mid n$.

若 $p\mid|a|$，则 $a^{\frac{|a|}{p}}$ 是 G 中的 p 阶元.

若 $p\nmid|a|$，令 $H=\langle a\rangle$.因为 G 为 Abel 群，则 H 是 G 的正规子群.考虑 G 的商群 G/H，令

G/H 的阶是 m,则 $m=[G:H]<n$. 由 Lagrange 定理有

$$n = m \cdot |H|, \quad |H| = |a|.$$

$p|n$,但 $p \nmid |H|$,p 是素数,必有 $p|m$. 由归纳假设,G/H 中必存在 p 阶元.

设 G/H 中的 p 阶元为 Hb,则有

$$(Hb)^p = H \Rightarrow Hb^p = H \Rightarrow b^p \in H = \langle a \rangle \Rightarrow b^p = a^t.$$

因此有

$$(b^p)^{|a|} = (a^{|a|})^t = e \Rightarrow (b^{|a|})^p = e.$$

这就推出 $b^{|a|}$ 的阶为 p 或 1. 假设 $b^{|a|}$ 的阶是 1,则 $b^{|a|}=e$,必有 $(Hb)^{|a|}=H$,与 $p \nmid |a|$ 矛盾. 从而证明了 $b^{|a|}$ 是 p 阶元. ▌

17.7 群的同态与同构

定义 17.23 设 G_1 和 G_2 是群,φ 是 G_1 到 G_2 的映射. 若对于任意的 $x, y \in G$,有

$$\varphi(xy) = \varphi(x)\varphi(y),$$

则称 φ 是群 G_1 到 G_2 的**同态映射**,简称**同态**.

可以证明,若把群看作是具有一个可结合的二元运算、一个求逆元的一元运算和一个零元运算(二元运算的单位元 e)的代数系统,则上述定义的群同态就是代数系统 $\langle G_1, \cdot, ^{-1}, e_1 \rangle$ 到 $\langle G_2, \cdot, ^{-1}, e_2 \rangle$ 的同态,为此必须验证:

$$\varphi(e_1)=e_2,$$
$$\varphi(x^{-1})=\varphi(x)^{-1}, \qquad \forall x \in G_1.$$

由

$$\varphi(e_1)\varphi(e_1) = \varphi(e_1 e_1) = \varphi(e_1)$$

可知 $\varphi(e_1)$ 是 G_2 中的幂等元,由例 17.4 可知群的单位元是惟一的幂等元,所以 $\varphi(e_1)=e_2$.

任取 $x \in G_1$ 有

$$\varphi(x)\varphi(x^{-1}) = \varphi(e_1) = e_2, \quad \varphi(x^{-1})\varphi(x) = \varphi(e_1) = e_2.$$

$\varphi(x^{-1})$ 是 $\varphi(x)$ 的逆元,由逆元的惟一性可得 $\varphi(x^{-1})=\varphi(x)^{-1}$.

根据一般代数系统的满同态、单同态和同构的定义可直接得到群的满同态、单同态和同构的定义. 如果群 G_1 到 G_2 存在满同态 φ,可以记作 $G_1 \stackrel{\varphi}{\sim} G_2$,如果 φ 是 G_1 到 G_2 的同构,则记作

$$G_1 \stackrel{\varphi}{\cong} G_2.$$

【例 17.39】 (1) 证明群 $G_1=\langle R, + \rangle$ 和 $G_2=\langle R^+, \cdot \rangle$ 是同构的;

(2) 证明不存在群 $G_1=\langle Q^*, \cdot \rangle$ 到 $G_2=\langle Q, + \rangle$ 的同构,其中 $Q^*=Q-\{0\}$,$\cdot$ 为普通乘法.

证 (1) 令 $\varphi: R \to R^+$,$\varphi(x)=e^x$,$\forall x \in R$,则 φ 是双射,且 $\forall x, y \in R$ 有

$$\varphi(x+y) = e^{x+y} = e^x \cdot e^y = \varphi(x) \cdot \varphi(y).$$

(2) 假设 $\varphi: Q^* \to Q$ 是 G_1 到 G_2 的同构,则 $\varphi(1)=0$.

由此得

$$\varphi(-1) + \varphi(-1) = \varphi((-1)(-1)) = \varphi(1) = 0.$$

于是有 $\varphi(-1)=0$,与 φ 是双射矛盾. ▌

【例 17.40】（Cayley 定理）

任何群 G 都同构于 G 的一个变换群.

证 回顾例 17.18，定义 $f_a: G \to G$，$f_a(x)=ax$，$\forall x \in G$. 令 $H=\{f_a \mid a \in G\}$，则 H 是 G 上的一个变换群. 下面证明 G 同构于 H.

令 $\varphi: G \to H$，$\varphi(a)=f_a$，$\forall a \in G$. 则 $\forall a,b \in G$，

$$\varphi(ab) = f_{ab} = f_a f_b = \varphi(a)\varphi(b),$$

φ 是 G 到 H 的同态.

假设 $\varphi(a)=\varphi(b)$，$a,b \in G$，则 $f_a=f_b$，即 $\forall x \in G$ 有 $f_a(x)=f_b(x)$. 从而有 $f_a(e)=f_b(e)$，即 $a=b$. φ 是单同态.

对任意的 $f_a \in H$，$\exists a \in G$ 使 $\varphi(a)=f_a$，φ 是满同态.

综合以上结果有 $G \overset{\varphi}{\cong} H$. 易见 $H \leqslant E(G)$，$E(G)$ 是 G 的一一变换群.

例如 $G=\langle Z_3, \oplus \rangle$，其中 $\oplus$ 为模 3 加法，则有

$$f_0: 0 \mapsto 0, 1 \mapsto 1, 2 \mapsto 2;$$

$$f_1: 0 \mapsto 1, 1 \mapsto 2, 2 \mapsto 0;$$

$$f_2: 0 \mapsto 2, 1 \mapsto 0, 2 \mapsto 1.$$

$\{f_0, f_1, f_2\}$ 是 G 上的变换群，且与 G 同构.

定义 17.24 设 $\varphi: G_1 \to G_2$ 是群 G_1 到 G_2 的同态，令

$$\ker\varphi = \{x \mid x \in G \land \varphi(x) = e_2\},$$

称 $\ker\varphi$ 为 φ 的**核**.

【例 17.41】（1）设 G_1 是整数加群，G_2 为模 n 整数加群，令 $\varphi: Z \to Z_n$，$\varphi(x)=(x)\bmod n$，则 φ 是 G_1 到 G_2 的满同态，且 $\ker\varphi=\{nk \mid k \in Z\}=nZ$.

（2）设 G 是群，自然映射 $g: G \to G/H$，$g(x)=Hx$，$\forall x \in G$，是 G 到 G 的商群 G/H 的满同态，且

$$\ker g=\{x \mid x \in G \land x \in H\}=H.$$

除了一般代数系统的同态性质之外，群同态还有一些特殊的性质. 请看下面的定理.

定理 17.33 设 φ 是群 G_1 到 G_2 的同态，则 φ 为单同态当且仅当

$$\ker\varphi=\{e_1\}.$$

证 必要性. 假设存在 $a \in \ker\varphi$，$a \neq e_1$，则有 $\varphi(a)=e_2$，$\varphi(e_1)=e_2$，与 φ 是单同态矛盾.

充分性. 若 $\varphi(a)=\varphi(b)$，$a,b \in G$，则有

$$\varphi(a)\varphi(b)^{-1} = e_2 \Rightarrow \varphi(ab^{-1}) = e_2 \Rightarrow ab^{-1} \in \ker\varphi \Rightarrow ab^{-1} = e_1 \Rightarrow a = b.$$

这就推出 φ 是单射的，所以 φ 是单同态. ▌

定理 17.34 $G_1=\langle a \rangle$ 是循环群，φ 是 G_1 到 G_2 的满同态，则 G_2 也是循环群.

证 任取 $x \in G_2$，由于 φ 是满射，必存在 $a^t \in G_1$，使 $\varphi(a^t)=x$，从而有

$$x = \varphi(a^t) = \varphi(a)^t,$$

$\varphi(a)$ 是 G_2 的生成元，$G_2=\langle \varphi(a) \rangle$. ▌

定理 17.35 设 φ 是群 G_1 到 G_2 的同态.

（1）若 H 是 G_1 的子群，则 $\varphi(H)$ 是 G_2 的子群.

（2）若 H 是 G_1 的正规子群，且 φ 是满同态，则 $\varphi(H)$ 是 G_2 的正规子群.

证 (1) $\varphi \upharpoonright H: H \to G_2$ 是同态. 由定理 15.7 可知 $\varphi(H)=\varphi \upharpoonright H(H)$ 是 G_2 的子代数,所以 $\varphi(H) \leqslant G_2$.

(2) 由(1)可知 $\varphi(H) \leqslant G_2$. 任取 $x \in G_2, \varphi(h) \in \varphi(H)$,因为 φ 是满射,必存在 $a \in G_1$ 使得 $\varphi(a)=x$,从而有

$$x\varphi(h)x^{-1} = \varphi(a)\varphi(h)\varphi(a)^{-1} = \varphi(aha^{-1}).$$

由于 $H \trianglelefteq G_1$, $aha^{-1} \in H$,所以 $\varphi(aha^{-1}) \in \varphi(H)$. 根据正规子群的判定定理有 $\varphi(H) \trianglelefteq G_2$. ▌

定理 17.36 设 φ 是群 G_1 到 G_2 的同态,则

(1) $\ker\varphi$ 是 G_1 的正规子群; (2) $\forall a,b \in G_1, \varphi(a)=\varphi(b) \Leftrightarrow a\ker\varphi = b\ker\varphi$.

证 (1) $e_1 \in \ker\varphi$, $\ker\varphi$ 非空. $\forall a,b \in \ker\varphi$ 有

$$\varphi(ab^{-1}) = \varphi(a)\varphi(b)^{-1} = e_2 e_2^{-1} = e_2,$$

所以 $ab^{-1} \in \ker\varphi$. 由子群判定定理有 $\ker\varphi \leqslant G_1$.

$\forall x \in G_1$, $\forall a \in \ker\varphi$ 有

$$\varphi(xax^{-1}) = \varphi(x)\varphi(a)\varphi(x)^{-1} = \varphi(x)e_2\varphi(x)^{-1} = e_2,$$

所以 $xax^{-1} \in \ker\varphi$,由定理 17.32 知 $\ker\varphi \trianglelefteq G_1$.

(2) $\forall a,b \in G_1$ 有

$$\varphi(a) = \varphi(b) \Leftrightarrow \varphi(a)^{-1}\varphi(b) = e_2 \Leftrightarrow \varphi(a^{-1}b) = e_2$$
$$\Leftrightarrow a^{-1}b \in \ker\varphi \Leftrightarrow a\ker\varphi = b\ker\varphi.$$ ▌

定理 17.37(群同态基本定理) 设 G 是群,H 是 G 的正规子群,则 G 的商群 G/H 是 G 的同态像. 若 G' 是 G 的同态像,$G \overset{\varphi}{\sim} G'$,则

$$G/\ker\varphi \cong G'.$$

证 G 的商群 G/H 是 G 的商代数. 由定理 15.11 知自然映射是从 G 到 G/H 的满同态映射,因此 G/H 是 G 的同态像.

设 $G \overset{\varphi}{\sim} G'$,即 φ 是 G 到 G' 的满同态,由定理 17.36 有 $\ker\varphi \trianglelefteq G$,且

$$G/\ker\varphi = \{a\ker\varphi \mid a \in G\}.$$

在 G 上定义二元关系$\sim$,$\forall a,b \in G$ 有

$$a \sim b \Leftrightarrow \varphi(a) = \varphi(b).$$

则由定理 15.10 知$\sim$是 G 上的同余关系,且 G 的商代数$G/\sim = \{[a] \mid a \in G\}$. 根据定理17.36可知对任意 $a,b \in G$ 有

$$[a] = [b] \Leftrightarrow a \sim b \Leftrightarrow \varphi(a) = \varphi(b) \Leftrightarrow a\ker\varphi = b\ker\varphi,$$

且有

$$[a] \cdot [b] = [ab],\ a\ker\varphi \cdot b\ker\varphi = ab\ker\varphi.$$

所以 $G/\ker\varphi$ 就是$G/\sim$. 由同态基本定理(定理 15.12)可知$G/\sim \cong G'$,从而有 $G/\ker\varphi \cong G'$. ▌

由以上证明不难看出,群同态基本定理就是一般代数系统同态基本定理的特例.

【例 17.42】 设 φ 为群 G_1 到 G_2 的同态,则

$$\varphi \text{ 为零同态} \Leftrightarrow \ker\varphi = G_1.$$

证 φ 为零同态 $\Leftrightarrow \forall x(x \in G_1 \to \varphi(x) = e_2)$

$$\Leftrightarrow \forall x(x \in G_1 \to x \in \ker\varphi) \Leftrightarrow G_1 \subseteq \ker\varphi \Leftrightarrow \ker\varphi = G_1.$$ ▌

【例 17.43】 设 φ 是群 G_1 到 G_2 的同态,若 G_1 是单群(G_1 无非平凡的正规子群),则 φ 为单同态或零同态.

证 假设 φ 不是单同态.由定理 17.33 可知 $\ker\varphi\neq\{e_1\}$.由于 G_1 是单群且 $\ker\varphi\trianglelefteq G_1$(定理 17.36),必有 $\ker\varphi=G_1$.这就证明了 φ 是零同态. ▍

【例 17.44】 设 G_1,G_2 分别为 m,n 阶循环群,证明 G_2 是 G_1 的同态像当且仅当 $n|m$.

证 设 $G_1=\langle a\rangle$,$G_2=\langle b\rangle$.

充分性.令 φ: $G_1\to G_2$, $\varphi(a^i)=b^i$, $i=0,1,\cdots,m-1$.由于 $n|m$,必有

$$a^i=a^j\Rightarrow m|(i-j)\Rightarrow n|(i-j)\Rightarrow b^i=b^j,$$

φ 是 G_1 到 G_2 的映射.易见 φ 是满射. $\forall a^i,a^j\in G_1$ 有

$$\varphi(a^ia^j)=\varphi(a^{i+j})=b^{i+j}=b^ib^j=\varphi(a^i)\varphi(a^j),$$

因此 $G_1\overset{\mathcal{L}}{\sim}G_2$,$G_2$ 是 G_1 的同态像.

必要性.设 $G_1\overset{\mathcal{L}}{\sim}G_2$,由同态基本定理有 $G_2\cong G_1/\ker\varphi$,即 $|G_2|=|G_1/\ker\varphi|$,从而有 $[G_1:\ker\varphi]=|G_1/\ker\varphi|=n$.由 Lagrange 定理可知,$[G_1:\ker\varphi]$整除$|G_1|$,这就推出 $n|m$. ▍

【例 17.45】 设 φ 是群 G_1 到 G_2 的满同态,$\ker\varphi=K$,令

$$S_1=\{H\mid H\leqslant G_1\wedge K\subseteq H\},\quad S_2=\{H\mid H\leqslant G_2\}.$$

则存在双射 f: $S_1\to S_2$, $f(H)=\varphi(H)$, $\forall H\in S_1$.

证 任取 $H\in S_1$,由定理 17.35 知 $\varphi(H)\leqslant G_2$.

显然 $H\subseteq\varphi^{-1}(\varphi(H))$.任取 $a\in\varphi^{-1}(\varphi(H))$,则 $\varphi(a)\in\varphi(H)$,必存在 $b\in H$ 使得 $\varphi(a)=\varphi(b)$.根据定理 17.36 知 $a\ker\varphi=b\ker\varphi$,从而 $a\in b\ker\varphi=bK$.而由 $b\in H$ 知 $bK\subseteq H$,所以有 $a\in H$.这就推出了 $H=\varphi^{-1}(\varphi(H))$.

假设 $f(H_1)=f(H_2)$, $H_1,H_2\in S_1$,则有

$$\begin{aligned}f(H_1)=f(H_2)&\Rightarrow\varphi(H_1)=\varphi(H_2)\\&\Rightarrow\varphi^{-1}(\varphi(H_1))=\varphi^{-1}(\varphi(H_2))\Rightarrow H_1=H_2.\end{aligned}$$

所以 f 是单射的.

任取 $H\in S_2$,则 $\varphi^{-1}(H)\subseteq G_1$,且 $e_1\in\varphi^{-1}(H)$, $\varphi^{-1}(H)$非空.任取 $a,b\in\varphi^{-1}(H)$,则

$$\varphi(ab^{-1})=\varphi(a)\varphi(b)^{-1}.$$

$\varphi(a)$, $\varphi(b)\in H$,H 是 G_2 的子群,必有 $\varphi(ab^{-1})\in H$,从而有 $ab^{-1}\in\varphi^{-1}(H)$.这就证明 $\varphi^{-1}(H)\leqslant G_1$.易见 $K\subseteq\varphi^{-1}(H)$,因此有 $\varphi^{-1}(H)\in S_1$,$f(\varphi^{-1}(H))=H$. f 是满射的. ▍

【例 17.46】 G 是群,$N\trianglelefteq G$,$K\leqslant G$,证明

(1) $NK\leqslant G$, $N\trianglelefteq NK$; (2) $N\cap K\trianglelefteq K$; (3) $NK/N\cong K/(N\cap K)$.

证 (1) $e\in NK$,NK 非空.任取 n_1k_1,$n_2k_2\in NK$,则

$$(n_1k_1)(n_2k_2)^{-1}=n_1k_1k_2^{-1}n_2^{-1}=n_1k_1n_2'\ k_2^{-1}=n_1n_2''\ k_1k_2^{-1},$$

即$(n_1k_1)(n_2k_2)^{-1}\in NK$,所以 $NK\leqslant G$.

显然 N 是 NK 的子群,任取 $x\in NK$,必有 $x\in G$.由于$N\trianglelefteq G$, $xN=Nx$,所以

$$N\trianglelefteq NK.$$

(2) 显然 $N\cap K\leqslant K$,任取 $x\in N\cap K$,$k\in K$ 有

$$kxk^{-1}=n'kk^{-1}\in N,$$

$$kxk^{-1} \in K(\text{因为 } k,x,k^{-1} \text{ 都属于 } K),$$

所以 $kxk^{-1}\in N\cap K$,从而推出 $N\cap K \trianglelefteq K$.

(3) 令 φ: $NK\to K/(N\cap K)$, $\varphi(nk)=(N\cap K)k$, $\forall nk\in NK$.

易证 φ 是 NK 到 $K/(N\cap K)$ 的映射. 任取 $(N\cap K)k\in K/(N\cap K)$,则存在 $nk\in NK$,使得 $\varphi(nk)=(N\cap K)k$, φ 是满射.

任取 $n_1k_1, n_2k_2\in NK$,

$$\begin{aligned}\varphi(n_1k_1n_2k_2) &= \varphi(n_1n'_2k_1k_2) = (N\cap K)k_1k_2\\ &= (N\cap K)k_1(N\cap K)k_2 = \varphi(n_1k_1)\varphi(n_2k_2),\end{aligned}$$

φ 是 NK 到 $K/(N\cap K)$ 的满同态,且

$$\ker\varphi = \{nk \mid (N\cap K)k = N\cap K\} = \{nk \mid k\in N\cap K\} = \{nk \mid k\in N\} = N.$$

由同态基本定理有 $NK/N\cong K/(N\cap K)$. ▎

【例 17.47】 G 是群, $H \trianglelefteq G, K \trianglelefteq G, H\subseteq K$,则

$$G/K \cong (G/H)/(K/H).$$

证 定义 φ: $G/H\to G/K, \varphi(Ha)=Ka$, $\forall Ha\in G/H$. 则有

$$Ha = Hb \Rightarrow ab^{-1} \in H \Rightarrow ab^{-1} \in K \Rightarrow Ka = Kb,$$

φ 是良定义的. 任取 $Ka\in G/K$,则 $Ha\in G/H$,使得 $\varphi(Ha)=Ka$,所以 φ 是满射的.

对任意的 $Ha, Hb\in G/H$ 有

$$\varphi(Ha\ Hb) = \varphi(Hab) = Kab = Ka\ Kb = \varphi(Ha)\varphi(Hb),$$

因此 φ 是满同态,且

$$\ker\varphi = \{Ha \mid a\in K\} = K/H.$$

由同态基本定理有 $G/K\cong(G/H)/(K/H)$. ▎

下面考虑群的自同态和自同构.

定义 17.25 设 G 是一个群, G 到 G 的同态称为 G 的**自同态**, G 到 G 的同构称为**自同构**. G 的全部自同态的集合记作 End$G$, G 的全部自同构的集合记作 Aut$G$.

定理 17.38 G 是群,则 End$G$ 关于映射的合成运算构成一个独异点, Aut$G$ 关于映射的合成运算构成一个群.

证 任取 $\sigma,\tau\in \mathrm{End}G$,则 $\sigma,\tau\in G^G$,且 $\sigma\tau\in G^G$. 对任意的 $a,b\in G$ 有

$$\sigma\tau(ab) = \sigma(\tau(ab)) = \sigma(\tau(a)\tau(b)) = \sigma(\tau(a))\sigma(\tau(b)) = \sigma\tau(a)\sigma\tau(b).$$

这就证明 $\sigma\tau\in \mathrm{End}G$. 恒等映射 I_G 是 End$G$ 中的单位元,映射的合成满足结合律,所以 End 关于映射的合成运算构成半群和独异点.

易见 Aut$G$ 关于映射的合成构成独异点,对任意 $\sigma\in \mathrm{Aut}G$, σ^{-1} 是 σ 的逆元,所以 Aut$G$ 关于映射的合成运算构成群,称为 G 的**自同构群**. ▎

定义 17.26 G 是群, $x\in G$, 令 φ_x: $G\to G$, $\varphi_x(a)=xax^{-1}$, $\forall a\in G$. 易证 φ_x 是 G 的自同构,称为**内自同构**. G 的所有内自同构的集合记作 Inn$G$.

定理 17.39 G 是群,则 Inn$G \trianglelefteq$ Aut$G$.

证 恒等映射 $I_G=\varphi_e$, Inn$G$ 非空. 任取 $y\in G$,则 $\forall a\in G$ 有 $\varphi_y^{-1}(a)=y^{-1}ay$.

任取 $\varphi_x, \varphi_y\in \mathrm{Inn}G$,则 $\forall a\in G$ 有

$$\varphi_x\varphi_y^{-1}(a) = \varphi_x(y^{-1}ay) = xy^{-1}ayx^{-1} = (xy^{-1})a(xy^{-1})^{-1} = \varphi_{xy^{-1}}(a).$$

这说明 $\varphi_x\varphi_y^{-1}\in \mathrm{Inn}G$,从而有 Inn$G\leqslant$ Aut$G$.

任取 $\sigma\in \text{Aut}G,\varphi_x\in \text{Inn}G$,则 $\forall a\in G$ 有

$$\begin{aligned}\sigma\varphi_x\sigma^{-1}(a) &= \sigma(\varphi_x(\sigma^{-1}(a))) = \sigma(x\sigma^{-1}(a)x^{-1})\\ &=\sigma(x)\sigma(\sigma^{-1}(a))\sigma(x)^{-1} = \sigma(x)a\sigma(x)^{-1} = \varphi_{\sigma(x)}(a).\end{aligned}$$

这就推出 $\sigma\varphi_x\sigma^{-1}\in \text{Inn}G$,因此有 $\text{Inn}G \trianglelefteq \text{Aut}G$. ▎

【例 17.48】 $G=\langle Z_3,\oplus\rangle$,$\oplus$为模 3 加法. G 上的自同态有三个,即

$\varphi_p: Z_3 \to Z_3,\ \varphi_p(x) = (px)\text{mod}3,\ p = 0,1,2$, 其中

$\varphi_0: 0 \mapsto 0,\ 1 \mapsto 0,\ 2 \mapsto 0$, 零同态.

$\varphi_1: 0 \mapsto 0,\ 1 \mapsto 1,\ 2 \mapsto 2$, 恒等映射,同构.

$\varphi_2: 0 \mapsto 0,\ 1 \mapsto 2,\ 2 \mapsto 1$, 同构.

$\text{End}G=\{\varphi_0,\varphi_1,\varphi_2\}$, $\text{Aut}G=\{\varphi_1,\varphi_2\}$, $\text{Inn}G=\{\varphi_1\}$.

【例 17.49】 设 G 是群,H 是 G 的子群,则 H 是 G 的正规子群当且仅当对任意的 $\varphi_x\in \text{Inn}G$ 都有 $\varphi_x(H)\subseteq H$.

证 必要性. $H \trianglelefteq G$,根据定理 17.32 可知对任意的 $x\in G,h\in H$ 都有 $xhx^{-1}\in H$.

任取 $a\in \varphi_x(H)$,则 $\exists h\in H$ 使得 $a=xhx^{-1}$,必有 $a\in H$,因此 $\varphi_x(H)\subseteq H$.

充分性. 任取 $x\in G$, $h\in H$,有 $xhx^{-1}\in \varphi_x(H)$,由于 $\varphi_x(H)\subseteq H$,$xhx^{-1}\in H$,所以有

$$H \trianglelefteq G.$$ ▎

【例 17.50】 设 φ 为群 G 的自同构,

(1) $\forall x\in G$,若 x 的阶存在,则 $|x|=|\varphi(x)|$;

(2) 若 $H\leqslant G$,则 $H\cong\varphi(H)$;

(3) 若 $H \trianglelefteq G$,则 $\varphi(H)\trianglelefteq G$,且 $G/H\cong G/\varphi(H)$.

证 (1) $\forall x\in G$,若 $|x|=n$,则有

$$\varphi(x)^n = \varphi(x^n) = \varphi(e) = e,$$

由定理 17.8 知 $|\varphi(x)|$ 是 n 的因子.

下面证明 φ^{-1} 也是 G 的自同构. 显然 φ^{-1} 为双射. 任取 $x,y\in G$,必存在 $a,b\in G$,使得 $\varphi(a)=x,\varphi(b)=y$,因此可得

$$\varphi^{-1}(xy) = \varphi^{-1}(\varphi(a)\varphi(b)) = \varphi^{-1}(\varphi(ab)) = ab = \varphi^{-1}(x)\varphi^{-1}(y).$$

根据上面的证明可知 $|\varphi^{-1}(\varphi(x))|$ 是 $|\varphi(x)|$ 的因子,这就推出 $n\,|\,|\varphi(x)|$.

综合上面的结果有 $|x|=|\varphi(x)|$.

(2) 已知 $\varphi: G\to G$ 是同构,则 $\varphi\upharpoonright H: H\to\varphi(H)$ 是双射,也是同态映射,所以有 $H\cong\varphi(H)$.

(3) 根据定理 17.35 可知 $\varphi(H)\trianglelefteq G$. 令 $g: G/H\to G/\varphi(H)$,

$$g(Ha)=\varphi(H)\varphi(a),\ \forall Ha\in G/H.$$

任取 Ha, $Hb\in G/H$,则有

$$\begin{aligned}Ha = Hb &\Longleftrightarrow ab^{-1} \in H \Longleftrightarrow \varphi(ab^{-1}) \in \varphi(H)\\ &\Longleftrightarrow \varphi(a)\varphi(b)^{-1} \in \varphi(H) \Longleftrightarrow \varphi(H)\varphi(a) = \varphi(H)\varphi(b),\end{aligned}$$

从而推出 g 是良定义的,也是单射的.

任取 $\varphi(H)b\in G/\varphi(H)$,则 $\varphi^{-1}(b)\in G$,且

$$g(H\varphi^{-1}(b)) = \varphi(H)\varphi(\varphi^{-1}(b)) = \varphi(H)b.$$

这就证明了 g 是满射的.

最后我们来验证 g 是 G/H 到 $G/\varphi(H)$ 的同态. 任取 $Ha, Hb \in G/H$, 则有

$$g(Ha\ Hb) = g(Hab) = \varphi(H)\varphi(ab) = \varphi(H)\varphi(a)\varphi(b)$$
$$= \varphi(H)\varphi(a)\varphi(H)\varphi(b) = g(Ha)g(Hb).$$

g 是同构, 于是 $G/H \cong G/\varphi(H)$. ▌

17.8 群的直积

群的积代数就是群的**直积**. 下面考虑群的内直积.

定义 17.27 设 G 是群, K, L 是 G 的子群. $\varphi: K \times L \to KL$, $\varphi(\langle k, l\rangle) = kl$, $\forall k \in K$, $\forall l \in L$. 若 φ 是 $K \times L$ 到 G 的同构, 则称 G 是 K 和 L 的**内直积**, 记作 $G = K \times L$.

【例 17.51】 设 $G = \langle Z_6, \oplus\rangle$, $K = \{0,2,4\} = \langle 2\rangle$, $L = \{0,3\} = \langle 3\rangle$, 则 K 和 L 都是 G 的子群.

$K \times L = \{\langle 0,0\rangle, \langle 0,3\rangle, \langle 2,0\rangle, \langle 2,3\rangle, \langle 4,0\rangle, \langle 4,3\rangle\} = \langle\langle 2,3\rangle\rangle$,

$KL = \{0,3,2,5,4,1\} = \langle 5\rangle$,

易见 $K \times L$, KL 是同构的, 所以 $G = K \times L$.

关于内直积有以下定理.

定理 17.40 设 G 是群, K 和 L 是 G 的子群, 则 $G = K \times L$ 当且仅当下面的条件成立:

(1) $K \trianglelefteq G$, $L \trianglelefteq G$; (2) $K \cap L = \{e\}$; (3) $G = KL$.

证 必要性. 令

$$K_1 = \{\langle k, e\rangle \mid k \in K\}, \quad L_1 = \{\langle e, l\rangle \mid l \in L\},$$

易证 K_1 和 L_1 是 $K \times L$ 的正规子群, 且 $K \times L = K_1 L_1$. 定义

$$\varphi: K \times L \to G,\ \varphi(\langle k, l\rangle) = kl,$$

则 $\varphi(K_1) = K$, $\varphi(L_1) = L$. 由于 φ 是同构, K 和 L 是 G 的正规子群, 且

$$\varphi(K_1) \cap \varphi(L_1) = K \cap L.$$

由于

$$\varphi^{-1}(\varphi(K_1) \cap \varphi(L_1)) \subseteq \varphi^{-1}(\varphi(K_1)) \cap \varphi^{-1}((\varphi(L_1)) = K_1 \cap L_1,$$
$$K_1 \cap L_1 = \{\langle e, e\rangle\},$$

所以

$$\varphi(K_1) \cap \varphi(L_1) \subseteq \varphi(K_1 \cap L_1) = \varphi(\{\langle e, e\rangle\}) = \{e\}.$$

这就证明了 $K \cap L = \{e\}$.

易见 $KL \subseteq G$. 任取 $x \in G$, 由 φ 是同构可知必存在 $k \in K$, $l \in L$ 使得 $\varphi(\langle k, l\rangle) = x$ 且 $x = kl \in KL$, 于是有 $G \subseteq KL$. 综合这两方面的结果必有 $G = KL$.

充分性. 任取 $k \in K$, $l \in L$, 先证 $kl = lk$, 令

$$u = k^{-1} l^{-1} kl,$$

则由 $K \trianglelefteq G$ 可知 $l^{-1}kl = l^{-1}k(l^{-1})^{-1} \in K$, 因此 $u \in K$. 又由 $L \trianglelefteq G$ 知 $k^{-1}l^{-1}k = k^{-1}l^{-1}(k^{-1})^{-1} \in L$, 因此 $u \in L$. 由已知条件 $K \cap L = \{e\}$ 得 $u = e$, 即 $k^{-1}l^{-1}kl = e$, 从而证得 $kl = lk$.

令 $\varphi: K \times L \to KL$, $\varphi(\langle k, l\rangle) = kl$, $\forall k \in K$, $l \in L$, 则 $\forall \langle k_1, l_1\rangle, \langle k_2, l_2\rangle \in K \times L$ 有

$$\varphi(\langle k_1, l_1\rangle\langle k_2, l_2\rangle) = \varphi(\langle k_1 k_2, l_1 l_2\rangle) = k_1 k_2 l_1 l_2$$

$$=k_1l_1k_2l_2=\varphi(\langle k_1,l_1\rangle)\varphi(\langle k_2,l_2\rangle).$$

φ 是同态映射. 易见 φ 是满同态.

$\forall k\in K, l\in L$ 有

$$\langle k,l\rangle\in\ker\varphi\Longleftrightarrow kl=e\Longleftrightarrow k=l^{-1}\Rightarrow k,l\in K\wedge k,l\in L$$
$$\Rightarrow k,l\in K\cap L\Rightarrow k=l=e,$$

所以 $\ker\varphi=\{\langle e,e\rangle\}$,由定理 17.33 知 φ 为单同态. 这就证明 φ 是 $K\times L$ 到 KL 的同构. 由 $G=KL$ 可知 φ 是 $K\times L$ 到 G 的同构,所以 $G=K\times L$. ▌

【例 17.52】 设 G 是 pq 阶循环群,p 和 q 是不相等的素数,K 和 L 分别为 G 的 p 阶子群和 q 阶子群,则 $G=K\times L$.

证 K 和 L 也是循环群,令 $K=\langle a\rangle$, $L=\langle b\rangle$,则 $K\trianglelefteq G, L\trianglelefteq G$. 任取 $x\in K\cap L$,则 $|x|\mid p$, $|x|\mid q$. 又由于 $(p,q)=1$,所以 $|x|=1$,即 $K\cap L=\{e\}$.

$ab\in KL$,且 $|ab|=|a|\cdot|b|=pq$,因此 $KL=G$,由定理17.40,$G=K\times L$. ▌

定义 17.27 和定理 17.40 可以推广到 n 个子群的情况.

定义 17.28 设 G 是群,$G_1,G_2,\cdots,G_n$ 是 G 的子群. 设

$$\varphi: G_1\times G_2\times\cdots\times G_n\to G_1G_2\cdots G_n,$$
$$\varphi(\langle a_1,a_2,\cdots,a_n\rangle)=a_1a_2\cdots a_n,\ \forall a_i\in G_i,\ i=1,2,\cdots,n.$$

若 φ 是 $G_1\times G_2\times\cdots\times G_n$ 到 G 的同构,则称 G 是 $G_1,G_2,\cdots,G_n$ 的内直积,记作

$$G=G_1\times G_2\times\cdots\times G_n.$$

限于篇幅,略去证明,我们仅给出定理 17.41,它是定理 17.40 的推广形式.

定理 17.41 设 G 是群,$G_1,G_2,\cdots,G_n$ 是 G 的子群,则 $G=G_1\times G_2\times\cdots\times G_n$ 当且仅当以下条件成立:

(1) $G_i\trianglelefteq G$, $i=1,2,\cdots,n$;

(2) $G_i\cap G_1G_2\cdots G_{i-1}G_{i+1}\cdots G_n=\{e\}$, $i=1,2,\cdots,n$;

(3) $G=G_1G_2\cdots G_n$.

作为本章的结束,我们给出一个群的应用实例——估计加法器的时间复杂性下界. 先定义 r-电路.

定义 17.29 如果一个电路至多有 r 个输入,则称这个电路为 ***r*-电路**.

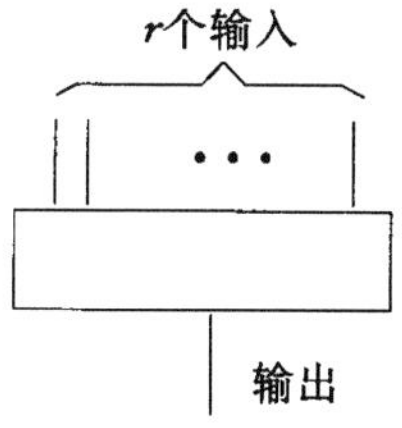

图 17.5

图 17.5 的电路就是一个 r-电路,为了简便起见,假设在网络中的每个 r-电路的延迟时间都是 1 个时间单位.

定理 17.42 用 r-电路计算一个 m 元函数至少需要 $\lceil \log_r m\rceil$①个时间单位.

证 设计算 m 元函数需要 t 级 r-电路,则有 $m\leqslant r^t$. 而 t 级电路的延迟时间为 t 个时间单位,故 $t\geqslant\lceil\log_r m\rceil$. ▌

令 $Z_n=\{0,1,\cdots,n-1\}$,考虑 Z_n 上的加法. 对任意的 $x\in Z_n$,x 的二进制表示有 m 位,其中第 i 位记作 $(x)_i$. 易见 Z_n 关于模 n 整数加法 $\oplus$ 构成群. $\forall x,y\in Z_n$,令 $-y$ 表示 y 的逆元,

① $\lceil x\rceil$ 表示大于等于 x 的最小整数.

$x-y$表示$x\oplus(-y)$，$x\otimes y$表示$(xy)\bmod n$，则

$$x\otimes Z_n=\{x\otimes z\mid z\in Z_n\}$$

是 Z_n 的子群. 因为 $0=x\otimes 0\in x\otimes Z_n$，$x\otimes Z_n$ 非空. 任取 $x\otimes z_1$，$x\otimes z_2\in x\otimes Z_n$ 有

$$(x\otimes z_1)\oplus(x\otimes z_2)=x\otimes(z_1\oplus z_2)\in x\otimes Z_n,$$

根据定理 17.11，$x\otimes Z_n$ 是 Z_n 的子群.

引理 设$\langle Z_n,\oplus\rangle$是群，$x,y\in Z_n$，$i\in\{1,2,\cdots,m\}$. 如果 $\forall z\in Z_n$ 有$(x\oplus z)_i=(y\oplus z)_i$，则对于任意的 $u\in(x-y)\otimes Z_n$ 有$(u)_i=0$.

证 $\forall z\in Z_n$，由$(x\oplus z)_i=(y\oplus z)_i$ 得

$$((x-y)\oplus z)_i=(x\oplus(-y)\oplus z)_i=((y-y)\oplus z)_i=(z)_i.$$

任取 $u\in(x-y)\otimes Z_n$，则 $u=(x-y)\otimes z$，$z\in Z_n$. 若 $z=0$，则

$$u=(x-y)\otimes 0=0,(u)_i=0.$$

假设 $z=k(k=0,1,\cdots,n-2)$时有

$$(u)_i=((x-y)\otimes k)_i=0,$$

则当 $z=k+1$ 时有

$$u=(x-y)\otimes(k+1)=(x-y)\oplus((x-y)\otimes k),$$

从而得到

$$(u)_i=((x-y)\oplus((x-y)\otimes k))_i=((x-y)\otimes k)_i=0.$$ ▌

定理 17.43 设$\langle Z_n,\oplus\rangle$是群，若存在 $a\in Z_n$，$a\neq 0$，且 a 属于 Z_n 的每一个非平凡的子群，则对于任意的模 n 加法器 T 总存在着某个输入使得 T 至少依赖于输入的 $2\lceil\log_2 n\rceil$位.

证 由 $a\neq 0$ 可知存在 i 使得$(a)_i\neq 0$. 下面证明 T 的第 i 位输出至少依赖于每个输入的$\lceil\log_2 n\rceil$位.

假设 T 的第 i 位输出至多依赖于某个输入的$\lceil\log_2 n\rceil-1$ 位. 由于每位有 0 或 1 两个状态，输入状态至多 $2^{\lceil\log_2 n\rceil-1}<n$ 种. 因此存在 x，$y\in Z_n$，$x\neq y$，且 $\forall z\in Z_n$ 有$(x\oplus z)_i=(y\oplus z)_i$. 根据引理，$(x-y)\otimes Z_n$是 Z_n 的子群，且它的每个元素的第 i 位是 0，这就与$a\in(x-y)\otimes Z_n$且$(a)_i\neq 0$ 矛盾. ▌

我们称定理 17.43 中的 a 为无所不在的元素.

推论 1 若 Z_n 中含有一个无所不在的元素，则用 r-电路计算 Z_n 中的加法至少需要$\lceil\log_r(2\lceil\log_2 n\rceil)\rceil$个时间单位.

证 由定理 17.43 和定理 17.42 可得. ▌

推论 2 若 Z_n 中不存在无所不在的元素，H 是 Z_n 的子群，H 中存在一个无所不在的元素，则用 r-电路计算 Z_n 中的加法至少需要$\lceil\log_r(2\lceil\log_2|H|\rceil)\rceil$个时间单位.

证 Z_n 中加法的时间复杂性下界大于等于 H 中加法的时间复杂性下界. ▌

下面考虑 Z_n 中是否含有无所不在的元素.

引理 1 设 $n=p^i$，p 是素数，i 是正整数，则 Z_n 中含有一个无所不在的元素.

证 Z_n 是 n 阶循环群，根据定理 17.13，对于 n 的每个正因子 p^l，$l=1,2,\cdots,i-1$，在 Z_n 中存在着惟一的 p^l 阶子群. 易见 $p,p^2,\cdots,p^{i-1}$是这些非平凡子群的生成元. 因此 $p^{i-1}\in Z_n$，$p^{i-1}\neq 0$，且 p^{i-1}属于 Z_n 的每一个非平凡子群，是 Z_n 中无所不在的元素. ▌

引理 2 $n=p_1^{i_1}p_2^{i_2}\cdots p_k^{i_k}$，其中 $p_1,p_2,\cdots,p_k$ 为各不相同的素数，$i_1,i_2,\cdots,i_k$ 为正整数，则在 Z_n 中不含有无所不在的元素，且 Z_n 中含无所不在元素的最大非平凡子群的阶为

$$\max\{p_1^{i_1}, p_2^{i_2}, \cdots, p_k^{i_k}\}.$$

证 令 $G_j=\langle p_1^{i_1}p_2^{i_2}\cdots p_{j-1}^{i_{j-1}}p_{j+1}^{i_{j+1}}\cdots p_k^{i_k}\rangle, j=1,2,\cdots,k$. 则 G_j 是 Z_n 的 $p_j^{i_j}$ 阶子群，且当 $j\neq l$ 时 $G_j\cap G_l=\{0\}$. 将 Z_n 作直积分解得 $Z_n=G_1\times G_2\times\cdots\times G_k$. 易见 Z_n 中不存在着无所不在的元素，否则与 $G_j\cap G_l=\{0\}(j\neq l)$ 矛盾. 根据引理 1，每个 G_j 中存在着无所不在的元素，Z_n 中含无所不在元素的最大非平凡子群的阶为

$$\max\{|G_1|, |G_2|, \cdots, |G_k|\}=\max\{p_1^{i_1}, p_2^{i_2}, \cdots, p_k^{i_k}\}.$$ ∎

定理 17.44 (1) $n=p^i$，p 为素数，i 为正整数，则用 r-电路计算 Z_n 中加法至少需要 $\lceil\log_r(2\lceil\log_2 n\rceil)\rceil$ 个时间单位.

(2) $n=p_1^{i_1}p_2^{i_2}\cdots p_k^{i_k}$ 是 n 的素因子分解式，则用 r-电路计算 Z_n 中加法至少需要 $\lceil\log_r(2\lceil\log_2 t(n)\rceil)\rceil$ 个时间单位，其中 $t(n)=\max\{p_1^{i_1}, p_2^{i_2}, \cdots, p_k^{i_k}\}$.

证 (1) 由引理 1 和定理 17.43 的推论 1 得证.

(2) 由引理 2 和定理 17.43 的推论 2 得证. ∎

习 题 十 七

1. 设 $G=\left\{\begin{pmatrix}1&0\\0&1\end{pmatrix}, \begin{pmatrix}1&0\\0&-1\end{pmatrix}, \begin{pmatrix}-1&0\\0&1\end{pmatrix}, \begin{pmatrix}-1&0\\0&-1\end{pmatrix}\right\}$，证明 G 关于矩阵乘法构成一个群.

2. 设 G 是群，$u\in G$，在 G 内定义$\circ$运算如下：$\forall a,b\in G, a\circ b=au^{-1}b$，证明 G 关于$\circ$运算构成群.

3. 设 G 是整数加群 $\langle Z,+\rangle$，在 G 内定义$\circ$运算如下：$\forall a,b\in G, a\circ b=a+b-2$，证明 G 关于$\circ$运算构成群.

4. 设 G 是群，定义 G 内的 $*$ 运算如下：$\forall a,b\in G, a*b=ba$. 证明 $\langle G,*\rangle$ 是群.

5. 证明矩阵

$$\begin{pmatrix}1&0\\0&1\end{pmatrix}, \begin{pmatrix}w&0\\0&w^2\end{pmatrix}, \begin{pmatrix}w^2&0\\0&w\end{pmatrix}, \begin{pmatrix}0&1\\1&0\end{pmatrix}, \begin{pmatrix}0&w^2\\w&0\end{pmatrix}, \begin{pmatrix}0&w\\w^2&0\end{pmatrix}$$

组成的集合关于矩阵乘法构成群，其中 $w^3=1$, $w\neq 1$.

6. 设 G 是群，$a,b\in G$，且 $(ab)^2=a^2b^2$，证明 $ab=ba$.

7. 设 G 是群，$x,y\in G$，$k\in Z^+$，证明

$$(x^{-1}yx)^k=x^{-1}yx \text{ 的充要条件是 } y^k=y.$$

8. 证明定理 17.2 的(2)，(4)和(5).

9. 设 G 是群，$a,b,c\in G$，证明

(1) $|b^{-1}ab|=|a|$；

(2) $|ab|=|ba|$；

(3) $|abc|=|bca|=|cab|$；

(4) 若 $ba=a^mb^n$，则 $|a^mb^{n-2}|=|ab^{-1}|$，$|a^{m-2}b^n|=|a^{-1}b|$.

10. 设 G 是偶数阶群，证明 G 中必存在二阶元.

11. 设 G 是非交换群，则 G 中存在着非单位元 a 和 b，$a\neq b$ 且 $ab=ba$.

12. G 是群，$u_1,v_1,u_2,v_2\in G$ 且

$$u_1v_1=v_1u_1=u_2v_2=v_2u_2,$$

$$u_1^p=u_2^p=v_1^q=v_2^q=e.$$

若 $(p,q)=1$，证明 $u_1=u_2$, $v_1=v_2$.

13. 设 G 是 $M_n(R)$ 上的加法群，$n\geqslant 2$，判断下列子集是否构成子群.

(1) 全体对称矩阵；

(2) 全体对角矩阵；

(3) 全体行列式$\geqslant 0$的矩阵；

(4) 全体上(下)三角矩阵.

14. 设G是群，$a\in G$且$a^2=e$，令

$$H=\{x \mid x\in G \wedge xa=ax\},$$

证明H是G的子群.

15. 找出满足以下条件的群G：

(1) 只有一个子群；

(2) 只有两个子群；

(3) 只有三个子群.

16. 设H_1,H_2是G的子群. 证明H_1H_2是G的子群的充要条件是$H_1H_2=H_2H_1$，其中

$$H_1H_2=\{h_1h_2 \mid h_1\in H_1 \wedge h_2\in H_2\},$$
$$H_2H_1=\{h_2h_1 \mid h_2\in H_2 \wedge h_1\in H_1\}.$$

17. 设H_1,H_1',H_2,H_2'是G的子群，$H_1\subseteq H_1'$，$H_2\subseteq H_2'$，证明

$$H_1H_2\cap H_1'\cap H_2'=(H_1\cap H_2')(H_1'\cap H_2).$$

18. (1) 找出题1中群G的所有子群并画出G的子群格；

(2) 找出题5中群G的所有子群并画出G的子群格.

19. 设$G=\langle a\rangle$是15阶循环群.

(1) 找出G的全部生成元；

(2) 找出G的全部子群并画出G的子群格.

20. 设G是群，$a,b\in G$，$|a|=p$，p为素数，若$a\notin\langle b\rangle$，证明

$$\langle a\rangle\cap\langle b\rangle=\{e\}.$$

21. 设G是rs阶循环群，$(r,s)=1$，H_1和H_2分别为G的r,s阶子群. 证明

$$G=H_1H_2.$$

22. 设$G=\langle a\rangle$是循环群，$H_1=\langle a^r\rangle$，$H_2=\langle a^s\rangle$，r,s是非负整数. 证明

$$H_1\cap H_2=\langle a^d\rangle，其中\ d=[r,s].$$

23. 证明任何无限群有无穷多个子群.

24. 在S_5中设

$$\sigma=\begin{pmatrix}1&2&3&4&5\\5&1&4&3&2\end{pmatrix},\quad \tau=\begin{pmatrix}1&2&3&4&5\\4&3&1&5&2\end{pmatrix}.$$

计算：

(1) $\sigma\tau,\tau\sigma,\sigma^{-1},\tau^{-1}$；

(2) 将σ和τ表成不相交的轮换之积和对换之积.

25. 证明S_n可由$\{(12),(13),\cdots,(1n)\}$生成，也可由$\{(12),(23),\cdots,(n-1\ n)\}$生成.

26. 在S_5中设

$$\sigma=\begin{pmatrix}1&2&3&4&5\\2&3&5&1&4\end{pmatrix},\quad \tau=\begin{pmatrix}1&2&3&4&5\\5&3&1&2&4\end{pmatrix}.$$

(1) 求解群方程$\sigma x=\tau$和$y\sigma=\tau$；

(2) 求$|\sigma|$和$|\tau|$.

27. 在S_4中取子群$H=\langle(1234)\rangle$，写出H在S_4中的全部右陪集.

28. 设$G=\left\{\begin{pmatrix}r&s\\0&1\end{pmatrix}\middle| r,s\in Q,r\neq 0\right\}$，$G$关于矩阵乘法构成一个群. $H=\left\{\begin{pmatrix}1&t\\0&1\end{pmatrix}\middle| t\in Q\right\}$是$G$的子群. 求$H$在$G$中的全部左陪集.

29. 证明定理17.25.

30. 设H_1,H_2分别是G的r,s阶子群. 若$(r,s)=1$，证明$H_1\cap H_2=\{e\}$.

31. 设p是素数，m是正整数. 证明p^m阶群必有p阶子群.

32. 设 G 是有限群，K 是 G 的子群，H 是 K 的子群. 证明

$$[G:H]=[G:K][K:H].$$

33. 设 A,B 是群 G 的有限子群，则

(1) $|AB|=\dfrac{|A||B|}{|A\cap B|}$；

(2) 若 $(|A|,|B|)=1$，则 $|AB|=|A||B|$.

34. 证明 S_n 中同一共轭类的元素都具有相同的轮换指数.

35. 求题 26 中的 σ 和 τ 的轮换指数.

36. 证明定理 17.29.

37. 若把群看作具有一个二元运算、一个一元运算和一个零元运算的代数系统，说明共轭关系是否为群上的同余关系.

38. 设 G 是 4 阶群，

(1) 若 G 为循环群 $\langle a\rangle$，求 G 的所有共轭类；

(2) 若 G 为 Klein 四元群，求 G 的所有共轭类.

39. 设 G 为群，$a\in G$，$N(a)$ 是 a 的正规化子. 证明 $\forall x\in G$，$x^{-1}ax$ 的正规化子 $N(x^{-1}ax)=x^{-1}N(a)x$.

40. 设 G 为有限群，$a\in G$，若 $|a|=k$，$|\overline{a^n}|=k'$，证明 k' 整除 k.

41. 设 G 为 n 阶群，$a\in G$，若 $|\overline{a}|=k$，C 是 G 的中心，且 $|C|=c$. 证明 k 整除 $\dfrac{n}{c}$.

42. 证明循环群的任何子群都是正规子群.

43. 对于题 28 中的 G 和 H 证明 H 是 G 的正规子群.

44. 设 N,K 是 G 的子群，$H=\langle N\cup K\rangle$ 是由 $N\cup K$ 生成的子群，若 N 是 H 的正规子群，则 $H=KN$.

45. 设 N 是 G 的正规子群，且 $|N|=2$. 证明 $N\subseteq C$，其中 C 是 G 的中心.

46. 设 G 是全体 $n\times n$ 实可逆矩阵关于矩阵乘法构成的群，H 是 G 中全体行列式大于 0 的矩阵集合.

(1) 证明 $H\trianglelefteq G$；

(2) 计算 $[G:H]$.

47. 设

$$G_1=\{A\mid A\in M_n(Q)\wedge|A|\neq 0\},$$

其中 $M_n(Q)$ 是有理数域上的 n 阶矩阵集合（$n\geqslant 2$）. G_1 关于矩阵乘法构成群. φ 是 G_1 到 $G_2=\langle R^*,\cdot\rangle$ 的映射，$\varphi(A)=|A|$，$\forall A\in M_n(Q)$，其中 $\cdot$ 为普通乘法.

(1) 证明 φ 是 G_1 到 G_2 的同态映射；

(2) 求出 $\varphi(G_1)$ 和 $\ker\varphi$.

48. 证明除零同态以外，不存在 $\langle Q,+\rangle$ 到 $\langle Z,+\rangle$ 的同态映射.

49. 设 φ_1 是群 G_1 到 G_2 的同构，φ_2 是群 G_2 到 G_3 的同构，证明 $\varphi_2\circ\varphi_1$ 是群 G_1 到 G_3 的同构.

50. 设 φ 是群 G_1 到 G_2 的同构，证明 φ^{-1} 是 G_2 到 G_1 的同构.

51. 设 φ 是群 G_1 到 G_2 的同态映射，证明

(1) 若 H 是 G_2 的子群，则 $\varphi^{-1}(H)$ 是 G_1 的子群；

(2) 若 H 是 G_2 的正规子群，则 $\varphi^{-1}(H)$ 是 G_1 的正规子群.

52. 设 $G_1=\langle a\rangle$，$G_2=\langle b\rangle$ 分别为 m,n 阶循环群. φ：$G_1\to G_2$，$\varphi(a^t)=b^{kt}$，$t=0,1,\cdots,m-1$. 证明 φ 为 G_1 到 G_2 的同态映射当且仅当 $n\mid mk$.

53. 设 φ 是群 G_1 到 G_2 的满同态映射，H 是 G_1 的子群. 若 $|H|$ 与 $|G_2|$ 互素，证明 $H\subseteq\ker\varphi$.

54. 设 H 是 G 的子群，N 是 G 的正规子群. 如果 $|H|$ 与 $[G:N]$ 互素，证明 H 是 N 的子群.

55. 设 φ 是群 G_1 到 G_2 的满同态，N 是 G_1 的正规子群，且 $\ker\varphi\subseteq N$. 证明

$$G_1/N\cong G_2/\varphi(N).$$

56. 设 H,K 是群 G 的正规子群，证明

$$G/HK \cong (G/H)/(HK/H).$$

57. 证明阶为 p^2 的群必是交换群，其中 p 是素数.

58. 设 G 是 pq 阶交换群，p,q 为不相等的素数. 对于 G 的任一子群 H，证明 G/H 是循环群.

59. 证明在同构的意义上 Klein 四元群是 S_4 的正规子群.

60. 设 φ 是群 G 的满自同态，若 G 只有有限个子群，证明 φ 是 G 的自同构.

61. 在群 G 中定义 φ: $x \mapsto x^{-1}$, $\forall x \in G$. 证明 φ 是 G 的自同构的充分必要条件是 G 为交换群.

62. 设 $G=\langle a\rangle$ 是 n 阶循环群，t 是正整数. 定义

$$\varphi_t: a^i \mapsto (a^t)^i,\ i=0,1,\cdots,n-1.$$

证明：

(1) φ_t 是 G 的自同态；

(2) φ_t 是 G 的自同构当且仅当 $(n,t)=1$.

63. 设 G 是群，C 是 G 的中心，证明 $G/C \cong \mathrm{Inn}G$.

64. 证明在同构的意义上只有两个 10 阶群.

65. 对什么样的群 G，$\mathrm{Inn}G$ 只含一个恒等映射？

66. 设 G_1,G_2 是群，证明 $G_1\times G_2 \cong G_2\times G_1$.

67. 设 H_1 是 G_1 的子群，H_2 是 G_2 的子群，证明 $H_1\times H_2$ 是 $G_1\times G_2$ 的子群.

68. 设 H 和 K 是 G 的正规子群，且 $H\cap K=\{e\}$. 证明 G 与 $G/H\times G/K$ 的一个子群同构.

69. 找出 $G_1\times G_2$ 的两个商群 $G_1\times G_2\big/N_1$, $G_1\times G_2\big/N_2$，使得

$$G_1\cong G_1\times G_2\big/N_1,\ G_2\cong G_1\times G_2\big/N_2.$$

第十八章　环　与　域

环和域是具有两个二元运算的代数系统.本章先给出环的定义和性质,然后讨论子环、理想、商环以及域.

18.1　环的定义和性质

先给出环的定义.

定义 18.1　设$\langle R, +, \cdot\rangle$是具有两个二元运算的代数系统,如果满足以下条件:

(1) $\langle R, +\rangle$构成 Abel 群,

(2) $\langle R, \cdot\rangle$构成半群,

(3) R中的$\cdot$对$+$适合分配律,

则称$\langle R, +, \cdot\rangle$是**环**,并称$+$和$\cdot$分别为环中的加法和乘法.

【例 18.1】

(1) 整数集Z,有理数集Q,实数集R和复数集C关于普通数的加法和乘法构成环,分别称作**整数环**,**有理数环**,**实数环**和**复数环**.

(2) 设$n \geqslant 2$,$M_n(R)$为n阶实矩阵的集合,则$M_n(R)$关于矩阵加法和乘法构成环,称为 ***n* 阶实矩阵环**.

(3) $\langle Z_n, \oplus, \otimes\rangle$构成一个环,其中$Z_n = \{0,1,\cdots,n-1\}$,$\forall x,y \in Z_n$,$x \oplus y = (x+y)\bmod n$,$x \otimes y = (xy)\bmod n$,称这个环为**模 *n* 整数环**.

(4) $\langle P(B), \oplus, \cap\rangle$构成一个环,其中$\oplus$为集合的对称差运算.

(5) 设$\langle G, \circ\rangle$是 Abel 群.在G上定义$*$运算,$\forall x,y \in G$,$x * y = e$,则$\langle G, \circ, *\rangle$构成一个环,称为**零环**.

为了叙述上的方便,通常将环中加法的单位元记作 0,而将环中元素x关于加法的逆元称作x的**负元**,记作$-x$.如果环中乘法有单位元,就把这个单位元记作 1,而将x关于乘法的逆元(若存在的话)称为x的逆元,记作x^{-1}.类似地,我们可以用$x-y$表示$x+(-y)$,nx表示x的加法n次幂,即$nx = \underbrace{x+x+\cdots+x}_{n\text{个}}$.而用$x^n$表示$x$的乘法$n$次幂,即$x^n = \underbrace{xx\cdots x}_{n\text{个}}$.

下面讨论环的运算性质.由环的定义可知,环中加法适合交换律、结合律,有单位元 0,每个元素都有负元,环中乘法适合结合律,乘法对加法适合分配律.除此之外,环还有一些其他的运算性质.

定理 18.1　设R是环,则

(1) $\forall a \in R$, $a0 = 0a = 0$;

(2) $\forall a,b \in R$, $(-a)b = a(-b) = -(ab)$;

(3) $\forall a,b \in R$, $(-a)(-b) = ab$;

(4) $\forall a,b,c \in R$有

$$a(b-c)=ab-ac,\quad (b-c)a=ba-ca;$$

(5) $\forall a_1,a_2,\cdots,a_n,\ b_1,b_2,\cdots,b_m\in R$ 有

$$\Big(\sum_{i=1}^{n}a_i\Big)\Big(\sum_{j=1}^{m}b_j\Big)=\sum_{i=1}^{n}\sum_{j=1}^{m}a_ib_j;$$

(6) $\forall a,b\in R,\ n\in Z,(na)b=a(nb)=n(ab)$.

证 (1) $a0=a(0+0)=a0+a0$.

由加法消去律得 $a0=0$. 同理可证 $0a=0$.

(2) $(-a)b+ab=(-a+a)b=0b=0$,

$$ab+(-a)b=(a+(-a))b=0\,b=0.$$

这就推出$(-a)b$ 是 ab 的负元,根据负元的惟一性得$(-a)b=-(ab)$. 同理可证 $a(-b)=-(ab)$.

(3) $(-a)(-b)=-(a(-b))=-(-(ab))=ab$.

(4) $a(b-c)=a(b+(-c))=ab+a(-c)=ab+(-(ac))=ab-ac$.

同理有 $(b-c)a=ba-ca$.

(5) 先证对任意 $i=1,2,\cdots,n$ 有

$$a_i\Big(\sum_{j=1}^{m}b_j\Big)=\sum_{j=1}^{m}a_ib_j.$$

对 m 进行归纳.

$m=2$,由环中乘法对加法的分配律有

$$a_i(b_1+b_2)=a_ib_1+a_ib_2.$$

假设 $m=k$ 时等式成立,当 $m=k+1$ 时有

$$a_i\Big(\sum_{j=1}^{k+1}b_j\Big)=a_i\Big(\sum_{j=1}^{k}b_j+b_{k+1}\Big)=a_i\Big(\sum_{j=1}^{k}b_j\Big)+a_ib_{k+1}=\sum_{j=1}^{k}a_ib_j+a_ib_{k+1}=\sum_{j=1}^{k+1}a_ib_j.$$

同理可证对任意环中元素 b_j 有

$$\Big(\sum_{i=1}^{n}a_i\Big)b_j=\sum_{i=1}^{n}a_ib_j.$$

因此,$\Big(\sum_{i=1}^{n}a_i\Big)\Big(\sum_{j=1}^{m}b_j\Big)=\sum_{i=1}^{n}a_i\Big(\sum_{j=1}^{m}b_j\Big)=\sum_{i=1}^{n}\sum_{j=1}^{m}a_ib_j$.

(6) 先证$(na)b=n(ab)$. 考虑 $n>0$,对 n 归纳.

$n=1$ 时,左边与右边都是 ab.

假设 $n=k$ 时等式成立,则有

$$((k+1)a)b=(ka+a)b=(ka)b+ab=k(ab)+ab=(k+1)(ab),$$

由归纳法知对一切 $n\in Z^+$ 等式都成立.

当 $n=0$ 时,等式两边都是 0,等式也成立.

当 $n<0$ 时,令 $n=-m,m\in Z^+$,则有

$$\begin{aligned}(na)b&=(-ma)b=(m(-a))b=m((-a)b)=m(-(ab))\\&=-m(ab)=n(ab).\end{aligned}$$

同理可证 $a(nb)=n(ab)$. ▌

定理 18.1 说明环中加法的单位元 0 恰为环中乘法的零元. 在环中作公式展开时可以使用定理中的等式.

【例 18.2】 设 R 是环，$a,b \in R$，计算 $(a-b)^2$ 和 $(a+b)^3$.

解 $(a-b)^2 = (a-b)(a-b) = a^2 - ba - ab + b^2$，

$$(a+b)^3 = (a+b)(a+b)(a+b) = (a^2+ba+ab+b^2)(a+b)$$
$$= a^3 + ba^2 + aba + b^2a + a^2b + bab + ab^2 + b^3.$$

【例 18.3】 在模 3 的整数环 Z_3 中解方程组

$$\begin{cases} x+2z=1, & ① \\ y+2z=2, & ② \\ 2x+y=1. & ③ \end{cases}$$

解 ① − ② 得 $\qquad x-y=2.$ ④

③ + ④ 得 $\qquad 3x=0.$

② − ① 得 $\qquad y-x=1.$

若 $x=0$，则 $y=1$，从而推得 $z=2$. 若 $x=1$，$y=2$，从而推得 $z=0$. 若 $x=2$，$y=0$，从而推得 $z=1$. 原方程组有三组解：

$$\begin{cases} x_1=0, \\ y_1=1, \\ z_1=2; \end{cases} \quad \begin{cases} x_2=1, \\ y_2=2, \\ z_2=0; \end{cases} \quad \begin{cases} x_3=2, \\ y_3=0, \\ z_3=1. \end{cases}$$

设 $\langle R, +, \cdot \rangle$ 是环，如果环中乘法满足除结合律以外的其他算律，就得到一些特殊的环.

定义 18.2 设 a,b 是环 R 中的两个非零元素，如果 $ab=0$，则称 a 是 R 中的一个**左零因子**，b 是 R 中的一个**右零因子**；若一个元素既是左零因子又是右零因子，则称它是一个**零因子**.

例如模 6 的整数环中，$2 \otimes 3 = 0$，2 是左零因子，3 是右零因子，又由于 $\otimes$ 是可交换的，所以 2 也是右零因子，3 也是左零因子. 2 和 3 都是零因子.

定义 18.3 设 R 是一个环，对于任意的 $a,b \in R$，若 $ab=0$，则有 $a=0$ 或 $b=0$，就称 R 是一个**无零因子环**.

不难看出，无零因子环就是不含有左和右零因子的环.

例如数环，包括整数环、有理数环、实数环、复数环等，都是无零因子环.

【例 18.4】 证明 Z_p 为无零因子环当且仅当 p 为素数.

证 必要性. 假设 p 不是素数，必存在小于 p 大于 1 的正整数 s,t 使得 $p=st$. 易见 $(st) \bmod p = 0$，s 和 t 是 Z_p 中的零因子，与 Z_p 是无零因子环矛盾.

充分性. 任取 $a,b \in Z_p$，若 $ab=0$，不妨设 $a \neq 0$，我们证明必有 $b=0$.

由 $ab=0$ 可知 $p \mid ab$. 由 $a,b \in \{0,1,\cdots,p-1\}$ 知 $p \nmid a$. 而 p 又是素数，所以 $p \mid b$，从而 $b=0$. ▍

定理 18.2 设 R 是环. R 是无零因子环的充分必要条件是在 R 中乘法适合消去律，即对于任意 $a,b,c \in R$，$a \neq 0$，若有 $ab=ac$（或 $ba=ca$），则有 $b=c$.

证 充分性. 设 R 中乘法满足消去律. 任取 $a,b \in R$，且 $ab=0$，$a \neq 0$，则有 $ab=0=a0$. 由消去律得 $b=0$，R 是无零因子环.

必要性. 任取 $a,b,c \in R$，$ab=ac$ 且 $a \neq 0$，则有 $ab-ac=0$. 由定理 18.1 得 $a(b-c)=0$. 因为 R 中没有零因子，所以 $b-c=0$，即 $b=c$. 同理可证 $ba=ca$ 且 $a \neq 0 \Rightarrow b=c$. ▍

由以上定理可知无零因子环是和乘法消去律联系在一起的. 如果环中乘法再满足其他条件就构成整环.

定义 18.4 设 R 是一个环，

(1) 若 R 中乘法适合交换律，则称 R 是**交换环**；

(2) 若 R 中乘法含有单位元，则称 R 是**含幺环**；

(3) 若 R 是交换的含幺的无零因子环，则称 R 是**整环**.

例如有理数环 Q，实数环 R，复数环 C 都是整环. 整数环 Z 也是整环，但模 n 整数环 Z_n 只有当 n 是素数时才是整环. 当 $n \geqslant 2$ 时，n 阶实矩阵环 $M_n(R)$ 不是整环，因为矩阵乘法不是可交换的. 注意：在后面讨论的含幺环与整环中，乘法与加法的幺元是不相等的.

定义 18.5 设 R 是一个环，

(1) 若 R 中至少含有两个元素，令 $R^* = R - \{0\}$，且 $\langle R^*, \cdot \rangle$ 构成群，则称 R 是一个**除环**；

(2) 若 R 是一个交换的除环，则称 R 是**域**.

【例 18.5】 下述集合关于所指出的运算是否构成环?是否构成整环?是否构成除环?是否构成域?

(1) $\{a + b\sqrt{2} \mid a, b \in Z\}$ 关于数的加法和乘法；

(2) $\{a + b\sqrt{2} \mid a, b \in Q\}$ 关于数的加法和乘法；

(3) $\{a + b\sqrt[3]{2} \mid a, b \in Z\}$ 关于数的加法和乘法；

(4) $\{a + bi \mid a, b \in Z, i^2 = -1\}$ 关于复数的加法和乘法；

(5) 设 $n \geqslant 2$，n 阶实矩阵集合 $M_n(R)$ 关于矩阵的加法和乘法；

(6) 集合 $\left\{\begin{pmatrix} a & b \\ b & a \end{pmatrix} \middle| a, b \in Z\right\}$ 关于矩阵加法和乘法；

(7) x 的实系数多项式集合关于多项式的加法和乘法；

(8) 实数集 R 关于加法 $+$ 和乘法 $*$，其中 $+$ 是普通加法，$\forall a, b \in R, a * b = |a| b$.

解 (1) 是整环，但不是除环和域.

(2) 是整环、除环和域.

(3) 不是环，关于乘法运算不封闭.

(4) 是整环，不是除环和域.

(5) 是环，但不是整环、除环和域.

(6) 是环，但不是整环、除环和域.

(7) 是整环，不是除环和域.

(8) 不是环，因为 $*$ 对 $+$ 不适合分配律.

如果一个域是有限的，称为**有限域**. 下面考虑有限域中的一些性质.

定义 18.6 设 F 是有限域，称 1 在 $\langle F, + \rangle$ 中的阶为 F 的**特征**.

例如 Z_3 是有限域，Z_3 的特征是 3.

定理 18.3 设 F 为有限域，则 F 的特征是素数.

证 假设 1 在 $\langle F, + \rangle$ 中的阶为 n，$n \in Z^+$. 若 n 不是素数，则存在 $p, q \in Z^+$，使得 $n = pq$，且 $p, q \geqslant 2$. 令 $t \cdot 1 = \underbrace{1 + 1 + \cdots + 1}_{t\text{个}}$，则

$$(p \cdot 1)(q \cdot 1) = pq \cdot 1 = n \cdot 1 = 0.$$

因为域中无零因子，必有 $p \cdot 1 = 0$ 或 $q \cdot 1 = 0$，与 1 在 $\langle F, + \rangle$ 中的阶是 n 矛盾. ▌

定理 18.4 设 F 为有限域，则存在素数 p，使得 $|F| = p^n$，其中 $n \in Z^+$.

证 由定理 18.3，F 的特征为 p，令

$$A = \{0,1,\cdots,p-1\}$$

是由 1 生成的加法子群,任取 $x_1 \in F^*$,令

$$Ax_1 = \{0,x_1,\cdots,(p-1)x_1\}.$$

若 $Ax_1 = F$,则 $|F| = p$. 否则存在 $x_2 \in F - Ax_1$,令

$$Ax_1 + Ax_2 = \{a_1x_1 + a_2x_2 \mid a_1,a_2 \in A\},$$

则 $|Ax_1 + Ax_2| = p^2$. 因为 $\forall i_1,i_2,j_1,j_2 \in A$,如果 $i_1 \neq j_1$ 或 $i_2 \neq j_2$,则 $i_1x_1 + i_2x_2 \neq j_1x_1 + j_2x_2$. 若不然,必有 $(i_1 - j_1)x_1 + (i_2 - j_2)x_2 = 0$. 这说明存在 $a_1,a_2 \in A$ 使得 $a_1x_1 = a_2x_2$,$a_1,a_2 \neq 0$. 因此可得 $x_2 = a_2^{-1}a_1x_1 \in Ax_1$,矛盾.

若 $F = Ax_1 + Ax_2$,则 $|F| = p^2$. 否则存在 $x_3 \in F - (Ax_1 + Ax_2)$,令

$$Ax_1 + Ax_2 + Ax_3 = \{a_1x_1 + a_2x_2 + a_3x_3 \mid a_1,a_2,a_3 \in A\},$$

则 $|Ax_1 + Ax_2 + Ax_3| = p^3$. 若不然必存在 $i_1,i_2,i_3,j_1,j_2,j_3 \in A$,使得

$$(i_1 - j_1)x_1 + (i_2 - j_2)x_2 + (i_3 - j_3)x_3 = 0.$$

如果 $(i_1 - j_1)x_1 + (i_2 - j_2)x_2 = 0$,与 $x_2 \notin Ax_1$ 矛盾,所以 $i_3 - j_3 \neq 0$,x_3 可以表为 $a_1x_1 + a_2x_2$ 的形式,这说明 $x_3 \in Ax_1 + Ax_2$,矛盾.

根据归纳证明不难得到

$$|F| = |Ax_1 + Ax_2 + \cdots + Ax_n| = p^n,$$

其中 $n \in Z^+$. ▎

由有限域 F 可以得到 F 上的多项式环,有关的内容将在后面加以介绍.

18.2 子环、理想、商环和环同态

定义 18.7 设 $\langle R,+,\cdot\rangle$ 是环,S 是 R 的非空子集,若 S 关于环 R 的运算 $+$ 和 $\cdot$ 构成环,则称 $\langle S,+,\cdot\rangle$ 是 R 的**子环**,$\langle R,+,\cdot\rangle$ 是 $\langle S,+,\cdot\rangle$ 的**扩环**.

例如 $\langle Z,+,\cdot\rangle$ 是 $\langle Q,+,\cdot\rangle$ 和 $\langle R,+,\cdot\rangle$ 的子环,其中 R 为实数集. $\langle nZ,+,\cdot\rangle$ 是 $\langle Z,+,\cdot\rangle$ 的子环,而 $\langle R,+,\cdot\rangle$ 是 $\langle Z,+,\cdot\rangle$ 和 $\langle Q,+,\cdot\rangle$ 的扩环.

由子环定义可知环 R 的子环就是 R 的子代数. 根据子群和子半群的判定定理可直接得到子环的判定定理.

定理 18.5 环 R 的非空子集 S 是 R 的一个子环的充分必要条件是:对任意 $a,b \in S$ 有

(1) $a - b \in S$; (2) $ab \in S$.

【例 18.6】 设 R 是环,令

$$C = \{x \mid x \in R \wedge \forall a \in R(ax = xa)\}.$$

证明 C 是 R 的子环,叫做 R 的**中心**.

证 易见 $0 \in C$,C 非空. 任取 $x,y \in C$,对任意的 $a \in R$,

$$(x-y)a = xa - ya = ax - ay = a(x-y).$$

$$(xy)a = x(ya) = x(ay) = (xa)y = (ax)y = a(xy).$$

这就证明了 $x - y \in C$ 和 $xy \in C$. 由定理 18.5 知 C 是 R 的子环. ▎

【例 18.7】 设 R 是环,A 是 R 的子环族,证明 $\bigcap A$ 是 R 的子环,其中

$$\bigcap A = \{x \mid \forall z(z \in A \rightarrow x \in z)\}.$$

证 易见 0 属于 R 的每个子环,所以 $0 \in \bigcap A$,$\bigcap A$ 非空.

任取 $a,b \in \bigcap A$，则对每个 $S \in A$，有 $a,b \in S$. 因为 S 是 R 的子环，所以 $a-b$ 和 ab 属于 S，从而得到 $a-b \in \bigcap A$ 和 $ab \in \bigcap A$. 根据定理 18.5 可知 $\bigcap A$ 是 R 的子环. ▌

对于任意的环 R，R 的子环都是存在的. 特别地，R 和 $\{0\}$ 都是 R 的子环，称为**平凡子环**.

类似地可以定义子整环，子除环和子域.

定义 18.8 设 R 是环，S 是 R 的非空子集，

(1) 如果 R 是整环，S 对 R 的运算仍构成整环，则称 S 是 R 的**子整环**；

(2) 如果 R 是除环，S 对 R 的运算仍构成除环，则称 S 是 R 的**子除环**；

(3) 如果 R 是域，S 对 R 的运算仍构成域，则称 S 是 R 的**子域**.

【例 18.8】 设 S 是域 F 的子环且 $S \neq \{0\}$. 证明 S 是 F 的子域当且仅当对任意的 $x \in S$，只要 $x \neq 0$，均有 $x^{-1} \in S$.

证 令 $S^* = S - \{0\}$.

必要性. 若 S 是 F 的子域，则 $\langle S^*, \cdot\rangle$ 是群，对任意 $x \in S^*$ 显然有 $x^{-1} \in S^*$，即 $x^{-1} \in S$.

充分性. 任取 $x, y \in S^*$，则 $x, y \in S$. 因为 S 是子环，必有 $xy \in S$，$xy \neq 0$，否则由 $xy \in F$ 得 $x = 0$ 或 $y = 0$，从而证明了 $xy \in S^*$. 任取 $x \in S^*$，由已知有 $x^{-1} \in S$ 且 $x^{-1} \neq 0$，所以 $x^{-1} \in S^*$. 于是 $\langle S^*, \cdot\rangle$ 构成群，是 $\langle F^*, \cdot\rangle$ 的子群. 这就证明 S 关于 F 中运算构成域，是 F 的子域. ▌

【例 18.9】 证明有理数域无真子域.

证 设 S 是 Q 的任一子域，则 $1 \in S$，从而任意正整数 $p = \underbrace{1+1+\cdots+1}_{p\text{个}} \in S$，且 $-p \in S$. 设 q 为任意正整数，$q \neq 0$，则 $\dfrac{1}{q} \in S$. 根据乘法封闭性有 $\pm\dfrac{p}{q} \in S$，这就推出 $Q \subseteq S$，因此 $S = Q$. ▌

回顾上一章可知正规子群是一类很重要的子群，通过它可以得到群的商群，在环中和正规子群相对应的概念是理想，通过理想可以得到商环.

定义 18.9 设 $\langle R, +, \cdot\rangle$ 是环，D 是 R 的非空子集，若

(1) $\langle D, +\rangle$ 构成 Abel 群，(2) $\forall r \in R$ 有 $rD \subseteq D$ 和 $Dr \subseteq D$，

则称 D 为环 R 的**理想**.

【例 18.10】 设 $R = \langle Z, +, \cdot\rangle$ 是整数环，则 nZ 是 R 的理想，其中 n 为自然数. 易见 $\langle nZ, +\rangle$ 是 Abel 群. 任取 $k \in Z$，有

$$knz \in nZ \quad 和 \quad nzk \in nZ.$$

即 $knZ \subseteq nZ$ 和 $nZk \subseteq nZ$，所以 nZ 为 R 的理想.

由定义 18.9 不难证明环 R 的理想 D 一定是 R 的子环，但环 R 的任一子环不一定是 R 的理想. 设 D 是 R 的理想，$\forall x, y \in D$，则 $x - y \in D$，且 $xy \in xD \subseteq D$. 所以 D 是 R 的子环. 但反之不一定为真. 例如 $\langle Z, +, \cdot\rangle$ 是 $\langle R, +, \cdot\rangle$ 的子环，其中 Z 和 R 分别为整数集和实数集，但 $\langle Z, +, \cdot\rangle$ 不是 $\langle R, +, \cdot\rangle$ 的理想.

对于任何环 R 都有两个**平凡理想**，就是 R 的两个平凡子环 R 和 $\{0\}$，除此之外的理想习惯上叫做 R 的**真理想**(注意这里的"真"与真子代数的"真"有点区别. $\{0\}$ 是 R 的真子集，也是 R 的理想，但不叫做 R 的真理想).

【例 18.11】 设 R 是交换环，且 $1 \neq 0$. 则 R 为域当且仅当 R 只含平凡理想.

证 必要性. 设 D 是 R 的理想且 $D \neq \{0\}$,则存在 $x \in D, x \neq 0$. 由于 R 是域,必有 $x^{-1} \in R$,满足 $xx^{-1} = 1$,因此 $1 \in D$. 任取 $r \in R$,有 $r = r \cdot 1 \in D$,所以 $R \subseteq D$,从而有 $D = R$.

充分性. 设 R 只含平凡理想,任取 $x \in R, x \neq 0$,则易证

$$D = Rx = \{rx \mid r \in R\}$$

是 R 的理想,从而有 $Rx = R$. 这就证明了存在 $y \in R$,使得 $yx = 1$. 因为乘法是可交换的,y 是 x 的逆元. $\langle R^*, \cdot \rangle$ 构成 Abel 群,因此 R 是域. ▌

由环和理想可以构造商环.

定义 18.10 设 D 是环 R 的理想. 对于任意的 $x \in R$,x 关于加法的陪集记作 $\bar{x}$,即 $\bar{x} = D + x = \{d + x \mid d \in D\}$. 令 $R/D = \{\bar{x} \mid x \in R\}$ 是 D 的全体加法陪集的集合,在 R/D 上定义二元运算

$$\bar{x} + \bar{y} = \overline{x + y}, \quad \bar{x} \cdot \bar{y} = \overline{xy},$$

则 $\langle R/D, +, \cdot \rangle$ 构成一个环,称为 R 关于 D 的**商环**.

为了保证以上定义的正确性,我们必须验证商环中的两个运算是良定义的.

因为 $\langle R, + \rangle$ 是 Abel 群,$\langle D, + \rangle$ 是正规子群,所以 R/D 关于商环中的加法构成商群. 显然商环中的加法是良定义的、可结合的,也是可交换的.

任取 $\bar{x}, \bar{y} \in R/D$, $\overline{x'}, \overline{y'} \in R/D$. 假设 $\overline{x'} = \bar{x}$, $\overline{y'} = \bar{y}$,则有 $d_1, d_2 \in D$,使得

$$x' = d_1 + x, \; y' = d_2 + y.$$

因此有

$$\overline{x'} \cdot \overline{y'} = \overline{(d_1 + x)(d_2 + y)} = \overline{d_1 d_2 + d_1 y + x d_2 + xy}.$$

由于 D 是理想,$d_1 d_2 + d_1 y + x d_2 \in D$,从而得到

$$\overline{x'} \cdot \overline{y'} = \overline{d + xy} = \overline{xy} = \bar{x} \cdot \bar{y}.$$

这就验证了商环中的乘法也是良定义的. 下面证明乘法是可结合的.

任取 $\bar{x}, \bar{y}, \bar{z} \in R/D$,有

$$(\bar{x} \cdot \bar{y}) \cdot \bar{z} = \overline{xy} \cdot \bar{z} = \overline{(xy)z} = \overline{x(yz)} = \bar{x} \cdot \overline{yz} = \bar{x} \cdot (\bar{y} \cdot \bar{z}),$$

于是 $\langle R/D, \cdot \rangle$ 构成半群.

最后证明乘法对加法适合分配律,任取 $\bar{x}, \bar{y}, \bar{z} \in R/D$,有

$$\bar{x} \cdot (\bar{y} + \bar{z}) = \bar{x} \cdot \overline{y + z} = \overline{x(y + z)} = \overline{xy + xz} = \overline{xy} + \overline{xz} = \bar{x} \cdot \bar{y} + \bar{x} \cdot \bar{z}.$$

同理有

$$(\bar{y} + \bar{z}) \cdot \bar{x} = \bar{y} \cdot \bar{x} + \bar{z} \cdot \bar{x}.$$

综上所述,$\langle R/D, +, \cdot \rangle$ 构成一个环.

商环 R/D 就是环 R 的商代数,对于任意的 $x, y, u, v \in R$,如果 $\bar{x} = \bar{y}, \bar{u} = \bar{v}$,则有 $\bar{x} + \bar{u} = \bar{y} + \bar{v}, \bar{x} \cdot \bar{u} = \bar{y} \cdot \bar{v}$. 这就说明当 $x \sim y, u \sim v$ 时有 $x + u \sim y + v$ 和 $xu \sim yv$,即由加法陪集作为等价类所确定的等价关系是环 R 中的同余关系,所以商环 R/D 是环 R 的商代数.

【例 18.12】 设环 $R = \langle Z, +, \cdot \rangle$ 是整数环,$4Z = \{4k \mid k \in Z\}$ 是 R 的理想,商环 $\langle Z/4Z, \oplus, \otimes \rangle$ 称为**模 4 的剩余类环**,其中

$$Z/4Z = \{4Z, 4Z+1, 4Z+2, 4Z+3\} = \{\bar{0}, \bar{1}, \bar{2}, \bar{3}\},$$

且 $\bar{i} \oplus \bar{j} = \overline{i + j}$, $\bar{i} \otimes \bar{j} = \overline{ij}$,不难看出,模 4 的剩余类环与模 4 整数环 $\langle Z_4, \oplus, \otimes \rangle$ 是同构的.

下面考虑环的同态. 根据一般代数系统的同态概念,环同态定义如下:

定义 18.11 设 $\langle R_1, +, \cdot \rangle$, $\langle R_2, +, \cdot \rangle$ 是环,$\varphi: R_1 \to R_2$. 若对任意的 $x, y \in R_1$ 有

$$\varphi(x+y)=\varphi(x)+\varphi(y), \quad \varphi(x\cdot y)=\varphi(x)\cdot\varphi(y),$$

则称 φ 是环 R_1 到 R_2 的同态映射，简称同态. 若 φ 为满射，则称 φ 是满同态；若 φ 为单射，则称 φ 为单同态；若 φ 为双射，则称 φ 为同构.

例如环 $R_1=\langle Z,+,\cdot\rangle$ 为整数环，$R_2=\langle Z_n,\oplus,\otimes\rangle$ 为模 n 整数环. 则 $\varphi\colon Z\to Z_n$，$\varphi(x)=(x)\bmod n$，$\forall x\in Z$，是 R_1 到 R_2 的满同态.

第十五章中关于一般代数系统同态的定理对环都适用. 下面考虑环同态的一些特殊性质.

定义 18.12 设 φ 是环 R_1 到 R_2 的同态，令

$$I=\{x\mid x\in R_1\wedge\varphi(x)=0\},$$

称 I 为**环同态的核**，记作 $\ker\varphi$.

定理 18.6 设 $\varphi\colon R_1\to R_2$ 是环同态，则 $\ker\varphi$ 是环 R_1 的理想.

证 φ 为环 R_1 到 R_2 的同态，φ 将 Abel 群 $\langle R_1,+\rangle$ 映到 Abel 群 $\langle R_2,+\rangle$，$\ker\varphi$ 是群同态的核，由定理 17.36 知 $\ker\varphi$ 是 $\langle R_1,+\rangle$ 的正规子群.

任取 $x\in\ker\varphi$，$r\in R_1$，则

$$\varphi(xr)=\varphi(x)\varphi(r)=0\varphi(r)=0,$$

所以 $xr\in\ker\varphi$. 同理 $rx\in\ker\varphi$. 从而 $\ker\varphi$ 是环 R_1 的理想. ▌

定理 18.7 设 $\varphi\colon R_1\to R_2$ 是环同态，那么

(1) 若 S 是 R_1 的子环，则 $\varphi(S)$ 是 R_2 的子环；

(2) 若 T 是 R_2 的子环，则 $\varphi^{-1}(T)$ 是 R_1 的子环；

(3) 若 D 是 R_1 的理想，则 $\varphi(D)$ 是 $\varphi(R_1)$ 的理想；

(4) 若 I 是 R_2 的理想，则 $\varphi^{-1}(I)$ 是 R_1 的理想.

证 (1) $\varphi(S)$ 非空. 任取 $a,b\in\varphi(S)$，存在 $x,y\in S$，使得 $\varphi(x)=a$，$\varphi(y)=b$，那么有

$$a-b=\varphi(x)-\varphi(y)=\varphi(x-y).$$

由于 $x-y\in S$，所以 $a-b\in\varphi(S)$，同时也有

$$ab=\varphi(x)\varphi(y)=\varphi(xy)\in\varphi(S).$$

由定理 18.5，$\varphi(S)$ 是 R_2 的子环.

(2) 易见 $\varphi^{-1}(T)\neq\varnothing$. 任取 $x,y\in\varphi^{-1}(T)$，存在 $a,b\in T$ 使得 $\varphi(x)=a$，$\varphi(y)=b$，那么

$$\varphi(x-y)=\varphi(x)-\varphi(y)=a-b\in T,$$

则 $x-y\in\varphi^{-1}(T)$. 又

$$\varphi(xy)=\varphi(x)\varphi(y)=ab\in T,$$

即 $xy\in\varphi^{-1}(T)$. 这就证明 $\varphi^{-1}(T)$ 是 R_1 的子环.

(3) D 是 $\langle R_1,+,\cdot\rangle$ 的理想，所以 $\langle D,+\rangle$ 是 $\langle R_1,+\rangle$ 的子群. 由定理 17.35 知 $\langle\varphi(D),+\rangle$ 是 $\langle\varphi(R_1),+\rangle$ 的子群，且是 Abel 群.

任取 $x\in\varphi(D)$，$r\in\varphi(R_1)$，存在 $a\in D$，$b\in R_1$，使得 $\varphi(a)=x$，$\varphi(b)=r$，且

$$xr=\varphi(a)\varphi(b)=\varphi(ab)\in\varphi(D).$$

同理 $rx\in\varphi(D)$，这就证明 $\varphi(D)$ 是 $\varphi(R_1)$ 的理想.

(4) $\varphi^{-1}(I)$ 非空，且 $\forall x,y\in\varphi^{-1}(I)$ 有

$$\varphi(x-y)=\varphi(x)-\varphi(y)\in I,$$

所以 $x-y\in\varphi^{-1}(I)$，即 $\langle\varphi^{-1}(I),+\rangle$ 是 $\langle R_1,+\rangle$ 的子群.

任取 $x\in\varphi^{-1}(I)$，$r\in R_1$，必存在 $a\in I$，$b\in R_2$，使得 $\varphi(x)=a$，$\varphi(r)=b$，那么有

$$\varphi(xr)=\varphi(x)\varphi(r)=ab\in I.$$

从而证明了 $xr\in\varphi^{-1}(I)$. 同理可证 $rx\in\varphi^{-1}(I)$, $\varphi^{-1}(I)$ 是 R_1 的理想. ∎

【例 18.13】 设 φ 是环 R_1 到 R_2 的满同态. $\ker\varphi=I$. 依照例 17.45 的方法不难证明在 R_1 的包含着 I 的理想和 R_2 的理想之间存在着一一对应.

例如 $R_1=\langle Z,+,\cdot\rangle$ 是整数环, $R_2=\langle Z_8,\oplus,\otimes\rangle$ 是模 8 的整数环. 令

$$\varphi: Z\to Z_8,\ \varphi(x)=(x)\bmod 8,\ \forall x\in Z,$$

则 φ 是 R_1 到 R_2 的满同态, 且 $I=\ker\varphi=8Z$.

R_1 的包含着 I 的理想是:

$D_1=R_1=Z$,

$D_2=2Z=\{2k\mid k\in Z\}$,

$D_3=4Z=\{4k\mid k\in Z\}$,

$D_4=8Z=\{8k\mid k\in Z\}$.

R_2 的理想是:

Z_8, $\{0,2,4,6\}$, $\{0,4\}$, $\{0\}$.

令 $A_1=\{Z,2Z,4Z,8Z\}$, $A_2=\{Z_8,\{0,2,4,6\},\{0,4\},\{0\}\}$. 定义 $f: A_1\to A_2$, $f(D)=\varphi(D)$, 则

$$f(Z)=Z_8,\ f(2Z)=\{0,2,4,6\},\ f(4Z)=\{0,4\},\ f(8Z)=\{0\}.$$

f 是 A_1 和 A_2 之间的一一对应.

定理 18.8 设 D 是环 R 的理想, $g: R\to R/D$, $\forall r\in R$ 有 $g(r)=D+r$, 则 g 是 R 到 R/D 的同态, 且 $\ker g=D$.

证 $\forall r_1,r_2\in R$ 有

$$g(r_1+r_2)=D+(r_1+r_2)=(D+r_1)+(D+r_2),$$

$$g(r_1r_2)=D+r_1r_2=(D+r_1)(D+r_2).$$

g 是 R 到 R/D 的同态, $\forall r\in R$, $g(r)=D\Longleftrightarrow r\in D$, 故 $\ker g=D$. ∎

称 g 是环 R 到商环 R/D 的自然同态.

定理 18.9(环同态基本定理) 环 R 的任何商环 R/D 都是 R 的同态像. 反之, 若环 R' 是 R 的同态像, 则 $R'\cong R/\ker\varphi$.

证 易见自然同态 $g: R\to R/D$ 是满同态.

设 $R\overset{\varphi}{\sim}R'$, 由定理 18.6 知 $\ker\varphi$ 是 R 的理想. 如下定义 R 上的二元关系 $\sim$: $\forall a,b\in R$, $a\sim b\Longleftrightarrow\varphi(a)=\varphi(b)$. 则由群同态基本定理的证明可知 $\forall a\in R$ 有 $[a]=a+\ker\varphi=\bar{a}$, 其中 $[a]\in R/\sim$, $\bar{a}\in R/\ker\varphi$. 此外 $\forall a,b\in R$ 有

$$[a]+[b]=[a+b],\quad \bar{a}+\bar{b}=\overline{a+b},$$

$$[a]\cdot[b]=[ab],\quad \bar{a}\cdot\bar{b}=\overline{ab}.$$

所以 $\langle R/\sim,+,\cdot\rangle$ 就是 $\langle R/\ker\varphi,+,\cdot\rangle$. 由定理 15.12 得

$$R'\cong R/\ker\varphi.$$ ∎

【例 18.14】 设 S 是 R 的子环, D 是 R 的理想, 则

(1) $S\cap D$ 是 S 的理想; (2) $S+D$ 是 R 的子环; (3) $S/S\cap D\cong S+D/D$.

证 (1) 易见 $S\cap D$ 是 $\langle R,+\rangle$ 的子群, 且 $\forall a\in S\cap D$, $\forall s\in S$ 有 $as\in D$ 和 $as\in S$, 所以 $as\in S\cap D$. 同理可证 $sa\in S\cap D$, 从而推出 $S\cap D$ 是 S 的理想.

(2) 令 $g: R \to R/D$ 是自然映射，g 是满同态. 由于 $S+D=g^{-1}(g(S))$，根据定理 18.7，$S+D$ 是 R 的子环.

(3) $g(S)=S+D/D$，$\ker(g \upharpoonright S)=S\cap D$，由定理18.9有 $S/S\cap D \cong S+D/D$. ▍

18.3 有限域上的多项式环

设 F 为域，以 F 中元素作系数构成如下形式的多项式

$$A(x)=a_0+a_1x+\cdots+a_nx^n,$$

令所有这样的多项式构成集合 S. 任取 $a(x), b(x) \in S$，则 $a(x)+b(x), a(x)b(x) \in S$，$F$ 上多项式加法和乘法满足交换律、结合律以及乘法对加法的分配律. 0 是零次多项式，为 F 上多项式加法的单位元，$-a(x)$ 是 $a(x)$ 关于 F 上多项式加法的负元. 综上所述，S 关于 F 上多项式加法和乘法构成一个环. 因此我们有下面的定义.

定义 18.13 设 F 是域，令

$$F[x]=\{a_0+a_1x+\cdots+a_nx^n \mid n\in N, a_i\in F,\ i=0,1,\cdots,n\},$$

则 $F[x]$ 关于 F 上多项式的加法和乘法构成一个环，称为**域 F 上的多项式环**. 若 F 为有限域，则称 $F[x]$ 为**有限域 F 上的多项式环**.

定理 18.10 设 $F[x]$ 是有限域 F 上的多项式环，$f(x)\in F[x]$. 在 $F[x]$ 上如下定义二元关系 R，$\forall g(x), h(x)\in F[x]$，

$$g(x)Rh(x) \Longleftrightarrow f(x)\mid (g(x)-h(x)),$$

则 R 是 $F[x]$ 上的同余关系.

证 $\forall a(x)\in F[x]$，$f(x)\mid (a(x)-a(x))$，R 在 $F[x]$ 上是自反的.

$\forall a(x), b(x)\in F[x]$，若 $a(x)Rb(x)$，则 $f(x)\mid(a(x)-b(x))$. 显然有 $f(x)\mid(b(x)-a(x))$，所以 R 在 $F[x]$ 上是对称的.

$\forall a(x), b(x), c(x)\in F[x]$，若 $a(x)Rb(x)$，$b(x)Rc(x)$，则 $f(x)\mid(a(x)-b(x))$，$f(x)\mid(b(x)-c(x))$. 因此有

$$f(x)\mid(a(x)-b(x)+b(x)-c(x)),$$

即 $f(x)\mid(a(x)-c(x))$，所以 R 在 $F[x]$ 上是传递的. R 是 $F[x]$ 上的等价关系.

下面证明 R 关于 $F[x]$ 上的多项式加法和乘法具有置换性质.

设 $a(x), b(x), c(x), d(x)\in F[x]$，若 $a(x)Rb(x)$，$c(x)Rd(x)$，则 $f(x)\mid(a(x)-b(x))$，$f(x)\mid(c(x)-d(x))$. 因此 $f(x)$ 整除

$$(a(x)+c(x))-(b(x)+d(x)),$$

即 $(a(x)+c(x))R(b(x)+d(x))$.

令 $A(x)=a(x)c(x)-b(x)d(x)$，则

$$A(x)=(a(x)-b(x))c(x)+b(x)(c(x)-d(x)).$$

由 $f(x)\mid(a(x)-b(x))$ 和 $f(x)\mid(c(x)-d(x))$ 可知 $f(x)\mid A(x)$，所以

$$a(x)c(x)Rb(x)d(x).$$ ▍

由这个定理可以得到下面的定义.

定义 18.14 设 $F[x]$ 是有限域 F 上的多项式环，$f(x)\in F[x]$，$\forall g(x), h(x)\in F[x]$，若 $f(x)\mid(g(x)-h(x))$，则称 $g(x)$ 和 $h(x)$ 是**模 $f(x)$ 同余的**，**记作** $g(x)\equiv h(x)(\mathrm{mod} f(x))$.

【例 18.15】 $F = \{0, 1\}$,则

$$F[x] = \{0, 1, x, 1+x, x^2, 1+x^2, x+x^2, 1+x+x^2, \cdots\},$$

令 $f(x) = 1 + x$, $g(x) = 1 + x + x^2$, $h(x) = x^2$, 则有

$$g(x) \equiv h(x)(\mathrm{mod} f(x)).$$

同时也有

$$1 + x \equiv 1 + x^2(\mathrm{mod} f(x)), \quad 1 + x^2 \equiv x + x^2(\mathrm{mod} f(x))$$

等,因为在 $F[x]$ 上满足

$$(1 + x)x = x + x^2.$$

【例 18.16】 设 $F[x]$ 是有限域 F 上的多项式环,$f(x) \in F[x]$.对任意的 $a(x) \in F[x]$,根据多项式除法有下面的等式

$$a(x) = f(x)q(x) + r(x).$$

其中 $q(x)$ 为商,$r(x)$ 是余式.如果将一个多项式中 x 最高次项的次数叫做这个多项式的次数,那么 $r(x)$ 的次数小于 $f(x)$ 的次数.由定义 18.14 有

$$a(x) \equiv r(x)(\mathrm{mod} f(x)).$$

设 $F[x]$ 是有限域 F 上的多项式环,$f(x) \in F[x]$ 是 n 次多项式,$n \geqslant 1$,将 $F[x]$ 中所有次数小于 n 的多项式构成的集合记作 $F[x]/f(x)$.对任意的 $a(x)$,$b(x) \in F[x]/f(x)$,如下定义 $F[x]/f(x)$ 中的**模 $f(x)$ 加法**和**乘法**.若

$$a(x) + b(x) = f(x)q_1(x) + r_1(x), \quad a(x)b(x) = f(x)q_2(x) + r_2(x),$$

其中 $r_1(x)$ 和 $r_2(x)$ 的次数小于 $f(x)$ 的次数,则有

$$a(x) + b(x)(\mathrm{mod} f(x)) = r_1(x), \quad a(x) \cdot b(x)(\mathrm{mod} f(x)) = r_2(x).$$

易见模 $f(x)$ 加法实际上就是普通的多项式加法,因为 $a(x) + b(x)$ 的次数小于 $f(x)$ 的次数.不难验证 $F[x]/f(x)$ 关于模 $f(x)$ 加法和乘法是封闭的,模 $f(x)$ 加法和乘法是可交换的、可结合的,并且模 $f(x)$ 乘法对模 $f(x)$ 加法是可分配的.域 F 中的 0 和 1 分别为模 $f(x)$ 加法和乘法的单位元.$-a(x)$ 为 $a(x)$ 的负元.因此 $F[x]/f(x)$ 关于模 $f(x)$ 加法和乘法构成一个环.

定义 18.15 设 $F[x]$ 为有限域 F 上的多项式环,$f(x) \in F[x]$ 是 n 次多项式,$n \geqslant 1$.令

$$F[x]/f(x) = \{g(x) \mid g(x) \in F[x] \wedge g(x) \text{ 的次数小于 } n\},$$

则 $F[x]/f(x)$ 关于模 $f(x)$ 的加法和乘法构成一个环,称为**域 F 上的模 $f(x)$ 的多项式环**.

通常当域 $F = \{0,1,\cdots,p-1\}$ 时将 $F[x]$ 记作 $F_p[x]$.

【例 18.17】 设 $F = \{0,1\}$,F 上的多项式环记作 $F_2[x]$.令 $f(x) = 1 + x + x^2$,则 F 上模 $1 + x + x^2$ 的多项式环

$$F_2[x]/(1 + x + x^2) = \{0, 1, x, 1 + x\}.$$

关于模 $1 + x + x^2$ 的加法和乘法的运算表给在表 18.1 中.

表 18.1

$+$	0	1	x	$1+x$
0	0	1	x	$1+x$
1	1	0	$1+x$	x
x	x	$1+x$	0	1
$1+x$	$1+x$	x	1	0

$\cdot$	0	1	x	$1+x$
0	0	0	0	0
1	0	1	x	$1+x$
x	0	x	$1+x$	1
$1+x$	0	$1+x$	1	x

为了给出环 $F[x]/f(x)$ 构成域的充分必要条件，我们先考虑不可约多项式.

定义 18.16 设 $F[x]$ 为域 F 上的多项式环，对任意的 $a(x) \in F[x]$，$a(x)$ 的次数为 t，如果不存在次数小于 t 且大于 0 的多项式 $b(x)$，$c(x) \in F[x]$ 使得 $a(x) = b(x)c(x)$，则称 $a(x)$ 是**不可约的**.

例如在 $F_2[x]$ 中多项式 $1 + x^3$ 不是不可约的，因为

$$1 + x^3 = (1 + x)(1 + x + x^2),$$

而 $1 + x$ 和 $1 + x + x^2$ 在 $F_2[x]$ 中是不可约的. 称上式为 $1 + x^3$ 在 $F_2[x]$ 中分解为不可约多项式的分解式. 同一个多项式在不同的 $F[x]$ 中的分解式是不一样的. 例如 $1 + x^3$ 在 $F_3[x]$ 中的分解式是

$$1 + x^3 = (1 + x)(1 - x + x^2) = (1 + x)(1 + 2x + x^2) = (1 + x)^3.$$

设 F 为有限域，下面的定理给出环 $F[x]/f(x)$ 构成域的充分必要条件.

定理 18.11 设 F 为有限域，环 $F[x]/f(x)$ 是域当且仅当 $f(x)$ 在 $F[x]$ 中是不可约的.

证 必要性. 假设 $f(x)$ 在 $F[x]$ 中可约，则存在非零次多项式 $a(x)$，$b(x) \in F[x]$，使得 $f(x) = a(x)b(x)$，且 $a(x)$，$b(x)$ 的次数小于 $f(x)$ 的次数. 由于 $a(x)$，$b(x) \in F[x]/f(x)$，且

$$a(x) \cdot b(x)(\bmod f(x)) = f(x)(\bmod f(x)) = 0,$$

所以 $a(x)$，$b(x)$ 是 $F[x]/f(x)$ 中的零因子，与 $F[x]/f(x)$ 是域矛盾.

充分性. 因为 F 为有限域，$f(x)$ 的次数是有限的，所以 $F[x]/f(x)$ 也是有限的. 设 $F[x]/f(x)$ 中含有 m 个多项式. 任取 $a(x) \in F[x]/f(x) - \{0\}$，若 $a(x) = 1$，则 1 就是 $a(x)$ 的乘法逆元. 若 $a(x) \neq 1$，考虑 $a(x)$ 的所有乘法幂：$a(x)$，$a^2(x)$，…，$a^m(x)$，…，必有

$$a^i(x) \equiv a^j(x) \ (\bmod f(x)),\ i < j.$$

从而推出 $f(x)$ 整除 $a^j(x) - a^i(x)$，即

$$f(x) \mid a^i(x)(a^{j-i}(x) - 1).$$

由 $a^i(x) \not\equiv 0(\bmod f(x))$ 和 $f(x)$ 的不可约性得 $f(x) \mid (a^{j-i}(x) - 1)$，于是有

$$a^{j-i}(x) \equiv 1 \ (\bmod f(x)).$$

易见 $j - i > 1$，这就证明了 $a^{j-i-1}(x)$ 是 $a(x)$ 的逆元. 由 $a(x)$ 的任意性可知 $F[x]/f(x)$ 是域.

∎

可以证明对任何素数阶的域 $F(|F| = p)$ 和正整数 t，存在着一个 F 上的 t 次不可约多项式 $f(x)$，使得 $f(x)$ 的最高次项的系数是 1. 不难看出，$F[x]/f(x)$ 中恰含有 p^t 个元素. 根据定理 18.11，$F[x]/f(x)$ 是阶为 p^t 的域.

把以上结果和定理 18.4 结合起来就得到下面的结论：

存在阶为 n 的有限域当且仅当 n 是某个素数的幂.

习 题 十 八

1. 设 $*$ 和 $\circ$ 是 A 上的两个二元运算，且 $\circ$ 是可结合的，$*$ 和 $\circ$ 是互相可分配的，证明对任意 $a_1, a_2, b_1, b_2 \in A$ 有

$$(a_1 * b_1)\circ(a_1 * b_2)\circ(a_2 * b_1)\circ(a_2 * b_2) = (a_1 * b_1)\circ(a_2 * b_1)\circ(a_1 * b_2)\circ(a_2 * b_2).$$

2. 设 $Z[i] = \{a + bi \mid a, b \in Z, i = \sqrt{-1}\}$，证明 $Z[i]$ 关于复数的加法和乘法构成一个环（高斯整数环）.

3. 证明 $P(B)$ 关于 $\oplus$ 和 $\cap$ 构成一个可交换的环，其中 $\oplus$ 为集合的对称差运算.

4. 在整数环中定义 $*$ 和$\circ$两个二元运算.对于任意 $a,b\in Z$ 有

$$a*b=a+b-1,\quad a\circ b=a+b-ab.$$

证明$\langle Z,*,\circ\rangle$是一个含幺环.

5. 设 R 是环,若 $\forall a\in R$ 都有 $a^2=a$,则称 R 为布尔环.证明

(1) R 是可交换的;

(2) $\forall a\in R$ 有 $a+a=0$;

(3) 如果 $|R|>2$,则 R 不是整环.

6. 设 R_1,R_2 是环,在 $R_1\times R_2$ 中定义两个二元运算 $*$ 和$\circ$,对任意$\langle a_1,b_1\rangle,\langle a_2,b_2\rangle\in R_1\times R_2$,

$$\langle a_1,b_1\rangle*\langle a_2,b_2\rangle=\langle a_1+a_2,b_1+b_2\rangle,\langle a_1,b_1\rangle\circ\langle a_2,b_2\rangle=\langle a_1a_2,b_1b_2\rangle.$$

证明:

(1) $R_1\times R_2$ 关于 $*$ 和$\circ$运算构成一个环;

(2) 若 R_1 和 R_2 是交换环(或含幺环),则 $R_1\times R_2$ 也是交换环(或含幺环);

(3) 若 R_1 和 R_2 都是整环,$R_1\times R_2$ 是整环吗?证明你的结论.

7. 设正整数 n 不是素数且 $n>1$,证明

(1) Z_n 中含有零因子;

(2) $\forall r\in Z_n,r\neq 0$,则 r 不是 Z_n 中零因子当且仅当$(r,n)=1$;

(3) 找出 Z_{18} 中的全部零因子.

8. 设 R 为含幺环,a 是 R 中的可逆元,若 $|R|>1$,则 a 不是零因子.

9. 若 p,q 是不同的素数,证明无 pq 个元的整环.

10. 设$\langle R,+,\cdot\rangle$是环,S 是 R 中所有非零因子组成的集合.证明$\langle S,\cdot\rangle$是$\langle R,\cdot\rangle$的子半群.又问$\langle S,+,\cdot\rangle$是$\langle R,+,\cdot\rangle$的子环吗?为什么?

11. 证明有限整环必是域.

12. 设域 F 的特征 $n\neq 0,a,b\in F$,证明

$$(a+b)^n=a^n+b^n.$$

13. 设 T 是域 F 的子环,且 $|T|\geqslant 2$.令

$$S=\{ab^{-1}\mid a,b\in T,\ b\neq 0\}.$$

证明 S 是 F 中包含 T 的最小子域.

14. 设 R 是一个环,若 R 只有一个右单位元,试证 R 是含幺环.

15. 设 R 是含幺环,$u\in R$,u 有右逆元.证明关于 u 的下述条件是等价的:

(1) u 有多于一个的右逆元; (2) u 不是可逆的; (3) u 是左零因子.

16. 设 R 是环,$a\in R$,若存在正整数 n 使得 $a^n=0$,则称 a 是幂零元.试证明 0 是整环中惟一的幂零元.

17. 设 R 是交换环,则 R 中的全体幂零元集合(见题 16) 构成 R 的子环.

18. 设 R 为交换环,证明 R 的所有幂零元的集合是 R 的一个理想.

19. 证明环 R 的两个理想的交仍是 R 的理想.

20. 设 R 是环,$A,B\subseteq R$.令

$$A+B=\{a+b\mid a\in A\wedge b\in B\}.$$

(1) 证明当 A,B 是理想时,$A+B$ 也是理想;

(2) 举例说明当 A,B 是子环时,$A+B$ 未必是子环.

21. 设 F 是数域,证明 F 上的矩阵环 $M_n(F)$ 无非平凡理想.

22. 给出 Z_5 及 Z_6 的所有理想.

23. 设 A 是偶数环,$D=\{4x\mid x\in Z\}$.证明 D 是 A 的一个理想,求 A/D.

24. 设 R 是交换环,D 是 R 的理想.令

$$N(D)=\{x\mid x\in R,\text{存在正整数 } n \text{ 使 } x^n\in D\},$$

证明 $N(D)$ 是 R 的理想.

25. 设 A 是环 R 的理想,若存在正整数 n 使得

$$A^n = \{a_1a_2\cdots a_n \mid a_i \in A, i = 1,2,\cdots,n\} = \{0\},$$

则称 A 是幂零的.证明如果环 R 有幂零理想 A,且 R/A 为幂零环,则 R 是幂零环.

26. 设 H 是环 R 的理想,且 $H \neq R$.如果除 H 和 R 以外,R 不存在包含 H 的理想,则称 H 是 R 的极大理想.设 R 是可交换的含幺环,证明 R/H 是域当且仅当 H 是 R 的极大理想.

27. 设 R 是交换环,$x_1, x_2, \cdots, x_m \in R$.令

$$S = \{r_1x_1 + r_2x_2 + \cdots + r_mx_m \mid r_i \in R, i = 1,2,\cdots,m\}.$$

证明 S 是 R 的理想.

28. 给出 Z_2 到 Z 的一切环同态.

29. 设 $A = \left\{\begin{pmatrix} a & b \\ 0 & c \end{pmatrix} \middle| a,b,c \in Z\right\}$,$A$ 关于矩阵加法和乘法构成环.证明 $B = \left\{\begin{pmatrix} 0 & 0 \\ 0 & x \end{pmatrix} \middle| x \in Z\right\}$ 是 A 的子环.给出 A 到 B 的一个同态映射 φ,并求 $\ker\varphi$.

30. 设 $F[x]$ 是域 F 上的多项式环,令 $\varphi: f(x) \mapsto f(0)$, $\forall f(x) \in F[x]$.证明 φ 是 $F[x]$ 到 F 的满同态,求 $\ker\varphi$ 和 $F[x]/\ker\varphi$.

31. 设 R 是环,A, B 是 R 的两个理想,且 $B \subseteq A$.证明 A/B 是 R/B 的理想,且

$$R/B\big/(A/B) \cong R/A.$$

32. 设 φ 是环 R_1 到 R_2 的同态映射,$S \subseteq R_1$.证明 $\varphi^{-1}(\varphi(S)) = \ker\varphi + S$.

33. 设 φ 是从域 F_1 到 F_2 的同态,且 $\varphi(F_1) \neq \{0\}$.证明 φ 是单同态.

34. 设 G 为 Abel 群,在 $\mathrm{End}G$ 上定义两个运算.$\forall f, g \in \mathrm{End}G$,

$$(f+g)(x) = f(x) + g(x), \quad \forall x \in G,$$

$$f\circ g(x) = f(g(x)), \quad \forall x \in G.$$

证明 $\langle \mathrm{End}G, +, \circ \rangle$ 是一个环.称为 G 的自同态环.设 $G = \langle a \rangle$ 是 n 阶循环群,求 G 的自同态环.

35. 证明有理数加法群的自同态环与有理数域同构.

36. 列出 $F_2[x]/(x+x^2)$ 的乘法表.$F_2[x]/(x+x^2)$ 是域吗?为什么?

37. 证明在 $F_2[x]$ 上次数大于 1 的任何不可约多项式的非零系数为奇数个.

38. 列出 $F_2[x]$ 中所有的次数从 1 到 4 的不可约多项式.

39. 在 $F_2[x]$ 中找出一个适当的不可约多项式 $f(x)$,并构造一个阶为 8 的有限域 $F_2[x]/f(x)$.

40. 将 $x^5 - 1$ 在 $F_2[x]$ 上分解为不可约多项式.

第十九章　格与布尔代数

格和布尔代数是一类重要的代数系统，在计算机科学上有着广泛的应用.

19.1　格的定义和性质

先给出格的定义.

定义 19.1　设 $\langle S, \leqslant \rangle$ 是偏序集，若对于任意的 $x, y \in S$，$\{x, y\}$ 都有最大下界和最小上界，则称偏序集 $\langle S, \leqslant \rangle$ 构成一个**格**.

设 x, y 是格中的任意两个元素，由于 $\{x, y\}$ 的最大下界和最小上界是惟一存在的，我们将 $\{x, y\}$ 的最大下界记作 $x \wedge y$，最小上界记作 $x \vee y$.①

【例 19.1】　设 n 为正整数，A_n 为 n 的所有正因子的集合，则 A_n 关于整除关系构成格. 因为对任意 $x, y \in A_n$，$x \vee y$ 是 $[x, y]$，x 与 y 的最小公倍数；$x \wedge y$ 是 (x, y)，x 与 y 的最大公约数. 而 $[x, y]$ 和 (x, y) 都属于 A_n. 图 19.1 给出了当 $n = 6, 8, 30$ 时的格 A_6，A_8，A_{30}.

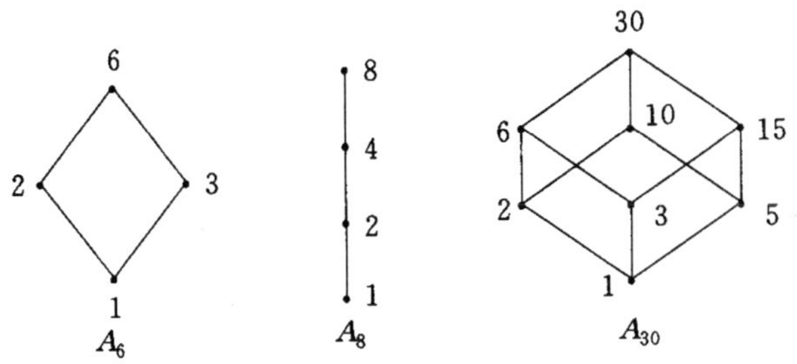

图　19.1

【例 19.2】　设 $P(B)$ 是集合 B 的幂集，则 $P(B)$ 关于集合的包含关系 $\subseteq$ 构成一个格，称为 B 的**幂集格**.

【例 19.3】　设 G 为群，令

$$L(G) = \{H \mid H \text{ 是 } G \text{ 的子群}\},$$

则 $L(G)$ 关于包含关系构成一个格，称为群 G 的**子群格**. 对于任意的 $H_1, H_2 \in L(G)$，$H_1 \wedge H_1$ 是 H_1 与 H_2 的交，也是 G 的子群，H_1 与 H_2 的最小上界是由 $H_1 \cup H_2$ 生成的子群，即 $\langle H_1 \cup H_2 \rangle$.

【例 19.4】　图 19.2 中给出的偏序集都不是格.（1）中的 $\{e, f\}$ 没有最小上界.（2）中的 $\{b, d\}$ 有上界 c 和 e，但没有最小上界.（3）中的 $\{b, c\}$ 没有最小上界.（4）中的 $\{a, e\}$ 没有上界，更没有最小上界.

---

① 本章中的 $\wedge$ 和 $\vee$ 符号只代表格中求最大下界和最小上界的运算.

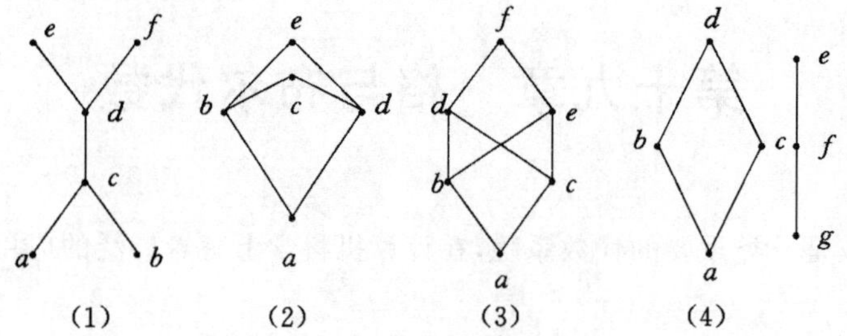

图 19.2

下面给出格的性质.

定义 19.2 设$\langle S, \preccurlyeq\rangle$是格，$P$是由格中元素及$\preccurlyeq, =, \succcurlyeq, \wedge, \vee$等符号所表示的命题，如果将$P$中的$\preccurlyeq, \succcurlyeq, \wedge, \vee$分别替换成$\succcurlyeq, \preccurlyeq, \vee, \wedge$得到的命题为$P^*$，称$P^*$为$P$的**对偶命题**，简称**对偶**.

例如P是$a \wedge b \preccurlyeq a$，那么$P$的对偶命题$P^*$是$a \vee b \succcurlyeq a$. 若$P$是$a \wedge (a \vee b) = a$，那么$P$的对偶命题$P^*$是$a \vee (a \wedge b) = a$.

格的对偶原理 如果命题P对一切格L为真，则P的对偶命题也对一切格为真.

证 设P^*为P的对偶，$\langle S, \preccurlyeq\rangle$是任意的格，只须证明$P^*$对$\langle S, \preccurlyeq\rangle$为真即可. 如下定义$S$上的二元关系$\preccurlyeq'$：$\forall a, b \in S$有

$$a \preccurlyeq' b \Longleftrightarrow a \succcurlyeq b,$$

易证$\preccurlyeq'$也是S上的偏序. 设任意$a, b \in S$，$\{a, b\}$的最大下界和最小上界存在，分别记作$a \wedge' b$和$a \vee' b$，并且$a \wedge' b = a \vee b$，$a \vee' b = a \wedge b$. 所以$\langle S, \preccurlyeq'\rangle$也是一个格，且$P^*$在$\langle S, \preccurlyeq\rangle$中为真当且仅当$P$在$\langle S, \preccurlyeq'\rangle$中为真. 由于命题$P$对一切格为真，所以$P^*$在$\langle S, \preccurlyeq\rangle$中也为真. ▌

许多格的性质都是以对偶命题的形式成对出现. 我们只须证明其中的一个命题为真，根据对偶原理，另一命题必然为真.

定理 19.1 设$\langle S, \preccurlyeq\rangle$是格，则$\forall a, b, c \in S$有

(1) $a \wedge b \preccurlyeq a$, $a \wedge b \preccurlyeq b$；　　(2) $a \preccurlyeq a \vee b$, $b \preccurlyeq a \vee b$；

(3) $a \preccurlyeq b$且$a \preccurlyeq c \Rightarrow a \preccurlyeq b \wedge c$；　　(4) $a \succcurlyeq b$且$a \succcurlyeq c \Rightarrow a \succcurlyeq b \vee c$.

证 易见(2)是(1)的对偶命题，(4)是(3)的对偶命题，我们只须证明(1)和(3)即可.

(1) $\forall a, b \in S$，$a \wedge b$是$\{a, b\}$的最大下界. 因此$a \wedge b$既是a的下界也是b的下界，故有

$$a \wedge b \preccurlyeq a,\ a \wedge b \preccurlyeq b.$$

(3) $\forall a, b, c \in S$，由$a \preccurlyeq b$和$a \preccurlyeq c$知a是$\{b, c\}$的下界，而$b \wedge c$是$\{b, c\}$的最大下界，故

$$a \preccurlyeq b \wedge c.$$ ▌

定理 19.2 设$\langle S, \preccurlyeq\rangle$是格，$\forall a, b \in S$有

$$a \preccurlyeq b \Longleftrightarrow a \wedge b = a \Longleftrightarrow a \vee b = b.$$

证 $\forall a, b \in S$，设$a \preccurlyeq b$，由偏序$\preccurlyeq$的自反性又有$a \preccurlyeq a$. 由定理 19.1(3) 有$a \preccurlyeq a \wedge b$. 由定理 19.1(1) 又有$a \wedge b \preccurlyeq a$. 根据这两方面结果必有$a \wedge b = a$.

反之，若$a \wedge b = a$，由$a \wedge b \preccurlyeq b$可得$a \preccurlyeq b$. 综合上述就证明了$a \preccurlyeq b \Longleftrightarrow a \wedge b = a$.

同理可证　$a \preccurlyeq b \Longleftrightarrow a \vee b = b$. ▌

设$\langle S, \leqslant \rangle$是格. 对任意的$a,b \in S$，都有$a \wedge b$，$a \vee b \in S$. 可以把求最大下界与最小上界看作是$S$上的两个二元运算，因此$\langle S, \wedge, \vee \rangle$构成了代数系统，称为格$S$导出的代数系统. 下面讨论这个代数系统的性质.

定理 19.3 设$\langle L, \wedge, \vee \rangle$是格$L$导出的代数系统，则

(1) $\forall a,b \in L$有

$$a \wedge b = b \wedge a,\ a \vee b = b \vee a;$$

(2) $\forall a,b,c \in L$有

$$(a \wedge b) \wedge c = a \wedge (b \wedge c),\ (a \vee b) \vee c = a \vee (b \vee c);$$

(3) $\forall a \in L$有

$$a \wedge a = a,\ a \vee a = a;$$

(4) $\forall a,b \in L$有

$$a \wedge (a \vee b) = a,\ a \vee (a \wedge b) = a.$$

证 根据对偶原理只须证明每条性质的前半部分.

(1) $a \wedge b$是$\{a,b\}$的最大下界，$b \wedge a$是$\{b,a\}$的最大下界. 由$\{a,b\} = \{b,a\}$得

$$a \wedge b = b \wedge a.$$

(2)
$$(a \wedge b) \wedge c \leqslant a \wedge b \leqslant a, \quad ①$$

$$(a \wedge b) \wedge c \leqslant a \wedge b \leqslant b, \quad ②$$

$$(a \wedge b) \wedge c \leqslant c. \quad ③$$

由②和③得

$$(a \wedge b) \wedge c \leqslant b \wedge c. \quad ④$$

由①和④得

$$(a \wedge b) \wedge c \leqslant a \wedge (b \wedge c).$$

同理可证$a \wedge (b \wedge c) \leqslant (a \wedge b) \wedge c$. 根据$\leqslant$的反对称性有

$$(a \wedge b) \wedge c = a \wedge (b \wedge c).$$

(3) $a \leqslant a$，a是$\{a,a\}$的下界，所以$a \leqslant a \wedge a$. 又有$a \wedge a \leqslant a$，因此得$a \wedge a = a$.

(4) 由定理 19.1(1) 有$a \wedge (a \vee b) \leqslant a$. 又由$a \leqslant a$和$a \leqslant a \vee b$，根据定理 19.1(3) 有$a \leqslant a \wedge (a \vee b)$，从而得到$a \wedge (a \vee b) = a$. ▌

定理 19.3 说明格中的运算$\wedge$和$\vee$遵从交换律、结合律、幂等律和吸收律. 考虑一个相反的问题. 能不能像群和环一样，通过规定集合、集合上的运算及运算所遵从的算律来给出格作为代数系统的定义呢？这样定义的格中的偏序是什么？而这个偏序格所导出的代数系统和原来的代数系统有什么关系？下面就来解决这些问题.

引理 设$\langle S, *, \circ \rangle$是代数系统，$*$和$\circ$是二元运算. 若$*$和$\circ$是可交换、可结合、可吸收的，则

(1) $\forall a \in S$有$a * a = a$，$a \circ a = a$； (2) $\forall a,b \in S$有$a \circ b = b \Longleftrightarrow a * b = a$.

证 (1) $a * a = a * (a \circ (a * a)) = a$.

$a \circ a = a \circ (a * (a \circ a)) = a$.

(2) 必要性. $a * b = a * (a \circ b) = a$.

充分性. $a \circ b = (a * b) \circ b = b \circ (b * a) = b$. ▌

定理 19.4 设$\langle S, *, \circ \rangle$是具有两个二元运算的代数系统. 若$*$和$\circ$运算遵从交换律、结合

律和吸收律，则可以适当定义 S 上的偏序 $\leqslant$，使得 $\langle S, \leqslant\rangle$ 构成一个格，且 $\langle S, \leqslant\rangle$ 导出的代数系统 $\langle S, \wedge, \vee\rangle$ 就是 $\langle S, *, \circ\rangle$.

证 在 S 上定义二元关系 R，$\forall a,b \in S$ 有

$$aRb \Longleftrightarrow a\circ b = b,$$

则 R 为 S 上的偏序关系. 因为根据引理有：

$\forall a \in S$ 有 $a\circ a = a$，即 aRa 成立，R 是自反的.

$\forall a,b \in S$ 有

$$aRb \text{ 且 } bRa \Rightarrow a\circ b = b \text{ 且 } b\circ a = a \Rightarrow a = b\circ a = a\circ b = b,$$

R 是反对称的.

$\forall a,b,c \in S$ 有

$$aRb \text{ 且 } bRc \Rightarrow a\circ b = b \text{ 且 } b\circ c = c \Rightarrow a\circ c = a\circ(b\circ c) = (a\circ b)\circ c = b\circ c = c \Rightarrow aRc,$$

R 是传递的.

将关系 R 记作 $\leqslant$. 下面证明 $\forall a,b \in S$，$\{a,b\}$ 有最大下界和最小上界.

$\forall a,b \in S$ 有 $a\circ b \in S$，且根据引理和已知条件得

$$a\circ(a\circ b) = (a\circ a)\circ b = a\circ b,$$

$$b\circ(a\circ b) = b\circ(b\circ a) = (b\circ b)\circ a = b\circ a = a\circ b,$$

所以 $a\circ b$ 是 $\{a,b\}$ 的一个上界.

假设 $c \in S$ 也是 $\{a,b\}$ 的上界，则 $a\circ c = c$，$b\circ c = c$，那么就有

$$(a\circ b)\circ c = a\circ(b\circ c) = a\circ c = c.$$

从而证明了 $a\circ b \leqslant c$，$a\circ b$ 是 $\{a,b\}$ 的最小上界.

根据引理的结论(2)，类似地可以证明 $a * b$ 是 $\{a,b\}$ 的最大下界. 因此 $\langle S, \leqslant\rangle$ 构成一个格，且这个格所导出的代数系统就是 $\langle S, *, \circ\rangle$. ∎

根据定理 19.4，我们可以从代数系统的角度给出格的另一个定义.

定义 19.3 设 $\langle L, \wedge, \vee\rangle$ 是代数系统，其中 $\wedge$ 和 $\vee$ 是二元运算. 若 $\wedge$ 和 $\vee$ 运算满足交换律、结合律和吸收律，则称 $\langle L, \wedge, \vee\rangle$ 是一个格.

今后我们不再区分是偏序的格还是代数系统的格，一律统称格 L. 下面继续讨论格的性质.

定理 19.5 设 L 是格，则

(1) $\forall a,b,c \in L$ 有

$$a \leqslant b \Rightarrow a \wedge c \leqslant b \wedge c \text{ 且 } a \vee c \leqslant b \vee c;$$

(2) $\forall a,b,c,d \in L$ 有

$$a \leqslant b \text{ 且 } c \leqslant d \Rightarrow a \wedge c \leqslant b \wedge d \text{ 且 } a \vee c \leqslant b \vee d.$$

证 (1) 由 $a \wedge c \leqslant a$ 和 $a \leqslant b$ 得 $a \wedge c \leqslant b$. 而 $a \wedge c \leqslant c$，由这两个结果必有 $a \wedge c \leqslant b \wedge c$. 同理可证 $a \vee c \leqslant b \vee c$.

(2) 已知 $a \leqslant b$，由(1) 得 $a \wedge c \leqslant b \wedge c$. 同理由 $c \leqslant d$ 得 $c \wedge b \leqslant d \wedge b$. 由于 $b \wedge c = c \wedge b$，$d \wedge b = b \wedge d$，所以有 $a \wedge c \leqslant b \wedge d$.

同理可证 $a \vee c \leqslant b \vee d$. ∎

定理 19.5 说明格中运算 $\wedge$ 和 $\vee$ 具有保序性.

定理 19.6 设 L 是格，则

(1) $\forall a,b,c \in L$ 有

$$a \vee (b \wedge c) \preccurlyeq (a \vee b) \wedge (a \vee c), \quad a \wedge (b \vee c) \succcurlyeq (a \wedge b) \vee (a \wedge c);$$

(2) $\forall a,b,c \in L$ 有

$$a \preccurlyeq b \Longleftrightarrow a \vee (c \wedge b) \preccurlyeq (a \vee c) \wedge b.$$

证 (1) 由对偶原理,我们只须证明第一个不等式.

由 $a \preccurlyeq a \vee b$ 和 $a \preccurlyeq a \vee c$ 得

$$a \preccurlyeq (a \vee b) \wedge (a \vee c).$$

又由 $b \wedge c \preccurlyeq b \preccurlyeq a \vee b$ 和 $b \wedge c \preccurlyeq c \preccurlyeq a \vee c$ 得

$$b \wedge c \preccurlyeq (a \vee b) \wedge (a \vee c).$$

根据定理 19.1(4) 有

$$a \vee (b \wedge c) \preccurlyeq (a \vee b) \wedge (a \vee c).$$

(2) 必要性. 由 $a \preccurlyeq b$ 得 $a \vee b = b$,因此有

$$a \vee (c \wedge b) \preccurlyeq (a \vee c) \wedge (a \vee b) = (a \vee c) \wedge b.$$

充分性. $a \preccurlyeq a \vee (c \wedge b) \preccurlyeq (a \vee c) \wedge b \preccurlyeq b.$ ▌

以上定理中(1) 部分的不等式称为分配不等式,(2) 部分的不等式称为模不等式,当等号成立时分别称为分配律和**模律**. 对于一般的格只成立分配不等式和模不等式,只有对某些特殊的格(分配格、模格) 才能成立分配律和模律.

19.2 子格、格同态和格的直积

子格就是格的子代数.

定义 19.4 设$\langle L, \wedge, \vee \rangle$是格,$S$ 是 L 的非空子集. 若 S 关于运算 $\wedge$ 和 $\vee$ 是封闭的,则称$\langle S, \wedge, \vee \rangle$是格 L 的**子格**.

【例 19.5】 设图 19.3 是格 L 的 Hasse 图. 令 $S_1 = \{a,e,g,h\}$, $S_2 = \{a,c,e,h\}$,则 S_1 不是 L 的子格,因为 $e \wedge g \notin S_1$,而 S_2 是 L 的子格.

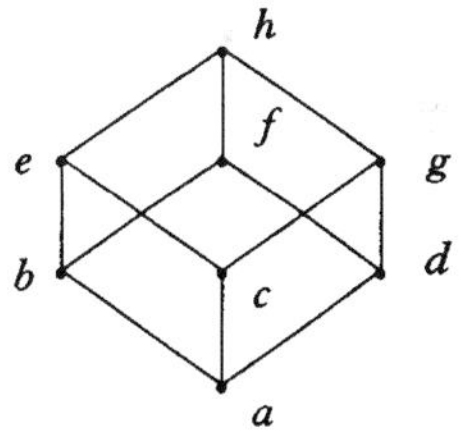

图 19.3

【例 19.6】 设 G 是群. 令 $L = P(G) = \{B \mid B \subseteq G\}$ 为 G 的幂集,则 L 关于包含关系构成一个格,即 G 的幂集格 $P(G)$. 令 $L(G) = \{H \mid H$ 是 G 的子群$\}$,则 $L(G)$ 关于包含关系构成 G 的子群格. 显然 $L(G)$ 是 $P(G)$ 的非空子集,但 $L(G)$ 不一定是 $P(G)$ 的子格. 例如 G 为 Klein 四元群$\{e,a,b,c\}$,则子群格

$$L(G) = \{\{e\},\{e,a\},\{e,b\},\{e,c\},G\}.$$

易见$\{e,a\}$和$\{e,b\}$在 $P(G)$ 中的最小上界是$\{e,a,b\}$,但$\{e,a,b\} \notin L(G)$. $L(G)$ 关于 $P(G)$ 中运算不封闭.

下面考虑格的同态. 根据一般代数系统的同态定义不难得到格同态的定义.

定义 19.5 设 L_1, L_2 是格,$\varphi: L_1 \to L_2$. 若 $\forall a,b \in L_1$ 有 $\varphi(a \wedge b) = \varphi(a) \wedge \varphi(b)$ 和 $\varphi(a \vee b) = \varphi(a) \vee \varphi(b)$ 成立,则称 φ 是格 L_1 到 L_2 的**同态映射**,简称同态. 若 φ 是单射,则称 φ 为单同态;若 φ 是满射,则称 φ 是满同态;若 φ 为双射,则称 φ 是同构.

关于格的同态和同构有下面的定理.

定理 19.7 设 φ 是格$\langle L_1, \wedge, \vee \rangle$到$\langle L_2, \wedge, \vee \rangle$的同态映射,则 $\forall a,b \in L_1$ 有

$$a \leqslant b \Rightarrow \varphi(a) \leqslant \varphi(b).$$

证 由 $a \leqslant b$ 知 $a \wedge b = a$. 因为 φ 是 L_1 到 L_2 的同态，$\varphi(a) = \varphi(a \wedge b) = \varphi(a) \wedge \varphi(b)$. 由定理 19.2 得 $\varphi(a) \leqslant \varphi(b)$. ▌

定理 19.7 说明格同态具有保序性，但其逆不一定为真，保序映射不一定是同态映射. 图 19.4 给出了三个格 L_1,L_2 和 L_3. 定义映射 φ_1,φ_2 和 φ_3.

$$\varphi_1: L_1 \to L_2,\quad \varphi_1(a) = \varphi_1(b) = \varphi_1(c) = a_1,\quad \varphi_1(d) = d_1.$$
$$\varphi_2: L_1 \to L_2,\quad \varphi_2(b) = \varphi_2(c) = \varphi_2(d) = d_1,\quad \varphi_2(a) = a_1.$$
$$\varphi_3: L_1 \to L_3,\quad \varphi_3(a) = a_2,\quad \varphi_3(b) = b_2,\quad \varphi_3(c) = c_2,\quad \varphi_3(d) = d_2.$$

不难看出 φ_1,φ_2 和 φ_3 都是保序映射，但它们都不是同态映射. 因为

$$\varphi_1(b \vee c) = \varphi_1(d) = d_1,\quad \varphi_1(b) \vee \varphi_1(c) = a_1 \vee a_1 = a_1,$$
$$\varphi_2(b \wedge c) = \varphi_2(a) = a_1,\quad \varphi_2(b) \wedge \varphi_2(c) = d_1 \wedge d_1 = d_1,$$
$$\varphi_3(b \vee c) = \varphi_3(d) = d_2,\quad \varphi_3(b) \vee \varphi_3(c) = b_2 \vee c_2 = c_2.$$

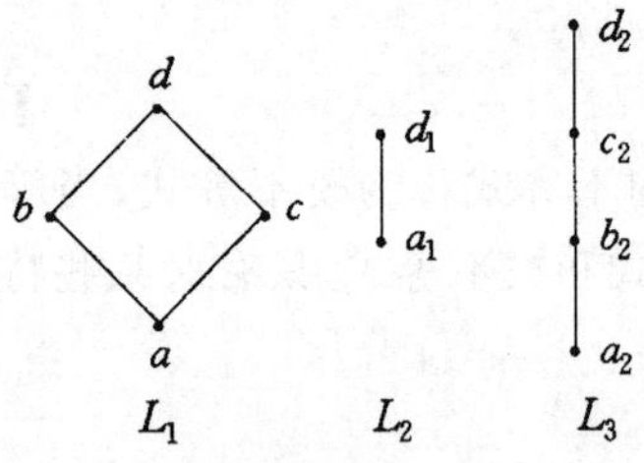

图 19.4

定理 19.8 设 L_1,L_2 是格，φ: $L_1 \to L_2$ 是双射，则 φ 为 L_1 到 L_2 的同构的充分必要条件是：

$$\forall a, b \in L_1,\ a \leqslant b \Longleftrightarrow \varphi(a) \leqslant \varphi(b).$$

证 必要性. 由定理 19.7 有 $a \leqslant b \Rightarrow \varphi(a) \leqslant \varphi(b)$. 设 $\varphi(a) \leqslant \varphi(b)$，则 $\varphi(a) \wedge \varphi(b) = \varphi(a)$. 因为 φ 是同态，有 $\varphi(a \wedge b) = \varphi(a) \wedge \varphi(b) = \varphi(a)$. 再根据 φ 的单射性得 $a \wedge b = a$，从而有 $a \leqslant b$.

充分性. 只须证明 φ 是同态映射. $\forall a, b \in L_1$ 有 $a \leqslant a \vee b$, $b \leqslant a \vee b$. 由已知条件必有 $\varphi(a) \leqslant \varphi(a \vee b)$ 和 $\varphi(b) \leqslant \varphi(a \vee b)$，因此有

$$\varphi(a) \vee \varphi(b) \leqslant \varphi(a \vee b).$$

对 $\varphi(a) \vee \varphi(b) \in L_2$，由 φ 的满射性必存在 $d \in L_1$ 使得 $\varphi(d) = \varphi(a) \vee \varphi(b)$. 由 $\varphi(a) \leqslant \varphi(d)$ 知 $a \leqslant d$. 由 $\varphi(b) \leqslant \varphi(d)$ 知 $b \leqslant d$. 从而有 $a \vee b \leqslant d$，这就推出

$$\varphi(a \vee b) \leqslant \varphi(d) = \varphi(a) \vee \varphi(b).$$

综合这两个结果有 $\varphi(a \vee b) = \varphi(a) \vee \varphi(b)$.

同理可证 $\varphi(a \wedge b) = \varphi(a) \wedge \varphi(b)$. ▌

【例 19.7】 设 φ 是格 L_1 到 L_2 的同构映射，证明 φ^{-1} 是格 L_2 到 L_1 的同构映射.

证 φ 是双射. 由定理 19.8 知 $\forall a, b \in L_1$ 有

$$a \leqslant b \Longleftrightarrow \varphi(a) \leqslant \varphi(b).$$

由于 φ^{-1} 是 L_2 到 L_1 的双射，$\forall x, y \in L_2$ 必 $\exists a, b \in L_1$ 使得 $a = \varphi^{-1}(x)$，$b = \varphi^{-1}(y)$. 因此有

$$x \leqslant y \Longleftrightarrow \varphi(a) \leqslant \varphi(b) \Longleftrightarrow a \leqslant b \Longleftrightarrow \varphi^{-1}(x) \leqslant \varphi^{-1}(y).$$

根据定理 19.8，φ^{-1} 是 L_2 到 L_1 的同构. ▌

在计算离散元素序列的极限时常常要求格是完备格. 下面给出完备格的定义以及格到完备格的嵌入定理.

设 S 是格 L 的子集，S 的最大下界与最小上界分别记为 $\wedge S$ 和 $\vee S$. 若 S 为非空有穷集 $\{a_1, a_2, \cdots, a_n\}$，则 $\wedge S = a_1 \wedge a_2 \wedge \cdots \wedge a_n$，$\vee S = a_1 \vee a_2 \vee \cdots \vee a_n$. 若 S 为空集 $\varnothing$，由下述条件

$$x \text{ 是 } \varnothing \text{ 的下界} \Longleftrightarrow \forall a (a \in \varnothing \to x \leqslant a) \text{ 且 } x \in L,$$
$$x \text{ 是 } \varnothing \text{ 的上界} \Longleftrightarrow \forall a (a \in \varnothing \to a \leqslant x) \text{ 且 } x \in L$$

可知 L 中任意元素都是 $\varnothing$ 的上界和下界. 因此取$\wedge\varnothing$ 为 L 中的最大元,$\vee\varnothing$ 为 L 中的最小元. 若 S 为无穷集,$\wedge S$ 或$\vee S$ 可能不存在.

定义 19.6 设 L 是格. 如果对于 L 的任意子集 S,$\wedge S$ 和$\vee S$ 都存在,则称 L 是**完备格**.

有限格一定是完备格,无限格不一定是完备格. 集合 B 的幂集格 $P(B)$ 是完备格,即使 B 是无穷集,$P(B)$ 也是完备格;但整数集 Z 关于普通的小于等于关系构成的格不是完备格.

定理 19.9 设 L 是偏序集. 若对任意 $S\subseteq L$ 都有$\vee S$(或$\wedge S$) 存在,则 L 是完备格.

证 任取 $S\subseteq L$,令 $B=\{x\mid x\in L$ 且x 是S 的下界$\}$,则 $B\subseteq L$. 由已知条件$\vee B$存在,令 $a=\vee B$,则 $\forall s\in S$ 有 $a\preccurlyeq s$. 所以 $a\in B$,a 是 B 中最大元,即 $a=\wedge S$. 从而证明了 L 是完备格. 另一种情况同理可证. ▌

一个完备格的例子是格的理想格.

定义 19.7 设 I 是格 L 的非空子集,如果

(1) $\forall a,b\in I$ 有 $a\vee b\in I$, (2) $\forall a\in I,\forall x\in L,\ x\preccurlyeq a\Rightarrow x\in I$,

则称 I 是格 L 的一个**理想**.

格的理想是格的一个子格. 因为 $\forall a,b\in I$,有 $a\wedge b\preccurlyeq a$. 由定义 19.7(2) 有 $a\wedge b\in I$,I 对 $\wedge$ 和 $\vee$ 运算都是封闭的.

【例 19.8】 考虑图 19.4 中的格 L_1. L_1 有 12 个子格. 它们是:$\{a\}$, $\{b\}$, $\{c\}$, $\{d\}$, $\{a,b\}$, $\{a,c\}$, $\{a,d\}$, $\{b,d\}$, $\{c,d\}$, $\{a,b,d\}$, $\{a,c,d\}$, $\{a,b,c,d\}$. 其中有 4 个理想,即

$$\{a\},\ \{a,b\},\ \{a,c\},\ \{a,b,c,d\}.$$

定理 19.10 设 L 是格,令

$$I(L)=\{x\mid x\text{ 是}L\text{ 的理想}\},$$

则 $I(L)$ 关于集合的包含关系构成一个格,称为**格 L 的理想格**.

证 任取 $I_1,I_2\in I(L)$,由于 I_1,I_2 非空,必存在 $i_1\in I_1,i_2\in I_2$. 由于 $i_1\wedge i_2\preccurlyeq i_1$, $i_1\wedge i_2\preccurlyeq i_2$,即 $i_1\wedge i_2\in I_1$ 和 $i_1\wedge i_2\in I_2$. 从而 $i_1\wedge i_2\in I_1\cap I_2$. $I_1\cap I_2$ 是 L 的非空子集. 下面证明 $I_1\cap I_2$ 是 L 的理想.

任取 $i,j\in I_1\cap I_2$,则 $i,j\in I_1$ 且 $i,j\in I_2$. 从而 $i\vee j\in I_1$ 和$i\vee j\in I_2$,即 $i\vee j\in I_1\cap I_2$.

$\forall i\in I_1\cap I_2,\forall x\in L$,若 $x\preccurlyeq i$,则有 $x\in I_1$ 和 $x\in I_2$,从而 $x\in I_1\cap I_2$.

这就证明了$I_1\cap I_2$是L的理想. 对于包含关系, $I_1\cap I_2$ 是$\{I_1,I_2\}$的最大下界. 而$\{I_1,I_2\}$的最小上界是包含着 $I_1\cup I_2$ 的最小理想,因此 $I(L)$ 构成一个格. ▌

定理 19.11 对任意格 L,设 $I(L)$ 是 L 的理想格. 令 $I_0(L)=I(L)\cup\{\varnothing\}$,则 $I_0(L)$ 是完备格.

证 易见 $I_0(L)$ 关于包含关系构成格,下面证明 $I_0(L)$ 是完备的.

任取 $S\subseteq I_0(L)$,若 $S=\varnothing$,则$\vee S=\varnothing\in I_0(L)$;若 $S\neq\varnothing$,则 $S=\{I_s\mid I_s$ 是L 的理想, $s\in\Omega\}$,Ω 为某个指标集. 令

$$A=\{a\mid a\in L\text{ 且 }a\preccurlyeq i_{k_1}\vee i_{k_2}\vee\cdots\vee i_{k_n},i_{k_j}\in I_{k_j},\ k_j\in\Omega,n\in Z^+\}.$$

则 A 是L 的理想. 因为 $\forall a,b\in A$ 必存在 $m,n\in Z^+$,使得

$$a\preccurlyeq i_{k_1}\vee i_{k_2}\vee\cdots\vee i_{k_m},i_{k_j}\in I_{k_j},\ j=1,2,\cdots,m,k_j\in\Omega,$$

$$b\preccurlyeq i_{l_1}\vee i_{l_2}\vee\cdots\vee i_{l_n},\ i_{l_t}\in I_{l_t},\ t=1,2,\cdots,n,\ l_t\in\Omega,$$

所以

$$a \vee b \leqslant i_{k_1} \vee \cdots \vee i_{k_m} \vee i_{l_1} \vee \cdots \vee i_{l_n}.$$

易见 $a \vee b \in A$ 并且 $\forall a \in A, \forall x \in L, x \leqslant a$ 有 $x \in A$.

对任意 $I_s \in S, s \in \Omega, I_s$ 是 L 的理想. $\forall i \in I_s$,有 $i \leqslant i$,因此 $i \in A$,从而推出 $I_s \subseteq A$. A 是 S 的一个上界. 另一方面,S 的任何上界都包含有一切形如 $i_{k_1} \vee i_{k_2} \vee \cdots \vee i_{k_n}$ ($i_{k_j} \in I_{k_j}$, $k_j \in \Omega$, $n \in Z^+$) 的元素,即 A 是 S 的最小上界,从而 $A = \vee S \in I_0(L)$. 根据定理 19.9,$I_0(L)$ 是完备格. ▌

定义 19.8 设 L_1 是格,如果能构造格 L,使得格 L_1 与 L 的某个子格同构,则称格 L_1 能**嵌入**到格 L 中.

定理 19.12 任意格 L 都可以嵌入到 $I_0(L)$ 中.

证 对任意 $a \in L$,令 $\varphi(a) = \{x \mid x \in L$ 且 $x \leqslant a\}$. $\forall x, y \in \varphi(a)$,则 $x \leqslant a$ 且 $y \leqslant a$,从而 $x \vee y \leqslant a$,即 $x \vee y \in \varphi(a)$. $\forall x \in \varphi(a)$, $\forall y \in L, y \leqslant x$,由 $x \leqslant a$ 得 $y \leqslant a$,即 $y \in \varphi(a)$. 这就证明 $\varphi(a)$ 是 L 的理想. $\varphi(a) \in I_0(L)$,φ 是从 L 到 $I_0(L)$ 的映射.

假设有 $\varphi(a) = \varphi(b)$,则

$$a \in \varphi(a) = \varphi(b) = \{x \mid x \in L \text{ 且 } x \leqslant b\},$$

所以有 $a \leqslant b$. 同理有 $b \leqslant a$. 由 $b = a$ 知 φ 是单射.

$\forall a, b \in L$ 有

$$\varphi(a \vee b) = \{x \mid x \in L \text{ 且 } x \leqslant a \vee b\}.$$

又由定理 19.11 的证明可知 $\varphi(a) \vee \varphi(b) = \{x \mid x \in L$ 且 $x \leqslant a \vee b\}$,这就推出

$$\varphi(a \vee b) = \varphi(a) \vee \varphi(b).$$

而

$$\begin{aligned}\varphi(a) \wedge \varphi(b) &= \{x \mid x \in L \text{ 且 } x \leqslant a\} \cap \{x \mid x \in L \text{ 且 } x \leqslant b\} \\ &= \{x \mid x \in L \text{ 且 } x \leqslant a \wedge b\} = \varphi(a \wedge b).\end{aligned}$$

所以 φ 是 L 到 $I_0(L)$ 的单同态. L 与 $\varphi(L)$ 同构. L 嵌入到 $I_0(L)$ 中. ▌

推论 任何格都可以嵌入一个完备格.

证 由定理 19.11 和 19.12 得证. ▌

下面考虑格的直积. 格的积代数仍是一个格,称为**格的直积**. 有关一般积代数的定理对格的直积都是适用的,请看下面的例子.

【例 19.9】 令 $L = \langle \{0,1\}, \leqslant \rangle$, $\leqslant$ 是通常意义下的小于等于,则 L 构成一个二元格. L 的 2 阶直积记作 L^2, 其中 $L^2 = \{\langle 0,0 \rangle, \langle 0,1 \rangle, \langle 1,0 \rangle, \langle 1,1 \rangle\}$,对任意 $\langle a,b \rangle, \langle c,d \rangle \in L^2$,

$$\langle a,b \rangle \leqslant \langle c,d \rangle \Longleftrightarrow a \leqslant c \text{ 且 } b \leqslant d.$$

类似地可以定义3阶直积 L^3,…,直到 n 阶直积 L^n, $n \in Z^+$. 图19.5给出了 L, L^2 和 L^3 的Hasse图.

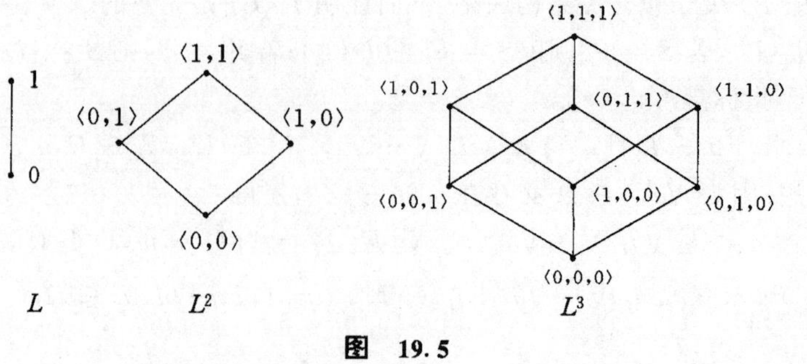

图 19.5

19.3 模格、分配格和有补格

本节讨论几种特殊的格.

定义 19.9 设 L 是格，若 $\forall a,b,c \in L$ 有

$$a \leqslant b \Rightarrow a \vee (c \wedge b) = (a \vee c) \wedge b,$$

则称 L 为**模格**.

【例 19.10】 图 19.6 给出了四个格 L_1, L_2, L_3, L_4，不难验证 L_1, L_2 和 L_3 都是模格，但 L_4 不是模格. 因为 $c \leqslant d$，但 $c \vee (b \wedge d) = c$，$(c \vee b) \wedge d = d$，即 $c \vee (b \wedge d) \prec (c \vee b) \wedge d$. 称 L_3 为**钻石格**，L_4 为**五角格**.

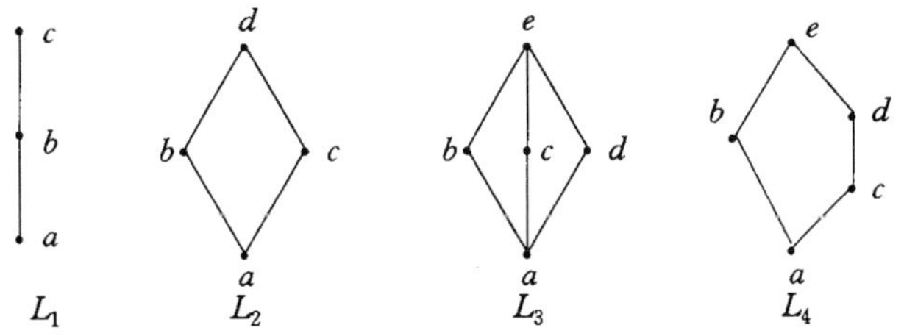

图 19.6

下面考虑一个格是模格的充要条件.

定理 19.13 一个格 L 是模格当且仅当 L 不含有和五角格同构的子格.

证 由例 19.10 的分析，必要性是显然的，对充分性的证明使用反证法.

假设 L 不是模格，必存在 $a,b,c \in L$，$a \prec b$ 且 $a \vee (c \wedge b) \prec (a \vee c) \wedge b$. 令 $u = c \wedge b$，$x = a \vee (c \wedge b)$，$y = (a \vee c) \wedge b$，$z = c$，$v = a \vee c$. 下面证明 $\{u,x,y,v,z\}$ 构成的子格同构于五角格.

根据 u,x,y,v,z 的定义不难得到

$$u = c \wedge b \leqslant a \vee (c \wedge b) = x \prec (a \vee c) \wedge b = y \leqslant a \vee c = v,$$

$$u = c \wedge b \leqslant c = z \leqslant a \vee c = v.$$

$\{u,x,y,v\}$ 和 $\{u,z,v\}$ 是 L 中的链. 由

$$u = u \wedge c \leqslant x \wedge c \leqslant y \wedge c = (a \vee c) \wedge b \wedge c = b \wedge c = u$$

得 $x \wedge c = y \wedge c = u$. 由

$$v = a \vee c \leqslant a \vee (c \wedge b) \vee c = x \vee c \leqslant y \vee c \leqslant a \vee c = v$$

得 $x \vee c = y \vee c = v$. 从而可知 $z = c$，$z \neq x$，$z \neq y$. 但对一切 $t,s \in \{u,x,y,v,z\}$ 都有 $t \wedge s$ 和 $t \vee s \in \{u,x,y,v,z\}$，$\{u,x,y,v,z\}$ 是 L 的子格. 由上面的分析知 x,y,z 彼此不等以及 $u \prec v$，$u \prec y$ 和 $x \prec v$. 下面证明 $z \neq v$，$z \neq u$，$x \neq u$，$y \neq v$.

假若 $z = v$，则有 $z \wedge y = v \wedge y = y$ 和 $z \wedge y = c \wedge y = u$，与 $u \prec y$ 矛盾.

假若 $z = u$，则有 $z \vee x = u \vee x = x$ 和 $z \vee x = c \vee x = v$，与 $x \prec v$ 矛盾.

假若 $u = x$，即 $c \wedge b = a \vee (c \wedge b)$，从而有 $a \leqslant c \wedge b$. 由此得

$$y = (a \vee c) \wedge b \leqslant ((c \wedge b) \vee c) \wedge b = c \wedge b = u = x，与 x \prec y 矛盾.$$

假若 $y = v$，即 $a \vee c = (a \vee c) \wedge b$，从而有 $a \vee c \leqslant b$. 由此得

$$x = a \vee (c \wedge b) \geqslant a \vee (c \wedge (a \vee c)) = a \vee c = v = y，与 x \prec y 矛盾.$$

综上所述，u,x,y,v,z 两两不等，构成 L 的 5 元子格. 令

$$\varphi: u \mapsto a,\ x \mapsto c,\ y \mapsto d,\ v \mapsto e,\ z \mapsto b,$$

则易验证 φ 是 $\{u,x,y,v,z\}$ 到图19.6 中的五角格 L_4 的同构映射，与已知矛盾. ∎

定理 19.14 格 L 是模格的充要条件是对 L 中任意 $a,b,c,a \leqslant b$ 有

$$a \vee c = b \vee c \text{ 且 } a \wedge c = b \wedge c \Rightarrow a = b.$$

证 充分性. 若 L 不是模格，则 L 含有一个与五角格同构的子格. 不妨设这个子格就是图 19.6 中的 L_4，则有 $b,c,d \in L, c \leqslant d$，且 $c \wedge b = d \wedge b, c \vee b = d \vee b$，但 $c \neq d$，与已知矛盾.

必要性. 设 L 为模格，则有

$$a = a \vee (a \wedge c) = a \vee (b \wedge c) = a \vee (c \wedge b) = (a \vee c) \wedge b$$
$$= (b \vee c) \wedge b = b \wedge (b \vee c) = b.$$ ∎

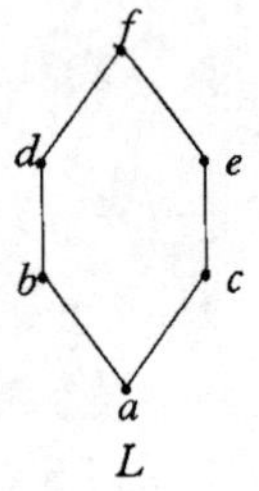

图 19.7

【例 19.11】 图 19.7 中的格 L 不是模格. 令 $S = \{a,c,e,f,d\}$，则 S 是 L 的子格，且同构于五角格，由定理 19.13 可知 L 不是模格.

从另一角度来看. 在 L 中有 $c,d,e,c \prec e$，但 $c \vee d = e \vee d, c \wedge d = e \wedge d$，与定理 19.14 的充要条件矛盾，因此 L 不是模格.

下面考虑分配格，先给出定义.

定义 19.10 设 L 是格，若 $\forall a,b,c \in L$ 有

$$a \wedge (b \vee c) = (a \wedge b) \vee (a \wedge c) \quad \text{或} \quad a \vee (b \wedge c) = (a \vee b) \wedge (a \vee c)$$

成立，则称 L 是**分配格**.

例如图 19.6 中的 L_1 和 L_2 是分配格，但 L_3 和 L_4 不是分配格. 在 L_3 中有

$$b \wedge (c \vee d) = b \wedge e = b \text{ 和 } (b \wedge c) \vee (b \wedge d) = a \vee a = a.$$

而在 L_4 中有

$$d \wedge (b \vee c) = d \wedge e = d \text{ 和 } (d \wedge b) \vee (d \wedge c) = a \vee c = c.$$

下面给出分配格的性质.

定理 19.15 设 L 为分配格，则在 L 中成立广义分配律，即 $\forall a,b_i \in L, i = 1,2,\cdots,n$ 有

(1) $a \vee (\bigwedge_{i=1}^{n} b_i) = \bigwedge_{i=1}^{n} (a \vee b_i)$； (2) $a \wedge (\bigvee_{i=1}^{n} b_i) = \bigvee_{i=1}^{n} (a \wedge b_i)$.

证 施归纳于 n.

(1) $n = 2$ 时显然为真.

假设 $n = k$ 时有 $a \vee (\bigwedge_{i=1}^{k} b_i) = \bigwedge_{i=1}^{k} (a \vee b_i)$ 成立，则当 $n = k+1$ 时有

$$a \vee (\bigwedge_{i=1}^{k+1} b_i) = a \vee (\bigwedge_{i=1}^{k} b_i \wedge b_{k+1}) = (a \vee (\bigwedge_{i=1}^{k} b_i)) \wedge (a \vee b_{k+1})$$
$$= \bigwedge_{i=1}^{k} (a \vee b_i) \wedge (a \vee b_{k+1}) = \bigwedge_{i=1}^{k+1} (a \vee b_i).$$

由归纳法命题得证.

(2) 同理可证. ∎

定理 19.16 设 L 为分配格，则 $\forall a,b,c \in L$ 有

$$a \wedge c = b \wedge c \text{ 且 } a \vee c = b \vee c \Rightarrow a = b.$$

证 $a = a \vee (a \wedge c) = a \vee (b \wedge c) = (a \vee b) \wedge (a \vee c) = (a \vee b) \wedge (b \vee c)$
$= (b \vee a) \wedge (b \vee c) = b \vee (a \wedge c) = b \vee (b \wedge c) = b.$ ∎

定理 19.17 分配格一定是模格.

证 设 L 为分配格. $\forall a,b,c \in L, a \leqslant b$,则有

$$a \vee (c \wedge b) = (a \vee c) \wedge (a \vee b) = (a \vee c) \wedge b,$$

L 为模格. ∎

定理 19.17 的逆不一定为真,例如钻石格是模格,但不是分配格. 下面的定理给出了模格能够构成分配格的充分必要条件.

定理 19.18 一个模格 L 是分配格当且仅当 $\forall a,b,c \in L$ 有

$$(a \wedge b) \vee (b \wedge c) \vee (c \wedge a) = (a \vee b) \wedge (b \vee c) \wedge (c \vee a).$$

证 充分性. $\forall a,b,c \in L$ 有

$$\begin{aligned} a \wedge (b \vee c) &= a \wedge (a \vee c) \wedge (b \vee c) = a \wedge (a \vee b) \wedge (a \vee c) \wedge (b \vee c) \\ &= a \wedge ((a \vee b) \wedge (b \vee c) \wedge (c \vee a)) = a \wedge ((a \wedge b) \vee (b \wedge c) \vee (c \wedge a)) \\ &= ((a \wedge b) \vee ((b \wedge c) \vee (c \wedge a))) \wedge a. \end{aligned}$$

由于 $a \wedge b \leqslant a$,由模律上式等于

$$(a \wedge b) \vee (((b \wedge c) \vee (c \wedge a)) \wedge a).$$

由于 $c \wedge a \leqslant a$,再次使用模律得

$$(a \wedge b) \vee (c \wedge a) \vee (b \wedge c \wedge a) = (a \wedge b) \vee (a \wedge c).$$

即 $a \wedge (b \vee c) = (a \wedge b) \vee (a \wedge c)$,$L$ 是分配格.

必要性. $\forall a,b,c \in L$ 有

$$\begin{aligned} &(a \wedge b) \vee (b \wedge c) \vee (c \wedge a) \\ =&(((a \wedge b) \vee b) \wedge ((a \wedge b) \vee c)) \vee (c \wedge a) && \text{(分配律)} \\ =&(b \wedge (a \vee c) \wedge (b \vee c)) \vee (c \wedge a) && \text{(吸收律,分配律)} \\ =&(b \vee c) \wedge (b \vee a) \wedge (a \vee c \vee c) \wedge (a \vee c \vee a) \wedge (b \vee c \vee c) \\ &\wedge (b \vee c \vee a) && \text{(分配律)} \\ =&(b \vee c) \wedge (a \vee b) \wedge (c \vee a) \wedge (a \vee b \vee c) && \text{(幂等律,交换律)} \\ =&(a \vee b) \wedge (b \vee c) \wedge (c \vee a). \end{aligned}$$ ∎

定理 19.19 一个模格是分配格当且仅当它不含有与钻石格同构的子格.

证 必要性是显然的,只证充分性.

假设模格 L 不是分配格,必有 $a,b,c \in L$ 使得

$$(a \wedge b) \vee (b \wedge c) \vee (c \wedge a) < (a \vee b) \wedge (b \vee c) \wedge (c \vee a).$$

令 $u = (a \wedge b) \vee (b \wedge c) \vee (c \wedge a)$, $v = (a \vee b) \wedge (b \vee c) \wedge (c \vee a)$,

$$x = u \vee (a \wedge v), \ y = u \vee (b \wedge v), \ z = u \vee (c \wedge v).$$

下面证明$\{u,v,x,y,z\}$是 L 的子格且同构于钻石格.

$$x \vee y = u \vee (a \wedge v) \vee (b \wedge v). \qquad ①$$

$$a \wedge v = a \wedge (a \vee b) \wedge (b \vee c) \wedge (c \vee a) = a \wedge (b \vee c). \qquad ②$$

$$b \wedge v = b \wedge (a \vee b) \wedge (b \vee c) \wedge (c \vee a) = b \wedge (c \vee a). \qquad ③$$

将 ② 和 ③ 代入 ① 得

$$x \vee y = u \vee (a \wedge (b \vee c)) \vee (b \wedge (c \vee a)). \qquad ④$$

由 $a \wedge (b \vee c) \leqslant a \leqslant c \vee a$ 和模律得

$$(a \wedge (b \vee c)) \vee (b \wedge (c \vee a)) = ((a \wedge (b \vee c)) \vee b) \wedge (c \vee a). \qquad ⑤$$

又由 $b \leqslant b \vee c$ 和模律有

$$(a \wedge (b \vee c)) \vee b = (b \vee a) \wedge (b \vee c). \qquad ⑥$$

⑥ 代入 ⑤ 得

$$(a \wedge (b \vee c)) \vee (b \wedge (c \vee a)) = (a \vee b) \wedge (b \vee c) \wedge (c \vee a) = v. \qquad ⑦$$

将 ⑦ 代入 ④ 得

$$x \vee y = u \vee v = v. \qquad ⑧$$

同理可证

$$x \wedge y = u. \qquad ⑨$$

$$y \wedge z = z \wedge x = u. \qquad ⑩$$

$$y \vee z = z \vee x = v. \qquad ⑪$$

易见 $u \leqslant x \leqslant v, u \leqslant y \leqslant v, u \leqslant z \leqslant v$. 假若 $u = x$，则有 $x \vee y = u \vee y = y$，由 ⑧ 可得 $y = v$. 同理有 $z = v$，从而得到 $v = v \wedge v = y \wedge z = u$，与 $u \prec v$ 矛盾. 假若 $v = x$，则有 $x \wedge y = v \wedge y = y$，由 ⑨ 可得 $y = u$. 同理有 $z = u$，从而 $u = u \vee u = y \vee z = v$，也与 $u \prec v$ 矛盾. 这就证明了 $u \prec x \prec v$. 类似地可以证明 $u \prec y \prec v$ 和 $u \prec z \prec v$.

假若 $x = y$，则 $x \wedge y = x$ 与 $x \wedge y = u \prec x$ 矛盾. 同理可证 x, y, z 两两不同. 因此 $\{u, v, x, y, z\}$ 是一个五元子集，且关于 $\wedge$ 与 $\vee$ 是封闭的，是 L 的子格. 若令 φ: $u \mapsto a$, $x \mapsto b$, $y \mapsto c$, $z \mapsto d$, $v \mapsto e$，不难验证 φ 是 $\{u, v, x, y, z\}$ 到例 19.10 的钻石格的同构. ▌

推论 1 格 L 是分配格当且仅当 L 既不含有与五角格同构的子格，也不含有与钻石格同构的子格.

证 由定理 19.13 和定理 19.19 得证. ▌

推论 2 每一条链都是分配格.

推论 3 小于五元的格都是分配格.

推论 2 和推论 3 都是推论 1 的直接结果.

有了以上的结果，我们可以将定理 19.16 强化为下面的定理.

定理 19.20 格 L 是分配格当且仅当 $\forall a, b, c \in L$ 有

$$a \wedge c = b \wedge c \text{ 且 } a \vee c = b \vee c \Rightarrow a = b.$$

证 必要性由定理 19.16 得证.

充分性. 假若 L 不是分配格，必包含一个同构于钻石格或五角格的子格. 若该子格同构于钻石格. 且它的最小元为 u，最大元为 v，其他三个元素为 x, y, z，则 $x \wedge y = z \wedge y, x \vee y = z \vee y$，但 $x \neq z$. 若该子格同构于五角格，令它的最小元为 u，最大元为 v，其他三个元为 x, y, z，且 $x \prec y$，则 $x \wedge z = y \wedge z, x \vee z = y \vee z$，但 $x \neq y$，与已知矛盾. ▌

下面考虑有界格.

定义 19.11 设 L 是一个格. 若存在 $a \in L$，使得 $\forall x (x \in L \to a \leqslant x)$，则称 a 是 L 的**全下界**；若存在 $b \in L$，使得 $\forall x (x \in L \to x \leqslant b)$，则称 b 是 L 的**全上界**. 如果 L 存在全上界和全下界，则称 L 是**有界格**.

格 L 的全下界实际上就是偏序集 L 的最小元，而全上界则是 L 的最大元. 而最小元和最大元如果存在，则是惟一的. 所以有界格存在着惟一的全上界和全下界，通常将全下界记为 0，全上界记为 1，而将有界格记作 $\langle L, \wedge, \vee, 0, 1 \rangle$.

【例 19.12】

(1) 钻石格和五角格都是有界格.

(2) 集合 B 的幂集格 $P(B)$ 是有界格,其中全下界是 $\varnothing$,全上界是 B.

(3) 群 G 的子群格 $L(G)$ 是有界格,其中全下界是平凡子群$\{e\}$,全上界是平凡子群 G.

(4) 完备格 L 是有界格,其中全下界是$\wedge L$,全上界是 $\vee L$.

(5) 任何有限格 L 都是有界格.令 $L=\{a_1,a_2,\cdots,a_n\}$ 是 n 元格,则 $a_1\wedge a_2\wedge\cdots\wedge a_n$ 是 L 的全下界,$a_1\vee a_2\vee\cdots\vee a_n$ 是 L 的全上界.

由于 0 和 1 分别为格 L 中的最小元和最大元,在求一个命题 P 的对偶命题时,如果在 P 中有 0 或 1 出现,则需要将 0 换成 1,将 1 换成 0,这样才能得到正确的对偶命题 P^*.例如命题 P 是 $a\vee 1=1$,则 P^* 是 $a\wedge 0=0$.

下面考虑有补格,先给出补元的定义.

定义 19.12 设$\langle L,\wedge,\vee,0,1\rangle$ 是有界格,$a\in L$.若存在 $b\in L$ 使得 $a\vee b=1$ 和 $a\wedge b=0$,则称 b 是 a 的**补元**.

【例 19.13】 确定图 19.8 中所有格中元素的补元.

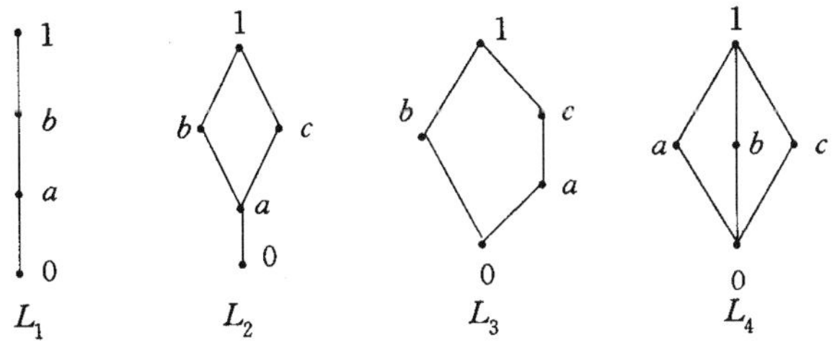

图 19.8

解 在 L_1 中,0 与 1 互为补元,a 和 b 无补元.

在 L_2 中,0 与 1 互为补元,a,b,c 无补元.

在 L_3 中,0 与 1 互为补元,a 的补元是 b,b 的补元是 a 和 c,c 的补元是 b.

在 L_4 中,0 与 1 互为补元,a 的补元是 b 和 c,b 的补元是 a 和 c,c 的补元是 a 和 b.

由这个例子可以知道在有界格L中0与1互为补元.而对任何其他元素$a\in L$,a的补元可能不存在,如果存在也可能不是惟一的.可以证明在分配格中如果一个元素存在补元则是惟一的.

定理 19.21 设 L 是有界分配格,$a\in L$.若 a 存在补元,则 a 的补元是惟一的.

证 假设 b 和 c 都是 a 的补元,则有

$$a\vee b=1,\ a\wedge b=0,\ a\vee c=1,\ a\wedge c=0.$$

从而有 $a\vee b=a\vee c$ 和 $a\wedge b=a\wedge c$,根据定理 19.20 有 $b=c$. ▌

下面给出有补格的定义.

定义 19.13 设$\langle L,\wedge,\vee,0,1\rangle$ 是有界格,若 $\forall a\in L$ 在 L 中都有 a 的补元存在,则称 L 是**有补格**.

在例 19.13 中 L_1 和 L_2 不是有补格,五角格 L_3 和钻石格 L_4 是有补格.

19.4 布 尔 代 数

布尔代数也叫做布尔格.

定义 19.14 一个有补分配格叫做**布尔格**(或**布尔代数**).

由上节的分析可知，在布尔格中每个元素都有惟一的补元存在，因此可以把求补运算看作是布尔格中的一元运算，记作 $-$，通常把布尔格 B 记作 $\langle B,\wedge,\vee,-,0,1\rangle$.

【例 19.14】 (1) 集合的幂集格 $\langle P(B),\cap,\cup,\sim,\varnothing,B\rangle$ 是布尔代数，称为**集合代数**，其中 $\cap$ 和 $\cup$ 分别为集合的交和并运算，$\sim$ 是绝对补运算(全集是 B).

(2) 逻辑代数 $\langle\{0,1\},\wedge,\vee,-,0,1\rangle$ 是布尔代数，其中 $\wedge$ 和 $\vee$ 分别表示逻辑与和逻辑或，$-$ 是逻辑非.

从代数系统的角度可以把布尔代数看作是具有两个二元运算、一个一元运算和两个零元运算的代数系统，其中二元运算满足交换律、结合律、吸收律、幂等律、分配律，而一元运算为求补运算. 反过来，也可以通过规定集合上的运算和算律来定义一个布尔代数.

定理 19.22 设 $\langle B,*,\circ,{}^{\triangle},a,b\rangle$ 是代数系统，其中 $*$ 和 $\circ$ 是二元运算，${}^{\triangle}$ 为一元运算，$a,b\in B$ 是零元运算. 如果满足以下条件：

(1) $\forall x,y\in B$ 有 $x*y=y*x, x\circ y=y\circ x$; (交换律)

(2) $\forall x,y,z\in B$ 有

$$x*(y\circ z)=(x*y)\circ(x*z),\quad x\circ(y*z)=(x\circ y)*(x\circ z);\qquad\text{(分配律)}$$

(3) $\forall x\in B$ 有 $x*b=x,\ x\circ a=x$; (同一律)

(4) $\forall x\in B$ 有 $x*{}^{\triangle}x=a,\ x\circ{}^{\triangle}x=b$; (补元律)

则 $\langle B,*,\circ,{}^{\triangle},a,b\rangle$ 是布尔格. 若规定 $*$ 为 B 中求最大下界运算，$\circ$ 为求最小上界运算，则 ${}^{\triangle}$ 为这个布尔格的求补运算且 a 是全下界 0，b 为全上界 1.

证 先证 $\forall x\in B$ 有 $x\circ b=b$ 和 $x*a=a$.

$$x\circ b=(x\circ b)*b=b*(x\circ b)=(x\circ{}^{\triangle}x)*(x\circ b)=x\circ({}^{\triangle}x*b)=x\circ{}^{\triangle}x=b,$$

$$x*a=(x*a)\circ a=a\circ(x*a)=(x*{}^{\triangle}x)\circ(x*a)=x*({}^{\triangle}x\circ a)=x*{}^{\triangle}x=a.$$

将 $x\circ b=b$ 和 $x*a=a$ 记作 ① 式.

$\forall x,y\in B$，使用 ① 可得

$$x\circ(x*y)=(x*b)\circ(x*y)=x*(b\circ y)=x*b=x,$$

$$x*(x\circ y)=(x\circ a)*(x\circ y)=x\circ(a*y)=x\circ a=x.$$

因此 $\circ$ 和 $*$ 运算满足吸收律.

为证明 $\circ$ 和 $*$ 运算都满足结合律，先证明以下命题：$\forall x,y,z\in B$ 有

$$x\circ y=x\circ z \text{ 且 } {}^{\triangle}x\circ y={}^{\triangle}x\circ z\Rightarrow y=z.\qquad ②$$

由

$$\begin{aligned}x\circ y=x\circ z \text{ 且 } {}^{\triangle}x\circ y={}^{\triangle}x\circ z&\Rightarrow(x\circ y)*({}^{\triangle}x\circ y)=(x\circ z)*({}^{\triangle}x\circ z)\\&\Rightarrow(x*{}^{\triangle}x)\circ y=(x*{}^{\triangle}x)\circ z\Rightarrow a\circ y=a\circ z\Rightarrow y=z.\end{aligned}$$

命题 ② 得证.

下面证明 $\forall x,y,z\in B$ 有 $(x*y)*z=x*(y*z)$ 成立. 由等式

$$x\circ(x*(y*z))=x,\qquad ③$$

$$x\circ((x*y)*z)=(x\circ(x*y))*(x\circ z)=x*(x\circ z)=x,\qquad ④$$

可得

$$x\circ(x*(y*z))=x\circ((x*y)*z).\qquad ⑤$$

而

$${}^{\triangle}x\circ(x*(y*z))=({}^{\triangle}x\circ x)*({}^{\triangle}x\circ(y*z))=b*({}^{\triangle}x\circ(y*z))={}^{\triangle}x\circ(y*z),\qquad ⑥$$

$$\begin{aligned}{}^{\triangle}x\circ((x*y)*z)&=({}^{\triangle}x\circ(x*y))*({}^{\triangle}x\circ z)=({}^{\triangle}x\circ x)*({}^{\triangle}x\circ y)*({}^{\triangle}x\circ z)\\&=b*({}^{\triangle}x\circ y)*({}^{\triangle}x\circ z)=({}^{\triangle}x\circ y)*({}^{\triangle}x\circ z)={}^{\triangle}x\circ(y*z).\end{aligned}\qquad ⑦$$

由 ⑥ 和 ⑦ 有

$$ {}^{\triangle}x{}^{\circ}(x*(y*z)) = {}^{\triangle}x{}^{\circ}((x*y)*z). \qquad ⑧$$

由 ⑤ 和 ⑧，根据命题 ② 有 $x*(y*z)=(x*y)*z$，即 $*$ 运算满足结合律. 同理可证 $\circ$ 运算也满足结合律，因此 B 关于 $*$ 和 $\circ$ 运算构成一个格. 根据定理 19.4 可规定 $*$ 运算就是在格中偏序 $\leqslant$ 的最大下界运算 $\wedge$，而 $\circ$ 运算就是最小上界运算 $\vee$.

由 $x*b=x$ 和 $x\circ a=x$ 知 a 是格中最小元 0，b 是格中最大元 1. 又由 $x*{}^{\triangle}x=a$ 和 $x\circ{}^{\triangle}x=b$ 可知 ${}^{\triangle}x$ 是 x 的补元. B 是布尔格. ▌

下面考虑布尔代数的性质.

定理 19.23 设 $\langle B, \wedge, \vee, -, 0, 1\rangle$ 是布尔代数. 则

(1) $\forall a \in B$，$\overline{\overline{a}} = a$；

(2) $\forall a,b \in B$，$\overline{a \wedge b} = \overline{a} \vee \overline{b}$，$\overline{a \vee b} = \overline{a} \wedge \overline{b}$；

(3) $\forall a,b \in B$，$a \leqslant b \Longleftrightarrow a \wedge \overline{b} = 0 \Longleftrightarrow \overline{a} \vee b = 1 \Longleftrightarrow a \wedge b = a \Longleftrightarrow a \vee b = b$；

(4) $\forall a,b \in B$，$a \leqslant b \Longleftrightarrow \overline{b} \leqslant \overline{a}$.

证 (1) $\overline{\overline{a}}$ 是 $\overline{a}$ 的补元，a 是 $\overline{a}$ 的补元，由补元惟一性有 $\overline{\overline{a}} = a$.

(2) $(a\wedge b)\vee(\overline{a}\vee\overline{b}) = (a\vee\overline{a}\vee\overline{b})\wedge(b\vee\overline{a}\vee\overline{b}) = (1\vee\overline{b})\wedge(\overline{a}\vee 1) = 1\wedge 1 = 1$,

$(a\wedge b)\wedge(\overline{a}\vee\overline{b}) = (a\wedge b\wedge\overline{a})\vee(a\wedge b\wedge\overline{b}) = (0\wedge b)\vee(a\wedge 0) = 0\vee 0 = 0$.

因此 $\overline{a}\vee\overline{b}$ 是 $a\wedge b$ 的补元，由补元惟一性有 $\overline{a\wedge b} = \overline{a}\vee\overline{b}$. 同理可证

$$\overline{a\vee b} = \overline{a}\wedge\overline{b}.$$

(3) 由定理 19.2 有 $a \leqslant b \Longleftrightarrow a\wedge b = a \Longleftrightarrow a\vee b = b$.

证 $a\leqslant b \Rightarrow a\wedge\overline{b} = 0$.

$$a\leqslant b \Rightarrow a\wedge\overline{b} \leqslant b\wedge\overline{b} = 0 \Rightarrow a\wedge\overline{b} = 0.$$

证 $a\wedge\overline{b} = 0 \Rightarrow \overline{a}\vee b = 1$.

$$a\wedge\overline{b} = 0 \Rightarrow \overline{a\wedge\overline{b}} = 1 \Rightarrow \overline{a}\vee\overline{\overline{b}} = 1 \Rightarrow \overline{a}\vee b = 1.$$

证 $\overline{a}\vee b = 1 \Rightarrow a\leqslant b$. 由

$$b = 0\vee b = (a\wedge\overline{a})\vee b = (a\vee b)\wedge(\overline{a}\vee b) = (a\vee b)\wedge 1 = a\vee b,$$

得 $a\leqslant a\vee b = b$.

(4) $a\leqslant b \Longleftrightarrow a\vee b = b \Longleftrightarrow \overline{a\vee b} = \overline{b} \Longleftrightarrow \overline{a}\wedge\overline{b} = \overline{b} \Longleftrightarrow \overline{b}\leqslant\overline{a}$. ▌

根据一般代数系统同态映射的定义不难得到布尔代数同态的定义.

定义 19.15 设 B_1，B_2 是布尔代数，φ: $B_1 \to B_2$. 若 $\forall x,y \in B_1$ 有

$$\varphi(x\wedge y) = \varphi(x)\wedge\varphi(y),\quad \varphi(x\vee y) = \varphi(x)\vee\varphi(y),\quad \varphi(\overline{x}) = \overline{\varphi(x)},$$

则称 φ 是布尔代数 B_1 到 B_2 的**同态映射**，简称同态. 若 φ 是单射，则称 φ 是单同态；若 φ 是满射，则称 φ 是满同态；若 φ 是双射，则称 φ 是同构.

【例 19.15】 设 $A_1 = \{a,b,c\}$，$A_2 = \{b,c\}$，令 φ: $P(A_1) \to P(A_2)$，$\varphi(x) = x - \{a\}$，$\forall x \in P(A_1)$. 则 $\forall x,y \in P(A_1)$ 有

$$\varphi(x\cup y) = (x\cup y) - \{a\} = (x-\{a\})\cup(y-\{a\}) = \varphi(x)\cup\varphi(y),$$

$$\varphi(x\cap y) = (x\cap y) - \{a\} = (x-\{a\})\cap(y-\{a\}) = \varphi(x)\cap\varphi(y),$$

$$\varphi(\overline{x}) = \sim x - \{a\} = (\{a,b,c\} - x) - \{a\} = \{b,c\} - x,$$

$$\overline{\varphi(x)} = \{b,c\} - \varphi(x) = \{b,c\} - (x - \{a\}) = \{b,c\} - x.$$

因此 φ 是 $P(A_1)$ 到 $P(A_2)$ 的同态，且是满同态.

不难证明布尔代数的同态具有下面的性质.

定理 19.24 设 B_1, B_2 是布尔代数,$\varphi: B_1 \to B_2$. 若 φ 是同态,则

(1) $\varphi(0) = 0$, $\varphi(1) = 1$;

(2) $\varphi(B_1)$ 是布尔代数,且是 B_2 的子代数.

证 (1) $\varphi(0) = \varphi(a \wedge \bar{a}) = \varphi(a) \wedge \varphi(\bar{a}) = \varphi(a) \wedge \overline{\varphi(a)} = 0$.

$$\varphi(1) = \varphi(a \vee \bar{a}) = \varphi(a) \vee \varphi(\bar{a}) = \varphi(a) \vee \overline{\varphi(a)} = 1.$$

(2) 由 $0 \in B_1$ 有 $0 = \varphi(0) \in \varphi(B_1)$,同理有 $1 \in \varphi(B_1)$,$\varphi(B_1)$ 是 B_2 的非空子集且对两个零元运算封闭.

$\forall x, y \in \varphi(B_1)$,$\exists a, b \in B_1$ 使得 $\varphi(a) = x$, $\varphi(b) = y$. 从而有

$$x \vee y = \varphi(a) \vee \varphi(b) = \varphi(a \vee b) \in \varphi(B_1),$$
$$x \wedge y = \varphi(a) \wedge \varphi(b) = \varphi(a \wedge b) \in \varphi(B_1).$$

$\varphi(B_1)$ 对 $\wedge$ 和 $\vee$ 运算是封闭的.

$\forall x \in \varphi(B_1)$,$\exists a \in B_1$ 使得 $\varphi(a) = x$,因此有

$$\bar{x} = \overline{\varphi(a)} = \varphi(\bar{a}) \in \varphi(B_1).$$

综上所述,$\varphi(B_1)$ 对 B_2 中的所有运算封闭,所以 $\varphi(B_1)$ 是 B_2 的子代数,也是布尔代数. ▌

在一个布尔代数中,0 和 1 分别为关于 $\vee$ 和 $\wedge$ 运算的单位元. 对于一般的代数系统,例如半群或独异点,只有在满同态映射下才能保证将单位元映到单位元. 而对群和布尔代数,只要一般的同态映射就可以做到这一点. 因为群中有着求逆元的一元运算,而布尔代数有着求补元的一元运算. 因此在定义布尔代数同态时不必强调 $\varphi(0) = 0$ 和 $\varphi(1) = 1$.

下面我们来研究有限布尔代数的结构.

定义 19.16 设 L 是格,$0 \in L$,$a \in L$. 若 $\forall b \in L$ 有

$$0 \prec b \preccurlyeq a \Rightarrow b = a,$$

则称 a 是 L 中的**原子**.

考虑图 19.8 中的几个格. 其中 L_1 的原子是 a,L_2 的原子也是 a,L_3 的原子是 a 和 b,L_4 的原子是 a, b, c. 若 L 是正整数 n 的全体正因子集关于整除关系构成的格,则 L 的原子恰为 n 的所有素因子.

引理 1 设 L 是格,$a, b \in L$ 是 L 的原子. 若 $a \neq b$,则 $a \wedge b = 0$.

证 假设 $a \wedge b \neq 0$,则有

$$0 \prec a \wedge b \preccurlyeq a \quad 和 \quad 0 \prec a \wedge b \preccurlyeq b.$$

由定义 19.16 有 $a \wedge b = a$ 和 $a \wedge b = b$,从而得到 $a = b$,与已知矛盾. ▌

引理 2 设 B 是有限布尔代数,$\forall x \in B, x \neq 0$,令 $T(x) = \{a_1, a_2, \cdots, a_n\}$ 是 B 中所有小于等于 x 的原子构成的集合,则 $x = a_1 \vee a_2 \vee \cdots \vee a_n$. 称这个表示式为 x 的**原子表示**,且是惟一的表示. 这里的惟一性是指:若 $x = a_1 \vee a_2 \vee \cdots \vee a_n$,$x = b_1 \vee b_2 \vee \cdots \vee b_m$,则有

$$\{a_1, a_2, \cdots, a_n\} = \{b_1, b_2, \cdots, b_m\}.$$

证 令 $y = a_1 \vee a_2 \vee \cdots \vee a_n$. 由 $a_i \preccurlyeq x$, $i = 1, 2, \cdots, n$,有 $y \preccurlyeq x$. 下面证明 $x \preccurlyeq y$.

假若 $x \wedge \bar{y} \neq 0$,则存在 B 中元素 $t_1, t_2, \cdots, t_s$,使得 t_1 覆盖 0,t_2 覆盖 t_1,…,t_s 覆盖 t_{s-1},且 $t_s = x \wedge \bar{y}$. 由此可知 t_1 是原子,且 $t_1 \preccurlyeq x \wedge \bar{y}$,从而有 $t_1 \preccurlyeq x$ 和 $t_1 \preccurlyeq \bar{y}$.

由 $t_1 \preccurlyeq x$ 可知 $t_1 \in T(x)$,即存在 $a_i \in T(x)$ 使得 $t_1 = a_i$. 又由 $t_1 \preccurlyeq \bar{y}$ 可知 $t_1 \wedge \bar{y} = t_1$,从

而有

$$t_1 = t_1 \wedge \overline{y} = a_i \wedge \overline{y} = a_i \wedge (\overline{a_1 \vee a_2 \cdots \vee a_n}) = a_i \wedge (\overline{a_1} \wedge \overline{a_2} \wedge \cdots \wedge \overline{a_n})$$
$$= (a_i \wedge \overline{a_i}) \wedge (\overline{a_1} \wedge \cdots \wedge \overline{a_{i-1}} \wedge \overline{a_{i+1}} \wedge \cdots \wedge \overline{a_n}) = 0,$$

与 t_1 覆盖 0 矛盾.这就证明了 $x \wedge \overline{y} = 0$,即 $x \leqslant y$.综合上述得到 $x = a_1 \vee a_2 \vee \cdots \vee a_n$.

设 $x = b_1 \vee b_2 \vee \cdots \vee b_m$ 是 x 的另一个原子表示.任取 $a_i \in \{a_1, a_2, \cdots, a_n\}$,假若 $a_i \notin \{b_1, b_2, \cdots, b_m\}$,由引理 1 必有 $a_i \wedge b_j = 0, j = 1, 2, \cdots, m$.由于 $a_i \leqslant x$,从而得到

$$\begin{aligned} a_i &= a_i \wedge x = a_i \wedge (b_1 \vee b_2 \vee \cdots \vee b_m) \\ &= (a_i \wedge b_1) \vee (a_i \wedge b_2) \vee \cdots \vee (a_i \wedge b_m) \\ &= 0 \vee 0 \vee \cdots \vee 0 = 0, \end{aligned}$$

与 a_i 是原子矛盾.这就证明了 $a_i \in \{b_1, b_2, \cdots, b_m\}$.同理可证,$\forall b_j \in \{b_1, b_2, \cdots, b_m\}$ 有 $b_j \in \{a_1, a_2, \cdots, a_n\}$.于是

$$\{a_1, a_2, \cdots, a_n\} = \{b_1, b_2, \cdots, b_m\}.$$

▍

定理 19.25 (有限布尔代数的表示定理)

设 B 是有限布尔代数,A 是 B 的全体原子构成的集合,则 B 同构于 A 的幂集代数 $P(A)$.

证 $\forall x \in B$,令 $T(x) = \{a \mid a \in B, a \text{ 是原子}, a \leqslant x\}$,则 $T(x) \subseteq A$.定义 $\varphi: B \to P(A)$,$\forall x \in B, \varphi(x) = T(x)$.下面证明 φ 是 B 到 $P(A)$ 的同构映射.

$\forall x, y \in B, \forall b, b$ 为原子,有

$$\begin{aligned} & b \in T(x \wedge y) \Longleftrightarrow b \in A,\ b \leqslant x \wedge y \Longleftrightarrow b \in A,\ b \leqslant x,\ b \leqslant y \\ \Longleftrightarrow & (b \in A,\ b \leqslant x) \text{ 且} (b \in A, b \leqslant y) \Longleftrightarrow b \in T(x) \text{ 且 } b \in T(y) \\ \Longleftrightarrow & b \in T(x) \cap T(y). \end{aligned}$$

从而有 $T(x \wedge y) = T(x) \cap T(y)$,即 $\varphi(x \wedge y) = \varphi(x) \cap \varphi(y)$.

$\forall x, y \in B$,设 $x = a_1 \vee a_2 \vee \cdots \vee a_n$, $y = b_1 \vee b_2 \vee \cdots \vee b_m$ 是 x 和 y 的原子表示,则 $x \vee y = a_1 \vee \cdots \vee a_n \vee b_1 \vee \cdots \vee b_m$.由引理 2 可知 $T(x \vee y) = \{a_1, a_2, \cdots, a_n, b_1, b_2, \cdots, b_m\}$.又由于

$$T(x) = \{a_1, a_2, \cdots, a_n\},\ T(y) = \{b_1, b_2, \cdots, b_m\},$$

所以有 $T(x \vee y) = T(x) \cup T(y)$,从而得到

$$\varphi(x \vee y) = \varphi(x) \cup \varphi(y).$$

任取 $x \in B$,存在 $\overline{x} \in B$ 使得 $x \vee \overline{x} = 1$, $x \wedge \overline{x} = 0$,因此有

$$\varphi(x) \cup \varphi(\overline{x}) = \varphi(x \vee \overline{x}) = \varphi(1) = A,$$
$$\varphi(x) \cap \varphi(\overline{x}) = \varphi(x \wedge \overline{x}) = \varphi(0) = \varnothing.$$

而 A 和 $\varnothing$ 分别为 $P(A)$ 中的全上界和全下界,因此 $\varphi(\overline{x})$ 是 $\varphi(x)$ 在 $P(A)$ 中的补元,即

$$\varphi(\overline{x}) = \overline{\varphi(x)}.$$

综上所述,φ 是布尔代数 B 到 $P(A)$ 的同态.下面证明 φ 是双射.

若 $\varphi(x) = \varphi(y)$,则 $T(x) = T(y) = \{a_1, a_2, \cdots, a_n\}$.由引理 2 有 $x = a_1 \vee a_2 \vee \cdots \vee a_n = y$,于是 φ 是单射.

$\forall \{b_1, b_2, \cdots, b_m\} \in P(A)$,令 $x = b_1 \vee b_2 \vee \cdots \vee b_m$,则 $\varphi(x) = T(x) = \{b_1, b_2, \cdots, b_m\}$,$\varphi$ 是满射.从而 φ 是 B 到 $P(A)$ 的同构映射. ▍

定理 19.26 有限布尔代数的基数是 2^n 的形式,其中 $n \in N$,且任何两个等势的有限布尔代数都是同构的.

证 设 B 是有限布尔代数，A 是 B 的所有原子构成的集合，且 $|A|=n$. 由定理 19.25，$B\cong P(A)$，$|P(A)|=2^n$，于是 $|B|=2^n$.

设 B_1,B_2 是有限布尔代数，且 $|B_1|=|B_2|$，则 $B_1\cong P(A_1)$，$B_2\cong P(A_2)$，其中 A_1,A_2 分别为 B_1 和 B_2 的原子集合. 由此得到

$$2^{|A_1|}=|P(A_1)|=|B_1|=|B_2|=|P(A_2)|=2^{|A_2|},$$

所以有 $|A_1|=|A_2|$，存在双射 $f: A_1\to A_2$. 令 $\varphi: P(A_1)\to P(A_2)$，$\varphi(x)=f(x)$，$\forall x\subseteq A_1$. 下面证明 φ 是 $P(A_1)$ 到 $P(A_2)$ 的同构.

$\forall x,y\in P(A_1)$，$x,y\subseteq A_1$，由集合论的知识有

$$f(x\cup y)=f(x)\cup f(y).$$

又由于 f 是单射的，$f(x\cap y)=f(x)\cap f(y)$. 从而有

$$\varphi(x\cup y)=\varphi(x)\cup\varphi(y),\ \varphi(x\cap y)=\varphi(x)\cap\varphi(y),$$

φ 是 $P(A_1)$ 到 $P(A_2)$ 的同态映射.

$\forall x,y\in P(A_1)$，由于 f 是双射可得

$$\varphi(x)=\varphi(y)\Rightarrow f(x)=f(y)\Rightarrow f^{-1}(f(x))=f^{-1}(f(y))\Rightarrow x=y,$$

因此 φ 是单射的.

$\forall y\in P(A_2)$，令 $x=f^{-1}(y)$，则由 f 是双射有 $f(x)=f(f^{-1}(y))=y$. 即 $\varphi(x)=y$，且 $x\in P(A_1)$，所以 φ 是满射的. 综合上面的结果，φ 是 $P(A_1)$ 到 $P(A_2)$ 的同构，即 $P(A_1)\cong P(A_2)$. 由同构的传递性有 $B_1\cong B_2$. ▌

为证明任何有限布尔代数都与 $\{0,1\}^n$ 同构，先给出以下引理.

引理 1 设 B 为有限布尔代数，$x,y\in B$，$x\preccurlyeq y$. 若 $x=a_1\vee a_2\vee\cdots\vee a_n$ 和 $y=b_1\vee b_2\vee\cdots\vee b_m$ 分别为 x 和 y 的原子表示，则

$$\{a_1,a_2,\cdots,a_n\}\subseteq\{b_1,b_2,\cdots,b_m\}.$$

证 令 A 是 B 的全体原子的集合. $\forall z\in B$，令 $T(z)=\{a\mid a\in A\text{ 且 }a\preccurlyeq z\}$. 定义 $\varphi: B\to P(A)$，$\varphi(z)=T(z)$，$\forall z\in B$. 由定理19.25 的证明可知 φ 为 B 到 $P(A)$ 的同构. 由 $x\preccurlyeq y$ 和同构映射的保序性(定理 19.7) 有 $T(x)\subseteq T(y)$，即 $\{a_1,a_2,\cdots,a_n\}\subseteq\{b_1,b_2,\cdots,b_m\}$. ▌

引理 2 设 B 是有限布尔代数，$a\in B$ 且 $0\prec a\prec 1$. 令

$$[0,a]=\{x\mid x\in B\text{ 且 }0\preccurlyeq x\preccurlyeq a\},$$
$$[a,1]=\{x\mid x\in B\text{ 且 }a\preccurlyeq x\preccurlyeq 1\},$$

则 $[0,a]$ 和 $[a,1]$ 都是布尔代数，但不是 B 的子布尔代数. 其中 a 是 $[0,a]$ 的全上界和 $[a,1]$ 的全下界.

证 $\forall x,y\in[0,a]$，$0\preccurlyeq x\preccurlyeq a$，$0\preccurlyeq y\preccurlyeq a$ 有 $0\preccurlyeq x\vee y\preccurlyeq a$，即 $x\vee y\in[0,a]$. 而 $0\preccurlyeq x\wedge y\preccurlyeq x\preccurlyeq a$，所以 $x\wedge y\in[0,a]$. $[0,a]$ 是格.

$\forall z\in B$，令 $T(z)=\{u\mid u\text{ 是 }B\text{ 的原子且 }u\preccurlyeq z\}$.

任取 $x\in[0,a]$，$x=a_1\vee a_2\vee\cdots\vee a_n$ 和 $a=b_1\vee b_2\vee\cdots\vee b_m$ 为 x 和 a 的原子表示，则有

$$T(x)=\{a_1,a_2,\cdots,a_n\},\ T(a)=\{b_1,b_2,\cdots,b_m\}.$$

由 $x\preccurlyeq a$ 和引理 1 有 $T(x)\subseteq T(a)$. 令 $T(y)=T(a)-T(x)=\{t_1,t_2,\cdots,t_{m-n}\}$，$y=t_1\vee t_2\vee\cdots\vee t_{m-n}$. 由定理 19.25 的证明可知

$$T(x\vee y)=T(x)\cup T(y)=T(a),$$
$$T(x\wedge y)=T(x)\cap T(y)=\varnothing.$$

根据原子表示的惟一性有 $x \vee y = a$ 和 $x \wedge y = 0$. 因此 x 与 y 在 $[0,a]$ 中互为补元,其中 $0,a$ 分别为 $[0,a]$ 的全下界和全上界. 从而证明 $[0,a]$ 是布尔代数. 同理可证 $[a,1]$ 也是布尔代数.

∎

定理 19.27 对每个有限布尔代数 $B, B \neq \{0\}$,都存在正整数 n,使得 $B \cong \{0,1\}^n$.

证 对 $|B|$ 进行归纳.

$|B| = 2$ 时,则 $B = \{0,1\}$,令 $n = 1$ 即可. 假设命题对一切元数小于 $|B|$ 的布尔代数为真,考虑布尔代数 B. 取 $a \in B, 0 < a < 1$,由引理 2 可知 $[0,a]$ 和 $[a,1]$ 是布尔代数. 令 $\varphi: B \to [0,a] \times [a,1]$, $\forall b \in B, \varphi(b) = \langle a \wedge b, a \vee b \rangle$,则 φ 为单射. 因为

$$\varphi(b_1) = \varphi(b_2) \Rightarrow \langle a \wedge b_1, a \vee b_1 \rangle = \langle a \wedge b_2, a \vee b_2 \rangle$$
$$\Rightarrow a \wedge b_1 = a \wedge b_2 \text{ 且 } a \vee b_1 = a \vee b_2 \Rightarrow b_1 = b_2.$$

对任意的 $\langle x, y \rangle \in [0,a] \times [a,1]$,令 $b = y \wedge (x \vee \bar{a})$. 由 $x \leqslant a \leqslant y$ 可得

$$a \wedge b = a \wedge (y \wedge (x \vee \bar{a})) = (a \wedge y \wedge x) \vee (a \wedge y \wedge \bar{a}) = x \vee 0 = x,$$
$$a \vee b = a \vee (y \wedge (x \vee \bar{a})) = (a \vee y) \wedge (a \vee x \vee \bar{a}) = (a \vee y) \wedge 1 = y.$$

所以 $\varphi(b) = \langle x, y \rangle$, φ 是满射的.

$\forall b, c \in B$,由格的直积定义得

$$\begin{aligned}
\varphi(b \vee c) &= \langle a \wedge (b \vee c), a \vee (b \vee c) \rangle = \langle (a \wedge b) \vee (a \wedge c), a \vee b \vee c \rangle \\
&= \langle a \wedge b, a \vee b \rangle \vee \langle a \wedge c, a \vee c \rangle = \varphi(b) \vee \varphi(c), \\
\varphi(b \wedge c) &= \langle a \wedge b \wedge c, a \vee (b \wedge c) \rangle = \langle a \wedge b \wedge c, (a \vee b) \wedge (a \vee c) \rangle \\
&= \langle a \wedge b, a \vee b \rangle \wedge \langle a \wedge c, a \vee c \rangle = \varphi(b) \wedge \varphi(c). \\
\varphi(\bar{b}) &= \langle a \wedge \bar{b}, a \vee \bar{b} \rangle.
\end{aligned}$$

由

$$(a \wedge b) \vee (a \wedge \bar{b}) = a \wedge (b \vee \bar{b}) = a,$$
$$(a \wedge b) \wedge (a \wedge \bar{b}) = 0$$

可知 $a \wedge \bar{b}$ 是 $a \wedge b$ 在 $[0,a]$ 中的补元. 同理可证 $a \vee \bar{b}$ 是 $a \vee b$ 在 $[a,1]$ 中的补元. 所以 $\varphi(\bar{b})$ 是 $\varphi(b)$ 在 $[0,a] \times [a,1]$ 中的补元. 这就证明了 φ 是 B 到 $[0,a] \times [a,1]$ 的同构.

由归纳假设存在正整数 n 和 m 使得 $[0,a] \cong \{0,1\}^n$ 和 $[a,1] \cong \{0,1\}^m$,从而有

$$B \cong [0,a] \times [a,1] \cong \{0,1\}^n \times \{0,1\}^m = \{0,1\}^{n+m}.$$

∎

【例 19.16】 令 $A_1 = \{a\}$, $A_2 = \{a,b\}$, $A_3 = \{a,b,c\}$,则幂集代数 $P(A_1) = \{\varnothing, \{a\}\}$ 同构于 $\{0,1\}$, $P(A_2)$ 同构于 $\{0,1\}^2$,而 $P(A_3)$ 同构于 $\{0,1\}^3$.

定义 19.17 设 B 是布尔代数. 函数 $f: B^n \to B$ 称为 B 上的一个 ***n* 元布尔函数.**

例如开关函数 $f: \{0,1\}^n \to \{0,1\}$ 是 $\{0,1\}$ 上的 n 元布尔函数.

定理 19.28 设 B 是布尔代数,令

$$F_n(B) = \{f \mid f: B^n \to B\}$$

是 B 上所有 n 元布尔函数的集合. $\forall f, g \in F_n(B)$,如下定义 $f \wedge g, f \vee g, \bar{f}, f_0$ 和 f_1: $\forall x \in B^n$ 有

$$(f \wedge g)(x) = f(x) \wedge g(x),$$
$$(f \vee g)(x) = f(x) \vee g(x),$$
$$\bar{f}(x) = \overline{f(x)},$$

$$f_0(x)=0,$$
$$f_1(x)=1.$$

则$\langle F_n(B),\wedge,\vee,-,f_0,f_1\rangle$构成布尔代数.

证 由B是布尔代数易见$\forall f,g\in F_n(B)$有$f\wedge g,f\vee g,\bar{f},f_0,f_1\in F_n(B)$. $\forall f,g,h\in F_n(B)$, $\forall x\in B^n$有

$$(f\wedge g)(x)=f(x)\wedge g(x)=g(x)\wedge f(x)=(g\wedge f)(x),$$

从而推出$f\wedge g=g\wedge f$.

同理有$f\vee g=g\vee f$.

$$\begin{aligned}&(f\wedge(g\vee h))(x)=f(x)\wedge(g\vee h)(x)\\&=f(x)\wedge(g(x)\vee h(x))=(f(x)\wedge g(x))\vee(f(x)\wedge h(x))\\&=(f\wedge g)(x)\vee(f\wedge h)(x)=((f\wedge g)\vee(f\wedge h))(x),\end{aligned}$$

从而推出 $f\wedge(g\vee h)=(f\wedge g)\vee(f\wedge h)$.

同理有$f\vee(g\wedge h)=(f\vee g)\wedge(f\vee h)$.

$$(f\wedge f_1)(x)=f(x)\wedge f_1(x)=f(x)\wedge 1=f(x),$$
$$(f\vee f_0)(x)=f(x)\vee f_0(x)=f(x)\vee 0=f(x),$$

从而有$f\wedge f_1=f$和$f\vee f_0=f$.

$$(f\wedge\bar{f})(x)=f(x)\wedge\bar{f}(x)=f(x)\wedge\overline{f(x)}=0=f_0(x),$$
$$(f\vee\bar{f})(x)=f(x)\vee\bar{f}(x)=f(x)\vee\overline{f(x)}=1=f_1(x),$$

从而有$f\wedge\bar{f}=f_0$, $f\vee\bar{f}=f_1$.

综上所述,根据定理19.22可知$\langle F_n(B),\wedge,\vee,-,f_0,f_1\rangle$构成布尔代数. ▌

考虑下面开关函数的例子.

【例19.17】 函数$f:\{0,1\}^n\to\{0,1\}$称为n元开关函数,令$B=\{f\mid f:\{0,1\}^n\to\{0,1\}\}$是全体$n$元开关函数的集合.定义$B$上的运算$+,\cdot,-$如下:$\forall f,g\in B$, $\forall\langle x_1,x_2,\cdots,x_n\rangle\in\{0,1\}^n$有

$$(f+g)(\langle x_1,x_2,\cdots,x_n\rangle)=f(\langle x_1,x_2,\cdots,x_n\rangle)+g(\langle x_1,x_2,\cdots,x_n\rangle),$$
$$(f\cdot g)(\langle x_1,x_2,\cdots,x_n\rangle)=f(\langle x_1,x_2,\cdots,x_n\rangle)\cdot g(\langle x_1,x_2,\cdots,x_n\rangle),$$
$$\bar{f}(\langle x_1,x_2,\cdots,x_n\rangle)=\overline{f(\langle x_1,x_2,\cdots,x_n\rangle)},$$

则B和B上的$+,\cdot,-$运算构成一个布尔代数,其中B的全下界为f_0,全上界为f_1.任何n元开关函数有2^n种变元的组合,每个变元的组合可以对应于0和1两个值,所以有2^{2^n}个不同的n元开关函数,即$|B|=2^{2^n}$.我们称这个布尔代数为**开关代数**.开关代数是逻辑电路的设计基础.

根据定理19.25的引理2,在开关代数中每个n元开关函数可以惟一地写出它的原子表示.而开关代数中的最小项就是原子,因此每个n元开关函数都可以惟一地表成最小项的布尔和.

习 题 十 九

1. 图19.9中给出了一些偏序集的哈斯图.其中哪些不是格?说明理由.

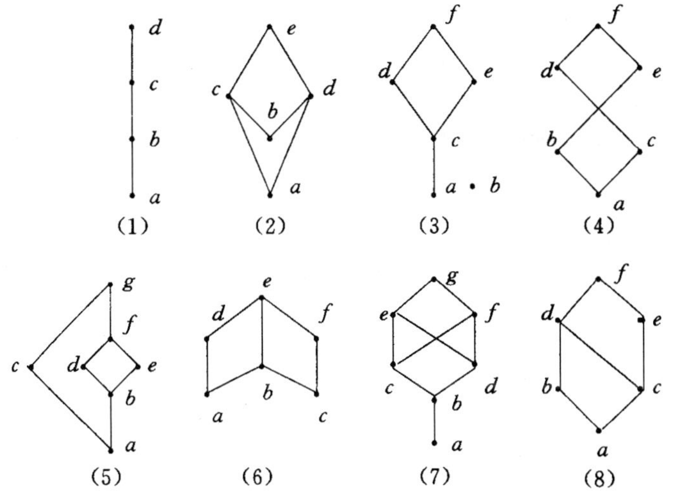

图　19.9

2. 下列各整数集合关于整除关系都构成偏序集，判断哪些偏序集是格并说明理由.

(1) $\{1,2,3,4,6\}$；　　(2) $\{1,2,3,4,6,12\}$；

(3) $\{1,2,3,4,6,9,12,18,36\}$；　　(4) $\{1,5,5^2,5^3,\cdots\}$.

3. 设 L 是格，$\forall a,b,c \in L, a \leqslant b \leqslant c$，证明

(1) $a \vee b = b \wedge c$；　　(2) $(a \wedge b) \vee (b \wedge c) = (a \vee b) \wedge (a \vee c)$.

4. 设 L 为格，证明 $\forall a,b,c,d \in L$ 有

(1) $(a \wedge b) \vee (c \wedge d) \leqslant (a \vee c) \wedge (b \vee d)$；

(2) $(a \wedge b) \vee (b \wedge c) \vee (c \wedge a) \leqslant (a \vee b) \wedge (b \vee c) \wedge (c \vee a)$.

5. 设 L 为格，$\forall a_1, a_2, \cdots, a_n \in L$，证明

$$a_1 \wedge a_2 \wedge \cdots \wedge a_n = a_1 \vee a_2 \vee \cdots \vee a_n,$$

当且仅当 $a_1 = a_2 = \cdots = a_n$.

6. 设 L 为格，$a,b \in L$. 证明 $a \wedge b \prec a$ 且 $a \wedge b \prec b$ 当且仅当 a 与 b 不可比.

7. 下面是一些关于格的命题 P，求 P 的对偶命题 P^*.

(1) $a \wedge (b \vee c) = (a \wedge b) \vee (a \wedge c)$；

(2) $(a \wedge b) \vee (b \wedge c) = (a \vee b) \wedge (a \vee c)$；

(3) $(a \wedge b) \vee (c \wedge d) \leqslant (a \vee c) \wedge (b \vee d)$；

(4) $(a \wedge b) \vee (b \wedge c) \vee (c \wedge a) \leqslant (a \vee b) \wedge (b \vee c) \wedge (c \vee a)$.

若 $P^* = P$，则称 P 是自对偶的. 以上命题中哪些是自对偶的？

8. 对图 19.10 的两个格 L_1 和 L_2，找出它们所有的 3 元子格、4 元子格及 5 元子格.

9. 设 L 是格，任取 $a,b \in L, a \prec b$. 令

$L_1 = \{x \mid x \in L \text{ 且 } x \leqslant a\}$，

$L_2 = \{x \mid x \in L \text{ 且 } a \leqslant x\}$，

$L_3 = \{x \mid x \in L \text{ 且 } a \leqslant x \leqslant b\}$.

说明 L_1, L_2, L_3 都是 L 的子格.

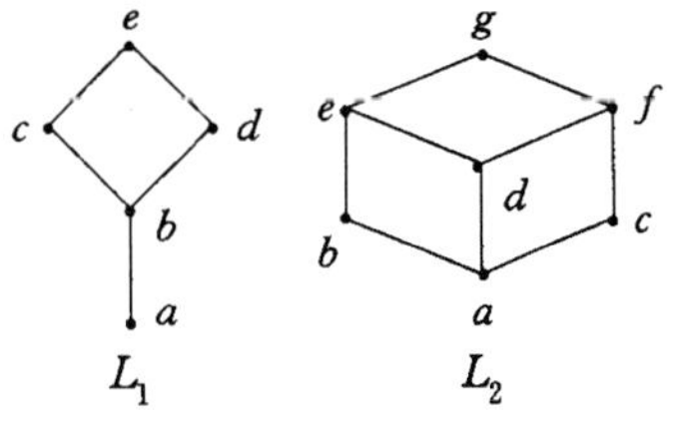

图　19.10

10. 对图 19.11 中的格，判断它们是否为模格和分配格，并说明理由.

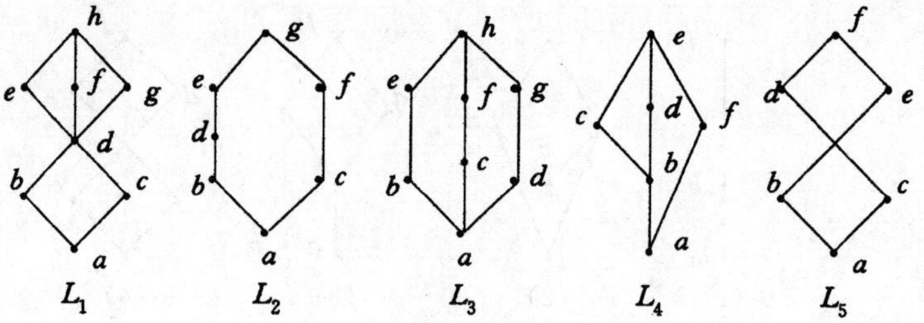

图 19.11

11. 试给出三个 6 元格,使得其中一个是分配格,一个是模格但不是分配格,一个不是模格.

12. 设 L 是格,证明 L 是模格的充分必要条件是对任意 $a,b,c \in L$ 有

$$a \vee (b \wedge (a \vee c)) = (a \vee b) \wedge (a \vee c).$$

13. 设 L 是分配格,$a,b,c \in L$.证明

$$a \wedge b \leqslant c \leqslant a \vee b \Longleftrightarrow c = (a \wedge c) \vee (b \wedge c) \vee (a \wedge b).$$

14. 设 L 是模格,$a,b,c \in L$.若有

$$a \wedge (b \vee c) = (a \wedge b) \vee (a \wedge c)$$

成立,证明

(1) $b \wedge (a \vee c) = (b \wedge a) \vee (b \wedge c)$; (2) $a \vee (b \wedge c) = (a \vee b) \wedge (a \vee c)$.

15. 设 L 是有界格,$a,b \in L$,证明

(1) 若 $a \vee b = 0$,则 $a = b = 0$; (2) 若 $a \wedge b = 1$,则 $a = b = 1$.

16. 设 L 为有限格,证明

(1) 若 $|L| \geqslant 2$,则 L 中不存在以自身为补元的元素;

(2) 若 $|L| \geqslant 3$ 且 L 是一条链,则 L 不是有补格.

17. 设 L 是有界分配格,L_1 是 L 中所有具有补元的元素构成的集合,证明 L_1 是 L 的子格.

18. 给出所有不同构的 5 元格,并说明哪些是模格,哪些是分配格,哪些是有补格.

19. 设 L 是长为 n 的链,$G = \langle a \rangle$ 是 p^t 阶循环群,p 是素数.若 $n = t + 1$,证明 L 与 G 的子群格同构.

20. 设 L 是分配格,$a \in L$.令

$$f(x) = x \vee a,\ g(x) = x \wedge a,\ \forall x \in L.$$

证明 f 和 g 都是格 L 的自同态映射并求出这两个自同态的同态像.

21. 设 L 是分配格,$a,b \in L$,令

$$X = \{x \mid x \in L \text{ 且 } a \wedge b \leqslant x \leqslant a\},$$
$$Y = \{y \mid y \in L \text{ 且 } b \leqslant y \leqslant a \vee b\}.$$

定义 $f(x) = x \vee b,\ \forall x \in X,\ g(y) = y \wedge a,\ \forall y \in Y$.证明 f 和 g 是 X 与 Y 之间一对互逆的格同构映射.

22. 设 L 是格,A 是 L 的所有自同态映射构成的集合.证明 A 关于映射的合成运算$\circ$构成一个独异点.

23. 设 $L = \{0,a,b,c,1\}$ 是钻石格,找出 L 所有的理想,并给出 L 的理想格 $I(L)$ 的哈斯图.

24. 证明对有限格 L 有 $I(L) \cong L$.

25. 设 $L_1 = \{0,a,1\}$, $L_2 = \{0,1\}$,做出格的直积 $L_1 \times L_2$ 和 $L_1 \times L_2 \times L_2$ 的哈斯图.

26. 设$\langle B, \wedge, \vee, -, 0, 1\rangle$ 是布尔代数,证明 $\forall a,b \in B$ 有

(1) $a \vee (\bar{a} \wedge b) = a \vee b$; (2) $a \wedge (\bar{a} \vee b) = a \wedge b$.

27. 设 $\langle B, \wedge, \vee, -, 0, 1\rangle$ 是布尔代数. 在 B 上定义二元运算 $\oplus$ 如下: $\forall a,b \in B$,

$$a \oplus b = (a \wedge \bar{b}) \vee (\bar{a} \wedge b).$$

证明$\langle B, \oplus \rangle$ 构成 Abel 群.

28. 设 $\langle B, \wedge, \vee, -, 0, 1\rangle$ 是布尔代数. 在 B 上定义二元运算 $\oplus$ 和 $\otimes$. $\forall a,b \in B$ 有

$$a \oplus b = (a \wedge \bar{b}) \vee (\bar{a} \wedge b),$$

$$a \otimes b = a \wedge b.$$

证明$\langle B, \oplus, \otimes \rangle$是一个布尔环(布尔环定义见习题十八题5).

29. 设B是有限布尔代数,$A = \{a_1, a_2, \cdots, a_n\}$是$B$的全体原子的集合.证明$\forall x \in B, x = 0$当且仅当对每个$i, i = 1, 2, \cdots, n$有$x \wedge a_i = 0$.

30. 设B是布尔代数,$a_1, a_2, \cdots, a_n \in B$,证明

(1) $\overline{a_1 \wedge a_2 \wedge \cdots \wedge a_n} = \overline{a_1} \vee \overline{a_2} \vee \cdots \vee \overline{a_n}$; (2) $\overline{a_1 \vee a_2 \vee \cdots \vee a_n} = \overline{a_1} \wedge \overline{a_2} \wedge \cdots \wedge \overline{a_n}$.

31. 设B是布尔代数,$a, b, c \in B$,在B中化简以下表达式:

(1) $(a \wedge b) \vee (a \wedge \bar{b}) \vee (\bar{a} \vee b)$; (2) $(a \wedge b) \vee (a \wedge \overline{b \wedge c}) \vee c$.

32. 设B_1, B_2是两个布尔代数,$\varphi: B_1 \to B_2$.若对任意$a, b \in B_1$有

$$\varphi(a \wedge b) = \varphi(a) \wedge \varphi(b), \quad \varphi(\bar{a}) = \overline{\varphi(a)},$$

证明φ是B_1到B_2的同态.

33. 设B是布尔代数,$a, b \in B$且$a \prec b$.令

$$[a, b] = \{x \mid x \in B \text{ 且 } a \preccurlyeq x \preccurlyeq b\}.$$

证明$[a, b]$也是一个布尔代数.问$[a, b]$是否为B的子布尔代数?

34. 设φ是有限布尔代数B_1到B_2的同构,证明

(1) 若a是B_1中的原子,则$\varphi(a)$是B_2中的原子;

(2) 2^n个元素的布尔代数有且仅有n个原子.

35. 设φ是布尔代数B_1到B_2的同态映射,令

$$J = \varphi^{-1}(0) = \{x \mid x \in B_1 \text{ 且 } \varphi(x) = 0\}.$$

试证明

(1) $0 \in J$;

(2) 若$a \in J$,则对任意的$x \in B_1$,只要$x \preccurlyeq a$,就有$x \in J$;

(3) 对任意$a, b \in J$有$a \vee b \in J$.

36. 设$B_1 = \{0, a, b, 1\}$是4元布尔代数,其中$a = \bar{b}$. $B_2 = \{0, 1\}$也是布尔代数.

(1) 给出B_1到B_2的所有布尔代数同态,并求出每个同态的同态像;

(2) 令$\varphi: B_1 \to B_2$是布尔代数同态,设φ在B_1上导出的同余关系为$\sim$.试描述由(1)中的布尔代数同态所确定的商布尔代数$B_1/\sim$,说明$B_1/\sim$的集合和运算.

37. 设A, B是两个不交的集合.试证明:集合代数$\langle P(A \cup B), \cap, \cup, \sim, \varnothing, A \cup B \rangle$同构于$\langle P(A) \times P(B), \wedge, \vee, -, \langle \varnothing, \varnothing \rangle, \langle A, B \rangle \rangle$,其中$\forall X_1, X_2, X \subseteq A$, $Y_1, Y_2, Y \subseteq B$有

$$\langle X_1, Y_1 \rangle \wedge \langle X_2, Y_2 \rangle = \langle X_1 \cap X_2, Y_1 \cap Y_2 \rangle,$$

$$\langle X_1, Y_1 \rangle \vee \langle X_2, Y_2 \rangle = \langle X_1 \cup X_2, Y_1 \cup Y_2 \rangle,$$

$$-\langle X, Y \rangle = \langle A - X, B - Y \rangle.$$

38. 设φ是布尔代数B_1到B_2的满同态映射,$\sim$是φ导出的B_1上的同余关系.$g: B_1 \to B_1/\sim$是自然映射,$\forall x \in B_1$, $g(x) = [x] = \{y \mid y \in B_1 \text{ 且 } \varphi(y) = \varphi(x)\}$.证明存在惟一的同构映射$f: B_1/\sim \to B_2$使得$f \circ g = \varphi$.

39. 找出8元布尔代数的所有子代数.

40. 设B是有限布尔代数,且$|B| > 2$.任取$x \in B$,证明$\{0, x, \bar{x}, 1\}$是B的子布尔代数.

第四编　组 合 数 学

第二十章　组合存在性定理

组合存在性定理主要有 Ramsey 定理，偏序集的分解定理以及相异代表系存在定理. 有关偏序集的分解定理已在集合论中做过介绍，这里不再重复. 本章将简要地讨论其他两个存在性定理及应用.

20.1　鸽巢原理和 Ramsey 定理

鸽巢原理也叫做**抽屉原则**，是 Ramsey 定理的特例. 先给出鸽巢原理的简单形式.

定理 20.1(鸽巢原理)　把 $n+1$ 个物体放入 n 个盒子里，则至少有一个盒子里含有两个或两个以上的物体.

证　假设每个盒子里至多一个物体，则 n 个盒子里的物体总数小于等于 n，与物体总数是 $n+1$ 矛盾. ▌

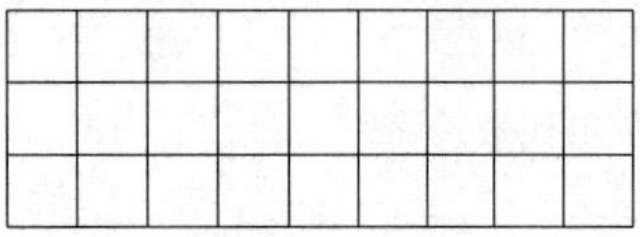

图　20.1

【例 20.1】　用两种颜色涂图 20.1 中的 9×3 方格，每个方格涂一种颜色. 证明必有两列的涂色是相同的.

证　每个列可能的涂色方案为 $2^3=8$ 种. 由鸽巢原理 9 个列中必有两列涂色方案相同. ▌

【例 20.2】　证明 n 个连续整数中至少有一个数能被 n 整除.

证　设 n 个连续整数为 $x_1,x_2,\cdots,x_n$. 对于 $i=1,2,\cdots,n$，由除法有 $x_i=n\cdot g_i+r_i$，其中 $r_i\in\{0,1,\cdots,n-1\}$. 假若存在 $r_j=0$，$j\in\{1,2,\cdots,n\}$，则 x_j 可以被 n 整除. 若不然，由鸽巢原理必有 $r_t=r_s$，$t,s\in\{1,2,\cdots,n\}$，$t<s$. 则 $n\mid(x_s-x_t)$，即 $x_s-x_t\geqslant n$，与 $x_1,x_2,\cdots,x_n$ 是连续整数矛盾. ▌

【例 20.3】　设 $x_1,x_2,\cdots,x_n$ 是 n 个正整数，证明其中存在着连续的若干个数，其和是 n 的倍数.

证　令 $S_i=x_1+x_2+\cdots+x_i$，S_i 除以 n 的余数记作 r_i，$i=1,2,\cdots,n$. 若存在某个 $r_i=0$，则 $x_1+x_2+\cdots+x_i$ 可以被 n 整除. 否则由鸽巢原理必有 $r_k=r_j$，$j>k$，因此

$$S_j-S_k=x_{k+1}+x_{k+2}+\cdots+x_j$$

可以被 n 整除. ▌

【例 20.4】　证明在 $n+1$ 个小于等于 $2n$ 且互不相等的正整数中必有两个数互素.

证　先证明以下的事实：

任何两个相邻的正整数是互素的.

用反证法，假设 n 与 $n+1$ 有公因子 $q(q\geqslant 2)$，则有

$$n=qp_1,\ n+1=qp_2,\quad p_1,p_2 \text{ 是整数}.$$

从而有 $qp_1+1=qp_2$，即 $q(p_2-p_1)=1$. 这与 $q\geqslant 2$，p_2-p_1 是整数矛盾.

把 $1,2,\cdots,2n$ 分成以下 n 个组：

$$\{1,2\},\{3,4\},\cdots,\{2n-1,2n\}.$$

从组中任取 $n+1$ 个不同的数，由鸽巢原理必有两个数取自同一组. 它们是相邻的数，所以它们是互素的. ▌

【例 20.5】 在 $1,2,\cdots,2n$ 中任取 $n+1$ 不同的数，证明至少有一个数是另一个数的倍数.

证 任何的正整数 n 都可以表成 $n=2^{\alpha}\cdot\beta$ 的形式，其中 α 是自然数(包括 0)，β 为奇数.

设选出的 $n+1$ 个数从小到大依次为 $a_1,a_2,\cdots,a_{n+1}$. 设 $a_i=2^{\alpha_i}\cdot\beta_i$，$i=1,2,\cdots,n+1$. β_1，$\beta_2,\cdots,\beta_{n+1}$ 只可能取值为 $1,3,\cdots,2n-1$. 由鸽巢原理必有 $\beta_i=\beta_j$，$i<j$，因此有

$$\frac{a_j}{a_i}=\frac{2^{\alpha_j}\cdot\beta_j}{2^{\alpha_i}\cdot\beta_i}=2^{\alpha_j-\alpha_i},$$

从而证明 a_j 是 a_i 的倍数. ▌

【例 20.6】 一个棋手为参加一次锦标赛将进行 77 天的练习. 如果他每天至少下一盘棋，而每周至多下 12 盘棋，证明存在着一个正整数 n 使得他在这 77 天里有连续的 n 天共下了 21 盘棋.

证 设 a_i 是从第 1 天到第 i 天下棋的总盘数，$i=1,2,\cdots,77$. 因为他每天至少下一盘棋，所以

$$1\leqslant a_1<a_2<\cdots<a_{77}.$$

又因为每周至多下 12 盘棋，77 天中下棋的总数

$$a_{77}\leqslant 12\times\frac{77}{7}=132.$$

构造序列

$$a_1+21,\ a_2+21,\cdots,a_{77}+21,$$

这个序列也是严格单调上升的，且 $a_{77}+21\leqslant 153$. 考察下面的序列：

$$a_1,a_2,\cdots,a_{77},a_1+21,a_2+21,\cdots,a_{77}+21,$$

该序列有 154 个数，每个数都是小于等于 153 的正整数. 由鸽巢原理必存在 i 和 j，$j<i$，使得 $a_i=a_j+21$. 令 $n=i-j$，则该棋手在第 $j+1,j+2,\cdots,j+n=i$ 的连续 n 天内下了 21 盘棋. ▌

下面考虑鸽巢原理的一般形式.

定理 20.2 (鸽巢原理的一般形式)

设 $q_1,q_2,\cdots,q_n$ 是给定的正整数，若把 $q_1+q_2+\cdots+q_n-n+1$ 个物体放入 n 个盒子里，则或第一个盒子至少包含了 q_1 个物体，或第二个盒子至少包含了 q_2 个物体，…，或第 n 个盒子至少包含了 q_n 个物体.

证 假若第 i 个盒子至多包含 q_i-1 个物体，$i=1,2,\cdots,n$，则盒子里的物体总数至多是

$$q_1+q_2+\cdots+q_n-n,$$

与物体总数为 $q_1+q_2+\cdots+q_n-n+1$ 矛盾. ▌

推论 若 $n(r-1)+1$ 个物体放入 n 个盒子里，则至少有一个盒子里含有 r 个或者更多的

物体.

证 在定理 20.2 中令 $q_1 = q_2 = \cdots = q_n = r$ 即可. ▌

若令推论中的 $r = 2$,就得到鸽巢原理的简单形式.所以鸽巢原理的一般形式是简单形式的推广,简单形式是一般形式的特例.

定理 20.3 (鸽巢原理的算术平均形式)

设 $m_1, m_2, \cdots, m_n$ 是 n 个正整数,如果它们的算术平均

$$(m_1 + m_2 + \cdots + m_n)/n > r - 1,$$

则存在 $m_i \geqslant r$,其中 $i \in \{1,2,\cdots,n\}$.

证 由已知条件得

$$m_1 + m_2 + \cdots + m_n \geqslant (r-1)n + 1.$$

根据定理 20.2 的推论可知存在 $m_i \geqslant r, i \in \{1,2,\cdots,n\}$. ▌

定理 20.4 (鸽巢原理的函数形式)

设 $f: A \to B$,其中 $|A| = m$, $|B| = n$, $m,n \in Z^+$.若 $m > n$,则在 A 中至少存在 $\lceil m/n \rceil$ 个元素 $a_1, a_2, \cdots, a_{\lceil m/n \rceil}$ 使得 $f(a_1) = f(a_2) = \cdots = f(a_{\lceil m/n \rceil})$.其中 $\lceil m/n \rceil$ 表示大于等于 m/n 的最小正整数.

证 令 $m_1 + m_2 + \cdots + m_n = m, B = \{y_1, y_2, \cdots, y_n\}$,其中 m_i 表示函数值等于 y_i 的自变量个数.由 $m/n > \lceil m/n \rceil - 1$ 得

$$(m_1 + m_2 + \cdots + m_n)/n > \lceil m/n \rceil - 1.$$

根据定理 20.3,必存在某个 $m_i \geqslant \lceil m/n \rceil$,即在 A 中至少存在 $\lceil m/n \rceil$ 个元素 $a_1, a_2, \cdots, a_{\lceil m/n \rceil}$,使得 $f(a_1) = f(a_2) = \cdots = f(a_{\lceil m/n \rceil})$. ▌

【例 20.7】 有大小两个圆盘,把它们各分成 200 个相等的扇形.从大盘上任选 100 个扇形涂上红色,其余的涂上蓝色.而在小盘的每个小扇形中任意涂上红色或蓝色,然后将小盘放到大盘上,并使两个盘的圆心重合.证明在旋转小盘时可以找到某个位置使得至少有 100 个小扇形落在同样颜色的大扇形内.

证 任取一个小扇形,当它落入某个大扇形的内部以后,这两个扇形的颜色就构成一组颜色组合.在小盘旋转一周的过程中,这个小扇形与大盘上所有的扇形共构成 200 组颜色组合,其中同色的有 100 组.因为小盘上有 200 个不同的扇形,所有的小扇形与所有的大扇形构成的同色的颜色组合总共有 100×200=20000 组.而小盘与大盘的相对位置有 200 种,每种位置平均具有 20000/200=100 组同色的颜色组合.由定理 20.3,必存在着某个位置使得至少有 100 个小扇形落到同色的大扇形内. ▌

【例 20.8】 设 $a_1, a_2, \cdots, a_{n^2+1}$ 是 n^2+1 个不同实数的序列,证明一定可以从这个序列中选出 $n+1$ 个数的子序列 $a_{k_1}, a_{k_2}, \cdots, a_{k_{n+1}}$,使得这个子序列为递增序列或递减序列.例如序列 15,3,20,12,30 中可以选出 3 个数的递增子序列 3,12,30 或 15,20,30.

证 假设不存在长为 $n+1$ 的递增子序列,我们来证明必存在长为 $n+1$ 的递减子序列.

对每个 $k, k=1,2,\cdots,n^2+1$,令 m_k 表示从 a_k 开始的递增子序列的最大长度.由假设可知 $1 \leqslant m_k \leqslant n$.考虑数 $m_1, m_2, \cdots, m_{n^2+1}$,这 n^2+1 个数的值只能是 $1,2,\cdots,n$.由定理 20.4 必有 $\left\lceil \frac{n^2+1}{n} \right\rceil = n+1$ 个 m_k 的取值相等.设 $m_{k_1} = m_{k_2} = \cdots = m_{k_{n+1}} = l$,其中 $1 \leqslant k_1 < k_2 < \cdots < k_{n+1} \leqslant n^2+1$.若存在某个 i 使得 $a_{k_i} < a_{k_{i+1}}$,由于 $k_i < k_{i+1}$,在从 $a_{k_{i+1}}$ 开始的最长递增子序列

的前边加上 a_{k_i},就得到了长为 $l+1$ 的从 a_{k_i} 开始的递增子序列,与 $m_{k_i}=l$ 矛盾.因此 $a_{k_1}>a_{k_2}>\cdots>a_{k_{n+1}}$,这 $n+1$ 个数构成了长为 $n+1$ 的递减子序列. ▎

下面将鸽巢原理做进一步的推广.先看几个简单的例子.

【例 20.9】 K_6 是 6 个顶点的完全图,用红、蓝两色涂色 K_6 的边,则或者存在一个红三角形,或者存在一个蓝三角形.

证 设 K_6 的顶点为 $v_1,v_2,\cdots,v_6$.对于 K_6 的任何一种涂色方案,由鸽巢原理,v_1 关联的边中有 3 条同色边.不妨设这三条边为 $\{v_1,v_2\},\{v_1,v_3\},\{v_1,v_4\}$.

若这三边为红色,当 v_2,v_3,v_4 之间有一条红边,比如说是 $\{v_2,v_3\}$,则 $v_1v_2v_3$ 构成一个红三角形;当 v_2,v_3,v_4 之间没有红边,则 $v_2v_3v_4$ 构成一个蓝三角形.

同理可证当这三边为蓝色时命题也为真. ▎

【例 20.10】 用红、蓝两色涂色 K_9 的边,证明存在一个蓝三角形或红色的完全四边形.

证 设 K_9 的顶点为 $v_1,v_2,\cdots,v_9$.对于 K_9 的任何一种涂色方案,必存在一个顶点连接 4 条蓝边或 6 条红边.假若不然,每个顶点至多连接 3 条蓝边和 5 条红边.那么蓝边总数至多为 $\left[\frac{9\times3}{2}\right]=13$,而红边总数至多为 $\left[\frac{9\times5}{2}\right]=22$,与 K_9 具有 $\frac{9\times8}{2}=36$ 条边矛盾.不妨设 v_1 连接 4 条蓝边或 6 条红边.

若 v_1 连接 4 条蓝边,不妨设为 $\{v_1,v_2\},\{v_1,v_3\},\{v_1,v_4\},\{v_1,v_5\}$.若 v_2,v_3,v_4,v_5 之间存在一条蓝边,比如说是 $\{v_2,v_3\}$,则 $v_1v_2v_3$ 构成一个蓝三角形;若 v_2,v_3,v_4,v_5 之间不存在蓝边,则这四个顶点构成一个红完全四边形.

若 v_1 连接 6 条红边,不妨设为 $\{v_1,v_2\},\{v_1,v_3\},\{v_1,v_4\},\{v_1,v_5\},\{v_1,v_6\},\{v_1,v_7\}$.根据例 20.9,$v_2,v_3,\cdots,v_7$ 之间有一个蓝三角形或红三角形.如果存在一个蓝三角形则命题得证;如果存在一个红三角形,则它与 v_1 构成一个红完全四边形. ▎

下面给出 Ramsey 定理的简单形式.

定理 20.5 设 p,q 是正整数,$p,q\geqslant2$,则存在最小的正整数 $R(p,q)$,使得当 $n\geqslant R(p,q)$ 时,用红、蓝两色涂色 K_n 的边,则或者存在一个蓝色的完全 p 边形,或者存在一个红色的完全 q 边形.

证 用归纳法.

设 p 为任意正整数,$q=2$.用红、蓝两色涂色 K_p 的边,若没有一条红边,则存在一个蓝色的完全 p 边形;若有一条红边,则构成一个完全红 2 边形,因此 $R(p,2)\leqslant p$.同理可证

$$R(2,q)\leqslant q.$$

假设对一切正整数 $p',q'(p'+q'<p+q)$ 命题为真.令 $n\geqslant R(p-1,q)+R(p,q-1)$.用红、蓝两色涂色 K_n 的边,则 v_1 或关联 $R(p-1,q)$ 条蓝边或关联 $R(p,q-1)$ 条红边.如若不然,v_1 至多关联

$$\begin{aligned}&R(p-1,q)-1+R(p,q-1)-1\\=&R(p-1,q)+R(p,q-1)-2\end{aligned}$$

条边,与 $n\geqslant R(p-1,q)+R(p,q-1)$ 矛盾.

若 v_1 关联 $R(p-1,q)$ 条蓝边,由归纳假设这 $R(p-1,q)$ 个顶点中或含有一个蓝色的完全 $p-1$ 边形,或含有一个红色的完全 q 边形.如为前者,则这个 $p-1$ 边形加上 v_1 构成一个蓝色的完全 p 边形,命题为真;如为后者,命题也为真.

若 v_1 关联 $R(p,q-1)$ 条红边，同理可证 K_n 中必含有一个蓝色的完全 p 边形或红色的完全 q 边形，从而证明了

$$R(p,q)\leqslant R(p-1,q)+R(p,q-1).$$ ▍

推论 1 $R(p,q)\leqslant\binom{p+q-2}{p-1}$①.

证 用归纳法.

当 $p=q=2$ 时，$R(2,2)=2$，$\binom{2+2-2}{2-1}=\binom{2}{1}=2$.

假设对一切 $p',q'(p'+q'<p+q)$ 时命题为真，则

$$\begin{aligned}R(p,q)&\leqslant R(p-1,q)+R(p,q-1)\\&\leqslant\binom{p-1+q-2}{p-1-1}+\binom{p+q-1-2}{p-1}\\&=\binom{p+q-3}{p-2}+\binom{p+q-3}{p-1}\\&=\binom{p+q-2}{p-1}.\end{aligned}$$ ▍

推论 2 $R(p,p)\leqslant\binom{2p-2}{p-1}\leqslant 2^{2p-2}$.

证明留作练习.

定理 20.5 说明对于给定的正整数 $p,q,R(p,q)$ 是存在的，称 $R(p,q)$ 为 **Ramsey 数**. 定理 20.5 及推论还给出了 Ramsey 数 $R(p,q)$ 的几个上界，但确定精确的 Ramsey 数的值是件相当困难的工作. 到目前为止，仅有极少数小 p,q 的 Ramsey 数被找到.

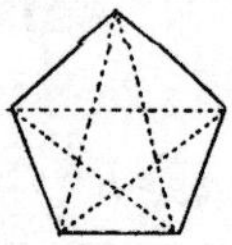

图 20.2

【例 20.11】 $R(3,3)=6$.

证 由例 20.9 知 $R(3,3)\leqslant 6$. 而图 20.2 中的实线代表蓝边，虚线代表红边，则这个 K_5 的涂色方案既不包含蓝三角形，也不包含红三角形. 所以 $R(3,3)>5$. 综合两方面的结果有 $R(3,3)=6$. ▍

【例 20.12】 $R(3,4)=9$.

证 由例 20.10 知 $R(3,4)\leqslant 9$. 而图 20.3 中的实线代表蓝边，虚线代表红边，则这个 K_8 的涂色方案既不包含蓝三角形也不包含红色的完全四边形，从而 $R(3,4)>8$. 综合两方面的结果有 $R(3,4)=9$. ▍

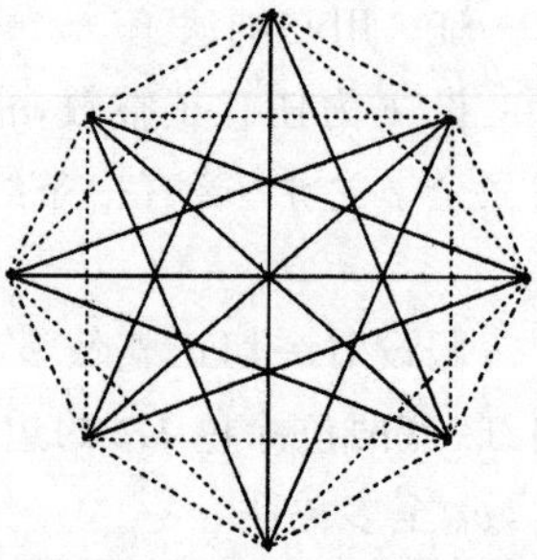

图 20.3

表 20.1(数据来自 Math World) 给出了到目前为止所得到的小 Ramsey 数 $R(p,q)$ 的某些精确值或上下界，其中 $3\leqslant p\leqslant 10$，$3\leqslant q\leqslant 15$.

不难证明对 Ramsey 数有下面的性质成立.

定理 20.6 设 p,q 是正整数，$p,q\geqslant 2$，则

$$R(p,q)=R(q,p).$$

证 令 $n\geqslant R(q,p)$. 对于用蓝、红两色涂色 K_n 的边的任何一种方案，将蓝边换红边，红边

① $\binom{n}{m}$表示从 n 个元素中选取 m 个元素的组合数.

换蓝边，则或存在一个蓝色的完全 p 边形，或存在一个红色的完全 q 边形. 所以原来的涂色方案中必存在一个红色的完全 p 边形或一个蓝色的完全 q 边形，即 $R(q,p)\leqslant R(p,q)$. 同理可证 $R(p,q)\leqslant R(q,p)$. ▍

更新数据，新数据如表 20.1 所示。

表　20.1

p \ q	3	4	5	6	7	8	9	10	11	12	13	14	15
3	6	9	14	18	23	28	36	40 43	46 51	52 59	59 69	66 78	73 88
4		18	25	35 41	49 61	56 84	73 115	92 149	97 191	128 238	133 291	141 349	153 417
5			43 49	58 87	80 143	101 216	125 316	143 442	157 1000	181 1364	205 1819	233 2739	261 3059
6				102 165	113 298	127 495	169 780	179 1171	253 3002	262 4367	317 6187	317 8567	401 11627
7					205 540	216 1031	233 1713	232 2826	405 8007	416 12375	511 18563	511 27131	511 38759
8						282 1870	317 3583	377 6090	377 19477	377 31823	817 50389	817 77519	861 116279
9							565 6588	580 12677					
10								798 23556					

可以使用集合论的语言来描述 Ramsey 定理.

对于给定的正整数 p,q，$p,q\geqslant 2$，存在着一个最小的正整数 $R(p,q)$，使得当 $n\geqslant R(p,q)$ 时将集合 $V=\{v_1,v_2,\cdots,v_n\}$ 的所有的 2 元子集构成的子集族划分成 E_1,E_2 两个部分，则必有 V 的 p 子集 $A=\{v_{i_1},v_{i_2},\cdots,v_{i_p}\}$ 使得 A 的所有 2 元子集都属于 E_1，或有 V 的 q 子集 $B=\{v_{j_1},v_{j_2},\cdots,v_{j_q}\}$ 使得 B 的所有 2 元子集都属于 E_2. 这里的集合 V 相当于顶点集，它的所有 2 元子集就是 K_n 的所有的边. 将所有的 2 元子集划分成 E_1 和 E_2 对应于将所有的边进行蓝和红的二着色，且 A 中顶点恰构成一个蓝色的完全 p 边形，B 中顶点恰构成一个红色的完全 q 边形.

Ramsey 进一步将这个问题推广，对任意正整数 r 考虑 V 的所有 r 元子集的划分问题，得到了关于 r 的 Ramsey 定理.

定理 20.7　对于任意给定的正整数 p,q 和 r，$p,q\geqslant r$，存在着一个最小的正整数 $R(p,q;r)$，使得当集合 S 的元素数 $\geqslant R(p,q;r)$ 时，将 S 的 r 元子集族任意划分成 E_1 和 E_2，则或者 S 有某个 p 子集 A，A 的所有 r 元子集都属于 E_1，或者 S 有某个 q 子集 B，B 的所有 r 元子集都属于 E_2.

证　使用多重归纳法. 首先验证

$$R(p,r;r)=p,\ R(r,q;r)=q,\ R(p,q;1)=p+q-1.$$

因为将 p 元集的所有 r 子集划分成 E_1 和 E_2 后，若 $E_2=\varnothing$，则这个 p 元集就是集合 A；若 $E_2\neq\varnothing$，则属于 E_2 的 r 元子集就是集合 B，所以有 $R(p,r;r)\leqslant p$. 而对任何元数小于 p 的集合 S，将 S 的所有 r 元子集都放入 E_1，则 S 中既不存在 p 子集 A，使得 A 的所有 r 元子集都属于 E_1，也不存在 r 子集 B 使得 B 属于 E_2，从而有 $R(p,r;r)\geqslant p$. 这就证明了 $R(p,r;r)=p$. 同理可证 $R(r,q;r)=q$. 又根据鸽巢原理有 $R(p,q;1)=p+q-1$.

假设对一切正整数 $p',q',r'(p',q'\geqslant r')$ 存在 Ramsey 数 $R(p',q';r')$，其中 p',q',r' 满

足：

$$r' = r-1;$$

或

$$p' = p-1,\ q' = q,\ r' = r;$$

或

$$p' = p,\ q' = q-1,\ r' = r.$$

令

$$p_1 = R(p-1,q;r),\ q_1 = R(p,q-1;r),$$
$$n = R(p_1,q_1;\ r-1)+1.$$

考虑 n 元集 S. 任取 $a \in S$, 令 $S' = S-\{a\}$. 任给 S 的 r 元子集族的划分 $\{E_1,E_2\}$, 如下构造 S' 的 $r-1$ 元子集族的一个划分. 设 $X' = \{x_1,x_2,\cdots,x_{r-1}\}$ 是 S' 的一个 $r-1$ 元子集, 显然 $a \notin X'$. 若 $\{a\} \cup X' \in E_1$, 则将 X' 放入 E'_1; 若 $\{a\} \cup X' \in E_2$, 则将 X' 放入 E'_2. 易见 $\{E'_1, E'_2\}$ 是 S' 的 $r-1$ 元子集族的划分. 由归纳假设, 下面两种情况必有一种成立：

(1) 存在 S' 的 p_1 子集 A, A 的所有 $r-1$ 元子集属于 E'_1;

(2) 存在 S' 的 q_1 子集 B, B 的所有 $r-1$ 元子集属于 E'_2.

若为情况(1). 由 $p_1 = R(p-1,q;r)$ 可知 A 中或者包含一个大小为 $p-1$ 的子集 X, X 的所有 r 元子集都属于 E_1; 或包含一个大小为 q 的子集 Y, Y 的所有 r 元子集都属于 E_2. 如果前者成立, 则 $X \cup \{a\}$ 是 S 的 p 子集, 且它所有的 r 元子集都属于 E_1; 若为后者, 则 Y 满足要求.

若为情况(2). 由 $q_1 = R(p,q-1,r)$ 可知 B 中或者包含一个 p 子集 X, X 的所有 r 元子集都属于 E_1, 或者包含一个 $q-1$ 子集 Y, Y 的所有 r 元子集都属于 E_2. 若为前者, 显然命题为真; 若为后者, 则 $Y \cup \{a\}$ 是 S 的 q 子集, 且它的所有 r 元子集都属于 E_2. ▌

推论 $R(p,q;r) \leqslant R(R(p-1,q;r),R(p,q-1;r);r-1)+1$.

在定理 20.7 中, 若 $r=1$, 就得到鸽巢原理(定理 20.2); 若 $r=2$, 就得到 Ramsey 定理的简单形式(定理 20.5). 还可以对定理 20.7 做进一步的推广, 从而得到 Ramsey 定理的一般形式.

定理 20.8 (Ramsey 定理的一般形式)

设 $r \geqslant 1, k \geqslant 1, q_i \geqslant r(i=1,2,\cdots,k)$ 是给定的正整数, 则存在一个最小的正整数 $R(q_1, q_2,\cdots,q_k;\ r)$, 使得当 $n \geqslant R(q_1,q_2,\cdots,q_k;r)$ 时将 n 元集 S 的所有 $\binom{n}{r}$ 个 r 元子集划分成 k 个子集族 $T_1,T_2,\cdots,T_k$, 那么存在 S 的 q_1 元子集 A_1 且 A_1 的所有 r 元子集都属于 T_1, 或者存在 S 的 q_2 元子集 A_2 且 A_2 的所有 r 元子集都属于 T_2, $\cdots$, 或者存在 S 的 q_k 元子集 A_k 且 A_k 的所有 r 元子集都属于 T_k.

证 对 k 进行归纳.

$k=1$, 显然有 $R(q_1;\ r) = q_1$.

$k=2$, 根据定理 20.7, $R(q_1,q_2;r)$ 是存在的.

假设当 $k-1$ 时命题为真, 令

$$n = R(q_1,R(q_2,q_3,\cdots,q_k;\ r);\ r).$$

设 S 为 n 元集, 对 S 的 r 元子集做任意的 k 划分 $\{T_1,T_2,\cdots,T_k\}$. 令 $T = T_2 \cup T_3 \cup \cdots \cup T_k$. 由定理 20.7 可以知道, 或者在 S 中有 q_1 个元素, 其所有的 r 元子集都属于 T_1, 或者在 S 中有 $R(q_2,q_3,\cdots,q_k;r)$ 个元素, 它们所有的 r 元子集都属于 T. 若为前者, 命题显然为真. 若为后者, 根据归纳假设, 将 T 划分成 $k-1$ 个子集 $T_2,T_3,\cdots,T_k$ 时或有 T 的 q_2 个元素, 其所有的 r 元子集都属于 T_2, 或有 T 的 q_3 个元素, 其所有的 r 元子集都属于 T_3, $\cdots$, 或有 T 的 q_k 个元素, 其所

有的 r 元子集都属于 T_k. 而 T 的元素就是 S 的元素. 这就证明了命题对 k 也为真. ▌

推论 $R(q_1,q_2,\cdots,q_k;r) \leqslant R(q_1,R(q_2,q_3,\cdots,q_k;r);r)$.

当 $r=2$ 时,通常省略 r,将 $R(q_1,q_2,\cdots,q_k;r)$ 记为 $R(q_1,q_2,\cdots,q_k)$. 关于一般的 Ramsey 数 $R(q_1,q_2,\cdots,q_k)$ 的值到目前为止只有一个结果,即

$$R(3,3,3)=17.$$

已知的一些上下界是:

$$R(3,3,3,3)\leqslant 62,$$
$$R(3,3,3,3,3)\leqslant 307,$$
$$538\leqslant R(3,3,3,3,3,3)\leqslant 1838,$$
$$R(3,3,4)\leqslant 31,$$
$$R(3,3,5)\leqslant 57,$$
$$R(3,4,4)\leqslant 79,$$
$$93\leqslant R(3,3,3,4)\leqslant 153,$$
$$R(4,4,4)\leqslant 236.$$

下面给出两个应用 Ramsey 定理的例子.

【例 20.13】 设 $m\geqslant 3$ 是正整数,则存在一个正整数 $N(m)$,当 $n\geqslant N(m)$ 时,若平面内的 n 个点无 3 点共线,其中总有 m 个点构成一个凸 m 边形的顶点.

为证明上述命题先证明两个引理.

引理 1 若平面内 5 个点中没有 3 点共线,则其中必有 4 个点是一个凸 4 边形的顶点.

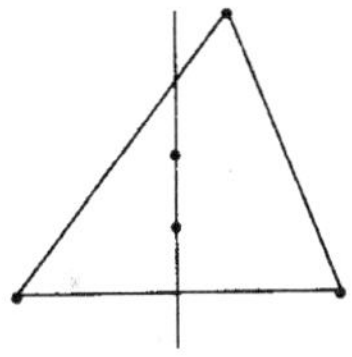

图 20.4

证 取这 5 个点的一个子集 T,使得 T 中顶点构成一个凸多边形的顶点并且剩下的点都落在 T 内. 如 $|T|=5$,这 5 个点本身构成凸 5 边形,其中任意 4 个点都构成凸 4 边形. 若 $|T|=4$,这 4 个点就构成凸 4 边形. 若 $|T|=3$,如图20.4 所示. 不在 T 中的两个点确定一条直线. 根据鸽巢原理 T 中必有两点在这条直线的同侧,则这两点与直线上的两点构成一个凸 4 边形的顶点. ▌

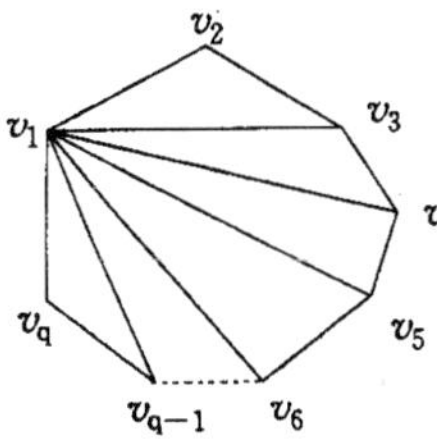

图 20.5

引理 2 设平面上有 m 个点,若没有 3 点共线且任何 4 个点都是一个凸 4 边形的顶点,则这 m 个点是一个凸 m 边形的顶点.

证 用$\dfrac{m(m-1)}{2}$条直线将 m 个点彼此相连,假设其外周构成一个凸 q 边形,其顶点为 $v_1,v_2,\cdots,v_q$,如图 20.5. 若 $q<m$,则其余 $m-q$ 个点落入 q 边形内. 任取其中的一个点 v_x,它必落入图 20.5 中的一个三角形内,比如说 $v_1v_rv_{r+1}$ 内,则 v_x,v_1,v_r,v_{r+1} 构成一个凹 4 边形的顶点,与已知矛盾. ▌

下面证明例 20.13 中的命题. 不妨设 $m\geqslant 4$. 令 $n\geqslant R(5,m;4)$,S 为 n 元集. 将 S 的所有 4 元子集族进行如下划分:若它们构成一个凸 4 边形的顶点,则放入 T_2,否则放入 T_1. 根据 Ramsey 定理,或者至少有 5 个点,其一切 4 子集全是凹 4 边形的顶点;或者至少有 m 个点,其一切 4 子集全是凸 4 边形的顶点. 根据引理 1 前者是不可能成立的,根据引理 2 后者所说的 m 个点必构成一个凸 m 边形.

【例 20.14】 考虑一个通信中的噪音干扰问题. 设图 $G=\langle V,E\rangle$,其中 V 是字符表,$\forall u,v$

$\in V$，$(u,v) \in E$ 当且仅当 u 和 v 在噪音干扰下传送时可能接收到相同的字符. 称 G 是通信传送的混淆图. 为了保证不同的字符在传送中不发生混淆，应该在混淆图中选择一个顶点独立集作为通信的字符集. 设 $\beta_0(G)$ 是 G 的点独立数，则 $\beta_0(G)$ 是不会发生混淆的最大字符集的字符个数.

下面考虑字符串的传送问题. 先定义图 G 和 H 的正规积.

定义 20.1 设 $G=\langle V_1,E_1\rangle$，$H=\langle V_2,E_2\rangle$ 是图. 令 $V=V_1\times V_2$，$\forall\langle a,b\rangle,\langle c,d\rangle \in V_1\times V_2$，$(\langle a,b\rangle,\langle c,d\rangle) \in E$ 当且仅当下述条件中至少成立一条.

(1) $(a,c) \in E_1$ 且 $(b,d) \in E_2$；

(2) $a = c$ 且 $(b,d) \in E_2$；

(3) $b = d$ 且 $(a,c) \in E_1$.

称图 $G' = \langle V,E\rangle$ 是 G 与 H 的**正规积**，记作 $G\cdot H$.

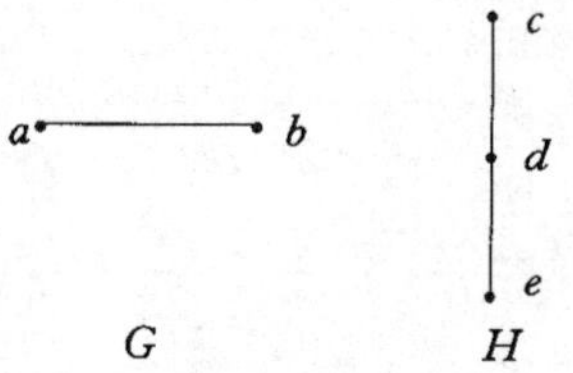

图 20.6

例如 G,H 如图 20.6 所示，则

$V = V_1\times V_2 = \{\langle a,c\rangle,\langle a,d\rangle,\langle a,e\rangle,\langle b,c\rangle,\langle b,d\rangle,\langle b,e\rangle\}$，且积图 $G\cdot H = \langle V,E\rangle$ 如图 20.7 所示. 若将 G,H 的顶点看作字符，则积图的顶点恰为 G 中字符连结 H 中的字符所构成的长为 2 的字符串.

设 xy 和 uv 是字符集上长为 2 的字符串，若规定：

xy 与 uv 混淆当且仅当以下条件成立其一.

(1) x 与 u 混淆且 y 与 v 混淆；

(2) $x = u$ 且 y 与 v 混淆；

(3) x 与 u 混淆且 $y = v$.

那么不难看出字符串的混淆图恰为字符混淆图 G 的正规积 $G\cdot G$. 可以证明正规积的点独立数 $\beta_0(G\cdot H)$ 与图 G,H 的点独立数 $\beta_0(G)$ 和 $\beta_0(H)$ 之间存在下面的关系.

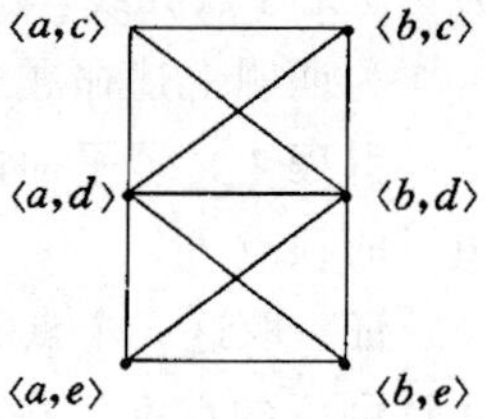

图 20.7

定理 20.9 $\beta_0(G\cdot H) \leqslant R(\beta_0(G)+1,\beta_0(H)+1)-1$.

证 假设 $\beta_0(G\cdot H) \geqslant R(\beta_0(G)+1,\beta_0(H)+1)=n$. 令 A 是 $G\cdot H$ 中一个大小为 $R(\beta_0(G)+1,\beta_0(H)+1)$ 的点独立集. 对任意 $\langle a,b\rangle,\langle c,d\rangle \in A$，则只有下面两种情况：

(1) $a \neq c$ 且 $\{a,c\} \notin E_1$，其中 E_1 是 G 的边集；

(2) $a = c$ 或 $\{a,c\} \in E_1$，但 $b \neq d$ 且 $\{b,d\} \notin E_2$，其中 E_2 是 H 的边集.

用蓝、红两色涂色由 A 中顶点构成的完全 n 边形的边，若 $\langle a,b\rangle,\langle c,d\rangle$ 满足(1)，则涂成蓝色；若满足(2)，则涂成红色. 根据 Ramsey 定理，K_n 中或者存在一个蓝色的完全 $\beta_0(G)+1$ 边形，或者存在一个红色的完全 $\beta_0(H)+1$ 边形. 若为前者，令

$$A_1 = \{x \mid \langle x,y\rangle \text{ 是蓝色完全 } \beta_0(G)+1 \text{ 边形的顶点}\},$$

则 A_1 是 G 中大小为 $\beta_0(G)+1$ 的点独立集，与 G 中点独立数为 $\beta_0(G)$ 矛盾. 若为后者，同理可证与 H 中点独立数是 $\beta_0(H)$ 矛盾. ▌

为了得到比较大的不混淆的代码集，可以利用不混淆的字符集来构成字符串. 若字符表中有 5 个字符，其中不混淆的字符有 3 个. 当构造长为 2 的字符串时，不混淆的长为 2 的串至多为

$$R(3+1,3+1)-1 = R(4,4)-1 = 17(\text{个}).$$

20.2 相异代表系

我们先回顾一下图论中的 Hall 定理.

定理 20.10 设 $G=\langle X,Y,E\rangle$ 是二部图，$\forall a\in X$ 令

$$\Gamma(a)=\{u\mid u\in Y\wedge(a,u)\in E\}.$$

$\forall A\subseteq X$，令 $\Gamma(A)=\bigcup\limits_{a\in A}\Gamma(a)$，则在 G 中存在着从 X 到 Y 的完备匹配的充要条件是对任何 $A\subseteq X$ 有 $|\Gamma(A)|\geqslant|A|$.

【例 20.15】 考虑如图 20.8 中的 5×3 数组. 从数字 $1,2,\cdots,7$ 中选择 5 个数字构成一个新的列加到原来的数组上而得到一个 5×4 数组. 如果要求这个新数组的每列的元素彼此不等，且每行的元素也彼此不等，问能否构成这样的新数组？为什么？

解 令 $X=\{1,2,3,4,5\}$，$Y=\{1,2,\cdots,7\}$. $\forall x\in X$，

$$y\in Y,(x,y)\in E\Longleftrightarrow \text{在 } 5\times3 \text{ 数组中 } y \text{ 不在行 } x \text{ 出现},$$

则 $G-\langle X,Y,E\rangle$ 是一个二部图，如图20.9 所示. 如果 G 存在完备匹配，(x,y) 是一条匹配边，则将 y 加到原数组的第 x 行上，这样得到的 5×4 数组满足要求. 下面验证 Hall 定理的条件.

$\forall x\in X$，有 $|\Gamma(x)|=4$，因此对 X 的任何子集 A，若 $|A|\leqslant4$，必有 $|\Gamma(A)|\geqslant|A|$. 而 X 的 5 元子集只有一个，就是 X 自身. 而 $|\Gamma(X)|=7\geqslant5=|X|$. G 满足 Hall 定理条件，因此可以构成满足题设条件的 5×4 数组.

3	7	1
2	6	5
4	3	6
1	2	3
5	4	2

图 20.8

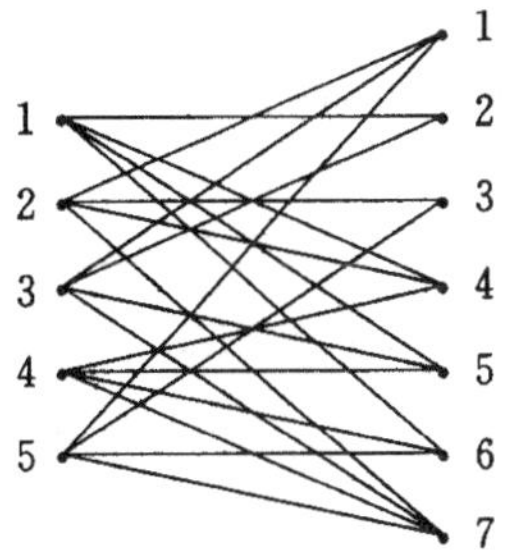

图 20.9

下面考虑子集族的相异代表系问题.

定义 20.2 设 S 为有穷集，$A_0,A_1,\cdots,A_{n-1}$ 是 S 的不同的子集. 一个关于 $A_0,A_1,\cdots,A_{n-1}$ 的相异代表系是由不同元素构成的有序 n 元组 $\langle a_0,a_1,\cdots,a_{n-1}\rangle$，使得 $a_i\in A_i$，$0\leqslant i\leqslant n-1$.

【例 20.16】 $S=\{x_0,x_1,\cdots,x_5\}$，问对于以下 S 的子集族是否存在相异代表系？

(1) $A_0=\{x_0\}$，$A_1=\{x_0,x_1\}$，$A_2-\{x_1\}$；

(2) $A_0=\{x_0,x_1\}$，$A_1=\{x_2,x_3\}$，$A_2=\{x_0,x_2\}$.

解 (1) 不存在相异代表系. 因为 A_0 中只能选 x_0，因此 A_1 中只能选 x_1，而 A_2 中既不能选 x_0，也不能选 x_1，无元素可选.

(2) 存在相异代表系，例如 $\langle x_0,x_3,x_2\rangle$，$\langle x_1,x_2,x_0\rangle$，$\langle x_1,x_3,x_0\rangle$，$\langle x_1,x_3,x_2\rangle$ 等都是关于 A_0,A_1,A_2 的相异代表系.

上述的问题是一个典型的组合存在性问题. 可以使用集合论的方法来描述这个问题，这就是相异代表系问题. 也可以使用图论的方法来描述这个问题，那就是二部图的完备匹配问题.

考虑二部图 $G=\langle X,Y,E\rangle$，设 $X=\{x_0,x_1,\cdots,x_{n-1}\}$，$Y=\{y_0,y_1,\cdots,y_{m-1}\}$. 对于任意的 $x_i\in X$，$\Gamma(x_i)\subseteq Y$，因此 $\Gamma(x_0),\Gamma(x_1),\cdots,\Gamma(x_{n-1})$ 构成 Y 的子集族. 易见 G 中存在完备匹配

$$M=\{(x_j,\ y_{i_j})\mid j=0,1,\cdots,n-1\}$$

当且仅当 $\langle y_{i_0},y_{i_1},\cdots,y_{i_{n-1}}\rangle$ 是子集族 $\Gamma(x_0),\Gamma(x_1),\cdots,\Gamma(x_{n-1})$ 的一个相异代表系. 二部图 G 的完备匹配问题转化成了集合族的相异代表系问题. 反之，给定集合族 $A_0,A_1,\cdots,A_{n-1}$，如下构造二部图 $G=\langle X,Y,E\rangle$. 任取 n 元集 $X=\{x_0,x_1,\cdots,x_{n-1}\}$，令 $Y=A_0\cup A_1\cup\cdots\cup A_{n-1}$. 对任意的 $x_j\in X$，$y\in A_j$，边 $(x_j,y)\in E$，$j=0,1,\cdots,n-1$. 易见 $A_0,A_1,\cdots,A_{n-1}$ 存在相异代表系 $\langle y_{i_0},y_{i_1},\cdots,y_{i_{n-1}}\rangle$ 当且仅当

$$\{(x_j,y_{i_j})\mid j=0,1,\cdots,n-1\}$$

是 G 的完备匹配. 根据 Hall 定理可以得到下面的定理：

定理 20.11 设 S 是有穷集，$A_0,A_1,\cdots,A_{n-1}$ 是 S 的子集族. $A_0,A_1,\cdots,A_{n-1}$ 存在相异代表系当且仅当对所有的 k，$1\leqslant k\leqslant n$，该子集族的任意 k 个子集的并都至少含有 k 个元素.

在某些情况下对于子集族 $A_0,A_1,\cdots,A_{n-1}$ 并不存在相异代表系，但对其中的一部分子集可以存在相异代表系. 我们希望确定具有相异代表系的子集族所含子集的最多个数. 例如子集族 $A_0=\{1,4\}$，$A_1=\{1,2\}$，$A_2=\{2,4\}$，$A_3=\{1,3,4,5\}$，$A_4=\{1,2,4\}$. 由 $|A_0\cup A_1\cup A_2\cup A_4|=3$ 可知 A_0,A_1,A_2,A_3,A_4 并不具有相异代表系，但 A_0,A_1,A_2,A_3 满足定理 20.11 条件，具有相异代表系. 例如 $\langle 1,2,4,3\rangle$，$\langle 1,2,4,5\rangle$，$\langle 4,1,2,3\rangle$，$\langle 4,1,2,5\rangle$ 等都是相异代表系，因此具有相异代表系的子集族至多含有 4 个子集.

定理 20.12 设 S 是有穷集，$A_0,A_1,\cdots,A_{n-1}$ 是 S 的不同的子集族. r 是正整数，$r\leqslant n$. 则在 $A_0,A_1,\cdots,A_{n-1}$ 中含有 r 个子集构成具有相异代表系的子集族当且仅当对所有的 k，$1\leqslant k\leqslant n$，$A_0,A_1,\cdots,A_{n-1}$ 中任意 k 个子集的并都至少含有 $k-(n-r)$ 个元素.

证 令 B 是 $n-r$ 个元素的集合，且 $\forall A_i$，$i=0,1,\cdots,n-1$，满足 $A_i\cap B=\varnothing$. 考虑集合族 $A_0\cup B$，$A_1\cup B$，$\cdots$，$A_{n-1}\cup B$. 下面证明 A_0，A_1，$\cdots$，A_{n-1} 中有 r 个子集具有一个相异代表系当且仅当 $A_0\cup B,A_1\cup B,\cdots,A_{n-1}\cup B$ 具有一个相异代表系.

设 $A_0,A_1,\cdots,A_{n-1}$ 中有 r 个子集具有相异代表系，不妨设这些子集是 $A_0,A_1,\cdots,A_{r-1}$，且相异代表系是 $\langle a_0,a_1,\cdots,a_{r-1}\rangle$. 令 $B=\{b_1,b_2,\cdots,b_{n-r}\}$，则 $\langle a_0,a_1,\cdots,a_{r-1},b_1,b_2,\cdots,b_{n-r}\rangle$ 是 $A_0\cup B,A_1\cup B,\cdots,A_{n-1}\cup B$ 的相异代表系. 反之，设 $\langle x_0,x_1,\cdots,x_{n-1}\rangle$ 是 $A_0\cup B$，$A_1\cup B,\cdots,A_{n-1}\cup B$ 的相异代表系. 因为 $|B|=n-r$，所以 $x_0,x_1,\cdots,x_{n-1}$ 中至少有 r 个元素属于 $A_0,A_1,\cdots,A_{n-1}$ 中的 r 个子集，即有 $x_{i_1}\in A_{i_1},x_{i_2}\in A_{i_2},\cdots,x_{i_r}\in A_{i_r}$. 这就证明 $\langle x_{i_1},x_{i_2},\cdots,x_{i_r}\rangle$ 是 A_{i_1}，$A_{i_2},\cdots,A_{i_r}$ 的相异代表系.

根据定理 20.11，$A_0\cup B$，$A_1\cup B$，$\cdots$，$A_{n-1}\cup B$ 具有相异代表系当且仅当对所有的 k，$1\leqslant k\leqslant n$，这 n 个集合中的任意 k 个集合的并都至少含有 k 个元素. 设 $A_{i_1},A_{i_2},\cdots,A_{i_k}$ 是 A_0,A_1，$\cdots,A_{n-1}$ 中的任意 k 个集合，则 $A_{i_1}\cup B$，$A_{i_2}\cup B$，$\cdots$，$A_{i_k}\cup B$ 是 $A_0\cup B$，$A_1\cup B$，$\cdots$，$A_{n-1}\cup B$ 中的 k 个集合，而

$$\begin{aligned}&|A_{i_1}\cup B\cup A_{i_2}\cup B\cup\cdots\cup A_{i_k}\cup B|\geqslant k\\ \Longleftrightarrow\ &|A_{i_1}\cup A_{i_2}\cup\cdots\cup A_{i_k}|\geqslant k-|B|\\ \Longleftrightarrow\ &|A_{i_1}\cup A_{i_2}\cup\cdots\cup A_{i_k}|\geqslant k-(n-r).\end{aligned}$$

∎

如果在定理 20.12 中，令 $r=n$，就得到定理 20.11. 定理 20.11 是定理 20.12 的特例.

下面考虑一个(0－1)矩阵的问题,先给出有关的概念.

定义 20.3 设 $M=(a_{ij})$ 是 k 阶矩阵,其中 $a_{ij}=0$ 或 1. m,n 是正整数,n 为行数,m 为列数且使得这 n 行和 m 列包含了 M 中所有的 1. 称这 n 行和 m 列为 M 的一个**覆盖**,$n+m$ 为**覆盖数**.

定义 20.4 设 $M=(a_{ij})$ 是 k 阶(0－1)矩阵,a_{ij},a_{ts} 为 M 中的两个 1,若 $i\neq t$, $j\neq s$,则称这两个 1 是**相离**的.

定理 20.13 设 $M=(a_{ij})$ 为 k 阶(0－1)矩阵,则 M 中含相离的 1 的最多个数等于 M 的最小覆盖数.

证 令 m_1 是 M 的最小覆盖数,m_2 是 M 中所含相离的 1 的最多个数,显然 $m_1\geqslant m_2$.

设 M 的最小覆盖由 r 行 s 列构成,$m_1=r+s$,不妨设是 M 的前 r 行和前 s 列. 定义集合族

$$A_i=\{j\mid j>s\wedge a_{ij}=1\},\quad i=1,2,\cdots,r.$$

若存在 k 个集合($1\leqslant k\leqslant r$)其元素总数小于 k,则可以用 $k-1$ 个列代替这 k 个行,从而得到一个覆盖数小于 $r+s$ 的覆盖,与 $r+s$ 为最小覆盖数矛盾. 所以子集族 $A_1,A_2,\cdots,A_r$ 满足定理 20.11 的条件,故存在相异代表系. 即在矩阵的前 r 行上存在 r 个 1,其中任何两个 1 都不在同一行上,也不在前 s 列上. 同理可证在前 s 列上也存在 s 个 1,没有两个 1 在同一列上,也不在前 r 行上. 这就推出 $m_2\geqslant r+s=m_1$.

综合以上的结果有 $m_1=m_2$. ▌

定义 20.5 设 P 是 $n\times n$ 的(0－1)矩阵,如果

$$PP^T=E_n,$$

则称 P 为**置换矩阵**,其中 P^T 为 P 的转置,E_n 为 n 阶单位矩阵.

定理 20.14 设 P 是 $n\times n$ 的(0－1)矩阵,则 P 为置换矩阵的充要条件是每行每列恰有一个 1.

证 若 P 为置换矩阵当且仅当

$$\sum_{1\leqslant k\leqslant n}p_{ik}p_{jk}=\begin{cases}1, & 若\ i=j;\\ 0, & 否则.\end{cases}$$

由 $\sum\limits_{1\leqslant k\leqslant n}p_{ik}p_{jk}=1\ (i=j)$ 可知对于给定的 i,恰有一个 $p_{ij}=1$,即 P 的每行恰含一个 1. 又由 $\sum\limits_{1\leqslant k\leqslant n}p_{ik}p_{jk}=0\ (i\neq j)$ 可知 P 的每列至多含一个 1. 因此 P 的每行每列恰含一个 1.

反之,若 P 的每行每列恰含一个 1,对于 $i=1,2,\cdots,n$,设第 i 行的第 j_i 个元素 $p_{ij_i}=1$,则 $j_1,j_2,\cdots,j_n$ 为 $\{1,2,\cdots,n\}$ 的一个排列,所以有 $\sum\limits_{1\leqslant k\leqslant n}p_{ik}p_{jk}=\begin{cases}1, & 当\ i=j;\\ 0, & 否则.\end{cases}$ ▌

定理 20.15 设 $M_n(N)$ 是自然数集 N 上所有 n 阶矩阵的集合,$M=(a_{ij})\in M_n(N)$. 若

$$\sum_j a_{ij}=\sum_i a_{ij}=l,\quad l\in Z^+,$$

则 M 可以表成 l 个(0－1)置换矩阵之和.

证 对 l 进行归纳.

$l=1$. 由于 M 的每行恰有一个 1,每列也恰有一个 1. 根据定理 20.14,M 本身就是一个置换矩阵.

假设对 $l=t$ 命题为真. 考虑 $l=t+1$ 的情况. 对于 $1\leqslant i\leqslant n$,令 $A_i=\{j\mid a_{ij}>0\}$. 对任

意的 $k \in Z^+, k \leqslant n$，任取其中的 k 个集合 $A_{s_1}, A_{s_1}, \cdots, A_{s_k}$，令 $S = \{s_1, s_2, \cdots, s_k\}$，则这 k 行非零元素之和为

$$\sum_{i \in S} \sum_{j=1}^{n} a_{ij} = k(t+1).$$

由于每列元素之和为 $t+1$，这 k 行的非零元素至少分布到 k 列中，所以有

$$|A_{s_1} \cup A_{s_2} \cup \cdots \cup A_{s_k}| \geqslant k.$$

这说明集合族 $A_1, A_2, \cdots, A_n$ 满足定理 20.11 的相异性条件，所以存在一个相异代表系 $\langle p_1, p_2, \cdots, p_n \rangle$，$p_j \in A_j$，$j = 1, 2, \cdots, n$. 令第一行 p_1 列的元素为 1，第二行 p_2 列的元素为 1，…，第 n 行 p_n 列的元素为 1，剩下的元素全为 0，从而得到一个对应于这个相异代表系的 (0－1) 置换矩阵 P_1. 令 $M_1 = M - P_1$，则 M_1 为自然数集 N 上的 n 阶矩阵，且 $\sum_j a_{ij} = \sum_i a_{ij} = l - 1 = t$，$M_1 = (a_{ij})_{n \times n}$. 由归纳假设 M_1 可以表为 t 个 (0－1) 置换矩阵之和，即

$$M_1 = P_2 + P_3 + \cdots + P_{t+1},$$

其中 $P_2, P_3, \cdots, P_{t+1}$ 为置换矩阵，从而得到

$$M = P_1 + M_1 = P_1 + P_2 + \cdots + P_{t+1}.$$ ▌

【例 20.17】 设

$$M = \begin{pmatrix} 0 & 2 & 0 & 4 \\ 1 & 3 & 2 & 0 \\ 2 & 1 & 1 & 2 \\ 3 & 0 & 3 & 0 \end{pmatrix},$$

试给出 M 的置换矩阵表示式.

解 令 $A_{11} = \{2,4\}$，$A_{12} = \{1,2,3\}$，$A_{13} = \{1,2,3,4\}$，$A_{14} = \{1,3\}$. $A_{11}, A_{12}, A_{13}, A_{14}$ 的一个相异代表系是 $X_1 = \langle 2,3,4,1 \rangle$，对应于 X_1 的置换矩阵是

$$P_1 = \begin{pmatrix} 0 & 1 & 0 & 0 \\ 0 & 0 & 1 & 0 \\ 0 & 0 & 0 & 1 \\ 1 & 0 & 0 & 0 \end{pmatrix}.$$

令 $M_1 = M - P_1 = \begin{pmatrix} 0 & 1 & 0 & 4 \\ 1 & 3 & 1 & 0 \\ 2 & 1 & 1 & 1 \\ 2 & 0 & 3 & 0 \end{pmatrix}$，得到 $A_{21} = \{2,4\}$，$A_{22} = \{1,2,3\}$，$A_{23} = \{1,2,3,4\}$，$A_{24} = \{1,3\}$. $A_{21}, A_{22}, A_{23}, A_{24}$ 的一个相异代表系是 $X_2 = \langle 2,3,4,1 \rangle$. 对应于 X_2 的置换矩阵是

$$P_2 = \begin{pmatrix} 0 & 1 & 0 & 0 \\ 0 & 0 & 1 & 0 \\ 0 & 0 & 0 & 1 \\ 1 & 0 & 0 & 0 \end{pmatrix}.$$

再令 $M_2 = M_1 - P_2$，得到 $M_2 = \begin{pmatrix} 0 & 0 & 0 & 4 \\ 1 & 3 & 0 & 0 \\ 2 & 1 & 1 & 0 \\ 1 & 0 & 3 & 0 \end{pmatrix}$. 从而 $A_{31} = \{4\}$，$A_{32} = \{1,2\}$，$A_{33} = \{1,2,3\}$，$A_{34} = \{1,3\}$. $A_{31}, A_{32}, A_{33}, A_{34}$ 的相异代表系是 $X_3 = \langle 4,1,2,3 \rangle$. 对应于 X_3 的置换矩阵是

$$P_3 = \begin{pmatrix} 0 & 0 & 0 & 1 \\ 1 & 0 & 0 & 0 \\ 0 & 1 & 0 & 0 \\ 0 & 0 & 1 & 0 \end{pmatrix}.$$

令 $M_3=M_2-P_3=\begin{pmatrix}0&0&0&3\\0&3&0&0\\2&0&1&0\\1&0&2&0\end{pmatrix}$,因此 $A_{41}=\{4\}$, $A_{42}=\{2\}$, $A_{43}=\{1,3\}$, $A_{44}=\{1,3\}$. A_{41}, A_{42}, A_{43}, A_{44} 的相异代表系是 $X_4=\langle 4,2,1,3\rangle$. 对应于 X_4 的置换矩阵

$$P_4=\begin{pmatrix}0&0&0&1\\0&1&0&0\\1&0&0&0\\0&0&1&0\end{pmatrix}.$$

令 $M_4=M_3-P_4=\begin{pmatrix}0&0&0&2\\0&2&0&0\\1&0&1&0\\1&0&1&0\end{pmatrix}$. 因此 $A_{51}=\{4\}$, $A_{52}=\{2\}$, $A_{53}=\{1,3\}$, $A_{54}=\{1,3\}$. A_{51}, A_{52}, A_{53}, A_{54} 的相异代表系是 $X_5=\langle 4,2,1,3\rangle$,对应于 X_5 的置换矩阵是

$$P_5=\begin{pmatrix}0&0&0&1\\0&1&0&0\\1&0&0&0\\0&0&1&0\end{pmatrix},$$

令 $M_5=M_4-P_5=\begin{pmatrix}0&0&0&1\\0&1&0&0\\0&0&1&0\\1&0&0&0\end{pmatrix}$. 分解到此终止,最后得到

$$M=\begin{pmatrix}0&1&0&0\\0&0&1&0\\0&0&0&1\\1&0&0&0\end{pmatrix}+\begin{pmatrix}0&1&0&0\\0&0&1&0\\0&0&0&1\\1&0&0&0\end{pmatrix}+\begin{pmatrix}0&0&0&1\\1&0&0&0\\0&1&0&0\\0&0&1&0\end{pmatrix}+\begin{pmatrix}0&0&0&1\\0&1&0&0\\1&0&0&0\\0&0&1&0\end{pmatrix}+\begin{pmatrix}0&0&0&1\\0&1&0&0\\1&0&0&0\\0&0&1&0\end{pmatrix}+\begin{pmatrix}0&0&0&1\\0&1&0&0\\0&0&1&0\\1&0&0&0\end{pmatrix}.$$

关于偏序集的分解定理已在集合论部分作了介绍,这里不再重复. 有趣的是这个定理和 Hall 定理有着密切的关系,可以使用这个定理给出一个 Hall 定理的证明.

设 $G=\langle X,Y,E\rangle$ 是二部图,其中 $|X|=n$, $|Y|=n'\geqslant n$. 定义 $X\cup Y$ 上的关系 R, $\forall x\,\forall y(x\in X$ 且 $y\in Y)$,

$$xRy\iff(x,y)\in E,$$

则 $R\cup I_{X\cup Y}$ 是 $X\cup Y$ 上的偏序,其中 $I_{X\cup Y}$ 为 $X\cup Y$ 上的恒等关系. 假定偏序集上最长反链的长度是 s,设这个反链为 $\{x_1,x_2,\cdots,x_l,\ y_1,y_2,\cdots,y_k\}$, $l+k=s$. 由于

$$\Gamma(\{x_1,\cdots,x_l\})\subseteq Y-\{y_1,y_2,\cdots,y_k\},$$

所以 $l\leqslant n'-k$. 即 $s=l+k\leqslant n'$. 根据偏序集的分解定理,偏序集可以分解为 s 条不交的链. 设 G 中最大匹配数为 m. 每条匹配边都对应于一条链,X 中还剩下 $n-m$ 个元素,Y 中剩下 $n'-m$ 个元素,总的链数为

$$m+n-m+n'-m=s\leqslant n'.$$

因此 $n+n'-m\leqslant n'$,从而有 $n\leqslant m$,于是存在完备匹配.

必要性是显然的. Hall 定理得证.

习 题 二 十

1. (1) 在边长为 1 的等边三角形内任意放 10 个点,证明一定存在两个点,其距离不大于 1/3;

(2) 确定正整数 m_n 的值,使得在边长为 1 的等边三角形内任意放 m_n 个点,其中必有两点的距离不大于 $1/n$.

2. 一个有理数可以表示成既约分数 p/q,其中 p 为整数,q 为正整数.证明一个有理数的十进制小数展开式自某一位后必是循环的.

3. 证明对任意的正整数 N 存在着 N 的一个倍数,使得它仅由数字 0 和 7 组成(例如 $N=3$,我们有 $3\times 259=777$;$N=4$,有 $4\times 1925=7700$;$N=5$,有 $5\times 14=70$,…).

4. (1) 证明在任意选取的 $n+1$ 个正整数中存在着两个正整数,其差能被 n 整除;

(2) 证明在任意选取的 $n+2$ 个正整数中存在着两个正整数,其差能被 $2n$ 整除或者其和能被 $2n$ 整除.

5. 某学生有 37 天的时间准备考试.根据她过去的经验至多需要复习 60 小时,但每天至少要复习 1 小时.证明无论怎样安排都存在着连续的若干天,使得她在这些天内恰好复习了 13 小时.

6. 证明任何一组人中都存在两个人,他们在组内认识的人数恰好相等.

7. (1) 证明每年中至少有一个 13 日是星期五.

(2) 证明每年中至多有三个 13 日是星期五.

8. 证明将 m 个球放入 n 个盒子,至少有一个盒子里有 $\left[\frac{m-1}{n}\right]+1$ 个球,但可能有一种放法使所有的盒子里不含有多于 $\left[\frac{m-1}{n}\right]+1$ 个球.

9. 将 m 个球放入 n 个盒子里,证明若 $m<\frac{n(n-1)}{2}$,则至少有两个盒子里有相同数目的球.

10. 把一个圆盘分成 36 个相等的扇形,然后把 1,2,…,36 这些数任意填入 36 个扇形中.证明存在三个连接的扇形,其中的数字之和至少是 56.

11. 证明定理 20.5 的推论 2.

12. 不使用例 20.10 的结果证明对任意 10 个顶点的图 G 或者在 G 中存在大小为 3 的团,或者在 G 中存在大小为 4 的点独立集.

13. 证明 $R(r,r,q;r)=q$.

14. 设 $q_1,q_2,\cdots,q_n,r$ 为正整数,$q_i\geqslant r$,$i=1,2,\cdots,n$.令 $Q=\max\{q_1,q_2,\cdots,q_n\}$,证明

$$R(Q,Q,\cdots,Q;r)\geqslant R(q_1,q_2,\cdots,q_n;r).$$

15. 证明 $R(3,5)=14$.

16. 有四个文件 A,B,C,D,每个文件有一个 3 位数的代码如下:

$$A:123,\ B:303,\ C:111,\ D:222.$$

问能否对每个文件从它的代码中选取一位数字,使得这四个文件用一位代码来识别?

17. 确定下列集合族的所有的相异代表系.

(1) $A_1=\{1,2\}$, $A_2=\{2,3\}$, $A_3=\{3,4\}$, $A_4=\{4,5\}$, $A_5=\{5,1\}$;

(2) $A_1=\{1,2\}$, $A_2=\{2,3\}$, …, $A_n=\{n,1\}$.

18. 有四个码字:$abcd$, cde, ab, ce 需要存入计算机,我们希望对每个码字从其字母中选择一个字母作为代表存入.如果要求每个码字存入的字母互不相同,给出所有可能的存入方法.

19. 令 $A_i=\{1,2,\cdots,n\}-\{i\}$, $i=1,2,\cdots,n$,证明集合族 $A_1,A_2,\cdots,A_n$ 存在相异代表系.

20. 设 $M\in M_5(N)$,且

$$M=\begin{pmatrix}2&1&0&1&2\\1&3&1&0&1\\0&0&3&2&1\\1&1&2&2&0\\2&1&0&1&2\end{pmatrix}.$$

试把 M 表成(0—1)置换矩阵之和.

第二十一章　基本的计数公式

本章以加法法则和乘法法则为基础，讨论了选取问题的一些基本计数公式和组合恒等式.

21.1　两个计数原则

有两个基本的计数原则：加法法则和乘法法则.

加法法则　设事件 A 有 p 种产生的方式，事件 B 有 q 种产生的方式，若事件 A 与 B 产生的方式不重叠，则事件"A 或 B"有 $p+q$ 种产生的方式.

【例 21.1】　从 A 城到 B 城乘飞机、火车、轮船各有 1 种方式，乘汽车有 3 种方式，则从 A 城到 B 城共有 $1+1+1+3=6$ 种方式.

【例 21.2】　7 个学生中有 5 人学习英语，4 人学习日语，1 人不学英语也不学日语，则这些学生中学习英语或日语的学生不是 $5+4=9$ 人，而是 6 人. 这里不能使用加法法则，因为有 3 人同时学习英语和日语. 学英语和学日语的人有重叠，破坏了加法法则的使用条件.

乘法法则　设事件 A 有 p 种产生的方式，事件 B 有 q 种产生的方式. 若事件 A 与事件 B 的产生是彼此独立的，则事件"A 与 B"有 pq 种产生的方式.

【例 21.3】　从 A 城到 B 城有 3 种方式，从 B 城到 C 城有 2 种方式，则从 A 城经过 B 城到 C 城有 $3\times2=6$ 种方式.

【例 21.4】　从 4 张不同的明信片中选取 2 张分别寄给 2 个朋友，则有 $4\times3=12$ 种不同的寄法，而不是 $4\times4=16$ 种不同的寄法. 尽管每个朋友可能会得到任何一张明信片，但当其中的一个人选定一张明信片后，另一个独立的选法只有 3 种，而不是 4 种.

加法法则和乘法法则可以推广到有限个事件的情况，即：

加法法则　设事件 $A_1,A_2,\cdots,A_n$ 分别有 $p_1,p_2,\cdots,p_n$ 种产生的方式，若其中任何两个事件产生的方式都不重叠，则事件"A_1 或 A_2 或 $\cdots$ 或 A_n"产生的方式是 $p_1+p_2+\cdots+p_n$ 种.

乘法法则　设事件 $A_1,A_2,\cdots,A_n$ 分别有 $p_1,p_2,\cdots,p_n$ 种产生的方式，若其中任何两个事件的产生都是相互独立的，则事件"A_1 与 A_2 与 $\cdots$ 与 A_n"的产生方式是 $p_1\cdot p_2\cdot\cdots\cdot p_n$ 种.

使用加法法则和乘法法则可以解决许多组合计数问题.

【例 21.5】　求 1400 的不同的正因子个数.

解　将 1400 做素因子分解得

$$1400=2^3\times5^2\times7.$$

1400 的任何正因子形式是 $2^i5^j7^k$，其中 i,j,k 为自然数，且 $i\leqslant3,j\leqslant2,k\leqslant1$. 根据乘法法则，1400 的不同的正因子数

$$N=(3+1)\cdot(2+1)\cdot(1+1)=4\times3\times2=24.$$

【例 21.6】　已知从 1 到 n 的十进制正整数的总数字个数(不包括无效 0)是 1890，求 n.

解　易见 n 是一个三位数. 从 1 到 n，其中，一位数 9 个，数字总数为 9；二位数 90 个，数字总数为 2×90；三位数设为 x 个，数字总数为 $3x$.

由加法法则得

$$3x+2\times 90+9=1890,$$

解得 $x=567$. 因此 $n=567+9+90=666$.

21.2 排列和组合

先看下面的例子.

【例 21.7】 (1) 从 $\{1,2,\cdots,9\}$ 选取数字构成四位数，如果要求每位数字都不相同，问有多少种选法？

(2) 从 $\{1,2,\cdots,9\}$ 中选取数字构成四位数，问有多少种选法？

我们的做法是先选千位的数字，然后依次选择百位、十位、个位的数字. 对于某四个数字，如果选择的次序不同就会得到不同的四位数. 所以这两个问题都是从某个集合有序地选取若干个元素的问题，我们称之为**排列**问题. 问题(1) 和(2) 的不同点仅在于(1) 中的选取不允许重复而(2) 中的选取允许重复.

【例 21.8】 (1) 从 5 种不同的球中每次取 3 个不同的球，问有多少种取法？

(2) 从 5 种不同的球中(每种球的个数至少为 3 个) 每次取 3 个球，问有多少种取法？

这两个问题的取法仅与选取的是哪几个球有关而与球取出的次序无关. 它们都是从某个集合中无序地选取若干个元素的问题，我们称之为**组合**问题. 这两个问题的区别仅在于问题(1) 的选取不允许重复，而问题(2) 的选取允许重复.

为了处理允许重复的有序或无序选取问题先给出多重集的定义.

定义 21.1 元素可以多次出现的集合称为**多重集**，元素 a_i 出现的次数叫做该元素的**重复数**，记作 n_i，$n_i=0,1,\cdots,\infty$. 含有 k 种元素的多种集 S 可记作 $S=\{n_1\cdot a_1,n_2\cdot a_2,\cdots,n_k\cdot a_k\}$.

例如 $S_1=\{2\cdot a,\ 4\cdot b,\ 5\cdot c\}$，$S_2=\{\infty\cdot a,\ \infty\cdot b,\ \infty\cdot c\}$ 都是多重集.

根据选取是否有序与是否可重复而将选取划分成以下四类：

集合的排列	有序的不允许重复的选取；
集合的组合	无序的不允许重复的选取；
多重集的排列	有序的允许重复的选取；
多重集的组合	无序的允许重复的选取.

下面给出关于这四类选取问题的计数公式.

定义 21.2 从 n 元集 S 中有序选取的 r 个元素叫做 S 的一个 ***r*-排列**，不同排列的总数记作 $P(n,r)$. 如果 $r=n$，则称这个排列为 S 的**全排列**，简称为 S 的排列.

定理 21.1 设 n,r 是正整数，且 $n\geqslant r$，则

$$p(n,r)=n(n-1)\cdots(n-r+1).$$

证 从 n 元集中选取第一个元素有 n 种方法；在选好了第一元素后第二个元素只能取自剩下的 $n-1$ 个元素，选法有 $n-1$ 种；类似地第三个元素有 $n-2$ 种选法；…；最后一个元素，也就是第 r 个元素有 $n-r+1$ 种选法. 根据乘法法则，选法总数为 $n(n-1)\cdots(n-r+1)$. ▌

我们使用 $n!$ 来表示 $n(n-1)\cdots 2\cdot 1$ 且规定 $0!=1$ 和 $P(n,0)=1$，则有

$$P(n,r)=\begin{cases}\dfrac{n!}{(n-r)!}, & n\geqslant r\geqslant 0;\\ 0, & n<r.\end{cases}$$

【例 21.9】 排列 26 个字母，使得在 a 和 b 之间正好有 7 个字母，问有多少种排法？

解 以 a 排头、b 排尾、中间恰含 7 个字母的排列有 $P(24,7)$ 种. 同理以 b 排头、a 排尾、中间恰含 7 个字母的排列也有 $P(24,7)$ 种. 由加法法则以 a,b 为两端的 9 个字母的排列有 $2P(24,7)$ 种. 把一个这样的排列看成一个整体再与剩下的 17 个字母进行全排列就得到所求的排列. 全排列方法是 18!种，根据乘法法则，所求的排列数

$$N=2P(24,7)\times 18!=36\times 24!.$$

以上讨论的排列确切地说应该叫做线形排列. 如果我们把集合的元素排成一个环，那么排列数将会减少，因为对于两个环排列，如果其中的一个通过旋转可以变成另一个，则认为它们是同样的环排列.

定理 21.2 一个 n 元集 S 的环形 r- 排列数是

$$\frac{P(n,r)}{r}=\frac{n!}{r(n-r)!},$$

如果 $r=n$，则 S 的环排列数是 $(n-1)!$.

证 把 S 的所有线形 r- 排列分成组，使得同组的每个线形排列可以连接成同样的环形排列. 因为每组中恰含有 r 个线形排列，所以 S 的环形 r- 排列数 $N=\dfrac{P(n,r)}{r}$. 当 $r=n$ 时，S 的环形排列数为 $\dfrac{P(n,n)}{n}=(n-1)!$. ∎

【例 21.10】 (1) 10 个男孩与 5 个女孩站成一排. 如果没有两个女孩相邻，问有多少种排法？

(2) 10 个男孩和 5 个女孩站成一个圆圈. 如果没有两个女孩相邻，问有多少种排法？

解 把男孩子看成格子的分界，每两个男孩之间看成一个空格，把女孩看成不同的球，那么这个排列问题就对应于把不同的球放入空格，并且每个格只能放一个球的问题.

(1) 男孩组成格子的方法是 $P(10,10)$ 种，对于任何一种组法，有 11 个位置放女孩，故女孩的排法数为 $P(11,5)$. 根据乘法法则所求的排法数

$$N=P(10,10)\times P(11,5)=\frac{10!\times 11!}{6!}.$$

(2) 男孩组成格子的方法数是 10 个元素的环排列数，为 $\dfrac{P(10,10)}{10}$. 而女孩放入 10 个格子的方法数为 $P(10,5)$，由乘法法则总的排列数

$$N=\frac{P(10,10)}{10}\times P(10,5)=\frac{10!\times 9!}{5!}.$$

定义 21.3 从 n 元集 S 中无序选取的 r 个元素叫做 S 的一个 **r- 组合**，不同组合的总数记作 $C(n,r)$.

定理 21.3 对一切正整数 $n,r,n\geqslant r$，有

$$C(n,r)=\frac{P(n,r)}{r!}.$$

证 先从 n 元集中无序选择 r 个元素，选法数为 $C(n,r)$，然后对选好的 r 个元素进行排列，

排列数为 $r!$. 根据乘法法则 n 元集的 r- 排列数为 $C(n,r)\cdot r!$，即 $P(n,r)=C(n,r)\cdot r!$，定理得证. ∎

易见当 $r>n$ 时有 $C(n,r)=0$. 当 $r=0$ 时，规定 $C(n,r)=1$. 那么有

$$C(n,r)=\begin{cases}\dfrac{n!}{r!(n-r)!}, & n\geqslant r\geqslant 0,\\ 0, & n<r.\end{cases}$$

推论 设 $n,r\in N$，对一切 $n\geqslant r$ 有

$$C(n,r)=C(n,n-r).$$

证 $C(n,r)=\dfrac{n!}{r!(n-r)!}=\dfrac{n!}{[n-(n-r)]!(n-r)!}=C(n,n-r)$. ∎

【例 21.11】 从 1,2,…,300 中任取三个数使得它们的和能被 3 整除，问有多少种方法？

解 把 1,2,…,300 分成 A,B,C 三组：

$A=\{x\mid (x)\mathrm{mod}3=1\}$，$B=\{x\mid (x)\mathrm{mod}3=2\}$，$C=\{x\mid (x)\mathrm{mod}3=0\}$.

设所取的数为 i,j,k. 那么这种选取是无序的，且满足 $(i+j+k)\mathrm{mod}3=0$. 将选法分成两类：

i,j,k 都取自同一组，方法数 $N_1=3C(100,3)$.

i,j,k 分别取自 A,B,C，方法数 $N_2=[C(100,1)]^3$. 由加法法则可得取法总数为

$$N=3C(100,3)+[C(100,1)]^3=1485100.$$

【例 21.12】 证明 $C(2n,2)=2C(n,2)+n^2$.

证 采用组合分析的方法. 等式左边表示从 $2n$ 个不同的球中选取 2 个球的方法数. 我们把这 $2n$ 个球平均分成 A,B 两组，选球的方法有两类：取自同一组的选法数 $N_1=2C(n,2)$；取自不同组的选法数 $N_2=[C(n,1)]^2=n^2$.

由加法法则，所求的选法数是 $2C(n,2)+n^2$. ∎

【例 21.13】 证明 k 个连续正整数的乘积可以被 $k!$ 整除.

证 设这 k 个连续正整数为 $n+1,n+2,\cdots,n+k$. 从 $n+k$ 个不同的球中选取 k 个球的方法数是 $C(n+k,k)$，即

$$N=\frac{(n+k)!}{n!k!}=\frac{(n+1)(n+2)\cdots(n+k)}{k!}.$$

显然 N 是正整数，所以 $k!$ 整除 $(n+1)(n+2)\cdots(n+k)$. ∎

定义 21.4 从多重集 $S=\{n_1\cdot a_1,n_2\cdot a_2,\cdots,n_k\cdot a_k\}$ 中有序选取的 r 个元素叫做 S 的一个 **r- 排列**. 当 $r=n=n_1+n_2+\cdots+n_k$ 时也叫做 S 的一个**全排列**或简称为 S 的排列.

例如 $S=\{2\cdot a,\ 1\cdot b,\ 3\cdot c\}$，则 $acab$，$abcc$ 是 S 的 4- 排列，$abccca$ 是 S 的排列.

定理 21.4 设多重集 $S=\{\infty\cdot a_1,\infty\cdot a_2,\cdots,\infty\cdot a_k\}$，则 S 的 r- 排列数是 k^r.

证 在构造 S 的一个 r- 排列时，第一位有 k 种选法，第二位也有 k 种选法，…，第 r 位仍然有 k 种选法. 这是因为 S 中的每种元素都可以无限的重复，排列中每一位的选择都不依赖于以前各位的选择. 由乘法法则，不同的排列数是 k^r. ∎

由这个定理的证明立即可以得到下面的推论.

推论 设多重集 $S=\{n_1\cdot a_1,n_2\cdot a_2,\cdots,n_k\cdot a_k\}$，且对一切 $i=1,2,\cdots,k$ 有 $n_i\geqslant r$，则 S 的 r- 排列数为 k^r.

定理 21.5 设多重集 $S=\{n_1\cdot a_1,n_2\cdot a_2,\cdots,n_k\cdot a_k\}$，且 $n=n_1+n_2+\cdots+n_k$，则 S 的排列数等于

$$\frac{n!}{n_1!n_2!\cdots n_k!},$$

我们把它简记为$\binom{n}{n_1\ n_2\ \cdots\ n_k}$.

证 S的一个排列就是它的n个元素的一个全排列.因为S中有n_1个a_1,在排列中要占据n_1个位置,这些位置的选法为$C(n,n_1)$种.接下去,从剩下的$n-n_1$个位置选择n_2个位置放a_2,选法为$C(n-n_1,n_2)$种.通过类似的分析可以得到放a_3的方法数为$C(n-n_1-n_2,n_3)$,…,放a_k的方法数为$C(n-n_1-n_2-\cdots-n_{k-1},n_k)$.根据乘法法则,$S$的排列数为

$$\begin{aligned}N&=C(n,n_1)\cdot C(n-n_1,n_2)\cdot\cdots\cdot C(n-n_1-n_2-\cdots-n_{k-1},n_k)\\&=\frac{n!}{n_1!(n-n_1)!}\cdot\frac{(n-n_1)!}{n_2!(n-n_1-n_2)!}\cdot\cdots\cdot\frac{(n-n_1-n_2-\cdots-n_{k-1})!}{n_k!\ \ 0!}\\&=\frac{n!}{n_1!n_2!\cdots n_k!}.\end{aligned}$$

∎

【例21.14】 求不多于4位的二进制数的个数.

解 这个问题相当于多重集$\{\infty\cdot 0,\infty\cdot 1\}$的4-排列问题.由定理21.4,所求的二进制数的个数是$N=2^4=16$.

【例21.15】 用两面红旗、三面黄旗一面接一面悬挂在一根旗杆上,问可以组成多少种不同的标志?

解 所求的标志数是多重集{2·红旗,3·黄旗}的排列数N.由定理21.5

$$N=\frac{5!}{2!\ 3!}=10.$$

关于多重集的排列数公式可以小结如下:

设$S=\{n_1\cdot a_1,n_2\cdot a_2,\cdots,n_k\cdot a_k\}$,$n=n_1+n_2+\cdots+n_k$,则$S$的$r$-排列数$N$满足:

(1) 若$r>n$,则$N=0$;

(2) 若$r=n$,则$N=\dfrac{n!}{n_1!\ n_2!\cdots n_k!}$;

(3) 若$r<n$,且对一切$i(i=1,2,\cdots,k)$有$n_i\geqslant r$,则$N=k^r$;

(4) 若$r<n$,且存在某个$n_i<r$,则对N没有一般的求解公式,但可以用其他的组合计数方法求解.具体的求解方法将在后面几章讨论.

定义21.5 设S是多重集,S的含有r个元素的子多重集就叫做S的$\boldsymbol{r}$**-组合**.

例如$S=\{2\cdot a,1\cdot b,3\cdot c\}$,$S$的2-组合有5个,它们是$\{a,a\}$,$\{a,b\}$,$\{a,c\}$,$\{b,c\}$,$\{c,c\}$.

不难看出,如果多重集S有n个元素(包括重复的元素),则S的n-组合只有一个,就是S本身.如果S有k种不同的元素,则S的1-组合恰有k个.

定理21.6 设多重集$S=\{\infty\cdot a_1,\infty\cdot a_2,\cdots,\infty\cdot a_k\}$,则$S$的$r$-组合数是$C(k+r-1,r)$.

证 S的任何一个r-组合都具有下面的形式

$$\{x_1\cdot a_1,x_2\cdot a_2,\cdots,x_k\cdot a_k\},$$

其中$x_1,x_2,\cdots,x_k$是非负整数,且满足

$$x_1+x_2+\cdots+x_k=r.$$

反之,对于每一组满足方程$x_1+x_2+\cdots+x_k=r$的非负整数解$x_1,x_2,\cdots,x_k$,$\{x_1\cdot a_1,x_2\cdot a_2,$

$\cdots, x_k \cdot a_k\}$ 就是 S 的一个 r- 组合. 所以多重集 S 的 r- 组合数就等于方程 $x_1 + x_2 + \cdots + x_k = r$ 的非负整数解的个数. 下面我们将证明这种解的个数就等于多重集 $T = \{(k-1) \cdot 0,\ r \cdot 1\}$ 的排列数.

给定 T 的一个排列,在这个排列中 $k-1$ 个 0 把 r 个 1 分成 k 组. 从左边数起,我们把第一个 0 左边的 1 的个数记作 x_1,第一个 0 与第二个 0 之间的 1 的个数记作 x_2,…,最后一个 0 右边的 1 的个数记作 x_k. 则 $x_1, x_2, \cdots, x_k$ 都是非负整数,且它们的和是 r. 反之,给定方程 $x_1 + x_2 + \cdots + x_k = r$ 的一组非负整数解 $x_1, x_2, \cdots, x_k$,我们可以构造形如:

$$\underbrace{1\cdots1}_{x_1\text{ 个 }1}\ \underset{\text{第一个 }0}{\overset{0}{\uparrow}}\ \underbrace{1\cdots1}_{x_2\text{ 个 }1}\ \underset{\text{第二个 }0}{\overset{0}{\uparrow}}\ \cdots\ \underset{\text{第 }k-1\text{ 个 }0}{\overset{0}{\uparrow}}\ \underbrace{1\cdots1}_{x_k\text{ 个 }1}$$

的排列. 它就是多重集 $\{(k-1) \cdot 0,\ r \cdot 1\}$ 的一个排列. 这就证明了多重集 T 的排列数等于方程 $x_1 + x_2 + \cdots + x_k = r$ 的非负整数解的个数. 根据定理 21.5,T 的排列数

$$N = \frac{(k-1+r)!}{(k-1)!\,r!} = C(k+r-1,\ r). \quad \blacksquare$$

推论 1 设多重集 $S = \{n_1 \cdot a_1, n_2 \cdot a_2, \cdots, n_k \cdot a_k\}$,且对一切 $i = 1, 2, \cdots, k$ 有 $n_i \geqslant r$,则 S 的 r- 组合数为 $C(k+r-1,\ r)$.

推论 2 设多重集 $S = \{\infty \cdot a_1, \infty \cdot a_2, \cdots, \infty \cdot a_k\}$,$r \geqslant k$,则 S 中每个元素至少取一个的 r- 组合数为 $C(r-1, k-1)$.

证 任取一个所求的 r- 组合,从中拿走元素 $a_1, a_2, \cdots, a_k$,就得到一个 S 的 $(r-k)$- 组合;反之,对于 S 的一个 $(r-k)$- 组合,加入元素 $a_1, a_2, \cdots, a_k$,就得到所求的组合. 所以 S 中每个元素至少取一个的 r- 组合数就是 S 的 $(r-k)$- 组合数,由定理 21.6 所求的 r- 组合数是

$$N = C(k + (r-k) - 1, r-k) = C(r-1, r-k) = C(r-1, k-1). \quad \blacksquare$$

【例 21.16】 试确定多重集 $S = \{1 \cdot a_1,\ \infty \cdot a_2, \cdots, \infty \cdot a_k\}$ 的 r- 组合数.

解 把 S 的 r- 组合分成两类.

包含 a_1 的 r- 组合:这种组合数等于多重集 $S = \{\infty \cdot a_2, \infty \cdot a_3, \cdots, \infty \cdot a_k\}$ 的 $(r-1)$- 组合数,即

$$N_1 = C((k-1) + (r-1) - 1,\ r-1) = C(k+r-3,\ r-1).$$

不包含 a_1 的 r- 组合:这种组合数等于多重集 $\{\infty \cdot a_2, \infty \cdot a_3, \cdots, \infty \cdot a_k\}$ 的 r- 组合数,即

$$N_2 = C((k-1) + r - 1,\ r) = C(k+r-2,\ r).$$

由加法法则,所求的 r- 组合数

$$N = N_1 + N_2 = C(k+r-3, r-1) + C(k+r-2,\ r).$$

关于多重集的组合数公式可以小结如下.

设多重集 $S = \{n_1 \cdot a_1, n_2 \cdot a_2, \cdots, n_k \cdot a_k\}$,$n = n_1 + n_2 + \cdots + n_k$,则 S 的 r- 组合数 N 满足:

(1) 若 $r > n$,则 $N = 0$;

(2) 若 $r = n$,则 $N = 1$;

(3) 若 $r < n$,且对一切 $i(i = 1, 2, \cdots, k)$ 有 $n_i \geqslant r$,则 $N = C(k+r-1, r)$;

(4) 若 $r < n$,且存在某个 $n_i < r$,则对 N 没有一般的求解公式,但可以用其他的组合计数方法求解,具体的求解方法将在后面几章讨论.

21.3　二项式定理与组合恒等式

组合数 $C(n,k)$，也记作 $\binom{n}{k}$，叫做**二项式系数**. 关于 $\binom{n}{k}$，已经证明了下面的结果：

对任意的 $n,k \in N$ 有

$$\binom{n}{k}=\begin{cases}\dfrac{n!}{k!(n-k)!}, & k \leqslant n; \\ 0, & k > n,\end{cases}$$

$$\binom{n}{k}=\binom{n}{n-k}, \qquad n \geqslant k. \tag{21.1}$$

利用这些结果不难得到下面的等式：

$$\binom{n}{k}=\frac{n}{k}\binom{n-1}{k-1}, \qquad n,k \in Z^{+}. \tag{21.2}$$

$$\binom{n}{k}=\binom{n-1}{k}+\binom{n-1}{k-1}, \qquad n,k \in Z^{+}. \tag{21.3}$$

等式(21.3)叫做 Pascal 公式，也叫杨辉三角形公式，利用它可以证明二项式定理.

定理 21.7(二项式定理)　设 n 是正整数，对一切 x 和 y 有

$$(x+y)^{n}=\sum_{k=0}^{n}\binom{n}{k}x^{k}y^{n-k}.$$

证　用数学归纳法.

当 $n=1$ 时

左边 $=(x+y)^{1}=x+y$,

右边 $=\sum_{k=0}^{1}\binom{1}{k}x^{k}y^{1-k}=\binom{1}{0}x^{0}y^{1}+\binom{1}{1}x^{1}y^{0}=y+x$.

命题为真. 假设等式对任意的正整数 n 都成立，则

$$\begin{aligned}(x+y)^{n+1}&=(x+y)(x+y)^{n}=y\left[\sum_{k=0}^{n}\binom{n}{k}x^{k}y^{n-k}\right]+x\left[\sum_{k=0}^{n}\binom{n}{k}x^{k}y^{n-k}\right]\\&=\binom{n}{0}y^{n+1}+\sum_{k=1}^{n}\binom{n}{k}x^{k}y^{n-k+1}+\sum_{k=0}^{n-1}\binom{n}{k}x^{k+1}y^{n-k}+\binom{n}{n}x^{n+1}\\&=\binom{n}{0}y^{n+1}+\sum_{k=1}^{n}\binom{n}{k}x^{k}y^{n-k+1}+\sum_{k=1}^{n}\binom{n}{k-1}x^{k}y^{n-k+1}+\binom{n+1}{n+1}x^{n+1}\\&=\binom{n+1}{0}y^{n+1}+\sum_{k=1}^{n}\left[\binom{n}{k}+\binom{n}{k-1}\right]x^{k}y^{n-k+1}+\binom{n+1}{n+1}x^{n+1}\\&=\binom{n+1}{0}y^{n+1}+\sum_{k=1}^{n}\binom{n+1}{k}x^{k}y^{n+1-k}+\binom{n+1}{n+1}x^{n+1}\\&=\sum_{k=0}^{n+1}\binom{n+1}{k}x^{k}y^{n+1-k}.\end{aligned}$$

由归纳法可知定理对一切正整数 n 都成立. ∎

推论 1　设 n 是正整数，对一切 x 有

$$(1+x)^n=\sum_{k=0}^{n}\binom{n}{k}x^k.$$

证 在二项式定理中令 $y=1$ 即可. ▌

推论 2 对任何正整数 n 有

$$\binom{n}{0}+\binom{n}{1}+\cdots+\binom{n}{n}=2^n. \tag{21.4}$$

证 在二项式定理中令 $x=y=1$ 即可. ▌

推论 3 对任何正整数 n 有

$$\binom{n}{0}-\binom{n}{1}+\binom{n}{2}-\cdots+(-1)^n\binom{n}{n}=0. \tag{21.5}$$

证 在二项式定理中令 $x=-1,y=1$ 即可. ▌

在二项式定理的展开式中每一项的系数都是组合数. 推论 2 和推论 3 是关于二项式系数的等式,实际上也是关于组合数的等式. 可以从组合分析的角度来解释和证明这两个推论.

对任何正整数 n 和自然数 k,$\binom{n}{k}$表示 n 元集的 k 子集个数. (21.4) 式左边计数了 n 元集的所有子集数. 从另一方面考虑这个计数问题. 在构成 n 元集的子集时,n 元集的每个元素都可以有两种选择,属于这个子集或不属于这个子集. 根据乘法法则不同的子集有 2^n 个.

将等式(21.5) 中带负号的项移到右边就得到

$$\binom{n}{0}+\binom{n}{2}+\cdots=\binom{n}{1}+\binom{n}{3}+\cdots. \tag{21.5$'$}$$

这说明 n 元集($n\in Z^+$) 的偶子集个数与奇子集个数相等. 任取 n 元集 S 中的一个元素 x,对于 S 的任何偶子集 $A\subseteq S$,若 $x\in A$,则令 $B=A-\{x\}$;若 $x\notin A$,则令 $B=A\cup\{x\}$. B 显然是 S 的奇子集,不难证明这是所有的偶子集与所有的奇子集之间的一一对应. 所以 S 的偶子集数与奇子集数相等.

等式(21.1) 到式(21.5) 都叫做组合恒等式. 下面再给出一些常见的组合恒等式.

$$\sum_{k=1}^{n}k\binom{n}{k}=n2^{n-1},\qquad n\in Z^+. \tag{21.6}$$

$$\sum_{k=1}^{n}k^2\binom{n}{k}=n(n+1)2^{n-2},\qquad n\in Z^+. \tag{21.7}$$

$$\binom{n}{r}\binom{r}{k}=\binom{n}{k}\binom{n-k}{r-k},\qquad n,r,k\in Z^+,\ r\geqslant k. \tag{21.8}$$

$$\sum_{k=0}^{r}\binom{m}{k}\binom{n}{r-k}=\binom{m+n}{r},\qquad m,n,r\in N,\ r\leqslant\min\{m,n\}. \tag{21.9}$$

$$\sum_{k=0}^{m}\binom{m}{k}\binom{n}{k}=\binom{m+n}{m},\qquad m,n\in N. \tag{21.10}$$

$$\sum_{l=0}^{n}\binom{l}{k}=\binom{n+1}{k+1},\qquad n,k\in N. \tag{21.11}$$

$$\sum_{l=0}^{k}\binom{n+l}{l}=\binom{n+k+1}{k},\qquad n,k\in N. \tag{21.12}$$

我们选证其中的一部分.

证等式(21.6).

对 $k=1,2,\cdots,n$,有

$$k\binom{n}{k}=k\,\frac{n}{k}\binom{n-1}{k-1}=n\binom{n-1}{k-1},$$

然后代入等式(21.6)的左边得

$$\sum_{k=1}^{n}k\binom{n}{k}=\sum_{k=1}^{n}n\binom{n-1}{k-1}=n\sum_{k=1}^{n}\binom{n-1}{k-1}=n\sum_{k=0}^{n-1}\binom{n-1}{k}=n2^{n-1}.$$

证等式(21.7).

由二项式定理有

$$(1+x)^{n}=1+\sum_{k=1}^{n}\binom{n}{k}x^{k}.$$

对上式两边微商得

$$n(1+x)^{n-1}=\sum_{k=1}^{n}\binom{n}{k}kx^{k-1}.$$

两边同乘 x 得

$$nx(1+x)^{n-1}=\sum_{k=1}^{n}\binom{n}{k}kx^{k}.$$

然后两边再次微商得

$$n(1+x)^{n-1}+nx(n-1)(1+x)^{n-2}=\sum_{k=1}^{n}\binom{n}{k}k^{2}x^{k-1}.$$

在上式中令 $x=1$,然后化简得

$$n(n+1)2^{n-2}=\sum_{k=1}^{n}\binom{n}{k}k^{2}.$$

证等式(21.9).

由二项式定理得

$$(1+x)^{m}=\sum_{k=0}^{m}\binom{m}{k}x^{k},\quad (1+x)^{n}=\sum_{l=0}^{n}\binom{n}{l}x^{l},$$

因此有

$$(1+x)^{m+n}=\left[\sum_{k=0}^{m}\binom{m}{k}x^{k}\right]\left[\sum_{l=0}^{n}\binom{n}{l}x^{l}\right].$$

比较两边 x^{r} 的系数,左边是 $\binom{m+n}{r}$,右边是 $\sum_{k=0}^{r}\binom{m}{k}\binom{n}{r-k}$.

证等式(21.11).

使用组合分析的方法.令 $S=\{a_1,a_2,\cdots,a_{n+1}\}$,要从 S 中选取 $k+1$ 元子集,我们把这些子集分类:

含 a_1 的子集是 $\binom{n}{k}$ 个;

不含 a_1 而含 a_2 的子集是 $\binom{n-1}{k}$ 个;

不含 a_1 和 a_2 但含 a_3 的子集是 $\binom{n-2}{k}$ 个；

……

不含 $a_1,\cdots,a_n$ 而含 a_{n+1} 的子集是 $\binom{0}{k}$ 个.

由加法法则，等式(21.11)成立.

以上证明组合恒等式的主要方法可以归纳如下：

代数方法.通过代入组合数的值或已知的组合恒等式后进行计算或化简，使得等式两边相等.

使用二项式定理比较展开式中 x^r 的系数，或令 x 和 y 为某个特定的值.

利用幂级数的微商或积分等.

数学归纳法.

使用组合分析方法，说明等式两边都是对同一组合问题的计数.

下边考虑一个和组合恒等式密切相关的组合计数问题 —— 非降路径问题.

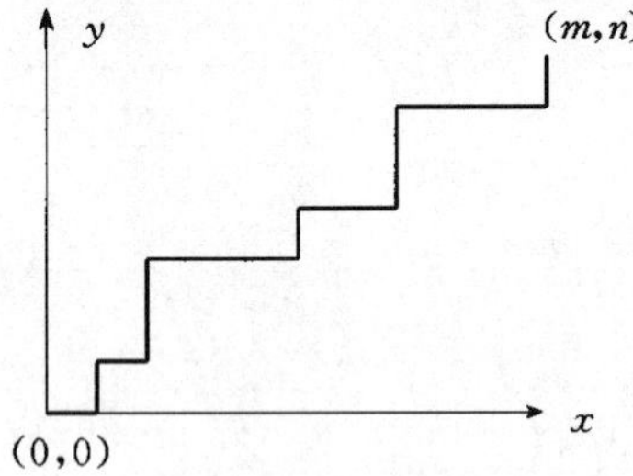

图 21.1

如图21.1，从(0,0)点开始，水平向右走一步为 x，垂直向上走一步为 y，则走到(m,n)点水平向右要走 m 步，垂直向上要走 n 步.每一条从(0,0)点到(m,n)的非降路径就是 m 个 x 和 n 个 y 的一个排列.反之，给了 m 个 x 和 n 个 y 的一个排列就惟一地确定了一条从(0,0)点到(m,n)点的非降路径.于是从(0,0)点到(m,n)点的非降路径数等于 m 个 x，n 个 y 的排列数，即 $\binom{m+n}{m}$.

一般地，由(a,b)点到(m,n)点的非降路径数等于从(0,0)点到$(m-a,n-b)$点的非降路径数，即 $\binom{m+n-(a+b)}{m-a}$.而从(a,b)点经过(c,d)点而到达(m,n)点的非降路径数根据乘法法则应该等于从(a,b)点到(c,d)点的非降路径数乘以从(c,d)点到(m,n)点的非降路径数，即 $\binom{c+d-(a+b)}{c-a}\binom{m+n-(c+d)}{m-c}$.

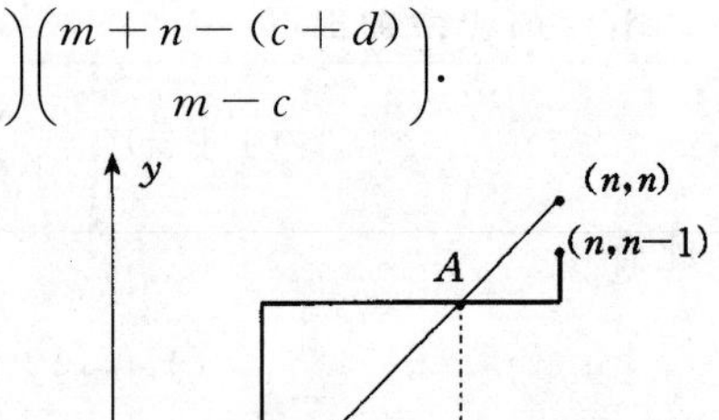

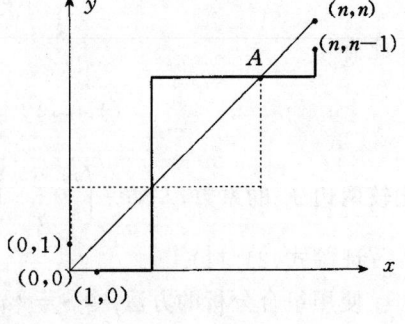

图 21.2

如果对非降路径附加其他的限制条件，可以采用反射的原则来处理.例如，求从(0,0)点到(n,n)点的除端点外不接触直线 $y=x$ 的非降路径数.先考虑直线 $y=x$ 下面的路径，这种路径都是从(0,0)点出发，经(1,0)点及$(n,n-1)$点而到达(n,n)点的.可以把它们看作是从(1,0)点出发到达$(n,n-1)$点不接触 $y=x$ 直线的路径.

从(1,0)点到$(n,n-1)$点的所有非降路径数是 $\binom{2n-2}{n-1}$.对其中任意一条接触直线 $y=x$ 的路径，可以把它从最后离开这条直线的点(图21.2中的 A 点)到(1,0)点之间的部分关于 $y=x$ 直线作一个反射(图21.2中的虚线部分)，就得到一条从(0,1)点出发经过 A 点到达$(n,n-1)$点的非降路径.反之，任何一条从(0,1)出发，穿过对角线 $y=x$ 而到达$(n,n-1)$点的非降路径，也可以通过这样的反射对应到一条从(1,0)点出发接触到对角线 $y=x$ 而到达$(n,n-1)$点的非降路径. 从(0,1)点到达$(n,n-1)$点的非降路径数是$\binom{2n-2}{n}$,从而在直线 $y=x$ 下方的非降路径数是$\binom{2n-2}{n-1}-\binom{2n-2}{n}$. 由对称性可知,所求的非降路径数是

$$2\left[\binom{2n-2}{n-1}-\binom{2n-2}{n}\right]=\frac{2}{n}\binom{2n-2}{n-1}=\frac{1}{2n-1}\binom{2n}{n}.$$

利用非降路径的计数可以证明组合恒等式.

【例 21.17】 用非降路径的计数证明公式(21.4).

证 如图 21.3,$\binom{n}{k}$计数了从(0,0)点到$(k,n-k)$点的非降路径,其中 $k=0,1,\cdots,n$,所以公式左边是从(0,0)出发到达直线 $y=-x+n$ 的所有非降路径数. 另一方面,从(0,0)到直线 $y=-x+n$ 的非降路径都是 n 步长,每一步或是 x 或是 y,有两种选择. 由乘法法则,n 步长的不同选择方法的总数为 2^n,这也是从(0,0)到直线 $y=-x+n$ 的非降路径的总数.

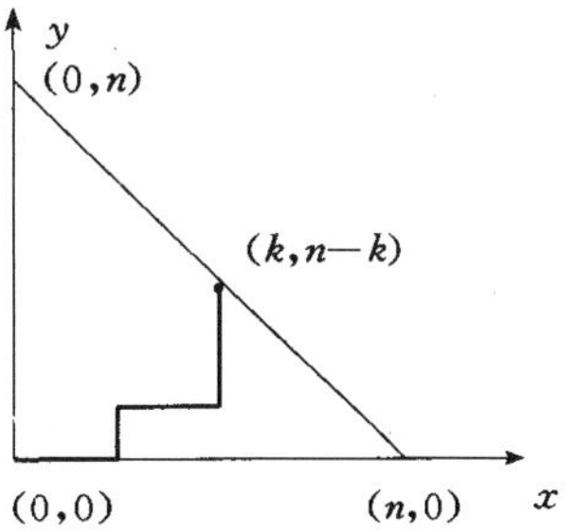

图 21.3

【例 21.18】 求集合$\{1,2,\cdots,n\}$上的单调递增函数的个数.

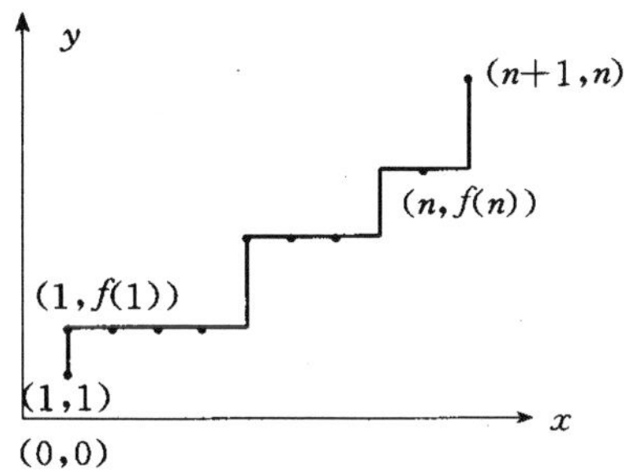

图 21.4

解 任给集合$\{1,2,\cdots,n\}$上的一个单调递增函数,我们可以作一条对应的折线(参看图 21.4). 以横坐标代表 x,纵坐标代表 $f(x)$,在图中可以得到 n 个点:$(1,f(1)),(2,f(2)),\cdots,(n,f(n))$. 从(1,1)点出发,向上做连线到$(1,f(1))$点. 如果$f(2)=f(1)$,则继续向右连线到$(2,f(2))$点;如果 $f(2)>f(1)$,则由$(1,f(1))$点再向右经过$(2,f(1))$点,再向上连线到$(2,f(2))$点. 按照这种方法一直将折线连到$(n,f(n))$点. 若 $f(n)=n$,就将折线向右连到$(n+1,n)$点;若 $f(n)<n$,则向右经$(n+1,f(n))$点再向上连线到$(n+1,n)$点. 这样就得到一条从(1,1)点到$(n+1,n)$点的非降路径. 不难看出,所求的单调递增函数与这种非降路径之间存在着一一对应,因此集合$\{1,2,\cdots,n\}$上的单调递增函数有$\binom{2n-1}{n}$个.

21.4 多项式定理

多项式定理是二项式定理的推广.

定理 21.8(多项式定理)

设 n 是正整数,则对一切实数 $x_1,x_2,\cdots,x_t$ 有

$$(x_1+x_2+\cdots+x_t)^n=\sum\binom{n}{n_1\ n_2\ \cdots\ n_t}x_1^{n_1}x_2^{n_2}\cdots x_t^{n_t},$$

其中求和是对满足方程 $n_1+n_2+\cdots+n_t=n$ 的一切非负整数解 $n_1,n_2,\cdots,n_t$ 来求.

证 $(x_1+\cdots+x_t)^n$ 是 n 个因式$(x_1+\cdots+x_t)$相乘. 每个因式相乘时可以分别贡献 x_1 或

$x_2,\cdots$,或 x_t,有 t 种选择. 所以乘积展开式中共有 t^n 个项(包括同类项),且每一项都是 $x_1^{n_1}x_2^{n_2}\cdots x_t^{n_t}$ 的形式,其中 $n_1,n_2,\cdots,n_t$ 为非负整数并且满足 $\sum_{i=1}^{t}n_i=n$. 我们在 n 个因式 $(x_1+\cdots+x_t)$ 中选取 n_1 个贡献 x_1,在剩下的 $n-n_1$ 个因式 $(x_1+\cdots+x_t)$ 中选取 n_2 个贡献 $x_2,\cdots$,在 $(n-n_1-\cdots-n_{t-1})$ 个因式 $(x_1+\cdots+x_t)$ 中选取 n_t 个贡献 x_t. 于是项 $x_1^{n_1}x_2^{n_2}\cdots x_t^{n_t}$ 出现的次数为

$$\begin{aligned}&\binom{n}{n_1}\binom{n-n_1}{n_2}\cdots\binom{n-n_1-\cdots-n_{t-1}}{n_t}\\&=\frac{n!}{n_1!(n-n_1)!}\cdot\frac{(n-n_1)!}{n_2!(n-n_1-n_2)!}\cdot\cdots\cdot\frac{(n-n_1-\cdots-n_{t-1})!}{n_t!(n-n_1-\cdots-n_t)!}\\&=\frac{n!}{n_1!n_2!\cdots n_t!}=\binom{n}{n_1\ n_2\ \cdots\ n_t}.\end{aligned}$$ ▌

推论 1 $(x_1+\cdots+x_t)^n$ 的展开式在合并同类项以后不同的项数是 $\binom{n+t-1}{n}$.

证 $(x_1+\cdots+x_t)^n$ 的展开式中任何一项都是 $x_1^{n_1}x_2^{n_2}\cdots x_t^{n_t}$ 的形式,其中 $n_1+n_2+\cdots+n_t=n$. 每一项对应于方程 $n_1+n_2+\cdots+n_t=n$ 的一组非负整数解,所以合并同类项后不同的项数等于这个方程的非负整数解的个数 $\binom{n+t-1}{n}$. ▌

推论 2 $\sum\binom{n}{n_1\ n_2\ \cdots\ n_t}=t^n$,其中求和是对方程 $n_1+n_2+\cdots+n_t=n$ 的一切非负整数解来求和.

证 在多项式定理中令 $x_1=x_2=\cdots=x_t=1$ 即可. ▌

多项式定理是二项式定理的推广,在多项式定理中令 $t=2$ 就得到了二项式定理. 多项式定理中的系数 $\binom{n}{n_1\ n_2\ \cdots\ n_t}$ 叫做**多项式系数**. 下面我们进一步分析它的组合意义.

$\binom{n}{n_1\ n_2\ \cdots\ n_t}$ 是:多重集 $S=\{n_1\cdot a_1,n_2\cdot a_2,\cdots,n_t\cdot a_t\}$ 的全排列数(定理 21.5).

把 n 个有区别的球放到 t 个有区别的盒子里,并且要求第一个盒子含有 n_1 个球,第二个盒子含有 n_2 个球,…,第 t 个盒子含有 n_t 个球的放球方案数.

把 n 元集划分成 t 个有序子集(允许空子集)并且要求第一个子集含 n_1 个元素,第二个子集含 n_2 个元素,…,第 t 个子集含 n_t 个元素的划分方案数.

关于放球问题及有序子集划分问题的证明留给读者.

【例 21.19】 求 $(2x_1-3x_2+5x_3)^6$ 中 $x_1^3x_2x_3^2$ 项的系数.

解 $\binom{6}{3\ 1\ 2}2^3\cdot(-3)\cdot5^2=\frac{6!}{3!1!2!}8\cdot(-3)\cdot25=-36000.$

【例 21.20】 证明

$$\binom{n}{n_1\ n_2\ \cdots\ n_t}=\binom{n-1}{n_1-1\quad n_2\ \cdots\ n_t}+\binom{n-1}{n_1\quad n_2-1\ \cdots\ n_t}+\cdots+\binom{n-1}{n_1\ n_2\ \cdots\ n_t-1}.$$

证 等式左边计数了 n 个不同的球放到 t 个不同的盒子里并且要求第一个盒子里含有 n_1 个球,第二个盒子里含有 n_2 个球,…,第 t 个盒子里含有 n_t 个球的方案数. 将所有的放球方案作

下面的分类：

任取一个球，比如说 a_1.

a_1 放到第一个盒子里方案数为$\binom{n-1}{n_1-1\quad n_2\cdots n_t}$；

a_1 放到第二个盒子里方案数为$\binom{n-1}{n_1\quad n_2-1\cdots n_t}$；

……

a_1 放到第 t 个盒子里方案数为$\binom{n-1}{n_1\ n_2\cdots n_t-1}$.

由加法法则总方案数为

$$\binom{n-1}{n_1-1\quad n_2\cdots n_t}+\binom{n-1}{n_1\quad n_2-1\cdots n_t}+\cdots+\binom{n-1}{n_1\ n_2\cdots n_t-1}.$$

【例 21.21】 设 k 为正整数，证明$\frac{(k!)!}{[(k-1)!]!^k}$是整数.

证 令 $n_1=n_2=\cdots=n_k=(k-1)!$，则$\sum_{i=1}^{k}n_i=k(k-1)!=k!$.考虑多项式系数

$$\binom{\sum_{i=1}^{k}n_i}{n_1\ n_2\cdots n_k}=\binom{k!}{(k-1)!\ (k-1)!\cdots(k-1)!}=\frac{(k!)!}{[(k-1)!]!^k}.$$

由于多项式系数是组合计数问题的计数结果，必为整数.

习题二十一

1. 某产品的加工需要 5 道工序，问

(1) 加工工序共有多少种排法？

(2) 其中某工序必须先加工，有多少种排法？

(3) 其中某工序不能放在最后加工，又有多少种排法？

2. 现有 100 件产品，从其中任意抽出 3 件，问

(1) 共有多少种不同的抽法？

(2) 如果 100 件产品中有 2 件次品，抽出的产品中恰好有 1 件次品的抽法有多少种？

(3) 如果 100 件产品中有 2 件次品，抽出的产品中至少有 1 件次品的抽法有多少种？

3. 有纪念章 4 枚，纪念册 6 本，赠给 10 位同学，每人得一件，共有多少种不同的送法？

(1) 如果纪念章是彼此不同的，纪念册也是彼此不同的；

(2) 如果纪念章是相同的，纪念册也是相同的.

4. (1) 从整数 1,2,…,100 中选出两个数，使得它们的差正好是 7，有多少种不同的选法？

(2) 如果选出的两个数之差小于等于 7，又有多少种不同的选法？

5. 从一个 8×8 的棋盘中选出两个相邻的方格，问有多少种选法？在这里规定两个方格在同一行或同一列上相邻才是相邻的方格.

6. (1) 把字母 a,b,c,d,e,f 进行排列，使得字母 b 总是紧跟在字母 e 的左边，问有多少种排法？

(2) 若在排列中使得字母 b 总在字母 e 的左边，又有多少种排法？

7. 一个教室有两排座位，每排 8 个. 有 14 个学生，其中的 5 个人总坐在前一排，另外有 4 个人总坐在后一

排，问有多少种排法？

8. 书架上有 9 本不同的书，其中 4 本是红皮的，5 本是黑皮的，问

(1) 9 本书的排列有多少种？

(2) 若黑皮的书都排在一起，这样的排列有多少种？

(3) 若黑皮的书排在一起，红皮的书也排在一起，这样的排列有多少种？

(4) 若黑皮的书与红皮的书必须相间，这样的排列又有多少种？

9. 书架上有 24 卷百科全书，从其中选 5 卷使得任何 2 卷都不相继，这样的选法有多少种？

10. 证明从 $\{1,2,\cdots,n\}$ 中任选 m 个数排成一个圆圈的方法数是 $\dfrac{n!}{m(n-m)!}$.

11. 考虑集合 $\{1,2,\cdots,n+1\}$ 的非空子集.

(1) 证明最大元素恰好是 j 的子集数是 2^{j-1}；

(2) 利用(1) 的结论证明 $1+2+2^2+\cdots+2^m=2^{m+1}-1$.

12. (1) 从 200 辆汽车中选取 30 辆做安全试验，同时选取 30 辆做防污染的试验，问有多少种选法？

(2) 有多少种选法使得正好 5 辆汽车同时经受两种试验？

13. (1) 15 名篮球运动员被分配到 A,B,C 三个组，使得每组有 5 名运动员，那么有多少种分法？

(2) 15 名篮球运动员被分成三个组使得每组有 5 名运动员，那么有多少种分法？

14. 在三年级和四年级各有 50 名学生，其中有 25 名男生和 25 名女生，要选出 8 名代表使得其中有 4 名女生和 3 名低年级学生，这样的选法有多少种？

15. 从整数 1,2,…,1000 中选取三个数使得它们的和正好被 4 整除，问有多少种选法？

16. 从去掉大小王的 52 张扑克牌中选 5 张牌，求

(1) 使得没有 A 但有 2 张 K 的方法数； (2) 使得其中有红桃 A，其他 4 张牌是顺子的方法数.

17. 设 $S=\{1,2,\cdots,n+1\}$，从 S 中选择 3 个数构成有序三元组 $\langle x,y,z\rangle$ 使得 $z>x$ 且 $z>y$.

(1) 证明：若 $z=k+1$，则这样的有序三元组恰为 k^2 个；

(2) 将所有有序三元组按 $x=y,\ x<y,\ x>y$ 分成 A,B,C 三组. 证明

$$|A|=\binom{n+1}{2},\ |B|=|C|=\binom{n+1}{3};$$

(3) 由(1) 和(2) 证明恒等式

$$1^2+2^2+3^2+\cdots+n^2=\binom{n+1}{2}+2\binom{n+1}{3}.$$

18. $S=\{\infty\cdot a_1,\infty\cdot a_2,\cdots,\infty\cdot a_k\}$，求 S 的各种大小的子集总数.

19. $S=\{1\cdot a_1,1\cdot a_2,\cdots,1\cdot a_t,\infty\cdot a_{t+1},\infty\cdot a_{t+2},\cdots,\infty\cdot a_k\}$，求 S 的r- 组合数.

20. 有红球 4 个，黄球 3 个，白球 3 个，把它们排成一条直线，问有多少种排法？

21. 从 $\{\infty\cdot 0,\infty\cdot 1,\infty\cdot 2\}$ 中取 n 个数作排列，若不允许相邻位置的数相同，问有多少种排法？

22. 小于 10^n 且各位数字从左到右具有非降顺序的正整数有多少个？

23. 把 22 本不同的书分给 5 个学生使得其中的 2 名学生各得 5 本，而另外的 3 名学生各得 4 本，这样的分法有多少种？

24. (1) 把 r 只相同的球放到 n 个不同的盒子里($n\leqslant r$)，没有空盒，证明放球的方法数是 $C(r-1,n-1)$.

(2) 把 r 只相同的球放到 n 个不同的盒子里($r\geqslant nq$)，每个盒子至少包含 q 个球，问有多少种方法？

25. 给出多重集 $\{2\cdot a,\ 1\cdot b,\ 3\cdot c\}$ 所有的 3- 排列和 3- 组合.

26. 证明由数字 1,1,2,3,3,4 所组成的 4 位数的个数是 102.

27. 用二项式定理展开 $(2x-y)^7$.

28. $(3x-2y)^{18}$ 的展开式中 x^5y^{13} 的系数是什么？x^8y^9 的系数是什么？

29. 证明 $\sum\limits_{k=0}^{n}\binom{n}{k}2^k=3^n$.

30. 证明 $\sum_{k=0}^{n}(-1)^{k}\binom{n}{k}3^{n-k}=2^{n}$.

31. 证明以下组合恒等式：

(1) $\sum_{k=1}^{n+1}\frac{1}{k}\binom{n}{k-1}=\frac{2^{n+1}-1}{n+1}$；　　(2) $\sum_{k=0}^{n}(k+1)\binom{n}{k}=2^{n-1}(n+2)$；

(3) $\sum_{k=0}^{n}\frac{2^{k+1}}{k+1}\binom{n}{k}=\frac{3^{n+1}-1}{n+1}$；　　(4) $\sum_{k=1}^{n}(-1)^{k-1}\frac{1}{k}\binom{n}{k}=1+\frac{1}{2}+\cdots+\frac{1}{n}$.

32. 求和：

(1) $\sum_{k=0}^{n}\binom{n}{k}r^{k}$，$r$ 为实数，n 为正整数；　　(2) $\sum_{k=0}^{n}(-1)^{k}\frac{1}{k+1}\binom{n}{k}$；　(3) $\sum_{k=0}^{n}\binom{2n-k}{n-k}$.

33. 证明 $\sum_{k=0}^{n}\frac{(-1)^{k}}{m+k+1}\binom{n}{k}=\frac{n!m!}{(n+m+1)!}$.

34. 证明 $\sum_{k=0}^{n-1}\binom{n}{k}\binom{n}{k+1}=\frac{(2n)!}{(n-1)!(n+1)!}$.

35. 证明 $\sum_{k=1}^{n}\frac{(-1)^{k-1}}{k+1}\binom{n}{k}=\frac{n}{n+1}$.

36. 证明 $\sum_{k=2}^{n-1}(n-k)^{2}\binom{n\quad 1}{n-k}=n(n-1)2^{n-3}-(n-1)^{2}$.

37. 求和：

(1) $\sum_{k=0}^{m}\binom{n-k}{m-k}$；　　(2) $\sum_{k=0}^{m}\binom{u}{k}\binom{v}{m-k}$.

38. 用多项式定理展开 $(x_1+x_2+x_3)^4$.

39. 确定在 $(x_1-x_2+2x_3-2x_4)^8$ 的展开式中 $x_1^2x_2^3x_3x_4^2$ 项的系数.

40. (1) 给定正整数 n，证明

$$\sum(-1)^{a+b}\binom{n}{a\ b\ c\ d}=0,$$

其中求和是对方程 $a+b+c+d=n$ 的一切非负整数解来求和；

(2) 如何将以上命题一般化？

41. 设 p 是一个素数，$p\neq 2$，则当 $\binom{2p}{p}$ 被 p 整除时余数是 2.

42. 证明把 n 个有区别的球放到 t 个有区别的盒子里，并且要求第一个盒子里含 n_1 个球，第二个盒子里含 n_2 个球，…，第 t 个盒子里含 n_t 个球的放球方法数是 $\binom{n}{n_1\ n_2\ \cdots\ n_t}$.

43. 证明把 n 元集划分成 t 个有序子集（允许空子集）并且要求第一个子集含 n_1 个元素，第二个子集含 n_2 个元素，…，第 t 个子集含 n_t 个元素的划分方案数是 $\binom{n}{n_1\ n_2\ \cdots\ n_t}$.

44. (1) 设 p 是素数，且 $\binom{p}{n_1\ n_2\ \cdots\ n_t}\neq 1$，则 p 整除 $\binom{p}{n_1\ n_2\ \cdots\ n_t}$；

(2) (Fermat 小定理) 通过把 n^p 写成 $(1+1+\cdots+1)^p$ 的形式，证明 p 整除 n^p-n.

45. 用非降路径的方法证明组合恒等式 21.9，21.11 和 21.12.

46. 用非降路径的方法证明

$$\sum_{k=0}^{m}\binom{n-k}{m-k}\binom{r+k}{k}=\binom{n+r+1}{m}.$$

47. 计数从 (0,0) 点到 (n,n) 点的不穿过直线 $y=x$ 的非降路径数.

第二十二章　组合计数方法

本章主要讨论递推方程和生成函数在组合计数中的应用.

22.1　递推方程的公式解法

定义 22.1　给定一个数的序列 $H(0),H(1),\cdots,H(n),\cdots$,用等号把 $H(n)$ 和某些个 $H(i),0\leqslant i<n$,联系起来的等式叫做**递推方程**.

利用递推方程和初值在某些情况下可以求出序列的通项表达式 $H(n)$. 通常 $H(n)$ 总是代表了某个组合计数问题的解,从而可以利用递推方程来解决组合计数问题.

最简单的一类递推方程是常系数线性齐次递推方程.

定义 22.2　下面的等式

$$H(n)-a_1H(n-1)-a_2H(n-2)-\cdots-a_kH(n-k)=0,$$
$$n\geqslant k,\ a_1,a_2,\cdots,a_k \text{ 是常数}, a_k\neq 0, \tag{22.1}$$

称作 **k 阶常系数线性齐次递推方程**.

定义 22.3　方程

$$x^k-a_1x^{k-1}-a_2x^{k-2}-\cdots-a_k=0 \tag{22.2}$$

称为递推方程(22.1)的**特征方程**. 它的 k 个根 $q_1,q_2,\cdots,q_k$ 称为递推方程的**特征根**,其中 $q_i(i=1,2,\cdots,k)$ 是复数.

不难看出,因为 $a_k\neq 0$,所以 0 不是递推方程(22.1)的特征根.

定理 22.1　设 q 是一个非零复数,则 $H(n)=q^n$ 是递推方程(22.1)的一个解当且仅当 q 是它的一个特征根.

证　$H(n)=q^n$ 是递推方程(22.1)的解

$$\begin{aligned}
&\Longleftrightarrow q^n-a_1q^{n-1}-a_2q^{n-2}-\cdots-a_kq^{n-k}=0\\
&\Longleftrightarrow q^{n-k}(q^k-a_1q^{k-1}-a_2q^{k-2}-\cdots-a_k)=0\\
&\Longleftrightarrow q^k-a_1q^{k-1}-a_2q^{k-2}-\cdots-a_k=0\quad(q\neq 0)\\
&\Longleftrightarrow q \text{ 是递推方程(22.1)的特征根.}
\end{aligned}$$

∎

定理 22.2　设 $h_1(n)$ 和 $h_2(n)$ 是递推方程(22.1)的两个解,c_1 和 c_2 是任意常数,则 $c_1h_1(n)+c_2h_2(n)$ 也是递推方程(22.1)的解.

证　把 $c_1h_1(n)+c_2h_2(n)$ 代入 22.1 式的左边得

$$\begin{aligned}
&[c_1h_1(n)+c_2h_2(n)]-a_1[c_1h_1(n-1)+c_2h_2(n-1)]\\
&\quad-\cdots-a_k[c_1h_1(n-k)+c_2h_2(n-k)]\\
&=[c_1h_1(n)-a_1c_1h_1(n-1)-\cdots-a_kc_1h_1(n-k)]\\
&\quad+[c_2h_2(n)-a_1c_2h_2(n-1)-\cdots-a_kc_2h_2(n-k)]\\
&=c_1[h_1(n)-a_1h_1(n-1)-\cdots-a_kh_1(n-k)]
\end{aligned}$$

$$+c_2[h_2(n)-a_1h_2(n-1)-\cdots-a_kh_2(n-k)]$$
$$=0,$$

所以 $c_1h_1(n)+c_2h_2(n)$ 是递推方程(22.1)的解. ▌

由定理(22.1)和(22.2)可以知道,如果 $q_1,q_2,\cdots,q_k$ 是递推方程(22.1)的特征根,且 $c_1,c_2,\cdots,c_k$ 是任意常数,那么

$$H(n)=c_1q_1^n+c_2q_2^n+\cdots+c_kq_k^n$$

是递推方程(22.1)的解.

定义 22.4 如果对于递推方程(22.1)的每个解 $h(n)$ 都可以选择一组常数 $c_1',c_2',\cdots,c_k'$ 使得

$$h(n)=c_1'q_1^n+c_2'q_2^n+\cdots+c_k'q_k^n$$

成立,则称 $c_1q_1^n+c_2q_2^n+\cdots+c_kq_k^n$ 是递推方程(22.1)的通解,其中 $c_1,c_2,\cdots,c_k$ 是任意常数.

定理 22.3 设 $q_1,q_2,\cdots,q_k$ 是递推方程(22.1)的不相等的特征根,则

$$H(n)=c_1q_1^n+c_2q_2^n+\cdots+c_kq_k^n$$

是递推方程(22.1)的通解.

证 由前边的分析可知 $H(n)$ 是递推方程(22.1)的解.设 $h(n)$ 是该递推方程的任意一个解,则 $h(n)$ 由 k 个初值 $h(0)=b_0,h(1)=b_1,\cdots,h(k-1)=b_{k-1}$ 惟一地确定,考虑下面的方程组

$$\begin{cases}c_1+c_2+\cdots+c_k=b_0,\\ c_1q_1+c_2q_2+\cdots+c_kq_k=b_1,\\ \cdots\\ c_1q_1^{k-1}+c_2q_2^{k-1}+\cdots+c_kq_k^{k-1}=b_{k-1}.\end{cases}\tag{22.3}$$

如果方程组(22.3)有惟一解 $c_1',c_2',\cdots,c_k'$,这说明可以找到 k 个常数 $c_1',c_2',\cdots,c_k'$ 使得

$$h(n)=c_1'q_1^n+c_2'q_2^n+\cdots+c_k'q_k^n$$

成立,从而证明了 $c_1q_1^n+c_2q_2^n+\cdots+c_kq_k^n$ 是该递推方程的通解.

考察方程组(22.3),它的系数行列式是

$$\begin{vmatrix}1&1&\cdots&1\\ q_1&q_2&\cdots&q_k\\ q_1^2&q_2^2&\cdots&q_k^2\\ \cdots&&&\\ q_1^{k-1}&q_2^{k-1}&\cdots&q_k^{k-1}\end{vmatrix},$$

这是著名的 Vandermonde 行列式,其值为

$$\prod_{1\leqslant i<j\leqslant k}(q_j-q_i).$$

因为当 $i\neq j$ 时 $q_i\neq q_j$,所以行列式的值不等于0,这也就是说方程组(22.3)有惟一解. ▌

【例 22.1】 关于Fibonacci数列的问题是一个古老的问题,是在1202年提出来的.这个问题是:把一对兔子(雌、雄各一只)在某年的开始放到围栏中,每个月这对兔子都生出一对新兔,其中雌、雄各一只.由第二个月开始,每对新兔每个月也生出一对新兔,也是雌、雄各一只,问一年后围栏中有多少对兔子?

解 对于 $n=1,2,\cdots$,令 $f(n)$ 表示第 n 个月开始时围栏中的兔子对数.显然有 $f(1)=1$,

$f(2)=2$. 在第 n 个月的开始,那些第 $n-1$ 个月初已经在围栏中的兔子仍然存在,而且每对在第 $n-2$ 个月初就存在的兔子将在第 $n-1$ 个月生出一对新兔来,所以有

$$\begin{cases} f(n)=f(n-1)+f(n-2), & n\geqslant 3, n\in Z^+, \\ f(1)=1,\ f(2)=2. \end{cases} \tag{22.4}$$

若令 $f(0)=1$,则递推方程(22.4) 就变成

$$\begin{cases} f(n)=f(n-1)+f(n-2), & n\geqslant 2, n\in Z^+, \\ f(0)=1,\ f(1)=1. \end{cases} \tag{22.5}$$

满足(22.5) 式的数列就叫做 Fibonacci 数列,而它的项就叫做 **Fibonacci 数.**

递推方程(22.5) 的特征方程是 $x^2-x-1=0$,特征根是

$$x_1=\frac{1+\sqrt{5}}{2},\quad x_2=\frac{1-\sqrt{5}}{2}.$$

所以通解是

$$f(n)=c_1\left(\frac{1+\sqrt{5}}{2}\right)^n+c_2\left(\frac{1-\sqrt{5}}{2}\right)^n.$$

代入初值来确定 c_1 和 c_2,得到方程组

$$\begin{cases} c_1+c_2=1, \\ \dfrac{1+\sqrt{5}}{2}c_1+\dfrac{1-\sqrt{5}}{2}c_2=1. \end{cases}$$

解这个方程组得

$$c_1=\frac{1}{\sqrt{5}}\,\frac{1+\sqrt{5}}{2},\quad c_2=-\frac{1}{\sqrt{5}}\,\frac{1-\sqrt{5}}{2},$$

所以原递推方程的解是

$$f(n)=\frac{1}{\sqrt{5}}\left(\frac{1+\sqrt{5}}{2}\right)^{n+1}-\frac{1}{\sqrt{5}}\left(\frac{1-\sqrt{5}}{2}\right)^{n+1},\qquad n=0,1,\cdots.$$

【例 22.2】 用字母 a,b 和 c 组成长为 n 的字,如果要求没有两个 a 相邻,问这样的字有多少个?

解 设 $h(n)$ 是所求的字的个数,$n\geqslant 1$. 长为 1 的没有两个 a 相邻的字有 a,b,c,所以 $h(1)=3$. 长为 2 的没有两个 a 相邻的字有 ab,ac,ba,bb,bc,ca,cb,cc,所以 $h(2)=8$.

设 $n\geqslant 3$,如果字中的第一个字母是 a,那么第二个字母只能是 b 或 c,其余的字母可以有 $h(n-2)$ 种方式来选择,因此以 a 开头的字有 $2h(n-2)$ 个. 如果第一个字母是 b,那么这样的字有 $h(n-1)$ 个. 同理以 c 开头的字也有 $h(n-1)$ 个. 由加法法则得

$$\begin{cases} h(n)=2h(n-1)+2h(n-2), & n\geqslant 3, \\ h(1)=3,\ h(2)=8. \end{cases}$$

该递推方程的特征方程为 $x^2-2x-2=0$,特征根是

$$x_1=1+\sqrt{3},\quad x_2=1-\sqrt{3}.$$

所以通解是

$$h(n)=c_1(1+\sqrt{3})^n+c_2(1-\sqrt{3})^n.$$

代入初值来确定 c_1 和 c_2 得

$$\begin{cases} c_1(1+\sqrt{3}) + c_2(1-\sqrt{3}) = 3, \\ c_1(1+\sqrt{3})^2 + c_2(1-\sqrt{3})^2 = 8. \end{cases}$$

解得

$$c_1 = \frac{2+\sqrt{3}}{2\sqrt{3}},\ c_2 = \frac{-2+\sqrt{3}}{2\sqrt{3}}.$$

因此所求的字数是

$$h(n) = \frac{2+\sqrt{3}}{2\sqrt{3}}(1+\sqrt{3})^n + \frac{-2+\sqrt{3}}{2\sqrt{3}}(1-\sqrt{3})^n,\quad n = 1,2,\cdots.$$

【例 22.3】 核反应堆中有 α 和 β 两种粒子，每秒钟内 1 个 α 粒子分裂成 3 个 β 粒子，而 1 个 β 粒子分裂成 1 个 α 粒子和 2 个 β 粒子. 若在时刻 $t=0$ 反应堆中只有 1 个 α 粒子，问 $t=100$ 秒时反应堆中将有多少个 α 粒子？多少个 β 粒子？共有多少个粒子？

解 设在 t 时刻的 α 粒子数为 $f(t)$，β 粒子数为 $g(t)$. 根据题意可以列出下面的递推方程组：

$$\begin{cases} g(t) = 3f(t-1) + 2g(t-1), & t \geqslant 1, & ① \\ f(t) = g(t-1), & t \geqslant 1, & ② \\ g(0) = 0,\ f(0) = 1. \end{cases}$$

由 ② 式得 $f(t-1) = g(t-2)$，代入 ① 式得

$$\begin{cases} g(t) = 2g(t-1) + 3g(t-2), & t \geqslant 2, & ③ \\ g(0) = 0,\ g(1) = 3f(0) + 2g(0) = 3. \end{cases}$$

该递推方程的特征方程是 $x^2 - 2x - 3 = 0$，其特征根是 $x_1 = 3,\ x_2 = -1$. 所以该递推方程的通解是

$$g(t) = c_1 3^t + c_2(-1)^t.$$

代入初值 $g(0) = 0, g(1) = 3$ 得

$$\begin{cases} c_1 + c_2 = 0, \\ 3c_1 - c_2 = 3. \end{cases}$$

解得

$$c_1 = \frac{3}{4},\quad c_2 = -\frac{3}{4}.$$

所以递推方程 ③ 的解是

$$g(t) = \frac{3}{4}\cdot 3^t - \frac{3}{4}(-1)^t.$$

从而求得

$$f(t) = g(t-1) = \frac{3}{4}\cdot 3^{t-1} - \frac{3}{4}(-1)^{t-1},$$

$$f(t) + g(t) = \frac{3}{4}\cdot 3^{t-1} - \frac{3}{4}(-1)^{t-1} + \frac{3}{4}\cdot 3^t - \frac{3}{4}(-1)^t = 3^t.$$

因此有

$$f(100) = \frac{3}{4}\cdot 3^{99} - \frac{3}{4}\cdot(-1)^{99} = \frac{3}{4}(3^{99}+1),$$

$$g(100)=\frac{3}{4}\cdot 3^{100}-\frac{3}{4}\cdot(-1)^{100}=\frac{3}{4}(3^{100}-1),$$

$$f(100)+g(100)=3^{100}.$$

对于 k 阶常系数线性齐次递推方程，当特征根 $q_1,q_2,\cdots,q_k$ 都不相等的时候，我们已经给出了求解的方法. 但是当 $q_1,q_2,\cdots,q_k$ 中有重根时，这种方法就不适用了. 换句话说，$c_1q_1^n+c_2q_2^n+\cdots+c_kq_k^n$ 就不是原递推方程的通解了. 因为把 k 个初值代入以后得到 k 个方程，但未知数至多为 $k-1$ 个，可能使得方程组无解. 这说明只有在 $q_1,q_2,\cdots,q_k$ 都线性无关时才能得到递推方程的通解.

为了解决重根的情况，先给出下面的引理.

引理 1 设

$$f_0(x)=x^n-a_1x^{n-1}-\cdots-a_{k-1}x^{n-k+1}-a_kx^{n-k},$$

$\forall i\in Z^+$，令 $f_i(x)=xf'_{i-1}(x)$，其中 $f'_{i-1}(x)$ 是 $f_{i-1}(x)$ 的微商，则

$$f_i(x)=n^ix^n-a_1(n-1)^ix^{n-1}-\cdots-a_k(n-k)^ix^{n-k}.$$

证 对 i 施行归纳.

$i=1$ 时有

$$\begin{aligned}f_1(x)&=xf'_0(x)\\&=x(nx^{n-1}-a_1(n-1)x^{n-2}-\cdots-a_k(n-k)x^{n-k-1})\\&=nx^n-a_1(n-1)x^{n-1}-\cdots-a_k(n-k)x^{n-k}.\end{aligned}$$

命题为真.

假设 i 时命题为真，考虑 $i+1$ 的情况.

$$\begin{aligned}f_{i+1}(x)&=xf'_i(x)\\&=x(n^ix^n-a_1(n-1)^ix^{n-1}-\cdots-a_k(n-k)^ix^{n-k})'\\&=x(n^{i+1}x^{n-1}-a_1(n-1)^{i+1}x^{n-2}-\cdots-a_k(n-k)^{i+1}x^{n-k-1})\\&=n^{i+1}x^n-a_1(n-1)^{i+1}x^{n-1}-\cdots-a_k(n-k)^{i+1}x^{n-k}.\end{aligned}$$

由归纳法引理 1 得证. ▌

引理 2 设 $f_i(x)$ 为引理 1 中的 n 次多项式，若 q 是 $f_i(x)$ 的 e 重根，则 q 是 $f_{i+1}(x)$ 的 $e-1$ 重根.

证 因为 q 是 $f_i(x)$ 的 e 重根，即

$$f_i(x)=(x-q)^e\cdot P(x),$$

其中 $P(x)$ 为 $n-e$ 次多项式且 $x-q$ 不整除 $P(x)$，从而

$$\begin{aligned}f_{i+1}(x)&=xf'_i(x)=x[e(x-q)^{e-1}\cdot P(x)+(x-q)^eP'(x)]\\&=(x-q)^{e-1}[exP(x)+(x-q)xP'(x)].\end{aligned}$$

又由于 $x-q$ 不整除 $P(x)$，所以 q 是 $f_{i+1}(x)$ 的 $e-1$ 重根. ▌

定理 22.4 设有 k 阶递推方程

$$H(n)-a_1H(n-1)-\cdots-a_kH(n-k)=0,\ a_k\neq 0,\ n\geqslant k.$$

若 q 是递推方程的 e 重特征根，则 $q^n,nq^n,\cdots,n^{e-1}q^n$ 都是该递推方程的解且是线性无关的解.

证 因为 q 是递推方程的 e 重特征根，则 q 是

$$f_0(x)=x^n-a_1x^{n-1}-\cdots-a_{k-1}x^{n-k+1}-a_kx^{n-k}$$

的 e 重根. 由引理 2,q 是 $f_1(x)$ 的 $e-1$ 重根,q 是 $f_2(x)$ 的 $e-2$ 重根,…,q 是 $f_{e-1}(x)$ 的根. 又由引理 1 有

$$f_i(x) = n^i x^n - a_1(n-1)^i x^{n-1} - \cdots - a_k(n-k)^i x^{n-k},$$

对 $i = 1,2,\cdots,e-1$,将 $x = q$ 代入得

$$n^i q^n - a_1(n-1)^i q^{n-1} - \cdots - a_k(n-k)^i q^{n-k} = 0.$$

这就推出 $n^i q^n (i = 1,2,\cdots,e-1)$ 也是递推方程的解. 从而 $q^n, nq^n, \cdots, n^{e-1}q^n$ 都是递推方程的解. 下面证明这些解是线性无关的.

假若存在常数 $c_1, c_2, \cdots, c_e$ 使得

$$c_1 q^n + c_2 nq^n + \cdots + c_e n^{e-1} q^n = 0.$$

由于 $q \neq 0$,n 是任意正整数,必有 $c_1 = c_2 = \cdots = c_e = 0$. ▌

定理 22.5 设 $q_1, q_2, \cdots, q_t$ 是递推方程

$$H(n) - a_1 H(n-1) - \cdots - a_k H(n-k) = 0,\ a_k \neq 0,\ n \geqslant k$$

的不相等的特征根,且 q_i 的重数为 e_i,$i = 1,2,\cdots,t$. 令 $c_{i1}, c_{i2}, \cdots, c_{ie_i}$ 是任意常数,且

$$H_i(n) = (c_{i1} + c_{i2}n + \cdots + c_{ie_i} n^{e_i-1}) q_i^n, \quad i = 1,2,\cdots,t,$$

则 $H(n) = \sum_{i=1}^{t} H_i(n)$ 是递推方程的通解.

证 由定理 22.4 和 22.2,$\forall i = 1,2,\cdots,t$,$H_i(n)$ 是递推方程的解. 又由定理 22.2,$H(n) = \sum_{i=1}^{t} H_i(n)$ 也是递推方程的解. 下面证明 $H(n)$ 是通解.

设 $h(n)$ 是递推方程的任意一个解,且由初值 $h(0) = b_0$, $h(1) = b_1$, …, $h(k-1) = b_{k-1}$ 惟一地确定,从而得到方程组

$$\left\{\begin{array}{l}
c_{11} + \cdots + c_{1e_1} + c_{21} + \cdots + c_{2e_2} + \cdots + c_{t1} + \cdots + c_{te_t} = b_0, \\
c_{11}q_1 + \cdots + c_{1e_1}q_1 + c_{21}q_2 + \cdots + c_{2e_2}q_2 + \cdots + c_{t1}q_t + \cdots + c_{te_t}q_t = b_1, \\
c_{11}q_1^2 + \cdots + c_{1e_1}2^{e_1-1}q_1^2 + c_{21}q_2^2 + \cdots + c_{2e_2}2^{e_2-1}q_2^2 + \cdots + c_{t1}q_t^2 + \cdots + c_{te_t}2^{e_t-1}q_t^2 = b_2, \\
\cdots\cdots\cdots\cdots\cdots\cdots\cdots\cdots\cdots\cdots\cdots\cdots \\
c_{11}q_1^{k-1} + \cdots + c_{1e_1}(k-1)^{e_1-1}q_1^{k-1} + c_{21}q_2^{k-1} + \cdots + c_{2e_2}(k-1)^{e_2-1}q_2^{k-1} \\
\qquad + \cdots + c_{t1}q_t^{k-1} + \cdots + c_{te_t}(k-1)^{e_t-1}q_t^{k-1} = b_{k-1}.
\end{array}\right.$$

该方程组的系数行列式是

$$\begin{vmatrix}
1 & \cdots & 1 & 1 & \cdots & 1 & \cdots & 1 & \cdots & 1 \\
q_1 & \cdots & q_1 & q_2 & \cdots & q_2 & \cdots & q_t & \cdots & q_t \\
q_1^2 & \cdots & 2^{e_1-1}q_1^2 & q_2^2 & \cdots & 2^{e_2-1}q_2^2 & \cdots & q_t^2 & \cdots & 2^{e_t-1}q_t^2 \\
\cdots & \cdots & \cdots & \cdots & \cdots & \cdots & \cdots & \cdots & \cdots & \cdots \\
q_1^{k-1} & \cdots & (k-1)^{e_1-1}q_1^{k-1} & q_2^{k-1} & \cdots & (k-1)^{e_2-1}q_2^{k-1} & \cdots & q_t^{k-1} & \cdots & (k-1)^{e_t-1}q_t^{k-1}
\end{vmatrix}.$$

这是推广的 Vandermonde 行列式,其值是

$$\prod_{i=1}^{t} (-q_i)\binom{e_i}{2} \prod_{1 \leqslant i < j \leqslant t} (q_j - q_i)^{e_j e_i}.$$

由于 $q_j \neq q_i (j \neq i)$,所以行列式不为 0,方程组有惟一解,即存在常数 c'_{11}, …, c'_{1e_1}, c'_{21}, …, c'_{2e_2}, …, c'_{t1}, …, c'_{te_t} 使得

$$h(n) = \sum_{i=1}^{t} (c'_{i1} + c'_{i2} n + \cdots + c'_{ie_i} n^{e_i - 1}) q_i^n.$$

从而证明 $H(n)$ 是递推方程的通解. ▌

【例 22.4】 求解递推方程

$$\begin{cases} H(n) + H(n-1) - 3H(n-2) - 5H(n-3) - 2H(n-4) = 0, & n \geqslant 4, \\ H(0) = 1, H(1) = 0, H(2) = 1, H(3) = 2. \end{cases}$$

解 该递推方程的特征方程是

$$x^4 + x^3 - 3x^2 - 5x - 2 = 0,$$

它的特征根是 $-1, -1, -1, 2$. 根据定理 22.5，该递推方程的通解是

$$H(n) = c_1(-1)^n + c_2 n(-1)^n + c_3 n^2(-1)^n + c_4 \cdot 2^n.$$

代入初值得到下列方程组

$$\begin{cases} c_1 + c_4 = 1, \\ -c_1 - c_2 - c_3 + 2c_4 = 0, \\ c_1 + 2c_2 + 4c_3 + 4c_4 = 1, \\ -c_1 - 3c_2 - 9c_3 + 8c_4 = 2. \end{cases}$$

解这个方程组得

$$c_1 = \frac{7}{9}, c_2 = -\frac{1}{3}, c_3 = 0, c_4 = \frac{2}{9}.$$

所以原递推方程的解是

$$H(n) = \frac{7}{9}(-1)^n - \frac{1}{3}n(-1)^n + \frac{2}{9} \cdot 2^n.$$

下面考虑常系数线性非齐次递推方程，它的一般形式是

$$\begin{cases} H(n) - a_1 H(n-1) - \cdots - a_k H(n-k) = f(n), \\ n \geqslant k, a_k \neq 0, f(n) \neq 0. \end{cases} \tag{22.6}$$

先讨论这种递推方程的通解.

定理 22.6 设 $\overline{H}(n)$ 是常系数线性齐次递推方程

$$\begin{cases} H(n) - a_1 H(n-1) - \cdots - a_k H(n-k) = 0, \\ n \geqslant k, a_k \neq 0 \end{cases} \tag{22.7}$$

的通解，$H^*(n)$ 是递推方程(22.6) 的一个特解，则

$$H(n) = \overline{H}(n) + H^*(n)$$

是递推方程(22.6) 的通解.

证 $H(n)$ 是递推方程 22.6 的解，因为将它代入递推方程的左边得

$$\begin{aligned} &[\overline{H}(n) + H^*(n)] - a_1[\overline{H}(n-1) + H^*(n-1)] - \cdots \\ &- a_k[\overline{H}(n-k) + H^*(n-k)] \\ =&[\overline{H}(n) - a_1\overline{H}(n-1) - \cdots - a_k\overline{H}(n-k)] \\ &+ [H^*(n) - a_1 H^*(n-1) - \cdots - a_k H^*(n-k)] \\ =&0 + f(n) = f(n). \end{aligned}$$

再证明 $H(n)$ 是通解. 设 $h(n)$ 是递推方程(22.6) 的一个解，则有

$$h(n) - a_1 h(n-1) - \cdots - a_k h(n-k) = f(n).$$

而

$$H^*(n)-a_1H^*(n-1)-\cdots-a_kH^*(n-k)=f(n).$$

将这两个式子相减得

$$\begin{aligned}&[h(n)-H^*(n)]-a_1[h(n-1)-H^*(n-1)]-\cdots\\&-a_k[h(n-k)-H^*(n-k)]=0.\end{aligned}$$

这说明$h(n)-H^*(n)$是对应齐次递推方程(22.7)的解.因此$h(n)$是一个齐次解与$H^*(n)$之和,从而证明了$\overline{H}(n)+H^*(n)$是递推方程(22.6)的通解. ▌

根据这个定理,只要找到递推方程(22.6)的一个特解,就可以得到它的通解.但遗憾的是对于一般的$f(n)$并不存在寻找特解的普遍方法,只能用观察法猜想特解的形式,然后用待定系法的方法来确定系数.下面分情况讨论.

当$f(n)$是n的t次多项式时,一般情况下可以设特解$H^*(n)$也是n的t次多项式,即

$$H^*(n)=P_1n^t+P_2n^{t-1}+\cdots+P_tn+P_{t+1},$$

其中$P_1,P_2,\cdots,P_{t+1}$是待定系数.

【例 22.5】 求解递推方程

$$H(n)+5H(n-1)+6H(n-2)=3n^2$$

的一个特解.

解 假设$H^*(n)=P_1n^2+P_2n+P_3$,代入原递推方程得

$$\begin{aligned}&P_1n^2+P_2n+P_3+5[P_1(n-1)^2+P_2(n-1)+P_3]\\&+6[P_1(n-2)^2+P_2(n-2)+P_3]=3n^2,\end{aligned}$$

化简左边得

$$12P_1n^2+(-34P_1+12P_2)n+(29P_1-17P_2+12P_3)=3n^2,$$

从而有

$$\begin{cases}12P_1=3,\\-34P_1+12P_2=0,\\29P_1-17P_2+12P_3=0.\end{cases}$$

解得$P_1=\dfrac{1}{4}$, $P_2=\dfrac{17}{24}$, $P_3=\dfrac{115}{288}$. 所求的特解是

$$H^*(n)=\frac{1}{4}n^2+\frac{17}{24}n+\frac{115}{288}.$$

【例 22.6】 求解递推方程

$$H(n)-H(n-1)=7n$$

的特解.

解 如果我们设

$$H^*(n)=P_1n+P_2,$$

代入原递推方程得

$$(P_1n+P_2)-[P_1(n-1)+P_2]=7n,$$

化简得

$$P_1=7n.$$

从上式解不出P_1和P_2.这是因为当原递推方程的特征根是1时,如果所设的特解中n的最高

次幂的次数与 $f(n)$ 的次数一样，代入原递推方程后，等式左边的 n 的最高次幂就会消去. 因此等式左边的多项式比右边的多项式的次数低. 为此，在设特解时要将 n 的最高次幂提高，并且可以不设常数项. 这里我们设

$$H^*(n) = P_1 n^2 + P_2 n,$$

代入原递推方程后得

$$(P_1 n^2 + P_2 n) - [P_1(n-1)^2 + P_2(n-1)] = 7n,$$

化简上式得

$$2P_1 n + P_2 - P_1 = 7n.$$

解得 $P_1 = P_2 = \frac{7}{2}$，因此所求的特解是

$$H^*(n) = \frac{7}{2}n(n+1).$$

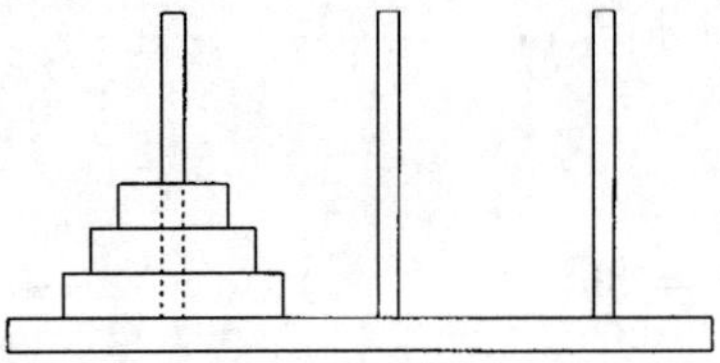

图　22.1

【例 22.7】 Hanoi 塔问题.

如图 22.1，n 个圆盘按从大到小的顺序依次套在柱 A 上. 每次从一根柱子只能搬动一个圆盘到另一根柱子上. 如果在搬动过程中不允许大圆盘放在小圆盘的上面，请设计一个计算机算法将所有的圆盘从柱 A 移到柱 B，并分析算法的时间复杂性.

解　这是一个典型的递归算法. 令 MOVE(n,X,Y) 表示将 n 个盘子从柱 X 移到柱 Y. 则算法 MOVE(n,A,B) 可表示为：

```
1. 初始化，S ← {A,B,C}；
2. MOVE (n,A,B).

MOVE (n,X,Y)；
1. if n = 1 then TAKE(X,Y)
2. else
   {从 S－{X,Y} 中取 Z；
    MOVE (n－1, X, Z)；
    TAKE (X,Y)；
    MOVE (n－1, Z, Y).
   }
```

其中 TAKE(X,Y) 表示从柱 X 拿一个盘子到柱 Y.

下面考虑算法的复杂性. 该算法的主要运算是移动盘. 设 n 个盘子的移动次数为 $H(n)$，根据算法列出递推方程如下：

$$\begin{cases} H(n) = 2H(n-1) + 1, & n \geqslant 2, \\ H(1) = 1. \end{cases}$$

这是一个常系数线性非齐次的递推方程，它的齐次通解为 $c2^n$. 设它的特解为 P，代入原方程得

$$P - 2P = 1,$$

解得 $P = -1$，从而得到原方程的通解是 $c \cdot 2^n - 1$，代入初值得

$$2c - 1 = 1,$$

解得 $c=1, H(n)=2^n-1$. 这说明该算法的移动次数是 2^n-1,它的时间复杂性是 $O(2^n)$.

下面考虑 $f(n)$ 是指数函数的情况.

若 $f(n)=\alpha\cdot\beta^n$,其中 α 和 β 是给定常数,则递推方程(22.6) 的特解可以如下设定:

若 β 不是递推方程 22.7 的特征根,则令 $H^*(n)=P\cdot\beta^n$; 若 β 是递推方程 22.7 的 e 重特征根,则令 $H^*(n)=Pn^e\beta^n$. 这里的 P 都是待定系数.

【例 22.8】 求解递推方程

$$\begin{cases}H(n)+5H(n-1)+6H(n-2)=42\cdot 4^n,\\ H(0)=0,\ H(1)=0.\end{cases}$$

解 该递推方程的齐次通解为 $c_1(-2)^n+c_2(-3)^n$. 设它的特解为 $P\cdot 4^n$,代入原方程得

$$P\cdot 4^n+5P\cdot 4^{n-1}+6P\cdot 4^{n-2}=42\cdot 4^n,$$

解得 $P=16$,从而得到通解

$$H(n)=c_1(-2)^n+c_2(-3)^n+16\cdot 4^n.$$

代入初值得到方程组

$$\begin{cases}c_1+c_2+16=0,\\ c_1(-2)+c_2(-3)+64=0.\end{cases}$$

解得 $c_1=-112$, $c_2=96$. 因此原递推方程的解是

$$H(n)=-112(-2)^n+96(-3)^n+16\cdot 4^n.$$

【例 22.9】 求解递推方程

$$\begin{cases}a_n-4a_{n-1}+4a_{n-2}=2^n,\\ a_0=1,\quad a_1=5.\end{cases}$$

解 该递推方程的齐次通解为 $(c_1+c_2n)2^n$. 由于 2 是对应齐次方程的二重根,因此设特解为 $Pn^2 2^n$,代入原递推方程得

$$Pn^2 2^n-4P(n-1)^2 2^{n-1}+4P(n-2)^2 2^{n-2}=2^n,$$

解出 $P=\frac{1}{2}$. 从而得到原递推方程的通解

$$a_n=c_1 2^n+c_2 n2^n+\frac{1}{2}n^2 2^n.$$

代入初值得到方程组

$$\begin{cases}c_1=1,\\ 2c_1+2c_2+1=5.\end{cases}$$

解出 $c_1=1$, $c_2=1$. 因此原递推方程的解是

$$a_n=2^n+n2^n+n^2 2^{n-1}.$$

22.2 递推方程的其他解法

除了常系数线性递推方程的公式解法以外,还有一些求解递推方程的方法,如换元法、迭代归纳法、差消法、尝试法等等. 下面分别加以说明.

某些非常系数非线性的递推方程通过换元可以变成常系数线性递推方程,然后用公式法求解. 这种求解方法称作换元法.

【例 22.10】 求解递推方程

$$\begin{cases}a_n^2 = 2a_{n-1}^2 + 1, & a_n > 0, \\ a_0 = 2.\end{cases}$$

解 令 $b_n = a_n^2$,代入原递推方程得

$$\begin{cases}b_n - 2b_{n-1} = 1, \\ b_0 = 4.\end{cases}$$

这是一个常系数线性递推方程,解是 $b_n = 5 \cdot 2^n - 1$,从而得到原递推方程的解 $a_n = \sqrt{5 \cdot 2^n - 1}$.

【例 22.11】 求解递推方程

$$\begin{cases}a_n^2 - 2a_{n-1} = 0, & a_n > 0, \\ a_0 = 4.\end{cases}$$

解 原方程可变形为

$$a_n^2 = 2a_{n-1},$$

取对数得

$$\begin{cases}2\log_2 a_n = \log_2 2 + \log_2 a_{n-1}, \\ \log_2 a_0 = 2.\end{cases}$$

令 $b_n = \log_2 a_n$,代入方程得

$$\begin{cases}b_n = \dfrac{1}{2}b_{n-1} + \dfrac{1}{2}, \\ b_0 = 2.\end{cases}$$

解得 $b_n = \left(\dfrac{1}{2}\right)^n + 1$,从而得到原递推方程的解

$$a_n = 2^{b_n} = 2^{\left(\frac{1}{2}\right)^n + 1}.$$

【例 22.12】 求解递推方程

$$\begin{cases}H(n) = H(n/2) + 2, & n = 2^k, k = 1,2,\cdots, \\ H(1) = 1.\end{cases}$$

解 将 $n = 2^k$ 代入原递推方程得

$$\begin{cases}H(2^k) = H(2^{k-1}) + 2, \\ H(2^0) = 1.\end{cases}$$

令 $T(k) = H(2^k)$,得

$$\begin{cases}T(k) - T(k-1) = 2, \\ T(0) = 1.\end{cases}$$

解得 $T(k) = 2k + 1$,即 $H(2^k) = 2k + 1$. 由 $k = \log_2 n$ 可得

$$H(n) = 2\log_2 n + 1.$$

【例 22.13】 确定以下递推方程的解的阶.

$$T(n) = 2T(4n^{\frac{1}{2}}) + \log_2 n. \qquad ①$$

解 为把方程①变换成常系数线性递推方程,必须选择一个适当的 k,使得方程具有下述形式

$$H(k) = 2H(k-1) + f(k), \quad ②$$

令 n_k 表示与给定的 k 相对应的 n，由式 ① 与式 ② 有

$$n_{k-1} = 4n_k^{\frac{1}{2}} \Rightarrow \log_2 n_{k-1} = 2 + \frac{1}{2}\log_2 n_k \Rightarrow \log_2 n_k - 2\log_2 n_{k-1} = -4.$$

令 $m_k = \log_2 n_k$ 得

$$m_k - 2m_{k-1} = -4,$$

解得 $m_k = 2^k + 4$，从而有 $n_k = 2^{2^k+4}$，且

$$H(k) = 2H(k-1) + \log_2 n_k = 2H(k-1) + 2^k + 4. \quad ③$$

方程 ③ 的特解设为 $P_1 k 2^k + P_2$，代入解得

$$P_1 = 1, \ P_2 = -4.$$

所以有

$$H(k) = k2^k + c2^k - 4.$$

其中 c 为任意常数. 这就推出

$$T(n_k) = k2^k + c2^k - 4, \quad c \text{ 为常数}.$$

因此有

$$T(n) = O(k2^k),$$

而由 $n_k = 2^{2^k+4}$ 知 $k = \log_2(\log_2 n_k - 4)$，从而有

$$T(n) = O(\log_2\log_2 n \cdot \log_2 n).$$

迭代归纳法是求解递推方程的另一种基本方法. 它的基本思想是：用迭代的方法推测出递推方程的解，然后用归纳法验证.

【例 22.14】 给定 n 个实数 $a_1, a_2, \cdots, a_n$，可以用多少种不同的方法来构成它们的乘积？这里认为相乘的次序不同也是不同的方法，如 $(a_1 \times a_2) \times a_3$ 与 $a_1 \times (a_2 \times a_3)$ 是不同的方法.

解 令 $h(n)$ 表示这 n 个数构成乘积的方法数. 显然有 $h(1) = 1$. 假设 $n-1$ 个数 $a_1, a_2, \cdots, a_{n-1}$ 的乘积已经构成，有 $h(n-1)$ 个. 任取其中的一个乘积，它是由 $n-2$ 次乘法得到的. 对于其中某一次相乘的两个因式，加入 a_n 的方法有 4 种. 由加法法则，这种加入 a_n 的方法共 $4(n-2)$ 种. 此外，还可以把 a_n 分别乘在整个乘积的左边或右边，因此加入 a_n 的方法数是

$$4(n-2) + 2 = 4n - 6.$$

根据以上的分析可以列出递推方程

$$\begin{cases} h(n) = (4n-6)h(n-1), & n \geqslant 2, \\ h(1) = 1. \end{cases}$$

下面用迭代归纳法求解.

$$\begin{aligned} h(h) &= (4n-6)h(n-1) \\ &= (4n-6)(4n-10)h(n-2) \\ &= (4n-6)(4n-10)(4n-14)h(n-3) \\ &= \cdots \\ &= (4n-6)(4n-10)\cdots 6 \cdot 2 \cdot h(1) \\ &= 2^{n-1}[(2n-3)(2n-5)\cdots 3 \cdot 1] \\ &= 2^{n-1}\frac{(2n-2)!}{(2n-2)(2n-4)\cdots 4 \cdot 2} \end{aligned}$$

$$=\frac{(2n-2)!}{(n-1)!}=(n-1)!\binom{2n-2}{n-1},\quad n\geqslant 2.$$

由于当 $n=1$ 时,上式的结果也等于1,与初值一致,因此原递推方程的解是

$$h(n)=(n-1)!\binom{2n-2}{n-1},\quad n\geqslant 1.$$

这个结果是否正确,要通过归纳法加以验证.

$n=1$ 时显然等式成立.

假设 $n=k$ 时等式也成立,则

$$\begin{aligned}h(k+1)&=[4(k+1)-6]h(k)\\&=(4k-2)\cdot(k-1)!\binom{2k-2}{k-1}\\&=2(2k-1)(k-1)!\binom{2k-2}{k-1}\\&=\frac{2k\cdot(2k-1)!}{k!}=k!\binom{2k}{k}.\end{aligned}$$

由归纳法可以知道构成乘积的方法数是 $(n-1)!\binom{2n-2}{n-1}$.

【例 22.15】 求解递推方程

$$\begin{cases}D_n=(n-1)(D_{n-1}+D_{n-2}),\\D_1=0,\ D_2=1.\end{cases}$$

解 由递推方程得

$$\begin{aligned}&D_n-nD_{n-1}=-[D_{n-1}-(n-1)D_{n-2}],\\&D_{n-1}-(n-1)D_{n-2}=-[D_{n-2}-(n-2)D_{n-3}],\\&D_{n-2}-(n-2)D_{n-3}=-[D_{n-3}-(n-3)D_{n-4}],\\&\cdots\cdots\\&D_3-3D_2=-[D_2-2D_1].\end{aligned}$$

把后面的式子依次代入前一个等式得

$$\begin{aligned}D_n-nD_{n-1}&=(-1)^2[D_{n-2}-(n-2)D_{n-3}]\\&=(-1)^3[D_{n-3}-(n-3)D_{n-4}]\\&=\cdots\\&=(-1)^{n-2}[D_2-2D_1].\end{aligned}$$

将初值代入得递推方程

$$\begin{cases}D_n-nD_{n-1}=(-1)^n,\qquad n\geqslant 2.\\D_1=0.\end{cases}$$

对以上方程做迭代得

$$\begin{aligned}D_n&=n[(n-1)D_{n-2}+(-1)^{n-1}]+(-1)^n\\&=n(n-1)D_{n-2}+n(-1)^{n-1}+(-1)^n\\&=n(n-1)[(n-2)D_{n-3}+(-1)^{n-2}]+n(-1)^{n-1}+(-1)^n\\&=\cdots\end{aligned}$$

$$=n(n-1)\cdots\cdot 2\cdot D_1+n(n-1)\cdots\cdot 3\cdot(-1)^2+n(n-1)$$
$$\cdots\cdot 4\cdot(-1)^3+\cdots+n(-1)^{n-1}+(-1)^n$$
$$=n!\left[(-1)^2\frac{1}{2!}+(-1)^3\frac{1}{3!}+\cdots+(-1)^n\frac{1}{n!}\right]$$
$$=n!\left[1-\frac{1}{1!}+\frac{1}{2!}-\cdots+(-1)^n\frac{1}{n!}\right].$$

下面用归纳法验证.

易见 $D_1=1!\left[1-\frac{1}{1!}\right]=0$，$D_2=2!\left[1-\frac{1}{1!}+\frac{1}{2!}\right]=1$.

假设对一切 $k<n$ 结论为真,则

$$D_n=(n-1)(D_{n-1}+D_{n-2})$$
$$=(n-1)(n-1)!\left[1-\frac{1}{1!}+\frac{1}{2!}-\cdots+(-1)^{n-1}\frac{1}{(n-1)!}\right]$$
$$+(n-1)(n-2)!\left[1-\frac{1}{1!}+\frac{1}{2!}-\cdots+(-1)^{n-2}\frac{1}{(n-2)!}\right]$$
$$=n(n-1)!\left[1-\frac{1}{1!}+\frac{1}{2!}-\cdots+(-1)^{n-1}\frac{1}{(n-1)!}\right]$$
$$-(n-1)!\left[1-\frac{1}{1!}+\frac{1}{2!}-\cdots+(-1)^{n-1}\frac{1}{(n-1)!}\right]$$
$$+(n-1)!\left[1-\frac{1}{1!}+\frac{1}{2!}-\cdots+(-1)^{n-2}\frac{1}{(n-2)!}\right]$$
$$=n!\left[1-\frac{1}{1!}+\frac{1}{2!}-\cdots+(-1)^{n-1}\frac{1}{(n-1)!}\right]+(-1)^n\frac{(n-1)!}{(n-1)!}$$
$$=n!\left[1-\frac{1}{1!}+\frac{1}{2!}-\cdots+(-1)^n\frac{1}{n!}\right].$$

由归纳法原递推方程的解是

$$D_n=n!\left[1-\frac{1}{1!}+\frac{1}{2!}-\cdots+(-1)^n\frac{1}{n!}\right].$$

下面考虑差消法,请看例 22.16.

【例 22.16】 求解递推方程

$$\begin{cases}T(n)=\dfrac{2}{n}\sum_{i=1}^{n-1}T(i)+n+1 & n\geqslant 2,\\ T(1)=0.\end{cases} \quad ①$$

由式 ① 得

$$nT(n)=2\sum_{i=1}^{n-1}T(i)+n^2+n. \quad ②$$

将式 ② 中的 n 用 $n-1$ 代入得

$$(n-1)T(n-1)=2\sum_{i=1}^{n-2}T(i)+(n-1)^2+n-1. \quad ③$$

由式 ② 减去式 ③ 得

$$nT(n)-(n-1)T(n-1)=2T(n-1)+2n,$$

化简得

$$nT(n)=(n+1)T(n-1)+2n,$$

$$\frac{T(n)}{n+1}=\frac{T(n-1)}{n}+\frac{2}{n+1}.$$

由迭代法得

$$\begin{aligned}\frac{T(n)}{n+1}&=\frac{2}{n+1}+\frac{2}{n}+\frac{T(n-2)}{n-1}\\&=\cdots\\&=\frac{2}{n+1}+\frac{2}{n}+\cdots+\frac{2}{3}+\frac{T(1)}{2}\\&=2\left(\frac{1}{n+1}+\frac{1}{n}+\cdots+\frac{1}{3}\right).\end{aligned}$$

因此

$$T(n)=2(n+1)\left(\frac{1}{n+1}+\frac{1}{n}+\cdots+\frac{1}{3}\right).$$

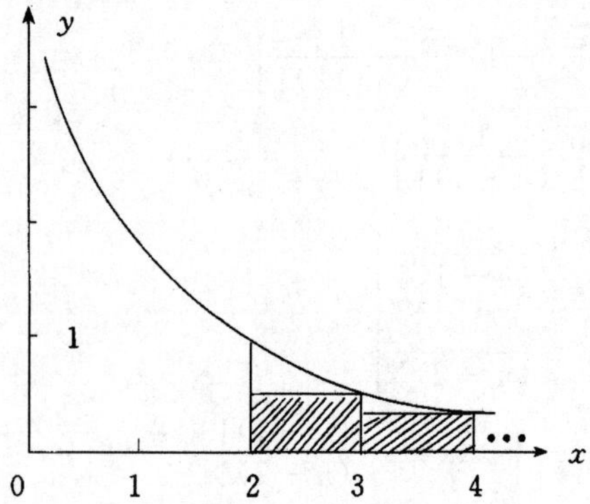

图 22.2

我们估计一下 $T(n)$ 的阶. 由于

$$\sum_{i=3}^{n+1}\frac{1}{i}<\int_2^{n+1}\frac{1}{x}\mathrm{d}x$$

(参见图 22.2),即

$$\sum_{i=3}^{n+1}\frac{1}{i}=O(\log n),$$

所以 $T(n)=O(n\log n)$[①].

例 22.16 中的递推方程称为全部历史递推方程,由于 $T(n)$ 是由 $T(0),T(1),\cdots,T(n-1)$ 等所有的项确定. 通过差消法消去大多数项,只保留后面的几项将递推方程化简,然后用迭代归纳法或换元法求解.

最后谈谈尝试法. 所谓尝试法就是根据递推方程中的函数形式,先猜想出递推方程的解的函数形式,如常数、一次函数、二次函数、指数函数、对数函数 …,然后代入方程验证. 如果满足方程,则它就是递推方程的解. 这种解法在算法分析中是经常用到的. 由递归算法所得到的递推方程往往比较复杂,许多方程至今还得不到精确解. 但对于算法分析来说,我们只关心解的阶,这时不妨用尝试法试一试.

先看例 22.16 的递推方程

$$T(n)=\frac{2}{n}\sum_{i=1}^{n-1}T(i)+n+1,\quad n\geqslant 2.$$

为估计 $T(n)$ 的阶,先猜想 $T(n)$ 的函数形式然后代入原方程验证. 首先假设 $T(n)=c$,c 是常数,代入递推方程得

$$c=2c+n+1-\frac{2c}{n},$$

等式左边为常数,右边为函数,显然是不成立的. 再假设 $T(n)=cn$,代入递推方程得

$$cn=\frac{2}{n}\sum_{i=1}^{n-1}ci+n+1$$

① $\log n$ 就是 $\log_2 n$.

$$= c(n-1) + n + 1$$
$$= (c+1)n - c + 1.$$

等式也不成立. 再令 $T(n) = cn^2$,代入递推方程得

$$cn^2 = \frac{2}{n}\sum_{i=1}^{n-1} ci^2 + n + 1$$
$$= \frac{2}{n}\left[c\frac{n^3}{3} + O(n^2)\right] + n + 1$$
$$= \frac{2}{3}cn^2 + O(n).$$

等式右端的增长率小于左端的增长率. $T(n)$ 的阶应界于 cn 和 cn^2 之间. 令 $T(n) = cn\log n$,代入原递推方程得

$$cn\log n = \frac{2c}{n}\sum_{i=1}^{n-1} i\log i + n + 1$$
$$= \frac{2c}{n}\left[\frac{n^2}{2}\log n - \frac{n^2}{4\ln 2} + O(n\log n)\right] + n + 1$$
$$= cn\log n + \left(1 - \frac{c}{2\ln 2}\right)n + O(\log n).$$

令 $c = 2\ln 2$,则方程右端与左端的增长率是一致的,因此解得 $T(n)$ 的阶为

$$T(n) = O(n\log n).$$

例 22.16 的递推方程实际上是快速排序算法在做平均状况下的时间复杂性分析时所得到的递推方程. 设被排序的序列为 $x_f, x_{f+1}, \cdots, x_l$. 将快速排序算法记为 Quicksort$(f,l)$,描述如下：

Quicksort(f,l)

1. 如果 $f \geqslant l$,则算法结束.
2. $i \leftarrow f+1$.
3. 当 $x_i \leqslant x_f$ 时做 $i \leftarrow i+1$(从左到右找到大于 x_f 的第一个数 x_i).
4. $j \leftarrow l$.
5. 当 $x_j \geqslant x_f$ 时做 $j \leftarrow j-1$(从右到左找到小于 x_f 的第一个数 x_j).
6. 当 $i < j$ 时做

    $x_i \leftrightarrow x_j$(x_i 和 x_j 交换).

    $i \leftarrow i+1$.

    当 $x_i \leqslant x_f$ 时做 $i \leftarrow i+1$.

    $j \leftarrow j-1$.

    当 $x_j \geqslant x_f$ 时做 $j \leftarrow j-1$.
7. $x_f \leftrightarrow x_j$(把 x_f 放好,原来的序列划分成两个子序列).
8. Quicksort$(f, j-1)$.
9. Quicksort$(j+1, l)$.

图 22.3 给出了用 Quicksort 算法排序的一个实例. 输入为 13 个数的序列. 图中只是给出了算法从步 1 到步 7 的执行结果.

下面分析一下 Quicksort 算法在平均状况下的时间复杂性. 到第 7 步结束时，$x_{f+1}, \cdots, x_{s-1}$

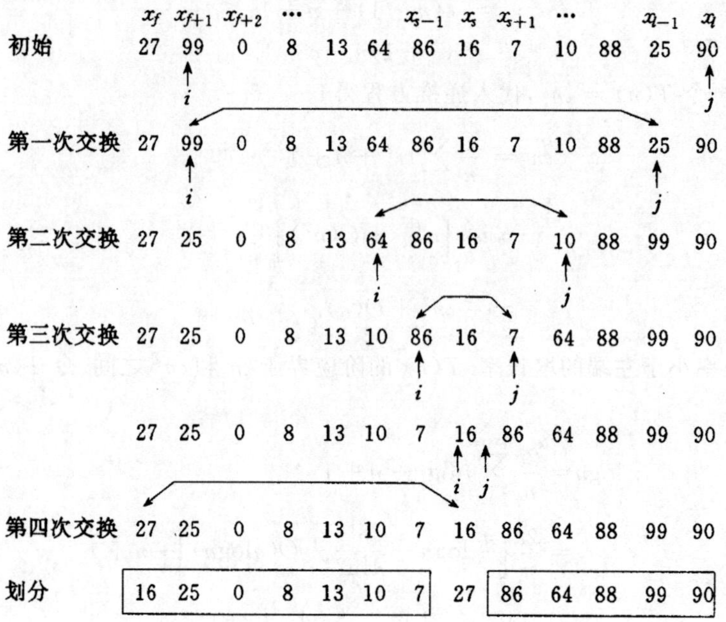

图 22.3

分别与 x_f 比较了一次，$x_{s+2},\cdots,x_l$ 也分别与 x_f 比较了一次，而 x_s,x_{s+1} 各与 x_f 比较了两次. 这 n 个数共比较了 $n+1$ 次. 令 c_n 表示对 n 个数进行快速排序时所用的平均比较次数，P_s 是 x_f 为序列 $x_f,\cdots,x_l$ 中第 s 个最小数的概率. 如果假设当 $s=1,2,\cdots,n$ 时这个概率都相等，即 $P_s=\frac{1}{n}$，$s=1,2,\cdots,n$，则有

$$
\begin{aligned}
c_n &= \sum_{s=1}^{n}\frac{1}{n}(n+1+c_{s-1}+c_{n-s}) \\
&= \frac{1}{n}\sum_{s=1}^{n}(c_{s-1}+c_{n-s})+n+1 \\
&= \frac{2}{n}(c_1+c_2+\cdots+c_{n-1})+n+1 \qquad (c_0=0) \\
&= \frac{2}{n}\sum_{s=1}^{n-1}c_s+n+1.
\end{aligned}
$$

就得到例 22.16 的递推方程，故 $c_n=O(n\log n)$.

【例 22.17】 求解递推方程

$$
\begin{cases}
H(n)=H\left(\dfrac{n}{r}\right)+H\left(\dfrac{3}{4}n\right)+cn, & r,c\text{ 为常数}, r\geqslant 4, n>n_0, \\
H(n)=cn, & n\leqslant n_0.
\end{cases}
$$

解 观察到该递推方程是线性的，很可能它的解是如下形式：

$$H(n)=k(r)cn,$$

其中 $k(r)$ 是 r 的函数，代入原递推方程得

$$k(r)cn=k(r)\cdot c\,\frac{n}{r}+k(r)\cdot c\,\frac{3}{4}n+cn$$

$$=k(r)\cdot cn\left[\frac{1}{r}+\frac{3}{4}+\frac{1}{k(r)}\right],$$

从而有

$$\frac{1}{r}+\frac{3}{4}+\frac{1}{k(r)}=1.$$

解得

$$k(r)=\frac{4r}{r-4}.$$

因此得到

$$H(n)=\frac{4r}{r-4}cn,\qquad n>n_0.$$

经代入原递推方程验证,解是

$$H(n)=\begin{cases}\dfrac{4r}{r-4}cn, & n>n_0;\\ cn, & n\leqslant n_0.\end{cases}$$

最后我们考察一个分治法的例子.设 n 表示输入规模,$\frac{n}{b}$ 表示将这个问题划分成 a 个子问题后每个子问题的输入规模,其中 a,b 为常数. $d(n)$ 表示在分解或综合子问题而得到整个问题的解时所花费的时间,则整个问题的时间复杂性函数满足

$$\begin{cases}T(n)=aT\left(\dfrac{n}{b}\right)+d(n),\\ T(1)=1.\end{cases}$$

由迭代可得

$$\begin{aligned}T(n)&=a^2T(n/b^2)+ad(n/b)+d(n)\\&=\cdots\\&=a^k+\sum_{i=0}^{k-1}a^id(n/b^i).\end{aligned}$$

设 $n=b^k$,则 $k=\log_b n$,即

$$a^k=a^{\log_b n}=n^{\log_b a}.$$

当 $d(n)$ 为常数时,有

$$T(n)=\begin{cases}O(n^{\log_b a}), & a\neq 1;\\ O(\log n), & a=1.\end{cases}$$

当 $d(n)=cn$,c 为常数时,则

$$\sum_{i=0}^{k-1}a^id(n/b^i)=\sum_{i=0}^{k-1}a^i(cn/b^i)=cn\sum_{i=0}^{k-1}\left(\frac{a}{b}\right)^i.$$

若 $a<b$,则 $cn\sum\limits_{i=0}^{k-1}\left(\dfrac{a}{b}\right)^i=O(n)$,那么有

$$T(n)=n^{\log_b a}+O(n)=O(n).$$

若 $a=b$,则 $cn\sum\limits_{i=0}^{k-1}\left(\dfrac{a}{b}\right)^i=cnk=cn\log_b n$,那么有

$$T(n)=n^{\log_b a}+cn\log_b n=O(n\log n).$$

若 $a > b$，则 $cn\sum_{i=0}^{k-1}\left(\frac{a}{b}\right)^i = cn\frac{\left(\frac{a}{b}\right)^k - 1}{\frac{a}{b} - 1} = O(n^{\log_b a})$，从而有

$$T(n) = n^{\log_b a} + O(n^{\log_b a}) = O(n^{\log_b a}).$$

综上所述得

$$T(n) = \begin{cases} O(n), & a < b; \\ O(n\log n), & a = b; \\ O(n^{\log_b a}), & a > b. \end{cases}$$

22.3 生成函数的定义和性质

生成函数也叫做母函数或发生函数. 利用生成函数可以求解组合计数问题.

定义 22.5 设 $a_0, a_1, \cdots, a_n, \cdots$ 是一个数列，做形式幂级数

$$A(x) = a_0 + a_1 x + a_2 x^2 + \cdots + a_n x^n + \cdots,$$

称 $A(x)$ 是数列 $a_0, a_1, \cdots$ 的**生成函数**.

为了书写的方便，我们将数列 $a_0, a_1, \cdots, a_n, \cdots$ 记作 $\{a_n\}$.

【例 22.18】 设 $a_n = \binom{m}{n}$，m 为正整数，求数列 $\{a_n\}$ 的生成函数 $A(x)$.

解 $A(x) = \sum_{n=0}^{\infty}\binom{m}{n}x^n = \sum_{n=0}^{m}\binom{m}{n}x^n = (1+x)^m.$

这恰好是二项式定理的结果.

下面考虑符号 $\binom{r}{n}$，先给出定义.

定义 22.6 对任何实数 r 和整数 n 有

$$\binom{r}{n} = \begin{cases} 0, & n < 0, \\ 1, & n = 0, \\ \dfrac{r(r-1)\cdots(r-n+1)}{n!}, & n > 0. \end{cases}$$

例如

$$\binom{\frac{7}{2}}{5} = \frac{\frac{7}{2}\times\frac{5}{2}\times\frac{3}{2}\times\frac{1}{2}\times\left(-\frac{1}{2}\right)}{5\times 4\times 3\times 2\times 1} = -\frac{7}{256}, \qquad \binom{-\frac{1}{2}}{0} = 1, \qquad \binom{\frac{6}{7}}{-1} = 0.$$

以上定义的 $\binom{r}{n}$ 已经失去了组合意义，只是一个记号，称为**牛顿二项式系数**.

定理 22.7(牛顿二项式定理) 设 α 是一个实数，则对一切 x 和 y 满足 $\left|\frac{x}{y}\right| < 1$ 有

$$(x+y)^\alpha = \sum_{n=0}^{\infty}\binom{\alpha}{n}x^n y^{\alpha-n}, \qquad 其中\binom{\alpha}{n} = \frac{\alpha(\alpha-1)\cdots(\alpha-n+1)}{n!}.$$

关于牛顿二项式定理的证明在一般的数学分析书中都可以找到，这里不再赘述.

当 $\alpha = m$（m 为正整数）时，如果 $n > m$，则 $\binom{m}{n} = 0$，这时牛顿二项式定理就变成

$$(x+y)^m = \sum_{n=0}^{m} \binom{m}{n} x^n y^{m-n}.$$

这就是二项式定理,所以牛顿二项式定理是二项式定理的推广,二项式定理是牛顿二项式定理的特例.

当 $\alpha = -m$(m 为正整数)时,有

$$\begin{aligned}\binom{\alpha}{n} = \binom{-m}{n} &= \frac{(-m)(-m-1)\cdots(-m-n+1)}{n!} \\ &= \frac{(-1)^n m(m+1)\cdots(m+n-1)}{n!} \\ &= (-1)^n \binom{m+n-1}{n}.\end{aligned}$$

所以有

$$(1+z)^{-m} = \frac{1}{(1+z)^m} = \sum_{n=0}^{\infty} (-1)^n \binom{m+n-1}{n} z^n, \ |z| < 1. \tag{22.8}$$

【例 22.19】 设 α 是一个实数,$a_n = \binom{\alpha}{n}$,则数列$\{a_n\}$的生成函数是

$$A(x) = \sum_{n=0}^{\infty} \binom{\alpha}{n} x^n = (1+x)^{\alpha}.$$

而数列$\left\{\binom{m+n-1}{n}\right\}$的生成函数是

$$B(x) = \sum_{n=0}^{\infty} \binom{m+n-1}{n} x^n = \frac{1}{(1-x)^m}. \tag{22.9}$$

特别地,当 $m=1$ 时有

$$B(x) = \sum_{n=0}^{\infty} x^n = \frac{1}{1-x};$$

当 $m=2$ 时有

$$B(x) = \sum_{n=0}^{\infty} \binom{n+1}{1} x^n = \sum_{n=0}^{\infty} (n+1) x^n = \frac{1}{(1-x)^2}.$$

用 $-x$ 代入(22.9)式中的 x 得

$$\sum_{n=0}^{\infty} (-1)^n \binom{m+n-1}{n} x^n = \frac{1}{(1+x)^m}.$$

当 $m=1$ 时有

$$\sum_{n=0}^{\infty} (-1)^n x^n = \frac{1}{1+x}.$$

生成函数作为形式幂级数,它的加法、减法、乘法、除法以及微商、积分都遵从幂级数的运算规则.下面给出生成函数的一些性质.

设数列$\{a_n\}$,$\{b_n\}$,$\{c_n\}$的生成函数分别是 $A(x)$,$B(x)$ 和 $C(x)$.

1. 若 $b_n = \alpha a_n$,α 为常数,则 $B(x) = \alpha A(x)$.

证 $B(x) = \sum_{n=0}^{\infty} b_n x^n = \sum_{n=0}^{\infty} \alpha a_n x^n = \alpha \sum_{n=0}^{\infty} a_n x^n = \alpha A(x).$ ▌

2. 若 $c_n = a_n + b_n$,则 $C(x) = A(x) + B(x)$.

证明留作练习.

3. 若 $c_n = \sum_{i=0}^{n} a_i b_{n-i}$,则 $C(x) = A(x) \cdot B(x)$.

证 $c_0 = a_0 b_0$,

$c_1 x = a_0 b_1 x + a_1 b_0 x$,

$c_2 x^2 = a_0 b_2 x^2 + a_1 b_1 x^2 + a_2 b_0 x^2$,

……………………………………

$c_n x^n = a_0 b_n x^n + a_1 b_{n-1} x^{n-1} + a_2 b_{n-2} x^{n-2} + \cdots + a_n b_0 x^n$,

……………………………………………………………………

把以上各式的两边分别相加得

$$C(x) = a_0 B(x) + a_1 x B(x) + a_2 x^2 B(x) + \cdots + a_n x^n B(x) + \cdots = A(x) \cdot B(x).$$ ▌

4. 若 $b_n = \begin{cases} 0, & n < l, \\ a_{n-l}, & n \geqslant l, \end{cases}$ 则 $B(x) = x^l \cdot A(x)$.

证 $B(x) = \sum_{n=0}^{\infty} b_n x^n = \sum_{n=l}^{\infty} b_n x^n = \sum_{n=l}^{\infty} a_{n-l} x^n = x^l \sum_{n=l}^{\infty} a_{n-l} x^{n-l}$

$= x^l \sum_{n=0}^{\infty} a_n x^n = x^l \cdot A(x)$. ▌

5. 若 $b_n = a_{n+l}$,则 $B(x) = \dfrac{A(x) - \sum_{n=0}^{l-1} a_n x^n}{x^l}$.

证明留作练习.

6. 若 $b_n = \sum_{i=0}^{n} a_i$, 则 $B(x) = \dfrac{A(x)}{1-x}$.

证 $b_0 = a_0$,

$b_1 x = a_0 x + a_1 x$,

$b_2 x^2 = a_0 x^2 + a_1 x^2 + a_2 x^2$,

………………………………

$b_n x^n = a_0 x^n + a_1 x^n + a_2 x^n + \cdots + a_n x^n$,

……………………………………………

把以上各式的两边分别相加得

$$\begin{aligned} B(x) &= a_0(1 + x + x^2 + \cdots) + a_1 x(1 + x + x^2 + \cdots) + a_2 x^2 (1 + x + x^2 + \cdots) + \cdots \\ &= (a_0 + a_1 x + a_2 x^2 + \cdots)(1 + x + x^2 + \cdots) \\ &= \frac{A(x)}{1-x}. \end{aligned}$$ ▌

7. 若 $b_n = \sum_{i=n}^{\infty} a_i$,且 $A(1) = \sum_{n=0}^{\infty} a_n$ 收敛,则

$$B(x) = \frac{A(1) - xA(x)}{1-x}.$$

证 因为 $A(1) = \sum_{n=0}^{\infty} a_n$ 收敛,所以 $b_n = \sum_{i=n}^{\infty} a_i$ 是存在的.

$$\begin{aligned}
b_0 &= a_0 + a_1 + a_2 + \cdots = A(1), \\
b_1 x &= a_1 x + a_2 x + \cdots = [A(1) - a_0]x, \\
b_2 x^2 &= a_2 x^2 + \cdots = [A(1) - a_0 - a_1]x^2, \\
&\cdots\cdots \\
b_n x^n &= a_n x^n + \cdots = [A(1) - a_0 - \cdots - a_{n-1}]x^n, \\
&\cdots\cdots
\end{aligned}$$

把以上各式的两边分别相加得

$$\begin{aligned}
B(x) &= A(1) + [A(1) - a_0]x + [A(1) - a_0 - a_1]x^2 + \cdots \\
&\quad + [A(1) - a_0 - a_1 - \cdots - a_{n-1}]x^n + \cdots \\
&= A(1)(1 + x + x^2 + \cdots) - a_0 x(1 + x + x^2 + \cdots) \\
&\quad - a_1 x^2(1 + x + x^2 + \cdots) - \cdots \\
&= [A(1) - x(a_0 + a_1 x + \cdots)] \cdot (1 + x + x^2 + \cdots) \\
&= \frac{A(1) - xA(x)}{1 - x}.
\end{aligned}$$

▌

8. 若 $b_n = \alpha^n a_n$，α 为常数，则 $B(x) = A(\alpha x)$.

证明留作练习.

9. 若 $b_n = na_n$，则 $B(x) = xA'(x)$，其中 $A'(x)$ 为 $A(x)$ 的微商.

证 由 $A(x) = \sum_{n=0}^{\infty} a_n x^n$ 得

$$A'(x) = \sum_{n=1}^{\infty} na_n x^{n-1},$$

从而

$$xA'(x) = \sum_{n=1}^{\infty} na_n x^n = \sum_{n=0}^{\infty} na_n x^n = \sum_{n=0}^{\infty} b_n x^n = B(x).$$

▌

10. 若 $b_n = \frac{a_n}{n+1}$，则 $B(x) = \frac{1}{x}\int_0^x A(x)\mathrm{d}x$.

证明留作练习.

【例 22.20】 求数列 $\{a_n\}$ 的生成函数 $A(x)$.

(1) $a_n = 7.3^n$；

(2) $a_n = n(n+1)$；

(3) $a_n = \begin{cases} 0, & n = 0,1,2; \\ (-1)^n, & n \geqslant 3. \end{cases}$

解 (1) 设 $b_n - 1$，则 $\{b_n\}$ 的生成函数为 $\frac{1}{1-x}$，令

$$c_n = 3^n = 3^n \cdot b^n,$$

由性质 8 得到 $\{c_n\}$ 的生成函数是

$$C(x) = \frac{1}{1-3x}.$$

而 $a_n = 7 \cdot c_n$，再由性质 1 可得 $\{a_n\}$ 的生成函数

$$A(x) = \frac{7}{1-3x}.$$

(2) 设 $A(x)=\sum_{n=0}^{\infty}a_n x^n=\sum_{n=0}^{\infty}n(n+1)x^n$.

对上式两边积分得

$$\int_0^x A(x)\mathrm{d}x=\sum_{n=0}^{\infty}\int_0^x n(n+1)x^n\mathrm{d}x=\sum_{n=0}^{\infty}nx^{n+1}=x\sum_{n=0}^{\infty}nx^n.$$

$\{1\}$ 的生成函数是$\frac{1}{1-x}$,由性质 9 可知$\{n\}$ 的生成函数是

$$x\left(\frac{1}{1-x}\right)'=\frac{x}{(1-x)^2}.$$

所以有

$$\int_0^x A(x)\mathrm{d}x=\frac{x^2}{(1-x)^2}.$$

对上式两边微商得

$$A(x)=\frac{2x}{(1-x)^3}.$$

(3) $$A(x)=\sum_{n=0}^{\infty}a_n x^n=\sum_{n=3}^{\infty}(-1)^n x^n=x^3\sum_{n=3}^{\infty}(-1)^n x^{n-3}$$
$$=-x^3\sum_{n=0}^{\infty}(-1)^n x^n=\frac{-x^3}{1+x}.$$

【例 22.21】 已知数列$\{a_n\}$ 的生成函数是

$$A(x)=\frac{2+3x-6x^2}{1-2x},$$

求 a_n.

解 用部分分式的方法得

$$A(x)=\frac{2+3x-6x^2}{1-2x}=\frac{2}{1-2x}+3x,$$

而 $$\frac{2}{1-2x}=2\sum_{n=0}^{\infty}2^n x^n=\sum_{n=0}^{\infty}2^{n+1}x^n,$$

所以有

$$a_n=\begin{cases}2^{n+1}, & n\neq 1;\\ 2^2+3=7, & n=1.\end{cases}$$

【例 22.22】 计算级数$\{n^2\}$ 的和

$$1^2+2^2+\cdots+n^2.$$

解 先求$\{n^2\}$ 的生成函数 $A(x)=\sum_{n=0}^{\infty}n^2x^n$. 由

$$\frac{1}{(1-x)^2}=\sum_{n=1}^{\infty}nx^{n-1}$$

得

$$\frac{x}{(1-x)^2}=\sum_{n=1}^{\infty}nx^n.$$

对上式两边微商得

$$\frac{1+x}{(1-x)^3}=\sum_{n=1}^{\infty}n^2x^{n-1},$$

所以有

$$A(x) = \sum_{n=0}^{\infty} n^2 x^n = \sum_{n=1}^{\infty} n^2 x^n = \frac{x(1+x)}{(1-x)^3}.$$

令 $b_n = \sum_{i=1}^{n} i^2$，根据性质 6 可知$\{b_n\}$ 的生成函数是

$$B(x) = \frac{A(x)}{1-x} = \frac{x(1+x)}{(1-x)^4} = \frac{x}{(1-x)^4} + \frac{x^2}{(1-x)^4}.$$

$\frac{1}{(1-x)^4}$ 的展开式中 x^n 的系数是

$$\frac{(n+3)(n+2)(n+1)}{3!},$$

所以 $B(x)$ 的展开式中 x^n 的系数是

$$b_n = \frac{(n+2)(n+1)n}{6} + \frac{(n+1)n(n-1)}{6} = \frac{n(n+1)(2n+1)}{6},$$

从而得到级数和

$$1^2 + 1^2 + \cdots + n^2 = \frac{n(n+1)(2n+1)}{6}.$$

22.4 生成函数与组合计数

生成函数在组合计数问题中有着广泛的应用.用生成函数的方法可以求解递推方程，请看下面的例子.

【例 22.23】 求解递推方程

$$\begin{cases} a_n - 5a_{n-1} + 6a_{n-2} = 0, \\ a_0 = 1,\ a_1 = -2. \end{cases}$$

解 设 $A(x) = \sum_{n=0}^{\infty} a_n x^n$，则

$$\begin{aligned} A(x) &= a_0 + a_1 x + a_2 x^2 + a_3 x^3 + \cdots, \\ -5x \cdot A(x) &= \quad -5a_0 x - 5a_1 x^2 - 5a_2 x^3 - \cdots, \\ 6x^2 \cdot A(x) &= \qquad\qquad 6a_0 x^2 + 6a_1 x^3 + \cdots. \end{aligned}$$

把以上三个式子的两边分别相加得

$$(1 - 5x + 6x^2) \cdot A(x) = a_0 + (a_1 - 5a_0)x,$$

代入初值 $a_0 = 1, a_1 = -2$ 得

$$A(x) = \frac{1-7x}{1-5x+6x^2}.$$

由部分分式的方法得

$$A(x) = \frac{5}{1-2x} - \frac{4}{1-3x} = 5\sum_{n=0}^{\infty} 2^n x^n - 4\sum_{n=0}^{\infty} 3^n x^n,$$

从而得到

$$a_n = 5 \cdot 2^n - 4 \cdot 3^n,\ n \geqslant 0.$$

【例 22.24】 求解递推方程

$$\begin{cases} h_n = \sum_{k=1}^{n-1} h_k h_{n-k}, & n \geqslant 2, \\ h_1 = 1. \end{cases}$$

解 这是一个非线性的递推方程，令

$$H(x) = \sum_{n=1}^{\infty} h_n x^n,$$

把上式两边平方得

$$H^2(x) = \left(\sum_{k=1}^{\infty} h_k x^k\right)\left(\sum_{l=1}^{\infty} h_l x^l\right) = \sum_{n=2}^{\infty} x^n \sum_{k=1}^{n-1} h_k h_{n-k} = \sum_{n=2}^{\infty} h_n x^n = H(x) - h_1 x,$$

代入初值 $h_1 = 1$ 得

$$H^2(x) = H(x) - x,$$

解这个关于 $H(x)$ 的一元二次方程得

$$H_1(x) = \frac{1+\sqrt{1-4x}}{2}, \quad H_2(x) = \frac{1-\sqrt{1-4x}}{2}.$$

因为 $H(0) = 0$，开方应该取负号，故舍去 $H_1(x)$，得

$$H(x) = \frac{1-\sqrt{1-4x}}{2} = \frac{1}{2} - \frac{1}{2}(1-4x)^{\frac{1}{2}}.$$

根据牛顿二项式定理得

$$(1-4x)^{\frac{1}{2}} = 1 + \sum_{n=1}^{\infty} \binom{\frac{1}{2}}{n} (-4x)^n \qquad |4x| < 1$$

$$= 1 + \sum_{n=1}^{\infty} \frac{\frac{1}{2}\left(\frac{1}{2}-1\right)\cdots\left(\frac{1}{2}-n+1\right)}{n!} 2^{2n} \cdot (-1)^n \cdot x^n$$

$$= 1 + \sum_{n=1}^{\infty} \frac{(-1)^{n-1}\, 1 \cdot 3 \cdot 5 \cdot \cdots \cdot (2n-3)}{2^n \cdot n!} (-1)^n \cdot 2^{2n} \cdot x^n$$

$$= 1 + \sum_{n=1}^{\infty} \frac{(-1)^{n-1}(2n-2)!}{2^n \cdot n! \cdot 2^{n-1} \cdot (n-1)!} (-1)^n 2^{2n} x^n$$

$$= 1 + \sum_{n=1}^{\infty} \frac{1}{n}(-2)\binom{2n-2}{n-1} x^n,$$

因此有

$$H(x) = \frac{1}{2} - \frac{1}{2}\left[1 + \sum_{n=1}^{\infty} \frac{1}{n}(-2)\binom{2n-2}{n-1} x^n\right] = \sum_{n=1}^{\infty} \frac{1}{n}\binom{2n-2}{n-1} x^n,$$

从而得到原递推方程的解

$$h_n = \frac{1}{n}\binom{2n-2}{n-1}.$$

下面考察多重集的 r- 组合数. 设多重集 $S = \{\infty \cdot a_1, \infty \cdot a_2, \cdots, \infty \cdot a_k\}$，$S$ 的 r- 组合数恰为方程

$$x_1 + x_2 + \cdots + x_k = r$$

的非负整数解的个数. 设这个数为 a_r，且令数列 $\{a_r\}$ 的生成函数为 $A(y)$.

做幂级数

$$(1+y+y^2+\cdots)^k, \tag{22.10}$$

把这个式子展开以后，它的各项都是如下形式：

$$y^{x_1}y^{x_2}\cdots y^{x_k}=y^{x_1+x_2+\cdots+x_k},$$

其中 y^{x_1} 来自第一个因式 $(1+y+y^2+\cdots)$，y^{x_2} 来自第二个因式 $(1+y+y^2+\cdots)$，$\cdots$，y^{x_k} 来自第 k 个因式 $(1+y+y^2+\cdots)$，且 $x_1,x_2,\cdots,x_k$ 都是非负整数. 不难看出式(22.10)的展开式中 y^r 的系数对应了方程 $x_1+x_2+\cdots+x_k=r$ 的非负整数解的个数，所以式(22.10)就是 $\{a_r\}$ 的生成函数 $A(y)$. 而

$$A(y)=\frac{1}{(1-y)^k}=\sum_{r=0}^{\infty}\binom{k+r-1}{r}y^r, \qquad (\text{见式}(22.9)),$$

所以有

$$a_r=\binom{k+r-1}{r}.$$

设多重集 $S=\{n_1\cdot a_1,n_2\cdot a_2,\cdots,n_k\cdot a_k\}$，$S$ 的 r- 组合数 a_r 相当于方程

$$\begin{cases}x_1+x_2+\cdots+x_k=r,\\ x_i\leqslant n_i, \qquad i=1,2,\cdots,k\end{cases}$$

的非负整数解的个数. 设数列 $\{a_r\}$ 的生成函数为 $A(y)$，类似于前边的分析可以知道

$$\begin{aligned}A(y)=&(1+y+y^2+\cdots+y^{n_1})(1+y+y^2+\cdots+y^{n_2})\\ &\cdot\cdots\cdot(1+y+y^2+\cdots+y^{n_k}).\end{aligned}$$

而 $A(y)$ 的展式中 y^r 的系数 a_r 就是所求的多重集 S 的 r- 组合数.

【例 22.25】 求 $S=\{3\cdot a,4\cdot b,5\cdot c\}$ 的 10- 组合数.

解 设 S 的 r- 组合数为 a_r，则 $\{a_r\}$ 的生成函数为

$$\begin{aligned}A(y)&=(1+y+y^2+y^3)(1+y+y^2+y^3+y^4)(1+y+y^2+y^3+y^4+y^5)\\ &=(1+2y+3y^2+4y^3+4y^4+3y^5+2y^6+y^7)(1+y+y^2+y^3+y^4+y^5).\end{aligned}$$

上式中 y^{10} 的系数为

$$3+2+1=6,$$

所以 $a_{10}=6$.

【例 22.26】 设多重集 $S=\{\infty\cdot a_1,\infty\cdot a_2,\cdots,\infty\cdot a_k\}$，求 S 的每个元素只出现偶数次的 r- 组合数 a_r.

解 设 $\{a_r\}$ 的生成函数为 $A(y)$，则

$$\begin{aligned}A(y)&=(1+y^2+y^4+\cdots)^k=\frac{1}{(1-y^2)^k}\\ &=1+ky^2+\binom{k+1}{2}y^4+\cdots+\binom{k+n-1}{n}y^{2n}+\cdots,\end{aligned}$$

从而得到

$$a_r=\begin{cases}\dbinom{k+n-1}{n}, & r=2n;\\ 0, & r=2n+1,\end{cases} \qquad n=0,1,\cdots.$$

到此为止，我们已经给出了多重集的 r- 组合的计数方法. 与这个问题相关的另一个组合计数问题 —— 不定方程整数解的计数也可以使用生成函数的方法来求解.

【例 22.27】 求方程 $x_1+x_2+x_3=1$ 的整数解的个数，其中 $x_1,x_2,x_3>-5$.

解 做变换，令 $x_1=x_1'-4$，$x_2=x_2'-4$，$x_3=x_3'-4$，则原方程变成

$$\begin{cases}x_1'+x_2'+x_3'=13,\\x_1',x_2',x_3'\in N,\end{cases}$$

设该方程的解的个数为 a_{13}，则 $\{a_r\}$ 的生成函数是

$$A(y)=\frac{1}{(1-y)^3}=\sum_{r=0}^{\infty}\binom{r+2}{2}y^r,$$

所以有

$$a_{13}=\binom{13+2}{2}=105,$$

即原方程的整数解有 105 个.

【例 22.28】 求不定方程 $x_1+2x_2=15$ 的非负整数的解的个数.

解 设方程的非负整数解个数为 a_{15}，则 $\{a_r\}$ 的生成函数

$$\begin{aligned}A(y)&=(1+y+y^2+\cdots)(1+y^2+y^4+\cdots)\\&=\frac{1}{1-y}\cdot\frac{1}{1-y^2}\\&=\frac{1}{2(1-y)^2}+\frac{1}{4(1-y)}+\frac{1}{4(1+y)}\\&=\frac{1}{2}\sum_{r=0}^{\infty}(r+1)y^r+\frac{1}{4}\sum_{r=0}^{\infty}y^r+\frac{1}{4}\sum_{r=0}^{\infty}(-1)^ry^r,\end{aligned}$$

因此有

$$a_r=\frac{1}{2}(r+1)+\frac{1}{4}+\frac{1}{4}(-1)^r.$$

$$a_{15}=\frac{1}{2}\times 16+\frac{1}{4}-\frac{1}{4}=8.$$

一般说来，令不定方程

$$p_1x_1+p_2x_2+\cdots+p_kx_k=r,\qquad(22.11)$$

$$p_1,\ p_2,\cdots,p_k \text{ 为正整数}$$

的非负整数解的个数为 a_r，考虑下面的函数

$$\begin{aligned}A(y)=&[1+y^{p_1}+(y^{p_1})^2+\cdots]\cdot[1+y^{p_2}+(y^{p_2})^2+\cdots]\\&\cdot\cdots\cdot[1+y^{p_k}+(y^{p_k})^2+\cdots],\end{aligned}$$

$A(y)$ 的展开式的每一项都是如下形式：

$$y^{p_1x_1}\cdot y^{p_2x_2}\cdot\cdots\cdot y^{p_kx_k}=y^{p_1x_1+p_2x_2+\cdots+p_kx_k},$$

其中 $x_1,x_2,\cdots,x_k$ 为非负整数，所以 $A(y)$ 的展开式中 y^r 的系数就是方程

$$p_1x_1+p_2x_2+\cdots+p_kx_k=r$$

的非负整数解的个数. 把 $A(y)$ 变形为

$$A(y)=\frac{1}{(1-y^{p_1})(1-y^{p_2})\cdots(1-y^{p_k})},$$

这就是 $\{a_r\}$ 的生成函数.

不难看出当 $p_1 = p_2 = \cdots = p_k = 1$ 时,$A(y) = \dfrac{1}{(1-y)^k}$ 就是方程 $x_1 + x_2 + \cdots + x_k = r$ 的非负整数解的个数序列 $\{a_r\}$ 的生成函数.

如果在式(22.11)的不定方程中限制某个 x_i 的大小为 $m_i \leqslant x_i \leqslant n_i$,其中 m_i,n_i 为整数,则在生成函数 $A(y)$ 中相应于 x_i 的部分应改写为

$$(y^{p_i m_i} + y^{p_i(m_i+1)} + \cdots + y^{p_i n_i}).$$

这样就可以解决加了限制条件的不定方程的整数解问题.

最后我们考虑一个新的组合计数问题——正整数的剖分问题.

所谓正整数的**剖分**,就是把正整数 N 表成若干个正整数之和.剖分可以分成无序剖分和有序剖分,不允许重复的剖分和允许重复的剖分.按照上述的性质可将 4 的剖分列成表 22.1.

表 22.1

	有序	无序
不允许重复	$4=4, 4=1+3, 4=3+1$	$4=4, 4=1+3$
允许重复	$4=4, 4=1+3, 4=3+1$ $4=2+2, 4=2+1+1$ $4=1+2+1, 4=1+1+2$ $4=1+1+1+1$	$4=4, 4=1+3$ $4=2+2$ $4=1+1+2$ $4=1+1+1+1$

先考虑无序剖分的计数问题.

1. 将 N 无序剖分成正整数 $\alpha_1, \alpha_2, \cdots, \alpha_n$,且不允许重复.

这个问题对应于不定方程

$$\begin{cases} \alpha_1 x_1 + \alpha_2 x_2 + \cdots + \alpha_n x_n = N, \\ 0 \leqslant x_i \leqslant 1,\ i = 1, 2, \cdots, n \end{cases}$$

的整数解问题.令 a_N 表示 N 的剖分方案数,则 $\{a_N\}$ 的生成函数是

$$A(y) = (1 + y^{\alpha_1})(1 + y^{\alpha_2})\cdots(1 + y^{\alpha_n}). \tag{22.12}$$

特别地当 $\alpha_1 = 1, \alpha_2 = 2, \cdots, \alpha_n = n$ 时把这个生成函数记作 $A_n(y)$,

$$A_n(y) = (1 + y)(1 + y^2)\cdots(1 + y^n). \tag{22.13}$$

2. 将 N 无序剖分成正整数 $\alpha_1, \alpha_2, \cdots, \alpha_n$,且允许重复.

这个问题对应于不定方程

$$\begin{cases} \alpha_1 x_1 + \alpha_2 x_2 + \cdots + \alpha_n x_n = N, \\ 0 \leqslant x_i,\ i = 1, 2, \cdots, n \end{cases}$$

的整数解问题.令 a_N 表示 N 的剖分方案数,则 $\{a_N\}$ 的生成函数是

$$\begin{aligned} G(y) &= (1 + y^{\alpha_1} + y^{2\alpha_1} + \cdots)\cdot(1 + y^{\alpha_2} + y^{2\alpha_2} + \cdots)\cdots(1 + y^{\alpha_n} + y^{2\alpha_n} + \cdots) \\ &= \frac{1}{(1 - y^{\alpha_1})(1 - y^{\alpha_2})\cdots(1 - y^{\alpha_n})}. \end{aligned} \tag{22.14}$$

特别地当 $\alpha_1 = 1, \alpha_2 = 2, \cdots, \alpha_n = n$ 时把这个生成函数记作 $G_n(y)$,

$$G_n(y) = \frac{1}{(1 - y)(1 - y^2)\cdots(1 - y^n)}. \tag{22.15}$$

【例 22.29】 对 N 进行无序的允许重复的任意剖分,设剖分方案数为 $P(N)$,求 $\{P(N)\}$ 的生成函数 $G(y)$.

解 这相当于把 N 无序剖分成 $1, 2, \cdots, n, \cdots$,且允许重复的剖分方案数,类似于式

(22.15) 有

$$G(y)=\frac{1}{(1-y)(1-y^2)\cdots(1-y^n)}\cdots.$$

【例 22.30】 对 N 进行无序且允许重复的剖分，使得剖分后的正整数都是奇数，求这种剖分方案数$\{P_0(N)\}$的生成函数 $G_0(y)$.

解 这是把 N 剖分成 1,3,5,…，且允许重复的剖分. 类似式(22.14) 得

$$G_0(y)=\frac{1}{(1-y)(1-y^3)\cdots(1-y^{2n+1})\cdots}.$$

【例 22.31】 对 N 进行无序剖分，使得剖分后的整数各不相等，求这种剖分方案数$\{P_d(N)\}$的生成函数 $G_d(y)$.

解 这相当于把 N 剖分成 $1,2,\cdots,n,\cdots$，但不允许重复的剖分. 类似于式(22.13) 有

$$G_d(y)=(1+y)(1+y^2)\cdots(1+y^n)\cdots.$$

【例 22.32】 对 N 进行无序剖分，使得剖分后的整数都是 2 的幂，求这种剖分的方法数$\{P_t(N)\}$的生成函数 $G_t(y)$.

解 这相当于把 N 剖分成 1,2,4,8,…，但不允许重复的剖分，类似于式(22.12) 有

$$G_t(y)=(1+y)(1+y^2)(1+y^4)\cdots.$$

【例 22.33】 把 N 无序剖分成 $1,2,\cdots n$，允许重复且剖分后的整数中至少有一个 n 的剖分方案数为 $P_n(N)$，求$\{P_n(N)\}$的生成函数 $G(y)$.

解
$$\begin{aligned}G(y)&=(1+y+y^2+\cdots)(1+y^2+y^4+\cdots)\\&\quad\cdot\cdots\cdot(1+y^{n-1}+y^{2(n-1)}+\cdots)(y^n+y^{2n}+\cdots)\\&=\frac{y^n}{(1-y)(1-y^2)\cdots(1-y^n)}.\end{aligned}$$

不难看出

$$\begin{aligned}G(y)&=\frac{1}{(1-y)(1-y^2)\cdots(1-y^n)}-\frac{1-y^n}{(1-y)(1-y^2)\cdots(1-y^n)}\\&=G_n(y)-G_{n-1}(y),\end{aligned}$$

其中 $G_n(y)$ 对应于把 N 无序剖分成 $1,2,\cdots,n$ 且允许重复的方案数，$G_{n-1}(y)$ 对应于把 N 无序剖分成 $1,2,\cdots,n-1$ 且允许重复的方案数.

关于 $P_0(N),P_d(N),P_t(N)$ 与 $P(N)$ 有以下的定理.

定理 22.8 对一切 N 有 $P_0(N)=P_d(N)$.

证 只须证明它们对应的生成函数相等就可以了.

$$\begin{aligned}G_d(y)&=(1+y)(1+y^2)\cdots(1+y^n)\cdots\\&=\frac{1-y^2}{1-y}\cdot\frac{1-y^4}{1-y^2}\cdot\cdots\cdot\frac{1-y^{2n}}{1-y^n}\cdot\cdots\\&=\frac{1}{(1-y)(1-y^3)(1-y^5)\cdots}\\&=G_0(y).\end{aligned}$$

▌

定理 22.9 对一切 N 有 $P_t(N)=1$.

证
$$\begin{aligned}G_t(y)&=(1+y)(1+y^2)(1+y^4)\cdots\\&=\frac{1-y^2}{1-y}\cdot\frac{1-y^4}{1-y^2}\cdot\frac{1-y^8}{1-y^4}\cdot\cdots\end{aligned}$$

$$= \frac{1}{1-y}$$

$$= 1 + y + y^2 + y^3 + \cdots,$$

从而有 $P_t(N) = 1$. ▌

定理22.9说明任何一个十进制的正整数 N 可以惟一地表成一个二进制数，而这正是计算机能够工作的基础.

定理 22.10 对一切 N 有 $P(N) < e^{3\sqrt{N}}$.

证 由 $\{P(N)\}$ 的生成函数

$$G(y) = \frac{1}{(1-y)(1-y^2)(1-y^3)\cdots}$$

得

$$\ln G(y) = -\ln(1-y) - \ln(1-y^2) - \ln(1-y^3) - \cdots,$$

而

$$-\ln(1-y) = y + \frac{y^2}{2} + \frac{y^3}{3} + \cdots,$$

从而

$$\begin{aligned}
\ln G(y) &= \left(y + \frac{y^2}{2} + \frac{y^3}{3} + \cdots\right) + \left(y^2 + \frac{y^4}{2} + \frac{y^6}{3} + \cdots\right) \\
&\quad + \left(y^3 + \frac{y^6}{2} + \frac{y^9}{3} + \cdots\right) + \cdots \\
&= (y + y^2 + y^3 + \cdots) + \frac{1}{2}(y^2 + y^4 + y^6 + \cdots) \\
&\quad + \frac{1}{3}(y^3 + y^6 + y^9 + \cdots) + \cdots \\
&= \frac{y}{1-y} + \frac{y^2}{2(1-y^2)} + \frac{y^3}{3(1-y^3)} + \cdots. \qquad ①
\end{aligned}$$

先看 $\frac{y^n}{1-y^n}$，当 $0 < y < 1$ 时有

$$y^{n-1} < y^{n-2} < \cdots < y^2 < y < 1,$$

所以有

$$y^{n-1} < \frac{1 + y + y^2 + \cdots + y^{n-1}}{n},$$

即

$$\frac{y^{n-1}}{1 + y + y^2 + \cdots + y^{n-1}} < \frac{1}{n},$$

从而有

$$\frac{y^n}{1-y^n} = \frac{y}{1-y} \cdot \frac{y^{n-1}}{1 + y + y^2 + \cdots + y^{n-1}} < \frac{1}{n}\,\frac{y}{1-y}.$$

把以上结果代入式 ① 得

$$\ln G(y) < \frac{y}{1-y} + \left(\frac{1}{2}\right)^2 \frac{y}{1-y} + \left(\frac{1}{3}\right)^2 \frac{y}{1-y} + \cdots = \frac{y}{1-y}\left(1 + \frac{1}{2^2} + \frac{1}{3^2} + \cdots\right).$$

由于

$$1+\frac{1}{2^2}+\frac{1}{3^2}+\cdots<1+\int_1^{\infty}\frac{1}{x^2}\mathrm{d}x=2,$$

$$\ln G(y)<\frac{2y}{1-y}.$$

又因为

$$P(N)y^N<G(y),$$

所以

$$\ln P(N)+N\ln y<\ln G(y)<\frac{2y}{1-y},$$

即

$$\ln P(N)<\frac{2y}{1-y}-N\ln y=\frac{2y}{1-y}+N(-\ln y).$$

当 $0<y<1$ 时有

$$-\ln y=\ln\frac{1}{y}<\frac{1}{y}-1=\frac{1-y}{y},$$

因此

$$\ln P(N)<\frac{2y}{1-y}+N\frac{1-y}{y}.$$

取 $y=\dfrac{\sqrt{N}}{\sqrt{N}+1}$,代入上式得

$$\ln P(N)<3\sqrt{N},$$

从而有

$$P(N)<\mathrm{e}^{3\sqrt{N}}.$$ ∎

定理 22.11 当 $N\geqslant 2$ 时有

$$2^{[\sqrt{N}]}\leqslant P(N),$$

其中$[\sqrt{N}]$是小于等于$\sqrt{N}$的最大整数.

证 令$S=\{1,2,\cdots,[\sqrt{N}]\}$. 任取$S$的一个$r$子集$H(0\leqslant r\leqslant[\sqrt{N}])$,都可以确定$N$的一个剖分. 若$H=\varnothing$,令$N=N$. 若$H\neq\varnothing$,设$H=\{a_1,a_2,\cdots,a_r\}$,易见

$$a_1+a_2+\cdots+a_r\leqslant 1+2+\cdots+[\sqrt{N}]\leqslant[\sqrt{N}]^2\leqslant N,$$

因此

$$N=a_1+a_2+\cdots+a_r+(N-a_1-a_2-\cdots-a_r)$$

是H所确定的剖分,不难证明当$N\geqslant 2$时,不同的子集H所确定的剖分也不相同. S的不同子集个数为$2^{[\sqrt{N}]}$,因此得到

$$2^{[\sqrt{N}]}\leqslant P(N),\ N\geqslant 2.$$ ∎

定理22.10和定理22.11分别给出当对N进行无序的允许重复的任意剖分时剖分方案数$P(N)$的上界和下界.

关于无序剖分问题我们已经得到了许多的结果. 下面考虑一个新的无序剖分的问题. 如果要求把N正好无序剖分成k个正整数之和,$k\leqslant r$,且允许重复,那么剖分方案数是多少?我们采用组合对应的方法来求解.

定理 22.12 设$P_1(N)$表示把N正好无序剖分成$k(k\leqslant r)$个部分并且在剖分中允许重

复的方案数，设 $P_r(N)$ 表示把 N 无序剖分成不大于 r 的正整数且允许重复的方案数，则有

$$P_1(N)=P_r(N).$$

证 设

$$N=\alpha_1+\alpha_2+\cdots+\alpha_k$$

是任意的无序剖分，且满足 $\alpha_1\geqslant\alpha_2\geqslant\cdots\geqslant\alpha_k$. 我们构造一个图，叫做该剖分的Ferrers图. 对应于 α_1，在图的第一列向上放 α_1 个圆点，对应于 α_2，在图的第二列向上放 α_2 个圆点，…，对应于 α_k，在图的第 k 列向上放 α_k 个圆点. 例如剖分

$$18=5+3+3+3+2+2$$

的 Ferrers 图如图 22.4 所示.

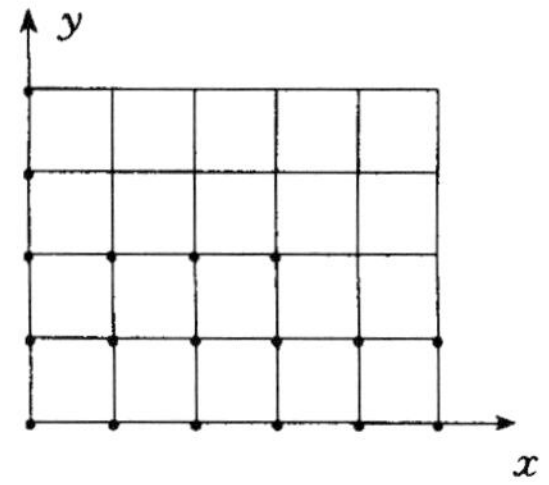

图 22.4

不难看出 Ferrers 图有以下特点：

1. 如果点 (i,j) 在图上，则 $i\geqslant 0, j\geqslant 0$.

2. 如果点 (i,j) 在图上，则对于任意的非负整数 i',j'，满足 $0\leqslant i'\leqslant i, 0\leqslant j'\leqslant j$，有 (i',j') 点也在图上.

3. 把一个 Ferrers 图沿 $y=x$ 直线翻转 180° 得到的是另一个剖分的 Ferrers 图，我们称这两个关于 $y=x$ 直线成对称分布的 Ferrers 图是共轭的，相应的两个剖分也叫做**共轭的剖分**.

对于 N 的一个允许重复的无序剖分，如果剖分成恰好 k 个正整数之和 $(k\leqslant r)$，则它的Ferrers图至多 r 列. 而它的共轭 Ferrers 图中每列至多 r 个点，即共轭剖分正好是把 N 无序剖分成不大于 r 的正整数且允许重复的一种方案. 反之也同样成立. 所以 $P_1(N)=P_r(N)$. ▍

前边已经对 $P_r(N)$ 的生成函数作了介绍，有了 $P_r(N)$，根据这个定理也就得到了 $P_1(N)$.

【例 22.34】 求把 6 无序剖分成 $k(k\leqslant 3)$ 个部分且允许重复的方案数.

解 考虑将 6 无序剖分成不大于 3 的正整数且允许重复的方案数 $P_3(6)$. 相应的生成函数是

$$\begin{aligned}G(y)&=(1+y+y^2+\cdots)(1+y^2+y^4+\cdots)(1+y^3+y^6+\cdots)\\&=(1+y+2y^2+2y^3+3y^4+3y^5+4y^6+\cdots)(1+y^3+y^6+\cdots)\\&=1+y+2y^2+3y^3+4y^4+5y^5+7y^6+\cdots.\end{aligned}$$

展开式中 y^6 的系数是 7，即 $P_3(6)=7$. 由定理 22.12，把 6 无序剖分成至多 3 个部分的允许重复的方案数是 7. 列出这 7 种方案如下：

$6=6$, $6=5+1$, $6=4+2$, $6=3+3$, $6=2+2+2$,

$6=4+1+1$, $6=3+2+1$.

关于无序剖分的问题就讨论到这里. 下面的定理是关于有序剖分问题的.

定理 22.13 把 N 有序剖分成 r 个部分且允许重复的方案数是 $\binom{N-1}{r-1}$.

证 设 N 的有序剖分是

$$N=\alpha_1+\alpha_2+\cdots+\alpha_r.$$

建立序列 $S_1,S_2,\cdots,S_r$，使得

$$\begin{aligned}&S_1=\alpha_1,\\&S_2=\alpha_1+\alpha_2,\\&\cdots\cdots\cdots\cdots\\&S_r=\alpha_1+\alpha_2+\cdots+\alpha_r=N.\end{aligned}$$

易见 $0 < S_1 < S_2 < \cdots < S_r = N$，且对任意的 $i = 1,2,\cdots,r-1$ 有 $S_i \in \{1,2,\cdots,N-1\}$. 反之，任意给定一个序列 $S_1,S_2,\cdots,S_{r-1}$，满足 $0 < S_1 < S_2 < \cdots < S_{r-1} < N$，就可以惟一地确定正整数 $\alpha_1,\alpha_2,\cdots,\alpha_r$，从而得到 N 的一个有序剖分. 所以把 N 有序剖分成 r 个部分的方案数等于从集合 $\{1,2,\cdots,N-1\}$ 中选取 $r-1$ 个数 $S_1,S_2,\cdots,S_{r-1}$ 的方法数，即 $\binom{N-1}{r-1}$. ▎

推论 把 N 进行任意的允许重复的有序剖分的方案数是

$$\sum_{r=1}^{N}\binom{N-1}{r-1} = 2^{N-1}.$$

证 将 N 的有序剖分按剖分成的部分数 r 进行分类，$r = 1,2,\cdots,N$. 根据加法法则和定理 22.13，剖分方案数是 $\sum_{r=1}^{N}\binom{N-1}{r-1}$，而由二项式定理的推论式(21.4)得

$$\sum_{r=1}^{N}\binom{N-1}{r-1} = 2^{N-1}.$$ ▎

最后我们讨论关于 N 的不允许重复的有序剖分问题. 根据前面的分析. 我们已经得到了关于 N 的不允许重复的无序剖分问题的生成函数(例 22.31). 针对每一种无序剖分的方案，将各个剖成的部分进行排列，就得到所有的有序剖分的方案了，显然这种剖分也是不允许重复的剖分.

22.5 指数生成函数与多重集的排列问题

定义 22.7 设 $a_0,a_1,\cdots,a_n$ 是一个数列，它的**指数生成函数**记作 $A_e(x)$，且

$$A_e(x) = \sum_{n=0}^{\infty} a_n \frac{x^n}{n!}.$$

【例 22.35】 求以下数列 $\{a_n\},\{b_n\},\{c_n\}$ 的指数生成函数 $A_e(x),B_e(x)$ 和 $C_e(x)$.

(1) $a_n = P(m,n)$，m 为给定正整数；

(2) $b_n = 1$；

(3) $c_n = t^n$，t 为给定常数.

解 (1) $A_e(x) = \sum_{n=0}^{\infty} P(m,n)\frac{x^n}{n!} = \sum_{n=0}^{\infty} C(m,n)x^n = (1+x)^m$；

(2) $B_e(x) = \sum_{n=0}^{\infty} 1\cdot\frac{x^n}{n!} = \mathrm{e}^x$；

(3) $C_e(x) = \sum_{n=0}^{\infty} t^n\frac{x^n}{n!} = \sum_{n=0}^{\infty}\frac{(tx)^n}{n!} = \mathrm{e}^{tx}$.

下面考虑指数生成函数的性质.

定理 22.14 设数列 $\{a_n\},\{b_n\}$ 的指数生成函数分别为 $A_e(x)$ 和 $B_e(x)$，则

$$A_e(x)\cdot B_e(x) = \sum_{n=0}^{\infty} c_n\frac{x^n}{n!},$$

其中

$$c_n = \sum_{k=0}^{\infty}\binom{n}{k}a_k b_{n-k}.$$

证

$$\sum_{n=0}^{\infty} c_n \frac{x^n}{n!} = A_e(x) \cdot B_e(x) = \sum_{k=0}^{\infty} a_k \frac{x^k}{k!} \cdot \sum_{l=0}^{\infty} b_l \frac{x^l}{l!}.$$

比较上式两边 x^n 的系数得

$$\frac{c_n}{n!} = \sum_{k=0}^{n} \frac{a_k}{k!} \cdot \frac{b_{n-k}}{(n-k)!} = \frac{1}{n!} \sum_{k=0}^{n} \frac{n!}{k!(n-k)!} a_k b_{n-k} = \frac{1}{n!} \sum_{k=0}^{n} \binom{n}{k} a_k b_{n-k},$$

从而有

$$c_n = \sum_{k=0}^{n} \binom{n}{k} a_k b_{n-k}.$$

▌

【例 22.36】 设$\{a_n\}$是一个数列，如果

$$b_n = \sum_{k=0}^{n} (-1)^k \binom{n}{k} a_k,$$

则

$$a_n = \sum_{k=0}^{n} (-1)^k \binom{n}{k} b_k.$$

证 设$\{(-1)^n a_n\}$的指数生成函数为 $A_e(x)$，则

$$A_e(x) = \sum_{n=0}^{\infty} (-1)^n a_n \frac{x^n}{n!}.$$

上式两边同时乘以 e^x 得

$$\begin{aligned} e^x \cdot A_e(x) &= e^x \left(\sum_{n=0}^{\infty} (-1)^n a_n \frac{x^n}{n!} \right) \\ &= \left(\sum_{n=0}^{\infty} \frac{x^n}{n!} \right) \left(\sum_{n=0}^{\infty} (-1)^n a_n \frac{x^n}{n!} \right) \\ &= \sum_{n=0}^{\infty} \frac{x^n}{n!} \left(\sum_{k=0}^{n} (-1)^k \binom{n}{k} a_k \right) \qquad \text{(根据定理 22.14)} \\ &= \sum_{n=0}^{\infty} b_n \frac{x^n}{n!} = B_e(x). \end{aligned}$$

所以有

$$\sum_{n=0}^{\infty} (-1)^n a_n \frac{x^n}{n!} = A_e(x) = e^{-x} \cdot B_e(x)$$

$$= \left(\sum_{n=0}^{\infty} (-1)^n \frac{x^n}{n!} \right) \left(\sum_{n=0}^{\infty} b_n \frac{x^n}{n!} \right) = \sum_{n=0}^{\infty} \frac{x^n}{n!} \left(\sum_{k=0}^{n} \binom{n}{k} (-1)^{n-k} b_k \right).$$

比较上式两边 x^n 的系数得

$$(-1)^n a_n = \sum_{k=0}^{n} (-1)^{n-k} \binom{n}{k} b_k = (-1)^n \sum_{k=0}^{n} (-1)^{-k} \binom{n}{k} b_k,$$

从而有

$$a_n = \sum_{k=0}^{n} (-1)^{-k} \binom{n}{k} b_k = \sum_{k=0}^{n} (-1)^k \binom{n}{k} b_k.$$

▌

我们可以把 a_n 与 b_n 之间互逆的两个公式看作是一种组合变换. 可以通过组合变换的方法来证明组合恒等式.

【例 22.37】 证明

$$\sum_{k=1}^{n}(-1)^k\binom{n}{k}\left(1+\frac{1}{2}+\frac{1}{3}+\cdots+\frac{1}{k}\right)=-\frac{1}{n}.$$

证 令 $a_0=0,\ a_k=-\dfrac{1}{k},\ k=1,2,\cdots,$

$$b_0=0,\ b_n=\sum_{k=1}^{n}(-1)^k\binom{n}{k}a_k,\ n\geqslant 1,$$

则当 $n\geqslant 1$ 时有

$$\begin{aligned}b_n&=\sum_{k=1}^{n}(-1)^k\binom{n}{k}a_k=\sum_{k=1}^{n}(-1)^{k-1}\binom{n}{k}\frac{1}{k}\\&=1+\frac{1}{2}+\frac{1}{3}+\cdots+\frac{1}{n}.\end{aligned}\qquad\text{(参考习题二十一,31(4))}$$

根据例 22.36 有

$$a_n=\sum_{k=1}^{n}(-1)^k\binom{n}{k}b_k=\sum_{k=1}^{n}(-1)^k\binom{n}{k}\left(1+\frac{1}{2}+\frac{1}{3}+\cdots+\frac{1}{k}\right),$$

而 $a_n=-\dfrac{1}{n}$,从而得到

$$\sum_{k=1}^{n}(-1)^k\binom{n}{k}\left(1+\frac{1}{2}+\frac{1}{3}+\cdots+\frac{1}{k}\right)=-\frac{1}{n}.$$ ▌

利用生成函数已经解决了多重集 $S=\{n_1\cdot a_1,n_2\cdot a_2,\cdots,n_k\cdot a_k\}$ 的 r- 组合问题.而利用指数生成函数可以解决多重集的 r- 排列问题.

定理 22.15 设多重集 $S=\{n_1\cdot a_1,n_2\cdot a_2,\cdots,n_k\cdot a_k\}$.对任意的非负整数 r,令 a_r 为 S 的 r- 排列数,设数列 $\{a_r\}$ 的指数生成函数为 $A_e(x)$,则

$$A_e(x)=f_{n_1}(x)\cdot f_{n_2}(x)\cdot\cdots\cdot f_{n_k}(x),$$

其中

$$f_{n_i}(x)=1+x+\frac{x^2}{2!}+\cdots+\frac{x^{n_i}}{n_i!},\ i=1,2,\cdots,k.$$

证 考察 $A_e(x)$ 的展开式中 x^r 的项,它一定是下面这种项之和:

$$\frac{x^{m_1}}{m_1!}\cdot\frac{x^{m_2}}{m_2!}\cdot\cdots\cdot\frac{x^{m_k}}{m_k!},$$

其中

$$m_1+m_2+\cdots+m_k=r,\quad 0\leqslant m_i\leqslant n_i,\ i=1,2,\cdots,k.$$

而这种项又可以写作

$$\frac{x^{m_1+m_2+\cdots+m_k}}{m_1!m_2!\cdots m_k!}=\frac{r!}{m_1!m_2!\cdots m_k!}\frac{x^r}{r!}.$$

所以在 $A_e(x)$ 的展式中 $\dfrac{x^r}{r!}$ 的系数是

$$a_r=\sum\frac{r!}{m_1!m_2!\cdots m_k!},$$

其中求和是对方程

$$\begin{cases}m_1+m_2+\cdots+m_k=r,\\ m_i\leqslant n_i,\ i=1,2,\cdots,k\end{cases}\qquad ①$$

的一切非负整数解来求. 另一方面,

$$\frac{r!}{m_1!m_2!\cdots m_k!}$$

就是 S 的 r 元子集$\{m_1\cdot a_1,m_2\cdot a_2,\cdots,m_k\cdot a_k\}$的全排列数. 如果对所有满足 ① 式的 $m_1,m_2,\cdots,m_k$ 求和,就是 S 的所有 r 元子集的排列数,即 S 的 r- 排列数. 所以 $A_e(x)$ 的展开式中$\frac{x^r}{r!}$的系数 a_r 就是多重集 S 的 r- 排列数. ▎

考虑多重集 $S=\{\infty\cdot a_1,\infty\cdot a_2,\cdots,\infty\cdot a_k\}$,由这个定理可以知道当 n_i 是 ∞ 的时候,$i=1,2,\cdots,k$,有

$$f_{n_i}(x)=1+x+\frac{x^2}{2!}+\cdots=\mathrm{e}^x,$$

从而得到

$$A_e(x)=(\mathrm{e}^x)^k=\mathrm{e}^{kx}=1+kx+\frac{k^2}{2!}x^2+\cdots+k^r\frac{x^r}{r!}+\cdots.$$

因此 S 的 r- 排列数是 k^r,与定理 21.4 的结果一致.

【例 22.38】 求 $S=\{2\cdot a,3\cdot b\}$ 的 4- 排列数.

解 设 S 的 4- 排列数为 a_4,则$\{a_n\}$的指数生成函数是

$$\begin{aligned}A_e(x)&=\left(1+x+\frac{x^2}{2!}\right)\left(1+x+\frac{x^2}{2!}+\frac{x^3}{3!}\right)\\&=1+2x+4\cdot\frac{x^2}{2!}+7\cdot\frac{x^3}{3!}+10\cdot\frac{x^4}{4!}+10\cdot\frac{x^5}{5!},\end{aligned}$$

因此有 $a_4=10$. 列出这 10 个4-排列如下:

$$aabb,\ abab,\ abba,\ baab,\ baba,$$
$$bbaa,\ abbb,\ babb,\ bbab,\ bbba.$$

【例 22.39】 设多重集 $S=\{\infty\cdot a_1,\infty\cdot a_2,\cdots,\infty\cdot a_k\}$,若要求在 S 的 n- 排列中每种元素至少出现一次,求 S 的这种 n- 排列数.

解 设所求的 n- 排列数为 a_n,则$\{a_n\}$的指数生成函数是

$$A_e(x)=\left(x+\frac{x^2}{2!}+\cdots\right)^k=(\mathrm{e}^x-1)^k,$$

所以

$$a_n=\sum\frac{n!}{m_1!m_2!\cdots m_k!},$$

其中求和是对方程 $m_1+m_2+\cdots+m_k=n$ 的一切正整数解来求.

【例 22.40】 用红、白、蓝三色涂色 $1\times n$ 的方格,每个方格只能涂一种颜色,如果要求偶数个方格要涂成白色,问有多少种涂色方案?

解 设 a_n 表示涂色方案数,定义 $a_0=1$,又设多重集 $S=\{\infty\cdot R,\infty\cdot W,\infty\cdot B\}$,其中 R 代表红色,W 代表白色,B 代表蓝色,则涂色方案数 a_n 就是 S 的含有偶数个 W 的 n- 排列数. $\{a_n\}$的指数生成函数为

$$\begin{aligned}A_e(x)&=\left(1+\frac{x^2}{2!}+\frac{x^4}{4!}+\cdots\right)\left(1+x+\frac{x^2}{2!}+\frac{x^3}{3!}+\cdots\right)^2\\&=\frac{1}{2}(\mathrm{e}^x+\mathrm{e}^{-x})\cdot\mathrm{e}^{2x}=\frac{1}{2}(\mathrm{e}^{3x}+\mathrm{e}^x)\end{aligned}$$

$$=\frac{1}{2}\sum_{n=0}^{\infty}3^n\frac{x^n}{n!}+\frac{1}{2}\sum_{n=0}^{\infty}\frac{x^n}{n!}=\sum_{n=0}^{\infty}\frac{3^n+1}{2}\frac{x^n}{n!},$$

所以

$$a_n=\frac{3^n+1}{2}.$$

这个问题也可以用递推方程的方法求解，根据题意列出递推方程如下：

$$\begin{cases}a_n=2a_{n-1}+3^{n-1}-a_{n-1},\\ a_0=1.\end{cases}$$

即

$$\begin{cases}a_n-a_{n-1}=3^{n-1},\\ a_0=1.\end{cases}$$

该方程的特解设为 $P\cdot 3^{n-1}$，代入解得 $P=\frac{3}{2}$，从而得到该方程的通解是

$$c\cdot 1^n+\frac{3^n}{2},$$

代入初值得 $c=\frac{1}{2}$，因此有 $a_n=\frac{3^n+1}{2}$.

22.6 Catalan 数与 Stirling 数

给定一个平面点集 K，如果对 K 中任意两点 p 和 q，连接 p 和 q 的线段上的所有的点都在 K 中，则称点集是凸的.

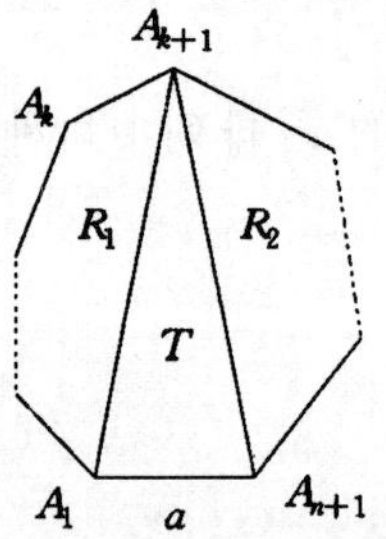

图 22.5

设 R 是一个 n 条边的凸多边形区域，用 $n-3$ 条不在内部相交的对角线把 R 分成 $n-2$ 个三角形. 求有多少种不同的分法？

令 h_n 表示分一个 $n+1$ 条边的凸多边形为三角形的方法数. 定义 $h_1=1$. 当 $n=2$ 时，$n+1$ 边形就是三角形，所以 $h_2=1$. 当 $n\geqslant 3$ 时，考虑一个有 $n+1\geqslant 4$ 条边的凸多边形区域 R. 如图 22.5 所示，任取多边形的一条边 a，a 的两个端点记作 A_1, A_{n+1}. 以 a 为一条边，以多边形的任一端点 $A_{k+1}(k=1,2,\cdots,n-1)$ 与 A_1, A_{n+1} 的连线为两条边构成三角形 T. T 把 R 分割成 R_1 和 R_2 两部分. R_1 为 $k+1$ 边形，R_2 为 $n-k+1$ 边形，因此 R_1 可以用 h_k 种方法来划分，R_2 可以用 h_{n-k} 种方法来划分. 这就得到下面的递推方程

$$\begin{cases}h_n=\sum_{k=1}^{n-1}h_kh_{n-k}, & n\geqslant 2;\\ h_1=1.\end{cases}\qquad(22.16)$$

根据例 22.24，该方程的解是

$$h_n=\frac{1}{n}\binom{2n-2}{n-1}.$$

我们称 h_n 为 **Catalan 数**.

Catalan 数在组合计数问题中经常出现，下面给出一些例子.

在第七章我们讨论了从 $(0,0)$ 点到 (n,n) 点的非降路径问题，其中从 $(0,0)$ 点到 (n,n) 点

除端点外不接触对角线的非降路径数是 $\frac{2}{n}\binom{2n-2}{n-1}$，而对角线一侧的非降路径数恰好是 $\frac{1}{n}\binom{2n-2}{n-1}$，是第 n 个 Catalan 数 h_n. 类似地，不穿过对角线的从(0,0) 点到 (n,n) 点的非降路径数是 $\frac{2}{n+1}\binom{2n}{n}$，其中在对角线一侧的路径数是 $\frac{1}{n+1}\binom{2n}{n}$，这是第 $n+1$ 个 Catalan 数 h_{n+1}.

n 个数相乘，不改变它们的位置，只用括号表示不同的相乘顺序，问可以构成多少个不同的乘积?

令 G_n 表示所求的乘积个数，那么有

$$\begin{cases} G_n = \sum_{k=1}^{n-1} G_k G_{n-k}, & n \geqslant 2; \\ G_1 = 1. \end{cases}$$

这个递推方程与式(22.16) 完全一样，所以

$$G_n = \frac{1}{n}\binom{2n-2}{n-1}$$

是第 n 个 Catalan 数. 当 $n=4$ 时，$G_4 = \frac{1}{4}\binom{6}{3} = 5$，这 5 种乘积列出来就是：

$$(((a_1a_2)a_3)a_4),\ ((a_1(a_2a_3))a_4),\ ((a_1a_2)(a_3a_4)),\ (a_1(a_2(a_3a_4))),\ (a_1((a_2a_3)a_4)).$$

下面考虑 Stirling 数.

设有多项式

$$x(x-1)(x-2)\cdots(x-n+1),$$

它的展开式形如

$$s_n x^n - s_{n-1}x^{n-1} + s_{n-2}x^{n-2} - \cdots.$$

不考虑各项系数的符号，将 x^r 的系数的绝对值 s_r 记作 $\begin{bmatrix} n \\ r \end{bmatrix}$，则上面的展开式可写作

$$\begin{bmatrix} n \\ n \end{bmatrix}x^n - \begin{bmatrix} n \\ n-1 \end{bmatrix}x^{n-1} + \begin{bmatrix} n \\ n-2 \end{bmatrix}x^{n-2} - \cdots \pm \begin{bmatrix} n \\ 0 \end{bmatrix}.$$

称 $\begin{bmatrix} n \\ n \end{bmatrix}, \begin{bmatrix} n \\ n-1 \end{bmatrix}, \cdots, \begin{bmatrix} n \\ 0 \end{bmatrix}$ 这些数为**第一类 Stirling 数。**

第一类 Stirling 数具有下面的性质.

1. $\begin{bmatrix} n \\ 0 \end{bmatrix} = 0$，$\begin{bmatrix} n \\ 1 \end{bmatrix} = (n-1)!$，$\begin{bmatrix} n \\ n \end{bmatrix} = 1$，$\begin{bmatrix} n \\ n-1 \end{bmatrix} = \binom{n}{2}$.

证 $\begin{bmatrix} n \\ 0 \end{bmatrix}$ 为 x^0 的系数，即多项式中的常数项，显然为 0.

$\begin{bmatrix} n \\ 1 \end{bmatrix}$ 为 x 项的系数，$(x-1)$，$(x-2)$，$(x-n+1)$ 各因式在相乘时分别贡献负数 -1，$-2,\cdots,-(n-1)$，从而得到 x 项. 不考虑这些数的符号，它们的积是 $(n-1)!$，所以

$$\begin{bmatrix} n \\ 1 \end{bmatrix} = (n-1)!.$$

$\begin{bmatrix} n \\ n \end{bmatrix}$ 是 x^n 的系数，显然为 1.

$\begin{bmatrix} n \\ n-1 \end{bmatrix}$ 是 x^{n-1} 的系数，为了得到 x^{n-1}，n 个因式中只能有一个因式贡献常数，由加法法则

这些常数的总和为

$$(-1)+(-2)+\cdots+[-(n-1)]=-\frac{n(n-1)}{2},$$

因此

$$\begin{bmatrix} n \\ n-1 \end{bmatrix}=\frac{n(n-1)}{2}=\binom{n}{2}. \qquad \blacksquare$$

2. 第一类 Stirling 数满足下面的递推方程：

$$\begin{bmatrix} n \\ r \end{bmatrix}=(n-1)\begin{bmatrix} n-1 \\ r \end{bmatrix}+\begin{bmatrix} n-1 \\ r-1 \end{bmatrix}, \qquad n>r\geqslant 1. \tag{22.17}$$

证 考虑多项式

$$x(x-1)\cdots(x-n+2)=\begin{bmatrix} n-1 \\ n-1 \end{bmatrix}x^{n-1}-\begin{bmatrix} n-1 \\ n-2 \end{bmatrix}x^{n-2}+\cdots\pm\begin{bmatrix} n-1 \\ 0 \end{bmatrix}x^{0},$$

上式两边同乘以$(x-n+1)$得

$$\begin{aligned} & x(x-1)\cdots(x-n+1) \\ & =\left(\begin{bmatrix} n-1 \\ n-1 \end{bmatrix}x^{n-1}-\begin{bmatrix} n-1 \\ n-2 \end{bmatrix}x^{n-2}+\cdots\pm\begin{bmatrix} n-1 \\ 0 \end{bmatrix}x^{0}\right)(x-n+1), \end{aligned}$$

即

$$\begin{aligned} & \begin{bmatrix} n \\ n \end{bmatrix}x^{n}-\begin{bmatrix} n \\ n-1 \end{bmatrix}x^{n-1}+\cdots\pm\begin{bmatrix} n \\ 0 \end{bmatrix}x^{0} \\ & =\begin{bmatrix} n-1 \\ n-1 \end{bmatrix}x^{n}-\begin{bmatrix} n-1 \\ n-2 \end{bmatrix}x^{n-1}+\cdots\pm\begin{bmatrix} n-1 \\ 0 \end{bmatrix}x \\ & \quad -(n-1)\begin{bmatrix} n-1 \\ n-1 \end{bmatrix}x^{n-1}+(n-1)\begin{bmatrix} n-1 \\ n-2 \end{bmatrix}x^{n-2}\cdots \\ & \quad \mp(n-1)\begin{bmatrix} n-1 \\ 0 \end{bmatrix}x^{0}. \end{aligned}$$

比较上式两边 x^r 的系数得

$$\begin{bmatrix} n \\ r \end{bmatrix}=(n-1)\begin{bmatrix} n-1 \\ r \end{bmatrix}+\begin{bmatrix} n-1 \\ r-1 \end{bmatrix}. \qquad \blacksquare$$

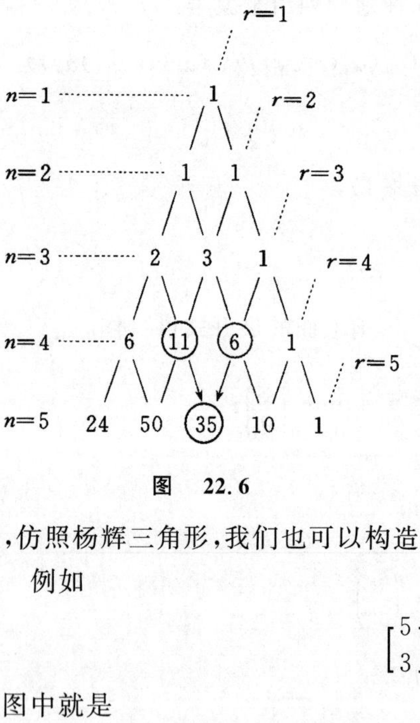

图 22.6

式(22.17)与第二十一章学过的 Pascal 公式非常相似，仿照杨辉三角形，我们也可以构造关于第一类 Stirling 数的三角形. 请看图 22.6.

例如

$$\begin{bmatrix} 5 \\ 3 \end{bmatrix}=(5-1)\begin{bmatrix} 4 \\ 3 \end{bmatrix}+\begin{bmatrix} 4 \\ 2 \end{bmatrix}$$

在图中就是

$$35=4\times 6+11.$$

3. 第一类 Stirling 数对应的组合问题.

设 S_n 是 n 元对称群，则 S_n 中含有 r 个不相交轮换的置换恰为$\begin{bmatrix} n \\ r \end{bmatrix}$个. 证明如下：

假设 S_n 中含有 r 个不相交轮换的置换是$\left\langle {n \atop r} \right\rangle$个. 这种置换可以从 S_{n-1} 中的含有 $r-1$ 个或者 r 个不相交轮换的置换通过加入文字 n 来构成. 如果 S_{n-1} 中的置换含有 $r-1$ 轮换，那么加入 (n) 后就得到 S_n 中恰含 r 个不相交轮换的置换. 如果 S_{n-1} 中的置换含有 r 个不相交的轮换，那

么必须将 n 加入其中的某个轮换之中，加入的方法为 $n-1$ 种. 从而得到以下的递推方程：

$$\begin{cases}\left\langle {n \atop r} \right\rangle = \left\langle {n-1 \atop r-1} \right\rangle + (n-1)\left\langle {n-1 \atop r} \right\rangle, \\ \left\langle {n \atop 0} \right\rangle = 0,\ \left\langle {n \atop 1} \right\rangle = (n-1)!. \end{cases}$$

这就是第一类 Stirling 数的递推方程. 所以有

$$\left\langle {n \atop r} \right\rangle = \left[{n \atop r} \right].$$

根据以上分析不难得到一个关于第一类 Stirling 数的恒等式

$$\sum_{r=1}^{n} \left[{n \atop r} \right] = n!,$$

因为等式左边和右边都是 S_n 中的置换总数.

下面考虑第二类 Stirling 数，先给出有关的定义.

把 n 个不同的球放到 r 个相同的盒子里，假设没有空盒，则放球方案数记作 $\left\{ {n \atop r} \right\}$，称为**第二类 Stirling 数.**

例如 a,b,c,d 四个球，放到两个盒子里，不允许有空盒，则放球的方案有以下 7 种：

$$a \mid bcd,\quad b \mid acd,\quad c \mid abd,\quad d \mid abc,\quad ab \mid cd,\quad ac \mid bd,\quad ad \mid bc.$$

所以 $\left\{ {4 \atop 2} \right\} = 7$.

第二类 Stirling 数具有下面的性质.

1. $\left\{ {n \atop 0} \right\} = 0,\ \left\{ {n \atop 1} \right\} = 1,\ \left\{ {n \atop 2} \right\} = 2^{n-1} - 1,\quad \left\{ {n \atop n-1} \right\} = \binom{n}{2},\ \left\{ {n \atop n} \right\} = 1.$

证 没有盒子，当然谈不到放法，所以 $\left\{ {n \atop 0} \right\} = 0$.

把 n 个不同的球放到一个盒子里只有一种放法，所以 $\left\{ {n \atop 1} \right\} = 1$.

把 n 个不同的球恰好放入两个相同的盒子里，我们先任意放一个球，比如说是 a_n，把它放到一个盒子里. 对于剩下的 $n-1$ 个球，每个球可以有两种选择：与 a_n 同在一个盒子里或不与 a_n 同在一个盒子里，由乘法法则有 2^{n-1} 种放法. 但其中有一种放法，就是 $n-1$ 个球都与 a_n 同放在一个盒子里的放法不符合要求，所以 $\left\{ {n \atop 2} \right\} = 2^{n-1} - 1$.

要把 n 个不同的球正好放到 $n-1$ 个相同的盒子里，那么必须有一个盒子放两个球. 这两个球要从 n 个球中选取，有 $\binom{n}{2}$ 种选法，所以 $\left\{ {n \atop n-1} \right\} = \binom{n}{2}$.

n 个不同的球放到 n 个相同的盒子里，不允许空盒，只有一种放法，就是每个盒子一个球，所以有 $\left\{ {n \atop n} \right\} = 1$. ▌

2. 第二类 Stirling 数满足下面的递推方程：

$$\left\{ {n \atop r} \right\} = r\left\{ {n-1 \atop r} \right\} + \left\{ {n-1 \atop r-1} \right\},\qquad n > r \geqslant 1. \tag{22.18}$$

证 要把 n 个不同的球恰好放入 r 个盒子，先取一个球，比如说是 a_n，然后把所有的放法分成两类：

a_n 单独放在一个盒子里，放法为$\left\{\begin{matrix} n-1 \\ r-1 \end{matrix}\right\}$种.

a_n 不是单独放在一个盒子里，可以先把其余的 $n-1$ 个球放到 r 个盒子里，有$\left\{\begin{matrix} n-1 \\ r \end{matrix}\right\}$种放法. 对于其中的任何一种放法，加入 a_n 的方法有 r 种，由乘法法则，放球的方法数是 $r\left\{\begin{matrix} n-1 \\ r \end{matrix}\right\}$.

根据加法法则，等式成立. ▌

把这个性质与第一类 Stirling 数的性质 2 对比，也可以构造出关于第二类 Stirling 数的三角形. 请看图 22.7.

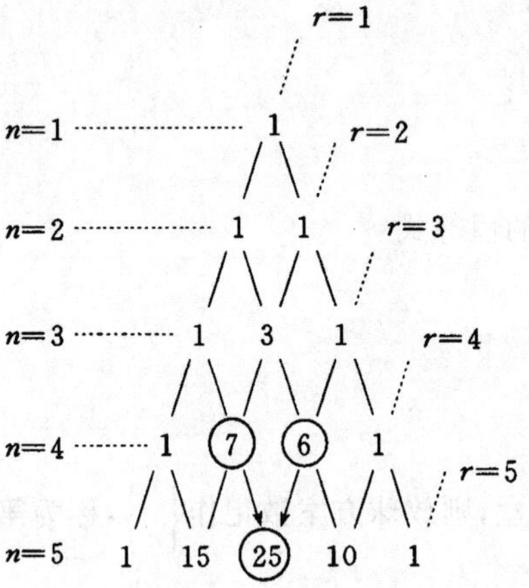

图 22.7

例如

$$\left\{\begin{matrix} 5 \\ 3 \end{matrix}\right\} = 3\left\{\begin{matrix} 4 \\ 3 \end{matrix}\right\} + \left\{\begin{matrix} 4 \\ 2 \end{matrix}\right\}$$

在图上就是

$$25 = 3 \times 6 + 7.$$

3. 关于放球问题的某些结果.

(1) n 个不同的球放到 m 个相同的盒子里，允许空盒，则放球方法数是

$$\left\{\begin{matrix} n \\ 1 \end{matrix}\right\} + \left\{\begin{matrix} n \\ 2 \end{matrix}\right\} + \cdots + \left\{\begin{matrix} n \\ m \end{matrix}\right\}.$$

证 对任何正整数 $k, 1 \leqslant k \leqslant m$，$\left\{\begin{matrix} n \\ k \end{matrix}\right\}$计数了 n 个不同的球恰好放入 k 个相同的盒子的放法，对 k 求和以后就得到 n 个不同的球放到 m 个相同的盒子且允许空盒的放法数. ▌

(2) n 个不同的球恰好放到 m 个不同的盒子里，则放球方法数是

$$m!\left\{\begin{matrix} n \\ m \end{matrix}\right\}.$$

证 如果盒子不编号，那么 n 个不同的球正好放到 m 个盒子里的方法数是$\left\{\begin{matrix} n \\ m \end{matrix}\right\}$. 对于其中的每一种放法，盒子有 $m!$ 种编号的方法. 由乘法法则，所求的放法数是 $m!\left\{\begin{matrix} n \\ m \end{matrix}\right\}$. ▌

下面从另一个角度来考虑这个问题. 将 n 个不同的球放入 m 个不同的盒子，使得第一个盒子含有 n_1 个球，第二个盒子含有 n_2 个球，…，第 m 个盒子含有 n_m 个球，其中 $n_1, n_2, \cdots, n_m$ 是正整数，则这样的放法有$\binom{n}{n_1\ n_2 \cdots n_m}$种. 如果对所有满足方程 $n_1 + n_2 + \cdots + n_m = n$ 的一切正整数解 $n_1, n_2, \cdots, n_m$ 求和，即 $\sum\binom{n}{n_1\ n_2 \cdots n_m}$，则计数了 n 个不同的球恰好放入 m 个不同的盒子的放法. 从而得到下面的等式

$$\sum\binom{n}{n_1\ n_2 \cdots n_m} = m!\left\{\begin{matrix} n \\ m \end{matrix}\right\},$$

其中求和是对方程 $n_1 + n_2 + \cdots + n_m = n$ 的一切正整数解来求.

(3) n 个不同的球放到 m 个不同的盒子里，允许空盒，则放球的方法数是

$$\binom{m}{1}\left\{\begin{matrix} n \\ 1 \end{matrix}\right\} \cdot 1! + \binom{m}{2}\left\{\begin{matrix} n \\ 2 \end{matrix}\right\} \cdot 2! + \cdots + \binom{m}{m}\left\{\begin{matrix} n \\ m \end{matrix}\right\} \cdot m!.$$

证 对于任意的正整数 k，$1 \leqslant k \leqslant m$，$\binom{m}{k}$表示从 m 个盒子中选出 k 个盒子的方法数，而$\left\{ {n \atop k} \right\} \cdot k!$则表示把 n 个不同的球放到这 k 个不同的盒子的放法数. 根据乘法法则，$\binom{m}{k}\left\{ {n \atop k} \right\} \cdot k!$就是把 n 个不同的球恰好放入 m 个不同的盒子里的 k 个盒子的放法数. 当对 k 求和后就得到 n 个不同的球放到 m 个不同的盒子且允许空盒的放法数. ▌

如果从另一个角度来考虑这个组合计数问题. n 个球中的每个球都有 m 种选择，由乘法法则，n 个不同的球放到 m 个不同的盒子且允许空盒的放法为 m^n 种，从而得到下面的等式.

$$m^n = \binom{m}{1}\left\{ {n \atop 1} \right\} \cdot 1! + \binom{m}{2}\left\{ {n \atop 2} \right\} \cdot 2! + \cdots + \binom{m}{m}\left\{ {n \atop m} \right\} \cdot m!.$$

表 22.2 给出了有关 n 个球放到 m 个盒子的各种不同条件下放球方法数的结果.

表 22.2

球是否被标号	盒子是否标号	是否允许空盒	放球的方法数	所对应的组合问题
否	否	否	$P_m(n) - P_{m-1}(n)$	将 n 恰好剖分成 m 个部分的方法数
否	否	是	$P_m(n)$	将 n 剖分成 t 个部分($t \leqslant m$)的方法数
否	是	否	$\binom{n-1}{m-1}$	将 n 恰好剖分成 m 个有序的部分且允许重复的方法数
否	是	是	$\binom{n+m-1}{n}$	方程 $x_1 + x_2 + \cdots + x_m = n$ 的非负整数解的个数
是	否	否	$\left\{ {n \atop m} \right\}$	第二类 Stirling 数
是	否	是	$\left\{ {n \atop 1} \right\} + \left\{ {n \atop 2} \right\} + \cdots + \left\{ {n \atop m} \right\}$	第二类 Stirling 数性质 3(1)
是	是	否	$m!\left\{ {n \atop m} \right\}$	第二类 Stirling 数性质 3(2)
是	是	是	m^n	第二类 Stirling 数性质 3(3)

4. $\left\{ {n+1 \atop r} \right\} = \binom{n}{0}\left\{ {0 \atop r-1} \right\} + \binom{n}{1}\left\{ {1 \atop r-1} \right\} + \cdots + \binom{n}{n}\left\{ {n \atop r-1} \right\}.$

证明 等式左边计数了 $n+1$ 个不同的球放到 r 个相同的盒子且不存在空盒的放球方法数. 对于其中的任意一种放法，拿出包含球 a_{n+1} 的盒子，就得到至多 n 个球放到 $r-1$ 个相同的盒子且不存在空盒的一种放法.

考虑等式右边. 对于任意的正整数 k，$0 \leqslant k \leqslant n$，$\binom{n}{k}$表示从 n 个不同的球中任取 k 个球的选法数. 对于其中的任何一种选法，将这 k 个球恰好放到 $r-1$ 个相同的盒子的放法有$\left\{ {k \atop r-1} \right\}$种，所以$\binom{n}{k}\left\{ {k \atop r-1} \right\}$表示从 n 个不同的球中取 k 个恰好放到 $r-1$ 个相同的盒子的放法数. 如果对 k 求和，就得到至多 n 个不同的球恰好放到 $r-1$ 个相同的盒子的放法数，因此等式成立. ▌

5. 考虑第二类 Stirling 数的指数生成函数. 首先我们注意到

$$(e^x-1)^m=\left(x+\frac{x^2}{2!}+\cdots\right)^m=\sum_{n=0}^{\infty}a_n\frac{x^n}{n!}, \qquad ①$$

其中

$$a_n=\sum\frac{n!}{n_1!\,n_2!\cdots n_m!},$$

求和是对方程 $n_1+n_2+\cdots+n_m=n$ 的一切正整数解来求. 根据第二类 Stirling 数的性质 3(2) 有

$$a_n=\begin{cases}0, & n<m;\\ \sum\dfrac{n!}{n_1!\,n_2!\cdots n_m!}=\sum\dbinom{n}{n_1\ n_2\cdots n_m}=m!\left\{\begin{matrix}n\\m\end{matrix}\right\}, & n\geqslant m.\end{cases}$$

将这个结果代入 ① 式得

$$(e^x-1)^m=\sum_{n=m}^{\infty}m!\left\{\begin{matrix}n\\m\end{matrix}\right\}\frac{x^n}{n!}.$$

可以近似地将 $(e^x-1)^m$ 看成 $\left\{\begin{matrix}n\\m\end{matrix}\right\}$ 的指数生成函数,只不过相差 $m!$ 倍罢了. 用二项式定理将 $(e^x-1)^m$ 展开得

$$\begin{aligned}&(e^x-1)^m\\&=\binom{m}{m}e^{mx}-\binom{m}{m-1}e^{(m-1)x}+\binom{m}{m-2}e^{(m-2)x}-\cdots+(-1)^m\binom{m}{0}\cdot 1\\&=\binom{m}{m}\left(1+\frac{m}{1!}x+\frac{m^2}{2!}x^2+\cdots\right)-\binom{m}{m-1}\left(1+\frac{(m-1)}{1!}x+\frac{(m-1)^2}{2!}x^2+\cdots\right)\\&\quad+\binom{m}{m-2}\left(1+\frac{(m-2)}{1!}x+\frac{(m-2)^2}{2!}x^2+\cdots\right)-\cdots+(-1)^m\binom{m}{0}\cdot 1.\end{aligned}$$

比较上式两边 $\frac{x^n}{n!}$ 的系数得

$$m!\left\{\begin{matrix}n\\m\end{matrix}\right\}=\binom{m}{m}m^n-\binom{m}{m-1}(m-1)^n+\binom{m}{m-2}(m-2)^n-\cdots+(-1)^{m-1}\binom{m}{1}\cdot 1^n,$$

从而得到关于 $\left\{\begin{matrix}n\\m\end{matrix}\right\}$ 的恒等式

$$\left\{\begin{matrix}n\\m\end{matrix}\right\}=\frac{1}{m!}\left[\binom{m}{m}m^n-\binom{m}{m-1}(m-1)^n+\binom{m}{m-2}(m-2)^n-\cdots+(-1)^{m-1}\binom{m}{1}\cdot 1^n\right].$$

通过这个恒等式也可以计算 $\left\{\begin{matrix}n\\m\end{matrix}\right\}$. 例如

$$\left\{\begin{matrix}5\\2\end{matrix}\right\}=\frac{1}{2!}\left[\binom{2}{2}2^5-\binom{2}{1}1^5\right]=\frac{1}{2}(32-2)=15,$$

$$\left\{\begin{matrix}4\\2\end{matrix}\right\}=\frac{1}{2!}\left[\binom{2}{2}2^4-\binom{2}{1}1^4\right]=\frac{1}{2}(16-2)=7.$$

习题二十二

1. 设 $f(n)$ 是 Fibonacci 数,计算

$$f(0)-f(1)+f(2)-\cdots+(-1)^nf(n).$$

2. 证明以下关于 Fibonacci 数的恒等式

(1) $f^2(n-1)+f^2(n)=f(2n)$；

(2) $f(n)\cdot f(n+1)-f(n-1)\cdot f(n-2)=f(2n)$；

(3) $f^3(n)+f^3(n+1)-f^3(n-1)=f(3n+2)$.

3. 设 $f(n)$ 是 Fibonacci 数，

(1) 证明 $f(n)\cdot f(n+2)-f^2(n+1)=\pm 1$；

(2) 当 n 是什么值时，等式右边是 1？当 n 是什么值时，等式右边是 -1？

4. 设级数 $\{H_n\}$ 满足 $H_1=a$，$H_2=b$，且 $H_{n+2}=H_{n+1}+H_n$，求 H_n.

5. 已知 $a_0=0$，$a_1=1$，$a_2=4$，$a_3=12$ 满足递推方程 $a_n+c_1a_{n-1}+c_2a_{n-2}=0$，求 c_1 和 c_2.

6. 求解递推方程：

(1) $\begin{cases}a_n-7a_{n-1}+12a_{n-2}=0,\\a_0=4,\ a_1=6;\end{cases}$　　(2) $\begin{cases}a_n+a_{n-2}=0,\\a_0=0,\ a_1=2;\end{cases}$

(3) $\begin{cases}a_n+6a_{n-1}+9a_{n-2}=3,\\a_0=0,\ a_1=1;\end{cases}$　　(4) $\begin{cases}a_n-3a_{n-1}+2a_{n-2}=1,\\a_0=4,\ a_1=6;\end{cases}$

(5) $\begin{cases}a_n-7a_{n-1}+10a_{n-2}=3^n,\\a_0=0,\ a_1=1.\end{cases}$

7. 已知递推方程 $c_0a_n+c_1a_{n-1}+c_2a_{n-2}=f(n)$ 的解是 3^n+4^n+2，若对所有的 n 有 $f(n)=6$，求 c_0，c_1 和 c_2.

8. 求解递推方程：

(1) $\begin{cases}na_n+(n-1)a_{n-1}=2^n, & n\geqslant 1,\\a_0=273;\end{cases}$　　(2) $\begin{cases}a_n-na_{n-1}=n!, & n\geqslant 1,\\a_0=2.\end{cases}$

9. 设 a_n 是 n 个元素的集合的划分个数，证明

$$a_{n+1}=\sum_{i=0}^{\infty}\binom{n}{i}a_i,\qquad a_0=1.$$

10. 设 a_n 为一凸 n 边形被其对角线划分为互不重合的区域个数，设该凸 n 边形每三条对角线都不交于一点.

(1) 证明

$$\begin{cases}a_n-a_{n-1}=\dfrac{(n-1)(n-2)(n-3)}{6}+n-2, & n\geqslant 3,\\a_0=a_1=a_2=0;\end{cases}$$

(2) 求 a_n.

11. 求下列 n 阶行列式的值 d_n，

$$d_n=\begin{vmatrix}2&1&0&\cdots&0&0\\1&2&1&\cdots&0&0\\0&1&2&\cdots&0&0\\\cdots&\cdots&\cdots&\cdots&\cdots&\cdots\\0&0&0&\cdots&1&2\end{vmatrix}.$$

12. 平面上有 n 条直线，它们两两相交且没有三线交于一点，问这 n 条直线把平面分成多少个区域？

13. 一个 $1\times n$ 的方格图形用红、蓝两色涂色每个方格. 如果每个方格只能涂一种颜色，且不允许两个红格相邻，问有多少种涂色方案？

14. 设 $f(n,k)$ 是从集合 $\{1,2,\cdots,n\}$ 中选出的没有两个连续整数的 k- 子集个数.

(1) 给出 $f(n,k)$ 满足的递推方程；

(2) 证明 $f(n,k)=\dbinom{n-k+1}{k}$；

(3) 证明$\{1,2,\cdots,n\}$的不含两个连续整数的所有子集个数是 Fibonacci 数 $f(n+1)$.

15. 在图 22.8 的长方形中，$AC/AB=(1+\sqrt{5})/2$. 作线段 EF，使 $ABFE$ 是一个正方形，证明长方形 $EFDC$ 和 $ACDB$ 相似. 如果重复这个过程，就得到图 22.8 中的图形. 证明每一步得到的长方形都和原来的长方形相似.

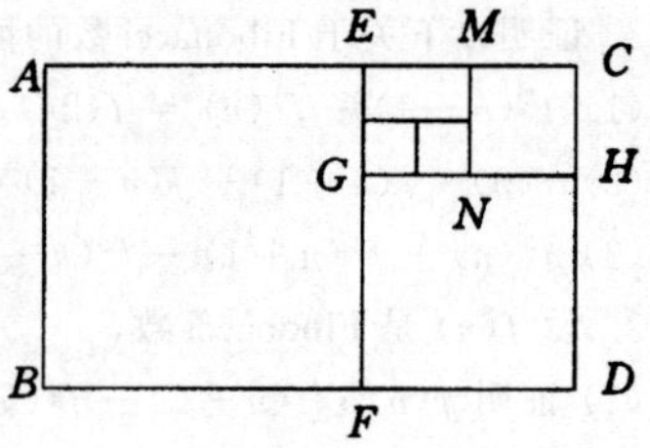

图 22.8

16. 证明生成函数的性质 2,5,8 和 10.

17. 确定数列$\{a_n\}$的生成函数.

(1) $a_n=(-1)^n(n+1)$；　(2) $a_n=(-1)^n 2^n$；

(3) $a_n=n+5$；　(4) $a_n=\binom{n}{3}$.

18. 设数列$\{a_n\}$的生成函数为 $A(x)$，试确定 a_n.

(1) $A(x)=\dfrac{x(1+x)}{(1-x)^3}$；　(2) $A(x)=\dfrac{1}{(1-x)(1-x^2)}$.

19. 设多重集 $S=\{\infty\cdot a_1,\infty\cdot a_2,\infty\cdot a_3,\infty\cdot a_4\}$，$c_n$ 是 S 的满足以下条件的 n- 组合数，且数列$\{c_n\}$的生成函数为 $C(x)$，求 $C(x)$.

(1) 每个 a_i 出现奇数次，$i=1,2,3,4$；　(2) 每个 a_i 出现 3 的倍数次，$i=1,2,3,4$；

(3) a_1 不出现，a_2 至多出现 1 次；　(4) a_1 出现 1、3 或 11 次，a_2 出现 2、4 或 5 次；

(5) 每个 a_i 至少出现 10 次.

20. 一个 $1\times n$ 的方格图形用红、蓝、绿或橙四种颜色涂色. 如果有偶数个方格被涂成红色，还有偶数个方格被涂成绿色，问有多少种方案？

21. 证明正整数 N 被无序剖分成允许重复的正整数的方法数等于多重集$\{N\cdot a\}$划分成子多重集的方法数.

22. 证明方程 $x_1+x_2+\cdots+x_7=13$ 和方程 $x_1+x_2+\cdots+x_{14}=6$ 有相同数目的非负整数解.

23. 设将 N 无序剖分成正整数之和且使得这些正整数都小于等于 m 的方法数为 $P(N,m)$，证明 $P(N,m)=P(N,m-1)+P(N-m,m)$.

24. 设(N,n,m)表示将 N 有序剖分成 n 个正整数且每个正整数都小于等于 m 的方案数，证明(N,n,m)就是$(x+x^2+\cdots+x^m)^n$ 的展开式中 x^N 的系数.

25. 证明 N 的一种剖分(在这些剖分中仅仅奇数项是可以重复的) 的个数等于 N 的另一种剖分(在这些剖分中没有一个项出现的次数大于 3) 的个数.

26. 确定下面数列$\{a_n\}$的指数生成函数.

(1) $a_n=n!$；　(2) $a_n=2^n\cdot n!$；　(3) $a_n=(-1)^n$.

27. 证明下面的等式：

$$\sum_{k=0}^{n}\binom{n}{k}\binom{m+k}{m}^{-1}\frac{(-1)^k}{m+k+1}=\frac{1}{n+m+1}.$$

28. 用三个 1、两个 2、五个 3 可以组成多少个不同的四位数？如果这个四位数是偶数，那么又有多少个？

29. 确定由 n 个奇数字组成的，并且 1 和 3 每个数字出现正偶数次的数的个数.

30. $2n$ 个点均匀分布在一个圆周上，若用 n 条不相交的弦将这 $2n$ 个点配成 n 对，证明不同的配对方法数是第 $n+1$ 个 Catalan 数 $\dfrac{1}{n+1}\binom{2n}{n}$. 例如图 22.9 就给出了 8 个点的一种配对方案.

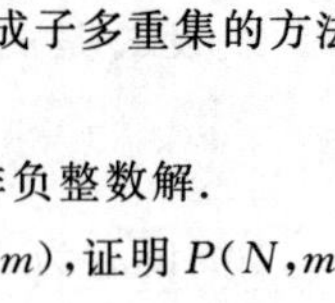

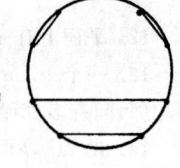

图 22.9

31. 计算 $\begin{bmatrix}6\\n\end{bmatrix}$，其中 $n=1,2,3,4,5,6$.

32. 计算$\begin{bmatrix}7\\n\end{bmatrix}$,其中 $n=1,2,3,4,5,6,7$.

33. 证明 $n!=\begin{bmatrix}n\\n\end{bmatrix}n^n-\begin{bmatrix}n\\n-1\end{bmatrix}n^{n-1}+\begin{bmatrix}n\\n-2\end{bmatrix}n^{n-2}-\cdots$.

34. 用恰好 k 种可能的颜色做旗子,使得每面旗子由 n 条彩带构成($n\geqslant k$),且相邻的两条彩带的颜色都不相同,证明不同的旗子数是 $k!\begin{Bmatrix}n-1\\k-1\end{Bmatrix}$.

35. 设 $T(n,t)$ 表示将 n 元集划分成 t 个非空有序子集的方法数. 证明 $T(n,t)=t!\begin{Bmatrix}n\\t\end{Bmatrix}$.

36. 设 b_n 表示把 n 元集划分成非空子集的方法数,我们称 b_n 为 Bell 数. 证明

(1) $b_n=\binom{n-1}{0}b_0+\binom{n-1}{1}b_1+\cdots+\binom{n-1}{n-1}b_{n-1}$;

(2) $b_n=\begin{Bmatrix}n\\1\end{Bmatrix}+\begin{Bmatrix}n\\2\end{Bmatrix}+\cdots+\begin{Bmatrix}n\\n\end{Bmatrix}$.

第二十三章　组合计数定理

本章主要介绍两个组合计数定理 —— 包含排斥原理和 Polya 定理及其应用.

23.1　包含排斥原理

设 S 为有穷集，A 是 S 的子集，若把 A 相对于 S 的补集记作 $\overline{A}$，则有

$$|\overline{A}| = |S| - |A|.$$

设 P_1, P_2 是两种性质，A_1 和 A_2 分别表示 S 中具有性质 P_1 和性质 P_2 的元素构成的子集，则有

$$|\overline{A}_1 \cap \overline{A}_2| = |S| - |A_1| - |A_2| + |A_1 \cap A_2|.$$

这两个等式都是**包含排斥原理**的简单形式.

一般说来，设 S 为有穷集，$P_1, P_2, \cdots, P_m$ 是 m 种性质，且 A_i 是 S 中具有性质 P_i 的元素构成的子集，$i = 1,2,\cdots,m$. 这时包含排斥原理可叙述为：

定理 23.1　S 中不具有性质 $P_1, P_2, \cdots$ 和 P_m 的元素数是

$$|\overline{A}_1 \cap \overline{A}_2 \cap \cdots \cap \overline{A}_m| = |S| - \sum_{i=1}^{m} |A_i| + \sum_{1\leqslant i<j\leqslant m} |A_i \cap A_j|$$
$$- \sum_{1\leqslant i<j<k\leqslant m} |A_i \cap A_j \cap A_k| + \cdots + (-1)^m |A_1 \cap A_2 \cap \cdots \cap A_m|.$$

证　等式左边是 S 中不具有性质 $P_1, P_2, \cdots, P_m$ 的元素数. 我们将要证明，对 S 中的任何一个元素 x，如果 x 不具有性质 $P_1, P_2, \cdots, P_m$，则对等式右边的贡献是 1；如果 x 至少具有其中的一条性质，则对等式右边的贡献是 0.

设 x 不具有性质 $P_1, P_2, \cdots, P_m$，即 $\forall i \in \{1,2,\cdots,m\}, x \notin A_i$. 令 $T = \{1,2,\cdots,m\}$，对 T 的所有 2- 组合 $\{i,j\}$ 都有 $x \notin A_i \cap A_j$，对 T 的所有 3- 组合 $\{i,j,k\}$ 都有 $x \notin A_i \cap A_j \cap A_k, \cdots$，直到 $x \notin A_1 \cap A_2 \cap \cdots \cap A_m$. 但 $x \in S$，所以它对等式右边的贡献是

$$1 - 0 + 0 - 0 + \cdots + (-1)^m 0 = 1.$$

设 x 具有 n 条性质，$1 \leqslant n \leqslant m$，则 x 对 $|S|$ 的贡献是 1，对 $\sum_{i=1}^{m} |A_i|$ 的贡献是 $n = \binom{n}{1}$，对 $\sum_{1\leqslant i<j\leqslant m} |A_i \cap A_j|$ 的贡献为 $\binom{n}{2}, \cdots$，对 $|A_1 \cap A_2 \cap \cdots \cap A_m|$ 的贡献为 $\binom{n}{m}$，所以 x 对等式右边的总贡献是

$$\binom{n}{0} - \binom{n}{1} + \binom{n}{2} - \cdots + (-1)^m \binom{n}{m} = \binom{n}{0} - \binom{n}{1} + \binom{n}{2} - \cdots + (-1)^n \binom{n}{n} = 0. \quad \blacksquare$$

推论　S 中至少具有一条性质的元素数是

$$|A_1 \cup A_2 \cup \cdots \cup A_m| = \sum_{i=1}^{m} |A_i| - \sum_{1\leqslant i<j\leqslant m} |A_i \cap A_j|$$
$$+ \sum_{1\leqslant i<j<k\leqslant m} |A_i \cap A_j \cap A_k| - \cdots + (-1)^{m+1} |A_1 \cap A_2 \cap \cdots \cap A_m|.$$

证明　$|A_1 \cup A_2 \cup \cdots \cup A_m|$

$$
\begin{aligned}
&= |S| - |\overline{\overline{A}_1 \cup \overline{A}_2 \cup \cdots \cup \overline{A}_m}| \\
&= |S| - |\overline{A}_1 \cap \overline{A}_2 \cap \cdots \cap \overline{A}_m| \\
&= \sum_{i=1}^{m} |A_i| - \sum_{1 \leqslant i < j \leqslant m} |A_i \cap A_j| + \sum_{1 \leqslant i < j < k \leqslant m} |A_i \cap A_j \cap A_k| - \cdots \\
&\quad + (-1)^{m+1} |A_1 \cap A_2 \cap \cdots \cap A_m|.
\end{aligned}
$$
∎

【例 23.1】 求在 1 和 1000 之间(包括 1 和 1000 在内)不能被 5、6 和 8 整除的数的个数.

解 令 P_1, P_2, P_3 分别表示一个整数能被 5、6 或 8 整除的性质. 设

$$S = \{x \mid x \text{ 是整数且 } 1 \leqslant x \leqslant 1000\},$$

$$A_i = \{x \mid x \in S \text{ 且 } x \text{ 具有性质 } P_i\},\ i = 1,2,3.$$

则有下面的结果:

$$
\begin{aligned}
&|A_1| = [1000/5] = 200, \\
&|A_2| = [1000/6] = 166, \\
&|A_3| = [1000/8] = 125, \\
&|A_1 \cap A_2| = [1000/[5,6]] = [1000/30] = 33, \\
&|A_1 \cap A_3| = [1000/[5,8]] = [1000/40] = 25, \\
&|A_2 \cap A_3| = [1000/[6,8]] = [1000/24] = 41, \\
&|A_1 \cap A_2 \cap A_3| = [1000/[5,6,8]] = [1000/120] = 8.
\end{aligned}
$$

由定理 23.1 得

$$|\overline{A}_1 \cap \overline{A}_2 \cap \overline{A}_3| = 1000 - (200 + 166 + 125) + (33 + 25 + 41) - 8 = 600.$$

【例 23.2】 证明以下等式

$$\binom{n-m}{r-m} = \binom{m}{0}\binom{n}{r} - \binom{m}{1}\binom{n-1}{r} + \cdots + (-1)^m \binom{m}{m}\binom{n-m}{r},$$

其中 n, r, m 为正整数, $m \leqslant r \leqslant n$.

证 令 $S = \{1,2,\cdots,n\}$, $A = \{1,2,\cdots,m\}$. 等式左边表示从 S 中选取包含 A 的 r- 子集的方法数 N. 设 P_j 表示在 S 的 r- 子集中不包含 j 的性质, $j = 1,2,\cdots,m$, A_j 是具有性质 P_j 的 S 的 r- 子集的集合, 则

$$|A_j| = \binom{n-1}{r},\quad 1 \leqslant j \leqslant m,$$

$$|A_i \cap A_j| = \binom{n-2}{r},\quad 1 \leqslant i < j \leqslant m,$$

$$\cdots\cdots\cdots\cdots\cdots\cdots\cdots\cdots\cdots$$

$$|A_1 \cap A_2 \cap \cdots \cap A_m| = \binom{n-m}{r}.$$

由定理 23.1 得

$$
\begin{aligned}
N &= |\overline{A}_1 \cap \overline{A}_2 \cap \cdots \cap \overline{A}_m| \\
&= \binom{n}{r} - \binom{m}{1}\binom{n-1}{r} + \binom{m}{2}\binom{n-2}{r} - \cdots + (-1)^m \binom{m}{m}\binom{n-m}{r} \\
&= \binom{m}{0}\binom{n}{r} - \binom{m}{1}\binom{n-1}{r} + \binom{m}{2}\binom{n-2}{r} - \cdots + (-1)^m \binom{m}{m}\binom{n-m}{r}.
\end{aligned}
$$
∎

使用包含排斥原理可以解决许多组合计数问题,如多重集的r- 组合数, 不定方程的整数

解的个数等.

设多重集 $S=\{n_1\cdot a_1,n_2\cdot a_2,\cdots,n_k\cdot a_k\}$. 如果某个 $n_i>r$,我们可以用 r 来代替 n_i 得到多重集 S'. 不难看出 S' 的 r- 组合数就是 S 的 r- 组合数,所以不妨假设所有的 $n_i\leqslant r, i=1,2,\cdots,k$. 下面举例说明怎样用包含排斥原理来求 S 的 r- 组合数.

【例 23.3】 确定多重集 $S=\{3\cdot a, 4\cdot b, 5\cdot c\}$ 的 10- 组合数.

解 令 $T=\{\infty\cdot a,\infty\cdot b,\infty\cdot c\}$, T 的所有 10- 组合构成集合 W,由定理 21.6 得

$$|W|=\binom{3+10-1}{10}=\binom{12}{10}=\binom{12}{2}=66.$$

任取 T 的一个 10- 组合,如果其中的 a 多于 3 个,则称它具有性质 P_1;如果其中的 b 多于 4 个,则称它具有性质 P_2;如果其中的 c 多于 5 个,则称它具有性质 P_3. 令

$A_i=\{x\mid x\in W \text{ 且 } x \text{ 具有性质 } P_i\}$, $i=1,2,3$,则所求的 10- 组合数即 $|\overline{A_1}\cap\overline{A_2}\cap\overline{A_3}|$.

先计算 $|A_1|$, $|A_2|$ 和 $|A_3|$. A_1 中的每个 10- 组合至少含有 4 个 a,把这 4 个 a 拿走就得到 T 的一个 6- 组合. 反之,对 T 的任意一个6- 组合加上 4 个 a 就得到 A_1 中的一个10- 组合,所以 $|A_1|$ 就是 T 的6- 组合数,即

$$|A_1|=\binom{3+6-1}{6}=\binom{8}{6}=\binom{8}{2}=28.$$

同理可得

$$|A_2|=\binom{3+5-1}{5}=\binom{7}{5}=\binom{7}{2}=21,$$

$$|A_3|=\binom{3+4-1}{4}=\binom{6}{4}=\binom{6}{2}=15.$$

用类似的方法可以得到下面的结果:

$$|A_1\cap A_2|=\binom{3+1-1}{1}=3,$$

$$|A_1\cap A_3|=\binom{3+0-1}{0}=1,$$

$$|A_2\cap A_3|=0,$$

$$|A_1\cap A_2\cap A_3|=0.$$

从而有

$$|\overline{A}_1\cap\overline{A}_2\cap\overline{A}_3|=66-(28+21+15)+(3+1+0)-0=6.$$

这与用生成函数方法求解的结果是一致的(见例 22.25).

【例 23.4】 确定方程

$$\begin{cases}x_1+x_2+x_3=5,\\0\leqslant x_1\leqslant 2,\ 0\leqslant x_2\leqslant 2,\ 1\leqslant x_3\leqslant 5\end{cases}$$

的整数解的个数.

解 令 $x_3'=x_3-1$,代入原方程得

$$\begin{cases}x_1+x_2+x_3'=4,\\0\leqslant x_1\leqslant 2,\ 0\leqslant x_2\leqslant 2,\ 0\leqslant x_3'\leqslant 4.\end{cases}$$

不难看到该方程的整数解个数就是原方程的整数解个数,也是多重集 $S=\{2\cdot a,2\cdot b,4\cdot c\}$ 的 4- 组合数. 仿照例 23.3 的方法求得 S 的 4- 组合数,结果得 9. 而原方程的 9 个整数解(x_1,x_2,

x_3）是(0,0,5),(0,1,4),(0,2,3),(1,0,4),(1,1,3),(1,2,2),(2,0,3),(2,1,2),(2,2,1).

【例 23.5】 设 n 是正整数,$n \geqslant 2$,欧拉函数 $\phi(n)$ 表示小于等于 n 且与 n 互质的正整数个数.求 $\phi(n)$ 的表达式.

解 对于任意给定的正整数 $n, n \geqslant 2$,都有如下的分解式

$$n = p_1^{\alpha_1} p_2^{\alpha_2} \cdots p_k^{\alpha_k},$$

其中 $p_1, p_2, \cdots, p_k$ 为素数,$\alpha_1, \alpha_2, \cdots, \alpha_k$ 为正整数.令

$$S = \{x \mid x \text{ 是小于等于 } n \text{ 的正整数}\},$$

$$A_i = \{x \mid x \in S \text{ 且 } p_i \text{ 整除 } x\},\ i = 1,2,\cdots,k.$$

则有以下结果:

$$|S| = n,$$

$$|A_i| = [n/p_i] = \frac{n}{p_i}, \qquad i = 1,2,\cdots,k,$$

$$|A_i \cap A_j| = [n/[p_i, p_j]] = \frac{n}{p_i p_j}, \qquad 1 \leqslant i < j \leqslant k,$$

$$\cdots\cdots$$

$$|A_1 \cap A_2 \cap \cdots \cap A_k| = [n/[p_1, p_2, \cdots, p_k]] = \frac{n}{p_1 p_2 \cdots p_k}.$$

由定理 23.1 得

$$\begin{aligned}\phi(n) &= |\overline{A}_1 \cap \overline{A}_2 \cap \cdots \cap \overline{A}_k| \\ &= n - \sum_{i=1}^{k} \frac{n}{p_i} + \sum_{1 \leqslant i < j \leqslant k} \frac{n}{p_i p_i} - \cdots + (-1)^k \frac{n}{p_1 p_2 \cdots p_k} \\ &= n - n\left(\frac{1}{p_1} + \frac{1}{p_2} + \cdots + \frac{1}{p_k}\right) + n\left(\frac{1}{p_1 p_2} + \cdots + \frac{1}{p_{k-1} p_k}\right) - \cdots + (-1)^k \frac{n}{p_1 p_2 \cdots p_k} \\ &= n\left(1 - \frac{1}{p_1}\right)\left(1 - \frac{1}{p_2}\right)\cdots\left(1 - \frac{1}{p_k}\right).\end{aligned}$$

例如 $30 = 2 \times 3 \times 5$,则

$$\phi(30) = 30 \times \left(1 - \frac{1}{2}\right)\left(1 - \frac{1}{3}\right)\left(1 - \frac{1}{5}\right) = 8,$$

小于等于 30 且与 30 互质的正整数有 8 个,即 1,7,11,13,17,19,23 和 29.

下面考虑包含排斥原理的推广形式.为了书写方便,引入下述符号:

$$W(0) = |S|,$$

$$W(1) = \sum_{i=1}^{m} |A_i|,$$

$$W(2) = \sum_{1 \leqslant i < j \leqslant m} |A_i \cap A_j|,$$

$$W(3) = \sum_{1 \leqslant i < j < k \leqslant m} |A_i \cap A_j \cap A_k|,$$

$$\cdots\cdots$$

$$W(m) = |A_1 \cap A_2 \cap \cdots \cap A_m|.$$

使用这些符号,定理 23.1 可以写作

$$|\overline{A}_1 \cap \overline{A}_2 \cap \cdots \cap \overline{A}_m| = W(0) - W(1) + W(2) - \cdots + (-1)^m W(m)$$

$$=\sum_{t=0}^{m}(-1)^t W(t),$$

而推论则写作

$$|A_1 \cup A_2 \cup \cdots \cup A_m| = W(1) - W(2) + \cdots + (-1)^{m+1}W(m)$$
$$= \sum_{t=1}^{m}(-1)^{t+1}W(t).$$

定理 23.2 设 S 为有穷集，$P_1, P_2, \cdots, P_m$ 是 m 条性质，A_i 是 S 中具有性质 P_i 的元素构成的子集，$i=1,2,\cdots,m$，则 S 中恰好具有 $r(0 \leqslant r \leqslant m)$ 条性质的元素数是

$$W(r) - \binom{r+1}{r}W(r+1) + \binom{r+2}{r}W(r+2) - \cdots \pm \binom{m}{r}W(m)$$
$$= \sum_{t=0}^{m-r}(-1)^t\binom{r+t}{t}W(r+t).$$

证明 任取 $x \in S$，若 x 具有的性质数少于 r，则 x 对公式的各项贡献为 0. 若 x 恰好具有 r 条性质，则 x 对 $W(r)$ 项贡献为 1，而对以后各项贡献都是 0，所以 x 对公式的总贡献是 1. 若 x 恰好具有 $r+k$ 条性质，$k=1,2,\cdots,m-r$，则 x 对公式中的 $W(r+j)$ 项的贡献为 $\binom{r+k}{r+j}$，其中 $j=0,1,\cdots,k$，而对以后的各项贡献为 0，因而 x 对公式的总贡献是

$$\sum_{j=0}^{k}(-1)^j\binom{r+j}{r}\binom{r+k}{r+j} = \sum_{j=0}^{k}(-1)^j\binom{r+k}{r}\binom{k}{j} \qquad \text{(根据式(21.8))}$$
$$= \binom{r+k}{r}\sum_{j=0}^{k}(-1)^j\binom{k}{j}$$
$$= 0. \qquad \text{(根据式(21.5))}$$

综上所述，公式计数了 S 中恰好具有 r 条性质的元素. ▌

定理 23.2 是包含排斥原理的推广形式，当 $r=0$ 时公式变成

$$\sum_{t=0}^{m}(-1)^t\binom{t}{t}W(t) = \sum_{t=0}^{m}(-1)^t W(t),$$

这就是包含排斥原理(定理 23.1).

【例 23.6】 对 24 名科技人员进行掌握外语情况的调查，其统计资料如下：每个人至少会一门外语，其中会英、日、德和法语的人数分别是 13，5，10 和 9 人，会英语和日语两种语言的有 2 人，会英语和德语、英语和法语、德语和法语的各有 4 人. 如果会日语的人既不懂法语也不懂德语，问只会一种语言的有多少人？会英、德和法语三种语言的有多少人？

解 设 S 是 24 名科技人员构成的集合，A_1, A_2, A_3 和 A_4 分别代表其中会英语、日语、德语和法语的人构成的子集，由题意不难得到

$$|A_1| = 13,\ |A_2| = 5,\ |A_3| = 10,\ |A_4| = 9,$$
$$|A_1 \cap A_2| = 2,\ |A_1 \cap A_3| = 4,\ |A_1 \cap A_4| = 4,$$
$$|A_2 \cap A_3| = 0,\ |A_2 \cap A_4| = 0,\ |A_3 \cap A_4| = 4,$$
$$|A_1 \cap A_2 \cap A_3 \cap A_4| = 0,$$
$$|A_1 \cap A_2 \cap A_3| = 0,\ |A_1 \cap A_2 \cap A_4| = 0,\ |A_2 \cap A_3 \cap A_4| = 0,$$
$$W(1) = |A_1| + |A_2| + |A_3| + |A_4| = 37,$$

$$W(2)=\sum_{1\leqslant i<j\leqslant 4}|A_i\cap A_j|=2+4+4+4=14,$$
$$W(3)=|A_1\cap A_3\cap A_4|,$$
$$W(4)=0.$$

由定理 23.1 的推论有

$$W(1)-W(2)+W(3)-W(4)=24,$$

解得 $W(3)=1$，即 $|A_1\cap A_3\cap A_4|=1$. 又由定理 23.2 知道只会一种语言的人数是

$$\begin{aligned}&W(1)-\binom{2}{1}W(2)+\binom{3}{2}W(3)-\binom{4}{3}W(4)\\&=37-2\times 14+3\times 1-4\times 0\\&=12.\end{aligned}$$

【例 23.7】 证明组合恒等式

$$\sum_{i=n}^{m}(-1)^{i-n}\binom{m}{i}\binom{i}{n}=0,\qquad 其中\ m,n\in Z^{+},n<m.$$

证 令 $S-\{u\}$，且 u 具有 m 条性质，则有

$$W(i)=\binom{m}{i},\quad i=n,\ n+1,\ \cdots,m.$$

又知 S 中具有 n 条性质的元素数为 0，由定理 23.2 得

$$\sum_{t=0}^{m-n}(-1)^{t}\binom{n+t}{t}W(n+t)=0.$$

将 $t=i-n$ 和 $W(i)=\binom{m}{i}$ 依次代入得

$$\sum_{i=n}^{m}(-1)^{i-n}\binom{i}{i-n}\binom{m}{i}=0,$$

即

$$\sum_{i=n}^{m}(-1)^{i-n}\binom{m}{i}\binom{i}{n}=0. \qquad \blacksquare$$

23.2 对称筛公式及应用

考虑上一节的定理 23.1，若 m 种性质是对称的，即对任意给定的正整数 k，$1\leqslant k\leqslant m-1$，任意选择 k 种性质 $P_{i_1},P_{i_2},\cdots,P_{i_k}$，具有这些性质的元素数仅与 k 的大小有关，而与这 k 种性质的选择无关. 例如

$k=1$，有 $|A_1|=|A_2|=\cdots=|A_m|=N_1$，

$k=2$，有 $|A_1\cap A_2|=|A_1\cap A_3|=\cdots=|A_{m-1}\cap A_m|=N_2$，

$k=3$，有 $|A_1\cap A_2\cap A_3|=|A_1\cap A_2\cap A_4|=\cdots=|A_{m-2}\cap A_{m-1}\cap A_m|=N_3$，

………………………………………………

$k=m-1$，有 $|A_1\cap A_2\cap\cdots\cap A_{m-1}|=\cdots=|A_2\cap A_3\cap\cdots\cap A_m|=N_{m-1}$.

此外，又将 $|\overline{A}_1\cap\overline{A}_2\cap\cdots\cap\overline{A}_m|$ 记为 N_0，$|S|$ 记为 N，$|A_1\cap A_2\cap\cdots\cap A_m|$ 记为 N_m，则定理 23.1 中的公式表示为

$$N_0 = N - \binom{m}{1}N_1 + \binom{m}{2}N_2 - \cdots \pm \binom{m}{m}N_m = N + \sum_{t=1}^{m}(-1)^t\binom{m}{t}N_t.$$

这个公式称作**对称筛公式**,它在组合计数问题中有着广泛的应用,如错位排列,有限制条件的排列和有禁区排列的计数.

考虑下面的例子,在书架上有 5 本书,把它们全拿下来,然后再放回到书架上,要使得没有一本书在原来的位置上,问有多少种放法?这个问题就是一个错位排列问题.

一般地,设排列 τ 是 $1\ 2\cdots n$,τ 的一个**错位排列**就是排列 $i_1 i_2 \cdots i_n$,且 $i_j \neq j$, $j = 1,2,\cdots,n$. 我们用 D_n 表示 τ 的错位排列数.

当 $n = 1$ 时,不存在错位排列,所以 $D_1 = 0$.

当 $n = 2$ 时,错位排列只有 21,所以 $D_2 = 1$.

当 $n = 3$ 时,错位排列有 231,312,所以 $D_3 = 2$.

当 $n = 4$ 时,错位排列有 2143,2341,2413,3142,3412,3421,4123,4312,4321,所以 $D_4 = 9$.

对于一般的 n,我们有以下的定理.

定理 23.3 对于 $n \geqslant 1$ 有

$$D_n = n!\left(1 - \frac{1}{1!} + \frac{1}{2!} - \frac{1}{3!} + \cdots + (-1)^n\frac{1}{n!}\right).$$

证 设 $\tau = 12\cdots n$, $X = \{1,2,\cdots,n\}$,定义

$$S = \{y \mid y \text{ 是 } X \text{ 的一个排列}\}.$$

对于 $i = 1,2,\cdots,n$,规定在 X 的排列中,如果 i 在第 i 个位置,则这个排列具有性质 P_i. 易见性质 $P_1, P_2, \cdots, P_n$ 具有对称性. 令

$$A_i = \{x \mid x \in S \text{ 且 } x \text{ 具有性质 } P_i\},\ i = 1,2,\cdots,n,$$

则 $N = n!$,且有

$$N_1 = (n-1)!, N_2 = (n-2)!, \cdots, N_k = (n-k)!, \cdots, N_n = 0!.$$

由对称筛公式得

$$\begin{aligned} D_n &= n! - \binom{n}{1}(n-1)! + \binom{n}{2}(n-2)! - \cdots + (-1)^n\binom{n}{n}0! \\ &= n! - \frac{n!}{1!} + \frac{n!}{2!} - \cdots + (-1)^n\frac{n!}{n!} \\ &= n!\left[1 - \frac{1}{1!} + \frac{1}{2!} - \cdots + (-1)^n\frac{1}{n!}\right]. \end{aligned}$$ ∎

例如:

$$D_4 = 4!\left[1 - \frac{1}{1!} + \frac{1}{2!} - \frac{1}{3!} + \frac{1}{4!}\right] = 24 \times \frac{12 - 4 + 1}{24} = 9.$$

$$D_5 = 5!\left[1 - \frac{1}{1!} + \frac{1}{2!} - \frac{1}{3!} + \frac{1}{4!} - \frac{1}{5!}\right] = 120 \times \frac{60 - 20 + 5 - 1}{120} = 44.$$

【例 23.8】

(1) 重新排列 123456789,使得偶数在原来的位置上而奇数不在原来的位置上,问有多少种排法?

(2) 如果要求只有 4 个数在原来的位置上,那么又有多少种排法?

解 (1) 这种排列相当于 13579 的错位排列,由定理 23.3 有

$$D_5 = 5!\left[1-\frac{1}{1!}+\frac{1}{2!}-\frac{1}{3!}+\frac{1}{4!}-\frac{1}{5!}\right]=44.$$

(2) 从$\{1,2,\cdots,9\}$中任取 4 个数的取法为$\binom{9}{4}$,而其他 5 个数的错位排列数是 D_5,由乘法法则所求的排列数是

$$\binom{9}{4}D_5 = 126\times 44 = 5544.$$

当 n 足够大时,错位排列出现的概率大约为$\frac{1}{\mathrm{e}}$. 由

$$\mathrm{e}^{-1} = 1-\frac{1}{1!}+\frac{1}{2!}-\frac{1}{3!}+\cdots$$

得

$$\mathrm{e}^{-1} = \frac{D_n}{n!}+(-1)^{n+1}\frac{1}{(n+1)!}+(-1)^{n+2}\frac{1}{(n+2)!}+\cdots,$$

即

$$\left|\mathrm{e}^{-1}-\frac{D_n}{n!}\right| < \frac{1}{(n+1)!}.$$

当 n 足够大时错位排列的概率$\frac{D_n}{n!}\sim \mathrm{e}^{-1}$.

可以证明 D_n 满足下面的递推方程:

$$\begin{cases} D_n = (n-1)(D_{n-2}+D_{n-1}), & n\geqslant 3,\\ D_1 = 0,\ D_2 = 1. \end{cases}$$

考虑排列 $12\cdots n$ 的所有的错位排列. 根据第一位数字是 $2,3,\cdots$,或 n 将它们划分成 $n-1$ 类. 显然每一类的错位排列数相等,令 d_n 表示第一位是 2 的错位排列数,则

$$D_n = (n-1)d_n.$$

考虑所有形为 $2i_2i_3\cdots i_n$ 的错位排列,将它们划分成两个子类,称 $i_2=1$ 的为第一子类,并把其中的排列个数记作 d'_n,称 $i_2\neq 1$ 的为第二子类,个数记为 d''_n,那么有

$$d_n = d'_n + d''_n = D_{n-2}+D_{n-1},$$

从而得到

$$D_n = (n-1)(D_{n-2}+D_{n-1}).$$

这是一个二阶递推方程,初值是 $D_1=0, D_2=1$. 回顾例 22.15,使用迭代归纳法,该方程的解是

$$D_n = n!\left[1-\frac{1}{1!}+\frac{1}{2!}-\cdots+(-1)^n\frac{1}{n!}\right].$$

这与用包含排斥原理求解的结果一致.

下面考虑另一类有限制条件的排列问题,就是对元素之间相邻关系加以限制的排列问题.

设 $X=\{1,2,\cdots,n\}$,在 X 的排列中不出现 $12,23,\cdots,(n-1)n$ 的排列称为**有限制条件的排列**. 有限制条件的排列数记作 Q_n.

当 $n=1$ 时,$Q_1=1$. 当 $n=2$ 时,满足条件的排列是 21,所以 $Q_2=1$. 当 $n=3$ 时,满足条件的排列有 213,321,132,即 $Q_3=3$. 当 $n=4$ 时,满足条件的排列有 4132,4321,4213,3214,3241,3142,2431,2413,2143,1324,1432,即 $Q_4=11$.

对于一般的正整数 n,有下面的定理.

定理 23.4 设 n 是正整数,则
$$Q_n = n! - \binom{n-1}{1}(n-1)! + \binom{n-1}{2}(n-2)! - \cdots + (-1)^{n-1}\binom{n-1}{n-1} \cdot 1!.$$

证 设 $X = \{1, 2, \cdots, n\}, S = \{x \mid x \text{ 是 } X \text{ 的排列}\}$. 令 $A_j = \{x \mid x \in S \text{ 且 } j(j+1) \text{ 出现在 } x \text{ 中}\}, j = 1, 2, \cdots, n-1$. 不难证明
$$|A_j| = (n-1)! = N_1.$$

考虑 $|A_i \cap A_j|$,若排列 $x \in A_i \cap A_j$,则 $i(i+1), j(j+1)$ 都出现在 x 中. 如果 $i+1=j$,则 $i(i+1)(i+2)$ 可看成一个元素,相当于 $n-2$ 个元素的排列,即 $|A_i \cap A_j| = (n-2)!$. 如果 $i+1 \neq j$,则 $i(i+1), j(j+1)$ 各看成一个元素,也相当于 $n-2$ 个元素的排列,$|A_i \cap A_j|$ 也是 $(n-2)!$. 因此有
$$N_2 = |A_i \cap A_j| = (n-2)!.$$

类似的分析可以得到:对任意的 $1 \leqslant k \leqslant n-1$ 有
$$N_k = (n-k)!,$$

从而有
$$Q_n = n! - \binom{n-1}{1}(n-1)! + \binom{n-1}{2}(n-2)! - \cdots + (-1)^{n-1}\binom{n-1}{n-1} \cdot 1!. \quad \blacksquare$$

例如
$$\begin{aligned}
Q_4 &= 4! - \binom{4-1}{1}(4-1)! + \binom{4-1}{2}(4-2)! - \binom{4-1}{3} \cdot (4-3)! \\
&= 24 - 3 \times 3! + \binom{3}{2} \times 2! - \binom{3}{3} \cdot 1! \\
&= 24 - 18 + 6 - 1 \\
&= 11.
\end{aligned}$$

下面让我们考虑有禁区的排列问题. 先介绍棋盘多项式的概念.

设 C 是一个棋盘(大小一致的正方形方格相邻接构成的图形),$r_k(C)$ 表示把 k 个相同的棋子布到 C 中的方案数. 在布棋时任意两个棋子不允许落到棋盘的同一行和同一列.

例如
$$r_1(\square) = 1,$$
$$r_1(\;\boxminus\;) = r_1(\;\square\square\;) = r_1(\;\llcorner\!\sqcap\;) = 2,$$
$$r_2(\;\boxminus\;) = r_2(\;\square\square\;) = 0,$$
$$r_2(\;\llcorner\!\sqcap\;) = 1.$$

我们规定,对任意的棋盘 C 有 $r_0(C) = 1$. 不难证明布棋方案数具有下面的性质:

1. 对于任意的棋盘 C 和正整数 k,如果 k 大于 C 中的方格数,则 $r_k(C) = 0$;
2. $r_1(C)$ 等于 C 中的方格数;
3. 设 C_1 和 C_2 是两个棋盘,若 C_1 经过旋转或翻转就变成了 C_2,则 $r_k(C_1) = r_k(C_2)$;
4. 设 C_i 是从棋盘 C 中去掉指定的方格所在的行和列以后剩余的棋盘,C_l 是从棋盘 C 中去掉指定的方格以后剩余的棋盘,则有
$$r_k(C) = r_{k-1}(C_i) + r_k(C_l), \quad k \geqslant 1;$$

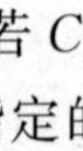

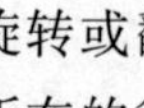

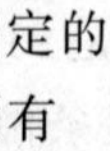

5. 设棋盘 C 由两个子棋盘 C_1 和 C_2 构成，如果 C_1 和 C_2 不存在公共的行和列，则

$$r_k(C)=\sum_{i=0}^{k} r_i(C_1)r_{k-i}(C_2).$$

定义 23.1 设 C 是棋盘，则

$$R(C)=\sum_{k=0}^{\infty} r_k(C)x^k$$

叫做**棋盘多项式**.

实际上棋盘多项式 $R(C)$ 就是 C 中的布棋方案数序列 $\{r_k(C)\}$ 的生成函数.

例如

$R($$)=r_0($$)+r_1($$)x+r_2($$)x^2=1+2x+x^2$,

$R($$)=r_0($$)+r_1($$)x+r_2($$)x^2=1+2x$.

根据 $r_k(C)$ 的性质不难证明 $R(C)$ 的性质：

1. $R(C)=xR(C_i)+R(C_l)$，其中 C_i 和 C_l 的含义如前所述；

2. $R(C)=R(C_1)\cdot R(C_2)$，其中 C_1 和 C_2 的含义也如前所述.

这两条性质的证明留给读者完成.

【例 23.9】 计算 $R($$)$ 和 $R($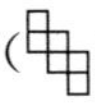$)$.

解 $R($$)=xR(□)+R(□□)$

$=x(1+x)+(1+2x)$

$=1+3x+x^2$,

$R($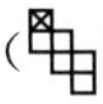$)=xR($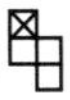$)+R($$)$

$=x[xR($$)+R($$)]+[xR($$)+R($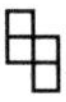$)]$

$=x[x(1+2x)+(1+3x+x^2)]+[x(1+3x+x^2)+R($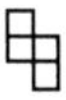$)]$

$=x(1+4x+3x^2)+(x+3x^2+x^3+1+4x+3x^2)$

$=1+6x+10x^2+4x^3$.

下面我们就利用棋盘多项式来解决有禁区的排列问题. 首先可以看到 $X=\{1,2,\cdots,n\}$ 的一个排列恰好对应了 n 个棋子在 $n\times n$ 棋盘上的一种布棋方案. 在图 23.1，棋盘的行表示 X 中的元素，列表示排列中的位置，则这种布棋方案就对应了排列 2143. 如果在排列中限制元素 i 不能排在第 j 个位置，则相应的布棋方案中棋盘的第 i 行第 j 列的方格不许放棋子. 所有不许放棋的方格构成了棋盘上的禁区.

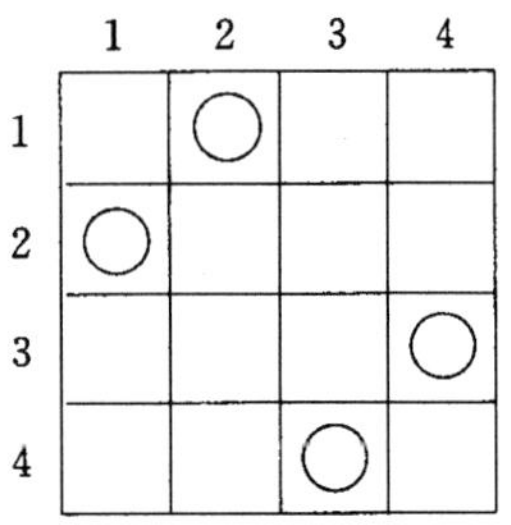

图 23.1

定理 23.5 设 C 是 $n\times n$ 的具有给定禁区的棋盘，这个禁区对应于集合 $\{1,2,\cdots,n\}$ 中的元素在排列中不允许出现的位置，则这种有禁区的排列数是

$$n!-r_1(n-1)!+r_2(n-2)!-\cdots+(-1)^n r_n.$$

其中 r_i 是 i 个棋子布置到禁区的方案数.

证 先不考虑禁区的限制，那么 n 个棋子布到 $n\times n$ 棋盘上的方案有 $n!$ 个. 如果对 n 个棋子分别编号为 $1,2,\cdots,n$，并且认为编号不同的棋子放入同样的格是不同的放置方案，那么带

编号的棋子布到 $n\times n$ 棋盘上的方案数是 $n!\cdot n!$. 我们把这些方案构成的集合记作 S.

对 $j=1,2,\cdots,n$，令 P_j 表示第 j 个棋子落入禁区的性质，A_j 表示 S 中具有性质 P_j 的方案构成的子集. 易见这些性质具有对称性，根据乘法法则不难得到以下结果：

$$N_1 = r_1(n-1)!(n-1)!,$$
$$N_2 = 2r_2(n-2)!(n-2)!,$$
$$\cdots\cdots$$
$$N_k = k!r_k(n-k)!(n-k)!,$$
$$\cdots\cdots$$
$$N_n = n!\cdot r_n.$$

由

$$\binom{n}{k}k!\cdot r_k(n-k)!(n-k)! = r_k(n-k)!n!,\quad k=1,2,\cdots,n$$

代入对称筛公式得

$$N_0 = n!n! - r_1(n-1)!n! + r_2(n-2)!n! - \cdots + (-1)^n r_n\cdot n!.$$

由于带编号的布棋方案数与不带编号的布棋方案数相差 $n!$ 倍，因此所求的方案数是

$$n! - r_1(n-1)! + r_2(n-2)! - \cdots + (-1)^n r_n.$$ ▌

需要说明一点，这个定理适用于 $n\times n$ 棋盘的小禁区布棋问题. 如果是 $m\times n$ 的棋盘或者禁区很大的棋盘的布棋问题，那么只能直接用 $R(C)$ 来求解.

【例 23.10】 用四种颜色（红、蓝、绿、黄）涂染四台仪器 A,B,C 和 D. 规定每台仪器只能用一种颜色并且任意两台仪器都不能相同. 如果 B 不允许用蓝色和红色，C 不允许用蓝色和绿色，D 不允许用绿色和黄色，问有多少种染色方案？

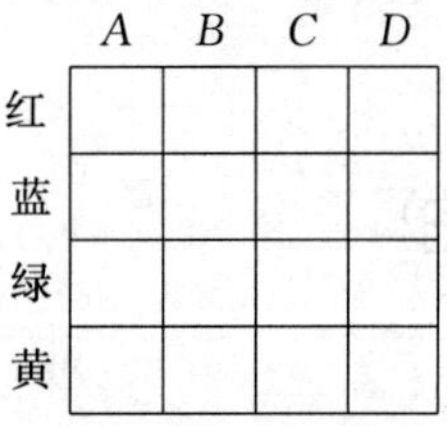

图 23.2

解 这个问题就是图 23.2 中的有禁区的布棋问题. 禁区的棋盘多项式为

R() $= 1 + 6x + 10x^2 + 4x^3$,

从而得到

$$r_1 = 6,\ r_2 = 10,\ r_3 = 4,\ r_4 = 0.$$

根据定理 23.5，所求的方案数是

$$N = 4! - 6\cdot 3! + 10\cdot 2! - 4\cdot 1! + 0 = 24 - 36 + 20 - 4 = 4.$$

【例 23.11】 错位排列问题也可以看作是有禁区的排列问题，其禁区在主对角线上. 下面使用定理 23.5 来求 D_n.

解 禁区的棋盘多项式是

$$R\begin{pmatrix}\square & & \\ & \ddots & \\ & & \square\end{pmatrix} = \underbrace{R(\square)\cdot R(\square)\cdots\cdot R(\square)}_{n\text{个}} = (1+x)^n$$
$$= 1 + \binom{n}{1}x + \binom{n}{2}x^2 + \cdots + \binom{n}{n}x^n,$$

从而得到

$$r_1 = n,\ r_2 = \binom{n}{2},\ \cdots,\ r_n = \binom{n}{n}.$$

根据定理 23.5 有

$$D_n = n! - n(n-1)! + \binom{n}{2}(n-2)! - \cdots + (-1)^n \binom{n}{n} \cdot 0!$$
$$= n!\left[1 - \frac{1}{1!} + \frac{1}{2!} - \cdots + (-1)^n \frac{1}{n!}\right].$$

最后让我们考虑一个二重错位排列问题.

【例 23.12】 家庭问题(Menage 问题) 有 n 对夫妻($n \geqslant 3$) 围圆桌就座. 如果要求男女相间且每对夫妻不能相邻,问有多少种方法?称这个方法数为 Menage 数.

解 先让女士们间隔就座,就座的方法数是$(n-1)!$. 对于任何一种就座的方式,不妨将女士们依顺时针方向记为$\bar{1},\bar{2},\cdots,\bar{n}$. 令$\bar{i}$女士的丈夫为$i$,其中$i = 1,2,\cdots,n$,且将$\bar{i}$和$\overline{i+1}$女士之间的座位记为$i(i = 1,2,\cdots,n-1)$,$\bar{n}$和$\bar{1}$女士之间的座位记为$n$. 假设男士们就座的顺序为$i_1 i_2 \cdots i_n$,则依题意必有$i_j \neq j$,$i_j \neq j+1(j = 1,2,\cdots,n-1)$,且$i_n \neq n$, $i_n \neq 1$. 换句话说,要构成$\{1,2,\cdots,n\}$的排列$i_1 i_2 \cdots i_n$,且使得在下述阵列的每列中的元素都不相同.

$$\begin{matrix} 1 & 2 & \cdots & n-1 & n \\ 2 & 3 & \cdots & n & 1 \\ i_1 & i_2 & \cdots & i_{n-1} & i_n \end{matrix}$$

称排列$i_1 i_2 \cdots i_n$为**二重错位排列**. 设U_n是长为n的二重错位排列数,则 Menage 数恰好等于$(n-1)!U_n$.

设S是$\{1,2,\cdots,n\}$的所有排列的集合. 性质P_j表示在排列$i_1 i_2 \cdots i_n$中$i_j = j$或$i_j = j+1$,$j = 1,2,\cdots,n-1$,且P_n表示$i_n = n$或$i_n = 1$. 令$A_j = \{x \mid x \in S$且x具有性质$P_j\}$,$j = 1,2,\cdots,n$,则$U_n = |\overline{A}_1 \cap \overline{A}_2 \cap \cdots \cap \overline{A}_n|$.

若排列$i_1 i_2 \cdots i_n$中有k个位置的数字满足$P_1,P_2,\cdots,P_n$中的k条性质,则其他的$n-k$个位置的数字有$(n-k)!$种选法. 依对称筛公式所求的排列数U_n似乎应该等于$n! + \sum_{k=1}^{n}(-1)^k \binom{n}{k}(n-k)!$. 但是由于性质$P_1,P_2,\cdots,P_n$并不是互相独立的,例如$i_1 = 2$时$i_2$不可能再等于 2. 因此使得排列中有$k$个位置满足性质的方式不是$\binom{n}{k}$种. 我们不得不针对这种情况将对称筛公式做适当的修正. 考察下述$2n$个数的序列:

$$1,2,2,3,3,4,\cdots,n-1,n,n,1.$$

要从这个数列中选择k个不相邻的数,并且使得前后两个 1 不同时出现,易见这样的选法与排列$i_1 i_2 \cdots i_n$中有k个位置满足性质的方式是一一对应的. 设$a_1, a_2, \cdots, a_k$是上述序列中的k个不相邻的位置,则

$$1 \leqslant a_1 < a_2 - 1 < a_3 - 2 < \cdots < a_k - (k-1) \leqslant 2n - (k-1),$$

即$\{a_1, a_2 - 1, a_3 - 2, \cdots, a_k - (k-1)\}$是集合$\{1, 2, \cdots, 2n-(k-1)\}$的一个$k$-组合. 反之,任给集合$\{1, 2, \cdots, 2n-(k-1)\}$的一个$k$-组合$\{b_1,b_2,\cdots,b_k\}$,其中

$$1 \leqslant b_1 < b_2 < \cdots < b_k \leqslant 2n-(k-1),$$

则

$$\{b_1, b_2+1, b_3+2, \cdots, b_k+(k-1)\}$$

是 $2n$ 个位置中的 k 个不相邻位置的一种选法.因此,从 $2n$ 个位置选取 k 个不相邻位置的方法数就是集合$\{1, 2, \cdots, 2n-(k-1)\}$ 的k- 组合数$\binom{2n-(k-1)}{k}$.下面要从这些选法中去掉位置 1 和位置 $2n$ 同时出现的选法.而位置 1 和位置 $2n$ 同时被选中的选法相当于从位置 3, 4, $\cdots$, $2n-2$ 中选取 $k-2$ 个不相邻位置的方法,即有

$$\binom{2n-4-(k-2-1)}{k-2}=\binom{2n-k-1}{k-2}$$

种方法.因此所求的 k 种性质成立的方法数是

$$\binom{2n-(k-1)}{k}-\binom{2n-k-1}{k-2}=\frac{2n}{2n-k}\binom{2n-k}{k}.$$

将对称筛公式中的$\binom{n}{k}$用$\frac{2n}{2n-k}\binom{2n-k}{k}$代替得到

$$U_n=n!+\sum_{k=1}^{n}(-1)^k\frac{2n}{2n-k}\binom{2n-k}{k}(n-k)!,$$

而 Menage 数则等于$(n-1)!U_n$.

例如 3 对夫妻(A,a,B,b,C,c) 安排就座应该有

$$\begin{aligned}(3-1)!U_3&=2!\Big[3!-\frac{2\times3}{2\times3-1}\binom{2\times3-1}{1}(3-1)!\\&\quad+\frac{2\times3}{2\times3-2}\binom{2\times3-2}{2}(3-2)!\\&\quad-\frac{2\times3}{2\times3-3}\binom{2\times3-3}{3}(3-3)!\Big]\\&=2\times\Big[3!-\frac{6}{5}\times5\times2+\frac{6}{4}\binom{4}{2}\times1-2\Big]\\&=2\times(6-12+9-2)\\&=2\end{aligned}$$

种方式,就是图 23.3 中的方式.

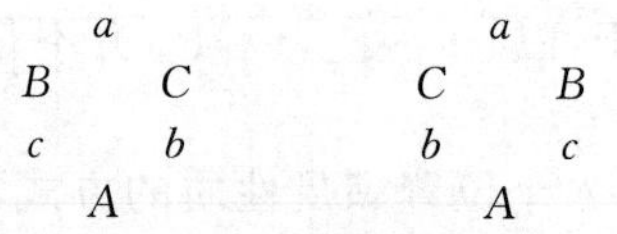

图 23.3

23.3 Burnside 引理

考虑下面的计数问题:把一个 2×2 的方格棋盘用黑或白两色涂色每个方格,如果棋盘可以随意转动,问有多少种不同的涂色方案?

请看图 23.4,如果棋盘固定不动,共有 $2^4=16$ 种不同的涂色方案.但是当棋盘转动时,其中的一些方案可以变成另一些方案,如方案 3 逆时针转 90° 就变成方案 4.同样的,方案 3 也可以变成方案 5 和方案 6.换句话说,在一个置换群的作用下,方案 3,4,5,6 是彼此等价的.原来的计数问题实际上是计数在一个置换群作用下的不同的等价类的个数.不难看出共有 6 个等价类:$\{1\}$,$\{2\}$,$\{3,4,5,6\}$,$\{7,8,9,10\}$,$\{11,12\}$,$\{13,14,15,16\}$.为了解决这种等价类的计数

问题,我们需要另外一个重要的计数定理——Polya 定理.本节先引入置换群的有关概念和 Burnside 引理.

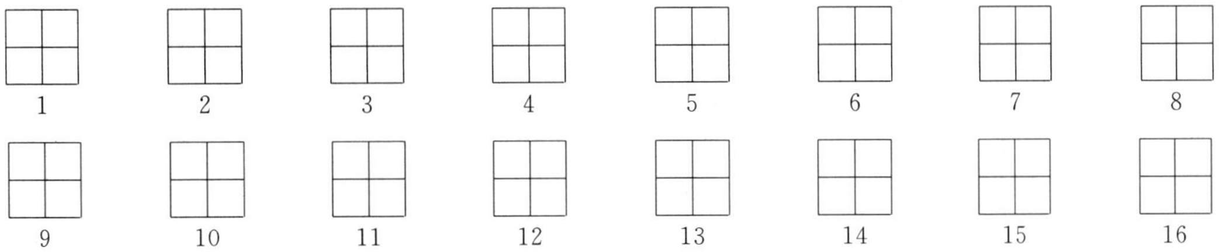

图 23.4

定义 23.2 设 $N=\{1,2,\cdots,n\}$,G 是 N 上的置换群.对于任意的 $k\in N$,称置换的集合

$$Z_k=\{\sigma\mid\sigma\in G\wedge\sigma(k)=k\}$$

是 k 的**不变置换类**[①].

例如 $G=\{(1),(12),(34),(12)(34)\}$ 是 S_4 的子群,则

$$Z_1=Z_2=\{(1),(34)\},Z_3=Z_4=\{(1),(12)\}.$$

不验证明,$\forall k\in N$,Z_k 是 G 的子群.

定义 23.3 设 $N=\{1,2,\cdots,n\}$,G 是 N 上的置换群,R 是 N 上的等价关系且 $\forall x,y\in N$ 有

$$xRy\Longleftrightarrow\exists\sigma(\sigma\in G\wedge\sigma(x)=y).$$

对于任意 $k\in N$,称 k 关于 R 的等价类是 k 的**轨道**,记作 E_k,即

$$E_k=\{l\mid l\in N\wedge kRl\}.$$

例如 $G=\{(1),(12),(34),(12)(34)\}$,则有

$$E_1=E_2=\{1,2\},E_3=E_4=\{3,4\}.$$

定理 23.6 设 $N=\{1,2,\cdots,n\}$,G 是 N 上的置换群,对任意的 $k\in N$ 有

$$|Z_k|\cdot|E_k|=|G|.$$

证 任取 $k\in N$,设 $|E_k|=l$,即

$$E_k=\{a_1=k,a_2,\cdots,a_l\},\quad\text{其中 } a_i\in N,i=1,2,\cdots,l.$$

设置换

$$\sigma_i\in G,\text{且 }\sigma_i(k)=a_i,i=1,2,\cdots,l.$$

任取置换 $\tau\in Z_k$ 都有

$$\sigma_i\tau(k)=\sigma_i(\tau(k))=\sigma_i(k)=a_i,\ i=1,2,\cdots,l.$$

令

$$\sigma_iZ_k=\{\sigma_i\tau\mid\tau\in Z_k\},$$

则有

$$\sigma_1Z_k\cup\sigma_2Z_k\cup\cdots\cup\sigma_lZ_k\subseteq G,$$

并且对任意 $i,j\in\{1,2,\cdots,l\}$,$i\neq j$ 都有 $\sigma_iZ_k\cap\sigma_jZ_k=\varnothing$.若不然,存在 $\sigma_i\tau_1=\sigma_j\tau_2\in\sigma_iZ_k\cap\sigma_jZ_k$,则有

① k 的不变置换类也叫做 k 的稳定类.

$$\sigma_i\tau_1(k)=\sigma_j\tau_2(k)\Rightarrow\sigma_i(k)=\sigma_j(k)\Rightarrow a_i=a_j,$$

与 $a_i\neq a_j(i\neq j)$ 矛盾.

另一方面,对任意的 $\sigma\in G$,假设 $\sigma(k)=v\in N$,由 E_k 的定义可知 $v\in E_k$,即存在 $a_j\in E_k$,使 $a_j=v$. 又由于 $\sigma_j(k)=a_j$,因此有

$$\sigma_j^{-1}\sigma(k)=\sigma_j^{-1}(\sigma(k))=\sigma_j^{-1}(a_j)=k.$$

从而证明了 $\sigma_j^{-1}\sigma\in Z_k$,即 $\sigma\in\sigma_jZ_k$. 这就推出

$$G\subseteq\sigma_1Z_k\cup\sigma_2Z_k\cup\cdots\cup\sigma_lZ_k.$$

综合以上结果得到

$$G=\sigma_1Z_k\cup\sigma_2Z_k\cup\cdots\cup\sigma_lZ_k.$$

又由于 $\sigma_iZ_k\cap\sigma_jZ_k=\varnothing(i\neq j)$,因此有

$$|\sigma_1Z_k|+|\sigma_2Z_k|+\cdots+|\sigma_lZ_k|=|G|.$$

即

$$|Z_k|\cdot l=|Z_k|\cdot|E_k|=|G|.$$ ▌

例如 $G=S_3=\{(1),(12),(13),(23),(123),(132)\}$,那么有 $|G|=6$. 如果令 $k=1$,则 $E_1=\{1,2,3\}$, $Z_1=\{(1),(23)\}$, $|Z_1|\cdot|E_1|=2\times3=6$.

Burnside 引理 设 $N=\{1,2,\cdots,n\}$,G 是 N 上的置换群. 令 $G=\{\sigma_1,\sigma_2,\cdots,\sigma_g\}$, $c_1(\sigma_k)$ 是 σ_k 的轮换表示式(见定理 3.16)中 1- 轮换的个数. 又设 M 是不同的轨道个数,则有

$$M=\frac{1}{|G|}\sum_{k=1}^{g}c_1(\sigma_k).$$

证 对于 $k=1,2,\cdots,g$,$c_1(\sigma_k)$ 表示在置换 σ_k 作用下保持不变的 N 中元素的个数,那么 $\sum_{k=1}^{g}c_1(\sigma_k)$ 则表示在 G 中所有置换的作用下保持不变的 N 中元素的总数(包括重复计数). 如表 23.1 所示,其中的元素 s_{kj} 是 0 或 1($k=1,2,\cdots,g,j=1,2,\cdots,n$). 若 $\sigma_k(j)=j$,则 $s_{kj}=1$,否则 $s_{kj}=0$.

表 23.1

G 中元素 \ N 中元素	1	2	3	$\cdots$	n	$c_1(\sigma_k)$
$\sigma_1=(1)$	s_{11}	s_{12}	s_{13}	$\cdots$	s_{1n}	$c_1(\sigma_1)$
σ_2	s_{21}	s_{22}	s_{23}	$\cdots$	s_{2n}	$c_1(\sigma_2)$
$\vdots$	$\cdots$	$\cdots$	$\cdots$	$\cdots$	$\cdots$	$\vdots$
σ_g	s_{g1}	s_{g2}	s_{g3}	$\cdots$	s_{gn}	$c_1(\sigma_g)$
$\lvert Z_j\rvert$	$\lvert Z_1\rvert$	$\lvert Z_2\rvert$	$\lvert Z_3\rvert$	$\cdots$	$\lvert Z_n\rvert$	$\sum_{k=1}^{g}c_1(\sigma_k)=\sum_{j=1}^{n}\lvert Z_j\rvert$

在表中 σ_k 所在的一行里,$\sum_{j=1}^{n}s_{kj}$ 的值计数了在 σ_k 作用下保持不变的 N 中元素的个数,即 $c_1(\sigma_k)$. 而表的第 j 列的元素之和 $\sum_{k=1}^{g}s_{kj}$ 又计数了使得 j 保持不变的 G 中置换个数,即 $|Z_j|$. 由此得到

$$\sum_{k=1}^{g}c_1(\sigma_k)=\sum_{k=1}^{g}\sum_{j=1}^{n}s_{kj}=\sum_{j=1}^{n}\sum_{k=1}^{g}s_{kj}=\sum_{j=1}^{n}|Z_j|. \qquad ①$$

根据定理 23.6 有 $|Z_j| = |G| / |E_j|$,代入 ① 式得

$$\sum_{j=1}^{n} \frac{|G|}{|E_j|} = \sum_{k=1}^{g} c_1(\sigma_k). \quad ②$$

假设 $i_1, i_2, \cdots, i_l$ 是同一轨道上的全体元素,则由等价类的性质得

$$E_{i_1} = E_{i_2} = \cdots = E_{i_l} \text{ 和 } |E_{i_l}| = l.$$

这说明

$$\frac{1}{|E_{i_1}|} + \frac{1}{|E_{i_2}|} + \cdots + \frac{1}{|E_{i_l}|} = 1.$$

将 ② 式左边所有的 $1/|E_j|$ $(j = 1, 2, \cdots, n)$ 按轨道进行合并,每个轨道合并的结果都是1,因此合并后的 ② 式就变成了

$$M \cdot |G| = \sum_{k=1}^{g} c_1(\sigma_k),$$

其中 M 是轨道个数,即

$$M = \frac{1}{|G|} \sum_{k=1}^{g} c_1(\sigma_k).$$

▌

【例 23.13】 回顾 2×2 方格棋盘的涂色问题.我们把因棋盘转动而引起涂色方案的转变看作是涂色方案集合上的置换群的作用.设 $\overline{N}$ 是图 23.4 中的涂色方案的集合,$\overline{G}$ 是置换群,则

$$\overline{N} = \{1, 2, \cdots, 16\},$$
$$\overline{G} = \{\overline{\sigma}_1 = (1), \overline{\sigma}_2, \overline{\sigma}_3, \overline{\sigma}_4\},$$

其中 $\overline{\sigma}_1$ 代表棋盘不动,$\overline{\sigma}_2$ 代表棋盘逆时针转 90°,$\overline{\sigma}_3$ 代表棋盘逆时针转 180°,$\overline{\sigma}_4$ 代表棋盘逆时针转 270°. 将 $\overline{\sigma}_1, \overline{\sigma}_2, \overline{\sigma}_3$ 和 $\overline{\sigma}_4$ 的轮换表示式

$$\overline{\sigma}_1 = (1)(2)\cdots(16),$$
$$\overline{\sigma}_2 = (1)(2)(3\ 4\ 5\ 6)(7\ 8\ 9\ 10)(11\ 12)(13\ 14\ 15\ 16),$$
$$\overline{\sigma}_3 = (1)(2)(3\ 5)\ (4\ 6)(7\ 9)(8\ 10)(11)(12)(13\ 15)(14\ 16),$$
$$\overline{\sigma}_4 = (1)(2)(6\ 5\ 4\ 3)\ (10\ 9\ 8\ 7)(11\ 12)(16\ 15\ 14\ 13)$$

代入 Burnside 引理得

$$M = \frac{1}{4}(16 + 2 + 4 + 2) = 6.$$

不同的涂色方案有 6 种,如图 23.5 所示.

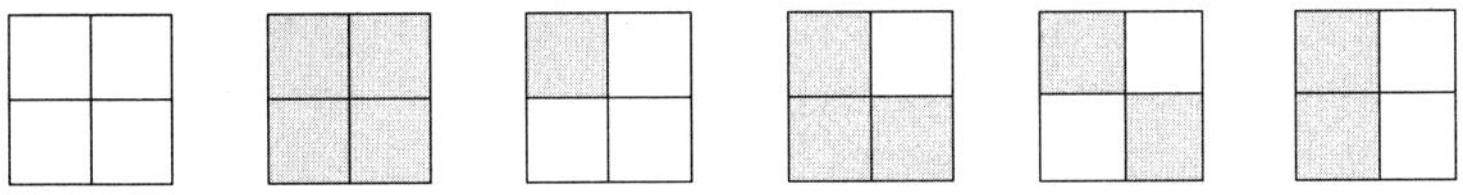

图 23.5

【例 23.14】 用 6 种颜色涂色一个立方体的六个面,如果要求每个面的颜色必须不同,且立方体可以在空间任意移动或转动,问有多少种不同的涂色方案?

解 先分析群 $\overline{G}$ 的结构,如图 23.6,$\overline{G}$ 中的置换可分成以下几类:

恒等置换 1 个.

以过每一对平行平面的中心的直线(如 $v_1 v_1'$)为轴,逆时针旋转 90°,180°,270° 有 3 个置换,那么三对平面共有 9 个置换.

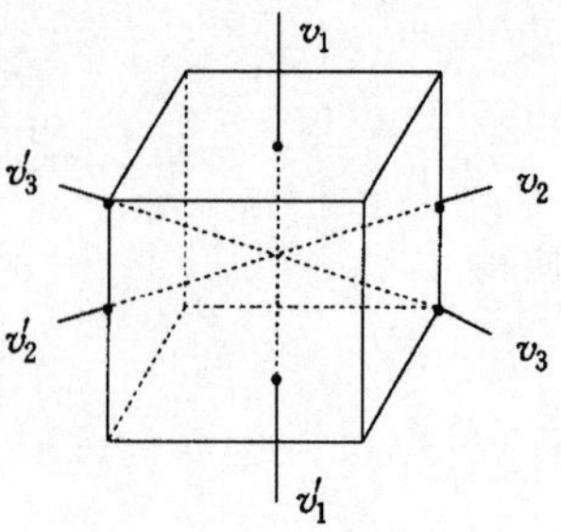

图　23.6

以过每一对顶点的直线(如 v_3v_3')为轴转动 $120°$ 或 $240°$ 有 2 个置换,那么四对顶点共有 8 个置换.

以过每一对棱的中心的直线(如 v_2v_2')为轴转动 $180°$ 有 1 个置换,那么六对棱共有 6 个置换.

综上所述,群 $\overline{G}$ 中有 24 个置换,其中除了恒等置换以外,在别的置换的作用下涂色方案都要发生变化,而在恒等置换作用下,不变的方案有 $6!$ 个. 根据 Burnside 引理,不同的涂色方案数是

$$M=\frac{1}{24}\cdot 6!=30.$$

23.4　Polya 定理

Burnside 引理使用起来不太方便. 如果有 n 个物体,用 m 种颜色涂色,我们先要给出 m^n 种涂色方案,然后分析这些方案在置换群作用下的结果. 对于稍微大一些的 n 和 m 就是非常繁重的工作,有时候甚至是不可能完成的. Polya 定理是 Burnside 引理的推广. 它们的区别在于:对于 Burnside 引理,置换群 $\overline{G}$ 是作用在 m^n 种涂色方案的集合上. 而对于 Polya 定理,置换群 G 是作用在 n 个涂色的物体的集合上. 显然后一个集合比前一个集合要小得多,群 G 比群 $\overline{G}$ 也要简单得多.

定理 23.7(Polya 定理)　设 $N=\{1,2,\cdots,n\}$,$G=\{\sigma_1,\sigma_2,\cdots,\sigma_g\}$ 是 N 上的置换群. 用 m 种颜色对 N 中的元素进行涂色,则在 G 的作用下不同的涂色方案数是

$$M=\frac{1}{|G|}\sum_{k=1}^{g}m^{c(\sigma_k)},$$

其中 $c(\sigma_k)$ 是置换 σ_k 的轮换表示式中包括 1- 轮换在内的轮换个数.

证　设 $R=\{r_1,r_2,\cdots,r_m\}$ 是 m 种颜色的集合. 对 N 中元素的任何一种涂色方案实际上就是一个从 N 到 R 的映射 $f: N\to R$,因此集合

$$R^N=\{f\mid f: N\to R\}$$

恰好代表所有涂色方案的集合. 易见 $|R^N|=m^n$.

对于任意 $\sigma_k\in G$,$\sigma_k: N\to N$ 将诱导出一个 R^N 上的置换 $\tau_{\sigma_k}: R^N\to R^N$,其中 $\tau_{\sigma_k}(f)=f\sigma_k$,$\forall f\in R^N$. 不难验证 τ_{σ_k} 就是 σ_k 作用于 N 中元素所引起的涂色方案的置换. 设

$$\overline{G}=\{\tau_{\sigma_k}\mid \sigma_k\in G\}$$

是 G 所诱导的 R^N 上的置换构成的集合,又令映射 $\varphi: G\to\overline{G}$,使得

$$\varphi(\sigma_k)=\tau_{\sigma_k^{-1}},\ \forall\sigma_k\in G,$$

则 φ 是 G 到 $\overline{G}$ 的同构映射. 先证 φ 是同态. 对任意 σ_k, $\sigma_l\in G$, 若 $\sigma_k\sigma_l=\sigma_t$, 则 $\forall f\in R^N$ 有

$$\varphi(\sigma_k\sigma_l)(f)=\varphi(\sigma_t)(f)=\tau_{\sigma_t^{-1}}(f)=f\sigma_t^{-1}=f(\sigma_k\sigma_l)^{-1}=f\sigma_l^{-1}\sigma_k^{-1},$$

$$\varphi(\sigma_k)\varphi(\sigma_l)(f)=\tau_{\sigma_k^{-1}}(\tau_{\sigma_l^{-1}}(f))=\tau_{\sigma_k^{-1}}(f\sigma_l^{-1})=f\sigma_l^{-1}\sigma_k^{-1},$$

即

$$\varphi(\sigma_k\sigma_l)=\varphi(\sigma_k)\varphi(\sigma_l),$$

φ 是 G 到 $\overline{G}$ 的同态.

再证明 φ 是单射. 设 $\varphi(\sigma_k)=\varphi(\sigma_l)$，即 $\forall f\in R^N$ 有 $f\sigma_k^{-1}=f\sigma_l^{-1}$，必有 $\sigma_k^{-1}=\sigma_l^{-1}$. 若不然，存在 $i\in\{1,2,\cdots,n\}$ 使得 $\sigma_k^{-1}(i)\neq\sigma_l^{-1}(i)$. 构造 $f\colon N\to R$，使得 $f(\sigma_k^{-1}(i))\neq f(\sigma_l^{-1}(i))$，则与 $f\sigma_k^{-1}=f\sigma_l^{-1}$ 矛盾，从而推出 $\sigma_k=\sigma_l$.

最后证明 φ 是满射. $\forall\tau_{\sigma_t}\in\overline{G}$，$\exists\sigma_t^{-1}\in G$，使得

$$\varphi(\sigma_t^{-1})=\tau_{(\sigma_t^{-1})^{-1}}=\tau_{\sigma_t}.$$

综上所述，φ 是 G 到 $\overline{G}$ 的同构，因此有 $|\overline{G}|=|G|$. 称 $\overline{G}$ 是 G 所诱导的涂色方案集合上的置换群.

设 σ_k 是 G 中的置换，且它的轮换表示式是

$$\sigma_k=\underbrace{(\cdot\cdot\cdots\cdot)(\cdot\cdot\cdots\cdot)\cdots(\cdot\cdot\cdots\cdot)}_{c(\sigma_k)\text{个轮换}}.$$

如果属于同一个轮换的数字被涂上同样的颜色，这样的涂色方案在 τ_{σ_k} 的作用下是不变的，所以它属于 τ_{σ_k} 的不变元素. 另一方面，如果有一种涂色方案使得 σ_k 的某个轮换中出现了不同的颜色，则在该轮换中必有两个相邻的数字具有不同的颜色. 于是在 τ_{σ_k} 的作用下必得到不同的涂色方案. 这就证明了在 τ_{σ_h} 作用下不变的涂色方案数 $c_1(\tau_{\sigma_k})$ 应该等于对 σ_k 的同一轮换涂同色的方案数，即

$$c_1(\tau_{\sigma_k})=m^{c(\sigma_k)},$$

把这个等式代入 Burnside 引理得

$$M=\frac{1}{|\overline{G}|}\sum_{k=1}^{g}c_1(\tau_{\sigma_k})=\frac{1}{|G|}\sum_{k=1}^{g}m^{c(\sigma_k)}.$$ ▌

【例 23.15】 让我们重新考虑 2×2 方格棋盘的涂两色问题. 根据题意有 $N=\{1,2,3,4\}$，$G=\{\sigma_1,\sigma_2,\sigma_3,\sigma_4\}$，其中

$$\sigma_1=(1)(2)(3)(4),\quad \sigma_2=(1\ 2\ 3\ 4),\quad \sigma_3=(13)(24),\quad \sigma_4=(4\ 3\ 2\ 1).$$

将 $\sigma_1,\sigma_2,\sigma_3,\sigma_4$ 代入定理 23.7 得

$$M=\frac{1}{4}(2^4+2^1+2^2+2^1)=\frac{1}{4}(16+2+4+2)=6.$$

【例 23.16】 如图 23.7，用三种颜色涂色装有 5 颗珠子的手镯. 如果只考虑手镯的旋转，问有多少种涂色方案？

解 $m=3$，$N=\{1,2,3,4,5\}$，$G=\{\sigma_1,\sigma_2,\sigma_3,\sigma_4,\sigma_5\}$，其中

$\sigma_1=(1)(2)(3)(4)(5)$，　不动，

$\sigma_2=(1\ 2\ 3\ 4\ 5)$，　逆时针转 72°，

$\sigma_3=(1\ 3\ 5\ 2\ 4)$，　逆时针转 144°，

$\sigma_4=(1\ 4\ 2\ 5\ 3)$，　逆时针转 216°，

$\sigma_5=(1\ 5\ 4\ 3\ 2)$，　逆时针转 288°.

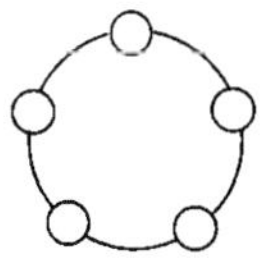

图 23.7

代入定理 23.7 得

$$M=\frac{1}{5}(3^5+3^1+3^1+3^1+3^1)=51.$$

【例 23.17】 证明 Fermat 小定理：若 p 为素数，则 p 整除 n^p-n.

证 如例23.16，考虑用 n 种颜色涂色装有 p 颗珠子的手镯. 若手镯只能旋转，则 $|G|=p$. 因为 p 是素数，G 是循环群. 除了恒等置换以外，G 中的其他置换都是只含有一个轮换的置换.

由定理 23.7 得到不同的手镯数是

$$M=\frac{1}{p}(n^p+\underbrace{n^1+n^1+\cdots+n^1}_{p-1\text{个}}),$$

化简上式得

$$M=\frac{1}{p}[n^p+(p-1)n]=\frac{1}{p}(n^p-n+pn).$$

因为 M 是整数，且 p 整除 pn，所以 p 一定整除 n^p-n. ▌

下面我们考虑 Polya 定理的一般形式 —— 带权的 Polya 定理. 当我们需要计算带有某些限制条件的着色方案数，或者需要知道具体的着色方案的种类，那么就要用到带权的 Polya 定理. 先给出有关权的概念和定理.

定义 23.4 设 $D=\{1,2,\cdots,n\}$ 是 n 个数字的集合，$R=\{c_1,c_2,\cdots,c_m\}$ 是 m 种颜色的集合. 对于任何一种颜色 c_r，$w(c_r)$ 是该颜色的权. 设 $f: D\to R$ 是一种着色方案，则称该方案所有被着颜色的权之积为该**方案的权**，记作 $w(f)$，即

$$w(f)=\prod_{i=1}^{n}w(f(i)).$$

【例 23.18】 设 $D=\{1,2,3,4\}$，$R=\{$红,蓝$\}$，给定颜色的权为 $w(\text{红})=2$，$w(\text{蓝})=3$，则着色方案 f: $1\mapsto$ 红，$2\mapsto$ 蓝，$3\mapsto$ 红，$4\mapsto$ 红的权

$$w(f)=w(\text{红})w(\text{蓝})w(\text{红})w(\text{红})=24.$$

如果令 $w(\text{红})=\text{红}$，$w(\text{蓝})=\text{蓝}$，则 f 的权

$$w(f)=\text{红蓝红红}.$$

其实这就是方案 f 本身. 如果令 $w(\text{红})=w(\text{蓝})=1$，则 $w(f)=1$.

定义 23.5 设 S 是着色方案的集合，称 S 中所有着色方案的权之和为 S 的**清单**，记作 W，即

$$W=\sum_{f\in S}w(f).$$

在例 23.18 中，如果令 $w(\text{红})=\text{红}$，$w(\text{蓝})=\text{蓝}$，则任一着色方案的权就是该方案本身，所以清单恰好以和的形式给出了所有的着色方案. 如果令 $w(\text{红})=w(\text{蓝})=1$，则任何一种着色方案的权都是 1，这时清单就是着色方案的总数.

定理 23.8 设 $D=\{1,2,\cdots,n\}$，$R=\{1,2,\cdots,m\}$，R 对 D 的所有可能的着色方案的集合为 S，则 S 的清单是

$$W=[w(1)+w(2)+\cdots+w(m)]^n.$$

证 上述乘积展开式的每一项由 n 个因子组成，它们的一般形式是

$$w(i_1)w(i_2)\cdots w(i_n),\ i_1,i_2,\cdots,i_n\in\{1,2,\cdots,m\}.$$

这正是着色方案 f: $1\mapsto i_1$, $2\mapsto i_2$, $\cdots$, $n\mapsto i_n$ 的权. 所有的着色方案是 m^n 种，正好对应了展开式的 m^n 个项，所以清单

$$W=\sum_{\substack{1\leqslant i_j\leqslant m\\ j=1,2,\cdots,n}}w(i_1)w(i_2)\cdots w(i_n)=[w(1)+\cdots+w(m)]^n.$$ ▌

定理 23.9 设 $D=\{1,2,\cdots,n\}$，$R=\{1,2,\cdots,m\}$. 将 D 划分成 k 个不交的子集 $D_1,D_2,\cdots,D_k$，然后用 R 中的颜色对 D 中的数字着色. 如果要求在同一子集中的数字必须着同色，且将所有这种着色方案构成的集合记作 S，则 S 的清单是

$$\begin{aligned} W = & [w(1)^{|D_1|} + w(2)^{|D_1|} + \cdots + w(m)^{|D_1|}] \\ & \cdot [w(1)^{|D_2|} + w(2)^{|D_2|} + \cdots + w(m)^{|D_2|}] \\ & \cdot \cdots \\ & \cdot [w(1)^{|D_k|} + w(2)^{|D_k|} + \cdots + w(m)^{|D_k|}]. \end{aligned}$$

证 上述乘积展开式中的项都是如下的形式：

$$w(i_1)^{|D_1|} w(i_2)^{|D_2|} \cdot \cdots \cdot w(i_k)^{|D_k|},$$

它是对 D_1 中的数字着 i_1 色，对 D_2 中的数字着 i_2 色，…，对 D_k 中的数字着 i_k 色的着色方案的权. 因为 $i_1, i_2, \cdots, i_k$ 遍取了所有可能的颜色，共有 m^k 种方案，对应了乘积展开式中的 m^k 个项，所以

$$\sum w(i_1)^{|D_1|} w(i_2)^{|D_2|} \cdots w(i_k)^{|D_k|}$$

就是 S 的清单. ▌

【例 23.19】 投掷五个骰子 d_1, d_2, d_3, d_4, d_5，有多少种布局使得 d_1, d_2, d_3 的点数相同，d_4, d_5 的点数相同，并且总和为 19.

解 令 $D = \{d_1, d_2, d_3, d_4, d_5\}$. 将 D 划分成两个子集 D_1 和 D_2，其中 $D_1 = \{d_1, d_2, d_3\}$，$D_2 = \{d_4, d_5\}$. 令颜色的集合 $R = \{1,2,3,4,5,6\}$，并且规定对任意的颜色 i，i 的权 $w(i) = x^i$. 不难看出任何一种布局就是一种着色方案，它的权是 x 的幂，而幂指数就是该布局的总点数. 由定理 23.9 得

$$W = [(x^1)^3 + (x^2)^3 + \cdots + (x^6)^3] \cdot [(x^1)^2 + (x^2)^2 + \cdots + (x^6)^2].$$

上式中 x^{19} 的系数是 2，它是由

$$(x^3)^3 \cdot (x^5)^2 + (x^5)^3 \cdot (x^2)^2$$

而得到的，这就给出了两种可能的布局，即：d_1, d_2, d_3 的点数是 3，d_4 和 d_5 的点数是 5；d_1, d_2, d_3 的点数是 5，d_4 和 d_5 的点数是 2.

下面给出带权的 Burnside 定理和 Polya 定理.

定理 23.10 设 D 是物体的集合，R 是颜色的集合，S 是着色方案的集合. $\overline{G} = \{\bar{\sigma}_1, \bar{\sigma}_2, \cdots, \bar{\sigma}_g\}$ 是 S 上的置换群. 对于任意的着色方案 $f \in S$，f 的权记作 $w(f)$，且满足下面的性质：

$$w(f) = w(\bar{\sigma}_k(f)), \quad k = 1,2,\cdots,g,$$

即在同一轨道上的着色方案的权都相等. 设关于 $\overline{G}$ 的轨道是 $E_1, E_2, \cdots, E_l$，定义轨道的权为轨道中着色方案的公共权，即

$$w(E_i) = \underset{f \in E_i}{w(f)}, \quad i = 1,2,\cdots,l.$$

对于任意的 $\bar{\sigma}_k \in \overline{G}$，令 $\overline{w}(\bar{\sigma}_k)$ 是在 $\bar{\sigma}_k$ 作用下保持不变的那些着色方案的权之和，则

$$\sum_{i=1}^{l} w(E_i) = \frac{1}{|\overline{G}|} \sum_{k=1}^{g} \overline{w}(\sigma_k).$$

证 等式右边的每一项 $\overline{w}(\bar{\sigma}_k)$ 计数了在 $\bar{\sigma}_k$ 作用下保持不变的着色方案的权之和. 对于方案 f 来说，$w(f)$ 在右边出现的次数就是 $\overline{G}$ 中使得 f 保持不变的置换个数 $|Z_f|$，将 $|Z_f| = |\overline{G}| / |E_f|$ 代入右边得

$$\left[\frac{w(f_1)}{|E_{f_1}|} + \frac{w(f_2)}{|E_{f_2}|} + \cdots \quad \right].$$

在同一轨道上任何方案的权就等于轨道的权. 我们把上式中在同一轨道上的所有的项相加，就

得到这个轨道的权，所以整个式子正好是所有轨道的权之和. ▌

在定理 23.10 中如果规定所有颜色的权都是 1 时，那么着色方案的权也是 1，从而任何轨道的权也是 1. 这时等式左边就计数了不同的轨道个数，而右边的每一项 $\overline{w}(\bar{\sigma}_k)$ 则计数了在 $\bar{\sigma}_k$ 作用下保持不变的着色方案个数. 这时定理 23.10 就变成了 Burnside 引理，所以这个定理也叫做带权的 Burnside 定理.

定理 23.11 设 $D=\{1,2,\cdots,n\}$ 是物体的集合，$R=\{1,2,\cdots,m\}$ 是颜色的集合，$G=\{\sigma_1,\sigma_2,\cdots,\sigma_g\}$ 是 D 上的置换群. 对于任意的着色方案 $f\in R^D$，$w(f)$ 是 f 的权，则所有不同的着色方案轨道的权之和是：

$$\begin{aligned}\frac{1}{|G|}[&{w_1}^{c_1(\sigma_1)}{w_2}^{c_2(\sigma_1)}\cdots {w_n}^{c_n(\sigma_1)}\\&+{w_1}^{c_1(\sigma_2)}{w_2}^{c_2(\sigma_2)}\cdots {w_n}^{c_n(\sigma_2)}\\&+\cdots\cdots\cdots\cdots\\&+{w_1}^{c_1(\sigma_g)}{w_2}^{c_2(\sigma_g)}\cdots {w_n}^{c_n(\sigma_g)}],\end{aligned}$$

其中

$$\begin{aligned}w_1&=w(1)+w(2)+\cdots+w(m),\\w_2&=w(1)^2+w(2)^2+\cdots+w(m)^2,\\&\cdots\cdots\cdots\cdots\\w_n&=w(1)^n+w(2)^n+\cdots+w(m)^n.\end{aligned}$$

证 由定理 23.10 和 $|G|=|\overline{G}|$ 知道所有不同着色方案轨道的权之和是

$$\frac{1}{|G|}[\overline{w}(\bar{\sigma}_1)+\overline{w}(\bar{\sigma}_2)+\cdots+\overline{w}(\bar{\sigma}_g)], \qquad ①$$

其中 $\overline{w}(\bar{\sigma}_k)$ 是在 $\bar{\sigma}_k$ 作用下保持不变的着色方案的权之和. $\forall k\in\{1,2,\cdots,g\}$，设和 $\bar{\sigma}_k$ 相对应的置换 σ_k 的轮换表示式中有 t 个轮换，即

$$\sigma_k=\tau_1\tau_2\cdots\tau_t.$$

由定理 23.9，在 $\bar{\sigma}_k$ 作用下保持不变的着色方案的权之和 $\overline{w}(\bar{\sigma}_k)$ 等于

$$\begin{aligned}&[w(1)^{|\tau_1|}+w(2)^{|\tau_1|}+\cdots+w(m)^{|\tau_1|}]\\\cdot&[w(1)^{|\tau_2|}+w(2)^{|\tau_2|}+\cdots+w(m)^{|\tau_2|}]\\\cdot&\cdots\cdots\cdots\cdots\\\cdot&[w(1)^{|\tau_t|}+w(2)^{|\tau_t|}+\cdots+w(m)^{|\tau_t|}],\end{aligned}$$

其中 $|\tau_j|$ 表示 τ_j 中的元素个数，$j=1,2,\cdots,t$. 以上乘积中的每一个因式具有下面的形式

$$w_s=w(1)^s+w(2)^s+\cdots+w(m)^s,$$

而 w_s 出现的次数正好是 σ_k 的轮换表示式中阶为 s 的轮换个数，即 $c_s(\sigma_k)$，所以有

$$\overline{w}(\bar{\sigma}_k)={w_1}^{c_1(\sigma_k)}{w_2}^{c_2(\sigma_k)}\cdots{w_n}^{c_n(\sigma_k)}.$$

把所有的 $\overline{w}(\bar{\sigma}_k)$ $(k=1,2,\cdots,g)$ 都表成上述形式并代入 ① 式，定理得证. ▌

定理 23.11 称为带权的 Polya 定理. 如果令所有的颜色的权都是 1，则在定理中有

$$w_1=w_2=\cdots=w_n=m,$$

那么定理的结果就变成

$$\frac{1}{|G|}[m^{c_1(\sigma_1)}m^{c_2(\sigma_1)}\cdots m^{c_n(\sigma_1)}+m^{c_1(\sigma_2)}m^{c_2(\sigma_2)}\cdots m^{c_n(\sigma_2)}+\cdots+m^{c_1(\sigma_g)}m^{c_2(\sigma_g)}\cdots m^{c_n(\sigma_g)}].$$

因为 $c_1(\sigma_k)+c_2(\sigma_k)+\cdots+c_n(\sigma_k)$ 就是 σ_k 中轮换的个数 $c(\sigma_k)$，$k=1,2,\cdots,g$. 化简上式得

$$\frac{1}{|G|}[m^{c(\sigma_1)}+m^{c(\sigma_2)}+\cdots+m^{c(\sigma_g)}]=\frac{1}{|G|}\sum_{k=1}^{g}m^{c(\sigma_k)},$$

从而得到了定理 23.7(Polya 定理).

【例 23.20】 如图 23.8 所示，用四颗珠子穿项链，其中两颗蓝色，一颗红色，一颗黄色，问可以有多少种不同的方案？

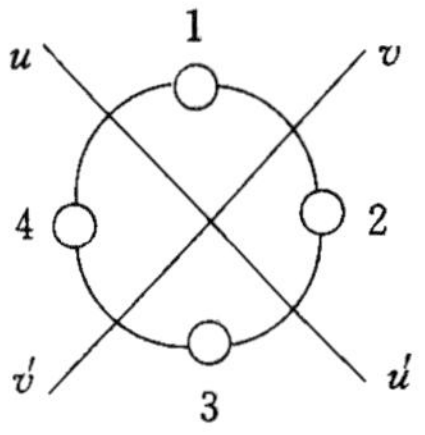

图 23.8

解 令 $D=\{1,2,3,4\}$，$R=\{$蓝，红，黄$\}$，且规定

$$w(\text{蓝})=b,\ w(\text{红})=r,\ w(\text{黄})=y.$$

作用于 D 上的置换群 G 是

G：$\sigma_1=(1)(2)(3)(4)$， 不动，

$\sigma_2=(1\ 2\ 3\ 4)$， 逆时针旋转 90°，

$\sigma_3=(13)(24)$， 逆时针旋转 180°，

$\sigma_4=(4\ 3\ 2\ 1)$， 逆时针旋转 270°，

$\sigma_5=(1)(3)(24)$， 以 1 和 3 为轴翻转 180°，

$\sigma_6=(2)(4)(13)$， 以 2 和 4 为轴翻转 180°，

$\sigma_7=(12)(34)$， 以 vv' 为轴翻转 180°，

$\sigma_8=(14)(23)$， 以 uu' 为轴翻转 180°，

且

$$w_1=b+r+y,\qquad w_2=b^2+r^2+y^2,$$
$$w_3=b^3+r^3+y^3,\quad w_4=b^4+r^4+y^4.$$

代入定理 23.11 得

$$\begin{aligned}W&=\frac{1}{8}[w_1^4+w_4^1+w_2^2+w_4^1+w_1^2w_2+w_1^2w_2+w_2^2+w_2^2]\\&=\frac{1}{8}[w_1^4+2w_4+2w_1^2w_2+3w_2^2]\\&=\frac{1}{8}[(b+r+y)^4+2(b^4+r^4+y^4)\\&\quad+2(b+r+y)^2(b^2+r^2+y^2)+3(b^2+r^2+y^2)^2]\\&=b^4+r^4+y^4+b^3r+b^3y+br^3+r^3y+by^3+ry^3\\&\quad+2b^2r^2+2b^2y^2+2r^2y^2+2b^2ry+2br^2y+2bry^2.\end{aligned}$$

上式中 b^2ry 项的系数是 2，因此有两种方案. 图 23.9 给出了这两种方案的项链.

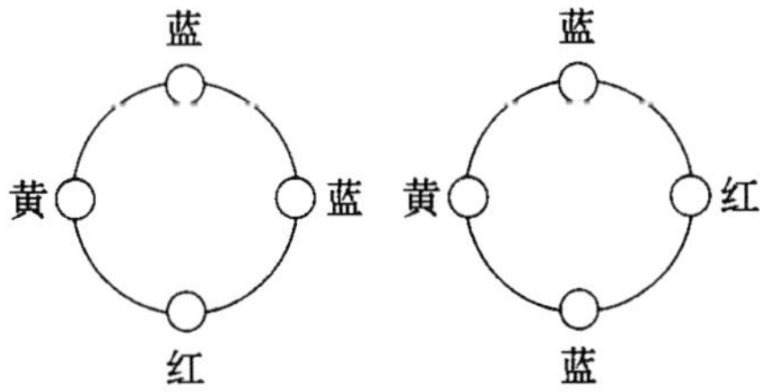

图 23.9

【例 23.21】 证明 3 个顶点的不同构的无向图有 4 个.

证 设 $D=\{1,2,3\}$ 是一个正三角形的边集，$R=\{$黑，白$\}$ 是颜色的集合，且 $w($黑$)=b$，$w($白$)=w$，如果一条边着黑色，则这条边在图中；如果着白色，就从图中去掉这条边. 因此不同构的无向图个数恰好等于在 $G=S_3$ 作用下的不同的着色方案个数. 由于

$$G=\{(1)(2)(3),(1)(23),(2)(13),(3)(12),(123),(132)\},$$

代入 Ploya 定理，所得的清单是

$$\frac{1}{6}[(b+w)^3+3(b+w)(b^2+w^2)+2(b^3+w^3)]=b^3+w^3+b^2w+bw^2.$$

图 23.10 给出了相应的 4 种着色方案.

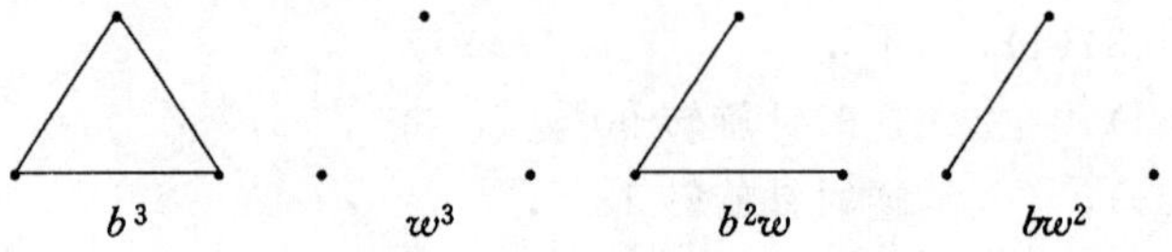

图 23.10

习题二十三

1. 在 1 和 10000 之间(包括 1 和 10000 在内)不能被 4,5 和 6 整除的数有多少个?

2. 在 1 和 10000 之间(包括 1 和 10000 在内)既不是某个整数的平方，也不是某个整数的立方的数有多少个?

3. 在 1 和 500 之间(包括 1 和 500 在内)不能被 7 整除但能被 3 或 5 整除的数有多少个?

4. 确定 $S=\{\infty\cdot a,\ 3\cdot b,\ 5\cdot c,\ 7\cdot d\}$ 的 10- 组合数.

5. (1) 确定方程 $x_1+x_2+x_3=14$ 的不超过 8 的非负整数解的个数；

(2) 确定方程 $x_1+x_2+x_3=14$ 的不超过 8 的正整数解的个数.

6. 有 7 本书放在书架上，先把书拿下来然后重新放回书架，求满足以下条件的放法数：

(1) 没有一本书在原来的位置上；

(2) 至少有一本书在原来的位置上；

(3) 至少有两本书在原来的位置上.

7. 求集合$\{1,2,\cdots,n\}$的排列数，使得在排列中正好有 k 个整数在它们的自然位置上(所谓自然位置就是整数 i 排在第 i 位).

8. 定义 $D_0=1$，用组合分析的方法证明

$$n!=\binom{n}{0}D_n+\binom{n}{1}D_{n-1}+\binom{n}{2}D_{n-2}+\cdots+\binom{n}{n}D_0.$$

9. 证明 D_n 为偶数当且仅当 n 为奇数.

10. 求多重集 $S=\{3\cdot a,\ 4\cdot b,\ 2\cdot c\}$ 的排列数，使得在这些排列中同类字母的全体不能相邻(例如不允许 $abbbbccaa$，但允许 $aabbbacbc$).

11. 证明 $Q_n=D_n+D_{n-1}$.

12. 从一个 4×4 的棋盘中选取不在同一行也不在同一列上的两个方格，问有多少种方法?

13. 证明棋盘多项式的性质：

(1) $R(C)=xR(C_i)+R(C_l)$；

(2) $R(C)=R(C_1)\cdot(RC_2)$，其中 C_1 和 C_2 不存在公共的行和列.

14. 计算　$R($$)$.

15. 有 4 个人，分别记作 x_1,x_2,x_3 和 x_4. 有 5 项工作，分别记作 y_1,y_2,y_3,y_4 和 y_5. 已知 x_1 可以承担 y_1 或 y_3，x_2 可以承担 y_2 或 y_5，x_3 可以承担 y_2 或 y_4，x_4 可以承担 y_3. 要使每个人承担一项工作且每个人的工作都不相同，问有多少种分配方案？

16. 排列字母 A,B,C,D,E,F,G,H，如果要求既不出现 BEG，也不出现 CAD，问有多少种不同的方式？

17. 把 15 个人分到 3 个不同的房间，每个房间至少一个人，问有多少种分法？

18. (1) 在 1 和 1 000 000 之间(包括 1 和 1 000 000 在内)有多少个整数包含了数字 1,2,3 和 4?

(2) 在 1 和 1 000 000 之间(包括 1 和 1 000 000 在内)有多少个整数只由数字 1,2,3 或 4 构成?

19. 写出 S_4 的所有共轭类的轮换指数，并列出相应于每一种轮换指数的共轭类中的置换.

20. 设 $\sigma \in S_n$ 的轮换指数为 $1^{c_1}2^{c_2}\cdots n^{c_n}$，证明 σ 的奇偶性与 $c_2+c_4+c_6+\cdots$ 一样.

21. 证明在轮换指数为 $1^{c_1}2^{c_2}\cdots n^{c_n}$ 的共轭类中有

$$N=\frac{n!}{c_1!c_2!\cdots c_n!\ 1^{c_1}2^{c_2}\cdots n^{c_n}}$$

个置换.

22. 证明 $\sum \frac{1}{c_1!c_2!\cdots c_n!\ 1^{c_1}2^{c_2}\cdots n^{c_n}}=1$，其中求和是对方程 $c_1+2c_2+\cdots+nc_n=n$ 的一切非负整数解来求.

23. 写出 S_4 的所有不变置换类.

24. 设 $N=\{1,2,\cdots,n\}$，G 是 N 上的置换群，对于任意 $k\in N$，证明 k 的不变置换类 Z_k 是 G 的子群.

25. 设 $N=\{1,2,\cdots,n\}$，G 是 N 上的置换群，如果 $G=\{(1)\}$，那么用 m 种颜色涂色 N 中数字的不同的涂色方案应有多少种？

26. (1) 设 $N=\{1,2,\cdots,n\}$，G 是 N 上的置换群，如果 $G=S_n$，那么用 m 处颜色涂色 N 中数字的不同的涂色方案应该有多少种？

(2) 试用方程非负整数解的组合计数模型重新求解这一问题，并证明两种求解方法的结果是一样的.

27. 有一个正八面体，每个面都是正三角形，用两种颜色给八个面着色，如果八面体可以在空间任意转动，问有多少种方案？

28. (1) 证明给一个立方体的八个顶点着黑白两色的不同方案数是 23；

(2) 证明用 m 种颜色给立方体的顶点着色的不同方案数是

$$\frac{1}{24}(m^8+17m^4+6m^2);$$

(3) 证明如果 n 是正整数，则 24 可以整除 $n^8+17n^4+6n^2$.

29. 如图 23.11，T 是一棵七个结点的树，我们用黑白两色对 T 的结点着色. 如果交换 T 的某个左子树与右子树以后，一种着色方案 f_1 就变成另一种着色方案 f_2，则认为 f_1 和 f_2 是同样的着色方案. 问不同的着色方案有多少种？

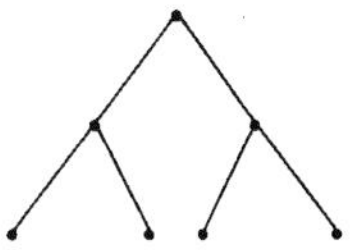

图　23.11

30. 一个立方体可以在空间转动，用黑白两色对它的六个面着色.

(1) 若要求三个面着黑色，三个面着白色，那么不同的方案有多少种？

(2) 若要求四个面着黑色，二个面着白色，那么不同的方案有多少种？

(3) 如果不加任何限制，有多少种着色方案？

(4) 证明用 m 种颜色给立方体的面着色，不加任何限制的着色方案数是

$$\frac{1}{24}(m^6+3m^4+12m^3+8m^2).$$

31. 用 m 种颜色对一根 8 尺长的均匀木棍着色，每尺着一种颜色，如果相邻的两尺不能着同色，问有多少种着色方案？

第二十四章　组合设计与编码

组合设计也叫做块设计或区组设计，主要是研究实验安排. 请看下面的例子.

【例 24.1】　在试制某产品的过程中需要填加一种材料，填加的比例可能是 10%～13%，如果市场上的材料有 4 种，分别记作 1,2,3 和 4. 为了比较不同的材料及不同的填加比例对产品性能的影响需要做 16 个样品. 如果一次实验可以同时完成 4 个样品，那么可以有多种不同的实验方案. 图 24.1 就给出了两种不同的实验方案.

比例 / 次	10	11	12	13
第一次	1	1	1	1
第二次	2	2	2	2
第三次	3	3	3	3
第四次	4	4	4	4

方案 1

比例 / 次	10	11	12	13
第一次	1	2	3	4
第二次	2	3	4	1
第三次	3	4	1	2
第四次	4	1	2	3

方案 2

图　24.1

显然方案 2 比方案 1 好. 因为每次实验不可能处在完全相同的条件下，方案 2 在最大的程度上减少了因条件的差异对结果的影响.

通常称图 24.1 中的表为**区组设计**，其中的元素(例如 1,2,3,4) 称作**点**，设每列为区组或**块**. 设所有点的集合为 P，那么每个块 B_i 都是 P 的子集. 本章先讨论拉丁方(*latin Square*)——一种重要的区组设计，然后讨论 t- 设计，最后介绍编码理论以及它们和区组设计的关系.

24.1 拉　丁　方

定义 24.1　由数字 $1,2,\cdots,n$ 构成一个 $n\times n$ 的矩阵，若在它的每行和每列中每个数字恰好出现一次，则称这个矩阵为一个**拉丁方**，n 称为该拉丁方的**阶**.

【例 24.2】　下面分别是 2 阶，3 阶和 4 阶的拉丁方：

$$\begin{bmatrix}1&2\\2&1\end{bmatrix}\begin{bmatrix}1&2&3\\2&3&1\\3&1&2\end{bmatrix}\begin{bmatrix}1&2&3&4\\4&3&2&1\\2&1&4&3\\3&4&1&2\end{bmatrix}.$$

对于任意给定的 n，可以利用下述排列

$$\begin{array}{lcccccccc}
\text{第 1 行} & 1 & 2 & 3 & \cdots & & & n-1 & n\\
\text{第 2 行} & n & 1 & 2 & \cdots & & & n-2 & n-1\\
\vdots & & & & & & & & \\
\text{第 } i \text{ 行} & n-i+2 & n-i+3 & \cdots & n & 1 & \cdots & n-i & n-i+1\\
\vdots & & & & & & & & \\
\text{第 } n \text{ 行} & 2 & 3 & 4 & \cdots & & & n & 1
\end{array}$$

构造一个 n 阶拉丁方. 按照这种方法,第 j 列的数字依次为 $j, j-1, \cdots, 1, n, n-1, , \cdots, j+1$. 不难看出在每一行和每一列,$\{1,2,\cdots,n\}$ 中的任何数字恰好出现一次. 下面的 7 阶拉丁方

$$\begin{bmatrix} 1 & 2 & 3 & 4 & 5 & 6 & 7 \\ 7 & 1 & 2 & 3 & 4 & 5 & 6 \\ 6 & 7 & 1 & 2 & 3 & 4 & 5 \\ 5 & 6 & 7 & 1 & 2 & 3 & 4 \\ 4 & 5 & 6 & 7 & 1 & 2 & 3 \\ 3 & 4 & 5 & 6 & 7 & 1 & 2 \\ 2 & 3 & 4 & 5 & 6 & 7 & 1 \end{bmatrix}$$

就是按照这种方法构造出来的.

定义 24.2 设 $A=(a_{ij})$, $B=(b_{ij})$ 是两个 n 阶拉丁方,如果 n^2 个有序对 $\langle a_{ij}, b_{ij}\rangle$, $i,j\in\{1,2,\cdots,n\}$,都是彼此不相等的,则称 A 与 B 是**正交**的.

【例 24.3】 设 A,B,C 是三个 4 阶拉丁方,其中

$$A=\begin{bmatrix} 1 & 2 & 3 & 4 \\ 2 & 3 & 4 & 1 \\ 3 & 4 & 1 & 2 \\ 4 & 1 & 2 & 3 \end{bmatrix},\quad B=\begin{bmatrix} 4 & 3 & 2 & 1 \\ 3 & 4 & 1 & 2 \\ 2 & 1 & 4 & 3 \\ 1 & 2 & 3 & 4 \end{bmatrix},\quad C=\begin{bmatrix} 4 & 2 & 1 & 3 \\ 3 & 1 & 2 & 4 \\ 2 & 4 & 3 & 1 \\ 1 & 3 & 4 & 2 \end{bmatrix},$$

那么有

$$A,B\to\begin{bmatrix} \langle 1,4\rangle & \langle 2,3\rangle & \langle 3,2\rangle & \langle 4,1\rangle \\ \langle 2,3\rangle & \langle 3,4\rangle & \langle 4,1\rangle & \langle 1,2\rangle \\ \langle 3,2\rangle & \langle 4,1\rangle & \langle 1,4\rangle & \langle 2,3\rangle \\ \langle 4,1\rangle & \langle 1,2\rangle & \langle 2,3\rangle & \langle 3,4\rangle \end{bmatrix},\quad B,C\to\begin{bmatrix} \langle 4,4\rangle & \langle 3,2\rangle & \langle 2,1\rangle & \langle 1,3\rangle \\ \langle 3,3\rangle & \langle 4,1\rangle & \langle 1,2\rangle & \langle 2,4\rangle \\ \langle 2,2\rangle & \langle 1,4\rangle & \langle 4,3\rangle & \langle 3,1\rangle \\ \langle 1,1\rangle & \langle 2,3\rangle & \langle 3,4\rangle & \langle 4,2\rangle \end{bmatrix},$$

称 A,B 和 B,C 为拉丁方的**并置**. 其中 B 和 C 是正交的拉丁方,而 A 和 B 不是正交的.

正方的拉丁方在实验设计中有着重要的应用. 请看下面的例子.

【例 24.4】 设有两种肥料 A 和 B,每种可能使用的量分别为 1,2,3,4 和 5,则两种肥料的用量组合有 25 种. 假设施用肥料的实验田是正方形的,并被划分成 5 行 5 列的 25 块小正方形. 为了减少土壤条件的影响,要求每行和每列每种肥料至多施用 1 次,问应该怎样安排试验?

解 肥料 A 和 B 分别按照两个正交的拉丁方施用即可. 图24.2 给出了一种方案.

$$\begin{bmatrix} 5 & 4 & 3 & 2 & 1 \\ 4 & 3 & 2 & 1 & 5 \\ 3 & 2 & 1 & 5 & 4 \\ 2 & 1 & 5 & 4 & 3 \\ 1 & 5 & 4 & 3 & 2 \end{bmatrix}\qquad\begin{bmatrix} 5 & 3 & 1 & 4 & 2 \\ 4 & 2 & 5 & 3 & 1 \\ 3 & 1 & 4 & 2 & 5 \\ 2 & 5 & 3 & 1 & 4 \\ 1 & 4 & 2 & 5 & 3 \end{bmatrix}$$

肥料 A　　　　肥料 B

$$A,B\to\begin{bmatrix} \langle 5,5\rangle & \langle 4,3\rangle & \langle 3,1\rangle & \langle 2,4\rangle & \langle 1,2\rangle \\ \langle 4,4\rangle & \langle 3,2\rangle & \langle 2,5\rangle & \langle 1,3\rangle & \langle 5,1\rangle \\ \langle 3,3\rangle & \langle 2,1\rangle & \langle 1,4\rangle & \langle 5,2\rangle & \langle 4,5\rangle \\ \langle 2,2\rangle & \langle 1,5\rangle & \langle 5,3\rangle & \langle 4,1\rangle & \langle 3,4\rangle \\ \langle 1,1\rangle & \langle 5,4\rangle & \langle 4,2\rangle & \langle 3,5\rangle & \langle 2,3\rangle \end{bmatrix}$$

图 24.2

为了研究构造正交拉丁方的方法，我们需要一些有限域上的有限几何的知识.

定义 24.3 设 F 为有限域(见 18.1 节)，对任意 $a,b\in F$，称有序对 $\langle a,b\rangle$ 是**点**. 对于任意 $c,d,e\in F$，c,d 不全为 0，称集合

$$S=\{\langle x,y\rangle \mid x,y\in F\wedge cx+dy+e=0\}$$

为**线**或 F 所确定的线. 线 S 可以简记为 $cx+dy+e=0$.

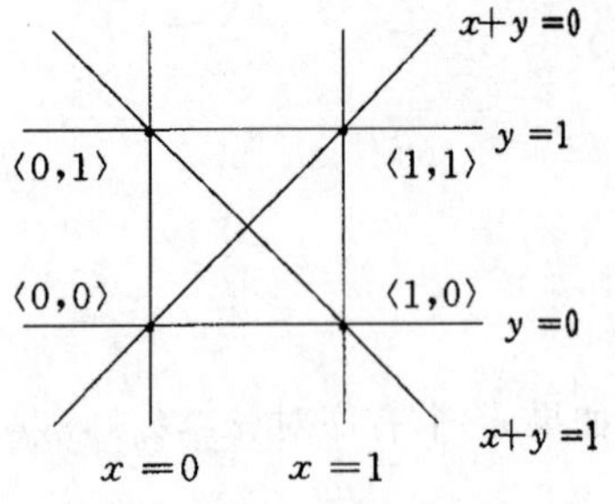

图 24.3

【例 24.5】 设 $F=\{0,1\}$，则 $\langle 0,0\rangle$，$\langle 0,1\rangle$，$\langle 1,0\rangle$，$\langle 1,1\rangle$ 是 F 上的点，而

$$x=0,\ y=0,\ x=1,\ y=1,$$
$$x+y=0,\ x+y=1$$

是 F 上的线. F 上所有的点和线如图 24.3 所示.

设 F 为有限域，$cx+dy+e=0$ 是 F 上的一条线，则 c，d 不全为 0. 若 $d\neq 0$，则有

$$d^{-1}cx+y+d^{-1}e=0.$$

即

$$y=-d^{-1}cx-d^{-1}e.$$

若 $d=0$，则 $c\neq 0$，原方程化为 $cx+e=0$，则

$$x=-c^{-1}e.$$

所以 F 上的线具有下述形式

$$y=mx+b \text{ 或 } x=k,$$

其中 $m,b,k\in F$. 称 m 为线 $y=mx+b$ 的**斜率**.

设 l_1 和 l_2 为 F 上的线，若 l_1 和 l_2 没有公共点，则称 l_1 和 l_2 是**平行的**. 假设 l_1 和 l_2 的方程分别为 $y=m_1x+b_1$，$y=m_2x+b_2$，则 l_1 与 l_2 平行当且仅当 $m_1=m_2$ 且 $b_1\neq b_2$. 这些结果很容易由有限域的知识加以证明，在此不再赘述.

定理 24.1 设 F 为有限域，则 F 上的点和线满足下面的性质：

(1) 过 F 上任意两点可确定一条线；

(2) 任给 F 上的点 P 和线 l，若 P 不在 l 上，则存在 F 上的线 l'，l' 过 P 且平行于 l；

(3) 存在 4 个点，其中任意三点都不在同一条线上.

证 (1) 和(2) 的证明留作练习.

(3) 由于 $|F|\geqslant 2$，存在 $0,1\in F$，且 $0\neq 1$. 则 $\langle 0,0\rangle$，$\langle 0,1\rangle$，$\langle 1,0\rangle$，$\langle 1,1\rangle$ 是 4 个点. 其中任何两点都可以确定一条线，而剩下的两个点都不在这条线上. ▌

定义 24.4 设 F 为有限域，称 F 上的点和线所构成的有限几何为 F 所确定的**仿射平面**，记作 $AP(F)$.

关于仿射平面 $AP(F)$ 有下面的定理.

定理 24.2 设 F 是有限域，$|F|=n$，则 $AP(F)$ 满足

(1) 点数为 n^2；

(2) 线数为 n^2+n；

(3) 每条线上恰有 n 个点；

(4) 每个点恰在 $n+1$ 条线上.

证 (1) 由于 $|F|=n$，则 $|F\times F|=n^2$，所以点数为 n^2.

(2) 每条线由方程 $y = mx + b$ 或 $x = k$ 确定. 由于 m, b 各有 n 种取值,形为 $y = mx + b$ 的方程有 n^2 个. 而 k 有 n 种取值,形为 $x = k$ 的方程有 n 个,所以不同的线数是 $n^2 + n$.

(3) 任取 $AP(F)$ 中的一条线. 若该线的方程是 $y = mx + b, m, b \in F$,则任意给定 $x \in F$,必存在惟一的 y 与之对应,$\langle x, y\rangle$ 就是这条线上的一个点. x 有 n 种可能的取值,得到 n 组 $\langle x, y\rangle$,即线上有 n 个点. 若该线的方程为 $x = k$,对任意的 $y \in F$,$\langle k, y\rangle$ 都是该线上的点,y 有 n 种取值,所以这条线上恰有 n 个点.

(4) 任取 $AP(F)$ 中的一点 $\langle a, c\rangle$,则 $x = a$ 是一条过 $\langle a, c\rangle$ 的线. 考虑 $y = mx + b$ 形式的线,若这种线过 $\langle a, c\rangle$ 点,则必满足等式 $c = ma + b$. 对于任意给定的 $m \in F$,可惟一地确定 b,共有 n 种 m, b 满足等式,对应于 n 条过 $\langle a, c\rangle$ 的线. 于是过 $\langle a, c\rangle$ 的线共有 $n + 1$ 条. ▎

【例 24.6】 设 $F = \{0,1,2\}$,根据定理 24.2,仿射平面 $AP(F)$ 上有 $3^2 = 9$ 个点,$3^2 + 3 = 12$ 条线,每条线上恰有 3 个点,每个点恰在 4 条线上. 请看图 24.4.

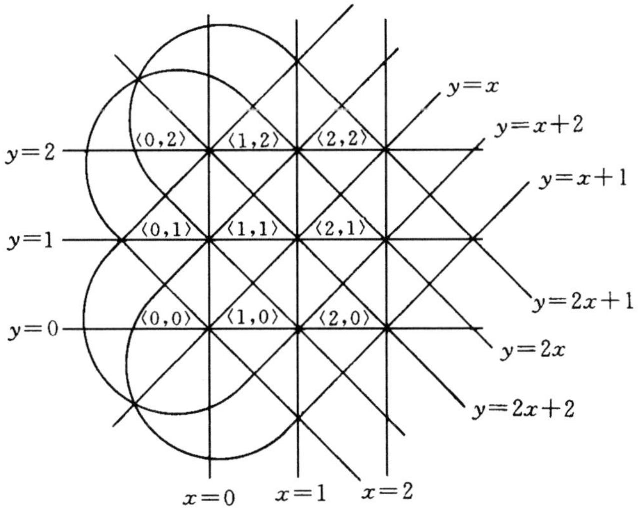

图 24.4

定义 24.5 设 F 为有限域,A 是 $AP(F)$ 中所有的线构成的集合. R 是 A 上的二元关系,对于任意的 $l_1, l_2 \in A$, $l_1 R l_2 \Longleftrightarrow l_1$ 是 l_2 或 l_1 与 l_2 平行,则 R 是 A 上的等价关系. 称关于 R 的等价类为线的**平行类**.

下面考虑正交拉丁方的构造问题.

定理 24.3 设 $F = \{a_1 = 0, a_2 = 1, a_3, \cdots, a_n\}$ 是有限域,且 $n \geqslant 3$. 任取 $a_i \in F, a_i \neq 0$,则

$$\{y = a_i x + a_j \mid j = 1,2,\cdots,n\}$$

确定了 $AP(F)$ 中的一个线平行类. 将线 $y = a_i x + a_j$ 上的点标记为 j, $j = 1,2,\cdots,n$,则该平行类中所有点的标记构成一个拉丁方.

证 由定理 24.2,对于给定的 $a_i, a_j \in F, a_i \neq 0$,线 $y = a_i x + a_j$ 上恰有 n 个点. 这 n 个点的横坐标构成了 F 中的全体元素,纵坐标也构成了 F 中的全体元素,即 $AP(F)$ 上的每行每列恰含有 1 个点. 这就证明在标记阵列中每行每列恰含有 1 个 j. 由于平行类 $\{y = a_i x + a_j \mid j = 1,2,\cdots,n\}$ 中有 n 条彼此不交的线,分别对应于 $j = 1,2,\cdots,n$,因此 $1,2,\cdots,n$ 中的每个数在标

记阵列中的每行每列恰好出现1次. ▌

定理 24.4 设F为有限域,并且$|F|\geqslant 3$.令$L_1,L_2,\cdots,L_{n-1}$是对应于$AP(F)$中$n-1$个斜率不为0的线平行类的拉丁方,则$\forall L_i,L_j,i,j\in\{1,2,\cdots,n-1\},i\neq j,L_i$和$L_j$是正交的.

证 设$F=\{a_1=0,a_2=1,a_3,\cdots,a_n\}$,$AP(F)$的两个线平行类$A_1$和$A_2$的斜率分别为$m_1$和$m_2$,$m_1$和$m_2$都不为0且$m_1\neq m_2$,对应于$A_1$和$A_2$的两个拉丁方分别为$L_1$和$L_2$.假若$L_1$和$L_2$不是正交的,则存在有序对$\langle i,j\rangle,i,j\in\{1,2,\cdots,n\}$,出现于$L_1,L_2$并置的两个位置,即如果$i$出现于$L_1$的两个位置,则$j$出现于$L_2$中同样的两个位置.由定理24.3的证明可知在仿射平面$AP(F)$中线$y=m_1x+a_i$和$y=m_2x+a_j$必交于两点.这与定理24.1中两点确定一条线相矛盾. ▌

根据定理24.4和24.3不难得到构造正交拉丁方的方法.

【例 24.7】 令$F=\{0,1,2\}$,则在$AP(F)$中有两个斜率不为0的线平行类,斜率为1的线平行类$A_1=\{y=x,y=x+1,y=x+2\}$和斜率为2的线平行类$A_2=\{y=2x,y=2x+1,y=2x+2\}$,$A_1$和$A_2$分别确定了两个3阶拉丁方$L_1$和$L_2$,其中

$$L_1=\begin{bmatrix}3&2&1\\2&1&3\\1&3&2\end{bmatrix},\quad L_2=\begin{bmatrix}3&1&2\\2&3&1\\1&2&3\end{bmatrix}.$$

它们是正交的.

对于有限域F,$|F|=n\geqslant 3$,通过仿射平面$AP(F)$中的线平行类可以构造出$n-1$个两两正交的n阶拉丁方.而下面的定理告诉我们,通过这种方法得到的$n-1$个拉丁方恰好是所有的两两正交的n阶拉丁方.

引理 设L_1和L_2是正交的n阶拉丁方,$\sigma=\begin{pmatrix}1&2&\cdots&n\\i_1&i_2&\cdots&i_n\end{pmatrix}$是$n$元置换,令$\sigma(L_1)$表示在$L_1$中用$i_j$代替$j(j=1,2,\cdots,n)$以后所得到的结果,则$\sigma(L_1)$也是一个$n$阶拉丁方,且与$L_2$正交.

证 易见$\sigma(L_1)$是一个n阶拉丁方.假设$\sigma(L_1)$与L_2不是正交的,必存在$\langle i_l,j\rangle$出现在$\sigma(L_1),L_2$并置的两个位置,从而推出$\langle l,j\rangle$必出现于L_1,L_2并置的同样的两个位置.这与L_1与L_2是正交的相矛盾. ▌

定理 24.5 设$L_1,L_2,\cdots,L_k$是两两正交的n阶拉丁方,则$k\leqslant n-1$.

证 对$L_i(i=1,2,\cdots,k)$选择n元置换σ_i,使得$\sigma_i(L_i)$的第一行为$1,2,\cdots,n$.根据引理,$\sigma_1(L_1),\sigma_2(L_2),\cdots,\sigma_k(L_k)$必是两两正交的.将$\sigma_i(L_i)$的第二行第一列的元素记为$x_{21}^{(i)},i=1,2,\cdots,k$.易证对任意的$i,j\in\{1,2,\cdots,k\},i\neq j$,有$x_{21}^{(i)}\neq x_{21}^{(j)}$.假若不然有$x_{21}^{(i)}=x_{21}^{(j)}=t$,则有序对$\langle t,t\rangle$出现于$\sigma_i(L_i),\sigma_j(L_j)$并置的第二行第一列和第一行第$t$列的两个位置,与$\sigma_i(L_i)$,$\sigma_j(L_j)$是正交的相矛盾.由于$x_{21}^{(1)},\cdots,x_{21}^{(k)}$彼此不等,且它们都不为1,至多只能有$n-1$个,从而证明了$k\leqslant n-1$. ▌

回顾18.3节(有限域上的多项式环),我们已经知道,对于任何正整数n,存在着有限域$F(|F|=n)$当且仅当n是某个素数的幂.因此当$n=p^t$,p为素数且$n\geqslant 3$时,可以利用仿射平面$AP(F)$构造$n-1$个两两正交的n阶拉丁方.对于其他的n,当$n=2$或6时,不存在着正交的拉丁方,剩下的n都存在着正交的拉丁方.下面给出一种方法,可以从一对n_1阶正交的拉丁方和一对n_2阶正交的拉丁方构造出一对n_1n_2阶的正交拉丁方.请看下面的例子.

设 $n_1=3, n_2=4, A_1, A_2$ 是一对 3 阶的正交拉丁方，B_1, B_2 是一对 4 阶的正交拉丁方.

$$A_1=\begin{bmatrix}3&2&1\\2&1&3\\1&3&2\end{bmatrix},\qquad A_2=\begin{bmatrix}3&1&2\\2&3&1\\1&2&3\end{bmatrix},$$

$$B_1=\begin{bmatrix}4&3&2&1\\3&4&1&2\\2&1&4&3\\1&2&3&4\end{bmatrix},\qquad B_2=\begin{bmatrix}4&2&1&3\\3&1&2&4\\2&4&3&1\\1&3&4&2\end{bmatrix}.$$

如下构造 12 阶正交的拉丁方. 对于 A_1 中的每一项 a，用下面的 4×4 阵列来代替

$$\langle a,B_1\rangle=\begin{bmatrix}\langle a,4\rangle&\langle a,3\rangle&\langle a,2\rangle&\langle a,1\rangle\\\langle a,3\rangle&\langle a,4\rangle&\langle a,1\rangle&\langle a,2\rangle\\\langle a,2\rangle&\langle a,1\rangle&\langle a,4\rangle&\langle a,3\rangle\\\langle a,1\rangle&\langle a,2\rangle&\langle a,3\rangle&\langle a,4\rangle\end{bmatrix},$$

从而得到一个 12 阶的方阵

$$C_1=\begin{bmatrix}\langle 3,B_1\rangle&\langle 2,B_1\rangle&\langle 1,B_1\rangle\\\langle 2,B_1\rangle&\langle 1,B_1\rangle&\langle 3,B_1\rangle\\\langle 1,B_1\rangle&\langle 3,B_1\rangle&\langle 2,B_1\rangle\end{bmatrix}.$$

类似地，由 A_2 和 B_2 可以构造另一个 12 阶的方阵 C_2. C_1 和 C_2 的各项都是 $\langle i,j\rangle$ 形式，其中 $i=1,2,3, j=1,2,3,4$. 然后对这 12 个有序对分别标记整数 $1,2,\cdots,12$，使得不同的有序对的标记也不相同，从而得到两个标记阵列 L_1 和 L_2. 由阵列 C_1 和 C_2 的构成可知，它的每行每列的有序对不是第一个元素不等就是第二个元素不等，因此在每行和每列中每个有序对恰好出现一次. 这就证明了 L_1 和 L_2 都是拉丁方.

下面证明 L_1 和 L_2 是正交的. 假若不然，则存在有序对 $\langle\langle u,v\rangle,\langle w,t\rangle\rangle$ 出现在 C_1, C_2 并置的两个位置. 根据 C_1 和 C_2 的构成可知或者有 $\langle u,w\rangle$ 出现于 A_1, A_2 并置的两个位置或者有 $\langle v,t\rangle$ 出现于 B_1, B_2 并置的两个位置，这都和 A_1, A_2 以及 B_1, B_2 的正交性矛盾.

不难看到，这种构造高阶正交拉丁方的方法是普遍适用的. 对于正整数 n,

$$n=p_1^{\alpha_1}p_2^{\alpha_2}\cdots p_t^{\alpha_t}$$

为 n 的素因子分解式，其中 p_i 为素数，$\alpha_i\in Z^+, i=1,2,\cdots,t$. 如果不存在 $p_i^{\alpha_i}=2$，那么对任意的 $i=1,2,\cdots,t$，都存在正交的 $p_i^{\alpha_i}$ 阶的拉丁方. 使用上面的构造方法，可顺序构造出 $p_1^{\alpha_1}p_2^{\alpha_2}$ 阶，$p_1^{\alpha_1}p_2^{\alpha_2}p_3^{\alpha_3},\cdots,p_1^{\alpha_1}p_2^{\alpha_2}\cdots p_t^{\alpha_t}$ 阶正交的拉丁方. 这就证明了只要 n 不是某个奇数的 2 倍都可以构造出 n 阶的正交拉丁方.

进一步的研究已经证明，如果 n 是某个奇数的 2 倍，但 $n\neq 2$ 和 6，也存在着 n 阶的正交的拉丁方，并且给出了构造的方法. 限于篇幅，这里不再加以详细介绍.

24.2 t- 设 计

本节主要研究不完全的设计. 先引入一些基本概念.

定义 24.6 设 $X=\{x_1,x_2,\cdots,x_v\}$ 是点的集合，$B=\{B_1,B_2,\cdots,B_b\}$ 是 X 的子集族，称为块的集合，其中 $|B_i|=k, i=1,2,\cdots,b$. 如果对于 X 的任何 t 元子集 $T(k\geqslant t)$ 恰好存在着

λ 个块与 T 中所有的点都相交，则称 X 和 B 构成了一个 v 个点，块大小为 k，指数为 λ 的 **t 设计**，简记为 t-(v,k,λ) 设计.

【例 24.8】

(1) $X=\{1,2,3,4\}$，$B=\{\{1,2\},\{2,3\},\{3,4\},\{4,1\}\}$，则 X,B 构成一个 1-(4,2,2) 设计；

(2) $X=\{1,2,3,4,5,6,7\}$，$B=\{\{1,2,4\},\{2,3,5\},\{3,4,6\},\{4,5,7\},\{5,6,1\},\{6,7,2\},\{7,1,3\}\}$，则 X,B 构成一个 2-(7,3,1) 设计；

(3) 设 X 为完全五边形 K_5 的边集，图 24.5 中三种类型的边集作为块，则 (1) 型块有 $\binom{5}{1}=5$ 块，(2) 型块有 $\binom{5}{3}=10$ 块，(3) 型块有 $3\binom{5}{1}=15$ 块，共计 30 个块. 任取 K_5 的 3 条边 e_1,e_2,e_3，在同构的意义下可能的取法如图 24.6. 在情况 (a)，这 3 条边只能与 (1) 型的一个块相交. 在情况 (b)，这 3 条边只能与 (3) 型的一个块相交. 在情况 (c) 和 (d)，这 3 条边只能与 (2) 型的一个块相交. 所以 X 和这 30 个块的集合 B 构成一个 3-(10,4,1) 设计.

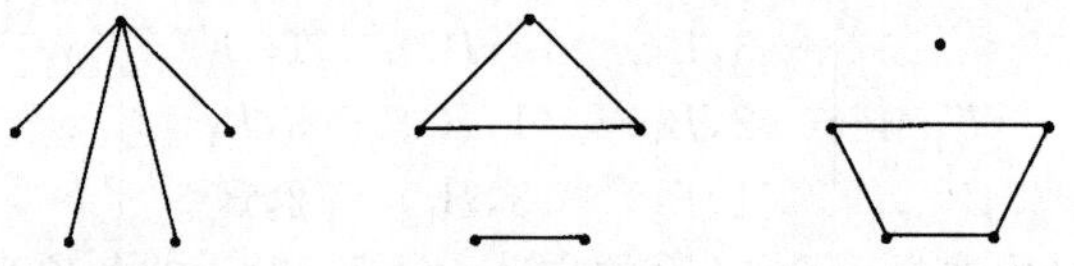

图 24.5

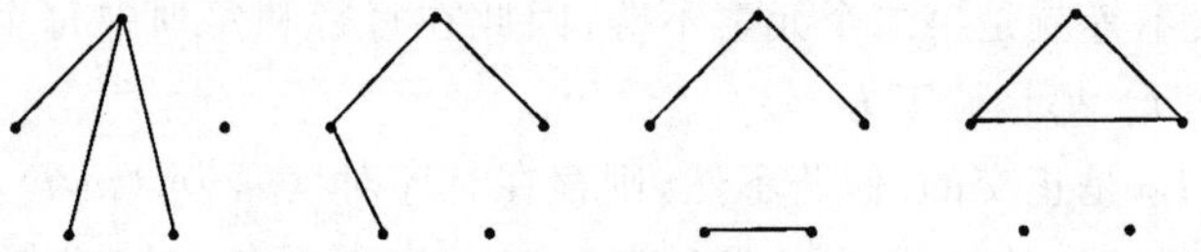

图 24.6

定义 24.7 设 $X=\{x_1,x_2,\cdots,x_v\}$，$B=\{B_1,B_2,\cdots,B_b\}$ 是 X 的子集族，X 和 B 构成一个 t-(v,k,λ) 设计，则这个 t- 设计的**相交矩阵** $M=(a_{ij})$ 是 v 行 b 列的 (0-1) 矩阵，其中

$$a_{ij}=\begin{cases}1, & \text{若 } x_i\in B_j;\\ 0, & \text{若 } x_i\notin B_j.\end{cases}$$

【例 24.9】 例 24.8 中的头两个 t- 设计的相交矩阵分别是：

$$\underset{(1)}{\begin{bmatrix}1&0&0&1\\1&1&0&0\\0&1&1&0\\0&0&1&1\end{bmatrix}},\quad \underset{(2)}{\begin{bmatrix}1&0&0&0&1&0&1\\1&1&0&0&0&1&0\\0&1&1&0&0&0&1\\1&0&1&1&0&0&0\\0&1&0&1&1&0&0\\0&0&1&0&1&1&0\\0&0&0&1&0&1&1\end{bmatrix}}.$$

定义 24.8 (1) $k < v$ 的 2-(v,k,λ) 设计称为**均衡的不完全的区组设计**(Balanced Incompleted Block Design),简称 **BIBD**.

(2) $b = v$ 的 t-(v,k,λ) 设计称为**方设计**或**对称设计**.

(3) $\lambda = 1$ 的 t-$(v,k,1)$ 设计称为 **Steiner 系统**.

(4) $\lambda = 1$ 的对称的 BIBD 称为**射影平面**. 令 $n = k - 1$,称 n 为该射影平面的**阶**.

【例 24.10】 例 24.8 中(2) 的设计是一个 BIBD. (1) 和(2) 的设计是对称设计. (2) 和(3) 的设计是 Steiner 系统. 而(2) 的设计是射影平面,实际上它就是 **Fano 平面**,是惟一的 2 阶射影平面. Fano 平面的定义如下:

设 $X = \{0,1,\cdots,6\}$, $B = \{\{x, x \oplus 1, x \oplus 3\} \mid x \in X\}$. 其中 $\oplus$ 为模 7 加法. 则 X,B 构成一个 2-(7,3,1) 设计. 图 24.7 就是 Fano 平面的示意图. 图上的点就是 X 中的点. 而每条线是 B 中的块,其中有 6 条直线,分别对应块 $\{0,1,3\}$,$\{2,3,5\}$,$\{3,4,6\}$,$\{4,5,0\}$,$\{5,6,1\}$,$\{6,0,2\}$. 另一条是以 0 为圆心的圆,对应于块 $\{1,2,4\}$.

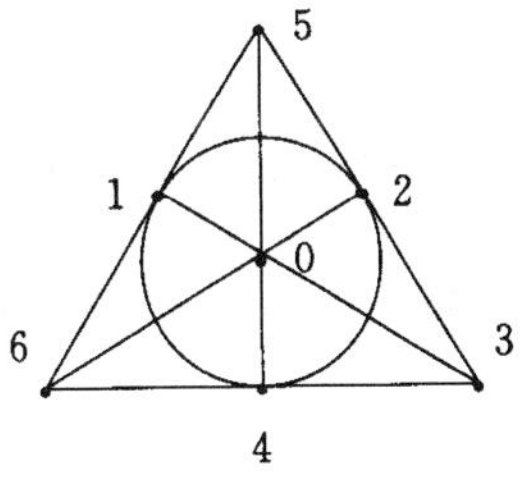

图 24.7

下面的定理给出了一个 t-(v,k,λ) 设计存在的必要条件.

定理 24.6 一个 t-(v,k,λ) 设计存在的必要条件是

$$b\binom{k}{t} = \lambda\binom{v}{t}. \qquad (24.1)$$

证 设集合 X 和 X 的子集族 B 构成 t-(v,k,λ) 设计. 对于 X 的 t- 元子集 T,做有序对 $\langle T, B_i\rangle$,其中 B_i 是与 T 中所有的点相交的块. 用两种方法计数所有的有序对 $\langle T, B_i\rangle$. 一方面,不同的 T 子集数为 $\binom{v}{t}$,与某个 T 子集相交的块数为 λ,故有序对数为 $\lambda\binom{v}{t}$. 另一方面,B 中有 b 个块,而每个块恰与 $\binom{k}{t}$ 个 T 子集相交,故有序对数为 $b\binom{k}{t}$,从而证明了 $b\binom{k}{t} = \lambda\binom{v}{t}$. ▎

推论 1 1-(v,k,λ) 设计满足 $kb = \lambda v$.

证 将 $t = 1$ 代入(24.1) 式即可. ▎

推论 2 设 D 为一个对称的 BIBD,则

$$\lambda(v-1) = k(k-1).$$

证 将 $t = 2$ 代入(24.1) 式得

$$b\binom{k}{2} = \lambda\binom{v}{2},$$

即

$$bk(k-1) = \lambda v(v-1).$$

由于 $b = v$,则等式得证. ▎

推论 3 设 D 为一个 n 阶的射影平面,则

$$v = n^2 + n + 1.$$

证 由于射影平面是一个对称的 BIBD,由推论 2 有

$$\lambda(v-1) = k(k-1).$$

将 $\lambda = 1$,$n = k - 1$ 代入,命题得证. ▎

定理 24.7 设 X,B 构成一个 t-(v,k,λ) 设计,则对任意的 i,$0 \leqslant i \leqslant t$,与 X 的一个给定

的 i 子集的所有点相交的块数是

$$b_i = \lambda\binom{v-i}{t-i}\Big/\binom{k-i}{t-i}. \tag{24.2}$$

证 设 A 是 X 的一个 i 子集，即 $|A| = i$. 取 X 的一个 t 子集 T，使得 $A \subseteq T$. 令 B_j 是与 T 的所有点相交的块，计数有序对 $\langle T, B_j\rangle$ 的个数. 一方面 t 子集数为 $\binom{v-i}{t-i}$，与某个 T 相交的块数为 λ. 所以不同的有序对 $\langle T, B_j\rangle$ 有 $\lambda\binom{v-i}{t-i}$ 个. 另一方面，与 A 中所有的点相交的块数为 b_i. 而对每个块，从中选出 t 个点并使得 A 的 i 个点在内的方法有 $\binom{k-i}{t-i}$ 种，所以有 $b_i\binom{k-i}{t-i}$ 个不同的有序对 $\langle T, B_j\rangle$. 等式得证. ▌

推论 1 设 X, B 构成一个 2-(v,k,λ) 设计，则与 X 中一个点相交的块数 r 满足

(1) $\lambda(v-1) = r(k-1)$； (24.3)

(2) $bk = vr$. (24.4)

证 (1) 将 $t=2, i=1$ 代入(24.2)式得

$$r = b_1 = \lambda\binom{v-1}{1}\Big/\binom{k-1}{1} = \lambda(v-1)/(k-1).$$

(2) 由

$$b = b_0 = \lambda\binom{v}{2}\Big/\binom{k}{2}$$

得

$$b = \lambda v(v-1)/k(k-1).$$

将式(24.3)代入等式得证. ▌

推论 2 若 X, B 构成一个 2-$(v,3,1)$ 设计(Steiner 三元系统)，则

(1) $r = (v-1)/2$. (24.5)

(2) $b = v(v-1)/6$. (24.6)

证 (1) 将 $k=3, \lambda=1$ 代入式(24.3)即可.

(2) 将 $k=3$ 和(24.5)式代入式(24.4)即可. ▌

推论 3 若 X, B 构成一个 2-$(v,3,1)$ 设计(Steiner 三元系统)，则 v 只可能等于 $3, 6n+1$ 或 $6n+3$，其中 n 是某个正整数.

证 由式(24.5)得 $v = 2r+1, r \in Z^+$. 因此必有 $v \geqslant 3$ 且 v 是奇数，即 $v \neq 4, 6n, 6n+2$ 和 $6n+4$.

若 $v = 6n+5, n \in N$，则由式(24.6)得 $b = 10/3 + n'$，n' 是整数，与 b 是整数矛盾. ▌

可以证明推论 3 的条件是 Steiner 三元系统存在的充分必要条件. 限于篇幅，不再赘述.

下面的定理给出了 BIBD 存在的另一个必要条件(**Fisher 不等式**)，为此我们先给出一个引理.

引理 设 $X = \{x_1, x_2, \cdots, x_v\}$，$B = \{B_1, B_2, \cdots, B_b\}$ 构成一个 BIBD，M 是该设计的相交矩阵，M^T 为 M 的转置，则在矩阵 MM^T 的主对角线上的元素都是 r，其他的元素都是 λ.

证 令 $M = (a_{ij})$，$M^T = (a_{ij}{}')$. 对任意 $i = 1, 2, \cdots, v$，

$$x_i \in B_s \Longleftrightarrow a_{is} = 1 \text{ 且 } a'_{si} = 1 \Longleftrightarrow \text{在 } MM^T \text{ 的 } i \text{ 行 } i \text{ 列位置加一个 } 1.$$

由于与 x_i 相交的块数是 r，所以在 MM^T 的 i 行 i 列元素也是 r.

对任意的 $i,j=1,2,\cdots,v,i\neq j$,

$$\begin{aligned} x_i,x_j \in B_s &\Longleftrightarrow a_{is} = 1 \text{ 且 } a'_{sj} = 1 \\ &\Longleftrightarrow \text{在 } MM^T \text{ 的 } i \text{ 行 } j \text{ 列的位置加一个 } 1. \end{aligned}$$

由于 M 是 BIBD 的相交矩阵，必有 λ 个块与 $\{x_i,x_j\}$ 相交，所以当 $i\neq j$ 时在 MM^T 的 i 行 j 列元素为 λ. ▮

定理 24.8 设 D 是一个 BIBD，则 $b\geqslant v$.

证 由于 D 是 BIBD，$v>k$，由式(24.3)有 $r>\lambda$.

假设 $b<v$，在矩阵 M 中加上 $v-b$ 个全 0 的列，得到一个 v 行 v 列的方阵 M_1. 易见 $MM^T=M_1M_1^T$. 令 $\det A$ 表示 A 的行列式，则有

$$\det MM^T = \det M_1M_1^T = \det M_1 \cdot \det M_1^T = 0.$$

由引理有

$$\det MM^T = \det\begin{bmatrix} r & \lambda & \lambda & \lambda & \cdots & \lambda \\ \lambda & r & \lambda & \lambda & \cdots & \lambda \\ \lambda & \lambda & r & \lambda & \cdots & \lambda \\ \lambda & \lambda & \lambda & r & \cdots & \lambda \\ \cdots & \cdots & \cdots & \cdots & \cdots & \cdots \\ \lambda & \lambda & \lambda & \lambda & \cdots & r \end{bmatrix}$$

$$= \det\begin{bmatrix} r & \lambda-r & \lambda-r & \lambda-r & \cdots & \lambda-r \\ \lambda & r-\lambda & 0 & 0 & \cdots & 0 \\ \lambda & 0 & r-\lambda & 0 & \cdots & 0 \\ \lambda & 0 & 0 & r-\lambda & \cdots & 0 \\ \cdots & \cdots & \cdots & \cdots & \cdots & \cdots \\ \lambda & 0 & 0 & 0 & \cdots & 0 \\ \lambda & 0 & 0 & 0 & \cdots & r-\lambda \end{bmatrix}$$

$$= \det\begin{bmatrix} r+(v-1)\lambda & 0 & 0 & 0 & \cdots & 0 \\ \lambda & r-\lambda & 0 & 0 & \cdots & 0 \\ \lambda & 0 & r-\lambda & 0 & \cdots & 0 \\ \lambda & 0 & 0 & r-\lambda & \cdots & 0 \\ \cdots & \cdots & \cdots & \cdots & \cdots & \cdots \\ \lambda & 0 & 0 & 0 & \cdots & 0 \\ \lambda & 0 & 0 & 0 & \cdots & r-\lambda \end{bmatrix}$$

$$= [r+(v-1)\lambda](r-\lambda)^{v-1},$$

所以有

$$[r+(v-1)\lambda](r-\lambda)^{v-1} = 0.$$

这与 $r>\lambda$ 且 $r,v-1,\lambda$ 都是正整数矛盾. ▮

推论 设 D 为一个对称的 BIBD，v 为偶数，则 $k-\lambda$ 是平方数.

证 由定理 24.8 的证明可知

$$\det MM^T = [r+(v-1)\lambda](r-\lambda)^{v-1},$$

其中 M 为 D 的相交矩阵. 由于 D 是对称设计, $\det M = \det M^T$, 因此有

$$[\det M]^2 = [r+(v-1)\lambda](r-\lambda)^{v-1}.$$

由定理 24.6 的推论 2 知 $\lambda(v-1) = k(k-1)$, 又由 24.4 式有 $r = k$, 代入上式得

$$[\det M]^2 = k^2(k-\lambda)^{v-1}.$$

因为 v 为偶数, 所以 $k-\lambda$ 为平方数. ▌

【例 24.11】 证明不存在对称的 2-(8,7,4) 设计.

证 $v=8, k=7, \lambda=4, v$ 是偶数, $k-\lambda=3$ 不是平方数, 由定理 24.8 的推论得证. ▌

对于给定的正整数 v,k,λ,t, 判定是否存在 t-(v,k,λ) 设计这一问题至今并没有得到根本的解决, 只得到了某些特殊情况下的必要条件或充分条件. 下面考虑构造 t-(v,k,λ) 设计的问题.

定理 24.9 设 $X=\{x_1,x_2,\cdots,x_v\}$, $B=\{B_1,B_2,\cdots,B_b\}$, D 是 X 和 B 构成的 t-(v,k,λ) 设计, $I\subseteq X$ 且 $|I|=i$. 令

$$X' = X-I, B' = \{B_j - I \mid B_j \in B \text{ 且 } I\subseteq B_j\},$$

则 X', B' 构成一个 $(t-i)$-$(v-i,k-i,\lambda)$ 设计.

证 显然 $|X'|=|X|-|I|=v-i$, 且 B' 块的大小为 $k-i$. 对于任意 $T'\subseteq X'$, $|T'|=t-i$, 令 $T=T'\cup I$. 因 $T'\cap I=\varnothing$, 则

$$|T| = |T'|+|I| = t-i+i = t.$$

因此恰有 B 中的 λ 个块与 T 相交. 任取其中的块 B_j, 则 $I\subseteq B_j$, 且 $B_j' = B_j - I$ 与 T' 相交. 从而证明 B' 中有 λ 个块与 T' 相交. 假若有另外的块 $B_l'\in B'$ 也与 T' 相交, 那么 $B_l'\cup I = B_l$ 也与 T 相交, 则与 T 相交的块数至少为 $\lambda+1$, 与 D 是 t-(v,k,λ) 设计矛盾. ▌

定义 24.9 令 X,B,I,D,X',B' 如定理 24.9 所述, 则 X' 和 B' 构成的 $(t-i)$-$(v-i,k-i,\lambda)$ 设计称为 **D 导出的设计**, 记作 D_I.

【例 24.12】 设 $X=\{1,2,\cdots,10\}$, B 中有 30 个块, 依次列在下边:

$\{1,2,3,9\},\{1,2,4,6\},\{1,2,5,8\},\{1,2,7,10\},\{1,3,4,8\},$
$\{1,3,5,10\},\{1,3,6,7\},\{1,4,5,7\},\{1,4,9,10\},\{1,5,6,9\},$
$\{1,6,8,10\},\{1,7,8,9\},\{2,3,4,10\},\{2,3,5,7\},\{2,3,6,8\},$
$\{2,4,5,9\},\{2,4,7,8\},\{2,5,6,10\},\{2,6,7,9\},\{2,8,9,10\},$
$\{3,4,5,6\},\{3,4,7,9\},\{3,5,8,9\},\{3,6,9,10\},\{3,7,8,10\},$
$\{4,5,8,10\},\{4,6,8,9\},\{4,6,7,10\},\{5,6,7,8\},\{5,7,9,10\},$

则 X, B 构成一个 3-(10,4,1) 设计 D. 令 $I=\{10\}$, 则

$X'=\{1,2,\cdots,9\}$,

$B'=\{\{1,2,7\},\{1,3,5\},\{1,4,9\},\{1,6,8\},\{2,3,4\},\{2,5,6\},\{2,8,9\},\{3,6,9\},$
$\{3,7,8\},\{4,5,8\},\{4,6,7\},\{5,7,9\}\}$

构成一个 2-(9,3,1) 设计, 是 D 导出的设计.

引理 设 $X=\{x_1,x_2,\cdots,x_v\}$, $B=\{B_1,B_2,\cdots,B_v\}$ 构成一个对称的 2-(v,k,λ) 设计, 则对任意的 $B_i,B_j\in B$, $i\neq j$, B_i 与 B_j 恰含有 λ 个公共点.

证 任取 $B_i\in B$, 设 a_j 是除 B_i 以外与 B_i 有 j 个公共点的块的个数, $1\leqslant j\leqslant k$, 则

$$\sum_{j=0}^{k} a_j = v-1. \quad ①$$

设 x 是 B_i 中的点，B_l 是和点 x 相交的块，且 $l \neq i$，计数所有的有序对 $\langle x, B_l\rangle$. 一方面由于和 x 相交的块数为 r，除去 B_i 后应是 $r-1$，因此有序对数应是 $k(r-1)=k(k-1)$，(对称设计的 $k=r$). 另一方面，$\sum_{j=0}^{k} ja_j$ 也计数了有序对 $\langle x, B_l\rangle$，故有

$$\sum_{j=0}^{k} ja_j = k(k-1). \quad ②$$

设 $x,y \in B_i$，B_l 是除 B_i 以外和 x,y 相交的块，计数有序三元组 $\langle x,y,B_l\rangle$. 一方面 B 中和 x,y 相交的块恰有 λ 个，除去 B_i，有 $\lambda-1$ 个，所以有 $\binom{k}{2}(\lambda-1)$ 个三元组 $\langle x,y,B_l\rangle$. 另一方面，$\binom{j}{2}a_j$ 计数了和 B_i 有 j 个公共点，并且其中包含 x,y 两点的 $\langle x,y,B_l\rangle$ 个数，故有

$$\sum_{j=0}^{k}\binom{j}{2}a_j = \binom{k}{2}(\lambda-1). \quad ③$$

由 ①，② 和 ③ 式推出

$$\begin{aligned}
&\sum_{j=0}^{k}(j-\lambda)^2 a_j = \sum_{j=0}^{k}(j^2-j+j-2j\lambda+\lambda^2)a_j \\
&=\sum_{j=0}^{k}j(j-1)a_j+\sum_{j=0}^{k}(1-2\lambda)ja_j+\lambda^2\sum_{j=0}^{k}a_j \\
&=k(k-1)(\lambda-1)+(1-2\lambda)k(k-1)+\lambda^2(v-1) \\
&=k(k-1)(-\lambda)+\lambda^2(v-1) \\
&=\lambda[\lambda(v-1)-k(k-1)] \\
&=0, \qquad\qquad (\text{由式}(24.3)\text{ 和 } r=k).
\end{aligned}$$

这就证明了只有当 $j=\lambda$ 时，$a_j \neq 0$，其余 a_j 都为 0，因此任何和 B_i 相交的块恰好与 B_i 交于 λ 个点. ▍

定理 24.10 设 $X=\{x_1,x_2,\cdots,x_v\}$，$B=\{B_1,B_2,\cdots,B_v\}$ 构成一个对称的 2-(v,k,λ) 设计. 对任意的 $B_i \in B$，令

$$X' = X - B_i, B' = \{B_j - B_i \mid B_j \in B \text{ 且 } B_j \neq B_i\},$$

则 X'，B' 构成一个 2-$(v-k,k-\lambda,\lambda)$ 设计.

证 显然 $|X'|=|X|-|B_i|=v-k$. 由引理，对任何 $B_j \in B$，B_j 与 B_i 恰有 λ 个公共点，故 $|B_j-B_i|=k-\lambda$. 对任何 $x,y \in X'$，恰有 λ 个块 B_{l_1}，B_{l_2}，$\cdots$，B_{l_λ} 含有 x,y，所以恰有 λ 个块 $B_{l_1}-B_i$，$B_{l_2}-B_i$，$\cdots$，$B_{l_\lambda}-B_i \in B'$ 且含有 x,y，从而证明了 X'，B' 构成一个 2-$(v-k,k-\lambda,\lambda)$ 设计.

【例 24.13】 设 $X=\{0,1,3,\cdots,6\}$，$B=\{\{0,1,3\},\{1,2,4\},\{2,3,5\},\{3,4,6\},\{4,5,0\},\{5,6,1\},\{6,0,2\}\}$ 构成一个对称的 2-(7,3,1) 设计. 取 $B_i=\{0,1,3\}$，则 $X'=\{2,4,5,6\}$，$B'=\{\{2,4\},\{2,5\},\{4,6\},\{4,5\},\{5,6\},\{6,2\}\}$ 构成一个 2-(4,2,1) 设计.

定理 24.11 设 $X=\{x_1,x_2,\cdots,x_v\}$，$B=\{B_1,B_2,\cdots,B_v\}$ 构成一个对称的 2-(v,k,λ) 设计，$\lambda>1$. 任取 $B_i \in B$，令

$$X' = B_i, B' = \{B_j \cap B_i \mid B_j \in B \text{ 且 } B_j \neq B_i\},$$

则 X', B' 构成一个 2-$(k,\lambda,\lambda-1)$ 设计.

证 显然 $|X'|=k$. 由定理 24.10 的引理,对任意的 $B_j \in B, B_j \neq B_i, B_j$ 与 B_i 恰有 λ 个公共点,所以 B' 中每个块的大小为 λ.

对任意的 $x,y \in X'$,恰有 λ 个块 $B_{l_1}, B_{l_2}, \cdots, B_{l_\lambda} \in B$ 含有 x,y. 除了 B_i 以外,正好有 $\lambda-1$ 个块含有 x,y. 因此 B' 中恰有 $\lambda-1$ 个块含有 x,y. 这就证明了 X', B' 构成了一个 2-$(k,\lambda,\lambda-1)$ 设计. ▌

【例 24.14】 设 $X=\{1,2,3,4\}, B=\{\{1,2,3\},\{2,3,4\},(3,4,1),(4,1,2)\}$,则 X,B 构成一个对称的 2-(4,3,2) 设计. 取 $B_i=\{1,2,3\}$,则 $X'=\{1,2,3\}, B'=\{\{2,3\},\{1,3\},\{1,2\}\}$, X', B' 构成一个 2-(3,2,1) 设计.

2-$(v,3,1)$ 设计称作 Steiner 三元系统. 下面的定理说明如何由已知的分别含 v_1 个点和 v_2 个点的 Steiner 三元系统 S_1 和 S_2 构造一个含 v_1v_2 个点的 Steiner 三元系统 S.

定理 24.12 设 $X_1=\{x_1,x_2,\cdots,x_{v_1}\}$, X_1 与 B_1 构成 Steiner 三元系统; $X_2=\{y_1,y_2,\cdots,y_{v_2}\}$, X_2, B_2 也构成 Steiner 三元系统. 则存在一个点集为 X,块集为 B 的 Steiner 三元系统且 $|X|=v_1v_2$.

证 令 $X=\{z_{ij} \mid i=1,2,\cdots,v_1$ 且 $j=1,2,\cdots,v_2\}$,则 $|X|=v_1v_2$. 对于任意的 $z_{ab}, z_{cd}, z_{ef} \in X$,

$$\begin{aligned}&\{z_{ab},z_{cd},z_{ef}\}\in B\\ \Longleftrightarrow\ &(b=d=f\text{ 且}\{x_a,x_c,x_e\}\in B_1)\\ &\text{或}(a=c=e\text{ 且}\{y_b,y_d,y_f\}\in B_2)\\ &\text{或}(\{x_a,x_c,x_e\}\in B_1\text{ 且}\{y_b,y_d,y_f\}\in B_2).\end{aligned}$$

易见 B 中的块大小为 3.

任取 $z_{mn}, z_{pq} \in X$,若 $m=p$,由 $y_n, y_q \in X_2$ 且 X_2, B_2 构成 Steiner 三元系统,必存在惟一的 $\{y_n,y_q,y_l\} \in B_2$ 包含 y_n, y_q 点,则 $\{z_{mn},z_{pq},z_{ml}\}$ 是惟一的含 z_{mn}, z_{pq} 的块.

若 $n=q$,同上面的情况类似可证.

若 $m \neq p, n \neq q$,则 $x_m, x_p \in X_1, y_n, y_q \in X_2$. 由于 X_1, B_1 和 X_2, B_2 都构成 Steiner 三元系统,必存在惟一的 $\{x_m,x_p,x_j\} \in B_1$ 含有 x_m, x_p 以及惟一的 $\{y_n,y_q,y_l\} \in B_2$ 含有 y_n, y_q,因此 $\{z_{mn},z_{pq},z_{jl}\}$ 是 B 中惟一的含 z_{mn}, z_{pq} 的三元组,从而得到 $\lambda=1$.

综上所述, X,B 构成一个 v_1v_2 个点的 Steiner 三元系统. ▌

【例 24.15】 设 $X_1=X_2=\{1,2,3\}$, $B_1=B_2=\{\{1,2,3\}\}$,则 X_1, B_1 以及 X_2, B_2 都构成 2-(3,3,1) 设计,即 Steiner 三元组.

令 $X=\{z_{11},z_{12},z_{13},z_{21},z_{22},z_{23},z_{31},z_{32},z_{33}\}$,

$$\begin{aligned}B=\{&\{z_{11},z_{12},z_{13}\},\{z_{21},z_{22},z_{23}\},\{z_{31},z_{32},z_{33}\},\\ &\{z_{11},z_{21},z_{31}\},\{z_{12},z_{22},z_{32}\},\{z_{13},z_{23},z_{33}\},\\ &\{z_{11},z_{22},z_{33}\},\{z_{11},z_{23},z_{32}\},\{z_{12},z_{21},z_{33}\},\\ &\{z_{12},z_{23},z_{31}\},\{z_{13},z_{21},z_{32}\},\{z_{13},z_{22},z_{31}\}\}.\end{aligned}$$

则 X,B 构成一个 2-(9,3,1) 设计,即 9 个点的 Steiner 三元系统.

考虑上一节的有限域 F 上的仿射平面 $AP(F)$. 若 $|F|=n$,则 $AP(F)$ 上恰有 n^2 个点, n^2+n 条线,每条线上恰有 n 个点,并且每个点恰在 $n+1$ 条线上. 如果把这 n^2 个点看作设计中的点,线看作设计中的块,则在 $AP(F)$ 中任意两点惟一地确定一条线. 即对该设计中的任何两个

点只有惟一的块与它们相交，因此仿射平面 $AP(F)$ 构成一个 2-$(n^2,n,1)$ 设计. 比较例24.6和例 24.15，如果令仿射平面中的点与设计中的点建立如下的对应：

$$\langle 0,2\rangle \mapsto z_{11},\quad \langle 1,2\rangle \mapsto z_{12},\quad \langle 2,2\rangle \mapsto z_{13},$$
$$\langle 0,1\rangle \mapsto z_{21},\quad \langle 1,1\rangle \mapsto z_{22},\quad \langle 2,1\rangle \mapsto z_{23},$$
$$\langle 0,0\rangle \mapsto z_{31},\quad \langle 1,0\rangle \mapsto z_{32},\quad \langle 2,0\rangle \mapsto z_{33},$$

则仿射平面中的 12 条线恰好对应了设计中的 12 个块，所以例 24.6 中的仿射平面实际上就是例 24.15 中的 Steiner 三元系统.

下面简要介绍一下 Hadamard 矩阵以及由这个矩阵所导出的 2-(v,k,λ) 设计.

定义 24.10 设 $H=(h_{ij})$ 是 n 阶矩阵，其中 h_{ij} 是 1 或 -1. 若 $HH^T=nI$，I 是 n 阶单位矩阵，则称 H 为 **Hadamard 矩阵**. 第一行全是 1 的 Hadamard 矩阵称为**规范的** Hadamard 矩阵.

【例 24.16】 令

$$H_1=\begin{bmatrix}1&1\\1&-1\end{bmatrix},\quad H_2=\begin{bmatrix}1&1&-1&1\\1&-1&-1&-1\\-1&-1&-1&1\\1&-1&1&1\end{bmatrix},\quad H_3=\begin{bmatrix}1&1&1&1\\1&-1&1&-1\\1&1&-1&-1\\1&-1&-1&1\end{bmatrix},$$

则这三个矩阵都是 Hadamard 矩阵，其中 H_1 和 H_3 是规范的.

可以证明，规范的 n 阶 Hadamard 矩阵($n>2$) 具有下面的性质：

1. 存在正整数 m，$n=4m$.
2. 从第二行(或列) 起，每一行(或列) 恰含有 $2m$ 个 1 和 $2m$ 个-1.
3. 除第一行(或列) 以外，任意两行(或列) 中恰有 m 个列(或行) 全由 1 构成.

定理 24.13 由 n 阶($n\geqslant 8$) 规范的 Hadamard 矩阵可以导出一个对称的 2-(v,k,λ) 设计，其中 $v=n-1$，$k=\dfrac{n}{2}-1$，$\lambda=\dfrac{n}{4}-1$，称为 **Hadamard 设计**.

证 设 H 是 n 阶规范的 Hadamard 矩阵，$n\geqslant 8$. 删除 H 的第一行和第一列，然后用 0 代替所有的 -1 得到 $n-1$ 阶矩阵 $M=(a_{ij})$，如下构造一个对称的 2-(v,k,λ) 设计.

令 $X=\{1,2,\cdots,n-1\}$，$B_j=\{i\mid i\in X$ 且 $a_{ij}=1\}$，$j=1,2,\cdots,n-1$. 易见 $v=n-1$，$k=\dfrac{n}{2}-1$(性质 2). 任取 $i,j\in X$，由性质 3，M 的第 i 行和第 j 行恰有 $\dfrac{n}{4}-1$ 个 1 处在相同的列上，即恰有 $\dfrac{n}{4}-1$ 个块含有 i 和 j，从而证明 $\lambda=\dfrac{n}{4}-1$. ▎

【例 24.17】 设 H 是 Hadamard 矩阵

$$\begin{bmatrix}1&1&1&1&1&1&1&1\\1&-1&1&-1&1&-1&1&-1\\1&1&-1&-1&1&1&-1&-1\\1&-1&-1&1&1&-1&-1&1\\1&1&1&1&-1&-1&-1&-1\\1&-1&1&-1&-1&1&-1&1\\1&1&-1&-1&-1&-1&1&1\\1&-1&-1&1&-1&1&1&-1\end{bmatrix},$$

则对应的相交矩阵和对称的 2-(7,3,1) 设计如下：

$$M=\begin{bmatrix}0&1&0&1&0&1&0\\1&0&0&1&1&0&0\\0&0&1&1&0&0&1\\1&1&1&0&0&0&0\\0&1&0&0&1&0&1\\1&0&0&0&0&1&1\\0&0&1&0&1&1&0\end{bmatrix},\qquad \begin{aligned}&X=\{1,2,3,4,5,6,7\},\\&B=\{\{2,4,6\},\{1,4,5\},\{3,4,7\},\{1,2,3\},\\&\qquad\{2,5,7\},\{1,6,7\},\{3,5,6\}\}.\end{aligned}$$

实际上这个设计是 Fano 平面.

24.3 编　　码

先引入编码理论的一些基本概念.

定义 24.11　设 $S=\{x_1,\cdots,x_q\}$ 是字符的集合. 令 $S^n=\{x_1x_2\cdots x_n \mid x_i\in S\}$,则称 S^n 的子集 C 为 S 上的 ***q* 元码**,对任何 $x\in C$,称 x 为 C 的**码字**.

定义 24.12　设 C 是 S 上的 q 元码. $\forall x,y\in S^n$, $x=x_1x_2\cdots x_n$, $y=y_1y_2\cdots y_n$,令

$$d(x,y)=|\{i\mid x_i\neq y_i,1\leqslant i\leqslant n\}|,$$

称 $d(x,y)$ 为 x 和 y 的**距离**,且称

$$d(C)=\min\{d(x,y)\mid x,y\in C\}$$

为码 C 的**最小距离**.

定理 24.14　设 S 为有穷字符集,则

(1) $\forall x,y\in S^n$, $d(x,y)=0$ 当且仅当 $x=y$;

(2) $\forall x,y\in S^n$, $d(x,y)=d(y,x)$;

(3) $\forall x,y,z\in S^n$, $d(x,y)+d(y,z)\geqslant d(x,z)$.

证　(1) 和(2) 是显然的.

(3) $d(x,z)$ 是将 x 变成 z 所需要变动的最少位数. 先将 x 变成 y,再进一步将 y 变成 z,则变动的位数 $d(x,y)+d(y,z)$ 不小于 $d(x,z)$. ▎

由于噪音的干扰码字在传输过程中可能会出错. 在接收时可以判断传输过程是否出错的码为**检错码**;不仅能判断是否出错,而且可以纠正差错的码为**纠错码**. 在纠错时通常采用最近距离译码原则.

定义 24.13　(最近距离译码原则) 设 C 是 S 上的 q 元码. 当用 C 发送某个码字时若接收到的是 $y\in S^n$,令 x 是使得 $d(y,x)$ 取得最小值的 C 中码字,则将 y 译作 x. 称这个译码原则为**最近距离译码原则**.

定理 24.15　设 C 是一个 q 元码.

(1) 若 $d(C)\geqslant t+1$,则 C 可以查出任何码字的 t 位错;

(2) 若 $d(C)\geqslant 2t+1$,则 C 可以纠正任何码字的 t 位错.

证　(1) 设 $d(C)\geqslant t+1$. 若码字 x 在传输过程中出错,且出错位数小于等于 t,则接收到的字不可能是 C 中的码字,故可以查错.

(2) 设 $d(C)\geqslant 2t+1$. 若码字 x 经传输后变成 y,且 $d(x,y)\leqslant t$,则对于任何 C 中的码字 z, $z\neq x$,有 $d(z,y)+d(y,x)\geqslant d(z,x)\geqslant 2t+1$,故 $d(z,y)\geqslant t+1$. 由最近距离译码原则应

将 y 译作 x. ▌

定义 24.14 设 C 是 q 元码，若 C 包含了 k 个码字，码字的长为 n，且 $d(C)=d$，则称 C 为 (n,k,d) 码.

【例 24.18】 设 $S=\{0,1,\cdots,q-1\}$，$C=\{x_1,x_2,\cdots,x_q\}$. 其中

$$x_1 = 00\cdots\cdots0,$$
$$x_2 = 11\cdots\cdots1,$$
$$\cdots\cdots\cdots\cdots\cdots\cdots$$
$$x_q = (q-1)(q-1)\cdots(q-1)$$

都是 n 位长的码字，则 $d(C)=n$. 称这个码为**重复码**，它是一个 (n,q,n) 码.

一个好的 (n,k,d) 码应该是 n 尽可能的小，k 尽可能的大，d 也比较大. 一般是给定 n 和 d 来确定一个最大的 k.

定理 24.16

(1) 若 C 为 q 元的 $(n,k,1)$ 码，则最大的 k 是 q^n；

(2) 若 C 为 q 元的 (n,k,n) 码，则最大的 k 是 q.

证 (1) $C\subseteq S^n$，令 $C=S^n$，则

$$\forall x,y\in C \text{ 有 } d(x,y)=1 \text{ 且 } |C|=q^n.$$

(2) $\forall x,y\in S^n$，有 $d(x,y)\leqslant n$. 要使 $d(x,y)=n$，必有 x 与 y 的每一位都不相同. 因为第一位不同的取值至多 q 种，所以 $k\leqslant q$. 而例 24.18 的重复码就是一个 (n,q,n) 码. 所以最大的 k 值就是 q. ▌

设 S 是 q 元字符集，$\forall u\in S^n$，r 为正整数，称集合

$$\{v \mid v\in S^n \wedge d(u,v)\leqslant r\}$$

为**中心是 u，半径是 r 的球.**

定理 24.17 在 S^n 中半径为 $r(0<r\leqslant n)$ 的球恰好包含了

$$\sum_{i=0}^{r}\binom{n}{i}(q-1)^i$$

个字.

证 设 u 是球心. 对于给定的 i，$0\leqslant i\leqslant r$，若字 v 恰好有 i 位与 u 不同，则位的选择为 $\binom{n}{i}$ 种，每一位的字符可能是 $q-1$ 种，i 位有 $(q-1)^i$ 种. 根据乘法法则，不同的字为 $\binom{n}{i}(q-1)^i$ 个. 再对 i 求和就计数了所有落入球内的字. ▌

定义 24.15 设 C 是 q 元码，令

$$\rho(C)=\max\{\min\{d(x,u)\mid u\in C\}\mid x\in S^n\}.$$

称 $\rho(C)$ 为码 C 的**覆盖半径.**

【例 24.19】 设 $q=\{0,1\}$，$n=3$，$S^n=\{000,001,010,011,100,101,110,111\}$，$C=\{000,111\}$，则 $\rho(C)=1$.

定理 24.18 一个 q 元 (n,k,d) 纠错码 C 满足

$$|C|\sum_{i=0}^{t}\binom{n}{i}(q-1)^i\leqslant q^n. \qquad (24.7)$$

证 由定理 24.15 取 $d = 2t + 1$. 以每个码字为中心做半径为 t 的球，则所有的球两两不交. 由定理 24.17，每个球内包含了 $\sum_{i=0}^{t}\binom{n}{i}(q-1)^i$ 个字，因此，所有球内的总字数

$$|C|\sum_{i=0}^{t}\binom{n}{i}(q-1)^i$$

必小于等于 S^n 内的总字数 q^n. ▌

定理 24.18 给出了(n,k,d) 纠错码字数的一个上界，称为**海明界**.

【例 24.20】 长为 6 最小距离为 3 的二进制纠错码至多 9 个码字.

证 $n = 6, q = 2, d = 3$. 从而知道 $t = 1$，代入定理 24.18 得

$$|C|\sum_{i=0}^{1}\binom{6}{i}(2-1)^i \leqslant 2^6,$$

即

$$|C|\cdot(1+6) \leqslant 2^6.$$

这就推出

$$|C| \leqslant \frac{64}{7} = 9\frac{1}{7},$$

即 $|C| \leqslant 9$. ▌

定义 24.16 设 C 是一个 q 元码，若 C 使得 24.7 式中的等号成立，则称 C 是**完美码**.

易见对于一个完美纠错码 C，以 C 中每一个码字为中心，以$(d-1)/2$ 为半径做的球两两不交，并且 S^n 中的每个字恰好落入一个球中. 码 C 的覆盖半径 $\rho(C) = (d-1)/2$.

下面考虑一类广泛应用的码 —— 线性码.

定义 24.17 设 $F_q = \{0,1,\cdots,q-1\}$ 是域，F_q^n 表示 F_q 上的 n 维线性空间. 称 F_q^n 的一个 k 维子空间为 F_q 上的 k **维线性码**，记作$[n,k]$ 码.

定理 24.19 设 C 是 F_q 上的$[n,k]$ 码，则 C 关于向量加法构成群，是 F_q^n 的子群，且

(1) 对于任意 $v \in F_q^n$，v 属于 C 的某个陪集；

(2) C 的每个陪集恰含有 q^k 个向量.

证 易见 F_q^n 构成群. C 是 F_q^n 的子空间，故对向量加法封闭，又 C 是有穷集，由定理 17.11，C 是 F_q^n 的子群. $\forall v \in F_q^n$，$v \in C + v$，且 $|C| = |C + v|$（根据定理 17.20 和定理 17.21）. 由于 C 是 k 维的，存在着 C 的某个基 $v_1, v_2, \cdots, v_k$，且对任何 $u \in C$，u 可以惟一表成 $v_1, v_2, \cdots, v_k$ 的线性组合. 又由于 $|F_q| = q$，不同的线性组合有 q^k 种. 因此 $|C + v| = |C| = q^k$. ▌

由于线性码 C 构成群，也称线性码 C 为**群码**.

定义 24.18 设 C 是$[n,k]$ 码，$v_1, v_2, \cdots, v_k$ 是 C 的一组基. 以 $v_1, v_2, \cdots, v_k$ 作为行所构成的矩阵 G 称为 C 的**生成矩阵**.

【例 24.21】 设[7,4] 码 C 的一组基为 1110000，1001100，0101010，1101001. 那么码 C 中含 $2^4 = 16$ 个码字，且 C 的生成矩阵 G 以及所有的码字是：

$$G = \begin{bmatrix} 1 & 1 & 1 & 0 & 0 & 0 & 0 \\ 1 & 0 & 0 & 1 & 1 & 0 & 0 \\ 0 & 1 & 0 & 1 & 0 & 1 & 0 \\ 1 & 1 & 0 & 1 & 0 & 0 & 1 \end{bmatrix},$$

$C = \{$ 1110000，1001100，0101010，1101001，0000000，0111100，1011010，0011001，

1100110,0100101,1000011,0010110,1111111,0110011,0001111,1010101}.

例如码字

$$1010101 = 1110000 + 1001100 + 1101001.$$

若对 G 进行一系列初等行变换(两行交换,某一行的 i 倍加到另一行上),可得到标准形的矩阵 G'.

$$\begin{bmatrix} 1&1&1&0&0&0&0\\ 1&0&0&1&1&0&0\\ 0&1&0&1&0&1&0\\ 1&1&0&1&0&0&1 \end{bmatrix} \to \begin{bmatrix} 1&1&1&0&0&0&0\\ 0&1&0&1&0&1&0\\ 1&0&0&1&1&0&0\\ 1&1&0&1&0&0&1 \end{bmatrix} \to \begin{bmatrix} 1&1&1&0&0&0&0\\ 0&1&0&1&0&1&0\\ 1&0&0&1&1&0&0\\ 0&0&0&1&1&1&1 \end{bmatrix}$$

$$\to \begin{bmatrix} 1&1&1&0&0&0&0\\ 0&1&0&1&0&1&0\\ 0&0&1&0&1&1&0\\ 0&0&0&1&1&1&1 \end{bmatrix} \to \underbrace{\begin{bmatrix} 1&0&0&0&0&1&1\\ 0&1&0&0&1&0&1\\ 0&0&1&0&1&1&0\\ 0&0&0&1&1&1&1 \end{bmatrix}}_{G'}.$$

根据线性空间的性质知 1000011,0100101,0010110 和 0001111 也是 C 的一组基,因此 G' 也是码 C 的生成矩阵.

下面考虑编码和译码.以二进制码为例,假设被编码的信息向量 $u = u_1u_2\cdots u_k, u_i \in \{0,1\}$.设 C 是 F_2 上的$[n,k]$码,G 是 C 的生成矩阵,那么 $uG = \sum_{i=1}^{k} u_iv_i$ 是 $v_1,v_2,\cdots,v_k$ 的线性组合,其中 $v_1,v_2,\cdots,v_k$ 是 C 的一组基.易见 uG 是 C 中的码字,称为 u 的代码.当 G 是标准形,即

$$G = [I_k\, A] = \begin{bmatrix} 1 & & & 0 & a_{11} & \cdots & a_{1,n-k}\\ & 1 & & & a_{21} & \cdots & a_{2,n-k}\\ & & \ddots & & \cdots & \cdots & \cdots\\ 0 & & & 1 & a_{k1} & \cdots & a_{k,n-k} \end{bmatrix}$$

时,u 的代码

$$uG = u[I_k\, A] = u_1u_2\cdots u_ku_{k+1}\cdots u_n,$$

其中 $u_{k+i} = \sum_{j=1}^{k} a_{ji}u_j,\ 1 \leqslant i \leqslant n-k$.称 $u_1,u_2,\cdots,u_k$ 为信号位,$u_{k+1},u_{k+2},\cdots,u_n$ 为校验位.

【例 24.22】 C 为$[7,4]$码,其生成矩阵是

$$\begin{bmatrix} 1&0&0&0&1&0&1\\ 0&1&0&0&1&1&1\\ 0&0&1&0&1&1&0\\ 0&0&0&1&0&1&1 \end{bmatrix},$$

则对于 $u = u_1u_2u_3u_4$,u 的代码为 $u_1u_2u_3u_4u_5u_6u_7$,其中 $u_5 = u_1 + u_2 + u_3$,$u_6 = u_2 + u_3 + u_4$,$u_7 = u_1 + u_2 + u_4$.u_5,u_6,u_7 是校验位.

再考虑译码.设 C 为$[n,k]$码.关于 C 的译码阵列是由 F_2^n 的全体向量构成的 2^{n-k} 行 2^k 列的阵列.根据定理 24.19,F_2^n 构成群,C 是 F_2^n 的子群且 $|C| = 2^k$.由 Lagrange 定理(定理 17.26),C 在 F_2^n 中有 2^{n-k} 个陪集.译码阵列的每一行由同一陪集的向量构成,其中

第一行由 C 中的全体向量构成,即 $C = \{v_1 = 0, v_2, v_3, \cdots, v_{2^k}\}$;

第二行为 $C+a_1$，其中 a_1 是 F_2^n-C 中具有最少个 1 的向量，即第二行元素为

$$a_1,\ v_2+a_1,\ v_3+a_1,\ \cdots,\ v_{2^k}+a_1;$$

第三行为 $C+a_2$，a_2 是 $F_2^n-C-(C+a_1)$ 中具有最少个 1 的向量；

……

第 2^{n-k} 行为最后剩下的 2^k 个向量.

称这个译码阵列为 Slepian 译码表. 设发送的码字 $v_i\in C$. 若接收到的是 $x, x\notin C, x\in C+a_j$，这时可将 x 译作 $x+a_j$. 不难看出，$x+a_j=(v_l+a_j)+a_j=v_l, v_l\in C$，因此 $x+a_j$ 是 C 中的码字. 而由阵列的构成知道 a_j 恰好处在阵列的第一列. 称 Slepian 译码表的第一列为**错误向量**. 如果干扰恰好为第一列的元素，通过这样的译码可以纠正传输中的错误，否则这种译码就会出错.

可以证明这种陪集译码方法是符合最近距离译码原则的. 证明留给读者完成.

【例 24.23】 设 $C=\{0000,0110,1001,1111\}$ 是[4,2] 码，则关于 C 的 Slepian 译码表如下：

0000	0110	1001	1111
0001	0111	1000	1110
0010	0100	1011	1101
0011	0101	1010	1100

如果接收到的字是 1001，则它是 C 中的码字，在译码时就译为 1001. 如果接收到的字是 1101，不是 C 中的码字，那么从表中查到 1101 所在的行的第一元素为 0010，这时将 1101 译作 $1101+0010=1111$. 1111 是距离 1101 最近的码字之一. 找到正确的码字，去掉校验位就是信息.

定义 24.19 设 C 为$[n,k]$ 码，其生成矩阵为 G. 令

$$C^{\perp}=\{v\mid v\in F_q^n \text{ 且 } v\cdot u=0(\forall u\in C)\},$$

称 $C^{\perp}$ 为 C 的**对偶码**.

定理 24.20 设 C 为 F_q 上的$[n,k]$ 码，则 $C^{\perp}$ 是 F_q 上的$[n,n-k]$ 码.

证 任取 $v_1,v_2\in C^{\perp}, a,b\in F_q$，则对任意的 $u\in C$ 有

$$(av_1+bv_2)\cdot u=av_1\cdot u+bv_2\cdot u=a0+b0=0,$$

所以 $av_1+bv_2\in C^{\perp}$，即 $C^{\perp}$ 是 F_q^n 的子空间. 下面证明 $C^{\perp}$ 的维数为 $n-k$.

设 $G=(r_{ij})$ 是码 C 的生成矩阵，对任意的 $v\in C^{\perp}, v=v_1v_2\cdots v_n$，有

$$\sum_{j=1}^{n}r_{ij}v_j=0,\quad i=1,2,\cdots,k,$$

这是由于 G 的行向量恰为 C 中的码字. 对于 n 个未知数，k 个线性独立方程的齐次线性方程组，其基础解系的维数是 $n-k$，从而证明了 $C^{\perp}$ 的维数为 $n-k$. ▎

定义 24.20 设 C 为 F_q 上的$[n,k]$ 码，称 $C^{\perp}$ 的生成矩阵 H 为 C 的**校验矩阵**.

【例 24.24】 设 C 是 F_2 上的[7,4] 码，C 的生成矩阵 G 是

$$\begin{bmatrix} 1 & 0 & 0 & 0 & 1 & 0 & 1 \\ 0 & 1 & 0 & 0 & 1 & 1 & 1 \\ 0 & 0 & 1 & 0 & 1 & 1 & 0 \\ 0 & 0 & 0 & 1 & 0 & 1 & 1 \end{bmatrix}.$$

设 $v\in C^{\perp}, v=v_1v_2\cdots v_7$，则根据 $G\cdot v=0$ 可知

$$\begin{cases} v_1 + v_5 + v_7 = 0, \\ v_2 + v_5 + v_6 + v_7 = 0, \\ v_3 + v_5 + v_6 = 0, \\ v_4 + v_6 + v_7 = 0. \end{cases}$$

不难找到三个线性无关的 v 满足上述方程组，例如 1110100，0111010，1101001. 这样就得到 $C^{\perp}$ 的生成矩阵，也就是 C 的校验矩阵

$$H = \begin{bmatrix} 1 & 1 & 1 & 0 & 1 & 0 & 0 \\ 0 & 1 & 1 & 1 & 0 & 1 & 0 \\ 1 & 1 & 0 & 1 & 0 & 0 & 1 \end{bmatrix}.$$

定理 24.21 设 C 为 F_q 上的 $[n,k]$ 码，C 的生成矩阵 G 的标准形是 $[I_k\ A]$，则 C 的校验矩阵 $H = [-A^T\ I_{n-k}]$.

证

$$G = \begin{bmatrix} 1 & & 0 & a_{11} & \cdots & a_{1,n-k} \\ & \ddots & & \cdots & \cdots & \cdots \\ 0 & & 1 & a_{k1} & \cdots & a_{k,n-k} \end{bmatrix}.$$

令

$$H = \begin{bmatrix} -a_{11} & \cdots & -a_{k1} & 1 & & 0 \\ \cdots & \cdots & \cdots & & \ddots & \\ -a_{1,n-k} & \cdots & -a_{k,n-k} & 0 & & 1 \end{bmatrix},$$

则 H 为 $n-k$ 行 n 列矩阵，且行是线性无关的. 任取 H 的第 j 行，G 的第 i 行相乘得

$$\begin{aligned} &(-a_{1j} \cdots -a_{kj} 0 \cdots 10 \cdots 0) \cdot (0 \cdots 10 \cdots 0 a_{i1} \cdots a_{i,n-k}) \\ &= 0 + 0 + \cdots + (-a_{ij}) + 0 + \cdots + 0 + a_{ij} + 0 + \cdots + 0 \\ &= 0, \end{aligned}$$

从而证明 $GH^T = 0$，故 H 是码 C 的校验矩阵. ▍

【例 24.25】 按照定理 24.21，对例 24.24 中的码 C 来说，从生成矩阵 G 到校验矩阵 H 的求解过程可以图示如下：

$$\underset{G}{\begin{bmatrix} 1000101 \\ 0100111 \\ 0010110 \\ 0001011 \end{bmatrix}} \to \underset{I_4 \quad A}{\left[\begin{array}{c:c} 1000 & 101 \\ 0100 & 111 \\ 0010 & 110 \\ 0001 & 011 \end{array}\right]} \to \underset{-A^T \quad I_3}{\left[\begin{array}{c:c} 1110 & 100 \\ 0111 & 010 \\ 1101 & 001 \end{array}\right]} \to \underset{H}{\begin{bmatrix} 1110100 \\ 0111010 \\ 1101001 \end{bmatrix}}.$$

任给定生成矩阵 G(k 行 n 列)，则可以定义一个 F_q 上的 $[n,k]$ 码 C，并可以求得 C 的校验矩阵 H. 反之，任给定校验矩阵 H($n-k$ 行 n 列)，也可以定义 $[n,k]$ 码 C，并求得 C 的生成矩阵 G.

设 H 是 F_q 上的 $n-k$ 行 n 列的矩阵，且是码 C 的校验矩阵. 如下构造线性函数

$$f: F_q^n \to F_q^{n-k},$$

$$f(x_1 \cdots x_n) = H\begin{pmatrix} x_1 \\ \vdots \\ x_n \end{pmatrix},$$

则对任意的 $x_1\cdots x_n, y_1\cdots y_n \in F_q^n$ 有

$$f(x_1\cdots x_n + y_1\cdots y_n) = H\begin{pmatrix} x_1+y_1 \\ \vdots \\ x_n+y_n \end{pmatrix} = H\begin{pmatrix} x_1 \\ \vdots \\ x_n \end{pmatrix} + H\begin{pmatrix} y_1 \\ \vdots \\ y_n \end{pmatrix} = f(x_1\cdots x_n) + f(y_1\cdots y_n).$$

这就证明 f 是群 F_q^n 到群 F_q^{n-k} 的同态映射,且

$$\ker f = \{v \mid v \in F_q^n \text{ 且 } f(v) = 0\}.$$

设 $v = x_1x_2\cdots x_n$,则

$$f(v) = 0 \Longleftrightarrow Hv = 0 \Longleftrightarrow H\begin{pmatrix} x_1 \\ \vdots \\ x_n \end{pmatrix} = 0 \Longleftrightarrow (x_1\cdots x_n)H^T = 0 \Longleftrightarrow x_1\cdots x_n \in (C^{\perp})^{\perp}.$$

而 $C \subseteq (C^{\perp})^{\perp}$,因为每个 C 中向量垂直于 $C^{\perp}$ 中向量. 又由于 $(C^{\perp})^{\perp}$ 的维数是 $n-(n-k)$,所以有 $(C^{\perp})^{\perp} = C$,从而推出

$$x_1x_2\cdots x_n \in \ker f \Longleftrightarrow x_1x_2\cdots x_n \in C.$$

【例 24.26】 设码 C 的校检矩阵为

$$H = \begin{bmatrix} 0 & 1 & 1 & 1 & 1 & 0 & 0 \\ 1 & 0 & 1 & 1 & 0 & 1 & 0 \\ 1 & 1 & 0 & 1 & 0 & 0 & 1 \end{bmatrix},$$

定义函数

$$f: Z_2^7 \to Z_2^3,\ f(x_1\cdots x_7) = H\begin{pmatrix} x_1 \\ \vdots \\ x_7 \end{pmatrix},$$

则对于任意 $x_1\cdots x_7 \in \ker f$ 满足

$$\begin{cases} x_2 + x_3 + x_4 + x_5 = 0, \\ x_1 + x_3 + x_4 + x_6 = 0, \\ x_1 + x_2 + x_4 + x_7 = 0. \end{cases}$$

向量 $x_1\cdots x_7$ 可以是:1000011,0100101,0010110,0001111,从而得到 C 的生成矩阵

$$G = \begin{bmatrix} 1 & 0 & 0 & 0 & 0 & 1 & 1 \\ 0 & 1 & 0 & 0 & 1 & 0 & 1 \\ 0 & 0 & 1 & 0 & 1 & 1 & 0 \\ 0 & 0 & 0 & 1 & 1 & 1 & 1 \end{bmatrix}.$$

根据定理 24.21 以及例 24.25 也可以得到从校验矩阵直接求生成矩阵的另一种方法. 不难验证这两种方法所求得的码 C 是同一个码.

下面讨论一种广泛使用的线性码 ——Hamming 码.

定义 24.21 设 r 是正整数,H 为 r 行 (2^r-1) 列矩阵,列是 F_2^r 中的全体非零向量. 以 H 为校验矩阵的码称为 **Hamming 码**,记作 $H(r,2)$ 码.

【例 24.27】 设 $r=3$,H 为 3×7 阶矩阵

$$\begin{bmatrix} 0 & 0 & 0 & 1 & 1 & 1 & 1 \\ 0 & 1 & 1 & 0 & 0 & 1 & 1 \\ 1 & 0 & 1 & 0 & 1 & 0 & 1 \end{bmatrix},$$

则 Hamming 码 $H(3,2)$ 的生成矩阵

$$G=\begin{bmatrix}1&0&0&0&0&1&1\\0&1&0&0&1&0&1\\0&0&1&0&1&1&0\\0&0&0&1&1&1&1\end{bmatrix},$$

且最小距离是 3.

定理 24.22 设 $r\geqslant 2$,则 Hamming 码 $H(r,2)$

(1) 是$[2^r-1,2^r-1-r]$码;

(2) 最小距离为 3;

(3) 是完美码.

证 (1) 因为 H 是 r 行(2^r-1)列矩阵,所以 $H(r,2)$ 码的对偶码是$[2^r-1,r]$码,从而证明了 $H(r,2)$ 码是$[2^r-1,2^r-1-r]$码.

(2) 任取 $H(r,2)$ 码中的码字 x 和 y,$x+y$ 也是该码中的码字,且 $d(x,y)$ 就是 $x+y$ 中 1 的个数.下面证明 $H(r,2)$ 码中任何非零码字中 1 的个数至少是 3.假设码字 v 只含一个 1,不妨设 $v_i=1$.由 $v\cdot H^T=0$ 可知 H 的第 i 列必全为 0,与 H 的定义相矛盾.假设 v 含两个 1,不妨设 $v_i=v_j=1$.又由 $v\cdot H^T=0$ 知 H 的每一行的第 i 列和第 j 列的元素必相等,从而推出 H 的第 i 列与第 j 列全等,与 H 的定义相矛盾.综上所述必有 $d(H(r,2))\geqslant 3$.另一方面,H 中总有三列的和为 0.这说明在 $H(r,2)$ 中存在着恰含三个 1 的码字,所以 $d(H(r,2))=3$.

(3) $n=2^r-1$,而码字的个数为 2^{n-r},代入 24.7 式左端得

$$2^{n-r}\left[\binom{n}{0}+\binom{n}{1}\right]=2^{n-r}(1+2^r-1)=2^n,$$

从而证明了 Hamming 码是完美码. ▌

下面考虑另一种重要的线性码——循环码.

定义 24.22 设 $C\subseteq F_q^n$ 是线性码.如果 $\forall v\in C$,$v=v_1v_2\cdots v_n$,有 $v_nv_1\cdots v_{n-1}\in C$,则称 C 是**循环码**.

【例 24.28】 设 C 是$[7,3]$码,其生成矩阵

$$G=\begin{bmatrix}1&0&1&1&1&0&0\\0&1&0&1&1&1&0\\0&0&1&0&1&1&1\end{bmatrix},$$

则码 $C=\{0000000,1011100,0101110,0010111,1001011,1100101,1110010,0111001\}$,不难验证 C 是循环码.

回顾 18.3 节(有限域上的多项式环).设 F_q 是有限域,令 $F_q[X]$ 是 F_q 上所有多项式的集合,则 $F_q[X]$ 关于域 F 上的多项式加法和乘法构成一个环,称为有限域 F 上的多项式环.令

$$F_q[X]/(x^n-1)=\{v(x)\mid v(x)\in F_q[X]\text{ 且 }v(x)\text{ 的次数小于 }n\},$$

则 $F_q[X]/(x^n-1)$ 关于模(x^n-1)的加法和乘法构成域 F_q 上的模 x^n-1 的多项式环.

设 C 为$[n,k]$循环码,$\forall a\in C$,$a=a_1a_2\cdots a_n$,作多项式

$$a(x)=a_1+a_2x+\cdots+a_nx^{n-1}.$$

易见码字 a 和 $a(x)$ 是一一对应的,把与 C 中码字对应的全体多项式构成的集合记为 $\mathscr{C}$.

定理 24.23 设码 $C\subseteq F_q^n$,则 C 是循环码当且仅当

(1) $\forall a(x),b(x)\in\mathscr{C}$,有 $a(x)+b(x)\in\mathscr{C}$;

(2) $\forall a(x)\in\mathscr{C}$, $\forall r(x)\in F_q[X]/(x^n-1)$ 有 $r(x)a(x)\in\mathscr{C}$,其中的乘法为模 x^n-1 的乘法.

证 必要性. $\forall a(x),b(x)\in\mathscr{C}$,设

$$a(x)=a_1+a_2x+\cdots+a_nx^{n-1},\ b(x)=b_1+b_2x+\cdots+b_nx^{n-1},$$

则 $a_1a_2\cdots a_n, b_1b_2\cdots b_n\in C$. 由于 C 是线性码,必有 $a_1a_2\cdots a_n+b_1b_2\cdots b_n\in C$,因此有

$$a(x)+b(x)=\sum_{i=1}^{n}(a_i+b_i)x^{i-1}\in\mathscr{C}.$$

任取 $a(x)\in\mathscr{C}$, $r(x)\in F_q[X]/(x^n-1)$,设

$$a(x)=a_1+a_2x+\cdots+a_nx^{n-1},\ r(x)=r_1+r_2x+\cdots+r_nx^{n-1},$$

则

$$xa(x)=a_n+a_1x+\cdots+a_{n-1}x^{n-1}.$$

由于 C 是循环码,所以 $a_na_1\cdots a_{n-1}\in C$,从而推出 $xa(x)\in\mathscr{C}$.

同理可证 $x^2a(x),\cdots,x^{n-1}a(x)\in\mathscr{C}$,根据(1)的结论,必有 $r(x)a(x)\in\mathscr{C}$.

充分性. 任取 $a,b\in C$, $t,s\in F_q$. 设

$$a=a_1a_2\cdots a_n,\ b=b_1b_2\cdots b_n,$$

则 $a(x)=a_1+a_2x+\cdots+a_nx^{n-1}$, $b(x)=b_1+b_2x+\cdots+b_nx^{n-1}\in\mathscr{C}$. 由(1)和(2)有

$$t(a_1+a_2x+\cdots+a_nx^{n-1})+s(b_1+b_2x+\cdots+b_nx^{n-1})\in\mathscr{C},$$

从而有 $ta+sb\in C$,即 C 是线性码.

任取 $a=a_1a_2\cdots a_n\in C$,则有

$$a(x)=a_1+a_2x+\cdots+a_nx^{n-1}\in\mathscr{C},$$

取 $r(x)=x$,根据(2)有

$$xa(x)=a_n+a_1x+\cdots+a_{n-1}x^{n-1}\in\mathscr{C},$$

即 $a_na_1\cdots a_{n-1}\in C$. 这就证明了 C 是循环码. ▌

以上定理给出了 $C\subseteq F_q^n$ 为循环码的充分必要条件.

定理 24.24 任取 $f(x)\in F_q[X]/(x^n-1)$,令

$$\langle f(x)\rangle=\{r(x)f(x)\mid r(x)\in F_q[X]/(x^n-1)\},$$

则 $\langle f(x)\rangle$ 对应一个 F_q 上的循环码 C,称 C 为 $f(x)$ **生成的循环码**.

证 任取 $a(x)f(x), b(x)f(x)\in\langle f(x)\rangle$,则有

$$a(x)f(x)+b(x)f(x)=(a(x)+b(x))f(x)\in\langle f(x)\rangle.$$

任取 $a(x)f(x)\in\langle f(x)\rangle$, $r(x)\in F_q[X]/(x^n-1)$,则有

$$r(x)(a(x)f(x))=(r(x)a(x))f(x)\in\langle f(x)\rangle.$$

由定理 24.23,$\langle f(x)\rangle$ 对应于循环码 C. ▌

【例 24.29】 设 $F_2=\{0,1\}$,则

$$F_2[X]/(x^3-1)=\{0,1,x,1+x,x^2,1+x^2,x+x^2,1+x+x^2\},$$

取 $f(x)=1+x$,那么

$$\langle f(x)\rangle=\langle 1+x\rangle=\{0,1+x,1+x^2,x+x^2\},$$

而 $\langle 1+x\rangle$ 对应的循环码是

$$C=\{000,\ 110,\ 101,\ 011\}.$$

定理 24.25 设 C 是 F_q^n 中的非零循环码,则在 $F_q[X]/(x^n-1)$ 中存在着惟一的最高次

项系数为 1 的次数最低的多项式 $g(x)$，使得 $\mathscr{C}=\langle g(x)\rangle$ 且 $g(x)$ 是 x^n-1 的因式.

证 令 $g(x)$ 是 $\mathscr{C}$ 中次数最低的非零多项式. 不妨设 $g(x)$ 的最高次项系数为 1. 若不然，由于 F_q 是域，必存在 $a\in F_q$ 使得 $ag(x)$ 的最高次项系数为 1，且 $ag(x)$ 与 $g(x)$ 的次数相等. 易见 $\langle g(x)\rangle\subseteq\mathscr{C}$. 反之，任取 $b(x)\in\mathscr{C}$，由多项式除法

$$b(x)=f(x)g(x)+r(x),$$

根据定理 24.23 可知 $r(x)=b(x)-f(x)g(x)\in\mathscr{C}$. 因为 $g(x)$ 的次数最低必有 $r(x)=0$. 这就证明了 $b(x)=f(x)g(x)\in\langle g(x)\rangle$. 从而推出 $\mathscr{C}=\langle g(x)\rangle$.

假设有 $h(x)\in F_q[X]/(x^n-1)$，使得 $\mathscr{C}=\langle h(x)\rangle$，且 $h(x)$ 与 $g(x)$ 的次数相等，$h(x)$ 的最高次项系数也是 1. 那么 $g(x)-h(x)\in\mathscr{C}$，且 $g(x)-h(x)$ 的次数比 $g(x)$ 低. 从而推出 $g(x)-h(x)=0$. 这就证明了 $g(x)$ 的惟一性.

由

$$x^n-1=f(x)g(x)+r(x)$$

可知 $r(x)$ 的次数低于 $g(x)$ 的次数. 又由

$$r(x)=-f(x)g(x)(\mathrm{mod}(x^n-1))$$

可知 $r(x)\in\langle g(x)\rangle$. 根据 $g(x)$ 次数的最低性必有 $r(x)=0$. 从而证明 $g(x)$ 是 x^n-1 的因式. ▌

定义 24.23 在一个非零循环码 C 对应的多项式集 $\mathscr{C}$ 中，定理 24.25 中的那个惟一的最高次项系数是 1 的次数最低的多项式 $g(x)$ 称为码 C 的**生成多项式**.

例如在例 24.29 中的码 C 以 $1+x$ 作为它的生成多项式.

【例 24.30】 试找出所有长为 5 的二进制循环码.

解 由

$$x^5-1=(1+x)(1+x+x^2+x^3+x^4)$$

知 x^5-1 的因式有 4 个：

$$1,\ 1+x,\ 1+x+x^2+x^3+x^4,\ x^5-1.$$

分别生成 4 个循环码. 下面列出了它们之间的对应关系.

生成多项式 $g(x)$	$\mathscr{C}=\langle g(x)\rangle$	C
1	$F_2[X]/(x^5-1)$	F_2^5
$1+x$	$\mathscr{C}_1=\langle 1+x\rangle$	C_1
$1+x+x^2+x^3+x^4$	$\mathscr{C}_2-\langle 1+x+x^2+x^3+x^4\rangle$	C_2
x^5-1	$\mathscr{C}=\langle x^5-1\rangle$	C_3

其中

$C_1=\{$ 00000, 11000, 01100, 00110, 00011, 10001, 10100, 01010, 00101, 10010, 01001, 11110, 01111, 10111, 11011, 11101$\}$

称为**偶权码**，即码中的每个码字含偶数个 1.

$C_2=\{00000,\ 11111\}$ 为重复码.

$C_3=\{00000\}$ 为**零码**.

下面的定理确定了循环码的维数和生成矩阵.

定理 24.26 设 C 为循环码，其生成多项式为

$$g(x)=g_1+g_2x+\cdots+g_{r+1}x^r,$$

则 C 的维数是 $n-r$,且 C 的生成矩阵

$$G=\begin{bmatrix} g_1 & g_2 & g_3 & \cdots & g_r & g_{r+1} & 0 & \cdots & & & 0 \\ 0 & g_1 & g_2 & g_3 & \cdots & g_r & g_{r+1} & 0 & \cdots & & 0 \\ 0 & 0 & g_1 & g_2 & g_3 & \cdots & g_r & g_{r+1} & 0 & \cdots & 0 \\ \cdots & \cdots & \cdots & \cdots & \cdots & \cdots & \cdots & \cdots & \cdots & \cdots & \cdots \\ & & & & & g_1 & g_2 & \cdots & & g_r & g_{r+1} \end{bmatrix}.$$

证 $g_1\neq 0$,若不然,$x^{n-1}g(x)=x^{-1}g(x)$ 也是 $\mathscr{C}$ 中的多项式且它的次数为 $r-1$,与 $g(x)$ 的次数最低相矛盾.因此 G 的 $n-r$ 行线性无关,每行代表的码字多项式为

$$g(x),xg(x),\cdots,x^{n-r-1}g(x).$$

任取码字 $a\in C$,设 a 对应的多项式为 $a(x)$.由于 $g(x)$ 是码 C 的生成多项式,根据定理 24.25 的证明可知必有 $t(x)$ 使得

$$a(x)=t(x)g(x),\ t(x)=t_1+t_2x+\cdots+t_{n-r}x^{n-r-1}.$$

从而得到

$$a(x)=t_1g(x)+t_2xg(x)+\cdots+t_{n-r}x^{n-r-1}g(x).$$

这说明 $a(x)$ 是 $g(x),xg(x),\cdots,x^{n-r-1}g(x)$ 的线性组合,所以 G 是 C 的生成矩阵. ▎

【例 24.31】 设 $C=\{00000,11000,01100,00110,00011,10001,10100,01010,00101,10010,01001,11110,01111,10111,11011,11101\}$,$C$ 的生成多项式是 $1+x$,则 C 的维数为 $5-1=4$,且生成矩阵为

$$G=\begin{bmatrix} 1 & 1 & 0 & 0 & 0 \\ 0 & 1 & 1 & 0 & 0 \\ 0 & 0 & 1 & 1 & 0 \\ 0 & 0 & 0 & 1 & 1 \end{bmatrix}.$$

24.4 编码与设计

在前面几节,我们分别讨论了组合设计与编码理论.实际上在组合设计与编码之间存在着密切的联系,先看两个例子.

【例 24.32】 考虑 Fano 平面(例 24.10),它的相交矩阵

$$G=\begin{bmatrix} 1 & 0 & 0 & 0 & 1 & 0 & 1 \\ 1 & 1 & 0 & 0 & 0 & 1 & 0 \\ 0 & 1 & 1 & 0 & 0 & 0 & 1 \\ 1 & 0 & 1 & 1 & 0 & 0 & 0 \\ 0 & 1 & 0 & 1 & 1 & 0 & 0 \\ 0 & 0 & 1 & 0 & 1 & 1 & 0 \\ 0 & 0 & 0 & 1 & 0 & 1 & 1 \end{bmatrix},$$

令 $a_1a_2\cdots a_7$ 是 M 中的一行,然后构造 $b_1b_2\cdots b_7$,使得 $b_i=1-a_i,i=1,2,\cdots,7$.这样得到的 14 个向量再加上 0000000,1111111 构成集合 C.易见 C 是循环码,是[7,4]码,也是(7,16,3)码.每个 M 中的码字恰含三个 1,而任两个不同的行仅有一个公共的 1.由此不难计算 $d(C)$.令 $w(x)$ 表示 x 中所含 1 的个数,称为 x 的权,$w(x\cap y)$ 表示 x 和 y 相同的位中含 1 的个数.那么 $\forall x,y\in C,x\neq y$.

(1) 若 x 与 y 都是 $a_1a_2\cdots a_7$ 形式，则

$$d(x,y)=w(x)+w(y)-2w(x\cap y)=3+3-2\times 1=4;$$

(2) 若 x 与 y 都是 $b_1b_2\cdots b_7$ 形式，则

$$d(x,y)=w(x)+w(y)-2w(x\cap y)=4+4-2\times 2=4;$$

(3) 若 $x=0,y\neq 0$，或 $x\neq 0,y=0$，则

$$d(x,y)=3,4 \text{ 或 } 7;$$

(4) 若 $x=1,y\neq 1$，或 $x\neq 1,y=1$，则

$$d(x,y)=3,4 \text{ 或 } 7;$$

(5) 若 x,y 中一个为 $a_1a_2\cdots a_7$，另一个为 $b_1b_2\cdots b_7$ 的形式，则

$$d(x,y)=3 \text{ 或 } 7.$$

综上所述有 $d(C)=3$，该码恰好满足等式 24.7，即

$$16\left[\binom{7}{0}+\binom{7}{1}\right]=2^7,$$

所以码 C 是完美码.

【例 24.33】 设 M 是 Hadamard 设计对应的相交矩阵，

$$M=\begin{bmatrix}0&1&0&1&0&1&0\\1&0&0&1&1&0&0\\0&0&1&1&0&0&1\\1&1&1&0&0&0&0\\0&1&0&0&1&0&1\\1&0&0&0&0&1&1\\0&0&1&0&1&1&0\end{bmatrix},$$

则以该矩阵的每行作为码字构成一个码，称为 **Hadamard 码** C.

$$C=\{0101010,1001100,0011001,1110000,0100101,1000011,0010110\}.$$

C 既不是线性码，也不是循环码，只是一个距离为 4 的纠错码.

一般说来，设 M 为一个对称的 2-$(4t-1,2t-1,t-1)$ 设计的相交矩阵，可以利用这个矩阵得到一个含有 $8t$ 个码字，字长 $4t$，可以纠 $t-1$ 个错的纠错码. 构造方法如下：记 $v=4t-1$，$k=2t-1,\lambda=t-1$.

任取 M 的一行 $a_{i1},a_{i2},\cdots,a_{i,4t-1}$，令

$$a_i=1a_{i1}a_{i2}\cdots a_{i,4t-1},\ i=1,2,\cdots,4t-1$$

作为码字. 然后做 a_i 的补码 $\overline{a_i}$，即

$$\overline{a_i}=0\,\overline{a}_{i1}\,\overline{a}_{i2}\cdots\overline{a}_{i,4t-1},\text{其中 }\overline{a}_{ij}=1-a_{ij},\ i=1,2,\cdots,4t-1.$$

令

$$C=\{a_i,\overline{a_i},00\cdots0,11\cdots1\mid i=1,2,\cdots,4t-1\},$$

则 C 是所求的纠错码. 易见 $|C|=2(4t-1)+2=8t$，且码字长为 $4t$. 任取 $a_i,a_j\in C,i\neq j$，则 a_i,a_j 恰有 $\lambda+1$ 个公共位是 1，而每个码字总共有 $k+1$ 位是 1，因此

$$d(a_i,a_j)=2(k+1)-2(\lambda+1)=2(k-\lambda)=2t.$$

类似的分析可知

$$d(\overline{a_i},\overline{a_j})=2t,$$

$$d(a_i,\overline{a_j}) = d(\overline{a_j},a_i) = 2t,$$
$$d(a_i,00\cdots0) = k+1 = 2t,$$
$$d(a_i,11\cdots1) = 4t-(k+1) = 2t,$$
$$d(a_i,\overline{a_i}) = 4t.$$

所以 $d(C) = 2t$. C 可以查 $2t-1$ 位错,纠 $t-1$ 位错.

也可以采用别的方法来构造纠错码. 如果 M 是一个 $2\text{-}(4t-1,2t-1,t-1)$ 的 Hadamard 设计所对应的相交矩阵,可以取 M 的每一行作为一个码字来构造码 C,那么这个 Hadamard 码是长为 $4t-1$,含有 $4t-1$ 个码字,距离为 $2t$ 的纠错码. 它可以查 $2t-1$ 位错,纠 $t-1$ 位错.

上面已经看到,对于给定的某些 t- 设计,可以构造相应的纠错码. 相反,对于给定的纠错码,也可以构造相应的 t- 设计.

定理 24.27 如果存在一个完美的长为 n 的二元 t- 纠错码,则存在一个 Steiner 系统 $(t+1)\text{-}(n,2t+1,1)$.

证 设 C 是一个完美的长为 n 的二元 t- 纠错码. 任取 $a \in F_2^n$, $w(a) = t+1$,由于 C 是完美的,则存在惟一的 $b \in C$,使得 $d(b,a) \leqslant t$. 这就推出 $1 \leqslant w(b) \leqslant 2t+1$. 又由于 C 是 t- 纠错码,故 $d(b,0) \geqslant 2t+1$,即 $w(b) \geqslant 2t+1$. 从而得到 $w(b) = 2t+1$. 根据 $d(b,a) \leqslant t$ 以及 b 的惟一性可以断定 b 覆盖 a,即对 a 中为 1 的位,b 中相应的位也为 1,b 是惟一覆盖 a 的码字. 令 B 是块的集合,X 是点的集合,其中

$$X = \{1,2,\cdots,n\}.$$

令 C 中所有权是 $2t+1$ 的码字构成集合 S. 若 $|S| = m$,则 $\forall b_j \in S\,(j = 1,2,\cdots,m)$,将码字 b_j 的第 i 位的位号记作 $i\,(i = 1,2,\cdots,n)$,并取 b_j 中所有为 1 的位的位号构成块 B_j. 即当 $b_j = b_{j1}b_{j2}\cdots b_{jn}$ 时,则 $B_j = \{i \mid b_{ji} = 1 \text{ 且 } i = 1,2,\cdots,n\}$ 并且令 $B = \{B_1,B_2,\cdots,B_m\}$. 例如 $n = 7$, $t = 1$, $b_1 = 1101000$ 是 S 中的码字,那么 $B_1 = \{1,2,4\}$ 是与 b_1 相对应的块.

任取 X 的 $t+1$ 元子集 $T = \{l_1,l_2,\cdots,l_{t+1}\}$,令

$$a = a_1a_2\cdots a_n,$$

其中

$$a_i = \begin{cases} 1, & i \in T; \\ 0, & \text{否则}. \end{cases}$$

那么 $a \in F_2^n$,且 $w(a) = t+1$. 根据刚才的分析,必存在惟一的 $b_j \in S$, $w(b_j) = 2t+1$,使得 b_j 覆盖 a. 换句话说,存在惟一的块 $B_j \in B$,使得 $T \subseteq B_j$. 易见 $|B_j| = 2t+1$. 这就证明 X 和 B 构成一个 $(t+1)\text{-}(n,2t+1,1)$ 设计,即 Steiner 系统 $(t+1)\text{-}(n,2t+1,1)$. ▎

【例 24.34】 设

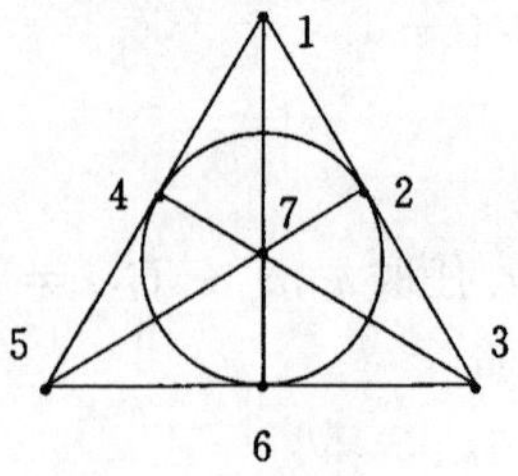

图 24.8

$$C = \{1000011,0100101,0010110,0001111,$$
$$0011001,0101010,1001100,0110011,$$
$$1010101,1100110,1110000,1101001,$$
$$1011010,0111100,0000000,1111111\}$$

是一个长为 7 的完美的二元 1- 纠错码,则

$$S = \{1000011,0100101,0010110,0011001,$$
$$0101010,1001100,1110000\}.$$

相对应的 Steiner 系统的点和块的集合是

$X = \{1,2,3,4,5,6,7\}$,

$B = \{\{1,6,7\},\{2,5,7\},\{3,5,6\},\{3,4,7\},\{2,4,6\},\{1,4,5\},\{1,2,3\}\}$.

实际上这个 Steiner 系统就是图 24.8 中的 Fano 平面.

习题二十四

1. 构造一个 5 阶的拉丁方.

2. 证明定理 24.1 的(1) 和(2).

3. 在仿射平面 $AP(Z_7)$ 中确定过点(2,5) 且平行于线 $y = 4x + 6$ 的线方程.

4. 构造四个两两正交的 5 阶拉丁方.

5. 构造两个 15 阶的正交拉丁方.

6. 设 $x = \{1,2,3,4,5\}$, $B = \{\{1,2,3,4\},\{1,2,3,5\},\{1,2,4,5\},\{1,3,4,5\},\{2,3,4,5\}\}$.

(1) X 与 B 是否构成 2-(v,k,λ) 设计?如果是,确定 v,k,λ 的值,并给出相交矩阵;

(2) X 与 B 是否构成 3-(v,k,λ) 设计?如果是,确定 v,k,λ 的值;

(3) X 与 B 是否构成 Steiner 系统 t-$(v,k,1)$?如果是,确定 v,k 和 t 的值.

7. 证明不存在 Steiner 系统 3-(11,6,1).

8. 证明不存在 2-(v,k,λ) 设计满足 $v = 5, k = 3, \lambda = 2, b = 7, r = 4$.

9. 设 X,B 构成一个 Steiner 三元系统,确定当 $v = 9$ 时的 b 和 r.

10. 试构造一个 21 个点的 Steiner 三元系统.

11. 证明存在着 2-$(v,v-1,v-2)$ 设计.

12. 对下面给定的 n,k,d,能否构成二进制的(n,k,d) 纠错码?如果能,请给出这个码;如果不能,说明理由.

(1) $n = 6,\ k = 2,\ d = 6$;　　(2) $n = 8,\ k = 30,\ d = 3$.

13. 设 C 是码字 11010000,11100100,10101010 循环移位加上 00…0 和 11…1 构成.证明 C 是(8,20,3) 纠错码,且 $d(C) = 3$.

14. 设 C 为线性码,其生成矩阵 G 给定如下,将 G 化成标准形.求出 C 中所有的码字以及 C 的校验矩阵 H.

(1) $G = \begin{bmatrix} 1 & 0 & 1 & 1 & 0 \\ 0 & 1 & 0 & 1 & 1 \end{bmatrix}$;　　(2) $G = \begin{bmatrix} 1 & 0 & 0 & 1 & 1 & 0 & 1 \\ 0 & 1 & 0 & 1 & 0 & 1 & 1 \\ 0 & 0 & 1 & 0 & 1 & 1 & 1 \end{bmatrix}$.

15. 设 C 是二进制线性码,对任意的 $x = x_1x_2\cdots x_n \in C$,令 $x' = x_1x_2\cdots x_nx_{n+1}$,其中 $x_1 + x_2 + \cdots + x_n + x_{n+1} = 0$.证明 $C' = \{x' \mid x \in C\}$ 也是线性码.

16. 设 C_1,C_2 是长为 n 的二进制线性码,证明 $C = \{x + y \mid x \in C_1 \wedge y \in C_2\}$ 也是长为 n 的二进制线性码.

17. 证明陪集译码法符合最近距离译码原则.

18. 设二进制线性码 C 的生成矩阵

$$G = \begin{bmatrix} 1 & 0 & 1 & 1 & 0 \\ 0 & 1 & 0 & 1 & 1 \end{bmatrix}.$$

求关于 C 的 Slepian 译码表.若接收到的字是 11111 和 01011,则分别将它们译为哪个码字?

19. 求二进制的 Hamming 码 $H(4,2)$ 的校验矩阵 H 及生成矩阵 G,并确定码字长和码的维数.

20. 设 $f(x)$ 是 F_2 上的多项式,且

$$f(x) = x^7 - 1 = (x+1)(x^3+x+1)(x^3+x^2+1).$$

(1) 确定所有长为 7 的循环码;

(2) 求出这些码的生成矩阵及维数.

第二十五章　组合最优化问题

在前面几章里我们讨论了有关组合存在性、组合计数、组合枚举和组合设计的问题，本章将涉及组合最优化的问题．先给出有关组合优化问题的一般概念，然后讨论一些优化问题的解．

25.1　组合优化问题的一般概念

先看一些例子．

【例 25.1】　巡回售货员问题

设有 n 个顶点的完全图 $G=\langle V,E,W\rangle$，其中 $V=\{1,2,\cdots,n\}$ 是 n 个城市的集合，E 是连接这些城市的道路的集合，W 是道路的长度的集合，$c_{ij}\in W$ 表示从城市 i 不经过其他城市而直接到达城市 j 的道路长度．易见 $c_{ij}=c_{ji}$．巡回售货员问题就是要从 G 中找一条经过所有的城市并且每个城市只经过一次的最短回路．

设 $i_1i_2\cdots i_n$ 是 $1\ 2\cdots n$ 的一个排列，则巡回售货员问题可以表示为：

$$\min\Bigl(\sum_{k=1}^{n-1}c_{i_ki_{k+1}}+c_{i_ni_1}\Bigr),\tag{25.1}$$

$$i_1i_2\cdots i_n\ \text{是}\ 1\ 2\cdots n\ \text{的排列}.\tag{25.2}$$

其中式(25.1)可以称为**目标函数**．式(25.2)称为**约束条件**．这是一个在满足约束条件的情况下使目标函数达到最小的优化问题．

【例 25.2】　钱的分配问题

有 m 元钱用来从事 n 项事业．已知对第 i 项事业投入 x 元钱以后的经济效益是 $f_i(x)$ 元．问如何分配这 m 元线才能得到最大的经济效益？

这个分配问题可以表述为：

$$\max\sum_{i=1}^{n}f_i(x_i),\qquad\text{目标函数}.$$

$$\sum_{i=1}^{n}x_i=m,\qquad\text{约束条件}.$$

$$x_i\geqslant 0,i=1,2,\cdots,n$$

这是一个在满足约束条件的情况下使目标函数达到最大的优化问题．

【例 25.3】　背包问题

一个徒步旅行者准备随身携带一个背包．有许多种东西可以放入背包，每种东西都有一定的重量和价值．他希望在背包的总重量不超过某个数的条件下使得所装入的东西具有最大的价值．问应该怎样选择装入背包的东西？

设有 n 种东西可以装入背包，w_j 是第 j 种东西的重量，v_j 是它的价值，x_j 是装入背包中的第 j 种东西的个数．设 $b>0$ 是背包总重量的最大值，则背包问题可以表示为：

$$\max\sum_{j=1}^{n} v_j x_j, \qquad \text{目标函数.}$$

$$\sum_{j=1}^{n} w_j x_j \leqslant b, \qquad \text{约束条件.}$$

x_j 为非负整数

在优化问题中,如果目标函数和约束条件都是线性函数,则称这种问题为**线性规划**问题.若在线性规划问题中限制 x_j 是非负整数,则称为**整数规划**问题,背包问题是整数规划问题.若再限定 x_j 只能取 0 或 1,则称为 **0-1 整数规划问题**.相应的背包问题则称为0-1 背包问题.

【例 25.4】 装箱问题

有 n 个物体,其长度分别为 $a_1,a_2,\cdots,a_n$.要把它们装入长为 l 的箱子,如果只考虑长度的限制,问至少需要多少个箱子?

不妨设每个箱子的长度是 1,设 a_i 是第 i 个物体的长度.令

$$L=(a_1,a_2,\cdots,a_n),\ 0<a_i\leqslant 1,\ i=1,2,\cdots,n,$$

并称 L 为装箱问题的输入.设箱子的编号为 $B_1,B_2,\cdots,B_m$,其中 B_m 是最后一个非空的箱子.我们把在箱子 B_j 中装入的所有物体的长度之和叫做 B_j 的容量,记作 $c(B_j)$,而把 B_j 的剩余空间 $1-c(B_j)$ 叫做 B_j 的空隙.那么装箱问题可以表示为:

$$\min\quad m, \qquad \text{目标函数.}$$

$$\sum_{i=1}^{n} a_i=\sum_{j=1}^{m} c(B_j),\ c(B_j)\leqslant 1, \qquad \text{约束条件.}$$

上述例子中的问题都是组合最优化问题.一般说来,一个组合最优化问题应该给出下述参数:

X　　有穷的变量集合;

Y　　有穷的值的集合;

$f(x)$　目标函数;

G　　约束条件的集合.

一个组合优化问题的解是对变量集 X 的一组赋值 φ: $X\rightarrow Y$,并且在满足 G 中约束条件的前提下使得目标函数 $f(x)$ 取得最大(或最小)值.

通常一个组合优化问题的解可能不是惟一的,即可以同时存在着多个满足约束条件的赋值使得目标函数达到最大(或最小)值,但目标函数所达到的最大(或最小)值总是惟一的.

在对组合优化问题做一般性讨论时可以只考虑使目标函数取得最大值的情况,即所谓极大化的组合优化问题.因为任何极小化的组合优化问题都可以化为极大化的组合优化问题.设有一个极小化组合优化问题 P_1 描述如下:

$$\min f(x), \qquad \text{目标函数.}$$

$$\left.\begin{aligned} &g_i(x)=0, && i=1,2,\cdots,m,\\ &h_j(x)\leqslant 0, && j=1,2,\cdots,k,\end{aligned}\right\}\quad \text{约束条件.}$$

那么可以构造一个相应的极大化组合优化问题 P_2:

$$\max -f(x), \qquad \text{目标函数.}$$

$$\left.\begin{aligned} &g_i(x)=0, && i=1,2,\cdots,m,\\ &h_j(x)\leqslant 0, && j=1,2,\cdots,k,\end{aligned}\right\}\quad \text{约束条件.}$$

易见问题 P_2 的一组解也是问题 P_1 的一组解. 相反,任何极大化的组合优化问题也可以化为极小化的组合优化问题. 极大化组合优化问题与极小化组合优化问题是可以相互转化的.

25.2 网络的最大流问题

定义 25.1 一个**有向网络** $D=\langle V,E,W\rangle$ 是一个带权的有向图. 其中 V 是顶点集, $s,t\in V$, s 只有出去的边,称为**源**, t 只有进来的边,称为**漏**. 对任意的边 $e\in E$,有一个非负整数作为 e 的权.

设有向网络 $D=\langle V,E,W\rangle$ 代表一个运输网络. 每个顶点代表城市. 边 $\langle i,j\rangle$ 代表从 i 到 j 的公路,边的权表示这条公路单位时间通过的最大运输量,称为这条边的容量,记作 c_{ij}. 怎样制定运输规划而使得总的流量达到最大?换句话说,使得从 s 出发的总运输量达到最大?这个问题就是网络的最大流问题,可以形式化描述如下:

令 c_{ij} 表示边 $\langle i,j\rangle$ 的容量, x_{ij} 表示边 $\langle i,j\rangle$ 的流量,那么有

$$\max\sum_j x_{sj}, \tag{25.3}$$

$$\sum_j x_{ij}=\sum_k x_{ki},\quad i\neq s,t, \tag{25.4}$$

$$0\leqslant x_{ij}\leqslant c_{ij}, \tag{25.5}$$

其中式(25.3)是目标函数,表示从源 s 流出的流量. 式(25.4)和式(25.5)是约束条件,表示从任何结点(除源和漏以外)流出该结点的流量应该等于流入该结点的流量,即流量守恒;此外,每条边上的流量不应超过边的容量.

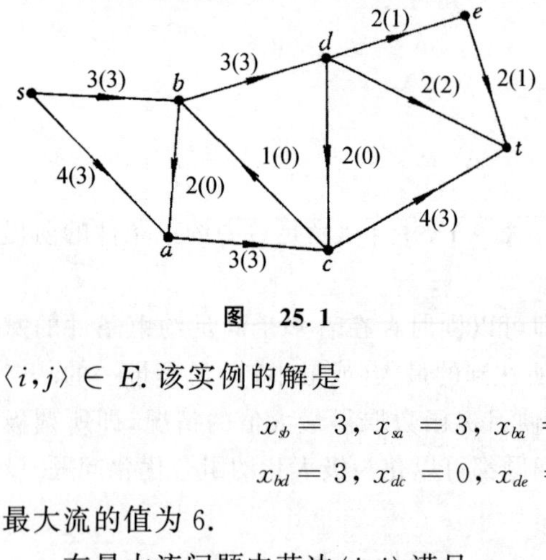

图 25.1

由于约束条件和目标函数都是线性的,最大流问题是线性规划问题.

满足约束条件的解是所有 x_{ij} 的集合,称为一个 **$\langle s,t\rangle$ 流**,而 $\sum_j x_{sj}$ 称为这个流的值.

图 25.1 就是一个最大流问题的实例,其中 $V=\{s,a,b,c,d,e,t\}$,边上的数代表这条边的容量,而括号内的数代表流量. 易见 $x_{ij}\leqslant c_{ij}$, $i,j\in V$ 且 $\langle i,j\rangle\in E$. 该实例的解是

$$x_{sb}=3,\ x_{sa}=3,\ x_{ba}=0,\ x_{ac}=3,\ x_{cb}=0,$$
$$x_{bd}=3,\ x_{dc}=0,\ x_{de}=1,\ x_{et}=1,\ x_{dt}=2,\ x_{ct}=3.$$

最大流的值为 6.

在最大流问题中若边 $\langle i,j\rangle$ 满足 $x_{ij}=c_{ij}$,则称这条边是**瓶颈**,而瓶颈是制约进一步提高网络最大流的关键. 图 25.1 中的 $\langle s,b\rangle$, $\langle a,c\rangle$, $\langle d,t\rangle$, $\langle b,d\rangle$ 四条边是瓶颈.

定义 25.2 设 $D=\langle V,E\rangle$ 是有向图, V 的一个划分 $\langle S,T\rangle$ 称为 D 的一个**割集**. 如果 $s\in S$, $t\in T$,则称该割集是分离 s 和 t 的割集,记为 **$\langle s,t\rangle$ 割集**.

定义 25.3 设 $D=\langle V,E,W\rangle$ 是一个有向网络, $\langle S,T\rangle$ 是 D 的一个割集,则该割集的容量

$$C(S,T) = \sum_{i\in S}\sum_{j\in T} c_{ij},$$

在所有的 $\langle s,t\rangle$ 割集中容量最小的割集称为**最小割集**.

例如图 25.1 中, $\langle\{s,a,b\},\{c,d,e,t\}\rangle$ 是一个 $\langle S,T\rangle$ 割集, 其中 $S=\{s,a,b\}$, $T=\{c,d,e,t\}$, 其容量为

$$C(S,T) = c_{bd} + c_{ac} = 6.$$

关于有向网络的流的值和 $\langle s,t\rangle$ 割集的容量有下面的定理.

定理 25.1 在一个有向网络中, 任何 $\langle s,t\rangle$ 流的值小于等于任何 $\langle s,t\rangle$ 割集的容量.

证 设所有的 x_{ij} 构成一个 $\langle s,t\rangle$ 流, $\langle S,T\rangle$ 是任意的 $\langle s,t\rangle$ 割集. 则流的值 v 满足

$$\begin{aligned} v &= \sum_j x_{sj} = \sum_j x_{sj} - \sum_j x_{js} \\ &= \sum_{i\in S}\Big(\sum_j x_{ij} - \sum_j x_{ji}\Big) \\ &= \sum_{i\in S}\sum_{j\in S}(x_{ij}-x_{ji}) + \sum_{i\in S}\sum_{j\in T}(x_{ij}-x_{ji}) \\ &= \sum_{i\in S}\sum_{j\in T}(x_{ij}-x_{ji}) \\ &\leqslant \sum_{i\in S}\sum_{j\in T} x_{ij} \\ &\leqslant \sum_{i\in S}\sum_{j\in T} c_{ij} = C(S,T). \end{aligned}$$

▌

定理 25.2 在一个有向网络中设 $\{x_{ij}\}$ 是一个 $\langle s,t\rangle$ 流, 其值为 v, $\langle S,T\rangle$ 为一个 $\langle s,t\rangle$ 割集, 其容量为 $C(S,T)$, 若 $v=C(S,T)$, 则 $\{x_{ij}\}$ 是一个最大流且 $C(S,T)$ 是一个最小割集.

证 假设 $\{x_{kl}\}$ 为一个最大的 $\langle s,t\rangle$ 流, 其值为 v', 则 $v\leqslant v'$. 又设 $\langle S',T'\rangle$ 为一个最小的 $\langle s,t\rangle$ 割集, 其容量为 $C(S',T')$, 则 $C(S',T')\leqslant C(S,T)$, 由定理 25.1 得

$$v\leqslant v'\leqslant C(S',T')\leqslant C(S,T),$$

又已知 $v=C(S,T)$, 从而有

$$v=v',\ C(S,T)=C(S',T').$$

▌

定理 25.2 称为网络的最大流最小割定理. 在图 25.1 的有向网络中, 一个最小的 $\langle s,t\rangle$ 割集为 $\langle\{s,a,b\},\{c,d,e,t\}\rangle$, 该割集的容量是 6, 而最大流的值也是 6.

定义 25.4 设 D 为有向网络, $P=\langle i_1,i_2,\cdots,i_k\rangle$ 是 k 个顶点的序列, 且 $\forall j\in\{1,2,\cdots,k-1\}$ 有 $\langle i_j,i_{j+1}\rangle\in E$ 或 $\langle i_{j+1},i_j\rangle\in E$, 则称 P 为 D 中一条从 i_1 到 i_k 的**链**. 在 P 中, 若 $\langle i_j,i_{j+1}\rangle\in E$, 则称 $e=\langle i_j,i_{j+1}\rangle$ 为**前向边**; 若 $\langle i_{j+1},i_j\rangle\in E$, 则称 $e=\langle i_{j+1},i_j\rangle$ 为**后向边**.

例如图 25.1 中, $\langle s,a,b,d,t\rangle$ 是 D 中一条从 s 到 t 的链, 其中 $\langle s,a\rangle$, $\langle b,d\rangle$, $\langle d,t\rangle$ 是前向边, $\langle b,a\rangle$ 是后向边.

定义 25.5 设 D 为有向网络, P 是 D 中一条从 s 到 t 的链. 如果 P 中任一前向边 $\langle i,j\rangle$ 都有 $x_{ij}<c_{ij}$, 任一后向边 $\langle i,j\rangle$ 都有 $x_{ij}>0$, 则称 P 是 D 中一条**流可增加链**.

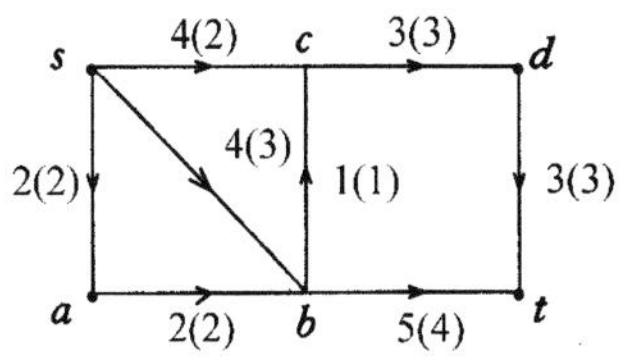

图 25.2

易见在图 25.1 中不存在流可增加链. 而在图 25.2 中 $\langle s,c,b,t\rangle$ 是一条流可增加链, 其中

$$x_{sc}=2<4,\ x_{bc}=1>0,\ x_{bt}=4<5.$$

定理 25.3 在有向网络 D 中，一个 $\langle s,t\rangle$ 流是最大流当且仅当不存在从 s 到 t 的流可增加链.

证 设 $D=\langle V,E,W\rangle$.

充分性. 若 D 中不存在从 s 到 t 的流可增加链，令

$$S=\{j\mid j\in V\text{ 且存在从 }s\text{ 到 }j\text{ 的流可增加链}\},$$

$$T=V-S,$$

易见 $s\in S,t\in T$. 对任意 $i\in S,j\in T$，有 $x_{ij}=c_{ij},x_{ji}=0$. 否则存在从 s 到 j 的流可增加链，与 $j\in T$ 矛盾. 这就推出 $x_{ij}-x_{ji}=c_{ij}$，所以流值

$$v=\sum_{i\in S}\sum_{j\in T}(x_{ij}-x_{ji})=\sum_{i\in S}\sum_{j\in T}c_{ij}=C(S,T).$$

由定理 25.2，$\langle s,t\rangle$ 流是最大流.

必要性. 若 $P=\langle s=i_1,i_2,\cdots,i_k=t\rangle$ 是 D 中一条流可增加链. 对 P 中任一前向边 $\langle i,j\rangle$，令 $\delta_{ij}=c_{ij}-x_{ij}$，对 P 中任一后向边 $\langle j,i\rangle$，令 $\delta_{ij}=x_{ji}$. 取 $\delta=\min\{\delta_{i_li_{l+1}}\mid l=1,2,\cdots,k-1\}$，则每条 P 上的边可增加流值 δ（后向边减少流值 δ），与 $\langle s,t\rangle$ 流是最大流矛盾. ▌

根据这个定理可以给出网络最大流的算法.

算法 25.1

输入　有向网络，源为 s，漏为 t，

输出　从 s 到 t 的最大流 $\{x_{ij}\}$.

1. 对所有的 $i,j,x_{ij}\leftarrow 0$；
2. 找一条从 s 到 t 的流可增加链 P. 如不存在，则转 7；
3. 对 P 的每条前向边 $\langle i,j\rangle$，令 $\delta_{ij}=c_{ij}-x_{ij}$；对 P 的每条后向边 $\langle j,i\rangle$，令 $\delta_{ij}=x_{ji}$；
4. 令 $\delta=\min\{\delta_{ij}\}$；
5. 对每个 x_{ij}，若 $\langle i,j\rangle$ 为前向边，则 $x_{ij}\leftarrow x_{ij}+\delta$；若 $\langle j,i\rangle$ 为后向边，则 $x_{ji}\leftarrow x_{ji}-\delta$；
6. 转 2；
7. 停止.

【例 25.5】 图 25.3(1) 是一个有向网络. 根据算法 25.1 使用标号的方法求最大流的步骤如下：

初始，令所有的 $x_{ij}=0$，并将 x_{ij} 标记在括号内.

取图中一条流可增加链（粗黑线标出），并增加链上每条边的流，直到网络中不存在流可增加链为止. 各步中的流可增加链，及修改流的过程如图 25.3(2)—(6) 所示.

该网络的最大流为下面 x_{ij} 的集合.

$x_{12}=7$，　$x_{15}=11$，　$x_{23}=5$，　$x_{24}=4$，　$x_{34}=2$，　$x_{38}=3$，

$x_{48}=6$，　$x_{56}=6$，　$x_{57}=5$，　$x_{62}=2$，　$x_{67}=0$，　$x_{68}=4$，　$x_{78}=5$.

定理 25.4 若有向网络的所有边的容量为正有理数，则算法 25.1 将在有限步求出网络的最大流.

证 若有向网络的所有边的容量为正整数，则算法每寻找一条流可增加链，流的值将增加一个正整数 δ. 在有限步之后，网络中将不存在流可增加链，这时由定理 25.3 达到最大流. 当有向网络的边的容量为正有理数 $\frac{q_1}{p_1},\frac{q_2}{p_2},\cdots,\frac{q_m}{p_m}$ 时，取 $p_1,p_2,\cdots,p_m$ 的最小公倍数 d，将每条边的

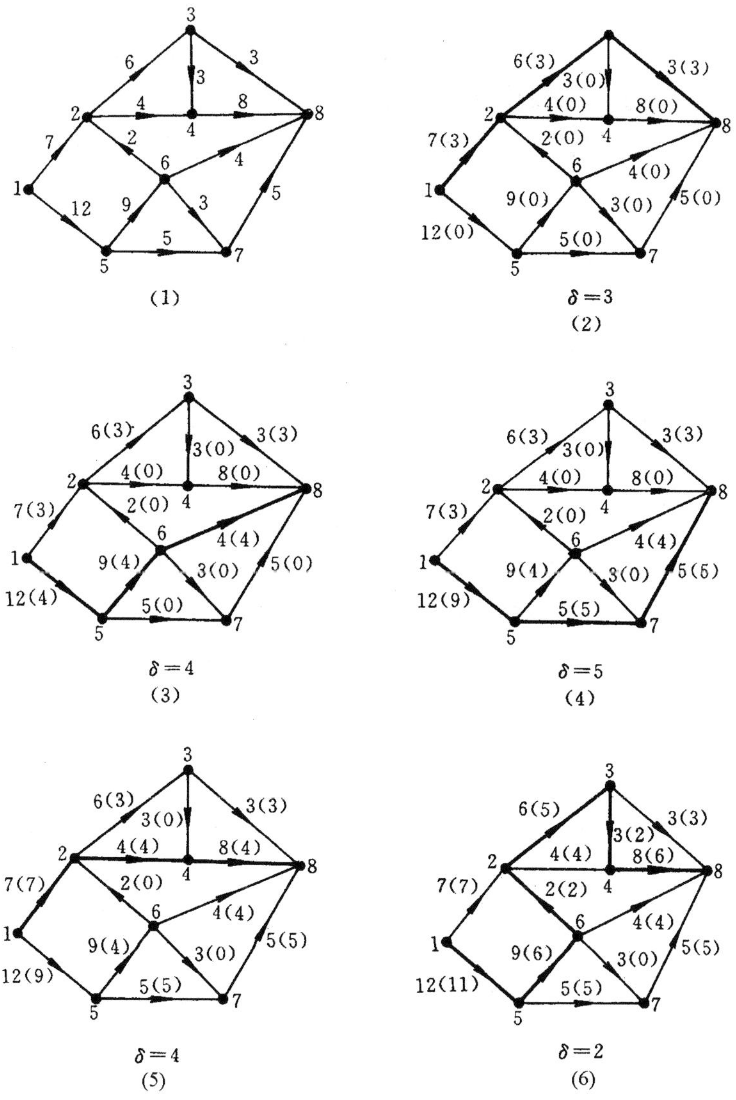

图 25.3

容量扩大 d 倍，则每条边的容量变成正整数，在有限步内网络将求出最大流. 然后将每条边的流值除以 d 就得原有向网络的最大流. ∎

算法 25.1 也可以用于多源多漏的有向网络. 设有向网络 $D=\langle V,E,W\rangle$，其中 $s_1,s_2,\cdots,s_m \in V$ 是源，$t_1,t_2,\cdots,t_n \in V$ 是漏. 令 $V'=V\cup\{s,t\}$，且

$$E'=E\cup\{\langle s,s_i\rangle \mid i=1,2,\cdots,m\}\cup\{\langle t_j,t\rangle \mid j=1,2,\cdots,n\}.$$

规定所有从 s 出发的边和到达 t 的边的容量为 ∞（足够大的正数），那么有向网络 $D'=\langle V',E',W'\rangle$ 的最大流值就是原网络的最大流值. 去掉所增加的结点和边，就得到原网络的最大流.

网络的最大流问题是个线性规划问题的特例，它和许多组合问题有着密切的联系. 下面考虑一个二部图的最大匹配问题.

定义 25.6 设 $G=\langle X,Y,E\rangle$ 是二部图，令

$$V = X \cup Y \cup \{s,t\}, \quad s,t \notin X \cup Y,$$
$$E_1 = \{\langle x,y\rangle \mid x \in X,\ y \in Y,\ \{x,y\} \in E\},$$
$$E_2 = \{\langle s,x\rangle \mid x \in X\},$$
$$E_3 = \{\langle y,t\rangle \mid y \in Y\},$$
$$E' = E_1 \cup E_2 \cup E_3.$$

对任意的 $e \in E'$,若 $e \in E_1$ 则 $w(e) = m$,m 是一个足够大的正整数.若 $e \in E_2 \cup E_3$,则 $w(e) = 1$. V,E' 和所有的 w 构成有向网络 D,称为 G 的**相关网络**.

引理 1 设 $G = \langle X,Y,E\rangle$ 是二部图,D 为 G 的相关网络,则在 G 的匹配 M 和 D 的整数流之间存在着一一对应,且 D 的流值就是 G 的匹配的边数.

证 任给 D 中一个网络流,若有向边 $\langle x,y\rangle$ 的流量为 1,则边 $\{x,y\} \in M$. 由 D 的构成可知,$\forall x \in X$,流入 x 的流量至多是 1,所以从 x 出发的有向边中至多有一条流量为 1,这说明至多一条 M 中的边关联到 x. 同理,$\forall y \in Y$,也至多一条 M 中的边关联到 y. 因此,M 构成 G 的一个匹配.

反之,给定 G 中一个匹配 M,令 M 中边的流量为 1,而 G 中其他边的流量为 0. 对于 E_2,E_3 中的边 e,若 e 邻接一条匹配边,则 e 中的流量为 1,否则为 0. 易见对任何 x 和 y,流量守恒且总流的值就是 M 中的边数.

引理 2 设 $G = \langle X,Y,E\rangle$ 为二部图,D 为 G 的相关网络.
$$A \subseteq X,\ B \subseteq Y,\ K = A \cup B,$$
$$S = \{s\} \cup (X - A) \cup B, \quad T = \{t\} \cup (Y - B) \cup A,$$
则 K 是 G 的顶点覆盖当且仅当 $\langle S,T\rangle$ 是 D 的一个有限容量的 $\langle s,t\rangle$ 割集,且 $|A \cup B|$ 就是该割集的容量.

证 设 $\langle S,T\rangle$ 是 D 的一个有限容量的 $\langle s,t\rangle$ 割集. 由于 D 是 G 的相关网络,所以 D 中不存在着从 $X - A$ 到 $Y - B$ 的边. 否则这些边就是 S 到 T 的边,且这些边的容量是足够大的正整数 m,与 $\langle S,T\rangle$ 割集的容量是有限的相矛盾. 这就证明了 G 中的边只关联 A 或 B 中的顶点,$A \cup B$ 是 G 的一个顶点覆盖.

反之,若 $K = A \cup B$ 是 G 的顶点覆盖,则 G 中不存在从 $X - A$ 到 $Y - B$ 的边. 因此有
$$C(S,T) = \sum_{x \in A} c_{sx} + \sum_{y \in B} c_{yt} = |A| + |B| = |A \cup B|.$$
这就证明了 $\langle S,T\rangle$ 是 D 的一个有限容量的割集,且割集容量是 $|A \cup B|$. ▍

定理 25.5 设 $G = \langle X,Y,E\rangle$ 是二部图,则 G 中最大匹配的边数等于 G 的顶点覆盖数.

证 令 D 是 G 的相关网络,则在 D 中存在一个最大流. 由引理 1,这个最大流的值等于 G 中最大匹配的边数. 又由定理 25.2,这个最大流对应于 D 中一个最小的 $\langle s,t\rangle$ 割集 $\langle S,T\rangle$,且这个割集的容量 $C(S,T)$ 就等于最大流的值. 因此这个最小割集是有限容量的割集. 由引理 2,$(X - S) \cup (Y - T) = A \cup B (A \subseteq X, B \subseteq Y)$ 是 G 的一个最小的顶点覆盖,且顶点覆盖数就是 $C(S,T)$. 综上所述,G 中最大匹配的边数等于 G 的顶点覆盖数. ▍

涉及有向网络的优化问题除了最大流最小割集问题以外,还有涉及计划评审技术的关系网络问题. 该网络的每个结点代表一个行为,如果从 x_i 到 x_j 有一条有向边,则表示 x_j 必须在 x_i 完成以后才可以开始. 网络中的源 s 表示整个计划的开始,漏 t 则表示整个计划的结束. 在每个结点的数表示完成这项行为所需要的时间. 我们希望通过这个图 (PERT 图,Program

Evaluation and Review Technique）找出每项行为的最早开始时间以及最迟的完成时间，从而得到整个计划的最早完成时间和关键路径.

涉及无向网络的优化问题有最短路径问题和最小生成树问题等.随着计算机网络技术和分布式并行处理的广泛应用和发展，与通信相关的许多网络分析问题都会提到日程上来，相应的组合优化技术和算法的研究将会变得更加重要.

习题二十五

1. 用标号法求出图 25.4 中每个网络的最大流.

2. 求出图 25.4 中每个网络的最小割集.

3. 求出图 25.5 中每个网络的最大流.

4. 设 $D=\langle V,E,W\rangle$ 是有向网络，$\langle S_1,T_1\rangle$，$\langle S_2,T_2\rangle$ 是 D 的两个最小割集，证明 $\langle S_1\cup S_2,T_1\cap T_2\rangle$ 也是 D 的最小割集.

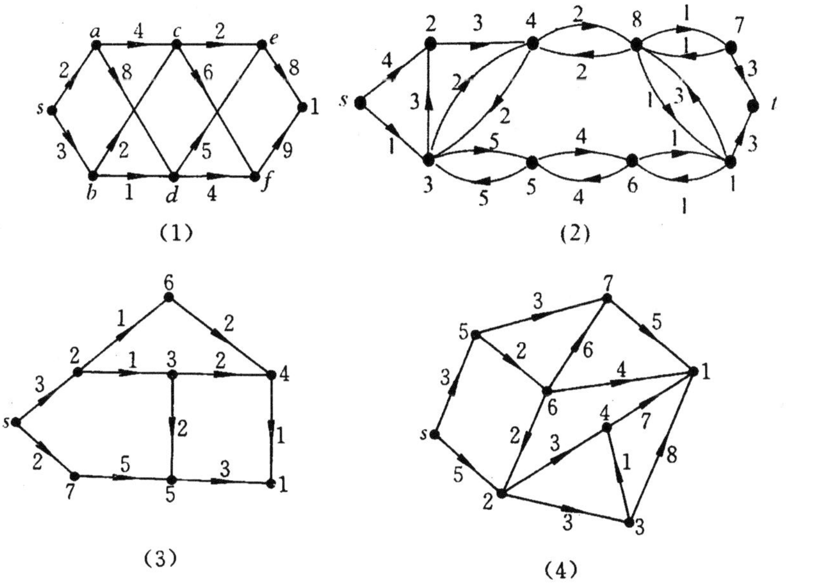

图 25.4

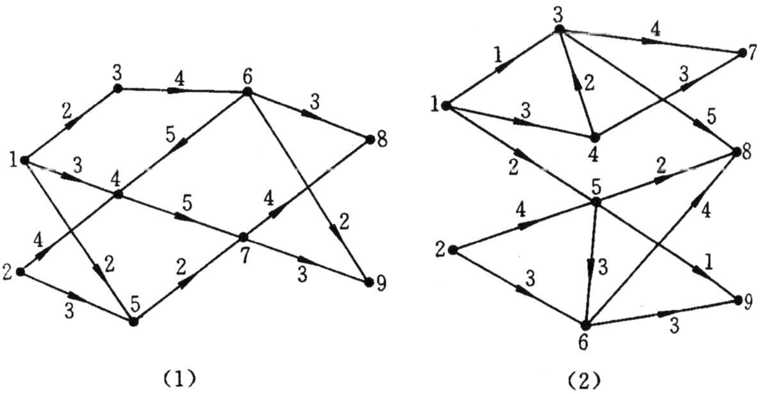

图 25.5

第五编 数理逻辑

第二十六章 命题逻辑

命题逻辑是数理逻辑中最基本、最简单的部分，命题逻辑有时也称命题演算．我们知道，数理逻辑是研究命题间的推理，在这章里，我们把“命题”作为讨论的最小单位，先依据日常生活的经验抽象出命题及它们之间的推理方式，以此作为命题演算形式系统的背景，进而建立命题演算的各种形式系统．

26.1 形式系统

数理逻辑的主要特征之一是“形式化”，具体地，就是将数理逻辑的研究对象“数学推理”形式化．推理都有前提、结论和推理规则，这些前提和结论都是命题，因而一个推理系统应当包含命题、公理和推理规则，“形式化”即为将这样的推理系统符号化而形成一个形式系统，这样形式系统应包括两大部分：一是表述命题的形式语言；二是由形式语言表述的公理和推理规则．

语言应该怎样符号化呢？考察汉语、英语等自然语言，它们都有字母表，字母表中符号的序列构成字和句子．所以语言应该有两部分：字母表和句子．公理是特殊的句子，推理规则是从一些句子到另外一个句子的对应规则，即为句子集上的部分运算，由此分析，我们得出形式系统的如下定义．

定义 26.1 一个形式系统 I 由下列 4 个集合构成：

(1) 一个非空集合 $A(I)$，称为字母表或符号库；

(2) 一个由 $A(I)$ 中符号的有限序列构成的集合 $E(I)$，称为字集或公式集，$E(I)$ 中元素称为字或公式；

(3) $E(I)$ 的一个子集 $A_x(I)$，称为公理集；

(4) $E(I)$ 上的部分运算构成一个集合 $R(I)$，称为规则集．

记 I 为 $\langle A(I), E(I), A_x(I), R(I)\rangle$，称 $\langle A(I), E(I)\rangle$ 为 I 的形式语言．记为 $L(I)$；称 $\langle A_x(I), R(I)\rangle$ 为 I 的形式演算．

注 $E(I)$ 不一定是 $A(I)$ 中元素组成的全部有限序列的集合 $A(I)^*$，而只是 $A(I)^*$ 的一个子集，这相当于在汉语中，并非每个字的序列都是一个句子．

设 I_1, I_2 为两个形式系统，若 $A(I_1)\subseteq A(I_2)$，$E(I_1)\subseteq E(I_2)$，则称 $L(I_2)$ 是 $L(I_1)$ 的一个膨胀，同时，称 $L(I_1)$ 是 $L(I_2)$ 的一个归约．

定义 26.2 对于形式系统 I，如下归纳定义“I 的形式定理”t：

(1) 若 $t\in A_x(I)$，则 t 是 I 的一个形式定理；

(2) 若 $t_1,t_2,\cdots,t_n$ 是 I 中形式定理，$f\in R(I)$，且 $\langle t_1,t_2,\cdots,t_n\rangle\in \mathrm{Dom}(f)$，则 $f(\langle t_1,t_2,\cdots,t_n\rangle)$ 是 I 的一个形式定理；

(3) I 的形式定理都满足(1)或者(2).

"I 的形式定理"有时简称为"I 中定理"或"定理".

注 定义 26.2 的这种归纳定义方式以后会经常见到.

定理 26.1 设 $t\in E(I)$，则 t 是 I 中的一个定理的充要条件是如下条件成立：存在 $E(I)$ 中元素的有限序列 $t_0,t_1,\cdots,t_m$ 满足：

$$\left.\begin{array}{l}(1)\ t=t_m;\\(2)\ 对每个满足\ 0\leqslant i\leqslant m\ 的自然数\ i，或者\ t_i\in A_x(I)，\\\quad 或者存在\ f\in R(I)\ 及\ i_1,i_2,\cdots,i_j:\ 0\leqslant i_1,i_2,\cdots,i_j<i\\\quad 使得\ t_i=f(t_{i_1},t_{i_2},\cdots,t_{i_j}).\end{array}\right\}\qquad (*)$$

证明 ($\Rightarrow$)设 t 是 I 中的一个定理，对 t 的构造复杂性归纳证明满足(1)(2)的 $t_0,t_1,\cdots,t_m$ 的存在性.

(1) 若 $t\in A_x(I)$，则单元素序列 t 即为所求.

(2) 若 $t=f(t_1,t_2,\cdots,t_n)$，其中 $t_1,t_2,\cdots,t_n$ 是定理，$f\in R(I)$. 由归纳假设知：存在 $E(I)$ 中元素序列：

$$t_{10},\ t_{11},\ \cdots,\ t_{1m_1};$$
$$t_{20},\ t_{21},\ \cdots,\ t_{2m_2};$$
$$\cdots\cdots$$
$$t_{n0},\ t_{n1},\ \cdots,\ t_{nm_n}.$$

分别对 $t_1,t_2,\cdots,t_n$ 满足条件($*$)，则 $E(I)$中元素有限序列

$$t_{10},\ t_{11},\ \cdots,\ t_{1m_1},\ t_{20},\ t_{21},\ \cdots,\ t_{2m_2},\ \cdots,t_{n0},\ t_{n1},\ \cdots,\ t_{nm_n},\ t$$

即为所求. 归纳证毕，必要性成立.

($\Leftarrow$) 设 $t_1,t_2,\cdots,t_m$ 是满足($*$)的一个序列，下面对这个序列的长度 m 归纳证明下列条件成立：

$$每个\ t_i(0\leqslant i\leqslant m)都是一个定理.\qquad (**)$$

从而 $t=t_m$ 也是定理.

(1) 当 $m=1$ 时，$t_1\in A_x(I)$，从而 t_1 是一个定理.

(2) 假设($**$)对 $m-1$ 成立，考察长度为 m 的满足($*$)的序列 $t_1,t_2,\cdots,t_m$，它的前 $m-1$个元素构成的序列也满足($*$)，由归纳假设，每个 $t_i(0\leqslant i\leqslant m-1)$都是一个定理，故只要证明 t_m 也是定理即可.

① 若 $t_m\in A_x(I)$，则 t_m 是一个定理.

② 若 $t_m=f(t_{i_1},t_{i_2},\cdots,t_{i_k})$，其中 $f\in R(I)$，$0\leqslant i_1,i_2,\cdots,i_k\leqslant m-1$. 由定义，$t_m$ 也是定理.

归纳证毕，($**$)成立. ▍

一般地，对于 $f\in R(I)$，即 f 是n 元的部分运算，则称 f 为一个 n 元形式规则. 若$\langle t_1,t_2,\cdots,t_n\rangle\in\mathrm{Dom}(f)$，则称 $t_1,t_2,\cdots,t_m$ 为 f 的前提，$f(t_1,t_2,\cdots,t_m)$为 $t_1,t_2,\cdots,t_m$ 在 f 下的结论，记为：

$$\frac{t_1, t_2, \cdots, t_m}{f(\langle t_1, t_2, \cdots, t_m \rangle)}$$

或

$$\frac{\begin{array}{c} t_1 \\ t_2 \\ \vdots \\ t_m \end{array}}{f(\langle t_1, t_2, \cdots, t_m \rangle)}.$$

以后我们将经常进行这样的符号演算.

由形式系统的定义我们看到它具有如下两个特征.

(1) 形式化实际上是一个可机械实现的过程，在它里面，符号、规则、推演等被表述得严密、精确，可以使未受任何专门训练的人所认识. 在形式系统 I 中，只能使用字母表 $A(I)$ 中的符号，只承认 $E(I)$ 中符号串的合理性，只能由 $A_x(I)$ 中符号串为出发点进行符号串的改写，且在改写过程中必须符合 $R(I)$ 中的规则——机械性.

(2) 形式系统一旦完成，即表示成了符号及符号串的改写，系统便与一切实际意义毫不相干，在形式系统内，我们所能认识的仅仅是符号串及其改写，我们只能在形式系统外这样或那样赋予形式符号以不同的意思. 这一点使得我们不能想当然地使用我们常识中已有的意思来对形式系统进行符号串的改写，而必须依据系统中的合法手法进行符号串的改写——符号性.

一个自然的问题是，为什么要进行这样的形式化呢？形式化的目的在于促进表达的清晰性和消除错误. 我们知道，数理逻辑的研究对象是“数学推理”，所使用的方法也是“数学推理”,这就有必要区分这两个层次的“推理”，否则就有自己研究自己的循环讨论之嫌. 所以我们把作为对象的“推理”形式化，以形式语言来表达作为对象的“推理”的前提、结论和规则等，我们已经看到，形式语言是一种符号语言，这些符号或符号串在形式系统中不代表任何意思，形式系统就是这些符号串的构成方式和演算方式，这样作为对象的“推理”就被“封装”在形式系统内了. 所以形式语言又称为“对象语言”. 另一方面，关于形式系统的性质、规律的表达和作为研究方法的推理方式的表达又都需要一个语言，这个语言一般称为元语言. 通常使用的元语言都是半数学化的自然语言. 形式语言与元语言的关系类似于学习外语时,外语与本土语言的关系，我们学习外语单词、句子等的构成方式等，但这种构成方式是以本语来叙述的，外语单词和句子的意思也是通过本语来注释与理解的. 此时，外语是对象语言，本语是元语言，学习外语虽然也是以“语言讨论语言”，但使外语与本语处于不同层次的这种划分避免了表达的混乱. 形式化的目的也在于此. 程序设计语言与自然语言也具有形式语言与元语言的这种关系，这个共同关系是数理逻辑在计算机科学中被广泛应用的原因之一.

由上所述，数理逻辑可以认为就是研究形式系统性质的一门学科，这些性质又分为“语法”和“语义”两部分. 语法是关于形式系统的构成法则,即 $A(I)$，$E(I)$，$A_x(I)$和 $R(I)$的构成方式. 这相应于自然语言的语法，语义是关于形式系统的解释和意思. 形式语言本身没有含义，但我们在构造它们时是假想它们能代表某种意义的，就像程序设计语言一样，用一个程序设计语言写的程序对机器来说是无意义的，机器并不能“领会”程序员用这个程序来做什么，它只知道“依计而行”. 但程序员自己写这个程序是有目的的，对程序员来说，这个程序的每一行都代表某个意思. 但不同的程序员对同一个程序可能有不同的理解，这就是说同一个程序可能有不同的解释. 这些解释就是这个程序的语义，形式语言也可能有各种不同的解释，这些解释都是这个形式语言的语义，以后我们对形式系统进行讨论时，也将分别从语法、语义及它们之间的关系三个方面进行.

26.2 命题和联结词

什么是命题？直观来说，陈述客观外界发生的事情的陈述句，就叫做**命题**. 凡陈述的外界事情发生了，则此命题为真命题，反之为假. 也就是说，一个命题要么为真，要么为假，两者必居其一，当然，二者也只能居其一. 即不能说一个命题既真又假. 据此，我们给出命题的如下描述：命题是或为真或为假的陈述句.

注 我们把以这种非真必假的命题作为研究对象的逻辑称为古典逻辑，但也有人反对关于命题的这种观点，认为存在既不真也不假的命题例如：直觉主义逻辑、多值逻辑等.

【例 26.1】 下列句子都是命题.

(1) 8 小于 10.

(2) 8 大于 10.

(3) 21 世纪末，人类将住在太空.

(4) 任一个大于 5 的偶数可表成两个素数的和.

(1) 显然为命题，它陈述了一个事实. (2)表示了一个错误的判断，故为假，又是一个陈述句，故为命题. (3)也是命题，虽然现在还不知道真假，但到 21 世纪末，就能知其真假，故它是不为真必为假的一个陈述句，即为命题. (4)是不知真假的一个陈述句，但“不知”不等于“不存在”，这句话要么为真，要么为假，只是不知道而已，故也为一个命题.

【例 26.2】 下列句子不是命题.

(1) 8 大于 10 吗？

(2) 请勿吸烟.

(3) X 大于 Y.

(4) 我正在撒谎.

(1)是一个疑问句，不是陈述句. (2)是一个祈使句. (3)是一个不能确定其真假的句子，它可能为真，也可能为假，从而不为命题. (4)是一个既不真也不假的句子，因为若其真，根据这句话的含义，说明“我”在撒谎，因而这句话不真，矛盾. 若其假，说明“我”没有撒谎，说的是真话，因而其为真，也矛盾. 这种既不能为真，也不能为假的句子称为悖论.

如果一个命题是真的(假的)，则称之为真(假)命题.

既然我们讨论的对象是命题，我们就把命题符号化，记为 $p,q,r,\cdots$，就像在代数学中以 a,b 代表 1,2 等数字一样.

在代数学中，我们常用字母 a 来代表数字，这个字母具体代表哪个数字，有时我们并不知道，也没有必要知道，我们只要知道它代表一个数字就行了.

类似地，命题符号 p,q,r 等也可代表不同的命题，不一定 p 非代表“8 大于 10”这个命题不可，我们只要知道 p 代表某个命题便可以了.

代数学中，当用字母 a 代表某个确定的数字时，我们称它为常元，a 代表某个不确定的数字时，我们称 a 为变元；类似地，当命题 p 代表某个确定的命题时，我们称 p 为命题常元，当 p 代表某个不确定的命题时，我们称 p 为命题变元.

命题符号化了，真假值也可以符号化. 我们把"真"记为1(或T)，"假"记为0(或F)，这样命题变元 $p,q,r,\cdots$便可取值 0 或 1，若 p 取值 1，表示 p 代表一个真命题，若 p 取值 0，表示 p 代表一个假命题.

事实上，我们感兴趣的就是命题的这种取值真假的属性，也就是关心命题变元取值 0 或 1 时所表现的性质.

例 26.1 中的命题都有一个特点：不能再分解成更简单的命题的组合，我们把这种不能分解成更简单的命题的组合的命题称为简单命题.

【例 26.3】 判断下列语句是否为命题.

(1) 期中考试，张三没有考及格.

(2) 期中考试，张三和李四都考及格了.

(3) 期中考试，张三和李四中有人考 90 分.

(4) 如果张三能考 90 分，那么李四也能考 90 分.

(5) 张三能考 90 分当且仅当李四也能考 90 分.

(1)—(5)都是命题，因为它们具有真假值且为陈述句.

例 26.3 中的命题都是由简单命题通过加上诸如："不是"，"或者"，"而且"，"如果…那么…"，"当且仅当"等这样一些否定词或连词得到的. 这些词称为联结词. 由联结词连接的命题称为复合命题.

要注意的是，联结词分为两类.

一类是由此联结词构成的复合命题的真假完全由构成它的简单命题的真假决定，这种联结词叫真值联结词.

例如，张三和李四都考了 90 分. 若"张三考了 90 分"，"李四考了 90 分"都真，则原命题真，若这两个命题有一个假，则原命题假. 所以"和"是个真值联结词.

另一类是由此联结词构成的复合命题的真假不完全由构成它的简单命题的真假来确定，例如：

(1) 北京大学是中国最好的大学之一，促使许多有志学子前来求学.

(2) 喜马拉雅山最高，促使许多学子来北大求学.

这两个命题都是用联结词"促使"来连接的，但前者为真，后者却为假了. 在古典逻辑中，我们只讨论真值联结词，即复合命题的真假完全由构成它的简单命题的真假来确定. 上述五个联结词都是真值联结词，也是最常见的，下面我们将它们符号化.

定义 26.3 设 p 为一个命题，复合命题"非 p"称为 p 的**否定式**，记为 $\neg p$，"$\neg$"称为否定联结词. $\neg p$ 为真当且仅当 p 为假.

例 26.3 的(1)中，若 p 代表"张三考及格了"，则(1)可表示为 $\neg p$.

定义 26.4 设 p,q 为两个命题，复合命题"p 而且 q"称为 p,q 的**合取式**，记为 $p\wedge q$，"$\wedge$"称为合取联结词，$p\wedge q$ 真当且仅当 p，q 同时真.

例 26.3 中的(2)可记为 $p\wedge q$，其中 p 代表"张三考及格"，q 代表"李四考及格".

定义 26.5 设 p，q 为两个命题，复合命题"p 或者 q"称为 p,q 的**析取式**，记为 $p\vee q$，"$\vee$"称为析取联结词，$p\vee q$ 为真当且仅当 p，q 中至少有一个为真.

注 日常语言中，"或"有两种标准用法，例如：

(1) 张三或者李四考了 90 分.

(2) 第一节课上数学课或者上英语课.

在(1)中，张三和李四可能都考了 90 分，张三和李四中只要有一个考了 90 分，则命题(1)为真，若张三和李四都考了 90 分，(1)当然为真. 在(2)中，第一节课不能既上数学又上英语，因此，若"第一节课上英语"和"第一节课上数学"两个命题都真，(2)就不为真了.

这样两种用法出现了歧义，这就是自然语言的意思不确定性. 我们必须选择一种作为我们讨论的"标准"用法，从定义可看出我们选择了前者——相容的"或".

以后我们会看到，这两个"或"能互相表示.

定义 26.6 设 p,q 为命题，复合命题"如果 p，则 q"称为 p 对 q 的**蕴涵式**，记为 $p\to q$，其中又称 p 为此蕴涵式的前件，q 为此蕴涵式的后件，"$\to$"称为蕴涵联结词，$p\to q$ 为假当且仅当 p 真而 q 假.

"$p\to q$"真假值的这种取法也有人为因素，表现在：

(1) 根据 $p\to q$ 真假值取法的定义可以看出，若前件 p 为假，不论后件 q 是否为真，则 $p\to q$ 为真. 我们来看命题：

如果月亮从西边出来，则太阳也从西边出来.

由定义这是一个真命题，但这使人感到有点不自然，既然月亮不会从西边出来，我们完全可以认为这个命题毫无用处或毫无意义. 但是，我们感兴趣的主要是(数学)推理和证明的方法，在这种情况下，命题 $p\to q$ 真的意义在于我们能从 p 真能推出 q 真，而没有必要追求从 p 假推出什么来. 例如，关于实数的如下命题：

对某个实数 n，如果 $n>2$，那么 $n^2>4$.

这是个真命题，而无须考虑命题变元"$n>2$"取什么值.

(2) 蕴涵词可以连接两个意义上毫不相干的命题，只要前件和后件满足 $p\to q$ 为真的定义所规定的条件，我们便可说"$p\to q$ 为真". $p\to q$ 真假的这种规定也引起了争论. 例如：

如果地球停止了转动，则大熊猫产在中国.

但注意到，我们关心的是推理，关心能否从 p 真推出 q 真，关心各命题之间真假值的关系，而不太关心命题之间实际意义是否有联系.

总之，不管有无争论，我们人为地规定"$\vee$"与"$\to$"这两个联结词构成的复合命题"$p\vee q$"与"$p\to q$"的真假值取法就为上述定义. 当然这种规定与它们的实际意义背景联系也较密切，我们今后还会看到这样的规定使用起来也很方便.

定义 26.7 设 p,q 为命题，复合命题"p 当且仅当 q"称为 p,q 的**等价式**，记为 $p\leftrightarrow q$，"$\leftrightarrow$"称为等价联结词. $p\leftrightarrow q$ 真当且仅当 p,q 同时为真或同时为假.

对于命题 p,q，它们的否定式、析取式、合取式、蕴涵式、等价式的真假情况可用表 26.1 表示.

表 26.1

p	q	$\neg p$	$p\vee q$	$p\wedge q$	$p\to q$	$p\leftrightarrow q$
0	0	1	0	0	1	1
1	0	0	1	0	0	0
0	1	1	1	0	1	0
1	1	0	1	1	1	1

要强调的是：

(1) 上述五个真假联结词来源于日常使用的相应的词汇，我们的规定与它们的实际含义在很大程度上是一致的，但由于自然语言的歧义性，其间并不完全一致. 在以后的使用中，以上联结词组成的复合命题的真假值一定要根据这五个联结词的定义去理解，而不能据日常语言的意义去理解.

(2) 在今后我们主要关心的是命题间的真假值的关系，而不讨论命题的内容.

用以上的符号(命题符号、联结词符号)，可将日常使用的一般命题写成符号串的形式，即可以符号化.

【例 26.4】 将下列命题符号化.

(1) 铁和氧化合，但铁和氮不化合.

(2) 如果我下班早，就去商店看看，除非我很累.

(3) 李四是计算机系的学生，他住在 312 室或 313 室.

解 (1) $p\wedge(\neg q)$，其中 p 代表"铁和氧化合"，q 代表"铁和氮化合".

(2) $(\neg p)\to(q\to r)$，其中 p 代表"我很累"，q 代表"我下班早"，r 代表"我去商店看看".

(3) $p\wedge((q\vee r)\wedge(\neg(q\wedge r)))$，其中 p 代表"李四是计算机系学生"，q 代表"李四住 312 室"，r 代表"李四住 313 室".

注 (2)也可表为 $((\neg p)\wedge q)\to r$；(3)也可表为 $p\wedge((q\wedge\neg r))\vee((\neg q)\wedge r))$.

小结 在这节里，我们介绍了：

(1) 命题及其符号 $p,q,r,\cdots$.

(2) 构成复合命题的联结词：$\neg,\vee,\wedge,\to,\leftrightarrow$，以及由联结词构成的复合命题及其真假值.

26.3 命题形式和真值表

利用联结词，一般地，我们可以把日常的命题写成符号串，但是否所有的符号串都是某个日常命题的符号化呢？回答是否定的，例如：$p\neg,\wedge q$. 那么什么样的符号串才是合适呢？我们归纳定义如下命题形式的概念.

定义 26.8 一个**命题形式**是由命题变元和联结词按以下规则组成的符号串：

(1) 任何命题变元都是命题形式——此时称为原子命题形式；

(2) 如果 α 是命题形式，则 $(\neg\alpha)$ 也是命题形式；

(3) 如果 α,β 是命题形式，则 $(\alpha\vee\beta)$，$(\alpha\wedge\beta)$，$(\alpha\to\beta)$ 和 $(\alpha\leftrightarrow\beta)$ 都是命题形式；

(4) 只有有限次地应用(1)—(3)构成的符号串才是命题形式.

由此定义的(4)易知：任一个命题形式 α 必为下列 6 种形式之一：命题变元，$(\neg\beta)$，$(\alpha\vee\beta)$，$(\alpha\wedge\beta)$，$(\alpha\to\beta)$ 和 $(\alpha\leftrightarrow\beta)$.

例如，下列符号串都是命题形式：

$$(\neg p),(p\wedge(\neg q)),((\neg p)\vee q),(p\vee(\neg p)),((p\wedge p)\to(\neg(p\vee r))).$$

若命题形式 α 中含有 n 个不同的命题变元，则说 α 是 n 元命题形式.

命题形式代表了所有命题，n 元命题形式表示此命题由 n 个简单命题复合而成，此命题的真假就由这 n 个简单命题的真假完全确定. 怎样表示命题形式的真假值呢？我们给出如下定义.

定义 26.9 设 α 为一个命题形式，α 中出现的所有命题变元都在 $p_1, p_2, \cdots, p_n$ 中，对序列 $\langle p_1, p_2, \cdots, p_n\rangle$ 指定的任一真假值序列 $\langle t_1, t_2, \cdots, t_n\rangle$ 称为 α 的关于 $p_1, p_2, \cdots, p_n$ 的一个**指派**(assignment)（其中 $t_i=0$ 或 1，$i\in N$，$1\leqslant i\leqslant n$）. 若 $p_1, p_2, \cdots, p_n$ 的一个指派使 α 为真，则称此指派为 α 的一个**成真指派**；若 $p_1, p_2, \cdots, p_n$ 的一个指派使 α 为假，则称此指派为 α 的一个**成假指派**.

由定义立得：

$(\neg p)$ 关于 p 的成真指派为 0，成假指派为 1.

$(p\wedge q)$ 关于 p，q 的成真派为 $\langle 1,1\rangle$，成假指派为 $\langle 1,0\rangle$，$\langle 0,1\rangle$，$\langle 0,0\rangle$.

$(p\vee q)$ 关于 p，q 的成真指派为 $\langle 1,1\rangle$，$\langle 0,1\rangle$，$\langle 1,0\rangle$，成假指派为 $\langle 0,0\rangle$.

不难给出 $(p\rightarrow q)$，$(p\leftrightarrow q)$ 的成真和成假指派.

【例 26.5】 $\langle 1,1,1\rangle$ 是 $((p\wedge q)\rightarrow(\neg(q\vee r)))$ 关于 p,q,r 的一个成假指派，而 $\langle 0,1,0\rangle$，$\langle 1,0,0\rangle$ 都是 $((p\wedge q)\rightarrow(\neg(q\vee r)))$ 关于 p,q,r 的成真指派. 当然 p，q，r 还有其他的指派，为看出 $((p\wedge q)\rightarrow(\neg(q\vee r)))$ 的真假值是怎样随 p,q,r 的指派的变化而变化的，我们列出表 26.2.

表 26.2

p	q	r	$(p\wedge q)$	$(\neg(q\vee r))$	$((p\wedge q)\rightarrow(\neg(q\vee r)))$
0	0	0	0	1	1
1	0	0	0	1	1
0	1	0	0	0	1
0	0	1	0	0	1
1	1	0	1	0	0
1	0	1	0	0	1
0	1	1	0	0	1
1	1	1	1	0	0

此种表称为真(假)值表.

定义 26.10 命题形式在所有可能的指派下所取值列成的表称为**真值表**.

由真值表可看出命题形式在所有可能指派下的值. 上节的表26.1给出了 $(\neg p)$，$(p\wedge q)$，$(p\vee q)$，$(p\rightarrow q)$，$(p\leftrightarrow q)$ 的真值表，表 26.2 给出了 $((p\wedge q)\rightarrow(\neg(q\vee r)))$ 的真值表.

为简便起见，我们常省去命题形式的最外层括号.

【例 26.6】 列出 $p\wedge(\neg p)$，$p\vee(\neg p)$，$(\neg p)\vee q$ 和 $p\rightarrow(q\rightarrow p)$ 真值表.

解 表 26.3 给出 $p\wedge(\neg p)$ 和 $p\vee(\neg p)$ 的真值表；表 26.4 给出 $(\neg p)\vee q$ 和 $p\rightarrow(q\rightarrow p)$ 的真值表.

$p\wedge(\neg p)$ 在所有指派下为假，$p\vee(\neg p)$ 在所有指派下为真.

表 26.3

p	$p\wedge(\neg p)$	$p\vee(\neg p)$
0	0	1
1	0	1

表 26.4

p	q	$(\neg p)\vee q$	$p\to(q\to p)$
0	0	1	1
1	0	0	1
0	1	1	1
1	1	1	1

定义 26.11 (1) 一个命题形式 α 称为**重言式**(或永真式),如果 α 关于其中出现的命题变元的所有指派均为成真指派.

(2) 一个命题形式 β 称为**矛盾式(永假式)**,如果 β 对于其中出现的命题变元的所有指派均为成假指派.

(3) 一个命题形式 γ 称为**可满足式**,如果 γ 对于其中出现的命题变元的某个指派为成真指派.

例如:$p\vee(\neg p)$为重言式,$p\wedge(\neg p)$为矛盾式,$(\neg p)\vee q$,$(p\wedge q)\to(\neg(q\vee r))$均为可满足式.

验证一个命题形式是否为重言式、矛盾式或可满足式的方法是构造它的真值表.

【例 26.7】 证明下列各式都是重言式.

(1) $p\to(q\to(p\wedge q))$.

(2) $((p\leftrightarrow p_1)\wedge(q\leftrightarrow q_1))\to((p\wedge q)\leftrightarrow(p_1\wedge q_1))$.

解 下面构造它们的真值表,用来看是否每个指派都是成真指派.

(1) 表 26.5 给出$(p\to(q\to(p\wedge q)))$的真值表.

表 26.5

p	q	$(p\wedge q)$	$(q\to(p\wedge q))$	$p\to(q\to(p\wedge q))$
0	0	0	1	1
1	0	0	1	1
0	1	0	0	1
1	1	1	1	1

故 $p\to(q\to(p\wedge q))$是一个重言式.

(2) 令 α 为$((p\leftrightarrow p_1)\wedge(q\leftrightarrow q_1))\to((p\wedge q)\leftrightarrow(p_1\wedge q_1))$.

α 的真值表见表 26.6.

表 26.6

p	p_1	q	q_1	α
0	1	*	*	1
1	0	*	*	1
*	*	0	1	1
*	*	1	0	1
0	0	0	0	1
0	0	1	1	1
1	1	0	0	1
1	1	1	1	1

注：* 代表不论取真值或假值都可以.

由表 26.6 易见：$((p\leftrightarrow p_1)\wedge(q\leftrightarrow q_1))\to((p\wedge q)\leftrightarrow(p_1\wedge q_1))$也是一个重言式.

重言式是命题逻辑中很重要的概念，今后我们要构造的就是关于重言式的形式系统.

设命题形式 α 中出现的命题变元为 $p_1, p_2,\cdots,p_n$. 而 $p_{n+1},\cdots, p_{n+m}$是另外一组不在 α 中出现的命题变元,我们也可把 α 看作是变元在 $p_1, p_2,\cdots, p_{n+m}$中的一个命题形式，$p_{n+1},\cdots, p_{n+m}$实际在 α 中不出现,称为 α 的哑元，α 的取值与哑元的取值无关，只与 $p_1, p_2,\cdots,p_n$ 的取值有关.

定理 26.2 设命题形式 α 中出现的命题变元都在 $p_1, p_2,\cdots, p_n$ 中，$p_{n+1},\cdots, p_{n+m}$是另外 m 个不在 α 中出现的命题变元. 对于 $p_1,\cdots, p_n, p_{n+1},\cdots, p_{n+m}$的任意两个指派：

$$\langle u_1,\cdots, u_n, u_{n+1},\cdots, u_{n+m}\rangle,$$
$$\langle v_1,\cdots, v_n, v_{n+1},\cdots, v_{n+m}\rangle,$$

其中 $u_i, v_i=0$ 或 1, $1\leqslant i, j\leqslant n+m$. 若 $u_1=v_1,\cdots, u_n=v_n$，则 α 在这两个指派下的值相同.

证明 对 α 中所含联结词的个数 k 归纳证明.

(1) 若 $k=0$，则 α 是某个命题变元 p,则 $p\in\{p_1, p_2,\cdots, p_n\}$. 设 $p=p_{i_0}(1\leqslant i_0\leqslant n)$,则 α 在上述两个指派下的值分别为 u_{i_0} 和 v_{i_0}，而由命题设知 $u_{i_0}=v_{i_0}$.

(2) 假设命题对$<l$ 的所有 k 成立，下证对 l 也成立.

① 若 α 为$(\neg\beta)$，其中 β 为一个命题形式,则 β 中出现的命题变元即为 α 中出现的命题变元,都在 $p_1, p_2,\cdots, p_n$ 中，但 β 中所含联结词的个数比 α 中所含联结词的个数要少一个，由归纳假设知 β 在上述两个指派下的值相等，设为 t，则 α 在上述两个指派下的值都为 $1-t$.

② 若 α 为$(\alpha_1\wedge\alpha_2)$，其中 α_1, α_2 都为命题形式，由于 α_1, α_2 中出现的命题变元都在 α 中出现,因而 α_1 和 α_2 中出现的命题变元都在 $p_1, p_2,\cdots, p_n$ 中，且 α_1, α_2 联结词的个数都$<l$,由归纳假设，α_1, α_2 分别对上述两个指派的值相等,由"$\wedge$"的真假值定义知 α 在这两个指派下的值相等.

③ 若 α 为$(\alpha_1\vee\alpha_2)$，$(\alpha_1\to\alpha_2)$，$(\alpha_1\leftrightarrow\alpha_2)$,仿上可证.

归纳证完，命题成立. ▎

注意：这种归纳证法我们以后将经常用到.

26.4 联结词的完全集

在以上两节中，我们只考虑由五个联结词$\neg$，$\vee$，$\wedge$，$\rightarrow$，$\leftrightarrow$构成的命题形式，但实际上，真值联结词是很多的，为什么我们只考虑这几个联结词呢？即这五个联结词的逻辑功能是否就能代表所有联结词的逻辑功能呢？这是联结词$\neg$，$\vee$，$\wedge$，$\rightarrow$，$\leftrightarrow$是否够用的问题. 进一步地，这五个联结词是否有多余的呢？即从五个联结词中去掉几个，剩下部分是否也能表达这五个联结词的逻辑功能呢？对第二个问题的回答是肯定的，因为通过构造真值表不难发现$(\alpha\leftrightarrow\beta)$与$(\alpha\rightarrow\beta)\wedge(\beta\rightarrow\alpha)$在任何指派下的值相等，即它们的逻辑意思是一样的，故$(\alpha\leftrightarrow\beta)$可以用$(\alpha\rightarrow\beta)\wedge(\beta\rightarrow\alpha)$来代替，故每个命题形式都可用只含$\neg$，$\vee$，$\wedge$，$\rightarrow$的命题形式来表示. 从而若$\neg$，$\vee$，$\wedge$，$\rightarrow$，$\leftrightarrow$够用，则$\neg$，$\vee$，$\wedge$，$\rightarrow$也够用. 还有没有其他的联结词的“够用”集呢？要回答这些问题，必须重新考虑真值联结词的概念.

由上节的讨论我们知道：上节所述的五个联结词所连接的命题形式的真假值由表 26.1 确定，即它们逻辑功能即由此表定义. 在此表中，p 可取值 0,1；$\neg p$ 则分别对应取值 1,0，因而$\neg p$ 定义了$\{0,1\}$上的一个一元函数

$$f_{\neg}:\{0,1\}\rightarrow\{0,1\},\ f_{\neg}(0)=1,\ f_{\neg}(1)=0.$$

类似地，对 $p\vee q$，p 与 q 都可取值 0 或 1，p,q 每种取值方法就构成表 26.1 的一行，对应它们，$p\vee q$ 取 0 或 1 值，因而 $p\vee q$ 定义了$\{0,1\}$上的一个二元函数，同理，$p\wedge q$，$p\rightarrow q$，$p\leftrightarrow q$ 也都分别定义了$\{0,1\}$上的一个二元函数. 我们给这种函数以下的名称.

定义 26.12 $\{0,1\}$上的 n 元函数 f：$\{0,1\}^n\rightarrow\{0,1\}$就称为一个 **$n$ 元真值函数.**

从而，$\neg$定义了一元真值函数 $f_{\neg}$；$\vee$，$\wedge$，$\rightarrow$，$\leftrightarrow$分别定义了二元真值函数 $f_{\vee}$，$f_{\wedge}$，$f_{\rightarrow}$，$f_{\leftrightarrow}$如下：

$$f_{\neg}(0)=1,\ f_{\neg}(1)=0;$$
$$f_{\vee}(0,0)=0,\ f_{\vee}(1,0)=f_{\vee}(0,1)=f_{\vee}(1,1)=1;$$
$$f_{\wedge}(0,0)=f_{\wedge}(0,1)=f_{\wedge}(1,0)=0,\ f_{\wedge}(1,1)=1;$$
$$f_{\rightarrow}(1,0)=0,\ f_{\rightarrow}(0,1)=f_{\rightarrow}(0,0)=f_{\rightarrow}(1,1)=1;$$
$$f_{\leftrightarrow}(0,1)=f_{\leftrightarrow}(1,0)=0,\ f_{\leftrightarrow}(0,0)=f_{\leftrightarrow}(1,1)=1.$$

对于任一个 n 元命题形式α，每个命题变元可取 0,1 两个值，关于α中出现的命题变元的每个指派，α都取值 0 或 1，因而α也定义了一个 n 元真值函数 f_α，f_α 可由α的真值表容易地写出. 一切含有 n 个命题变元的重言式确定同一个 n 元真值函数，即$\{0,1\}$上的 n 元常函数 $f\equiv1$；同理，一切 n 元矛盾式确定 n 元真值常函数 $g\equiv0$.

反过来，抽象地看，一个真值函数就是一个真值联结词. 设 f 是一个 n 元真值函数，可如下定义一个 n 元真值联结词 N_f：对于 n 个命题变元 $p_1,p_2,\cdots,p_n$，命题 $N_f(p_1,p_2,\cdots,p_n)$的真假值如下确定：

对 $p_1,p_2,\cdots,p_n$ 的任一个指派$\langle t_1,t_2,\cdots,t_n\rangle$，$N_f(p_1,p_2,\cdots,p_n)$在$\langle t_1,t_2,\cdots,t_n\rangle$下的值为 $f(t_1,t_2,\cdots,t_n)$.

例如，一元真值函数共有 4 个，分别为

$$f_1:0\rightarrow0,\ 1\rightarrow0;\quad f_2:0\rightarrow1,\ 1\rightarrow1;$$
$$f_3:0\rightarrow0,\ 1\rightarrow1;\quad f_4:0\rightarrow1,\ 1\rightarrow0.$$

它们分别确定如下的一元联结词：N_{f_1}，N_{f_2}，N_{f_3}，N_{f_4}，由它们连接的命题的真值表如表26.7定义：

表 26.7

p	$N_{f_1}p$	$N_{f_2}p$	$N_{f_3}p$	$N_{f_4}p$
0	0	1	0	1
1	0	1	1	0

易见：$N_{f_4}p$ 就是 $\neg p$.

二元真值函数共有16个，分别记为 $f_1, f_2, \cdots, f_{16}$，它们的定义如下：

f_1：(0,0)→1， (0,1)→1， (1,0)→1， (1,1)→1；
f_2：(0,0)→0， (0,1)→1， (1,0)→1， (1,1)→1；
f_3：(0,0)→1， (0,1)→0， (1,0)→1， (1,1)→1；
f_4：(0,0)→1， (0,1)→1， (1,0)→0， (1,1)→1；
f_5：(0,0)→1， (0,1)→1， (1,0)→1， (1,1)→0；
f_6：(0,0)→0， (0,1)→0， (1,0)→1， (1,1)→1；
f_7：(0,0)→0， (0,1)→1， (1,0)→0， (1,1)→1；
f_8：(0,0)→0， (0,1)→1， (1,0)→1， (1,1)→0；
f_9：(0,0)→1， (0,1)→0， (1,0)→0， (1,1)→1；
f_{10}：(0,0)→1， (0,1)→0， (1,0)→1， (1,1)→0；
f_{11}：(0,0)→1， (0,1)→1， (1,0)→0， (1,1)→0；
f_{12}：(0,0)→0， (0,1)→0， (1,0)→0， (1,1)→1；
f_{13}：(0,0)→0， (0,1)→0， (1,0)→1， (1,1)→0；
f_{14}：(0,0)→0， (0,1)→1， (1,0)→0， (1,1)→0；
f_{15}：(0,0)→1， (0,1)→0， (1,0)→0， (1,1)→0；
f_{16}：(0,0)→0， (0,1)→0， (1,0)→0， (1,1)→0.

易见：f_2 即为 $f_\vee$，f_4 即为 $f_\rightarrow$，f_9 即为 $f_\leftrightarrow$，f_{12} 即为 $f_\wedge$.

一般地，n 元真值函数共有多少个呢？一个 n 元真值函数 $f:\{0,1\}^n \to \{0,1\}$ 可如下确定：f 对 $\{0,1\}^n$ 中的每一个元素确定一个 $\{0,1\}$ 中的一个元素，而 $|\{0,1\}^n|=2^n$，故 n 元真值函数的个数为：

$$
\begin{aligned}
&|\{f \mid f\text{为}n\text{元真值函数}\}| \\
=&|\{\langle t_1, t_2, \cdots, t_{2^n}\rangle \mid t_i \in \{0,1\}, i \in N, 1 \leqslant i \leqslant 2^n\}| \\
=&\overbrace{2 \times 2 \times \cdots \times 2}^{2^n\text{个}2} \\
=&2^{2^n}.
\end{aligned}
$$

如三元真函数共有 $2^{2^3}=2^8=256$ 个.

现在的问题是：是否每个真值函数都可用只含 $\neg$ 和 $\rightarrow$ 的命题形式来表示呢？

定义 26.13 设 A 是联结词的一个集合，称 A 为**联结词的一个完全集**，如果任一个真值函数 f 都可用仅含 A 中联结词的命题形式 α（所确定的真值函数）来表示，即对 α 中命题变元的任一个指派 $\langle t_1, t_2, \cdots, t_n\rangle$，$\alpha$ 在 $\langle t_1, t_2, \cdots, t_n\rangle$ 下的值为 $f(t_1, t_2, \cdots, t_n)$.

定理 26.3 $\{\neg \vee, \wedge, \rightarrow\}$是联结词的一个完全集.

证明 只要证：任一个 k 元真值函数都可由只含$\neg$，$\vee$，$\wedge$，$\rightarrow$的 k 元命题形式来表示. 对真值函数所含的变元的个数 k 进行归纳证明.

(1) 当$k=1$时，一元真值函数只有 4 个 f_1，f_2，f_3，f_4(见(*))，它们分别由下列命题形式表示：$p\wedge\neg p$，$p\vee\neg p$，p，$\neg p$，此时命题成立.

(2) 设 $k<n$ 时命题成立，要证 $k=n$ 时命题也成立.

① 设 $f(x_1, x_2, \cdots, x_n)$是一个真值函数，定义如下两个 $n-1$ 元真值函数 f'，f''：对任意 $\langle t_2, t_3, \cdots, t_n\rangle \in \{0,1\}^{n-1}$

$$f'(t_2, t_3, \cdots, t_n) = f(0, t_2, t_3, \cdots, t_n),$$
$$f''(t_2, t_3, \cdots, t_n) = f(1, t_2, t_3, \cdots, t_n).$$

从而 f 与 f'，f''关系为：

$$f(t_1, t_2, \cdots, t_n) = \begin{cases} f'(t_2, \cdots, t_n), & \text{当 } t_1 = 0 \text{ 时；} \\ f''(t_2, \cdots, t_n), & \text{当 } t_1 = 1 \text{ 时.} \end{cases}$$

由归纳假设知 f'，f''都可由仅含$\neg$，$\vee$，$\wedge$，$\rightarrow$的 $n-1$ 元命题形式表示，设 f'，f''分别由 α_1，α_2 表示，α_1，α_2 中所含的命题变元设为 p_2，p_3，$\cdots$，p_n.

② 下证：f 可由$((\neg p_1)\rightarrow\alpha_1)\wedge(p_1\rightarrow\alpha_2)$表示，只要证：对 p_1，p_2，$\cdots$，p_n 的任一指派 $\langle t_1, t_2, \cdots, t_n\rangle$，$\alpha$ 在此指派下的值为 $f(t_1, t_2, \cdots, t_n)$.

当 $t_1 = 0$ 时，$\neg p_1$ 的值为 1，$(\neg p_1)\rightarrow\alpha_1$ 与 α_1 在指派$\langle t_1, t_2, \cdots, t_n\rangle$下值相同. 由于 α_1 中不含 p_1，由定理 26.2 知 α_1 在指派$\langle t_1, t_2, \cdots, t_n\rangle$下的值与 α_1 在指派$\langle t_2, t_3, \cdots, t_n\rangle$下的值相同，都为 $f'(t_2, t_3, \cdots, t_n)$，即$(\neg p_1)\rightarrow\alpha_1$ 在$\langle t_1, t_2, \cdots, t_n\rangle$下的值为 $f'(t_2, t_3, \cdots, t_n)$. 又由于此时 $p_1\rightarrow\alpha_2$ 的值为 1，故 $((\neg p_1)\rightarrow\alpha_1)\wedge(p_1\rightarrow\alpha_2)$在$\langle t_1, t_2, \cdots, t_n\rangle$下的值为 $f'(t_2, t_3, \cdots, t_n)$. 而当 $t_1=0$ 时，$f'(t_2, t_3, \cdots, t_n) = f(t_1, t_2, \cdots, t_n)$，故 $((\neg p_1)\rightarrow\alpha_1)\wedge(p_1\rightarrow\alpha_2)$在$\langle t_1, t_2, \cdots, t_n\rangle$下的值为 $f(t_1, t_2, \cdots, t_n)$.

同理可证：当 $t_1=1$ 时，$((\neg p_1)\rightarrow\alpha_1)\wedge(p_1\rightarrow\alpha_2)$在$\langle t_1,t_2,\cdots,t_n\rangle$下的值为 $f''(t_2, t_3, \cdots, t_n)=f(t_1, t_2, \cdots, t_n)$. 归纳证毕，命题成立. ▌

由此定理的证明可以看出，我们实际上证明了比这个定理更强的一个结论：任一个 n 元真函数都可由一个仅含$\{\neg \vee, \wedge, \rightarrow\}$中联结词的 n 元命题形式表示.

定理 26.3 还说明：我们只要选用 4 个联结词$\neg$，$\vee$，$\wedge$，$\rightarrow$就够用了，$\leftrightarrow$是多余的，但我们还是选用了它，因为它有较强的直观性.

推论 1 $\{\neg \vee, \wedge, \rightarrow, \leftrightarrow\}$是联结词的完全集.

推论 2 $\{\neg \rightarrow\}$，$\{\neg \vee\}$，$\{\neg \wedge\}$都是联结词的完全集.

证明 (1) $\{\neg, \rightarrow\}$是联结词的完全集.

只要证：任一命题形式可与一个只含$\neg$，$\rightarrow$的命题形式在任一个指派下的值相等. 事实上，因为

$$(\alpha\vee\beta)\text{与}((\neg\alpha)\rightarrow\beta),$$
$$(\alpha\wedge\beta)\text{与}(\neg((\neg\alpha)\vee(\neg\beta)))$$

在任何指派下具有相同的值.

(2) $\{\neg, \vee\}$是联结词的完全集，因为：

$$(\alpha\wedge\beta)\text{与}(\neg((\neg\alpha)\vee(\neg\beta))),$$
$$(\alpha\to\beta)\text{与}((\neg\alpha)\vee\beta)$$

在任何指派下具有相同的值.

(3) $\{\neg,\wedge\}$是联结词的完全集，因为：

$$(\alpha\vee\beta)\text{与}(\neg((\neg\alpha)\wedge(\neg\beta))),$$
$$(\alpha\to\beta)\text{与}((\neg\alpha)\vee\beta)$$

在任何指派下具有相同的值. ▎

今后我们将构造含五个联结词$\neg$，$\vee$，$\wedge$，$\to$，$\leftrightarrow$的命题形式的形式系统和只含两个联结词$\neg$，$\to$的命题形式的形式系统，并能证明它们是等价的.

定理 26.4 $\{\wedge,\vee,\to,\leftrightarrow\}$不是联结词的完全集.

证明 总取 0 值的真值函数不能由只含此联结词集中的联结词的命题形式来表示，因为这样的命题形式在其中的命题变元都取 1 时也取值 1，而不为 0. ▎

综上所述，我们知道，命题形式α确定一个真值函数f_α，反之，对任一真值函数f，也存在一个只含$\{\neg,\vee,\wedge,\to,\leftrightarrow\}$(或$\{\neg,\vee\}$等)中联结词的命题形式来表示$f$.

26.5 推 理 形 式

在前两节，我们从直观背景中抽象出了命题形式的概念，它代表了由简单命题构成复合命题的构成方式，即代表了命题的“形式”. 下面我们来抽象推理的“形式”.

推理一般分为两类：演绎推理和归纳推理. 凡前提和结论存在必然联系的推理属于演绎推理，否则属于归纳推理. 古典的数理逻辑主要研究演绎推理，如无特殊说明，本书的推理都指演绎推理.

什么样的推理才是有效的呢？即给定一组命题形式$\alpha_1,\alpha_2,\cdots,\alpha_n,\beta$,怎样判断由前提$\alpha_1,\alpha_2,\cdots,\alpha_n$推出结论$\beta$的推理是正确的呢？直观的理解应该是：如果$\alpha_1,\alpha_2,\cdots,\alpha_n$全真，则$\beta$也真；但是如果$\alpha_1,\alpha_2,\cdots,\alpha_n$中有一个不真，那么$\beta$为真还是为假才正确呢？对这个问题的争议类似于对“$p\to q$”真假值取法的争议. 如同对“$p\to q$”的做法一样，我们规定：若$\alpha_1,\alpha_2,\cdots,\alpha_n$中有一个为假，不论$\beta$为真还是为假，由$\alpha_1,\alpha_2,\cdots,\alpha_n$推出$\beta$都是一个正确的推理. 亦即我们只要求从$\alpha_1,\alpha_2,\cdots,\alpha_n$都真时能推出$\beta$为真，而不要求从假前提能得到什么结论来. 这样的规定是符合习惯的.

由上分析，我们给出关于推理的如下定义：

定义 26.14 设$\alpha_1,\alpha_2,\cdots,\alpha_n,\beta$都是命题形式，称推理“$\alpha_1,\alpha_2,\cdots,\alpha_n$推出$\beta$”是有效的，如果对$\alpha_1,\alpha_2,\cdots,\alpha_n,\beta$中出现的命题变元的任一指派，若$\alpha_1,\alpha_2,\cdots,\alpha_n$都真，则$\beta$亦真；否则，称“由$\alpha_1,\alpha_2,\cdots,\alpha_n$推出$\beta$”是无效的或不合理的.

根据这个定义，我们能验证许多推理是有效的.

【例 26.8】 (1) $\alpha,\alpha\to\beta$推出β是有效的.

(2) $\alpha\vee\beta$，$\neg\alpha$推出β也是有效的.

注 细心的读者会发现，在推理形式中，推理形式的有效与否与前提中命题形式的排列次序无关，即若“$\alpha_1,\alpha_2,\cdots,\alpha_n$推出$\beta$”是有效的，则对 1，2，$\cdots$，$n$ 的任一个排列$i_1,i_2,\cdots,$

i_n，"$\alpha_{i_1}, \alpha_{i_2}, \cdots \alpha_{i_n}$ 推出 β"也是有效的，因此，前提中的所有命题形式实际上构成一个有穷集合，而不一定是一个序列. 设 Γ 是一个有限的命题形式集，α 是一个命题形式，若"Γ 推出 α"是有效的，则记为 $\Gamma \models \alpha$，也称 α 是 Γ 的一个推论.

【例 26.9】 讨论下列推理形式是否有效.

$$p \vee q,\ \neg q,\ (p \to q) \to r \text{ 推出 } r.$$

解 我们要看是否存在一个指派使得前提都为真而结论为假，为此，我们列出前提和结论的真值表如表 26.8 所示.

表 26.8

p	q	$p \vee q$	$\neg q$	$(p \to q) \to r$	r
0	0	0	1	0	0
0	0	0	1	1	1
0	1	1	0	0	0
1	0	1	1	1	0
0	1	1	0	1	1
1	0	1	1	1	1
1	1	1	0	0	0
1	1	1	0	1	1

从表 26.8 的第 4 行知，存在关于 p, q, r 的指派 $\langle 1, 0, 0\rangle$，使 $p \vee q$，$\neg q$，$(p \to q) \to r$ 都取值 1，而 r 取值 0，故此推理形式不是有效的.

这种方法在讨论其中出现的命题变元个数很大的推理时，显得很麻烦.

【例 26.10】 讨论下列推理形式有效性.

(1) $(\neg p_1) \vee p_2$，$p_1 \to (p_3 \wedge p_4)$，$p_4 \to p_2$，$p_3 \to p_4$ 推出 $p_2 \vee p_4$.

(2) $p_1 \to (p_2 \to p_3)$，p_2 推出 $p_1 \to p_3$.

解 要看一个推理是否有效，只要看使得结论为假的指派是否对所有的前提为真，若是，则此推理不合理，否则合理，故我们只要考虑使结论为假的那些指派.

(1) 此推理中出现的所有命题变元为 p_1, p_2, p_3, p_4，使得 $p_2 \vee p_4$ 为假的指派的有 4 个：$(*, 0, *, 0)$（其中 $*$ 既可取真值也可取假值），这 4 个指派中使 $(\neg p_1) \vee p_2$ 为真的指派有 $\langle 0, 0, *, 0\rangle$（共 2 个），这两个指派中，$\langle 0,0,0,0\rangle$ 使 $p_1 \to (p_3 \wedge p_4)$，$(p_4 \to p_2)$，$(p_3 \to p_4)$ 都为真，故我们找到了指派 $\langle 0,0,0,0\rangle$，使前提为真而结论为假，从而这个推理不合理.

(2) 使 $p_1 \to p_3$ 为假的关于 p_1, p_2, p_3 的指派为 $\langle 1, *, 0\rangle$，而 $\langle 1,1,0\rangle$ 使 $p_1 \to (p_2 \to p_3)$ 为假，$\langle 1,0,0\rangle$ 使 p_2 为假，故不存在使前提都真而结论为假的指派，此推论有效.

定理 26.5 推理"$\alpha_1, \alpha_2, \cdots, \alpha_n$ 推出 β"有效的充要条件是命题形式 $(\alpha_1 \wedge \alpha_2 \wedge \cdots \wedge \alpha_n) \to \beta$ 是一个重言式.

证明 ($\Rightarrow$) 设"$\alpha_1, \alpha_2, \cdots, \alpha_n$ 推出 β"是有效的，但 $(\alpha_1 \wedge \alpha_2 \wedge \cdots \wedge \alpha_n) \to \beta$ 不是重言式，则存在对 $\alpha_1, \alpha_2, \cdots, \alpha_n, \beta$ 中出现的命题变元的一个成假指派，从而此指派使 $(\alpha_1 \wedge \alpha_2 \wedge \cdots \wedge \alpha_n)$ 为真，而使 β 为假，故此指派使得每个 α_i 为真，与"$\alpha_1, \alpha_2, \cdots, \alpha_n$ 推出 β"是有效的相矛盾，故 $(\alpha_1 \wedge \alpha_2 \wedge \cdots \wedge \alpha_n) \to \beta$ 为重言式.

($\Leftarrow$) 设 $(\alpha_1 \wedge \alpha_2 \wedge \cdots \wedge \alpha_n) \to \beta$ 是重言式，但推理"$\alpha_1, \alpha_2, \cdots, \alpha_n$ 推出 β"不是有效的，则存

在关于 α_1，α_2，…，α_n，β 中出现的命题变元的一个指派使 α_1，α_2，…，α_n 都为真，而使 β 为假，则此指派使得$(\alpha_1 \wedge \alpha_2 \wedge \cdots \wedge \alpha_n)$为真，而使 β 为假，从而此指派使得$(\alpha_1 \wedge \alpha_2 \wedge \cdots \wedge \alpha_n) \to \beta$ 为假，矛盾，故"α_1，α_2，…，α_n 推出 β"是有效的. ▌

【例 26.11】 设 Γ 是一个有限的命题形式集，α, β, γ 都是命题形式，容易验证下列各结论成立：

(1) 若 $\alpha \in \Gamma$，则 $\Gamma \models \alpha$；

(2) 若 $\Gamma \cup \{\neg \alpha\} \models \beta$，$\Gamma \cup \{\neg \alpha\} \models \neg \beta$，则 $\Gamma \models \alpha$；

(3) $\Gamma \cup \{\alpha\} \models \alpha \vee \beta$，$\Gamma \cup \{\beta\} \models \alpha \vee \beta$；

(4) 若 $\Gamma \cup \{\alpha\} \models \gamma$，且 $\Gamma \cup \{\beta\} \models \gamma$，则 $\Gamma \cup \{\alpha \vee \beta\} \models \gamma$；

(5) 若 $\Gamma \models \alpha$，$\Gamma \models \beta$，则 $\Gamma \models \alpha \wedge \beta$；

(6) $\Gamma \cup \{\alpha \wedge \beta\} \models \alpha$，$\Gamma \cup \{\alpha \wedge \beta\} \models \beta$；

(7) 若 $\Gamma \models \alpha \to \beta$，且 $\Gamma \models \alpha$，则 $\Gamma \models \beta$；

(8) 若 $\Gamma \cup \{\alpha\} \models \beta$，则 $\Gamma \models \alpha \to \beta$；

(9) 若 $\Gamma \models \alpha \to \beta$，且 $\Gamma \models \beta \to \alpha$，则 $\Gamma \models \alpha \leftrightarrow \beta$；

(10) 若 $\Gamma \models \alpha \leftrightarrow \beta$，则 $\Gamma \models \alpha \to \beta$，且 $\Gamma \models \beta \to \alpha$.

证明 只证(2). 对在 $\Gamma \cup \{\alpha\}$ 的命题形式中出现的命题变元的任一个指派 σ，若 σ 使 Γ 中的每个命题为真，但使 α 为假. 将 σ 以任一种方式扩展为对在 $\Gamma \cup \{\alpha, \beta\}$ 的命题形式中出现的命题变元的任一个指派 σ'，由定理 26.5 知：σ' 使 Γ 中的每个命题为真，但使 α 为假. 从而 σ' 使 $\neg \alpha$ 为真. 由题设知：σ' 使 β 为真，也使 $\neg \beta$ 为真，即使 β 为假，矛盾. 故 $\Gamma \models \alpha$. ▌

在下节中，我们将以这些有效的推理形式来构造一个自然的形式推理系统.

26.6 命题演算的自然推理形式系统 N

在前面几节中，我们已看到直观推理的数学描述，但这还不够，如 26.1 节所述，为了使作为研究对象的"推理"与作为研究工具的"推理"分离以避免循环讨论，我们需要将作为研究对象的"推理"进行形式化，即我们需要对"命题形式"与"推理形式"作进一步的抽象，形成所谓的形式系统，这种形式系统就称为命题逻辑(或命题演算)的形式系统，从本节开始，这章的其余各节将建立两种命题逻辑的形式系统，并对这两种形式系统进行讨论.

在 26.1 节中，我们已看到了形式系统的定义，下面我们就按照这个定义来建立命题演算的自然推演形式系统 N，所谓的"自然推演"形式系统指的是：我们将要进行的形式推演是从实际推演(或更确切地说，数学推演)中抽象出来的. 我们知道实际生活中或数学中的大部分推理都是 26.5 节中所描述的有前提的推理，我们将要建立的形式系统 N 就是从这种有前提的推理中抽象出的一个形式系统.

下面我们来建立 N.

1. N 的符号库 A_N 由下列符号构成：

(1) p_1，p_2，…(称为命题符号，共有可数个命题符号)；

(2) $\neg$，$\vee$，$\wedge$，$\to$，$\leftrightarrow$(联结词符号)；

(3))，,，((辅助符号，共有三个).

2. N 的公式如下归纳定义：

(1) 命题符号都是公式；

(2) 若 α 是公式，则$(\neg\alpha)$也是公式；

(3) 若 α,β 是公式，则$(\alpha\vee\beta)$，$(\alpha\wedge\beta)$，$(\alpha\rightarrow\beta)$，$(\alpha\leftrightarrow\beta)$也是公式；

(4) N 的每个公式都是有限次应用(1)，(2)或(3)得到的.

记 N 的所有公式组成的集合为 F_N.

3. N 的公理集为空集.

接下来应该给出 N 的形式规则，由 26.1 节关于形式规则的定义知：一条形式规则就是公式集上的一个 n 元部分映射 f(n 是一个自然数)，也就是说，一条形式规则实际上由公式集的 n 阶卡氏积的一个子集到公式集的一个对应规则 f 确定，此时若 $\langle\alpha_1,\alpha_2,\cdots,\alpha_n\rangle\in\mathrm{Dom}(f)$，则称由 $\alpha_1,\alpha_2,\cdots,\alpha_n$ 经 f 可得到 $f(\alpha_1,\alpha_2,\cdots,\alpha_n)$.

4. N 的推演规则由下列各条组成：

设 Γ 是 N 中的一个有限公式集，α,β,γ 都是 N 中公式.

规则 1 若 $\alpha\in\Gamma$，则由 Γ 可得到 α. 称为**包含律**. $(\in)$

注 1 此条规则实际上包含了无限多个上述映射 f. 事实上，对 N 中的任意有限多个公式 $\alpha_1,\alpha_2,\cdots,\alpha_n$，下列映射：

$$f_1:\{\langle\alpha_1,\alpha_2,\cdots,\alpha_n\rangle\}\longrightarrow F_N,\ f_1(\langle\alpha_1,\alpha_2,\cdots,\alpha_n\rangle)=\alpha_1,$$

$$f_2:\{\langle\alpha_1,\alpha_2,\cdots,\alpha_n\rangle\}\longrightarrow F_N,\ f_2(\langle\alpha_1,\alpha_2,\cdots,\alpha_n\rangle)=\alpha_2,$$

$$\cdots\cdots\cdots\cdots\cdots\cdots\cdots\cdots\cdots\cdots\cdots\cdots$$

$$f_n:\{\langle\alpha_1,\alpha_2,\cdots,\alpha_n\rangle\}\longrightarrow F_N,\ f_n(\langle\alpha_1,\alpha_2,\cdots,\alpha_n\rangle)=\alpha_n$$

等等，都由规则 1 表述了，因此严格地说，规则 1 是一种形式规则的模式，而不是单独的一条形式规则. 但由于类似于规则 1 这样的模式简单明了，所以，以下我们还是采用"模式"方式，而不直接采用"对应"方式.

注 2 推理规则实际上是符号串之间的一种"变形规则". 所谓变形规则是说，它只涉及公式的形式结构，表明某些符号串变形为另一个符号串的变形方式. 形式规则有时又称为推演规则.

注 3 我们通常用 $\Gamma\vdash\alpha$ 来记 N 中由"Γ 得出 α"这样的变形规则(形式规则). 此时称 Γ 为形式前提，α 为形式结论. 于是规则 1 可简记为：

若 $\alpha\in\Gamma$，则 $\Gamma\vdash\alpha$.

对于以上三个注记，在以下各条形式规则中都有类似情况，我们不一一说明.

规则 2 如果 $\Gamma\cup\{(\neg\alpha)\}\vdash\beta$，且 $\Gamma\cup\{(\neg\alpha)\}\vdash(\neg\beta)$，则 $\Gamma\vdash\alpha$. 称为 **$\neg$ 消去律**. $(\neg-)$

注 4 由此条规则可以看出，我们在用归纳的方法定义形式规则.

规则 3 若 $\Gamma\vdash(\alpha\rightarrow\beta)$，且 $\Gamma\vdash\alpha$，则 $\Gamma\vdash\beta$. 称为**$\rightarrow$消去律**. $(\rightarrow-)$

规则 4 若 $\Gamma\cup\{\alpha\}\vdash\beta$，则 $\Gamma\vdash(\alpha\rightarrow\beta)$. 称为**$\rightarrow$引入律**. $(\rightarrow+)$

规则 5 若 $\Gamma\cup\{\alpha\}\vdash\gamma$，且 $\Gamma\cup\{\beta\}\vdash\gamma$，则 $\Gamma\cup\{(\alpha\vee\beta)\}\vdash\gamma$. 称为 **$\vee$ 消去律**. $(\vee-)$

规则 6 若 $\Gamma\vdash\alpha$，则 $\Gamma\vdash(\alpha\vee\beta)$，且 $\Gamma\vdash(\beta\vee\alpha)$. 称为 **$\vee$ 引入律**. $(\vee+)$

规则 7 若 $\Gamma\vdash(\alpha\wedge\beta)$，则 $\Gamma\vdash\alpha$，且 $\Gamma\vdash\beta$. 称为 **$\wedge$ 消去律**. $(\wedge-)$

规则 8 若 $\Gamma\vdash\alpha$，且 $\Gamma\vdash\beta$，则 $\Gamma\vdash(\alpha\wedge\beta)$. 称为 **$\wedge$ 引入律**. $(\wedge+)$

规则 9 (1) 若 $\Gamma \vdash (\alpha \leftrightarrow \beta)$,且 $\Gamma \vdash \alpha$, 则 $\Gamma \vdash \beta$.

(2) 若 $\Gamma \vdash (\alpha \leftrightarrow \beta)$,且 $\Gamma \vdash \beta$, 则 $\Gamma \vdash \alpha$.

称为↔**消去律**. (↔—)

规则 10 若 $\Gamma \cup \{\alpha\} \vdash \beta$, 且 $\Gamma \cup \{\beta\} \vdash \alpha$,则 $\Gamma \vdash (\alpha \leftrightarrow \beta)$. 称为↔**引入律**. (↔+)

至此 N 建立完毕.

在形式系统中，形式规则决定了系统内公式的变形方式，下面我们用一个例子来看看 N 中形式语言及形式规则的应用.

【例 26.12】 设 α,β,γ 是 N 中公式,则下面序列中的每一条都可使用 N 的形式规则中的某一条得到：

(1) $\{(\alpha \to \beta), (\beta \to \gamma), \alpha\} \vdash (\alpha \to \beta)$. (∈)

(2) $\{(\alpha \to \beta), (\beta \to \gamma), \alpha\} \vdash \alpha$. (∈)

(3) $\{(\alpha \to \beta), (\beta \to \gamma), \alpha\} \vdash \beta$. (→—)(1)(2)

(4) $\{(\alpha \to \beta), (\beta \to \gamma), \alpha\} \vdash (\beta \to \gamma)$. (∈)

(5) $\{(\alpha \to \beta), (\beta \to \gamma), \alpha\} \vdash \gamma$. (→—)(3)(4)

(6) $\{(\alpha \to \beta), (\beta \to \gamma)\} \vdash (\alpha \to \gamma)$. (→+)(5)

N 中大部分规则的直观含义是明显的，如果把公式看作是命题形式,则所有这些规则都是有效的推理形式.

(¬—)表示非形式推理中反证法. (∨—),表示分情况证明法. (→+)表示为了由某些前提证明蕴涵命题"如果 α 则 β",只要在前提中再加上 α, 然后再证由这组新前提可证明 β 即可.

下面我们对整个形式系统再作一些注释.

注 1 注意 N 中公式与 26.4 节中所述命题形式的区别，它们的定义很类似,但是，N 中公式是 N 的符号库中的符号组成的符号串,而命题形式要广泛得多. 另外，命题形式中的命题变元代表着命题,而 N 公式中的命题符号仅仅是符号，不具有任何含义,从而命题形式代表某种命题，而 N 中公式仅仅是符号串，更具体地说,命题变元和命题形式都可取值 0 或 1,但 N 中命题符号和公式不具有这种属性. 可以说，N 中公式是命题形式的又一次抽象.

注 2 在定义 N 的公式的时候，我们用了符号 α,β 等，这两个符号不在 N 的符号库中，故不为形式语言中的符号，而是元语言中的符号,它们代表了 N 中的公式，抽象地说明了 N 的成分,它们的使用大大方便了形式语言的描述. 为了方便，我们以后还会经常在形式语言的描述中使用元语言的符号.

注 3 我们已经看到 N 中的公式括号太多，显得冗长，因此,我们作下列关于括号的约定：

(1) 去掉公式最外层的括号.

(2) 去掉$(\neg\alpha)$中的括号（其中 α 是一个公式)，即约定:五个联结词中，¬ 的优先级高于其他四个. 例如：$\neg\beta \vee \gamma$ 代表$((\neg\beta) \vee \gamma)$,而不是代表$(\neg(\beta \vee \gamma))$（其中 β, γ 也是公式). 这种约定类似于算术中的"×，÷运算符优先于+，—运算符"的约定,在计算机语言中，广泛地使用着这种优先级的约定.

(3) $\alpha_1 \wedge \alpha_2 \wedge \cdots \wedge \alpha_n$ 代表$(\alpha_1 \wedge (\alpha_2 \wedge \cdots \wedge (\alpha_{n-2} \wedge (\alpha_{n-1} \wedge \alpha_n))\cdots))$.

对∨，→，↔类似处理.

注 4 推演规则也是以元语言表述的，"$\Gamma \vdash \alpha$"等都不是形式语言符号，而是元语言符号：Γ 代表 N 中公式的有穷集合，$\vdash$ 代表"可得到"，α 代表 N 中公式.

注 5 我们看到，在"形式前提"中使用通常的集合记法有时显得不方便，我们作如下约定：

若有限公式集 $\Gamma = \{\alpha_1, \alpha_2, \cdots, \alpha_n\}$，则记 Γ 为

$$\alpha_1, \alpha_2, \cdots, \alpha_n.$$

这种记法并不表明 $\alpha_1, \alpha_2, \cdots, \alpha_n$ 具有顺序关系(若有顺序关系，则记为序列 $\langle \alpha_1, \alpha_2, \cdots, \alpha_n \rangle$). 这样，$\Gamma \cup \{\alpha\}$ 可记为 Γ, α 等.

有了上面的约定，例 26.12 可改写为

(1) $\alpha \to \beta, \beta \to \gamma, \alpha \vdash \alpha \to \beta$. $(\in)$

(2) $\alpha \to \beta, \beta \to \gamma, \alpha \vdash \alpha$. $(\in)$

(3) $\alpha \to \beta, \beta \to \gamma, \alpha \vdash \beta$. $(\to -)(1)(2)$

(4) $\alpha \to \beta, \beta \to \gamma, \alpha \vdash \beta \to \gamma$. $(\in)$

(5) $\alpha \to \beta, \beta \to \gamma, \alpha \vdash \gamma$. $(\to -)(3)(4)$

(6) $\alpha \to \beta, \beta \to \gamma \vdash \alpha \to \gamma$. $(\to +)(5)$

这种记法简洁多了.

至此形式系统 N 建立已完成，它具有 26.1 节所述形式系统的一般性质：机械性和符号性. 下面我们来进行 N 中的形式推演，即讨论应用 N 中的形式规则能导出什么样的"推理"来.

定义 26.15 若有限序列

$$\Gamma_1 \vdash \alpha_1, \Gamma_2 \vdash \alpha_2, \cdots, \Gamma_n \vdash \alpha_n \qquad (*)$$

满足：

(1) $\Gamma_1, \Gamma_2, \cdots, \Gamma_n$ 为 N 中有限公式集，$\alpha_1, \alpha_2, \cdots, \alpha_n$ 为 N 中**公式**.

(2) 每个 $\Gamma_i \vdash \alpha_i (1 \leqslant i \leqslant n)$ 都是对($*$)中它之前的若干个 $\Gamma_j \vdash \alpha_j (j < i)$ 应用 N 的某条推演规则所导出的.

则称($*$)为 $\Gamma_n \vdash \alpha_n$ 在 N 中的一个形式证明，n 称为这个形式证明的长度，此时也称 α_n 在 N 中可由 Γ_n 形式证明或形式推出，记为 $\Gamma_n \vdash_N \alpha_n$ 或 $\Gamma_n \vdash \alpha_n$.

注 1 此定义的(2)中的"$\Gamma_i \vdash \alpha_i$ 是对($*$)中它之前的若干个 $\Gamma_j \vdash \alpha_j (j < i)$ 应用 N 的某条推演规则所导出的"是指：比如是应用形式规则($\neg -$)导出的，则($*$)的 $\Gamma_i \vdash \alpha_i$ 之前的子序列 $\Gamma_1 \vdash \alpha_1, \Gamma_2 \vdash \alpha_2, \cdots, \Gamma_{i-1} \vdash \alpha_{i-1}$ 中有两项分别为 $\Gamma_i, \neg \alpha_i \vdash \beta$ 和 $\Gamma_i, \neg \alpha_i \vdash \neg \beta$，对此两项应用($\neg -$)即可得到 $\Gamma_i \vdash \alpha_i$. 再比如，如果 $\Gamma_i \vdash \alpha_i$ 是应用($\vee -$)导出的，则($*$)的子序列 $\Gamma_1 \vdash \alpha_1, \Gamma_2 \vdash \alpha_2, \cdots, \Gamma_{i-1} \vdash \alpha_{i-1}$ 中一定有两项分别为 $\Gamma', \beta \vdash \alpha_i$ 和 $\Gamma', \gamma \vdash \alpha_i$，其中 $\Gamma_i = \Gamma' \cup \{\beta \vee \gamma\}$.

注 2 若 $\Gamma_1 \vdash \alpha_1, \Gamma_2 \vdash \alpha_2, \cdots, \Gamma_n \vdash \alpha_n$ 是 $\Gamma_n \vdash \alpha_n$ 在 N 中的一个形式证明，易知：对任意自然数 $i (1 \leqslant i \leqslant n)$，子序列 $\Gamma_1 \vdash \alpha_1, \Gamma_2 \vdash \alpha_2, \cdots, \Gamma_i \vdash \alpha_i$ 是 $\Gamma_i \vdash \alpha_i$ 在 N 中的一个形式证明，从而可记为 $\Gamma_i \vdash_N \alpha_i$. 于是 $\Gamma_1 \vdash \alpha_1, \Gamma_2 \vdash \alpha_2, \cdots, \Gamma_n \vdash \alpha_n$ 可记为 $\Gamma_1 \vdash_N \alpha_1, \Gamma_2 \vdash_N \alpha_2, \cdots, \Gamma_n \vdash_N \alpha_n$.

注 3 在形式系统 N 确定前提下，为简便起见，我们常省去"在 N 中"一词.

注 4 若 $\Gamma \vdash_N \alpha$ 成立，则 Γ 一定是一个有限公式集.

在例 26.12 中，序列(1)，(2)，$\cdots$，(6)就是 $\{\alpha \to \beta, \beta \to \alpha\} \vdash \alpha \to \gamma$ 在 N 中的一个证明，故

$\alpha\to\gamma$ 在 N 中可由 $\{\alpha\to\beta, \beta\to\gamma\}$ 形成证明. 即 $\alpha\to\beta, \beta\to\gamma\vdash_N\alpha\to\gamma$.

值得一提的是，对任何给定的序列 $\Gamma_1\vdash\alpha_1, \Gamma_2\vdash\alpha_2, \cdots, \Gamma_n\vdash\alpha_n$，我们都能机械地检查它是否确实为 N 中的一个形式证明. 因为我们只要检查这个序列中的每一项是否都是对它之前的某些项应用某个形式规则导出的，而形式规则只有有限多条，这样我们便把作为对象的“推理”“封装”在形式系统内部了，从而避免了循环讨论.

要证明公式 α 可由公式集 Γ 形式推出，只要找一个形式证明 $\Gamma_1\vdash\alpha_1, \Gamma_2\vdash\alpha_2, \cdots, \Gamma_n\vdash\alpha_n$，使得 $\Gamma_n=\Gamma$，$\alpha_n=\alpha$ 即可.

【例 26.13】 给出下列各式的形式证明.

(1) $\alpha\to\beta, \alpha\vdash\beta$.

(2) $\alpha\vdash\beta\to\alpha$.

(3) $\alpha\to(\beta\to\gamma), \alpha\to\beta\vdash\alpha\to\gamma$.

证明

(1) ① $\alpha\to\beta, \alpha\vdash\alpha\to\beta$, (∈)

② $\alpha\to\beta, \alpha\vdash\alpha$, (∈)

③ $\alpha\to\beta, \alpha\vdash\beta$. (→−)①②

(2) ① $\alpha, \beta\vdash\alpha$, (∈)

② $\alpha\vdash\beta\to\alpha$. (→+)①

(3) ① $\alpha\to(\beta\to\gamma), \alpha\to\beta, \alpha\vdash\alpha$, (∈)

② $\alpha\to(\beta\to\gamma), \alpha\to\beta, \alpha\vdash\alpha\to\beta$, (∈)

③ $\alpha\to(\beta\to\gamma), \alpha\to\beta, \alpha\vdash\beta$, (→−)①②

④ $\alpha\to(\beta\to\gamma), \alpha\to\beta, \alpha\vdash\alpha\to(\beta\to\gamma)$, (∈)

⑤ $\alpha\to(\beta\to\gamma), \alpha\to\beta, \alpha\vdash\beta\to\gamma$, (→−)①④

⑥ $\alpha\to(\beta\to\gamma), \alpha\to\beta, \alpha\vdash\gamma$, (→−)③⑤

⑦ $\alpha\to(\beta\to\gamma), \alpha\to\beta\vdash\alpha\to\gamma$. (→+)⑥

▌

定理 26.6(增加前提律) 如果 $\Gamma\vdash\alpha$，则 $\Gamma, \beta\vdash\alpha$，其中 Γ 为有限公式集，α,β 为公式.

证明 因 $\Gamma\vdash\alpha$，则存在证明序列

$$\Gamma_1\vdash\alpha_1, \Gamma_2\vdash\alpha_2, \cdots, \Gamma_n\vdash\alpha_n \qquad (*)$$

满足 $\Gamma_n=\Gamma$，$\alpha_n=\alpha$.

只要证：

$$\text{对每个 } k: (1\leqslant k\leqslant n), \Gamma_k, \beta\vdash\alpha_k \text{ 成立} \qquad (**)$$

下对 k 归纳证明之.

(1) 当 $k=1$ 时，$\Gamma_1\vdash\alpha$ 是(*)的第一项，故 $\Gamma_1\vdash\alpha_1$ 必然是由(∈)导出的，从而 $\alpha_1\in\Gamma_1$，故 $\alpha_1\in\Gamma_1\cup\{\beta\}$，再由(∈)知 $\Gamma_1, \beta\vdash\alpha_1$.

(2) 假设(**)对$<m$ 的所有 k 成立，考察(**)当 $k=m$ 时的情形.

① 若 $\Gamma_m\vdash\alpha_m$ 是由(∈)导出的，类似(1)可证.

② 若 $\Gamma_m\vdash\alpha_m$ 是由(¬−)导出，则存在自然数 $i,j<k$ 使得 $\Gamma_i\vdash\alpha_i$ 和 $\Gamma_j\vdash\alpha_j$ 分别为 $\Gamma_m, \neg\alpha_m\vdash\gamma$ 和 $\Gamma_m, \neg\alpha_m\vdash\neg\gamma$. 由归纳假设得：$\Gamma_i, \beta\vdash\alpha_i$ 且 $\Gamma_j, \beta\vdash\alpha_j$，即 $\Gamma_m, \beta, \neg\alpha_m\vdash\gamma$ 且 Γ_m,

β, $\neg\alpha_m \vdash \neg\gamma$. 再由($\neg -$)知 Γ_m, $\beta \vdash \alpha_m$.

③ 对于($\rightarrow -$)，类似②可证.

④ 若 $\Gamma_m \vdash \alpha_m$ 是由($\rightarrow +$)导出，则 α_m 为 $\gamma_1 \rightarrow \gamma_2$，且存在自然数 $i<m$ 使得 $\Gamma_i \vdash \alpha_i$ 为Γ_m, $\gamma_1 \vdash \gamma_2$. 由归纳假设知 Γ_m, β, $\gamma_1 \vdash \gamma_2$，再由($\rightarrow +$)知 Γ_m, $\beta \vdash \gamma_1 \rightarrow \gamma_2$，即 Γ_m, $\beta \vdash \alpha_m$.

⑤ 若 $\Gamma_m \vdash \alpha_m$ 是由($\wedge -$)导出的，则存在自然数 $i<k$ 使得 $\Gamma_i \vdash \alpha_i$ 为$\Gamma_m \vdash \alpha_m \wedge \gamma$或$\Gamma_m \vdash \gamma \wedge \alpha_m$. 由归纳假设得 Γ_m, $\beta \vdash \alpha_m \wedge \gamma$ 或Γ_m, $\beta \vdash \gamma \wedge \alpha_m$. 不管哪种情形，都有 Γ_m, $\beta \vdash \alpha_m$.

⑥ 对于($\wedge +$)类似⑤可证.

⑦ 若 $\Gamma_m \vdash \alpha_m$ 是由($\vee -$)导出的，则 $\Gamma_m = \Gamma' \cup \{\gamma_1 \vee \gamma_2\}$，且 Γ', $\gamma_1 \vdash \alpha_m$ 与Γ', $\gamma_2 \vdash \alpha_m$ 在(＊)中出现，且出现在 $\Gamma_m \vdash \alpha_m$ 之前. 其中 Γ'为一个有限公式集，γ_1, γ_2 都是公式. 由归纳假设知Γ', β, $\gamma_1 \vdash \alpha_m$ 且Γ', β, $\gamma_2 \vdash \alpha_m$. 从而Γ', β, $\gamma_1 \vee \gamma_2 \vdash \alpha_m$，即 Γ_m, $\beta \vdash \alpha_m$.

⑧ 对于($\vee +$)，类似⑤可证.

⑨ 对于($\leftrightarrow -$)和($\leftrightarrow +$)，类似②可证.

归纳证毕，(＊＊)成立，从而 Γ_n, $\beta \vdash \alpha_n$，即 Γ, $\beta \vdash \alpha$. 证毕. ▍

推论 设Γ, Γ' 是 N 中有限公式集，α 是 N 中公式，若$\Gamma \vdash \alpha$，则 Γ, $\Gamma' \vdash \alpha$.

我们常把增加前提律记为(＋).

为了更有效地进行形式证明，我们给出关于形式证明的如下两个元定理，之后我们将给出这两个元定理的应用.

定理 26.7(传递律) 若$\Gamma \vdash \alpha_1$, $\Gamma \vdash \alpha_2$, $\cdots$, $\Gamma \vdash \alpha_n$，且 α_1, α_2, $\cdots$, $\alpha_n \vdash \alpha$，则 $\Gamma \vdash \alpha$.

证明

(1)	$\alpha_1, \alpha_2, \cdots, \alpha_n \vdash \alpha$,	(假设)
(2)	$\alpha_1, \alpha_2, \cdots, \alpha_{n-1} \vdash \alpha_n \rightarrow \alpha$,	($\rightarrow +$)(1)
(3)	$\alpha_1, \alpha_2, \cdots, \alpha_{n-2} \vdash \alpha_{n-1} \rightarrow (\alpha_n \rightarrow \alpha)$,	($\rightarrow +$)(2)
	⋮	
($n+1$)	$\varnothing \vdash \alpha_1 \rightarrow (\alpha_2 \rightarrow \cdots \rightarrow (\alpha_n \rightarrow \alpha) \cdots)$,	($\rightarrow +$)(n)
($n+2$)	$\Gamma \vdash \alpha_1 \rightarrow (\alpha_2 \rightarrow \cdots \rightarrow (\alpha_n \rightarrow \alpha) \cdots)$,	(＋)
($n+3$)	$\Gamma \vdash \alpha_1$,	(假设)
($n+4$)	$\Gamma \vdash \alpha_2 \rightarrow (\alpha_3 \rightarrow \cdots \rightarrow (\alpha_n \rightarrow \alpha) \cdots)$,	($\rightarrow -$)
($n+5$)	$\Gamma \vdash \alpha_2$,	(假设)
($n+6$)	$\Gamma \vdash \alpha_3 \rightarrow (\alpha_4 \rightarrow \cdots \rightarrow (\alpha_n \rightarrow \alpha) \cdots)$,	($\rightarrow -$)
	⋮	
($n+2+2(n-1)$)	$\Gamma \vdash \alpha_n \rightarrow \alpha$,	($\rightarrow -$)
($n+2+(2n-1)$)	$\Gamma \vdash \alpha_n$,	(假设)
($n+2+2n$)	$\Gamma \vdash \alpha$.	($\rightarrow -$)

▍

我们把传递律记为(Tr).

为了今后使用方便，我们约定如下记号：

(1) 以$\Gamma \vdash \alpha_1, \alpha_2, \cdots, \alpha_n$ 记$\Gamma \vdash \alpha_1$, $\Gamma \vdash \alpha_2$, $\cdots$, $\Gamma \vdash \alpha_n$.

(2) 设Γ, Γ'都是有限公式集，以$\Gamma \dashv\vdash \Gamma'$记$\Gamma \vdash \Gamma'$且$\Gamma' \vdash \Gamma$.

于是定理 26.7 可重新叙述如下：

$$\text{若 } \Gamma \vdash \alpha_1, \alpha_2, \cdots, \alpha_n, \text{且 } \alpha_1, \alpha_2, \cdots, \alpha_n \vdash \alpha, \text{则 } \Gamma \vdash \alpha.$$

推论 设 $\Gamma_1, \Gamma_2, \cdots, \Gamma_n, \Gamma$ 都是有限公式集，若 $\Gamma_1 \vdash \Gamma_2, \Gamma_2 \vdash \Gamma_3, \cdots, \Gamma_{n-1} \vdash \Gamma_n, \Gamma_n \vdash \Gamma$，则 $\Gamma_1 \vdash \Gamma$.

定理 26.8 设 $\alpha_1, \alpha_2, \alpha_3, \alpha_4$ 都是 N 中公式，若 $\alpha_1 \to \alpha_2 \vdash \alpha_3 \to \alpha_4$，且 $\alpha_1 \vdash \alpha_2$，则 $\alpha_3 \vdash \alpha_4$.

证明

(1) $\alpha_1 \vdash \alpha_2$; (假设)

(2) $\varnothing \vdash \alpha_1 \to \alpha_2$; (→+)(1)

(3) $\alpha_1 \to \alpha_2 \vdash \alpha_3 \to \alpha_4$; (假设)

(4) $\varnothing \vdash \alpha_3 \to \alpha_4$; (Tr)(2)(3)

(5) $\alpha_3 \vdash \alpha_3 \to \alpha_4$; (+)(4)

(6) $\alpha_3 \vdash \alpha_3$; (∈)

(7) $\alpha_3 \vdash \alpha_4$. (→−)(5)(6)

▌

【例 26.14】 给出下列各式的形式证明.

(1) $\neg\neg\alpha \vdash \alpha$.

(2) 如果 $\Gamma, \alpha \vdash \beta$, 且 $\Gamma, \alpha \vdash \neg\beta$, 则 $\Gamma \vdash \neg\alpha$.

(3) $\alpha \vdash \neg\neg\alpha$.

(4) $\alpha, \neg\alpha \vdash \beta$.

证明

(1) ① $\neg\neg\alpha, \neg\alpha \vdash \neg\alpha$, (∈)

② $\neg\neg\alpha, \neg\alpha \vdash \neg\neg\alpha$, (∈)

③ $\neg\neg\alpha \vdash \alpha$. (¬−)①②

(2) ① $\Gamma, \neg\neg\alpha \vdash \Gamma$, (∈)(注意约定记号)

② $\neg\neg\alpha \vdash \alpha$, ①

③ $\Gamma, \neg\neg\alpha \vdash \alpha$, (+)②

④ $\Gamma, \alpha \vdash \beta$, (假设)

⑤ $\Gamma, \neg\neg\alpha \vdash \beta$, (Tr)①③④

⑥ $\Gamma, \alpha \vdash \neg\beta$, (假设)

⑦ $\Gamma, \neg\neg\alpha \vdash \neg\beta$, (Tr)①③⑥

⑧ $\Gamma \vdash \neg\alpha$. (¬−)⑤⑦

(3) ① $\alpha, \neg\alpha \vdash \alpha$, (∈)

② $\alpha, \neg\alpha \vdash \neg\alpha$, (∈)

③ $\alpha \vdash \neg\neg\alpha$. (木例之(2))

(4) ① $\alpha, \neg\alpha, \neg\beta \vdash \alpha$, (∈)

② $\alpha, \neg\alpha, \neg\beta \vdash \neg\alpha$, (∈)

③ $\alpha, \neg\alpha \vdash \beta$. (¬−)

▌

注 1 我们已看到，在形式前提中再增加一些公式，是进行形式证明的一个常用手法.

注 2 本例中的(2)与(¬−)有相似的形式，但它们的作用是不同的.(¬−)实质上是反证法，而本例中的(2)实质上是归谬证法，故称为归谬律.由于归谬律的形式，我们将其记为

(¬+)，以便将来使用方便.

如在 N 的规则中，将(¬−)换为(¬+)，则(¬−)不能得到证明，从而(¬+)和(¬−)不能相互替换.

【例 26.15】 证明：

(1) $\alpha\to\beta\vdash\neg\beta\to\neg\alpha$;

(2) $\alpha\to\neg\beta\vdash\beta\to\neg\alpha$;

(3) $\neg\alpha\to\beta\vdash\neg\beta\to\alpha$;

(4) $\neg\alpha\to\neg\beta\vdash\beta\to\alpha$.

证明 只证(2)和(4)

(2) ① $\alpha\to\neg\beta,\beta,\alpha\vdash\alpha$, (∈)

② $\alpha\to\neg\beta,\beta,\alpha\vdash\alpha\to\neg\beta$, (∈)

③ $\alpha\to\neg\beta,\beta,\alpha\vdash\neg\beta$, (→−)①②

④ $\alpha\to\neg\beta,\beta,\alpha\vdash\beta$, (∈)

⑤ $\alpha\to\neg\beta,\beta\vdash\neg\alpha$, (¬+)③④

⑥ $\alpha\to\neg\beta\vdash\beta\to\neg\alpha$. (→+)⑤

(4) ① $\neg\alpha\to\neg\beta,\beta,\neg\alpha\vdash\neg\alpha$, (∈)

② $\neg\alpha\to\neg\beta,\beta,\neg\alpha\vdash\neg\alpha\to\neg\beta$, (∈)

③ $\neg\alpha\to\neg\beta,\beta,\neg\alpha\vdash\neg\beta$, (→−)①②

④ $\neg\alpha\to\neg\beta,\beta,\neg\alpha\vdash\beta$, (∈)

⑤ $\neg\alpha\to\neg\beta,\beta\vdash\alpha$, (¬−)③④

⑥ $\alpha\to\neg\beta\vdash\beta\to\alpha$. (→+)⑤

▌

【例 26.16】 证明：

(1) $\neg\alpha\to\alpha\vdash\alpha$;

(2) $\alpha\to\neg\alpha\vdash\neg\alpha$;

(3) $\alpha\to\beta,\alpha\to\neg\beta\vdash\neg\alpha$;

(4) $\alpha\to\beta,\neg\alpha\to\beta\vdash\beta$;

(5) $\neg(\alpha\to\beta)\vdash\alpha$;

(6) $\neg(\alpha\to\beta)\vdash\neg\beta$.

证明 只证(1),(4),(5).

(1) ① $\neg\alpha\to\alpha,\neg\alpha\vdash\alpha$, (例 26.13 之(1))

② $\neg\alpha\to\alpha,\neg\alpha\vdash\neg\alpha$, (∈)

③ $\neg\alpha\to\alpha\vdash\alpha$. (¬−)①②

(4) ① $\alpha\to\beta\vdash\neg\beta\to\neg\alpha$, (例 26.15 之(1))

② $\alpha\to\beta,\neg\alpha\to\beta,\neg\beta\vdash\neg\beta\to\neg\alpha$, (+)①

③ $\neg\alpha\to\beta\vdash\neg\beta\to\alpha$, (例 26.15 之(3))

④ $\alpha\to\beta,\neg\alpha\to\beta,\neg\beta\vdash\neg\beta\to\alpha$, (+)③

⑤ $\alpha\to\beta,\neg\alpha\to\beta,\neg\beta\vdash\neg\beta$, (∈)

⑥ $\alpha\to\beta,\neg\alpha\to\beta,\neg\beta\vdash\neg\alpha$, (→−)②⑤

⑦ $\alpha\to\beta$, $\neg\alpha\to\beta$, $\neg\beta\vdash\alpha$, (→−)④⑤

⑧ $\alpha\to\beta$, $\neg\alpha\to\beta$, $\vdash\beta$. (¬−)⑥⑦

(5) ① $\neg(\alpha\to\beta)$, $\neg\alpha\vdash\neg(\alpha\to\beta)$, (∈)

② $\neg\alpha$, $\alpha\vdash\beta$, (例 26.14 之(4))

③ $\neg\alpha\vdash\alpha\to\beta$, (→+)②

④ $\neg(\alpha\to\beta)$, $\neg\alpha\vdash\alpha\to\beta$, (+)③

⑤ $\neg(\alpha\to\beta)\vdash\alpha$. (¬−)①④

▌

【例 26.17】 证明：

(1) $\alpha\wedge\beta\vdash\dashv\alpha$, β.

(2) $\alpha\wedge\beta\vdash\dashv\beta\wedge\alpha$.

(3) $(\alpha\wedge\beta)\wedge\gamma\vdash\dashv\alpha\wedge(\beta\wedge\gamma)$.

(4) $\neg(\alpha\wedge\beta)\vdash\dashv\alpha\to\neg\beta$.

(5) $\neg(\alpha\to\beta)\vdash\dashv\alpha\wedge\neg\beta$.

(6) $\varnothing\vdash\neg(\alpha\wedge\neg\alpha)$.

证明

(1) 由(∧−)和(∧+)易证.

(2) 由(1)及(∧+)易证.

(3) (⊢)

① $(\alpha\wedge\beta)\wedge\gamma\vdash\alpha\wedge\beta$, γ, (1)

② $\alpha\wedge\beta\vdash\alpha$, β, (1)

③ $\alpha\wedge\beta$, $\gamma\vdash\alpha$, β, (+)②

④ $(\alpha\wedge\beta)\wedge\gamma\vdash\alpha,\beta$, (Tr)①③

⑤ $(\alpha\wedge\beta)\wedge\gamma\vdash\alpha$, β, γ, ①④

⑥ β, $\gamma\vdash(\beta\wedge\gamma)$, (1)

⑦ α, β, $\gamma\vdash(\beta\wedge\gamma)$, (+)⑥

⑧ $(\alpha\wedge\beta)\wedge\gamma\vdash(\beta\wedge\gamma)$, (Tr)⑤⑦

⑨ $(\alpha\wedge\beta)\wedge\gamma\vdash\alpha\wedge(\beta\wedge\gamma)$. (∧+)⑧⑤

(⊣)

① $\alpha\wedge(\beta\wedge\gamma)\vdash(\beta\wedge\gamma)\wedge\alpha$, (2)

② $(\beta\wedge\gamma)\wedge\alpha\vdash\beta\wedge(\gamma\wedge\alpha)$, (⊢)

③ $\beta\wedge(\gamma\wedge\alpha)\vdash(\gamma\wedge\alpha)\wedge\beta$, (2)

④ $(\gamma\wedge\alpha)\wedge\beta\vdash\gamma\wedge(\alpha\wedge\beta)$, (⊢)

⑤ $\gamma\wedge(\alpha\wedge\beta)\vdash(\alpha\wedge\beta)\wedge\gamma$, (2)

⑥ $\alpha\wedge(\beta\wedge\gamma)\vdash(\alpha\wedge\beta)\wedge\gamma$. (Tr)

注：当然(3)之(⊣)也可仿(⊢)证得.

(4) (⊢)

① $\neg(\alpha\wedge\beta)$, α, $\beta\vdash\neg(\alpha\wedge\beta)$, (∈)

② $\alpha, \beta \vdash \alpha \wedge \beta$, (1)

③ $\neg\neg(\alpha \wedge \beta), \alpha, \beta \vdash (\alpha \wedge \beta)$, (+)②

④ $\neg(\alpha \wedge \beta), \alpha \vdash \neg\beta$, (¬+)①③

⑤ $\neg(\alpha \wedge \beta) \vdash \alpha \to \neg\beta$. (→+)④

(⊣)

① $\alpha \wedge \beta \vdash \alpha, \beta$, (1)

② $\alpha \to \neg\beta, \alpha \wedge \beta \vdash \alpha, \beta$, (+)①

③ $\alpha \to \neg\beta, \alpha \wedge \beta \vdash \alpha \to \neg\beta$, (∈)

④ $\alpha \to \neg\beta, \alpha \wedge \beta \vdash \neg\beta$, (→−)②③

⑤ $\alpha \to \neg\beta \vdash \neg(\alpha \wedge \beta)$. (¬+)②④

(5) (⊢)

① $\beta, \alpha \vdash \beta$, (∈)

② $\beta \vdash \alpha \to \beta$, (→+)①

③ $\neg(\alpha \to \beta) \vdash \neg\beta$, (定理 26.11)

④ $\neg\alpha, \alpha \vdash \beta$, (例 26.14 之(4))

⑤ $\neg\alpha \vdash \alpha \to \beta$, (→+)④

⑥ $\neg(\alpha \to \beta) \vdash \alpha$,

⑦ $\neg(\alpha \to \beta) \vdash \alpha \wedge \neg\beta$. (∧+)

(⊣)

① $\alpha, \neg\beta, \alpha \to \beta \vdash \alpha$, (∈)

② $\alpha, \neg\beta, \alpha \to \beta \vdash \alpha \to \beta$, (∈)

③ $\alpha, \neg\beta, \alpha \to \beta \vdash \beta$, (→−)

④ $\alpha, \neg\beta, \alpha \to \beta \vdash \neg\beta$, (∈)

⑤ $\alpha, \neg\beta \vdash \neg(\alpha \to \beta)$, (¬+)

⑥ $\alpha \wedge \neg\beta \vdash \alpha, \neg\beta$, (1)

⑦ $\alpha \wedge \neg\beta \vdash \neg(\alpha \to \beta)$, (Tr)

(6) ① $\alpha \wedge \neg\alpha \vdash \alpha$, (1)

② $\alpha \wedge \neg\alpha \vdash \neg\alpha$, (1)

③ $\varnothing \vdash \neg(\alpha \wedge \neg\alpha)$. (¬+)

▌

【例 26.18】 证明：

(1) $\alpha \vdash \alpha \vee \beta, \beta \vee \alpha$;

(2) $\alpha \vee \beta \dashv\vdash \beta \vee \alpha$;

(3) $(\alpha \vee \beta) \vee \gamma \dashv\vdash \alpha \vee (\beta \vee \gamma)$;

(4) $\neg(\alpha \vee \beta) \dashv\vdash \neg\alpha \wedge \neg\beta$;

(5) $\neg(\alpha \wedge \beta) \dashv\vdash \neg\alpha \vee \neg\beta$;

(6) $\alpha \vee \beta \dashv\vdash \neg\alpha \to \beta$;

(7) $\alpha \to \beta \dashv\vdash \neg\alpha \vee \beta$;

(8) $\varnothing \vdash \alpha \vee \neg \alpha$.

证明

(1) 易证.

(2) 由(1)及($\vee -$)易证.

(3) 只证($\vdash$)，($\dashv$)类似可证.

($\vdash$)

① $\gamma \vdash \beta \vee \gamma$, (1)

② $\gamma \vdash \alpha \vee (\beta \vee \gamma)$, (1)

③ $\alpha \vdash \alpha \vee (\beta \vee \gamma)$, (1)

④ $\beta \vdash \alpha \vee (\beta \vee \gamma)$, (与②类似)

⑤ $\alpha \vee \beta \vdash \alpha \vee (\beta \vee \gamma)$, ($\vee -$)③④

⑥ $(\alpha \vee \beta) \vee \gamma \vdash \alpha \vee (\beta \vee \gamma)$. ($\vee -$)②⑤

(4) ($\vdash$)

① $\alpha \vdash \alpha \vee \beta$, (1)

② $\neg(\alpha \vee \beta) \vdash \neg \alpha$, (定理 26.11 及例 26.15)

③ $\beta \vdash \alpha \vee \beta$,

④ $\neg(\alpha \vee \beta) \vdash \neg \beta$, (同②)

⑤ $\neg(\alpha \vee \beta) \vdash \neg \alpha \wedge \neg \beta$. ($\wedge +$)②④

($\dashv$)

① $\neg \alpha \wedge \neg \beta \vdash \neg \alpha$, (例 26.17)

② $\neg \alpha \wedge \neg \beta, \alpha \vdash \neg \alpha$, ($+$)①

③ $\neg \alpha \wedge \neg \beta, \alpha \vdash \alpha$, ($\in$)

④ $\neg \alpha, \alpha \vdash \beta$, (例 26.14)

⑤ $\neg \alpha \wedge \neg \beta, \alpha \vdash \beta$, (Tr)②③④

⑥ $\neg \alpha \wedge \neg \beta, \beta \vdash \beta$, ($\in$)

⑦ $\neg \alpha \wedge \neg \beta, \alpha \vee \beta \vdash \beta$, ($\vee -$)⑤⑥

⑧ $\neg \alpha \wedge \neg \beta \vdash \neg \beta$, (例 26.17)

⑨ $\neg \alpha \wedge \neg \beta, \alpha \vee \beta \vdash \neg \beta$, ($+$)⑧

10 $\neg \alpha \wedge \neg \beta \vdash \neg(\alpha \vee \beta)$. ($\neg +$)⑦⑨

(5) ($\vdash$)

① $\neg \alpha \vdash \neg \alpha \vee \neg \beta$, (1)

② $\neg(\neg \alpha \vee \neg \beta) \vdash \alpha$, (定理 26.11 及例 26.15)

③ $\neg(\neg \alpha \vee \neg \beta) \vdash \beta$, (类似②)

④ $\neg(\neg \alpha \vee \neg \beta) \vdash \alpha \wedge \beta$, ($\wedge +$)②③

⑤ $\neg(\alpha \wedge \beta) \vdash \neg \alpha \vee \neg \beta$. (定理 26.11)

($\dashv$)

① $\alpha \wedge \beta \vdash \alpha$, (例 26.17)

② $\neg \alpha \vdash \neg(\alpha \wedge \beta)$, (定理 26.11)

③ $\neg\beta\vdash\neg(\alpha\wedge\beta)$, （类似②）

④ $\neg\alpha\vee\neg\beta\vdash\neg(\alpha\wedge\beta)$. （∨－）

(6) ($\vdash$)

① α, $\neg\alpha\vdash\beta$, （例 26.14）

② $\alpha\vdash\neg\alpha\to\beta$, （→＋）①

③ $\beta\vdash\neg\alpha\to\beta$, （例 26.13 之 2(2)）

④ $\alpha\vee\beta\vdash\neg\alpha\to\beta$.

($\dashv$)

① $\neg(\alpha\vee\beta)\vdash\neg\alpha\wedge\neg\beta$, (4)

② $\neg\alpha\wedge\neg\beta\vdash\neg\alpha$, $\neg\beta$, （例 26.17）

③ $\neg(\alpha\vee\beta)\vdash\neg\alpha$, $\neg\beta$, (Tr)①②

④ $\neg\alpha\to\beta$, $\neg(\alpha\vee\beta)\vdash\neg\alpha$, $\neg\beta$, (＋)③

⑤ $\neg\alpha\to\beta$, $\neg(\alpha\vee\beta)\vdash\neg\alpha\to\beta$, (∈)

⑥ $\neg\alpha\to\beta$, $\neg(\alpha\vee\beta)\vdash\beta$, (→－)④⑤

⑦ $\neg\alpha\to\beta\vdash\alpha\vee\beta$. (¬－)④⑥

(7) ($\vdash$)

① $\neg\neg\alpha\vdash\alpha$, （例 26.14）

② $\alpha\to\beta$, $\neg\neg\alpha\vdash\alpha$, (＋)

③ $\alpha\to\beta$, $\neg\neg\alpha\vdash\alpha\to\beta$, (∈)

④ $\alpha\to\beta$, $\neg\neg\alpha\vdash\beta$, (→－)②③

⑤ $\alpha\to\beta\vdash\neg\neg\alpha\to\beta$, (→＋)④

⑥ $\neg\neg\alpha\to\beta\vdash\neg\alpha\vee\beta$, (6)

⑦ $\alpha\to\beta\vdash\neg\alpha\vee\beta$. (Tr)⑤⑥

($\dashv$)

① $\neg\alpha\vee\beta\vdash\neg\neg\alpha\to\beta$, (6)

② $\neg\alpha\vee\beta$, $\alpha\vdash\neg\neg\alpha\to\beta$, (＋)

③ $\alpha\vdash\neg\neg\alpha$, （例 26.14）

④ $\neg\alpha\vee\beta$, $\alpha\vdash\neg\neg\alpha$, (＋)

⑤ $\neg\alpha\vee\beta$, $\alpha\vdash\beta$, (→－)②④

⑥ $\neg\alpha\vee\beta\vdash\alpha\to\beta$. (→＋)⑤

(8) ① $\neg(\alpha\vee\neg\alpha)\vdash\neg\alpha\wedge\neg\neg\alpha$, (4)

② $\neg\alpha\wedge\neg\neg\alpha\vdash\neg\alpha$, $\neg\neg\alpha$, (1)

③ $\neg(\alpha\vee\neg\alpha)\vdash\neg\alpha$, $\neg\neg\alpha$, (Tr)

④ $\varnothing\vdash\alpha\vee\neg\alpha$. (¬ －)

▎

【例 26.19】 证明：$\alpha\leftrightarrow\beta\vdash\dashv(\alpha\to\beta)\wedge(\beta\to\alpha)$.

证明

($\vdash$)

① $\alpha\leftrightarrow\beta, \alpha\vdash\alpha$, (∈)

② $\alpha\leftrightarrow\beta, \alpha\vdash\alpha\leftrightarrow\beta$, (∈)

③ $\alpha\leftrightarrow\beta, \alpha\vdash\beta$, (↔−)

④ $\alpha\leftrightarrow\beta\vdash\alpha\rightarrow\beta$, (→+)

⑤ $\alpha\leftrightarrow\beta\vdash\beta\rightarrow\alpha$, (类似④)

⑥ $\alpha\leftrightarrow\beta\vdash(\alpha\rightarrow\beta)\wedge(\beta\rightarrow\alpha)$. (∧+)

(⊣)

① $(\alpha\rightarrow\beta)\wedge(\beta\rightarrow\alpha)\vdash\alpha\rightarrow\beta, \beta\rightarrow\alpha$, (例 26.17 之(1))

② $(\alpha\rightarrow\beta)\wedge(\beta\rightarrow\alpha), \alpha\vdash\alpha\rightarrow\beta$, (+)①

③ $(\alpha\rightarrow\beta)\wedge(\beta\rightarrow\alpha), \alpha\vdash\alpha$, (∈)

④ $(\alpha\rightarrow\beta)\wedge(\beta\rightarrow\alpha), \alpha\vdash\beta$, (∈)

⑤ $(\alpha\rightarrow\beta)\wedge(\beta\rightarrow\alpha), \beta\vdash\alpha$, (类似④)

⑥ $(\alpha\rightarrow\beta)\wedge(\beta\rightarrow\alpha)\vdash\alpha\leftrightarrow\beta$. (↔+)④⑤

▮

利用(→+)规则，我们可以把前提变为空集.

定理 26.9 对于任意公式 $\alpha, \alpha_1, \alpha_2, \cdots, \alpha_n$,

(1) $\alpha_1, \alpha_2, \cdots, \alpha_n\vdash\alpha$ 当且仅当 $\varnothing\vdash\alpha_1\rightarrow(\alpha_2\rightarrow\cdots\rightarrow(\alpha_{n-1}\rightarrow(\alpha_n\rightarrow\alpha))\cdots)$;

(2) $\alpha_1, \alpha_2, \cdots, \alpha_n\vdash\alpha$ 当且仅当 $\varnothing\vdash(\alpha_1\wedge\alpha_2\wedge\cdots\wedge\alpha_n)\rightarrow\alpha$.

证明 (1) (⇒) 多次使用(→+)易证.

(⇐)

$\varnothing\vdash\alpha_1\rightarrow(\alpha_2\rightarrow\cdots\rightarrow(\alpha_n\rightarrow\alpha)\cdots)$,

$\alpha_1, \alpha_2, \cdots, \alpha_n\vdash\alpha_1\rightarrow(\alpha_2\rightarrow\cdots\rightarrow(\alpha_n\rightarrow\alpha)\cdots)$,

$\alpha_1, \alpha_2, \cdots, \alpha_n\vdash\alpha_1$,

$\alpha_1, \alpha_2, \cdots, \alpha_n\vdash\alpha_2\rightarrow(\alpha_3\rightarrow\cdots\rightarrow(\alpha_n\rightarrow\alpha)\cdots)$,

$\alpha_1, \alpha_2, \cdots, \alpha_n\vdash\alpha_2$,

$\alpha_1, \alpha_2, \cdots, \alpha_n\vdash\alpha_3\rightarrow(\alpha_4\rightarrow\cdots\rightarrow(\alpha_n\rightarrow\alpha)\cdots)$,

⋮

$\alpha_1, \alpha_2, \cdots, \alpha_n\vdash\alpha_n\rightarrow\alpha$,

$\alpha_1, \alpha_2, \cdots, \alpha_n\vdash\alpha_n$,

$\alpha_1, \alpha_2, \cdots, \alpha_n\vdash\alpha$.

(2) (⇒)

$\alpha_1\wedge\alpha_2\wedge\cdots\wedge\alpha_n\vdash\alpha_1$,

$\alpha_1\wedge\alpha_2\wedge\cdots\wedge\alpha_n\vdash\alpha_2$,

⋮

$\alpha_1\wedge\alpha_2\wedge\cdots\wedge\alpha_n\vdash\alpha_n$,

$\alpha_1, \alpha_2, \cdots, \alpha_n\vdash\alpha$.

由(Tr)得：

$\alpha_1\wedge\alpha_2\wedge\cdots\wedge\alpha_n\vdash\alpha$.

由(→+)得：

$\varnothing \vdash (\alpha_1 \wedge \alpha_2 \wedge \cdots \wedge \alpha_n) \to \alpha$.

(⇐)

$\varnothing \vdash (\alpha_1 \wedge \alpha_2 \wedge \cdots \wedge \alpha_n) \to \alpha$.

由(+)得：

$\alpha_1, \alpha_2, \cdots, \alpha_n \vdash (\alpha_1 \wedge \alpha_2 \wedge \cdots \wedge \alpha_n) \to \alpha$,

$\alpha_1, \alpha_2, \cdots, \alpha_n \vdash \alpha_1$,

$\alpha_1, \alpha_2, \cdots, \alpha_n \vdash \alpha_2$,

$\vdots$

$\alpha_1, \alpha_2, \cdots, \alpha_n \vdash \alpha_n$.

多次使用(∧+)得：

$\alpha_1, \alpha_2, \cdots, \alpha_n \vdash \alpha_1 \wedge \alpha_2 \wedge \cdots \wedge \alpha_n$.

由(→−)得：

$\alpha_1, \alpha_2, \cdots, \alpha_n \vdash \alpha$. ▌

定义 26.16 若$\varnothing \vdash_N \alpha$，则称$\alpha$为 N 的一个**可证公式或内定理**，记为$\vdash_N \alpha$，在不引起混淆情况下，也简记为$\vdash \alpha$.

定理 26.9 说明，任何一个形式推演关系都可化为一个与之等价的可证式. 由于这个原因，在下节中我们将构造一个以这种可证式为对象的命题演算形式系统. 我们还将证明这两种系统的等价性.

26.7 命题演算形式系统 P

上节介绍的命题演算的自然推演系统 N 是从数学推理中抽象出来的，它的规则较多，下面我们介绍一个较为简洁的形式系统 P.

我们在上节中已看到，N 中形式推理关系$\Gamma \vdash \alpha$可与某个以空集作为形式前提的形式推理$\varnothing \vdash \beta$等价. 在这节中，我们就以这种以空集为形式前提的推演为讨论对象. 另外，从 26.6 节的讨论中我们看到 N 中公式也不简洁，因为我们只要使用¬，→这两个联结词就够了. 基于这两点，按照形式系统的定义，我们来建立新形式系统 P 如下：

1. P 的字母表中含有：

(1) 命题变元：$p_1, p_2, \cdots, p_n, \cdots$；

(2) 联结词：¬，→；

(3) 辅助符号：)，(；

2. P 的公式如下归结定义：

(1) 命题变元：$p_1, p_2, \cdots, p_n, \cdots$ 是公式；

(2) 若α是公式，则$(\neg\alpha)$是公式；

(3) 若α, β是公式，则$(\alpha \to \beta)$是公式；

(4) 所有公式都是有限次使用(1)—(3)得到.

3. P 的公理集有如下三类：

(A1) $(\alpha \to (\beta \to \alpha))$；

(A2) $((\alpha\to(\beta\to\gamma))\to((\alpha\to\beta)\to(\alpha\to\gamma)))$;

(A3) $(((\neg\alpha)\to(\neg\beta))\to(\beta\to\alpha))$.

注 这三条都是元语言记号，因为 α,β,γ 不是 P 中符号. 其中的每一条都代表了 P 中的无限多个公式，这点与 N 类似.

4. P 的形式规则仅含一条：

分离规则：由 $\alpha,(\alpha\to\beta)$ 可得到 β. 记为(M).

关于 N 中的注记仍适用于 P，我们不再重述. 特别地，N 关于公式中括号的简写规则在 P 中仍然使用.

在 P 中只允许使用 $\neg$，$\to$ 这两个联结词，这使得 P 较为简明，但也失去了使用另外三个联结词 $\vee$，$\wedge$，$\leftrightarrow$ 的方便之处，为此，我们作如下约定：对于 P 中公式 α，β，

$$(\alpha\vee\beta) \text{ 代表 } ((\neg\alpha)\to\beta),$$
$$(\alpha\wedge\beta) \text{ 代表 } (\neg((\neg\alpha)\vee(\neg\beta))),$$
$$(\alpha\leftrightarrow\beta) \text{ 代表 } ((\alpha\to\beta)\wedge(\beta\to\alpha)).$$

注意：$\vee$，$\wedge$，$\leftrightarrow$ 不是形式语言中的符号，而是元语言中的符号. $(p_1\vee p_2)$ 等只是 P 中公式 $((\neg p_1)\to p_2)$ 的简写，它本身本不是 P 中公式.

下面我们来定义 P 中的形式推理.

定义 26.17 P 中的证明是由 P 中公式组成的一个序列：

$$\alpha_1, \alpha_2, \cdots, \alpha_n \qquad (*)$$

使得对每个 i $(1\leqslant i\leqslant n)$，下列两条件之一成立：

(1) α_i 是公理；

(2) α_i 是由序列 $(*)$ 中 α_i 之前的某两个公式 α_j，α_k $(1\leqslant j, k<i)$ 应用分离规则(M)得到的.

此时，称 $\alpha_1, \alpha_2, \cdots, \alpha_n$ 为 α_n 的一个证明，α_n 称为 P 的一个内定理，记为 $\vdash_N \alpha_n$，在不引起混淆的情况下也简记为 $\vdash\alpha_n$.

注 1 "$\vdash$"不是 P 中的一个形式符号，"$\vdash\alpha_n$"也不是 P 中的符号串，它是一个元命题，表示 α_n 是 P 的一个内定理.

注 2 定义中所谓"α_i 是由 α_j，α_k 应用(M)得到"是指 $\{\alpha_j, \alpha_k\}=\{\alpha_j, \alpha_j\to\alpha_i\}$ 或 $\{\alpha_j, \alpha_k\}=\{\alpha_k, \alpha_k\to\alpha_i\}$.

本节中我们都是在形式系统 P 中进行考察，故我们常省去"在 P 中"等字样.

由此定义易知：

(1) 若 $\alpha_1, \alpha_2, \cdots, \alpha_n$ 是 α_n 在 P 中的一个证明，则对每个 α_i $(1\leqslant i\leqslant n)$，$\vdash\alpha_i$，这是因为 $\alpha_1, \alpha_2, \cdots, \alpha_i$ 也是 α_i 在 P 中的一个证明.

(2) P 的每个公理 α 都是 P 的一个内定理，因为由 α 一个公式组成的序列就是 α 在 P 中的一个证明.

要证明公式 α 为内定理，只要给出 α 的证明序列即可. 下面我们给出 P 中的一些内定理.

【例 26.20】 设 α,β 是 P 中公式，证明：$\vdash(\alpha\to\beta)\to(\alpha\to\alpha)$.

证明

① $\alpha\to(\beta\to\alpha)$， (A1)

② $(\alpha\to(\beta\to\alpha))\to((\alpha\to\beta)\to(\alpha\to\alpha))$, (A2)

③ $(\alpha\to\beta)\to(\alpha\to\alpha)$. (M)①②

▎

此例中，①②③构成了$(\alpha\to\beta)\to(\alpha\to\alpha)$的证明序列，因此可在其中每个公式前加上记号"$\vdash$"，以示它们也是 P 中内定理.

【例 26.21】 设 α 是 P 中公式，证明：$\vdash\alpha\to\alpha$.

证明

① $\vdash\alpha\to((\beta\to\alpha)\to\alpha)$, (A1)

② $\vdash(\alpha\to((\beta\to\alpha)\to\alpha))\to((\alpha\to(\beta\to\alpha))\to(\alpha\to\alpha))$, (A2)

③ $\vdash(\alpha\to(\beta\to\alpha))\to(\alpha\to\alpha)$, (M)①②

④ $\vdash\alpha\to(\beta\to\alpha)$, (A1)

⑤ $\vdash\alpha\to\alpha$. (M)③④

▎

定理 26.10 设 α,β,γ 是 P 中三个公式，

(1) 若 $\vdash\alpha$，且 $\vdash\alpha\to\beta$，则 $\vdash\beta$；

(2) 若 $\vdash\alpha\to\beta$，且 $\vdash\beta\to\gamma$，则 $\vdash\alpha\to\gamma$.

证明

(1) $\left.\begin{matrix}\vdots\\ \vdash\alpha\end{matrix}\right\}$ α 的一个证明序列，

$\left.\begin{matrix}\vdots\\ \vdash\alpha\to\beta\end{matrix}\right\}$ $\alpha\to\beta$ 的一个证明序列.

$\vdash\beta$ (M)

(2) $\vdash(\beta\to\gamma)\to(\alpha\to(\beta\to\gamma))$, (A1)

$\left.\begin{matrix}\vdots\\ \vdash\beta\to\gamma\end{matrix}\right\}$ $\beta\to\gamma$ 的一个证明序列，

$\vdash\alpha\to(\beta\to\gamma)$, (M)

$\vdash(\alpha\to(\beta\to\gamma))\to((\alpha\to\beta)\to(\alpha\to\gamma))$, (A2)

$\vdash(\alpha\to\beta)\to(\alpha\to\gamma)$, (M)

$\left.\begin{matrix}\vdots\\ \vdash\alpha\to\beta\end{matrix}\right\}$ $\alpha\to\beta$ 的一个证明序列，

$\vdash\alpha\to\gamma$. (M)

▎

将此定理中的(1)仍记为(M)，其(2)仍记为(Tr).

【例 26.22】 证明：$\vdash\neg\alpha\to(\alpha\to\beta)$.

证明

① $\vdash\neg\alpha\to(\neg\beta\to\neg\alpha)$, (A1)

② $\vdash(\neg\beta\to\neg\alpha)\to(\alpha\to\beta)$, (A3)

③ $\vdash\neg\alpha\to(\alpha\to\beta)$. (Tr)

▎

【例 26.23】 证明：

(1) $\vdash \neg\neg\alpha\to\alpha$;

(2) $\vdash \alpha\to\neg\neg\alpha$.

证明

(1) ① $\vdash \neg\neg\alpha\to(\neg\alpha\to\neg\neg\neg\alpha)$, (上例)

② $\vdash (\neg\alpha\to\neg\neg\neg\alpha)\to(\neg\neg\alpha\to\alpha)$, (A3)

③ $\vdash \neg\neg\alpha\to(\neg\neg\alpha\to\alpha)$, (Tr)①②

④ $\vdash (\neg\neg\alpha\to(\neg\neg\alpha\to\alpha))\to$
$(\neg\neg\alpha\to\neg\neg\alpha)\to(\neg\neg\alpha\to\alpha)$, (A2)

⑤ $\vdash (\neg\neg\alpha\to\neg\neg\alpha)\to(\neg\neg\alpha\to\alpha)$, (M)③④

⑥ $\vdash \neg\neg\alpha\to\neg\neg\alpha$, (例 2)

⑦ $\vdash \neg\neg\alpha\to\alpha$. (M)⑤⑥

(2) ① $\vdash \neg\neg\neg\alpha\to\neg\alpha$, (1)

② $\vdash (\neg\neg\neg\alpha\to\neg\alpha)\to(\alpha\to\neg\neg\alpha)$, (A3)

③ $\vdash \alpha\to\neg\neg\alpha$. (M)

▌

在形式系统 P 中，我们讨论的主要就是这种形式证明，关心的是，在 P 中什么样的公式是内定理. 在形式系统 N 中,我们关心的是有限公式集 Σ 与公式 α 的形式推理关系 $\Sigma\vdash_N\alpha$. 这两者之间有何联系呢? 在此我们先给出 P 中的"$\Sigma\vdash_P\alpha$"这个概念,在下节中我们证明"$\Sigma\vdash_P\alpha$"与"$\Sigma\vdash_N\alpha$"是等价的.

定义 26.18 设 Σ 是 P 中的一个公式集，称 P 中公式序列

$$\alpha_1, \alpha_2, \cdots, \alpha_n \qquad (*)$$

为在前提 Σ 下推出 α_n 的一个**证明**,如果对每一个 $\alpha_i(1\leqslant i\leqslant n)$，下列三个条件之一成立：

(1) α_i 是 P 中一个公理；

(2) $\alpha_i\in\Sigma$;

(3) α_i 是由序列($*$)中它前面的两个公式应用分离规则(M)得到的.

此时，记为 $\Sigma\vdash_P\alpha$ 或 $\Sigma\vdash\alpha$.

在本节中，我们也总是省去"$\Sigma\vdash_P\alpha$"中的"P".

由定义可看出，在前提 Σ 下的证明实际上是把 Σ 中的公式看作"临时公理"进行的一个证明.

注 1 在定义 26.18 中，Σ 中公式不一定是 P 中的公理或内定理,Σ 也不一定是有穷集合.

注 2 易证：当 $\Sigma=\varnothing$ 时，$\varnothing\vdash\beta$ 当且仅当 $\vdash\beta$.

注 3 易证：对 P 中任意公式 β 及公式集 Σ, Σ',

$$若\ \Sigma'\subseteq\Sigma,\ \Sigma'\vdash\beta,\ 则\ \Sigma\vdash\beta.$$

反之不一定成立.

【例 26.24】 证明：若 $\alpha\in\Sigma$，则 $\Sigma\vdash\alpha$.

证明 单元素序列 α 构造 $\Sigma\vdash\alpha$ 的证明序列.

【例 26.25】 证明：$\{\alpha, \beta\to(\alpha\to\gamma)\}\vdash\beta\to\gamma$.

证明

① α, (前提)

② $\alpha\to(\beta\to\alpha)$, (A1)

③ $\beta\to\alpha$, (M)①②

④ $\beta\to(\alpha\to\gamma)$, (前提)

⑤ $(\beta\to(\alpha\to\gamma))\to(\beta\to\alpha)\to(\beta\to\gamma)$, (A2)

⑥ $(\beta\to\alpha)\to(\beta\to\gamma)$, (M)④⑤

⑦ $\beta\to\gamma$. (M)⑥③

▎

下面的"演绎定理"不仅建立了"内定理"与"有前提的推理"之间的联系,也使许多内定理的证明得到简化.

定理 26.11(演绎定理) 设 Γ 是 P 中的一个公式集,α,β 是 P 的两个公式,若 $\Gamma\cup\{\alpha\}\vdash\beta$,则 $\Gamma\vdash\alpha\to\beta$.

证明 设 $\beta_1,\beta_2,\cdots,\beta_n(=\beta)$是在前提 $\Gamma\cup\{\alpha\}$下推出 β 的一个证明. 考虑以下公式序列:

$$\alpha\to\beta_1,\ \alpha\to\beta_2,\cdots,\ \alpha\to\beta_n(=\alpha\to\beta).$$

下证:可对此公式序列进行适当填补,使得在填补过后的序列中,每个 $\alpha\to\beta_i(1\leqslant i\leqslant n)$及其之前的公式组成的子序列成为在前提 Γ 下推出 $\alpha\to\beta_i$ 的一个证明.

对 i 用数学归纳法.

(1) 当 $i=1$ 时,β_1 或者是一个公理,或者是 $\Gamma\cup\{\alpha\}$中某公式.

① 当 β_1 是一个公理时,在 $\alpha\to\beta_1$ 之前填补如下公式:

$\beta_1\to(\alpha\to\beta_1)$, (A1)

β_1, (公理)

$\alpha\to\beta_1$. (M)

② 当 $\beta_1\in\Gamma$ 时,可仿(1.1)填补.

③ 当 β_1 为 α 时,则 $\alpha\to\beta_1$ 为 $\alpha\to\alpha$. 由于 $\vdash\alpha\to\alpha$,故 $\alpha\to\alpha$ 在 P 中有一个证明序列,将此证明序列填补在 $\alpha\to\beta_1$ 之前,则此序列也是在前提 Γ 下推出 $\alpha\to\beta_1$ 的一个证明.

(2) 设在 $\alpha\to\beta_{i-1}$之前已适当填补,现在 $\alpha\to\beta_{i-1}$与 $\alpha\to\beta_i$ 之间进行如下填补:

① 当 β_i 为某公理时
② 当 $\beta_i\in\Gamma$ 时
③ 当 β_i 为 α 时
} 可仿(1)填补.

④ 当 β_i 是由 β_j 和 $\beta_k(1\leqslant j,k<i)$经(M)得到时,不妨设 β_k 为 $\beta_j\to\beta_i$. 由归纳假设,在 $\alpha\to\beta_{i-1}$之前已适当填补,$\alpha\to\beta_j$ 和 $\alpha\to\beta_k$(即 $\alpha\to(\beta_j\to\beta_i)$)在其之前出现. 现填补如下:

⋮
$\alpha\to\beta_{i-1}$ } $\alpha\to\beta_{i-1}$之前公式组成的序列,

$(\alpha\to(\beta_j\to\beta_i))\to((\alpha\to\beta_j)\to(\alpha\to\beta_i))$, (A2)

$(\alpha\to\beta_j)\to(\alpha\to\beta_i)$, (M)

$\alpha\to\beta_i$. (M)

归纳证毕. ▎

由演绎定理易知：

若$\{\alpha_1, \alpha_2, \cdots, \alpha_n\} \vdash \beta$，则$\vdash \alpha_1 \to (\alpha_2 \to \cdots \to (\alpha_n \to \beta) \cdots)$.

演绎定理的逆命题也成立.

定理 26.12 设Γ是P的一个公式集，α, β是P中的两个公式，若$\Gamma \vdash \alpha \to \beta$，则$\Gamma \cup \{\alpha\} \vdash \beta$.

证明

$\left.\begin{array}{l}\vdots \\ \alpha \to \beta\end{array}\right\}$由$\Gamma$推出$\alpha \to \beta$的一个证明，

α，（前提）

β.（M）

▍

【例 26.26】 证明：$\vdash \alpha \to ((\alpha \to \beta) \to \beta)$.

证明 只要证：$\{\alpha, \alpha \to \beta\} \vdash \beta$.

α，（前提）

$\alpha \to \beta$，（前提）

β.（M）

▍

【例 26.27】 对P中任意公式α, β, γ，$\{\alpha \to \beta, \beta \to \gamma\} \vdash \alpha \to \gamma$.

证明 只要证：$\{\alpha \to \beta, \beta \to \gamma, \alpha\} \vdash \gamma$.

α，

$\alpha \to \beta$，

β，

$\beta \to \gamma$，

γ.

由此还得到：

$$\vdash (\alpha \to \beta) \to ((\beta \to \gamma) \to (\alpha \to \gamma)).$$

▍

【例 26.28】 证明：$\{\alpha \to \beta, \neg\neg\alpha\} \vdash \neg\neg\beta$.

证明

$\left.\begin{array}{l}\vdots \\ \neg\neg\alpha \to \alpha\end{array}\right\}$ $\vdash \neg\neg\alpha \to \alpha$，

$\neg\neg\alpha$，

α，

$\alpha \to \beta$，

β

$\left.\begin{array}{l}\vdots \\ \beta \to \neg\neg\beta\end{array}\right\}$ $\vdash \beta \to \neg\neg\beta$，

$\neg\neg\beta$.

由此也可得：

$$\vdash(\alpha\to\beta)\to(\neg\neg\alpha\to\neg\neg\beta).$$

又由于 $\vdash(\neg\neg\alpha\to\neg\neg\beta)\to(\neg\beta\to\neg\alpha)$，故：

$$\vdash(\alpha\to\beta)\to(\neg\beta\to\neg\alpha).$$

▌

【例 26.29】 证明：$\vdash\alpha\to(\neg\beta\to\neg(\alpha\to\beta))$.

证明

① $\vdash\alpha\to((\alpha\to\beta)\to\beta)$， (例 26.26)

② $\vdash((\alpha\to\beta)\to\beta)\to(\neg\beta\to\neg(\alpha\to\beta))$， (例 26.28)

③ $\vdash\alpha\to(\neg\beta\to\neg(\alpha\to\beta))$. (Tr)

▌

【例 26.30】 证明：$\{\alpha\to\neg\beta,\ \alpha\to\beta,\ \alpha\}\vdash\gamma$.

证明

α，

$\alpha\to\beta$,

β,

$\alpha\to\neg\beta$,

$\neg\beta$,

⋮

$\neg\beta\to(\beta\to\gamma)$,

$\beta\to\gamma$,

γ.

由此可得：

$$\vdash(\alpha\to\beta)\to((\alpha\to\neg\beta)\to(\alpha\to\gamma)).$$

▌

【例 26.31】 证明：$\{\alpha\to\beta,\ \neg\alpha\to\beta\}\vdash\beta$.

证明

⋮

$(\alpha\to\beta)\to(\neg\beta\to\neg\alpha)$， (例 26.28)

$\alpha\to\beta$,

$\neg\beta\to\neg\alpha$,

$(\neg\alpha\to\beta)\to(\neg\beta\to\neg\neg\alpha)$,

$\neg\alpha\to\beta$,

$\neg\beta\to\neg\neg\alpha$,

⋮

$(\neg\beta\to\neg\alpha)\to((\neg\beta\to\neg\neg\alpha)\to(\neg\beta\to\neg(\alpha\to\beta)))$， (例 26.30)

$(\neg\beta\to\neg\neg\alpha)\to(\neg\beta\to\neg(\alpha\to\beta))$，

$\neg\beta\to\neg(\alpha\to\beta)$，

$(\neg\beta\to\neg(\alpha\to\beta))\to((\alpha\to\beta)\to\beta)$，

$(\alpha\to\beta)\to\beta$,

β.

由此得到：

$$\vdash(\alpha\to\beta)\to((\neg\alpha\to\beta)\to\beta).$$ ▌

【例 26.32】 证明：$\vdash(\neg\alpha\to\alpha)\to\alpha$.

证明 只要证：$\{\neg\alpha\to\alpha\}\vdash\alpha$.

① $\neg\alpha\to(\alpha\to\neg(\neg\alpha\to\alpha))$, （例 26.20）

② $(\neg\alpha\to(\alpha\to\neg(\neg\alpha\to\alpha)))\to((\neg\alpha\to\alpha)\to(\neg\alpha\to\neg(\neg\alpha\to\alpha)))$, (A2)

③ $((\neg\alpha\to\alpha)\to(\neg\alpha\to\neg(\neg\alpha\to\alpha)))$, (M)①②

④ $\neg\alpha\to\alpha$, （前提）

⑤ $\neg\alpha\to\neg(\neg\alpha\to\alpha)$, (M)③④

⑥ $(\neg\alpha\to\neg(\neg\alpha\to\alpha))\to((\neg\alpha\to\alpha)\to\alpha)$, (A3)

⑦ $(\neg\alpha\to\alpha)\to\alpha$, (M)⑤⑥

⑧ α. (M)④⑦

故 $\vdash(\neg\alpha\to\alpha)\to\alpha$. ▌

【例 26.33】 证明：$\{\alpha\to\beta,\ \neg\alpha\to\neg\beta\}\vdash\alpha$.

证明

$(\neg\alpha\to\beta)\to((\neg\alpha\to\neg\beta)\to(\neg\alpha\to\alpha))$,

$\neg\alpha\to\beta$;

$(\neg\alpha\to\neg\beta)\to(\neg\alpha\to\alpha)$,

$\neg\alpha\to\neg\beta$,

$\neg\alpha\to\alpha$,

$(\neg\alpha\to\alpha)\to\alpha$,

α. ▌

定理 26.13 设 Σ 是 P 中公式集，$\alpha_1,\alpha_2,\cdots,\alpha_n$ 为 P 中公式. 若 $\Sigma\vdash\alpha_1,\Sigma\vdash\alpha_2,\cdots,\Sigma\vdash\alpha_n$，且 $\alpha_1,\alpha_2,\cdots,\alpha_n\vdash\alpha$，则 $\Sigma\vdash\alpha$.

证明 由于 $\alpha_1,\alpha_2,\cdots,\alpha_n\vdash\alpha$，由演绎定理得：

$\vdash\alpha_1\to\alpha_2\to\cdots\to\alpha_n\to\alpha$.

如下构造 $\Sigma\vdash\alpha$ 的证明：

$\vdots$

$\vdash\alpha_1\to\alpha_2\to\cdots\to\alpha_n\to\alpha$,

$$\left.\begin{array}{l}\vdots\\ \alpha_1\end{array}\right\}\ \Sigma\vdash\alpha_1,$$

$$\left.\begin{array}{l}\vdots\\ \alpha_2\end{array}\right\}\ \Sigma\vdash\alpha_2,$$

$\vdots$

$$\left.\begin{array}{l}\vdots\\ \alpha_n\end{array}\right\}\ \Sigma\vdash\alpha_n,$$

$\alpha_2\to\cdots\to\alpha_n\to\alpha$,

$\alpha_3\to\cdots\to\alpha_n\to\alpha$,

⋮

$\alpha_n \to \alpha$,

α.

故 $\Sigma \vdash \alpha$. ▌

26.8 N 与 P 的等价性

本节中我们要证明 N 与 P 中形式推演的等价性.

我们先来看由 N 能否推出 P 来，即对 P 中任一个公式集 Σ 及公式 α(此时 Σ，α 也分别为 N 中公式集和公式)，若 $\Sigma \vdash_P \alpha$，要考察 $\Sigma \vdash_N \alpha$ 是否成立. 首先遇到的问题是：在 P 中，我们允许"$\Sigma \vdash_P \alpha$"中的 Σ 为无穷集，而对于 N，"$\Sigma \vdash_N \alpha$"中的 Σ 则不允许为无穷集，但我们有如下的命题.

定理 26.14 设 Σ，α 分别为 P 中公式集与公式，若 $\Sigma \vdash_P \alpha$，则存在 Σ 的有限子集 $\Sigma_0 \subseteq \Sigma$，使得 $\Sigma_0 \vdash_P \alpha$.

证明 设 $\alpha_1, \alpha_2, \cdots, \alpha_n$(其中 $\alpha_n = \alpha$)是在前提 Σ 下推出 α 的一个证明. 则 $\{\alpha_1, \alpha_2, \cdots, \alpha_n\}$ 为有穷集，令 $\Sigma_0 = \Sigma \cap \{\alpha_1, \alpha_2, \cdots, \alpha_n\}$，则 $\alpha_1, \alpha_2, \cdots, \alpha_n$ 也是在前提 Σ_0 下推出 α 的一个证明，故 $\Sigma_0 \vdash_P \alpha$. ▌

由此定理知：在 P 中，我们可以只考虑前提 Σ 为 P 中有限公式集时的形式推演，因为：

$$\{\alpha \mid \alpha \text{ 为 } P \text{ 中公式，且存在 } P \text{ 中公式集 } \Sigma \text{ 使 } \Sigma \vdash_P \alpha\}$$
$$= \{\alpha \mid \alpha \text{ 为 } P \text{ 中公式，且存在 } P \text{ 中有限公式集 } \Sigma_0 \text{ 使 } \Sigma_0 \vdash_P \alpha\}.$$

为了证明 N 能推出 P，我们先证明一个引理.

引理 若 α 是 P 中公理，则对 P 中任何有限公式集 Σ 都有 $\Sigma \vdash_N \alpha$.

证明 由上节例 26.13 知：

$$\alpha \vdash_N \beta \to \alpha,$$
$$\alpha \to (\beta \to \gamma),\ \alpha \to \beta \vdash_N \alpha \to \gamma.$$

再由 N 的($\to +$)规则得：

$$\varnothing \vdash_N \alpha \to (\beta \to \alpha),$$
$$\varnothing \vdash_N (\alpha \to (\beta \to \gamma)) \to ((\alpha \to \beta) \to (\alpha \to \gamma)).$$

从而由规则($+$)得：

$$\Sigma \vdash_N \alpha \to (\beta \to \alpha),$$
$$\Sigma \vdash_N (\alpha \to (\beta \to \gamma)) \to ((\alpha \to \beta) \to (\alpha \to \gamma)).$$

又由上节例 26.15 得：

$$\neg\alpha \to \neg\beta \vdash_N \beta \to \alpha.$$

与上面类似可得：

$$\Sigma \vdash_N (\neg\alpha \to \neg\beta) \to (\beta \to \alpha).$$

证毕. ▌

定理 26.15 设 Σ，α 分别为 P 中有限公式集和公式，若 $\Sigma \vdash_P \alpha$，则 $\Sigma \vdash_N \alpha$.

证明 设 $\alpha_1, \alpha_2, \cdots, \alpha_n$(其中 $\alpha_n = \alpha$)是 P 中在前提 Σ 下推出 α 的一个证明. 要证 $\Sigma \vdash_N \alpha$，

只要证：

$$对每个 i\ (1\leqslant i\leqslant n),\ \Sigma\vdash_N \alpha_i. \qquad (*)$$

下对 i 归纳证之.

(1) 当 $i=1$ 时，α_1 是 P 中的一个公理，或者 $\alpha_1\in\Sigma$.

① 若 α_1 是 P 中的一个公理，由引理 26.2 知 $\Sigma\vdash_N \alpha_1$.

② 若 $\alpha_1\in\Sigma$，由 N 的规则($\in$)知 $\Sigma\vdash_N \alpha_1$.

(2) 假设对满足 $j<i$ 的每个自然数 j，$\Sigma\vdash_N \alpha_j$，下证：$\Sigma\vdash_N \alpha_i$.

① 当 $\alpha_i\in\Sigma$ 或者 α_i 是 P 中的公理时，类似(1)可证：$\Sigma\vdash_N \alpha_i$.

② 若 α_i 是由 α_k，α_l 经(M)得到的($1\leqslant k,l<i$)，不妨设 $\alpha_k=\beta$，$\alpha_l=\beta\to\alpha_i$. 由于 k，$l<i$，由归纳假设知 $\Sigma\vdash_N \alpha_l$，$\Sigma\vdash_N \alpha_k$，即 $\Sigma\vdash_N \beta$，$\Sigma\vdash_N \beta\to\alpha_i$，应用 N 中($\to-$)法则得 $\Sigma\vdash\alpha_i$.

归纳证完，($*$)成立. ▎

下面讨论定理 26.15 的逆定理，我们希望证明：对 N 中任意有限公式集 Σ 及公式 α，若 $\Sigma\vdash_N \alpha$，则 $\Sigma\vdash_P \alpha$. 但由于 N 可以使用五个联结词：$\neg$，$\vee$，$\wedge$，$\to$，$\leftrightarrow$，而 P 中只允许使用两个联结词：$\neg$ 和 $\to$，从而 N 中的公式集 Σ 和公式 α 不一定在 P 中，此时 $\Sigma\vdash_P \alpha$ 没有意义；但如上节所示，我们可以将 $(\alpha\vee\beta)$，$(\alpha\wedge\beta)$，$(\alpha\leftrightarrow\beta)$ 分别看作 P 中公式的简写，从而表示 P 中某个公式，这样，"$\Sigma\vdash_P \alpha$"就有意义了.

定理 26.16 设 Σ 和 α 分别为 N 中的有限公式集和公式，若 $\Sigma\vdash_N \alpha$，则 $\Sigma\vdash_P \alpha$.

证明 只要证：对 N 的任何有限公式集 Σ 及公式 α，若存在 N 中形式证明序列

$$\Sigma_1\vdash_N \alpha_1,\ \Sigma_2\vdash_N \alpha_2,\cdots,\ \Sigma_n\vdash_N \alpha_n,$$

使得：$\Sigma_n=\Sigma$，$\alpha_n=\alpha$，则：$\Sigma_n\vdash_P \alpha_n$. ($*$)

对 n 用归纳法证之.

(1) 若 $n=1$，则 $\Sigma_1=\Sigma$，$\alpha_1=\alpha$，且 $\Sigma_1\vdash_N \alpha_1$ 是应用($\in$)得到的，从而 $\alpha_1\in\Sigma_1$，此时，单元素序列 α_1 就构成了 P 中在前提 Σ 下推出 α 的一个证明，故 $\Sigma\vdash_N \alpha$.

(2) 设($*$)对满足 $k<n$ 的每个自然数 k 成立，往证($*$)对 n 也成立.

① 若 $\Sigma_n\vdash_N \alpha_n$ 是应用($\in$)得到的，仿(1)可证.

② 若 $\Sigma_n\vdash_N \alpha_n$ 是应用($\neg-$)得到的，即存在 i,j($1\leqslant i$，$j<n$)，使得 $\Sigma_i\vdash\alpha_i$，$\Sigma_j\vdash\alpha_j$ 分别为 Σ_n，$\neg\alpha_n\vdash\beta$，Σ_n，$\neg\alpha_n\vdash\neg\beta$，其中 β 为 N 中某公式. 由归纳假设得 $\Sigma_n\cup\{\neg\alpha_n\}\vdash_P\beta$，$\Sigma_n\cup\{\neg\alpha_n\}\vdash_P\neg\beta$. 由 P 中演绎定理可知 $\Sigma_n\vdash_P\neg\alpha_n\to\beta$，$\Sigma_n\vdash_P\neg\alpha_n\to\neg\beta$. 由例26.33知 $\neg\alpha_n\to\beta$，$\neg\alpha_n\to\neg\beta\vdash_P\alpha_n$，故 $\Sigma_n\vdash_P\alpha_n$.

③ 若 $\Sigma_n\vdash_N \alpha_n$ 是应用($\to-$)，($\to+$)得到的，仿②可证.

④ 若 $\Sigma_n\vdash_N \alpha_n$ 是应用($\vee-$)得到的，即存在 i,j($1\leqslant i,j<n$)，使 $\Sigma_i\vdash\alpha_i$ 和 $\Sigma_j\vdash\alpha_j$ 分别为 Σ'，$\beta\vdash\alpha_n$ 和 Σ'，$\gamma\vdash\alpha_n$，其中 Σ' 为 N 中有限公式集，β，γ 为 N 中公式，$\Sigma_n=\Sigma'\cup\{\beta\vee\gamma\}$. 注意到：$\alpha\vee\beta$ 在 P 中代表 $\neg\alpha\to\beta$.

由归纳假设知 $\Sigma'\cup\{\beta\}\vdash_P\alpha_n$，$\Sigma'\cup\{\gamma\}\vdash_P\alpha_n$. 由演绎定理知 $\Sigma'\vdash_P\beta\to\alpha_n$，$\Sigma'\vdash_P\gamma\to\alpha_n$. 由于 $\Sigma'\subseteq\Sigma_n$，故 $\Sigma_n\vdash_P\beta\to\alpha_n$，$\Sigma_n\vdash_P\gamma\to\alpha_n$. 又由于 $\beta\vee\gamma\in\Sigma_n$，故 $\Sigma_n\vdash_P\neg\beta\to\gamma$. 而 $\{\neg\beta\to\gamma,\gamma\to\alpha_n\}\vdash_P(\neg\beta\to\alpha_n)$，故 $\Sigma_n\vdash_P\neg\beta\to\alpha_n$. 又由例 26.31 知 $\{\beta\to\alpha_n,\neg\beta\to\alpha_n\}\vdash_P\alpha_n$，故 $\Sigma_n\vdash_P\alpha_n$.

⑤ 若 $\Sigma_n\vdash_N \alpha_n$ 是应用($\vee+$)得到的，则 α_n 为 $\beta\vee\gamma$（其中 β，γ 为 N 中公式），即 α_n 代表 P 中公式 $\neg\beta\to\gamma$. 由归纳假设可得：$\Sigma_n\vdash_P\beta$ 与 $\Sigma_n\vdash_P\gamma$ 中至少有一个成立. 由于 $\vdash_P\gamma\to$

$(\neg\beta\to\gamma)$和$\vdash_P \beta\to(\neg\beta\to\gamma)$，故$\Sigma_n \vdash_P \alpha_n$.

⑥ 若$\Sigma_n \vdash_N \alpha_n$是应用$(\wedge-)$得到的，由归纳假设可得$\Sigma_n \vdash_P \alpha_n \wedge \beta$或$\Sigma_n \vdash \beta \wedge \alpha_n$，其中$\beta$为$N$中公式，注意到：$\alpha_n \wedge \beta$代表$\neg(\neg\alpha_n \vee \neg\beta)$，即$\neg(\alpha_n \to \neg\beta)$. 同理，$\beta \wedge \alpha_n$代表$\neg(\beta\to\neg\alpha_n)$. 又由于$\vdash_P \neg\alpha_n \to (\alpha_n \to \neg\beta)$，$\vdash_P \neg\alpha_n \to (\beta\to\neg\alpha_n)$，故$\vdash_P \neg(\alpha_n \to \neg\beta) \to \alpha_n$，$\vdash_P \neg(\beta\to\neg\alpha_n)\to\alpha_n$. 从而$\Sigma_n \vdash_P \alpha_n$.

⑦ 若$\Sigma_n \vdash_N \alpha_n$是应用$(\wedge+)$，$(\leftrightarrow+)$，$(\leftrightarrow-)$得到的，类似可证. ▌

推论 对P（或N）中公式α，$\vdash_N \alpha$当且仅当$\vdash_P \alpha$.

由此看出：形式上不同的两个形式系统本质上是一样的.

在本章的以下各节中，我们主要就P来讨论命题演算形式系统的性质，因为P相对简明一些.

26.9 赋　　值

在形式系统中，符号或符号串本身是没有含义的，形式规则也只是符号串的改写规则. 但我们可以对形式系统进行解释，使这个形式系统具有含义，以便知道这个形式系统是否具有预计的性质，这些解释就是所谓的形式语言的语义. 一个形式系统可以给予各种不同的解释，所以一个形式语言的语义也可以是多种多样的. 以下我们就对P和N进行解释. 由于P与N的等价性，所以我们只对P作出解释.

我们希望形式系统P能反映它的直观背景：关于命题的推理方式. 因此在对P进行解释时，将P的命题符号、公式、形式规则分别看作命题、命题形式和推理规则.

我们将看到：公理都是永真式，使用形式规则得到的推理都是有效的推理形式，这说明，在一定程序上P确实反映了实际的推理方式.

定义 26.19　形式系统P的一个指派是指如下的映射σ：

$$\sigma: \{p_0, p_1, p_2, \cdots\} \to \{0, 1\}.$$

$\sigma(p_i)$（i是自然数）称为命题符号p_i在指派σ下的值.

注　这个定义与26.3节中命题形式关于命题变元组的指派的定义很类似. 但要注意它们的区别：命题形式α中的命题变元本来就有0或1值，但P中的命题符号并不具有这个性质，只是我们让它对应一个值. 这种区别在将命题符号看作命题时就不复存在了. 所以本质上它们是一致的.

定义 26.20　设σ是形式系统P的一个指派，如下归纳定义P中公式α在指派σ下的值α^σ：

(1) 若α是命题变元p_i，则$\alpha^\sigma = \sigma(p_i)$；

(2) 若α是$(\neg\beta)$，则$\alpha^\sigma = 1 - \beta^\sigma$；

(3) 若α是$(\beta\to\gamma)$，则$\alpha^\sigma = \max\{1-\beta^\sigma, \gamma^\sigma\}$.

容易归纳证明：

(1) 若σ是P的一个赋值，则对P的任一个公式α，$\alpha^\sigma \in \{0, 1\}$.

(2) 当P中公式α分别为$(\neg\beta)$，$(\beta\to\gamma)$时，α在P的指派σ的值α^σ由表26.9和表26.10确定.

表 26.9

β^σ	$\alpha^\sigma=(\neg\beta)^\sigma$
0	1
1	0

表 26.10

β^σ	γ^σ	$\alpha^\sigma=(\beta\to\gamma)^\sigma$
0	0	1
0	1	1
1	0	0
1	1	1

这两个表正好分别是$\neg$，$\to$的真值表．也就是说，P 中公式α 在指派σ 下的值α^σ 与将α 作为命题形式时,α 在关于p_0，p_1，p_2，…的指派$\langle\sigma(p_0)$，$\sigma(p_1)$，$\sigma(p_2)$，…$\rangle$（$=\langle {p_0}^\sigma$，${p_1}^\sigma$，${p_2}^\sigma$，…$\rangle$）下的值是相同的．

在 P 中，$\alpha\vee\beta$，$\alpha\wedge\beta$，$\alpha\leftrightarrow\beta$ 分别是 P 中公式$\neg\alpha\to\beta$，$\neg(\neg\alpha\vee\neg\beta)$，$(\alpha\to\beta)\wedge(\beta\to\alpha)$的简写，而这 6 个公式在作为命题形式时分别对应有相同的值（在任意指派下），从而在 P 中，包含这三个联结词的公式α 在 P 的指派σ 下的值也与将α 看作命题形式时，α 在指派$\langle\sigma(p_0)$，$\sigma(p_1)$，$\sigma(p_2)$，…$\rangle$下的值相同．

【例 26.34】 求 P 中下列公式在 P 的指派σ 下的值．

（1）$(p_1\vee p_2)\to p_3$，σ 定义为：

$$\sigma(p_i)=\begin{cases}0, & i=2k;\\ 1, & i=2k+1.\end{cases}\quad (k\text{ 为任意自然数}).$$

（2）$p_1\to(p_2\to(p_1\wedge p_2))$，$\sigma$ 是任意的指派．

解　（1）$((p_1\vee p_2)\to p_3)^\sigma$ 由$(p_1\vee p_2)^\sigma$ 和 ${p_3}^\sigma$ 根据"$\to$"的真值来确定，显然，${p_3}^\sigma=\sigma(p_3)=1$，$(p_1\vee p_2)^\sigma=(\neg p_1\to p_2)^\sigma$．而$(p_1\vee p_2)^\alpha$ 是由 $p_1^\sigma=\sigma(p_1)=1$ 和 $p_2^\sigma=\sigma(p_2)=0$ 根据"$\vee$"的真值表来确定的．$(p_1\vee p_2)^\alpha=1$．总的来说，$(p_1\vee p_2)\to p_3)^\sigma$ 是由$\sigma(p_1)$，$\sigma(p_2)$，$\sigma(p_3)$根据联结词的真值表来确定的．故$((p_1\vee p_2)\to p_3)^\sigma=1$．

以下我们直接由指派$\langle\sigma(p_0)$，$\sigma(p_1)$，$\sigma(p_2)$，…$\rangle$根据联结词的真值表来确定公式的值．

（2）$p_1\to(p_2\to(p_1\wedge p_2))$在任意指派$\sigma$ 的值如表 26.11 所示．

表 26.11

$\sigma(p_1)$	$\sigma(p_2)$	$(p_1\wedge p_2)^\sigma$	$(p_2\to(p_1\wedge p_2))^\sigma$	$(p_1\to(p_2\to(p_1\wedge p_2)))^\sigma$
0	0	0	1	1
0	1	0	0	1
1	0	0	1	1
1	1	1	1	1

P 的每个指派σ 按定义 26.20 的方式确定了 P 中每个公式的一个值α^σ，即决定了一个函数 V_σ：$F_P\to\{0,1\}$，$V_\sigma(\alpha)=\alpha^\sigma$，其中：$F_P$ 为 P 中所有公式作成的集合．我们给这样的映射以如下名称．

定义 26.21　映射 V：$F_P\to\{0,1\}$称为 P 的一个**赋值**，若 V 满足：对 P 中任意公式α，β，

（1）$V(\neg\alpha)=1-V(\alpha)$；

（2）$V(\alpha\to\beta)=\max\{1-V(\alpha),V(\beta)\}$．

直观地说，P 的赋值（或指派）就是给 P 的每个公式赋予一个真假值．

从以上讨论中我们看出，在给定了 P 的一个指派σ 后，P 中的每个公式α 在σ 下都有一个确定的值α^σ，α^σ 的求法与 26.3 节中求命题形式α 的在指派$\langle\sigma(p_0)$，$\sigma(p_1)$，$\sigma(p_2)$，…$\rangle$下的

值的方法完全一样，即真值表方法，因而σ确定了P的一个赋值V_σ. 反之，P的一个赋值V也决定了P的一个指派σ,使得$V_\sigma=V$.

与命题形式情形类似，我们也有如下结论.

定理 26.17 设在P的公式α中出现的命题符号都在$p_{i_1}, p_{i_2}, \cdots, p_{i_n}$中，若$P$的两个指派$\sigma_1, \sigma_2$满足$\sigma_1(p_{i_k})=\sigma_2(p_{i_k})(k=1, 2, \cdots, n)$，则$\alpha^{\sigma_1}=\alpha^{\sigma_2}$.

证明也与命题形式情形类似，略. ▌

我们也与命题形式情形类似地定义下列概念.

定义 26.22 设α是P中公式.

(1) 若对P的任一指派σ，$\alpha^\sigma=1$,则称α为P的一个**重言式(或永真式)**.

(2) 若对P的任一指派σ，$\alpha^\sigma=0$，则称α为P的一个**矛盾式(或永假式)**.

(3) 若存在P的指派σ，使$\alpha^\sigma=1$，则称α为P的一个**可满足式**.

既然P中公式在指派σ下的值只与α中命题符号在σ下的值有关，故P中公式α是否为重言式与将α看作命题形式时是否为重言式是一致的；对矛盾式与可满足式也一样.

定理 26.18 P中的公理都是重言式.

证明 通过下列三个真值表(表 26.12、表 26.13 和表 26.14)易见. 设σ是P的任一个指派.

(1)

表 26.12

$\sigma(\alpha)$	$\sigma(\beta)$	$(\beta\to\alpha)^\sigma$	$(\alpha\to(\beta\to\alpha))^\sigma$
0	0	1	1
0	1	0	1
1	0	1	1
1	1	1	1

(2) 令：$\alpha_1=(\alpha\to\beta)\to(\alpha\to\gamma)$，$\alpha_2=\alpha\to(\beta\to\gamma)$，

$\alpha_3=(\alpha\to(\beta\to\gamma))\to((\alpha\to\beta)\to(\alpha\to\gamma))$.

表 26.13

$\sigma(\alpha)$	$\sigma(\beta)$	$\sigma(\gamma)$	$(\alpha\to\beta)^\sigma$	$(\alpha\to\gamma)^\sigma$	$(\alpha_1)^\sigma$	$(\alpha_2)^\sigma$	$(\alpha_3)^\sigma$
0	0	0	1	1	1	1	1
1	0	0	0	0	1	1	1
0	1	0	1	1	1	1	1
0	0	1	1	1	1	1	1
0	1	1	1	1	1	1	1
1	0	1	0	1	1	1	1
1	1	0	1	0	0	0	1
1	1	1	1	1	1	1	1

(3)

表 26.14

$\sigma(\alpha)$	$\sigma(\beta)$	$(\neg\alpha\to\neg\beta)^\sigma$	$(\beta\to\alpha)^\sigma$	$((\neg\alpha\to\neg\beta)\to(\beta\to\alpha))^\sigma$
0	0	1	1	1
0	1	0	0	1
1	0	1	1	1
1	1	0	1	1

▌

定理 26.19 设α,β是P中公式，若α和$\alpha\to\beta$都是重言式，则β也是重言式.

证明 若不然，则存在P的指派σ使$\beta^\sigma=0$. 由于α为重言式，故$\alpha^\sigma=1$，从而$(\alpha\to\beta)^\sigma=0$，与$\alpha\to\beta$为重言式矛盾. ▎

定理 26.20 设α是P中公式，$q_1,q_2,\cdots,q_n$是P中命题变元符号，$\beta_1,\beta_2,\cdots,\beta_n$是$P$中另外$n$个公式，将$\alpha$中每个$q_i$(若有)换为$\beta_i(1\leqslant i\leqslant n)$所得的公式为$\beta$. 若$\alpha$为重言式，则$\beta$也为重言式.

证明 对P的任一个指派σ，令$\beta_i{}^\sigma=t_i(1\leqslant i\leqslant n)$. 作$P$的另一个指派$\tau$如下：

$$\tau(p)=\begin{cases}t_i, & 若\ p=q_i(1\leqslant i\leqslant n),\\ \sigma(p), & 若\ p\notin\{q_1,q_2,\cdots,q_n\}.\end{cases}\quad 任意\ p\in\{p_0,p_1,p_2,\cdots\}.$$

则$\beta^\sigma=\alpha^\tau$，从而由于α为重言式，故$\beta^\sigma=\alpha^\tau=1$，即$\beta$为重言式. ▎

注 本定理中，须将q_i的所有出现都换为β_i，否则不成立. 例如，$p_1\to p_1$是重言式，但若将前件中的p_1换为p_2，而后件中的p_1不换，得到公式$p_2\to p_1$，这不是一个重言式.

定义 26.23 设α,β是P中公式.

(1) 若$(\alpha\to\beta)$是一个重言式，则称α**逻辑蕴涵**β，记为$\alpha\Rightarrow\beta$.

(2) 若$(\alpha\leftrightarrow\beta)$是一个重言式，则称$\alpha$**逻辑等价**于$\beta$，或$\alpha$等值于$\beta$，记为$\alpha\Longleftrightarrow\beta$.

注意$\Rightarrow$与$\to$及$\Longleftrightarrow$与$\leftrightarrow$之间区别，前者为元语言符号，后者为形式语言符号.

对于P中公式α,β，易证：

(1) $\alpha\Rightarrow\beta$当且仅当对P的任一个指派σ，若$\alpha^\sigma=1$，则$\beta^\sigma=1$；

(2) $\alpha\Longleftrightarrow\beta$当且仅当对$P$的任一个指派$\sigma$，$\alpha^\sigma=\beta^\sigma$.

利用真值表，我们可以给出很多等值的公式，例如：

交换律： $(\alpha\vee\beta)\Longleftrightarrow(\beta\vee\alpha)$；

$(\alpha\wedge\beta)\Longleftrightarrow(\beta\wedge\alpha)$；

$(\alpha\leftrightarrow\beta)\Longleftrightarrow(\beta\leftrightarrow\alpha)$.

结合律： $(\alpha\vee\beta)\vee\gamma\Longleftrightarrow\alpha\vee(\beta\vee\gamma)$；

$(\alpha\wedge\beta)\wedge\gamma\Longleftrightarrow\alpha\wedge(\beta\wedge\gamma)$；

$(\alpha\to\beta)\to\gamma\Longleftrightarrow\alpha\to(\beta\to\gamma)$.

分配律： $\alpha\wedge(\beta\vee\gamma)\Longleftrightarrow(\alpha\wedge\beta)\vee(\alpha\wedge\gamma)$；

$\alpha\vee(\beta\wedge\gamma)\Longleftrightarrow(\alpha\vee\beta)\wedge(\alpha\vee\gamma)$；

$\alpha\to(\beta\to\gamma)\Longleftrightarrow(\alpha\to\beta)\to(\alpha\to\gamma)$.

否定律： $\alpha\Longleftrightarrow\neg\neg\alpha$；

$\neg(\alpha\vee\beta)\Longleftrightarrow(\neg\alpha)\wedge(\neg\beta)$；

$\neg(\alpha\wedge\beta)\Longleftrightarrow(\neg\alpha)\vee(\neg\beta)$.

其他： $\alpha\vee\alpha\Longleftrightarrow\alpha$；

$\alpha\wedge\alpha\Longleftrightarrow\alpha$；

$\alpha\vee(\neg\alpha)\Longleftrightarrow1$； （排中律）

$\alpha\wedge(\neg\alpha)\Longleftrightarrow0$；

$\alpha\vee\beta\Longleftrightarrow\neg((\neg\alpha)\vee(\neg\beta))$；

$\alpha\wedge\beta\Longleftrightarrow\neg((\neg\alpha)\vee(\neg\beta))$；

$\alpha\to\beta\Longleftrightarrow(\neg\alpha)\vee\beta\Longleftrightarrow(\neg\beta)\to(\neg\alpha)$；

$$(\alpha\leftrightarrow\beta)\Longleftrightarrow(\alpha\rightarrow\beta)\wedge(\beta\rightarrow\alpha).$$

上面运算律中，关于∧，∨，¬的各条等式组成了布尔代数的公理系统.

容易证明：

1. 等值关系是集合 F_P 上的一个等价关系，即：

(1) 任意 $\alpha\in F_P$，$\alpha\Longleftrightarrow\alpha$.

(2) 任意 $\alpha,\beta\in F_P$，若 $\alpha\Longleftrightarrow\beta$，则 $\beta\Longleftrightarrow\alpha$.

(3) 任意 $\alpha,\beta,\gamma\in F_P$，若 $\alpha\Longleftrightarrow\beta$，$\beta\Longleftrightarrow\gamma$，则 $\alpha\Longleftrightarrow\gamma$.

2. 设 $\alpha_1,\beta_1,\alpha_2,\beta_2$ 是 P 中公式，则：

(1) 若 $\alpha_1\Longleftrightarrow\beta_1$，则 $(\neg\alpha_1)\Longleftrightarrow(\neg\beta_1)$；

(2) 若 $\alpha_1\Longleftrightarrow\beta_1$，$\alpha_2\Longleftrightarrow\beta_2$，则：

$$(\alpha_1\vee\alpha_2)\Longleftrightarrow(\beta_1\vee\beta_2),\ (\alpha_1\wedge\alpha_2)\Longleftrightarrow(\beta_1\wedge\beta_2);$$

$$(\alpha_1\rightarrow\alpha_2)\Longleftrightarrow(\beta_1\rightarrow\beta_2),\ (\alpha_1\leftrightarrow\alpha_2)\Longleftrightarrow(\beta_1\leftrightarrow\beta_2).$$

由定理 26.23 易得如下的替换定理.

定理 26.21 设 α,β 是 P 中公式，将 α,β 中命题变元符号 $q_1,q_2,\cdots,q_n$（若有）全都分别换为公式 $\gamma_1,\gamma_2,\cdots,\gamma_n$ 后分别得公式 α',β'；若 $\alpha\Longleftrightarrow\beta$，则 $\alpha'\Longleftrightarrow\beta'$.

证明 由于 $\alpha\Longleftrightarrow\beta$，故 $\alpha\leftrightarrow\beta$ 为重言式，从而 $\alpha'\leftrightarrow\beta'$ 也为重言式，故 $\alpha'\Longleftrightarrow\beta'$. ▌

下面定理是另一种替换定理.

定理 26.22 设 $\alpha,\beta,\gamma,\delta$ 为 P 中公式，且 δ 是用 β 替换 γ 中的某些 α 得到的公式，若 $\alpha\Longleftrightarrow\beta$，则 $\gamma\Longleftrightarrow\delta$.

证明 对 P 的任一指派 σ，因 $\alpha\Longleftrightarrow\beta$，故 $\alpha^\sigma=\beta^\sigma$，从而 $\gamma^\sigma=\delta^\sigma$，所以 $\gamma\Longleftrightarrow\delta$. ▌

注意定理 26.22 与定理 26.21 替换要求的不同.

【例 26.35】 证明：$(p_0\rightarrow(p_1\rightarrow p_2))\Longleftrightarrow(p_0\wedge p_1)\rightarrow p_2$.

证明 因 $p_0\rightarrow p_1\Longleftrightarrow(\neg p_0)\vee p_1$，故：

$$
\begin{aligned}
&p_0\rightarrow(p_1\rightarrow p_2)\\
\Longleftrightarrow\ &(\neg p_0)\vee(p_1\rightarrow p_2) && \text{（定理 26.21）}\\
\Longleftrightarrow\ &(\neg p_0)\vee((\neg p_1)\vee p_2) && \text{（定理 26.22）}\\
\Longleftrightarrow\ &(\neg p_0\vee\neg p_1)\vee p_2 && \text{（结合律）}\\
\Longleftrightarrow\ &\neg(p_0\wedge p_1)\vee p_2 && \text{（否定律）}\\
\Longleftrightarrow\ &(p_0\wedge p_1)\rightarrow p_2 && \text{（定理 26.21）}
\end{aligned}
$$

▌

为了方便今后的讨论，我们现在来讨论关于¬，∨和¬，∧的一种对偶形式. 我们将 P 中只含联结词¬，∨，∧的公式（当然视为简写）称为限制性公式.

定义 26.24 设 α 是 P 中一个限制性公式.

(1) 把 α 中所有"∧"换为"∨"，同时把所有"∨"换为"∧"得到的公式称为 α 的**对偶式**，记为 α^*.

(2) 把 α 中出现的所有命题符号 p 换为 $(\neg p)$，同时，把 α 中出现的所有 $(\neg p)$ 换为 p 所得的公式称为 α 的**内否式**，记为 α^-.

例如，若 α 为 $\neg((p_0\vee p_1)\wedge(\neg p_2))$，则：

$$\alpha^*\ \text{为}\ \neg((p_0\wedge p_1)\vee(\neg p_2)),$$

$$\alpha^- \text{为} \neg(((\neg p_0) \vee (\neg p_1)) \wedge p_2).$$

定理 26.23 设 α, α_1, α_2 是 P 中限制性公式，则：

(1) $(\alpha^*)^* = \alpha$, $(\alpha^-)^- = \alpha$.

(2) $(\alpha_1 \vee \alpha_2)^* = \alpha_1^* \wedge \alpha_2^*$, $\quad (\alpha_1 \vee \alpha_2)^- = \alpha_1^- \vee \alpha_2^-$.

(3) $(\alpha_1 \wedge \alpha_2)^* = \alpha_1^* \vee \alpha_2^*$, $\quad (\alpha_1 \wedge \alpha_2)^- = \alpha_1^- \wedge \alpha_2^-$.

(4) $(\neg\alpha)^* = \neg(\alpha^*)$, $\quad (\neg\alpha)^- \Leftrightarrow \neg(\alpha^-)$.

(5) $(\alpha^*)^- = (\alpha^-)^*$.

证明 只证(4)之第二个式子，其余各式易证.

(1) 当 α 不为任何命题符号时，由定义知 $(\neg\alpha)^- = \neg(\alpha^-)$，当然有 $(\neg\alpha)^- \Leftrightarrow \neg(\alpha^-)$.

(2) 当 α 为某个命题符号 p_i 时(i 为自然数)，

$$(\neg\alpha)^- = (\neg p_i)^- = p_i \Leftrightarrow \neg\neg p_i = \neg(p_i^-) = \neg(\alpha^-). \quad ▌$$

注 上述证明的各式中，“=”表示此等号两边的公式(符号串)完全相同. 与“⇔”一样，“=”也是一个元语言记号，但要注意“=”与“⇔”的区别.

定理 26.24 对于 P 中任意限制性公式 α, $(\alpha^*)^- \Leftrightarrow \neg\alpha$.

证明 对 α 中所含联结词的个数 n 进行归纳证明.

(1) 当 $n=0$ 时，α 必为某个命题符号 p，此时，$(\alpha^*)^- = \neg p = \neg\alpha$，从而，$(\alpha^*)^- \Leftrightarrow \neg\alpha$.

(2) 对 $k>0$，设命题对满足 $n<k$ 的所有 n 成立，往证：命题当 $n=k$ 时也成立.

由于 α 中只含有 $\neg, \vee, \wedge$ 三种联结词，故 α 必为下列 4 种形式之一：

$$\alpha \text{为命题符号}, \alpha = \neg\beta, \alpha = \alpha_1 \vee \alpha_2, \alpha = \alpha_1 \wedge \alpha_2.$$

其中 β, α_1, α_2 为 P 中公式，且它们中所含联结词的个数都 $<k$.

① 当 $\alpha = \neg\beta$ 时，$(\alpha^*)^- = ((\neg\beta)^*)^- = (\neg(\beta^*))^- = \neg((\beta^*)^-)$，而 $\neg\alpha = \neg(\neg\beta)$. 由归纳假设知 $(\beta^*)^- \Leftrightarrow \neg\beta$，从而 $\neg((\beta^*)^-) \Leftrightarrow \neg(\neg\beta)$，即 $(\alpha^*)^- \Leftrightarrow \neg\alpha$.

② 当 $\alpha = \alpha_1 \wedge \alpha_2$ 时，$\neg\alpha = \neg(\alpha_1 \wedge \alpha_2) \Leftrightarrow (\neg\alpha_1) \vee (\neg\alpha_2)$. 由归纳假设得 $(\alpha_1^*)^- \Leftrightarrow \neg\alpha_1$；由替换定理得 $\neg\alpha \Leftrightarrow (\alpha_1^*)^- \vee (\neg\alpha_2)$；同理可得

$$\neg\alpha \Leftrightarrow ((\alpha_1^*)^- \vee (\alpha_2^*)^-) = (\alpha_1^* \vee \alpha_2^*)^- \Leftrightarrow ((\alpha_1 \wedge \alpha_2)^*)^- = (\alpha^*)^-.$$

③ 当 $\alpha = \alpha_1 \vee \alpha_2$ 时，仿(2.2)可证.

归纳证毕. ▌

用定理 26.24 可给出下面的等值式.

推论 1 设 $p_1, p_2, \cdots, p_n$ 是 P 中命题符号.

(1) $(\neg p_1) \vee (\neg p_2) \vee \cdots \vee (\neg p_n) \Leftrightarrow \neg(p_1 \wedge p_2 \wedge \cdots \wedge p_n)$；

(2) $(\neg p_1) \wedge (\neg p_2) \wedge \cdots \wedge (\neg p_n) \Leftrightarrow \neg(p_1 \vee p_2 \vee \cdots \vee p_n)$.

证明 令 $\alpha = p_1 \wedge p_2 \wedge \cdots \wedge p_n$，则第一个等值式的两端分别为 $(\alpha^*)^-$ 和 $\neg\alpha$. 从而等值. 第二个等值式类似可证. ▌

对推论 1 使用替换定理可得：

推论 2 对 P 中 n 个公式 $\alpha_1, \alpha_2, \cdots, \alpha_n$,

(1) $(\neg\alpha_1) \vee (\neg\alpha_2) \vee \cdots \vee (\neg\alpha_n) \Leftrightarrow \neg(\alpha_1 \wedge \alpha_2 \wedge \cdots \wedge \alpha_n)$；

(2) $(\neg\alpha_1) \wedge (\neg\alpha_2) \wedge \cdots \wedge (\neg\alpha_n) \Leftrightarrow \neg(\alpha_1 \vee \alpha_2 \vee \cdots \vee \alpha_n)$.

注 当然，推论 1 与推论 2 的等值式也可用真值表方法进行证明.

在本节的最后我们来讨论所谓的公式标准形问题，即能否给每个公式都找到一个与之等值的"标准"公式，用此"标准"公式，我们可以比用真值表方法更方便地判定此公式是否为重言式，或判定两个公式是否等值？为此，我们先来看真假指派与命题联结词之间的关系.

定义 26.25 (1) 由命题符号或命题符号的否定利用合取词"$\wedge$"组成的公式称为**简单合取式**；

(2) 由命题符号或命题符号的否定利用析取词"$\vee$"组成的公式称为**简单析取式**.

因而，单个命题符号或它们的否定既是简单析取式，又是简单合取式.

例如：p，$(\neg q)$，$(p\wedge(\neg q))$，$(p\wedge(\neg q)\wedge r\wedge(\neg p))$均为简单合取式，其中 p，q，r 为 P 中命题变元符号.

定理 26.25 (1) 一个简单析取式是重言式当且仅当它同时包含一个命题符号及其否定式.

(2) 一个简单合取式是矛盾式当且仅当它同时包含一个命题符号及其否定式.

证明 (1) ($\Leftarrow$)设 α 为一个简单析取式，α 中包含命题符号 p 及其否定式 $\neg p$，由交换律和结合律知：可假设 α 中含有 $p\vee(\neg p)$，由排中律知：$(p\vee(\neg p))\Longleftrightarrow 1$，把 α 中除 $p\vee(\neg p)$ 之外的部分记为 α'，则由交换律和结合律知：$\alpha\Longleftrightarrow\alpha'\vee(p\vee(\neg p))$. 故 α 是一个重言式.

($\Rightarrow$) 设 α 为永真的简单析取式，若它不同时包含一个命题符号和它的否定，考虑 α 中命题变元符号的如下指派：

给 α 中不带 $\neg$ 号的命题变元符号 p 指派值 0；

给 α 中带 $\neg$ 号的命题变元符号 q 指派值 1.

则 α 在此指派下取值 0，与 α 为重言式矛盾，故 α 中同时包含一个命题变元符号及其否定.

(2) 仿(1)可证. ▌

现在我们来考虑非永真的简单析取式及非矛盾的简单合取式的真假值与指派的关系.

定理 26.26 对于命题符号组 $q_1,q_2,\cdots,q_n$.

(1) 所含命题符号仅为 $q_1,q_2,\cdots,q_n$ 的任意非矛盾的简单合取式有且仅有一个关于它们的成真指派；

(2) 所含命题符号仅为 $q_1,q_2,\cdots,q_n$ 的任意非永真的简单析取式有且仅有一个关于它们的成假指派.

证明 (1) 仅含 $q_1,q_2,\cdots,q_n$ 的任一非矛盾的简单合取式 α 中，不同时包含某命题符号的肯定式和否定式，考虑下列关于 $q_1,q_2,\cdots,q_n$ 的指派 σ：对命题变元 q_i($1\leqslant i\leqslant n$)，

若 q_i 在 α 中以肯定式出现，则 σ 对 q_i 指派值 1；

若 q_i 在 α 中以否定式出现，则 σ 对 q_i 指派值 0.

所以 σ 为 α 的成真指派，其他关于 $q_1,q_2,\cdots,q_n$ 的任意指派都是成假指派.

(2) 对于非矛盾的简单析取式，同理可证. ▌

下面定理是定理 26.26 的逆定理.

定理 26.27 对于命题变元符号组 $q_1,q_2,\cdots,q_n$ 的任意指派 σ，一定有一个非永真的简单析取式 α 以 σ 为成假指派，且可使得 α 中所含的命题符号有且仅有 $q_1,q_2,\cdots,q_n$；也一定有一个非矛盾的简单合取式 β 以 σ 为成真指派. 且也可使得 α 中所含的命题符号有且仅有

$$q_1,q_2,\cdots,q_n.$$

证明 对 $q_1,q_2,\cdots,q_n$ 的任一指派 σ，如下构造其命题变元符号仅含 $q_1,q_2,\cdots,q_n$ 的一个

简单析取式β：

若 q_i 在σ 中取值为 0，则 q_i 在β 中以肯定形式出现；

若 q_i 在σ 中取值为 1，则 q_i 在β 中以否定形式出现.

所以β以σ 为成假指派.

对简单合取式情形可类似构造. ▎

例如，$p\wedge(\neg q)\wedge(\neg r)$的关于 p，q，r 惟一的成真指派为$\langle 1, 0, 0\rangle$；$p\vee(\neg q)\vee(\neg r)$的关于 p，q，r 惟一的成假指派为$\langle 0, 1, 1\rangle$.

反之，对 p，q，r 的指派$\langle 0, 1, 0\rangle$，$(\neg p\wedge q\wedge(\neg r))$ 以$\langle 0, 1, 0\rangle$为成真指派；$p\vee(\neg q)\vee r$ 以$\langle 0, 1, 0\rangle$为成假指派.

定理 26.28 对 P 中公式$\alpha_1,\alpha_2,\cdots,\alpha_n$.

(1) 合取式 $\alpha_1\wedge\alpha_2\wedge\cdots\wedge\alpha_n$ 的成真指派集为$\alpha_1,\alpha_2,\cdots,\alpha_n$ 的成真指派集的交集，而其成假指派集为 $\alpha_1,\alpha_2,\cdots,\alpha_n$ 的成假指派集的并集.

(2) 析取式 $\alpha_1\vee\alpha_2\vee\cdots\vee\alpha_n$ 的成假指派集为$\alpha_1,\alpha_2,\cdots,\alpha_n$ 的成假指派集的交集，而其成真指派集为 $\alpha_1,\alpha_2,\cdots,\alpha_n$ 的成真指派集的并集.

证明 (1) σ 是$\alpha_1\wedge\alpha_2\wedge\cdots\wedge\alpha_n$ 的成真指派当且仅当σ 是每个α_i 的成真指派$(1\leqslant i\leqslant n)$；$\sigma$ 是$\alpha_1\wedge\alpha_2\wedge\cdots\wedge\alpha_n$ 的成假指派当且仅当σ 是某个α_i 的成假指派$(1\leqslant i\leqslant n)$；

(2) 与(1)的证明类似. ▎

定理 26.29 P 的任一个公式α 都等值于一个由某些简单合取式析取起来构成的公式β.

证明 设α 中的命题符号为$q_1,q_2,\cdots,q_n$.

若α 为矛盾式，则 $\alpha\Longleftrightarrow((q_1\wedge\neg q_1)\wedge q_2\wedge\cdots\wedge q_n)$；

若α 不为矛盾式，则α 有关于$q_1,q_2,\cdots,q_n$ 的成真指派，设α 关于$q_1,q_2,\cdots,q_n$ 的所有成真指派为σ_1，σ_2，$\cdots$，$\sigma_m(0<m\leqslant 2^n)$. 对于每个$\sigma_i$，由定理 26.30 知：存在命题符号含且仅含$q_1,q_2,\cdots,q_n$ 的一个简单合取式α_i，使 α_i 以 σ_i 为成真指派，由定理 26.29 知：α_i 关于$q_1,q_2,\cdots,q_n$ 的成真指派仅为σ_i 一个$(i=1,2,\cdots,m)$. 令 $\beta=\alpha_1\vee\alpha_2\vee\cdots\vee\alpha_m$，由定理 26.31 知：$\beta$的成真指派为所有 $\alpha_1,\alpha_2,\cdots,\alpha_n$ 的成真指派的并集，即为$\sigma_1,\sigma_2,\cdots,\alpha_m$.

从而 $\alpha\Longleftrightarrow\beta$. ▎

定理 26.29 中的β称为α 的一个析取范式.

推论 P 的每个公式α 都等值于一个由某些简单析取式合取起来构成的公式β.

证明 由定理 26.32 知 $\neg\alpha$ 与某个析取范式等值，即$\neg\alpha\Longleftrightarrow(\alpha_1\vee\alpha_2\vee\cdots\vee\alpha_m)$；其中 α_1，$\alpha_2,\cdots,\alpha_m$ 都是简单合取式. 故 $\neg\neg\alpha\Longleftrightarrow\neg(\alpha_1\vee\alpha_2\vee\cdots\vee\alpha_m)$. 由于$\neg\neg\alpha\Longleftrightarrow\alpha$，从而 $\alpha\Longleftrightarrow\neg(\alpha_1\vee\alpha_2\vee\cdots\vee\alpha_m)$. 由推论 26.9 知$\neg(\alpha_1\vee\alpha_2\vee\cdots\vee\alpha_m)\Longleftrightarrow(\neg\alpha_1)\wedge(\neg\alpha_2)\wedge\cdots\wedge(\neg\alpha_m)$，再由推论 26.9 知：每个$\neg\alpha_i$ 等值一个简单析取式，故$(\neg\alpha_1)\wedge(\neg\alpha_2)\wedge\cdots\wedge(\neg\alpha_m)$，等值于些简单析取式的合取，即$\alpha$ 等值于一些简单析取式的合取. ▎

推论中的β称为α 的一个合取范式.

注 推论当然也可仿定理 26.29 证明.

【例 26.36】 求$(((\neg p_1)\vee p_2)\rightarrow p_3)$的一个合取范式和一个析取范式.

解 定理 26.29 和推论的证明也指出了求析取范式和合取范式的步骤：

(1) 列求真值表(见表 26.15)，找出所有成真指派.

表 26.15

p_1	p_2	p_3	$(\neg p_1)\vee p_2$	$((\neg p_1)\vee p_2)\to p_3$	$\neg(((\neg(p_1)\vee p_2)\to p_3)$
0	0	0	1	0	1
1	0	0	0	1	0
0	1	0	1	0	1
0	0	1	1	1	0
1	1	0	1	0	1
1	0	1	0	1	0
0	1	1	1	1	0
1	1	1	1	1	0

(2) 先求析取范式.

$((\neg p_1)\vee p_2)\to p_3$ 关于 p_1, p_2, p_3 的成真指派为$\langle 1,0,0\rangle$, $\langle 0,0,1\rangle$, $\langle 1,0,1\rangle$, $\langle 0,1,1\rangle$和$\langle 1,1,1\rangle$,相应的简单析取式分别为 $p_1\wedge(\neg p_2)\wedge(\neg p_3)$, $(\neg p_1)\wedge(\neg p_2)\wedge p_3$, $p_1\wedge(\neg p_2)\wedge p_3$, $(\neg p_1)\wedge p_2\wedge p_3$ 和 $p_1\wedge p_2\wedge p_3$. 故 $((\neg p_1)\vee p_2)\to p_3$ 的一个析取范式为:

$$(p_1\wedge(\neg p_2)\wedge(\neg p_3))\vee((\neg p_1)\wedge(\neg p_2)\wedge p_3)\vee$$
$$(p_1\wedge(\neg p_2)\wedge p_3)\vee((\neg p_1)\wedge p_2\wedge p_3)\vee(p_1\wedge p_2\wedge p_3).$$

(3) 再求合取范式. 根据推论 26.10 的证明,为求$((\neg p_1)\vee p_2)\to p_3$ 的合取范式,要先求它的否定式的析取范式.

$\neg(((\neg p_1)\vee p_2)\to p_3)$的成真指派为$\langle 0,0,0\rangle$, $\langle 0,1,0\rangle$和$\langle 1,1,0\rangle$ (正好为$((\neg p_1)\vee p_2)\to p_3$ 的成假指派),故$\neg(((\neg p_1)\vee p_2)\to p_3)$的析取范式为:

$$((\neg p_1)\wedge(\neg p_2)\wedge(\neg p_3))\vee((\neg p_1)\wedge p_2\wedge(\neg p_3))\vee(p_1\wedge p_2\wedge(\neg p_3)).$$

故

$$((\neg p_1)\vee p_2)\to p_3$$
$$\Longleftrightarrow\neg(((\neg p_1)\wedge(\neg p_2)\wedge(\neg p_3))\vee((\neg p_1)\wedge p_2\wedge(\neg p_3))\vee(p_1\wedge p_2\wedge(\neg p_3)))$$
$$\Longleftrightarrow\neg((\neg p_1)\wedge(\neg p_2)\wedge(\neg p_3))\wedge\neg((\neg p_1)\wedge p_2\wedge(\neg p_3))\wedge\neg(p_1\wedge p_2\wedge(\neg p_3))$$
$$\Longleftrightarrow(p_1\vee p_2\vee p_3)\wedge(p_1\vee(\neg p_2)\vee p_3)\wedge((\neg p_1)\vee(\neg p_2)\vee p_3).$$

此即为$((\neg p_1)\vee p_2)\to p_3$ 的一个合取范式.

注 一个公式的合取范式和析取范式都不是惟一的.

我们还可利用上面给出的等值式直接求公式的范式. 例如:

$$((\neg p_1)\vee p_2)\to p_3$$
$$\Longleftrightarrow\neg((\neg p_1)\vee p_2)\vee p_3$$
$$\Longleftrightarrow((\neg\neg p_1)\wedge(\neg p_2))\vee p_3$$
$$\Longleftrightarrow(p_1\wedge(\neg p_2))\vee p_3$$
$$\Longleftrightarrow(p_1\vee p_3)\wedge((\neg p_2)\vee p_3).$$

则$((p_1)\wedge(\neg p_2))\vee p_3$ 也为$((\neg p_1)\vee p_2)\to p_3$ 的一个析取范式; $(p_1\vee p_3)\wedge((\neg p_2)\vee p_3)$ 也为$((\neg p_1)\vee p_2)\to p_3$ 的一个合取范式. 由此例可以看出, 可通过如下步骤直接求公式的范

式：

(1) 去掉→；

(2) 内移¬；

(3) 去掉¬¬；

(4) 用分配律整理成析取范式(合取范式).

【例 26.37】 求$((p\vee q)\to r)\to p$的范式.

解

$$((p\vee q)\to r)\to p$$
$$\Leftrightarrow\neg((p\vee q)\to r)\vee p$$
$$\Leftrightarrow\neg(\neg(p\vee q)\vee r)\vee p$$
$$\Leftrightarrow(\neg\neg(p\vee q)\wedge(\neg r))\vee p$$
$$\Leftrightarrow((p\vee q)\wedge(\neg r))\vee p$$
$$\Leftrightarrow((p\vee q)\vee p)\wedge((\neg r)\vee p) \qquad \text{(合取范式)}$$
$$\Leftrightarrow(p\vee q)\wedge((\neg r)\vee p) \qquad \text{(合取范式)}$$
$$\Leftrightarrow(p\wedge(\neg r))\vee(q\wedge(\neg r))\vee p\vee(q\wedge p) \qquad \text{(析取范式)}$$
$$\Leftrightarrow(p\wedge(\neg r))\vee(q\wedge(\neg r))\vee p. \qquad \text{(析取范式)}$$

例 26.36 的方法也可用来求真值函数的命题表示；还可用来给出联结词完全集的另一个证明.

推论 每个n元真值函数都可由n元限制的命题表示.

证明 设f是一个n元真值函数,即$f:\{0,1\}^n\longrightarrow\{0,1\}$. 又设$p_1,p_2,\cdots,p_n$是$n$个命题变元.

(1) 若f的取值恒为 0，则f由$p_1\wedge\neg p_1\wedge p_2\wedge\cdots\wedge p_n$表示；

(2) 若f的取值有为 1 的，在f的定义域的2^n个元素中，列出所有使f取值为 1 的那些元素：$\sigma_1,\sigma_2,\cdots,\sigma_m(\sigma_i\in\{0,1\}^n,1\leqslant i\leqslant m)$. 对每个$\sigma_i(1\leqslant i\leqslant n)$,令$\alpha_i$是由$p_1,p_2,\cdots,p_n$组成的一个简单合取式，使得$\alpha_i$关于$p_1,p_2,\cdots,p_n$以$\sigma_i$为惟一的成真指派. 则$f$由限定性命题公式$\alpha_1\vee\alpha_2\vee\cdots\vee\alpha_m$表示. ▎

26.10 可靠性、和谐性与完备性

在这一节中，我们要讨论形式系统P是否确实反映了命题演算. 我们要建立“重言式”与“内定理”之间的一一对应关系，也就是,我们要对P考察下述问题：

(1) P中的内定理都是重言式吗? ——可靠性

(2) P本身有无矛盾呢? 即P中是否存在公式α,使得$\vdash_P\alpha$且$\vdash_P\neg\alpha$? 如果这样的α存在，由于$\vdash_P\alpha\to(\neg\alpha\to\beta)$对$P$中的任意公式$\beta$成立，则对$P$中任意公式$\beta$，$\vdash_P\beta$，这样，$P$便没有任何意义了，此时称$P$是矛盾的. 我们自然希望$P$是不矛盾的. ——和谐性

(3) 在P中能推出所有的重言式吗? ——完备性

至于形式系统N的可靠性、和谐性与完备性，由于P与N等价,我们不再讨论，以下仅对P讨论，故“$\vdash_P$”等中的“P”均略去.

定理 26.30(P的可靠性) 对于P的任一个公式α，若$\vdash\alpha$，则α是一个重言式.

证明 $\vdash\alpha$，故存在α在P中的一个证明：$\alpha_1,\alpha_2,\cdots,\alpha_n$，下对$i$ $(1\leqslant i\leqslant n)$归纳证明每

个 α_i 都是重言式.

(1) 当 $i=1$ 时, α_1 必为公理, 由定理 26.18 知 α_1 为重言式.

(2) 假设 $\alpha_1, \alpha_2, \cdots, \alpha_{i-1}$ 都是重言式, 往证 α_i 也是重言式.

① 若 α_i 是公理, 则 α_i 为重言式.

② 若 α_i 是由 $\alpha_j, \alpha_k (1\leqslant j,k<i)$ 用分离规则(M)得到的, 不妨设 α_k 为 $\alpha_j\to\alpha_i$, 由归纳假设知 α_j, α_k 是重言式, 由定理 26.19 知 α_i 也是重言式.

归纳证完, 故 α (即 α_n)也为重言式. ▌

定理 26.31(*P*的和谐性) 对 P 的任何公式 α, $\vdash \alpha$ 与 $\vdash \neg\alpha$ 不能同时成立.

证明 若不然, 则 α 与 $\neg\alpha$ 均为重言式, 从而对 P 的任一个指派 σ, $\alpha^\sigma=(\neg\alpha)^\sigma=1$, 但 $(\neg\alpha)^\sigma=1$, $\alpha^\sigma=0\neq\alpha^\sigma$, 矛盾. ▌

注意: P 中可能存在某个公式 α 使得 α 与 $\neg\alpha$ 均不是内定理.

推论 在 P 的公式中至少存在一个不是内定理.

证明 任取定 P 的一个公式 α, 若 α 不是内定理, 则定理已成立; 若 α 是内定理, 由定理 26.34 知 $\neg\alpha$ 不是内定理. ▌

为了证明 P 的完备性, 我们先引入一些记号.

设 β 是 P 的一个公式, 以 $\beta(\pi_1, \pi_2, \cdots, \pi_n)$ 表示: $\pi_1, \pi_2, \cdots, \pi_n$ 是 P 中互异的命题符号, β 中出现的命题符号都在 $\pi_1, \pi_2, \cdots, \pi_n$ 中. 从而对 P 的任一个指派 σ, β^σ 只与 $\sigma(\pi_1)$, $\sigma(\pi_2), \cdots \sigma(\pi_n)$ 有关, 故记 β^σ 为 $\beta(\sigma(\pi_1), \sigma(\pi_2), \cdots \sigma(\pi_n))$.

引理 设 $\beta(\pi_1, \pi_2, \cdots, \pi_n)$ 为 P 中的一个公式, σ 为 P 的一个指派, $\sigma(\pi_i)=v_i (1\leqslant i\leqslant n)$. 如下取 P 的公式组 $\alpha_1, \alpha_2, \cdots, \alpha_n$: 当 $v_i=1$ 时, 取 α_i 为 π_i; 当 $v_i=0$ 时, 取 α_i 为 $(\neg\pi_i)$. 则

(1) 当 $\beta(v_1, v_2, \cdots, v_n)=1$ 时, $\alpha_1, \alpha_2, \cdots, \alpha_n\vdash\beta$;

(2) 当 $\beta(v_1, v_2, \cdots, v_n)=0$ 时, $\alpha_1, \alpha_2, \cdots, \alpha_n\vdash\neg\beta$.

证明 对 β 中所含的联结词 $\neg, \to$ 的个数 d 进行归纳证明.

(1) 当 $d=0$ 时, β 为某个命题符号 π_i, $\beta(v_1, v_2, \cdots, v_n)=v_i$.

① 当 $\beta(v_1, v_2, \cdots, v_n)=1$ 时, $v_i=1$, 从而 α_i 为 π_i, 即 α_i 为 β, 故 $\alpha_1, \alpha_2, \cdots, \alpha_n\vdash\beta$.

② 当 $\beta(v_1, v_2, \cdots, v_n)=0$ 时, $v_i=0$, 从而 α_i 为 $\neg\pi_i$, 即 α_i 为 $\neg\beta$, 故 $\alpha_1, \alpha_2, \cdots, \alpha_n\vdash\neg\beta$.

(2) 假设定理对满足 $d\leqslant k$ 的 d 都成立, 下证定理在 $d=k+1$ 时也成立.

① 若 β 为 $(\neg\beta_1)$, 则 β_1 中的联结词个数 $d_1=k$.

(i) 当 $\beta(v_1, v_2, \cdots, v_n)=1$ 时, $\beta_1(v_1, v_2, \cdots, v_n)=0$, 由归纳假设知 $\alpha_1, \alpha_2, \cdots, \alpha_n\vdash\neg\beta_1$, 即 $\alpha_1, \alpha_2, \cdots, \alpha_n\vdash\beta$.

(ii) 当 $\beta(v_1, v_2, \cdots, v_n)=0$ 时, $\beta_1(v_1, v_2, \cdots, v_n)=1$, 由归纳假设知 $\alpha_1, \alpha_2, \cdots, \alpha_n\vdash\beta_1$, 但 $\vdash\beta_1\to\neg\neg\beta_1$, 由定理 26.15 知 $\beta_1\vdash\neg\neg\beta_1$, 由传递性知 $\alpha_1, \alpha_2, \cdots, \alpha_n\vdash\neg\neg\beta_1$, 即 $\alpha_1, \alpha_2, \cdots, \alpha_n\vdash\neg\beta$.

② 若 β 为 $\beta_1\to\beta_2$, 则 β_1, β_2 中所含联结词的个数均 $\leqslant k$.

(i) 当 $\beta(v_1, v_2, \cdots, v_n)=0$ 时, $\beta_1(v_1, v_2, \cdots, v_n)=1$, 且 $\beta_2(v_1, v_2, \cdots, v_n)=0$, 由归纳假设知 $\alpha_1, \alpha_2, \cdots, \alpha_n\vdash\beta_1$, 且 $\alpha_1, \alpha_2, \cdots, \alpha_n\vdash\neg\beta_2$. 由于 $\vdash\beta_1\to(\neg\beta_2\to\neg(\beta_1\to\beta_2))$, 故 β_1, $\neg$

$\beta_2 \vdash \neg(\beta_1 \to \beta_2)$,从而 $\alpha_1, \alpha_2, \cdots, \alpha_n \vdash \neg(\beta_1 \to \beta_2)$,即 $\alpha_1, \alpha_2, \cdots, \alpha_n \vdash \neg\beta$.

(ii) 当 $\beta(v_1, v_2, \cdots, v_n)=1$ 时, 则 $\beta_1(v_1, v_2, \cdots, v_n)=0$,或 $\beta_2(v_1, v_2, \cdots, v_n)=1$.

当 $\beta_2(v_1, v_2, \cdots, v_n)=1$ 时, $\alpha_1, \alpha_2, \cdots, \alpha_n \vdash \beta_2$. 由于 $\beta_2 \vdash \beta_1 \to \beta_2$,故 $\alpha_1, \alpha_2, \cdots, \alpha_n \vdash \beta_1 \to \beta_2$,即 $\alpha_1, \alpha_2, \cdots, \alpha_n \vdash \beta$.

当 $\beta_1(v_1, v_2, \cdots, v_n)=0$ 时, $\alpha_1, \alpha_2, \cdots, \alpha_n \vdash \neg\beta_1$. 由于 $\neg\beta_1 \vdash \beta_1 \to \beta_2$,故 $\alpha_1, \alpha_2, \cdots, \alpha_n \vdash \beta_1 \to \beta_2$,即 $\alpha_1, \alpha_2, \cdots, \alpha_n \vdash \beta$.

归纳证毕, 命题成立. ▍

定理 26.32(P 的完备性) 若 β 是 P 中的重言式, 则 $\vdash \beta$.

证明 设 $\pi_1, \pi_2, \cdots, \pi_n$ 是 β 中出现的全部互异的命题变元符号. 对 P 中任一组满足下列条件的公式 $\alpha_1, \alpha_2, \cdots, \alpha_n$:

$$\text{每个 } \alpha_i \text{ 为 } \pi_i \text{ 或 } \neg\pi_i (1 \leqslant i \leqslant n).$$

由于 β 永真, 由引理知:

$$\alpha_1, \alpha_2, \cdots, \alpha_n \vdash \beta.$$

因为 α_n 可为 π_n, 也可为 $\neg\pi_n$,故有:

$$\alpha_1, \alpha_2, \cdots, \alpha_{n-1}, \pi_n \vdash \beta,$$

$$\alpha_1, \alpha_2, \cdots, \alpha_{n-1}, \neg\pi_n \vdash \beta.$$

由演绎定理知:

$$\alpha_1, \alpha_2, \cdots, \alpha_{n-1} \vdash \pi_n \to \beta,$$

$$\alpha_1, \alpha_2, \cdots, \alpha_{n-1} \vdash \neg\pi_n \to \beta.$$

但 $\vdash (\pi_n \to \beta) \to ((\neg\pi_n \to \beta) \to \beta)$, 故

$$\alpha_1, \alpha_2, \cdots, \alpha_{n-1} \vdash \beta.$$

仿上可得:

$$\alpha_1, \alpha_2, \cdots, \alpha_{n-2} \vdash \beta,$$

$$\vdots$$

$$\alpha_1, \alpha_2 \vdash \beta,$$

$$\alpha_1 \vdash \beta.$$

即 $\pi_1 \vdash \beta$, $\neg\pi_1 \vdash \beta$, 故 $\vdash \pi_1 \to \beta$, $\vdash \neg\pi_1 \to \beta$, $\vdash \beta$. ▍

现在要看一个公式 α 是否为内定理, 只要用真值表的方法看 α 是否为重言式即可. 而任一个公式的真值表我们都可用一个固定的方法作出,故是否为内定理总是可"判断"的, 这称为命题演算的可判定性. 另一方面, P 的所有内定理恰是所有重言式,说明在一定程度上 P 确实反映了命题逻辑的特点, 是日常命题推理的一种正确的抽象模型.

习题二十六

1. 将下列命题符号化.

(1) 我看见的既不是小张也不是小王.

(2) 他生于 1963 年或 1964 年.

(3) 只要下雨我就带伞.

(4) 只有下雨我才带伞.

(5) 除非天气好, 否则我是不会出去的.

(6) 两个数的和是偶数当且仅当这两个数都是偶数或这两个数都是奇数.

2. 写出下列命题形式的真值表.

(1) $((\neg p)\wedge(\neg q))$. (2) $((p\to q)\to r)$.

(3) $(p\to(q\to r))$. (4) $(p\to(q\to r))\to((p\to q)\to(p\to r))$.

3. 求出下列命题形式的所有成真指派.

(1) $(p\to(q\to p))$. (2) $((q\vee r)\to((\neg r)\to q))$.

(3) $(p\to(p\vee q))$. (4) $((p\to p)\to((\neg p)\to(\neg q)))$.

(5) $((p\to p)\to((\neg q)\to(\neg p)))$. (6) $((p\wedge(\neg p))\to q)$.

(7) $((p\vee(\neg p))\to q)$. (8) $((p\vee(\neg p))\to((q\vee(\neg q))\to r))$.

(9) $((p\to q)\wedge(q\to r)\to(p\to r))$. (10) $((\neg(p\to q))\wedge q)$.

并判断上述命题形式哪些是重言式？哪些是矛盾式？哪些是可满足式？

4. 证明：命题形式$((\neg p)\to(q\vee r))$与$((\neg((\neg q)\to r))\to p)$确定同一个真值函数，并指出这个真值函数.

5. 任取非 $f_{\vee}$，$f_{\wedge}$，$f_{\to}$，$f_{\leftrightarrow}$的两个二元真值函数，给出其命题形式表式.

6. 设三元真值函数 f：$\{0,1\}^3\longrightarrow\{0,1\}$为：

$$f(0,0,0)=1,\quad f(1,0,0)=1,\quad f(0,1,0)=1,\quad f(0,0,1)=1,$$
$$f(0,1,1)=0,\quad f(1,0,1)=0,\quad f(1,1,0)=0,\quad f(1,1,1)=0.$$

试找出一个命题形式 α，使得 α 中仅含联结词$\neg$，$\vee$，且 $f=f_{\alpha}$.

7. 二元真值函数 f 为：

$$f(0,0)=1,\ f(0,1)=0,\ f(1,0)=0,\ f(1,1)=0,$$

则 f 定义一个广义联结词$\downarrow$，则$\{\downarrow\}$是一个联结词的完全集.

8. 二元真值函数 f 为：

$$f(0,0)=1,\ f(0,1)=1,\ f(1,0)=1,\ f(1,1)=0,$$

则 f 定义一个广义联结词$\uparrow$，则$\{\uparrow\}$是一个联结词的完全集.

9. 证明：例 26.15 的(1)和(3).

10. 证明：例 26.16 的(2),(3)和(6).

11. 设 α,β,γ 是 N 中公式，证明下列各式在 N 中成立.

(1) $\alpha\vee(\beta\wedge\gamma)\dashv\vdash(\alpha\vee\beta)\wedge(\alpha\vee\gamma)$. (2) $\alpha\wedge(\beta\vee\gamma)\dashv\vdash(\alpha\wedge\beta)\vee(\alpha\wedge\gamma)$.

(3) $\alpha\to(\beta\wedge\gamma)\dashv\vdash(\alpha\to\beta)\wedge(\alpha\to\gamma)$. (4) $\alpha\to(\beta\vee\gamma)\dashv\vdash(\alpha\to\beta)\vee(\alpha\to\gamma)$.

(5) $(\alpha\wedge\beta)\to\gamma\dashv\vdash(\alpha\to\gamma)\wedge(\beta\to\gamma)$. (6) $(\alpha\vee\beta)\to\gamma\dashv\vdash(\alpha\to\gamma)\vee(\beta\to\gamma)$.

12. 设 α,β,γ 是 N 中公式，证明下列各式在 N 中成立.

(1) $\alpha\leftrightarrow\beta,\ \alpha\vdash\beta$. (2) $\alpha\leftrightarrow\beta,\ \beta\vdash\alpha$.

(3) $\alpha\leftrightarrow\beta\dashv\vdash\beta\leftrightarrow\alpha$. (4) $\neg(\alpha\leftrightarrow\beta)\dashv\vdash\neg\alpha\leftrightarrow\beta$.

(5) $\neg(\alpha\leftrightarrow\beta)\dashv\vdash\alpha\leftrightarrow\neg\beta$. (6) $\alpha\leftrightarrow\beta\dashv\vdash(\neg\alpha\vee\beta)\wedge(\alpha\vee\neg\beta)$.

(7) $\alpha\leftrightarrow\beta\dashv\vdash(\alpha\wedge\beta)\vee(\neg\alpha\wedge\neg\beta)$. (8) $(\alpha\leftrightarrow\beta)\leftrightarrow\gamma\dashv\vdash\alpha\leftrightarrow(\beta\leftrightarrow\gamma)$.

(9) $\alpha\leftrightarrow\beta,\ \beta\leftrightarrow\gamma\vdash\alpha\leftrightarrow\gamma$. (10) $\alpha\leftrightarrow\neg\alpha\vdash\beta$.

(11) $\varnothing\vdash(\alpha\leftrightarrow\beta)\vee(\alpha\leftrightarrow\neg\beta)$.

13. 设 $\alpha,\beta,\gamma,\delta,\eta,\theta$ 是 N 中公式，证明下列各式在 N 中成立.

(1) $\alpha\to(\beta\to\gamma),\ \alpha\wedge\beta\vdash\gamma$. (2) $\neg\alpha\vee\beta,\ \neg(\beta\wedge\gamma),\ \gamma\vdash\neg\alpha$.

(3) $\alpha\to\beta\vdash\alpha\to(\alpha\wedge\beta)$. (4) $\beta\to\delta,\ \beta\leftrightarrow\gamma,\ \delta\leftrightarrow\alpha,\ \alpha\wedge\gamma\vdash\alpha\wedge\beta\wedge\gamma\wedge\delta$.

(5) $\alpha\to(\alpha\to\beta)\vdash\neg\beta\to\neg\alpha$. (6) $\alpha\to\beta,\ \neg(\beta\to\gamma)\to\neg\alpha\vdash\alpha\to\gamma$.

(7) $(\alpha\to\beta)\to\alpha\vdash\alpha$. (8) $(\alpha\to\beta)\to\gamma\vdash\alpha\vee\gamma$.

(9) $(\alpha\to\beta)\to\gamma\vdash\neg\beta\vee\gamma$. (10) $\neg(\alpha\to\beta)\vdash\beta\to\alpha$.

(11) $\neg\alpha\vee\beta$, $\neg\beta\vdash\neg\alpha$.

(12) $\alpha\wedge\beta$, $\neg\beta\vee\gamma\vdash\alpha\wedge\gamma$.

(13) $\alpha\rightarrow(\neg\beta)$, $\beta\vee(\neg\gamma)$, $\gamma\wedge(\neg\delta)\vdash\neg\alpha$.

(14) $\alpha\vee\beta$, $\alpha\rightarrow\gamma$, $\beta\rightarrow\delta\vdash\gamma\vee\delta$.

(15) $(\alpha\vee\beta)\rightarrow(\gamma\wedge\delta)$, $(\delta\vee\eta)\rightarrow\theta\vdash\alpha\rightarrow\theta$.

(16) $\alpha\vee\beta$, $\beta\rightarrow\gamma$, $\alpha\rightarrow\delta$, $\neg\delta\vdash(\alpha\vee\beta)\wedge\gamma$.

14. 写出下列公式在 P 中的证明序列.

(1) $(p_1\rightarrow p_2)\rightarrow((\neg p_1\rightarrow\neg p_2)\rightarrow(p_2\rightarrow p_1))$.

(2) $((p_1\rightarrow(p_2\rightarrow p_3))\rightarrow(p_1\rightarrow p_2))\rightarrow((p_1\rightarrow(p_2\rightarrow p_3))\rightarrow(p_1\rightarrow p_3))$.

(3) $(p_1\rightarrow(p_1\rightarrow p_2))\rightarrow(p_1\rightarrow p_2)$.

(4) $p_1\rightarrow(p_2\rightarrow(p_1\rightarrow p_2))$.

15. 设 α, β, γ 是 P 中的公式，写出下列各式在 P 中的证明序列.

(1) $\alpha\rightarrow\beta$, $\neg(\beta\rightarrow\gamma)\rightarrow\neg\alpha\vdash_P\alpha\rightarrow\gamma$.

(2) $\alpha\rightarrow(\beta\rightarrow\gamma)\vdash_P\beta\rightarrow(\alpha\rightarrow\gamma)$.

(3) $\neg(\alpha\rightarrow\beta)\vdash_P\alpha$.

(4) $\neg(\alpha\rightarrow\beta)\vdash_P\neg\beta$.

16. 用演绎定理证明 P 中的下列公式都是内定理.

(1) $(\neg(\alpha\rightarrow\beta)\rightarrow\gamma)\rightarrow(\alpha\rightarrow(\neg\beta\rightarrow\gamma))$.

(2) $(\alpha\rightarrow(\beta\rightarrow\neg\alpha))\rightarrow(\alpha\rightarrow\neg\beta)$.

(3) $((\neg\alpha\rightarrow\beta)\rightarrow\gamma)\rightarrow(\alpha\rightarrow\gamma)$.

17. 设 α,α', β, γ 是 P 中公式，证明：

(1) $(\alpha\rightarrow\beta)\rightarrow\beta\vdash_P(\beta\rightarrow\alpha)\rightarrow\alpha$.

(2) $(\alpha\rightarrow\beta)\rightarrow\gamma\vdash_P(\alpha\rightarrow\gamma)\rightarrow\gamma$.

(3) $(\alpha\rightarrow\beta)\rightarrow\gamma\vdash_P(\gamma\rightarrow\alpha)\rightarrow(\alpha'\rightarrow\alpha)$.

18. 试证明第 11 题中各式在 P 中都成立.

19. 试证明第 12 题中各式在 P 中都成立.

20. 试证明第 13 题中各式在 P 中都成立.

21. 证明：映射 v: $F_P\longrightarrow\{0, 1\}$为 P 的一个赋值的充要条件是：对 P 中任意公式 α,β, 下面两条成立：

(1) $v(\alpha)\neq v(\neg\alpha)$.

(2) $v(\alpha\rightarrow\beta)=0$ 当且仅当 $v(\alpha)=1$ 时，$v(\beta)=0$.

22. 证明:若 α,β 是公式，且 $\alpha\Leftrightarrow\alpha_1$，$\beta\Leftrightarrow\beta_1$，则：

(1) $\alpha\vee\beta\Leftrightarrow\alpha_1\vee\beta_1$；

(2) $\alpha\wedge\beta\Leftrightarrow\alpha_1\wedge\beta_1$.

23. 证明下列公式互相等值，并注明理由.

(1) $\neg(\alpha\vee\neg\beta)\rightarrow(\beta\rightarrow\gamma)$.

(2) $\neg(\beta\rightarrow\alpha)\rightarrow(\neg\beta\vee\gamma)$.

(3) $(\neg\alpha\wedge\beta)\rightarrow\neg(\beta\wedge\neg\gamma)$.

(4) $\neg(\neg\beta\vee\gamma)\rightarrow(\beta\rightarrow\alpha)$.

(5) $\beta\rightarrow(\neg\alpha\rightarrow\gamma)$.

(6) $\beta\rightarrow(\alpha\vee\gamma)$.

(7) $\alpha\vee(\neg\beta)\vee\gamma$.

24. 设 α, β, γ 为 P 中公式，α 在 γ 中出现，将 γ 中的所有 α 换为 β 所得到的公式记为 δ. 若 γ 为重言式，问 δ 是否还为重言式？(比较定理 26.20，定理 26.21，定理 26.22.)

25. 求下列各式的析取范式和合取范式.

(1) $\alpha\leftrightarrow\beta$.　(2) $((\alpha\rightarrow\beta)\rightarrow\gamma)\rightarrow\theta$.　(3) $\alpha\rightarrow(\neg\beta\vee\gamma)$.

26. 求表示下列三元真值函数 f 的析取范式和合取范式.

$$f(0,0,0)=1,\quad f(1,0,0)=0,\quad f(0,1,0)=1,\quad f(0,0,1)=0,$$
$$f(0,1,1)=1,\quad f(1,0,1)=0,\quad f(1,1,0)=1,\quad f(1,1,1)=0.$$

27. 由定理 26.31 的推论证明定理 26.31.

28. 若 $\Sigma\vdash_P\alpha$，则对 P 的任意指派 σ，如果对 Σ 中的每个公式 β 都有 $\beta^\sigma=1$，那么 $\alpha^\sigma=1$.

29. 判断下列公式是否为 P 的内定理.

(1) $(\alpha\rightarrow\neg\alpha)\rightarrow\neg\alpha$.

(2) $(\neg\alpha\rightarrow\beta)\rightarrow(\alpha\rightarrow\neg\beta)$.

(3) $(\neg\beta\rightarrow\alpha)\rightarrow(\alpha\rightarrow\neg\beta)$.

(4) $\neg(\alpha\rightarrow\beta)\rightarrow\neg\beta$.

(5) $\alpha\rightarrow(\beta\rightarrow\neg(\alpha\rightarrow\beta))$.

(6) $\alpha\rightarrow(\beta\rightarrow\neg(\alpha\rightarrow\neg\beta))$.

(7) $(\alpha\rightarrow\beta)\rightarrow((\gamma\rightarrow\alpha)\rightarrow(\gamma\rightarrow\beta))$.

(8) $(\alpha\rightarrow\beta)\rightarrow((\gamma\rightarrow\neg\alpha)\rightarrow(\gamma\rightarrow\neg\beta))$.

30. 试讨论：在 N 中改变(包括增加、减少)某些形式规则使得所得的形式系统与 N 是等价的.

31. 试讨论：

(1) 在 P 中改变(包括增加)形式规则使得所得的形式系统与 P 是等价的.

(2) 在 P 中改变(包括增加)形式规则使得所得的形式系统与 P 是弱等价的，即它们的内定理完全相同(有前提的推演不必相同).

32. 试讨论：

(1) 在 P 中改变(包括增加、减少)公理使得所得的形式系统与 P 是等价的.

(2) 在 P 中改变(包括增加、减少)公理使得所得的形式系统与 P 是弱等价的.

第二十七章　一阶谓词演算

命题演算以由简单命题通过联结词构成的复合命题为讨论对象，不再对简单命题作进一步的分析，即命题逻辑只讨论以简单命题为基本元素的复合命题之间的推理关系，这种逻辑体表达能力很弱，例如下面这种推理关系的正确性在命题逻辑中无法确切表达出来.

因为所有实数的平方都是非负的.

π 是一个实数.

所以 π 的平方是非负的.

这个推理在直观上是正确的. 但是如果我们还用命题逻辑的符号来表示它的话，推理中的三个句子是三个简单命题，且各不相同，只能各记为 p，q，r，则这个推理在命题逻辑中只能表示为如下推理形式：

由 p，q 推出 r.

这显然不是一个有效的推理形式，即用命题逻辑的观点来看，上述推理不是一个正确的推理.

在这一章中，我们要构造一种比命题逻辑表达能力更强的逻辑，以便能说明诸如上述类型推理的正确性. 这种新的逻辑称为**一阶谓词逻辑**，在这种逻辑中，我们要对命题作进一步分析.

一阶谓词逻辑是一种重要的逻辑系统，是本书讨论的重点，上一章的命题逻辑与本章的一阶谓词逻辑统称为古典逻辑，以后的非古典逻辑的讨论大都是建立在古典逻辑的基础上的.

由于在第二十六章里我们已了解了建立形式系统的方法，故在这章的一阶谓词演算的讨论中，我们将较快地进入形式化讨论，只简单介绍由"直观"到"抽象"这一过程.

27.1　一阶谓词演算的符号化

我们从分析本章一开始提出的推理为什么不能用命题演算来表达其正确性入手来建立一阶谓词演算的符号系统. 在上述推理中，各命题之间的逻辑关系不体现在各简单命题之间，而体现在构成简单命题的各个成分之间，因此有必要对构成简单命题的各种成分再作进一步的分析，以便使建立的符号系统能表达简单命题各成分之间的关系.

一个简单命题必是一个陈述句，陈述句均可分为主语和谓语两部分. 一般来说，主语代表所讨论的对象或由某些讨论对象组成的群体，谓语表示主语所代表的对象的性质或对象群体中对象之间的关系. 我们把单个对象称为**个体**，把表示对象的性质或对象之间关系的词称为**谓词**.

【例 27.1】　分析下列各命题中的个体和谓词：

(1) π 是无理数.

π 是个体，代表圆周率，"…是无理数"是谓词，表示"π"的性质.

(2) 张三与李四同在计算机系.

“张三”、“李四”是两个个体，“…与…同在计算机系”是谓词，表示“张三”与“李四”之间的关系.

此命题也可如下划分：“张三”是一个个体，“…与李四同在计算机系”是谓词. 当然，也可划分为：“李四”是个体，“张三与…同在计算机系”是谓词.

由此可见，个体与谓词不是仅局限于主语与谓语范围之内，以下各例也有类似情况，不再一一指出.

(3) x 与 y 的和等于 z(x，y，z 是确定的数).

x，y，z 都是个体，“…与…的和等于…”是一个谓词；或者看作：x,y 为个体，“…与…的和等于 z”是谓词. 当然还有其他形式的划分.

(4) π 的平方是非负的.

“π 的平方”是一个个体，“…是非负的”是谓词；也可看作，π 是一个个体，“…的平方是非负的”是谓词，表示 π 的某种性质.

(5) 所有实数的平方是非负的.

一个实数就是一个个体，一个实数的平方也是一个个体，谓词分别与(4)同.

注意：在这个命题中，“所有实数”或“所有实数的平方”不是作为一个个体来讨论的，讨论的是“所有”中的“每一个”. 故“一个实数”或“一个实数的平方”是个体，“所有实数”与“所有实数的平方”不是个体.

(6) 有一个比 2^{1000} 大的素数.

一个素数是一个个体，“…比 2^{1000} 大”是谓词.

我们再来仔细地分析例 27.1 中命题(3)与(4)中的个体：π 的平方，x 与 y 的和. 这两个个体中的 π，x,y 也都是个体，也就是说，“π 的平方”、“x 与 y 的和”是“复合个体”，这两个“复合个体”是分别对 π，x 和 y 通过一种运算(或操作)得到的，我们把表示这类运算(或操作)的词称为函词或函数.

例如：个体“π 的平方”中的“…的平方”是一个函词，个体“x 与 y 的和”中的“…与…的和”是一个函词. 再如个体“张三的父亲”中的“…的父亲”也是一个函词，等等.

注意：函词代表的运算或操作作用于个体后得到的还是个体，而谓词应用于个体后得到的是一种判断，这两者的形式很类似，但作用不同，应注意区别.

有了“函词”这个概念，简单命题中的各成分之间的关系更清晰了.

为了对简单命题进一步符号化，以便表达其中各成分之间的关系，有必要对个体、函词和谓词进行符号化. 现在我们来对例 27.1 中的简单命题进行符号化.

(1) 以 F 表示谓词：“…是无理数”，则此命题可表示为 $F(\pi)$.

(2) 以 a 代表“张三”，b 代表“李四”，G 代表谓词“…与…同在计算机系”，则此命题可表示为 $G(a,b)$，当然也可表示为 $G'(a)$，或 $G''(b)$，其中 G' 代表“…与李四同在计算机系”，G'' 代表“张三与…同在计算机系”.

(3) 以 R 表示“…与…的和等于…”，则此命题可表示为 $R(x,y,z)$.

(4) 若以 a 代表“π 的平方”，R_1 代表“…是非负的”，则此命题可表为 $R_1(a)$；若以 f 表示函词“…的平方”，则此命题又可表示为 $R_1(f(\pi))$. 显然，$R_1(f(\pi))$ 比 $R_1(a)$ 能更清晰表达此命题的结构.

但我们现在还不能确切地对(5)，(6)中的命题进行符号化，因为我们还不能表示“所有…”、“有一个…”这样的词.

我们用“$\forall x$”表示“对于所有 x”这个短语，称为**全称量词**；
我们用“$\exists x$”表示“有一个 x”这个短语，称为**存在量词**.其中 x 表示某个个体.

全称量词与存在量词统称为**量词**.

有了量词就可以对例 27.1 中的(5)和(6)进行符号化了.

(5) 以 x 表示“一个实数的平方”，R_1 代表谓词“…是非负的”，则此命题可表示为 $\forall xR_1(x)$. 若以 y 代表“一个实数”，f 表示函词“…的平方”，则此命题也可表示为 $\forall xR_1(f(x))$.更进一步，若以 z 代表一个数，R_2 代表谓词“…是一个实数的平方”，此命题也可表示为：$(\forall z)(R_2(z)\to R_1(z))$. 在这三种表示方法中，以最后一个最能表达(5)中各成分之间的关系.第二种次之，第一种最差.

(6) 第一种表示方法为 $(\exists y)\ P_1(y)$，其中 y 代表“一个素数”，P_1 代表“…比 2^{1000} 大”.

第二种表示方法为 $(\exists x)\ (P_2(x)\wedge P_1(x))$，其中 x 代表一个数，P_2 表示“…是一个素数”，P_1 同上.

显然，后一种表示比前一种更清晰.

在定义了个体、函词、谓词和量词之后，我们再给出关于它们的一些术语与约定.

类似命题变元、命题常元等概念的定义，我们也定义个体变元、个体常元、谓词变元、谓词常元、函词变元、函词常元等概念.

对每个个体变元，它都有一个取值范围，这个范围称为这个个体变元的**个体域**或**论域**，例如，对于例 27.1，在(3)中，x,y,z 可在复数范围内取值，故它们的论域都为 C，在(5)中；以 y 表示实数，则 y 的取值范围为实数集 R，则 R 即为 y 的论域；又以 x 表示“实数的平方”，则 x 的论域为非负实数集 $R^+\cup\{0\}$ (其中 $R^+=\{x\mid x\in R,\ x>0\}$).

对于谓词，它可以表示单个个体的性质，此时称这个谓词为一元谓词，谓词也可以表示二个个体词之间的关系或性质，称此谓词为二元谓词；同样，谓词也可表示三个个体间的关系与性质，此时称这个谓词为三元谓词，等等. 例如，对于例 27.1，(1)中的“…是无理数”是一个二元谓词，(2)中的“…与…同在计算机系”是一个二元谓词，在(3)中，“ …+…=… ”是一个三元谓词. 就是说，每个谓词都带有惟一一个非 0 的自然数 n，表明这个谓词表示了 n 个个体间的关系或性质，这个非 0 自然数 n 称为这个谓词的元数，此时，也称这个谓词为 n 元谓词.

对于函词，也有同谓词类似的性质，即每个函词都带有一个非 0 自然数 n，表明这个函词是对 n 个个体进行运算或操作，n 称为这个函词的元数，此时，也称这个函词为 n 元函词.

今后，我们常用 a，b，c 等表示个体常元，以 P^{n_1}，Q^{n_2}，R^{n_3} 等表示谓词变元，其右上角的角标表示它们的元数，即 P 是 n_1 元的，Q 是 n_2 元的，R 是 n_3 元的，等等，如果一个谓词变元的元数是清楚的或省略时不会引起混淆，常省略不写. 以 f^{m_1}，g^{m_2}，h^{m_3} 等表示函词变元，右上角标分别表示它们的元数，也常省去表示元数的角标.

【例 27.2】 把下列命题符号化.

(1) 凡是有理数皆可写成分数.

(2) 教室里有同学在说话.

(3) 对于任意 x，y，都存在惟一的 z，使 $x+y=z$.

(4) 在我们班中，并非所有同学都能取得优秀成绩.

(5) 有一个整数大于其他每个整数.

(6) 任意 $\varepsilon>0$，存在 $\delta>0$，如果 $|x-a|<\delta$，则 $|F(x)-b|<\varepsilon$.

解 可表示成下列符号串(但可有不同的表示方法)：

(1) $(\forall x)(Q^1(x)\to F^1(x))$.

注意：不能写成 $(\forall x)(Q^1(x)\wedge F^1(x))$，也不要写成 $(\forall x\in Q)F^1(x)$.

(2) $(\exists x)(S'(x)\wedge T'(x))$.

当然不能写成 $(\exists x)(S'(x)\to T'(x))$ 或 $(\exists x\in S)T^1(x)$.

(1)与(2) 的两种表示方法分别代表了用全称量词与存在量词进行符号化的两个模式，这样的表示方法其好处不仅在于表达清楚，而且能使表达式中的个体变元的论域增大，从而能使式中不同的个体变元的论域取为一个共同的论域，例如，考察如下命题：

任意两个整数之间存在一个无理数.

若以 x_1，x_2 代表两个整数，以 y 代表无理数，以"<"代表"…<…"，则此命题可表示为：

$$(\forall x_1)(\forall x_2)(\exists x_3)((x_1<x_3<x_2)\vee(x_2<x_3<x_1)).$$

其中 x_1，x_2 的论域都为 Z，x_3 的论域为 $R-Q$.

但若以 y_1，y_2，y_3 代表三个实数，Z 代表"…是整数"，I 代表"…是无理数"，则此命题可表示为：

$$(\forall y_1)(\forall y_2)((Z(y_1)\wedge z(y_2))$$
$$\to(\exists y_3)(I(y_3)\wedge(y_1<y_3<y_2)\vee(y_2<y_3<y_1))).$$

其中的 y_1，y_2，y_3 的论域都为 R.

这样使得我们今后能在同一个论域内讨论所有个体变元.

(3) $(\forall x)(\forall y)(\exists z)((x+y=z)\wedge(\forall u)(u=x+y\to u=z))$.

(4) $\neg(\forall x)(C(x)\to E(x))$.

我们知道，$C(x)\to E(x)\Leftrightarrow\neg C(x)\vee E(x)\Leftrightarrow\neg(C(x)\wedge\neg E(x))$，从而此命题可表示为 $\neg(\forall x)\neg(C(x)\wedge\neg E(x))$. 另一方面，此命题也可表为 $(\exists x)(C(x)\wedge\neg E(x))$，即"$\neg(\forall x)\neg$"与"$\exists x$"有相同的意义，这在直观上也是正确的. 类似地，"$\forall x$"与"$\neg(\exists x)\neg$ 也有相同的意义.

(5) $(\exists x)(Z(x)\wedge((\forall y)(Z(y)\wedge(\neg y=x))\to x>y))$.

(6) $(\vee\varepsilon(\varepsilon>0\to(\exists\delta)(\delta>0\wedge(\forall x)(|x-a|<\delta\to|f(x)-b|<\varepsilon))))$.

注 1 对任一个确定的谓词变元 F^n，n 是 F 的元数，n 对 F 是不能变更的，即虽然 F^n 可以代表不同的谓词，但这些谓词都必须是 n 元谓词.

对于函词变元也有类似的性质.

注 2 对于谓词变元 F^n，不妨设 $n=2$，一般来说，对个体 x，y，$F(x,y)$ 与 $F(y,x)$ 不具有相同的意义. 例如，若以 F^2 表示"…>…"，则 $F(x,y)$ 表示"$x>y$"，而 $F(y,x)$ 表示"$y>x$"，即 $F(x,y)$ 中的个体变元 x，y 具有顺序性.

对于函词变元 f^n 也有类似性质，即 $f^2(x,y)$ 与 $f^2(y,x)$ 一般来说不代表同一个个体.

注 3 量词也有顺序性，例如 $(\forall x)(\exists y)(x<y)$ 与 $(\exists y)(\forall x)(x<y)$ 并不表示同一意义，如果 x，y 的论域都是实数的话，前一个式子表示任一个实数都有一个比它大的实数，此显然

为真，后一个式子表示有一个实数比所有实数都大，此显然为假.

注 4 例 27.1、例 27.2 中的各命题及其符号表达式显然都有真假值，但要注意，它们的真假值的确定已不能用上一章中简单的"真值表"方法了，因为这些符号表达式(命题)中有个体变元与量词，个体变元的取值也不再是真假值 0 或 1 了，而是论域的元素. 这也说明了命题的真假关于个体变元已不再是真值函数关系了.

注 5 所谓的"谓词"表示了个体的性质或个体之间的关系，因此，对一个 n 元谓词，抽象地看，就是个体域上的一个 n 元关系，例如若谓词 F^2 表示"…<…"，则 F^2 实际上定义了论域 A 上的一个二元关系 $E=\{\langle x, y\rangle \mid \langle x, y\rangle \in A^2, x<y\}$，$E$ 与 F^2 互相确定，即 $F^2(x, y)$ 当且仅当 $\langle x, y\rangle \in E$. 同理，若谓词 Q^3 代表"…+…=…"，则 Q^3 定义了论域 A 上如下的一个三元关系：$R=\{\langle x, y, z\rangle \mid \langle x, y, z\rangle \in A^3, x+y=z\}$.

对于函词 f^m，也有类似的性质，即抽象地看，f^m 就是论域 A 上的一个 m 元函数

$$f: A^m \longrightarrow A.$$

实际上，我们今后也是这样解释谓词与函词符号的.

现在来看本章一开始给出的推理的符号化：

$$\begin{array}{ll} \text{因为} & (\forall x)(G_2^1(x) \rightarrow G_1^1(x)) \\ & G_2^1(\pi) \\ \hline \text{所以} & G_1^1(\pi) \end{array}$$

其中 x 代表"数"，G_1^1 代表"…的平方是非负实数"，G_2^1 代表"…是实数". 容易看出，这个推理是正确的.

这样，通过引入"个体"、"谓词"、"函词"等概念，我们可以对简单命题进一步符号化，以便能表示简单命题中各成分之间的关系，进而能对推理作进一步的讨论.

27.2 一 阶 语 言

通过本章第一节的讨论，我们已知道怎样对具体的简单命题进一步符号化，使得所得到的公式能表示简单命题中各成分之间关系. 从这节开始，我们将以这样的公式为基础进一步讨论命题间的推理关系——**谓词演算**，我们要陆续建立谓词演算的两个形式系统：自然推演形式系统 $N_{\mathscr{L}}$ 与形式系统 $K_{\mathscr{L}}$，它们分别对应命题演算的形式系统 N 与 P.

我们将直接建立谓词演算的形式系统.

同 26.1 节类似，要讨论形式系统，首先必须给出形式语言. 在 $N_{\mathscr{L}}$ 和 $K_{\mathscr{L}}$ 中使用的形式语言是所谓的" 阶语言"，本节将讨论 ·阶语言的构成.

首先我们来看"一阶语言"的字母表中应包括哪些符号. 从上节的讨论中我们知道，为描述简单命题中各成分之间的关系，我们需要用到个体变元、函词变元、谓词变元与量词，再由命题演算的讨论，我们知道：要描述复合命题，我们还需要联结词. 由于在数学、物理等自然科学中，有很多常数，如：数 0、圆周率 π、ASCII 码等，它们在各个学科中起着很重要的作用，为方便它们的描述，我们应允许使用个体常元，以表示各种常量. 当然，我们还会使用一些辅助符号，如括号等.

通常，我们把个体常元符号、函数变元符号、谓词变元符号统称为非逻辑符号，而把个体

变元符号、量词符号、联结词符号和辅助符号统称为逻辑符号.

在用一阶语言描述某种对象或对其进行符号化时，上述提及的三类非逻辑符号中,并不是每类都是必要的，例如，如果要描述等价关系，只需要一个二元谓词变元符号 E^2(用来代表二元关系)即可，因为用此符号，等价关系的定义可形式化描述如下：

(1) $(\forall x)E^2(x, x)$；

(2) $(\forall x)(\forall y)(E(x, y)\to E(y, x))$；

(3) $(\forall x)(\forall y)(\forall z)(E(x, y)\wedge E(y, z)\to E(x, z))$.

可见，描述等价关系并不需要个体常元符号和函数变元符号.

由于在对某个具体的对象进行形式化描述时，并不需要每类的非逻辑符号,并且，由于不同的具体对象的描述需要不同的非逻辑符号，我们记由一些非逻辑符号作成的集合为 $\mathscr{L}$，以下我们要构造的一阶语言是随着 $\mathscr{L}$ 的不同而不同的,这点与命题演算情形不同.

下面我们来具体叙述一阶语言的构成.设 $\mathscr{L}$ 是由一些非逻辑符号作成的集合，由 $\mathscr{L}$ 生成的一阶语言的符号库由下列两部分组成：

1. $\mathscr{L}$ 的非逻辑符号，它包括下列符号：

(1) $\mathscr{L}$ 中的个体常元符号，常用 c_i(i 是自然数)表示；

(2) $\mathscr{L}$ 中的谓词变元符号，常用 F^n, G^n, P^n, Q^n, R^n 等表示，右上标 n (n 是自然数，$n>0$)表示此谓词变元符号的元数；

(3) $\mathscr{L}$ 中的函数变元符号，常用 f^m, g^m, h^m 等表示，右上标 m (m 是自然数，$m>0$)表示此函数变元符号的元数.

2. 逻辑符号，包括：

(1) 个体变元符号：x_0, x_1, x_2, $\cdots$；

(2) 量词符号：$\forall$, $\exists$;

(3) 联结词符号：$\neg$, $\wedge$, $\vee$, $\to$, $\leftrightarrow$；

(4) 辅助符号：)，，，(.

以后常将 $\mathscr{L}$ 中的个体变元符号、个体常元符号、谓词变元符号、函数变元符号分别简称为变元(符号)、常元(符号)、谓词(符号)、函数(符号).

在定义由 $\mathscr{L}$ 生成的一阶语言的公式之前，我们先定义“项”的概念.

定义 27.1 由 $\mathscr{L}$ 生成的一阶语言的“项”归纳定义如下：

(1) 变元符号和常元符号都是**项**；

(2) 若 f^m 是 $\mathscr{L}$ 中一个 m 元函数符号，t_1, t_2, $\cdots$, t_m 是 $\mathscr{L}$ 中项，则 $f^m(t_1, t_2, \cdots, t_m)$是 $\mathscr{L}$ 中项；

(3) 所有项都是有限次应用(1)和(2)得到的.

定义 27.2 由 $\mathscr{L}$ 生成的**一阶语言**的公式归纳定义如下：

(1) 如果 F^n 是 $\mathscr{L}$ 中的一个 n 元谓词符号，t_1, t_2, $\cdots$, t_n 是 $\mathscr{L}$ 中项,则 $F^n(t_1, t_2, \cdots, t_n)$ 是 $\mathscr{L}$ 中公式，此类公式称为原子公式；

(2) 若 α 是公式，则$(\neg\alpha)$是公式；

(3) 若 α, β 是公式，则$(\alpha\vee\beta)$，$(\alpha\wedge)$，$(\alpha\to\beta)$，$(\alpha\leftrightarrow\beta)$是 $\mathscr{L}$ 中公式；

(4) 若 α 是公式，x 是变元符号，则$(\forall x)\alpha$，$(\exists x)\alpha$ 也是公式；

(5) 所有公式都是有限次使用(1)—(4)得到的.

注 1 一阶语言随着它的符号库中的非逻辑符号的不同而不同，但它们对于不同的非逻辑符号以相同的方式确定公式，故一旦这些非逻辑符号组成的集合确定下来，则此一阶语言也就确定下来，故称此一阶语言为“**由 $\mathscr{L}$ 生成**的一阶语言”.

以后的讨论，并不只对某个特别的一阶语言适用，而是对所有的一阶语言皆适用，即讨论一阶语言的共同性质.

注 2 所有一阶语言中都含有相同的逻辑符号，不同一阶语言的符号库所不同的只是所含的非逻辑符号的不同，所以要确定一个一阶语言，只要确定其非逻辑符号即可.

注 3 $\mathscr{L}$中可以没有个体变元符号，或者谓词变元符号，或者函数变元符号，甚至$\mathscr{L}$本身都可以是空集. 但当 $\mathscr{L}=\varnothing$时，$\mathscr{L}$生成的一阶语言中没有任何公式，此种 $\mathscr{L}$没有什么意义，故我们总假设：$\mathscr{L}$中至少有一个谓词符号.

注 4 由 $\mathscr{L}$生成的一阶语言中的公式、项、符号等也分别称为 $\mathscr{L}$的一阶公式、项、符号等.

注 5 在定义 27.2 的(4)中，没有对个体变元 x 是否在 α 中出现作出要求，故诸如 $(\forall x_1)F^2(x_1, x_2)$，$(\forall x_3)F^2(x_1, x_2)$都是公式.

注 6 同命题演算情形类似，我们也约定一些括号的省略规则：

(1) 省略公式最外层的括号.

(2) 联结词符号“$\neg$”的优先级高于其他的四个联结词，从而可去掉$(\neg\alpha)$中的外层括号.

(3) $\alpha_1\to\alpha_2\to\cdots\to\alpha_{n-1}\to\alpha_n$ 表示$(\alpha_1\to(\alpha_2\to\cdots\to(\alpha_{n-1}\to\alpha_n)\cdots))$；

对$\vee$，$\wedge$，$\leftrightarrow$也类似规定.

(4) 将$(\forall x)\alpha$，$(\exists x)\alpha$ 分别记为 $\forall x\alpha$，$\exists x\alpha$，即 $\forall x$，$\exists x$ 的优先级高于所有联结词.

(5) $(\forall x_1)(\forall x_2)\cdots(\forall x_n)\alpha$，$(\exists x_1)(\exists x_2)\cdots(\exists x_n)\alpha$ 分别简记为

$$\forall x_1x_2\cdots x_n\alpha,\ \exists x_1x_2\cdots x_n\alpha.$$

注 7 如果函数变元符号和谓词变元符号的元数是清楚的，可省去它们右上角的元数标记.

注 8 一阶语言的直观意义是易于理解的：“符号库”相当于英语的字母表，“项”相当于“单词”或“词组”，它们不表达完整的判断，而还只是代表个体；“公式”代表完整的句子.

注 9 从项与公式的定义中看出，项的作用是描述复合个体，公式的作用是描述命题的，也就是说，如果 f^n 是一个 n 元函数符号，$x_1, x_2, \cdots, x_n$ 是 n 个个体变元，则 $f(x_1, x_2, \cdots, x_n)$还只是一个项，还是仅代表某个个体，不代表判断；谓词就不同了，若 F^n 是一个 n 元谓词，则 $F^n(x_1, x_2, \cdots, x_n)$是一个公式，表示 $x_1, x_2, \cdots, x_n$ 是否具有关系 F^n(或性质 F^n)，这代表了一种判断，即构成一个命题，要注意函数符号与谓词符号的这种区别.

但以后我们会看到，在一阶语言中，可以以谓词符号代替函数符号，从而使得一阶语言中不含函数符号，所以函数符号的引入不是本质的，只是为了方便.

一阶语言已能描述许多对象了.

【例 27.3】 用一阶语言描述群的定义.

解 令 $\mathscr{L}=\{f^2, E^2, c\}$，其中 f^2 代表群的乘法运算，即 f^2 是一个二元函数符号；E^2 描述元素的相等关系，它是一个二元谓词符号；c 代表群的单位元，它是一个常元符号. 则群的定义可表示为由 $\mathscr{L}$中的如下三个公式：

(1) $\forall x_1x_2x_3E(f(f(x_1, x_2), x_3), f(x_1, f(x_2, x_3)))$；

(2) $\forall x_0(E(f(x_0, c), x_0) \wedge E(f(c, x_0), x_0))$;

(3) $\forall x_1 \exists x_2(E(f(x_1, x_2), c) \wedge E(f(x_2, x_1), c))$.

由定义可以看出：

(1) 一阶语言 $\mathscr{L}$ 的项一定是下列 3 种形式之一：变元符号、常元符号和
$$f^n(t_1, t_2, \cdots, t_n)(f^n \in \mathscr{D});$$

(2) 一阶语言 $\mathscr{L}$ 的公式一定是下列 8 种形式之一：

原子公式，$(\neg \alpha)$，$(\alpha \vee \beta)$，$(\alpha \wedge \beta)$，$(\alpha \rightarrow \beta)$，$(\alpha \leftrightarrow \beta)$，$(\exists x)\alpha$，$(\forall x)\alpha$.

本章都是在一阶语言范围内讨论，在不引起混淆时，常省去"一阶语言"等字样.

下面我们再给出关于公式的一些概念.

定义 27.3 称公式 $(\forall x)\alpha$ 中的 α 为量词 $(\forall x)$ 的**辖域**，称公式 $(\exists x)\alpha$ 中的 α 为量词 $(\exists x)$ 的辖域.

例如，在公式 $\forall x_1 \forall x_2(F(x_1, x_2) \rightarrow F(x_2, x_3))$ 中，

$(\forall x_1)$ 的辖域为 $\forall x_2(F(x_1, x_2) \rightarrow F(x_2, x_3))$；$(\forall x_2)$ 的辖域为 $(F(x_1, x_2) \rightarrow F(x_2, x_3))$.

定义 27.4 变元符号 x 在公式 α 中的某处出现称为是**约束出现**，如果此出现是在 $(\forall x)$ 或 $(\exists x)$ 的辖域内，或者就是 $(\forall x)$，$(\exists x)$ 中的 x；若 x 在 α 中的某处出现不是约束出现，则称 x 的此出现为**自由出现**.

【**例 27.4**】 指出下列公式中变元符号的各处出现是自由出现还是约束出现.

(1) $\forall x_1 \forall x_2(F(x_1, x_2) \rightarrow F(x_1, x_3))$.

(2) $\forall x_1 F(x_1) \rightarrow F(x_1)$.

(3) $\forall x_1 F(x_1, x_2) \rightarrow \forall x_1 F(x_2)$.

解 (1) $\forall x_1 \; \forall x_2 \; (F(x_1, \; x_2) \rightarrow F(x_1, \; x_3))$
          ↑   ↑   ↑   ↑   ↑   ↑
         约束 约束 约束 约束   约束   自由

(2) $\forall x_1 \; F(x_1) \rightarrow F(x_1)$
      ↖   ↗   ↑
      约束   自由

(3) $\forall x_1 \; F(x_1, \; x_2) \rightarrow \forall x_1 \; F(x_2)$
      ↑   ↑   ↑   ↑   ↑
     约束 约束   自由   约束   自由

注 同一个变元符号在同一个公式中可能既有自由出现，又有约束出现.

定义 27.5 设个体变元符号 x 在公式 α 中出现. 如果 x 在 α 中的所有出现都是约束出现，称 x 为 α 的**约束变元**；否则，称 x 为 α 的**自由变元**.

易见：x 是 α 的自由变元的充要条件是 x 在 α 中的某处出现是自由出现.

在例 27.4 中，(1)中的 x_1，x_2 为((1)的)约束变元，x_3 是((1)的)自由变元；(2)中的 x_1 是自由变元；(3)中的 x_1 是约束变元，x_2 是自由变元.

由定义易知：对于公式 α 中出现的任一个个体变元符号 x，x 要么为 α 的自由变元，要么为 x 的约束变元，我们常以 $\alpha(x_1, x_2, \cdots, x_n)$ 表示公式 α 的自由变元都在 $x_1, x_2, \cdots, x_n$ 中.

注 约束变元与自由变元的差别较大，我们用如下的例子作直观说明. 设 E 代表二元谓词"$\cdots = \cdots$"，c 代表一个常量，考虑公式 $\forall x_1 E(x_1, c)$ 与 $\forall x_2 E(x_1, c)$. $\forall x_1 E(x_1, c)$ 中的 x_1

是约束变元，意思是不论 x_1 代表什么个体，此个体都与 c 相同. 即个体域中只能有一个元素 c；如将 $\forall x_1\, E(x_1, c)$中的 x_1 都换为 x_2，得到的公式 $\forall x_2\, E(x_2, c)$与 $\forall x_1\, E(x_1, c)$具有相同的含义,代表了相同的判断，就是说，$\forall x_1\, E(x_1, c)$代表的判断与 x_1 无关,只与个体域有关，若个体域中只有惟一的一个个体，则此判断正确,否则此判断错误. 但 $\forall x_2\, E(x_1, c)$中的 x_1 是自由变元,此公式的意思是说：不论 x_2 代表什么样的个体，x_1 代表的个体与 c 相同,从而这个公式代表的判断与自由变元 x_1 代表的个体有关(与约束变元 x_2 无关).

上面的注记也告诉我们，如果要将公式中的某个变元符号换为另外一个变元符号或甚至换为某个项而且使得公式的含义不变，必须十分小心变元符号的出现自由与否. 为此，我们给出如下定义：

定义 27.6 设 α 是 $\mathscr{L}$的一个公式，t 是 $\mathscr{L}$的一个项,x 是 $\mathscr{L}$的变元一个符号，如果对 t 中出现的每个变元符号 x_i,α 中每处自由出现的 x 不在($\forall x_i$)或($\exists x_i$)的辖域内,则称 t 对于 x 在 α 中自由,或称 t 对 x 在 α 中可代入.

【例 27.5】 设一阶公式 α 为 $\forall x_1\, F_1^2(x_1, x_2) \to \forall x_2\, F_2^2(x_3, x_1)$，问：

(1) x_2 及 $f_1^2(x_4, x_5)$对 x_1 在 α 中是否自由？

(2) $f_2^2(x_1, x_4)$及 $f_3^2(x_2, x_3)$对 x_2 在 α 中是否自由？

答 (1) x_2 对 x_1 在 α 中不自由，因为在 α 中，有自由出现的 x_1 出现在 x_2 的辖域内. $f_1^2(x_4, x_5)$对 x_1 在 α 中自由.

(2) $f_2^2(x_1, x_4)$对 x_2 在 α 中不自由;$f_3^2(x_2, x_3)$对 x_2 在 α 中自由.

以后将 α 中每个自由出现的 x 都换为项 t 后得到的公式(不论 t 对 x 在 α 中是否自由)记作 $\alpha(x/t)$，称为 α 的一个例式.

要看 t 对 x 在公式 α 中是否自由，只要在 $\alpha(x/t)$中看：在代入 t 的地方，t 中的每个变元的各个出现是否有约束出现，若有,则 t 对 x 在 α 中不自由，否则自由. 这也是“t 对 x 在 α 中可代入”这个名称的由来.

易证：对 $\mathscr{L}$的任意变元符号 x、项 t 及公式 α，

(1) x 对 x 在 α 中自由.

(2) 若 x 不在 α 中自由出现，则 t 对 x 在 α 中自由.

作为本节的结束，我们再介绍几个概念.

定义 27.7 (1) 若 $\mathscr{L}$的项 t 中不含任何个体变元符号，则称 t 为 $\mathscr{L}$的一个**闭项**;

(2) 若 $\mathscr{L}$的公式 α 中不含任何自由变元符号，则称 α 为 $\mathscr{L}$的一个闭公式.

定义 27.8 设 α 为 $\mathscr{L}$的一个公式，$v_1, v_2, \cdots, v_n$ 是 $\mathscr{L}$的 n 个个体变元符号(不必不同，也不必在 α 中出现).

(1) $\forall v_1 \forall v_2 \cdots \forall v_n\, \alpha$ 称为 α 的一个**全称化公式**;

(2) 若 α 的一个全称化公式 $\forall v_1 \forall v_2 \cdots \forall v_n\, \alpha$ 还是闭公式,则称 $\forall v_1 \forall v_2 \cdots \forall v_n\, \alpha$ 为 α 的一个**全称闭式**.

27.3 一阶谓词演算的自然推演形式系统 $N_{\mathscr{L}}$

在上节中我们定义了由非逻辑符号组成的集合 $\mathscr{L}$生成的一阶语言,一阶语言构成了谓词演算的自然推演式系统 $N_{\mathscr{L}}$的形式语言部分,在本节我们要继续讨论 $N_{\mathscr{L}}$的其他组成部分. 在

下面的讨论中，我们总是先固定 $\mathscr{L}$ 再讨论 $N_{\mathscr{L}}$的组成. 但值得一提的是，虽然 $N_{\mathscr{L}}$的形式语言随着 $\mathscr{L}$ 的不同而不同(因而 $N_{\mathscr{L}}$也随着 $\mathscr{L}$ 的不同而不同)，但今后的讨论并不只是对某个特定的 $\mathscr{L}$ 才适用，而是对所有的 $\mathscr{L}$ 都适用. 即讨论所有 $\mathscr{L}$ 生成的 $N_{\mathscr{L}}$的共同性质，所以我们对 $N_{\mathscr{L}}$的讨论具有广泛性.

设 $\mathscr{L}$ 是一个非逻辑符号集，$N_{\mathscr{L}}$的各组成部分如下：

1. 字母表为 $\mathscr{L}$ 生成的一阶语言中的字母表.

2. 公式集为 $\mathscr{L}$ 生成的一阶语言的公式集.

注：仍沿用其括号省略规则等约定.

3. 公理集仍为空集.

4. 形式规则集由以下各类组成：

设 Γ 是 $\mathscr{L}$ 中的一个有限公式集，$\alpha_1, \alpha_2, \cdots, \alpha_n, \alpha, \beta, \gamma$ 都是 $\mathscr{L}$ 中公式.

(1)(**包含律**)：若 $\alpha\in\Gamma$，则由 $\Gamma\vdash\alpha$. (∈)

(2)(**¬ 消去律**)：若 $\Gamma\cup\{(\neg\alpha)\}\vdash\beta$，且 $\Gamma\cup\{(\neg\alpha)\}\vdash(\neg\beta)$，则 $\Gamma\vdash\alpha$. (¬−)

(3)(**→消去律**)：若 $\Gamma\vdash(\alpha\to\beta)$，且 $\Gamma\vdash\alpha$，则 $\Gamma\vdash\beta$. (→−)

(4)(**→引入律**)：若 $\Gamma\cup\{\alpha\}\vdash\beta$，则 $\Gamma\vdash(\alpha\to\beta)$. (→+)

(5)(**∨消去律**)：若 $\Gamma\cup\{\alpha\}\vdash\gamma$，且 $\Gamma\cup\{\beta\}\vdash\gamma$，则 $\Gamma\cup\{(\alpha\vee\beta)\}\vdash\gamma$. (∨−)

(6)(**∨引入律**)：若 $\Gamma\vdash\alpha$，则 $\Gamma\vdash(\alpha\vee\beta)$，且 $\Gamma\vdash(\beta\vee\alpha)$. (∨+)

(7)(**∧消去律**)：若 $\Gamma\vdash(\alpha\wedge\beta)$，则 $\Gamma\vdash\alpha$，且 $\Gamma\vdash\beta$. (∧−)

(8)(**∧引入律**)：若 $\Gamma\vdash\alpha$，且 $\Gamma\vdash\beta$，则 $\Gamma\vdash(\alpha\wedge\beta)$. (∧+)

(9)(**↔消去律**)：① 若 $\Gamma\vdash(\alpha\leftrightarrow\beta)$，且 $\Gamma\vdash\alpha$，则 $\Gamma\vdash\beta$.

② 若 $\Gamma\vdash(\alpha\leftrightarrow\beta)$，且 $\Gamma\vdash\beta$，则 $\Gamma\vdash\alpha$. (↔−)

(10)(**↔引入律**)：若 $\Gamma\cup\{\alpha\}\vdash\beta$，且 $\Gamma\cup\{\beta\}\vdash\alpha$，则 $\Gamma\vdash(\alpha\leftrightarrow\beta)$. (↔+)

(11)(**增加前提律**)：若 $\Gamma\vdash\alpha$，则 $\Gamma, \beta\vdash\alpha$. (+)

(12)(**∀消去律**)：若 $\Gamma\vdash\forall x\alpha$，其中：$x$ 与 t 分别是 $\mathscr{L}$ 的个体变元符号与项，t 对 x 在 α 中自由，则 $\Gamma\vdash\alpha(x/t)$. (∀−)

(13)(**∀引入律**)：若 $\Gamma\vdash\alpha$，x 是 $\mathscr{L}$ 的一个个体变元符号，x 不在 Γ 中的任何公式中自由出现，则 $\Gamma\vdash\forall x\alpha$. (∀+)

(14)(**∃消去律**)：若 $\Gamma, \alpha\vdash\beta$，且 $\mathscr{L}$ 的个体变元符号 x 不在 $\Gamma\cup\{\beta\}$ 中的任何公式中自由出现，则 $\Gamma\cup\{\exists x\alpha\}\vdash\beta$. (∃−)

(15)(**∃引入律**)：设 x 与 t 分别为 $\mathscr{L}$ 的一个个体变元符号与项，t 对 x 在 α 中自由. 若 $\Gamma\vdash\alpha(x/t)$，则 $\Gamma\vdash\exists x\alpha$. (∃+)

注 1 规则(1)—(10)类似于命题演算形式系统 N 中的形式规则，但这 10 条规则中的公式是 $\mathscr{L}$ 中的公式，而不是 N 中公式.

注 2 同 N 类似，这 15 类形式规则每类都代表了无穷多条规则.

注 3 易见：

"若 $\Gamma\vdash\forall x\alpha$，则 $\Gamma\vdash\alpha$"也是 $N_{\mathscr{L}}$的形式规则，因为它是(∀−)的特例.

"若 $\Gamma\vdash\alpha$，则 $\Gamma\vdash\exists x\alpha$"也是 $N_{\mathscr{L}}$的形式规则，因为它是(∃+)的特例.

$N_{\mathscr{L}}$中的证明也与 N 中的证明一样定义.

定义 27.9 如果有限序列

$$\Gamma_1 \vdash \alpha_1,\ \Gamma_2 \vdash \alpha_2,\ \cdots,\ \Gamma_n \vdash \alpha_n$$

满足：每个 $\Gamma_i \vdash \alpha_i(1 \leqslant i \leqslant n)$ 都是对此序列中它之前的若干个 $\Gamma_j \vdash \alpha_j(1 \leqslant j < i)$ 应用 $N_{\mathscr{L}}$ 的形式规则得到的，则称此序列为 $N_{\mathscr{L}}$ 中的一个**形式证明**，此时，也称 α_n 可由 Γ_n 在 $N_{\mathscr{L}}$ 中形式推出，记为 $\Gamma_n \vdash_{N_{\mathscr{L}}} \alpha_n$，在不引起混淆情况下，也记为 $\Gamma_n \vdash \alpha_n$.

易见：若 $\Gamma \vdash_{N_{\mathscr{L}}} \alpha$，则 Γ 一定是 $\mathscr{L}$ 中的有限公式集.

由定义 27.9 可知：$N_{\mathscr{L}}$ 中的形式证明与 N 中形式证明在写法上很类似，而且 $N_{\mathscr{L}}$ 中证明比 N 中证明可以多用 4 条形式规则，因此，我们有下述结论.

定义 27.10 设 α 为 N 中一个公式，将在 α 中出现的所有命题变元符号 $p_0,\ p_1,\ p_2,\ \cdots,\ p_n$，同时分别换为 $\mathscr{L}$ 的公式 $\alpha_0,\ \alpha_1,\ \alpha_2,\ \cdots,\ \alpha_n$，得到的 $\mathscr{L}$ 中公式 α_0 称为 α 在 $\mathscr{L}$ 中的一个**代入实例**.

例如：$\mathscr{L}$ 的公式 $\neg \forall x_1\ F_1^1(x_1) \rightarrow (\forall x_2\ F_2^2(x_1,\ x_2) \rightarrow \forall x_3\ F_3^1(x_3))$ 是 N 中公式 $\neg p_1 \rightarrow p_2$，$p_1 \rightarrow p_2$，$\neg p_1 \rightarrow (p_2 \rightarrow p_3)$，$p_1$ 等的代入实例. $\mathscr{L}$ 的公式 $\forall x_1\ F_1^1(x_1) \rightarrow \forall x_1\ F_1^1(x_1)$ 是 N 中公式 $p_1 \rightarrow p_1$ 的代入实例.

定理 27.1 设 Σ 与 α 分别为 N 中有限公式集与公式，在 $\Sigma \cup \{\alpha\}$ 的公式中出现的命题变元符号都在 $p_0,\ p_1,\ p_2,\ \cdots,\ p_n$ 中，$\alpha_0,\ \alpha_1,\ \alpha_2,\ \cdots,\ \alpha_n$ 为 $\mathscr{L}$ 中的 $n+1$ 个公式，以 $\alpha_0,\ \alpha_1,\ \alpha_2,\ \cdots,\ \alpha_n$ 同时分别替换 $\Sigma \cup \{\alpha\}$ 的公式中的 $p_0,\ p_1,\ p_2,\ \cdots,\ p_n$，得到 $\mathscr{L}$ 中的公式集 Σ' 与公式 α'. 若 $\Sigma \vdash_N \alpha$，则 $\Sigma' \vdash_{N_{\mathscr{L}}} \alpha'$.

证明 因 $\Sigma \vdash_N \alpha$，故存在 N 中一个形式证明序列：

$$\Sigma_1 \vdash \beta_1,\ \Sigma_2 \vdash \beta_2,\ \cdots,\ \Sigma_k \vdash \beta_k,$$

满足 $\Sigma_k = \Sigma$，$\beta_k = \alpha$.

设 $\Sigma_1 \cup \Sigma_2 \cup \cdots \cup \Sigma_k \cup \{\beta_1,\ \beta_2,\ \cdots,\ \beta_n\}$ 的公式中出现的命题变元符号都在 $p_0,\ p_1,\ p_2,\ \cdots,\ p_n,\ p_{n+1},\ \cdots,\ p_{n+m}$ 中. 任选定 $\mathscr{L}$ 中的 m 个公式 $\alpha_{n+1},\ \cdots,\ \alpha_{n+m}$，将 $\Sigma_1,\ \Sigma_2,\ \cdots,\ \Sigma_k,\ \beta_1,\ \beta_2,\ \cdots,\ \beta_k$ 的公式中出现的 $p_0,\ p_1,\ p_2,\ \cdots,\ p_n,\ p_{n+1},\ \cdots,\ p_{n+m}$ 同时分别替换为 $\alpha_0,\ \alpha_1,\ \alpha_2,\ \cdots,\ \alpha_n,\ \alpha_{n+1},\ \cdots,\ \alpha_{n+m}$ 得到 $\Sigma_1',\Sigma_2',\ \cdots,\ \Sigma_k',\ \beta_1',\ \beta_2',\ \cdots,\ \beta_k'$，则：

$$\Sigma_1' \vdash \beta_1',\ \Sigma_2' \vdash \beta_2',\ \cdots,\ \Sigma_k' \vdash \beta_k'$$

为 $N_{\mathscr{L}}$ 中的一个证明，这是因为 N 中的形式规则在写法上同 $N_{\mathscr{L}}$ 中的形式规则相同. 又 $\Sigma_k' = \Sigma'$，$\beta_k' = \alpha'$，故 $\Sigma' \vdash_{N_{\mathscr{L}}} \alpha'$. ▌

N 中一些关于形式推理的元定理可以推广到 $N_{\mathscr{L}}$ 中来，下面仅列出几条常用的这种推广，证明同命题情形类似，故略去.

仍用 $\Gamma \vdash_{N_{\mathscr{L}}} \alpha_1,\ \alpha_2,\ \cdots,\ \alpha_n$ 表示 $\Gamma \vdash_{N_{\mathscr{L}}} \alpha_1$ 且 $\Gamma \vdash_{N_{\mathscr{L}}} \alpha_2$ 且 … 且 $\Gamma \vdash_{N_{\mathscr{L}}} \alpha_n$.

仍用 $\alpha \dashv\vdash_{N_{\mathscr{L}}} \beta$ 表示 $\alpha \vdash_{N_{\mathscr{L}}} \beta$ 且 $\beta \vdash_{N_{\mathscr{L}}} \alpha$.

定理 27.2 对于 $\mathscr{L}$ 的有限公式集 Γ 与公式 $\alpha_1,\ \alpha_2,\ \cdots,\ \alpha_n$.

(1) 若 $\Gamma \vdash_{N_{\mathscr{L}}} \alpha_1,\ \alpha_2,\ \cdots,\ \alpha_n$，且 $\alpha_1,\ \alpha_2,\ \cdots,\ \alpha_n \vdash_{N_{\mathscr{L}}} \alpha$，则 $\Gamma \vdash_{N_{\mathscr{L}}} \alpha$.

(2) 若 $\alpha_1 \rightarrow \alpha_2 \vdash_{N_{\mathscr{L}}} \alpha_3 \rightarrow \alpha_4$，且 $\alpha_1 \vdash_{N_{\mathscr{L}}} \alpha_2$，则 $\alpha_3 \vdash_{N_{\mathscr{L}}} \alpha_4$.

定理 27.2 中的(1)仍称为传递性，仍记为(Tr).

【例 27.6】 证明：

(1) $\forall x(\alpha \rightarrow \beta) \dashv\vdash \alpha \rightarrow \forall x \beta$，　　若 x 不在 α 中自由出现.

(2) $\forall x(\alpha \rightarrow \beta) \dashv\vdash \exists x \alpha \rightarrow \beta$，　　若 x 不在 β 中自由出现.

(3) $\forall x(\alpha\to\beta)\vdash\exists x\,\alpha\to\exists x\beta$.

(4) $\forall x(\alpha\to\beta)\vdash\forall x\,\alpha\to\forall x\beta$.

证明

(1) ($\vdash$)

① $\forall x(\alpha\to\beta),\alpha\vdash\forall x(\alpha\to\beta)$, (∈)

② $\forall x(\alpha\to\beta),\alpha\vdash\alpha\to\beta$, (∀−)

③ $\forall x(\alpha\to\beta),\alpha\vdash\alpha$, (∈)

④ $\forall x(\alpha\to\beta),\alpha\vdash\beta$, (→−)

⑤ $\forall x(\alpha\to\beta),\alpha\vdash\forall x\,\beta$,

(x 不在前提中自由出现) (∀+)

⑥ $\forall x(\alpha\to\beta)\vdash\alpha\to\forall x\beta$. (→+)

($\dashv$)

① $\alpha\to\forall x\beta,\alpha\vdash\alpha\to\forall x\beta$, (∈)

② $\alpha\to\forall x\beta,\alpha\vdash\alpha$, (∈)

③ $\alpha\to\forall x\beta,\alpha\vdash\forall x\beta$, (→−)

④ $\alpha\to\forall x\beta,\alpha\vdash\beta$, (∀−)

⑤ $\alpha\to\forall x\beta\vdash\alpha\to\beta$, (→+)

⑥ $\alpha\to\forall x\beta\vdash\forall x(\alpha\to\beta)$.

(x 不在前提中自由出现) (∀+)

(2) ($\vdash$)

① $\forall x(\alpha\to\beta),\alpha\vdash\forall x(\alpha\to\beta)$, (∈)

② $\forall x(\alpha\to\beta),\alpha\vdash\alpha\to\beta$, (∀−)

③ $\forall x(\alpha\to\beta),\alpha\vdash\alpha$, (∈)

④ $\forall x(\alpha\to\beta),\alpha\vdash\beta$, (→−)

⑤ $\forall x(\alpha\to\beta),\exists x\alpha\vdash\beta$,

(x 不在 $\forall x(\alpha\to\beta)$ 及 β 中自由出现) (∃−)

⑥ $\forall x(\alpha\to\beta)\vdash\exists x\alpha\to\beta$. (→+)

($\dashv$)

① $\exists x\alpha\to\beta,\alpha\vdash\alpha$, (∈)

② $\exists x\alpha\to\beta,\alpha\vdash\exists x\alpha$, (∃+)

③ $\exists x\alpha\to\beta,\alpha\vdash\exists x\alpha\to\beta$, (∈)

④ $\exists x\alpha\to\beta,\alpha\vdash\beta$, (→−)

⑤ $\exists x\alpha\to\beta\vdash\alpha\to\beta$, (→+)

⑥ $\exists x\alpha\to\beta\vdash\forall x(\alpha\to\beta)$.

(x 不在前提中自由出现) (∀+)

(3) ① $\forall x(\alpha\to\beta),\alpha\vdash\forall x(\alpha\to\beta)$, (∈)

② $\forall x(\alpha\to\beta),\alpha\vdash\alpha\to\beta$, (∀−)

③ $\forall x(\alpha\to\beta),\alpha\vdash\alpha$, (∈)

④ $\forall x(\alpha \to \beta),\ \alpha \vdash \beta$, (→ −)

⑤ $\forall x(\alpha \to \beta),\ \alpha \vdash \exists x\beta$, (∃+)

⑥ $\forall x(\alpha \to \beta),\ \exists x\alpha \vdash \exists x\beta$, (∃−)

⑦ $\forall x(\alpha \to \beta) \vdash \exists x\alpha \to \exists x\beta$. (→ +)

(4) ① $\forall x(\alpha \to \beta),\ \forall x\alpha \vdash \forall x(\alpha \to \beta)$, (∈)

② $\forall x(\alpha \to \beta),\ \forall x\alpha \vdash \alpha \to \beta$, (∀−)

③ $\forall x(\alpha \to \beta),\ \forall x\alpha \vdash \forall\alpha$, (∈)

④ $\forall x(\alpha \to \beta),\ \forall x\alpha \vdash \alpha$, (∀−)

⑤ $\forall x(\alpha \to \beta),\ \forall x\alpha \vdash \beta$, (→ −)

⑥ $\forall x(\alpha \to \beta),\ \forall x\alpha \vdash \forall x\beta$, (∀+)

⑦ $\forall x(\alpha \to \beta) \vdash \forall x\alpha \to \forall x\beta$. (→ +)

▎

【例 27.7】 证明：若 y 对 x 在 α 中自由且 y 不在 α 中自由出现，则

(1) $\exists x\alpha \vdash\!\dashv \exists y\alpha(x/y)$.

(2) $\forall x\alpha \vdash\!\dashv \forall y\alpha(x/y)$.

证明

(1) 由题设知：$\alpha(x/y)(y/x)=\alpha$.

($\vdash$)

① $\alpha \vdash \alpha$, (∈)

② $\alpha \vdash \alpha(x/y)(y/x)$,

③ $\alpha \vdash \exists y\alpha(x/y)$,

(x 对 y 在 $\alpha(x/y)$中自由) (∃+)

④ $\exists x\alpha \vdash \exists y\alpha(x/y)$.

(x 在 $\exists y\alpha(x/y)$中无自由出现) (∃−)

($\dashv$)

① $\exists y\alpha(x/y) \vdash \exists x(\alpha(x/y)(y/x))$ ($\vdash$)

② $\exists y\alpha(x/y) \vdash \exists x\alpha$. ▎

(2) 证略.

【例 27.8】 证明：$\forall xy\alpha \vdash \forall yx\alpha$.

证明

① $\forall xy\alpha \vdash \forall xy\alpha$, (∈)

② $\forall xy\alpha \vdash \forall y\alpha$, (∀−)

③ $\forall y\alpha \vdash \alpha$, (∀−)

④ $\forall xy\alpha \vdash \alpha$, (Tr)

⑤ $\forall xy\alpha \vdash \forall x\alpha$, (∀+)

⑥ $\forall xy\alpha \vdash \forall y\forall x\alpha$. (∀+)

即 $\forall xy\alpha \vdash \forall yx\alpha$. ▎

【例 27.9】 证明：

(1) $\forall x\alpha \vdash\dashv \neg\exists x\neg\alpha$.

(2) $\exists x\alpha \vdash\dashv \neg\forall x\neg\alpha$.

证明

(1) ($\dashv$)

① $\neg\alpha \vdash \neg\alpha$,

② $\neg\alpha \vdash \exists x\neg\alpha$, (∃+)

③ $\neg\alpha\rightarrow\exists x\neg\alpha \vdash \neg\exists x\neg\alpha\rightarrow\alpha$, (定理 27.1)

④ $\neg\exists x\neg\alpha \vdash \alpha$, (定理 27.2(2))

⑤ $\neg\exists x\neg\alpha \vdash \forall x\alpha$. (∀+)

($\vdash$)

① $\forall x\alpha \vdash \forall x\alpha$, (∈)

② $\forall x\alpha \vdash \alpha$, (∀−)

③ $\neg\alpha \vdash \neg\forall x\alpha$, (定理 27.2(2))

④ $\exists x\neg\alpha \vdash \neg\forall x\alpha$, (∃−)

⑤ $\forall x\alpha \vdash \neg\exists x\neg\alpha$. (定理 27.2(2))

(2) 留作练习. ▌

【例 27.10】 证明：

(1) $\exists x(\alpha\rightarrow\beta) \vdash\dashv \alpha\rightarrow\exists x\beta$, 若 x 不在 α 中自由出现.

(2) $\exists x(\alpha\rightarrow\beta) \vdash\dashv \forall x\alpha\rightarrow\beta$, 若 x 不在 β 中自由出现.

证明

(1) ($\vdash$)

① $\alpha\rightarrow\beta, \alpha \vdash \alpha$,

② $\alpha\rightarrow\beta, \alpha \vdash \alpha\rightarrow\beta$,

③ $\alpha\rightarrow\beta, \alpha \vdash \beta$, (→−)

④ $\alpha\rightarrow\beta, \alpha \vdash \exists x\beta$, (∃+)

⑤ $\alpha\rightarrow\beta \vdash \alpha\rightarrow\exists x\beta$, (→ +)

⑥ $\exists x(\alpha\rightarrow\beta) \vdash \alpha\rightarrow\exists x\beta$. (∃−)

($\dashv$)

① $\neg\forall x\neg(\alpha\rightarrow\beta) \vdash \exists x(\alpha\rightarrow\beta)$, (例 27.9)

② $\neg\exists x(\alpha\rightarrow\beta) \vdash \forall x\neg(\alpha\rightarrow\beta)$, (定理 27.2)

③ $\forall x\neg(\alpha\rightarrow\beta) \vdash \neg(\alpha\rightarrow\beta)$, (∀−)

④ $\neg\exists x(\alpha\rightarrow\beta) \vdash \neg(\alpha\rightarrow\beta)$, (Tr)③④

⑤ $\beta \vdash \alpha\rightarrow\beta$, (定理 27.1)

⑥ $\neg(\alpha\rightarrow\beta) \vdash \neg\beta$, (定理 27.2)

⑦ $\neg\alpha \vdash \alpha\rightarrow\beta$, (定理 27.1)

⑧ $\neg(\alpha\rightarrow\beta) \vdash \alpha$, (定理 27.2)

⑨ $\neg\exists x(\alpha\rightarrow\beta) \vdash \neg\beta, \alpha$, (Tr)④⑥⑧

⑩ $\alpha \to \exists x\beta$, $\neg\exists x(\alpha\to\beta) \vdash \neg\beta$, α, (+)

⑪ $\alpha \to \exists x\beta$, $\neg\exists x(\alpha\to\beta) \vdash \alpha\to\exists x\beta$, (∈)

⑫ $\alpha \to \exists x\beta$, $\neg\exists x(\alpha\to\beta) \vdash \exists x\beta$, (→−)

⑬ $\alpha \to \exists x\beta$, $\neg\exists x(\alpha\to\beta) \vdash \forall x\neg\beta$,

(x 不在前提中出现) (∀+)10

⑭ $\exists x\beta \vdash \neg\forall x\neg\beta$, (例 27.9)

⑮ $\forall x\neg\beta \vdash \neg\exists x\beta$,

⑯ $\alpha \to \exists x\beta$, $\neg\exists x(\alpha\to\beta) \vdash \neg\exists x\beta$, (Tr)1315

⑰ $\alpha \to \exists x\beta \vdash \exists x(\alpha\to\beta)$. (¬−)1216

(2) (⊢)

① $\alpha\to\beta$, $\forall x\alpha \vdash \forall x\alpha$, (∈)

② $\alpha\to\beta$, $\forall x\alpha \vdash \alpha$, (∀−)

③ $\alpha\to\beta$, $\forall x\alpha \vdash \alpha\to\beta$, (∈)

④ $\alpha\to\beta$, $\forall x\alpha \vdash \beta$, (→ −)

⑤ $\alpha\to\beta \vdash \forall x\alpha\to\beta$, (→ +)

⑥ $\exists x(\alpha\to\beta) \vdash \forall x\alpha\to\beta$.

(x 不在 $\forall x\alpha\to\beta$ 中自由出现) (∃−)

(⊣)

① $\forall x\neg(\alpha\to\beta) \vdash \neg(\alpha\to\beta)$, (∀−)

② $\neg(\alpha\to\beta) \vdash \alpha\wedge\neg\beta$, (定理 27.1)

③ $\alpha\wedge\neg\beta \vdash \alpha$, $\neg\beta$, (定理 27.1)

④ $\forall x\neg(\alpha\to\beta) \vdash \alpha$, $\neg\beta$, (Tr)

⑤ $\forall x\neg(\alpha\to\beta) \vdash \forall x\alpha$, (∀+)

⑥ $\forall x\neg(\alpha\to\beta) \vdash \forall x\alpha$, $\neg\beta$,

⑦ $\forall x\alpha$, $\neg\beta \vdash \forall x\alpha\wedge\neg\beta$, (定理 27.1)

⑧ $\forall x\alpha\wedge\neg\beta \vdash \neg(\forall x\alpha\to\beta)$, (定理 27.1)

⑨ $\forall x\neg(\alpha\to\beta) \vdash \neg(\forall x\alpha\to\beta)$, (Tr)⑥⑦⑧

⑩ $\forall x\alpha\to\beta \vdash \neg\forall x\neg(\alpha\to\beta)$, (定理 27.2)

⑪ $\neg\forall x\neg(\alpha\to\beta) \vdash \exists x(\alpha\to\beta)$, (例 27.9)

⑫ $\forall x\alpha\to\beta \vdash \exists x(\alpha\to\beta)$. (Tr)1011

▎

【例 27.11】 证明：

(1) $\forall x(\alpha\leftrightarrow\beta) \vdash \forall x\alpha\leftrightarrow\forall x\beta$.

(2) $\forall x(\alpha\leftrightarrow\beta) \vdash \exists x\alpha\leftrightarrow\exists x\beta$.

证明

(1) ① $\forall x(\alpha\leftrightarrow\beta)$, $\forall x\alpha \vdash \forall x(\alpha\leftrightarrow\beta)$, (∈)

② $\forall x(\alpha\leftrightarrow\beta)$, $\forall x\alpha \vdash \alpha\leftrightarrow\beta$, (∀−)

③ $\forall x(\alpha\leftrightarrow\beta)$, $\forall x\alpha \vdash \forall x\alpha$, (∈)

④ $\forall x(\alpha\leftrightarrow\beta)$, $\forall x\alpha \vdash \alpha$, (∀−)

⑤ $\forall x(\alpha\leftrightarrow\beta)$，$\forall x\alpha \vdash \beta$， (↔ −)

⑥ $\forall x(\alpha\leftrightarrow\beta)$，$\forall x\alpha \vdash \forall x\beta$， (∀+)

⑦ $\forall x(\alpha\leftrightarrow\beta)$，$\forall x\beta \vdash \forall x\alpha$， (同⑥)

⑧ $\forall x(\alpha\leftrightarrow\beta) \vdash \forall x\alpha \leftrightarrow \forall x\beta$. (↔+)

(2) ① $\forall x(\alpha\leftrightarrow\beta), \alpha \vdash \forall x(\alpha\leftrightarrow\beta)$， (∈)

② $\forall x(\alpha\leftrightarrow\beta), \alpha \vdash \alpha\leftrightarrow\beta$， (∀−)

③ $\forall x(\alpha\leftrightarrow\beta), \alpha \vdash \alpha$， (∈)

④ $\forall x(\alpha\leftrightarrow\beta), \alpha \vdash \beta$， (↔−)

⑤ $\forall x(\alpha\leftrightarrow\beta), \alpha \vdash \exists x\beta$， (∃+)

⑥ $\forall x(\alpha\leftrightarrow\beta)$，$\exists x\alpha \vdash \exists x\beta$， (∃+)

⑦ $\forall x(\alpha\leftrightarrow\beta)$，$\exists x\beta \vdash \exists x\alpha$， (同⑥)

⑧ $\forall x(\alpha\leftrightarrow\beta) \vdash \exists x\alpha \leftrightarrow \exists x\beta$. (↔+)

▎

为了简化形式推演，我们给出下面的替换定理.

引理 若 $\mathscr{L}$ 中的公式 $\alpha, \alpha', \beta, \beta'$ 满足 $\alpha \dashv\vdash \alpha'$，$\beta \dashv\vdash \beta'$，则：

(1) $\neg\alpha \dashv\vdash \neg\alpha'$.

(2) $\alpha\vee\beta \dashv\vdash \alpha'\vee\beta'$.

(3) $\alpha\wedge\beta \dashv\vdash \alpha'\wedge\beta'$.

(4) $\alpha\to\beta \dashv\vdash \alpha'\to\beta'$.

(5) $\alpha\leftrightarrow\beta \dashv\vdash \alpha'\leftrightarrow\beta'$.

(6) $\forall x\alpha \dashv\vdash \forall x\alpha'$.

(7) $\exists x\alpha \dashv\vdash \exists x\alpha'$.

证明 只证(7).

(7) ① $\alpha \dashv\vdash \alpha'$，

② $\varnothing \vdash \alpha \leftrightarrow \alpha'$，

③ $\varnothing \vdash \forall x(\alpha\leftrightarrow\alpha')$，

④ $\forall x(\alpha\leftrightarrow\alpha') \vdash \exists x\alpha\leftrightarrow\exists x\alpha'$， (例 27.11)

⑤ $\varnothing \vdash \exists x\alpha\leftrightarrow\exists x\alpha'$， (Tr)

⑥ $\exists x\alpha \vdash \exists x\alpha\leftrightarrow\exists x\alpha'$， (+)

⑦ $\exists x\alpha \vdash \exists x\alpha$，

⑧ $\exists x\alpha \vdash \exists x\alpha'$，

⑨ $\exists x\alpha' \vdash \exists x\alpha\leftrightarrow\exists x\alpha'$，

⑩ $\exists x\alpha' \vdash \exists x\alpha'$，

⑪ $\exists x\alpha' \vdash \exists x\alpha$，

⑫ $\exists x\alpha \dashv\vdash \exists x\alpha'$.

▎

定理 27.3 设 α, β, γ 是 $\mathscr{L}$ 的公式，$\beta \dashv\vdash \gamma$，$\alpha'$ 为将 α 中某些 β 换为 γ 得到的公式，则 $\alpha \dashv\vdash \alpha'$.

证明 对 α 中出现的量词与联结词的个数 d 进行归纳证明.

(1) 当 $d=0$ 时，α 为原子公式，则 $\alpha=\alpha'$，或 $\alpha=\beta$ 并且 $\alpha'=\gamma$，从而 $\alpha \dashv\vdash \alpha'$.

(2) 设 $d\leqslant n$ 时，命题成立. 考察当 $d=n+1$ 时情形. 注意到 α 必为下列形式之一：$\neg\alpha_1$，$\alpha_1\vee\alpha_2$，$\alpha_1\wedge\alpha_2$，$\alpha_1\rightarrow\alpha_2$，$\alpha_1\leftrightarrow\alpha_2$，$\exists x\alpha_1$，$\forall x\alpha_1$. 无论哪一种情形，$\alpha_1$ 与 α_2 中量词与联结词的个数都小于或等于 n.

设对 α_1 与 α_2 中出现的某些 β 换为 γ 得到的公式分别为 α_1' 与 α_2'. 由归纳假设得：$\alpha_1\vdash\dashv\alpha_2'$，$\alpha_2\vdash\dashv\exists\alpha_2'$. 且 α' 分别为：$\neg\alpha_1'$，$\alpha_1'\vee\alpha_2'$，$\alpha_1'\wedge\alpha_2'$，$\alpha_1'\rightarrow\alpha_2'$，$\alpha_1'\leftrightarrow\alpha_2'$，$\exists x\alpha_1'$，$\forall x\alpha_1'$. 对它们分别应用引理 27.1 可得 $\alpha\vdash\dashv\alpha'$. ▎

由替换定理，我们可以证明许多形式推演关系.

【例 27.12】 证明：若 x 不在 α 中自由出现，则：

(1) $\alpha\wedge\forall x\beta\vdash\dashv\forall x(\alpha\wedge\beta)$.

(2) $\alpha\wedge\exists x\beta\vdash\dashv\exists x(\alpha\wedge\beta)$.

(3) $\alpha\vee\forall x\beta\vdash\dashv\forall x(\alpha\vee\beta)$.

(4) $\alpha\vee\exists x\beta\vdash\dashv\exists x(\alpha\vee\beta)$.

证明 只证(1).

(1) ① $\alpha\wedge\beta\vdash\dashv\neg(\alpha\rightarrow\neg\beta)$，　(定理 27.1)(例 26.17)

② $\forall x(\alpha\wedge\beta)\vdash\dashv\forall x\neg(\alpha\rightarrow\neg\beta)$，　(引理)

③ $\neg\forall x(\alpha\wedge\beta)\vdash\dashv\neg\forall x\neg(\alpha\rightarrow\neg\beta)$，　(定理 27.2)

④ $\neg\forall x\neg(\alpha\rightarrow\neg\beta)\vdash\dashv\exists x(\alpha\rightarrow\neg\beta)$，　(例 27.9)

⑤ $\exists x(\alpha\rightarrow\neg\beta)\vdash\dashv\alpha\rightarrow\exists x\neg\beta$，　(例 27.10)

⑥ $\neg\forall x(\alpha\wedge\beta)\vdash\dashv\alpha\rightarrow\exists x\neg\beta$，　(Tr)

⑦ $\forall x(\alpha\wedge\beta)\vdash\dashv\neg(\alpha\rightarrow\exists x\neg\beta)$，

⑧ $\neg(\alpha\rightarrow\exists x\neg\beta)\vdash\dashv\alpha\wedge\neg\exists x\neg\beta$，　(定理 27.1)(例 26.17(5))

⑨ $\forall x(\alpha\wedge\beta)\vdash\dashv\alpha\wedge\neg\exists x\neg\beta$，　(Tr)

⑩ $\forall x(\alpha\wedge\beta)\vdash\dashv\alpha\wedge\forall x\beta$.　(定理 27.3)

即 $\alpha\wedge\forall x\beta\vdash\dashv\forall x(\alpha\wedge\beta)$. ▎

当然，本例也可以直接证明.

对 $\mathscr{L}$ 的任一个公式 α，由定理 26.4 知：存在 $\mathscr{L}$ 的另一个公式 α'，α' 中的联结词只含 $\neg$，$\rightarrow$ 这两个，使得 $\alpha\vdash\dashv\alpha'$；再对 α' 应用例 27.6 和例 27.10，又可以找到 $\mathscr{L}$ 的公式 α''，α'' 中所有量词出现在最前面，使得 $\alpha'\vdash\dashv\alpha''$，从而，$\alpha\vdash\dashv\alpha''$，这样的 α'' 称为 α 的一个“前束范式”，这是谓词演算公式的一种“标准形”. 下面我们就来建立这样的标准形.

定义 27.11 $\mathscr{L}$ 的一个公式 α 如果具有如下形状：

$$Q_1 v_1 Q_2 v_2\cdots Q_n v_n \beta,$$

其中 Q_i 为 $\forall$ 或 $\exists$，v_i 为个体变元符号($1\leqslant i\leqslant n$，n 为一个自然数)，β 中没有量词出现. 则称 α 为 $\mathscr{L}$ 的一个**前束范式**.

例如，$\exists x_1\forall x_2\exists x_3(F_1^1(x_3)\rightarrow F_1^2(x_2, x_3))$ 是一个前束范式. 不含量词的公式当然也是前束范式.

为建立前束范式定理，我们先作一些准备.

由例 27.9 易证：

$$\neg\forall x\alpha\vdash\dashv\exists x\neg\alpha,\qquad \neg\exists x\alpha\vdash\dashv\forall x\neg\alpha. \tag{*}$$

由例 27.7 知：若 y 不在 α 中出现，则

$$\forall x\alpha \vdash\dashv \forall y\, \alpha(x/y),\ \exists x\alpha \vdash\dashv \forall y\, \alpha(x/y). \qquad (**)$$

定理 27.4 对$\mathscr{L}$的任一个公式α，存在$\mathscr{L}$的一个前束范式α'，使$\alpha \vdash\dashv \alpha'$.

证明 对α中所含的联结词与量词的个数d进行归纳证明.

(1) 当$d=0$时，α为原子公式，从而α中没有量词，取$\alpha'=\alpha$，则$\alpha \vdash\dashv \alpha'$.

(2) 假设$d \leqslant n$时命题成立，当$d=n+1$时，α为下列几种情形之一：

$$\neg \alpha_1,\ \alpha_1 \vee \alpha_2,\ \alpha_1 \wedge \alpha_2,\ \alpha_1 \to \alpha_2,\ \alpha_1 \leftrightarrow \alpha_2,\ \exists x\alpha_1,\ \forall x\alpha_1.$$

由归纳假设知：存在$\mathscr{L}$的前束范式α_1'，α_2'，使得$\alpha_1 \vdash\dashv \alpha_1'$，$\alpha_2 \vdash\dashv \alpha_2'$. 设$\alpha_1'$，$\alpha_2'$分别为：

$$Q_1 v_1 Q_2 v_2 \cdots Q_m v_m \alpha_1'',$$

$$Q_{m+1} v_{m+1} Q_{m+2} v_{m+2} \cdots Q_{m+n} v_{m+n} \alpha_2''.$$

其中Q_i为$\forall$或$\exists$，v_i为个体变元符号($1 \leqslant i \leqslant m+n$). α_1''与α_2''中没有量词出现.

① 当α为$\neg \alpha_1$时，$\alpha \vdash\dashv \neg Q_1\ v_1\ Q_2\ v_2 \cdots Q_m\ v_m\ \alpha''_1$. 对此式右端多次使用($*$)得$\alpha \vdash\dashv Q_1^*\ v_1\ Q_2^*\ v_2\ \cdots Q_m^*\ v_m \neg \alpha_1''$，其中：

$$Q_i^* = \begin{cases} \forall, & 若\ Q_i\ 为\ \exists; \\ \exists, & 若\ Q_i\ 为\ \forall. \end{cases}$$

则$Q_1^*\ v_1\ Q_2^*\ v_2 \cdots Q_m^*\ v_m \neg \alpha_1''$即为所求.

② 当α为$\alpha_1 \vee \alpha_2$时，由($**$)知：

$$\begin{aligned} \alpha &\vdash\dashv (Q_1 v_1 Q_2 v_2 \cdots Q_m v_m \alpha_1'') \vee (Q_{m+1} v_{m+1} Q_{m+2} v_{m+2} \cdots Q_{m+n} v_{m+n} \alpha_2'') \\ &\vdash\dashv (Q_1 v_1' Q_2 v_2' \cdots Q_m v_m' \alpha_1''(v_m/v_m') \cdots (v_2/v_2')(v_1/v_1')) \vee \\ &\quad (Q_{m+1} v_{m+1}' Q_{m+2} v_{m+2}' \cdots Q_{m+n} v_{m+n}' \alpha''_2(v_{m+n}/v_{m+n}') \cdots (v_{m+2}/v_{m+2}')(v_{m+1}/v_{m+1}')). \end{aligned}$$

其中v_1'，v_2'，…，v_{m+n}'为$\mathscr{L}$的个体变元符号，且不在α_1'及α_2'中出现. 从而由例 27.12 知：

$$\alpha \vdash\dashv Q_1 v_1' Q_2 v_1' \cdots Q_m\ v_m' Q_{m+1}\ v_{m+1}'\ Q_{m+2}\ v'_{m+2} \cdots Q_{m+n}\ v'_{m+n}$$
$$(\alpha''_1(v_m/v'_m) \cdots (v_2/v'_2)(v_1/v'_1)) \vee (\alpha''_2(v_{m+n}/v'_{m+n}) \cdots (v_{m+2}/v'_{m+2})(v_{m+1}/v'_{m+1})).$$

此即为所求.

③ 当α为$\alpha_1 \wedge \alpha_2$时，仿②可证.

④ 当α为$\alpha_1 \to \alpha_2$时，利用例 27.6 与例 27.10，仿②可证.

⑤ 当α为$\alpha_1 \leftrightarrow \alpha_2$时，$\alpha \vdash\dashv (\alpha_1 \to \alpha_2) \wedge (\alpha_2 \to \alpha_1)$. 由③及④知：存在前束范式$\beta$使$\alpha \vdash\dashv \beta$.

⑥ 当α为$\forall x\alpha_1$或$\exists x\alpha_1$时，由引理 27.1 之(6)和(7)易证.

归纳证完，命题成立. ▌

定理 27.4 中的α'称为α为一个前束范式.

【例 27.13】 求下列各公式的前束范式.

(1) $\neg(\forall x_2\ \exists x_1\ F_1^2(x_1, x_2))$.

(2) $\forall x_1\ F^1(x_1) \to \forall x_2\ F^1(x_2)$.

(3) $(\forall x_1 F_1^2(x_1, x_2) \to \neg \exists x_2\ F_2^1(x_2)) \to \forall x_1\ \forall x_2 F_3^2(x_1, x_2)$.

(4) $\forall x_1 F_1^2(x_1, x_2) \leftrightarrow \forall x_2 F_1^2(x_1, x_2)$.

解

(1) $\neg(\forall x_2\ \exists x_1\ F_1^2(x_1, x_2))$

$\vdash\dashv\ \exists x_2(\neg \exists x_1 F_1^2(x_1, x_2))$

$\vdash\dashv\ \exists x_2\ \forall x_1(\neg F_1^2(x_1, x_2))$.

此即为所求.

(2) $\forall x_1 F^1(x_1) \to \forall x_2 F^1(x_2)$

$\vdash\dashv \forall x_2(\forall x_1 F^1(x_1) \to F^1(x_2))$

$\vdash\dashv \forall x_2\ \exists x_1(F^1(x_1) \to F^1(x_2))$.

此即为所求.

(3) $(\forall x_1 F_1^2(x_1, x_2) \to \neg \exists x_2 F_2^1(x_2)) \to \forall x_1 \forall x_2 F_3^2(x_1, x_2)$

$\vdash\dashv (\forall x_1 F_1^2(x_1, x_2) \to \forall x_2 \neg F_2^1(x_2)) \to \forall x_1 \forall x_2 F_3^2(x_1, x_2)$

$\vdash\dashv \exists x_1(F_1^2(x_1, x_2) \to \forall x_2 \neg F_2^1(x_2)) \to \forall x_1 \forall x_2 F_3^2(x_1, x_2)$

$\vdash\dashv \exists x_1(F_1^2(x_1, x_2) \to \forall x_3 \neg F_2^1(x_3)) \to \forall x_1 \forall x_2 F_3^2(x_1, x_2)$

$\vdash\dashv \exists x_1 \forall x_3(F_1^2(x_1, x_2) \to \neg F_2^1(x_3)) \to \forall x_1 \forall x_2 F_3^2(x_1, x_2)$

$\vdash\dashv \exists x_1 \forall x_3(F_1^2(x_1, x_2) \to \neg F_2^1(x_3)) \to \forall x_4 \forall x_5 F_3^2(x_4, x_5)$

$\vdash\dashv \forall x_1 \exists x_3((F_1^2(x_1, x_2) \to \neg F_2^1(x_3)) \to \forall x_4 \forall x_5 F_3^2(x_4, x_5))$

$\vdash\dashv \forall x_1 \exists x_3 \forall x_4 \forall x_5((F_1^2(x_1, x_2) \to \neg F_2^1(x_3)) \to F_3^2(x_4, x_5))$.

此即为所求.

(4) $\forall x_1\ F_1^2(x_1, x_2) \leftrightarrow \forall x_2\ F_1^2(x_1, x_2)$

$\vdash\dashv (\forall x_1\ F_1^2(x_1, x_2) \to \forall x_2\ F_1^2(x_1, x_2)) \wedge (\forall x_2\ F_1^2(x_1, x_2) \to \forall x_1\ F_1^2(x_1, x_2))$

$\vdash\dashv (\forall x_3\ F_1^2(x_3, x_2) \to \forall x_4\ F_1^2(x_1, x_4)) \wedge (\forall x_5\ F_1^2(x_1, x_5) \to \forall x_6\ F_1^2(x_6, x_2))$

$\vdash\dashv \exists x_3(F_1^2(x_3, x_2) \to \forall x_4\ F_1^2(x_1, x_4)) \wedge \exists x_5(F_1^2(x_1, x_5) \to \forall x_6\ F_1^2(x_6, x_2))$

$\vdash\dashv \exists x_3 \forall x_4(F_1^2(x_3, x_2) \to F_1^2(x_1, x_4)) \wedge \exists x_5 \forall x_6(F_1^2(x_1, x_5) \to F_1^2(x_6, x_2))$

$\vdash\dashv \forall x_3 \exists x_4 \exists x_5 \forall x_6((F_1^2(x_3, x_2) \to F_1^2(x_1, x_4)) \wedge (F_1^2(x_1, x_5) \to F_1^2(x_6, x_2)))$.

此即为所求.

一个公式的前束范式不一定惟一. 例如, 在例 27.13 的(2)中, $\forall x_2 \exists x_1(F^1(x_1) \to F^1(x_2))$与$\exists x_1 \forall x_2(F^1(x_1) \to F^1(x_2))$都是$\forall x_1 F^1(x_1) \to \forall x_2 F^1(x_2)$的前束范式. 一般来说, 若$\alpha'$为$\alpha$的一个前束范式, 则$\alpha \vdash\dashv \alpha'$. 又若$x$不在$\alpha'$中(自由)出现, 则$\alpha' \vdash\dashv \forall x\alpha'$, 从而$\alpha \vdash\dashv \forall x\alpha'$, 即$\forall x\alpha'$也为$\alpha$的一个前束范式.

设α'为α的一个前束范式, $\alpha' = Q_1 v_1 Q_2 v_2 \cdots Q_m v_m \alpha''$, 其中$\alpha''$中无量词出现. 则$\alpha''$可由原子公式通过联结词构成, 因而为$N$中某个公式$\alpha_0''$的一个代入实例(命题变元符号代换为$\mathscr{L}$的原子公式), 由命题演算的讨论知: α_0''等值于一个合取范式或析取范式α_0''', 即$\alpha_0'' \vdash\dashv_N \alpha_0'''$, 从而存在$\alpha_0'''$在$\mathscr{L}$中的一个代入实例$\alpha'''$使得$\alpha'' \vdash\dashv \alpha'''$. 故$\alpha \vdash\dashv Q_1\ v_1\ Q_2\ v_2\ \cdots\ Q_m\ v_m\ \alpha'''$. 这样, $\mathscr{L}$的每一个公式都等值于一个"标准"公式. 在第二十八章中我们还将讨论这种"标准形".

下面对前束范式进行分类.

定义 27.12 设n是一个非 0 的自然数.

(1) 若前束范式α的量词以全称量词开始, 并且全称量词组与存在量词组有$n-1$次交替, 则称α为一个 **Π_n 型前束范式**, 简称为Π_n型公式;

(2) 若前束范式α的量词以存在量词开始, 并且全称量词组与存在量词组有$n-1$次交替, 则称α为一个 **Σ_n 型前束范式**, 简称为Σ_n型公式.

例如, 在例 27.13 中, (1) 的前束范式为Σ_2型的, (2) 的前束范式为Π_2型的, (3) 的前束范式为Π_3型的, (4) 的前束范式为Σ_4型的. 又如: $\forall x_1\ \forall x_2(F^1(x_1) \to F^1(x_2))$为$\Pi_1$型公式.

定义 27.13 设 α 为 $N_{\mathscr{L}}$的一个公式，若$\varnothing \vdash_{N_{\mathscr{L}}} \alpha$,则称 α 为 $N_{\mathscr{L}}$的一个内定理,记为$\vdash_{N_{\mathscr{L}}} \alpha$.

易证：

$$\alpha_1, \alpha_2, \cdots, \alpha_n \vdash_{N_{\mathscr{L}}} \alpha,$$

$$\text{当且仅当} \vdash_{N_{\mathscr{L}}} \alpha_1 \to \alpha_2 \to \cdots \to \alpha_n \to \alpha,$$

$$\text{当且仅当} \vdash_{N_{\mathscr{L}}} (\alpha_1 \wedge \alpha_2 \wedge \cdots \wedge \alpha_n) \to \alpha.$$

27.4 一阶谓词演算的形式系统 $K_{\mathscr{L}}$

$N_{\mathscr{L}}$虽然在推演上较为直观，但构造较为复杂，作为形式系统不够简练. 同命题演算类似，在本节中，我们将构造一个较 $N_{\mathscr{L}}$简练的谓词演算形式系统—— $K_{\mathscr{L}}$，$K_{\mathscr{L}}$是在 P 的基础上建立的.

$K_{\mathscr{L}}$也是相对于某个任意确定的非逻辑符号 $\mathscr{L}$集合而言的. $K_{\mathscr{L}}$的各组成部分如下：

1. 符号库：

(1) 非逻辑符号：为 $\mathscr{L}$中符号.

(2) 逻辑符号：

① 个体变元符号：$x_0, x_1, x_2, \cdots$.

② 量词符号：$\forall$.

③ 联结词符号：$\neg$，$\to$.

④ 辅助符号：)，，，(.

2. $K_{\mathscr{L}}$的公式构成方式也类似于由 $\mathscr{L}$生成的一阶语言的公式构成方式.

$K_{\mathscr{L}}$的项归纳定义如下：

(1) 个体变元与个体常元为 $K_{\mathscr{L}}$的项.

(2) 若 $t_1, t_2, \cdots, t_m$ 为 $K_{\mathscr{L}}$的项,f^m 为 $K_{\mathscr{L}}$的一个 m 元函数变元符号,则 $f^m(t_1, t_2, \cdots, t_m)$为 $K_{\mathscr{L}}$的项.

(3) $K_{\mathscr{L}}$的所有项都是限次使用(1)和(2)得到的.

$K_{\mathscr{L}}$的公式归纳定义如下：

(1) 若 $t_1, t_2, \cdots, t_n$ 为$K_{\mathscr{L}}$的项，F^n 为 $K_{\mathscr{L}}$的一个 n 元谓词变元符号，则 $F^n(t_1, t_2, \cdots, t_n)$为 $K_{\mathscr{L}}$的公式,此类公式称为 $K_{\mathscr{L}}$的原子公式.

(2) 若 α_1, α_2 为 $K_{\mathscr{L}}$的公式,则$(\neg \alpha_1)$，$(\alpha_1 \to \alpha_2)$为 $K_{\mathscr{L}}$的公式.

(3) 若 α 为$K_{\mathscr{L}}$的公式，x 为 $K_{\mathscr{L}}$的个体变元符号，则$(\forall x)\alpha$ 为 $K_{\mathscr{L}}$的一个公式.

(4) $K_{\mathscr{L}}$的所有公式都是限次使用(1)、(2)或(3)得到的.

注 $K_{\mathscr{L}}$的形式语言部分的定义与 $N_{\mathscr{L}}$的形式语言部分的定义十分相似，只是 $K_{\mathscr{L}}$比 $N_{\mathscr{L}}$少用了一些符号，相应地，$K_{\mathscr{L}}$的项与公式比 $N_{\mathscr{L}}$的项与公式也少了一些，但它们的定义方式是一样的，故 $K_{\mathscr{L}}$的形式语言为 $\mathscr{L}$生成的一阶语言的一个子语言，从而也称 $K_{\mathscr{L}}$的形式语言为一阶语言. $K_{\mathscr{L}}$中诸如“个体变元符号在公式中的约束出现(自由出现)”、“约束变元(自由变元)”、“项 t 对变元符号 x 在公式 α 中自由”等概念与 $N_{\mathscr{L}}$中相应概念在叙述上完全相同,不再赘述；$N_{\mathscr{L}}$中公式的括号省略规则也适用于 $K_{\mathscr{L}}$的公式. 在 $K_{\mathscr{L}}$中也同样假设 $\mathscr{L} \neq \varnothing$.

为以后方便，我们作如下的**简写**约定：

对 $K_{\mathscr{L}}$的公式 α, β 及个体变元符号 x,

$(\alpha\vee\beta)$为$((\neg\alpha)\to\beta)$的简写;

$(\alpha\wedge\beta)$为$(\neg((\neg\alpha)\vee(\neg\beta)))$的简写;

$(\alpha\leftrightarrow\beta)$为$((\alpha\to\beta)\wedge(\beta\to\alpha))$的简写;

$(\exists x)\alpha$ 为$(\neg((\forall x)(\neg\alpha)))$的简写.

$K_{\mathscr{L}}$的公理由下列各类组成:

(K1) $\alpha\to(\beta\to\alpha)$.

(K2) $(\alpha\to(\beta\to\gamma))\to((\alpha\to\beta)\to(\alpha\to\gamma))$.

(K3) $(\neg\alpha\to\neg\beta)\to(\beta\to\alpha)$.

(K4) $\forall x\alpha\to\alpha(x/t)$, 若 t 对 x 在 α 中自由.

(K5) $\alpha\to\forall x\alpha$, 若 x 不在 α 中自由出现.

(K6) $\forall x(\alpha\to\beta)\to(\forall x\alpha\to\forall x\beta)$.

(K7) 若 α 是 $K_{\mathscr{L}}$的一个公理, 则$(\forall x)\alpha$ 也为 $K_{\mathscr{L}}$的一个公理.

其中 α, β, γ 为 $K_{\mathscr{L}}$的公式,x 为 $K_{\mathscr{L}}$的个体变元符号, t 为 $K_{\mathscr{L}}$的项.

$K_{\mathscr{L}}$的形式规则只有一条:

分离规则(M): 由 α 及 $\alpha\to\beta$ 可得到 β.

定义 27.14 $K_{\mathscr{L}}$公式的一个有限序列 α_1, α_2, …, α_n 称为 $K_{\mathscr{L}}$中的一个证明, 如果每个 $\alpha_i(1\leqslant i\leqslant n)$都满足下列条件之一:

(1) α_i 是 $K_{\mathscr{L}}$的一个公理;

(2) α_i 是由某两个 α_j, $\alpha_k(1\leqslant j, k<i)$应用(M)得到的.

此时, 称 α_n 为 $K_{\mathscr{L}}$的一个内定理, 记为 $\vdash_{K_{\mathscr{L}}}\alpha_n$ 或简写为 $\vdash\alpha_n$.

与 N 中命题公式在 $N_{\mathscr{L}}$中的代入实例这个概念类似, 我们也可定义 P 中公式在 $K_{\mathscr{L}}$中的代入实例这个概念,只不过将 P 中命题变元符号代换为 $K_{\mathscr{L}}$中公式而已.

定理 27.5 设 α 为 P 的一个内定理, α'是 α 在 $K_{\mathscr{L}}$中的一个代入实例, 则 $\vdash_{K_{\mathscr{L}}}\alpha'$.

称此命题中的 α'为由命题重言式得到的公式.

定理 27.6 (1) 若 $\vdash_{K_{\mathscr{L}}}\alpha\to\beta$,且 $\vdash_{K_{\mathscr{L}}}\alpha$, 则 $\vdash_{K_{\mathscr{L}}}\beta$.

(2) 若 $\vdash_{K_{\mathscr{L}}}(\alpha\to\beta)$, 且 $\vdash_{K_{\mathscr{L}}}(\beta\to\gamma)$, 则 $\vdash_{K_{\mathscr{L}}}(\alpha\to\gamma)$.

此命题中的(1)仍记为(M), (2)仍记为(Tr).

以上定理的证明与命题演算情形相应定理的证明相同, 故此略去.

本节以下部分的形式推演都在 $K_{\mathscr{L}}$中进行, 因而在本节的剩下部分中,所使用的公式、项、个体变元符号等, 除非特别声明, 都在 $K_{\mathscr{L}}$中. 也常省去"在 $K_{\mathscr{L}}$中"等字.

【例 27.14】 设项 t 对个体变元符号 x 在 α 中自由, 则 $\vdash\alpha(x/t)\to\exists x\alpha$.

证明 因为$(\neg\alpha)(x/t)=\neg(\alpha(x/t))$, 从而

$\vdash\forall x(\neg\alpha)\to(\neg\alpha)(x/t)$, (K4)

$\vdash\forall x(\neg\alpha)\to\neg(\alpha(x/t))$,

$\vdash(\forall x(\neg\alpha)\to\neg(\alpha(x/t)))\to(\alpha(x/t)\to\neg\forall x(\neg\alpha))$, (命题重言式)

$\vdash\alpha(x/t)\to\neg\forall x(\neg\alpha)$. (M)

即 $\vdash\alpha(x/t)\to\exists x\alpha$. ▎

定理 27.7 若 $\vdash_{K_{\mathscr{L}}}\alpha$，则 $\vdash_{K_{\mathscr{L}}}\forall x\alpha$.

证明 因 $\vdash_{K_{\mathscr{L}}}\alpha$，则存在 $K_{\mathscr{L}}$中公式序列：

$$\alpha_1,\ \alpha_2,\ \cdots,\ \alpha_n(=\alpha)$$

为 α 的一个证明.

下对 i $(1\leqslant i\leqslant n)$归纳证明：

$$\vdash_{K_{\mathscr{L}}}\forall x\alpha_i. \qquad (*)$$

(1) 当 $i=1$ 时，α_1 为一个公理，从而 $\forall x\alpha_1$ 也为一个公理，故 $\vdash_{K_{\mathscr{L}}}\forall x\alpha_1$.

(2) 设当 $i<k$ 时，($*$)成立，下证 $i=k$ 时($*$)也成立.

① 若 α_k 仍为公理，仿(1)可证.

② 若 α_k 是由 α_l，α_j $(1\leqslant l,\ j<k)$用(M)得到的，不妨设 $\alpha_j=\alpha_l\to\alpha_k$. 由归纳假设得 $\vdash_{K_{\mathscr{L}}}\forall x\alpha_l$，$\vdash_{K_{\mathscr{L}}}\forall x\alpha_j$，即 $\vdash_{K_{\mathscr{L}}}\forall x(\alpha_l\to\alpha_k)$. 又由于 $\vdash_{K_{\mathscr{L}}}\forall x(\alpha_l\to\alpha_k)\to(\forall x\alpha_l\to\forall x\alpha_k)$（公理 K5）. 由定理 27.6 知 $\vdash_{K_{\mathscr{L}}}\forall x\alpha_l\to\forall x\alpha_k$，$\vdash_{K_{\mathscr{L}}}\forall x\alpha_k$.

归纳证毕，($*$)成立，从而 $\vdash_{K_{\mathscr{L}}}\forall x\alpha_n$，即 $\vdash_{K_{\mathscr{L}}}\forall x\alpha$. ▎

【例 27.15】 若 x 不在 α 中自由出现，则

(1) $\vdash\forall x(\alpha\to\beta)\to(\alpha\to\forall x\beta)$；

(2) $\vdash(\alpha\to\forall x\beta)\to\forall x(\alpha\to\beta)$.

证明 (1) 因 $\vdash_P(p\to(q\to r))\to((s\to q)\to(p\to(s\to r)))$.

以 $\forall x(\alpha\to\beta)$，$\forall x\alpha$，$\forall x\beta$，$\alpha$ 分别替换其中的 p，q，r，s 得：

$$\vdash_{K_{\mathscr{L}}}(\forall x(\alpha\to\beta)\to(\forall x\alpha\to\forall x\beta))\to((\alpha\to\forall x\alpha)\to(\forall x(\alpha\to\beta)\to(\alpha\to\forall x\beta))).$$

由于 $\vdash_{K_{\mathscr{L}}}\forall x(\alpha\to\beta)\to(\forall x\alpha\to\forall x\beta)$，故

$$\vdash_{K_{\mathscr{L}}}(\alpha\to\forall x\alpha)\to(\forall x(\alpha\to\beta)\to(\alpha\to\forall x\beta)).$$

又由于 x 不在 α 中自由出现，由(K5)知 $\vdash_{K_{\mathscr{L}}}\alpha\to\forall x\alpha$. 从而，

$$\vdash_{K_{\mathscr{L}}}\forall x(\alpha\to\beta)\to(\alpha\to\forall x\beta).$$

(2) 因 $\vdash_P(p\to q)\to((r\to p)\to(r\to q))$，分别以 $\forall x\beta$，β，α 代换其中的 p，q，r 得：

$$\vdash_{K_{\mathscr{L}}}(\forall x\beta\to\beta)\to((\alpha\to\forall x\beta)\to(\alpha\to\beta)).$$

由于 $\vdash_{K_{\mathscr{L}}}\forall x\beta\to\beta$，故 $\vdash_{K_{\mathscr{L}}}(\alpha\to\forall x\beta)\to(\alpha\to\beta)$.

以 A 记 $\alpha\to\forall x\beta$，以 B 记 $\alpha\to\beta$，则 x 不在 A 中自由出现，且 $\vdash_{K_{\mathscr{L}}}A\to B$.

由定理 27.7 得 $\vdash_{K_{\mathscr{L}}}\forall x(A\to B)$.

由(1)知 $\vdash_{K_{\mathscr{L}}}\forall x(A\to B)\to(A\to\forall xB)$.

从而，$\vdash_{K_{\mathscr{L}}}A\to\forall xB$，即 $\vdash_{K_{\mathscr{L}}}(\alpha\to\forall x\beta)\to\forall x(\alpha\to\beta)$. ▎

【例 27.16】 若 $\vdash\alpha\to\beta$，则：

(1) $\vdash\forall x\alpha\to\forall x\beta$，

(2) $\vdash\exists x\alpha\to\exists x\beta$.

证明

(1) ① $\vdash\alpha\to\beta$， （题设）

② $\vdash\forall x(\alpha\to\beta)$， （定理 27.7）

③ $\vdash\forall x(\alpha\to\beta)\to(\forall x\alpha\to\forall x\beta)$， （K6）

④ $\vdash \forall x\alpha \to \forall x\beta$. (M)

(2) ① $\vdash \alpha \to \beta$,

② $\vdash (\alpha \to \beta) \to (\neg \beta \to \neg \alpha)$， (重言式)

③ $\vdash \neg \beta \to \neg \alpha$, (M)

④ $\vdash \forall x \neg \beta \to \forall x \neg \alpha$, ①

⑤ $\vdash (\forall x \neg \beta \to \forall x \neg \alpha) \to (\neg \forall x \neg \alpha \to \neg \forall x \neg \beta)$,

⑥ $\vdash \neg \forall x \neg \alpha \to \neg \forall x \neg \beta$. (M)

即 $\vdash \exists x\alpha \to \exists x\beta$. ▎

为简化 $K_{\mathscr{L}}$中内定理的证明，我们仍需要"有前提的推演"这个概念.

定义 27.15 设 Γ 是 $K_{\mathscr{L}}$的一个公式集(不一定有限). $K_{\mathscr{L}}$中公式的一个有限序列 $\alpha_1, \alpha_2, \cdots, \alpha_n$ 称为 $K_{\mathscr{L}}$中由前提 Γ 推出 α_n 的一个证明，如果每个 $\alpha_i(1 \leqslant i \leqslant n)$满足下列条件之一：

(1) $\alpha_i \in \Gamma$.

(2) α_i 是一个公理.

(3) α_i 是由 $\alpha_j, \alpha_k (1 \leqslant j, k < i)$用(M)得到.

此时，也称在 $K_{\mathscr{L}}$中由前提 Γ 可推出 α_n，记为 $\Gamma \vdash_{K_{\mathscr{L}}} \alpha_n$ 或 $\Gamma \vdash \alpha_n$.

显然，$\vdash_{K_{\mathscr{L}}} \alpha$ 的充要条件是:对 $K_{\mathscr{L}}$的任一个公式集 $\Gamma, \Gamma \vdash_{K_{\mathscr{L}}} \alpha$.

下面所列的各个性质可看作 P 中相应定理的推广.

性质 1 设 Σ, α 分别是 P 中公式集与公式，$\Sigma \cup \{\alpha\}$的公式中出现的命题变元符号都在 $p_0, p_1, p_2, \cdots, p_n$ 之中，将 Σ 与 α 中的 $p_0, p_1, p_2, \cdots, p_n$ 分别替换为 $K_{\mathscr{L}}$中公式 $\alpha_0, \alpha_1, \alpha_2, \cdots, \alpha_n$，得到 $K_{\mathscr{L}}$的公式集 Σ'与 α'. 若 $\Sigma \vdash_P \alpha$，则 $\Sigma' \vdash_{K_{\mathscr{L}}} \alpha'$.

性质 2 若 $\Sigma \vdash_{K_{\mathscr{L}}} \alpha$, $\Sigma \vdash_{K_{\mathscr{L}}} \alpha \to \beta$,则 $\Sigma \vdash_{K_{\mathscr{L}}} \beta$.

性质 3 若 $\Sigma \vdash_{K_{\mathscr{L}}} \alpha \to \beta$, $\Sigma \vdash_{K_{\mathscr{L}}} \beta \to \gamma$,则 $\Sigma \vdash_{K_{\mathscr{L}}} \alpha \to \gamma$.

性质 4 若 $\Sigma \vdash_{K_{\mathscr{L}}} \alpha$，而 x 是一个不在 Σ 的任何公式中自由出现的一个个体变元符号，则 $\Sigma \vdash_{K_{\mathscr{L}}} \forall x\alpha$.

证明 只证性质(4). 下面的证明只是对定理 27.7 的证明作了不大的修改.

因 $\Sigma \vdash_{K_{\mathscr{L}}} \alpha$，则存在 $K_{\mathscr{L}}$中公式序列：

$$\alpha_1, \alpha_2, \cdots, \alpha_n (=\alpha)$$

为在前题 Σ 下推出 α 的一个证明.

下对 i $(1 \leqslant i \leqslant n)$归纳证明 $\Sigma \vdash_{K_{\mathscr{L}}} \forall x\alpha_i$. (＊)

(1) 当 $i=1$ 时，α_1 为一个公理或 $\alpha_1 \in \Sigma$.

① 若 α_1 为一个公理，则 $\forall x\alpha_1$ 也为一个公理，故 $\vdash_{K_{\mathscr{L}}} \forall x\alpha_1$，从而 $\Sigma \vdash_{K_{\mathscr{L}}} \forall x\alpha_1$.

② 若 $\alpha_1 \in \Sigma$，则 x 不在 α_1 中自由出现，由(K5)知：$\vdash_{K_{\mathscr{L}}} \alpha_1 \to \forall x\alpha_1$，从而 $\Sigma \vdash_{K_{\mathscr{L}}} \alpha_1 \to \forall x\alpha_1$. 又 $\Sigma \vdash_{K_{\mathscr{L}}} \alpha_1$，故 $\Sigma \vdash_{K_{\mathscr{L}}} \forall x\alpha_1$.

(2) 设当 $i<k$ 时，(＊)成立，下证 $i=k$ 时(＊)也成立.

① 若 α_k 仍为公理或 $\alpha_k \in \Sigma$，仿(1)可证.

② 若 α_k 是由 $\alpha_l, \alpha_j (1 \leqslant l, j < k)$用(M)得到的，不妨设 $\alpha_j = \alpha_l \to \alpha_k$. 由归纳假设得 $\Sigma \vdash_{K_{\mathscr{L}}} \forall x\alpha_l$, $\Sigma \vdash_{K_{\mathscr{L}}} \forall x\alpha_j$，即 $\Sigma \vdash_{K_{\mathscr{L}}} \forall x(\alpha_l \to \alpha_k)$. 又由于 $\vdash_{K_{\mathscr{L}}} \forall x(\alpha_l \to \alpha_k) \to (\forall x\alpha_l \to \forall x\alpha_k)$ (K6). 故 $\Sigma \vdash_{K_{\mathscr{L}}} \forall x(\alpha_l \to \alpha_k) \to (\forall x\alpha_l \to \forall x\alpha_k)$. 由性质(2)知 $\Sigma \vdash_{K_{\mathscr{L}}} \forall x\alpha_l \to \forall x\alpha_k$, $\Sigma \vdash_{K_{\mathscr{L}}} \forall x\alpha_k$.

归纳证毕，(*)成立，从而 $\Sigma\vdash_{K_{\mathscr{L}}}\forall x\alpha_n$，即 $\Sigma\vdash_{K_{\mathscr{L}}}\forall x\alpha$. ▌

【例 27.17】 若 x 不在 β 中自由出现，则 $\{\forall x(\alpha\to\beta),\ \neg\beta\}\vdash\forall x\neg\alpha$.

证明

$\forall x(\alpha\to\beta)$, (前提)

$\forall x(\alpha\to\beta)\to(\alpha\to\beta)$, (K4)

$\alpha\to\beta$, (M)

$(\alpha\to\beta)\to(\neg\beta\to\neg\alpha)$, (命题重言式)

$\neg\beta\to\neg\alpha$, (M)

$\neg\beta$, (前提)

$\neg\alpha$, (M)

$\forall x\neg\alpha$. (性质(4))

▌

定理 27.8($K_{\mathscr{L}}$的演绎定理) $\Sigma,\alpha\vdash_{K_{\mathscr{L}}}\beta$ 当且仅当 $\Sigma\vdash_{K_{\mathscr{L}}}\alpha\to\beta$.

定理 27.8 的证明与 P 中演绎定理的证明非常类似，只要将“ P 的公式”改为“ $K_{\mathscr{L}}$的公式”即可.

用演绎定理来证明例 27.15 的(2)就“自然”得多了.

【例 27.18】 证明：$\{\alpha\to\forall x\beta,\ \alpha\}\vdash\beta$.

证明

$\alpha\to\forall x\beta$, (前提)

α, (前提)

$\forall x\beta$, (M)

$\forall x\beta\to\beta$, (K4)

β. (M)

由演绎定理得 $\{\alpha\to\forall x\beta\}\vdash\alpha\to\beta$.

由性质(4)得 $\{\alpha\to\forall x\beta\}\vdash\forall x(\alpha\to\beta)$. (注意到，在例 27.15 中 x 不在 $\alpha\to\forall x\beta$ 中自由出现.)

再由演绎定理得 $\vdash(\alpha\to\forall x\beta)\to\forall x(\alpha\to\beta)$. ▌

【例 27.19】 若 x 不在 β 中自由出现，证明：$\vdash\forall x(\alpha\to\beta)\to(\exists x\alpha\to\beta)$.

证明 由例 27.17 得 $\{\forall x(\alpha\to\beta),\ \neg\beta\}\vdash\forall x\neg\alpha$.

从而 $\{\forall x(\alpha\to\beta)\}\vdash\neg\beta\to\forall x\neg\alpha$.

而 $\vdash(\neg\beta\to\forall x\neg\alpha)\to(\neg\forall x\neg\alpha\to\beta)$,

故 $\{\forall x(\alpha\to\beta)\}\vdash(\neg\beta\to\forall x\neg\alpha)\to(\neg\forall x\neg\alpha\to\beta)$.

由性质(2)知 $\{\forall x(\alpha\to\beta)\}\vdash\neg\forall x\neg\alpha\to\beta$.

即 $\{\forall x(\alpha\to\beta)\}\vdash\exists x\alpha\to\beta$.

故 $\vdash\forall x(\alpha\to\beta)\to(\exists x\alpha\to\beta)$. ▌

27.5 $N_{\mathscr{L}}$与 $K_{\mathscr{L}}$的等价性

在本节我们要证明：对于 $K_{\mathscr{L}}$($N_{\mathscr{L}}$)的公式集 Σ 与公式 α，$\Sigma\vdash_{K_{\mathscr{L}}}\alpha$ 当且仅当 $\Sigma\vdash_{N_{\mathscr{L}}}\alpha$. 此

处，类似 N 和 P 的等价性，我们仍作如下理解：若 $N_{\mathscr{L}}$的公式中出现了联结词$\vee$，$\wedge$，$\leftrightarrow$，或量词$(\exists x)$，我们将其视为 $K_{\mathscr{L}}$中的符号的简写；另外，由于 $\Sigma\vdash_{K_{\mathscr{L}}}\alpha$ 当且仅当存在 Σ 的有限子集 Σ_0，使得 $\Sigma_0\vdash_{K_{\mathscr{L}}}\alpha$，所以，我们也只要注意 $K_{\mathscr{L}}$中那些前提 Σ 为有穷集的推演即可.

引理 若 γ 为 $K_{\mathscr{L}}$的一个公理，则对 $K_{\mathscr{L}}$的任一有限公式集 Σ，$\Sigma\vdash_{N_{\mathscr{L}}}\gamma$.

证明 对 γ 的构造复杂性归纳证明.

(1) 若 γ 为(K1)—(K6)中的某一条.

① 若 γ 为(K1)—(K3)中某一条，由定理 27.1 可证.

② 当 γ 为(K4)时. 由($\forall-$)知 $\forall x\alpha\vdash_{N_{\mathscr{L}}}\alpha(x/t)$（其中 t 对 x 在 α 中自由），由($\rightarrow+$)知 $\varnothing\vdash_{N_{\mathscr{L}}}\forall x\alpha\rightarrow\alpha(x/t)$. 由于 Σ 是有穷集，故可有限次使用(+)得 $\Sigma\vdash_{N_{\mathscr{L}}}\forall x\alpha\rightarrow\alpha(x/t)$.

③ 当 γ 为(K5)时，由($\forall+$)知 $\alpha\vdash_{N_{\mathscr{L}}}\forall x\alpha$(其中 x 不在 α 中自由出现)，从而

$$\Sigma\vdash_{N_{\mathscr{L}}}\alpha\rightarrow\forall x\alpha.$$

④ 当 γ 为(K6)时，由例 27.6 可证 $\Sigma\vdash_{N_{\mathscr{L}}}\forall x(\alpha\rightarrow\beta)\rightarrow(\forall x\alpha\rightarrow\forall x\beta)$.

(2) 若 γ 为 $\forall x\gamma'$时，其中 γ'为 $K_{\mathscr{L}}$的一个公理，由归纳假设得 $\varnothing\vdash_{N_{\mathscr{L}}}\gamma'$，从而由($\forall+$)知 $\varnothing\vdash_{N_{\mathscr{L}}}\forall x\gamma'$，故 $\Sigma\vdash_{N_{\mathscr{L}}}\forall x\gamma'$. ▎

定理 27.9 设 Σ，α 分别为 $K_{\mathscr{L}}$的有穷公式集与公式，若 $\Sigma\vdash_{K_{\mathscr{L}}}\alpha$，则 $\Sigma\vdash_{N_{\mathscr{L}}}\alpha$.

证明 由于 $\Sigma\vdash_{K_{\mathscr{L}}}\alpha$，在 $K_{\mathscr{L}}$中存在由 Σ 推出 α 的证明序列：

$$\alpha_1,\ \alpha_2,\ \cdots,\ \alpha_n(=\alpha).$$

下证：对任意 i $(1\leqslant i\leqslant n)$，$\Sigma\vdash_{N_{\mathscr{L}}}\alpha_i$. (＊)

对 i 进行归纳证明.

(1) 当 $i=1$ 时，α_1 为 $K_{\mathscr{L}}$的公理或 $\alpha_1\in\Sigma$.

① 若 α_1 为 $K_{\mathscr{L}}$的公理，由引理 27.2 知 $\Sigma\vdash_{N_{\mathscr{L}}}\alpha_1$.

② 若 $\alpha_1\in\Sigma$，由(+)知 $\Sigma\vdash_{N_{\mathscr{L}}}\alpha_1$.

(2) 设(＊)对满足 $i<k$ 的所有非 0 自然数 i 成立($k>1$)，往证 $i=k$ 时(＊)也成立.

① 若 $\alpha_k\in\Sigma$ 或 α_k 为 $K_{\mathscr{L}}$的公理，仿(1)可证.

② 若 α_k 是由 α_j，α_l $(1\leqslant j,\ l<k)$ 用(M)得到，不妨设 α_j 为 $\alpha_l\rightarrow\alpha_k$，由归纳假设得 $\Sigma\vdash_{N_{\mathscr{L}}}\alpha_j$，$\Sigma\vdash_{N_{\mathscr{L}}}\alpha_l$，即 $\Sigma\vdash_{N_{\mathscr{L}}}\alpha_l\rightarrow\alpha_k$. 由($\rightarrow-$)知 $\Sigma\vdash_{N_{\mathscr{L}}}\alpha_k$.

归纳证毕，(＊)成立. 从而 $\Sigma\vdash_{N_{\mathscr{L}}}\alpha_n$，即 $\Sigma\vdash_{N_{\mathscr{L}}}\alpha$. ▎

定理 27.10 设 Σ，α 分别为 $N_{\mathscr{L}}$中的有限公式集与公式，若 $\Sigma\vdash_{N_{\mathscr{L}}}\alpha$，则 $\Sigma\vdash_{K_{\mathscr{L}}}\alpha$.

证明 由于 $\Sigma\vdash_{N_{\mathscr{L}}}\alpha$，在 $N_{\mathscr{L}}$中存在证明序列：

$$\Sigma_1\vdash\alpha_1,\ \Sigma_2\vdash\alpha_2,\ \cdots,\ \Sigma_n\vdash\alpha_n,$$

使得 $\Sigma_n=\Sigma$，$\alpha_n=\alpha$.

下证：对任意 i $(1\leqslant i\leqslant n)$，$\Sigma_i\vdash_{K_{\mathscr{L}}}\alpha_i$ (＊＊)

对 i 进行归纳证明.

(1) 当 $i=1$ 时，$\Sigma_1\vdash\alpha_1$ 只能由($\in$)得到，从而 $\alpha_1\in\Sigma_1$，故 $\Sigma\vdash_{K_{\mathscr{L}}}\alpha_1$.

(2) 假设(＊＊)对满足 $i<k$ 的所有 i 成立，考察(＊＊)当 $i=k$ 时情形.

① 若 $\Sigma_k\vdash\alpha_k$ 是用($\in$)，($\neg-$)，($\vee-$)，($\vee+$)，($\wedge-$)，($\wedge+$)，($\rightarrow-$)，($\rightarrow+$)，($\leftrightarrow-$)或($\leftrightarrow+$)得到的，仿上章定理26.19可证.

② 若 $\Sigma_k \vdash \alpha_k$ 是对某个 $\Sigma_i \vdash \alpha_i (1 \leqslant i < k)$ 用(+)得到的，即 $\Sigma_k = \Sigma_i \cup \{\gamma\}$，$\alpha_k = \alpha_i$. 由归纳假设得 $\Sigma_i \vdash_{K_{\mathscr{L}}} \alpha_i$，从而 $\Sigma_k \vdash_{K_{\mathscr{L}}} \alpha_i$，即 $\Sigma_k \vdash_{K_{\mathscr{L}}} \alpha_k$.

③ 若 $\Sigma_k \vdash \alpha_k$ 是对 $\Sigma_i \vdash \alpha_i$ 用(∀−)得到的，即：$\Sigma_k = \Sigma_i$，$\alpha_i = \forall x\beta$，$\alpha_k = \beta(x/t)$，其中 t 是 $N_{\mathscr{L}}$中的项，t 对 x 在 β 中自由. 由归纳假设知 $\Sigma_i \vdash_{K_{\mathscr{L}}} \alpha_i$，即 $\Sigma_k \vdash_{K_{\mathscr{L}}} \forall x\beta$. 由公理(K4)知 $\vdash_{K_{\mathscr{L}}} \forall x\beta \rightarrow \beta(x/t)$，故 $\Sigma_k \vdash_{K_{\mathscr{L}}} \forall x\beta \rightarrow \beta(x/t)$，从而 $\Sigma_k \vdash_{K_{\mathscr{L}}} \beta(x/t)$，即 $\Sigma_k \vdash_{K_{\mathscr{L}}} \alpha_k$.

④ 若 $\Sigma_k \vdash \alpha_k$ 是对 $\Sigma_i \vdash \alpha_i$ 用(∀+)得到的，即 $\Sigma_k = \Sigma_i$，$\alpha_k = \forall x\alpha_i$，其中：个体变元符号 x 不在 Σ_i 的任何公式中自由出现. 由归纳假设得 $\Sigma_i \vdash_{K_{\mathscr{L}}} \alpha_i$. 由上节性质(4)知 $\Sigma_i \vdash_{K_{\mathscr{L}}} \forall x\alpha_i$，即 $\Sigma_k \vdash_{K_{\mathscr{L}}} \alpha_k$.

⑤ 若 $\Sigma_k \vdash \alpha_k$ 是对 $\Sigma_i \vdash \alpha_i$ 用(∃−)得到的，即 $\Sigma_i = \Gamma \cup \{\gamma\}$，$\Sigma_k = \Gamma \cup \{\exists x\gamma\}$，$\alpha_k = \alpha_i$，其中 Γ 是 $N_{\mathscr{L}}$的一个有限公式集，x 不在 $\Gamma \cup \{\alpha_i\}$ 的任一个公式中自由出现. 由归纳假设知 $\Sigma_i \vdash_{K_{\mathscr{L}}} \alpha_i$，即 $\Gamma \cup \{\gamma\} \vdash_{K_{\mathscr{L}}} \alpha_i$. 由演绎定理知 $\Gamma \vdash_{K_{\mathscr{L}}} \gamma \rightarrow \alpha_i$. 由于 x 不在 Γ 的任何公式中自由出现，故 $\Gamma \vdash_{K_{\mathscr{L}}} \forall x(\gamma \rightarrow \alpha_i)$. 因 x 不在 α_i 中自由出现，由上节例 27.19 知 $\vdash_{K_{\mathscr{L}}} \forall x(\gamma \rightarrow \alpha_i) \rightarrow (\exists x\gamma \rightarrow \alpha_i)$，故 $\Gamma \vdash_{K_{\mathscr{L}}} \forall x(\gamma \rightarrow \alpha_i) \rightarrow (\exists x\gamma \rightarrow \alpha_i)$，从而 $\Gamma \vdash_{K_{\mathscr{L}}} \exists x\gamma \rightarrow \alpha_i$. 再由演绎定理知$\Gamma \cup \{\exists x\gamma\} \vdash_{K_{\mathscr{L}}} \alpha_i$，即 $\Sigma_k \vdash_{K_{\mathscr{L}}} \alpha_k$.

⑥ 若 $\Sigma_k \vdash \alpha_k$ 是对 $\Sigma_i \vdash \alpha_i$ 用(∃+)得到的，即 $\Sigma_k = \Sigma_i$，$\alpha_i = \beta(x/t)$，$\alpha_k = \exists x\beta$，其中：$N_{\mathscr{L}}$ 的个体变元符号 x 不在 β 中自由. 由归纳假设知 $\Sigma_i \vdash_{K_{\mathscr{L}}} \beta(x/t)$. 由上节例 27.14 知 $\Sigma_i \vdash_{K_{\mathscr{L}}} \beta(x/t) \rightarrow \exists x\beta$，从而 $\Sigma_i \vdash_{K_{\mathscr{L}}} \exists x\beta$，即 $\Sigma_k \vdash_{K_{\mathscr{L}}} \alpha_k$.

归纳证完，(**)成立. ▌

综合定理 27.9 和定理 27.10 得：

定理 27.11 对 $N_{\mathscr{L}}(K_{\mathscr{L}})$中的有限公式集 Σ 与公式 α，$\Sigma \vdash_{K_{\mathscr{L}}} \alpha$ 当且仅当 $\Sigma \vdash_{N_{\mathscr{L}}} \alpha$.

既然 $N_{\mathscr{L}}$与 $K_{\mathscr{L}}$是等价的，从而，在 $K_{\mathscr{L}}$中，替换定理、范式定理等也都成立，不再重述.

27.6 $K_{\mathscr{L}}$的解释与赋值

在本节中，我们要对谓词演算的形式系统 $N_{\mathscr{L}}$与 $K_{\mathscr{L}}$进行解释，但由于 $N_{\mathscr{L}}$与 $K_{\mathscr{L}}$的等价性，我们只需要对 $K_{\mathscr{L}}$作出解释即可. 所谓的解释，即要对 $K_{\mathscr{L}}$的形式语言中的每个符号赋予一个"含义"，并据此"含义"指明每个项的"含义"及每个公式的真假. 直观地看，个体变元符号应解释为一个个体变元，个体常元符号应解释为某个特定的个体，谓词变元符号与函数变元符号应解释为谓词(关系)与函数，我们又知道，个体变元都有一个取值范围——个体域，即个体变元只能代表个体域中的个体；同样，个体常元代表的个体也必须在这个个体域内，谓词变元符号与函数变元符号代表的关系与函数也应建立在这个个体域上，因为谓词与函词分别是关于个体的性质与运算的. 个体域相当于我们讨论的对象域，下面我们就根据这个直观来给出 $K_{\mathscr{L}}$的解释，这种解释称为 $K_{\mathscr{L}}$的塔斯基(Tarski)语义.

本节的讨论也是对任意给定的一个非逻辑符号集 $\mathscr{L}$ 而言的，但由于 $\mathscr{L}$ 的任意性，我们的讨论具有一般性.

我们将 $\mathscr{L}$ 分为谓词变元符号集$\{F_i\}_{i\in I}$、函数变元符号集$\{f_j\}_{j\in J}$与个体常元符号集$\{c_k\}_{k\in K}$三部分，即

$$\mathscr{L}=\{F_i\}_{i\in I}\cup\{f_j\}_{j\in J}\cup\{c_k\}_{k\in K}.$$

其中 I，J，K 是下标集.

定义 27.16 对非逻辑符号集 $\mathscr{L}$，$K_{\mathscr{L}}$的**解释** $\mathscr{I}$是如下的一个四元序列：

$$\langle D_{\mathscr{I}}, \{\overline{F_i}\}_{i\in I}, \{\overline{f_j}\}_{j\in J}, \{\overline{c_k}\}_{k\in K}\rangle.$$

其中：

(1) $D_{\mathscr{I}}$是一个非空集合，称为 $\mathscr{I}$的论域或个体域，简记为 D；

(2) 对 $\mathscr{L}$的每个谓词变元符号 F_i，设其为 n 元的($i\in I$)，$\overline{F_i}$是 D 上的一个 n 元关系，即 $\overline{F_i}\subseteq D^n$，称$\overline{F_i}$为 F_i 在 $\mathscr{I}$中的解释；

(3) 对 $\mathscr{L}$的每个函数变元符号 f_j，设其为 m 元的($j\in J$)，$\overline{f_j}$是 D 上的一个 m 元函数，即 $\overline{f_j}: D^m\longrightarrow D$ 是一个映射，称$\overline{f_j}$为 f_j 在 $\mathscr{I}$中的解释；

(4) 对 $\mathscr{L}$的每个个体常元符号 $c_k(k\in K)$，$\overline{c_k}$是 D 中一个元素，即$\overline{c_k}\in D$，称$\overline{c_k}$为 c_k 在 $\mathscr{I}$中的解释.

此时记为 $\mathscr{I}=\langle D_{\mathscr{I}}, \{\overline{F_i}\}_{i\in I}, \{\overline{f_j}\}_{j\in J}, \{\overline{c_k}\}_{k\in K}\rangle$.

注 1 $K_{\mathscr{L}}$的解释 $\mathscr{I}$有时称为 $K_{\mathscr{L}}$的一个**模型**或**结构**.

注 2 $K_{\mathscr{I}}$的解释 $\mathscr{L}$实际上是对 $\mathscr{L}$的每个符号作出解释，故又称为 $\mathscr{L}$的一个解释.

在不引起混淆时，也将 $\mathscr{I}$记为 I.

【例 27.20】 设 $\mathscr{L}=\{F^2, f_1^1, f_2^2, f_3^2, c\}$，我们对此 $\mathscr{L}$可以作如下两个解释：

(1) 第一个解释为 $I_1=\langle N, \{\overline{F^2}\}, \{\overline{f_1^1}, \overline{f_2^2}, \overline{f_3^2}\}, \{\overline{c}\}\rangle$. 其中：

N 为自然数集.

$\overline{F^2}$为 N 上的相等关系，即

$$\overline{F^2}=\{\langle n, n\rangle \mid n\in N\};$$

$\overline{f_1^1}$为 N 上的后继函数，即

$$\overline{f_1^1}: N\longrightarrow N,\ \overline{f_1^1}(n)=n+1\ (\text{任意 } n\in N);$$

$\overline{f_2^2}$为 N 上的加法函数，即

$$\overline{f_2^2}: N^2\longrightarrow N,\ \overline{f_2^2}(\langle m, n\rangle)=m+n\ (\text{任意 } m, n\in N);$$

$\overline{f_3^2}$为 N 上的乘法函数，即

$$\overline{f_3^2}: N^2\longrightarrow N,\ \overline{f_3^2}(\langle m, n\rangle)=m\cdot n\ (\text{任意 } m, n\in N);$$

$\overline{c}$为 N 中的元素 0.

(2) 另一个解释为 $I_2=\langle Q, \{\overline{F^2}\}, \{\overline{f_1^1}, \overline{f_2^2}, \overline{f_3^2}\}, \{\overline{c}\}\rangle$. 其中

Q 为有理数集；

$\overline{F^2}$为 Q 上的相等关系；

$\overline{f_1^1}$为 Q 上的加 1 运算，即

$$\overline{f_1^1}: Q\longrightarrow Q,\ \overline{f_1^1}(a)=a+1\ (\text{任意 } a\in Q);$$

$\overline{f_2^2}$与$\overline{f_3^2}$分别为 Q 上的加法与乘法函数；

$\overline{c}=0$.

由此我们看到，一个一阶语言 $\mathscr{L}$可以有很多不同的解释，对于这些不同的解释，$K_{\mathscr{L}}$的公式可能在某一解释下为真，而在另一个解释下为假. 下面我们先来直观地谈谈公式在解释下

的真假问题.

$\mathscr{L}$的解释$\mathscr{I}$对$\mathscr{L}$中的每个符号指定一个含义,结合第一章中对逻辑符号¬,→的解释,再加上对量词符号的"直观解释",我们就能"直观理解" $K_{\mathscr{L}}$中公式在解释下的含义.

例如,在例 27.20 中的形式语言$\mathscr{L}$中,对$\mathscr{L}$的如下公式α:

$$\forall x_1 \forall x_2 \exists x_3 F^2(f_2^2(x_1, x_2), x_3),$$

若按照I_1的解释,α的含义为:

对任意两个自然数x_1,x_2,存在自然数x_3,使得$x_1+x_2=x_3$.

这显然是正确的.

若按照I_2的解释,α的含义为:

对任意两个有理数x_1,x_2,存在有理数x_3,使得$x_1+x_2=x_3$.

这显然也正确.

再如,还是对例 27.20 中的形式语言$\mathscr{L}$的如下公式β:

$$\forall x_1 \forall x_2 ((\exists x_3 F^2(f_3^2(x_1, x_3), x_2) \wedge \exists x_4 F^2(f_3^2(x_2, x_4), x_1)) \rightarrow F^2(x_1, x_2)).$$

β在解释I_1下的含义是:

对任意两个自然数x_1,x_2,若$x_1 | x_2$,且$x_2 | x_1$,则$x_1=x_2$.

这显然是正确的.

但若按照I_2的解释,β的含义为:对任意两个有理数x_1,x_2,若存在有理数x_3,x_4,使得$x_1=x_3 \cdot x_2$,且$x_2=x_4 \cdot x_1$,则$x_1=x_2$.

这显然就不正确了.

最后再看一个例子. 还是在例 27.20 中的形式语言$\mathscr{L}$中,对$\mathscr{L}$的如下公式γ:

$$\forall x_2(F^2(f_2^2(x_1, x_2), x_2)).$$

γ在解释I_1下的含义为:

对任意自然数x_2,x_2与自然数x_1的乘积还为x_2.

此时γ的真假与x_1代表的自然数有关:当$x_1=1$时,γ为真,否则为假. 我们必须指明x_1到底代表哪一个自然数后才能知道γ的真假性. 注意到x_1是γ的一个自由变元,即一个公式的真假性与这个公式的自由变元的取值有关.

在这些例子中,我们对联结词的解释与上一章是一致的.

下面我们来精确地定义这些概念,这些定义是较为繁琐的,但与以上的"直观解释"相符合.

首先必须指明个体变元符号所代表的论域中的元素,这样才能谈到含有自由变元公式的真假性.

定义 27.17 设$\mathscr{I}$是$\mathscr{L}$的一个解释,D为$\mathscr{I}$的论域,$K_{\mathscr{L}}$在$\mathscr{I}$中的一个指派是指派如下的一个函数σ: $\{x_0, x_1, x_2, \cdots\} \longrightarrow D$, $\sigma(x_i) \in D$称为x_i在指派σ下的值($i \in N$).

指派的直观含义是:给每个个体变元符号x_i指定一个值$\sigma(x_i) \in D$.

有时为方便起见,也称σ的值的无限序列

$$\langle \sigma(x_0), \sigma(x_1), \sigma(x_2), \cdots \rangle$$

为$K_{\mathscr{I}}$在$\mathscr{I}$中的一个指派.

每个个体变元符号有了含义后,结合$\mathscr{L}$的解释,每个项也就有了含义.

定义 27.18 设σ是$K_{\mathscr{L}}$在I中的一个指派,如下归纳定义$K_{\mathscr{L}}$的项t在I中σ下的值t_I^{σ}:

(1) 当 t 为个体变元符号 $x_i(i\in N)$时，$(x_i)_I^\sigma=\sigma(x_i)$；

(2) 当 t 为个体变元符号 c 时，$(c_k)_I^\sigma=\bar{c}$；

(3) 当 t 为 $f^m(t_1, t_2, \cdots, t_m)$时，其中：$f^m$ 是 $\mathscr{L}$中的一个 m 元函数符号，$t_1, t_2, \cdots, t_m$ 是 $K_{\mathscr{L}}$的项，则 $t_I^\sigma=\overline{f^m}((t_1)_I^\sigma, (t_2)_I^\sigma, \cdots, (t_m)_I^\sigma)$.

t 在 I 中 σ 下的值有时简称为 t 在 σ 下的值，简记为 t^σ.

例如，在例 27.20 中，σ 是 $K_{\mathscr{L}}$在 I_1 中的如下指派：

$$\sigma(x_i)=i \quad (\text{任意 } i\in N).$$

则

$x_i^\sigma=\sigma(x_i)=i\ (i\in N)$.

$c^\sigma=\bar{c}=0$.

$(f_1^1(x_1))^\sigma=\overline{f_1^1}(x_1^\sigma)=\overline{f_1^1}(1)=1+1=2\in N$.

$(f_2^2(x_1, x_2))^\sigma=\overline{f_2^2}(x_1^\sigma, x_2^\sigma)=x_1^\sigma+x_2^\sigma=1+2=3$.

$(f_3^2(x_1, x_2))^\sigma=\overline{f_3^2}(x_1^\sigma, x_2^\sigma)=x_1^\sigma\cdot x_2^\sigma=2$.

$(f_1^1(f_2^2(x_1, x_4)))^\sigma=\overline{f_1^1}((f_2^2(x_1, x_4))^\sigma)=f_1^1(f_2^2(x_1^\sigma, x_4^\sigma))=(x_1^\sigma+x_4^\sigma)+1=1+4+1=6$.

由定义易知：对 $K_{\mathscr{L}}$的任一个项 t 及 $K_{\mathscr{L}}$在 I 中的任一个指派 σ，$t^\sigma\in D$.

为定义公式在解释 I 中的真假，还需要定义如下概念.

定义 27.19 设 σ 是 $K_{\mathscr{L}}$在解释 I 中的一个指派，x_i 是一个个体变元符号，$a\in D$，$\sigma(x_i/a)$是 $K_{\mathscr{L}}$在 I 中的如下指派：

$$\sigma(x_i/a)(x_j)=\begin{cases}a, & j=i;\\ \sigma(x_j), & j\neq i.\end{cases}$$

即 $\sigma(x_i/a)$是将 σ 中对 x_i 指派的值改为 a，其余 $x_j(j\neq i, j\in N)$的值保持不变.

定义 27.20 设 σ 是 $K_{\mathscr{L}}$在解释 I 中的一个指派，如下归纳定义 $K_{\mathscr{L}}$的公式 α 在 I 中被 σ 满足：

(1) 当 α 是原子公式 $F^n(t_1, t_2, \cdots, t_n)$时，其中 F^n 是 $\mathscr{L}$中的一个 n 元谓词变元符号，$t_1, t_2, \cdots, t_n$ 是 $K_{\mathscr{L}}$的项. 则 α 在 I 中被 σ 满足当且仅当$\overline{F^n}(t_1^\sigma, t_2^\sigma, \cdots, t_n^\sigma)$成立，即当且仅当 $\langle t_1^\sigma, t_2^\sigma, \cdots, t_n^\sigma\rangle\in\overline{F^n}$.

(2) 当 α 为$(\neg\beta)$时，则 α 在 I 中被 σ 满足当且仅当 β 在 I 中不被 σ 满足.

(3) 当 α 为$(\alpha_1\rightarrow\alpha_2)$时，则 α 在 I 中被 σ 满足当且仅当 α_1 在 I 中不被 σ 满足或者 α_2 在 I 中被 σ 满足.

(4) 当 α 为$(\forall x_i)\beta$ 时，则 α 在 I 中被 σ 满足当且仅当对每个 $a\in D_I$，β 在 I 中都能被 $\sigma(x_i/a)$满足.

α 在 I 中被 σ 满足也称为 σ 在 I 中满足 α，记为 $I\models_\sigma\alpha$，否则记为 $I\not\models_\sigma\alpha$.

由定义易见：

(1) $I\models_\sigma F^n(t_1, t_2, \cdots, t_n)$当且仅当$\langle t_1^\sigma, t_2^\sigma, \cdots, t_n^\sigma\rangle\in\overline{F^n}$.

(2) $I\models_\sigma\neg\beta$ 当且仅当 $I\not\models_\sigma\beta$.

(3) $I\models_\sigma\alpha_1\rightarrow\alpha_2$ 当且仅当 $I\not\models_\sigma\alpha_1$ 或 $I\models_\sigma\alpha_2$，当且仅当若 $I\models_\sigma\alpha_1$，则 $I\models_\sigma\alpha_2$；从而

$$I\not\models_\sigma\alpha_1\rightarrow\alpha_2 \text{ 当且仅当 } I\models_\sigma\alpha_1 \text{ 且 } I\not\models_\sigma\alpha_2.$$

这与第一章中对“→”的解释相符合.

(4) $I\models_{\sigma}(\forall x_i)\beta$ 当且仅当对任意 $a\in D$，$I\models_{\sigma(x_i/a)}\beta$.

(5) $I\models_{\sigma}\alpha$ 与 $I\not\models_{\sigma}\alpha$ 中有且仅有一个成立.

定理 27.12 对于 $K_{\mathscr{L}}$ 中的简写公式 $(\alpha\vee\beta)$，$(\alpha\wedge\beta)$，$\alpha\leftrightarrow\beta$ 与 $(\exists x)\beta$，

(1) $I\models_{\sigma}\alpha\vee\beta$ 当且仅当 $I\models_{\sigma}\alpha$ 或 $I\models_{\sigma}\beta$；

(2) $I\models_{\sigma}\alpha\wedge\beta$ 当且仅当 $I\models_{\sigma}\alpha$ 而且 $I\models_{\sigma}\beta$；

(3) $I\models_{\sigma}\alpha\leftrightarrow\beta$ 当且仅当 $I\models_{\sigma}\alpha$ 的充要条件为 $I\models_{\sigma}\beta$；

(4) $I\models_{\sigma}(\exists x_i)\beta$ 当且仅当存在 $a\in D$，使得 $I\models_{\sigma(x_i/a)}\beta$.

证明 只证(1)和(4).

(1) $I\models_{\sigma}\alpha\vee\beta\Leftrightarrow I\models_{\sigma}(\neg\alpha)\to\beta$

$\Leftrightarrow I\not\models_{\sigma}\neg\alpha$ 或 $I\models_{\sigma}\beta$

$\Leftrightarrow I\not\models_{\sigma}\alpha$ 不成立，或 $I\models_{\sigma}\beta$

$\Leftrightarrow I\models_{\sigma}\alpha$ 或 $I\models_{\sigma}\beta$.

(4) $I\models_{\sigma}(\exists x_i)\beta\Leftrightarrow I\models_{\sigma}\neg(\forall x_i)(\neg\beta)$

$\Leftrightarrow I\not\models_{\sigma}(\forall x_i)(\neg\beta)$.

而 $I\models_{\sigma}(\forall x_i)(\neg\beta)\Leftrightarrow$ 对任意的 $a\in D$，$I\models_{\sigma(x_i/a)}\neg\beta$

$\Leftrightarrow$ 对任意的 $a\in D$，$I\not\models_{\sigma(x_i/a)}\beta$.

故 $I\not\models_{\sigma}(\forall x_i)(\neg\beta)\Leftrightarrow$ 存在 $a\in D$，使得 $I\not\models_{\sigma(x_i/a)}\beta$ 不成立.

即 $I\models_{\sigma}(\exists x_i)\beta\Leftrightarrow$ 存在 $a\in D$，使得 $I\models_{\sigma(x_i/a)}\beta$ 成立. ∎

【例 27.21】 设 $\mathscr{L}=\{F^2\}$，$\mathscr{L}$ 的一个解释 $I=\langle D,\{R\},\varnothing,\varnothing\rangle$，其中 D 为任一个非空集合，$|D|\geqslant 2$. $R=\{\langle a,a\rangle\mid a\in D\}$. $a_1,a_2,\cdots,a_n,\cdots$ 为 D 中元素的一个序列，满足 $a_0=a_1=a_2\neq a_3$. σ 是 $K_{\mathscr{L}}$ 在 I 中的如下指派：$\sigma(x_i)=a_i$（任意 $i\in N$）.

当 α 为 $K_{\mathscr{L}}$ 中下列公式时，$I\models_{\sigma}\alpha$ 成立与否？

(1) $F^2(x_1,x_2)$；

(2) $F^2(x_2,x_3)$；

(3) $F^2(x_1,x_2)\to F^2(x_2,x_3)$；

(4) $\forall x_1 F^2(x_1,x_2)$；

(5) $\forall x_1\exists x_2 F(x_1,x_2)$.

解 (1) $I\models_{\sigma}F^2(x_1,x_2)$

当且仅当 $\langle x_1^{\sigma},x_2^{\sigma}\rangle\in\overline{F^2}$，

当且仅当 $\langle a_1,a_2\rangle\in R$.

由于 $a_1=a_2$，故 $\langle a_1,a_2\rangle\in R$，从而 $I\models_{\sigma}F^2(x_1,x_2)$.

(2) $I\models_{\sigma}F^2(x_2,x_3)$

当且仅当 $\langle x_2^{\sigma},x_3^{\sigma}\rangle\in\overline{F^2}$，

当且仅当$\langle a_2, a_3\rangle \in R$.

但由于$a_2 \neq a_3$，故$\langle a_2, a_3\rangle \notin R$,从而$I \underset{\sigma}{\not\models} F^2(x_2, x_3)$.

(3) $I \underset{\sigma}{\models} F^2(x_1, x_2) \rightarrow F^2(x_2, x_3)$

当且仅当$I \underset{\sigma}{\not\models} F^2(x_1, x_2)$或$I \underset{\sigma}{\models} F^2(x_2, x_3)$.

但由(1)(2)知$I \underset{\sigma}{\not\models} F^2(x_1, x_2) \rightarrow F^2(x_2, x_3)$.

(4) $I \underset{\sigma}{\models} \forall x_1 F^2(x_1, x_2)$

当且仅当任意$a \in D$，$I \underset{\sigma(x_1/a)}{\models} F^2(x_1, x_2)$.

当且仅当任意$a \in D$，$\langle x_1^{\sigma(x_1/a)}, x_2^{(\sigma x_1/a)}\rangle \in \overline{F^2}$.

当且仅当任意$a \in D$，$\langle a, a_2\rangle \in R$.

但由于$a_3 \in D$，$\langle a_3, a_2\rangle \notin R$，故"任意$a \in D$，$\langle a, a_2\rangle \in R$"不成立，从而

$$I \underset{\sigma}{\not\models} \forall x_1 F^2(x_1, x_2).$$

(5) $I \underset{\sigma}{\models} \forall x_1 \exists x_2 F^2(x_1, x_2)$

当且仅当任意$a \in D$，$I \underset{\sigma(x_1/a)}{\models} \exists x_2 F^2(x_1, x_2)$.

当且仅当任意$a \in D$，存在$b \in D$，使得：

$$I \underset{\sigma(x_1/a)(x_2/b)}{\models} F^2(x_1, x_2).$$

当且仅当任意$a \in D$，存在$b \in D$，使得$\langle a, b\rangle \in R$.

而最后一个条件是成立的，因为只要取$b = a$即可. 故$I \underset{\sigma}{\models} \forall x_1 \exists x_2 F^2(x_1, x_2)$.

【例 27.22】 对例 27.20 中的$\mathscr{L}$，I_1，I_2及$K_{\mathscr{L}}$的公式β:

$$\forall x_1 \forall x_2 ((\exists x_3 F^2(f_3^2(x_1, x_3), x_2) \wedge \exists x_4 F^2(f_3^2(x_2, x_4), x_1)) \rightarrow F^2(x_1, x_2)).$$

设σ为$K_{\mathscr{L}}$在I_1中的任一个指派. 则:

$I_1 \underset{\sigma}{\models} \beta$

$\Leftrightarrow$对任意$m_1 \in N$，

$I_1 \underset{\sigma(x_1/m_1)}{\models} \forall x_2 ((\exists x_3 F^2(f_3^2(x_1, x_3), x_2) \wedge \exists x_4 F^2(f_3^2(x_2, x_4), x_1)) \rightarrow F^2(x_1, x_2))$.

$\Leftrightarrow$ 对任意的$m_1 \in N$，$m_2 \in N$，

$I_1 \underset{\sigma(x_1/m_1)(x_2/m_2)}{\models} (\exists x_3 F^2(f_3^2(x_1, x_3), x_2) \wedge \exists x_4 F^2(f_3^2(x_2, x_4), x_1)) \rightarrow F^2(x_1, x_2)$.

$\Leftrightarrow$ 对任意$m_1, m_2 \in N$，

若$I_1 \underset{\sigma(x_1/m_1)(x_2/m_2)}{\models} \exists x_3 F^2(f_3^2(x_1, x_3), x_2) \wedge \exists x_4 F^2(f_3^2(x_2, x_4), x_1)$，

则$I_1 \underset{\sigma(x_1/m_1)(x_2/m_2)}{\models} F^2(x_1, x_2)$.

$\Leftrightarrow$ 对任意$m_1, m_2 \in N$，

若$I_1 \underset{\sigma(x_1/m_1)(x_2/m_2)}{\models} \exists x_3 F^2(f_3^2(x_1, x_3), x_2)$，

且$I_1 \underset{\sigma(x_1/m_1)(x_2/m_2)}{\models} \exists x_4 F^2(f_3^2(x_2, x_4), x_1)$，

则$I_1 \underset{\sigma(x_1/m_1)(x_2/m_2)}{\models} F^2(x_1, x_2)$.

$\Leftrightarrow$ 对任意$m_1, m_2 \in N$，

若存在 $m_3 \in N$ 使得：

$$I_1 \models_{\sigma(x_1/m_1)(x_2/m_2)(x_3/m_3)} F^2(f_3^2(x_1, x_3), x_2),$$

且存在 $m_4 \in N$ 使得：

$$I_1 \models_{\sigma(x_1/m_1)(x_2/m_2)(x_4/m_4)} F^2(f_3^2(x_2, x_4), x_1),$$

则 $I_1 \models_{\sigma(x_1/m_1)(x_2/m_2)} F^2(x_1, x_2)$.

$\Leftrightarrow$ 对任意 $m_1, m_2 \in N$，若存在 $m_3 \in N$ 使得 $m_1 \cdot m_3 = m_2$，且存在 $m_4 \in N$ 使得 $m_2 \cdot m_4 = m_1$，则 $m_1 = m_2$.

$\Leftrightarrow$ 对任意 $m_1, m_2 \in N$，若 $m_1 | m_2$，且 $m_2 | m_1$，则 $m_1 = m_2$. 从而 $I_1 \models_{\sigma} \beta$.

同理，对 $K_{\mathscr{L}}$在 I_2 中的任一个指派 σ，有：$I_2 \models_{\sigma} \beta \Leftrightarrow$ 对任意 $m_1, m_2 \in Q$.

若存在 $m_3 \in Q$ 使得 $m_1 \cdot m_3 = m_2$，且存在 $m_4 \in Q$ 使得 $m_2 \cdot m_4 = m_1$，则 $m_1 = m_2$.

从而 $I_2 \not\models_{\sigma} \beta$.

从以上各例中可看出：对 $\mathscr{L}$的不同解释，$K_{\mathscr{L}}$的同一公式能否在这些解释中被某个指派满足可能不同，例如例 27.22；即使对 $\mathscr{L}$的同一个解释，$K_{\mathscr{L}}$的同一个公式在这个解释中能否被不同的指派满足也不相同，例如例 27.21. 即 $I \models_{\sigma} \alpha$ 成立与否与 I 和 σ 都有关.

我们知道，形式语言本身是没有含义的，给了解释之后才代表某种含义. 尽管在构造形式语言的时候，我们自己对形式语言有一种特殊的理解，但这不能排除这个形式语言实际存在其他种解释的可能，也不能妨碍其他人对它作不同的解释. 这种观点用于程序设计语言时有其现实意义. 程序设计语言是一种机器语言，本质上也是一种形式语言，尽管设计这些语言的人们对这些语言用自然语言进行了详细的解释，但由于自然语言的歧义性，这种解释并不严格，也就不能防止用户产生歧义的理解与实现，这就要求严格地写出程序设计语言的语义，"程序设计语言的形式语义学"就是研究这方面问题的一门学科. 用逻辑的方法来描述程序设计语言的语义，就产生了"程序设计语言的形式语义学"的一个分支——公理语义学.

我们再顺便提一下"一阶语言"中"一阶"这个词的含义. 我们已经看到，在一阶语言的解释中，个体变元符号只能取论域中的元素，而不能取论域的子集，从而量词"$\forall x$"等只能谈及论域中元素的性质，这就是"一阶"含义，若变元符号可取论域的子集，便属于所谓的"二阶逻辑"范畴了.

定理 27.13 设 σ_1, σ_2 是 $K_{\mathscr{L}}$在其某个解释 I 中的两个指派，$t(v_1, v_2, \cdots, v_n)$是 $K_{\mathscr{L}}$的一个项，其中 $v_1, v_2, \cdots, v_n$ 是 $K_{\mathscr{L}}$的个体变元符号，$t(v_1, v_2, \cdots, v_n)$中出现的个体变元符号都在 $v_1, v_2, \cdots, v_n$ 中，若对任意 $i(1 \leqslant i \leqslant n)$，$\sigma_1(v_i) = \sigma_2(v_i)$，则 $t^{\sigma_1} = t^{\sigma_2}$.

证明 对 t 的复杂性归纳证明，即对 t 中所含的函数变元符号的个数 d 进行归纳证明.

(1) 当 $d=0$ 时，t 为个体变元符号或个体常元符号.

① 若 t 为个体变元符号，则 t 必为 $v_1, v_2, \cdots, v_n$ 中的某一个，不妨设 $t = v_i$(某 i：$1 \leqslant i \leqslant n$)，则：

$$t^{\sigma_1} = v_i^{\sigma_1} = \sigma_1(v_i) = \sigma_2(v_i) = v_i^{\sigma_2} = t^{\sigma_2}.$$

② 若 t 为个体变元符号 c，则 $t^{\sigma_1} = c^{\sigma_1} = \bar{c} = c^{\sigma_2} = t^{\sigma_2}$.

(2) 假设 $d < l$ 时命题成立，考察 $d = l$ 时情形($l > 0$).

设 t 中含有 l 个函数变元符号，$t = f^m(t_1, t_2, \cdots, t_m)$，其中 f^m 是 $\mathscr{L}$中的一个 m 元函数变元符号，$t_1, t_2, \cdots, t_m$ 是 $K_{\mathscr{L}}$的项，由归纳假设得 $t_1^{\sigma_1} = t_1^{\sigma_2}$，$t_2^{\sigma_1} = t_2^{\sigma_2}$，$\cdots$，$t_m^{\sigma_1} = t_m^{\sigma_2}$，从而 $t^{\sigma_1} =$

$\overline{f^m}(t_1^{\sigma_1}, t_2^{\sigma_1}, \cdots, t_m^{\sigma_1}) = \overline{f^m}(t_1^{\sigma_2}, t_2^{\sigma_2}, \cdots, t_m^{\sigma_2}) = t^{\sigma_2}$.

归纳证毕，命题成立. ▌

定理 27.14 设 σ_1，σ_2 是 $K_{\mathscr{L}}$在其某个解释 I 中的两个指派，$\alpha(v_1, v_2, \cdots, v_n)$是 $K_{\mathscr{L}}$的一个公式，其中 $v_1, v_2, \cdots, v_n$ 是 $K_{\mathscr{L}}$的个体变元符号，$\alpha(v_1, v_2, \cdots, v_n)$的自由变元符号都在 $v_1, v_2, \cdots, v_n$ 中，若对任意 $i(1 \leqslant i \leqslant n)$，$\sigma_1(v_i) = \sigma_2(v_i)$，则 $I \models_{\sigma_1} \alpha$ 当且仅当 $I \models_{\sigma_2} \alpha$.

证明 对公式 α 中所含的联结词与量词的个数 d 进行归纳证明.

(1) 当 $d=0$ 时，α 为原子公式，设 α 为 $F^n(t_1, t_2, \cdots, t_n)$，其中 F^n 为 $\mathscr{L}$的一个 n 元谓词变元符号，$t_1, t_2, \cdots, t_n$ 是 $K_{\mathscr{L}}$的项. 由于 α 中没有量词，则在 t_i 中出现的每个个体变元符号都是 α 的自由变元$(1 \leqslant i \leqslant n)$，从而在 t_i 中出现的每个个体变元符号在 σ_1 与 σ_2 下的指派的值相等，由定理 27.13 知，对任意 $i(1 \leqslant i \leqslant n)$，$t_i^{\sigma_1} = t_i^{\sigma_2}$. 从而 $I \models_{\sigma_1} \alpha$ 当且仅当 $I \models_{\sigma_1} F^n(t_1, t_2, \cdots, t_n)$，当且仅当$\langle t_1^{\sigma_1}, t_2^{\sigma_2}, \cdots, t_n^{\sigma_1} \rangle \in \overline{F^n}$，当且仅当$\langle t_1^{\sigma_2}, t_2^{\sigma_1}, \cdots, t_n^{\sigma_2} \rangle \in \overline{F^n}$，当且仅当 $I \models_{\sigma_2} F^n(t_1, t_2, \cdots, t_n)$，当且仅当 $I \models_{\sigma_1} \alpha$.

(2) 假设命题对所有满足 $d < l$ 的 d 成立，考察 $d = l$ 时情形$(l \geqslant 1)$.

① 当 α 为$(\neg \beta)$时，由归纳假设知 $I \models_{\sigma_1} \beta$ 当且仅当 $I \models_{\sigma_2} \beta$. 从而 $I \models_{\sigma_1} \alpha$ 当且仅当 $I \models_{\sigma_1} \neg \beta$，当且仅当 $I \not\models_{\sigma_1} \beta$，当且仅当 $I \not\models_{\sigma_2} \beta$，当且仅当 $I \models_{\sigma_2} \neg \beta$，当且仅当 $I \models_{\sigma_2} \alpha$.

② 当 α 为$(\alpha_1 \to \alpha_2)$时，由归纳假设知 $I \models_{\sigma_1} \alpha_1$ 当且仅当 $I \models_{\sigma_2} \alpha_1$，$I \models_{\sigma_1} \alpha_2$ 当且仅当 $I \models_{\sigma_2} \alpha_2$. 从而，$I \models_{\sigma_1} \alpha$ 当且仅当 $I \models_{\sigma_1} \alpha_1 \to \alpha_2$，当且仅当 $I \not\models_{\sigma_1} \alpha_1$，或 $I \models_{\sigma_1} \alpha_2$. 当且仅当 $I \not\models_{\sigma_1} \alpha_1$，或 $I \models_{\sigma_2} \alpha_2$. 当且仅当 $I \models_{\sigma_2} \alpha_1 \to \alpha_2$. 当且仅当 $I \models_{\sigma_2} \alpha$.

③ 当 α 为$(\forall v_0)\beta$时，其中 v_0 为 $\mathscr{L}$的一个个体变元符号. 由于 α 的自由变元符号都在 $v_1, v_2, \cdots, v_n$ 中，故 β 的自由变元符号都在 $v_0, v_1, v_2, \cdots, v_n$ 中. $I \models_{\sigma_1} \alpha$ 当且仅当 $I \models_{\sigma_1} \forall v_0 \beta$，当且仅当对任意的 $a \in D$，$I \models_{\sigma_1(v_0/a)} \beta$. 注意到 $\sigma_1(v_0/a)(v_i) = \sigma_2(v_0/a)(v_i)$（对任意的 i，$0 \leqslant i \leqslant n$）. 由归纳假设得 $I \models_{\sigma_1(v_0/a)} \beta$ 当且仅当 $I \models_{\sigma_2(v_0/a)} \beta$，从而 $I \models_{\sigma_1} \alpha$ 当且仅当对任意的 $a \in D$，$I \models_{\sigma_2(v_0/a)} \beta$，当且仅当 $I \models_{\sigma_1} \forall v_0 \beta$，当且仅当 $I \models_{\sigma_2} \alpha$.

归纳证毕，命题成立. ▌

定理 27.13 说明，项 $t(v_1, v_2, \cdots, v_n)$在指派 σ 下的值 t^σ 只与 σ 对 t 中出现的个体变元符号 $v_1, v_2, \cdots, v_n$ 指派的值有关，与 σ 对其他个体变元符号指派的值无关；同样，定理 27.14 说明，对公式 $\alpha(v_1, v_2, \cdots, v_n)$来说，“$I \models_{\sigma} \alpha$”成立与否只与 σ 对 α 的自由变元 $v_1, v_2, \cdots, v_n$ 指派的值有关，与 σ 对其他个体变元符号指派的值无关，因此，我们规定如下记号：

若项 $t(v_1, v_2, \cdots, v_n)$中出现的个体变元符号都在 $v_1, v_2, \cdots v_n$ 中，而 $\sigma(v_i) = a_i$（任意 i，$1 \leqslant i \leqslant n$），则记 t^σ 为 $t[a_1, a_2, \cdots, a_n]$.

若公式 $\alpha(v_1, v_2, \cdots, v_n)$的自由变元符号都在 $v_1, v_2, \cdots, v_n$ 中，而 $\sigma(v_i) = a_i$（任意 i，$1 \leqslant i \leqslant n$），则将 $I \models_{\sigma} \alpha$ 记为 $I \models \alpha[a_1, a_2, \cdots, a_n]$.

在谓词演算中，我们经常使用“对项中所含函数符号的个数进行归纳证明”或“对公式中所含量词与联结词的个数进行归纳证明”的方法，这种方法常被分别称为“对项的复杂性进行归纳证明”或“对公式的复杂性进行归纳证明”.

定理 27.15 设 α，x_i 和 t 分别是 $K_{\mathscr{L}}$中的公式、个体变元符号和项，t 对 x_i 在 α 中自由. σ

为 $K_{\mathscr{L}}$在其某个解释 I 中的一个指派，$\sigma'=\sigma(x_i/t^{\sigma})$，则 $I\models_{\sigma}\alpha(x_i/t)$当且仅当 $I\models_{\sigma'}\alpha$.

证明 首先证明：对 $\mathscr{L}$的任意项 s，若以 s'表示将 s 中所有 x_i 换为 t 所得的项，则

$$s^{\sigma'}=(s')^{\sigma}. \qquad (*)$$

对 s 的复杂性归纳证明.

(1) 当 s 为个体变元或常元符号时.

① 若 s 为 x_i，则 s'为 t，从而 $s^{\sigma'}=\sigma'(x_i)=t^{\sigma}=(s')^{\sigma}$.

② 若 s 为个体变元符号 $x_j(j\neq i)$，则 s'也为 x_j，从而 $s^{\sigma'}=\sigma'(x_j)=\sigma(x_j)=(s')^{\sigma}$.

③ 若 s 为个体常元符号 c，则 s'也为 c，从而 $s^{\sigma'}=\overline{c}=(s')^{\sigma}$.

(2) 若 s 是形如 $f^m(s_1,s_2,\cdots,s_m)$的项，其中 f^m 是 $\mathscr{L}$的一个 m 元函数变元符号，$s_1,s_2,\cdots,s_m$ 是 $K_{\mathscr{L}}$中项. 将 s_j 中所有 x_i 换为 t 得到的项（任意 j，$1\leqslant j\leqslant m$）记做 s'_j，则 $s'=f^m(s'_1,s'_2,\cdots,s'_m)$. 由归纳假设知 $s_j^{\sigma'}=(s'_j)^{\sigma}(1\leqslant j\leqslant m)$，则

$$s^{\sigma'}=\overline{f^m}(s_1^{\sigma'},s_2^{\sigma'},\cdots,s_m^{\sigma'})=\overline{f^m}((s'_1)^{\sigma},(s'_2)^{\sigma},\cdots,(s'_m)^{\sigma})=(s'_1)^{\sigma}.$$

归纳证毕，$(*)$成立.

再证：对 $K_{\mathscr{L}}$的任意公式 α 及 $K_{\mathscr{L}}$在 I 中的任意指派 σ，

$$I\models_{\sigma}\alpha(x_i/t)\text{当且仅当}I\models_{\sigma'}\alpha. \qquad (**)$$

(1) 当 α 是原子公式 $F^n(s_1,s_2,\cdots,s_n)$时，其中 F^n 是 $\mathscr{L}$中的一个 m 元谓词变元符号，$s_1,s_2,\cdots,s_n$ 是 $K_{\mathscr{L}}$中的项. 将 s_j 中所有 x_i 换为 t 得到的项记做 s'_j（任意 j，$1\leqslant j\leqslant n$），则 $\alpha(x_i/t)=F^n(s'_1,s'_2,\cdots,s'_n)$. 由$(*)$知 $s_j^{\sigma'}=(s'_j)^{\sigma}$(任意 j，$1\leqslant j\leqslant n$). 从而 $I\models_{\sigma'}\alpha\Leftrightarrow\langle s_1^{\sigma'},s_2^{\sigma'},\cdots,s_n^{\sigma'}\rangle\in\overline{F^n}\Leftrightarrow\langle(s'_1)^{\sigma},(s'_2)^{\sigma},\cdots,(s'_n)^{\sigma}\rangle\in\overline{F^n}\Leftrightarrow I\models_{\sigma}F^n(s'_1,s'_2,\cdots,s'_n)\Leftrightarrow I\models_{\sigma}\alpha(x_i/t)$.

(2) 当 α 为$(\neg\beta)$时，$\alpha(x_i/t)$为$(\neg\beta)(x_i/t)$，即为$\neg(\beta(x_i/t))$. 由归纳假设知 $I\models_{\sigma'}\beta$ 当且仅当 $I\models_{\sigma}\beta(x_i/t)$，从而，$I\not\models_{\sigma'}\beta$ 当且仅当 $I\not\models_{\sigma}\beta(x_i/t)$，即 $I\models_{\sigma'}\neg\beta$ 当且仅当 $I\models_{\sigma}\neg\beta(x_i/t)$，故 $I\models_{\sigma'}\alpha$ 当且仅当 $I\models_{\sigma}\alpha(x_i/t)$.

(3) 当 α 为 $\alpha_1\rightarrow\alpha_2$ 时，$\alpha(x_i/t)$为 $\alpha_1(x_i/t)\rightarrow\alpha_2(x_i/t)$，由归纳假设知 $I\models_{\sigma'}\alpha_1$ 当且仅当 $I\models_{\sigma}\alpha_1(x_i/t)$，$I\models_{\sigma'}\alpha_2$ 当且仅当 $I\models_{\sigma}\alpha_2(x_i/t)$. 从而 $I\models_{\sigma'}\alpha$ 当且仅当 $I\models_{\sigma'}\alpha_1\rightarrow\alpha_2$，当且仅当 $I\not\models_{\sigma'}\alpha_1$ 或 $I\models_{\sigma'}\alpha_2$，当且仅当 $I\not\models_{\sigma}\alpha_1(x_i/t)$或 $I\models_{\sigma}\alpha_2(x_i/t)$，当且仅当 $I\models_{\sigma}\alpha_1(x_i/t)\rightarrow\alpha_2(x_i/t)$，当且仅当 $I\models_{\sigma}\alpha(x_i/t)$.

(4) 当 α 为$(\forall x_j)\beta$时.

① 若 $i=j$，则 α 中所有 x_i 都是约束出现，从而 $\alpha(x_i/t)=\alpha$. 由于 σ 与 σ'对不是 x_i 的个体变元符号指派的值相同，由定理27.14知 $I\models_{\sigma}\alpha(x_i/t)\Leftrightarrow I\models_{\sigma}\alpha\Leftrightarrow I\models_{\sigma'}\alpha$.

② 若 $i\neq j$，则 $\alpha(x_i/t)$为$(\forall x_j)\beta(x_i/t)$. 由于 t 对 x_i 在 α 中自由，故 x_i 不在 α 中自由出现或者 x_j 不在 t 中出现.

(i) 若 x_i 不在 α 中自由出现，仿(4.1)可证$(**)$成立.

(ii) 若 x_j 不在 t 中出现，由定理 27.13 得对任意 $a\in D$，$t^{\sigma(x_j/a)}=t^{\sigma}$. 从而，$I\models_{\sigma}\alpha(x_i/t)$当且仅当 $I\models_{\sigma}(\forall x_j)\beta(x_i/t)$，当且仅当对任意 $a\in D$，$I\models_{\sigma(x_j/a)}\beta(x_i/t)$. 对任意取定的 $a\in D$，令 $\sigma''=\sigma(x_j/a)$，对 σ''及 β 应用归纳假设得 $I\models_{\sigma(x_j/a)}\beta(x_i/t)$ 当且仅当 $I\models_{\sigma''}\beta(x_i/t)$，当且仅当

$I \models_{\sigma''(x_i/t^{\sigma''})} \beta$，当且仅当 $I \models_{\sigma''(x_i/t^{\sigma})} \beta$，当且仅当 $I \models_{\sigma(x_j/a)(x_i/t^{\sigma})} \beta$. 又注意到由于 $i \neq j$，故 $\sigma(x_j/a)(x_i/t^{\sigma}) = \sigma(x_i/t^{\sigma})(x_j/a)$，从而 $I \models_{\sigma} \alpha(x_i/t)$ 当且仅当对任意 $a \in D$，$I \models_{\sigma(x_j/a)(x_i/t^{\sigma})} \beta$，当且仅当对任意 $a \in D$，$I \models_{\sigma(x_i/t^{\sigma})(x_j/a)} \beta$，当且仅当 $I \models_{\sigma(x_i/t^{\sigma})} (\forall x_j)\beta$，当且仅当 $I \models_{\sigma(x_i/t^{\sigma})} \alpha$.

归纳证毕，(∗∗)成立. ▌

有了"满足"这个概念后，我们就可以进一步定义真、假等概念了.

定义 27.21 设 α 为 $K_{\mathscr{L}}$ 的一个公式，I 为 $K_{\mathscr{L}}$ 的一个解释，

(1) 若对 $K_{\mathscr{L}}$ 在 I 中的每个指派 σ 都有 $I \models_{\sigma} \alpha$，则称 α 在 I 中真，记为 $I \models \alpha$；

(2) 若对 $K_{\mathscr{L}}$ 在 I 中的每个指派 σ 都有 $I \not\models_{\sigma} \alpha$，则称 α 在 I 中假.

注 1 若 α 在 I 中真，也称 I 是 α 的一个模型.

注 2 我们以 $I \not\models \alpha$ 表示 α 在 I 中不真，即 $I \not\models \alpha$ 当且仅当存在 $K_{\mathscr{L}}$ 在 I 中的一个指派 σ 使 $I \not\models_{\sigma} \alpha$.

注 3 $K_{\mathscr{L}}$ 中可能存在公式 α，α 在 $K_{\mathscr{L}}$ 的某个解释中既不真也不假，即对一阶谓词公式 α，"α 不真"不一定能保证"α 假"，这点与 σ 在 I 中满足 α 不同.

但是，$K_{\mathscr{L}}$ 中不可能存在公式 α 在 I 中既真又假，这是因为由于 $D \neq \varnothing$，故 $K_{\mathscr{L}}$ 在 I 中的指派一定存在，设 σ 是其中的一个，而 $I \models_{\sigma} \alpha$ 与 $I \not\models_{\sigma} \alpha$ 是不能同时成立的.

定理 27.16 设 α，β 是 $K_{\mathscr{L}}$ 的两个公式，I 是 $K_{\mathscr{L}}$ 的一个解释，则：

(1) α 在 I 中真 $\Leftrightarrow$ $\neg\alpha$ 在 I 中假 $\Leftrightarrow$ $\neg\neg\alpha$ 在 I 中真；

(2) α 在 I 中假 $\Leftrightarrow$ $\neg\alpha$ 在 I 中真 $\Leftrightarrow$ $\neg\neg\alpha$ 在 I 中假；

(3) $\alpha \to \beta$ 在 I 中假 $\Leftrightarrow$ α 在 I 中真且 β 在 I 中假.

证明

(1) $\neg\alpha$ 在 I 中假

$\Leftrightarrow$ 对 $K_{\mathscr{L}}$ 在 I 中的任一指派 σ，$I \not\models_{\sigma} \neg\alpha$

$\Leftrightarrow$ 对 $K_{\mathscr{L}}$ 在 I 中的任一指派 σ，$I \not\models_{\sigma} \alpha$ 不成立

$\Leftrightarrow$ 对 $K_{\mathscr{L}}$ 在 I 中的任一指派 σ，$I \models_{\sigma} \alpha$

$\Leftrightarrow$ $I \models \alpha$.

(2) 类似(1)可证.

(3) $\alpha \to \beta$ 在 I 中假

$\Leftrightarrow$ 对 $K_{\mathscr{L}}$ 在 I 中的任一个指派 σ，$I \not\models_{\sigma} \alpha \to \beta$

$\Leftrightarrow$ 对 $K_{\mathscr{L}}$ 在 I 中的任一个指派 σ，$I \models_{\sigma} \alpha$ 且 $I \not\models_{\sigma} \beta$

$\Leftrightarrow$ α 在 I 中真，而且 β 在 I 中假. ▌

定理 27.17 设 I 是对 $K_{\mathscr{L}}$ 的一个解释，α，β 为 $K_{\mathscr{L}}$ 中的两个公式，则：

(1) 对 $K_{\mathscr{L}}$ 在 I 中的任一指派 σ，若 $I \models_{\sigma} \alpha$，且 $I \models_{\sigma} \alpha \to \beta$，则 $I \models_{\sigma} \beta$.

(2) 若 $I \models \alpha$，且 $I \models \alpha \to \beta$，则 $I \models \beta$.

证明 (1) 因 $I \models_{\sigma} \alpha \to \beta$，故 $I \not\models_{\sigma} \alpha$，或 $I \models_{\sigma} \beta$，而 $I \models_{\sigma} \alpha$，因此 $I \models_{\sigma} \beta$.

(2) 由(1)易证. ▌

定理 27.18 设 I 是对 $K_{\mathscr{L}}$ 的一个解释，α 为 $K_{\mathscr{L}}$ 中的公式，x_i 是 $\mathscr{L}$ 中的一个个体变元符号，则 $I \models \alpha$ 当且仅当 $I \models (\forall x_i)\alpha$.

证明 ($\Rightarrow$) 设 $I \models \alpha$. 要证 $I \models (\forall x_i)\alpha$，只要证对 $K_{\mathscr{L}}$ 在 I 中的任一个指派 σ，任意 $a \in D$，$I \models_{\sigma(x_i/a)} \alpha$. 由于 $I \models \alpha$，故 $I \models_{\sigma(x_i/a)} \alpha$ 对任意 $a \in D$ 成立.

($\Leftarrow$) 设 $I \models \forall x_i \alpha$，要证 $I \models \alpha$. 对 $K_{\mathscr{L}}$ 在 I 中的任一个指派 σ，$I \models_{\sigma} (\forall x_i)\alpha$，故对任意 $a \in D$，$I \models_{\sigma(x_i/a)} \alpha$. 特别地，取 $a_0 = \sigma(x_i) \in D$，则 $I \models_{\sigma(x_i/a_0)} \alpha$. 而 $\sigma(x_i/a_0) = \sigma$，故 $I \models_{\sigma} \alpha$，从而 $I \models \alpha$.

▌

注 在此定理中，我们对 x_i 在 α 中是否出现没有作出要求.

我们知道，$K_{\mathscr{L}}$ 的公式 α 中若没有自由变元，则称 α 为一个闭公式(或句子)，对于闭公式，我们有如下的结论：

定理 27.19 设 α 是 $K_{\mathscr{L}}$ 的一个闭公式，则 $I \models \alpha$ 当且仅当存在 $K_{\mathscr{L}}$ 在 I 中的一个指派 σ，使得 $I \models_{\sigma} \alpha$.

证明 ($\Leftarrow$) 设 $I \models_{\sigma} \alpha$. 对 $K_{\mathscr{L}}$ 在 I 中的任一个指派 τ，由于 α 中没有自由变元，由定理27.14知 $I \models_{\tau} \alpha$，故 $I \models \alpha$.

($\Rightarrow$) 由于 $D \neq \varnothing$，故 $K_{\mathscr{L}}$ 在 I 中的指派一定存在，任取其中的一个为 σ，则由 $I \models \alpha$ 知 $I \models_{\sigma} \alpha$. ▌

推论 设 α 是 $K_{\mathscr{L}}$ 的一个闭公式，I 是 $K_{\mathscr{L}}$ 的一个解释，则 $I \models \alpha$ 与 $I \models \neg\alpha$ 中有且仅有一个成立.

证明 $I \models \alpha$ 与 $I \models \neg\alpha$ 中显然只有一个成立，故只要证其中必有一个成立即可. 任取定 $K_{\mathscr{L}}$ 在 I 中的一个指派 σ，由定义知 $I \models_{\sigma} \alpha$ 与 $I \models_{\sigma} \neg\alpha$ 必有一个成立，不妨设 $I \models_{\sigma} \alpha$，由定理27.19知 $I \models \alpha$. ▌

推论 27.1 说明，$K_{\mathscr{L}}$ 的任一个闭公式在 $K_{\mathscr{L}}$ 的任意解释中不为真必为假，当然，它不能既为真又为假.

定义 27.22 设 α 为 $K_{\mathscr{L}}$ 的一个公式.

(1) 称 α 是永真(公)式，如果 α 在 $K_{\mathscr{L}}$ 的任一个解释中都是真的，记为 $\models \alpha$；

(2) 称 α 为矛盾(公)式或永假(公)式，如果 α 在 $K_{\mathscr{L}}$ 的任一解释中都是假的.

由此定义易见：

(1) $\models \alpha$

当且仅当对 $K_{\mathscr{L}}$ 的任一解释 I，$I \models \alpha$.

当且仅当对 $K_{\mathscr{L}}$ 在其任一解释 I 中的任一指派 σ，$I \models_{\sigma} \alpha$.

(2) α 是永假式

当且仅当对 $K_{\mathscr{L}}$ 的任一解释 I，α 在 I 中假.

当且仅当对 $K_{\mathscr{L}}$ 在其任一解释 I 中的任一指派 σ，$I \not\models_{\sigma} \alpha$.

我们把 α 不是永真的记为 $\not\models \alpha$，即 $\not\models \alpha$ 当且仅当存在 $K_{\mathscr{L}}$ 的一个解释 I 及 $K_{\mathscr{L}}$ 在 I 中的一个指派 σ，使得 $I \not\models_{\sigma} \alpha$.

定理 27.20 对 $K_{\mathscr{L}}$ 的任意公式 α，β.

(1) α 永真(假) $\Longleftrightarrow$ $\neg\alpha$ 永假(真).

(2) $\alpha\to\beta$ 永假 $\Longleftrightarrow\alpha$ 永真且β 永假.

(3) 若$\models\alpha$ 且$\models\alpha\to\beta$,则$\models\beta$.

(4) $\models\alpha\Longleftrightarrow\models(\forall x_i)\ \alpha$.

证略.

定理 27.21 若 α'是 P 中的一个重言式，则 α'在 $K_{\mathscr{L}}$中的任一个代入实例 α 是永真式.

证明 设 α'中出现的命题变元符号都在 $p_0, p_1, p_2, \cdots, p_k$ 中，α 是将 α'中所有 p_i 都替换为 $K_{\mathscr{L}}$中公式 α_i 得到的公式($0\leqslant i\leqslant k$). 对 $K_{\mathscr{L}}$的任一个解释 I 及 $K_{\mathscr{L}}$在 I 中的任一个指派σ，只要证 $I\models_{\sigma}\alpha$，为此构造 P 的一个指派 v 如下：

$$v: \{p_0, p_1, p_2, \cdots, p_n\}\longrightarrow\{0, 1\}.$$

$$v(p_i)=\begin{cases}1, & 若\ 0\leqslant i\leqslant k\ 且\ I\models_{\sigma}\alpha_i;\\ 0, & 若\ 0\leqslant i\leqslant k\ 且\ I\not\models_{\sigma}\alpha_i;\\ 0, & i>k.\end{cases}$$

以下对 α'的复杂性归纳证明：

$$I\models_{\sigma}\alpha\ 当且仅当\ v(\alpha')=1. \qquad (*)$$

(1) 当 α'为命题变元符号 p_i(某 i：$0\leqslant i\leqslant k$)时,则 α 为 α_i，从而

$$v(\alpha')=1\Longleftrightarrow v(p_i)=1\Longleftrightarrow I\models_{\sigma}\alpha_i\Longleftrightarrow I\models_{\sigma}\alpha.$$

(2) 当 α'是 $\neg\beta'$时，设 β 为将β'中 $p_0, p_1, p_2, \cdots, p_k$ 分别替换为$\alpha_0, \alpha_1, \alpha_2, \cdots, \alpha_k$ 得到的 $K_{\mathscr{L}}$中的公式，则 α 为 $\neg\beta$. 由归纳假设知 $I\models_{\sigma}\beta$ 当且仅当 $v(\beta')=1$. 从而

$$I\models_{\sigma}\alpha\Longleftrightarrow I\models_{\sigma}\neg\beta\Longleftrightarrow I\not\models_{\sigma}\beta\Longleftrightarrow v(\beta')=0\Longleftrightarrow v(\neg\beta')=1\Longleftrightarrow v(\alpha')=1.$$

(3) 当 α'为 $\alpha_1'\to\alpha_2'$ 时，仿(2)可证.

归纳证毕，$(*)$成立.

从而，由于 α'为 P 的重言式，故 $v(\alpha')=1$,所以，$I\models_{\sigma}\alpha$. 证毕. ▎

注意：定理 27.21 的逆不成立.

27.7 $K_{\mathscr{L}}$的可靠性与和谐性

在本节及下一节中，我们讨论形式系统 $K_{\mathscr{L}}$($N_{\mathscr{L}}$)的可靠性与完全性. 对于 $K_{\mathscr{L}}$的可靠性与和谐性，我们还是沿着处理命题演算的可靠性与和谐性的思路进行讨论.

定理 27.22 $K_{\mathscr{L}}$的每个公理都是永真式.

证明 $K_{\mathscr{L}}$的一个公理或者为(K1)—(K6)中某一条,或者为(K7). 下对 $K_{\mathscr{L}}$的公理的复杂性进行归纳证明.

(1) (K1)—(K3)都是命题演算形式系统 P 的重言式在 $K_{\mathscr{L}}$中的代入实例，由定理 27.21 知(K1)—(K3)都是 $K_{\mathscr{L}}$的永真式.

(2) 往证：(K4)是永真式.

对 $K_{\mathscr{L}}$的任一解释 I 及 $K_{\mathscr{L}}$在 I 中的任一指派σ，要证 $I\models_{\sigma}(\forall x_i)\ \alpha\to\alpha(x_i/t)$,其中 $K_{\mathscr{L}}$的项 t 关于x_i 在α 中自由. 事实上，若 $I\models_{\sigma}(\forall x_i)\alpha$,则对任意 $a\in D$，$I\models_{\sigma(x_i/a)}\alpha$,特别地，$t^{\sigma}\in D$，故

$I \models_{\sigma(x_i/t^{\sigma})} \alpha$. 由定理 27.15 知 $I \models_{\sigma} \alpha(x_i/t)$，从而 $I \models_{\sigma} (\forall x_i)\ \alpha \to \alpha(x_i/t)$.

(3) 往证：(K5)是永真式.

对 $K_{\mathscr{L}}$在 $\mathscr{L}$ 的任一个解释 I 中的任一个指派 σ，要证 $I \models_{\sigma} \alpha \to (\forall x_i)\ \alpha$，其中 x_i 不在 α 中自由出现. 事实上若 $I \models_{\sigma} \alpha$，由于 x_i 不在 α 中自由出现，故对任意 $a \in D$，$\sigma(x_i/a)$ 与 σ 对 α 的自由变元指派的值相同，从而由定理 27.14 知 $I \models_{\sigma} \alpha$ 当且仅当 $I \models_{\sigma(x_i/a)} \alpha$. 故 $I \models_{\sigma} (\forall x_i)\ \alpha$. 于是

$$I \models_{\sigma} \alpha \to (\forall x_i)\ \alpha.$$

(4) 往证：(K6)是永真式.

对 $K_{\mathscr{L}}$在 $\mathscr{L}$ 的任一个解释 I 中的任一个指派 σ，要证 $I \models_{\sigma} \forall x_i(\alpha \to \beta) \to (\forall x_i\ \alpha \to \forall x_i\ \beta)$，只要证若 $I \models_{\sigma} \forall x_i(\alpha \to \beta)$，则 $I \models_{\sigma} (\forall x_i\ \alpha \to \forall x_i\ \beta)$. 只要证若 $I \models_{\sigma} \forall x_i(\alpha \to \beta)$，且 $I \models_{\sigma} \forall x_i\ \alpha$，则 $I \models_{\sigma} \forall x_i\ \beta$. 事实上，对任意 $a \in D$. 由 $I \models_{\sigma} \forall x_i(\alpha \to \beta)$ 知 $I \models_{\sigma(x_i/a)} \alpha \to \beta$. 从而，若 $I \models_{\sigma(x_i/a)} \alpha$，则 $I \models_{\sigma(x_i/a)} \beta$. 而 $I \models_{\sigma} \forall x_i\ \alpha$，故 $I \models_{\sigma(x_i/a)} \alpha$. 所以，$I \models_{\sigma(x_i/a)} \beta$. 由 a 的任意性知 $I \models_{\sigma} \forall x_i \beta$. 所以，(K6)是永真式.

(5) 往证：(K7)是永真式.

即要证若 α 为 $\forall x_i\ \beta$，其中 β 已为 $K_{\mathscr{L}}$的一个公理，则$\models \alpha$. 归纳假设$\models \beta$，则对于 $\mathscr{L}$ 的任一个解释 I，由于 $I \models \beta$，由定理 27.18 知 $I \models (\forall x_i)\beta$，即 $I \models \alpha$.

归纳证毕，命题成立. ∎

$K_{\mathscr{L}}$的可靠性是指若$\vdash_{K_{\mathscr{L}}} \alpha$，则$\models \alpha$. 下面我们将证明一个广义的可靠性.

定义 27.23 设 Σ 是 $K_{\mathscr{L}}$的一个公式集，I 是 $\mathscr{L}$ 一个解释.

(1) 对 $K_{\mathscr{L}}$在 I 中的指派 σ，若对任意 $\alpha \in \Sigma$，都有 $I \models_{\sigma} \alpha$，则称 σ 在 I 中满足 Σ，记为$I \models_{\sigma} \Sigma$；此时也称 Σ 是可满足的.

(2) 若对 $K_{\mathscr{L}}$在 I 中的任一个指派 σ，都有 $I \models_{\sigma} \Sigma$，则称 Σ 在 I 中真，或称 I 是 Σ 的一个模型，记为 $I \models \Sigma$.

定义 27.24 设 Σ，α 分别为 $K_{\mathscr{L}}$中的公式集与公式.

(1) 若对 $K_{\mathscr{L}}$的任一解释 I 及 $K_{\mathscr{L}}$在 I 中的任一指派 σ，当 $I \models_{\sigma} \Sigma$ 时，就有 $I \models_{\sigma} \alpha$，则称 α 为 Σ 的一个语义推论，记为 $\Sigma \models \alpha$.

(2) 若对 $K_{\mathscr{L}}$的任一个解释 I，当 $I \models \Sigma$ 时，就有 $I \models \alpha$，则称 α 为 Σ 的一个模型推论或结构推论，记为 $\Sigma \models_{M} \alpha$.

易证下面的结论.

定理 27.23 设 Σ，Σ' 为 $K_{\mathscr{L}}$中的公式集，α 为 $K_{\mathscr{L}}$中的公式.

(1) 若 $\Sigma \models \alpha$，则 $\Sigma \models_{M} \alpha$.

(2) 若 $\Sigma \subseteq \Sigma'$，且 $\Sigma \models \alpha$，则 $\Sigma' \models \alpha$.

(3) 若 $\Sigma \subseteq \Sigma'$，且 $\Sigma \models_{M} \alpha$，则 $\Sigma' \models_{M} \alpha$.

(4) 若 $\Sigma = \varnothing$，则$\varnothing \models \alpha \Leftrightarrow \models \alpha \Leftrightarrow \varnothing \models_{M} \alpha$.

(5) $\models \alpha$ 当且仅当对 $K_{\mathscr{L}}$的任意公式集 Γ，$\Gamma \models \alpha$.

当且仅当对 $K_{\mathscr{L}}$的任意公式集 Γ，$\Gamma \models_{M} \alpha$.

证略.

注意:定理 27.23 中,(1),(2)和(3)的逆都不成立.

定理 27.24(可靠性定理) 设 Σ, α 分别是 $K_{\mathscr{L}}$的公式集与公式.

(1) 若 $\Sigma \vdash_{K_{\mathscr{L}}} \alpha$,则 $\Sigma \models \alpha$.

(2) 若 $\vdash_{K_{\mathscr{L}}} \alpha$, 则 $\models \alpha$.

证明 (2)可由(1)立得, 故下面只证(1).

$\Sigma \vdash_{K_{\mathscr{L}}} \alpha$, 存在 $K_{\mathscr{L}}$中在前提 Σ 下推出 α 的证明序列:

$$\alpha_1, \alpha_2, \cdots, \alpha_n (=\alpha).$$

下证: 对任意 $i(1 \leqslant i \leqslant n)$, $\Sigma \models \alpha_i$. (*)

对 i 进行归纳证明.

(1) 当 $i=1$ 时, α_1 为 $K_{\mathscr{L}}$的一个公理或 $\alpha \in \Sigma$.

① 若 α 为 $K_{\mathscr{L}}$的公理, 由定理 27.22 知$\models \alpha$, 从而$\varnothing \models \alpha$, 故$\Sigma \models \alpha$.

② 若 $\alpha \in \Sigma$, 由定义知 $\Sigma \models \alpha$.

(2) 设(*)对所有满足 $i<k$ 的 i 成立, 考察(*)当 $i-k$ 时的情形.

① 当 α_k 为公理或 $\alpha_k \in \Sigma$ 时, 仿(1)可证.

② 当 α_k 是由 α_l, $\alpha_m (1 \leqslant l, m < k)$用(M)得到的, 不妨设 α_m 为 $\alpha_l \to \alpha_k$,由归纳假设, $\Sigma \models \alpha_l$, $\Sigma \models \alpha_l \to \alpha_k$. 为证 $\Sigma \models \alpha_k$, 只要证对 $K_{\mathscr{L}}$的任一个解释 I 及 $K_{\mathscr{L}}$在 I 中的任一个指派 σ,若 $I \models_{\sigma} \Sigma$, 则 $I \models_{\sigma} \alpha_k$. 事实上,由于 $I \models_{\sigma} \Sigma$, 故 $I \models_{\sigma} \alpha_l$, $I \models_{\sigma} \alpha_l \to \alpha_k$. 由定理 27.17 知 $I \models_{\sigma} \alpha_k$.

归纳证毕, 命题成立. ▎

推论(和谐性) 对任何非逻辑符号集 $\mathscr{L}$, $K_{\mathscr{L}}$是和谐的, 即 $K_{\mathscr{L}}$中不存在公式 α 使得 $\vdash_{K_{\mathscr{L}}} \alpha$ 且 $\vdash_{K_{\mathscr{L}}} \neg \alpha$.

证明 若不然, 存在 $K_{\mathscr{L}}$中公式 α 使得 $\vdash_{K_{\mathscr{L}}} \alpha$,且 $\vdash_{K_{\mathscr{L}}} \neg \alpha$,则$\models \alpha$, 且$\models \neg \alpha$. 任取定 $K_{\mathscr{L}}$的一个解释 I 及 $K_{\mathscr{L}}$在 I 中的一个指派 σ,则 $I \models_{\sigma} \alpha$, 且 $I \models_{\sigma} \neg \alpha$, 矛盾.

下面我们将" $K_{\mathscr{L}}$和谐"这个概念推广到 $K_{\mathscr{L}}$中的公式集"Σ 和谐"上.

定义 27.25 设 Σ 是 $K_{\mathscr{L}}$的一个公式集, 称 Σ 是**和谐的**,若不存在 $K_{\mathscr{L}}$中的公式 α,使得 $\Sigma \vdash_{K_{\mathscr{L}}} \alpha$,且 $\Sigma \vdash_{K_{\mathscr{L}}} \neg \alpha$.

显然, 公式集$\varnothing$是和谐的充要条件是 $K_{\mathscr{L}}$是和谐的.

定理 27.25 设 Σ 是 $K_{\mathscr{L}}$中的一个公式集. 若 Σ 是可满足的,则 Σ 和谐.

证明 若不然, 则存在 $K_{\mathscr{L}}$中公式 β 使得$\Sigma \vdash_{K_{\mathscr{L}}} \beta$, 且$\Sigma \vdash_{K_{\mathscr{L}}} \neg \beta$. 由可靠性定理得 $\Sigma \models \beta$, 且 $\Sigma \models \neg \beta$. 由于 Σ 是可满足的, 故存在 $K_{\mathscr{L}}$的一个解释 I 及 $K_{\mathscr{L}}$在 I 中的一个指派 σ,使得 $I \models_{\sigma} \Sigma$, 从而 $I \models_{\sigma} \beta$, 且 $I \models_{\sigma} \neg \beta$, 矛盾. 故 Σ 和谐. ▎

定理 27.26 对 $K_{\mathscr{L}}$的公式集 Σ 与公式 α,

(1) $\Sigma \cup \{\alpha\}$和谐当且仅当 $\Sigma \cup \{\neg \neg \alpha\}$和谐.

(2) 若 Σ 和谐, 且 $\Sigma \vdash_{K_{\mathscr{L}}} \alpha$, 则 $\Sigma \cup \{\alpha\}$也和谐.

证明 (1) 若 $\Sigma \cup \{\neg \neg \alpha\}$不和谐,则存在 $K_{\mathscr{L}}$中公式 β 使得 $\Sigma \cup \{\neg \neg \alpha\} \vdash_{K_{\mathscr{L}}} \beta$, 且 $\Sigma \cup \{\neg \neg \alpha\} \vdash_{K_{\mathscr{L}}} \neg \beta$. 从而 $\Sigma \vdash_{K_{\mathscr{L}}} \neg \neg \alpha \to \beta$, 且 $\Sigma \vdash_{K_{\mathscr{L}}} \neg \neg \alpha \to \neg \beta$. 而由例 26.23 知 $\vdash_{K_{\mathscr{L}}} \alpha \to \neg \neg \alpha$, 所以,$\Sigma \vdash_{K_{\mathscr{L}}} \alpha \to \neg \neg \alpha$. 故 $\Sigma \vdash_{K_{\mathscr{L}}} \alpha \to \neg \beta$, 且 $\Sigma \vdash_{K_{\mathscr{L}}} \alpha \to \neg \neg \beta$. 即 $\Sigma \cup \{\alpha\}$也不和谐.

同理可证，若$\Sigma\cup\{\alpha\}$不和谐，则$\Sigma\cup\{\neg\neg\alpha\}$也不和谐.

(2) 若$\Sigma\cup\{\alpha\}$不和谐，则存在$K_{\mathscr{L}}$中公式β使得$\Sigma\cup\{\alpha\}\vdash_{K_{\mathscr{L}}}\beta$，且$\Sigma\cup\{\alpha\}\vdash_{K_{\mathscr{L}}}\neg\beta$. 从而$\Sigma\vdash_{K_{\mathscr{L}}}\alpha\to\beta$，且$\Sigma\vdash_{K_{\mathscr{L}}}\alpha\to\neg\beta$. 由于$\Sigma\vdash_{K_{\mathscr{L}}}\alpha$，故$\Sigma\vdash_{K_{\mathscr{L}}}\beta$，且$\Sigma\vdash_{K_{\mathscr{L}}}\neg\beta$. 即$\Sigma$也不和谐，矛盾. ▌

定理 27.27 设Σ是$K_{\mathscr{L}}$中的一个公式集，则下列条件等价：

(1) Σ和谐；

(2) $K_{\mathscr{L}}$中存在公式α，使得$\Sigma\nvdash_{K_{\mathscr{L}}}\alpha$；

(3) Σ的每个子集和谐；

(4) Σ的每个有限子集和谐.

证明 (1) ⇒ (2) 若不然，对$K_{\mathscr{L}}$的任意公式α都有$\Sigma\vdash_{K_{\mathscr{L}}}\alpha$. 取定$K_{\mathscr{L}}$中的一个公式$\beta$，从而有$\Sigma\vdash_{K_{\mathscr{L}}}\beta$，且$\Sigma\vdash_{K_{\mathscr{L}}}\neg\beta$，与$\Sigma$的和谐性矛盾.

(2) ⇒ (3) 若不然，Σ有一个子集Σ'不和谐，由定义知，存在$K_{\mathscr{L}}$的公式β，使得$\Sigma\vdash_{K_{\mathscr{L}}}\beta$，且$\Sigma\vdash_{K_{\mathscr{L}}}\neg\beta$. 对$K_{\mathscr{L}}$的任一个公式$\alpha$，由于$\vdash_{K_{\mathscr{L}}}\neg\beta\to(\beta\to\alpha)$，从而$\Sigma\vdash_{K_{\mathscr{L}}}\neg\beta\to(\beta\to\alpha)$. 故$\Sigma\vdash_{K_{\mathscr{L}}}\beta\to\alpha$，$\Sigma\vdash_{K_{\mathscr{L}}}\alpha$，与(2)矛盾.

(3) ⇒ (4) 显然.

(4) ⇒ (1) 若不然，则存在$K_{\mathscr{L}}$中公式α，使得$\Sigma\vdash_{K_{\mathscr{L}}}\alpha$，且$\Sigma\vdash_{K_{\mathscr{L}}}\neg\alpha$. 从而存在$\Sigma$的有限子集$\Sigma_1$，$\Sigma_2$使得$\Sigma_1\vdash_{K_{\mathscr{L}}}\alpha$，且$\Sigma_2\vdash_{K_{\mathscr{L}}}\neg\alpha$. 故$\Sigma_1\cup\Sigma_2\vdash_{K_{\mathscr{L}}}\alpha$，且$\Sigma_1\cup\Sigma_2\vdash_{K_{\mathscr{L}}}\neg\alpha$. 即$\Sigma_1\cup\Sigma_2$不和谐，而$\Sigma_1\cup\Sigma_2$是$\Sigma$的一个有限子集，与(4)矛盾. ▌

定理 27.28 设Σ,α分别是$K_{\mathscr{L}}$的公式集与公式，则：

(1) $\Sigma\cup\{\neg\alpha\}$和谐当且仅当$\Sigma\nvdash_{K_{\mathscr{L}}}\alpha$；

(2) $\Sigma\cup\{\alpha\}$和谐当且仅当$\Sigma\nvdash_{K_{\mathscr{L}}}\neg\alpha$.

证明 (1) (⇒) 若不然，则$\Sigma\vdash_{K_{\mathscr{L}}}\alpha$,故$\Sigma\cup\{\neg\alpha\}\vdash_{K_{\mathscr{L}}}\alpha$. 又$\Sigma\cup\{\neg\alpha\}\vdash_{K_{\mathscr{L}}}\neg\alpha$,从而$\Sigma\cup\{\neg\alpha\}$不和谐，矛盾.

(⇐) 若$\Sigma\cup\{\neg\alpha\}$不和谐，则$\Sigma\cup\{\neg\alpha\}\vdash_{K_{\mathscr{L}}}\alpha$. 又$\vdash_{K_{\mathscr{L}}}(\neg\alpha\to\alpha)\to\alpha$,故$\Sigma\vdash_{K_{\mathscr{L}}}(\neg\alpha\to\alpha)\to\alpha$，从而$\Sigma\vdash_{K_{\mathscr{L}}}\alpha$，矛盾,故$\Sigma\cup\{\neg\alpha\}$和谐.

(2) $\Sigma\cup\{\alpha\}$和谐 ⇔ $\Sigma\cup\{\neg\neg\alpha\}$和谐 ⇔ $\Sigma\nvdash_{K_{\mathscr{L}}}\neg\alpha$. ▌

定义 27.26 设Σ为$K_{\mathscr{L}}$中的一个和谐公式集. 若$K_{\mathscr{L}}$中任意真包含Σ的公式集都不和谐，则称Σ为$K_{\mathscr{L}}$中的一个**极大和谐公式集**. 即：若Σ和谐，则

Σ极大和谐⇔ 若Σ'是$K_{\mathscr{L}}$中和谐公式集，且$\Sigma'\supseteq\Sigma$,则$\Sigma'=\Sigma$.

定理 27.29 设Σ是$K_{\mathscr{L}}$中的一个极大和谐公式集，α，β是$K_{\mathscr{L}}$中的两个公式，则：

(1) $\alpha\in\Sigma$当且仅当$\Sigma\cup\{\alpha\}$和谐.

(2) $\neg\alpha\in\Sigma$当且仅当$\alpha\notin\Sigma$;即α与$\neg\alpha$中有且仅有一个属于Σ.

(3) $\Sigma\vdash\alpha$当且仅当$\alpha\in\Sigma$.

(4) $\alpha\to\beta\in\Sigma$当且仅当$\neg\alpha\in\Sigma$或$\beta\in\Sigma$.

证明 (1) 若$\alpha\in\Sigma$，则$\Sigma\cup\{\alpha\}=\Sigma$，由$\Sigma$的和谐性知$\Sigma\cup\{\alpha\}$和谐. 反之，若$\Sigma\cup\{\alpha\}$和谐，而$\Sigma\cup\{\alpha\}\supseteq\Sigma$，由$\Sigma$的极大和谐性知，$\Sigma\cup\{\alpha\}=\Sigma$，从而$\alpha\in\Sigma$.

(2) 若 $\neg\alpha\in\Sigma$，则 $\Sigma\vdash\neg\alpha$，由 Σ 的和谐性知，$\Sigma\nvdash\alpha$，从而 $\alpha\notin\Sigma$；反之，若 $\alpha\notin\Sigma$，则 $\Sigma\cup\{\alpha\}$ 不和谐，由定理27.28知，$\Sigma\vdash\neg\alpha$. 由定理 27.26(2)知：$\Sigma\cup\{\neg\alpha\}$ 和谐. 再由(1)知 $\neg\alpha\in\Sigma$.

(3) 若 $\Sigma\vdash\alpha$，由于 Σ 是和谐的，由定理 27.26 知 $\Sigma\cup\{\alpha\}$ 和谐，从而 $\alpha\in\Sigma$；反之，若 $\alpha\in\Sigma$，则 $\Sigma\vdash\alpha$ 显然成立.

(4) (⇒) 设 $(\alpha\to\beta)\in\Sigma$，则 $\Sigma\vdash\alpha\to\beta$. 若 $\neg\alpha\notin\Sigma$，由(1)知 $\Sigma\cup\{\neg\alpha\}$ 不和谐，由定理27.28 (1)知 $\Sigma\vdash\alpha$，从而 $\Sigma\vdash\beta$，由(3)知 $\beta\in\Sigma$.

(⇐) 若 $\neg\alpha\in\Sigma$，则 $\Sigma\vdash\neg\alpha$，由于 $\vdash\neg\alpha\to(\alpha\to\beta)$，故 $\Sigma\vdash\neg\alpha\to(\alpha\to\beta)$，从而 $\Sigma\vdash\alpha\to\beta$，从而 $\alpha\to\beta\in\Sigma$；若 $\beta\in\Sigma$，则 $\Sigma\vdash\beta$. 由于 $\vdash\beta\to(\alpha\to\beta)$，故 $\Sigma\vdash\alpha\to\beta$，从而也有 $\alpha\to\beta\in\Sigma$. ▌

定理 27.30 设 Σ 是 $K_{\mathscr{L}}$ 中的一个和谐公式集，则 Σ 是极大和谐的充要条件是对 $K_{\mathscr{L}}$ 中的任一个公式 α，α 与 $\neg\alpha$ 中有且只有一个属于 Σ.

证明 (⇒) 由定理 27.29 的(2)已证.

(⇐) 若 Σ 不是极大和谐的，则存在 $K_{\mathscr{L}}$ 中的一个和谐公式集 Σ_0，使得 $\Sigma_0\supseteq\Sigma$，$\Sigma_0\neq\Sigma$，从而存在 $K_{\mathscr{L}}$ 的公式 α 使得 $\alpha\in\Sigma_0$，但 $\alpha\notin\Sigma$. 由题设知 $\neg\alpha\in\Sigma$，从而 $\neg\alpha\in\Sigma_0$，故 $\Sigma_0\vdash\alpha$，且 $\Sigma_0\vdash\neg\alpha$，与 Σ_0 的和谐性矛盾. ▌

27.8 $K_{\mathscr{L}}$ 的完全性

在本节中，我们要证明如下的 $K_{\mathscr{L}}$ 完全性定理：若 α 是 Σ 的语义推论，则在 $K_{\mathscr{L}}$ 中由 Σ 可推出 α，其中 Σ，α 分别为 $K_{\mathscr{L}}$ 中的公式集与公式. 所使用的证明方法被称为“Henkin 常量构造法”.

本节中我们总假定，非逻辑符号集 $\mathscr{L}$ 是一个可数集，即 $\mathscr{L}$ 中仅包含有限或无穷可数多个符号，但本节的结果对非可数的 $\mathscr{L}$ 也成立，非可数情形结果的证明超出了本书的范围，故此略去.

记由 $K_{\mathscr{L}}$ 中全体公式作成的集合为 $F_{\mathscr{L}}$，以 $A_{\mathscr{L}}$ 表示由 $K_{\mathscr{L}}$ 的全体符号作成的集合，即 $A_{\mathscr{L}}=\mathscr{L}\cup$($K_{\mathscr{L}}$ 的逻辑符号集). 以 $A_{\mathscr{L}}^*$ 记由 $A_{\mathscr{L}}$ 中符号(可重复)组成的有限序列的全体作成的集合.

我们首先来讨论 $F_{\mathscr{L}}$ 与 $A_{\mathscr{L}}$ 的势.

定理 27.31 (1) $|A_{\mathscr{L}}|=\aleph_0$， (2) $|A_{\mathscr{L}}^*|=\aleph_0$.

证明 (1) 在 $A_{\mathscr{L}}$ 中，$K_{\mathscr{L}}$ 的逻辑符号包括无穷可数多个个体变元符号、有限多个联结词符号、有限多个量词符号与辅助符号，由第五章可知 $K_{\mathscr{L}}$ 的逻辑符号集的势为 $\aleph_0$，注意到 $\mathscr{L}$ 为可数集，故 $|A_{\mathscr{L}}|=\aleph_0$.

(2) $A_{\mathscr{L}}^*=\bigcup_{n\in N}(A_{\mathscr{L}})^n$，其中 $(A_{\mathscr{L}})^n$ 为 $A_{\mathscr{L}}$ 的 n 次卡式集，表示由 $A_{\mathscr{L}}$ 中的 n 个(可重复的)符号组成的 n 元有序列的全体. $|A_{\mathscr{L}}^*|=\aleph_0$. ▌

引理 1 $|F_{\mathscr{L}}|\leqslant|A_{\mathscr{L}}^*|$.

证明 作映射 φ: $F_{\mathscr{L}}\longrightarrow A_{\mathscr{L}}^*$ 如下：对 $F_{\mathscr{L}}$ 中的任一公式 α，设 α 为 $a_1a_2\cdots a_n$，其中 $a_1,a_2,\cdots,a_n\in A_{\mathscr{L}}$，令

$$\varphi(\alpha)=\langle a_1,a_2,\cdots,a_n\rangle,$$

则 φ 是一个单射，故 $|F_{\mathscr{L}}|\leqslant|A_{\mathscr{L}}^*|$. ▌

引理 2 若 $F_{\mathscr{L}}\neq\varnothing$，则 $|A_{\mathscr{L}}| = |F_{\mathscr{L}}| = |A_{\mathscr{L}}^*| = \aleph$.

证明 因 $F_{\mathscr{L}}\neq\varnothing$，故 $\mathscr{L}$ 中至少含有一个谓词变元符号，设 $F^n\in\mathscr{L}$，且 F^n 为 n 元的，令 $B=\{F^n(x_i, x_i, \cdots, x_i) \mid i\in N\}$，则 $|B| = |\{x_0, x_1, x_2, \cdots, x_n, \cdots\}|=\aleph$. 又由于 $B\subseteq F_{\mathscr{L}}$，故 $\aleph = |B|\leqslant|F_{\mathscr{L}}|\leqslant|A_{\mathscr{L}}^*| = \aleph$，由定理 5.12 知 $|B| = |F_{\mathscr{L}}|=|A_{\mathscr{L}}^*|= \aleph = |A_{\mathscr{L}}|$. 证毕.

∎

定理 27.32 设 Γ 是 $K_{\mathscr{L}}$ 中一个和谐的公式集，则 Γ 可扩充为 $K_{\mathscr{L}}$ 中一个极大和谐的公式集，即存在 $K_{\mathscr{L}}$ 中极大和谐公式集 Σ，使得 $\Sigma\supseteq\Gamma$.

证明 由于 $|F_{\mathscr{L}}| = \aleph$，令 $F_{\mathscr{L}}= \{\alpha_0, \alpha_1, \alpha_2, \cdots, \alpha_n, \cdots\}$.

Σ 的构造分两步进行.

(1) 首先构造 $K_{\mathscr{L}}$ 中和谐公式集的序列：

$$\Sigma_0\subseteq\Sigma_1\subseteq\Sigma_2\subseteq\cdots\subseteq\Sigma_n\subseteq\cdots. \qquad (*)$$

对 n 进行归纳构造.

① 令 $\Sigma_0= \Gamma$，则 Σ_0 和谐.

② 设 Σ_n 已构造好，如下构造 Σ_{n+1}：

(i) 若 $\Sigma_n\cup\{\alpha_n\}$ 和谐，令 $\Sigma_{n+1}=\Sigma_n\cup\{\alpha_n\}$；

(ii) 若 $\Sigma_n\cup\{\alpha_n\}$ 不和谐，令 $\Sigma_{n+1}=\Sigma_n$.

从而，若 Σ_n 和谐，则 Σ_{n+1} 和谐.

归纳构造完成，(*)已构造好.

对 n 容易归纳证明，每个 Σ_n 都是 $K_{\mathscr{L}}$ 中的和谐公式集($n\in N$).

(2) 令 $\Sigma = \bigcup_{n\in N}\Sigma_n$，则 $\Sigma\supseteq\Sigma_0\supseteq\Gamma$，下证：$\Sigma$ 是极大和谐的.

① 往证：Σ 是和谐的，由定理 27.27 知，只要证明 Σ 的每个有限子集都是和谐的即可.

设 Σ' 是 Σ 的一个有限子集，对每个 $\alpha\in\Sigma'$，则 $\alpha\in\Sigma = \bigcup_{n\in N}\Sigma_n$，从而存在 i 使 $\alpha\in\Sigma_i$，由于 Σ' 有限，故存在 $i_1, i_2, \cdots, i_n\in N$，使得 $\Sigma'\subseteq\Sigma_{i_1}\cup\Sigma_{i_2}\cup\cdots\cup\Sigma_n$. 令：$i_0= \max\{i_1, i_2, \cdots, i_n\}$，则 $\Sigma_{i_1}\subseteq\Sigma_{i_0}$，$\Sigma_{i_2}\subseteq\Sigma_{i_0}$，$\cdots$，$\Sigma_{i_1}\subseteq\Sigma_{i_0}$. 故 $\Sigma'\subseteq\Sigma_{i_0}$，由于 Σ_{i_0} 和谐，由定理27.27知 Σ' 也和谐，从而 Σ 和谐.

② 往证：Σ 是极大和谐的.

若不然，则存在 $K_{\mathscr{L}}$ 中和谐公式集 Σ'' 使得 $\Sigma''\supset\Sigma$，$\Sigma''\neq\Sigma$，从而存在 $\alpha\in\Sigma''\subseteq F_{\mathscr{L}}$，但 $\alpha\notin\Sigma$. 由于 $\alpha\in F_{\mathscr{L}}$，设 $\alpha=\alpha_n$. 由于 $\Sigma_n\cup\{\alpha_n\} =\Sigma_n\cup\{\alpha\}\subseteq\Sigma\cup\{\alpha\}\subseteq\Sigma''$，从而 $\Sigma_n\cup\{\alpha_n\}$ 和谐，由 Σ_{n+1} 的作法知 $\alpha_n\in\Sigma_{n+1}\subseteq\Sigma$，即 $\alpha\in\Sigma$，矛盾. 故 Σ 是 $K_{\mathscr{L}}$ 中的极大和谐公式集. ∎

定理 27.33 设 $\mathscr{L}\subseteq\mathscr{L}'$，$I$，$I'$ 分别为 $\mathscr{L}$，$\mathscr{L}'$ 的解释，满足 $D_I= D_{I'}$，且 $\mathscr{L}$ 中的任意符号在 I 中与 I' 中的解释相同，则：

(1) 对 $K_{\mathscr{L}}$ 的任意公式 α(α 也是 $K_{\mathscr{L}'}$ 中的公式)及 $K_{\mathscr{L}}$ 在 I 中的任意指派 σ(σ 也为 $K_{\mathscr{L}'}$ 在 I' 中的一个指派)，$I\underset{\sigma}{\models}\alpha$ 当且仅当 $I'\underset{\sigma}{\models}\alpha$.

(2) 对 $K_{\mathscr{L}}$ 的任意公式 α(α 也是 $K_{\mathscr{L}'}$ 中的公式)，$I\models\alpha$ 当且仅当 $I'\models\alpha$.

证明 由于(2)是(1)的直接推论，故下面只证明(1).

首先证明：对 $K_{\mathscr{L}}$ 的任意项 t，t 在 I 中 σ 下的值与 t 在 I' 中 σ 下的值相等，即 $t_I^\sigma= t_{I'}^\sigma$.

对项 t 的复杂性归纳证明.

(1) 当 t 为个体变元符号 x_i 时，$(x_i)_I^\sigma= \sigma(x_i)=(x_i)_{I'}^\sigma$.

（2）当 i 是个体常元符号 c 时，由于 $c\in\mathscr{L}$,故 $c_I^\sigma=(\bar{c})_I=(\bar{c})_{I'}=c_{I'}^\sigma$.

（3）当 t 为 $f^m(t_1, t_2, \cdots, t_m)$时，其中 f^m 为 $\mathscr{L}$ 中的一个 m 元函数变元符号，$t_1, t_2, \cdots, t_m$ 为 $\mathscr{L}$ 中项，由归纳假设知$(t_1)_I^\sigma=(t_1)_{I'}^\sigma$，$(t_2)_I^\sigma=(t_2)_{I'}^\sigma$，…，$(t_m)_I^\sigma=(t_m)_{I'}^\sigma$. 从而：

$$\begin{aligned}t_I^\sigma &= \overline{f^m}_I((t_1)_I^\sigma, (t_2)_I^\sigma, \cdots, (t_m)_I^\sigma)\\ &= \overline{f^m}_{I'}((t_1)_I^\sigma, (t_2)_I^\sigma, \cdots, (t_m)_I^\sigma)\\ &= \overline{f^m}_{I'}((t_1)_{I'}^\sigma, (t_2)_{I'}^\sigma, \cdots, (t_m)_{I'}^\sigma)\\ &=(f^m(t_1, t_2, \cdots, t_m))_{I'}^\sigma\\ &=t_{I'}^\sigma.\end{aligned}$$

归纳证毕.

再证：对 $K_{\mathscr{L}}$的任意公式 α 及 $K_{\mathscr{L}}$在 I 中的任一个指派 σ，$I\models_\sigma\alpha$ 当且仅当 $I'\models_\sigma\alpha$.

对 α 中所含联结词与量词的个数归纳证明.

（1）当 α 为原子公式 $F^n(t_1, t_2, \cdots, t_n)$时，其中：$F^n$ 为 $\mathscr{L}$ 的一个 n 元谓词变元符号，$t_1, t_2, \cdots, t_n$为 $\mathscr{L}$ 的项. 则：

$$\begin{aligned}I\models_\sigma\alpha &\Leftrightarrow \langle(t_1)_I^\sigma, (t_2)_I^\sigma, \cdots, (t_n)_I^\sigma\rangle\in(\overline{F^n})_I\\ &\Leftrightarrow \langle(t_1)_{I'}^\sigma, (t_2)_{I'}^\sigma, \cdots, (t_n)_{I'}^\sigma\rangle\in(\overline{F^n})_{I'}\\ &\Leftrightarrow I'\models_\sigma\alpha.\end{aligned}$$

（2）当 α 为 $\neg\beta$ 时，由归纳假设知 $I\models_\sigma\beta\Leftrightarrow I'\models_\sigma\beta$,从而，

$$I\models_\sigma\alpha\Leftrightarrow I\not\models_\sigma\beta\Leftrightarrow I'\not\models_\sigma\beta\Leftrightarrow I'\models_\sigma\alpha.$$

（3）当 α 为 $\alpha_1\to\alpha_2$ 时，仿(2)可证.

（4）当 α 为$(\forall x_i)\beta$时，$I\models_\sigma\alpha\Leftrightarrow$ 任 $a\in D_I$，$I\models_{\sigma(x_i/a)}\beta$

$$\Leftrightarrow \text{任意 } a\in D_{I'}, I'\models_{\sigma(x_i/a)}\beta\Leftrightarrow I'\models_\sigma\forall x_i\beta.$$

归纳证毕. ▌

引理 3 设 $\mathscr{L}$是一个非逻辑符号集，Σ 是 $K_{\mathscr{L}}$中的一个公式集，C 是由一些 $\mathscr{L}$之外的新个体常元符号作成的集合，$\mathscr{L}'=\mathscr{L}\cup C$,若

$$\beta_1(c_1, c_2, \cdots, c_k), \beta_2(c_1, c_2, \cdots, c_k), \cdots, \beta_m(c_1, c_2, \cdots, c_k)$$

是 $K_{\mathscr{L}'}$ 中在前提Σ 下的一个证明序列,其中 $c_1, c_2, \cdots, c_k$ 是$\beta_1, \beta_2, \cdots, \beta_m$ 中出现的所有C 中的常元符号. 又 $y_1, y_2, \cdots, y_k$ 是不在$\beta_1, \beta_2, \cdots, \beta_m$ 中自由出现的 $\mathscr{L}$中的 k 个个体变元符号,则：

$$\begin{aligned}&\beta_1(c_1/y_1, c_2/y_2, \cdots, c_k/y_k),\\ &\beta_2(c_1/y_1, c_2/y_2, \cdots, c_k/y_k),\\ &\qquad\vdots\\ &\beta_m(c_1/y_1, c_2/y_2, \cdots, c_k/y_k)\end{aligned}\qquad(*)$$

还是 $K_{\mathscr{L}'}$ 中在前提Σ 下的一个证明序列,因而也是 $K_{\mathscr{L}}$中在前提 Σ 下的一个证明序列.

证明 只要证：

对任意满足 $1\leqslant n\leqslant m$ 的 n，$(*)$中前 n 个公式还是 $K_{\mathscr{L}}$中在前提 Σ 下的一个证明序列.

$(**)$

下对 n 归纳证之.

(1) 当 $n=1$ 时，$\beta_1\in\Sigma$ 或 β_1 为 $K_{\mathscr{L}}$的公理.

① 若 $\beta_1\in\Sigma$，则 β_1 为 $K_{\mathscr{L}}$中的公式，从而 β_1 中没有 $c_1, c_2, \cdots, c_k$ 出现，故 $\beta_1(c_1/y_1, c_2/y_2, \cdots, c_k/y_k)=\beta_1$，所以 $\beta_1(c_1/y_1, c_2/y_2, \cdots, c_k/y_k)\in\Sigma$.

② 若 β_1 为 $K_{\mathscr{L}}$的公理，则 $\beta_1(c_1/y_1, c_2/y_2, \cdots, c_k/y_k)$也为 $K_{\mathscr{L}}$的公理.

(2) 假设对满足 $1\leqslant i<n$ 的所有 i，(**)成立，即对任意 $i(1\leqslant i<n)$，$\Sigma\vdash_{K_{\mathscr{L}}}\beta_i(c_1/y_1, c_2/y_2, \cdots, c_k/y_k)$.

① 若 $\beta_n\in\Sigma$ 或 β_n 为 $K_{\mathscr{L}}$的公理，仿(1)可证 $\beta_n(c_1/y_1, c_2/y_2, \cdots, c_k/y_k)\in\Sigma$ 或 $\beta_n(c_1/y_1, c_2/y_2, \cdots, c_k/y_k)$为 $K_{\mathscr{L}}$的公理.

② 若 β_n 是由 $\beta_i, \beta_j(1\leqslant i, j<n)$应用(M)得到的，不妨设 $\beta_j=\beta_i\to\beta_n$. 则

$$\begin{aligned}\beta_j(c_1/y_1, c_2/y_2, \cdots, c_k/y_k) &= \beta_i(c_1/y_1, c_2/y_2, \cdots, c_k/y_k)\\ &\quad\to\beta_n(c_1/y_1, c_2/y_2, \cdots, c_k/y_k).\end{aligned}$$

由归纳假设得：$\Sigma\vdash_{K_{\mathscr{L}}}\beta_i(c_1/y_1, c_2/y_2, \cdots, c_k/y_k)$，且 $\Sigma\vdash_{K_{\mathscr{L}}}\beta_i(c_1/y_1, c_2/y_2, \cdots, c_k/y_k)\to\beta_n(c_1/y_1, c_2/y_2, \cdots, c_k/y_k)$，从而 $\Sigma\vdash_{K_{\mathscr{L}}}\beta_n(c_1/y_1, c_2/y_2, \cdots, c_k/y_k)$.

归纳证毕，(**)成立. ▌

引理 4 设 $\mathscr{L}$是一个非逻辑符号集，C 为一些不在 $\mathscr{L}$中的新个体常元符号作成的集合，$\mathscr{L}'=\mathscr{L}\cup C$. 若 Σ 是 $K_{\mathscr{L}}$中的和谐公式集，则 Σ 也是 $K_{\mathscr{L}'}$中的一个和谐的公式集.

证明 若不然，Σ 在 $K_{\mathscr{L}'}$中不和谐，则存在 $K_{\mathscr{L}'}$中公式 α，使得 $\Sigma\vdash_{K_{\mathscr{L}'}}\alpha$，且 $\Sigma\vdash_{K_{\mathscr{L}'}}\neg\alpha$. 设下面的两个序列：

$$\beta_1, \beta_2, \cdots, \beta_{m-1}, \beta_m(=\alpha);$$

$$\beta_{m+1}, \beta_{m+2}, \cdots, \beta_{m+n-1}, \beta_{m+n}(=\neg\alpha)$$

分别为 $\Sigma\vdash_{K_{\mathscr{L}'}}\alpha$ 与 $\Sigma\vdash_{K_{\mathscr{L}'}}\neg\alpha$ 在 $K_{\mathscr{L}'}$中的证明. 在

$$\beta_1, \cdots, \beta_m, \beta_{m+1}, \cdots, \beta_{m+n}$$

的每一个公式中出现的 C 中的个体常元符号只有有限多个，设这些个体常元符号为 $c_1, c_2, \cdots, c_k$. 又 $\beta_1, \cdots, \beta_m, \beta_{m+1}, \cdots, \beta_{m+n}$中的自由变元也为有限多个，从而在 $K_{\mathscr{L}}$(也在 $K_{\mathscr{L}'}$)中还有无限多个不在 $\beta_1, \cdots, \beta_m, \beta_{m+1}, \cdots, \beta_{m+n}$中自由出现的个体变元符号. 任取其中的 k 个，记为 $y_1, y_2, \cdots, y_k$，即 $K_{\mathscr{L}}(K_{\mathscr{L}'})$中个体变元符号 $y_1, y_2, \cdots, y_k$ 满足每个 y_i 不在任一个 β_j 中自由出现($1\leqslant i\leqslant k$, $1\leqslant j\leqslant m+n$). 对任意 $i, j(1\leqslant i\leqslant k, 1\leqslant j\leqslant m+n)$，将 β_j 中 $c_1, c_2, \cdots, c_k$ 分别为 $y_1, y_2, \cdots, y_k$ 得到的公式，记做 $\beta_j(c_1/y_1, c_2/y_2, \cdots, c_k/y_k)$，则 $\beta_j(c_1/y_1, c_2/y_2, \cdots, c_k/y_k)$为 $K_{\mathscr{L}}$中公式.

由引理 3 知 $\Sigma\vdash_{K_{\mathscr{L}}}\beta_m(c_1/y_1, c_2/y_2, \cdots, c_k/y_k)$. 又由于 $\beta_m=\alpha$，从而 $\beta_m(c_1/y_1, c_2/y_2, \cdots, c_k/y_k)=\alpha(c_1/y_1, c_2/y_2, \cdots, c_k/y_k)$，故 $\Sigma\vdash_{K_{\mathscr{L}}}\alpha(c_1/y_1, c_2/y_2, \cdots, c_k/y_k)$. 同理可证 $\Sigma\vdash_{K_{\mathscr{L}}}(\neg\alpha)(c_1/y_1, c_2/y_2, \cdots, c_k/y_k)$，即 $\Sigma\vdash_{K_{\mathscr{L}}}\neg(\alpha(c_1/y_1, c_2/y_2, \cdots, c_k/y_k))$. 与 Σ 在 $K_{\mathscr{L}}$中的和谐性矛盾，故 Σ 在 $K_{\mathscr{L}'}$中也和谐. ▌

定义 27.27 设 Σ 是 $K_{\mathscr{L}}$中的一个公式集，C 是 $\mathscr{L}$中某些个体常元符号作成的集合. 如果对 $\mathscr{L}$中每个公式 α 及每个个体变元符号 x，都存在 $c\in C$，使得 $\Sigma\vdash_{K_{\mathscr{L}}}(\exists x)\alpha\to\alpha(x/c)$，则称 C 为 Σ 在 $\mathscr{L}$中的一个**见证集**.

易证：若 Σ', Σ 是 $K_{\mathscr{L}}$中公式集，$\Sigma\subseteq\Sigma'$，C 是 Σ 在 $\mathscr{L}$中的一个见证集，则 C 也是 Σ'在 $\mathscr{L}$中

的一个见证集.

引理 5 设 Σ 是 $K_{\mathscr{L}}$ 中的一个和谐公式集，C 是由 $\mathscr{L}$ 之外的一些新个体常元符号作成的集合，$|C|=\aleph_0$，$\mathscr{L}'=\mathscr{L}\cup C$. 则存在 $K_{\mathscr{L}'}$ 中的一个和谐公式集 Σ'，满足 Σ' 在 $K_{\mathscr{L}'}$ 中以 C 为一个见证集，且 $\Sigma'\subseteq\Sigma$.

证明 由于 $|C|=\aleph_0$，故 $|\mathscr{L}'|=\aleph_0$，由引理 2 知 $|F_{\mathscr{L}'}|=\aleph_0$，从而 $|\{x_0, x_1, x_2, \cdots\}\times F_{\mathscr{L}'}|=\aleph_0$. 将 $\{x_0, x_1, x_2, \cdots\}\times F_{\mathscr{L}'}$ 中元素排列如下：

$$\langle v_0, \alpha_0\rangle, \langle v_1, \alpha_1\rangle, \langle v_2, \alpha_2\rangle, \cdots, \langle v_n, \alpha_n\rangle, \cdots \qquad (*)$$

其中 $v_i\in\{x_0, x_1, x_2, \cdots,\}$ $(i\in N)$.

(1) 首先归纳定义 $K_{\mathscr{L}'}$ 中公式集的一个序列：

$$\Sigma_0\subseteq\Sigma_1\subseteq\Sigma_2\subseteq\cdots\Sigma_n\subseteq\cdots \qquad (**)$$

使得对每个 $n\in N$，$\Sigma_n-\Sigma_0$ 为有穷集.

归纳构造如下：

① 令 $\Sigma_0=\Sigma$.

② 设 Σ_n 已作好，则 Σ_n 比 Σ_0 只多有限个公式. 注意到 Σ_0 中的公式不含 C 中符号，所以，Σ_n 的所有公式中所含的 C 中的符号的个数有限，从而存在 $d_n\in C$，使得 d_n 不存 Σ_n 的任何公式中及 α_n 中出现，令 $\Sigma_{n+1}=\Sigma_n\cup\{(\exists v_n)\alpha_n\rightarrow\alpha_n(v_n/d_n)\}$.

归纳构造完成，$(**)$已作好.

(2) 对 n 归纳证明：每个 Σ_n 都是 $K_{\mathscr{L}'}$ 中的和谐公式集($n\in N$).

① $\Sigma_0=\Sigma$ 是 $K_{\mathscr{L}}$ 中的一个和谐公式集，由引理 4 知 Σ_0 也是 $K_{\mathscr{L}'}$ 中的一个和谐公式集.

② 设 Σ_n 在 $K_{\mathscr{L}'}$ 中和谐，往证：$\Sigma_{n+1}=\Sigma_n\cup\{(\exists v_n)\alpha_n\rightarrow\alpha_n(v_n/d_n)\}$ 也在 $K_{\mathscr{L}'}$ 中和谐，若不然，由定理27.28知：

$$\Sigma_n\vdash_{K_{\mathscr{L}'}}\neg((\exists v_n)\alpha_n\rightarrow\alpha_n(v_n/d_n)).$$

由于 $\vdash_{K_{\mathscr{L}'}}\neg((\exists v_n)\alpha_n\rightarrow\alpha_n(v_n/d_n))\rightarrow(\exists v_n)\alpha_n$，且

$$\vdash_{K_{\mathscr{L}'}}\neg((\exists v_n)\alpha_n\rightarrow\alpha_n(v_n/d_n))\rightarrow\neg(\alpha_n(v_n/d_n)),$$

故 $\Sigma_n\vdash_{K_{\mathscr{L}'}}\neg\alpha_n(v_n/d_n)$，且 $\Sigma_n\vdash_{K_{\mathscr{L}'}}(\exists v_n)\alpha_n$. ①

任取定 $\Sigma_n\vdash_{K_{\mathscr{L}'}}\neg(\alpha_n(v_n/d_n))$ 在 $K_{\mathscr{L}'}$ 中的一个证明序列 $\gamma_1, \gamma_2, \cdots, \gamma_k(=\neg(\alpha_n(v_n/d_n)))$，再任取定一个不在 $\gamma_1, \gamma_2, \cdots, \gamma_k$ 的任何公式中出现的个体变元符号 y. 对每个 $i(1\leqslant i\leqslant k)$，将 γ_i 中的每个 d_n 都换为 y，所得到的 $K_{\mathscr{L}'}$ 中的公式记为 γ_i'. 注意到 Σ_n 中的公式不含 d_n，由引理 3 知 $\gamma_1', \gamma_2', \cdots, \gamma_k'$ 是 $K_{\mathscr{L}'}$ 中 $\Sigma_n\vdash_{K_{\mathscr{L}'}}\gamma_k'$ 的一个证明，$\Sigma_n\cap\{\gamma_1, \gamma_2, \cdots, \gamma_k\}\vdash_{K_{\mathscr{L}'}}\gamma_k'$，而 y 不在 $\Sigma_n\cap\{\gamma_1, \gamma_2, \cdots, \gamma_k\}$ 的任何公式中出现，故 $\Sigma_n\cap\{\gamma_1, \gamma_2, \cdots, \gamma_k\}\vdash_{K_{\mathscr{L}'}}(\forall y)\gamma_k'$. 从而 $\Sigma_n\vdash_{K_{\mathscr{L}'}}(\forall y)\gamma_k'$. 而 $\gamma_k'=\neg(\alpha_n(v_n/y))$，即 $\Sigma_n\vdash_{K_{\mathscr{L}'}}(\forall y)\neg(\alpha_n(v_n/y))$. 由于 $\vdash_{K_{\mathscr{L}'}}(\forall y)\neg(\alpha_n(v_n/y))\rightarrow\neg(\exists y)\alpha_n(v_n/y)$，故 $\Sigma_n\vdash_{K_{\mathscr{L}'}}\neg(\exists y)\alpha_n(v_n/y)$. 又由于 y 对 v_n 在 α_n 中自由(若不然，α_n 中有自由出现的 v_n 出现在$(\forall y)$的辖域内，从而 $\alpha_n(v_n/d_n)$ 中一定有 y(约束)出现，故 $\neg(\alpha_n(v_n/d_n))$ 中一定有 y(约束)出现，即 γ_k 中一定有 y(约束)出现，与 y 的选择方式矛盾)，故：

$$\vdash_{K_{\mathscr{L}'}}\neg(\exists y)\alpha_n(v_n/y)\leftrightarrow\neg(\exists v_n)\alpha_n,$$

故 $\Sigma_n\vdash_{K_{\mathscr{L}'}}\neg(\exists v_n)\alpha_n$. ②

综合①②得：Σ_n 在 $K_{\mathscr{L}'}$ 中不和谐，矛盾. 从而 Σ_{n+1} 在 $K_{\mathscr{L}'}$ 中和谐.

(3) 令 $\Sigma' = \bigcup_{n \in N} \Sigma_n$，则 Σ' 是 $K_{\mathscr{L}}$ 中的一个和谐公式集．

若不然，Σ' 在 $K_{\mathscr{L}}$ 中不和谐，由定理 27.27 知存在 Σ' 的一个有限子集 Γ 在 $K_{\mathscr{L}}$ 中不和谐，由于 Γ 有限，故存在 $n_0 \in N$，使 $\Gamma \subseteq \Sigma_{n_0}$，从而 Σ_{n_0} 在 $K_{\mathscr{L}}$ 中不和谐，矛盾．故 Σ' 在 $K_{\mathscr{L}}$ 中和谐．

(4) Σ' 在 $\mathscr{L}$ 中以 C 为一个见证集.

事实上，对 $K_{\mathscr{L}}$ 中任一个公式 α 及个体变元符号 x，设 $\langle x, \alpha \rangle$ 在 (＊) 中为 $\langle v_n, \alpha_n \rangle$，则 $(\exists v_n)\alpha_n \to \alpha_n(v_n/d_n) \in \Sigma_{n+1} \subseteq \Sigma'$，故 $\Sigma' \vdash_{K_{\mathscr{L}}} (\exists v_n)\alpha_n \to \alpha_n(v_n/d_n)$．其中：$d_n \in C$，即 Σ' 在 $K_{\mathscr{L}}$ 中以 C 为一个见证集．

又 $\Sigma' \supseteq \Sigma_0 = \Sigma$，故 Σ' 即为所求. ▍

引理 6 设 Σ 是 $K_{\mathscr{L}}$ 中一个和谐公式集，C 是 Σ 在 $\mathscr{L}$ 中的一个见证集，则存在 $\mathscr{L}$ 的一个解释 I 及 $K_{\mathscr{L}}$ 在 I 中的一个指派 σ，使得 $I \models_{\sigma} \Sigma$.

证明 由定理 27.32 知存在 $K_{\mathscr{L}}$ 中的一个极大和谐公式集 $\Sigma_1 \supseteq \Sigma$，则 C 也是 Σ_1 在 $\mathscr{L}$ 中的一个见证集，以下我们来构造 Σ_1 的一个模型 I，则 I 也是 Σ 的一个模型．

(1) 首先构造 $\mathscr{L}$ 的一个解释 I 及 $K_{\mathscr{L}}$ 在 I 中的一个指派 σ 如下：

① I 的论域 D_I 为 $K_{\mathscr{L}}$ 中的所有项作成的集合；

② 对 $\mathscr{L}$ 的每个个体常元符号 d，则 $d \in D_I$，令 $\overline{d} = d$；

③ 对 $\mathscr{L}$ 中的每个 m 元函数变元符号 f^m，令 $\overline{f^m}$ 为 D_I 上如下 m 元函数：

$$\overline{f^m}: D_I^m \longrightarrow D_I,$$

$$\overline{f^m}(\langle t_1, t_2, \cdots, t_m \rangle) = f^m(t_1, t_2, \cdots, t_m), \quad \text{对任意} \langle t_1, t_2, \cdots, t_m \rangle \in D_I^m.$$

④ 对 $\mathscr{L}$ 中每个 n 元谓词变元符号 F^n，令 $\overline{F^n}$ 为 D_I 上如下的 n 元关系：

$$\overline{F^n} = \{\langle t_1, t_2, \cdots, t_n \rangle \mid \langle t_1, t_2, \cdots, t_n \rangle \in D_I^n,\ F^n(t_1, t_2, \cdots, t_n) \in \Sigma_1\}.$$

⑤ σ 是 $K_{\mathscr{L}}$ 在 I 中的如下指派：

$$\sigma: \{x_0, x_1, x_2, \cdots\} \to D_I,\ \sigma(x_i) = x_i, \quad \text{任意 } i \in N.$$

即 σ 是嵌入映射．

(2) 往证：对及 $K_{\mathscr{L}}$ 的任一项 t，$t^\sigma = t$.

对 t 的复杂性归纳证明．

① 当 t 为个体变元符号 x_i 时，$t^\sigma = (x_i)^\sigma = \sigma(x_i) = x_i = t$.

② 当 t 为个体常元符号 d 时，$t^\sigma = d^\sigma = \overline{d} = d = t$.

③ 当 t 为 $f^m(t_1, t_2, \cdots, t_m)$ 时，其中 f^m 为 $\mathscr{L}$ 中 m 元函数变元符号，$t_1, t_2, \cdots, t_m$ 为 $K_{\mathscr{L}}$ 中项．由归纳假设知 $t_i^\sigma = t_i$（任意 i，$1 \leqslant i \leqslant m$）. 从而

$$t^\sigma = \overline{f^m}(\langle t_1^\sigma, t_2^\sigma, \cdots, t_m^\sigma \rangle) = f^m(t_1, t_2, \cdots, t_m) = t.$$

(3) 往证：对 $K_{\mathscr{L}}$ 中的任意公式 α，$I \models_{\sigma} \alpha$ 当且仅当 $\alpha \in \Sigma_1$.

对 α 的复杂性归纳证明．

① 当 α 为原子公式 $F^n(t_1, t_2, \cdots, t_n)$ 时，其中 F^n 是 $\mathscr{L}$ 中的一个 n 元谓词变元符号，$t_1, t_2, \cdots, t_n$ 为 $\mathscr{L}$ 中项，则：

$$\begin{aligned} \alpha \in \Sigma_1 &\Longleftrightarrow F^n(t_1, t_2, \cdots, t_n) \in \Sigma_1 \\ &\Longleftrightarrow \langle t_1, t_2, \cdots, t_n \rangle \in \overline{F^n} && \text{（由} \overline{F^n} \text{ 的定义）} \\ &\Longleftrightarrow \langle t_1^\sigma, t_2^\sigma, \cdots, t_n^\sigma \rangle \in \overline{F^n} && \text{（由(2)得）} \end{aligned}$$

$$\Longleftrightarrow I \models_{\sigma} F^n(t_1, t_2, \cdots, t_n)$$

$$\Longleftrightarrow I \models_{\sigma} \alpha.$$

② 当 α 为 $\neg\beta$ 时：

$$\alpha \in \Sigma_1 \Longleftrightarrow \neg\beta \in \Sigma_1$$

$$\Longleftrightarrow \beta \notin \Sigma_1 \quad \text{（定理 27.30）}$$

$$\Longleftrightarrow I \not\models_{\sigma} \beta \quad \text{（归纳假设）}$$

$$\Longleftrightarrow I \models_{\sigma} \neg\beta$$

$$\Longleftrightarrow I \models_{\sigma} \alpha.$$

③ 当 α 为 $\beta\rightarrow\gamma$ 时：

$$\alpha \in \Sigma_1 \Longleftrightarrow \beta \rightarrow \gamma \in \Sigma_1$$

$$\Longleftrightarrow \neg\beta \in \Sigma_1 \text{ 或 } \gamma \in \Sigma_1 \quad \text{（定理 27.29）}$$

$$\Longleftrightarrow \beta \notin \Sigma_1 \text{ 或 } \gamma \in \Sigma_1 \quad \text{（定理 27.30）}$$

$$\Longleftrightarrow I \not\models_{\sigma} \beta \text{ 或 } I \models_{\sigma} \gamma \quad \text{（归纳假设）}$$

$$\Longleftrightarrow I \models_{\sigma} \beta \rightarrow \gamma$$

$$\Longleftrightarrow I \models_{\sigma} \alpha.$$

④ 当 α 为 $(\forall x_i)\beta$ 时．

设 $I \models_{\sigma} \alpha$，往证：$\alpha \in \Sigma_1$．若不然，$\alpha \notin \Sigma_1$，则 $\neg\alpha \in \Sigma_1$，即 $\neg(\forall x_i)\beta \in \Sigma_1$，故 $\Sigma_1 \vdash \neg(\forall x_i)\beta$．故 $\Sigma_1 \vdash (\exists x_i)\neg\beta$，由于 C 是 Σ_1 在 $\mathscr{L}$ 中的一个见证集，则存在 $c \in C$ 使得 $\Sigma_1 \vdash (\exists x_i)\neg\beta \rightarrow \neg\beta(x_i/c)$，从而 $\Sigma_1 \vdash \neg\beta(x_i/c)$，$\neg\beta(x_i/c) \in \Sigma_1$，$\beta(x_i/c) \notin \Sigma_1$．由归纳假设知 $I \not\models_{\sigma} \beta(x_i/c)$．但 $I \models_{\sigma} (\forall x_i)\beta$，且 $c \in D_I$，故 $I \models_{\overline{\sigma(x_i/c)}} \beta$．由于 c 对 x_i 在 β 中自由，故 $I \models_{\sigma} \beta(x_i/c)$，矛盾．

反之，设 $\alpha \in \Sigma_1$，即 $(\forall x_i)\beta \in \Sigma_1$，往证：$I \models_{\sigma} (\forall x_i)\beta$，只要证对任意 $t \in D_I$，$I \models_{\overline{\sigma(x_i/t)}} \beta$．设 β 中出现的所有约束变元为 $v_1, v_2, \cdots, v_k$，取不在 l 中出现又不为 $v_1, v_2, \cdots, v_k$ 的 k 个个体变元符号 $y_1, y_2, \cdots, y_k$，对每个 $j(1 \leqslant j \leqslant k)$，将 β 中每处约束出现的 v_j 换为 y_j，所得的公式记为 β^*，则 t 对 x_i 在 β^* 中自由，且 $\vdash_{K_{\mathscr{L}}} \beta \leftrightarrow \beta^*$，从而 $\vdash_{K_{\mathscr{L}}} (\forall x_i)\beta \leftrightarrow (\forall x_i)\beta^*$．由于 $\Sigma_1 \vdash_{K_{\mathscr{L}}} (\forall x_i)\beta$，故 $\Sigma_1 \vdash_{K_{\mathscr{L}}} (\forall x_i)\beta^*$．由于 $\vdash_{K_{\mathscr{L}}} (\forall x_i)\beta^* \rightarrow \beta^*(x_i/t)$，从而 $\Sigma_1 \vdash_{K_{\mathscr{L}}} \beta^*(x_i/t)$，故 $\beta^*(x_i/t) \in \Sigma_1$．由归纳假设得 $I \models_{\sigma} \beta^*(x_i/t)$．由定理 27.15 得 $I \models_{\overline{\sigma(x_i/t^{\sigma})}} \beta^*$，即 $I \models_{\overline{\sigma(x_i/t)}} \beta^*$．又由于 $\vdash_{K_{\mathscr{L}}} \beta^* \rightarrow \beta$，由可靠性定理知 $\models \beta^* \rightarrow \beta$，从而 $I \models_{\overline{\sigma(x_i/t)}} \beta^* \rightarrow \beta$，故 $I \models_{\overline{\sigma(x_i/t)}} \beta$.

(4) 由于 $\Sigma \subseteq \Sigma_1$，故对每个 $\alpha \in \Sigma$，都有 $\alpha \in \Sigma_1$，从而 $I \models_{\sigma} \alpha$，即 $I \models_{\sigma} \Sigma$. ▍

定理 27.34 若 Σ 是 $K_{\mathscr{L}}$ 中一个和谐公式集，则存在 $K_{\mathscr{L}}$ 的一个解释 I 及 $K_{\mathscr{L}}$ 在 I 中的一个指派 σ，使得 $I \models_{\sigma} \Sigma$.

证明 设 C 是 $\mathscr{L}$ 之外的一集新常量符号，$|C| = \aleph_0$．令 $\mathscr{L}' = \mathscr{L} \cup C$．由引理 27.7 知存在 $K_{\mathscr{L}'}$ 中的和谐公式集 Σ'，满足 $\Sigma' \subseteq \Sigma$，且 Σ' 在 $\mathscr{L}'$ 中以 C 为一个见证集．由引理 27.8 知存在 $\mathscr{L}'$ 的一个解释 I' 及 $K_{\mathscr{L}'}$ 在 I' 中的一个解释 σ，使 $I' \models_{\sigma} \Sigma'$．令 I 为 I' 在 $\mathscr{L}$ 上的限制，即：

$$I = \langle D_{I'}, \{\overline{F_i^n}\}_{F_i^n \in \mathscr{L}}, \{\overline{F_j^m}\}_{f_j^m \in \mathscr{L}}, \{\overline{c_k}\}_{c_k \in \mathscr{L}} \rangle.$$

其中，$\overline{F_i^n}$，$\overline{F_j^m}$，$\overline{c_k}$分别为F_i^n，F_j^m，c_k在I'中的解释．由于$D_I=D_{I'}$，从而σ也为$K_{\mathscr{L}}$在I中的一个指派，由定理27.33知$I\underset{\sigma}{\models}\Sigma$. ▍

定理 27.35($K_{\mathscr{L}}$的完全性) 设$\Sigma\cup\{\alpha\}$是$K_{\mathscr{L}}$中的一个公式集，若$\Sigma\models\alpha$，则$\Sigma\vdash_{K_{\mathscr{L}}}\alpha$.

证明 若$\Sigma\nvdash_{K_{\mathscr{L}}}\alpha$，则$\Sigma\cup\{\neg\alpha\}$和谐，由定理27.34知存在$\mathscr{L}$的解释$I$及$K_{\mathscr{L}}$在$I$中的指派$\sigma$，使$I\underset{\sigma}{\models}\Sigma\cup\{\neg\alpha\}$. 即$I\underset{\sigma}{\models}\Sigma$，且$I\underset{\sigma}{\models}\neg\alpha$. 由$\Sigma\models\alpha$知$I\underset{\sigma}{\models}\alpha$，矛盾．从而$\Sigma\vdash_{K_{\mathscr{L}}}\alpha$. ▍

推论 设α是$K_{\mathscr{L}}$中的一个公式，若$\models\alpha$，则$\vdash_{K_{\mathscr{L}}}\alpha$.

定理 27.36(紧致性定理) 设Γ是K_L中的一个公式集，则Γ为可满足的充要条件是Γ的每一个有限子集是可满足的．

证明 Γ是可满足的$\Leftrightarrow\Gamma$是和谐的$\Leftrightarrow\Gamma$的每一个有限子集是和谐的$\Leftrightarrow\Gamma$的每一个有限子集是可满足的． ▍

紧致性定理是数理逻辑的分支之一——模型论中的一个基本定理，在模型论中有着广泛的应用，例如，利用紧致性定理可以证明 Peano 算术的非标准模型的存在性，还可证明存在实数集的一个初等扩充，其中包含无穷大与无穷小，在这个初等扩充中，无穷大与无穷小和其他实数一样可以进行加、减、乘、除等运算，而不像在数学分析中那样，无穷大与无穷小是变量而不是常量，这就是所谓的非标准分析(参见[31]).

习题二十七

1. 将下列命题用一阶语言的公式来表示(要求写出所在的一阶语言).

(1) 没有不犯错误的人．

(2) 努力奋斗的人终究会成功．

(3) 并不是所有的人都一样高．

(4) 0 小于任何正整数．

(5) 对所有的x，$x+0=x$.

(6) 对所有的x，存在惟一的y，使得$x+y=0$.

(7) 存在惟一的x，使得$x+y=y$对所有的y成立．

(8) 不存在大于每个实数的数．

(9) 每个数都是奇数或偶数．

(10) 单调有界数列都有收敛的子序列．

(11) 可导的函数一定连续，但连续的函数不一定可导．

(12) 两个函数相等当且仅当这两个函数的定义域相等，值域也相等，且定义域中的每个元素在它们下的象也相等．

2. 用一阶语言描述偏序关系．

3. 在下列一阶公式中，变元的各处出现是自由出现还是约束出现？并据此指出各个公式的自由变元和约束变元．

(1) $\forall x_2 F_1^2(x_1, x_2)\to F_1^2(x_2, a)$.

(2) $F_1^1(x_3)\to\neg\forall x_1\forall x_2 F_2^2(x_1, x_2)$.

(3) $\forall x_1 F_1^1(x_1)\to\forall x_2 F_2^2(x_1, x_2)$.

(4) $\forall x_2(F_1^2(f_1^2(x_1, x_2), x_1)\to\forall x_1 F_2^2(x_3, f_2^2(x_1, x_2)))$.

(5) $\forall x_1 F_1(x_2)\to\forall x_2(x_1)$.

4. 设 α 是下列公式之一，t 是项 $f_1^2(x_1, x_2)$，试写出 $\alpha(x_1/t)$，并判断 t 对 x_1 在 α 中是否自由．

(1) $\exists x_2 F_1^2(f_1^2(x_1, x_2), x_2) \to F_2^1(x_1)$.

(2) $\forall x_1(F^1(x_3) \to F^1(x_1))$.

(3) $\forall x_2 F_1^1(f_1^1(x_2)) \to \exists x_3 F_2^3(x_1, x_2, x_3)$.

(4) $\exists x_2 F_1^3(x_1, f_1^1(x_2), x_3) \to \forall x_3 F_2^1(f_2^2(x_1, x_2))$.

(5) $\forall x_3(F_2^1(x_3) \to F_1^1(x_1)$.

5. 判断下列公式是否为闭公式，若不是，写出其一个全称闭式．

(1) $\exists x_1(F_1^2(x_1, x_3) \to F_2^1(x_2))$.

(2) $F_1^3(c_1, c_2, c_3) \wedge F_2^2(c_1, c_1)$.

(3) $\forall x_2 \exists x_3 F_1^2(x_1, x_2) \vee F_2^1(x_4)$.

6. 证明：若 y 对 x 在 α 中自由，且 y 不在 α 中自由出现，则 $\forall x\alpha \vdash_{N_{\mathscr{L}}} \forall y\alpha(x/y)$.

7. 证明：$\exists x\alpha \vdash_{N_{\mathscr{L}}} \neg \forall x \neg \alpha$.

8. 设 α, α' 是 $\mathscr{L}$ 中的公式．若 $\alpha \dashv\vdash_{N_{\mathscr{L}}} \alpha'$，则 $\forall x\alpha \dashv\vdash_{N_{\mathscr{L}}} \forall x\alpha'$.

9. 证明例 27.12 的(2)，(3)和(4).

10. 证明：若 Γ, $\alpha \vdash_{N_{\mathscr{L}}} \beta$，则 Γ, $\forall x\alpha \vdash_{N_{\mathscr{L}}} \beta$.

11. 证明：若 Γ, $\alpha \vdash_{N_{\mathscr{L}}} \beta$，且 x 不在 Γ 的任何公式中自由出现，则 Γ, $\forall x\alpha \vdash_{N_{\mathscr{L}}} \forall x\beta$.

12. 证明：若 Γ, $\alpha \vdash_{N_{\mathscr{L}}} \beta$，且 x 不在 Γ 的任何公式中自由出现，则 Γ, $\exists x\alpha \vdash_{N_{\mathscr{L}}} \exists x\beta$.

13. 证明：若 Γ, $\alpha \vdash_{N_{\mathscr{L}}} \beta$，且 x 不在 $\Gamma \cup \{\beta\}$ 的任何公式中自由出现，则 Γ, $\exists x\alpha \vdash_{N_{\mathscr{L}}} \forall x\beta$.

14. 在 $N_{\mathscr{L}}$ 中证明下列各式．

(1) $\forall x\alpha \vdash \exists x\alpha$.

(2) $\forall x(\alpha \to \beta)$, $\exists x\alpha \vdash \exists x(\alpha \wedge \beta)$.

(3) $\forall x(\alpha \leftrightarrow \beta)$, $\forall x(\beta \leftrightarrow \gamma) \vdash \forall x(\alpha \leftrightarrow \gamma)$.

(4) $\exists x y\alpha \vdash \exists y x\alpha$.

(5) $\exists x \forall y\alpha \vdash \forall y \exists x\alpha$.

15. 设 x 不在 β 中自由出现，y 不在 α 中自由出现，则：

(1) $Q_1 x\alpha \wedge Q_2 y\beta \dashv\vdash_{N_{\mathscr{L}}} Q_1 x Q_2 y(\alpha \wedge \beta)$.

(2) $Q_1 x\alpha \vee Q_2 y\beta \dashv\vdash_{N_{\mathscr{L}}} Q_1 x Q_2 y(\alpha \vee \beta)$.

其中，Q_1，Q_2 代表 $\forall$或 $\exists$.

16. (1) 若 $\Sigma \vdash_{N_{\mathscr{L}}} \alpha \to \beta$，问 $\Sigma \vdash_{N_{\mathscr{L}}} \forall x\alpha \to \forall x\beta$ 成立吗？

(2) 若 $\Sigma \vdash_{N_{\mathscr{L}}} \alpha \to \beta$，问 $\Sigma \vdash_{N_{\mathscr{L}}} \exists x\alpha \to \exists x\beta$ 成立吗？

17. 求下列各式的前束范式．

(1) $\forall x_1 F_1^2(x_1, x_2) \wedge \forall x_2 F_1^2(x_1, x_2)$.

(2) $\forall x_2 F_1^1(x_1) \to \exists x_1 F_1^1(x_2)$.

(3) $\forall x_1 \forall x_2 F_1^2(x_1, x_2) \to \forall x_1 \forall x_2 F_1^2(x_1, x_2)$.

(4) $\forall x_1 F_1^2(x_1, x_2) \to (\forall x_1 F_2^1(x_1) \to \exists x_2 F_1^2(x_2, x_3))$.

18. 求与下列各式等价的Π型前束范式．

(1) $\exists x_1 \exists x_2 F_1^2(x_1, x_2)$.

(2) $\exists x_1 \forall x_1 F_1^2(x_1, x_2)$.

(3) $\exists x_1 F_1^1(x_1) \to \exists x_2 F_1^1(x_1)$.

(4) $(\exists x_1 F_1^1(x_1) \to \exists x_2 F_1^1(x_2)) \to (\exists x_1 F_1^1(x_1) \to \exists x_2 F_1^1(x_2))$.

19. 求与下列各式等价的 Σ 型前束范式．

(1) $\forall x_3 \exists x_1 \forall x_1 F_1^2(x_1, x_2)$.

(2) $\exists x_1 F_1^1(x_1) \to \forall x_1 \exists x_2 F_1^1(x_1, x_2)$.

(3) $\forall x_1 \forall x_2 F_1^2(x_1, x_2) \land \forall x_2 F_1^2(x_1, x_2)$.

20. 在 $K_{\mathscr{L}}$ 中证明下列各式.

(1) $\vdash \exists x\alpha \lor \exists x\beta \leftrightarrow \exists x(\alpha \lor \beta)$.

(2) $\vdash \forall x\alpha \lor \forall x\beta \to \forall x(\alpha \lor \beta)$.

(3) $\vdash \exists x(\alpha \land \beta) \to (\exists x\alpha \land \exists x\beta)$.

(4) $\vdash \forall x(\alpha \land \beta) \leftrightarrow (\forall x\alpha \land \forall x\beta)$.

(5) $\vdash (\forall x(\alpha \to \beta)) \to (\forall x(\beta \to \gamma) \to \forall x(\alpha \to \gamma))$.

(6) $\vdash (\exists x\alpha \lor \forall x\beta) \to (\forall x \neg \alpha \to \forall x\beta)$.

21. 在 $K_{\mathscr{L}}$ 中证明下列各式.

(1) $\exists x(\alpha \to \beta) \to (\forall x\alpha \to \beta)$, 若 x 不在 β 中自由出现.

(2) $(\forall x\alpha \to \beta) \to \exists x(\alpha \to \beta)$, 若 x 不在 β 中自由出现.

(3) $\exists x(\alpha \to \beta) \to (\alpha \to \exists x\beta)$, 若 x 不在 α 中自由出现.

(4) $(\alpha \to \exists x\beta) \to \exists x(\alpha \to \beta)$, 若 x 不在 α 中自由出现.

22. 设一阶语言 $\mathscr{L}=\{F_1^2, f_1^2, f_2^1, c\}$, $\mathscr{L}$ 的一个解释 I 为:

$$I=\langle Z, \{>\}, \{\times, +1\}, \{0\}\rangle.$$

对 $\mathscr{L}$ 中的下列各公式 α,求满足 α 的指派:

(1) $F_1^2(x_1, c)$.

(2) $F_1^2(f_1^2(x_1, x_2), x_1) \to F_1^2(c, f_1^2(x_1, x_2))$.

(3) $\neg F_1^2(x_1, f_1^2(x_1, f_1^2(x_1, f_2^1(x_2))))$.

(4) $\forall x_1 F_1^2(f_1^2(x_1, x_2), x_3)$.

(5) $\forall x_1 F_1^2(f_1^2(x_1, c), x_1) \to F_1^2(x_1, x_2)$.

23. 设一阶语言 $\mathscr{L}=\{F_1^2, f_1^2, f_2^2, f_3^1, c\}$, $\mathscr{L}$ 的一个解释 I 为:

$$I=\langle N, \{=\}, \{\times, +, +1\}, \{0\}\rangle.$$

下列公式在 I 中哪些真? 哪些假?

(1) $\forall x_1 F_1^2(f_1^2(c, x_1), c)$.

(2) $F_1^2(f_3^1(x_1), c)$.

(3) $\exists x_1 F_1^2(f_3^1(x_1), c)$.

(4) $\forall x_1 F_1^2(f_3^1(x_1), c)$.

(5) $\forall x_1 \exists x_2 F_1^2(x_1, f_1^2(x_1, x_2))$.

(6) $\forall x_1 \exists x_2 F_1^2(x_1, f_2^2(f_3^1(x_1), x_2))$.

(7) $\forall x_1 x_2 (F_1^2(x_1, c) \to F_1^2(f_1^2(x_1, x_2), x_2))$.

(8) $\exists x_1 F_1^2(f_3^1(x_1), c)$.

24. 设一阶语言 $\mathscr{L}=\{F_1^2, F_2^1, F_3^1\}$,证明 $\mathscr{L}$ 中的下列公式是永真式.

(1) $\exists x_1 \forall x_2 F_1^2(x_1, x_2) \to \forall x_2 \forall x_1 \exists x_1 F_1^2(x_1, x_2)$.

(2) $\forall x_1 F_2^1(x_1) \to (\forall x_1 F_3^1(x_2) \to \forall x_2 F_2^1(x_2))$.

25. 对任意一阶公式 α, β,下列公式都是永真式.

(1) $\forall x(\alpha \to \beta) \to \alpha \to \forall x\beta$, 若 x 不在 α 中自由出现.

(2) $\forall x_1 \forall x_2 \alpha \to \forall x_2 \forall x_1 \alpha$.

26. 设 α, β 是 $\mathscr{L}$ 的公式,I 是 $\mathscr{L}$ 的解释,问:

(1) "$\alpha \to \beta$ 在 I 中真当且仅当 α 在 I 中真且 β 在 I 中假"成立吗?

(2) "$\alpha \to \beta$ 是永真的当且仅当 α 是永真的且 β 是永假的"成立吗?

若回答成立请予证明,若回答不成立请举反例.

27. 设 α 是 $\mathscr{L}$ 的公式,问:

(1) "$\{\alpha\}\models\forall x\alpha$"是否成立?

(2) 若$\models\alpha$,则$\models\forall x\alpha$,对否?

(3) "$\{\alpha\}\models_{\mathrm{M}}\forall x\alpha$"是否成立?

若回答成立请予证明,若回答不成立请举反例.

28. 设 Γ,α 分别是 $\mathscr{L}$ 的公式集与公式,x 是 $K_{\mathscr{L}}$ 中的个体变元符号,问:

(1) "$\Gamma\models\alpha$ 当且仅当 $\Gamma\models\forall x\alpha$"成立吗?

(2) "$\Gamma\models_{\mathrm{M}}\alpha$ 当且仅当 $\Gamma\models_{\mathrm{M}}\forall x\alpha$"成立吗?

若回答成立请予证明,若回答不成立请举反例.

29. 设 Γ,α 分别是 $\mathscr{L}$ 的公式集与公式,请举一反例说明"若 $\Gamma\models_{\mathrm{M}}\alpha$,则 $\Gamma\models\alpha$"不成立.

30. 设 I 是 $\mathscr{L}$ 的一个解释,σ 是 $\mathscr{L}$ 在 I 中的一个指派,令 $T_\sigma(I)=\{\alpha\mid\alpha$ 是 $K_{\mathscr{L}}$ 中公式,$I\models_{\sigma}\alpha\}$. 证明 $T_\sigma(I)$ 是 $K_{\mathscr{L}}$ 中的一个极大和谐公式集.

31. 设 Γ 是 $\mathscr{L}$ 的公式集,α 是 $\mathscr{L}$ 的公式,α' 是 α 的全称闭式,则 $\Gamma\cup\{\alpha\}$ 和谐的充要条件是 $\Gamma\cup\{\alpha'\}$ 和谐.

32. 若去掉 $N_{\mathscr{L}}$ 中的增加前提律(+),所得的形式系统在形式定理、内定理上与 $N_{\mathscr{L}}$ 分别有什么不同?

第二十八章　消 解 原 理

我们知道，在命题逻辑中，对任一个公式 α，设 α 为 n 元的，则可通过构造真值表来计算 α 在其 2^n 个指派下的值，从而可判断 α 是否为永真式，即可以在有限步内(最多 2^n 步)就可知道 α 是否为内定理，这称为命题演算的可判定性，等价地说，就是存在一个算法，使得输入一个命题公式，这个算法能输出“是”或“不是”的结果，表示该公式是或不是内定理. 现在自然要问，一阶谓词演算是否为可判定的呢？即对每一个一阶公式，能否在有限步内判断出这个一阶公式是否为内定理呢？答案是否定的，对这个答案的证明超出了本书的范围(大部分关于“递归论”或“可计算性理论”的书中都有相应内容，如[35]). 但一阶谓词演算是半可判定的，即存在一个算法，使得若输入一个是内定理的公式，则此算法输出“是”，但若输入一个不是内定理的公式，此算法不一定能有输出，即此算法不一定能作出回答，这种算法称为证明算法. 在这一章里，我们介绍为构造一阶逻辑的证明算法提供基础的两个原理：Herbrand 定理和消解原理，以及它们提供的证明算法.

消解原理(principle of resolution)又称为归结原理.

Herbrand 定理和消解原理都是反证算法，即要断定 α 是内定理，只要断定 $\neg\alpha$ 是不可满足的即可，所以下面的讨论主要是对不可满足性展开的.

28.1　命题公式的消解

尽管消解原理的优点要在谓词演算中才变得明显，但作为准备，我们先讨论命题演算中的消解原理，以介绍消解原理中常用的术语及基本方法.

如不特别说明，本节中的公式均指命题公式.

定义 28.1　(1) 设 p 是一个命题变元，公式 p 和 $\neg p$ 都称为**文字**；

(2) 由文字构成的有穷集合称为**子句**；

(3) 由子句构成的有穷集合称为**子句集**；

(4) 没有文字的子句称为空子句，记为 $\square$.

下面讨论子句集与公式的关系.

每一个公式 β 都等价于一个合取范式 α，α 中的每一个合取项都是文字的析取，因而由每一个公式 β 都可以构作一个子句集 S，构作方法是对 β 的一个合取范式 α 的每个合取项 α_i 作一个子句 C_i，C_i 为在 α_i 中出现的所有文字组成的集合，则 S 为所有这些 C_i 组成的集合，称 S 为 β 的一个子句集；反之，由每一个子句集 S 也可作成一个合取范式 α：$\bigwedge\{\bigvee C \mid C\in S\}$，其中 $\bigvee C$ 表示将 C 中所有公式析取起来得到的公式，$\bigwedge C$ 表示将 C 中所有公式合取起来得到的公式，使得 S 为 α 的子句集，称 α 为 S 的公式. 同理，对单个子句 C，将在 C 中出现的所有文字析取起来得到的公式称为 C 的公式.

例如：设公式 β 为 $(\neg p\rightarrow\neg q)\wedge r$，$(p\vee\neg q)\wedge r$ 是其一个合取范式，从而 $S=\{\{p,\neg q\},\{r\}\}$ 为 β 的一个子句集.

由于每个公式都等价于一个合取范式，故要考察公式的(不)可满足性，只要考察合取范式的(不)可满足性. 由于合取范式与子句集合的对应关系,我们如下定义子句集的可满足性等概念.

称子句集 S(子句 C)是可满足的,若 $S(C)$ 的公式是可满足的;对于子句集 S(子句 C)的不可满足性、永真性、$S(C)$ 在指派 v 下的值 $S^v(C^v)$等概念可类似定义.

约定 □ 是不可满足的. 因而,若子句集 S 中含有 □,则 S 是不可满足的.

定义 28.2 设 l 是文字,l^c 是如下的文字:

$$l^c=\begin{cases}\neg p, & 若\ l=p;\\ p, & 若\ l=\neg p.\end{cases}\quad (其中\ p\ 是一个命题变元).$$

称 l^c 为 l 的**补文字**.

以后,以 S 表示子句集,以 C 表示子句,以 l 表示文字.

下面给出保持子句集可满足性的一些变换.

设 S, S'是两个子句集,以 $S\approx S'$表示 S 是可满足的当且仅当 S'是可满足的.

引理 1 设文字 l 在 S 中出现,但 l^c 不在 S 中出现,若从 S 中删去所有包含 l 的子句得到的子句集为 S',则 $S\approx S'$.

证明 若 S'是可满足的,则 S'中的每一个子句都是可满足的,设 v 是关于 S 中命题变元的一个指派,且使得 S'为真. 由于 S'中的子句不再含有 l,也不再含有 l^c,可定义指派 v'如下:

$$v'(p)=\begin{cases}v(p), & 若\ p\ 在\ S'中出现;\\ 1, & 若\ p=l;\\ 0, & 若\ \neg p=l.\end{cases}\quad(保证\ v'(l)=1).$$

则 v'是关于 S 中命题变元的一个指派,且使得 S 中的每个子句为真,从而使得 S 为真.

反之,由于 $S\subseteq S'$,故若指派 v 满足 S,则 v 也满足 S'. ▎

例如:$S=\{\{p,q,\neg r\},\{p,\neg q\},\{\neg q,p\}\}$,$l$ 为 $\neg r$,则删去 S 中含有 l 的子句得到的 S'为$\{\{p,\neg q\},\{\neg q,p\}\}$,指派 v:$v(p)=0$, $v(q)=0$ 满足 S'. 令 v':$v'(p)=v(p)=0$, $v'(q)=v(q)=0$, $v'(r)=0$,则 $(p\vee q\vee\neg r)^{v'}=1$,从而 v'满足 S.

引理 2 设$\{l\}\in S$,从 S 中删去所有包含 l 的子句,再在剩下的子句中删去 l^c,这样得到的子句集记为 S',则 $S\approx S'$.

证明 设 v 是使 S 为真的一个指派,由于$\{l\}\in S$,故 $v(l)=1$,从而 $v(l^c)=0$. 对 S'中的任一个子句 C_i',则存在 S 中子句 C_i使得 $C_i'=C_i-\{l^c\}$. 由于 $v(C_i)=1$,故 C_i 中有不为 l^c 的文字 l_i 使得 $v(l_i)=1$,从而 $l_i\in C_i'$,故$(S')^v=1$.

反之,设$(S')^v=1$,由于 S'中的子句不再含有 l 和 l^c,扩充 v 为指派 v'如下:

$$v'(p)-\begin{cases}v(p), & p\ 在\ S'中出现;\\ 1, & p=l;\\ 0, & \neg p=l.\end{cases}$$

则对任一个 $C\in S$,若 C 中含有 l,则 $C^v=1$;若 $l\notin C$,则存在 $C'\in S'$ 使得 $C=C'$或 $C=C'\cup\{l'\}$,而$(C')^v=1$,故 $C^v=1$,从而 $S^v=1$. ▎

例如:$S=\{\{r\},\{p,q,\neg r\},\{p,\neg q\},\{q,\neg p\}\}$,$l$ 为 r,则 S'为 $\{\{p,q\},\{p,\neg q\},\{q,\neg p\}\}$. 若 $S^v=1$,则 $v(r)=1$,且使得 $v(p)$和 $v(q)$ 中必须有一个为 1,故 v 使得 S'中的$\{p,q\}$为 1.

引理 3 若存在 $C\in S$ 使得 $l\in C$ 且 $l^c\in C$,令 $S'=S-\{C\}$,则 $S\approx S'$.

证明 C 是一个永真式. ▎

引理 4 设 $C_1 \subseteq C_2$, $C_1, C_2 \in S$, $S' = S - \{C_2\}$,则 $S \approx S'$.

证明 因 $C_1 \subseteq C_2$,从而,若 $C_1^v = 1$,则 $C_2^v = 1$,故若 $(S')^v = 1$,则 $S^v = 1$. ▎

设 S 是一个子句集,U 是一个变元集,$R_U(S)$ 表示如下得到的子句集:对在 S 中出现的每个文字 l,若 l 的命题变元在 U 中,则将 S 中的 l 换为 l^c.

例如若 $S = \{\{p, q, r\}, \{\neg p, q\}, \{\neg q, \neg r\}, \{r\}\}$,则

$$R_{\{p,q\}}(S) = \{\{\neg p, \neg q, r\}, \{p, \neg q\}, \{q, \neg r\}, \{r\}\}.$$

引理 5 $S \approx R_U(S)$.

证明 设 v 是关于 S 中变元的一个指派,$S^v = 1$,定义指派 v' 如下:

$$v'(p) = \begin{cases} v(\neg p), & 若\ p \in U; \\ v(p), & 若\ p \notin U. \end{cases}$$

则 $(R_U(S))^{v'} = 1$. 事实上,对 $C' \in R_U(S)$,则存在 $C \in S$ 使 $C' = R_U(C)$,从而 $C^v = 1$,即存在文字 $l \in C$ 使 $v(l) = 1$. 设 $l = p$ 或 $\neg p$.

(1) 若 $p \notin U$,则 $l \in C'$,故 $v(l) = v'(l) = 1$,从而 $(C')^{v'} = 1$;

(2) 若 $p \in U$,则 $l^c \in C'$,故 $v(l) = v'(l^c) = 1$,也有 $(C')^{v'} = 1$.

另一方向类似可证. ▎

在定义 28.2 的引理 5 前的例子中,S 由下面的指派 v 满足:$v(p) = 0$, $v(q) = 0$, $v(r) = 1$;$R_{\{p,q\}}(S)$ 由下列指派 v' 满足:$v'(p) = v'(q) = v'(r) = 1$.

现在我们来介绍命题演算的消解原理.

定义 28.3 设 $l \in C_1$, $l^c \in C_2$,则称 $(C_1 - \{l\}) \cup (C_2 - \{l^c\})$ 为 C_1, C_2 的**消解式**或**消解结果**,记为 $\mathrm{Res}(C_1, C_2)$,C_1, C_2 称为 $\mathrm{Res}(C_1, C_2)$ 的母句,l, l^c 称为**消解文字**;从 C_1, C_2 得到 $\mathrm{Res}(C_1, C_2)$ 的规则称为**消解规则**.

【例 28.1】 设 $C_1 = \{p, q, \neg r\}$, $C_2 = \{\neg q, r, s\}$,则 C_1, C_2 可消解为 $\{p, r, \neg r, s\}$(关于消解文字 q, $\neg q$),也可消解为 $\{p, q, \neg q, s\}$(关于消解文字 r, $\neg r$).

下面的定理说明了消解规则的合理性.

定理 28.1 设 C 是 C_1, C_2 的消解结果,则 C 是 $\{C_1, C_2\}$ 的语义推论.

证明 设 C 是 C_1, C_2 关于消解文字 l, l^c 的消解结果,不失一般性,设 $l \in C_1$, $l^c \in C_2$,则 $C = \mathrm{Res}(C_1, C_2) = (C_1 - \{l\}) \cup (C_2 - \{l^c\})$. 设指派 v 使得 $C_1^v = C_2^v = 1$,要证:$C^v = 1$. 由于 $v(l)$ 与 $v(l^c)$ 中有且只有一个为 1,不妨设 $v(l) = 1$,则 $v(l^c) = 0$. 由于 $C_2^v = 1$,则存在 $l' \in C_2$, $l' \neq l^c$,使 $v(l') = 1$,由于 $l' \in C_2 - \{l^c\} \subseteq C$,故 $C^v = 1$. ▎

定理 28.2 设 C 是 C_1, C_2 的消解结果,若 C 是可满足的,则 $\{C_1, C_2\}$ 也是可满足的.

证明 不妨设 $l \in C_1$, $l^c \in C_2$, $C = (C_1 - \{l\}) \cup (C_2 - \{l^c\})$. 设指派 v 使得 $C^v = 1$,则存在 $l' \in C$ 使得 $v(l') = 1$,不妨设 $l' \in C_1 - \{l\}$,则 $C_1{}^v = 1$.

若 $l' = l^c$,注意到此时 $l' \in C_2$,则 $C_2^v = 1$,定理已成立.

若 $l' \neq l^c$,注意到 $l' \neq l$,可定义指派 v' 如下:

$$v'(p) = \begin{cases} 0, & p = l; \\ 1, & p = l^C; \\ v(p), & 其他. \end{cases}$$

则 $v'(l') = v(l') = 1$, $v'(l^c) = 1$,从而 $C_1^{v'} = 1$, $C_2^{v'} = 1$. ▎

综合定理 28.1 与定理 28.2 可得：

推论 $\{C_1, C_2\}$为可满足的充要条件是 $\mathrm{Res}(C_1, C_2)$是可满足的.

但是$\{C_1, C_2\}$与 $\mathrm{Res}(C_1, C_2)$不一定等价,因为当 $\mathrm{Res}(C_1, C_2)$可满足时,满足 $\mathrm{Res}(C_1, C_2)$的指派不一定同时满足$\{C_1, C_2\}$.

不断使用消解规则的过程称为消解过程.

定义 28.4 设 S 是一个子句集,子句序列 $C_1, C_2, \cdots, C_n$ 若满足:对每个 $i\ (1\leqslant i\leqslant n)$, $C_i\in S$或者 C_i 是它之前的某两个子句 $C_j, C_k(1\leqslant j,k<i)$的消解结果,则称此序列为由 S 导出 C_n 的一个**消解序列**;又当 $C_n=\square$ 时,称此序列为 S 的一个**否证**(refutation).

【例 28.2】 设子句集 $S=\{\{p\},\{\neg p, q\}\{\neg r\}\{\neg p, \neg q, r\}\}$,下列子序列是 S 的一个否证:

① $\{\neg r\}$,

② $\{\neg p, \neg q, r\}$,

③ $\{\neg p, \neg q\}$, ①②

④ $\{\neg p, q\}$,

⑤ $\{\neg p\}$, ③④

⑥ $\{p\}$,

⑦ $\square$.

其中,子句后的编号表示所作消解的母句的编号.

消解序列的定义同有前提的证明序列的定义非常相似,用类似的归纳法可以证明下面的定理.

定理 28.3 若存在从子句集 S 导出子句 C 的消解序列,且 S 是可满足的,则 C 也是可满足的.

证明 设从 S 导出 C 的消解序列为 $C_1, C_2, \cdots, C_n$,其中 $C_n=C$. 要证 C 是可满足的,只要证:若 v 满足 S,则 v 满足每个 $C_i(1\leqslant i\leqslant n)$. 对 i 用归纳法证之. 设 v 满足 S.

(1) 当 $i=1$ 时,$C_1\in S$,即 C_1 是 S 的公式的一个合取项,从而 v 满足 C_1.

(2) 设 v 满足 $C_1, C_2, \cdots, C_{i-1}$,往证 v 满足 C_i,事实上,

① 若 $C_i\in S$,则 v 满足 C_i;

② 若 $C_i=\mathrm{Res}(C_j, C_k)(1\leqslant j, k\leqslant i)$,由定理 28.1 知 v 满足 C_i.

归纳证毕. ▌

推论 若 S 中存在一个否证,则 S 是不可满足的.

消解序列与有前提的证明序列虽然相似,但并不相同,由定理 28.3 易见:若存在由 S 导出 C 的消解序列,则由 S 的公式一定可以导出 C 的公式,但反过来不一定成立,即:即使由 S 的公式可导出 C 的公式,也不一定存在由 S 导出 C 的消解序列. 实际上,我们关心消解的是它构造的否证过程,而不是它的证明过程,因为定理 28.3 的推论表明:若 S 有否证过程,则 S 是不可满足的,从而 S 的公式 α 的否定 $\neg\alpha$ 是永真的,即 $\neg\alpha$ 是内定理. 所以要证 β 是内定理,只要证 $\neg\beta$ 的子句有否证. 因此,定理 28.3 的推论常被称为消解的可靠性定理. 很自然要问消解的完全性是否成立? 即若 S 是不可满足的,那么 S 是否一定有否证呢?

引理 6 设 $C=\mathrm{Res}(C_1, C_2)$,则 $C\cup\{l\}=\mathrm{Res}(C_1\cup\{l\}, C_2\cup\{l\})$.

证明 由定义易证之. ▌

引理 7 设 $C_1, C_2, \cdots, C_n$ 是 S 中的一个消解序列，$S'=\{C\cup\{l\}\mid C\in S\}$，则$C_1\cup\{l\}$，$C_2\cup\{l\}$，$\cdots$，$C_n\cup\{l\}$是 S'中的一个消解序列.

证明 由引理 1 及归纳法易证之. ▎

定理 28.4(消解的完全性) 若 S 是不可满足的，则 S 有否证.

证明 设 k 是 S 中所含的命题变元的个数，下对 k 用归纳法证明.

(1) 当 $k=1$ 时，S 中只有一个命题变元，设为 p，由于 S 不可满足，故 S 中必含有子句$\{p\}$与$\{\neg p\}$，从而 S 有否证.

(2) 归纳假设 $k<n(n\geqslant 2)$时命题成立，往证 $k=n$ 时命题也成立.

任取定 S 中出现的一个命题变元 p，令 S'是如下得到的子句集：先删除 S 中所有含有 p 的子句，再在剩下的子句中删去文字 $\neg p$. 令 S''是如下得到的子句集：先删除 S 中所有含有 $\neg p$的子句，再在剩下的子句中删去文字 p. 由引理 28.2 知 $S\cup\{\{p\}\}\approx S'$，$S\cup\{\{\neg p\}\}\approx S''$. 由于 S 不可满足，从而 $S\cup\{\{p\}\}$与 $S\cup\{\{\neg p\}\}$都不可满足，故 S'，S''也不可满足. 因 S'，S''中所含命题变元的个数都$<n$，由归纳假设知存在从 S'和 S''导出 □ 的消解序列 D'和 D''. 令 D_1 为将 D'中的每个子句添加上文字 p 后得到的子句序列，D_2 为将 D''中的每个子句添加上文字 $\neg p$ 后得到的子句序列，则 D_1，D_2 都为 S 中子句构成的序列. 由引理 28.7 知 D_1，D_2 为 S 中分别推出 p，$\neg p$ 的消解序列. 构造子句序列 D 如下：先排 D_1 中子句，接着排 D_2 中子句，最后以 □ 结束，则 D 是由 S 推出 □ 的消解序列.

归纳证毕. ▎

由定理 28.3 的推论及定理 28.4 知判断 S 是否可满足等价于判断 S 是否有否证，下面我们提供一个判断命题公式 α 是否为内定理的算法，此算法称为命题演算的消解算法：

开始

输入公式 α，

求$\neg\alpha$，

去掉→，↔，

内移¬，

去掉双¬，

合取范式，

求$\neg\alpha$ 的一个子句集 S，

令 $S_0=S$，

对 S_0 及其中每对可以消解的子句 C_1，C_2.

开始循环

令 $C=\mathrm{Res}(C_1, C_2)$，

若 $C=$ □，则停机，输出"是"，不然令 $S_0=S_0\cup\{C\}$，

若对 S 中所有可以消解的子句C_1，C_2，都有 $S_0=S_0\cup\{C\}$，

则停机，输出"不是"，否则，对 S_0 继续循环.

循环结束

结束

对命题演算来说，此算法必终止，因为对每个子句集 S，S 中只能含有有限多个命题变元，由这些命题变元最多只能构造有限多个子句，所以此算法中的循环必在有限步内结束. 当此算

法输出“是”时，表示输入的公式 α 是内定理，若输出“不是”，表示 α 不是内定理.

28.2　Herbrand 定理

在本节中，我们介绍一阶谓词演算的大部分证明算法（半判定算法）的基础——Herbrand 定理，及其提供的算法.

要证一阶公式 α 是内定理，只要证 α 的全称闭式 α' 是内定理. 同命题演算情形一样，只要证 $\neg\alpha'$ 是不可满足的，可是这需要对 α' 所在的一阶语言（也是 α 所在的一阶语言）的所有解释验证 $\neg\alpha'$ 是不可满足的，这些解释有无穷多个，故这样验证 $\neg\alpha'$ 的不可满足性不能在有限步内完成. 自然希望，能通过对较少的解释验证 $\neg\alpha'$ 不被其满足，我们就能得到 $\neg\alpha'$ 的不可满足性. 下面就来构造这样一种解释.

本节中，公式均指一阶公式. 公式 α 所在的语言指所有在 α 中出现的常元符号、函数符号和谓词符号作成的集合.

首先也将公式转化为一种标准形式. 我们知道：任一个公式都等价于一个前束范式，我们还可以这样取前束范式，使得前束量词中的变元互不相同.

引理 1　$\vdash QxQ_1x_1\cdots Q_mx_m\alpha\leftrightarrow Q_1x_1\cdots Q_mx_m\alpha$.

其中 Q, Q_1, …, Q_m 是量词，$x\in\{x_1,x_2,\cdots,x_m\}$，$\alpha$ 中无量词.

证明　(1) 当 Q' 为 $\forall$ 时，

$$\vdash \forall xQ_1x_1\cdots Q_mx_m\alpha\rightarrow Q_1x_1\cdots Q_mx_m\alpha.$$

又由于 x 不在 $Q_1x_1\cdots Q_mx_m\alpha$ 中自由出现，故

$$Q_1x_1\cdots Q_mx_m\alpha\vdash \forall x\, Q_1x_1\cdots Q_mx_m\alpha,$$

$$\vdash Q_1x_1\cdots Q_mx_m\alpha\rightarrow \forall xQ_1x_1\cdots Q_mx_m\alpha.$$

即：

$$\vdash \forall xQ_1x_1\cdots Q_mx_m\alpha\leftrightarrow Q_1x_1\cdots Q_mx_m\alpha.$$

(2) 当 Q' 为 $\exists$ 时，类似(1)可证：

$$\vdash \forall x\neg Q_1x_1\cdots Q_mx_m\alpha\leftrightarrow \neg Q_1x_1\cdots Q_mx_m\alpha.$$

故：

$$\vdash Q_1x_1\cdots Q_mx_m\alpha\leftrightarrow \neg\forall x\neg Q_1x_1\cdots Q_mx_m\alpha.$$

即：

$$\vdash Q_1x_1\cdots Q_mx_m\alpha\leftrightarrow \exists xQ_1x_1\cdots Q_mx_m\alpha.$$

∎

引理 2　对任一个公式 α，存在一个前束范式 β: $Q_1x_1\cdots Q_mx_m\gamma$，其中 x_1, …, x_m 互不相同，γ 中无量词，使得 α 与 β 等价.

证明　α 等价于一个前束范式 α'，若 α' 的前束量词中有变元相同，由引理 1 及定理28.3 知：在具有相同变元的前束量词中可以去掉前面的量词，而只剩下最后一个. 这样得到的前束范式的前束变元互不相同，且与 α 等价. ∎

对于前束范式 α：

$$Q_1x_1Q_2x_2\cdots Q_nx_n\gamma. \qquad (*)$$

其中 x_1, x_2, …, x_n 互不相同，γ 中无量词. 现在对这个范式再作如下变换以消去其中的 $\exists$ 量词：设 Q_rx_r 是(*)中出现的第一个存在量词（即 $Q_r=\exists$）. 若 $r=1$，则取不在 γ 中出现的一个个体常元符号 c，将 γ 中所有的 x_1 替换为 c，并在(*)中删去 Q_1x_1；若 $r>1$，取不在 γ 中出现的一个 $r-1$ 元函数符号 f，将 γ 中所有的 x 替换为 $f(x_1, x_2, \cdots, x_{r-1})$（$f$ 称为对应 x_1, x_2, …, x_{r-1} 的 Skolem 函数），并在(*)中删去 Q_rx_r. 不断地重复这个过程，直到将(*)中的所

有存在量词全部删除，这样得到的没有存在量词的公式称为 α 的一个无 $\exists$前束范式.

任一公式 α 都等价于一个前束范式 β，β 的无 $\exists$前束范式也称为 α 的一个无 $\exists$前束范式.

易见，若 α 为闭公式，则它的无 $\exists$前束范式也是闭公式.

【例 28.3】 设 α 为 $\exists y_1\, y_2\, \forall x_1\, \exists y_3\, \forall x_2\, x_3\, \exists y_4\, y_5\, \forall x_4\, F(y_1, \cdots, y_5, x_1, \cdots, x_4)$，其中 F 是一个 9 元谓词符号. 则 α 可通过如下步骤化为无 $\exists$前束范式：

$$\exists y_2\, \forall x_1\, \exists y_3\, \forall x_2\, x_3\, \exists y_4\, y_5\, \forall x_4\, F(c_1, y_2, \cdots, y_5, x_1, \cdots, x_4),$$

$$\forall x_1\, \exists y_3\, \forall x_2\, x_3\, \exists y_4\, y_5\, \forall x_4\, F(c_1, c_2, y_3, \cdots, y_5, x_1, \cdots, x_4),$$

$$\forall x_1\, x_2\, x_3\, \exists y_4\, y_5\, \forall x_4\, F(c_1, c_2, f(x_1), y_4, y_5, x_1, \cdots, x_4),$$

$$\forall x_1\, x_2\, x_3\, \exists y_5\, \forall x_4\, F(c_1, c_2, f(x_1), g(x_1, x_2, x_3), y_5, x_1, \cdots, x_4),$$

$$\forall x_1 x_2 x_3 x_4 F(c_1, c_2, f(x_1), g(x_1, x_2, x_3), h(x_1, x_2, x_3), x_1, \cdots, x_4).$$

此即为 α 的一个无 $\exists$前束范式.

下面定理说明了 α 的无 $\exists$前束标准形与 α 的关系.

定理 28.5 前束范式 α 可满足当且仅当 α 的无 $\exists$前束范式 β 可满足.

证明 设 α 为 $Q_1x_1Q_2x_2\cdots Q_nx_n\gamma$，其中 γ 中无量词. 由引理 2，不妨设 $x_1, x_2, \cdots, x_n$ 互不相同. 设 $Q_r\,x_r$ 是 α 中的第一个 $\exists$ 量词，只要证消除 Q_rx_r 时可满足性是保持的，其余存在量词消除后可满足的保持性的证明类似.

设 α 所在的语言为 $\mathscr{L}$，β 所在的语言为 $\mathscr{L}'$.

(1) 当 $r=1$ 时，

$$\beta = Q_2x_2\cdots Q_nx_n(\gamma(x_1/c)) = (Q_2x_2\cdots Q_nx_n\gamma)\ (x_1/c).$$

其中 c 是一个不在 α 中出现的个体常元符号. 此时 $\mathscr{L}'=\mathscr{L}\cup\{c\}$.

设 I 是 $\mathscr{L}$ 的一个解释，σ 是 $\mathscr{L}$ 在 I 中的一个指派，使得 $I\models_{\sigma}\alpha$，则存在 $a\in D_I$ 使得 $I\models_{\sigma(x_1/a)} Q_2x_2\cdots Q_nx_n\gamma$. 作 $\mathscr{L}'$ 的解释 I' 如下：I 的论域与 I' 的论域相同，即 $D_I=D_{I'}$，对于 $\mathscr{L}$ 中的符号，I 与 I' 的解释相同，I' 将 c 解释为 a. 由定理 27.33 知 $I'\models_{\sigma(x_1/a)} Q_2x_2\cdots Q_nx_n\gamma$. 由定理 27.15 知 $I'\models_{\sigma}(Q_2x_2\cdots Q_nx_n\gamma)(x_1/c)$. 即 $I'\models_{\sigma}\beta$.

反之，设 I' 为 $\mathscr{L}'$ 的一个解释，σ 是 $\mathscr{L}'$ 在 I' 中的一个指派，使得 $I'\models_{\sigma}(Q_2x_2\cdots Q_nx_n\gamma)(x_1/c)$. 令 $c^{\sigma}=a$，则：

$$I'\models_{\sigma(x_1/a)} Q_2x_2\cdots Q_nx_n\gamma.$$

从而，$I'\models_{\sigma}\exists x_1Q_2x_2\cdots Q_nx_n\gamma$，即 $I'\models_{\sigma}\alpha$.

(2) 当 $r>1$ 时，

$$\begin{aligned}\beta &= \forall x_1\cdots\forall x_{r-1}Q_{r+1}x_{r+1}\cdots Q_nx_n(\gamma(x_r/f(x_1, \cdots, x_{r-1})))\\ &= (\forall x_1\cdots\forall x_{r-1}Q_{r+1}x_{r+1}\cdots Q_nx_n\gamma)(x_r/f(x_1, \cdots, x_{r-1})).\end{aligned}$$

且 $\mathscr{L}'=\mathscr{L}\cup\{f\}$，其中 f 是一个 $r-1$ 元的 Skolem 函数. 设 I 是 $\mathscr{L}$ 的一个解释，σ 是 $\mathscr{L}$ 在 I 中的一个指派，使得 $I\models_{\sigma}\alpha$，则对任意 $a_1, a_2, \cdots, a_{r-1}\in D^{r-1}$，存在 $a_r\in D$ 使得：

$$I\models_{\sigma(x_1/a_1)\cdots(x_{r-1}/a_{r-1})(x_r/a_r)} Q_{r+1}x_{r+1}\cdots Q_nx_n\gamma.$$

令指派 $\tau=\sigma(x_1/a_1)\cdots(x_{r-1}/a_{r-1})$，则：

$$I\models_{\tau(x_r/a_r)} Q_{r+1}x_{r+1}\cdots Q_nx_n\gamma.$$

作 $\mathscr{L}$ 的解释 I' 为：I 的论域与 I' 的论域相同，即 $D_I=D_{I'}$，对于 $\mathscr{L}$ 中的符号，I 与 I' 的解释相同，f 在 I' 中解释为如下 $r-1$ 元函数 $\overline{f}$：

对任意 $(a_1, a_2, \cdots, a_{r-1})\in D^{r-1}$，$\overline{f}(a_1, a_2, \cdots, a_{r-1})=a_r$.

从而 $I'\models_{\tau(x_r/a_r)} Q_{r+1}x_{r+1}\cdots Q_n x_n\gamma$. 由于 $a_r=(f(x_1, x_2, \cdots, x_{r-1}))^\tau$，再由定理 27.15 知 $I'\models_\tau (Q_{r+1}x_{r+1}\cdots Q_n x_n\gamma)(x_r/f(x_1, x_2, \cdots, x_{r-1}))$. 由 $a_1, a_2, \cdots, a_{r-1}$ 的任意性得：

$$I'\models_\sigma \forall x_1\cdots \forall x_{r-1}(Q_{r+1}x_{r+1}\cdots Q_n x_n\gamma)(x_r/f(x_1, \cdots, x_{r-1})).$$

即 $I'\models_\sigma\beta$.

反之，设 $I'\models_\tau\beta$，则对任意 $a_1, a_2, \cdots, a_{r-1}\in D$，

$$I'\models_\sigma (Q_{r+1}x_{r+1}\cdots Q_n x_n\gamma)(x_r/f(x_1, \cdots, x_{r-1})).$$

其中 $\sigma=\tau(x_1/a_1)\cdots(x_{r-1}/a_{r-1})$. 令 $a_r=(f(x_1\cdots x_{r-1}))^\sigma$，则：

$$I'\models_{\sigma(x_r/a_r)} Q_{r+1}x_{r+1}\cdots Q_n x_n\gamma,$$

$$I'\models_\sigma \exists x_r Q_{r+1}x_{r+1}\cdots Q_n x_n\gamma.$$

由 $a_1, \cdots, a_{r-1}$ 的任意性知 $I'\models_\tau\alpha$. ∎

定理 28.5 实际上证明了 $\{\beta\}\models\alpha$，但 α 与 β 并不等价.

推论 公式 α 可满足当且仅当 α 的无 ∃ 前束范式 β 是可满足的.

定义 28.5 设 α 是一个无 ∃前束范式，如下归纳定义集合 H_n：

(1) 令 H_0 为 α 中出现的所有个体常元符号.

若 α 中没有个体常元符号出现，任取定一个常元符号 c，令 $H_0=\{c\}$；

(2) $H_{n+1}=H_n\cup\{f(t_1, t_2, \cdots, t_m)\mid f$ 是在 α 中出现的一个 m 元函数符号，$t_1, t_2, \cdots, t_m\in H_\alpha\}$.

令 $H_\alpha=\bigcup_{n\in N}H_n$，则称 H_α 为 α 的 Herbrand 域(Herbrand universe)，H_n 为 α 的第 n 层 Herbrand 域. 例如：

$$\alpha_1=(P(a)\vee\neg Q(b)\vee Q(z))\wedge(Q(z)\vee\neg P(b)\vee Q(z)),$$

$$H_{\alpha_1}=\{a, b\};$$

$$\alpha_2=\neg P(x, f(y))\wedge P(w, g(w)),$$

$$H_{\alpha_2}=\{c, f(c), g(c), f(f(c)), f(g(c)), g(f(c)), g(g(c)), \cdots\},$$

其中 c 是一个个体常元符号；

$$\alpha_3=\neg P(a, f(x, y))\wedge P(b, f(x, y)),$$

$$H_{\alpha_3}=\{a, b, f(a,a), f(a,b), f(b,a), f(b,b), f(a,f(a,a)), f(f(a,a),a), f(a,f(a,b)), f(f(a,b),a), \cdots\}.$$

对任意无 ∃ 前束范式 α，易见：

(1) $H_\alpha\neq\varnothing$.

(2) 设 α 所在的语言为 $\mathscr{L}$. 若 α 中含有常元符号，则 H_α 是 $\mathscr{L}$ 中符号“生成”的闭项的最小集合. 不然的话，H_α 则是 $\mathscr{L}\cup\{c\}$ 中符号“生成”的闭项的最小集合.

(3) 若 α 中含有函数符号，则 H_α 是无穷集.

(4) 对每个 n，α 的第 n 层 Herbrand 域 H_n 是有穷集.

以下就以 H_α 作为论域来构造 α 所在的语言的解释，使之满足本节开始所述的性质.

定义 28.6 设 α 是一阶语言 $\mathscr{L}$ 中的一个无 ∃ 前束范式，H_α 中元素也是 $\mathscr{L}$ 的项，$\mathscr{L}$ 的解释 I 若满足：

(1) I 的论域为 α 的 Herbrand 域；

(2) 对于 $\mathscr{L}$ 的常量符号 c，若 $c \in H_\alpha$，则 $\bar{c}=c$；

(3) 对于 $\mathscr{L}$ 中的函数符号 f(设 f 是 m 元的)，若 f 在 α 中出现，$t_1, t_2, \cdots, t_m \in H_\alpha$，则 $\bar{f}(t_1, t_2, \cdots, t_m)=f(t_1, t_2, \cdots, t_m) \in H_\alpha$.

则称 I 为 α 的一个 Herbrand 解释，简称为 H-解释.

易证：对 H_α 中的任一个项 t，t 在 H-解释下的值 $t^I=t$.

注意：α 的 H-解释对 $\mathscr{L}$ 中不在 α 中出现的符号也有解释，只是我们不关心罢了. 从而 α 的 H-解释不惟一.

对于语言 $\mathscr{L}$ 上的无 ∃ 前束范式 α 及 $\mathscr{L}$ 的一个解释 I，若 H_α 中元素也是 $\mathscr{L}$ 的项，则作 α 的 H-解释 I' 如下：

(1) 对 H_α 中的任一个项 t，令 $t^{I'}=t$；

(2) 对于 $\mathscr{L}$ 中的谓词符号 F(设 F 是 n 元的)，令

$$F^{I'}=\{\langle t_1, t_2, \cdots, t_n\rangle \in H_\alpha^n \mid I \models F(t_1, t_2, \cdots, t_n)\}.$$

即对任意 $t_1, t_2, \cdots, t_n \in H_\alpha$，

$$I \models F(t_1, t_2, \cdots, t_n) \Leftrightarrow I' \models F(t_1, t_2, \cdots, t_n).$$

称 I' 为对应 I 的 α 的 H-解释.

对应 I 的 α 的 H-解释具有如下性质：

引理 3 对于语言 $\mathscr{L}$ 上的无 ∃前束范式 α 及 $\mathscr{L}$ 的一个解释 I，I' 为对应 I 的 α 的 H-解释. 若 α 为闭公式，且 $I \models \alpha$，则 $I' \models \alpha$.

证明 分两步证之.

(1) 当 α 中无量词时，$I \models \alpha$ 当且仅当 $I' \models \alpha$.

① 若 α 是原子公式 $F(t_1, t_2, \cdots, t_n)$，由于 α 是闭公式，故 $t_1, t_2, \cdots, t_n$ 都是闭项，故 $t_1, t_2, \cdots, t_n \in H_\alpha$. 由 I' 的定义知 $I \models \alpha$ 当且仅当 $I' \models \alpha$.

② 若 α 是形如 $\neg\beta, \alpha_1 \rightarrow \alpha_2$ 公式，易证之.

此时，由于 $I \models \alpha$，故 $I' \models \alpha$.

(2) 当 α 为 $\forall x_1 x_2 \cdots x_k \gamma(x_1, x_2, \cdots, x_k)$(其中 γ 中无量词)时，不妨设 $x_1, x_2, \cdots, x_k$ 互不相同. 则 $I' \models \alpha$. 事实上，对任意 $t_1, t_2, \cdots, t_k \in H_\alpha$，令 $a_i=t_i^I$(注意到 t_i 是闭项)，$1 \leqslant i \leqslant k$. 由于 $I \models \alpha$，故对 $\mathscr{L}$ 在 I 中的任一个指派 σ，$I \underset{\sigma}{\models} \alpha$，从而 $I \underset{\sigma'}{\models} \gamma$，其中 $\sigma'=\sigma(x_1/a_1)(x_2/a_2)\cdots(x_k/a_k)$. 由于 $t_1, t_2, \cdots, t_k$ 为闭项，可重复使用定理 27.15 得 $I \underset{\sigma}{\models} \gamma(x_1/t_1, x_2/t_2, \cdots, x_k/t_k)$. (注意到 $\gamma(x_1/t_1, x_2/t_2, \cdots, x_k/t_k)=\gamma(x_1/t_1)(x_2/t_2)\cdots(x_k/t_k)$). 由 σ 的任意性得 $I \models \gamma(x_1/t_1, x_2/t_2, \cdots, x_k/t_k)$. 由(1)得 $I' \models \gamma(x_1/t_1, x_2/t_2, \cdots, x_k/t_k)$. 从而对 $\mathscr{L}$ 在 I' 中的任一个指派 τ，$I' \underset{\tau}{\models} \gamma(x_1/t_1, x_2/t_2, \cdots, x_k/t_k)$. 注意到 $t_i^{I'}=t_i$，$1 \leqslant i \leqslant k$，故 $I' \underset{\tau'}{\models} \gamma$，其中 $\tau'=\tau(x_1/t_1, x_2/t_2, \cdots, x_k/t_k)$. 由 $t_1, t_2, \cdots, t_k$ 的任意性得 $I' \underset{\tau}{\models} \forall x_1 x_2 \cdots x_k \gamma$. 由 τ 的任意性得 $I' \models \alpha$. ▌

定理 28.6 设 α 是一个无 ∃ 前束范式，且为闭公式，则 α 是可满足的充要条件是 α 在其某个 H-解释中可满足.

证明 充分性显然成立，为证必要性，设 α 所在的语言为 $\mathscr{L}$，I 是 $\mathscr{L}$ 的一个解释，$I \models \alpha$，将 $\mathscr{L}$ 膨胀为 $\mathscr{L}$ 使得 H_α 中元素也是 $\mathscr{L}$ 的项，再将 I 以任意方式膨胀为 $\mathscr{L}$ 的一个解释 I_1，则 $I_1 \models \alpha$.

由引理 3 知 $I_1'\models\alpha$. ∎

对于公式 $\gamma(x_1,x_2,\cdots,x_k)$、无∃前束范式 α 及 $t_1,t_2,\cdots,t_k\in H_\alpha$，$\gamma(x_1/t_1,x_2/t_2,\cdots,x_k/t_k)$称为 γ 在 H_α 中的一个例式.

定理 28.7(Herbrand) 设无∃前束范式 α 为 $\forall x_1x_2\cdots x_k\gamma$，若 α 是闭公式，则 α 可满足当且仅当由 γ 在 H_α 中的例式作成的每个有穷集合可满足.

证明 (⇒) 设 α 可满足. 对 γ 在 H_α 中的任意有限个例式 $\gamma_1,\gamma_2,\cdots,\gamma_m$，其中 $\gamma_i=\gamma(x_1/t_{i1},x_2/t_{i2},\cdots,x_k/t_{ik})$，$t_{ij}\in H_\alpha$，$1\leqslant i\leqslant m$，$1\leqslant j\leqslant k$. 由于 t_{ij} 为闭项($1\leqslant i\leqslant m$，$1\leqslant j\leqslant k$)，故对任意 i ($1\leqslant i\leqslant m$)，$\alpha\vdash\gamma_i$，从而 $\alpha\vdash\gamma_1\wedge\gamma_2\wedge\cdots\gamma_m$，$\alpha\models\gamma_1\wedge\gamma_2\wedge\cdots\gamma_m$. 故$\{\gamma_1,\gamma_2,\cdots,\gamma_m\}$可满足.

(⇐) 设由 γ 在 H_α 中的例式作成的每一个有穷集合可满足. 令集合 Γ 为$\{\gamma(x_1/t_1,x_2/t_2,\cdots,x_k/t_k)\mid t_1,t_2,\cdots,t_k\in H_\alpha\}$. 由紧致性定理得 Γ 可满足，即有 Γ 所在语言 $\mathscr{L}$ 的一个解释 I 使得 $I\models\Gamma$. 注意到 H_α 中元素也是 $\mathscr{L}$ 的项，令 I' 为对应 I 的 α 的 H-解释.

(1) 对于任意 $\beta\in\Gamma$，$I\models\beta$ 当且仅当 $I'\models\beta$. 事实上，设 $\beta=\gamma(x_1/t_1,x_2/t_2,\cdots,x_k/t_k)$，其中 $t_1,t_2,\cdots,t_k\in H_\alpha$. 下对 γ 归纳证之.

(1.1) 当 γ 为原子公式 $F(x_1,x_2,\cdots,x_k)$时，由 I'定义知 $I\models F(t_1,t_2,\cdots,t_k)$当且仅当 $I'\models F(t_1,t_2,\cdots,t_k)$.

(1.2) 当 γ 为 $\neg\gamma_1$，$\alpha_1\to\alpha_2$ 时，易证.

(2)$I'\models\alpha$. 事实上，对任意的 $t_1,t_2,\cdots,t_k\in H_\alpha$，由于$\gamma(x_1/t_1,x_2/t_2,\cdots,x_k/t_k)\in\Gamma$，故 $I\models\gamma(x_1/t_1,x_2/t_2,\cdots,x_k/t_k)$，由(1)知：$I'\models\gamma(x_1/t_1,x_2/t_2,\cdots,x_k/t_k)$. 从而对 $\mathscr{L}$ 在 I 中的任一个指派 τ，$I'\models_{\tau}\gamma(x_1/t_1,x_2/t_2,\cdots,x_k/t_k)$，故 $I'\models_{\tau(x_1/t_1,x_2/t_2,\cdots,x_k/t_k)}\gamma$. 由 $t_1,t_2,\cdots,t_k$ 的任意性得 $I'\models_{\tau}\alpha$. 从而 $I'\models\alpha$，即 α 可满足. ∎

由于 γ 在 H_α 中的例式是无量词的闭公式，故这些例式的可满足性可以使用命题演算中的方法加以检查(将原子公式看作命题变元)，例如，可将其化为析取范式，再检查每个析取项中是否含有矛盾的公式对(原子公式及其非)作为这个析取项的合取项，若是，则不可满足，不然则可满足. 由此我们给出判断一阶公式是否为内定理的如下证明算法：

开始

步骤 1 输入一阶公式 α.

步骤 2 求 α 的全称闭式 β. /* α 为内定理当且仅当 β 为内定理 */

步骤 3 求 $\neg\beta$. /* β 为内定理当且仅当 $\neg\beta$ 不可满足 */

步骤 4 求 $\neg\beta$ 的无∃前束范式 $\forall x_1\cdots x_k\gamma$. /* 以下验证 $\neg\beta$ 的不可满足性 */

步骤 5 for $i\in N$, do

(1) 求 α 的第 i 层 Herbrand 集合 H_i. /* H_i 是有穷集合 */

(2) 求 γ 在 H_i 中的例式作成的集合 Γ_i. /* Γ_i 是有穷集合 */

(3) 令 $\gamma_i=\bigwedge\Gamma_i$.

(4) 求 γ_i 的析取范式.

(5) 检查 γ_i 的每个析取项中是否都含有一对矛盾的公式，若是，则退出循环，输出“是”.

/* 表示 $\forall x_1\cdots x_k\gamma$ 不可满足 */

结束

注 此算法对输入是内定理的公式 α，由 Herbrand 定理，步骤 5 的循环必终止，但若 α 不是内定理，此循环可能永远执行下去，此时，算法不一定终止，故此算法是一个证明算法.

【例 28.4】 设公式 α 为 $\forall x\, F(x)\to F(f(y))$，用上述算法验证 α 是内定理的过程如下：

$$\forall y\,(\forall x\, F(x)\to F(f(y))),$$
$$\neg\,\forall y\,(\forall x\, F(x)\to F(f(y))),$$
$$\exists y\,\neg(\forall x\, F(x)\to F(f(y))),$$
$$\exists y\,(\forall x\, F(x)\wedge\neg F(f(y))),$$
$$\exists y\,\forall x\,(F(x)\wedge\neg F(f(y))),$$
$$\forall x\,(F(x)\wedge\neg F(f(c))).$$

从而，$H_0=\{c\}$，$H_1=\{c,\ f(c)\}$，$F(x)\wedge\neg F(f(c))$ 在 H_0 中的例式集为 $\{F(c),\ \neg F(f(c))\}$，这是可满足的，但 $F(x)\wedge\neg F(f(c))$ 在 H_1 中的例式集为 $\{F(c)\wedge\neg F(f(c)),\ F(f(c))\wedge\neg F(f(c))\}$. 由于 $F(c)\wedge\neg F(f(c))\wedge F(f(c))\wedge\neg F(f(c))$ 中含有矛盾的公式对 $F(f(c))$，$\neg F(f(c))$，故不可满足，从而 α 为内定理.

这个算法的效率是较低的，原因是在寻找不可满足的有限例式集的过程中，要检查各层例式集 Γ_i，而 Γ_i 中公式的个数增长很快，所生成的例式中有大量是不起作用的，作了大量多余的检查. 在本章的下面几节中，我们结合 Herbrand 定理与命题演算的消解原理，给出一个效率较高的算法.

28.3 代换与合一代换

当考虑将命题演算的消解原理推广到一阶谓词演算中来时，首先遇到的问题是个体变元的处理.

定义 28.7 设 $x_1,\ x_2,\ \cdots,\ x_n$ 是个体变元符号，$t_1,\ t_2,\ \cdots,\ t_n$ 是项，若有穷集合 $\{x_1\to t_1,\ x_2\to t_2,\ \cdots,\ x_n\to t_n\}$ 满足 $x_1,\ x_2,\ \cdots,\ x_n$ 互不相同，且 $x_i\neq t_i$，$(i=1,\ 2,\ \cdots,\ n)$，则称此有穷集合为一个**代换**(substitution)；没有元素的代换称空代换，记为 $\varnothing$.

常以 λ,μ,θ 等小写希腊字母表示代换.

在本节中，将项、无量词公式统称为表达式. 代换的使用就是将表达式中的个体变元符号替换为相应的项.

定义 28.8 设 θ 是代换 $\{x_1\to t_1,x_2\to t_2,\ \cdots,\ x_n\to t_n\}$，$E$ 是一个表达式，将 E 中出现的所有 $x_1,\ x_2,\ \cdots,\ x_n$ 分别同时替换为 $t_1,\ t_2,\ \cdots,\ t_n$ 得到的表达式称为 E 的一个**代换实例**，记为 $E\theta$.

例如：$E=F(x)\vee G(f(y))$，$\theta=\{x\to y,\ y\to f(a)\}$，则 $E\theta=F(y)\vee G(f(f(a)))$.

设 S 是一表达式集合，θ 是一代换，约定 $S\theta=\{E\theta\,|\,E\in S\}$.

定义 28.9 设 $\theta=\{x_1\to t_1,\ x_2\to t_2,\ \cdots,\ x_n\to t_n\}$，$\lambda=\{y_1\to s_1,\ y_2\to s_2,\ \cdots,\ y_m\to s_m\}$ 是两个代换，$X=\{x_1,\ x_2,\ \cdots,\ x_n\}$，$Y=\{y_1,\ y_2,\ \cdots,\ y_n\}$. 作如下代换：

$$\{x_i\to t_i\lambda\,|\,x_i\neq t_i\lambda,\ x_i\in X\}\cup\{y_j\to s_j\,|\,y_j\notin X,y_j\in Y\}.$$

称此代换为 θ 与 λ 的合成，记为 $\theta\circ\lambda$ 或 $\theta\lambda$.

事实上，$\theta\lambda$ 是从集合 $\{x_1\to t_1\lambda,x_2\to t_2\lambda,\ \cdots,\ x_n\to t_n\lambda,y_1\to s_1,\ y_2\to s_2,\ \cdots,\ y_m\to s_m\}$ 中删去如下两种类型元素得到的代换：

(1) 当 $x_i=t_i\lambda$ 时，删去 $x_i\to t_i\lambda$，其中 $x_i\in X$；

(2) 当 $y_j\in X$ 时，删去 $y_j\to s_j$，其中 $y_i\in Y$.

易见：$\theta\varnothing=\varnothing\theta=\theta$. 例如：

$$\theta=\{x\to f(y),\ y\to f(a),\ z\to u\},$$
$$\lambda=\{y\to g(a),\ u\to z,\ v\to f(f(a))\},$$

则

$$\theta\lambda=\{x\to f(g(a)), y\to f(a),\ z\to u, v\to f(f(a))\}.$$

假设 $E=F(u,\ v, x,\ y,\ z)$,则

$E\theta=F(z,\ v,\ f(y),\ f(a),\ u)$, $(E\theta)\lambda=F(z,\ f(f(a)), f(g(a)),\ f(a),\ z)=E(\theta\lambda)$.

事实上,$(E\theta)\lambda=E(\theta\lambda)$在一般情况下也成立.

引理 1 设 E 是一个表达式,θ,λ 是两个代换,则$(E\theta)\lambda=E(\theta\lambda)$.

证明 设 $\theta=\{x_1\to t_1, x_2\to t_2,\ \cdots,\ x_n\to t_n\}$, $\lambda=\{y_1\to s_1, y_2\to s_2,\ \cdots,\ y_m\to s_m\}$, $X=\{x_1, x_2,\ \cdots,\ x_n\}$, $Y=\{y_1,\ y_2,\ \cdots,\ y_m\}$. z 是 E 中出现的任一变元符号.

(1) 若 $z\notin X\cup Y$,则$(E\theta)\lambda=E(\theta\lambda)=E$.

(2) 若 $z\in X$,设 $z=x_i$,则$(E\theta)\lambda$ 中的 z 先变为 t_i,再变为 $t_i\lambda$,而 $E(\theta\lambda)$中的 z 立即变为 $t_i\lambda$.

(3) 若 $z\in Y-X$,设 $z=y_j$,则$(E\theta)\lambda$ 中的 z 先不变化,后变为 u_j,而 $E(\theta\lambda)$中的 z 立即变为 u_j.

由 z 的任意性知引理成立. ▮

引理 2 设 λ,μ 是两个代换,若对任意项 E,都有 $E\lambda=E\mu$,则 $\lambda=\mu$.

证明 若 $x\to t\in\lambda$,取 $E=x$,则 $E\lambda=t=E\mu$,故 $x\to t\in\mu$,从而,$\lambda\subseteq\mu$,同理,$\mu\subseteq\lambda$. 故 $\lambda=\mu$. ▮

引理 3 设 θ,λ,μ 是代换,则:

(1) 对任意表达式 E, $E(\theta(\lambda\mu))=((E\theta)\lambda)\mu=E((\theta\lambda)\mu)$;

(2) $\theta(\lambda\mu)=(\theta\lambda)\mu$.

证明 (1) $E((\theta\lambda)\mu)=(E(\theta\lambda))\mu=((E\theta)\lambda)\mu=(E\theta)(\lambda\mu)=E(\theta(\lambda\mu))$.

(2) 由引理 2 及(1)立得. ▮

为了寻找矛盾的公式对,常用代换将一些公式变为统一的公式,例如,公式 $F(f(x), g(y))$与$\neg F(f(f(a)),\ g(z))$并不矛盾,但在代换$\{x\to f(a),\ y\to a,\ z\to a\}$下,我们得到矛盾的公式对$F(f(f(a)),\ g(a))$与$\neg F(f(f(a)),\ g(a))$. 还容易看出,这种代换不是惟一的,例如,代换$\{x\to f(a),\ z\to y\}$也将上述公式对变为矛盾的公式对:$F(f(f(a)),\ g(y))$与$\neg F(f(f(a)),\ g(y))$. 为此,我们给出如下定义.

定义 28.10 设 S 是一个由表达式构成的集合,θ 是一个代换,

(1) 称 θ 是 S 的一个**合一**(unifier),如果对 S 中的任意两个元素 E_1, E_2,都有:$E_1\theta=E_2\theta$;此时也称 S 是**可合一**的.

(2) 称 θ 是 S 的一个最一般的合一(most general unifier),如果 θ 是 S 的一个合一,且对 S 的任意合一 λ,存在代换 μ 使得 $\lambda=\theta\mu$;此时将 θ 简称为 mgu.

例如:$F(x)$与 $F(f(y))$的一个 mgu 为 $\theta=\{x\to f(y)\}$. 因为 θ 显然为 $F(x)$与 $F(f(y))$的一个合一;又设 λ 为 $F(x)$与 $F(f(y))$的一个合一,不妨设 $\lambda=\{x\to t_1, y\to t_2\}$,则 $F(t_1)=F(f(t_2))$,从而 $t_1=f(t_2)$,故 $\lambda=\{x\to f(t_2), y\to t_2\}=\{x\to f(y)\}\circ\{y\to t_2\}=\theta\circ\{y\to t_2\}$.

以后我们主要考察原子公式集的合一,以寻找矛盾的公式对. 并不是任何两个原子公式都是可合一的,下列四种情形的原子公式都是不可合一的:设 α,β 是两个原子公式,

(1) α,β 的谓词符号不相同,如 $F(x)$与 $G(y)$;

(2) α,β 中某对应位置的项的最外层符号都是函数符号,但不相同,如 $F(y, f(f(x)))$与 $F(g(a), f(g(x)))$;

(3) α,β 中某对应位置的项分别为 x 与 t,其中 x 为一个变元符号,且 x 出现在 t 中,如 $F(x)$与 $F(f(x))$;

(4) α,β 中某对应位置的项分别为 a 与 t,其中 a 是一个常元符号,t 不是个体变元符号,如 $F(a)$与 $F(f(x))$.

怎么判断原子公式集是否可合一呢?当可合一时,怎么找出它的一个 mgu 呢?下面就给出这个问题的一个算法,该算法称为 Robinson 合一算法. 为此,先给出如下概念:

定义 28.11 设 E 是非空表达式集合,E 的差异集是如下得到的一个集合 D:将 E 的每一个元素看作是一个符号序列,设这些序列从第 k 个符号开始不是都相同,D 为 E 中每个元素从第 k 个符号开始的子表达式作成的集合.

例如:$E=\{F(x, f(y,x), z), F(x, a, a), F(x, g(h(x)), z)\}$,则

$$D=\{f(y,z), g(h(x))\}.$$

下面给出 Robinson 合一算法.

Robinson 合一算法

开始

步骤 1 输入非空有限原子公式集 E.

步骤 2 检查 E 中所有公式的谓词符号,看是否有不相同的,若有,则停机拒绝,E 不可合一,否则,令 $E_0=E$, $i=0$, $\sigma_0=\varnothing$. /* σ_i 是 E_i 可合一时的 mgu */

步骤 3 for $i\geqslant 0$ do

(1) 若 E_i 中只有一个元素,则停机接受,E 是可合一的,σ_i 是 E 的一个 mgu,否则,找出 E_i 的差异集 D_i.

(2) 检查 D_i 中是否存在元素 x_i, t_i,其中 x_i 是个体变元符号,t_i 是一个项,且 x_i 不在 t_i 中出现;若不存在,则停机拒绝,E 不可合一.

(3) 令 $E_{i+1}=E_i\{x_i\rightarrow t_i\}$, $\sigma_{i+1}=\sigma_i\{x_i\rightarrow t_i\}$ /* $E_{i+1}=E\sigma_{i+1}$ */

(4) $i := i+1$.

结束

先用一些例子来说明 Robinson 算法,然后我们来证明它的正确性.

【例 28.5】 设$\alpha=F(g(y), f(x, h(x), y))$, $\alpha'=F(x, f(g(z,w,z))$,问 α 与α'是否可合一,若可合一,求出它们的一个 mgu.

解 (1) $\alpha_0=\alpha$, $\alpha_0{}'=\alpha'$, $\sigma_0=\varnothing$, $D_0=\{g(y), x\}$.

(2) $\sigma_1=\varnothing\circ\{x\rightarrow g(y)\}=\{x\rightarrow g(y)\}$,

$\alpha_1=\alpha_0\{x\rightarrow g(y)\}=F(g(y), f(g(y), h(g(y)), y))=\alpha\sigma_1$,

$\alpha_1'=\alpha_0'\{x\rightarrow g(y)\}=F(g(y), f(g(z), w, z))=\alpha'\sigma_1$,

$D_1=\{y, z\}$.

(3) $\sigma_2=\{x\rightarrow g(y)\}\circ\{y\rightarrow z\}=\{x\rightarrow g(z), y\rightarrow z\}$,

$\alpha_2=\alpha_1\{y\rightarrow z\}=F(g(z), f(g(z), h(g(z)), z))=\alpha\sigma_2$,

$\alpha_2'=\alpha_1'\{y\rightarrow z\}=F(g(z), f(g(z), w, z))=\alpha'\sigma_2$,

$D_2=\{h(g(z)),\ w\}$.

(4) $\sigma_3=\sigma_2\circ\{w\to h(g(z))\}\{x\to g(z),\ y\to z,\{w\to h(g(z))\}$,

$\alpha_3=\alpha_2\{w\to h(g(z))\}=F(g(z),\ f(g(z),\ h(g(z)),\ z))=\alpha\sigma_3$,

$\alpha_3'=\alpha_2'\{w\to h(g(z))\}=F(g(z),\ f(g(z),\ h(g(z)),\ z))=\alpha'\sigma_3$,

$D_2=\varnothing$.

(5) $\alpha_3=\alpha_3'$，故 α_3，α_3' 可合一，它们的 mgu 为 σ_3.

【例 28.6】 设 $\beta=\{G(f(a)),\ g(x)\}$，$\beta'=G(y,y)$，问 α 与 α' 是否可合一，若可合一，求出它们的一个 mgu.

解 (1) $\beta_0=\beta$，$\beta_0'=\beta'$，$\sigma_0=\varnothing$，$D_0=\{f(a),\ y\}$.

(2) $\sigma_1=\varnothing\circ\{y\to f(a)\}=\{y\to f(a)\}$,

$\beta_1=\beta_0\{y\to f(a)\}=G(f(a),\ g(x))=\beta\sigma_1$,

$\beta_1'=\beta_0'\{y\to f(a)\}=G(f(a),\ f(a))=\beta'\sigma_1$,

$D_1=\{g(y),\ f(a)\}$.

(3) D_1 中没有个体变元符号，故 β，β' 不可合一.

定理 28.8 (1) Robinson 合一算法对每个输入(有限原子公式集)都终止；

(2) Robinson 合一算法接受有限原子公式集 E 当且仅当 E 是可合一的；

(3) Robinson 合一算法中，若 E_i 只有一个元素，则 σ_i 是 E 的一个 mgu.

证明 (1) 要证 Robinson 合一算法对每个输入都停机，只要证此算法中步骤 3 的循环对每个输入都只能循环有限多次. 若不然，假设对输入为有限原子公式集 E，此循环无限次地运行下去，则产生原子公式集的无限序列：$E\sigma_1$，$E\sigma_2$，…，其中，$E\sigma_{i+1}$ 所含的变元符号比 $E\sigma_i$ 所含的变元符号要少一个 x_i. 但这是不可能的，因为 E 中只含有有限多个个体变元符号. 故 Robinson 合一算法必终止.

(2) 若 Robinson 合一算法接受输入 E，则步骤 3 的循环经有限次循环之后在第一种情形下停机，此时，存在 $n\geqslant 0$ 使得 E_i 中只有一个元素，而 $E_i=E\sigma_i$，故 σ_i 是 E 的一个合一.

反之，设有限原子公式集 E 是可合一的，往证 Robinson 合一算法接受 E. 若不然，则该算法对输入 E 不能在步骤 3 的第(1)种情形下停机，由于该算法必停机，故只能在步骤 2 或步骤 3 的第(2)种情形下停机. 若在步骤 2 停机，显然与 E 的可合一性矛盾；若在步骤 3 的第(2)种情形下停机，设步骤 3 的循环经 i 次循环之后停机，则 D_i 中不能含有个体变元符号 x_i 与项 t_i 使得 x_i 不在 t_i 中出现，且 E_i 中不只一个元素(因为不能在步骤 3 的第(1)种情形下停机)，从而 D_i 不只一个元素，此时，D_i 只能为下列三种情形之一：

① $\{c_i,\ t_i\}\subseteq D_i$，其中 c_i 是常元符号，t_i 是一个非变元符号的项；

② $\{t_i,\ t_i'\}\subseteq D_i$，其中 t_i，t_i' 都是复合项，且 t_i，t_i' 的最外层的函数符号不相同；

③ $\{x_i,\ t_i\}\subseteq D_i$，其中变元 x_i 在项 t_i 中出现.

在这三种情形下 E 都不可合一，矛盾.

(3) 若 E_i 只有一个元素，则 σ_i 显然是 E 的一个合一，下证 σ_i 还是 E 的一个 mgu，只要证：对 E 的任一个合一 θ，存在代换 λ 使得 $\theta=\sigma_i\circ\lambda$. 只要证：对任意 k：$1\leqslant k\leqslant i$，存在代换 λ_k 使得：

$$\theta=\sigma_k\circ\lambda_k. \qquad (*)$$

下对 k 归纳证之.

(1) 当 $k=0$ 时，取 $\lambda_0=\theta$，则 $\theta=\varnothing\circ\theta=\sigma_0\circ\lambda_0$.

(2) 假设(*)对 k 成立，往证(*)对 $k+1$ 也成立. 事实上，由归纳假设，$\theta=\sigma_k\circ\lambda_k$，而对任意 α, $\alpha'\in E$, $\alpha\theta=\alpha'\theta$，故 $\alpha(\sigma_k\circ\lambda_k)=\alpha'(\sigma_k\circ\lambda_k)$. 由引理 28.11 知 $(\alpha\sigma_k)\lambda_k=(\alpha'\sigma_k)\lambda_k$，故 λ_k 是 $E_k=E\sigma_k$ 的一个合一，从而 D_k 中一定含有变元符号 x_k 与项 t_k，其中 x_k 不在 t_k 中出现，且 $(x_k)^{\lambda_k}=(t_k)^{\lambda_k}$. 故 $x_k\to(t_k)^{\lambda_k}\in\lambda_k$, $x_k\neq t_k$. 令：$\lambda_{k+1}=\lambda_k-\{x_k\to(t_k)^{\lambda_k}\}$. 由于 x_k 不在 t_k 中出现，故 $(t_k)^{\lambda_k}=(t_k)^{\lambda_{k+1}}\neq x_k$. 于是

$$\lambda_k=\{x_k\to(t_k)^{\lambda_k}\}\cup\lambda_{i+1}=\{x_k\to(t_k)^{\lambda_{k+1}}\}\cup\lambda_{i+1}=\{x_k\to t_k\}\circ\lambda_{i+1},$$

$$\theta=\sigma_k\circ\lambda_k=\sigma_k(\{x_k\to t_k\}\circ\lambda_{i+1})=(\sigma_k\{x_k\to t_k\})\lambda_{i+1}=\sigma_{k+1}\lambda_{k+1}.$$

归纳证完，(*)成立. ▌

推论 可合一的原子公式集必有 mgu.

由 Robinson 合一算法易见：此算法之前所列的两个原子公式不可合一的四种情形就是两个原子公式不可合一的所有情形.

28.4 一阶谓词公式的消解

有了前二节的准备，我们已能将命题演算的消解原理推广到一阶谓词演算中来. 28.2 节中，Herbrand 定理给出的算法的实质是：对无∃前束范式 α: $\forall x_1 x_2\cdots x_n\gamma(x_1, x_2, \cdots, x_n)$，将 $\gamma(x_1, x_2, \cdots, x_n)$ 中的 $x_1, x_2, \cdots, x_n$ 替换为 H_α 中的元素，得到全体例式构成的集合，再考察这个集合的有限子集的可满足性. 这种方法效率较低，要提高效率，自然的想法是：像在命题演算中那样，对 γ 直接进行消解. 先讨论当 γ 为子句形式的一阶公式时的消解，再讨论将一阶公式化为子句形式.

原子公式或原子公式的非称为文字；与命题情形类似，由文字构成的集合称为子句；没有文字的公式称为空子句，仍记为□；由子句构成的有穷集合称为子句集；一个文字的 l 的补文字 l^c 也类似定义.

本节中，若无特别说明，公式、文字、子句、子句集等皆指一阶谓词演算中的公式、文字、子句、子句集.

子句集 S 代表如下公式的全称闭式：$\wedge\{\vee C|C\in S\}$，称此全称闭式为 S 的公式，记为 α_S.

定义 28.12 设 C_1, C_2 是两个无公共变元符号的子句，$l_1\in C_1$, $l_2\in C_2$. 若 θ 是 l_1, l_2^c 的一个合一，则称

$$(C_1\theta-\{l_1\theta\})\cup(C_2\theta-\{l_2\theta\})$$

为 C_1, C_2 的一个**消解式**，记为 $\mathrm{Res}(C_1, C_2)$；此时也称 C_1, C_2 是可消解的；C_1, C_2 称为 $\mathrm{Res}(C_1, C_2)$ 的消解母句；l_1, l_2 称为 $\mathrm{Res}(C_1, C_2)$ 的**消解文字**；由 C_1, C_2 得到 $\mathrm{Res}(C_1, C_2)$ 的规则称为**消解规则**.

例如，设子句 C_1, C_2 分别为

$$\{F(f(x), g(y)), G(x,y)\}, \quad \{\neg F(f(f(a)), g(z)), G(f(a),g(z))\},$$

$$l_1=F(f(x), g(y))\in C_1, \ l_2=\neg F(f(f(a)), g(z))\in C_2,$$

则 l_1, l_2^c 是可合一的，它们的一个 mgu 为 $\{x\to f(a), y\to z\}$，则

$$\mathrm{Res}(C_1, C_2)=\{G(f(a), z), G(f(a), g(z))\}.$$

易见：若$(C_1\theta-\{l_1\theta\})\cup(C_2\theta-\{l_2\theta\})$，$\mu$是一个代换，则$(C_1\theta\mu-\{l_1\theta\mu\})\cup(C_2\theta\mu-\{l_2\theta\mu\})$也是$C_1$，$C_2$的一个消解式.

定义 28.13 设S是一个子句集，子句序列：C_1，C_2，…，C_n若满足对每个i $(1\leqslant i\leqslant n)$，$C_i\in S$或者$C_i$是它之前的某两个子句$C_j$，$C_k(1\leqslant j,k\leqslant n)$的消解结果，则称此序列为由$S$导出$C_n$的一个**消解序列**；又当$C_n=\square$时，称此序列为$S$的一个否证(refutation).

【例 28.7】 设子句集S由下列子句序列的前7个子句构成，下列子句序列是S的一个否证：

① $\{\neg P(x), Q(x), R(x, f(x))\}$,

② $\{\neg P(x), Q(x), S(f(x))\}$,

③ $\{T(a)\}$,

④ $\{P(a)\}$,

⑤ $\{\neg R(a, y), T(y)\}$,

⑥ $\{\neg T(x), \neg Q(x)\}$,

⑦ $\{\neg T(x), \neg S(x)\}$,

⑧ $\{\neg Q(a)\}$, $\{x\to a\}$③⑥

⑨ $\{Q(a), S(f(a))\}$, $\{x\to a\}$②④

⑩ $\{S(f(a))\}$, ⑧⑨

⑪ $\{Q(a), R(a, f(a))\}$, $\{x\to a\}$①④

⑫ $\{R(a, f(a))\}$, ⑧11

⑬ $\{T(F(a))\}$, $\{y\to f(a)\}$⑤13

⑭ $\{\neg S(f(a))\}$, $\{x\to f(a)\}$⑦13

⑮ $\square$.

子句后的标号指出了消解母句的标号即消解文字的 mgu.

下面讨论消解过程的可靠性与完全性.

定理 28.9 设C，C_1，C_2是子句.

(1) 若C是C_1，C_2的消解式，则$\alpha_{\{C_1, C_2\}}\vdash\alpha_{\{C\}}$；

(2) 若$C=\square$，则$\alpha_{\{C_1, C_2\}}$不可满足.

证明 (1) 设$C=(C_1\theta-\{l_1\theta\})\cup(C_2\theta-\{l_2\theta\})$，其中：$l_1\in C_1$，$l_2\in C_2$为消解文字，$\theta$为$l_1$，$l_2^c$的一个合一，则由($\forall-$)规则可得$\alpha_{C_1}\vdash\bigvee(C_1\theta)$，$\alpha_{C_2}\vdash\bigvee(C_2\theta)$. 从而，$\alpha_{C_1}\wedge\alpha_{C_2}\vdash(\bigvee(C_1\theta))\wedge(\bigvee(C_2\theta))$. 由于$C_1$，$C_2$中没有公共变元符号，故$\vdash\alpha_{\{C_1, C_2\}}\leftrightarrow\alpha_{C_1}\wedge\alpha_{C_2}$，从而$\alpha_{\{C_1, C_2\}}\vdash(\bigvee(C_1\theta))\wedge(\bigvee(C_2\theta))$. 记$C_1'=C_1\theta-\{l_1\theta\}$，$C_2'=C_2\theta-\{l_2\theta\}$. 由于$l_1\theta=l_2^c\theta=(l_2\theta)^c$，故$C_1\theta=C_1'\cup\{(l_2\theta)^c\}$，$C_2\theta=C_1'\cup\{l_2\theta\}$，从而，$\bigvee(C_1\theta)=(\bigvee C_1')\vee(l_2\theta)^c$，$\bigvee(C_2\theta)=(\bigvee C_2')\vee(l_2\theta)$. 由于$(p_1\vee q)\wedge(p_2\vee\neg q)\to(p_1\vee p_2)$为命题重言式，故$((\bigvee C_1')\vee(l_2\theta)^c)\wedge((\bigvee C_2')\vee(l_2\theta))\to((\bigvee C_1')\vee(\bigvee C_2'))$，即$(\bigvee(C_1\theta))\wedge(\bigvee(C_2\theta))\to((\bigvee C_1')\vee(\bigvee C_2'))$，从而$\alpha_{\{C_1, C_2\}}\vdash((\bigvee C_1')\vee(\bigvee C_2'))$，由于$C=C_1\cup C_2$，故$\alpha_{\{C_1, C_2\}}\vdash\bigvee C$，又由于$\alpha_{\{C_1, C_2\}}$是闭公式，故

$$\alpha_{\{C_1, C_2\}}\vdash\alpha_C.$$

(2) 由(1)立得. ▌

由归纳法易证下面定理:

定理 28.10(可靠性定理) 设 S 是一个子句集, C 是一个子句.

(1) 若 C 是 S 的消解结果, 则 $\alpha_S \vdash \alpha_{\{C\}}$;

(2) 若 S 有一个否证, 则 α_S 不可满足. ▌

为证明完全性定理, 先证下面所谓的"提升引理".

引理(提升引理) 设 C_1, C_2 是无公共变元的子句, C_1', C_2' 分别为 C_1, C_2 的代换实例, 若 C' 是 C_1', C_2' 的消解结果, 则存在 C_1, C_2 的消解结果 C, 使得 C' 是 C 的代换实例.

证明 设 C_1 中出现的所有变元为 $x_1, x_2, \cdots, x_n$, C_2 中出现的所有变元为 $y_1, y_2, \cdots, y_m$, 则 $\{x_1, x_2, \cdots, x_n\} \cap \{y_1, y_2, \cdots, y_m\} = \varnothing$. 设 $C' = (C_1'\gamma - \{l_1'\gamma\}) \cup (C_2'\gamma - \{l_2'\gamma\})$, 其中 $l_1' \in C_1'$, $l_2' \in C_2'$, γ 是 l_1', $(l_2')^c$ 的一个合一, 记 $l_1'\gamma = l_1''$, $l_2'\gamma = l_2''$, 则 $l_1'' = (l_2'')^c$. 因为 C_1', C_2' 是分别为 C_1, C_2 的代换实例, 故存在代换 θ_1, θ_2 使得 $C_1' = C_1\theta_1$, $C_2' = \theta_2$. 不妨设 θ_1 中被代换的变元都在 $x_1, x_2, \cdots, x_n$ 中, θ_2 中被代换的变元都在 $y_1, y_2, \cdots, y_m$ 中. 可令 $\theta = \theta_1 \cup \theta_2$, 则 $C_1' = C_1\gamma$, $C_2' = C_2\gamma$. 再令 $L_1 = \{l \in C_1 \mid l\theta_\gamma = l_1''\} \subseteq C_1$, $L_2 = \{l \in C_2 \mid l\theta\gamma = l_2''\} \subseteq C_2$, 即 $L_1(L_2)$ 为 $C_1(C_2)$ 中在 θ_γ 下所有可合一到 $l_1''(l_2'')$ 的文字作成的集合, 从而 θ_γ 是 $L_1 \cup L_2^c$ 的一个合一(其中 $L_2{}^c = \{l^c \mid l \in L_2)$. 由于 L_1, L_2 都可合一, 设 λ_1, λ_2 分别 L_1, L_2 为的 mgu, 不妨设 λ_1 中出现的变元符号(包括被代换的变元符号和代换项中出现的变元符号)都在 $x_1, x_2, \cdots, x_n$ 中, λ_2 中出现的变元都在 $y_1, y_2, \cdots, y_m$ 中, 令 $\lambda = \lambda_1 \cup \lambda_2$, 则 $L_1\lambda_1 = L_1\lambda$, $L_2\lambda_2 = L_2\lambda$. 注意到 $L_1 \neq \varnothing$, $L_2 \neq \varnothing$.

(1) 往证: 若 ρ 是 $L_1 \cup L_2^c$ 的合一, 则存在代换 δ 使得 $\rho = \lambda\delta$. 事实上, ρ 既是 L_1 的一个代换, 也是 L_2 的一个代换. 由于 $L_1 \subseteq C_1$, $L_2 \subseteq C_2$, 不妨设 ρ 的被代换变元都在 $x_1, x_2, \cdots, x_n$, $y_1, y_2, \cdots, y_m$ 中. 将 ρ 中被代换变元在 $x_1, x_2, \cdots, x_n$ 的所有元素构成的代换记为 ρ_1, 将 ρ 中被代换变元在 $y_1, y_2, \cdots, y_m$ 的所有元素构成的代换记为 ρ_2, 则 $\rho = \rho_1 \cup \rho_2$, 且 ρ_1 是 L_1 的一个合一, ρ_2 是 L_2 的一个合一, 从而存在代换 δ_1, δ_2 使得 $\rho_1 = \lambda_1\delta_1$, $\rho_2 = \lambda_2\delta_2$. 由于 ρ_1 中的被代换变元都在 $x_1, x_2, \cdots, x_n$ 中, 故 δ_1 中的被代换变元也都在 $x_1, x_2, \cdots, x_n$ 中; 同理, δ_2 中的被代换变元也都在 $y_1, y_2, \cdots, y_m$ 中, 令 $\delta = \delta_1 \cup \delta_2$. 不妨设:

$$\lambda_1 = \{x_1 \to t_1, x_2 \to t_2, \cdots, x_n \to t_n\},$$

$$\lambda_2 = \{y_1 \to s_1, y_2 \to s_2, \cdots, y_m \to s_m\}.$$

其中 t_i 中出现的变元符号都在 $x_1, x_2, \cdots, x_n$ 中 $(1 \leqslant i \leqslant n)$, s_j 中出现的变元符号都在 $y_1, y_2, \cdots, y_m$ 中 $(1 \leqslant j \leqslant m)$. 则:

$$\begin{aligned}
\lambda \circ \delta = {} & (\lambda_1 \cup \lambda_2) \circ \delta \\
= {} & \{x_i \to t_i^\delta \mid x_i \neq t_i^\delta, 1 \leqslant i \leqslant n\} \cup \{y_j \to s_j^\delta \mid y_j \neq s_j^\delta, 1 \leqslant j \leqslant m\} \cup \\
& \{z \to u \in \delta \mid z \neq x_i, z \neq y_j, 1 \leqslant i \leqslant n, 1 \leqslant j \leqslant m\} \\
= {} & \{x_i \to t_i^{\delta_1} \mid x_i \neq t_i^{\delta_1}, 1 \leqslant i \leqslant n\} \cup \{y_j \to s_j^{\delta_2} \mid y_j \neq s_j^{\delta_2}, 1 \leqslant j \leqslant m\} \cup \\
& \{z \to u \in \delta \mid z \neq x_i, z \neq y_j, 1 \leqslant i \leqslant n, 1 \leqslant j \leqslant m\} \\
= {} & \{x_i \to t_i^{\delta_1} \mid x_i \neq t_i^{\delta_1}, 1 \leqslant i \leqslant n\} \cup \{y_j \to s_j^{\delta_2} \mid y_j \neq s_j^{\delta_2}, 1 \leqslant j \leqslant m\} \cup \\
& \{z \to u \in \delta_1 \mid z \neq x_i, z \neq y_j, 1 \leqslant i \leqslant n, 1 \leqslant j \leqslant m\} \\
& \{z \to u \in \delta_2 \mid z \neq x_i, z \neq y_j, 1 \leqslant i \leqslant n, 1 \leqslant j \leqslant m\} \\
= {} & \{x_i \to t_i^{\delta_1} \mid x_i \neq t_i^{\delta_1}, 1 \leqslant i \leqslant n\} \cup \{y_j \to s_j^{\delta_2} \mid y_j \neq s_j^{\delta_2}, 1 \leqslant j \leqslant m\} \cup \\
& \{z \to u \in \delta_1 \mid z \neq x_i, 1 \leqslant i \leqslant n\} \cup \{z \to u \in \delta_2 \mid z \neq y_j, 1 \leqslant j \leqslant m\}
\end{aligned}$$

$=\{x_i\to t_i^{\delta_1} \mid x_i\neq t_i^{\delta_1},\ 1\leqslant i\leqslant n\}\cup\{z\to u\in\delta_1 \mid z\neq x_i,\ 1\leqslant i\leqslant n\}\cup$

$\{y_j\to s_j^{\delta_2} \mid y_j\neq s_j^{\delta_2},\ 1\leqslant j\leqslant m\}\cup\{z\to u\in\delta_2 \mid z\neq y_j,\ 1\leqslant j\leqslant m\}$

$=(\lambda_1\circ\delta_1)\cup(\lambda_2\circ\delta_2)=\rho_1\circ\rho_2=\rho.$

(2) 任取定 $l_1\in L_1$, $l_2\ L_2$, 往证: $l_1\lambda$ 与$(l_2^c)\lambda$ 可合一. 事实上,θ_γ 是 $L_1\cup L_2^c$ 的合一,由(1)知:存在代换 δ 使得 $\theta_\gamma=\lambda\delta$. 从而,$(L_1\lambda)\delta=L_1(\lambda\delta)=L_1(\theta_\gamma)=(L_2^c)(\theta_\gamma)=(L_2^c)(\lambda\delta)=((L_2^c)\lambda)\delta$, 即$\{l_1\lambda\}\delta=\{(l_2^c)\lambda\}\delta$, 从而 δ 是 $l_1\lambda$ 与$(l_2^c)\lambda$ 的一个合一.

(3) 设 σ 是 $l_1\lambda$ 与$(l_2^c)\lambda$ 的一个 mgu. 令:

$$C=(C_1(\lambda\sigma)-\{l_1(\lambda\sigma)\})\cup(C_2(\lambda\sigma)-\{l_2(\lambda\sigma)\}).$$

易见 $\lambda\sigma$ 是 l_1, l_2^c 的一个合一,故 C 是 C_1, C_2 的一个消解式.

(4) 往证: $\lambda\sigma$ 是 $L_1\cup L_2^c$ 的一个 mgu. 事实上,$\lambda\sigma$ 显然是 $L_1\cup L_2^c$ 的一个合一. 又设 ρ 是 $L_1\cup L_2^c$的一个合一,则由(1)知:存在代换 δ 使得 $\rho=\lambda\delta$,从而$(L_1\cup L_2^c)\rho=((L_1\cup L_2^c)\lambda)\delta$, 故 δ 是$(L_1\cup L_2^c)\lambda$ 的一个合一,而$(L_1\cup L_2^c)\lambda=\{l_1\lambda,\ (l_2^c)\lambda\}$, 即 δ 是$\{l_1\lambda,\ (l_2^c)\lambda\}$的一个合一,故存在代换 ξ 使得 $\delta=\sigma\xi$, 从而 $\rho=\lambda\delta=(\lambda\sigma)\xi$,所以,$\lambda\sigma$ 是 $L_1\cup L_2^c$ 的一个 mgu.

(5) 往证: C'是 C 的一个代换实例. 事实上,由于 θ_γ 是 $L_1\cup L_2^c$ 的一个合一,由(4)知:存在代换 η 使得$\delta_\gamma=(\lambda\sigma)\eta$. 由于 C_1 中在 θ_γ 下与 l_1 可合一的所有文字作成的集合为 L_1,从而 C_1 中在 $\lambda\sigma$ 下与 l_1 可合一的所有文字作成的集合也为 L_1;同理,C_2 中在 $\lambda\sigma$ 下与 l_2 可合一的所有文字作成的集合为 L_2,故

$$\begin{aligned}C'&=(C_1\theta_\gamma-\{l_1\theta_\gamma\})\cup(C_2\theta_\gamma-\{l_2\theta_\gamma\})\\&=((C_1-L_1)\theta_\gamma)\cup((C_2-L_2)\theta_\gamma)\\&=((C_1-L_1)(\lambda\sigma)\eta)\cup((C_2-L_2)(\lambda\sigma)\eta)\\&=(C_1\lambda\sigma-L_1\lambda\sigma)\eta\cup(C_2\lambda\sigma-L_2\lambda\sigma)\eta\\&=(C_1\lambda\sigma-\{l_1\lambda\sigma\})\eta\cup(C_2\lambda\sigma-\{l_2\lambda\sigma\})\eta\\&=((C_1\lambda\sigma-\{l_1\lambda\sigma\})\cup(C_2\lambda\sigma-\{l_2\lambda\sigma\}))\eta\\&=C\eta.\end{aligned}$$

证毕. ▌

定理 28.11(完全性定理) 设 S 是一个子句,其中任意两个子句无公共变元,若 α_S 是不可满足的,则 S 有否证.

证明 设 $S=\{C_1,\ C_2,\ \cdots,\ C_n\}$,记 $\alpha=\bigwedge_{i=1}^{n}(\vee C_i)$,则 α_S 是 α 的全称闭式. 由于 α_S 不可满足,由 Herbrand 定理知:存在 α 的有限多个例式 $\alpha_1,\ \alpha_2,\ \cdots,\ \alpha_m$ 使得 $\bigwedge_{j=1}^{m}\alpha_j$ 是不可满足的,设 $\alpha_j=\alpha\theta_j$,其中 θ_j 是代换$(1\leqslant j\leqslant m)$.

令 $S'=\bigcup_{j=1}^{m}S\theta_j$,由于

$$\bigwedge_{j=1}^{m}\alpha_j=\bigwedge_{j=1}^{m}(\bigwedge_{i=1}^{n}(\vee C_i))\theta_j=\bigwedge_{j=1}^{m}(\bigwedge_{i=1}^{n}(\vee(C_i\theta_j))),$$

注意到:由于每个 $\alpha_j(1<j<m)$都是闭公式,故每个 $C_i\theta_j(1<i\leqslant n,\ 1\leqslant j\leqslant m)$也都是闭子句,故将 S'中的原子公式看作命题变元时,S'是不可满足的. 由定理 28.4 知 S'有否证,设为 $D_1,\ D_2,\ \cdots,\ D_k$,其中 $D_k=\square$.

下面构造子句序列 $E_1,\ E_2,\ \cdots,\ E_k$,使之满足如下条件:

(1) $E_1,\ E_2,\ \cdots,\ E_k$ 是 S 的一个消解过程;

(2) 任意两个不同的 E_i, $E_j(1\leqslant i\neq j\leqslant k)$中无公共变元;

(3) 每个 $i\ (1\leqslant i\leqslant k)$, D_i 是 E_i 的一个代换实例.

归纳构造如下:

(1) 由于 $D_1, D_2\in S'$, 故存在 $i_1, i_2, j_1, j_2(1\leqslant i_1, i_2\leqslant n, 1\leqslant j_1, j_2\leqslant m)$使得 $D_1=C_{i_1}\theta_{j_1}$, $D_2=C_{i_2}\theta_{j_2}$, 令 $E_1=C_{i_1}$, $E_2=C_{i_2}$.

(2) 设 $E_1, E_2, \cdots, E_l(1\leqslant l<k)$已构造好,如下构造 E_{l+1}:

① 当 D_{l+1}是某两个 D_i, $D_j(1<i, j<l)$的消解式时,由归纳假设知 D_i, D_j 是 E_i, E_j 的代换实例. 由提升引理知存在 E_i, E_j 的消解式 E'_{l+1}使得 D_{l+1}是 E'_{l+1}的代换实例. 若 E'_{l+1}与 $E_1, E_2, \cdots, E_l$ 有公共变元,将其全部换为不在 $E_1, E_2, \cdots, E_l, E'_{l+1}$ 中出现的变元符号,记所得的子句为 E_{l+1},则 E_{l+1}也为 E_i, E_j 的消解式(事实上,$E_{l+1}=E'_{l+1}\theta$,其中 θ 是一个代换,其代换项中的变元不在 E'_{l+1} 中出现,故若 $E'_{l+1}=(E_i\sigma-\{l_i\}\sigma)\cup(E_j\sigma-\{l_j\}\sigma)$,则

$$E_{l+1}=(E_i\sigma\theta-\{l_i\sigma\theta\})\cup(E_j\sigma\theta-\{l_j\sigma\theta\})).$$

② 当 $D_{l+1}\in S'$时,设 $D_{l+1}=C_{i_{l+1}}\theta_{i_{l+1}}\ (1\leqslant i_{l+1}\leqslant n,\ 1\leqslant j_{l+1}\leqslant m)$,令 $E_{l+1}=C_{i_{l+1}}$,同时检查 E_{l+1}是否与 $E_1, E_2, \cdots, E_l$ 有公共变元,若有,则对 $E_1, E_2, \cdots, E_l$ 中那些不在 S 中的 E_i 进行变元改名代换,使之不与 E_{l+1}有公共变元.

归纳构造完成.

因为 D_k 是 E_k 的代换实例,而 $D_k=\square$,故 $E_k=\square$,从而 $E_1, E_2, \cdots, E_k$ 是 S 的一个否证. ∎

注 消解的完全性定理给出了寻找不可满足的子句集的否证的一种方法,但在消解算法中并不是按这种方法(利用提升引理)来寻找否证的.

以上讨论了子句形式的公式的消解,下面讨论怎样将公式化为与之等价的子句形式的公式. 在 28.2 节中我们讨论了怎样将公式化为与之等价的无∃前束范式.

对于无∃前束范式 β:

$$\forall x_1\,\forall x_2\cdots\forall x_n\gamma. \qquad (*)$$

若(*)中的 γ 还是由原子公式及其非构成的合取范式,则称 β 为一个 Skolem 范式①.

任一公式 α 都等价于一个无∃前束范式(*),(*)中的 γ 等价于一个由原子公式及其非构成的合取范式,从而 α 都等价于一个 Skolem 范式,称这个 Skolem 范式为 α 的一个 Skolem 范式.

对于 Skolem 范式 α:

$$\forall x_1\ x_2\cdots x_n(\alpha_1\wedge\alpha_2\wedge\cdots\wedge\alpha_m).$$

构造子句集 S 如下:$S=\{C_1, C_2, \cdots, C_m\}$,其中 C_i 是 α_i 的析取项作成的集合,称 S 为 α 的子句集. 易见 $\alpha_S=\alpha$.

由于 $\vdash\forall x\ (C_1\wedge C_2\wedge\cdots C_k)\leftrightarrow(\forall x\,C_1)\wedge(\forall x\,C_2)\wedge\cdots\wedge(\forall x\,C_k)$

$\vdash(\forall x\,C_1)\wedge(\forall x\,C_2)\wedge\cdots\wedge(\forall x\,C_k)\leftrightarrow$

$(\forall x_1\,C_1(x/x_1))\wedge(\forall x_2\,C_2(x/x_2))\wedge\cdots\wedge(\forall x_k\,C_k(x/x_k))$,

故将$\{C_1, C_2, \cdots, C_m\}$中出现的变元符号进行改名使得任意不同的 C_i, $C_j(1\leqslant i\neq j\leqslant n)$中不

① 还有另外形式的公式也称为 Skolem 范式.

含有公共变元，这样得到的子句 S' 满足 $\alpha_S \leftrightarrow \alpha_{S'}$.

由以上讨论，我们给出判断一阶谓词演算公式是否为永真式的如下消解算法：

开始

步骤 1 对输入公式 α，求 α 的全称闭式 β.

步骤 2 求 $\neg\beta$ 的 Skolem 范式 $\forall x_1 x_2 \cdots x_n (\alpha_1 \wedge \alpha_2 \wedge \cdots \wedge \alpha_m)$.

步骤 3 构造子句集 $S' = \{C_1', C_2', \cdots, C_m'\}$，其中 C_i' 是 α_i 的析取项作成的集合($1 \leqslant i \leqslant m$).

步骤 4 对 S' 中的变元符号进行换名，使其中任意两个子句无公共变元，得到的子句集记为 $S = \{C_1, C_2, \cdots, C_m\}$.

步骤 5 令 $S_0 = S$.

步骤 6 用 Robinson 合一算法求 S_0 中可消解的子句对及消解文字的 mgu.

步骤 7 对 S_0 及其中每对可以消解的子句 C_1, C_2，做如下循环：

(1) 令 $C = \mathrm{Res}(C_1, C_2)$.

(2) 若 $C = \square$，则停机，输出“是”；否则，令 $S_0 = S_0 \cup \{C\}$.

(3) 若对 S_0 中所有可以消解的 C_1, C_2 都有 $S_0 = S_0 \cup \{C\}$，则停机，输出“不是”，否则，转步骤 7.

结束

【例 28.8】 设 $\alpha = \forall xyzw\,(F(x, f(x)) \wedge G(y, g(y)) \wedge (\neg F(a, z) \vee \neg G(z, w)))$，则 α 对应的子句集 S 由下列子句序列的前三个组成，且下面的子句序列是 S 的一个否证：

① $F(x, f(x))$,

② $G(y, g(y))$,

③ $\neg F((a, z), \neg G(z, w))$,

④ $\neg G(f(a), w)$, $\{x \to a, z \to f(a)\}$ ①③

⑤ $\square$. $\{y \to f(a), w \to g(f(a))\}$ ②④

故 $\neg\alpha$ 是永真式.

消解算法比上节直接基于 Herbrand 定理的算法效率要高，但消解算法仍有缺点，因为在步骤 7 的循环中会产生大量多余的例式，对消解算法的改进可参考有关文献，如[10].

习题二十八

1. 证明下列子句集 S 是可满足的：

$$\{p \vee \neg q,\ \neg p \vee q,\ q \vee \neg r,\ \neg q \vee \neg r\}.$$

2. 令 $S = \{F(f(x), G(g(f(x), b), a))\}$.

(1) 求 H_0, H_1 和 H_2.

(2) 求 S 中子句在 H_1 上的实例.

3. 下列子句集 S 是否是不可满足的? 请说明理由.

(1) $S = \{\neg F(x) \vee F(f(x)), F(c)\}$.

(2) $S = \{\neg F(x), F(f(x))\}$.

4. 用消解原理证明子句集 $S = \{p \vee q, \neg q \vee r, \neg p \vee q, \neg r\}$ 是不可满足的.

5. 下列子句集是否可满足？若是可满足的，请给出解释，若不是可满足的，请给出它们的不可满足的基子句集.

(1) $\{F(x, c, g(x, d)), \neg F(f(y), z, g(f(d), d))\}$.

(2) $\{F(x), G(x, f(x)) \vee \neg F(x), \neg H(g(y), z)\}$.

6. 设代换 $\theta_1 = \{x \to a, y \to f(z), z \to y\}$，$\theta_2 = \{x \to b, y \to z, z \to g(x)\}$. 求 $\theta_1 \circ \theta_2$，$\theta_2 \circ \theta_1$.

7. 设子句集 S 由下列子句组成：

(1) $M(a, f(c), f(b))$,

(2) $F(a)$,

(3) $M(x, x, f(x))$,

(4) $\neg M(x, y, z) \vee M(y, x, z)$,

(5) $\neg M(x, y, z) \vee D(x, z)$,

(6) $\neg F(x) \vee \neg M(y, z, u) \vee \neg D(x, u) \vee D(x, y) \vee D(x, z)$,

(7) $\neg D(a, b)$.

证明 S 是不可满足的.

8. 设子句集 S 由下列子句组成：

(1) $\neg E(x) \vee V(x) \vee W(x, f(x))$,

(2) $\neg E(x) \vee V(x) \vee C(f(x))$,

(3) $F(a)$,

(4) $E(a)$,

(5) $\neg W(a, y) \vee F(y)$,

(6) $\neg F(x) \vee \neg V(x)$,

(7) $\neg F(x) \vee \neg C(x)$.

证明 S 是不可满足的.

第二十九章　直觉主义逻辑

通常将第二十六、二十七章中所建立的(命题、一阶谓词)逻辑系统称为古典(命题、一阶谓词)逻辑，在本章中，我们将讨论一种所谓的非古典逻辑. 非古典逻辑形式很多，但大体上可分为如下两类：第一类是与古典逻辑平行的逻辑，但由于观点(语义定义)不同从而引起逻辑公理、规则不同，这样的逻辑系统大多与古典逻辑使用相同的语言，但它们的内定理集合并不相同. 这种逻辑系统包括直觉主义逻辑、多值逻辑等；第二类是对古典逻辑作了扩充的逻辑，对古典逻辑进行扩充又可分为两种方式：一是增加各种特殊量词和联结词，如增加模态词的模态逻辑，增加量词"有可数无穷多个"的可数量词逻辑等；二是增加公式的构成方式，如允许无穷多个公式的析取、合取还是一个公式的无穷长逻辑，增加高阶变元的高阶逻辑等，当然也有同时以这两种方式对古典逻辑进行扩充的逻辑. 这些古典逻辑的扩充逻辑一般都承认所有古典逻辑的内定理，因而比古典逻辑有更强的表达能力，使得那些难以用古典逻辑语言表达的定理推导变得可能或容易了. 当然，非古典逻辑的这种划分方式并不是很精确、完整的，并不排除一种逻辑同属几个类别的可能，这里我们只是为学习众多的非古典逻辑提供一个大体的指南.

非古典逻辑已渗透到计算机科学的许多领域，尤其是与程序规范说明、程序验证有关的领域，如用模态逻辑来描述和证明程序性质，用时态逻辑来描述并发程序规范说明，直觉主义逻辑中的Martin-Lö类型论为程序规范说明、程序构造和程序验证提供了一整套完整的理论.

我们首先介绍直觉主义逻辑的基本知识.

29.1　直觉主义逻辑的直观介绍

直觉主义逻辑又称为构造性逻辑，它是在构造性推理中所使用的逻辑. 所谓的构造性推理是指：在进行证明时必须是构造性证明. 这点可通过对存在性命题的证明清楚地看出，例如，要证明命题：

"存在一个奇素数".　　　　(*)

在古典的推理中，只要证明奇素数的存在性即可证明这个命题；而在构造性证明中，必须找出(构造出)一个既是奇数又是素数的自然数，即明确指出哪个自然数既是奇数又是素数，这样才能证明这个命题成立. 例如，若证明了"3是一个奇素数"，则证明了"存在一个奇素数". 下面的证明不是构造性证明，只是一个一般性证明：

> 若不存在奇素数，则所有的素数皆是偶数. 又因为每个>1的素数都可分解为素数的乘积，从而每个>1的自然数都是偶数，矛盾.

在这个证明中，没有构造出一个奇素数，而只是证明了"$\neg$(存在奇素数)"不成立，所以直觉主义逻辑认为由"$\neg\alpha$不真"不能推出"α真"，即$\alpha\vee\neg\alpha$不一定必真，不接受排中律是直觉主义逻辑的一个基本立场.

再考察关于自然数n的如下命题：

$$\forall n\ (1+2+\cdots+n=\frac{1}{2}n(n+1)).\qquad (**)$$

在古典逻辑中此命题容易由归纳法证明. 但直觉主义逻辑不承认无限归纳法证明,认为无限归纳法永远是在构造中,而没有构造结束的时候. 所以,直觉主义逻辑的又一基本立场是不承认无穷集合的存在性. 如下的证明是命题(**)的一个构造性证明:

对任意的自然数 n.

(1) 当 n 是偶数时,设 $n=2m$,则

$$\begin{aligned}
&1+2+\cdots+n\\
&=\overbrace{(1+n)+(2+(n-1))+\cdots+(m+(m+1))}^{m\text{个项的和}}\\
&=(n+1)+(n+1)+\cdots+(2m+1)\\
&=(n+1)+(n+1)+\cdots+(n+1)\\
&=m(n+1)=\frac{1}{2}n(n+1).
\end{aligned}$$

(2) 当 n 是奇数时,设 $n=2m+1$,则

$$\begin{aligned}
&1+2+\cdots+n\\
&=\underbrace{(1+n)+(2+(n-1))+\cdots+((m-1)+(m+2))}_{m\text{个项的和}}+(m+1)\\
&=m(n+1)+(m+1)=mn+2m+1\\
&=mn+n=(m+1)n=\frac{1}{2}n(n+1).
\end{aligned}$$

构造性证明对计算机科学很有用,因为计算机所做的工作都是构造性的,因而有人认为直觉主义逻辑比古典逻辑、古典数学更适合于作为计算机科学的框架.

对直觉主义的哲学基础及直觉主义数学的详细介绍可参见[21].

以上简单地说明了直觉主义的证明观——构造性证明,直觉主义逻辑对命题的解释就是以这种证明为基础的,下面简要地说明这种直觉主义的解释.

古典逻辑认为命题都有真假值,命题的解释就是由它的真假值提供的. 而直觉主义逻辑则认为:每个命题都是断言某种性质的可构造性,证明一个命题就是要实现它所断言的构造,即实际给出这种构造,换句话说,命题的证明就是这个命题所断言的可实现的构造. 所以,直觉主义逻辑对命题的解释是断言满足一定条件的构造是可实现的,或等价地说,满足一定条件的构造是该命题的一个证明. 例如对本节一开始提出的命题(*):"存在一个奇素数",直觉主义逻辑认为它的含义是断言"可构造出自然数 n,使得 n 既是奇数又是偶数",或者等价地说,它的一个证明就是这样一个构造:构造出自然数 n,使得(构造性证明) n 既是奇数又是偶数.

由以上分析也可看出古典逻辑与直觉主义逻辑对命题解释(对命题所持的观点)的差别:古典逻辑认为命题所作的断言与对此断言进行证明是两回事,是可以分开的,而直觉主义逻辑认为它们是一回事,是不可分开的.

关于联结词与量词的直觉主义含义参见表 29.1,表后对此表作了较详细的解释.

由以上讨论知,要指明命题的含义(解释),只要指明该命题断言什么样的构造是可实现的即可,或等价地,指明什么样的构造构成该命题的证明即可,上表右栏的各项指明了构成左栏中相应公式的证明的构造,具体地说:

表 29.1

命题	含　　义
$\alpha\wedge\beta$	α 的证明与 β 的证明
$\alpha\vee\beta$	α 的证明或 β 的证明
$\alpha\to\beta$	将 α 的证明转换为 β 的证明的构造
$\alpha\leftrightarrow\beta$	$(\alpha\to\beta)\wedge(\beta\to\alpha)$的证明
$\neg\alpha$	$\alpha\to\perp$的证明，其中$\perp$是某个错误的命题
$\forall x\alpha$	对每个个体 c，得到 $\alpha(c)$的证明的构造
$\exists x\alpha$	个体 c 的构造及构成 $\alpha(c)$的证明的构造

(1) 构成 $\alpha\wedge\beta$ 的证明的构造由两部分构成，第一部分是 α 的证明，第二部分是 β 的证明；

(2) $\alpha\vee\beta$ 的证明的构造是 α 的证明的构造或 β 的证明的构造；

(3) 构成 $\alpha\to\beta$ 的证明是如下的构造：将它作用于 α 的证明时产生 β 的证明；

(4) $\alpha\leftrightarrow\beta$ 的证明的构造由证明 $\alpha\to\beta$ 的构造与证明 $\beta\to\alpha$ 的构造两部分构成；

(5) $\neg\alpha$ 的证明必须是证明"α 是不可证的"构造，也就是说，$\neg\alpha$ 的证明应是这样的一个构造：当它作用于任何证明时产生的不是 α 的证明，从而，当它作用于 α 的证明时产生错误的证明，所以 $\neg\alpha$ 的证明是 $\alpha\to\perp$ 的证明，其中 $\perp$ 表示一个错误的命题；

(6) 构成 $\forall x\alpha$ 证明的是这样的一个构造：此构造作用于任意的个体 c 时，产生 α 的证明；

(7) $\exists x\alpha$ 的证明的构造由两部分组成，第一部分是某个个体 c 的构造，第二部分是如下的构造：它作用于 c 时产生 α 的一个证明. 由此说明可看出："$\exists x$"的意思不仅仅是"存在一个个体 x"，而是"我们能构造出个体 x".

现在我们来看看"$\beta\vee\neg\beta$"是否一定是构造性可证的. 如果是，则 β 与 $\neg\beta$ 中必有一个是构造性可证的，假设 β 不是构造性可证的，则任何构造都不是 β 的证明，但这并不能说就得到了 $\neg\beta$ 的**构造性证明**，因为 $\neg\beta$ 的证明不仅仅是"$\neg\beta$ 不可证"的结论，而是一个构造，所以排中律在直觉主义解释下不成立.

以上将公式解释为"构造性证明"只是一个直观介绍，不是精确定义，因为我们还没有说明什么是"构造"，什么是"个体"，什么是"构造作用于证明"，等等. 我们希望这样的直观介绍能为以后几节的语法、语义定义提供背景以便很好地理解它们.

29.2　直觉主义的一阶谓词演算的自然推演形式系统

本节中，我们以古典逻辑的自然推演形式系统为基础建立直觉主义逻辑的"自然推演"形式系统，我们将着重讨论它们之间的联系与差别. 为节省篇幅，我们直接讨论直觉主义逻辑的一阶谓词演算，省略对直觉主义逻辑的命题演算的讨论.

直觉主义逻辑与古典逻辑使用相同的语言，但推理规则有所不同.

设 $\mathscr{L}$ 是一个一阶语言，$\mathscr{L}$ 上的直觉主义一阶谓词演算形式系统 $IN_{\mathscr{L}}$ 的构成如下：

$IN_{\mathscr{L}}$的形式语言为 $\mathscr{L}$.

$IN_{\mathscr{L}}$的公理集仍为空集.

$IN_{\mathscr{L}}$的形式规则是在 $N_{\mathscr{L}}$的形式规则中将($\neg -$)换为如下两条规则构成：

(¬+)　若 $\Gamma, \alpha \vdash \beta, \Gamma, \alpha \vdash \neg\beta$, 则 $\Gamma \vdash \neg\alpha$;

(¬)　若 $\Gamma \vdash \alpha, \Gamma \vdash \neg\alpha$, 则 $\Gamma \vdash \beta$.

其中 Γ 是 $\mathscr{L}$ 中的有限公式集,α,β 是 $\mathscr{L}$ 中的公式.

注　$IN_{\mathscr{L}}$的 16 条规则中,除关于量词的 4 条规则(∃+),(∃−),(∀+),(∀−)外,其余的 12 条规则构成直觉主义逻辑命题演算的自然推演形式系统 IN 的推演规则. 当然,IN 使用的形式语言与 N 的形式语言相同.

本节中,如无特别说明,Γ,Σ 均指 $\mathscr{L}$ 中的有限公式集,α,β,γ 均指 $\mathscr{L}$ 中的公式.

$IN_{\mathscr{L}}$中的证明序列、形式推论、内定理、和谐公式集合等概念与 $N_{\mathscr{L}}$中相应概念类似定义. 为简单起见,将 $\Gamma \vdash_{IN_{\mathscr{L}}} \beta$ 记为 $\Gamma \vdash_C \beta$,在不引起混淆时也记为 $\Gamma \vdash \beta$.

在 $IN_{\mathscr{L}}$中仍然使用诸如 $\Gamma \vdash_C \beta_1, \beta_2, \cdots, \beta_n$, $\dashv\vdash_C$ 等记号,其含义也与 $N_{\mathscr{L}}$中相应记号类似,不再赘述.

由于 $IN_{\mathscr{L}}$中的每个形式规则都在 $N_{\mathscr{L}}$中成立,故有:

定理 29.1　若 $\Gamma \vdash_C \beta$,则 $\Gamma \vdash_{N_{\mathscr{L}}} \beta$.

但定理 29.1 的逆不成立. 为讨论 $IN_{\mathscr{L}}$与 $N_{\mathscr{L}}$中形式定理的异同,下面建立 $IN_{\mathscr{L}}$中的一些形式推演.

定理 29.2　若 $\Gamma \vdash_C \beta_1, \beta_2, \cdots, \beta_n$,且 $\{\beta_1, \beta_2, \cdots, \beta_n\} \vdash_C \beta$,则 $\Gamma \vdash_C \beta$.

定理 29.2 仍记为(Tr).

定理 29.3　若 $\beta_1 \to \beta_2 \vdash_C \beta_3 \to \beta_4$,且 $\beta_1 \vdash_C \beta_2$,则 $\beta_3 \vdash_C \beta_4$.

【例 29.1】　证明:

(1) $\alpha \to \beta \vdash_C \neg\beta \to \neg\alpha$,　　(反方向不成立)

(2) $\alpha \to \beta \vdash_C \neg\neg\beta \to \neg\neg\alpha$,　　(反方向不成立)

(3) $\alpha \to \neg\beta \vdash_C \beta \to \neg\alpha$.　　($\neg\alpha \to \beta \vdash_C \neg\beta \to \alpha$ 不成立)

证明

(1) ① $\alpha \to \beta, \neg\beta, \alpha \vdash_C \alpha$,　　(∈)

② $\alpha \to \beta, \neg\beta, \alpha \vdash_C \alpha \to \beta$,　　(∈)

③ $\alpha \to \beta, \neg\beta, \alpha \vdash_C \beta$,　　(→−)

④ $\alpha \to \beta, \neg\beta, \alpha \vdash_C \neg\beta$,　　(∈)

⑤ $\alpha \to \beta, \neg\beta \vdash_C \neg\alpha$,　　(¬+)

⑥ $\alpha \to \beta \vdash_C \neg\beta \to \neg\alpha$,　　(→+)

(2) ① $\alpha \to \beta \vdash_C \neg\beta \to \neg\alpha$,　　①

② $\neg\beta \to \neg\alpha \vdash_C \neg\neg\alpha \to \neg\neg\beta$,　　①

③ $\alpha \to \beta \vdash_C \neg\neg\alpha \to \neg\neg\beta$.　　(Tr)

(3) 类似(1)可证.　　▌

定理 29.4　(1) 若 $\alpha \vdash \beta$,则 $\neg\beta \vdash_C \neg\alpha$,且 $\neg\neg\alpha \vdash_C \neg\neg\beta$.

(2) 若 $\alpha \vdash_C \neg\beta$,则 $\beta \vdash_c \neg\alpha$.

【例 29.2】　证明:

(1) $\alpha \vdash_C \neg\neg\alpha$,　　(反方向不成立)

(2) $\varnothing \vdash_C \neg\neg(\neg\neg\alpha \to \alpha)$.

证明

(1) 类似例 27.12 之(3)可证.

(2) ① $\neg\alpha, \neg\neg\alpha \vdash_C \neg\alpha$, (∈)

② $\neg\alpha, \neg\neg\alpha \vdash_C \neg\neg\alpha$, (∈)

③ $\neg\alpha, \neg\neg\alpha \vdash_C \alpha$, (¬)

④ $\neg\alpha \vdash_C \neg\neg\alpha \to \alpha$, (→+)

⑤ $\neg(\neg\neg\alpha \to \alpha) \vdash_C \neg\neg\alpha$, (定理 29.4)

⑥ $\alpha, \neg\neg\alpha \vdash_C \alpha$, (∈)

⑦ $\alpha \vdash_C \neg\neg\alpha \to \alpha$, (→+)

⑧ $\neg(\neg\neg\alpha \to \alpha) \vdash_C \neg\alpha$, (类似⑤)

⑨ $\varnothing \vdash_C \neg\neg(\neg\neg\alpha \to \alpha)$. (¬+) ⑥⑨

▌

【例 29.3】 证明:

(1) $\varnothing \vdash_C \neg\neg(\alpha \vee \neg\alpha)$, ($\varnothing \vdash_C \alpha \vee \neg\alpha$ 不成立)

(2) $\alpha \vee \beta \vdash_C \neg\alpha \to \beta$, (反方向不成立)

(3) $\alpha \vee \beta \vdash_C \neg(\neg\alpha \wedge \neg\beta)$, (反方向不成立)

(4) $\neg(\alpha \vee \beta) \models\!\dashv_C \neg\alpha \wedge \neg\beta$,

(5) $\neg\alpha \vee \neg\beta \vdash_C \neg(\alpha \wedge \beta)$, (反方向不成立)

(6) $\neg\alpha \vee \beta \vdash_C \alpha \to \beta$. (反方向不成立)

证明

(1) ① $\alpha \vdash_C \alpha$, (∈)

② $\alpha \vdash_C \alpha \vee \neg\alpha$, (∨+)

③ $\neg(\alpha \vee \neg\alpha) \vdash_C \neg\alpha$, (定理 29.4)

④ $\neg\alpha \vdash_C \alpha \vee \neg\alpha$, (∨+)

⑤ $\neg(\alpha \vee \neg\alpha) \vdash_C \neg\neg\alpha$, (定理 29.4)

⑥ $\varnothing \vdash_C \neg\neg(\alpha \vee \neg\alpha)$. (¬+)③⑥

(2) ① $\alpha, \neg\alpha \vdash_C \alpha$, (∈)

② $\alpha, \neg\alpha \vdash_C \neg\alpha$, (∈)

③ $\alpha, \neg\alpha \vdash_C \beta$, (¬)

④ $\alpha \vdash_C \neg\alpha \to \beta$, (→+)

⑤ $\beta, \neg\alpha \vdash_C \beta$, (¬)

⑥ $\beta \vdash_C \neg\alpha \to \beta$, (→+)

⑦ $\alpha \vee \beta \vdash_C \neg\alpha \to \beta$. (∨+)

(3) ① $\alpha \vee \beta \vdash_C \neg\alpha \to \beta$, ②

② $\alpha \vee \beta, \neg\alpha \wedge \neg\beta \vdash_C \neg\alpha \to \beta$, (+)

③ $\alpha \vee \beta, \neg\alpha \wedge \neg\beta \vdash_C \neg\alpha \wedge \neg\beta$, (∈)

④ $\alpha \vee \beta, \neg\alpha \wedge \neg\beta \vdash_C \neg\beta$, (∧−)

⑤ $\alpha \vee \beta, \neg\alpha \wedge \neg\beta \vdash_C \neg\alpha$, (∧−)

⑥ $\alpha \vee \beta, \neg\alpha \wedge \neg\beta \vdash_C \beta$, (→−) ②⑤

⑦ $\alpha\vee\beta\vdash_C\neg(\neg\alpha\wedge\neg\beta)$. (¬+)

(4) (⊢)

① $\alpha\vdash_C\alpha$, (∈)

② $\alpha\vdash_C\alpha\vee\beta$, (∨+)

③ $\neg(\alpha\vee\beta)\vdash_C\neg\alpha$, (定理 29.4)

④ $\beta\vdash_C\alpha\vee\beta$,

⑤ $\neg(\alpha\vee\beta)\vdash_C\neg\beta$, (定理 29.4)

⑥ $\neg(\alpha\vee\beta)\vdash_C\neg\alpha\wedge\neg\beta$. (∧+)

(⊣) 由(3)及定理 29.4 立得.

(5) 类似例 27.16(5)可证.

(6) ① $\alpha\vdash_C\neg\neg\alpha$, (例 29.2①)

② $\neg\alpha\vee\beta,\alpha\vdash_C\neg\neg\alpha$, (+)

③ $\neg\alpha\vee\beta\vdash_C\neg\neg\alpha\to\beta$, ②

④ $\neg\alpha\vee\beta,\alpha\vdash_C\neg\neg\alpha\to\beta$, (+)

⑤ $\neg\alpha\vee\beta,\alpha\vdash_C\beta$, (→−)②④

⑥ $\neg\alpha\vee\beta\vdash_C\alpha\to\beta$, (→+)

▎

【例 29.4】 证明:

(1) $\varnothing\vdash_C\neg(\alpha\wedge\neg\alpha)$.

(2) $\neg(\alpha\wedge\beta)\dashv\vdash_C\alpha\to\neg\beta$.

(3) $\alpha\wedge\beta\vdash_C\neg(\neg\alpha\vee\neg\beta)$, (反方向不成立)

(4) $\alpha\wedge\beta\vdash_C\neg(\alpha\to\neg\beta)$, (反方向不成立)

(5) $\alpha\wedge\neg\beta\vdash_C\neg(\alpha\to\beta)$, (反方向不成立)

(6) $\alpha\to\beta\vdash_C\neg(\alpha\wedge\neg\beta)$. (反方向不成立)

证明

(1) ① $\alpha\wedge\neg\alpha\vdash_C\alpha\wedge\neg\alpha$, (∈)

② $\alpha\wedge\neg\alpha\vdash_C\alpha$, (∧−)

③ $\alpha\wedge\neg\alpha\vdash_C\neg\alpha$, (∧−)

④ $\varnothing\vdash_C\neg(\alpha\wedge\neg\alpha)$. (¬+)

(2) 类似例 26.17 之(4)可证.

(3) 由例 29.3 之(2)及定理 29.4 立得.

(4) ① $\alpha\wedge\beta,\alpha\to\neg\beta\vdash_C\alpha\wedge\beta$, (∈)

② $\alpha\wedge\beta,\alpha\to\neg\beta\vdash_C\alpha$, (∧−)

③ $\alpha\wedge\beta,\alpha\to\neg\beta\vdash_C\beta$, (∧−)

④ $\alpha\wedge\beta,\alpha\to\neg\beta\vdash_C\alpha\to\neg\beta$, (∈)

⑤ $\alpha\wedge\beta,\alpha\to\neg\beta\vdash_C\neg\beta$, (→−) ②④

⑥ $\alpha\wedge\beta\vdash_C\neg(\alpha\to\neg\beta)$. (¬+) ③⑤

(5) 类似(4)可证.

(6) 由(5)及定理 29.4 立得.

▌

【例 29.5】 证明：

(1) $\exists x\alpha \vdash_C \neg \forall x \neg \alpha$，　　（反方向不成立）

(2) $\exists x \neg \alpha \vdash_C \neg \forall x\, \alpha$，　　（反方向不成立）

(3) $\neg \exists x\alpha \dashv\vdash_C \forall x\ \neg \alpha$.

(4) $\forall x\, \alpha \vdash_C \neg \exists x\ \neg \alpha$，　　（反方向不成立）

(5) $\exists x\, \alpha \dashv\vdash_C \exists y\, \alpha(x/y)$，其中，$y$ 不在 α 中出现.

(6) $\forall x\, \alpha \dashv\vdash_C \forall y\, \alpha(x/y)$，其中，$y$ 不在 α 中出现.

证明

(1) ① $\forall x\ \neg \alpha \vdash_C \forall x\ \neg \alpha$，　　($\in$)

② $\forall x\ \neg \alpha \vdash_C \neg \alpha$，　　($\forall -$)

③ $\alpha \vdash_C \neg \forall x\ \neg \alpha$，　　（定理 29.4）

④ $\exists x\, \alpha \vdash_C \neg \forall x\ \neg \alpha$.　　($\exists -$)

(2) ① $\forall x\alpha \vdash_C \forall x\alpha$，　　($\in$)

② $\forall x\alpha \vdash_C \alpha$，　　($\forall -$)

③ $\neg \alpha \vdash_C \neg \forall x\alpha$，　　（定理 29.4）

④ $\exists x\ \neg \alpha \vdash_C \neg \forall x\alpha$.　　($\exists -$)

(3) ($\vdash$)

① $\alpha \vdash_C \alpha$，　　($\in$)

② $\alpha \vdash_C \exists x\alpha$，　　($\exists +$)

③ $\neg \exists x\alpha \vdash_C \neg \alpha$，　　（定理 29.4）

④ $\neg \exists x\alpha \vdash_C \forall x\ \neg \alpha$.　　($\forall +$)

($\dashv$) 由(1)及定理 29.4 立得.

(4) 由(3)立得.

(5)(6) 类似例 27.7 可证.　▌

【例 29.6】 证明：

(1) $\forall x\ (\alpha \rightarrow \beta) \dashv\vdash_C \alpha \rightarrow \forall x\beta$，　若 x 不在 α 中自由出现.

(2) $\forall x\ (\alpha \rightarrow \beta) \dashv\vdash_C \exists x\alpha \rightarrow \beta$，　若 x 不在 β 中自由出现.

(3) $\exists x\ (\alpha \rightarrow \beta) \vdash_C \alpha \rightarrow \exists x\beta$，　若 x 不在 α 中自由出现.　　（反方向不成立）

(4) $\exists x\ (\alpha \rightarrow \beta) \vdash_C \forall x\alpha \rightarrow \beta$，　若 x 不在 β 中自由出现.　　（反方向不成立）

证明

(1) 类似例 27.6 可证.

(2) ($\vdash$)

① $\forall x\ (\alpha \rightarrow \beta),\ \alpha \vdash_C \forall x\ (\alpha \rightarrow \beta)$，　　($\in$)

② $\forall x\ (\alpha \rightarrow \beta),\ \alpha \vdash_C \alpha \rightarrow \beta$，　　($\forall -$)

③ $\forall x\ (\alpha \rightarrow \beta),\ \alpha \vdash_C \alpha$，　　($\in$)

④ $\forall x\ (\alpha \rightarrow \beta),\ \alpha \vdash_C \beta$，　　($\rightarrow -$)

⑤ $\forall x\ (\alpha \rightarrow \beta),\ \exists x\, \alpha \vdash_C \beta$，　　($\exists +$)

⑥ $\forall x\ (\alpha \rightarrow \beta) \vdash_C \exists x\, \alpha \rightarrow \beta$.　　($\rightarrow +$)

(⊣)

① $\exists x\alpha\to\beta,\ \alpha\vdash_C\alpha$, (∈)

② $\exists x\alpha\to\beta,\ \alpha\vdash_C\exists x\alpha$, (∃+)

③ $\exists x\alpha\to\beta,\ \alpha\vdash_C\exists x\alpha\to\beta$, (∈)

④ $\exists x\alpha\to\beta,\ \alpha\vdash_C\beta$, (→−)

⑤ $\exists x\alpha\to\beta\vdash_C\alpha\to\beta$, (→+)

⑥ $\exists x\alpha\to\beta\vdash_C\forall x(\alpha\to\beta)$. (∀+)

(3) 类似例 27.10 可证.

(4) ① $\alpha\to\beta,\forall x\alpha\vdash_C\forall x\alpha$, (∈)

② $\alpha\to\beta,\forall x\alpha\vdash_C\alpha$, (∀−)

③ $\alpha\to\beta,\forall x\alpha\vdash_C\alpha\to\beta$, (∈)

④ $\alpha\to\beta,\forall x\alpha\vdash_C\beta$, (∀−)

⑤ $\exists x(\alpha\to\beta),\forall x\alpha\vdash_C\beta$, (∃−)

⑥ $\exists x(\alpha\to\beta)\vdash_C\forall x\alpha\to\beta$. (→−)

▍

【例 29.7】 证明：$\alpha\leftrightarrow\beta\vdash\dashv_C(\alpha\to\beta)\wedge(\beta\to\alpha)$.

证明 类似例 26.19 可证.

以上各例的 $IN_{\mathscr{L}}$ 中的形式证明也都是 $N_{\mathscr{L}}$ 中的形式证明，反过来，$N_{\mathscr{L}}$ 中的形式证明也可以通过加"¬ ¬"转换为 $IN_{\mathscr{L}}$ 中的形式证明，下面就来介绍这种转换方式.

引理 1 下列各式成立：

(1) $\neg\neg\neg\alpha\vdash\dashv_C\neg\alpha$.

(2) $\neg\neg(\alpha\wedge\beta)\vdash\dashv_C\neg\neg\alpha\wedge\neg\neg\beta$.

(3) $\neg\neg\alpha\vee\neg\neg\beta\vdash_C\neg\neg(\alpha\vee\beta)$, (反方向不成立)

(4) $\neg\neg(\alpha\vee\beta)\vdash\dashv_C\neg(\neg\alpha\wedge\neg\beta)$.

(5) $\neg\neg(\alpha\to\beta)\vdash\dashv_C\neg\neg\alpha\to\neg\neg\beta$.

(6) $\neg\neg(\alpha\leftrightarrow\beta)\vdash\dashv_C\neg\neg\alpha\leftrightarrow\neg\neg\beta$.

(7) $\neg\neg\forall x\alpha\vdash_C\forall x\neg\neg\alpha$, (反方向不成立)

(8) $\exists x\neg\neg\alpha\vdash_C\neg\neg\exists x\alpha$. (反方向不成立)

(9) $\neg\neg\exists x\alpha\vdash\dashv_C\neg\forall x\neg\alpha$.

证明

(1) (⊢) 由例 29.1 之(1)及定理 29.4 立得.

(⊣)

① $\neg\alpha,\ \neg\neg\alpha\vdash_C\neg\alpha$, (∈)

② $\neg\alpha,\ \neg\neg\alpha\vdash_C\neg\neg\alpha$, (∈)

③ $\neg\alpha\vdash_C\neg\neg\neg\alpha$. (¬+)

(2) (⊢)

① $\alpha\wedge\beta\vdash_C\alpha$, (∧−)

② $\neg\alpha\vdash_C\neg(\alpha\wedge\beta)$, (定理 29.4)

③ $\neg\neg(\alpha\wedge\beta)\vdash_C\neg\neg\alpha$, (定理 29.4)

④ $\neg\neg(\alpha\wedge\beta)\vdash_C\neg\neg\beta$, (类似④)

⑤ $\neg\neg(\alpha\wedge\beta)\vdash_C\neg\neg\alpha\wedge\neg\neg\beta$. ($\wedge+$)

($\dashv$)

① $\neg\neg\alpha\wedge\neg\neg\beta,\ \neg(\alpha\wedge\beta),\ \alpha,\beta\vdash_C\alpha$, ($\in$)

② $\neg\neg\alpha\wedge\neg\neg\beta,\ \neg(\alpha\wedge\beta),\ \alpha,\beta\vdash_C\beta$, ($\in$)

③ $\neg\neg\alpha\wedge\neg\neg\beta,\ \neg(\alpha\wedge\beta),\ \alpha,\beta\vdash_C\alpha\wedge\beta$, ($\wedge+$)

④ $\neg\neg\alpha\wedge\neg\neg\beta,\ \neg(\alpha\wedge\beta),\ \alpha,\beta\vdash_C\neg(\alpha\wedge\beta)$, ($\in$)

⑤ $\neg\neg\alpha\wedge\neg\neg\beta,\ \neg(\alpha\wedge\beta),\ \alpha\vdash_C\neg\beta$, ($\neg+$)

⑥ $\neg\neg\alpha\wedge\neg\neg\beta,\ \neg(\alpha\wedge\beta),\ \alpha\vdash_C\neg\neg\alpha\wedge\neg\neg\beta$, ($\in$)

⑦ $\neg\neg\alpha\wedge\neg\neg\beta,\ \neg(\alpha\wedge\beta),\ \alpha\vdash_C\neg\neg\beta$, ($\wedge-$)

⑧ $\neg\neg\alpha\wedge\neg\neg\beta,\ \neg(\alpha\wedge\beta)\vdash_C\neg\alpha$, ($\neg+$)

⑨ $\neg\neg\alpha\wedge\neg\neg\beta,\ \neg(\alpha\wedge\beta)\vdash_C\neg\neg\alpha$, ($\wedge-$)⑥

⑩ $\neg\neg\alpha\wedge\neg\neg\beta\vdash_C\neg\neg(\alpha\wedge\beta)$. ($\neg+$)

(3) ① $\alpha\vdash_C\alpha$, ($\in$)

② $\alpha\vdash_C\alpha\vee\beta$, ($\wedge+$)

③ $\neg(\alpha\vee\beta)\vdash_C\neg\alpha$, (定理 29.4)

④ $\neg\neg\alpha\vdash_C\neg\neg(\alpha\vee\beta)$, (定理 29.4)

⑤ $\neg\neg\beta\vdash_C\neg\neg(\alpha\vee\beta)$, (类似④)

⑥ $\neg\neg\alpha\vee\neg\neg\beta\vdash_C\neg\neg(\alpha\vee\beta)$. ($\vee-$)

(4) 由例 29.3 之(4)易证.

(5) ($\vdash$)

① $\alpha\wedge\neg\beta\vdash_C\neg(\alpha\to\beta)$, (例 29.4(5))

② $\neg\neg(\alpha\to\beta)\vdash_C\neg(\alpha\wedge\neg\beta)$, (定理 29.4)

③ $\neg(\alpha\wedge\neg\beta)\vdash_C\alpha\to\neg\neg\beta$, (例 29.4(3))

④ $\alpha\to\neg\neg\beta\vdash_C\neg\beta\to\neg\alpha$, (例 29.1(3))

⑤ $\neg\beta\to\neg\alpha\vdash_C\neg\neg\alpha\to\neg\neg\beta$, (例 29.1(2))

⑥ $\neg\neg(\alpha\to\beta)\vdash_C\neg\neg\alpha\to\neg\neg\beta$. (Tr)

($\dashv$)

① $\neg\neg\alpha\to\neg\neg\beta,\ \neg(\alpha\to\beta)\vdash_C\neg(\alpha\to\beta)$, ($\in$)

② $\neg\alpha\vee\beta\vdash_C\alpha\to\beta$, (例 29.3(6))

③ $\neg(\alpha\to\beta)\vdash_C\neg(\neg\alpha\vee\beta)$, (定理 29.4)

④ $\neg(\neg\alpha\vee\beta)\vdash_C\neg\neg\alpha\wedge\neg\beta$, (例 29.3(4))

⑤ $\neg\neg\alpha\wedge\neg\beta\vdash_C\neg\neg\alpha,\ \neg\beta$, ($\wedge-$)

⑥ $\neg\neg\alpha\to\neg\neg\beta,\ \neg(\alpha\to\beta)\vdash_C\neg\neg\alpha,\ \neg\beta$, (Tr)

⑦ $\neg\neg\alpha\to\neg\neg\beta,\ \neg(\alpha\to\beta)\vdash_C\neg\neg\alpha\to\neg\neg\beta$, ($\in$)

⑧ $\neg\neg\alpha\to\neg\neg\beta,\ \neg(\alpha\to\beta)\vdash_C\neg\neg\beta$, ($\to-$)

⑨ $\neg\neg\alpha\to\neg\neg\beta\vdash_C\neg\neg(\alpha\to\beta)$. ($\neg+$)⑤⑦

(6) ① $\alpha\leftrightarrow\beta\models\!\dashv_C(\alpha\to\beta)\wedge(\beta\to\alpha)$, (例 29.7)

② $\neg\neg(\alpha\leftrightarrow\beta)\models\!\dashv_C\neg\neg\big((\alpha\to\beta)\wedge(\beta\to\alpha)\big)$, (定理 29.4)

③ $\neg\neg((\alpha\to\beta)\wedge(\beta\to\alpha))\dashv\vdash_C\neg\neg(\alpha\to\beta)\wedge\neg\neg(\beta\to\alpha)$, ②

④ $\neg\neg((\alpha\to\beta)\wedge(\beta\to\alpha))\dashv\vdash_C\neg\neg(\alpha\to\beta),\neg\neg(\beta\to\alpha)$,

⑤ $\neg\neg(\alpha\to\beta),\neg\neg(\beta\to\alpha)\dashv\vdash_C\neg\neg\alpha\to\neg\neg\beta$,

$\neg\neg\beta\to\neg\neg\alpha$,

⑥ $\neg\neg\alpha\to\neg\neg\beta,\neg\neg\beta\to\neg\neg\alpha\dashv\vdash_C\neg\neg\alpha\leftrightarrow\neg\neg\beta$,

⑦ $\neg\neg(\alpha\leftrightarrow\beta)\dashv\vdash_C\neg\neg\alpha\leftrightarrow\neg\neg\beta$.

(7) ① $\forall x\alpha\vdash_C\forall x\alpha$, (∈)

② $\forall x\alpha\vdash_C\alpha$, (∀−)

③ $\neg\neg\forall x\alpha\vdash_C\neg\neg\alpha$, (定理 29.4)

④ $\neg\neg\forall x\alpha\vdash_C\forall x\neg\neg\alpha$. (∀+)

(8) ① $\exists x\neg\neg\alpha\vdash_C\neg\forall x\neg\alpha$, (例 29.5(2))

② $\neg\exists x\alpha\vdash_C\forall x\neg\alpha$, (例 29.5(3))

③ $\neg\forall x\neg\alpha\vdash_C\neg\neg\exists x\alpha$, (定理 29.4)

④ $\exists x\neg\neg\alpha\vdash_C\neg\neg\exists x\alpha$. (Tr)①③

(9) 由例 29.5(3)及定理 29.4 立得. ▌

定义 29.1 设$\mathscr{L}$是一个一阶语言,$\mathscr{L}$中公式α的 Gödel 翻译归纳定义如下:

(1) 当α为原子公式时,$\alpha^\circ=\neg\neg\alpha$;

(2) 当α为$\neg\beta$时,$\alpha^\circ=\neg(\beta^\circ)$;

(3) 当α为$\beta\wedge\gamma$时,$\alpha^\circ=\beta^\circ\wedge\gamma^\circ$;

(4) 当α为$\beta\vee\gamma$时,$\alpha^\circ=\neg(\neg(\beta^\circ)\wedge\neg(\gamma^\circ))$;

(5) 当α为$\beta\to\gamma$时,$\alpha^\circ=\beta^\circ\to\gamma^\circ$;

(6) 当α为$\beta\leftrightarrow\gamma$时,$\alpha^\circ=\beta^\circ\leftrightarrow\gamma^\circ$;

(7) 当α为$\forall x\beta$时,$\alpha^\circ=\forall x(\beta^\circ)$;

(8) 当α为$\exists x\beta$时,$\alpha^\circ=\neg\forall x\neg(\beta^\circ)$.

约定:"°"的优先级高于所有联结词与量词.

引理 2 $\alpha\dashv\vdash_{N_{\mathscr{L}}}\alpha^\circ$.

引理 3 $\alpha^\circ\dashv\vdash_C\neg\neg\alpha^\circ$.

证明 ($\vdash$)已由例 29.2(1) 证明,下对α用归纳法证明($\dashv$).

(1) 当α为原子公式时,$\alpha^\circ=\neg\neg\alpha$,由引理 1(1)知:$\neg\alpha\vdash_C\neg\neg\neg\alpha$,由定理 29.4 知$\neg\neg\neg\neg\alpha\vdash_C\neg\neg\alpha$,即$\neg\neg\alpha^\circ\vdash_C\alpha^\circ$.

(2) 当α为$\neg\beta$时,$\alpha^\circ=\neg\beta^\circ$,由引理 1 知$\neg\neg\neg\beta^\circ\vdash_C\neg\beta^\circ$,即$\neg\neg\alpha^\circ\vdash_C\alpha^\circ$.

(3) 当α为$\beta\wedge\gamma$时,$\alpha^\circ=\beta^\circ\wedge\gamma^\circ$. 归纳假设$\neg\neg\beta^\circ\vdash_C\beta^\circ$,$\neg\neg\gamma^\circ\vdash_C\gamma^\circ$,从而$\neg\neg\beta^\circ\wedge\neg\neg\gamma^\circ\vdash_C\beta^\circ\wedge\gamma^\circ$,而$\neg\neg(\beta^\circ\wedge\gamma^\circ)\vdash_C\neg\neg\beta^\circ\wedge\neg\neg\gamma^\circ$,由定理 29.3 得

$$\neg\neg(\beta^\circ\wedge\gamma^\circ)\vdash_C\vdash_C\beta^\circ\wedge\gamma^\circ,\text{即}\neg\neg\alpha^\circ\vdash_C\alpha^\circ.$$

(4) 当α为$\beta\vee\gamma$时,$\alpha^\circ=\neg(\neg\beta^\circ\wedge\neg\gamma^\circ)$,由引理 1 知

$$\neg\neg\neg(\neg\beta^\circ\wedge\neg\gamma^\circ)\vdash_C\neg(\neg\beta^\circ\wedge\neg\gamma^\circ),\text{即}\neg\neg\alpha^\circ\vdash_C\alpha^\circ.$$

(5) 当α为$\beta\to\gamma$或$\beta\leftrightarrow\gamma$时,类似(1)可证.

(6) 当α为$\forall x\beta$时,$\alpha^\circ=\forall x(\beta^\circ)$,归纳假设$\neg\neg\beta^\circ\vdash_C\beta^\circ$,由于$\forall x\neg\neg\beta^\circ\vdash_C\neg\neg\beta^\circ$,故$\forall x\neg\neg\beta^\circ\vdash_C\beta^\circ$. 又由引理 1(7)知$\neg\neg\forall x\beta^\circ\vdash_C\forall x\neg\neg\beta^\circ$,故$\neg\neg\forall x\beta^\circ\vdash_C\beta^\circ$,从而

$$\neg\neg\forall x\beta^\circ \vdash_C \forall x\beta^\circ \text{即} \neg\neg\alpha^\circ \vdash_C \alpha^\circ.$$

(7) 当 α 为 $\exists x\beta$ 时，$\alpha^\circ = \neg\forall x\neg(\beta^\circ)$. 由引理 1 知 $\neg\neg\neg\forall x\neg\beta^\circ \vdash_C \neg\forall x\neg\beta^\circ$，即 $\neg\neg\alpha^\circ \vdash_C \alpha^\circ$.

归纳证毕，命题成立. ∎

对于一阶语言 $\mathscr{L}$ 的公式集 Γ，令：

$$\Gamma^\circ = \{\gamma^\circ | \gamma \in \Gamma\}, \neg\Gamma = \{\neg\gamma | \gamma \in \Gamma\}.$$

定理 29.5 设 $\mathscr{L}$ 是一个一阶语言，Γ，α 分别为 $\mathscr{L}$ 中的有限公式集、公式，则 $\Gamma \vdash_{N_{\mathscr{L}}} \alpha$ 当且仅当 $\Gamma^\circ \vdash_C \alpha^\circ$.

证明 ($\Leftarrow$) 设 $\Gamma^\circ \vdash_C \alpha^\circ$. 由定理 29.1 知 $\Gamma^\circ \vdash_{N_{\mathscr{L}}} \alpha^\circ$. 由引理 2 知 $\Gamma \dashv\vdash_{N_{\mathscr{L}}} \Gamma^\circ, \alpha \dashv\vdash_{N_{\mathscr{L}}} \alpha^\circ$，从而 $\Gamma \vdash_{N_{\mathscr{L}}} \alpha$.

($\Rightarrow$) 设 $\Gamma \vdash_{N_{\mathscr{L}}} \alpha$，则存在 $N_{\mathscr{L}}$ 中的证明序列：

$$\Gamma_1 \vdash \alpha_1, \Gamma_2 \vdash \alpha_2, \cdots, \Gamma_n \vdash \alpha_n,$$

使得：$\Gamma_n = \Gamma$，$\alpha_n = \alpha$.

只要证：对任意 $i(1 \leqslant i \leqslant n)$，$\Gamma_i^\circ \vdash_C \alpha_i^\circ$，下对 i 归纳证之.

(1) 当 $i=1$ 时，$\alpha_1 \in \Gamma_1$，从而 $\alpha_1^\circ \in \Gamma_1^\circ$，故 $\Gamma_1^\circ \vdash_C \alpha_1^\circ$.

(2) 归纳假设：对每个 $j(1 \leqslant j < k \leqslant n)$，$\Gamma_j^\circ \vdash_C \alpha_j^\circ$，往证：$\Gamma_k^\circ \vdash_C \alpha_k^\circ$.

① 若 $\Gamma_k \vdash \alpha_k$ 是由($\in$)得到的，仿(1)可证.

② 若 $\Gamma_k^\circ \vdash \alpha_k^\circ$ 是由($\neg -$)得到的，则存在 i，j $(1 \leqslant i, j < k)$ 使得 $\Gamma_i \vdash \alpha_i$，$\Gamma_j \vdash \alpha_j$ 分别为 $\Gamma_k, \neg\alpha_k \vdash \beta$，$\Gamma_k, \neg\alpha_k \vdash \neg\beta$，其中 β 为 $\mathscr{L}$ 中的一个公式. 由归纳假设知 $\Gamma_k^\circ, (\neg\alpha_k)^\circ \vdash_C \beta^\circ$，$\Gamma_k^\circ, (\neg\alpha_k)^\circ \vdash_C (\neg\beta)^\circ$，即 $\Gamma_k^\circ, \neg\alpha_k^\circ \vdash_C \beta^\circ$，$\Gamma_k^\circ, \neg\alpha_k^\circ \vdash_C \neg\beta^\circ$. 由($\neg +$)得 $\Gamma_k^\circ \vdash_C \neg\neg\alpha_k^\circ$. 由引理 3 得 $\neg\neg\alpha_k^\circ \vdash_C \alpha_k^\circ$. 由(Tr)得 $\Gamma_k^\circ \vdash_C \alpha_k^\circ$.

③ 若 $\Gamma_k^\circ \vdash \alpha_k^\circ$ 是由($\vee -$)得到的，则存在 i，j $(1 \leqslant i, j < k)$ 使得 $\Gamma_i \vdash \alpha_i$，$\Gamma_j \vdash \alpha_j$ 分别为 $\Sigma, \beta \vdash \alpha_k$，$\Sigma, \gamma \vdash \alpha_k$，而 $\Gamma_k = \Sigma \cup \{\beta \vee \gamma\}$. 由归纳假设知 $\Sigma^\circ, \beta^\circ \vdash_C \alpha_k^\circ$，$\Sigma^\circ, \gamma^\circ \vdash_C \alpha_k^\circ$. 要证的是 $\Sigma^\circ, (\beta \vee \gamma)^\circ \vdash \alpha_k^\circ$，即要证 $\Sigma^\circ, \neg(\neg\beta^\circ \wedge \neg\gamma^\circ) \vdash_C \alpha_k^\circ$，证明如下：

$\Sigma^\circ, \beta^\circ \vdash_C \alpha_k^\circ$,	(归纳假设)
$\Sigma^\circ \vdash_C \beta^\circ \to \alpha_k^\circ$,	($\to +$)
$\beta^\circ \to \alpha_k^\circ \vdash_C \neg\alpha_k^\circ \to \neg\beta^\circ$,	(例 29.1)
$\Sigma^\circ \vdash_C \neg\alpha_k^\circ \to \neg\beta^\circ$,	(Tr)
$\Sigma^\circ, \neg\alpha_k^\circ \vdash_C \neg\beta^\circ$,	($\to -$)
$\Sigma^\circ, \gamma^\circ \vdash_C \alpha_k^\circ$,	(归纳假设)
$\Sigma^\circ, \neg\alpha_k^\circ \vdash_C \neg\gamma^\circ$,	(类似⑤)
$\Sigma^\circ, \neg\alpha_k^\circ \vdash_C \neg\beta^\circ \wedge \neg\gamma^\circ$,	($\wedge +$)
$\Sigma^\circ \vdash_C \neg\alpha_k^\circ \to (\neg\beta^\circ \wedge \neg\gamma^\circ)$,	($\to +$)
$\neg\alpha_k^\circ \to (\neg\beta^\circ \wedge \neg\gamma^\circ) \vdash_C \neg(\neg\beta^\circ \wedge \neg\gamma^\circ) \to \neg\neg\alpha_k^\circ$,	
$\Sigma^\circ \vdash_C \neg(\neg\beta^\circ \wedge \neg\gamma^\circ) \to \neg\neg\alpha_k^\circ$,	(Tr)
$\Sigma^\circ, \neg(\neg\beta^\circ \wedge \neg\gamma^\circ) \vdash_C \neg\neg\alpha_k^\circ$,	($\to -$)
$\neg\neg\alpha_k^\circ \vdash_C \alpha_k^\circ$,	(引理 29.3)
$\Sigma^\circ, \neg(\neg\beta^\circ \wedge \neg\gamma^\circ) \vdash_C \alpha_k^\circ$.	(Tr)

④ 若 $\Gamma_k^\circ \vdash \alpha_k^\circ$ 是由($\vee +$)得到的,则存在 i ($1 \leqslant i < k$)使得 $\Gamma_i \vdash \alpha_i$ 为 $\Gamma_k \vdash \beta$,而 $\alpha_k = \beta \vee \gamma$,其中 γ 为 $\mathscr{L}$ 中的一个公式. 由归纳假设知 $\Gamma_k^\circ \vdash_C \beta^\circ$. 要证的是 $\Gamma_k^\circ \vdash_C (\beta \vee \gamma)^\circ$,即要证 $\Gamma_k^\circ \vdash_C \neg(\neg \beta^\circ \wedge \neg \gamma^\circ)$,证明如下:

$\neg \beta^\circ \wedge \neg \gamma^\circ \vdash_C \neg \beta^\circ \wedge \neg \gamma^\circ$, (∈)

$\neg \beta^\circ \wedge \neg \gamma^\circ \vdash_C \neg \beta^\circ$, (∧−)

$\beta^\circ \vdash_C \neg(\neg \beta^\circ \wedge \neg \gamma^\circ)$, (定理 29.4(3))

$\Gamma_k^\circ \vdash_C \beta^\circ$, (归纳假设)

$\Gamma_k^\circ \vdash_C \neg(\neg \beta^\circ \wedge \neg \gamma^\circ)$. (Tr)

⑤ 若 $\Gamma_k^\circ \vdash \alpha_k^\circ$ 是由($\exists -$)得到的,则存在 i ($1 \leqslant i < k$)使得 $\Gamma_i \vdash \alpha_i$ 为 $\Sigma, \beta \vdash \alpha_k$,而 $\Gamma_k = \Sigma \cup \{\exists x \beta\}$,其中 x 不在 $\Sigma \cup \{\alpha_k\}$ 的任何公式中自由出现,因而也不在 $\Sigma^\circ \cup \{\alpha_k^\circ\}$ 的任何公式中自由出现. 由归纳假设知 $\Sigma^\circ, \beta^\circ \vdash_C \alpha_k^\circ$. 要证的是 $\Sigma^\circ, (\exists x \beta)^\circ \vdash_C \alpha_k^\circ$,即要证 $\Sigma^\circ, \neg \forall x \neg \beta^\circ \vdash_C \alpha_k^\circ$. 证明如下:

$\Sigma^\circ, \beta^\circ \vdash_C \alpha_k^\circ$, (归纳假设)

$\Sigma^\circ \vdash_C \beta^\circ \rightarrow \alpha_k^\circ$, (→+)

$\beta^\circ \rightarrow \alpha_k^\circ \vdash_C \neg \alpha_k^\circ \rightarrow \neg \beta^\circ$, (例 29.1)

$\Sigma^\circ \vdash_C \neg \alpha_k^\circ \rightarrow \neg \beta^\circ$, (Tr)

$\Sigma^\circ \vdash_C \forall x (\neg \alpha_k^\circ \rightarrow \neg \beta^\circ)$, (∀+)

$\forall x (\neg \alpha_k^\circ \rightarrow \neg \beta^\circ) \vdash_C \neg \alpha_k^\circ \rightarrow \forall x \neg \beta^\circ$, (例 29.6(1))

$\neg \alpha_k^\circ \rightarrow \forall x \neg \beta^\circ \vdash_C \neg \forall x \neg \beta^\circ \rightarrow \neg \neg \alpha_k^\circ$,

$\Sigma^\circ \vdash_C \neg \forall x \neg \beta^\circ \rightarrow \neg \neg \alpha_k^\circ$, (Tr)

$\Sigma^\circ, \neg \forall x \neg \beta^\circ \vdash_C \neg \neg \alpha_k^\circ$, (→−)

$\neg \neg \alpha_k^\circ \vdash_C \alpha_k^\circ$, (引理 3)

$\Sigma^\circ, \neg \forall x \neg \beta^\circ \vdash_C \alpha_k^\circ$. (Tr)

⑥ 若 $\Gamma_k^\circ \vdash \alpha_k^\circ$ 是由($\vee +$)得到的,则存在 i ($1 \leqslant i < k$)使得 $\Gamma_i \vdash \alpha_i$ 为 $\Gamma_k \vdash \beta(x/t)$,其中 x 对 t 在 β(因而在 β°)中自由,而 α_k 为 $\exists x \beta$. 由归纳假设知 $\Gamma_k^\circ \vdash_C (\beta(x/t))^\circ$. 由于 $(\beta(x/t))^\circ = \beta^\circ(x/t)$,故 $\Gamma_k^\circ \vdash_C \beta^\circ(x/t)$. 要证的是 $\Gamma_k^\circ \vdash_C \neg \forall x \neg \beta^\circ$,证明如下:

$\Gamma_k^\circ \vdash_C \beta^\circ(x/t)$,

$\Gamma_k^\circ \vdash_C \exists x \beta^\circ$,

③ $\forall x \neg \beta^\circ \vdash_C \neg \exists x \beta^\circ$, (例 29.5(3))

$\exists x \beta^\circ \vdash_C \neg \forall x \neg \beta^\circ$, (定理 29.4(3))

$\Gamma_k^\circ \vdash_C \neg \forall x \neg \beta^\circ$. (Tr)

⑦ 其他情形的证明显然,略去.

归纳证毕,命题成立. ▌

从“形式定理”角度来比较直觉主义逻辑与古典逻辑,直觉主义逻辑严格弱于古典逻辑,但定理 29.5 表明,古典逻辑中的证明也可翻译为直觉主义逻辑的证明,即古典逻辑也可在直觉主义逻辑中得到“解释”,从这个角度来看,直觉主义逻辑并不比古典逻辑弱.

29.3 直觉主义一阶谓词演算形式系统 $IK_{\mathscr{L}}$

本节中我们介绍直觉主义一阶谓词演算的另一种形式系统 $IK_{\mathscr{L}}$,它与古典逻辑的一阶谓

词演算形式系统 $K_{\mathscr{L}}$相对应，我们将主要证明 $IN_{\mathscr{L}}$与 $IK_{\mathscr{L}}$的等价性.

设 $\mathscr{L}$ 是一个一阶语言，$IK_{\mathscr{L}}$的构成如下：

1. $IK_{\mathscr{L}}$的形式语言为 $\mathscr{L}$；

2. $IK_{\mathscr{L}}$的公理模式为：

(IK1) $\alpha\to(\beta\to\alpha)$.

(IK2) $(\alpha\to(\beta\to\gamma))\to((\alpha\to\beta)\to(\alpha\to\gamma))$.

(IK3) $\alpha\to(\beta\to(\alpha\wedge\beta))$.

(IK4) $(\alpha\wedge\beta)\to\alpha$，$(\alpha\wedge\beta)\to\beta$.

(IK5) $\alpha\to(\alpha\vee\beta)$，$\beta\to(\alpha\vee\beta)$.

(IK6) $(\alpha\to\gamma)\to((\beta\to\gamma)\to((\alpha\vee\beta)\to\gamma))$.

(IK7) $(\alpha\to\beta)\to((\beta\to\neg\beta)\to\neg\alpha)$.

(IK8) $\neg\alpha\to(\alpha\to\beta)$.

(IK9) $(\alpha\leftrightarrow\beta)\to(\alpha\to\beta)$，$(\alpha\leftrightarrow\beta)\to(\beta\to\alpha)$.

(IK10) $(\alpha\to\beta)\to((\beta\to\alpha)\to(\alpha\leftrightarrow\beta))$.

(IK11) $\alpha\to\forall x\alpha$，若 x 不在 α 中自由出现.

(IK12) $\forall x\alpha\to\alpha(x/t)$，若项 t 对 x 在 α 中自由.

(IK13) $\forall x(\alpha\to\beta)\to(\forall x\alpha\to\forall x\beta)$.

(IK14) $\forall x(\alpha\to\beta)\to(\exists x\alpha\to\exists x\beta)$.

(IK15) $\alpha(x/t)\to\exists x\alpha$，若项 t 对 x 在 α 中自由.

(IK16) $\exists x\alpha\to\alpha$，若 x 不在 α 中自由出现.

(IK17) 若 α 是公理，则 $\forall x\alpha$ 也是公理.

3. $IK_{\mathscr{L}}$的推理规则还是分离规则：

(M) 由 α，$\alpha\to\beta$ 得到 β.

注 直觉主义逻辑不承认 $\vee$，$\wedge$，$\to$等联结词的相互可表示性，所以在 $IK_{\mathscr{L}}$的公理中列出了关于所有 5 个联结词的公理，量词的情况也与联结词类似.

$IK_{\mathscr{L}}$中的"证明"、"内定理"、"有前提的证明"等概念与 $K_{\mathscr{L}}$中相应概念类似定义. 为简单起见，将"$\vdash_{IK_{\mathscr{L}}}$"简记为"$\vdash_I$".

本节中，如无特别说明，Γ,Σ 为一阶语言 $\mathscr{L}$ 中的公式集，α,β,γ 为 $\mathscr{L}$ 中的公式.

下列各命题可与 $K_{\mathscr{L}}$中的相应命题类似证明.

由定义易证下面定理：

定理 29.6 (1) 若 $\alpha\in\Gamma$，则 $\Gamma\vdash_I\alpha$.

(2) 若 $\Gamma\vdash_I\alpha$，$\Gamma\vdash_I\alpha\to\beta$，则 $\Gamma\vdash_I\beta$.

(3) 若 $\Gamma\vdash_I\alpha\to\beta$，$\Gamma\vdash_I\beta\to\gamma$，则 $\Gamma\vdash_I\alpha\to\gamma$.

(4) 若 $\Gamma\vdash_I\alpha$，则 $\Gamma,\beta\vdash_I\alpha$.

(5) $\Gamma\vdash_I\alpha$ 当且仅当存在 Γ 的一个有限子集 Γ_0 使得 $\Gamma_0\vdash_I\alpha$.

由(IK1)及(IK2)仿例 26.21 可证 $\vdash_I\alpha\to\alpha$，因此 $IK_{\mathscr{L}}$中的演绎定理也成立.

定理 29.7(演绎定理) $\Gamma,\alpha\vdash_I\beta$ 当且仅当 $\Gamma\vdash_I\alpha\to\beta$.

由(IK11)，(IK13)及(IK17)可证下面定理：

定理 29.8 若 $\Gamma\vdash_I\alpha$，且个体变元 x 不在 Γ 的任何公式中自由出现，则 $\Gamma\vdash_I\forall x\alpha$

下证 $IK_{\mathscr{L}}$与 $IN_{\mathscr{L}}$的等价性.

引理 1 $\vdash_I \forall x\ (\alpha\to\beta)\to(\exists x\alpha\to\beta)$，若 x 不在 β 中自由出现.

证明 只要证：$\vdash_I \forall x\ (\alpha\to\beta), \exists x\alpha \vdash_I \beta$，证明如下：

(1) $\forall x(\alpha\to\beta)\to(\exists x\alpha\to\exists x\beta)$， (IK14)

(2) $\forall x(\alpha\to\beta)$， (前提)

(3) $\exists x\alpha\to\exists x\beta$， (M)

(4) $\exists x\alpha$， (前提)

(5) $\exists x\beta$， (M)

(6) $\exists x\beta\to\beta$， (IK16)

(7) β. (M)

∎

仿定理 27.10 可证：

定理 29.9 对 $\mathscr{L}$的有限公式集 Γ,若 $\Gamma\vdash_C\alpha$,则 $\Gamma\vdash_I\alpha$.

为证明定理 29.9 的逆,先证下述引理：

引理 2 对 $\mathscr{L}$的有限公式集 Γ，

(1) $\Gamma\vdash_C \forall x\ (\alpha\to\beta)\to(\forall x\alpha\to\forall x\beta)$；

(2) $\Gamma\vdash_C \forall x\ (\alpha\to\beta)\to(\exists x\alpha\to\exists x\beta)$.

证明

(1) ① $\Gamma, \forall x\ (\alpha\to\beta), \forall x\alpha\vdash_C \forall x\ (\alpha\to\beta)$， (∈)

② $\Gamma, \forall x\ (\alpha\to\beta), \forall x\alpha\vdash_C\alpha\to\beta$， (∀−)

③ $\Gamma, \forall x\ (\alpha\to\beta), \forall x\alpha\vdash_C \forall x\alpha$， (∈)

④ $\Gamma, \forall x\ (\alpha\to\beta), \forall x\alpha\vdash_C\alpha$， (∀−)

⑤ $\Gamma, \forall x\ (\alpha\to\beta), \forall x\alpha\vdash_C\beta$， (→−)

⑥ $\Gamma, \forall x\ (\alpha\to\beta), \forall x\alpha\vdash_C \forall x\beta$， (→−)

⑦ $\Gamma, \forall x\ (\alpha\to\beta)\vdash_C \forall x\alpha\to\forall x\beta$， (→+)

⑧ $\Gamma\vdash_C \forall x\ (\alpha\to\beta)\to(\forall x\alpha\to\forall x\beta)$. (→+)

(2) ① $\Gamma, \forall x\ (\alpha\to\beta), \alpha\vdash_C \forall x\ (\alpha\to\beta)$， (∈)

② $\Gamma, \forall x\ (\alpha\to\beta), \alpha\vdash_C \alpha\to\beta$， (∀−)

③ $\Gamma, \forall x\ (\alpha\to\beta), \alpha\vdash_C \alpha$， (∈)

④ $\Gamma, \forall x\ (\alpha\to\beta), \alpha\vdash_C \beta$， (→−)

⑤ $\Gamma, \forall x\ (\alpha\to\beta), \alpha\vdash_C \exists x\beta$， (∃+)

⑥ $\Gamma, \forall x\ (\alpha\to\beta), \exists x\alpha\vdash_C \exists x\beta$， (∃−)

⑦ $\Gamma, \forall x\ (\alpha\to\beta)\vdash_C \exists x\alpha\to\exists x\beta$， (→+)

⑧ $\Gamma\vdash_C \forall x\ (\alpha\to\beta)\to(\exists\alpha\to\exists x\beta)$. (→+)

由引理 2,仿定理 27.9 可证：

定理 29.10 对 $\mathscr{L}$的有限公式集 Γ,若 $\Gamma\vdash_I\alpha$,则 $\Gamma\vdash_C\alpha$.

$IK_{\mathscr{L}}$的公理与 $IN_{\mathscr{L}}$的规则已非常相似了,所以它们的等价性的证明也较简单.

29.4 直觉主义逻辑的克里普克(Kripke)语义

类似于古典逻辑,我们也要建立直觉主义逻辑的解释系统,使得在这种解释下直觉主义逻辑也具有可靠性与完全性. 第三章中对古典逻辑所作的解释——Tarski 语义——显然已不适合作为直觉主义逻辑的解释,因为 $\neg\neg\alpha\to\alpha$ 在这种解释下永真,而 $\neg\neg\alpha\to\alpha$ 不是直觉主义逻辑的内定理. 直觉主义逻辑也有多种语义使得可靠性与完全性成立,在本节中,我们介绍其中较简单的一种——Kripke 语义.

在古典逻辑的 Tarski 语义中,公式的值由解释及指派确定,而在直觉主义逻辑的 Kripke 语义中,公式的值不是由单独的一个解释及指派确定,而是由处于不同阶段的一簇解释及指派确定,对某一阶段解释及指派 v,v 满足公式 α 的含义是 v 已使 α 为真,也就是说,处于 v 以后所有阶段的解释与指派都使 α 为真,由此也易见,v 不满足 α 的含义是 v 还没有使 α 为真,即可能有处于 v 以后的某个阶段的解释与指派使 α 为真. v 满足 $\neg\alpha$ 的含义是处于 v 以后所有阶段的解释与指派都使 α 为假,并不仅仅是 α 在该阶段假.

Kripke 语义将各个阶段之间的关系用偏序关系来表示.

定义 29.2 设 $\mathscr{L}=\{F_i\}_{i\in I}\cup\{f_j\}_{j\in J}\cup\{c_k\}_{k\in K}$ 是一个一阶语言,$\mathscr{L}$ 的一个 **Kripke 解释**由下列三部分构成:

(1) 非空偏序集 $(U,\leqslant)$,U 中元素称为阶段(stage).

(2) 非空集合构成的簇 $\{D_u\}_{u\in U}$,满足:对任意的 $u, w\in U$,若 $u\leqslant w$,则 $D_u\subseteq D_w$,

令 $D=\bigcup_{u\in U}D_u$.

(3) 三元序列构成的簇 $\left\{\langle\{\overline{F}_i^u\}_{i\in I}, \{\overline{f}_j^u\}_{j\in J}, \{\overline{c}_k^u\}_{k\in K}\rangle\right\}_{u\in U}$,满足:

① 若 F_i 是 $\mathscr{L}$ 中的 n 元谓词符号,则 $\overline{F}_i^u$ 是 D 上的 n 元关系,即 $\overline{F}_i^u\subseteq D^n$,且对任意的 $u, w\in U$,若 $u\leqslant w$,则 $\overline{F}_i^u\subseteq\overline{F}_i^w$;

② 若 f_j 是 $\mathscr{L}$ 中的 m 元函数符号,则 $\overline{f}_j^u$ 是 D 上的 m 元函数,即 $\overline{f}_j^u: D^m\longrightarrow D$,且对任意的 $u, w\in U$,若 $u\leqslant w$,则 $\overline{f}_j^w$ 在 D^m 上的限制 $\overline{f}_j^w|_{D^m}$ 等于 $\overline{f}_j^u$,即对任意 $(d_1, d_2, \cdots, d_m)\in D^m$,$\overline{f}_j^w(d_1, d_2, \cdots, d_m)=\overline{f}_j^u(d_1, d_2, \cdots, d_m)$;

③ $\overline{c}_k^u\in D$,且对任意的 $u, w\in U$,若 $u\leqslant w$,则 $\overline{c}_k^u=\overline{c}_k^w$.

$\mathscr{L}$ 的 Kripke 解释实际上由两大部分组成,第一大部分表示阶段及其间的关系,第二大部分由对应每个阶段 u 的 Tarski 解释 I_u:$\langle D_u, \{\overline{F}_i^u\}_{i\in I}, \{\overline{f}_j^u\}_{j\in J}, \{\overline{c}_k^u\}_{k\in K}\rangle$ 构成,且这些 Tarski 解释随着阶段的“发展”而“发展”. 以后常将 $\mathscr{L}$ 的 Kripke 解释记为 $\langle U, \{I_u\}_{u\in U}\rangle$,在不引起混淆时简记为 U.

定义 29.3 设 U 是一阶语言 $\mathscr{L}$ 的一个 Kripke 解释,V 是 $\mathscr{L}$ 的所有个体变元符号作成的集合,映射簇 σ: $\{\sigma_u: V\longrightarrow D\}_{u\in U}$ 如果满足:对任意的 $u, w\in U$,若 $u\leqslant w$,则 $\sigma_u=\sigma_w$,那么称 σ 为 $\mathscr{L}$ 在 Kripke 解释 U 中的一个指派,称 σ_u 为 σ **在阶段 u 的指派.**

$\mathscr{L}$ 在 Kripke 解释 U 中的指派也是随着阶段的“发展”而“发展”的.

对于 $\sigma_u: V\longrightarrow D_u$, $x\in V$ 和 $a\in D$,仍然使用 $\sigma_u(x/a)$ 表示如下映射:

$$\sigma_u(x/a): V\longrightarrow D,\ (\sigma_u(x/a))(v)=\begin{cases}a, & v=x,\\ \sigma_u(v), & v\neq x.\end{cases}\quad 任意\ v\in V.$$

定义 29.4 设U是一阶语言$\mathscr{L}$的一个 Kripke 解释，σ为$\mathscr{L}$在U中的一个指派，$u\in U$，$a\in D$，x是$\mathscr{L}$的一个个体变元符号，$\sigma^u(x/a)$是$\mathscr{L}$在U中的如下指派τ：$\{\tau_w: V\longrightarrow D\}_{w\in U}$，其中：

$$\tau_w=\begin{cases}\sigma_w(x/a), & \text{若 } w\leqslant u \text{ 或 } u\leqslant w;\\ \sigma_w, & \text{否则}.\end{cases}$$

即

$$(\sigma^u(x/a))_w(v)=\tau_w(v)=\begin{cases}a, & \text{若 } w\leqslant u \text{ 或 } u\leqslant w,\text{ 且 } v=x;\\ \sigma_w(v), & \text{否则}.\end{cases}$$

实际上，$\sigma^u(x/a)$只是将σ中与u有关阶段的指派在x处的值变为a，其他保持不动.

下面定义$\mathscr{L}$的项及公式在 Kripke 解释下的值.

定义 29.5 设U是一阶语言$\mathscr{L}$的一个 Kripke 解释，σ为$\mathscr{L}$在U中的一个指派，$u\in U$，σ对$\mathscr{L}$的项t在U的阶段u**指派的值**（记为t^u_σ）归纳定义如下：

(1) 当t为个体变元符号v时，$v^u_\sigma=\sigma_u(v)$；

(2) 当t为常元符号c时，$c^u_\sigma=\overline{c}^u$；

(3) 当t为$f(t_1,t_2,\cdots,t_n)$时，$t^u_\sigma=\overline{f}^u((t_1)^u_\sigma,(t_2)^u_\sigma,\cdots,(t_n)^u_\sigma)$.

由定义易见，$t^u_\sigma\in D$.

定义 29.6 设U是一阶语言$\mathscr{L}$的一个 Kripke 解释，$u\in U$，如下归纳定义$\mathscr{L}$的公式α在U的阶段u被指派σ满足（记为$I_u\models^U_\sigma\alpha$）：

(1) 当α为原子公式$F(t_1,t_2,\cdots,t_n)$时，$I_u\models^U_\sigma F(t_1,t_2,\cdots,t_n)$当且仅当

$$\langle(t_1)^u_\sigma,(t_2)^u_\sigma,\cdots,(t_n)^u_\sigma\rangle\in\overline{F}^u;$$

(2) 当α为$\neg\beta$时，$I_u\models^U_\sigma\neg\beta$当且仅当对任意的$w\in U$，若$u\leqslant w$，则$I_w\not\models^U_\sigma\beta$；

(3) 当α为$\alpha_1\vee\alpha_2$时，$I_u\models^U_\sigma\alpha_1\vee\alpha_2$当且仅当$I_u\models^U_\sigma\alpha_1$或$I_u\models^U_\sigma\alpha_2$；

(4) 当α为$\alpha_1\wedge\alpha_2$时，$I_u\models^U_\sigma\alpha_1\wedge\alpha_2$当且仅当$I_u\models^U_\sigma\alpha_1$且$I_u\models^U_\sigma\alpha_2$；

(5) 当α为$\alpha_1\to\alpha_2$时，$I_u\models^U_\sigma\alpha_1\to\alpha_2$当且仅当对任意的$w\in U$，若$u\leqslant w$，$I_w\models^U_\sigma\alpha_1$，则

$$I_w\models^U_\sigma\alpha_2;$$

(6) 当α为$\alpha_1\leftrightarrow\alpha_2$时，$I_u\models^U_\sigma\alpha_1\leftrightarrow\alpha_2$当且仅当对任意的$w\in U$，$u\leqslant w$，$I_w\models^U_\sigma\alpha_1$的充要条件是$I_w\models^U_\sigma\alpha_2$；

(7) 当α为$\exists x\beta$时，$I_u\models^U_\sigma\exists x\beta$当且仅当存在$a\in D_u$，使得$I_u\models^U_{\sigma^u(x/a)}\beta$；

(8) 当α为$\forall x\beta$时，$I_u\models^U_\sigma\forall x\beta$当且仅当对任意的$w\in U$，$u\leqslant w$，及任意的$a\in D_w$，$I_w\models^U_{\sigma^w(x/a)}\beta$；

在不引起混淆时，有时将$I_u\models^U_\sigma\alpha$记为$I_u\models_\sigma\alpha$.

定义 29.7 设Σ与α分别为一阶语言$\mathscr{L}$的公式集与公式.

(1) 如果存在$\mathscr{L}$的 Kripke 解释U，$u\in U$，及$\mathscr{L}$在U中的指派σ使得$I_u\models_\sigma\alpha$，则称α是**K-可满足的**；

(2) 如果存在$\mathscr{L}$的 Kripke 解释U，$u\in U$，及$\mathscr{L}$在U中的指派σ使得对每个$\alpha\in\Sigma$，$I_u\models_\sigma\alpha$，则称Σ是 K-可满足的，记为$I_u\models^U_\sigma\Sigma$或$I_u\models_\sigma\Sigma$；

(3) 如果存在 $\mathscr{L}$ 的 Kripke 解释 U 及 $u\in U$ 满足：对 $\mathscr{L}$ 在 U 中的任意指派 σ 都有 $I_u \models_{\sigma} \alpha(I_u \models_{\sigma} \Sigma)$，则称 $\alpha(\Sigma)$ 在 U 的阶段 u 真，记为 $I_u \models \alpha(I_u \models \Sigma)$；

(4) 如果对 $\mathscr{L}$ 的 Kripke 解释 U 满足：对任意的 $u\in U$ 都有 $I_u \models \alpha(I_u \models \Sigma)$，则称$\alpha(\Sigma)$在 U 中真，记为$\models^U \alpha(\models^U \Sigma)$；

(5) 如果 $\mathscr{L}$ 的任意 Kripke 解释 U 都有$\models^U \alpha(\models^U \Sigma)$，则称$\alpha(\Sigma)$是 K-永真的，记为$\models^K \alpha(\models^K \Sigma)$；

(6) 如果对 $\mathscr{L}$ 的任意 Kripke 解释 U，$u\in U$，及 $\mathscr{L}$ 在 U 中的任意指派 σ 都有若 $I_u \models_{\sigma} \Sigma$，则 $I_u \models_{\sigma} \alpha$，则称 α 是 Σ 的一个 K-语义推论，记为 $\Sigma \models^K \alpha$.

定理 29.11 设 U 是 $\mathscr{L}$ 的一个 Kripke 解释，$u\in U$，σ,τ 是 $\mathscr{L}$ 在 U 中的两个指派，满足 $\sigma_u=\tau_u$，则：

(1) 对 $\mathscr{L}$ 的任意项 t，$t_\sigma^u=t_\tau^u$；

(2) 对 $\mathscr{L}$ 的任意公式 α，$I_u \models_{\sigma} \alpha$. 当且仅当 $I_u \models_{\tau} \alpha$.

证明 (1) 对 t 的复杂性使用归纳法易证之.

(2) 对 α 的复杂性归纳证明：对任意 $u\in U$ 及 $\mathscr{L}$ 在 U 中的任意指派 σ,τ，若 $\sigma_u=\tau_u$，则 $I_u \models_{\sigma} \alpha$ 当且仅当 $I_u \models_{\tau} \alpha$.

① 当 α 为原子公式时，由(1)易证；

② 当 α 为 $\neg\beta$ 时，$I_u \models_{\sigma} \neg\beta \Leftrightarrow$ 对任意的 $w\in u$，若 $u\leqslant w$，则 $I_w \not\models_{\sigma} \beta$. 由于 $u\leqslant w$，故 $\sigma_w=\sigma_u=\tau_u=\tau_w$. 对 w,σ,τ,β 应用归纳假设得 $I_w \models_{\sigma} \beta$ 当且仅当 $I_w \models_{\tau} \beta$. 故 $I_u \models_{\sigma} \neg\beta$ 当且仅当对任意的 $w\in u$，若 $u\leqslant w$，则 $I_w \not\models_{\tau} \beta$，当且仅当 $I_u \models_{\tau} \neg\beta$；

③ 当 α 为 $\alpha_1\vee\alpha_2$，$\alpha_1\wedge\alpha_2$ 时，易证；

④ 当 α 为 $\alpha_1\rightarrow\alpha_2$，$\alpha_1\leftrightarrow\alpha_2$ 时，仿(2.2)可证；

⑤ 当 α 为 $\exists x\beta$ 时，$I_u \models_{\sigma} \exists x\beta \Leftrightarrow$ 存在 $a\in D_u$ 使得 $I_u \models_{\sigma^u(x/a)} \beta$. 由于指派 $\sigma^u(x/a)$ 在阶段 u 的指派 $(\sigma^u(x/a))_u$ 与指派 $\tau^u(x/a)$ 在阶段 u 的指派 $(\tau^u(x/a))_u$ 满足 $(\sigma^u(x/a))_u=\sigma_u(x/a)=\tau_u(x/a)=(\tau^u(x/a))_u$. 对 $u,\sigma^u(x/a),\tau^u(x/a)$ 及 β 应用归纳假设得 $I_u \models_{\sigma^u(x/a)} \beta \Leftrightarrow I_u \models_{\tau^u(x/a)} \beta$. 故 $I_u \models_{\sigma} \exists x\beta$ 当且仅当存在 $a\in D_u$ 使得 $I_u \models_{\tau^u(x/a)} \beta$，当且仅当 $I_u \models_{\tau} \exists x\beta$；

⑥ 当 α 为 $\forall x\beta$ 时，$I_u \models_{\sigma} \forall x\beta \Leftrightarrow$ 对任意 $w\in U$，$u\leqslant w$，任意 $a\in D_w$，都有 $I_w \models_{\sigma^w(x/a)} \beta$. 由于当 $u\leqslant w$ 时，$(\sigma^w(x/a))_w=\sigma_w(x/a)=\sigma_u(x/a)=\tau_u(x/a)=\tau_w(x/a)=(\tau^w(x/a))_w$ 对 w，$\sigma^w(x/a)$，$\tau^w(x/a)$ 及 β 应用归纳假设得 $I_w \models_{\sigma^w(x/a)} \beta \Leftrightarrow I_w \models_{\tau^w(x/a)} \beta$. 故 $I_u \models_{\sigma} \forall x\beta$ 当且仅当对任意 $w\in U$，$u\leqslant w$，任意 $a\in D_w$，都有 $I_w \models_{\tau^w(x/a)} \beta$，当且仅当 $I_u \models_{\tau} \forall x\beta$. 归纳证毕. ▌

定理 29.12 设 U 是 $\mathscr{L}$ 的一个 Kripke 解释，u，$w\in U$，$u\leqslant w$，对 $\mathscr{L}$ 在 U 中的任意指派 σ，$\mathscr{L}$ 的任意项 t 与任意公式 α，

(1) $t_\sigma^u=t_\sigma^w$；

(2) 若 $I_u \models_{\sigma} \alpha$，则 $I_w \models_{\sigma} \alpha$.

证明 (1) 由归纳法易证之；

(2) 对 α 的构造复杂性归纳证之.

① 当 α 为原子公式 $F(t_1, t_2, \cdots, t_n)$ 时，$I_u \models_{\sigma} \alpha \Rightarrow \langle (t_1)_{\sigma}^{u}, (t_2)_{\sigma}^{u}, \cdots, (t_n)_{\sigma}^{u} \rangle \in \overline{F}^u \overset{(1)}{\Rightarrow}$ $\langle (t_1)_{\sigma}^{w}, (t_2)_{\sigma}^{w}, \cdots, (t_n)_{\sigma}^{w} \rangle \in \overline{F}^u \overset{u \leqslant w}{\Rightarrow} \langle (t_1)_{\sigma}^{w}, (t_2)_{\sigma}^{w}, \cdots, (t_n)_{\sigma}^{w} \rangle \in \overline{F}^w \Rightarrow I_w \models_{\sigma} \alpha$；

② 当 α 为 $\neg\beta$ 时，若 $I_u \models_{\sigma} \alpha$，由定义知对任意的 $w \in U$，若 $u \leqslant w$，则 $I_w \not\models_{\sigma} \beta$，从而对任意的 $w' \in U$，若 $w \leqslant w'$，则 $u \leqslant w'$，故 $I_w{}' \not\models_{\sigma} \beta$，即 $I_w \models_{\sigma} \neg\beta$；

③ 当 α 为 $\alpha_1 \vee \alpha_2$, $\alpha_1 \wedge \alpha_2$ 时，由归纳假设易证；

④ 当 α 为 $\alpha_1 \rightarrow \alpha_2$, $\alpha_1 \leftrightarrow \alpha_2$ 时，仿②可证；

⑤ 当 α 为 $\exists x\beta$ 时，若 $I_u \models_{\sigma} \exists x\beta$，则存在 $a \in D_u \subseteq D_w$，使得 $I_u \models_{\sigma^u(x/a)} \beta$，对 $\sigma^u(x/a)$，β 应用归纳假设得 $I_w \models_{\sigma^u(x/a)} \beta$. 由于 $(\sigma^u(x/a))_w = (\sigma^w(x/a))_w$，由定理 29.11 知 $I_w \models_{\sigma^w(x/a)} \beta$，故 $I_w \models_{\sigma} \exists x\beta$；

⑥ 当 α 为 $\forall x\beta$ 时，若 $I_u \models_{\sigma} \forall x\beta$，则对任意 $w \in U$, $u \leqslant w$，任意 $a \in D_w$，$I_w \models_{\sigma^w(x/a)} \beta$，从而对任意 $w' \in U$，若 $w \leqslant w'$, $a \in D_{w'}$，则 $u \leqslant w'$，$I_{w'} \models_{\sigma^w(x/a)} \beta$. 故 $I_w \models_{\sigma} \forall x\beta$. 归纳证毕. ▌

仿定理 26.19 和定理 26.20 可证：

定理 29.13 设 U 是 $\mathscr{L}$ 的一个 Kripke 解释，$u \in U$，σ, τ 是 $\mathscr{L}$ 在 U 中的两个指派，t, α 分别为 $\mathscr{L}$ 项与公式，

(1) 若 t 中出现的变元符号都在 $x_1, x_2, \cdots, x_n$ 中，而对每个 i: $1 \leqslant i \leqslant n$, $\sigma_u(x_i) = \tau_u(x_i)$，则 $t_{\sigma}{}^{u} = t_{\tau}^{u}$；

(2) 若 α 中出现的自由变元符号都在 $x_1, x_2, \cdots, x_n$ 中，而对每个 i: $1 \leqslant i \leqslant n$, $\sigma_u(x_i) = \tau_u(x_i)$，则 $I_u \models_{\sigma} \alpha$ 当且仅当 $I_u \models_{\tau} \alpha$.

定理 29.14 设 U 是 $\mathscr{L}$ 的一个 Kripke 解释，$u \in U$，σ 是 $\mathscr{L}$ 在 U 中的一个指派，t, x, α 分别为 $\mathscr{L}$ 项 t、个体变元符号与公式，t 对 x 在 α 中自由，则 $I_u \models_{\sigma} \alpha(x/t)$ 当且仅当 $I_u \models_{\sigma'} \alpha$，其中 $\sigma' = \sigma^u(x/a)$, $a = t_{\sigma}^{u}$.

证明 (1) 仿定理 27.15 可证：$s_{\sigma'}^{u} = (s')_{\sigma}^{u}$，其中 s 是 $\mathscr{L}$ 中项，s' 是将 s 中所有 x 替换为 t 得到的项.

(2) 对 α 归纳证明：任意 $u \in U$ 及 $\mathscr{L}$ 在 U 中的任意指派 σ，

$$I_u \models_{\sigma} \alpha(x/t) \text{当且仅当} I_u \models_{\sigma'} \alpha.$$

只对 α 为 $\forall y\beta$ 时进行证明，其余情形易证.

① 当 $y = x$ 时，α 中 x 的所有出现都是约束出现，从而 $\alpha(x/t) = \alpha$，由定理 29.13 知 $I_u \models_{\sigma} \alpha(x/t)$ 当且仅当 $I_u \models_{\sigma} \alpha$ 当且仅当 $I_u \models_{\sigma'} \alpha$.

② 当 $y \neq x$ 时，$\alpha(x/t)$ 为 $(\forall y)(\beta(x/t))$. 由于 t 对 x 在 α 中自由，故 x 不在 α 中自由出现或 y 不在 t 中出现.

(i) 当 x 不在 α 中自由出现时，仿(2.1)可证.

(ii) 当 y 不在 t 中出现时，由定理 29.13 得：对任意 $w \in D$, $u \leqslant w$，任意 $d \in D_w$，$(t)_{\sigma^w(y/d)}^{w} = t_{\sigma}^{w}$，从而 $I_u \models_{\sigma} \alpha(x/t) \Leftrightarrow I_u \models_{\sigma} (\forall y)(\beta(x/t)) \Leftrightarrow$ 任意 $w \in U$，若 $u \leqslant w$, $d \in D_w$，则 $I_w \models_{\sigma^w(y/d)} \beta(x/t) \overset{\text{令}\sigma''=\sigma^w(y/d)}{\Longleftrightarrow}$ 任意 $w \in U$，若 $u \leqslant w$, $d \in D_w$，则 $I_w \models_{\sigma''} \beta(x/t) \overset{\text{归纳假设}}{\Longleftrightarrow}$ 任意 $w \in U$，若 $u \leqslant w$, $d \in D_w$，则 $I_w \models_{(a'')^w(x/t_{\sigma''}^{w})} \beta \Leftrightarrow$ 任意 $w \in U$，若 $u \leqslant w$, $d \in D_w$，则 $I_u \models_{(a'')^w(x/t_{\sigma}^{w})} \beta \Leftrightarrow$

任意 $w\in U$,若 $u\leqslant w$, $d\in D_w$, 则 $I_w \models_{\overline{(\sigma'')^w(x/a)}}\beta$.

由于当 $u\leqslant w$ 时,$((\sigma'')^w(x/a))_w=\sigma''_w(x/a)=(\sigma^w(y/d))_w(x/a)=(\sigma_w(y/d))(x/a)\overset{y\neq x}{=\!=}(\sigma_w(x/a))=(\sigma^u(x/a))_w(y/d)=(\sigma')_w(y/d)=((\sigma')^w(y/d))_w$,故 $I_u\models_{\sigma}\alpha(x/t)$ 当且仅当任意 $w\in U$,若 $u\leqslant w$, $d\in D_w$, 则 $I_w \models_{\overline{(\sigma')^w(y/d)}}\beta$,当且仅当 $I_u \models_{\overline{(\sigma)^u(x/a)}}\forall y\beta$,当且仅当 $I_u\models_{\sigma}\alpha$. 归纳证毕. ∎

下面证明可靠性.

定理 29.15 设 Σ, α 分别为一阶语言 $\mathscr{L}$ 的有限公式集与公式,若 $\Sigma\vdash_C\alpha$,则 $\Sigma\models^K\alpha$.

证明 因 $\Sigma\vdash_C\alpha$,故存在 $IN_{\mathscr{L}}$ 中的证明:

$$\Sigma_1\vdash\alpha_1,\Sigma_2\vdash\alpha_2, \cdots, \Sigma_n\vdash\alpha_n$$

使得 $\Sigma_n=\Sigma$, $\alpha_n=\alpha$.

下面归纳证明:对每个 $i(1\leqslant i\leqslant n)$,$\Sigma_i\models^K\alpha_i$.

(1) 当 $i=1$ 时,$\alpha_1\in\Sigma_1$,此时 $\Sigma_1\models^K\alpha_1$ 显然成立.

(2) 假设 $\Sigma_1\models^K\alpha_1$,$\Sigma_2\models^K\alpha_2$, …, $\Sigma_{i-1}\models^K\alpha_{i-1}$,往证:$\Sigma_i\models^K\alpha_i(1<i\leqslant n)$.

① 若 $\Sigma_i\vdash\alpha_i$ 是由($\in$)得到的,显然.

② 若 $\Sigma_i\vdash\alpha_i$ 是由($\neg+$)得到的,则存在 $j,k(1\leqslant j, k<i)$使得 $\Sigma_j\vdash\alpha_j$,$\Sigma_k\vdash\alpha_k$ 分别为 Σ_i, $\alpha\vdash\beta$,Σ_i, $\alpha\vdash\neg\beta$,其中 β 是 $\mathscr{L}$ 中的一个公式,$\alpha_i=\neg\alpha$. 由归纳假设得 Σ_i, $\alpha\models^K\beta$,Σ_i, $\alpha\models^K\neg\beta$,要证的是 $\Sigma_i\models^K\neg\alpha$. 若不然,$\Sigma_i\not\models^K\neg\alpha$,则存在 $\mathscr{L}$ 的 Kripke 解释 U,$u\in U$ 及 $\mathscr{L}$ 在 U 中的指派 σ,使得 $I_u\models_{\sigma}\Sigma_i$,但 $I_u\not\models_{\sigma}\neg\alpha$. 由定义知存在 $w\in U$, $u\leqslant w$,使得 $I_w\models_{\sigma}\alpha$. 而由定理 29.12 知 $I_w\models_{\sigma}\Sigma_i$,故 $I_w\models_{\sigma}\beta$,$I_w\models_{\sigma}\neg\beta$,矛盾.

③ 若 $\Sigma_i\vdash\alpha_i$ 是由($\neg$)得到的,即归纳假设 $\Sigma_i\models^K\beta$,$\Sigma_i\models^K\neg\beta$,要证 $\Sigma_i\models^K\alpha_i$. 由于对任意的 U, $u\in U$,一旦 $I_u\models_{\sigma}\Sigma_i$,则 $I_u\models_{\sigma}\beta$,且 $I_u\models_{\sigma}\neg\beta$,故 $I_u\models_{\sigma}\Sigma_i$ 不成立,从而,"若 $I_u\models_{\sigma}\Sigma_i$,则 $I_u\models_{\sigma}\alpha_i$"成立,即 $\Sigma_i\models^K\alpha_i$ 成立.

④ 若 $\Sigma_i\vdash\alpha_i$ 是由($\rightarrow-$)得到的,即假设 $\Sigma_i\models^K\beta\rightarrow\alpha_i$,$\Sigma_i\models^K\beta$,要证 $\Sigma_i\models^K\alpha_i$. 设 $I_u\models_{\sigma}\Sigma_i$,则 $I_u\models_{\sigma}\beta\rightarrow\alpha_i$,$I_u\models_{\sigma}\beta$. 由于 $u\leqslant u$,由 $I_u\models_{\sigma}\beta\rightarrow\alpha_i$ 的定义得 $I_u\models_{\sigma}\alpha_i$,故 $\Sigma_i\models^K\alpha_i$.

⑤ 若 $\Sigma_i\vdash\alpha_i$ 是由($\rightarrow+$)得到的,即假设 Σ_i,$\beta_1\models^K\beta_2$,要证 $\Sigma_i\models^K\beta_1\rightarrow\beta_2$(其中 $\alpha_i=\beta_1\rightarrow\beta_2$). 假设 $I_u\models_{\sigma}\Sigma_i$,要证 $I_u\models_{\sigma}\beta_1\rightarrow\beta_2$,只要证对任意 $w\in W$,若 $u\leqslant w$,$I_u\models_{\sigma}\beta_1$,则 $I_u\models_{\sigma}\beta_2$. 事实上,由定理 29.12 得 $I_w\models_{\sigma}\Sigma_i$,从而 $I_u\models_{\sigma}\Sigma_i\cup\{\beta_1\}$,故 $I_u\models_{\sigma}\beta_2$.

⑥ 若 $\Sigma_i\vdash\alpha_i$ 是由($\vee-$), ($\vee+$), ($\wedge-$), ($\wedge+$), ($\leftrightarrow-$), ($\leftrightarrow+$), ($+$)得到的,仿上已证.

⑦ 若 $\Sigma_i\vdash\alpha_i$ 是由($\forall-$)得到的,即假设 $\Sigma_i\models^K\forall x\beta$,要证 $\Sigma_i\models^K\beta(x/t)$,其中 t 对 x 在 β 中自由,$\alpha_i=\beta(x/t)$. 事实上,设 $I_u\models_{\sigma}\Sigma_i$,则 $I_u\models_{\sigma}\forall x\beta$. 令 $a=t^u_{\sigma}\in D$,由于 $u\leqslant u$,故 $I_u\models_{\overline{\sigma^u(x/a)}}\beta$. 由定理 29.14 得 $I_u\models_{\sigma}\beta(x/t)$, 故 $\Sigma_i\models^K\beta(x/t)$.

⑧ 若 $\Sigma_i\vdash\alpha_i$ 是由($\forall+$)得到的,即假设 $\Sigma_i\models^K\beta$,要证 $\Sigma_i\models^K\forall x\beta$,其中 x 在 Σ 的任何公式中自由出现,$\alpha_i=\forall x\beta$. 事实上,设 $I_u\models_{\sigma}\Sigma_i$. 对任意 $w\in U$, $u\leqslant w$,任意 $d\in D_w$,由定理 29.12 知 $I_w\models_{\sigma}\Sigma_i$,再由定理 29.13 知 $I_w\models_{\overline{\sigma^w(x/d)}}\Sigma_i$,从而 $I_w\models_{\overline{\sigma^w(x/d)}}\beta$,故 $I_u\models_{\sigma}\forall x\beta$.

⑨ 若 $\Sigma_i\vdash\alpha_i$ 是由($\exists-$)得到的,即假设 Σ,$\beta\models^K\alpha_i$,要证 Σ, $\exists x\beta\models^K\alpha_i$,其中 x 不在

$\Sigma\cup\{\alpha_i\}$的任何公式中自由出现，$\Sigma_i=\Sigma\cup\{\exists x\beta\}$. 事实上，设 $I_u\models_{\sigma}\Sigma\cup\{\exists x\beta\}$，则 $I_u\models_{\sigma}\Sigma$，$I_u\models_{\sigma}\exists x\beta$，从而存在 $a\in D_u$ 使得 $I_u\models_{\sigma^u(x/a)}\beta$. 又由于 x 不在 Σ 的任何公式中自由出现，由定理29.13得 $I_u\models_{\sigma^u(x/a)}\Sigma$，从而 $I_u\models_{\sigma^u(x/a)}\alpha_i$. 又 x 不在 α_i 中自由出现，故 $I_u\models_{\sigma}\alpha_i$.

⑩ 若 $\Sigma_i\vdash\alpha_i$ 是由（$\exists+$）得到的，即假设 $\Sigma_i\models^K\beta(x/t)$，要证 $\Sigma_i\models^K\exists x\beta$，其中 t 对 x 在 β 中自由，$\alpha_i=\exists x\beta$. 事实上，设 $I_u\models_{\sigma}\Sigma_i$，则 $I_u\models_{\sigma}\beta(x/t)$. 令 $a=t^u_\sigma$，由定理 29.14 得 $I_u\models_{\sigma^u(x/a)}\beta$，从而 $I_u\models_{\sigma}\exists x\beta$.

归纳证毕. ▎

推论 (1) 若 α 是 $IN_{\mathscr{L}}$的内定理，则 α 是 K-永真的；

(2) 若 α 是 K-可满足的，则 α 在 $IN_{\mathscr{L}}$中和谐.

29.5 直觉主义逻辑的完备性

本节中，我们将证明直觉主义逻辑系统 $IK_{\mathscr{L}}$($IN_{\mathscr{L}}$)在 Kripke 语义下的完全性，所用的方法还是常量构作法，因此下面的证明可以说是对 27.8 节中古典一阶逻辑完全性证明的改造.

本节总设 $\mathscr{L}$是一个一阶语言.

先证关于 $IK_{\mathscr{L}}$中推理的几个引理.

引理 1 设 $\mathscr{L}$是一个非逻辑符号集，Γ 是 $\mathscr{L}$中的一个公式集，C 是由一些 $\mathscr{L}$之外的新个体常元符号作成的集合，$\mathscr{L}'=\mathscr{L}\cup C$，若

$$\beta_1(c_1, c_2, \cdots, c_k), \beta_2(c_1, c_2, \cdots, c_k), \cdots, \beta_m(c_1, c_2, \cdots, c_k)$$

是 $IK_{\mathscr{L}'}$中在前提 Γ 下的一个证明序列，其中 $c_1, c_2, \cdots, c_k$ 是 $\beta_1, \beta_2, \cdots, \beta_m$ 中出现的所有 C 中的常元符号，又 $y_1, y_2, \cdots, y_k$ 是不在 $\beta_1, \beta_2, \cdots, \beta_m$ 中自由出现的 $\mathscr{L}$中的 k 个个体变元符号，则：

$$\begin{gathered}\beta_1(c_1/y_1, c_2/y_2, \cdots, c_k/y_k),\\ \beta_2(c_1/y_1, c_2/y_2, \cdots, c_k/y_k),\\ \vdots\\ \beta_m(c_1/y_1, c_2/y_2, \cdots, c_k/y_k).\end{gathered}$$

还是 $IK_{\mathscr{L}'}$中在前提 Γ 下的一个证明序列，因而也是 $IK_{\mathscr{L}}$中在前提 Γ 下的一个证明序列.

证明 仿定理 27.36 可证. ▎

引理 2 设 Σ，α 分别为 $\mathscr{L}$的公式集与公式，x 为 $\mathscr{L}$个体变元符号，c 为一个不在 Σ，α 的任何公式中出现的常元符号. 若 $\Sigma\vdash_I\alpha(x/c)$，则 $\Sigma\vdash_I\forall x\alpha$.

证明 设 $\alpha_1(c), \alpha_2(c), \cdots, \alpha_m(c)$是 $\Sigma\vdash_I\alpha(x/c)$的一个证明序列，$\alpha(x/c)=\alpha_m(c)$. 任意取定一个不在 $\alpha_1(c), \alpha_2(c), \cdots, \alpha_m(c)$的任何公式中出现的一个变元符号 y，由引理 29.6 知 $\alpha_1(c/y), \alpha_2(c/y), \cdots, \alpha_m(c/y)$还是一个证明序列. 令：

$$\Sigma'=\Sigma\cap\{\alpha_1(c), \alpha_2(c), \cdots, \alpha_m(c)\}.$$

由于 c 不在 Σ 的任何公式中出现，故 $\alpha_1(c/y), \alpha_2(c/y), \cdots, \alpha_m(c/y)$是 $\Sigma'\vdash_I\alpha(x/c)(c/y)$的一个证明序列. 又由于 c 不在 α 中出现，故$\alpha(x/c)(c/y)=\alpha(x/y)$，从而 $\Sigma'\vdash_I\alpha(x/y)$. 又由于 y 不在 Σ'中出现，由定理 29.8 知 $\Sigma'\vdash_I\forall y\,\alpha(x/y)$. 再由例 29.5(5)知 $\Sigma'\vdash_I\forall x\alpha$，从而 $\Sigma\vdash_I\forall x\alpha$. ▎

引理 3 设 Σ 为 $\mathscr{L}$ 的公式集，α,β 为 $\mathscr{L}$ 的公式，x 为 $\mathscr{L}$ 个体变元符号，c 为一个不在 Σ，α,β 的任何公式中出现的常元符号．若 $\Sigma,\ \alpha(x/c)\vdash_I\beta$，则 $\Sigma,\ \exists x\alpha\vdash_I\beta$．

证明 任取一个不在 α,β 中出现个体变元符号 y，则 $\alpha(x/c)=\alpha(x/y)(y/c)$，$\beta(y/c)=\beta$．若 $\Sigma,\ \alpha(x/c)\vdash_I\beta$，则存在 Σ 的有限子集 Σ' 使得 $\Sigma',\ \alpha(x/c)\vdash_I\beta$，故 $\Sigma',\ \alpha(x/c)\vdash_C\beta$．从而 $\Sigma',\ \exists x\alpha\vdash_C\beta$，其证明如下：

$\Sigma',\ \alpha(x/c)\vdash_C\beta$，

$\Sigma',\ \alpha(x/y)(y/c)\vdash_C\beta(y/c)$，

$\Sigma'\vdash_C\alpha(x/y)(y/c)\to\beta(y/c)$，　　(→+)

$\Sigma'\vdash_C(\alpha(x/y)\to\beta)(y/c)$，

$\Sigma'\vdash_C\forall y(\alpha(x/y)\to\beta)$，　　(引理 2)

$\forall y(\alpha(x/y)\to\beta)\vdash_C\exists y\,\alpha(x/y)\to\beta$，　　(例 29.6(2))

$\Sigma'\vdash_C\exists y\,\alpha(x/y)\to\beta$，

$\Sigma',\ \exists y\,\alpha(x/y)\vdash_C\beta$，

$\exists x\alpha\vdash_C\exists y\,\alpha(x/y)$，　　(例 29.5(5))

$\Sigma',\ \exists x\alpha\vdash_C\Sigma',\ \exists y\,\alpha(x/y)$，

$\Sigma',\ \exists x\alpha\vdash_C\beta$.

故 $\Sigma',\ \exists x\alpha\vdash_I\beta$，从而 $\Sigma,\ \exists x\alpha\vdash_I\beta$．　▌

引理 4 设 α,β,γ 是 $\mathscr{L}$ 中公式，$\beta\dashv\vdash_I\gamma$，将 α 中某些 β 替换为 γ 所得的公式记为 α'，则 $\alpha\dashv\vdash_I\alpha'$．

证明 仿定理 27.3 可证．　▌

下面进行常量构造．

定义 29.8 设 Σ 是 $\mathscr{L}$ 的一个公式集，称 Σ 在 $\mathscr{L}$ 中是**强和谐的**，如果：

(1) Σ 在 $IK_{\mathscr{L}}$ 中是和谐的；

(2) 对 $\mathscr{L}$ 的任意公式 α，若 $\Sigma\vdash_I\alpha$，则 $\alpha\in\Sigma$；

(3) 对 $\mathscr{L}$ 的任意公式 α,β，若 $\alpha\vee\beta\in\Sigma$，则 $\alpha\in\Sigma$ 或 $\beta\in\Sigma$；

(4) 对 $\mathscr{L}$ 的任意公式 α，若 $\exists x\alpha\in\Sigma$，则存在 $\mathscr{L}$ 的闭项 t 使得 $\alpha(x/t)\in\Sigma$．

引理 5 设 C 是由一些 $\mathscr{L}$ 之外的的新个体常元符号作成的集合，$|C|=\aleph$，$\mathscr{L}'=\mathscr{L}\cup C$．$\Sigma$ 与 α 分别为 $\mathscr{L}$ 中的公式集与公式，满足 $\Sigma\nvdash_I\gamma$．则存在 $\mathscr{L}'$ 中的公式集 Σ'，满足 $\Sigma'\supseteq\Sigma$，Σ' 在 $\mathscr{L}'$ 中是强和谐的，且 $\Sigma'\nvdash_I\gamma$．

证明 $|\mathscr{L}'|=\aleph$，故 $\mathscr{L}'$ 中只有可数多个公式，枚举 $\mathscr{L}'$ 的所有公式如下：

$$\alpha_0,\ \alpha_1,\ \alpha_2,\ \cdots,\ \alpha_n,\ \cdots$$

(1) 归纳构造 $\mathscr{L}'$ 公式集的递增序列：

$$\Sigma_0,\Sigma_1,\Sigma_2,\ \cdots,\Sigma_n,\ \cdots$$

使之满足：对每个自然数 n，

① $\Sigma_n\nvdash_I\gamma$；

② $\Sigma_n-\Sigma$ 是有穷集．

归纳构造如下：

(i) 令 $\Sigma_0=\Sigma$，则条件②显然成立；由于 $\Sigma\nvdash_I\gamma$ 在 $IK_{\mathscr{L}}$ 中成立，下证其在 $IK_{\mathscr{L}'}$ 也成立，若不然，设 Φ 为 $\Sigma\vdash_I\gamma$ 在 $IK_{\mathscr{L}'}$ 中的一个证明序列，Φ 中公式出现的 C 中的所有变元符号为 $c_1,\ c_2,\ \cdots,\ c_k$．取不在 Φ 的公式中出现的变元符号 $y_1,\ y_2,\ \cdots,\ y_k$，将 Φ 的每个公式中出现的 $c_1,\ c_2$，

$\cdots$，c_k 分别替换为 y_1，y_2，$\cdots$，y_k 得到的公式序列记为 Φ'，由引理 1 知 Φ' 也为 $IK_{\mathscr{L}}$ 中的一个证明序列. 由于 Φ' 的公式中已不再含有 C 中的符号，故 Φ' 是 $\mathscr{L}$ 中的公式集，从而为 $IK_{\mathscr{L}}$ 中的一个证明序列，由于 Σ 的公式与 α 中不含有 C 中符号，故 Φ' 就是 $\Sigma\vdash_I\gamma$ 在 $IK_{\mathscr{L}}$ 中的一个证明序列，矛盾. 故条件①也成立.

(ii) 假设 Σ_n 已构造好，如下归纳构造 Σ_{n+1}：

(a) 当 Σ_n，$\alpha_n\vdash_I\gamma$ 时，令 $\Sigma_{n+1}=\Sigma_n$；

(b) 当 Σ_n，$\alpha_n\nvdash_I\gamma$ 且 α_n 既不是形如 $\beta_1\vee\beta_2$ 的公式也不是形如 $\exists x\beta$ 时，令 $\Sigma_{n+1}=\Sigma_n\cup\{\alpha_n\}$；

(c) 当 Σ_n，$\alpha_n\nvdash_I\gamma$ 且 $\alpha_n=\beta_1\vee\beta_2$ 时，则 Σ_n，α_n，$\beta_1\nvdash_I\gamma$ 或 Σ_n，α_n，$\beta_2\nvdash_I\gamma$，

若 Σ_n，α_n，$\beta_1\nvdash_I\gamma$，令 $\Sigma_{n+1}=\Sigma_n\cup\{\alpha_n,\beta_1\}$；

若 Σ_n，α_n，$\beta_2\nvdash_I\gamma$，令 $\Sigma_{n+1}=\Sigma_n\cup\{\alpha_n,\beta_2\}$；

(d) 当 Σ_n，$\alpha_n\nvdash_I\gamma$ 且 $\alpha_n=\exists x\beta$ 时. 由于 $\Sigma_n-\Sigma$ 是有穷集，故 Σ_n 中最多只有有限多个公式含有 C 中常元符号，而 $|C|=\aleph$，故 C 中有常元符号 c 不在 $\Sigma_n\cup\{\alpha_n\}$ 的任何公式中出现. 又由于 c 不在 γ 中出现，由引理 2 得 Σ_n，α_n，$\beta(x/c)\nvdash_I\gamma$，令 $\Sigma_{n+1}=\Sigma_n\cup\{\alpha_n,\beta(x/c)\}$；

无论哪种情况，总有 $\Sigma_{n+1}\supseteq\Sigma_n$，且条件①与②都成立.

归纳构造完成. 令：

$$\Sigma'=\bigcup_{n\in N}\Sigma_n,$$

则显然有 $\Sigma'\supseteq\Sigma=\Sigma_0$.

(2) 往证：$\Sigma'\nvdash_I\gamma$. 若不然，$\Sigma'\vdash_I\gamma$，则存在 Σ 的有限子集 Σ''，使得 $\Sigma''\vdash_I\gamma$，从而存在自然数 m 使得 $\Sigma\subseteq\Sigma_m$. 故 $\Sigma_m\vdash_I\gamma$，矛盾.

(3) 往证：Σ' 在 $\mathscr{L}$ 中是强和谐的.

① 由于 $\Sigma'\nvdash_I\gamma$，故 Σ' 是和谐的.

② 若 α 是 $\mathscr{L}$ 的公式，$\Sigma'\vdash_I\alpha$，因 $\Sigma'\nvdash_I\gamma$，故 Σ'，$\alpha\nvdash_I\gamma$. 设 $\alpha=\alpha_n$，则 Σ_n，$\alpha_n\nvdash_I\gamma$，由 Σ_{n+1} 的构造(b)—(d)知 $\alpha_n\in\Sigma_{n+1}$，从而 $\alpha\in\Sigma'$.

③ 若 $\mathscr{L}$ 的公式 α,β 满足 $\alpha\vee\beta\in\Sigma'$. 则 $\Sigma'\vdash_I\alpha\vee\beta$，故 Σ'，$\alpha\vee\beta\nvdash_I\gamma$. 设 $\alpha\vee\beta=\alpha_n$，则 Σ_n，$\alpha_n\nvdash_I\gamma$，从而 $\alpha\in\Sigma_{n+1}\subseteq\Sigma'$ 或 $\beta\in\Sigma_{n+1}\subseteq\Sigma'$.

④ 若 $\exists x\alpha\in\Sigma'$，则 Σ'，$\exists x\alpha\nvdash_I\gamma$. 设 $\exists x\alpha=\alpha_n$，则 Σ_n，$\alpha_n\nvdash_I\gamma$，从而存在 $c\in C$ 使得 $\alpha(x/c)\in\Sigma'$. ▎

引理 6 设 C 是由 $\mathscr{L}$ 之外的一些新常元符号构成的集合，$\mathscr{L}$ 中至少含有一个谓词符号，若 Σ 是 $\mathscr{L}\cup C$ 中的一个强和谐公式集，则 Σ 不是 $\mathscr{L}$ 中的公式集，从而更不是 $\mathscr{L}$ 的强和谐公式集.

证明 任取 $c\in C$ 及 $\mathscr{L}$ 中的一个谓词符号 F，设 F 是 m 元的，则 $\Sigma\vdash_I F(c,c,\cdots,c)\to F(c,c,\cdots,c)$，从而 $F(c,c,\cdots,c)\to F(c,c,\cdots,c)\in\Sigma$，而 $F(c,c,\cdots,c)\to F(c,c,\cdots,c)$不在 $\mathscr{L}$ 中. ▎

下面来构造 $\mathscr{L}$ 的一个特殊的 Kripke 解释 U 和 U 在 $\mathscr{L}$ 中的一个特殊指派 σ. 不妨设 $\mathscr{L}$ 中至少含有一个谓词符号.

设 C_0，C_1，C_2，$\cdots$，C_n，$\cdots$是 $\mathscr{L}$ 之外新常元符号集合的一个序列，每个 C_n 都是可数的，且两两不交，令：

$$C'=\bigcup_{n\in N}C_n,\quad \mathscr{L}=\mathscr{L}\cup C',\quad \mathscr{L}_0=\mathscr{L},\quad \mathscr{L}_{n+1}=\mathscr{L}_n\cup C_n.$$

如下的 $\mathscr{L}$ 的 Kripke 解释 $\langle U,\{I_u\}_{u\in U}\rangle$ 和 $\mathscr{L}$ 在 U 中指派 σ 分别称为 $\mathscr{L}$ 的典型 Kripke 解释和典型指派：

(1) 阶段集 U 为：

$$\{\Sigma \mid \text{存在 } n\in N \text{ 使得 } \Sigma \text{ 为 } \mathscr{L}_n \text{ 的一个强和谐公式集}\}.$$

U 上的偏序关系 $\leqslant$ 为：对任意 $\Sigma,\Gamma\in U$，

$$\Sigma\leqslant\Gamma \text{ 当且仅当 } \Sigma\subseteq\Gamma.$$

(2) 对 U 的每个阶段 Σ，$\mathscr{L}$ 在阶段 Σ 的解释 I_Σ 如下：

由引理 29.11 知存在惟一的 $n\in N$ 使得 Σ 只是 $\mathscr{L}_n$ 中的强和谐公式集，记此 n 为 n_Σ.

① $D_\Sigma=\{t \mid t \text{ 为 } \mathscr{L}_{n_\Sigma} \text{ 中的项}\}$，则：

$$D=\bigcup_{\Sigma\in U} D_\Sigma=\{t \mid t \text{ 为 } \mathscr{L} \text{ 中的项}\}.$$

当 $\Sigma\leqslant\Gamma$ 时，由引理 29.11 知 $n_\Sigma\leqslant n_\Gamma$，因而 $D_\Sigma\subseteq D_\Gamma$.

② 对 $\mathscr{L}$ 的常元符号 d，令 $\overline{d}^\Sigma=d\in D$.

当 $\Sigma\leqslant\Gamma$ 时，$\overline{d}^\Sigma=\overline{d}^\Gamma=d$.

③ 对 $\mathscr{L}$ 的 m 元函数符号 f，令函数 $\overline{f}^\Sigma$：$D^m\longrightarrow D$ 为：

$$\overline{f}^\Sigma(t_1,t_2,\cdots,t_m)=f(t_1,t_2,\cdots,t_m),(t_1,t_2,\cdots,t_m\in D).$$

当 $\Sigma\leqslant\Gamma$ 时，$\overline{f}^\Gamma|_D=\overline{f}^\Sigma$.

④ 对 $\mathscr{L}$ 的 n 元谓词符号 F，令关系 $\overline{F}^\Sigma\subseteq D^n$ 为：对任意 $\langle t_1,t_2,\cdots,t_n\rangle\in D^n$，

$$\langle t_1,t_2,\cdots,t_n\rangle\in\overline{F}^\Sigma \text{ 当且仅当 } F(t_1,t_2,\cdots,t_n)\in\Sigma.$$

当 $\Sigma\leqslant\Gamma$ 时，显然有 $\overline{F}^\Sigma\subset\overline{F}^\Gamma$.

(3) σ 在阶段 Σ 的指派 σ_Σ：$V\longrightarrow D$ 如下：

$$\sigma_\Sigma(v)=v,\quad \text{任意 } v\in V.$$

显然，当 $\Sigma\leqslant\Gamma$ 时，$\sigma_\Sigma=\sigma_\Gamma$.

引理 7 设 U 与 σ 分别是 $\mathscr{L}$ 的典型 Kripke 解释与典型指派，则：

(1) 对 $\mathscr{L}$ 的任意项 t 和 U 的任意阶段 Σ，$t_\sigma^\Sigma=t\in D$.

(2) 对 $\mathscr{L}$ 的任意公式 α 和 U 的任意阶段 Σ，$I_\Sigma\models_\sigma\alpha$ 当且仅当 $\alpha\in\Sigma$.

证明 (1)易证，下对 α 的复杂性归纳证(2).

① 当 α 为原子公式 $F(t_1,t_2,\cdots,t_n)$ 时，$I_\Sigma\models_\sigma\alpha$ 当且仅当 $\langle(t_1)_\sigma^\Sigma,(t_2)_\sigma^\Sigma,\cdots,(t_n)_\sigma^\Sigma\rangle\in\overline{F}^\Sigma$，当且仅当 $\langle t_1,t_2,\cdots,t_n\rangle\in\overline{F}^\Sigma$，当且仅当 $F(t_1,t_2,\cdots,t_n)\in\Sigma$.

② 当 α 为 $\neg\beta$ 时，首先设 $\neg\beta\in\Sigma$. 对任意 $\Gamma\in U$，若 $\Sigma\subseteq\Gamma$，则 $\neg\beta\in\Gamma$，由 Γ 的和谐性知 $\beta\notin\Gamma$，由归纳假设得 $I_\Gamma\not\models_\sigma\beta$，再由定义知 $I_\Sigma\models_\sigma\neg\beta$. 反之，设 $I_\Sigma\models_\sigma\neg\beta$，要证 $\neg\beta\in\Sigma$. 若不然，$\neg\beta\notin\Sigma$，则由 Σ 的强和谐性知 $\Sigma\nvdash_I\neg\beta$，由于 $\beta\to\neg\beta\vdash_I\neg\beta$，故 $\Sigma\nvdash_I\beta\to\neg\beta$，从而 $\Sigma,\beta\nvdash_I\neg\beta$，由引理 29.10 知：存在 $\mathscr{L}_{n_\Sigma+1}$ 中的强和谐公式集 $\Gamma\supseteq\Sigma\cup\{\beta\}$，从而 $\beta\in\Gamma$. 由归纳假设得 $I_\Gamma\models_\sigma\beta$，与 $I_\Sigma\models_\sigma\neg\beta$ 矛盾，故 $\neg\beta\in\Sigma$.

③ 当 α 为 $\beta\to\gamma$ 时，设 $\beta\to\gamma\in\Sigma$，对任意 $\Gamma\in U$，若 $\Sigma\subseteq\Gamma$，且 $I_\Gamma\models_\sigma\beta$，要证 $I_\Gamma\models_\sigma\gamma$. 事实上，由归纳假设得 $\beta\in\Gamma$，从而 $\Gamma\vdash_I\beta\to\gamma$，且 $\Gamma\vdash_I\beta$，故 $\Gamma\vdash_I\gamma$. 由 Γ 的强和谐性知 $\gamma\in\Gamma$，由归纳假设得 $I_\Gamma\models_\sigma\gamma$，从而 $I_\Sigma\models_\sigma\beta\to\gamma$. 反之，设 $\beta\to\gamma\notin\Sigma$，则 $\Sigma\nvdash_I\beta\to\gamma$，从而 $\Sigma,\beta\nvdash_I\gamma$，故存在 $\mathscr{L}_{n_\Sigma+1}$ 中的强和谐公式集 $\Gamma\supseteq\Sigma\cup\{\beta\}$，使得 $\Gamma\nvdash_I\gamma$，从而 $\beta\in\Gamma$，但 $\gamma\notin\Gamma$，由归纳假设得 $I_\Gamma\models_\sigma\beta$，但 $I_\Gamma\not\models_\sigma\gamma$，由定义知 $I_\Sigma\not\models_\sigma\beta\to\gamma$.

④ 当 α 为 $\beta\vee\gamma$ 时，由于 $I_\Sigma\not\models_\sigma\beta\vee\gamma\Longleftrightarrow I_\Sigma\not\models_\sigma\beta$ 或 $I_\Sigma\not\models_\sigma\gamma\Longleftrightarrow\beta\in\Sigma$ 或 $\gamma\in\Sigma$. 从而，若 $I_\Sigma\not\models_\sigma\beta\vee\gamma$，

则 $\Sigma\vdash_I\beta$ 或 $\Sigma\vdash_I\gamma$，故 $\Sigma\vdash_I\beta\vee\gamma$，从而 $\beta\vee\gamma\in\Sigma$. 反之，若 $\beta\vee\gamma\in\Sigma$，由 Σ 的强和谐性知 $\beta\in\Sigma$ 或 $\gamma\in\Sigma$，从而 $I_\Sigma\models_\sigma\beta\vee\gamma$.

⑤ 当 α 为 $\beta\wedge\gamma$ 时. $I_\Sigma\models_\sigma\beta\wedge\gamma$ 当且仅当 $I_\Sigma\models_\sigma\beta$ 且 $I_\Sigma\models_\sigma\gamma$，当且仅当 $\beta\in\Sigma$ 且 $\gamma\in\Sigma$. 而由 Σ 的强和谐性知 $\beta\in\Sigma$ 且 $\gamma\in\Sigma$ 当且仅当 $\beta\wedge\gamma\in\Sigma$.

⑥ 当 α 为 $\beta\leftrightarrow\gamma$ 时，仿③可证.

⑦ α 为 $\exists x\beta$ 时. 若 $\exists x\beta\in\Sigma$，由 Σ 的强和谐性知：存在 $\mathscr{L}_{n_\Sigma}$ 中的闭项 t，使得 $\beta(x/t)\in\Sigma$，由归纳假设得 $I_\Sigma\models_\sigma\beta(x/t)$. 由于 $t_\sigma^\Sigma=t\in D_\Sigma$，由定理 29.14 知 $I_\Sigma\models_{\sigma^\Sigma(x/t)}\beta$，从而 $I_\Sigma\models_\sigma\exists x\beta$. 反之，设 $I_\Sigma\models_\sigma\exists x\beta$，则存在 $t\in D_\Sigma$ 使得 $I_\Sigma\models_{\sigma^\Sigma(x/t_\sigma^\Sigma)}\beta$，从而 $I_\Sigma\models_{\sigma^\Sigma(x/t)}\beta$. 将 β 中的所有约束变元分别替换为不在 β 及 t 中出现的变元符号，所得的公式记为 β^*，则 $\beta\dashv\vdash_I\beta^*$. 由可靠性定理得 $I_\Sigma\models_{\sigma^\Sigma(x/t)}\beta^*$. 由于 t 对 x 在 β^* 中自由，故 $I_\Sigma\models_\sigma\beta^*(x/t)$. 由归纳假设得 $\beta^*(x/t)\in\Sigma$，从而 $\Sigma\vdash_I\beta^*(x/t)$. 由于 $\beta^*(x/t)\vdash_I\exists x\beta^*$，故 $\Sigma\vdash_I\exists x\beta^*$. 由于 $\exists x\beta^*\dashv\vdash_I\exists x\beta$，故 $\Sigma\vdash_I\exists x\beta$. 从而 $\exists x\beta\in\Sigma$.

⑧ 当 α 为 $\forall x\beta$ 时，设 $\forall x\beta\in\Sigma$. 对任意 $\Gamma\in U$ 及 $t\in D_\Gamma$，若 $\Sigma\leqslant\Gamma$，则 $\forall x\beta\in\Gamma$，从而 $\Gamma\vdash_I\forall x\beta$. 将 β 中的所有约束变元分别替换为不在 β 及 t 中出现的变元符号，所得的公式记为 β^*，则 $\beta\dashv\vdash_I\beta^*$，$\forall x\beta\dashv\vdash_I\forall x\beta^*$. 故 $\Gamma\vdash_I\forall x(\beta^*)$. 由于 t 对 x 在 β^* 中自由，故 $\Gamma\vdash_I\beta^*(x/t)$. 注意到 $\Gamma\cup\{\beta^*(x/t)\}$ 是 $\mathscr{L}_{n_\Gamma}$ 中公式集，由 Γ 的强和谐性知 $\beta^*(x/t)\in\Gamma$. 由归纳假设得 $I_\Gamma\models_\sigma\beta^*(x/t)$. 从而 $I_\Gamma\models_{\sigma^\Gamma(x/t_\sigma^\Gamma)}\beta^*$，$I_\Gamma\models_{\sigma^\Gamma(x/t)}\beta^*$，$I_\Gamma\models_{\sigma^\Gamma(x/t)}\beta$. 故 $I_\Sigma\models_\sigma\forall x\beta$. 反之，若 $\forall x\beta\notin\Sigma$，则 $\Sigma\nvdash_I\forall x\beta$. 任取定 $c\in C_{n_\Sigma}$，则 c 不在 $\Sigma\cup\{\beta\}$ 的任何公式中出现，由引理 2 知 $\Sigma\nvdash_I\beta(x/c)$. 再由引理 5 知：存在 $\mathscr{L}_{n_\Sigma+2}$ 中的强和谐公式集 $\Gamma\supseteq\Sigma$，使得 $\Gamma\nvdash_I\beta(x/c)$，从而 $\beta(x/c)\notin\Gamma$，由归纳假设得 $I_\Gamma\not\models_\sigma\beta(x/c)$，从而 $I_\Gamma\not\models_{\sigma^\Gamma(x/c)}\beta$. 由于 $c\in D_\Gamma$，故 $I_\Sigma\not\models_\sigma\forall x\beta$.

归纳证毕. ▎

定理 29.16(完全性) 设 Σ 与 γ 分别为 $\mathscr{L}$ 的公式集与公式，则：

(1) 若 Σ 在 $IK_{\mathscr{L}}$ 中是和谐的，则 Σ 是 K-可满足的；

(2) 若 $\Sigma\models^K\alpha$，则 $\Sigma\vdash_I\alpha$；

(3) 若 Σ 是 K-永真的，则 $\vdash_I\alpha$.

证明 (1) 因 Σ 在 $IK_{\mathscr{L}}$ 中是和谐的，则存在 $\mathscr{L}$ 中公式 γ 使得 $\Sigma\nvdash_I\gamma$，由引理 5 知存在一阶语言 $\mathscr{L}_0\supseteq\mathscr{L}$ 及 $\mathscr{L}_0$ 中的强和谐公式集 $\Sigma_0\supseteq\Sigma$，使得 $\Sigma_0\nvdash_I\gamma$. 设 U 与 σ 分别为 $\mathscr{L}_0$ 的典型 Kripke 解释与 $\mathscr{L}_0$ 在 U 中的典型指派，则 Σ_0 是 U 的一个阶段，且由引理 7 知 $I_{\Sigma_0}\models_\sigma\Sigma$.

(2) 若 $\Sigma\nvdash_I\alpha$，由(1)的证明知 $I_{\Sigma_0}\models_\sigma\Sigma$，但 $I_{\Sigma_0}\not\models_\sigma\alpha$. 与 $\Sigma\models^K\alpha$ 矛盾.

(3) 由(2)立得. ▎

结合可靠性定理，我们有：

推论 设 Σ 与 γ 分别为 $\mathscr{L}$ 的公式集与公式，则：

(1) Σ 在 $IK_{\mathscr{L}}$ 中是和谐的当且仅当 Σ 是 K-可满足的；

(2) $\Sigma\models^K\alpha$ 当且仅当 $\Sigma\vdash_I\alpha$；

(3) Σ 是 K-永真的当且仅当 $\vdash_I\alpha$. ▎

习题二十九

1. 对于命题公式集 Γ 和公式 α，证明：$\neg\Gamma\vdash\neg\alpha$ 当且仅当 $\neg\Gamma\vdash_C\neg\alpha$.

2. 对于命题公式 α，归纳定义 α' 如下：

(1) 若 α 是原子公式，则 $\alpha'=\neg\neg\alpha$.

(2) 当 α 是 $\neg\beta$ 时，$(\neg\beta)'=\neg(\beta')$.

(3) 当 α 是 $\alpha_1\vee\alpha_2$ 时，$(\alpha_1\vee\alpha_2)'=\alpha'_1\vee\alpha'_2$.

(4) 当 α 是 $\alpha_1\wedge\alpha_2$ 时，$(\alpha_1\wedge\alpha_2)'=\alpha'_1\wedge\alpha'_2$.

(5) 当 α 是 $\alpha_1\rightarrow\alpha_2$ 时，$(\alpha_1\rightarrow\alpha_2)'=\alpha'_1\rightarrow\alpha'_2$.

(6) 当 α 是 $\alpha_1\leftrightarrow\alpha_2$ 时，$(\alpha_1\leftrightarrow\alpha_2)'=\alpha'_1\leftrightarrow\alpha'_2$.

又对命题公式集 Γ，令 $\Gamma'=\{\alpha'\mid\alpha\in\Gamma\}$，证明：

(1) 若 α 不含 $\vee$，则 $\neg\neg\alpha\dashv\vdash_C\alpha'$.

(2) 若 Γ，α 不含 $\vee$，则 $\Gamma\vdash\alpha$ 当且仅当 $\Gamma'\vdash_C\alpha'$.

3. 对命题公式 α,β,γ，证明：

$$((\alpha\rightarrow\beta)\rightarrow\neg\gamma)\rightarrow((\alpha\rightarrow\neg\neg\beta)\rightarrow\neg\gamma).$$

4. 构造适当的 Kripke 解释 K 使 $(\neg\beta\rightarrow\neg\alpha)\rightarrow(\alpha\rightarrow\beta)$ 在 K 中不真.

5. 构造适当的 Kripke 解释使下列公式分别在这些解释中假.

(1) $\neg\neg\exists x\alpha\rightarrow\exists x\neg\neg\alpha$.

(2) $(\alpha\rightarrow\exists x\beta)\rightarrow\exists x(\alpha\rightarrow\beta)$，$x$ 不在 α 中自由出现.

附录 1　第一编与第二编符号注释与术语索引

符 号 注 释

A/R	A 关于 R 的商集
$A\approx B$	A 与 B 等势
$A\not\approx B$	A 与 B 不等势
$A\preccurlyeq\cdot B$	A 劣势于 B
$A\to B$	A 到 B 的全体全函数(或函数)
$A\nrightarrow B$	A 到 B 的全体偏函数
$A\not\!\nrightarrow B$	A 到 B 的全体真偏函数
B^A	同 $A\to B$
C	复数集合,简称复数集
$\mathrm{card}A$	A 的基数
$c(G)$	图 G 的周长
$\mathrm{dom}R$	R 的定义域
$E(G)$	图 G 的边集
F^{-1}	F 的逆
$F\circ G$	F 与 G 的合成
$F\restriction A$	F 在 A 上的限制
$F[A]$	A 在关系 F 下的象
$F:A\to B$	F 是 A 到 B 的全函数(或函数)
$F:A\nrightarrow B$	F 是 A 到 B 的偏函数
$f(A')$	A' 在函数 f 下的象
$G[V_1]$	子集 V_1 的导出子图
$G[E_1]$	边子集 E_1 的导出子图
$G-e$	从 G 中删除边 e
$G\backslash e$	收缩边 e
$G-E'$	从 G 中删除 E' 中各边
$G-v$	从 G 中删除顶点 v
$G-V'$	从 G 中删除 V' 中各顶点
$G\cup(u,v)$	在顶点 u 与 v 之间加新边
$G_1\cong G_2$	G_1 与 G_2 同构
$g(G)$	G 的围长
I_A	A 上的恒等关系
K_n	n 阶完全图
$I_G(v)$	G 中顶点 v 关联的边集
$K_{r,s}$	完全二部图
$K_{n_1,n_2,\cdots,n_r}$	完全 r 部图
N	自然数集合
N_+	除 0 外的自然数集合
N_n	n 阶零图
$N_G(v)$	G 中顶点 v 的邻域
$\overline{N}_G(v)$	G 中顶点 v 的闭邻域
$N_D(v)$	有向图 D 中 v 的邻域
$\overline{N}_D(v)$	有向图 D 中 v 的闭邻域
Q	有理数集合
R	实数集合、二元关系
$r(R)$	R 的自反闭包
$\mathrm{ran}R$	R 的值域
$s(R)$	R 的对称闭包
$TE(v_i)$	v_i 的最早完成时间
$TL(v_i)$	v_i 的最晚完成时间
$TS(v_i)$	v_i 的缓冲时间
$t(R)$	R 的传递闭包
$V(G)$	图 G 的顶点集
$[x]_R$	x 关于 R 的等价类
Z	整数集合
$\alpha_0(G)$	G 的点覆盖数
$\alpha_1(G)$	G 的边覆盖集
$\beta_0(G)$	G 的点独立数
$\beta_1(G)$	G 的匹配数(或边独立数)
$\gamma_0(G)$	G 的支配数
$\Gamma_D^+(v)$	D 中顶点 v 的后继元集
$\Gamma_D^-(v)$	D 中顶点 v 的先驱元集
$\Delta(G)$	G 的最大度数,简称最大度
$\Delta(D)$	有向图 D 的最大度
$\delta(G)$	G 的最小度数,简称最小度
$\delta(D)$	有向图 D 的最小度
$\delta^+(D)$	有向图 D 的最小出度
$\delta^-(D)$	有向图 D 的最小入度
$\eta(G)$	G 的割集秩

$\kappa(G)$	G的点连通度
$\lambda(G)$	G的边连通度
$\nu_0(G)$	G的团数
$\xi(G)$	G的圈秩
$\tau(G)$	G的生成树数
$\chi(G)$	G的点色数,简称色数
$\chi'(G)$	G的边色数
$\chi^*(G)$	平面地图的面色数
$\chi_{A'}$	A'的特征函数
$\aleph$	实数集的基数
$\aleph_0$	自然数集合的基数

术语索引

附录 2　第三编与第四编符号注释与术语索引

符 号 注 释

$\forall$	全称量词
$\exists$	存在量词
$\Leftrightarrow$	当且仅当
$\in$	属于
$\notin$	不属于
$\subseteq$	包含
$\subset$	真包含
$\approx$	等势
$\sim$	等价
	同余
	满同态
$\preccurlyeq$	偏序
$\prec$	拟序
$\cong$	同构
$\cap$	集合的交
$\cup$	集合的并
$-$	集合的相对补集
$\oplus$	集合的对称差
	模 n 加
$\otimes$	模 n 乘
$\times$	笛卡儿积
	直积
$\wedge$	合取
	最小上界
	空串
$\vee$	析取
	最大下界
$\varnothing$	空集
N	自然数集(包含 0)
Z	整数集
Z^+	正整数集
Q	有理数集
Q^*	非零有理数集
R	实数集
R^*	非零实数集
R^+	正实数集
C	复数集
	群 G 的中心
$\mathscr{C}$	循环码 C 对应的多项式集
e	单位元
e_l	左单位元
e_r	右单位元
θ	零元
θ_l	左零元
θ_r	右零元
a^{-1}	a 的逆元
$-a$	a 的负元
Σ	有穷字符集
	自动机的输入字符集
P^*	格中命题 P 的对偶命题
Σ^*	Σ 上的所有串的集合
Σ^+	Σ 上的非空串的集合
Γ	自动机的输出字符集
Γ^*	Γ 上的所有串的集合
A^n	集合 A 的 n 阶笛卡儿积
R^n	关系 R 的 n 次幂
S^n	字符集 S 上的长为 n 的串的集合
F^n	域 F 上的 n 维向量空间
x^n	x 的 n 次幂
$\overline{x}$	布尔代数中 x 的补元
B^A	从 A 到 B 的函数集合
T_M	对应于自动机 M 的独异点
I_A	集合 A 上的恒等函数
M^T	矩阵 M 的转置
$C^\perp$	码 C 的对偶码
S_n	n 元对称群
A_n	n 元交代群
K_n	完全 n 边形

Z_n	集合$\{0,1,\cdots,n-1\}$
nZ	集合$\{nk \mid k\in Z\}$
D_n	n 元集的错位排列数
U_n	n 元集的二重错位排列数
h_n	Catalan 数
$[x]$	x 的等价类或同余类 x 的整数部分
$\lfloor x\rfloor$	不大于 x 的最大整数
$\lceil x\rceil$	不小于 x 的最小整数
$\lvert a\rvert$	a 的阶
$\lvert A\rvert$	有穷集 A 的基数
$\lvert G\rvert$	有限群 G 的阶
$\langle a\rangle$	元素 a 生成的子群
$\langle B\rangle$	子集 B 生成的子群
$A/\sim$	商集
$V/\sim$	商代数
G/H	群 G 关于正规子群 H 的商群
R/D	环 R 关于理想 D 的商环
$\varnothing(n)$	欧拉函数
$\varphi(A)$	A 在 φ 下的象
$\varphi^{-1}(B)$	B 在 φ 下的完全原象
$P(A)$	A 的幂集
$L(G)$	G 的子群格
$I(L)$	格 L 的理想格
$F[x]$	域 F 上的多项式环
$f(n)$	第 n 个 Fibonacci 数
$c_k(\sigma)$	σ 的轮换表示中的 k-轮换个数
$c(\sigma)$	σ 的轮换表示中的轮换个数
$\beta_0(G)$	图 G 的点独立数
$d(C)$	码 C 的最小距离
$\rho(C)$	码 C 的覆盖半径
$E(A)$	集合 A 的一一变换群
$N(a)$	a 的正规化子
$f\upharpoonright A$	f 限制在 A 上
xRy	表示$\langle x,y\rangle\in R$
$G\cdot H$	图 G 与 H 的正规积
$\det M$	矩阵 M 的行列式
$AP(F)$	有限域 F 确定的仿射平面
$\ker\varphi$	同态 φ 的核
End G	群 G 的自同态集
Aut G	群 G 的自同构集
Inn G	群 G 的内自同构集
$O(f(n))$	$f(n)$的阶
$d(x,y)$	字 x 和 y 的距离
A,B	拉丁方 A 和 B 的并置
$\langle S,T\rangle$	S,T 切割
$C(S,T)$	S,T 割集的容量
$P(n,r)$	n 元集的 r-排列数
$C(n,r)$	n 元集的 r-组合数
$\binom{n}{r}$	n 元集的 r-组合数
$\left[\begin{matrix}n\\r\end{matrix}\right]$	第一类 Stirling 数
$\left\{\begin{matrix}n\\r\end{matrix}\right\}$	第二类 Stirling 数
BIBD	均衡的不完全区组设计
$[G:H]$	子群 H 在群 G 中的指数
(m,n)	m 和 n 的最大公约数
$n\mid m$	n 整除 m
$n\nmid m$	n 不整除 m
$H\leqslant G$	H 是 G 的子群
$H<G$	H 是 G 的真子群
$H\trianglelefteq G$	H 是 G 的正规子群
$M_1\leqslant M_2$	M_1 是 M_2 的子自动机
$(x)\bmod n$	x 除以 n 的余数
$f: x\mapsto a$	表示 $f(x)=a$
$f: A\to B$	f 是从 A 到 B 的函数
$G=\langle X,Y,E\rangle$	二部图
$D=\langle V,E,W\rangle$	有向网络 D
$f[x]/f[x]$	有限域 F 上模 $f(x)$的多项式环
$[n_1,n_2,\cdots,n_k]$	$n_1,n_2,\cdots,n_k$ 的最小公倍数
$(i_1 i_2\cdots i_k)$	k 阶轮换
$R(q_1,q_2,\cdots,q_k;r)$	Ramsey 数
$\binom{n}{n_1\ n_2\cdots\ n_k}$	多项式系数
$\{n_1\cdot a_1,n_2\cdot a_2,\cdots,n_k\cdot a_k\}$	多重集
$G_1 G_2\cdots G_k$	$\{a_1a_2\cdots a_n \mid a_i\in G_i,i=1,2,\cdots,n\}$

术 语 索 引

(注：后面的章或节是该术语第一次出现的章或节)

九画

十画

附录3　第五编符号注释与术语索引

符号注释

$\in$	(1) 属于 (2) 包含律
$\notin$	不属于
$\subseteq$	子集
$\subset$	真子集
$\supseteq$	扩集
$\supset$	真扩集
$\varnothing$	空集
$P(A)$	幂集
$\cup$	并集
$\cap$	交集
$\langle a, b\rangle$	有序对
$\langle a_1, a_2, \cdots, a_n\rangle$	有序列
$A_1\times A_2\times\cdots\times A_n$	有限次卡式积
$\prod_{i\in I}A_i$	无限次卡式积
A^n	$A\times A\times\cdots\times A$($n$ 次卡式积)
$f: A\longrightarrow B$	映射
Dom	映射的定义域
Rang	映射的值域
$f\upharpoonright_A$	映射 f 在 A 上的限制
$\sim$	等价关系
$\bar{a}$	a 所在的等价类
$A/\sim$	商集
$\|A\|$	集合 A 的势
N	命题演算形式系统的一种
p, q, r 等	命题符号
$\neg$	否定联结词
$\vee$	析取联结词
$\wedge$	合取联结词
$\rightarrow$	蕴涵联结词
$\leftrightarrow$	等价联结词
α,β,γ 等	命题形式或形式系统的公式
$\langle t_1, t_2, \cdots, t_n\rangle$	对命题变元的指派
$\Gamma\models\alpha$	(1) 有效推理形式 (2) 语义推论
$\vdash$	语法推演关系(左推出右)
$\dashv$	语法推演关系(右推出左)
$\vdash\dashv$	语法互推关系
$\neg-$	$\neg$消去律
$\neg+$	$\neg$引入律
$\vee-$	$\vee$消去律
$\vee+$	$\vee$引入律
$\wedge-$	$\wedge$消去律
$\wedge+$	$\wedge$引入律
$\rightarrow-$	$\rightarrow$消去律
$\rightarrow+$	$\rightarrow$引入律
$\leftrightarrow-$	$\leftrightarrow$消去律
$\leftrightarrow+$	$\leftrightarrow$引入律
Tr	传递律
$+$	增加前提律
P	命题演算形式系统的另一种
(M)	分离规则
σ	指派
α^σ	公式 α 在指派 σ 下的值
$\Rightarrow$	公式的逻辑蕴涵
$\Leftrightarrow$	公式的逻辑等价
α^*	公式 α 的对偶式
α^-	公式 α 的内否式
x, y, z 等	个体变元
F^n, G^n 等	n 元谓词符号
f^n, g^n 等	n 元函词(数)符号
c, a, d 等	个体常元符号
$\forall$	全称量词
$\exists$	存在量词
t	项
$\alpha(x/t)$	将 α 中所有自由出现的 x 替换为项 t 得到的公式

$\mathscr{L}$	一阶语言的非逻辑符号
$N_{\mathscr{L}}$	一阶语言的形式系统
$K_{\mathscr{L}}$	一阶语言的形式系统
$\forall -$	$\forall$消去律
$\forall +$	$\forall$引入律
$\exists -$	$\exists$消去律
$\exists +$	$\exists$引入律
$\mathscr{I}$	解释或模型
I	解释或模型
D	论域
$\overline{F}$	谓词符号 F 的解释
$\overline{f}$	函词符号 f 的解释
$\overline{c}$	常元符号 c 的解释
$\sigma(x/a)$	在 σ 中将 x 的值指派为 a
t^{σ}	项 t 在指派 σ 下的值
$I \vDash_{\sigma} \alpha$	α 在 I 中被指派 σ 满足
$I \vDash \alpha$	α 在 I 中真
$\vDash \alpha$	α 是永真式
$I \vDash_{\sigma} \Gamma$	Σ 的每个公式在 I 中都被指派 σ 满足
$I \vDash \Gamma$	Σ 的每个公式在 I 中都真
$\Gamma \vDash \alpha$	α 是 Γ 的语义推论
$I \vDash_{\mathrm{M}} \alpha$	α 是 Γ 的模型推论
C	(1) 见证集;(2) 子句
l	文字
l^{c}	l 的补文字
$\square$	空文字
S	子句集
$S \approx S'$	S 与 S' 同时可满足或不可满足
$\mathrm{Res}(C_1, C_2)$	C_1,C_2 的消解式
H_n	第 n 层 Herbrand 域
H_{∞}	Herbrand 域
λ,θ 等	代换
E	表达式
mgu	最一般的合一
$IN_{\mathscr{L}}$	直觉主义逻辑的形式系统的一种
$IK_{\mathscr{L}}$	直觉主义逻辑的形式系统的一种
$\vdash_{C}$	直觉主义逻辑的形式推理
α^{o}	Gödel 翻译
U	Kripke 解释的阶段集
σ_u	σ 在阶段 u 的指派
$\sigma_u(x/a)$	在 σ_u 中将 x 的值指派为 a
t^{u}_{σ}	σ 对 t 在阶段 u 指派的值
$I_u \vDash_{\sigma} \alpha$	α 在阶段 u 被指派 σ 满足
$I_u \vDash \alpha$	α 在阶段 u 真
$\vDash^{U} \alpha$	α 在 U 真
$\vDash^{K} \alpha$	α 是 K-永真的
$\Gamma \vDash^{K} \alpha$	α 是 Γ 的 K-语义推论

术 语 索 引

参考书目和文献

[1] 耿素云,屈婉玲. 集合论导引. 北京：北京大学出版社,1990

[2] 陈进元,屈婉玲. 离散数学(上). 北京：北京大学出版社,1987

[3] 耿素云,方新贵. 离散数学(下). 北京：北京大学出版社,1989

[4] 屈婉玲. 组合数学. 北京：北京大学出版社,1989

[5] 耿素云. 离散数学习题集——图论分册. 北京：北京大学出版社,1990

[6] 耿素云. 离散数学习题集——数理逻辑与集合论分册. 北京：北京大学出版社,1993

[7] 张立昂. 离散数学习题集——抽象代数分册. 北京：北京大学出版社,1990

[8] 卢开澄. 组合数学算法与分析. 北京：清华大学出版社,1983

[9] 吴品三. 近世代数. 北京：人民教育出版社,1982

[10] 陆钟万. 面向计算机科学的数理逻辑. 北京：北京大学出版社,1989

[11] 王元元. 计算机科学中的逻辑学. 北京：科学出版社,1989

[12] 方嘉琳. 集合论. 吉林：吉林人民出版社,1982

[13] 田丰,马仲蕃. 图与网络流理论. 北京：科学出版社,1987

[14] 王树禾. 图论及其算法. 合肥：中国科学技术大学出版社,1990

[15] [美]F. 哈拉里著,图论. 李慰萱译 . 上海：上海科学技术出版社,1980

[16] 谢政,李建平. 网络算法与复杂性理论. 长沙：国防科技大学出版社,1995

[17] 王朝瑞. 图论. 北京：北京工业学院出版社,1987

[18] 汪芳庭. 数理逻辑. 合肥：中国科学技术大学出版社,1990

[19] 沈百英. 数理逻辑. 北京：国防工业出版社,1991

[20] 刘叙华. 基于归结方法的自动理论. 北京：科学出版社,1994

[21] 冯锦. 经典逻辑与直觉主义逻辑. 上海：上海人民出版社,1988

[22] Herbert B. Enderton. Elements of Set Theory. Academic Press, Inc, 1977

[23] J. A. Bondy and U. S. R. Murty. Graph Theory with Applications. The Macmillan Press LTD, 1976

[24] R. A. Brualdi. Introductory Combinatorics. Elsevier NorthHolland Inc, 1977

[25] D. I. A. Cohen. Basic Techniques of Combinatorical Theory. John Wiley & Sons, 1978

[26] C. L. Liu. Elements of Discrete Mathematics. McCrawHill Book Company, 1968

[27] E. R. Berlekamp. Algebraic Coding Theory. McGrawHill, New York, 1968.

[28] D. K. Ray-Chaudhuri and R. M. Wilson. Ont-design. Osaka J. Math, 12, 1975: 737—744

[29] E. F. Assmus and H. F. Mttson. Coding and Combinatorics. SIAM Review 16, 1974: 349—388

[30] P. Radziszowski. Small Ramsey Numbers, Technical Report AIT-TR-93-009. Rochester Institute of Technology, 1994

[31] J. L. Bell & M. Machover. A Course in Mathematical logic. NorthHolland Publishing Company, 1977

[32] H. D. Ebbinhaus, J. Flum & W. Thomas. Mathematical logic. Springer-Verlag, 1984

[33] M. Ben-Ari. Mathematical logic for computer Science. North-Holland Publishing Company, 1994

[34] A. G. Hamilton. 数理逻辑. 朱水林译. 上海：华东师范大学出版社,1986

[35] N. Cutland. Computability. An introduction to recursive funtion theory. Cambridge University Press, 1980